J.B.METZLER

Handbuch
Bioethik

Herausgegeben von
Dieter Sturma
und Bert Heinrichs

In Zusammenarbeit mit dem
Deutschen Referenzzentrum für
Ethik in den Biowissenschaften
(DRZE)

Redaktion:
Alexandra Spaeth
und Roman Wagner

Verlag J. B. Metzler
Stuttgart · Weimar

Dieter Sturma ist Professor für Philosophie unter besonderer Berücksichtigung der Ethik in den Biowissenschaften an der Universität Bonn; Direktor des Instituts für Wissenschaft und Ethik (IWE), Bonn; Direktor des Deutschen Referenzzentrums für Ethik in den Biowissenschaften (DRZE), Bonn sowie Gründungsdirektor des Instituts für Ethik in den Neurowissenschaften (INM-8) am Forschungszentrum Jülich.

Bert Heinrichs ist Professor für Ethik und Angewandte Ethik an der Universität Bonn sowie Arbeitsgruppenleiter im Institut für Ethik in den Neurowissenschaften (INM-8) am Forschungszentrum Jülich.

Bibliografische Information der Deutschen Nationalbibliothek
Die Deutsche Nationalbibliothek verzeichnet diese Publikation in der Deutschen Nationalbibliografie; detaillierte bibliografische Daten sind im Internet über http://dnb.d-nb.de abrufbar.

ISBN 978-3-476-02370-4
ISBN 978-3-476-05323-7 (eBook)
DOI 10.1007/978-3-476-05323-7

Dieses Werk einschließlich aller seiner Teile ist urheberrechtlich geschützt. Jede Verwertung außerhalb der engen Grenzen des Urheberrechtsgesetzes ist ohne Zustimmung des Verlages unzulässig und strafbar. Das gilt insbesondere für Vervielfältigungen, Übersetzungen, Mikroverfilmungen und die Einspeicherung und Verarbeitung in elektronischen Systemen.

© 2015 Springer-Verlag GmbH Deutschland
Ursprünglich erschienen bei J.B. Metzler'sche Verlagsbuchhandlung und Carl Ernst Poeschel Verlag GmbH in Stuttgart 2015
www.metzlerverlag.de
info@metzlerverlag.de

Inhalt

I. **Bioethik – Hauptströmungen, Methoden und Disziplinen** 1

II. **Zentrale Begriffe und Konzepte der Bioethik** 9

1 Argument der schiefen Ebene 9
2 Behinderung 13
3 Datenschutz 17
4 Dilemma 21
5 Diskriminierung 26
6 Empirie 31
7 Ethos 35
8 Gerechtigkeit 44
9 Güter und Güterabwägung 51
10 Informierte Einwilligung 58
11 Interessen und Interessenkonflikte 66
12 Kommerzialisierung 70
13 Konsens 76
14 Krankheit 82
15 Leben 91
16 Lebensqualität 98
17 Menschenwürde und Instrumentalisierung 102
18 Nachhaltigkeit 109
19 Natur 115
20 Paternalismus 122
21 Person 129
22 Prinzip der Doppelwirkung 136
23 Risiko 140
24 Technikfolgenabschätzung 147
25 Tod 154
26 Verantwortung 160
27 Werte 165
28 Zukünftige Generationen 174

III. **Bioethische Themen** 181

1 Alter/Altern 181
2 Arzneimittel 185
3 Ärztliche Berufsethik 189
4 Arzt-Patient-Verhältnis 194
5 Assistierte Reproduktion und vorgeburtliche Diagnostik 199
6 Bevölkerungswachstum und demographischer Wandel 209
7 Biobanken 214
8 Biodiversität 217
9 Chimären und Hybride 226
10 Demenz 231
11 Doping 239
12 Embryonen und Föten 245
13 Enhancement 249
14 Forschung am Menschen 254
15 Gender 262
16 Gentechnik in der Lebensmittelproduktion 266
17 Gentherapie 270
18 Gesundheit und Gerechtigkeit 275
19 Gesundheitskompetenz 280
20 Gesundheitsvorsorge 287
21 HIV/AIDS 293
22 Humangenomforschung 300
23 Intersex 307

24	Klimaschutz	312	44 Transplantationsmedizin	421
25	Klonen	318	45 Vulnerabilität	427
26	Landschaft	324	46 Wunscherfüllende Medizin	432
27	Leihmutterschaft	329		
28	Nanotechnologie	333		
29	Neuromedizin und Neurowissenschaften	338		
30	Ökologie und Naturschutz	346		
31	Palliativmedizin	354		
32	Patentierung	358		
33	Patientenverfügungen	362		
34	Pflege	366		
35	Prädiktive Gentests	369		
36	Robotik	373		
37	Schwangerschaftsabbruch	378		
38	Sexualität	383		
39	Stammzellen	387		
40	Sterbehilfe	394		
41	Sucht und Abhängigkeit	401		
42	Synthetische Biologie	406		
43	Tiere	414		

IV. Schnittstellen zu anderen Disziplinen und gesellschaftlichen Bereichen ... 439

1. Bioethik in der Lehre ... 439
2. Biopolitik ... 445
3. Biorecht ... 448
4. Ethikkommissionen in der Forschung ... 451
5. Ethikräte ... 455
6. Institutionalisierte ethische Beratung und Begutachtung ... 459
7. Klinische Ethikberatung ... 463
8. Kulturübergreifende Bioethik ... 467

V. Anhang ... 473

1. Auswahlbibliographie ... 473
2. Autorinnen und Autoren ... 478
3. Sachregister ... 481

I. Bioethik – Hauptströmungen, Methoden und Disziplinen

Definition und Begriffsgeschichte

Die Bioethik analysiert und bewertet den wissenschaftlich vermittelten Umgang mit Leben. In ihren Teildisziplinen, insbesondere in der Medizinethik, Tierethik und Umweltethik, untersucht sie die Auswirkungen wissenschaftlich-technischer Entwicklungen auf einzelne Personen, die Gesellschaft sowie auf andere Lebensformen und die Umwelt.

Das thematische Spektrum der Bioethik erstreckt sich über das gesamte semantische Feld des Begriffs ›Leben‹ (gr. *bios*). Neben Problemen, die mit neuen technischen Möglichkeiten in der Medizin verbunden sind, hat sie sich mit Fragestellungen auseinanderzusetzen, die sich auf einen ethisch angemessenen Umgang mit Tieren sowie mit belebter und unbelebter Natur insgesamt beziehen. Aufgrund seiner Begriffsgeschichte wird der Ausdruck ›Bioethik‹ des Öfteren mit medizinischer Bioethik gleichgesetzt. Diese Verengung ist sachlich nicht haltbar. In der Bioethik sind keineswegs nur Menschen Bezugspunkte für Rücksichtnahme und Verpflichtungen, vielmehr hat sie sich mit dem Leben insgesamt wie mit seinen vielfältigen Erscheinungsformen auseinanderzusetzen. Da sich die Bioethik mit einer Vielzahl von wissenschaftlichen Erträgen und technischen Eingriffsmöglichkeiten beschäftigt, leistet sie in ihren jeweiligen Untersuchungen auch einen Beitrag zur Weiterentwicklung des Menschenbildes und des kulturellen Selbstverständnisses.

In der Ethik wird gemeinhin zwischen allgemeiner Ethik bzw. Moralphilosophie, Metaethik und angewandter Ethik unterschieden. Die Bioethik wird der angewandten Ethik zugerechnet. Bioethische Analysen berühren in entscheidenden Punkten aber auch die Bereiche der allgemeinen Ethik und der Metaethik. Die Bioethik ist vom Ansatz her interdisziplinär verfasst. Wesentliche Beiträge zum interdisziplinären Diskurs erfolgen aus der Medizin und den naturwissenschaftlichen Disziplinen, die sich mit den unterschiedlichen Formen des Lebens beschäftigen, sowie aus der Ethik, den Rechtswissenschaften und normativen Bereichen der Sozialwissenschaften.

Erste Verwendungen des Begriffs ›Bio-Ethik‹ lassen sich in deutschsprachigen Diskussionen der 1920er Jahre nachweisen (Jahr 1927). Ein direkter begriffsgeschichtlicher Zusammenhang heutiger Verwendungsweisen besteht mit medizinethischen Diskussionen der Nachkriegszeit. Während der Ausdruck ›bioethics‹ in den USA von Van Rensellaer Potter (1970, 1971) als Bezeichnung für eine neue Disziplin eingeführt wird, versteht ihn André Hellegers als Begriff für einen interdisziplinären Ansatz zur Bearbeitung neuartiger normativer Probleme (Reich 1999). Das frühe thematische Spektrum der Bioethik orientiert sich zunächst an moralischen Fragen im Kontext der Medizin. Thematische Schwerpunkte sind die Problemfelder *Forschung am Menschen, Genetik, Fortpflanzungsmedizin, Organtransplantation und künstliche Organe* sowie *Sterben und Tod* (Jonsen 1998).

Aufgrund innovativer wissenschaftlich-technischer Entwicklungen werden moralische Fragen aufgeworfen, für die das traditionelle ärztliche Ethos keine hinreichenden Antworten bereithält. Zudem ändern sich in den 1960er und 1970er Jahren die gesellschaftlichen und rechtlichen Rahmenbedingungen in einer Weise, dass paternalistische Setzungen in der medizinischen Praxis, insbesondere von ärztlichen Standesvertretern, nicht mehr unbefragt übernommen werden. Dieser Umstand führt zur Entwicklung interdisziplinär angelegter Debatten, zur Einsetzung politischer Kommissionen, zur Einrichtung von akademischen Institutionen und schließlich zur Etablierung einer akademisch verankerten Bioethik. Die USA haben dabei eine Vorreiterrolle eingenommen. Mittlerweile ist die Bioethik als wissenschaftliche Disziplin weltweit etabliert.

Bisweilen wird der Begriff ›Bioethik‹ weiter gefasst. Er dient dann zur Bezeichnung unterschiedlichster Beiträge aus zivilgesellschaftlichen Gruppen zu normativ relevanten Themen im Kontext der Lebenswissenschaften. Diese Tendenz zur Vereinnahmung der Bioethik von nicht-fachwissenschaftlicher Seite ist kritisch zu beurteilen. Es ist unstrittig, dass unter den Vorzeichen des demokratisch verfassten Rechtsstaates von allen Seiten Meinungen zu kontroversen Themen vorgebracht werden können. Mit dem Begriff der Ethik sind indes fachwissenschaftliche Standards verbunden, deren Einhaltung in solchen Diskursbeiträgen oftmals nicht gewährleistet ist. Dazu zählen v. a. semantische Inkonsistenzen sowie unzulässige Vermengungen von deskriptiven Sätzen und normativen Forderungen, die bereits David Hume kritisiert und die heute im Anschluss an G. E. Moore als ›naturalistische Fehlschlüsse‹ bezeichnet werden (Moore 1903). Das Aufspüren und Kritisieren derartiger Fehlschlüsse gehört zum methodischen Grundrepertoire der zeitgenössischen Moralphilosophie.

Hauptströmungen der Bioethik

Im methodischen Profil der Bioethik bilden sich die Hauptströmungen der zeitgenössischen Moralphilosophie ab. Ihre wirkungsmächtigsten und normativ ambitioniertesten Positionen sind die Tugendethik, die deontologische bzw. kantianische Ethik und der Konsequentialismus (Baron et al. 1997). Diese drei Theorietypen nehmen eigenständige methodische Perspektiven ein, die sich in der Begründungsform und inhaltlichen Zielsetzung zum Teil deutlich unterscheiden. Darüber hinaus verfügen sie über ein spezifisches Vokabular, mit dessen Hilfe normative Problemstellungen begrifflich erfasst werden.

Die Tugendethik knüpft an aristotelische Begriffe an und entwickelt ihr normatives Vokabular entlang der Auffassung von charakterlichen Dispositionen, über die ein moralischer Akteur verfügen muss (Hursthouse 1999; Foot 2001). Vor allem die Vorstellung der Rolle des ›guten Arztes‹, der über eine aus der Praxis heraus gewonnene Sensibilität für moralische Problemkonstellationen verfügen muss, hat dazu geführt, die Tugendethik auch in der Bioethik zu etablieren (Pellegrino/Thomasma 1993). Mit Bezug auf Pflegesituationen machen tugendethische Ansätze geltend, dass es rein prinzipienbasierten Theorien nicht gelinge, die moralisch relevanten Aspekte der jeweiligen Entscheidungssituationen angemessen in den Blick zu nehmen (Held 2006; Slote 2007). In den systematischen Kontext der Tugendethik gehören auch kommunitaristische Theorien, die im Gegenzug zu liberalistisch geprägten Prinzipienansätzen die Bedeutung moralischer Gemeinschaften betonen (Sandel 1982; Taylor 1996; MacIntyre 1997; Callahan 2003).

Gegen die Tugendethik wird v. a. eingewendet, dass sie bezüglich konkreter Fragestellungen inhaltlich unterbestimmt bleibe (Louden 1984). Entsprechende Vorbehalte finden sich auch in den bioethischen Diskussionen (Veatch 1988). Konkrete Bewertungsmaßstäbe für Handlungskonstellationen sind unter tugendethischen Vorzeichen schwerer zu gewinnen als durch Rückgriff auf Prinzipien, die deontologische und konsequentialistische Ansätze aufbieten.

Deontologische Ansätze knüpfen an Kants Moralphilosophie an und rücken den Begriff der Autonomie in den Mittelpunkt normativer Analysen (Hill 1991; Sturma 2004). Von dieser Grundlage aus entfalten sie Konzeptionen für Verpflichtungen sowie für moralische Ansprüche, die Personen gegeneinander erheben können. Bei bioethischen Fragestellungen kommt entsprechend dem Prinzip der informierten Einwilligung eine vorrangige Bedeutung zu (Dworkin 1988). Der Begriff des Vertrauens wird dabei ergänzend hinzugenommen (O'Neill 2002). Das normative Kernstück des deontologischen Standpunkts ist das Instrumentalisierungsverbot (Sturma 2004; Schaber 2010). Es bietet ein praktisches Verfahren zur Überprüfung von Handlungsoptionen und erlaubt, gegebenenfalls bestimmte Begründungsformen als ethisch nicht-rechtfertigungsfähig auszuweisen.

Gegen deontologische Ansätze ist eingewendet worden, dass sie Rationalität normativ überbewerteten und dadurch nicht zuletzt auch höher entwickelte Tiere keine ethisch angemessene Berücksichtigung fänden (Singer 1994). Neuere deontologische Ansätze vermeiden Engführungen in dem unterstellten Sinne und erweitern den Kreis der Adressaten moralischer Anerkennung über die ethische Gemeinschaft der Personen hinaus (Korsgaard 2004). Ein anderer Vorwurf, der u. a. von feministischer Seite erhoben worden ist, richtet sich gegen die Betonung von Autonomie und Selbstbestimmung und macht geltend, dass menschliches Wohlergehen ethisch nicht hinreichend erfasst werde (Gilligan 1993). Als genereller Einwand gegen deontologische Ansätze ist diese Kritik allerdings nicht geeignet, da zu Unrecht unterstellt wird, dass Autonomie und Selbstbestimmung deckungsgleich seien (O'Neill 2003). Während der Begriff der Selbstbestimmung eng an die faktischen Wünsche einer aufgeklärten Person gebunden ist, kann das normativ gehaltvollere Konzept der Autonomie objektive Bestimmungen integrieren, die nicht unbedingt mit den aktuellen Wünschen einer Person übereinstimmen müssen.

Der Konsequentialismus stellt Handlungsfolgen in den Mittelpunkt seiner Überlegungen. Die in der Bioethik dominierende Variante des Konsequentialismus ist der Regelutilitarismus, der sich in seinen normativen Bewertungen am gesellschaftlichen Nutzen orientiert und dazu geeignete Regeln entwickelt (Brandt

1963; Urmson 1992). In der Bioethik sind früh Versuche unternommen worden, durch die Anwendung des Nutzenprinzips konkrete moralische Problemlösungen zu entwickeln (Hare 1993; Singer 1994; Harris 1989; Birnbacher/Kuhlmann 2006). Seine vergleichsweise einfache Theoriearchitektur lässt den Utilitarismus für die Reduktion komplexer Problemkonstellationen besonders geeignet erscheinen.

Der Utilitarismus sieht sich seit langem der Kritik ausgesetzt, dass er mit seiner Orientierung am Nutzenbegriff gerade der Komplexität moralischen Verhaltens nicht gerecht werde (Williams/Smart 1973). Diese Kritiklinie setzt sich in der bioethischen Debatte unmittelbar fort. Die v. a. in der deutschsprachigen Bioethik häufig geäußerten generellen Vorbehalte gegenüber dem Utilitarismus greifen jedoch zu kurz. Sie übersehen, dass der Utilitarismus keineswegs den Einsatz neuer Techniken und Methoden einfach und ausnahmslos legitimiert. Beispielsweise setzt er im Bereich der Tierethik sehr weitgehende Schutzansprüche an (Singer 1994). Es hat aber dennoch den Anschein, dass der Utilitarismus die volle Bandbreite von grundrechtlichen Schutzansprüchen nicht phänomengerecht rekonstruieren kann. In bioethischen Problemkonstellationen äußert sich dies u. a. darin, dass der zentrale Begriff der Person (s. Kap. II. 21) im Utilitarismus – wenn überhaupt – nur eine nachgeordnete Rolle spielt. Personen werden lediglich als Inhaber zukunftsbezogener Präferenzen betrachtet, nicht aber als moralische Akteure, die in besonderen Verpflichtungszusammenhängen stehen.

In der neueren Moralphilosophie gibt es vielfältige Varianten und Mischformen von methodischen Standpunkten, die Theorie- und Argumentationsstücke aus vielen Strömungen aufnehmen. Auch in der Bioethik sind Zusammenführungen von Theoriestücken aus den drei Hauptströmungen mittlerweile weit verbreitet. Auf besonders einflussreiche Weise haben Tom Beauchamp und James Childress in ihrem Buch *Principles of Biomedical Ethics* unterschiedliche Theorientypen aufgegriffen (Beauchamp/Childress 2013). Der Erfolg ihres Ansatzes hängt nicht zuletzt damit zusammen, dass keine Option der Hauptströmungen grundsätzlich zurückgewiesen wird. Es ist allerdings bezweifelt worden, dass die Autoren die methodischen Spannungen, die zwischen den Hauptströmungen bestehen, hinreichend berücksichtigen. Entsprechend müsse offen bleiben, ob es gelingen könne, einen kohärenten Gesamtansatz zu entwickeln (Clouser/Gert 1990; Gert et al. 1997). Nachfragen beziehen sich zudem auch auf die Art und Weise, wie in Entscheidungssituationen zu verfahren sei, wenn gut begründete, aber sich ausschließende Handlungsvorgaben aus den jeweiligen Prinzipien folgen – ein Umstand, der in bioethischen Kontexten keineswegs die Ausnahme ist (Heinrichs 2010). Ungeachtet der Vielzahl der Einwände gilt es als unstritten, dass Beauchamp und Childress mit ihren vier Prinzipien *Autonomie*, *Wohltun* bzw. *Fürsorge*, *Nichtschaden* und *Gerechtigkeit* ein weithin akzeptiertes methodisches Werkzeug verfügbar gemacht haben.

Neben den drei Hauptströmungen sind auch noch andere ethische Standpunkte mit eigenständigen Entwicklungen zu verzeichnen. Hans Jonas hat z. B. den Begriff der Verantwortung als zentralen Begriff einer »Ethik für die technologische Zivilisation« verwendet (Jonas 1979). Es muss offen bleiben, ob solche Ansätze eigenständige systematische Entwürfe darstellen, die das Spektrum der Hauptströmungen systematisch erweitern, oder ob es sich um spezifische Fortentwicklungen innerhalb der Tugendethik, der Deontologie bzw. des Konsequentialismus handelt.

Methoden und Grundbegriffe der Bioethik

Die Bioethik entwickelt ihre Argumentationen überwiegend in Auseinandersetzungen mit konkreten Problemkonstellationen. Aufgrund dieses Ansatzes besteht die Gefahr von fallspezifischen Verzerrungen, der mit methodischen Ausweitungen sowie mit semantischen und metaethischen Vergleichen begegnet werden kann. Bei Versuchen, die bioethische Theoriebildung gänzlich in Fallanalysen aufzulösen, wie es etwa Albert Jonsen und Stephen Toulmin (1988) sowie Baruch Brody (1988) mit ihrer Wiederbelebung der Kasuistik unternommen haben, werden die methodischen Unterbestimmungen, die sich v. a. im Fehlen eines nachvollziehbaren Begründungsverfahrens und eines gesicherten Vokabulars ausdrücken, nicht hinreichend in Rechnung gestellt. Dagegen hat sich das im Rahmen des kantianischen Konstruktivismus von John Rawls entwickelte Verfahren des Überlegungsgleichgewichts (*reflective equilibrium*) als wichtiges methodisches Mittel für die Bioethik erwiesen (Rawls 1979; Daniels 1997; Buchanan et al. 2000, 371 ff.). Der Grundgedanke besteht darin, dass in einem dynamischen Abgleich allgemeine Prinzipien und konkrete Einzelfallanalysen zur wechselseitigen Korrektur herangezogen werden. Anpassungen zur Erhaltung der Kohärenz des ethischen Gesamtgefüges sind danach auf allen Abstraktionsebenen möglich.

Die differenzierten Problemanalysen der Bioethik haben durchaus Einfluss auf die systematischen Debatten der Ethik insgesamt. Im Lichte konkreter Probleme sind klassische Theorien weiterentwickelt und neue Differenzierungen eingeführt worden. Insofern besteht kein einseitiges Verhältnis zwischen Moralphilosophie und Metaethik einerseits und angewandter Ethik andererseits. Vielmehr hat sich gerade in den letzten Jahrzehnten auf umfassende Weise ein wechselseitiger Austausch entwickelt. Dies zeigt sich insbesondere bei solchen Autoren, die wesentliche Beiträge sowohl zu Fragen der allgemeinen Ethik als auch der angewandten Ethik verfasst haben (z. B. P. Foot, O. O'Neill, R. Dworkin, R. M. Hare). Diese Autoren haben ihre jeweiligen Ansätze keineswegs formalistisch auf konkrete Fragen angewendet, sondern Lösungsvorschläge im Lichte ihrer allgemeinen Konzeptionen unterbreitet, diese zugleich aber auch durch die Auseinandersetzung mit Anwendungsfragen weiterentwickelt.

Unabhängig vom jeweiligen bioethischen Ansatz hat die Diskussion der vergangenen Jahre gezeigt, dass es eine Reihe von normativen Grundbegriffen gibt, die für die Bioethik unverzichtbar sind. Dazu gehören u. a. die Begriffe ›Person‹ (s. Kap. II. 21), ›Natur‹ (s. Kap. II. 19), ›Leben‹ (s. Kap. II. 15), ›Lebensqualität‹ (s. Kap. II. 16), ›Tod‹ (s. Kap. II. 25), ›Krankheit‹ (s. Kap. II. 14) sowie ›Gerechtigkeit‹ (s. Kap. II. 8), ›Menschenwürde‹ (s. Kap. II. 17), ›Nachhaltigkeit‹ (s. Kap. II. 18), ›Verantwortung‹ (s. Kap. II. 26), ›Güter‹ (s. Kap. II. 9) und ›Wert‹ (s. Kap. II. 27). Die komplexen Verweisungszusammenhänge, die zwischen diesen Begriffen bestehen, bilden ein normatives Netzwerk, das Einzelanalysen innerhalb der Bioethik umspannt.

Disziplinen der Bioethik

Die ethischen Auseinandersetzungen in der Bioethik vollziehen sich unter problemorientierten Vorgaben. Dieser Sachverhalt führt zu disziplinären Binnendifferenzierungen und bereichsethischen Neuerungen. Weil in allen bioethischen Disziplinen die normativen Herausforderungen moderner Technologien eine wichtige Rolle spielen, kommen in ihnen auch Bestimmungen der Technikethik, die einen eigenständigen Bereich der angewandten Ethik bildet, zur Anwendung. Das gilt insbesondere für die Robotik (Christaller et al. 2001; s. Kap. III. 36).

(1) *Medizinethik*. Zum Kernbestand der bioethischen Reflexion zählt von Anbeginn die Medizinethik, die an die lange Geschichte der ärztlichen Standesethik anknüpft und seit den 1960er Jahren in der Verfolgung von Lösungsstrategien für spezifische Problemfelder bis in die aktuelle Diskussionen hinein ein disziplinäres Profil herausbildet, das sich thematisch an den Verläufen personalen Lebens orientiert. Mit den Möglichkeiten technischer Verfahren sind Entscheidungen darüber erforderlich, ab wann menschlichem Leben der volle Schutzanspruch zukommt, in welchem Maße prädiktives Wissen genutzt werden soll und wie komplexe Eltern-Kind-Beziehungen einzuschätzen sind (s. Kap. III. 5, III. 12, III. 25, III. 27, III. 37, III. 39).

Von der frühesten Kindheit bis ins hohe Alter (s. Kap. III. 1) ist menschliches Leben durch Krankheit und Behinderung bedroht (s. Kap. II. 14., II. 2). Die moderne Medizin wendet immer aufwendigere Methoden zur Erhaltung bzw. Wiederherstellung der Gesundheit an, was im Einzelnen zu ethischen Abwägungsproblemen führt. Mit der Transplantationsmedizin sind z. B. Fragen der gerechten Vergabe von Spenderorganen verbunden (s. Kap. III. 44). Daneben treten Rückfragen bzgl. des Hirntodkriteriums, das im Bereich der postmortalen Organspende von zentraler Bedeutung ist (s. Kap. II. 25), sowie Überlegungen zur Einwilligung in Organspenden (s. Kap. II. 10).

Im Bereich der Neuromedizin und Neurowissenschaften wird diskutiert, wie Persönlichkeitsveränderungen zu bewerten sind, die durch Stimulationsverfahren ausgelöst werden, und ob Neuroprothesen die etablierte Praxis der Verantwortungszuschreibung herausfordern (s. Kap. III. 29). Einige öffentliche Diskussionszusammenhänge, die gemeinhin der Neuroethik zugerechnet werden (Geyer 2004), thematisieren unter neurowissenschaftlichen Vorzeichen Freiheit, Verantwortung, personale Identität und Authentizität. Diesen Auseinandersetzungen fehlt jedoch – anders als öffentlich zuweilen unterstellt wird – der konkrete Bezug zu tatsächlichen Befunden der Neurowissenschaften genauso wie der fachwissenschaftliche Anschluss an die Wissenschaftstheorie, Philosophie des Geistes, Ethik und Bioethik (Bennett/Hacker 2003; Sturma 2005, 2008).

Prädiktive Gentests werfen die Frage nach einem verantwortungsvollen Umgang mit zukunftsbezogenem Wissen auf (s. Kap. III. 35). Es ist zudem zu klären, wie das kurative Paradigma der Medizin um den Bereich der Palliation ergänzt werden muss (s. Kap. III. 31). Eng verbunden damit ist die intensiv geführte Diskussion um die Sterbehilfe (s. Kap. III. 40). Die Medizin hat lange die Zuständigkeit für einen ›guten Tod‹ von sich gewiesen. Die immer weiter reichenden technischen Möglichkeiten haben Fragen der Selbstbestimmung am Lebensende indes vermehrt in den Vordergrund gerückt. Kontroversen bestehen im Hinblick auf die Frage, ob der ärztlich assistierte Suizid als Bestandteil des ärztlichen Handelns aufgefasst werden sollte. Ein weiteres Problemfeld ist die rechtliche Regelung der Patientenverfügung (s. Kap. III. 33).

Auch wenn das ärztliche Handeln nicht mehr auf die Prävention oder Heilung von Krankheiten bezogen ist, sondern sich auf Verbesserungen menschlicher Fähigkeiten richtet, können Fragen nach Begrenzungen nicht abgewiesen werden. Die kontrovers geführten Debatten über das sog. Enhancement (s. Kap. III. 13) bzw. Doping (s. Kap. III. 11) erschließen sich erst vor dem Hintergrund der Medizinethik insgesamt. Einzelne Krankheiten und Syndrome haben innerhalb der Medizinethik besondere Aufmerksamkeit auf sich gezogen, entweder weil sie das individuelle Leben einer Person *als* Person in besonderer Weise betreffen – wie im Fall von Demenz (s. Kap. III. 10, II. 21) und Suchterkrankungen (s. Kap. III. 41) –, oder weil sie mit gravierenden gesellschaftlichen Folgen verbunden sind – wie im Fall von HIV/AIDS (s. Kap. III. 21).

Grundsätzliche Fragestellungen der Medizinethik beziehen sich v. a. auf das normative Profil des Arztberufes und das sich damit verbindende besondere Verhältnis zum Patienten sowie zur Gesellschaft insgesamt (s. Kap. III. 3, III. 4, III. 19, III. 46, III. 18, III. 20). Die traditionelle Standesethik bildet zwar den Anknüpfungspunkt der modernen Medizinethik, sie aber nicht deren einfache Fortführung. Eine solche Fortführung ist schon deshalb nicht möglich, weil ein starker Paternalismus (s. Kap. II. 20), in dem der Arzt als normative Autorität auftritt, heute keine normativ rechtfertigungsfähige Position mehr darstellt. In der zeitgenössischen Medizinethik müssen vielfältige Überzeugungen und Standpunkte integriert und methodischen Begründungen zugeführt werden.

(2) *Tierethik*. Grundsätzliche Problemstellungen der Tierethik verbinden sich mit dem rechtlichen und moralischen Status sowie mit der Leidensfähigkeit und den Interessen von Tieren (s. Kap. III. 43). In den gegenwärtigen tierethischen Diskussionen nehmen forschungsethische Problemstellungen breiten Raum ein. Auseinandersetzungen betreffen v. a. die Verwendung von Tieren in der Forschung. Die Debatte reicht bis in das 19. Jahrhundert zurück. In den 1950er Jahren führt sie zur Formulierung der mittlerweile allgemein anerkannten 3R-Prinzipien (*replace, reduce, refine*).

Die ethische und rechtliche Vertretbarkeit sowie die genaue Ausgestaltung der Verwendung von Versuchstieren werden bis zum gegenwärtigen Zeitpunkt kontrovers diskutiert. Aufgrund der biologischen Verwandtschaft mit dem Menschen steht v. a. die Forschung an anderen Primaten in der Kritik. Zudem wird der Sinn von Forschung mit Nagetieren wegen der fragwürdigen Übertragbarkeit der Ergebnisse auf den Menschen vielfach in Zweifel gezogen. Auch die Entwicklung von Chimären und Hybriden gilt als ethisch fragwürdig (s. Kap. III. 9).

Statusfragen stellen sich dann, wenn durch biotechnologische Verfahren die Grenze zwischen Menschen und anderen Tieren überschritten wird. Befürchtungen verbinden sich zudem mit der Vision der synthetischen Biologie, künstlich Leben zu erschaffen (s. Kap. III. 42). Unabhängig von den jeweiligen Ernährungsgewohnheiten werden die verbreiteten Formen der Massentierhaltung vermehrt als ethisch inakzeptabel zurückgewiesen. Im Hinblick auf die Bedingungen, die eine ethisch vertretbare Form der Nutztierhaltung erfüllen muss, herrscht in den wissenschaftlichen und öffentlichen Diskursen keine Einigkeit. Skepsis richtet sich auch gegen die Anwendung gentechnischer Verfahren zur Lebensmittelproduktion (s. Kap. III. 16).

Mittlerweile geraten auch Formen des Mensch-Tier-Verhältnisses in die Kritik, die in den ethischen Debatten bislang kaum Beachtung gefunden oder sogar als unbedenklich gegolten haben. Dies gilt insbesondere für die Haltung von Wildtieren in Zoos, Tiergärten oder im privaten Umfeld. Zunehmend zeichnet sich ab, dass das spezifische Umfeld von Tiergärten und Zoos trotz ihrer Bedeutung für die Erhaltung von bedrohten Arten mit erheblichen ethischen Problemen belastet ist. Vor allem die gezielte Tötung einzelner Tiere, die im Rahmen von Nachzuchtprogrammen als unbrauchbar eingestuft worden sind, ruft Widerspruch hervor. Kritische Überlegungen richten sich zudem auf die Jagd, die Verwendung von Tieren zu Unterhaltungszwecken – etwa im Zirkus – sowie auf die Züchtung und Haltung von Haustieren.

(3) *Umweltethik*. Die Umweltethik bzw. ökologische Ethik untersucht das Verhältnis der humanen Lebensform zur nicht-menschlichen Natur in ihren vielfältigen Ausformungen (s. Kap. III. 30). Ihr breites thematisches Spektrum umfasst den Schutz von

Klima (s. Kap. III. 24) und Umwelt genauso wie normative Bewertungen von Biodiversität (s. Kap. III. 8) und Landschaft (s. Kap. III. 26). Zu den umweltethischen Grundbegriffen gehören unter anderem Nachhaltigkeit (s. Kap. II. 18), Natur bzw. Natürlichkeit (s. Kap. II. 19), Wert der Natur und Verantwortung für zukünftige Generationen (s. Kap. II. 28).

Umweltethische Positionen lassen sich grundsätzlich in anthropozentrische und nicht-anthropozentrische Ansätze differenzieren. Bei der anthropozentrischen Position ist zwischen einer erkenntnistheoretischen und einer ethischen Perspektive zu unterscheiden (s. Kap. II. 19). Der erkenntnistheoretische Ansatz geht zunächst nur davon aus, dass Personen über epistemische Fähigkeiten verfügen, die bei keiner anderen animalischen Lebensform nachweisbar seien. Mit diesem Sachverhalt verbinden sich zunächst noch keine normativen Konsequenzen. Demgegenüber unterstellt der ethische Anthropozentrismus eine Sonderstellung des Menschen in der Natur, mit der Beschränkungen seines Handlungsspielraums nicht vereinbar seien, wenn sie nicht auch seinem Nutzen dienten. Nicht-anthropozentrische Ansätze lehnen die Vorstellung von einer normativen Sonderstellung der menschlichen Lebensform ab. Zu den nicht-anthropozentrischen Positionen gehören der Pathozentrismus, der Biozentrismus und der Physiozentrismus, die grundsätzliche ethische Entscheidungen jeweils von der Leidensfähigkeit, von Leben oder vom natürlichen System der Natur insgesamt abhängig machen.

(4) *Forschungsethik*. Einen thematisch eigenständigen Bereich bildet die Forschungsethik. Innerhalb der aktuellen forschungsethischen Diskussion lassen sich vier thematische Schwerpunkte identifizieren: die gute wissenschaftliche Praxis (*good scientific practice*), ethische Probleme der biomedizinischen und der sozialwissenschaftlichen Forschung sowie das Verhältnis von Wissenschaft und Gesellschaft (Fuchs et al. 2010). Im Rahmen der Bioethik werden schwerpunktmäßig Forschungen am Menschen, mit biologischem Material sowie mit Tieren thematisiert. Die Forschung am Menschen bildet eines der Themen, das die Entwicklung der Bioethik maßgeblich geprägt hat (s. Kap. III. 14). Aus diesem Diskussionszusammenhang sind die medizinethischen Prinzipien der Autonomie, des Wohltuns, der Schadensvermeidung und der Gerechtigkeit hervorgegangen, die mittlerweile als grundlegend für Bioethik insgesamt weitgehende Anerkennung finden (Belmont Report 1995, Beauchamp/Childress 2013). In der Forschungsethik gelten die Konkretisierungen, die auf diesen Prinzipien aufbauen – informierte Einwilligung (s. Kap. II. 10, II. 3), Risiko-Nutzen-Analyse (s. Kap. II. 23) und gerechte Probandenauswahl bzw. Nicht-Diskriminierung (s. Kap. II. 5) – als etabliertes Rahmenwerk für die Analyse ethischer Probleme. Die aktuelle Diskussion richtet sich entsprechend auf spezielle Probleme wie die Forschung in der Genetik (s. Kap. III. 22) und in den Neurowissenschaften (s. Kap. III. 29), die Aufnahme vulnerabler Probandengruppen (s. Kap. III. 45), die globale Dimension von Forschung sowie die Rolle von Ethikkommissionen (s. Kap. IV. 4).

Die Emanzipation der Gesundheitsberufe von der Medizin führt dazu, dass forschungsethische Fragen im Kontext der Gesundheitsberufe gesondert diskutiert werden (s. Kap. III. 34). Die Forschungsethik beschäftigt sich des Weiteren mit der Forschung an biologischem Material. Im Fall von Biobanken erweist sich die Ausgestaltung der informierten Einwilligung (s. Kap. III. 7, II. 10) als schwierig, weil Forschungsziele und die Weiterentwicklung von Projekten oftmals nicht zeitlich weit vorgreifend geplant werden können und der Gegenstand der Einwilligung insofern unbestimmt bleiben muss. Die Ergebnisse der Forschung mit biologischem Material werfen Fragen nach der kommerziellen Nutzung (s. Kap. II. 12) auf. Insbesondere die Anwendung des Patentrechts ist in diesem Bereich Gegenstand kritischer Diskussionen (s. Kap. III. 32).

Bioethik und Weltanschauung in einer pluralistischen Welt

In der Bioethik müssen normative Bewertungen durchgeführt und Entscheidungen vorbereitet werden, die in einer pluralistischen Gesellschaft Bestand haben können. Weltanschauliche Sichtweisen sind dadurch gekennzeichnet, dass sie ihren Ausgang von Standpunkten nehmen, die in ihren Grundlagen nicht vollständig rationalen Überprüfungen zugänglich sind. Das schließt nicht aus, dass es zu Übereinstimmungen zwischen weltanschaulich motivierten Bewertungen und Resultaten bioethischer Rechtfertigungsverfahren kommt. Weil normative Fragestellungen oft weltanschaulich besetzte Problemfelder – wie Schwangerschaftsabbruch, Stammzellforschung oder Sterbehilfe – berühren, gehört es zur Aufgabe der Bioethik, Diskursformen und Entscheidungssituationen zu entwickeln, die jenseits ideologischer Konflikte verlaufen. Anstelle von polemischen Zuspitzungen müssen nachvollziehbare Begründungen und Rechtfertigungen entwickelt werden.

Unter günstigen Bedingungen weichen weltanschauliche Konflikte einem in konsensuelle Regelungen mündenden Diskurs des Gebens und Akzeptierens von Gründen (s. Kap. II. 13). Eine Verständigung über die zugrundeliegenden medizinisch-naturwissenschaftlichen Sachverhalte und die darauf aufbauenden Risikoabwägungen sind ein erster wichtiger Schritt (s. Kap. II. 23, II. 24). Welche Rolle andere Formen empirischen Wissens spielen, ist hingegen umstritten (s. Kap. II. 6). Insbesondere wird ein zuweilen konstatierter *empirical turn* durchaus kritisch gesehen. Eine einfache Bezugnahme auf Meinungsbilder, die mit empirischen Methoden erhoben werden, ersetzt keineswegs die ethische Analyse und Bewertung.

Der Sache nach sind bioethische Analysen auf den symmetrischen Austausch von Gründen festgelegt, der insbesondere durch Transparenz und Zugänglichkeit gekennzeichnet ist. Insofern bewegen sich Überlegungen zu dem in der Bioethik erarbeiteten normativen Schutz menschlichen Lebens innerhalb der Fluchtlinie des modernen Menschenrechtsgedankens (Sturma 2001). Es wird sich künftig zeigen müssen, ob der aus dem Umgang mit menschlichem Leben gewonnene normative Schutz auch auf andere Lebensformen ausgeweitet werden kann beziehungsweise ausgeweitet werden muss. Bei den erforderlichen Verständigungsprozessen können Institutionen wie Ethikräte und Ethikkommissionen eine wichtige Katalysatorfunktion übernehmen (s. Kap. IV. 5, IV. 6, IV. 7). Ebenso dürfte eine stärkere Integration ethischer Inhalte in die Ausbildung von Medizinern und Naturwissenschaftlern helfen, normative Überlegungen frühzeitig in der Forschung zu initiieren (s. Kap. IV. 1).

Die Zukunft der Bioethik

Der Fortschritt wissenschaftlicher Erkenntnis und die Entwicklung neuer Technologien werden die Bioethik immer wieder mit neuen Herausforderungen konfrontieren. Mit der fortschreitenden Globalisierung aller Bereiche der Wissenschaften werden zudem weitere normative Anforderungen aufkommen (s. Kap. IV. 8). Kritische Reflexion sowie die Etablierung von anerkannten Formen der Begründung und Rechtfertigung werden bei der normativen Ausgestaltung menschenwürdiger Lebensweisen – an der das Recht und die Politik maßgeblich beteiligt sind (s. Kap. IV. 2, IV. 3) – unerlässlich bleiben. Die Analyse und Bewertung der Auswirkungen wissenschaftlicher und technischer Entwicklungen auf einzelne Personen, die Gesellschaft insgesamt, andere Lebensformen und die Umwelt stellen insofen eine kontinuierliche Aufgabe dar, welche die Gesellschaft sowie die Wissenschaft und Technik dauerhaft begleiten wird. Dabei können die Ergebnisse der bioethischen Diskussionen der vergangenen Dekaden nicht außer Acht bleiben. An ihnen ist nicht zuletzt ablesbar, dass nicht alle bioethischen Fragestellungen neuartig sind. Es zeichnet die Bioethik als wissenschaftliche Disziplin aus, dass sie Argumente hervorbringt, die jenseits konkreter Problemfälle Geltung beanspruchen können. Durch die konstruktive Fortentwicklung etablierter Ansätze und die Entwicklung von Antworten auf neuartige Herausforderungen ist die Bioethik eine moderne Form der normativen Selbstverständigung des Menschen.

Literatur

Baron, Marcia W./Pettit, Philip/Slote, Michael: *Three Methods of Ethics: A Debate*. Malden/Oxford 1997.

Beauchamp, Tom/Childress, James: *Principles of Biomedical Ethics*. Oxford ⁷2013.

Bennett, M. R./Hacker, P. M. S.: *Philosophical Foundations of Neuroscience*. Malden, MA 2003.

Birnbacher, Dieter/Kuhlmann, Andreas: *Bioethik zwischen Natur und Interesse*. Frankfurt a. M. 2006.

Brandt, Richard B.: Toward a credible form of utilitarianism. In: Hector-Neri Castañeda/George Nakhnikian (Hg.): *Morality and the Language of Conduct*. Detroit 1963, 107–143.

Brody, Baruch A.: *Life and Death Decision Making*. Oxford 1988.

Buchanan, Allan/Brock, Dan W./Daniels, Norman/Wikler, Daniel: *From Chance to Choice. Genetics and Justice*. Cambridge 2000.

Callahan, Daniel: Individual good and common good: a communitarian approach to bioethics. In: *Perspectives in Biology and Medicine* 46 (2003), 496–507.

Christaller, Thomas/Decker, Michael/Gilsbach, Joachim M./Hirzinger, Gerd/Lauterbach, Karl W./Schweighofer, Erich/Schweizer, Gerhard/Sturma, Dieter: *Robotik. Perspektiven für menschliches Handeln in der zukünftigen Gesellschaft*. Berlin/Heidelberg 2001.

Clouser, K. Danner/Gert, Bernard: A critique of principlism. In: *Journal of Medicine and Philosophy* 15 (1990), 219–236.

Daniels, Norman: *Justice and Justification: Reflective Equilibrium in Theory and Practice*. Cambridge 1997.

Dworkin, Gerald: *The Theory and Practice of Autonomy*. New York 1988.

Foot, Philippa: *Die Natur des Guten*. Frankfurt a. M. 2004 (engl. 2001).

Fuchs, Michael/Heinemann, Thomas/Heinrichs, Bert/Hübner, Dietmar/Kipper, Jens/Rottländer, Kathrin/Runkel, Thomas/Spranger, Tade Matthias/Vermeulen, Verena/Völker-Albert, Moritz: *Forschungsethik. Eine Einführung*. Stuttgart 2010.

Gert, Bernard/Culver, Charles M./Clouser, K. Danner: *Bioethics: A Return to Fundamentals*. New York 1997.

Geyer, Christian: *Hirnforschung und Willensfreiheit. Zur Deutung der neuesten Experimente*. Frankfurt a. M. 2004.

Gilligan, Carol: *Die andere Stimme: Lebenskonflikte und Moral der Frau*. München [6]1993 (engl. 1990).

Hare, Richard M.: *Essays on Bioethics*. Oxford 1993.

Harris, John: *The Value of Life: An Introduction to Medical Ethics*. London 1989.

Heinrichs, Bert: Single-principle versus multi-principles approaches in bioethics. In: *Journal of Applied Philosophy* 27 (2010), 72–83.

Held, Virginia: *The Ethics of Care. Personal, Political, and Global*. Oxford 2006.

Hill, Thomas, Jr.: *Autonomy and Self-Respect*. Cambridge 1991.

Hursthouse, Rosalind: *On Virtue Ethics*. Oxford 1999.

Jahr, Fritz: Bio-Ethik. Eine Umschau über die ethischen Beziehungen des Menschen zu Tier und Pflanze. In: *Kosmos. Handweiser für Naturfreunde* 24 (1927), 2–4.

Jonas, Hans: *Das Prinzip Verantwortung. Versuch einer Ethik für die technologische Zivilisation*. Frankfurt a. M. 1979.

Jonsen, Albert R.: *The Birth of Bioethics*. New York 1998.

–/Toulmin, Stephen: *The Abuse of Casuistry. A History of Moral Reasoning*. Berkeley 1988.

Korgaard, Christine: Fellow creatures: Kantian ethics and our duties to animals. In: *Tanner Lectures on Human Values* 24 (2004), 77–110.

Louden, Robert B.: Some vices of virtue ethics. In: *American Philosophical Quarterly* 21 (1984), 227–236.

MacIntyre, Alasdair: *Der Verlust der Tugend. Zur moralischen Krise der Gegenwart*. Frankfurt a. M. [2]1997 (engl. 1984).

Moore, George Edward: *Principia Ethica*. Stuttgart 1996 (engl. 1903).

National Commission for the Protection of Human Subjects of Biomedical and Behavioral Research: The Belmont Report. Ethical Principles and Guidelines for the Protection of Human Subjects of Research. In: Warren T. Reich (Hg.): *Encyclopedia of Bioethics*, volume 5. New York 1995, 2767–2773.

O'Neill, Onora: *Tugend und Gerechtigkeit. Eine konstruktive Darstellung des praktischen Denkens*. Berlin 1996 (engl. 1996).

–: *Autonomy and Trust in Bioethics*. Cambridge 2002.

–: Some limits of informed consent. In: *Journal of Medical Ethics* 29 (2003), 4–7.

Pellegrino, Edmund D./Thomasma, David C.: *The Virtues in Medical Practice*. New York 1993.

Potter, Van Rensselaer: Bioethics: The science of survival. In: *Perspectives in Biology and Medicine* 14 (1970), 127–153.

–: *Bioethics. A Bridge to the Future*. New Jersey 1971.

Rawls, John: *Eine Theorie der Gerechtigkeit*. Frankfurt a. M. 1979 (engl. 1971).

Reich, Warren T.: The ›Wider View‹: André Hellegers's passionate, integrating intellect and the creation of bioethics. In: *Kennedy Institute of Ethics Journal* 9 (1999), 25–51.

Sandel, Michael: *Liberalism and the Limits of Justice*. Cambridge 1982.

Schaber, Peter: *Instrumentalisierung und Würde*. Paderborn 2010.

Singer, Peter: *Praktische Ethik*. Stuttgart [2]1994 (engl. 1979).

Slote, Michael: *The Ethics of Care and Empathy*. London/New York 2007.

Sturma, Dieter: Person und Menschenrechte. In: Dieter Sturma (Hg.): *Person. Philosophiegeschichte – Theoretische Philosophie – Praktische Philosophie*. Paderborn 2001, 337–362.

–: Kants Ethik der Autonomie. In: Karl Ameriks/Dieter Sturma (Hg.): *Kants Ethik. Beiträge aus der angloamerikanischen und kontinentaleuropäischen Gegenwartsphilosophie*. Paderborn 2004, 160–177.

–: *Philosophie des Geistes*. Leipzig 2005.

–: *Philosophie der Person. Die Selbstverhältnisse von Subjektivität und Moralität*. Paderborn [2]2008.

Taylor, Charles: *Quellen des Selbst. Die Entstehung der neuzeitlichen Identität*. Frankfurt a. M. 1996 (engl. 1989).

Urmson, James O.: Zur Interpretation der Moralphilosophie John Stuart Mills. In: Otfried Höffe (Hg.): *Einführung in die utilitaristische Ethik. Klassische und zeitgenössische Texte*. Tübingen 1992, 123–134 (engl. 1953).

Veatch, Robert: The danger of virtue. In: *Journal of Medicine and Philosophy* 13 (1988), 445–446.

Williams, Bernard/Smart, John Jamieson Carswell: *Utilitarianism: For and Against*. Cambridge 1973.

Dieter Sturma und Bert Heinrichs

II. Zentrale Begriffe und Konzepte der Bioethik

1 Argument der schiefen Ebene

Bei dem Argument der schiefen Ebene (*slippery-slope-argument*; Dammbruchargument) handelt es sich um einen im Alltag und in wissenschaftlichen Diskursen weit verbreiteten Argumentationstyp. Ein Argument der schiefen Ebene kommt meist dann zum Tragen, wenn gegen eine Handlung bzw. Praxis unmittelbar keine moralischen Gründe sprechen. Gegen die Handlung wird dann angeführt, dass sie zu einer Ereignisfolge führe, an deren Ende ein von allen Diskutierenden als moralisch unerwünscht angesehener Zustand steht. Typisch ist ein gradualistischer Übergang von einem eher unproblematischen Anfang zu einem prognostizierten schrecklichen Ende, das mit diesem Anfang in Zusammenhang gebracht wird. Wer etwa behauptet, die Abschaffung des Latinums als Studienvoraussetzung sei für sich genommen akzeptabel, führe jedoch mittelfristig zu schlechteren Grammatikkenntnissen und langfristig zur Abschaffung erst sämtlicher Sprachvoraussetzungen und dann jeglicher Bildung, bringt eine typische Variante des Arguments der schiefen Ebene vor. Aufgrund der hohen emotionalen Besetzung des moralisch indiskutablen Endzustands, finden Argumente der schiefen Ebene häufig im politischen und öffentlichen Diskurs Verwendung, da sie als rhetorisch effektives Mittel gelten. Oftmals findet sich dabei ein empirisch vager Hinweis auf eine Entwicklung, die zu einer Situation führe, deren Erwähnung als rhetorisch besonders suggestiv gelten kann, z. B. Verweise auf das ›Dritte Reich‹. Argumente der schiefen Ebene können auch als Ausdruck von Sorge angesichts von Reformen und Veränderungen in moralisch sensiblen Bereichen begriffen werden, die als solche auch dann ernstgenommen werden sollten, wenn es sich um ungültige Argumente im engeren Sinn handelt (Burgess 1993). Neben dieser eher rhetorischen Funktion des Arguments der schiefen Ebene ist es umstritten, ob es sich hierbei überhaupt um einen logisch gültigen und falls ja um einen guten Argumenttyp handelt. Häufig werden Argumente der schiefen Ebene zum Zweck der Beweislastumkehr eingesetzt (Walton 1992).

Charakteristika des Arguments der schiefen Ebene

Grundlegend lassen sich drei Varianten des Argumenttyps der schiefen Ebene unterscheiden: (1) eine begriffliche, (2) eine kausale und (3) eine begrifflich-kausale Fassung (vgl. Walton 1992; Guckes 1997).

Die begriffliche Variante (1) behauptet, dass es bei der Zulassung einer Handlung h_0 begrifflich inkonsistent sei, nicht auch die abzulehnende Handlung h_n zuzulassen (Glover 1977, 166). Diese Variante bezieht sich also nicht auf prognostizierte Folgen, sondern auf die Konsistenz von Überzeugungssystemen rationaler Akteure. Da rein begrifflichen Argumenten der schiefen Ebene sowohl der prognostische als auch der gradualistische Charakter fehlt, werden sie von vielen nicht als Variante dieses Argumentationstyps anerkannt (Guckes 1997, 33).

Die kausale Variante (2) wird häufig auch als Domino-Theorie bezeichnet. Sie beruht auf der These, dass die Zulassung (bzw. das Verbot) einer Handlung h_0 mit einer bestimmten Wahrscheinlichkeit zu einem kausalen Folgeereignis e_i führt, das letztlich zu einem moralisch inakzeptablen Ereignis e_n führt. Wiederum wird von vielen bestritten, dass es sich um eine Variante des Arguments der schiefen Ebene handelt, da die kausalen Folgeereignisse ohne weitere handelnde Einflussnahme eintreten (ebd., 43).

Die begrifflich-kausale Variante (3) schließlich geht davon aus, dass aufgrund der Verwendung von vagen oder auslegungsbedürftigen Begriffen, in Kombination mit psychischen Mechanismen, die Gefahr droht, von ursprünglich akzeptablen Praxen sukzessive zu inakzeptablen Konsequenzen zu gelangen (Lamb 1988).

Ein Argument der schiefen Ebene kann in eine schematische Darstellung folgender Art gebracht werden:

Pr 1: Wenn Handlung H_0 zugelassen wird, führt das mit einer Wahrscheinlichkeit P_1 zu der Zulassung von Handlung H_1.

Pr 2: Wenn H_1 zugelassen wird, führt das mit einer Wahrscheinlichkeit P_2 zu der Zulassung von H_2.

Pr 3: Wenn H_2 zugelassen wird, führt das mit einer Wahrscheinlichkeit P_3 zu der Zulassung von H_3.

K 1: Wenn H_0 zugelassen wird, führt das mit einer Wahrscheinlichkeit $P_1 \times P_2 \times P_3$ zu der Zulassung von H_3.

Pr 4: H_3 sollte nicht zugelassen werden (hierüber besteht weitgehend Einigkeit).

Pr 5: Das Risiko, dass es zu einer Zulassung von H_3 kommt, sollte nicht eingegangen werden und ist unangemessen in Relation zu den von der Zulassung von H_0 erhofften Gütern.

K 2: Handlung H_0 sollte nicht zugelassen werden.

Das Argument der schiefen Ebene beruht auf den beiden Schlussregeln ›Kettenschluss‹ und *modus tollens* (Guckes 1997, 8). Hält man den gradualistischen und prognostischen Charakter von Argumenten der schiefen Ebene für konstitutiv und folgt damit der Auffassung, dass es sich bei der rein begrifflichen und der rein kausalen Variante nicht um Argumente der schiefen Ebene im eigentlichen Sinne handelt, dann ist entscheidend, dass die Übergänge zwischen den einzelnen Folgezuständen empirisch sind. Sie dürfen also lediglich mit einer gewissen Wahrscheinlichkeit aufeinander folgen und nicht mit begrifflicher oder kausaler Notwendigkeit. Sofern sie Anspruch darauf erheben können, ein gutes Argument zu bieten, schultern Argumente der schiefen Ebene deswegen hohe empirische Beweislasten. Es muss gezeigt werden, dass die angenommenen Eintrittswahrscheinlichkeiten tatsächlich bestehen.

Die Wahrscheinlichkeit P für das Eintreten der jeweiligen Folgeereignisse muss größer als 0 und kleiner als 1 sein. Daher wird auch der abzulehnende Endzustand nur mit einer gewissen Wahrscheinlichkeit aus den vorhergehenden Zuständen folgen. Aus diesem Grund kommen Argumente der schiefen Ebene nicht ohne risikoethische Erwägungen aus (s. Kap. II. 23). Der Verweis darauf, dass eine unerwünschte Folge mit einer Wahrscheinlichkeit P mit einer bestimmten Praxis verknüpft ist, reicht alleine nicht aus, um diese Praxis zu delegitimieren. Vielmehr muss zudem gezeigt werden, dass P relativ zur erwarteten Folge eine inakzeptabel hohe Wahrscheinlichkeit, d. h. ein Risiko darstellt, das nicht eingegangen werden sollte. Hierbei ist zu beachten, dass die Eintrittswahrscheinlichkeit der abgelehnten Folge mit der Länge der prognostizierten Ereigniskette abnimmt, da die Eintrittswahrscheinlichkeiten aller Ereignisse miteinander multipliziert werden müssen und jeweils unter 1 liegen. Entscheidungen mit P= 1 – also unter Gewissheit – sind keine Fälle des Arguments der schiefen Ebene.

Auf Basis des Charakters von P lassen sich noch einmal zwei Arten differenzieren. Ist es möglich, P quantitativ anzugeben, so spricht man von *Entscheidungen unter Risiko*. Ist die Höhe von P ungewiss, so spricht man von *Entscheidungen unter Unsicherheit* (Guckes 1997, Kap. I. 3). Insbesondere bei letztgenannten Fällen ist es schwierig die Akzeptabilität eines Risikos zu beurteilen.

Unter Berücksichtigung der vorhergehenden Erläuterungen lassen sich sieben Anforderungen für gute Argumente der schiefen Ebene (Guckes 1997, 82) aufstellen:

- Die Berücksichtigung aller unmittelbaren Gründe ist nicht ausreichend, um die in Frage stehende Praxis als moralisch inakzeptabel auszuzeichnen.
- Es werden ausschließlich empirische Gründe für die Annahme vorgetragen, dass es zu der prognostizierten Ereignisfolge kommt.
- Die empirische Einschätzung beruht nicht auf einer Begriffsverwirrung.
- Die moralische Beurteilung der unmittelbaren Gründe durch den Argumentierenden ist haltbar.
- Das Argument ist logisch gültig.
- Für die Annahme, es bestehe ein Risiko, dass es zu dem befürchteten Ende kommt, gibt es gute Gründe.
- Mit dem bestehenden Risiko wird angemessen umgegangen.

Anwendungsbereiche

Insbesondere im Rahmen der Bioethik sind Argumente der schiefen Ebene häufig formuliert worden. Dies mag u. a. daran liegen, dass sich durch die Entwicklungen der medizinischen und technischen Möglichkeiten die Grenzen der Unverfügbarkeit der menschlichen Natur verschoben haben und frühere Gewissheiten nun moralisch disponibel werden (z. B. für die Gentechnik vgl. Habermas 2005). Gerade in solchen moralisch sensiblen Domänen liegt es nahe, mit dem gerade auch rhetorisch starken Mittel des Arguments der schiefen Ebene zu operieren, um auf die moralische Bedenklichkeit bestimmter technisch-medizinischer Optionen hinzuweisen. Für den Kontext der deutschen Debatte muss dabei die Erinnerung an die Taten im ›Dritten Reich‹ berücksichtigt werden, die den Debatten einen besonderen Stellenwert verleiht. Zudem spielt das Argument der schiefen Ebene eine zentrale Rolle in allen Debatten, in denen es im weitesten Sinne um politisch-rechtliche Interventionen in moralisch sensiblen Bereichen geht.

Viele Argumente der schiefen Ebene in bioethischen Kontexten stellen darauf ab, dass jeder Versuch der Lebensqualitätsbewertung nahezu unweigerlich dazu führe, dass ökonomische Interessen, die Interessen der von bioethischen Maßnahmen Betroffenen überstimmten bzw. diese keine Berücksichtigung mehr fänden. Zudem wird befürchtet, dass Lebensqualitätsbewertungen grundsätzlich unvereinbar mit dem Prinzip der Menschenwürde sind (s. Kap. II. 17). Gegen diesen Argumenttyp kann jedoch vorgebracht werden, dass diese Befürchtungen nicht alle Arten der etablierten Standards innerhalb der Lebensqualitätsbewertung treffen, so dass nicht jede Art von Lebensqualitätsbewertung über kurz oder lang zu Ignoranz gegenüber den Interessen der Betroffenen führt (Quante 2010, Kap. 1).

Pränataldiagnostik und Präimplantationsdiagnostik

Im Kontext von Pränataldiagnostik (PND) und Präimplantationsdiagnostik (PID) sind wiederholt Argumente der schiefen Ebene vorgebracht worden (s. Kap. III. 5). Die Möglichkeit zur selektiven Abtreibung (bei PND) bzw. unterlassener Einpflanzung (bei PID) wird dann nicht auf Basis unmittelbarer Gründe kritisiert, sondern weil sie langfristig zu einer Zunahme von behindertenfeindlichen Einstellungen (Antor/Bleidick 1995, 278) oder einer generationenübergreifenden »liberalen Eugenik« (Habermas 2005) führe. Das Argument der schiefen Ebene behauptet dabei, dass PND vielleicht nicht aufgrund des Status des ungeborenen Lebens abgelehnt werden muss, wohl aber, weil sich in der Etablierung dieser Praxis behindertenfeindliche Einstellungen vermehren und verfestigen. Die Möglichkeit, einen Embryo bzw. Fötus aufgrund einer möglichen Behinderung abzutreiben, führe dazu, dass auch lebende Menschen mit dieser Behinderung mehr Ablehnung erfahren (Kurmann 2008, 28).

Dieses Argument der schiefen Ebene wird im Kontext von PID in analogen Formen vorgetragen (Hüppe 2010). Auch wenn dieses Argument der schiefen Ebene auf einem fragwürdigen begrifflichen Übergang von der Ablehnung einer Behinderung zur Ablehnung des Trägers einer Behinderung fußt (Düber 2009), wäre es dennoch möglich, dass sich ein solcher Einstellungswandel vollzieht, da nicht jede vernünftige Unterscheidung auch zu einer wirksamen Unterscheidung wird (Williams 1985, 127 f.). Allerdings unterlassen es die Autoren meist, entsprechende empirische Belege vorzubringen und bisher unternomme Untersuchungen weisen eher in die entgegengesetzte Richtung. So lässt sich seit der Einführung von PND an einer Vielzahl von Indikatoren eher ein behindertenfreundlicher Einstellungswandel nachweisen (van den Daele 2005). Es ist ebenfalls nicht zu sehen, warum sich dies bei der Legalisierung von PID ändern sollte.

Euthanasie

In der Debatte um die Zulässigkeit der Sterbehilfe (s. Kap. II. 25 und III. 40) werden Varianten des Arguments der schiefen Ebene angeführt, um aufzuzeigen, dass die Zulassung von freiwilliger Sterbehilfe zu einer Veränderung des moralischen Klimas führe, die letztlich auch unfreiwillige Sterbehilfe nach sich ziehe. Dabei sind sich die Diskutierenden meist darüber einig, dass ein humanes Sterben möglich sein soll. Man hält also nicht an einem *in dubio pro vita* um jeden Preis fest (Guckes 1997, 210). In der emotional und rhetorisch aufgeladenen Debatte wird häufig unter Verweis auf die Euthanasie-Programme der NS-Diktatur argumentiert (Ach/Gaidt 2000). Über die Ablehnung solcher Programme besteht ein breiter gesellschaftlicher Konsens. Wird daher vermittels eines Arguments der schiefen Ebene gezeigt, dass die Einführung der freiwilligen Sterbehilfe mit hoher Wahrscheinlichkeit zu einem moralischen Klima führt, in dem unter ökonomischem Druck in Krankenhäusern auch unfreiwillige Sterbehilfe praktiziert wird und wenn zudem die Ansicht überzeugt, dass ein solcher Zustand mit demjenigen der NS-Herrschaft in relevanter Hinsicht analog ist, liegt ein starkes Argument gegen die Zulässigkeit der freiwilligen Sterbehilfe vor. Die mit einem moralischen Verfall und gesellschaftlichen Normwandel argumentierenden Autoren bleiben dabei jedoch in der Regel die Darlegung schuldig, wie sich ein solcher Normwandel vollziehen soll (etwa Kinsauer Manifest 1992, 171) und verstoßen gegen die oben vorgestellte sechste Adäquatheitsbedingung. Auch im empirischen Vergleich zwischen verschiedenen Kulturen, etwa im Rahmen der Einführung der aktiven Sterbehilfe in den Niederlanden und deren Auswirkungen, ist die Interpretation der empirischen Daten nicht eindeutig (Ach/Gaidt 2000, 425). Auch wenn die faktisch in diesem Rahmen vorgebrachten Argumente der schiefen Ebene in der Regel nicht die Adäquatheitsbedingungen für gute Argumente der schiefen Ebene erfüllen, kann es natürlich politisch-pragmatische Gründe geben, diesen Beachtung zu schenken. Gerade die Emotionalität der Debatte und der Rückgriff auf Argumente der schiefen Ebene legen nahe, dass es in der Gesellschaft stark abweichende Einschätzungen über Chancen und Gefahren der Sterbehilfe gibt. Aus pragmatischen Gründen – etwa des sozialen Friedens – kann es daher sinnvoll sein, solche Ängste auch ohne gute Argumente ernstzunehmen.

Paternalismus

Weitere Anwendung finden Argumente der schiefen Ebene im Kontext des Antipaternalismus. Hier wird die These geäußert, dass selbstschädigendes Verhalten prinzipiell außerhalb der legitimen Intervention Dritter liegen müsse, da anderenfalls die Gefahr drohe, dass der öffentlichen Einmischung in private Angelegenheiten kein Einhalt mehr zu bieten sei. Beispielhaft ausformuliert wurde dieser Einwand im Kontext des libertären Paternalismus (s. Kap. II. 20). Der libertäre Paternalismus zielt darauf ab, das Umfeld und die sog. Entscheidungsarchitektur von Menschen so einzurichten, dass sie mit höherer Wahrscheinlichkeit Entscheidungen zu ihrem Wohl, z. B. für ihre Gesundheit oder finanzielle Sicherheit, treffen (für Beispiele solcher Veränderungen vgl. Thaler/ Sunstein 2009). Es bleibt jedoch die Möglichkeit erhalten, diese mutmaßlich guten Optionen zu verwerfen. Solche Vorschläge werden u. a. im Bereich der *Public Health Ethics* (s. Kap. III. 20) diskutiert. So könnten ungesunde Nahrungsmittel weniger ansprechend präsentiert werden oder Arbeitgeber ihre Mitarbeiter standardmäßig für bestimmte Krankenversicherungsleistungen anmelden (wobei letzteres insbesondere im Kontext unzureichender öffentlicher Krankenversicherung relevant ist). In beiden Fällen bleibt die Möglichkeit erhalten, dennoch zur ungesunden Nahrung zu greifen oder sich von der Krankenversicherung abzumelden. Gegen solche vermeintlich wenig intrusive paternalistische Praxen wird jedoch eingewandt, dass sie dazu führen könnten, den Boden für stärker intrusive paternalistische Praxen zu ebnen (Whitman/Rizzo 2007). Durch empirische sowie begriffliche Unklarheiten, z. B. wann Menschen ihrer Gesundheit oder finanziellen Sicherheit in der Zukunft einen zu geringen und wann einen adäquaten Wert beimessen, seien solche Ansätze dafür offen, von maßvollen zu übermäßigen Interventionen abzugleiten. Außerdem könnte sich durch den Einstieg in paternalistische Regulierungen die Akzeptanz für diese und damit künftig die Zustimmung zu solchen Maßnahmen erhöhen. Zeigen moderate Maßnahmen zudem nicht den erwarteten Erfolg, so könnte man auf verschärfte Maßnahmen zurückgreifen, statt die Praxis zu verwerfen. Beurteilt man die vorgetragene Kritik dann fällt auf, dass lediglich die Möglichkeit eines ausufernden Paternalismus behauptet wird.

Literatur

Ach, Johann S./Gaidt, Andreas: Wehret den Anfängen? Anmerkungen zum Argument der ›schiefen Ebene‹ in der gegenwärtigen Euthanasie-Debatte. In: Andreas Frewer/ Clemens Eickhoff (Hg.): *»Euthanasie« und die gegenwärtige Sterbehilfe-Debatte: die historischen Hintergründe medizinischer Ethik*. Frankfurt a. M./New York 2000, 424–447.

Antor, Georg/Bleidick, Ulrich: *Recht auf Leben – Recht auf Bildung. Aktuelle Fragen der Behindertenpädagogik.* Heidelberg 1995.

Burgess, John A.: The great slippery-slope argument. In: *Journal of Medical Ethics* 19 (1993), 169–174.

Daele, Wolfgang van den: Empirische Befunde zu den gesellschaftlichen Folgen der Pränataldiagnostik: Vorgeburtliche Selektion und Auswirkungen auf die Lage behinderter Menschen. In: Annemarie Gethmann-Siefert/ Stefan Huster (Hg.): *Recht und Ethik in der Präimplantationsdiagnostik*. Bad Neuenahr-Ahrweiler 2005, 206–254.

Den Hartogh, Govert: The slippery slope argument. In: Helga Kuhse/Peter Singer (Hg.): *A Companion to Bioethics*. Oxford 1998, 280–290.

Düber, Dominik: Liberale Eugenik oder Paternalismus? Ethische Probleme im Kontext der Pränataldiagnostik. In: *Forum Wissenschaft* 2 (2009), 52–55.

Glover, Jonathan: *Causing Death and Saving Lives*. Hamondsworth 1977.

Govier, Trudy: What's wrong with slippery-slope arguments? In: *Canadian Journal of Philosophy* 12/2 (1982), 303–316.

Guckes, Barbara: *Das Argument der schiefen Ebene. Schwangerschaftsabbruch, die Tötung Neugeborener und Sterbehilfe in der medizinethischen Diskussion.* Stuttgart/Jena/ Lübeck/Ulm 1997.

Habermas, Jürgen: *Die Zukunft der menschlichen Natur: Auf dem Weg zu einer liberalen Eugenik?* Frankfurt a. M. ³2005.

Hüppe, Hubert: Behindertenbeauftragter des Bundes: PID diskriminiert Menschen mit Behinderung und Krankheit. *Cicero Online*. Dezember 2010. In: http://www.cicero.de/berliner-republik/behindertenbeauftragter-des-bundes-%3Fpid-diskriminiert-menschen-mit-behinderungen (11. 06. 2013).

Kinsauer Manifest. In: Franco Rest (Hg.): *Das kontrollierte Töten*. Gütersloh 1992, 171–176.

Kurmann, Margaretha: Hauptsache Beratung – Vorgeburtliche Untersuchungen: Autonomie, Information, Verantwortung? In: *Forum Wissenschaft* 4 (2008), 27–31.

Lamb, David: *Down the Slippery Slope. Arguing in Applied Ethics*. London 1988.

Quante, Michael: Wider die Unverträglichkeit von Menschenwürde und Lebensqualitätsbewertung. In: Ders.: *Menschenwürde und personale Autonomie. Demokratische Werte im Kontext der Lebenswissenschaften*. Hamburg 2010, 27–42.

Rudinow, Joel: On ›the slippery slope‹. In: *Analysis* 34/5 (1974), 173–176.

Thaler, Richard H./Sunstein, Cass R.: *Nudge. Improving Decisions About Health, Wealth, and Happiness*. New Haven, Conn. 2009.

Walton, Douglas N.: *Slippery Slope Arguments*. Oxford 1992.

Whitman, Douglas Glen/Rizzo, Mario J.: Paternalist slopes. In: *NYU Journal of Law and Liberty* 2/3 (2007), 411–443.

–/–: The camel's nose is in the tent: rules, theories, and slippery slopes. In: *UCLA Law Review* 51/2 (2002), 539–592.

Williams, Bernard: Which slopes are slippery? In: Michael Lockwood (Hg.): *Moral Dilemmas in Modern Medicine*. Oxford 1985, 126–137.

Dominik Düber und Tim Rojek

2 Behinderung

Soziales versus medizinisches Modell von Behinderung

Nach der deutschen sozialrechtlichen Definition gelten Menschen als »behindert, wenn ihre körperliche Funktion, geistige Fähigkeit oder seelische Gesundheit mit hoher Wahrscheinlichkeit länger als sechs Monate von dem für das Lebensalter typischen Zustand abweichen und daher ihre Teilhabe am Leben in der Gesellschaft beeinträchtigt ist« (SGB IX § 2 Abs. 1).

Dieses medizinische Modell von Behinderung, mit dem sozialrechtliche Leistungsansprüche begründet werden, ist auf Grund seiner Defektorientierung und seines damit verbundenen Diskriminierungspotenzials umstritten. Vertreter der *disability studies* beziehen sich deshalb auf das soziale Modell von Behinderung, dem zufolge ein Mensch nicht in erster Linie durch seine individuelle Beeinträchtigung behindert ist, sondern durch gesellschaftliche Barrieren, Benachteiligungen und negative Bewertungsmuster behindert wird (vgl. Barnes et al. 1999, 27 ff.). Analog zur Unterscheidung zwischen biologischem (*sex*) und sozialem Geschlecht (*gender*) der *gender studies* (s. Kap. III. 15) wird in den *disability studies* zwischen körperlicher, kognitiver oder psychisch-sozialer Beeinträchtigung (*impairment*) und Behinderung durch gesellschaftliche Barrieren und negative Bewertungsmuster (*disability*) unterschieden.

Die Kritik am medizinischen Modell von Behinderung hat auch die neue, internationale Klassifikation der Funktionsfähigkeit, Behinderung und Gesundheit (ICF) der Weltgesundheitsorganisation geprägt, welche die alte Klassifikation der Schädigungen, Beeinträchtigungen und Behinderungen (ICIDH) abgelöst hat. Die ICF folgt einem bio-psycho-sozialen Verständnis von Behinderung und nimmt nicht nur beeinträchtigende Gesundheitsbelastungen auf drei Ebenen – Körperfunktionen und -strukturen, Aktivitätspotenziale und Partizipationsfähigkeiten – in den Blick, sondern bezieht auch Umwelt- und personenbezogene Faktoren ein (vgl. Hirschberg 2009). Auch die UN-Konvention für die Rechte von Menschen mit Behinderungen von 2006 legt das soziale Modell von Behinderung zu Grunde. In der Konvention wird auf eine abschließende Definition von Behinderung verzichtet und stattdessen der Kreis der Menschen mit Behinderungen festgelegt als Personen (s. Kap. II. 21), die langfristige körperliche, seelische, geistige oder Sinnesbeeinträchtigungen haben, die sie in Wechselwirkung mit verschiedenen Barrieren an der vollen, wirksamen und gleichberechtigten Teilhabe an der Gesellschaft hindern können. Die Konvention fordert von den Vertragsstaaten u. a., Respekt für die individuellen Besonderheiten eines jeden Menschen zu zeigen, Maßnahmen zur Bekämpfung von Vorurteilen und abwertenden Einstellungen in der Gesellschaft zu ergreifen sowie die Voraussetzungen dafür zu schaffen, dass sich nicht diskriminierende Einstellungen gegenüber behinderten Menschen kulturell durchsetzen können (vgl. Graumann 2011).

Nun wird ›der Bioethik‹ gelegentlich vorgeworfen, einen durch die präferenzutilitaristischen Thesen Peter Singers präfigurierten Diskurs zu führen, der diskriminierende Einstellungen gegenüber behinderten Menschen befördert (vgl. Hetzel 2007). In Frage steht dabei, ob Lebensqualität abhängig von einer Behinderung objektiv bestimmt oder nur subjektiv aus der Lebensgeschichte einer Person heraus verstanden werden kann (vgl. Kuhlmann 2011) und inwiefern Menschen mit Behinderung durch biomedizinische Verfahren (vgl. McLean/Williamson 2007) bzw. in den bioethischen Debatten über diese (vgl. Oullette 2011) diskriminiert werden. Gegenstand von Kontroversen sind der Personenstatus und das Lebensrecht von behinderten Neugeborenen und Erwachsenen mit kognitiven Beeinträchtigungen, die Pränatal- und Präimplantationsdiagnostik sowie die Forschung mit sog. nichteinwilligungsfähigen Menschen. Aber auch zentrale ethische Begriffe wie Selbstbestimmung, Fürsorge und Gerechtigkeit sind mit Blick auf den gesellschaftlichen Umgang mit Behinderung umstritten.

Kritik an der Gegenüberstellung ›Selbstbestimmung versus Fürsorge‹

In bioethischen Diskussionen werden häufig das Recht auf Selbstbestimmung und die Fürsorgepflicht als zwei Normen angesehen, die miteinander in Konflikt geraten können und dann gegeneinander abgewogen werden müssen. Von Philosophinnen und Philosophen, die für sich in Anspruch nehmen, die Perspektive von Menschen mit Behinderung zu berücksichtigen, wird allerdings das gängige Verständnis beider Begriffe kritisch beleuchtet. Wenn das Recht auf Selbstbestimmung primär als negatives Recht von selbstständigen, unabhängigen und selbstgenügsamen Individuen verstanden wird, werden Menschen mit Behinderung, insbesondere diejenigen mit einem hohen Unterstützungsbedarf, nicht gleichermaßen berücksichtigt (vgl. List/Stelzer 2010). Deshalb fordert Alasdair MacIntyre die Abhängigkeit in sozialen Beziehungsnetzen als anthropologisches Faktum anzuerkennen (MacIntyre 2001), und Martha Nussbaum versteht Selbstbestimmung als Grundfähigkeit der Kontrolle über die eigene Umwelt, auf deren Entwicklung jeder Mensch einen verbindlichen Anspruch geltend machen kann (Nussbaum 2010). Fürsorge im traditionellen Sinn wird von den genannten Autorinnen und Autoren abgelehnt, weil sie mit paternalistischer Bevormundung und Fremdbestimmung verbunden ist (s. Kap. II. 20). Eine gewisse Popularität besitzt in diesen Kreisen der Begriff *care*, mit dem eine gute, den Bedürfnissen der sorgenden wie der umsorgten Person Rechnung tragende und Bevormundung vermeidende Sorge verbunden wird. Umgekehrt werden, wenn das Recht auf Selbstbestimmung aus der Perspektive von Menschen mit Behinderung verteidigt wird, der Anspruch auf Schutz vor Fremdbestimmung und Bevormundung mit dem Anspruch auf Entwicklung, Bewahrung und Wiederherstellung der Fähigkeiten zu Selbstbestimmung verbunden (vgl. Graumann 2011).

Eine weitere zentrale Frage betrifft den Zusammenhang zwischen der gesellschaftlichen Anerkennung von behinderten Menschen, philosophischen Konzepten sozialer Gerechtigkeit, die ihren Lebenslagen Rechnung tragen, und ihrem Recht auf volle und gleichberechtigte gesellschaftliche Teilhabe (*inclusion*) (vgl. Felder 2012).

Das Lebensrecht von Menschen mit Behinderung

Viele Kinder, die extrem früh oder schwer krank zur Welt kommen und früher keine Lebensaussichten hatten, können heute auf Grund der Fortschritte in der Neonatologie überleben. Dabei sind die intensivmedizinischen Behandlungen belastend für die Kinder und individuelle Prognosen über Überlebensaussichten und eventuell dauerhafte gesundheitliche Beeinträchtigungen sind mit Unsicherheit behaftet. Dies stellt Ärzte und Eltern vor schwierige Entscheidungskonflikte. Entschieden werden muss zum einen, ob eine lebenserhaltende Behandlung begonnen wird, und sofern Komplikationen auftreten zum anderen, ob und falls ja wann von einer kurativen auf eine palliative Behandlungsstrategie übergegangen wird. Nach geltendem Recht wird jedes geborene Kind als Subjekt mit gleicher Würde und gleichen Rechten anerkannt. Es hat damit einen Anspruch auf eine lebenserhaltende medizinische Behandlung, aber auch den Anspruch auf Schutz vor einer unzumutbaren ›Übertherapie‹. Dabei kann die Behinderung des Kindes alleine den Verzicht auf lebenserhaltende Maßnahmen nicht rechtfertigen.

In bioethischen Debatten dagegen wird über das Lebensrecht von Neugeborenen mit Behinderung kontrovers diskutiert. Dabei hat insbesondere die präferenzutilitaristische Position von Singer, der für die Zulässigkeit einer Tötung behinderter Neugeborener argumentiert, in Deutschland für erhebliche öffentliche Proteste gesorgt. Ein generelles Tötungsverbot lässt sich Singer zufolge nur für selbstbewusste Personen begründen, die auf die Zukunft bezogene Wünsche und die Präferenz weiterzuleben haben. Neugeborene hätten zwar das Interesse, nicht zu leiden, jedoch noch keine auf die Zukunft bezogenen Wünsche. Ihre schmerzfreie Tötung auf Wunsch ihrer Eltern wäre daher laut Singer nicht per se verwerflich (Singer 1994). Die öffentliche Empörung über Singers Thesen hat zur Entstehung einer sozialen Bewegung gegen ›die Bioethik‹ geführt, der pauschal vorgeworfen wurde, Menschen mit kognitiven Beeinträchtigungen den Status als Person mit gleicher Würde und gleichen Rechten abzusprechen, ihre Existenzberechtigung zur Disposition zu stellen und Behinderung umstandslos mit Leid gleichzusetzen, was den Lebenserfahrungen von Menschen mit Behinderung keineswegs entspricht (vgl. Dederich 2003).

Die Bioethik-Kontroverse der 1990er Jahre hat nicht nur zu persönlichen Kränkungen auf beiden Seiten geführt, sondern auch dazu, dass heute zumindest hierzulande in der Bioethik deutlich differenzierter mit dem Thema Behinderung umgegangen wird – gerade auch in der philosophischen Debatte über den Personenbegriff und dessen normative Implikationen. Dabei werden die potenziellen Konsequenzen unterschiedlicher philosophischer Personenbegriffe für Menschen mit kognitiven Beeinträchtigungen kritisch reflektiert und deren Lebensrecht kaum noch in Frage gestellt. Im Unterschied dazu ist das Lebensrecht von Menschen mit Behinderungen derzeit in den USA Gegenstand einer sehr polarisierten philosophischen Debatte (vgl. Kittay/Carlson 2010), die sich an den Thesen von Jeff McMahan über die ›Ethik des Tötens‹ entzündet hat (McMahan 2002).

Die Pränatal- und Präimplantationsdiagnostik

Pränatale Diagnostik (PND) gehört heute zum Regelangebot in der Schwangerenvorsorge. Dabei müssen invasive und nicht-invasive Verfahren sowie individuell begründete und allgemein selektive Zielsetzungen unterschieden werden. Die invasiven Verfahren wie die Amniozentese und die Chorionzottenbiopsie werden erst ab dem zweiten Drittel der Schwangerschaft angewandt, führen zu relativ zuverlässigen Diagnosen, sind aber mit Eingriffsrisiken wie Fehlgeburten und gegebenenfalls späten Schwangerschaftsabbrüchen verbunden. Sie werden bei einer individuell begründeten Zielsetzung, d. h. wenn eine Erbkrankheit in der Familie bekannt ist, nach der gezielt gesucht werden soll, direkt angewandt.

Die nicht-invasiven Verfahren, wie das Ersttrimester-Screening haben eine allgemein selektive Zielsetzung, weil sie Schwangeren ohne bekannte erbliche Vorbelastung angeboten werden. Sie erlauben nur eine Spezifizierung des Risikos für bestimmte Behinderungen, das gegebenenfalls mit invasiven Verfahren weiter abgeklärt werden muss, und sind sehr unzuverlässig. Im Jahr 2012 gelangten jedoch Verfahren zur Marktreife, die erlauben, die fetale DNA über das mütterliche Blut zu bestimmen. Mit diesem nicht-invasiven Test ist nun auch ein breites Screening nach Chromosomenmutationen, zudem mit einer hohen Genauigkeit, möglich. Beide Verfahren können schon im ersten Schwangerschaftsdrittel angewandt werden, bergen nur minimale Eingriffsrisiken und werden in der Regel als privat zu bezahlende Gesundheitsleistungen angeboten. Sie zielen v. a. auf Chromosomenveränderungen. Ihre Detektionsrate für das Down-Syndrom wird mit 99,5 % angegeben. In den kommenden Jahren ist mit einer massiven Zunahme an Angeboten der sog. *non invasive prenatal diagnosis* (NIPD) zu rechnen, die eine große Zahl von Krankheiten und Behinderungen erfassen und deutlich kostengünstiger werden dürften. Realistisch betrachtet, muss mit einem ›grauen Screening‹ gerechnet werden, mit der Konsequenz, dass viel weniger Kinder mit einer erblichen Behinderung zur Welt kommen als heute. Aus ethischer Sicht ist diese neue Entwicklung noch kaum diskutiert worden.

Im Juli 2011 wurde in Deutschland auch die Präimplantationsdiagnostik (PID) zugelassen, wenn aufgrund ihrer genetischen Veranlagung eine hohe Wahrscheinlichkeit für eine schwerwiegende Erbkrankheit beim Kind oder für eine Tot- oder Fehlgeburt besteht. Bis dahin galt die PID in Deutschland nach dem Embryonenschutzgesetz laut vorherrschender Rechtsmeinung als verboten. Bei der Präimplantationsdiagnostik werden mehrere Embryonen im Labor gezeugt und genetisch getestet. Nur die nicht von dem gesuchten genetischen Merkmal betroffenen Embryonen werden für die Herbeiführung einer Schwangerschaft verwendet.

Während die PID und die PND in der allgemeinen ethischen Diskussion im Spannungsfeld der reproduktiven Selbstbestimmung der prospektiven Eltern und der Schutzwürdigkeit menschlicher Embryonen und Föten diskutiert werden, wird dies aus der Perspektive von Menschen mit Behinderung als Engführung der ethischen Problematik kritisiert (vgl. Scully 2008). Aus ihrer Sicht ist das ethische Kernproblem der PID und PND neben den Entscheidungszwängen auf werdende Eltern der diskriminierende Charakter in Bezug auf behinderte Menschen (vgl. Wassermann et al. 2005). Kontrovers diskutiert wird allerdings, was hier genau als Diskriminierung zu verstehen ist. Richtig ist sicher, dass die individuelle Entscheidung eines Paars zur Inanspruchnahme von PND oder PID nicht als Diskriminierung der Gruppe von Menschen mit Behinderungen angesehen werden sollte. Als Diskriminierung gewertet wird aber auch, dass Vorurteile über das Leben mit Behinderung darüber entscheiden können, ob ein Mensch geboren wird oder nicht (McLean/Williamson 2007), und dass in ethischen Diskursen über die Verfahren Behinderung umstandslos mit Leid gleichgesetzt wird (vgl. Hetzel 2007). Nach dem *expressivist argument* von Eric Parens und Adrienne Asch sind es die Praxen der PID und PND selbst, die diskriminierend sind, weil von ihnen die Botschaft ausgeht, dass die Existenz von behinderten Menschen vermieden werden soll (Parens/Asch 2000). Auch hier wird auf ein weites Verständnis von ›Diskriminierung‹ Bezug genommen, das die Beförderung von negativen Einstellungen gegenüber Menschen mit Behinderung durch die Etablierung von PID und PND unterstellt. Um Missverständnissen vorzubeugen wäre es möglicherweise zielführend in diesem Zusammenhang nicht von ›Diskriminierung‹ sondern von ›Stigmatisierung‹ zu sprechen.

Forschung mit sog. nichteinwilligungsfähigen Menschen

Ein weiterer Streitpunkt zwischen Bioethikerinnen und Bioethikern und der bioethikkritischen Bewegung war das europäische *Übereinkommen über Menschenrechte und Biomedizin* von 1991. Kritisch hinterfragt wurde, ob die Bioethik-Konvention den beabsichtigten Schutz der Menschenwürde und Menschenrechte tatsächlich leistet oder diesen nicht vielmehr unterminiert. Gegenstand der Debatte war insbesondere die Regulierung fremdnütziger Forschung mit einwilligungsunfähigen Personen. Solche Forschung mit Kindern und Menschen mit kognitiven Beeinträchtigungen soll nach der Bioethik-Konvention unter der Bedingung zulässig sein, dass sie nur mit geringen Belastungen und Risiken verbunden ist und Personen der Gruppe zugutekommt, der die Probanden selbst angehören. Befürworter sahen darin den überfälligen Abbau von Forschungshindernissen, von Kritikern wurde dies als Instrumentalisierung einwilligungsunfähiger Personen im Interesse Dritter gewertet (vgl. Klinnert 2009).

Während mittlerweile das umstrittene Konzept der Gruppennützigkeit in zahlreiche europäische Richtlinien, in einzelstaatliche Gesetze und in die *Deklaration von Helsinki* aufgenommen wurde, hat sich die Diskussionslage aus ganz anderen Gründen verändert. Die *UN-Behindertenrechtskonvention* von 2006 schreibt in Art. 12 vor, dass alle Menschen mit Behinderung gleiche Anerkennung vor dem Recht genießen sollen. Das bedeutet zum einen, dass stellvertretende Entscheidungen nicht mit der Konvention vereinbar sind, zum anderen aber auch, dass die Unterscheidung zwischen einwilligungsfähigen und nicht einwilligungsfähigen Personen gegen die Konvention verstößt. Regelungen, die Personen unter Bezug auf deren Einwilligungsunfähigkeit von Forschung ausschließen, werden damit fragwürdig. Allerdings wird in Art. 15 der Konvention formuliert, dass jede Forschung mit Menschen ohne deren freiwillige und informierte Einwilligung unzulässig ist. Damit stellt sich die Frage, welche Anforderungen an eine gültige persönliche Einwilligung in die Beteiligung an einem Forschungsvorhaben zu stellen sind und ob damit nicht sogar eine höhere Hürde zum Schutz von Personen mit kognitiven Beeinträchtigungen vor Instrumentalisierung im Interesse Dritter errichtet worden ist. Die Diskussion über diese und weitere Konsequenzen aus Art. 12 etwa für das Betreuungsrecht (›Assistenz statt Stellvertretung‹)

und die Gesundheitsversorgung (›Legitimation von Zwangsbehandlungen‹) hat allerdings erst begonnen (vgl. Aichele 2013).

Literatur

Aichele, Valentin (Hg.): *Das Menschenrecht auf gleiche Anerkennung vor dem Recht: Artikel 12 der UN-Behindertenrechtskonvention.* Baden-Baden 2013.
Barnes, Colin/Mercer, Geof/Shakespeare, Tom (Hg.): *Exploring Disability. A Sociological Introduction.* Cambridge 1999.
Carlson, Licia: *The Faces of Intellectual Disability: Philosophical Reflections.* Bloomington 2009.
Dederich, Markus (Hg.): *Bioethik und Behinderung.* Bad Heilbrunn 2003.
Felder, Franziska: *Inklusion und Gerechtigkeit. Das Recht behinderter Menschen auf Teilhabe.* Frankfurt a. M. 2012.
Graumann, Sigrid: *Assistierte Freiheit. Von einer Behindertenpolitik der Wohltätigkeit zu einer Politik der Menschenrechte.* Frankfurt a. M. 2011.
Hetzel, Mechthild: *Provokation des Ethischen. Diskurse über Behinderung und ihre Kritik.* Heidelberg 2007.
Hirschberg, Marianne: *Behinderung im internationalen Diskurs. Die flexible Klassifikation der Weltgesundheitsorganisation.* Frankfurt a. M. 2009.
Kittay, Eve Feder/Carlson, Licia (Hg.): *Cognitive Disability and Its Challenge to Moral Philosophy.* Chichester, West Sussex 2010.
Klinnert, Lars: *Der Streit um die europäische Bioethik-Konvention: Zur kirchlichen und gesellschaftlichen Auseinandersetzung um eine menschenwürdige Biomedizin.* Göttingen 2009.
Kuhlmann, Andreas: *An den Grenzen unserer Lebensform: Texte zur Bioethik und Anthropologie.* Frankfurt a. M. 2011.
List, Elisabeth/Stelzer, Harald (Hg.): *Grenzen der Autonomie.* Frankfurt a. M. 2010.
MacIntyre, Alasdair: *Die Anerkennung der Abhängigkeit. Über menschliche Tugenden.* Hamburg 2001.
McLean, Sheila/Williamson, Laura: *Impairment and Disability: Law and Ethics at the Beginning and End of Life.* Abingdon 2007.
McMahan, Jeff: *The Ethics of Killing. Problems at the Margins of Life.* Oxford 2002.
Nussbaum, Martha: *Grenzen der Gerechtigkeit.* Frankfurt a. M. 2010.
Oullette, Alicia. *Bioethics and Disability: Toward a Disability-Conscious Bioethics.* Cambridge 2011.
Parens, Erik/Asch, Adrienne (Hg.): *Prenatal Testing and Disability Rights.* Washington D. C. 2000.
Scully, Jeakie Leach: *Disability Bioethics. Moral Bodies, Moral Difference.* Lanham 2008.
Singer, Peter: *Praktische Ethik.* Stuttgart 1994 (engl. 1979).
Wassermann, David/Bickenbach, Jerome/Wachbroit, Robert (Hg.): *Quality of Life and Human Difference: Genetic Testing, Health Care, and Disability.* New York 2005.

Sigrid Graumann

3 Datenschutz

Historische Entwicklung

Aufgabe des Datenschutzrechts ist es, den Einzelnen davor zu schützen, dass er durch den Umgang mit seinen personenbezogenen Daten durch Dritte in schutzwürdigen Belangen beeinträchtigt wird. Regelungen, die dem Schutz der Privatsphäre dienten, gab es – etwa in Gestalt des Post- oder des Steuergeheimnisses – bereits zu Beginn des 19. Jahrhunderts. Als eigenständige Rechtsmaterie etablierte sich das Datenschutzrecht jedoch erst zu Beginn der 1970er Jahre. Beeinflusst durch die amerikanische Debatte um das ›Recht auf Privatheit‹ und den Mikrozensus-Beschluss des Bundesverfassungsgerichts, in dem die zwangsweise Registrierung und Kategorisierung von Bürgern in ihrer ganzen Persönlichkeit für unvereinbar mit der Menschenwürde (s. Kap. II. 17) erklärt wurde, trat in Hessen 1970 das erste spezifische Datenschutzgesetz der Welt in Kraft. Dieses zielte auf den Schutz der Datenverarbeitung vor unbefugten Eingriffen ab und schuf mit der Einführung eines unabhängigen Landesdatenschutzbeauftragten eine Institution, die das deutsche Datenschutzrecht allgemein und auch künftig prägen sollte.

Als Reaktion auf die zunehmende Automatisierung von Datenverarbeitungsprozessen wurde sieben Jahre später das *Bundesdatenschutzgesetz* (BDSG) verabschiedet. Dieses enthielt Regelungen zum Datenschutz in Unternehmen; datenschutzrechtliche Vorschriften im Privatbereich spielten lediglich eine untergeordnete Rolle, da zu dem Zeitpunkt nur wenige Bürger einen Computer besaßen. Maßgeblich wurde das Datenschutzrecht allerdings wenige Jahre später durch das sog. *Volkszählungsurteil des Bundesverfassungsgerichts* (BVerfGE 65, 1 ff.) geprägt. Anlass dieses Urteils war die geplante Totalerhebung im Rahmen einer Volkszählung, bei der zahlreiche persönliche Daten der Bürger erhoben werden sollten und gegen die zahlreiche Verfassungsbeschwerden erhoben wurden. In seinem Urteil vom 15. Dezember 1983 erklärte das Bundesverfassungsgericht das zugrundeliegende Volkszählungsgesetz für verfassungswidrig. Darüber hinaus beendete es die Diskussion über nicht schutzbedürftige ›Bagatelldaten‹ und führte ein neues Kriterium für die umfassende Sensibilität sämtlicher Daten ein. So stellt es fest, dass nicht allein auf die Art der Angaben abgestellt werden könne, und führt weiterhin aus:

»Entscheidend sind ihre Nutzbarkeit und Verwendungsmöglichkeit. Diese hängen einerseits von dem Zweck, dem die Erhebung dient, und andererseits von den der Informationstechnologie eigenen Verarbeitungsmöglichkeiten und Verknüpfungsmöglichkeiten ab. Dadurch kann ein für sich gesehen belangloses Datum einen neuen Stellenwert bekommen; insoweit gibt es unter den Bedingungen der automatischen Datenverarbeitung kein ›belangloses‹ Datum mehr« (BVerfGE 65, 1, Rn. 176).

Diese persönlichkeitsrechtliche Beurteilung anhand des Verwendungszusammenhangs folgte in der Erkenntnis, dass auch scheinbar belanglose Daten, die nicht direkt die Privatsphäre betreffen, dank neuer Informationstechnologien so vernetzt werden können, dass persönlich relevante Daten entstehen.

Insbesondere: Das Recht auf informationelle Selbstbestimmung

Mit dieser Grundsatzentscheidung erkannte das Bundesverfassungsgericht auch das Recht auf informationelle Selbstbestimmung als verfassungsrechtliche Ausprägung des allgemeinen Persönlichkeitsrechts (Art. 2 Abs. 1 GG i. V. m. Art. 1 Abs. 1 GG) an und stellte dazu fest: »Individuelle Selbstbestimmung setzt aber – auch unter den Bedingungen moderner Informationsverarbeitungstechnologien – voraus, daß dem Einzelnen Entscheidungsfreiheit über vorzunehmende oder zu unterlassende Handlungen einschließlich der Möglichkeit gegeben ist, sich auch entsprechend dieser Entscheidung tatsächlich zu verhalten« (BVerfGE 65, 1, Rn. 148). Es fügte hinzu, dass derjenige, der nicht mit einiger Gewissheit zu beurteilen vermöge, welche ihn tangierenden Informationen, welchen Personen seiner sozialen Umwelt bekannt sind, und der die Kenntnisse potentieller Kommunikationspartner nicht halbwegs einzuordnen vermöge, in seiner Freiheit, selbstbestimmt zu planen oder Entscheidungen zu treffen, maßgeblich eingeschränkt werden könne. Eine Gesellschaftsordnung und eine entsprechende Rechtsordnung, in welcher Bürger nicht mehr in der Lage seien zu wissen, welche Personen zu welchem Zeitpunkt welche Informationen über sie haben, sei mit dem Recht auf informationelle Selbstbestimmung nicht vereinbar. Wer sich nicht sicher sei, ob divergentes Verhalten zu jeder Zeit vermerkt und als Information fortwirkend gespeichert, genutzt oder weitergegeben wird, werde sich bemühen, sich nicht durch ein derartiges Verhalten hervorzutun. Hieraus folge, dass die freie Entfaltung der Persönlichkeit im Rahmen der modernen Datenverarbeitung den Schutz des Einzelnen vor grenzenloser Ermittlung, Speicherung, Nutzung und Weitergabe persönlicher Daten voraussetze: »Dieser Schutz ist daher von dem Grundrecht des Art. 2 Abs. 1 in Verbindung mit Art. 1 Abs. 1 GG umfaßt. Das Grundrecht gewährleistet insoweit die Befugnis des Einzelnen, grundsätzlich selbst über die Preisgabe und Verwendung seiner persönlichen Daten zu bestimmen« (BVerfGE 65, 1, Rn. 149).

Gleichzeitig stellte das Bundesverfassungsgericht in diesem Urteil Grundprinzipien auf, die in die novellierte Fassung des BDSG von 1990 übernommen wurden. Das BDSG regelt die Erhebung, Verarbeitung und Nutzung personenbezogener Daten sowie deren Übermittlung an Dritte durch öffentliche und nicht-öffentliche Stellen. Unter personenbezogene Daten fallen nach § 3 Abs. 1 BDSG Einzelangaben über persönliche oder sachliche Verhältnisse einer bestimmten oder bestimmbaren natürlichen Person. Eine namentliche Benennung ist damit nicht notwendig. Ausreichend ist es, wenn aus dem Inhalt oder Zusammenhang der zur Verfügung stehenden Angaben ein Bezug zu ihr möglich ist wie z. B. durch die Kontonummer oder die IP-Adresse. Unter Angaben über persönliche Verhältnisse fallen etwa die Anschrift, der Familienstand, die Religionsangehörigkeit oder auch die Zugehörigkeit zu Vereinigungen. Die Angaben über sachliche Verhältnisse umfassen Informationen wie z. B. das Einkommen oder Besitzverhältnisse. Nicht vom Anwendungsbereich des BDSG erfasst sind Daten juristischer Personen, wie z. B. einer GmbH.

Grundprinzipien des Datenschutzrechts

Betroffene haben nach § 6 Abs. 1 BDSG das Recht auf Auskunft der über sie gespeicherten personenbezogenen Daten, wobei auch Angaben über die Herkunft ihrer Daten und den Zweck ihrer Verwendung umfasst werden. Die Auskunft kann jedoch nach einer Abwägung im Einzelfall verweigert werden, wenn das allgemeine öffentliche, das (nicht-öffentliche) Interesse an der Wahrung des Geschäftsgeheimnisses oder das Geheimhaltungsinteresse eines Dritten überwiegt (s. Kap. II. 11). Darüber hinaus haben Betroffene das Recht auf Benachrichtigung, Löschung oder Sperrung ihrer Daten sowie das Recht, die Übermittlung an Dritte zu untersagen. Ihnen steht ebenfalls ein Beschwerderecht bei der zuständigen Aufsichtsbehörde für Datenschutz zu. Einem speziellen Schutz unterliegen nach § 3 Abs. 9 BDSG sog. besondere Arten personenbezogener Daten. Unter diese fallen Angaben über die rassische und ethnische Herkunft, über politische Meinungen, religiöse oder philosophische Überzeugungen, über die Gewerkschaftszugehörigkeit, die Gesundheit und das Sexualleben. Diese müssen nach § 4 d Abs. 5 S. 1 BDSG vor der automatisierten Verarbeitung von dem Datenschutzbeauftragten der entsprechenden Institution geprüft werden (sog. Vorabkontrolle). Eine Ausnahme besteht nur, falls eine gesetzliche Verpflichtung oder Einwilligung des Betroffenen vorliegt oder die Datenverarbeitung der Begründung, Durchführung oder Beendigung eines Schuldverhältnisses dient.

Die vom Bundesverfassungsgericht entwickelten Grundprinzipien sind vom Gesetzgeber in verschiedenen Abschnitten des BDSG kodifiziert worden. Nach dem Grundprinzip des Datenverarbeitungsverbots mit Erlaubnisvorbehalt (§ 4 Abs. 1 BDSG) ist das Erheben, Verarbeiten und Nutzen personenbezogener Daten nur zulässig, soweit eine spezielle Rechtsvorschrift die Datenverarbeitung ausdrücklich erlaubt oder der Einzelne eingewilligt hat. Als Rechtsvorschriften kommen dabei Bestimmungen des BDSG wie z. B. § 28 BDSG für die Erhebung und Speicherung von Daten für eigene Geschäftszwecke bei nicht-öffentlichen Stellen und spezielle Rechtsnormen aus anderen Rechtsgebieten wie z. B. aus dem Arbeits-, Sozial-, Steuer- oder Telekommunikationsrecht in Betracht. Die Datenverarbeitungsverfahren sind dabei von einem internen bzw. externen Datenschutzbeauftragten zu überprüfen. Sofern ein solcher nicht existiert, müssen sie bei der zuständigen Aufsichtsbehörde angezeigt werden. Die Erhebung personenbezogener Daten ist nach dem Prinzip der Direkterhebung grundsätzlich nur unmittelbar beim Betroffenen selbst zulässig, d. h. er muss von der Beschaffung der Daten zumindest Kenntnis haben. Das heimliche Beschaffen von Daten wie z. B. die heimliche Telefonabhörung ist unzulässig.

Ausnahmen sind gemäß § 4 Abs. 2 BDSG nur insoweit zulässig, als die Erhebung durch eine Rechtsvorschrift vorgesehen ist, sie die zu erfüllende Verwaltungsaufgabe gefährden könnte oder einen unverhältnismäßig großen Aufwand bedeuten würde. Das Grundprinzip der Transparenz beschreibt die Anforderung, dass jeder Betroffene wissen soll, welche persönlichen Daten über ihn gespeichert wurden. Darüber hinaus ist er über die Identität der Datenverarbeitungsstelle, den Zweck der Datenerhebung, Datennutzung und Datenverwendung sowie eventuell eingeschalteten Dritten, an die Daten übermittelt werden, zu informieren (§ 4 Abs. 3 BDSG). Neben diesen Transparenzpflichten, die gegenüber dem Betroffenen zu erfüllen sind, bestehen auch solche in organisatorischer Hinsicht. So ist ein Verfahrensverzeichnis aufzustellen, das dem Datenschutzbeauftragten übergeben und von ihm veröffentlicht werden muss. Die Zweckbindung stellt ein weiteres Grundprinzip dar, nach dem jeder Datenerhebung und Datenverarbeitung einem im Vorfeld festgelegten Zweck entsprechen muss.

Eine Speicherung auf Vorrat für künftige Zwecke ist ohne hinreichende verfassungsrechtliche Güterabwägung grundsätzlich unzulässig. In seinem Grundsatzurteil zur Vorratsspeicherung von Telekommunikationsverkehrsdaten hat das Bundesverfassungsgericht 2010 ausgeführt, dass der Grundsatz der Verhältnismäßigkeit verlangt, dass die gesetzliche Ausgestaltung einer solchen Datenspeicherung dem besonderen Gewicht des mit der Speicherung verbundenen Grundrechtseingriffs angemessen Rechnung trägt. Erforderlich sind demnach hinreichend anspruchsvolle und normenklare Regelungen hinsichtlich der Datensicherheit, der Datenverwendung, der Transparenz und des Rechtsschutzes. Darüber hinaus sind der Abruf und die unmittelbare Nutzung der Daten nur dann verhältnismäßig und damit verfassungsgemäß, wenn sie überragend wichtigen Aufgaben des Rechtsgüterschutzes dienen. Im Bereich der Strafverfolgung setzt dies einen durch bestimmte Tatsachen begründeten Verdacht einer schweren Straftat voraus. Für die Gefahrenabwehr und die Erfüllung der Aufgaben der Nachrichtendienste dürfen sie nur bei Vorliegen tatsächlicher Anhaltspunkte für eine konkrete Gefahr für Leib, Leben oder Freiheit einer Person (s. Kap. II. 21), für den Bestand oder die Sicherheit des Bundes oder eines Landes oder für eine gemeine Gefahr zugelassen werden (BVerfGE 125, 260 ff.).

Eine spätere Änderung des ursprünglich festgelegten Zwecks ist nach § 14 BDSG bzw. § 28 BDSG aufgrund gesetzlicher Grundlage oder bei Einwilligung des Betroffenen möglich. Dies gilt jedoch nicht für Daten, die zu Zwecken der Datenschutzkontrolle bzw. der Datensicherung oder zur Sicherstellung eines ordnungsgemäßen Betriebes einer Datenverarbeitungsanlage verwendet werden. Bei Erhebung, Nutzung oder Speicherung von Daten sind nach § 9 BDSG technische und organisatorische Maßnahmen zu treffen, die gewährleisten, dass nur berechtigte Personen Zugriff erhalten. Daten, die einem Berufs- oder Amtsgeheimnis unterliegen, bedürfen nach

§ 39 BDSG einer verstärkten Zweckbindung. Hier gilt insbesondere, dass personenbezogene Daten, die einem Berufs- oder besonderen Amtsgeheimnis unterliegen und die von der zur Verschwiegenheit verpflichteten Stelle in Ausübung ihrer Berufs- oder Amtspflicht zur Verfügung gestellt worden sind, von der verantwortlichen Stelle nur für den Zweck verarbeitet oder genutzt werden dürfen, für den sie sie erhalten hat.

Die Datenverarbeitung muss darüber hinaus nach dem Grundprinzip der Erforderlichkeit notwendig sein, d. h. es darf kein anderes Mittel zur Verfügung stehen, das zur Zweckerreichung genauso gut geeignet wäre. Dabei muss die durch die Datenverarbeitung verursachte Beeinträchtigung des Betroffenen so gering wie möglich gehalten werden. Das Erheben, Verarbeiten und Nutzen von persönlichen Daten muss sich auf das Maß, das für die jeweilige Erreichung des Zwecks erforderlich ist, beschränken. Nach dem Grundprinzip der Datenvermeidbarkeit und Datensparsamkeit sind gemäß § 3a BDSG so wenig personenbezogene Daten wie möglich zu erheben, zu verarbeiten oder zu nutzen. Sie dürfen nicht für unbegrenzte Zeit aufbewahrt werden und sind zu löschen, sobald sie nicht mehr benötigt werden. Darüber hinaus sollen die Daten anonymisiert oder pseudonymisiert werden, soweit dies nach dem Verwendungszweck möglich ist und im Verhältnis zum angestrebten Zweck keinen unverhältnismäßigen Aufwand darstellt.

Ein erheblicher Teil der datenschutzrechtlichen Bestimmungen des BDSG geht auf den supranationalen Gesetzgeber der Europäischen Union zurück. In den vergangenen Jahrzehnten sind auf europarechtlicher Ebene zahlreiche Richtlinien erlassen worden, die bestimmte Mindeststandards für die Mitgliedstaaten festlegen – und die von den Mitgliedstaaten in nationales Recht umgesetzt werden müssen. So war zentrales Ziel der im Jahr 1995 verabschiedeten Richtlinie zum Schutz natürlicher Personen bei der Verarbeitung personenbezogener Daten und zum freien Datenverkehr (Datenschutz-Richtlinie 95/46/EG) die Schaffung eines einheitlichen Datenschutzstandards als Grundlage für einen freien und reibungslosen Datenverkehr innerhalb Europas. Beabsichtigt war hierbei die Beibehaltung der verschiedenen Datenschutzsysteme der Mitgliedstaaten unter der Voraussetzung, dass sie ausreichenden Schutz gewährleisteten. In Deutschland erfolgte die Umsetzung dieser Richtlinie durch eine erneute Novellierung des BSDG.

Die Datenschutz-Richtlinie wurde 1997 durch die Richtlinie über die Verarbeitung personenbezogener Daten und den Schutz der Privatsphäre im Bereich der Telekommunikation (Telekommunikations-Richtlinie, 97/66/EG) ergänzt. Letztere musste jedoch schon bald aufgrund der neusten technischen Entwicklungen auf dem Gebiet der Internetkommunikation und des Mobilfunks überarbeitet werden und wurde daher im Jahr 2002 durch die Richtlinie über die Verarbeitung personenbezogener Daten und den Schutz der Privatsphäre in der elektronischen Kommunikation (Datenschutzrichtlinie für elektronische Kommunikation, 2002/58/EG) ersetzt. Diese legte verbindliche Mindeststandards für den Datenschutz in der Telekommunikation fest, die auch Verbote wie z. B. die des Mithörens von Telefongesprächen und des Abfangens von E-Mails umfasste. Auf diese Weise sollten die datenschutzrechtlichen Bestimmungen der Mitgliedstaaten harmonisiert werden, um einen gleichwertigen Schutz der Grundrechte und Grundfreiheiten, v. a. im Hinblick auf das Recht auf Privatsphäre im Bereich der elektronischen Verarbeitung personenbezogener Daten zu erreichen. Die Umsetzung der Datenschutzrichtlinie für elektronische Kommunikation erfolgte in Deutschland durch eine Novellierung des Telekommunikationsgesetzes.

Aktuelle Entwicklungen

Mittlerweile ist im Rahmen der EU-Datenschutzreform beschlossen worden, die Datenschutz-Richtlinie künftig durch die sog. Datenschutz-Grundverordnung zu ersetzen, die unmittelbar ohne Umsetzungsakt in den Mitgliedstaaten Anwendung finden und etwaige Modifikationen im Rahmen der Umsetzung der vorgegebenen Regelungen nicht mehr zulassen wird. Als Hauptziele der Verordnung sind v. a. die Gewährleistung von Transparenz und Vorhersehbarkeit der Datenverarbeitung identifiziert worden. Gegenstand der aktuellen Diskussion sind darüber hinaus auch die Löschung von personenbezogenen Daten nach Ablauf einer bestimmten Frist (sog. Recht auf Vergessenwerden) sowie das Recht auf Datenportabilität, nach dem Nutzer ihre Daten beim Wechsel des Informationssystems übernehmen und jederzeit beim Anbieter herausverlangen können sollen. Zudem sollen auch internationale Unternehmen, die – wie etwa Google – Daten europäischer Bürger verarbeiten, an die datenschutzrechtlichen Grundprinzipien der EU gebunden werden, wodurch die Verordnung auch international Anwendung finden würde. Die Verhandlungen über die Verordnung dauern im Europäischen Parlament und im Rat der Europäischen Union seit mehreren Jahren an.

Literatur

Dammann, Ulrich/Dix, Alexander/Ehmann, Eugen/Ernestus, Walter/Mallmann, Otto/Petri, Thomas O./Scholz, Philip/Seifert, Achim/Sokol, Bettina/Simitis, Spiros (Hg.): *Bundesdatenschutzgesetz Kommentar*. Baden-Baden 2011.
Däubler, Wolfgang/Klebe, Thomas/Wedde, Peter/Weichert, Thilo: *Bundesdatenschutzgesetz Kommentar*. Frankfurt a. M. 2010.
Gola, Peter/Klug, Christoph/Körffer, Barbara: *BDSG – Bundesdatenschutzgesetz Kommentar*. München 2012.
Kollek, Regine: Biobanken – medizinischer Fortschritt und datenschutzrechtliche Probleme. In: *Vorgänge* 4 (2008), 59–68.
Menzel, Hans-Joachim: Datenschutzrechtliche Einwilligungen in medizinischer Forschung. In: *Medizinrecht* (2006), 702–707.
Stratenwerth, Günter: Medizinische Forschung, ärztliches Berufsgeheimnis und Datenschutz – Der Versuch einer Regelung in der Schweiz. In: *Vierteljahreszeitschrift für Sozialrecht* 2 (2001), 141–145.
Taupitz, Jochen: Der Entwurf einer europäischen Datenschutz-Grundverordnung – Gefahren für die medizinische Forschung. In: *Medizinrecht* 30/7 (2012), 423–428.

Tade Matthias Spranger

4 Dilemma

Unter einem Dilemma versteht man eine Situation, in der einer Person (s. Kap. II. 21) verschiedene Handlungsoptionen offenstehen, von denen sie eine ergreifen muss, gleichzeitig aber keine der möglichen Optionen alle moralischen Ansprüche erfüllen kann.

Moralische Dilemmasituationen werden in der Literatur unterschiedlich rekonstruiert. Manche Autoren führen sie auf das Vorliegen verschiedener, inkommensurabler Werte zurück, die in einer konkreten Situation nicht allesamt realisiert werden können (Nagel 1979; Stocker 1990; Gowans 1994). Moralisches Handeln ist in dieser Perspektive wesentlich dadurch charakterisiert, dass moralisch relevante Werte realisiert oder befördert werden. Im Fall eines Wertekonflikts kann ein moralisch relevanter Wert nur auf Kosten eines oder mehrerer anderer moralischer Werte realisiert oder befördert werden. Jede Handlungsoption impliziert dadurch einen Wertverlust, und dies verleiht in dieser Perspektive der entsprechenden Situation einen dilemmatischen Charakter. Thomas Nagel führt z. B. fünf fundamentale Werttypen an, die konfligieren und dadurch zu Dilemmasituationen führen können: Spezielle Pflichten, die sich aus besonderen Beziehungen ergeben, negative Pflichten, die eine Person gegenüber allen anderen Personen hat, Nützlichkeit, perfektionistische Erwägungen sowie die Bindung an die eigenen Lebensprojekte (Nagel 1979).

Eine weitere Möglichkeit zur Rekonstruktion von moralischen Dilemmata besteht in dem Ausweis von moralischen Gründen, die für oder gegen eine Handlung sprechen (Foot 1983; Dancy 1993; Raters 2013). Eine Dilemmasituation besteht in dieser Perspektive darin, dass in ihr sowohl Gründe identifizierbar sind, die für eine Handlung sprechen, als auch Gründe, die gegen dieselbe Handlung sprechen. Welche Handlungsoption der Akteur auch wählt, er ist gezwungen, auf eine Weise zu handeln, gegen die moralische Gründe angeführt werden können.

Schließlich können Dilemmasituationen durch Verweis auf moralische Prinzipien beschrieben werden (Marcus 1980; Beauchamp/Childress 2001), die unter Umständen konfligieren. Moralische Prinzipien sind allgemeine Handlungsanweisungen, die auf einzelne Fälle angewendet werden und so zu einer konkreten Handlungsanweisung führen. Das allgemeine Prinzip, dass Lügen moralisch verboten ist, führt beispielsweise in einem konkreten Fall zu der Handlungsanweisung, diejenige Handlung zu unterlassen, die eine Lüge darstellt. Ein allgemeines moralisches Prinzip erzeugt entsprechend ein Sollen, nämlich die Forderung, dem Prinzip entsprechend zu handeln. Moralische Dilemmata lassen sich in dieser Auffassung so bestimmen, dass sie Situationen darstellen, in denen verschiedene Prinzipien einander widersprechen. Jedes Prinzip erzeugt für sich genommen eine Handlungsanweisung, aber der Akteur kann nicht alle geforderten Handlungen ausüben. Eine solche Situation lässt sich so beschreiben, dass der Akteur A tun und gleichzeitig nicht A tun soll (Statman 1995), oder auch so, dass der Akteur A tun soll und B tun soll, es ihm aber unmöglich ist, sowohl A als auch B zu tun (Marcus 1980). In beiden Fällen besteht das Dilemma darin, dass der Akteur eine Handlung, die er tun soll, nicht ausführen kann.

Genuine und scheinbare Dilemmata

Unabhängig von der Frage, wie Dilemmasituationen genau zu rekonstruieren sind, ist es möglich, in einem weiteren und einem engeren Sinn von moralischen Dilemmata zu sprechen. Im weiteren Sinn handelt es sich um Situationen, in denen der Akteur gezwungen ist, auf eine Weise zu handeln, die für sich genommen verboten ist, für die aber alles in allem die meisten Gründe sprechen. Es gibt in solchen Situationen genau eine richtige Handlungsweise, die aber aus der Perspektive des Handelnden eine tragische Dimension aufweisen kann. Eine Person könnte durch das Töten eines Unschuldigen z. B. die gesamte Menschheit retten. Einen Unschuldigen zu töten, ist moralisch verboten, könnte aber in einem Fall, in dem das Überleben der gesamten Menschheit auf dem Spiel steht, die alles in allem geforderte Handlung darstellen. Dilemmata in diesem weiteren Sinn werden oft nicht als genuine, sondern als bloß scheinbare Dilemmasituationen bezeichnet oder auch als ›Schmutzige-Hände‹-Probleme (Stocker 1990): Es gibt eine alles in allem geforderte Handlung, aber diese moralisch richtige Handlung zu vollziehen bedeutet für den Handelnden, sich moralisch die Hände schmutzig zu machen.

Bei Dilemmasituationen im engeren Sinn oder auch genuinen Dilemmata kann dagegen keine alles in allem geforderte Handlungsoption identifiziert werden. Der Akteur ist gezwungen, sich für eine von mehreren Handlungsoptionen zu entscheiden, von denen jede ein moralisches Fehlverhalten darstellt, ohne dass es ausschlaggebende Gründe gibt, eine der Handlungsoptionen zu wählen. Das Dilemma entsteht nicht alleine dadurch, dass der Akteur gezwungen ist, auf eine Weise zu handeln, die für sich genommen unmoralisch ist. Entscheidend ist, dass es keine ausschlaggebenden Gründe gibt, die eine der Handlungsoptionen abschließend rechtfertigen.

Bei genuinen Dilemmata lassen sich epistemische von ontologischen Dilemmata unterscheiden (Beauchamp/Childress 2001). Ein epistemisches Dilemma liegt vor, wenn zwar nicht auszuschließen ist, dass es eine alles in allem geforderte Handlungsoption gibt, der Akteur sie aber nicht erkennen kann. Ontologische Dilemmata zeichnen sich hingegen dadurch aus, dass es eine alles in allem geforderte Handlung nicht gibt. Der entsprechende Konflikt würde sich auch dann ergeben, wenn epistemische Beschränkungen des Akteurs aufgehoben wären.

Es herrscht Uneinigkeit bezüglich der Frage, ob es genuine moralische Dilemmata gibt bzw. ob eine rational schlüssige Moraltheorie moralische Dilemmata zulassen kann. Gegen die Möglichkeit von genuinen Dilemmata werden verschiedene Argumente angeführt. Das erste Argument besagt, dass eine Moraltheorie die Möglichkeit von Dilemmata nicht zulassen kann, weil sie damit eine wesentliche Aufgabe verfehlt, die eine Moraltheorie erfüllen muss, nämlich konkrete Handlungsanweisungen zu liefern (Hare 1981). Die Möglichkeit von moralischen Dilemmata weist in dieser Perspektive auf theorieinterne Inkonsistenz und damit auf ein derart gravierendes Defizit einer Moraltheorie hin, dass die Theorie insgesamt problematisch erscheint.

Autoren, die eine solche Kritik an der Möglichkeit moralischer Dilemmata äußern, vertreten oft eine Moraltheorie, die einen obersten Wert annimmt, von dem sich alle moralischen Forderungen ableiten. Moralische Dilemmata werden entsprechend auf ›Schmutzige-Hände‹-Situationen reduziert: Es kann für den Akteur unangenehm sein und sogar eine tragische Dimension haben, dass er eine ansonsten verbotene Handlung ausführen muss, aber es gibt immer eine Handlungsweise, die den obersten Wert maximiert bzw. realisiert und die daher die alles in allem geforderte Handlungsoption darstellt.

Das zweite Argument gegen die Möglichkeit genuiner Dilemmata entstammt Überlegungen aus dem Bereich der deontischen Logik. Die Existenz genuiner Dilemmata scheint nämlich gegen allgemein akzeptierte Grundsätze der deontischen Logik zu verstoßen (Zimmerman 1996). Einerseits wird das sog. Agglomerationsprinzip allgemein akzeptiert, nach dem eine Person, die A tun soll und die B tun soll, A *und* B tun soll, nicht A *oder* B. Anderseits wird auch das Prinzip ›Sollen impliziert Können‹ allgemein akzeptiert: Eine Handlung kann nur dann von einer Person eingefordert werden, wenn die Person die entsprechende Handlung auch ausführen kann. Situationen, die als moralische Dilemmata in Frage kommen, sind dadurch gekennzeichnet, dass ein Akteur zwischen mehreren Handlungsoptionen wählen muss, von denen jede für sich genommen ein Sollen darstellt. Gemäß dem Agglomerationsprinzip soll er entsprechend alle Handlungsoptionen ausführen. Gleichzeitig sind solche Situationen aber auch dadurch gekennzeichnet, dass der Akteur nicht alle geforderten Handlungen ausführen kann, so dass nach dem Prinzip ›Sollen impliziert Können‹ nicht davon gesprochen werden kann, dass er alle Optionen auch wirklich ausführen soll. Dass er alle Optionen ausführen soll, ist aber elementar für die Behauptung, dass der Akteur sich in einem Dilemma befindet. Wer die Möglichkeit genuiner moralischer Dilemmata behauptet, scheint daher gezwungen zu sein, entweder das Agglomerationsprinzip oder das Prinzip ›Sollen impliziert Können‹ aufzugeben.

Vertreter der Möglichkeit moralischer Dilemmata weisen dagegen auf die Tatsache hin, dass die Erfahrung von solchen Situationen ein nicht zu leugnender Teil unserer moralischen Praxis ist. Sie bemühen sich daher, Strategien zu entwickeln, um diese Erfahrung angemessen in eine Moraltheorie zu integrieren. Eine Möglichkeit besteht in der Unterscheidung zwischen *requirement dilemmas* und *blame dilemmas* (Mellema 2005). Während bei ersteren jede offenstehende Handlungsoption tadelnswert, aber nicht notwendigerweise verboten ist, sind bei letzteren alle möglichen Handlungsoptionen verboten. Während *requirement dilemmas* nach den dargestellten Prinzipien konzeptionell unmöglich sind, sind *blame dilemmas* mit dem Prinzip ›Sollen impliziert Können‹ vereinbar (Mellema 2005). Eine ähnliche Differenzierung ist die zwischen Verpflichtungs- und Verbotsdilemmata (Vallentyne 1987). Bei einem Verpflichtungsdilemma ist jede Handlungsoption geboten, auch wenn nicht alle gebotenen Handlungen ausgeführt werden können, während bei einem Verbotsdilemma jede mögliche Handlungsalternative verboten ist. Verbotsdilemmata sind nach den Regeln der deontischen Logik darstellbar.

Ein anderes Argument beruft sich auf phänomenologische Betrachtungen und weist darauf hin, dass die Person, die sich in einem moralischen Dilemma für eine der Handlungsoptionen entscheidet, sog. residualen Gefühlen ausgesetzt ist, also emotionalen Sanktionen wie Scham oder Schuldbewusstsein (Williams 1973; Foot 1983). Diese Erfahrung spricht für die Möglichkeit moralischer Dilemmata. Gäbe es immer eine richtige Lösung für moralische Konfliktfälle, wären derartige Gefühle irrational. Vertreter einer gründebasierten Moralkonzeption können mit Blick auf diese Erfahrung darauf hinweisen, dass in einer Dilemmasituation die Gründe, die gegen die ergriffene Handlungsoption sprechen, ihre Gültigkeit nicht verlieren, wenn eine Entscheidung zugunsten der anderen Handlungsoption gefällt wird. Sie bleiben aktiv, und dies kann die entsprechenden Gefühle erklären. Gleichzeitig weisen Vertreter dieser Auffassung darauf hin, dass die Konzeption von rivalisierenden Gründen den beschriebenen logischen Widerspruch umgehen kann, indem zwischen einem allgemeinen Sollen und moralischen Gründen unterschieden wird: Das Agglomerationsprinzip bezöge sich demzufolge allein auf Handlungsbewertungen, die alles in allem eingefordert werden können. Moralische Dilemmata sind aber dadurch gekennzeichnet, dass es keine alles in allem geforderte Handlungsoption gibt. Der Verweis auf das Fehlen von ausschlaggebenden Gründen kann somit die Rationalität residualer Gefühle erklären und den angesprochenen logischen Widerspruch ausräumen.

Dilemmata im Kontext der Bioethik

Die Erfahrung moralischer Dilemmata ist für die Bioethik seit jeher wichtig gewesen. Die Bioethik wird bisweilen sogar so charakterisiert, dass sie als akademische Disziplin überhaupt erst durch die Erfahrung von Dilemmasituationen im klinischen Alltag entstanden ist. In diesem Sinne wird ihr ein »dilemma-motivated character« zugesprochen (Battin 2005, 298). Eines der maßgeblichen Ziele der Bioethik besteht dementsprechend darin, Dilemmasituationen in medizinischen und klinischen Kontexten zu rekonstruieren und entsprechende Lösungsmöglichkeiten zu entwickeln.

Gerade im Bereich der medizinischen Ethik treten Dilemmasituationen häufig auf. Besonders anschaulich lässt sich dies vor dem Hintergrund des sog. Principlism verdeutlichen, den Tom L. Beauchamp und James F. Childress in ihrer einflussreichen Monographie *Principles of Biomedical Ethics* entwickelt haben. Beauchamp und Childress zufolge kann es im Bereich ärztlichen Handelns zu Dilemmasituationen kommen, weil ärztliches Handeln in ethischer Perspektive vier grundsätzlichen Prinzipien genügen muss, die unabhängig voneinander sind und nicht auf ein Metaprinzip zurückgeführt werden können: Das Autonomieprinzip, das Nicht-Schädigungsprinzip, das Wohltätigkeitsprinzip sowie das Gerechtigkeitsprinzip. Diese Prinzipien generieren je für sich normative Anforderungen an ärztliches Handeln, aber keines hat grundsätzlichen normativen Vorrang und übertrumpft die anderen in allen möglichen Situationen. Dadurch können Fälle entstehen, in denen sich ein Arzt verschiedenen normativen Anforderungen ausgesetzt sieht, die er nicht alle gleichermaßen erfüllen kann. Da keines der Prinzipien notwendig die anderen Prinzipien übertrumpft, ist es möglich, dass der Arzt zwischen verschiedenen Handlungsoptionen wählen muss, ohne dass er entscheidende Gründe identifizieren kann, die es ermöglichen, eine der Optionen als die alles in allem gesollte Handlung auszuzeichnen.

Verlangt ein Patient beispielsweise nach aktiver Sterbehilfe (s. Kap. III. 40), dann konfligiert diesem Ansatz nach das Prinzip der Patientenautonomie mit dem Nichtschädigungsprinzip. Konflikte können sich aber auch innerhalb eines Prinzips ergeben. Bei der Entscheidung, welcher Patient ein Spenderorgan (s. Kap. III. 44) erhalten sollte, können etwa verschiedene Aspekte des Gerechtigkeitsprinzips in Spannung geraten: Spenderorgane können strikt nach der Position des Patienten auf der Warteliste verteilt werden oder mit Blick auf mögliche Überlebenschancen des Patienten.

Auch wenn der Ansatz des Principlism auf Kritik gestoßen ist (Gert et al. 1997), stellt er einen sehr einflussreichen Ansatz innerhalb der bioethischen Diskussion zur Rekonstruktion von dilemmatischen Fällen dar.

Umgang mit Dilemmasituationen

Da in einer Dilemmasituation keine ausschlaggebenden Gründe vorliegen, die eindeutig für eine der möglichen Handlungsoptionen sprechen, kann ein Dilemma nicht in allen Fällen aufgelöst werden. Allerdings wurden diverse Strategien für den Umgang mit Dilemmata entwickelt, sowohl auf der theoretischen Ebene als auch mit Blick auf konkrete Dilemmasituationen, die sich im klinischen Alltag ergeben können.

Eine erste Möglichkeit besteht in der Spezifizierung der Prinzipien, die zu kollidieren scheinen. Prinzipien sind auf einer allgemeinen Ebene angesiedelt und benötigen Spezifizierung, um auf konkrete Fälle angewendet zu werden. Je nach Art der Spezifizierung könnte sich eine vermeintliche Dilemmasituation auflösen, weil gezeigt werden könnte, dass das Dilemma nur scheinbar bestand. Ziel der Spezifizierung ist ein kohärentes Gesamturteil über die jeweilige Situation, das für den Akteur trotz des wahrgenommenen Dilemmas handlungsleitende Funktion haben kann. Es ist allerdings fraglich, ob eine solche Spezifizierung in allen Fällen das Problem löst. In erster Linie scheint sie geeignet zu sein, um epistemische Dilemmata zu beseitigen. Bei ontologischen Dilemmata könnte sich nach wie vor das Problem ergeben, dass auch nach der Spezifizierung nicht klar ist, wie eine Dilemmasituation insgesamt zu beurteilen ist.

Eine weitere Möglichkeit zum Umgang mit moralischen Dilemmasituationen besteht in einem Prozess des Abwägens. Der handelnde Akteur muss in einer konkreten Situation die jeweilige Stärke der konfligierenden Gründe oder Prinzipien beurteilen. Auch wenn es keine definitiv ausschlaggebenden Gründe gibt, die eindeutig für eine der Handlungsoptionen sprechen, kann der Akteur auf diese Weise zu einer begründeten Entscheidung kommen. In einem solchen Abwägungsprozess müssen nicht ausschließlich moralische Gründe herangezogen werden. Um in einem Dilemma zu einer begründeten Entscheidung zu gelangen, können auch pragmatische Überlegungen oder Klugheitsregeln beachtet werden (Heinrichs 2006).

Beide Strategien für den Umgang mit moralischen Dilemmata weisen der praktischen Urteilskraft des Akteurs eine wichtige Rolle zu. Diese wird entweder benötigt, um die abstrakten Prinzipien angemessen zu spezifizieren oder um konfligierende Prinzipien angemessen zu gewichten und womöglich angemessen auf nicht-moralische Überlegungen zurückzugreifen. Eine dritte Bewältigungsstrategie für moralische Dilemmata, die die Rolle der praktischen Urteilskraft noch stärker betont, stellt der Rückgriff auf tugendethische Ansätze dar. Solche Ansätze lehnen die Konzentration auf abstrakte Prinzipien ab und betonen die Rolle des Handelnden selbst. Wichtig ist in dieser Perspektive, dass Akteure im bioethischen Bereich bestimmte Tugenden ausbilden, die sie in konkreten Situationen die richtige Entscheidung treffen lassen, ohne dass sie dabei auf abstrakte Prinzipien oder allgemeine Regeln zurückgreifen – für Ärzte sind etwa Tugenden wie Ehrlichkeit, Mitleid und Einfühlungsvermögen, aber auch technische Fähigkeiten wichtig (Pellegrino/Thomasma 1993).

Tugendethische Ansätze lehnen die Vorstellung

einer herausragenden Rolle von ethischen Prinzipien zwar ab, können aber trotzdem in Form einer gründe- oder wertebasierten Rekonstruktion die Möglichkeit moralischer Dilemmata anerkennen. Der Rekurs auf Tugenden oder die Betonung der Bedeutsamkeit von praktischer Urteilskraft lösen das Dilemma entsprechend nicht auf: Auch tugendethische Ansätze akzeptieren, dass in konkreten Situationen moralische Eigenschaften auftreten, die bei der Bewertung der geforderten Handlungsoption in gegensätzliche Richtungen weisen, ohne dass ausschlaggebende Gründe identifizierbar sind. Tugendethische Ansätze betonen vielmehr, dass der Akteur Handlungsdispositionen ausbilden soll, die ihm dabei helfen, in einer dilemmatischen Situation die bestmögliche Entscheidung zu treffen, indem er die ethisch relevanten Aspekte erkennen und angemessen in ein Verhältnis setzen kann. Auch wenn es nicht möglich ist, ein Dilemma vollständig aufzulösen, ist es in dieser Perspektive zumindest möglich, angemessen mit der entsprechenden Situation umzugehen.

Literatur

Battin, Margaret P.: Bioethics. In: R. G. Frey/Christopher Heath Wellman (Hg.): *A Companion to Applied Ethics*. Oxford 2005, 295–312.

Beauchamp, Tom L./Childress, James F.: *Principles of Biomedical Ethics*. New York ⁵2001.

Dancy, Jonathan: *Moral Reasons*. Oxford 1993.

Foot, Philippa: Moral realism and moral dilemma. In: *The Journal of Philosophy* 80 (1983), 379–398.

Gert, Bernard/Culver, Charles M./Clouser, K. Danner: *Bioethics: A Return to Fundamentals*. New York 1997.

Gowans, Christopher W.: *Innocence Lost. An Examination of Inescapable Moral Wrongdoing*. New York 1994.

Heinrichs, Bert: *Forschung am Menschen. Elemente einer ethischen Theorie biomedizinischer Humanexperimente*. Berlin 2006.

Hare, Richard: *Moral Thinking: Its levels, method, and point*. Oxford 1981.

Marcus, Ruth B.: Moral dilemmas and consistency. In: *The Journal of Philosophy* 77 (1980), 121–136.

Mellema, Gregory: Moral dilemmas and offence. In: *Ethical Theory and Moral Practice* 8 (2005), 291–298.

Nagel, Thomas: The fragmentation of value. In: Ders.: *Mortal Questions*. New York 1979.

Pellegrino, Edmund D./Thomasma, David C.: *The Virtues in Medical Ethics*. New York/Oxford 1993.

Raters, Marie-Luise: *Das moralische Dilemma. Antinomie der praktischen Vernunft?* Freiburg i. Br. 2013.

Statman, Daniel: *Moral Dilemmas*. Amsterdam 1995.

Stocker, Michael: *Plural and Conflicting Values*. Oxford 1990.

Vallentyne, Peter: Prohibition dilemmas and deontic logic. In: *Logique et Analyse* 18 (1987), 113–122.

Williams, Bernard: Ethical consistency. In: Ders.: *Problems of the Self. Philosophical Papers 1956–1972*. Cambridge 1973, 166–186.

Zimmerman, Michael J.: *The Concept of Moral Obligation*. New York 1996.

Jörg Löschke

5 Diskriminierung

Der Begriff der Diskriminierung leitet sich vom lateinischen Wort *discriminare* ab, das trennen oder unterscheiden bedeutet. Er bezeichnet somit ursprünglich den Akt einer moralisch neutralen Differenzierung. Heute wird er aber zumeist verwendet, um moralisch klarerweise als falsch angesehene Ungleichbehandlung zu kennzeichnen. Für einzelne, besonders verbreitete Formen von Diskriminierung haben sich spezielle Begriffe etabliert wie z. B. Rassismus, Sexismus, Speziesismus, d. h. Diskriminierung aufgrund der Artzugehörigkeit, oder neuerdings im Englischen auch *ageism* (Altersdiskriminierung). In dieser wertenden Variante wird der Begriff der Diskriminierung mittlerweile vielfach und gleichsam selbstverständlich verwendet. Larry Alexander hat allerdings zu Recht darauf hingewiesen, dass es sich als diffizil erweist, präzise zu fassen, was Diskriminierung eigentlich ist und warum diskriminierende Handlungen moralisch falsch sind (Alexander 1992, 151). Alexander musste zudem noch beklagen, dass es nur wenige systematische Auseinandersetzungen mit dem Begriff der Diskriminierung gibt (ebd., 154). Inzwischen hat sich dies geändert. Es liegt eine Reihe von Beiträgen, zum Teil in monographischer Form, zum Thema vor (vgl. Thomsen 2011).

In erster Näherung kann man unter ›Diskriminierung‹ eine nachteilige Ungleichbehandlung einer Person (s. Kap. II.21) aufgrund eines bestimmten, für den Handlungskontext irrelevanten, persönlichen Merkmals verstehen. Dieses Verständnis bezeichnet Lena Halldenius kritisch als *Standard View* (Halldenius 2005, 457). Dieses Verständnis liegt den zahlreichen Anti-Diskriminierungsgesetzen zugrunde, die in liberalen Gesellschaften eine besondere Schutzfunktion übernehmen. Sie sollen Minderheiten aber auch Einzelne bzw. Gruppen, die in asymmetrischen Machtkonstellationen in der schwächeren Position sind, vor Benachteiligung schützen. Allerdings gestaltet sich die Grenzziehung zwischen gerechtfertigten und ungerechtfertigten Ungleichbehandlungen mitunter schwierig. Ebenso schwierig kann es sein, diskriminierende Handlungen von Handlungen zu unterscheiden, die zwar auch moralisch fragwürdig sind, aber nicht in die engere Kategorie der Diskriminierung fallen. Fraglich ist mithin, was Diskriminierung eigentlich als solche ausmacht. Kontrovers diskutiert wird zudem seit langem, ob eine gezielte Bevorzugung als Form einer positiven Diskriminierung zum Ausgleich bestehender Ungleichheiten ein akzeptables Mittel darstellt und mit der grundsätzlichen Ablehnung von Diskriminierung vereinbar ist. In biomedizinischen Kontexten wird schließlich regelmäßig auf das Konzept der Diskriminierung rekurriert. Streitig ist dabei u. a., ob faktisch bestehende Unterschiede als normativ relevant gelten sollen bzw. wie damit umgegangen werden soll.

Zentrale Fragen zum Begriff der Diskriminierung

Ein möglicher Ausgangspunkt für eine systematische Auseinandersetzung mit dem Begriff der Diskriminierung ist die Regelung in Art. 3 Abs. 3 des Grundgesetzes (GG). Dort heißt es: »Niemand darf wegen seines Geschlechtes, seiner Abstammung, seiner Rasse, seiner Sprache, seiner Heimat und Herkunft, seines Glaubens, seiner religiösen oder politischen Anschauungen benachteiligt oder bevorzugt werden. Niemand darf wegen seiner Behinderung benachteiligt werden.« Zwei Fragen drängen sich hier unmittelbar auf: Zum einen ist unklar, ob die genannten Merkmale als erschöpfend gelten sollen oder ob sie eher den Charakter von Beispielen haben. Falls man davon ausgeht, dass es sich lediglich um Beispiele handelt – wofür vieles spricht, denn warum sollte eine Ungleichbehandlung wegen der Abstammung grundsätzlich problematisch, wegen des Alters aber unproblematisch sein? –, dann stellt sich die Folgefrage, ob sich *diskriminierungsrelevante Merkmale* in irgendeiner Weise abstrakt charakterisieren lassen. Zum anderen wirft die Formulierung die Frage auf, was genau unter ›benachteiligen‹ zu verstehen ist. Der Begriff verweist auf eine Art der Ungleichbehandlung. Klar scheint aber zu sein, dass nicht jede Form von Ungleichbehandlung bereits eine Benachteiligung darstellt. Was genau konstituiert dann eine *diskriminierungsrelevante Ungleichbehandlung*? Neben diesen beiden Fragen, die darauf abzielen zu klären, was Diskriminierung eigentlich ist, kann man noch eine dritte, im engeren Sinne ethische Frage ergänzen: *Warum ist Diskriminierung moralisch problematisch?*

Diese Fragen zum Begriff der Diskriminierung lassen sich auch auf eine andere Weise fassen: Statt von der konkreten Formulierung der deutschen Verfassung auszugehen, kann man ein abstraktes Prinzip an den Anfang stellen, dass sich bereits bei Aristoteles findet. Dieses Prinzip besagt, dass gleiche Fälle gleich behandelt werden sollen (Aristoteles:

EN, 1131 a 18–25; Heinrichs 2007, 102 f.). Die Frage nach diskriminierungsrelevanten Merkmalen kann vor diesem Hintergrund als Frage danach gefasst werden, was ›gleiche Fälle‹ sind; die Frage nach diskriminierungsrelevanter Ungleichbehandlung wird zur Frage, was ›gleich behandeln‹ bedeutet. Die dritte Frage schließlich thematisiert die Begründung des Prinzips als solchem.

Diskriminierungsrelevante Merkmale

Die Liste der Merkmale, die in Art. 3 Abs. 3 GG genannt werden, erklären sich aus dem Entstehungskontext des Grundgesetzes (Dürig/Scholz 2013, Rn. 31) und sind für eine philosophische Analyse kaum hinreichend, zumal Abs. 3 regelmäßig in Verbindung mit dem allgemeinen Gleichheitsgrundsatz des Art. 3 Abs. 1 gedeutet wird. Gleichwohl enthält die Liste relevante Merkmale, die bei systematischen Erwägungen als Prüfstein dienen können. Mit Blick auf die Frage nach einer Charakterisierung diskriminierungsrelevanter Merkmale – einem *group-criterion* (Thomsen 2011, 58–103) – lassen sich mindestens drei Auffassungen unterscheiden:

Eine erste mögliche Charakterisierung von diskriminierungsrelevanten Merkmalen besteht darin, dass es sich um unverschuldete und/oder unveränderliche Merkmale einer Person handelt (s. Kap. II. 21). Dieser Logik zufolge sind Ungleichbehandlungen dann problematisch, wenn sie aufgrund von Merkmalen erfolgen, für die eine Person keine Verantwortung trägt (s. Kap. II. 26). Dies kann sich zum einen auf das Zustandekommen (›unverschuldet‹) oder auf das Fortbestehen (›unveränderlich‹) beziehen, was keineswegs in Eins fallen muss. Für einige der gängigen Merkmale, die im Kontext von Diskriminierung üblicherweise – und so auch in Art. 3 Abs. 3 – genannt werden, trifft diese Charakterisierung zu. Dazu gehören Geschlecht (unverschuldet), Abstammung (unverschuldet/unveränderlich), Rasse (unverschuldet/unveränderlich), Sprache (teilweise unverschuldet/teilweise unveränderlich), Heimat und Herkunft (teilweise unverschuldet/teilweise unveränderlich) und Behinderung (teilweise unverschuldet/teilweise unveränderlich). Auf andere Merkmale wie Glauben und religiöse oder politische Anschauungen trifft aber keine der beiden Bestimmungen zu. Sie sind weder unverschuldet, noch unveränderlich. Dennoch sind sie mit einem verbreiteten Verständnis von Diskriminierung aufs Engste verbunden. Will man an diesem Verständnis festhalten, dann scheidet diese erste Art der Charakterisierung diskriminierungsrelevanter Merkmale aus.

Eine zweite Option besteht darin, dass man diskriminierungsrelevante Merkmale als solche Merkmale fasst, die eine identitätsstiftende Funktion für Personen haben. Folgt man dieser Auffassung, dann ist es die besondere Bedeutung der Merkmale, die sie als Grundlage für Ungleichbehandlungen problematisch macht. Überprüft man dieses Kriterium wiederum an der Liste des Grundgesetzes, dann wird man feststellen, dass tatsächlich alle genannten Merkmale identitätsstiftend sein können. Dennoch ist auch diese Option mit einem Problem behaftet. Während sich die erste Art der Charakterisierung als zu restriktiv erweist, indem sie Merkmale ausschließt, die üblicherweise als diskriminierungsrelevant gelten, scheint die zweite Option zu offen zu sein. Es kann nämlich nicht ausgeschlossen werden, dass jedes noch so abwegige Merkmal für eine konkrete Person identitätsstiftend ist. Die gegebene Charakterisierung verliert damit jegliche Trennschärfe und ist daher ebenfalls wenig überzeugend. Es sei denn, man geht davon aus, dass tatsächlich alle möglichen persönlichen Merkmale diskriminierungsrelevant sein können (so etwa Thomsen 2011). Aber auch wenn man dies annimmt, ist der Verweis auf die identitätsstiftende Funktion von Merkmalen zur Charakterisierung nicht sinnvoll. Denn wenn wirklich alle Merkmale in Frage kommen, ist eine weitere Bestimmung gar nicht mehr erforderlich.

Eine dritte Möglichkeit liegt darin, diskriminierungsrelevante Merkmale dadurch zu bestimmen, dass sie in besonderer Weise für Benachteiligungen geeignet sind, etwa aufgrund aktueller sozio-ökonomischer Gegebenheiten oder historischer Prägungen. Allgemeiner kann man auch von *socially salient groups* sprechen (Lippert-Rasmussen 2006, 169). Auch dies mag man bezogen auf jedes der Merkmale der Liste einräumen. Fraglich ist indes, ob sich durch diese Charakterisierung die Merkmale hinreichend klar bestimmen lassen. Kontern kann man diesen Einwand freilich damit, dass die Grenzen des Begriffs der Diskriminierung schlicht vage sind. Wählt man diese dritte Art der Charakterisierung, dann droht zudem aber eine Art von normativem Zirkelschluss. Es wird bereits eine ethische Bewertung vorausgesetzt, die die Analyse des Begriffs der Diskriminierung eigentlich erst erbringen soll. Deutlich wird dies etwa, wenn Lippert-Rasmussen eine Ungleichbehandlung aufgrund der Augenfarbe als ›idiosynkratrisch‹ bezeichnet, sie aber nicht als Form von Diskriminierung begreift (ebd.).

Folgt man diesen Überlegungen, dann könnte man geneigt sein, den Gedanken insgesamt zu verabschieden, dass sich diskriminierungsrelevante Merkmale abstrakt charakterisieren lassen. Stattdessen könnte man annehmen, dass sie sich nur aus dem jeweiligen Handlungskontext heraus bestimmen lassen. Grundsätzlich würden sich demnach tatsächlich alle Merkmale als diskriminierungsrelevante Merkmale qualifizieren. Ob sie wirklich diskriminierungsrelevant sind, ergäbe sich allein aus dem Zusammenhang ihrer Verwendung. Diese Herangehensweise findet ihren Niederschlag darin, dass in Definitionen oftmals von ›irrelevanten Merkmalen‹ oder ›irrelevanten Gründen‹ die Rede ist. Eine Konsequenz dieser verbreiteten Auffassung ist allerdings, dass der Begriff der Diskriminierung normativ ausgehöhlt zu werden droht. Die eigentliche Begründungskraft geht auf die normative Beschreibung der Handlungskontexte über. Diese legt fest, welche persönlichen Merkmale in einem Handlungskontext als relevant bzw. irrelevant zu gelten haben. Dem Begriff der Diskriminierung selbst ist nicht mehr zu entnehmen, welche Merkmale relevant sind (Narveson 2001, 313–318).

Diskriminierungsrelevante Ungleichbehandlung

Die Frage danach, was eine diskriminierungsrelevante Ungleichbehandlung ausmacht, rückt den Handlungsbegriff ins Zentrum der Betrachtung. Es scheint klar zu sein, dass zwischen einer Handlung und einem diskriminierungsrelevanten Merkmal eine Verbindung bestehen muss, damit von einer Diskriminierung gesprochen werden kann. Einige Autoren sprechen auch davon, die Ungleichbehandlung müsse durch das diskriminierungsrelevante Merkmal ›zureichend erklärt‹ werden (*suitably explained*) (Lippert-Rasmussen 2006, 170; Thomsen 2011, 104 ff.). Weit weniger klar hingegen ist, wie diese Verbindung genau beschaffen sein muss bzw. wann eine Erklärung zureichend ist.

Angenommen es besteht eine Verbindung zwischen einer nachteiligen Ungleichbehandlung einer Person und ihrem Geschlecht. Um eine Form von Diskriminierung handelt es sich wohl nur dann, wenn die Ungleichbehandlung aufgrund des Geschlechts erfolgt, d. h. die Verbindung darf nicht kontingent sein. Für eine weitere Präzisierung könnte die Handlungsabsicht desjenigen in Frage kommen, der eine diskriminierende Handlung vollzieht. Bei näherer Betrachtung zeigt sich aber, dass eine Diskriminierung auch dann vorliegen kann, wenn der Handelnde dies nicht intendiert. Dies ist z. B. immer dann der Fall, wenn unbewusste Vorurteile die Handlungen einer Person leiten. Eine bewusste benachteiligende Ungleichbehandlung muss außerdem nicht in dem Sinne absichtlich sein, dass die Benachteiligung absichtlich erfolgt. Es kann z. B. sein, dass ein Arbeitgeber eine bestimmte Gruppe nicht absichtlich benachteiligen will, sie wegen der Präferenzen seiner Kunden aber dennoch diskriminiert. In diesem Fall liegt eine absichtliche Ungleichbehandlung, aber keine absichtliche Benachteiligung vor. Dennoch würde man wohl von Diskriminierung sprechen. Diese Art von Fällen ist u. a. deshalb besonders kompliziert, weil diskriminierende Einstellungen Dritter eine Rolle spielen. Es ist sogar denkbar, dass eine intendierte benachteiligende Ungleichbehandlung aufgrund eines diskriminierungsrelevanten Merkmals nicht als Diskriminierung gewertet wird. Es könnte nämlich sein, dass sich entgegen der Absicht zu schaden, ein positiver Effekt für den Betroffenen einstellt. Solche Fälle werden allerdings ausgeschlossen, wenn man eine objektive Benachteiligung als definierendes Kennzeichen einer diskriminierenden Handlung auffasst. Es stellt sich jedenfalls heraus, dass die Handlungsabsicht nicht unbedingt geeignet ist, eine ›hinreichende Erklärung‹ für den Zusammenhang zwischen einer Handlung und einem diskriminierungsrelevanten Merkmal zu liefern.

Ein in diesem Zusammenhang intensiv diskutiertes Problem betrifft die sog. indirekte Diskriminierung (*proxy discrimination*) (Alexander 1992, 167–173). Damit wird das Phänomen bezeichnet, dass eine Ungleichbehandlung nicht unmittelbar aufgrund eines Merkmals erfolgt, sondern aufgrund eines anderen Merkmals, das mit dem ersten korreliert ist. Ein typisches Beispiel ist die Benachteiligung von Frauen in der Arbeitswelt. Diese erfolgt – zumindest häufig – nicht direkt wegen des Geschlechts, sondern etwa aufgrund der Tatsache, dass Frauen ungleich häufiger aus familiären Gründen aus dem Beruf ausscheiden, was für Arbeitgeber nachteilig sein kann. Entscheidet sich ein Arbeitgeber bei Einstellungen regelmäßig gegen Frauen, dann bedeutet dies also nicht unbedingt, dass die Ungleichbehandlung aufgrund des Geschlechts erfolgt und dennoch kann die Ungleichbehandlung durch das Geschlecht erklärt werden. Die entscheidende Frage ist dann, ob man von einem moralisch problematischen Fall von Diskriminierung ausgeht. Eine Antwort auf diese Frage hängt zum einen davon ab, welche Position man hinsichtlich der Charakterisierung diskriminierungsrelevanter Merkmale bezieht, und zum anderen worin man das moralische Übel von Diskriminierung sieht.

Moralische Relevanz

Die Fragen danach, wie diskriminierungsrelevante Merkmale und Ungleichbehandlungen genauer zu bestimmen sind, zielen auf eine Klärung der Bedeutung des Begriffs der Diskriminierung ab. Die im engeren Sinne ethische Frage, warum Diskriminierung überhaupt moralisch problematisch ist, ist dabei bereits angeklungen. Es lassen sich zwei Hauptansätze unterscheiden (Thomsen 2011, 19 ff. unterscheidet insgesamt fünf Ansätze). Der eine rekurriert auf den Begriff des Schadens (*harm*), der andere auf den der Missachtung (*disrespect*).

Paradigmatisch für den ersten Ansatz steht etwa Kasper Lippert-Rasmussen (im weiteren Sinne aber auch Moreau 2010, die Diskriminierung als Einschränkung bestimmter *deliberative freedoms* konzeptualisiert). Er geht zunächst von einem moralisch neutralen Diskriminierungsbegriff aus und argumentiert dann, moralisch falsche Formen von Diskriminierung zeichneten sich dadurch aus, dass durch sie die betroffene Person (bzw. die betroffenen Personen) (*pro tanto*) schlechter gestellt würde (bzw. würden) (Lippert-Rasmussen 2006, 174). Dieser Ansatz impliziert, dass Diskriminierung nicht notwendigerweise moralisch kritikwürdig ist, sondern nur dann und in dem Maße, in dem sie den betroffenen Personen schadet. Er droht damit ins Leere zu laufen, wenn man – wie oben – Diskriminierung von vornherein als benachteiligende Ungleichbehandlung deutet. Die Benachteiligung ist, so kann man kritisch anmerken, moralisch falsch, weil sie benachteiligend ist. Abgesehen von der mangelnden explanativen Kraft dieses Ansatzes stellt sich zudem die Frage, ob nicht auch Fälle denkbar sind, in denen man von Diskriminierung spricht, obwohl kein Schaden oder keine Schlechterstellung gegeben ist, etwa solche Fälle, in denen sich trotz gegenteiliger Handlungsabsicht ein positiver Effekt einstellt.

Deborah Hellman vertritt in beispielhafter Weise den zweiten Ansatz (Hellman 2008). Ihrer Meinung nach liegt das moralische Skandalon von diskriminierenden Handlungen darin, dass sie erniedrigend (*demeaning*) sind (ebd., 34–58). Anders als der erste Ansatz vermag diese Auffassung Handlungen als Formen von Diskriminierung zu rekonstruieren, die mit keiner objektiven Schlechterstellung der betroffenen Person verbunden ist.

Folgt man der oben skizzierten Auffassung, dass es keine kontextunabhängigen Diskriminierungsmerkmale gibt, dann kann man die Position einnehmen, dass dies auch für die normative Bewertung von Diskriminierung gilt. Wenn nämlich die Beschreibung eines Handlungskontextes festlegt, welche Eigenschaften relevant bzw. irrelevant sind, und wenn diese Beschreibung selbst bereits normativ imprägniert ist, dann erscheint Diskriminierung gerade als Verstoß gegen diese implizite Normativität. Diskriminierende Handlungen wären demnach moralisch falsch, weil sie gegen anerkannte Regeln bestimmter Handlungskontexte verstoßen. Sexismus wäre also moralisch falsch, weil es sich um eine nachteilige Ungleichbehandlung aufgrund des Geschlechts in einem Handlungskontext handelt, in dem das Geschlecht keine Rolle spielt. Ein solcher Ansatz vermag zu erklären, warum es Fälle von nachteiliger Ungleichbehandlung aufgrund des Geschlechts gibt, die nicht als Diskriminierung gelten – etwa die Ablehnung männlicher Models für Bikini-Mode. Dies erfolgt allerdings um den Preis, dass der Begriff der Diskriminierung in der eigentlichen ethischen Kontroverse keine Rolle spielt. Es kommt allein darauf an, ob man sich auf Regeln für einen Handlungskontext einigt.

Affirmative action

Die Frage, ob eine nachteilige Ungleichbehandlung einer Gruppe erlaubt ist, um eine historisch gewachsene Benachteiligung auszugleichen (*reverse discrimination*, *affirmative action*), wird v. a. in den USA intensiv diskutiert (vgl. Feinberg 2003). Kritisch kann man gegen eine solche Praxis einwenden, durch sie werde eine Art performativer Widerspruch etabliert, da eine vergangene Ungleichbehandlung aufgrund eines bestimmten Merkmals durch eine aktuelle Ungleichbehandlung aufgrund desselben Merkmals wettgemacht werden solle. Dagegen hat James Nickel geltend gemacht, es handele sich nur um einen scheinbaren Widerspruch, da die beiden Ungleichbehandlungen nicht aufgrund desselben Merkmals erfolgten. Während z. B. vergangene Benachteiligungen aufgrund von Rassenzugehörigkeit erfolgt seien (Rassismus), würden aktuelle Bestrebungen des Ausgleichs gerade nicht aufgrund der Rassenzugehörigkeit erfolgen, sondern aufgrund vergangener Benachteiligung (Nickel 1972).

Diskriminierung im Kontext der Bioethik

In unterschiedlichen bioethischen Debatten spielt der Diskriminierungsbegriff eine wichtige Rolle. Besonders prominent kommt er im Bereich der Humangenetik vor. Fraglich ist zunächst, ob bzw. in welchem Maße es sich bei genetischen Dispositionen um diskriminierungsrelevante Merkmale handelt. Nach allen drei oben skizzierten Ansätzen könnte man zu dieser Einschätzung kommen. Es handelt sich um unverschuldete und in der Regel auch unveränderliche Eigenschaften einer Person, sie können identitätskonstituierend für eine Person sein und sie können zudem eine besondere Gefährdung für benachteiligende Ungleichbehandlungen darstellen. Letzteres gilt speziell mit Blick auf den Arbeits- und Versicherungsbereich. Prädiktive Gentests (s. Kap. III. 35) könnten hier verwendet werden, um Personen mit hohen gesundheitlichen Risiken systematisch auszuschließen. Der Gesetzgeber hat darauf reagiert, indem er im Jahr 2009 das Gendiagnostikgesetz (GenDG) erlassen hat, das diese Verwendungsweise von prädiktiven Gentests weitgehend untersagt (§§ 18–22). Kontrovers diskutiert wird allerdings weiterhin die Frage, ob genetische Dispositionen eine spezielle Regelung rechtfertigen (so etwa Hellman 2003; Rehmann-Sutter 2005). Kritiker eines ›genetischen Exzeptionalismus‹ machen geltend, dass benachteiligende Ungleichbehandlungen aufgrund anderer Gesundheitsinformationen nicht weniger problematisch sind (Taupitz 2001; Halldenius 2007).

Mit Blick auf die Pränataldiagnostik und die Präimplantationsdiagnostik wird von vielen hervorgehoben, diese Verfahren seien geeignet, die Diskriminierung von Menschen mit Behinderung zu befördern. Treffender ist es aber wohl, in diesem Kontext von Stigmatisierung zu sprechen, da es nicht um konkrete Ungleichbehandlungen geht, sondern darum, dass die gesellschaftliche Wahrnehmung von Menschen mit Behinderung negativ beeinflusst werden könnte.

Ein anderer Bereich der Bioethik, in dem der Begriff der Diskriminierung eine zentrale Rolle spielt, ist die zunehmend intensiv geführte Diskussion um Alter und Altern (s. Kap. III. 1). Wiederum erscheint das Merkmal des Lebensalters die Kriterien der unterschiedlichen Ansätze für diskriminierungsrelevante Merkmale allesamt zu erfüllen. In einer zunehmend alternden Gesellschaft verwundert es zudem nicht, dass Altersdiskriminierung zu einem wichtigen Thema wird (vgl. Bytheway 2005).

In einem begründungstheoretischen Kontext hat schließlich Peter Singer eine spezielle Variante des Diskriminierungsbegriffs aufgegriffen und damit eine mitunter hitzig geführte Debatte innerhalb der Bioethik ausgelöst (Singer 1994). Im Zentrum seiner Überlegungen steht der Gedanke, dass die Präferenzen aller Lebewesen grundsätzlich gleichwertig sind. Sein sog. Präferenz-Utilitarismus sieht vor, dass im Falle von mehreren Handlungsoptionen diejenige Handlung moralisch vorzugswürdig ist, die zu einer maximalen Präferenzerfüllung führt. Die Ansicht, dass menschliche Präferenzen gewichtiger sind als die Präferenzen von Tieren (s. Kap. III. 43), hält Singer für eine besondere Form der Diskriminierung, die er Speziezismus nennt. Mit Singers Ansatz verbinden sich weitreichende Konsequenzen, insbesondere für die Tierethik. Kritiker haben u. a. geltend gemacht, dass die Sonderstellung des Menschen in der Moral nicht durch seine Spezieszugehörigkeit, sondern z. B. durch seine Vernunftfähigkeit begründet sei. Der Vorwurf des Speziezismus laufe daher ins Leere.

Literatur

Alexander, Larry: What makes wrongful discrimination wrong? Biases, preferences, stereotypes and proxies. In: *University of Pennsylvania Law Review* 141 (1992), 149–219.

Aristoteles: *Nikomachische Ethik*. Hg. von Günther Bien. Hamburg 1985 [=NE].

Bytheway, Bill: Ageism. In: Malcolm L. Johnson (Hg.): *The Cambridge Handbook of Age and Ageing*. Cambridge/ New York 2005, 338–345.

Dürig, Günter/Scholz, Ruprecht: Art. 3 Abs. 3. In: Theodor Maunz/Günter Dürig (Hg.): *Grundgesetz-Kommentar. 67. Ergänzungslieferung*. München 2013.

Feinberg, Walter: Affirmative action. In: Hugh LaFollette (Hg.): *The Oxford Handbook of Practical Ethics*. Oxford/ New York 2003, 272–299.

Halldenius, Lena: Dissecting »discrimination«. In: *Cambridge Quaterly of Health Care Ethics* 14 (2005), 455–463.

–: Genetic discrimination. In: Matti Häyry/Ruth Chadwick/ Vilhjálmur Árnason/Gardar Arnason (Hg.): *The Ethics and Governance of Human Genetic Databases: European Perspectives*. Cambridge 2007, 170–180.

Heinrichs, Bert: What is discrimination and when is it morally wrong? In: *Jahrbuch für Wissenschaft und Ethik*, Bd. 12. Hg. von Ludger Honnefelder/Dieter Sturma. Berlin 2007, 97–114.

Hellman, Deborah: What makes genetic discrimination exceptional? In: *American Journal of Law & Medicine* 29 (2003), 77–116.

–: *When Is Discrimination Wrong?* Cambridge, Mass./London 2008.

Lippert-Rasmussen, Kasper: The badness of discrimination. In: *Ethical Theory and Moral Practice* 9 (2006), 167–185.

Moreau, Sophia: What is discrimination? In: *Philosophy and Public Affairs* 38/2 (2010), 143–179.

Narveson, Jan: *The Libertarian Idea*. Peterborough ²2001.

Nickel, James W: Discrimination and morally relevant characteristics. In: *Analysis* 32/4 (1972), 113–114.

Rehmann-Sutter, Christoph: Die Ungerechtigkeit genetischer Diskriminierung. In: Christoph Rehmann-Sutter (Hg.): *Zwischen den Molekülen: Beiträge zur Philosophie der Genetik*. Tübingen 2005, 269–281.

Singer, Peter: *Praktische Ethik*. Stuttgart ²1994 (engl. 1979).

Taupitz, Jochen: Humangenetische Diagnostik zwischen Freiheit und Verantwortung: Gentests unter Arztvorbehalt. In: Ludger Honnefelder/Peter Propping (Hg.): *Was wissen wir, wenn wir das menschliche Genom kennen?* Köln 2001, 265–288.

Thomsen, Frej Klem: *»We Will Find the Black Man Who Did This«. Conceptual and Ethical Studies of Discrimination in Criminal Justice*. Ph.D. Thesis. Roskilde University 2011. In: http://rucforsk.ruc.dk/site/services/downloadRegister/35949618/We_Will_Find_the_Black_Man_Who_Did_This_single_page_.pdf (27.06.2013).

Bert Heinrichs

6 Empirie

Empirie in der zeitgenössischen Bioethik

Die Verwendung des Begriffs ›Empirie‹ in der zeitgenössischen bioethischen Debatte ergibt sich aus einer Substantivierung des Adjektivs ›empirisch‹. ›Empirisch‹ beschreibt eine bestimmte Form des Erwerbs von Wissen. Empirische Forschung zeichnet sich durch die Bezugnahme auf Beobachtungsergebnisse aus, die auf systematisch angelegten Untersuchungen beruhen.

Vor dem Hintergrund dieser Wortbedeutung ist die Substantivierung von ›empirisch‹ zu ›Empirie‹ nicht unproblematisch: Während ›empirisch‹ eine mögliche Annäherungsform an eine wissenschaftliche Fragestellung ausdrückt und damit dem adjektivischen Charakter des Wortes gerecht wird, gibt es keinen Gegenstand, der dem Substantiv ›Empirie‹ unmittelbar korrespondieren würde. Eine synonyme Verwendung des Ausdrucks ›Empirie‹ mit Begriffen wie ›Außenwelt‹ oder ›Realität‹ erscheint nicht angemessen, da sie Fragen der verwendeten Methode und der theoretischen Bezugspunkte in der Beschreibung des Gegenstandes außer Acht ließe. Wenn in der aktuellen bioethischen Debatte von ›Empirie‹ die Rede ist, dient dieser Begriff zumeist als eine Kurzform für ›empirische Forschung‹ oder ›Ergebnisse empirischer Forschung‹. Bei der Verwendung des Ausdrucks sollte daher mitgedacht werden, dass er sich sowohl auf das eine als auch auf das andere beziehen kann. Vermieden werden sollte die Verwechslung von ›Empirie‹ und ›Empirismus‹. Letzterer Ausdruck kennzeichnet einen primär im Bereich der Erkenntnistheorie verwendeten Überbegriff für unterschiedliche theoretische Ansätze, welche die Bedeutung sinnlicher Erfahrung für das menschliche Erkennen hervorheben.

Die Bedeutung empirischer Informationen für das bioethische Urteil

Die Frage nach der Bedeutung empirischer Erkenntnisse für das Urteil in der Angewandten Ethik und damit auch in der Bioethik eröffnet ein breites Feld möglicher Diskussionszusammenhänge. Versucht man, die Bedeutung der Empirie für das bioethische Urteil in fundamentalethisch offener Form, d. h. ohne Festlegung auf einen bestimmten normativethischen Theoriehintergrund, zu analysieren, können zunächst einmal in allgemeiner Hinsicht mögliche Beiträge empirischer Forschung zu bioethischen Fragestellungen benannt werden (De Vries/Gordijn 2009; Sulmasy/Sugarman 2001). Zu den Funktionen, die empirische Untersuchungen erfüllen, zählen dann etwa die Beschreibung moralisch relevanter Fakten, die Beurteilung möglicher Folgen bestimmter Maßnahmen oder eine Überprüfung, inwieweit moralische Normen in der Praxis befolgt werden.

Eine stärker systematisierte Darstellung der Funktionen, welche die Empirie in bioethischen Urteilen haben kann, ergibt sich bei Zugrundelegung eines Modells praktischer Urteilsbildung, etwa des praktischen Syllogismus oder des Modells »gemischter Urteile« (Dietrich 2009; Düwell 2008, 5 ff.). Eine Darstellung der Elemente des angewandt-ethischen Urteils ermöglicht es aufzuzeigen, an welchen ›Orten‹ empirische Informationen Bedeutung gewinnen. Es kann dann systematisch analysiert werden, auf welche Weisen die Empirie von der Formulierung präskriptiver Prämissen über die Einbeziehung deskriptiver Prämissen bis hin zu logisch nachgelagerten Schritten des ethischen Urteils relevant ist, welche den Bereich der konkreten Handlungsorientierung betreffen.

In Ergänzung zu den genannten fundamentalethisch offenen Herangehensweisen muss weiterhin berücksichtigt werden, dass die Frage nach der Bedeutung empirischer Informationen für das bioethische Urteil nicht umfassend beantwortet werden kann, ohne das Spektrum normativ-ethischer Theorien in den Blick zu nehmen, die in der Bioethik verwendet werden. Das Verhältnis normativ-ethischer Theorien zur Empirie ist vielgestaltig und betrifft bereits den Bereich der den Theorien zugrunde liegenden Vorannahmen. Während einige ethische Theorien explizit auf bestimmten empirischen Grundlagen aufbauen – etwa der Utilitarismus John S. Mills oder der ethische Egoismus –, weisen andere ethische Theorien eine empirische Grundlegung der Moral zurück (Kant).

Auch auf der Anwendungsebene, also bei der Verwendung ethischer Theorien zur Diskussion konkreter Fragestellungen in der Bioethik, haben empirische Informationen je nach zugrunde gelegtem ethisch-theoretischen Hintergrund einen unterschiedlichen Stellenwert (Birnbacher 1999; Düwell 2009). Die Theorieabhängigkeit der Bedeutung empirischer Information betrifft dabei (a) die Frage, ob und in welchem Umfang empirische Informationen benötigt werden, (b) die Art empirischer Informationen, die zum Einsatz kommen, und (c) die Form, in der empirische Informationen in die ethische Deliberation eingliedert werden (Salloch et al. 2014).

Bezüglich des ersten genannten Aspektes implizieren einige Theorien, etwa starke deontologische Positionen, die bestimmte Handlungsweisen grundsätzlich verbieten, nur einen geringen Bedarf an empirischer Informiertheit, während andere Theorien, z. B. konsequentialistische Ansätze, ohne empirische Datengrundlage nicht sinnvoll zu einem Urteil gelangen können. Auch die Art empirischer Daten, die zur bioethischen Bewertung eines Sachzusammenhangs benötigt werden, z. B. Informationen zu moralischen Einstellungen oder zur Handlungspraxis, variiert abhängig davon, welches normativ-ethische Bewertungssystem zugrunde gelegt wird, und hängt letztlich von der jeweils durch die Theorie vorgegebenen normativen Prämissen ab. Schließlich ist auch die Form der Verwendung empirischer Daten im ethischen Urteil vom gewählten Theoriehintergrund abhängig. Während das Wissen über die Interessen (s. Kap. II. 11) der beteiligten Akteure etwa vor einem präferenzutilitaristischen Hintergrund als Basis eines utilitaristischen Kalküls verwendet wird, das auf den Status optimaler Präferenzerfüllung ausgerichtet ist, wird das gleiche Wissen bei Zugrundelegung einer Theorie des Reflexionsgleichgewichtes mit anderen moralischen und nicht-moralischen Elementen integriert, um einen Zustand größtmöglicher Kohärenz herzustellen.

Zusammenfassend lässt sich die Frage nach der Bedeutung der Empirie für das bioethische Urteil daher nicht in pauschaler Weise beantworten, sondern empirische Informationen finden in vielfältiger Weise Eingang in normative Bewertungen. Die Bedeutung der Empirie in der Bioethik ist dabei vom jeweils zugrunde gelegten ethisch-theoretischen Hintergrund abhängig.

Der *empirical turn* – Hintergründe und Diskussionsfelder

Die Diskussion um den Zusammenhang von Bioethik und Empirie ist in den vergangenen Jahren nicht zuletzt vor dem Hintergrund einer Auseinandersetzung mit dem sog. *empirical turn* geführt worden. Strech hat in diesem Zusammenhang auf die problematische Verwendung des Begriffs ›turn‹ hingewiesen (Strech 2008, 149). Der Ausdruck *empirical turn* bezieht sich auf eine verstärkte Einbeziehung empirischer Daten in die bioethische Analyse, bzw.

eine Durchführung empirischer Studien unter dem ›Dach‹ bioethischer Forschung. Während grundsätzlich sowohl die Ergebnisse naturwissenschaftlicher oder klinisch-medizinischer als auch sozialwissenschaftlicher Forschung von Bedeutung für bioethische Bewertungen sind, liegt im Zuge des *empirical turn* der Schwerpunkt eindeutig auf der Verwendung *sozial*empirischer Methoden und Erkenntnisse in der Ethik. In diesem Sinne kann der *empirical turn* auch als eine gewandelte Beziehung zwischen der Bioethik und der sozialwissenschaftlichen Forschung beschrieben werden (vgl. Borry et al. 2005).

Bezüglich der Frage, ob es sich bei der empirisch forschenden Ethik um ein neues Phänomen handelt, werden unterschiedliche Positionen vertreten (vgl. Borry et al. 2004). Die Durchführung soziologischer Forschung in der Medizin unter Berücksichtigung ethischer Fragen steht in einer langen Tradition (vgl. Fox 1957). Auffällig ist jedoch, dass die Anzahl der Publikationen in bioethischen Zeitschriften, welche die Ergebnisse sozialempirischer Studien vorstellen, seit Mitte der 1980er Jahre im englischsprachigen Bereich und in den letzten zehn Jahren auch im deutschsprachigen Bereich stark zugenommen hat (vgl. Sugarman et al. 2001; Vollmann/Schildmann 2011). Kennzeichnend für die Entwicklung seit den 1990er Jahren ist weiterhin eine intensivierte Reflexion über theoretische und methodologische Fragen der Verbindung von Ethik und Empirie sowie Fragen der disziplinären Einordnung empirischer Forschung zu bioethischen Themen.

Zu den Gründen, die zur verstärkten Einbeziehung empirischer Sozialforschung in der Bioethik beigetragen haben, zählt die Kritik an sog. *top-down*-Modellen Angewandter Ethik, die als zu abstrakt, starr und dogmatisch für die Diskussion lebensweltlicher Fragestellungen empfunden wurden (vgl. Borry 2005). Es wird vielmehr gefordert, dass Bioethik in der praktischen Realität verankert sein und den empirischen Spezifika des jeweiligen Sachzusammenhangs stärker Rechnung tragen solle. Ein zentrales Schlagwort ist in diesem Zusammenhang dasjenige der Kontextsensitivität (vgl. Musschenga 2005). Darüber hinaus haben auch stärker pragmatische Einflussfaktoren eine Bedeutung für die Herausbildung des *empirical turn*. Zu diesen zählt die wachsende Bedeutung der Klinischen Ethik, die eine starke Orientierung an den kontextuellen Bedingungen der jeweiligen ethischen Entscheidungssituation aufweist. Weiterhin dürfte auch das Aufkommen der Evidenzbasierten Medizin ab den 1990er Jahren und damit verbunden die allgemeine Wertschätzung einer Berufung auf empirische Datengrundlagen in der Medizin eine Rolle spielen (vgl. Borry et al. 2005). Zudem wurde auch vermutet, dass die Einbettung medizinethischer Forschung in medizinische Fakultäten – und damit in ein Umfeld, in dem empirische Studien der ›Normalfall‹ sind – dazu beiträgt, dass die medizinethische Forschung einen stärker empirischen Charakter gewinnt (vgl. Düwell 2009).

Gegen den Versuch, Bioethik auf eine empirische Basis zu gründen, werden jedoch auch Einwände vorgebracht (u. a. Rothhaar 2009). Insbesondere ist zu klären, wie sich die Durchführung empirischer Studien in der Ethik zu einer Reihe theoretischer Probleme verhält, die in der Literatur unter den Bezeichnungen naturalistischer Fehlschluss, Fakten-Werte-Unterscheidung oder Sein-Sollens-Problem diskutiert werden (s. Kap. II. 19, II. 27). Während der naturalistische Fehlschluss sich auf das spezifische Problem des Versuchs einer Definition des moralisch Guten bezieht und die Fakten-Werte-Unterscheidung eine metaethische Sichtweise darstellt, kann das Problem von Sein-Sollens-Schlüssen in der Tat für die empirisch forschende Bioethik von Relevanz sein (vgl. De Vries/Gordijn 2009). Problematische Übergänge von Seins- zu Sollensaussagen würden sich hier ergeben, wenn in direkter Weise von empirischen Befunden auf deren normative Korrektheit geschlossen würde. Dies ist jedoch in der gegenwärtigen empirischen Ethikforschung in der Regel nicht der Fall. Vielmehr stellt sich häufig das Problem, dass Autoren nicht oder nur unzureichend deutlich machen, welches die normative Bedeutung ihrer empirischen Daten ist (vgl. Salloch et al. 2012).

Ein zentrales Themenfeld im Kontext der Interaktion von Ethik und Empirie betrifft den Zusammenhang zwischen empirischen Daten und ethischer Theorie in der bioethischen Urteilsbildung. Hinsichtlich der Frage, auf welcher Seite hier die ›moralische Autorität‹ liegt – ob sich also die normative Bewertung stärker aus den empirischen Befunden oder aus der ethischen Theorie ergibt –, wird aktuell in der empirisch forschenden Bioethik ein Spektrum unterschiedlicher Positionen vertreten (vgl. Molewijk et al. 2004). Vorwiegend theoretisch ausgerichtete Ansätze betrachten die ethische Theorie als ›Prüfstein‹ in der Bewertung einer sozialen Praxis. Empirische Daten tragen in diesem Fall nicht zu einer Modifizierung der Theorie bei, sondern werden allein im Rahmen einer deduktiven Verwendung bestimmter Prinzipien oder Regeln benötigt. Auf der anderen Seite des Spektrums finden sich die Ansätze einer sog. ›integrierten empirischen Ethik‹ (ebd.), welche die analytische Trennung zwischen deskriptiven und präskriptiven Aussagen in der ethischen Forschung zurückweisen. Empirische und normative Aspekte der Wirklichkeit werden hier als miteinander verwoben betrachtet. Folglich ergibt sich in der ›integrierten empirischen Ethik‹ auch die normative Bewertung einer sozialen Praxis im Rahmen von deren empirischer Erforschung (vgl. Widdershoven et al. 2009).

Perspektiven für die empirisch-ethische Forschung

Die Entstehung neuer Forschungsansätze in der Bioethik, die eine stärkere Einbeziehung der Empirie einfordern, bzw. sozialempirische Forschung mit normativer Analyse in Verbindung setzen, eröffnet ein breites Feld sowohl theoretischer, als auch methodologischer und forschungspraktischer Fragestellungen, die bisher in der entsprechenden Literatur nur teilweise angemessen adressiert werden. So sollten etwa die mit empirischer Sozialforschung verbundenen theoretischen Vorannahmen eine stärkere Berücksichtigung finden. In empirisch-ethischen Forschungsprojekten ist der Zusammenhang des soziologischen Theoriehintergrundes mit dem jeweils zugrunde gelegten ethisch-theoretischen Ausgangspunkt zu berücksichtigen. Während einige Sozialtheorien, insbesondere diejenigen, in denen handelnde Akteure zentral gestellt werden, ihre wesentlichen Grundannahmen mit wichtigen ethisch-theoretischen Ansätzen teilen, ergibt sich bei Gesellschaftstheorien – etwa der Systemtheorie im Anschluss an Niklas Luhmann – tendenziell ein stärkeres Spannungsverhältnis im Hinblick auf zentrale Grundannahmen ethischer Theoriebildung (vgl. Graumann/Lindemann 2009). Ein konstruktiv-kritisches Wechselverhältnis der theoretischen Bezugspunkte auf den beiden Seiten (der Soziologie und der Ethik) erscheint wünschenswert, wird bei der Durchführung empirisch-ethischer Studien bisher aber nur selten umfassend realisiert.

Ein weiterer, im Kontext des *empirical turn* bisher wenig diskutierter Punkt betrifft Fragen der Einbeziehung naturwissenschaftlicher Forschung, bzw. klinisch-medizinischer Grundlagenforschung in bioethische Deliberationen. Während sich die Diskussionen im Zuge des *empirical turn* bisher auf theoretische und methodologische Probleme sozialwissenschaftlicher Forschung in der Ethik konzentrieren, wäre es sinnvoll, sich in umfassender Weise auch den wissenschaftstheoretischen Hintergründen nicht-soziologischer empirischer Forschung und ihrer Bedeutung für die Bioethik zuzuwenden.

Im Hinblick auf die Forschungspraxis empirischer Studien in der Ethik stellen sich für die Zukunft Fragen nach geeigneten Formen der Interdisziplinarität in der Realisierung entsprechender Studien. Nicht zuletzt muss diskutiert werden, ob stets das normative Interesse der Bioethik maßgeblich für die Ausrichtung der wissenschaftlichen Fragestellung sein soll und die Aufgabe der empirischen Wissenschaften damit in einer Bereitstellung der zur normativen Bewertung erforderlichen Daten besteht, oder inwiefern es möglich ist, auch die genuinen fachspezifischen Forschungsinteressen der empirischen Disziplinen in angemessener Weise zu integrieren.

Weiterhin müssen forschungsethische Aspekte im Zusammenhang mit der Durchführung empirischer Forschung in der Bioethik berücksichtigt werden (vgl. Düwell 2009). Diese betreffen etwa die Relevanz der jeweiligen Fragestellung, welche auch eine Begründung einschließt, warum bestimmte empirische Daten im Rahmen eines ethischen Forschungsprojektes von Interesse sind und neu gewonnen werden müssen. Weitere Fragestellungen betreffen die Qualifikation des Forschers, der die Untersuchungen durchführt. Gerade in einem interdisziplinären Gebiet wie demjenigen der Bioethik muss im Einzelfall gewährleistet sein, dass der Forscher für die zu leistende empirische Forschung ausgebildet ist und damit zu rechnen ist, dass er diese zu einem erfolgreichen und den fachlichen Standards Rechnung tragenden Abschluss bringen kann. Die Einbeziehung von Patienten und Probanden in Forschungsvorhaben sollte im Falle empirisch-ethischer Forschung kritisch im Hinblick auf den Nutzen und mögliche Belastungen evaluiert werden.

Literatur

Birnbacher, Dieter: Ethics and social science: which kind of cooperation? In: *Ethical Theory and Moral Practice* 2/4 (1999), 319–336.

Borry, Pascal/Schotsmans, Paul/Dierickx, Kris: Empirical ethics: a challenge to bioethics. In: *Medicine Health Care and Philosophy* 7/1 (2004), 1–3.

–: The birth of the empirical turn in bioethics. In: *Bioethics* 19/1 (2005), 49–71.

De Vries, Rob/Gordijn, Bert: Empirical ethics and its alleged meta-ethical fallacies. In: *Bioethics* 23/4 (2009), 193–201.

Dietrich, Julia: Die Kraft der Konkretion oder: Die Rolle deskriptiver Annahmen für die Anwendung und Kontext-

sensitivität ethischer Theorie. In: *Ethik in der Medizin* 21/3 (2009), 213–221.
Düwell, Marcus: *Bioethik. Methoden, Theorien und Bereiche.* Stuttgart/Weimar 2008.
–: Wofür braucht die Medizinethik empirische Methoden? Eine normativ-ethische Untersuchung. In: *Ethik in der Medizin* 21/3 (2009), 201–211.
Fox, Renee C.: Training for uncertainty. In: Robert K. Merton/George G. Reader/Patricia Kendall (Hg.): *The Student Physician.* Cambridge, Mass. 1957, 207–241.
Graumann, Sigrid/Lindemann, Gesa: Medizin als gesellschaftliche Praxis, sozialwissenschaftliche Empirie und ethische Reflexion: ein Vorschlag für eine soziologisch aufgeklärte Medizinethik. In: *Ethik in der Medizin* 21/3 (2009), 235–245.
Molewijk, Bert/Stiggelbout, Anne M./Otten, Wilma/Dupuis, Heleen M./Kievit, Job: Empirical data and moral theory. A plea for integrated empirical ethics. In: *Medicine, Health Care and Philosophy* 7/1 (2004), 55–69.
Musschenga, Albert W.: Empirical ethics, context-sensitivity, and contextualism. In: *Journal of Medicine and Philosophy* 30/5 (2005), 467–490.
Rothhaar, Markus: Sinn und Grenzen empirischer Forschung in der Medizin- und Bioethik. In: Jochen Vollmann/Jan Schildmann/Alfred Simon (Hg.): *Klinische Ethik. Aktuelle Entwicklungen in Theorie und Praxis.* Frankfurt a. M./New York 2009, 211–224.
Salloch, Sabine/Schildmann, Jan/Vollmann, Jochen: Empirical research in medical ethics: How conceptual accounts on normative-empirical collaboration may improve research practice. In: *BMC Medical Ethics* 13/1 (2012), 5.
–/–/–: Ethics by opinion poll? The functions of attitudes research for normative deliberations in medical ethics. In: *Journal of Medical Ethics* 40/9 (2014), 507–602.
Strech, Daniel: *Evidenz und Ethik. Kritische Analysen zur Evidenz-basierten Medizin und empirischen Ethik.* Berlin 2008.
Sugarman, Jeremy/Faden, Ruth/Weinstein, Judith: A decade of empirical research in medical ethics. In: Jeremy Sugarman/Daniel P. Sulmasy (Hg.): *Methods in Medical Ethics.* Washington 2001, 19–28.
Sulmasy, Daniel P./Sugarman, Jeremy: The many methods of medical ethics (or, thirteen ways of looking at a blackbird). In: Daniel P. Sulmasy/Jeremy Sugarman (Hg.): *Methods in Medical Ethics.* Washington 2001, 3–18.
Vollmann, Jochen/Schildmann, Jan (Hg.): *Empirische Medizinethik. Konzepte, Methoden und Ergebnisse.* Berlin 2011.
Widdershoven, Guy/Abma, Tineke/Molewijk, Bert: Empirical ethics as dialogical practice. In: *Bioethics* 23/4 (2009), 236–248.

Sabine Salloch

7 Ethos

Ethos bezeichnet in einem weiten Sinne jene sittlichen Normen, die in einer Gruppe oder Gesellschaft als gültig anerkannt und gelebt werden. Ethos ist damit der *Ausdruck der Sittlichkeit einer Gemeinschaft*, die sich in reflektierten moralischen Üblichkeiten zeigt. Ein Ethos kann sich in den unterschiedlichen sozialen Kontexten auch ausdifferenzieren und eine gruppenspezifische Ausprägung erhalten. Es wird etwa mit einer bestimmten sozialen Rolle verknüpft, wie sie z. B. durch einen Berufsstand (Berufsethos/Standesethos) ausgefüllt wird (Ärzte, Ingenieure, Sportler, Richter usw.) oder es kann als Sonderform eines Kollektivs ausgebildet sein, wie es etwa in religiösen oder ethnischen Gemeinschaften (Gruppenethos) gelebt wird.

Die Normenmuster, die ein Ethos umfasst, implizieren intersubjektiv anerkannte moralische Forderungen, die zu normativen Handlungsmustern konkretisiert werden. Für den *Einzelnen* wird ein ethosgebundenes Handlungsmuster zur moralischen *Haltung* und damit zum Teil seiner *Lebensform*. Daher verknüpft das Ethos die Sitte der Gemeinschaft mit der Sittlichkeit des Einzelnen. Im Rahmen dieser *individuellen und gesellschaftlichen Konkretion* entspricht das Ethos dem Welt- und Sinnverständnis, das für eine *Kultur* bestimmend ist und das ihre *Institutionen* wie etwa Familie, Recht oder Herrschaftsstrukturen prägt. In einer ethosgeformten Gesellschaft entwickeln sich Muster der *Lebensführung* und Leitbilder von *Lebensentwürfen* als Ideale heraus. Die Strukturen und Vorbilder geben dem Einzelnen inhaltliche Orientierung und Halt. Gleichwohl können Idealformen auch zu moralischen Überforderungen führen. Ebenso sind Konformitätskonflikte im Spannungsfeld zwischen gesellschaftlichen Normen und individueller Sittlichkeit keineswegs ausgeschlossen. Diese können die Gestalt eines Ethos in Frage stellen, vermögen aber auch seine reflektierte Fortentwicklung zu fördern. Sieht man sich dem Ethos einer Gemeinschaft verpflichtet, ergeben sich hieraus moralische Verbindlichkeiten für den Handelnden (Kluxen 1974, 22; Höffe 2013, 10–14, 25).

Zur Begriffsgeschichte

Die Verschränkung von *Gesellschafts- und Individualbezug* des Ethos spiegelt schon seine Begriffsgeschichte wider. In einer ursprünglichen Auslegung des griechischen Terminus meint der Ausdruck ›Ethos‹ – aus dem später der Begriff ›Ethik‹ abgeleitet wird – ›Wohnstatt‹ oder ›gewohnter Aufenthaltsort‹, der die Lebensform des Menschen in ein Kontinuum mit der Natur (s. Kap. II. 19) setzt. Die biologische Natur prägt das Ethos vor, das aber durch sie noch unterbestimmt ist. Erst Kultur und Individualität füllen ein Ethos aus und formen es; damit wird das Ethos zum Inbegriff von *Lebensmöglichkeiten* und ihren Erfüllungsbedingungen. Schon früh werden im griechischen Wortgebrauch Bedeutungsnuancen von Ethos erkennbar, die auch in verschiedenen Schreibweisen abgebildet werden: einerseits als gesellschaftliche *Üblichkeiten*, *Sitten* und *Gewohnheiten* (ἔθος/*ethos*) sowie andererseits als persönlicher *Charakter* und individuelle *Einstellung* (ἦθος/*äthos*). Platon verdeutlicht diese für die Ethik *konstitutive Verbindung* beider Elemente, wenn er ausführt, dass Ethos als der »sittliche Charakter« sich »über die Gewöhnung« innerhalb der tradierten normativen Muster ausbildet und »zur Geltung« bringt (Platon: Nomoi 792e). Das Ethos, in dem moralische Normen konkret vermittelt werden, wird damit zu einem *Entwurf* für das *gute Leben* (Reiner 1972, 812; Honnefelder 2011 b, 508; Höffe 2013, 9–11).

Konkretion und Revision des Ethos

Dieser *Modus der Vermittlung* zwischen Gesellschaft und individueller Lebensform im Ethos ist vielschichtig und von hoher Praxisrelevanz. Er sorgt für die Verbindung zwischen *allgemeiner gesellschaftlicher Norm* und *konkreter individueller Lebensführung*, zwischen *universaler Vernunftexpression* und *subjektiver Vernunfteinsicht*, aber auch für eine Integration von *Form* und *Gehalt* der moralischen Normen. Ethos inkludiert damit ein moralreflektierendes Moment und unterscheidet sich daher vom einfachen Begriff der Moral.

Eine ethosbezogene Ethik versteht sich als eine normative Ethik, die eine Praxis des kollektiven Bewusstseins moralischer Gehalte berücksichtigt. Sie bezieht sich daher nicht nur auf die reine Moralität und ihre Semantik, sondern ebenso auf die Bedingungen und Voraussetzungen dafür, *wie Moralität Gestalt annehmen* und sich im Bemühen um Sinnerfüllung im Rahmen eines Lebensplans verwirklichen kann. Diese Ethikform hat ihren Ursprung in der *aristotelischen Ethik des guten Lebens*, ist in *naturrechtlichen* Ansätzen fortentwickelt worden und verbindet diese Tradition mit modernen Vorstellungen eines *normsetzenden autonomen Subjekts*. Damit grenzt sich eine ethosbezogene Ethik sowohl von solchen Ethikmodellen ab, in denen die *formale* oder *prozedurale* Richtigkeit einer Handlungsentscheidung im Mittelpunkt steht, als auch von solchen, die sich vornehmlich als moralskeptische abstrakte Normentheorie verstehen (Kluxen 1997, 3–4; Honnefelder 2011 b, 509; Schwemmer 1992, 97–104; Fleischer 1987).

Ein Ethos lebt davon, dass es tradiert und kommuniziert wird. Dieser Austausch von normativen Gehalten drückt sich im *Raum des Gebens und Nehmens von Gründen* (Sellars 1956, § 36) aus. Dort ist der Austausch an intersubjektiv geteilte Regeln und Einstellungen geknüpft, damit er eine praktische Wirkung entfalten kann. Die Verfahren *und* Inhalte der Austauschpraxis gehören gleichermaßen zu einer historisch gewachsenen kulturellen Institution einer Gemeinschaft (Brandom 2000, 136–138; Habermas 1981, 408–411). Im Mittelpunkt steht – im Gegensatz zur prozedural verfassten Regelethik – eine Hermeneutik der Wahl von zu erstrebenden *Lebensgütern* (s. Kap. II. 9). Diese Lebensgüter sind nicht einfach durch andere ersetzbar, sondern vielmehr darauf ausgerichtet, einem guten Leben eine Sinngestalt zu verleihen (Taylor 1994). Gleichwohl ist ihre Weitergabe offen für *Revisionen ihrer Auslegung*, um der Gefahr einer ideologischen Immunisierung zu entgehen. In einem dynamischen Ethos verändern sich Selbstverständnis und Deuten produktiv durch den Austausch mit anderen und führen zu »Horizontverschmelzungen« bei der Auslegung moralischer Gehalte (Gadamer 1986, 289–290, 356–357; Taylor 1975, 93; Taylor 1992, 68, 100–102).

Das Ethos steht gerade dann im Hintergrund zur Verfügung, wenn für einen bestimmten Bereich oder eine bestimmte Handlungssituation keine normativen Handlungsregeln zur Verfügung stehen. Denn nicht alle Handlungsoptionen können in einem konkreten Sinne normativ geregelt sein. Umgekehrt wird auch das Ethos durch neue Handlungssituationen herausgefordert. »Jedes Ethos bleibt auch, in verschieden eng oder weit gefassten Grenzen, korrigierbar, wenn Unvorhergesehenes auftritt. Wo neue Situationen bewältigt werden müssen, wird Urteil verlangt, Berufung auf Gründe« (Kluxen 1974, 24). Mit diesem Bestand an Rationalität eines jeden Ethos kommt auch dem Ethos selbst eine Revisionsoffenheit zu und ermöglicht ein *Überlegungsgleichgewicht* zwischen Permanenz und Evolution der jeweiligen konkreten Gestalt des Ethos. Dieser geschichtliche Reflexionsanteil kommt nicht erst mit dem philosophischen Abstand in das Ethos hinein, sondern ist ihm als *Lebenspraxis* inhärent (Kluxen 1974, 24–25).

Abgrenzung einer Ethik des Ethos zu anderen Ethikmodellen

Die notwendige Koexistenz verschiedener Moralen in Neuzeit und Moderne hat zur Ausbildung von Regel- und Prinzipienethiken geführt, die mit wenigen Prinzipien auskommen, aber verbindliche *Verfahrensregeln* eingeführt haben. Es liegt im Anspruch der vornehmlich auf Verfahren beschränkten deontologischen Ansätze, keine Anleihen bei konkreten menschlichen Lebenskontexten zu machen. Dass damit dem *Gerechten* ein Primat gegenüber dem *Guten* eingeräumt wird (Habermas 2001, 74, 124), ist der Versuch, sich im Rahmen eines Wertepluralismus (s. Kap. II. 27) nur über normative Minimalbestände einigen zu müssen. Gemein ist daher den verfahrensethischen Modellen der Versuch, den Verunsicherungen der Pluralität der Moderne mit einem *Verzicht* auf die *sokratische Frage* nach einer *gelungenen Lebensführung* und nach dem *Ganzen eines guten Lebens* zu begegnen (Platon: Politeia, 352 d). Aspekte, die die ethische Reflexion an die Möglichkeiten und Bedingungen des Menschseins sowie an das damit verbundene Selbstverständnis des Menschen knüpfen, sollen in das Private verlegt werden und sind nicht Gegenstand der Rechtfertigungsprozedur intersubjektiver Explikation.

Das Neue an den neuzeitlichen und nachneuzeitlichen Verfahren besteht darin, das Verfahren selbst *rechtfertigungstheoretisch* in das Zentrum einer Ethik zu rücken und auf die Formulierung materialer Normen ganz zu verzichten oder sie zumindest nachrangig zu behandeln. Die moralische Richtigkeit besteht dann ausschließlich in der Einhaltung der Verfahrensregeln. Die grundsätzliche Kritik an den verfahrensethischen Modellen seitens der ethosbezogenen Ethikansätze richtet sich weniger auf die Verfahren und befürwortet auch nicht den Verzicht auf die Einhaltung von Regeln und Prozeduren, vielmehr werden die Modelle als erheblich ergänzungsbedürftig und in den Konstitutionsverhältnissen (Primat der Verfahren und der Verfahrensgerechtigkeit) als unstimmig erachtet. Zudem würden auch sie materiale Voraussetzungen implizieren. Etwa benötige man für eine Verfahrensgerechtigkeit eine bestimmte qualitative Vorstellung von ›Gerechtigkeit‹ (z. B. Gerechtigkeit als Fairness) (s. Kap. II. 8). Darüber hinaus wird kritisiert, dass reine Verfahren nicht geeignet seien für moralisches Handeln zu motivieren. Der »moral point of view« und die Motivation, ihn auch einnehmen zu wollen, müssen dem Verfahren selbst vorausgehen (Nussbaum 1992, 172–176; 1999, 35). John Rawls brauche etwa zur Entwicklung seiner Verfahrensgerechtigkeit als zusätzliche Voraussetzung einen stabilen »Gerechtigkeitssinn« (*sense of justice*), der in die Überlegungsgleichgewichte mit eingeht, sowie eine *schwache Theorie des Guten*, die nicht ganz ohne Bezug auf die menschliche Bedürfnisnatur auskomme (Rawls 1979, 168–169; 112–113; 1988, 255–258; Nussbaum 1999, 35–38, 72, 76). Die Reflexionen über diese Prioritäten im Rahmen der distributiven Gerechtigkeit seien gegenüber den Verfahren der Verteilung vorrangig und verlangen nach einer stärkeren Verbindung zwischen Ethos und der Natur des Menschen (Nussbaum 1999, 39, 61–62).

Ethosorientierte Ethikformen kritisieren daher an den verfahrenstheoretischen Modellen, dass sie versuchen, die Geltung von Normen von ihrer Bedeutung zu trennen. Dabei sei deren Genese nur aus einem bestimmten kulturellen Kontext erklärbar. Denn dieser liefere die Maßstäbe und Kriterien, die für Verständnis, Akzeptabilität und Einhaltung der Normen entscheidend sind. Daher – so der Einwand – müssten auch verfahrenstheoretische Ansätze implizit auf Vorstellungen vom guten Leben und damit auf Ethosformen zurückgreifen; sie würden sich nur scheinbar als kontextlos erweisen. Der Gang ins Prozedurale könne nur gelingen, wenn er sich nicht dem Bemühen um inhaltliche Diskurse und um Reflexion auf geteilte Grundüberzeugungen versperrt (Wellmer 1992, 26).

Normativer Gattungsbezug: Natur als Grenze und Anspruch

Eine Ethik des Ethos blickt zwar auf die Konkretion des Humanum, hat aber den Anspruch, in einem übergreifenden Sinne die Idee eines *Menschheitsethos* als ein *Vernunftethos* zu entwickeln (Kluxen 1974, 67). Ein solches ist keineswegs identisch mit einer universalistischen Ethik, vielmehr müsste auch ein Menschheitsethos konkrete Normen in einer geschichtlichen Gestalt eines bestimmten Ethos fassen und nicht nur Verfahrensweisen generieren (Kluxen 1998, 694; Kluxen 1974, 25). Konkretheit und Allgemeinheit sind Leistungen derselben Vernunft. Das Allgemeine der konkreten Vernunft kann nicht als ungeschichtliches Faktum aufgefasst werden, das über und gegenüber dem konkreten Menschen steht

(Hegel: *Enzyklopädie*, § 30). Das Allgemeine muss vielmehr verstanden werden als das Gemeinsame aller konkreten Menschen, die freilich unterschiedlichen historischen Epochen zugehörig sind. Bei allen Bemühungen – etwa im Rahmen der Entwicklung und Kodifizierung allgemeiner Menschenrechte – besteht eine Konkretion eines Menschheitsethos in Form der Gesamtheit einer Vielzahl von Ethosformen, die auch zu konkurrieren vermögen. Ihre Einheit, auf die sich die Vielfalt bezieht, ist die *Menschlichkeit* und die mit ihr korrespondierenden Vollzüge von Lebenspraxen. Diese sind verknüpft mit einem normativen Blick auf die menschliche »Natur« und die mit ihr verbundenen und wertgeschätzten Basisbedürfnisse (Nussbaum 1992; Finnis 1985).

Die Handlungen des Menschen sind zunächst durch diese Natur begrenzt. Eine normative Einschränkung des Handelns erscheint nur innerhalb dieses Rahmens sinnvoll. Daher bezeichnet in einer Ethik des Ethos der Naturbegriff auch einen *Grenzbegriff* im Kontext des Handlungsfeldes. Dieser natürliche Rahmen ist nicht nur allgemein im Sinne einer Gattungsnatur zu verstehen, sondern auch bezogen auf die individuellen Kontingenzen wie Lebensalter (s. Kap. III. 1), Krankheitsbedingungen (s. Kap. II. 14) oder ähnliche. Eine Betrachtung der Natur verhilft hier zu einer vernünftigen Gestaltung des konkreten Handelns. Daher ergibt sich *nicht* ein *Seinsollen*, sondern nur ein *Seinkönnen* aus der Natur (Kluxen 1974, 29). Die praktische Rolle der Natur kann als die einer *Grenze* und eines *Anspruchs* beschrieben werden, aber sie kann nicht als Ursprung einer ethischen Normierung gelten, weil aus ihr keine Normen unmittelbar ableitbar sind. Wohl aber gibt sie Gelingensbedingungen an. Die Normierung selbst vollzieht sich indes erst im Rahmen der ›zweiten Natur‹.

Mit diesem aristotelischen Konzept der *zweiten Natur* ist die grundsätzliche Idee verbunden, dass der Austausch von Gründen in der gemeinschaftlichen Lebenspraxis an eine Vorstellung davon gebunden ist, *was für das Gelingen und Gedeihen des Menschen gut ist* und dass dies nicht unabhängig von der empirisch fassbaren ersten Natur gedacht werden kann. Die zweite Natur wird zu einem zentralen Interpretandum im ethischen Argument, das seine Verbindung zur ersten Natur behält und im Austausch von Gründen normativ wirksam wird. John McDowell beschreibt die kulturelle, ontogenetische Entwicklung des Menschen als eine schrittweise »*Einweihung*« in den *Raum der Gründe*, in dem basierend auf den natürlichen Ursprüngen ausgemacht wird, was für den Menschen angemessen ist (McDowell 2001, 109, 151). Im Rahmen dieser Initiation können die lebensweltlichen Berufungen auf den Naturbegriff in rechtfertigender Absicht sehr unterschiedlich ausfallen, gleichwohl bilden sie den *gattungsethischen Kernbestand* eines *Menschenethos*. Im Ethos bindet man die Vernunft wieder zurück an die Natur. Wenn sich Ethik und Normfindungsprozesse damit befassen sollen, was dem Menschen gut tut und was ein Leben gut macht, dann gehört dazu ein Selbstverhältnis, in dem eine Idee davon entwickelt wird, was für den *Menschen als Person* (s. Kap. II. 21), der eine *Gattungsnatur* eigen ist, entsprechend dieser Gattungsnatur angemessen ist. In dieser ›gattungsethischen‹ Konzeption bleibt die leibliche Verfasstheit des Menschen auch für die zweite Natur konstitutiv (Habermas 2001, 27, 71–73; Quante 2013, 2–7).

Ein *Eingriff in die Natur* des Menschen – sei es durch Biotechnik, Medizin oder Psychotherapie – kann gleichermaßen die erste Natur (Leib und biologisches Leben) und die zweite Natur (Geist und Integrität) verändern oder gar gefährden. Daher liegt die Herausforderung für das ethische Argument darin, zu zeigen, wie eine Natur, die als ›zweite‹, d. h. gestaltete und interpretierte Natur erkannt wird und gleichwohl als real und identisch mit der ersten Natur gedacht werden muss, der hermeneutischen Beliebigkeit entgeht und angesichts der Vielgestaltigkeit, in der die ›zweite‹ Natur erscheint, normative Bedeutung gewinnen kann (Honnefelder 2011a, 228; McDowell 2001, 151).

Für die Vertreter einer Ethik des Ethos verbirgt sich dahinter ein praktisches Verständnis des eigenen Lebens, das naturgeschichtlich verankert ist, dort seinen Ursprung hat und sich in der Kulturgeschichte entfaltet. Im praktischen Vollzug und der Wertschätzung von Gütern verbinden sich natürliche Welt und normatives Welt- und Selbstbild, das ethosprägend wird. Gerade im bioethischen Diskurs wird dieser Bezug immer wieder hergestellt. Dies geschieht insbesondere dann, wenn sich etwa *ökologische Veränderungen* auf die Bedürfnisnatur des Menschen auswirken oder wenn die Natur des Menschen durch Medizin- und Anthropotechnik in einem Maß verändert wird, dass sie die Ursprünglichkeit des Humanum in problematischer Weise verlässt, wie es bei bestimmten Formen von *Enhancement* (s. Kap. III. 13) der Fall ist (Lanzerath 2002; 2008).

Ethos und Recht

Mit der Praxis des Ethos ist auch die Problematik der Kodifizierung von moralischen Normen verbunden. Denn auf ein Ethos referiert direkt oder indirekt auch das *Recht*. Dies ist nicht nur dann der Fall, wenn sich etwa ein Rechtstext auf die ›guten Sitten‹ beruft. Vielmehr wird das Ethos zu einer Quelle für das Recht als eine neben dem Recht überlieferte oder eine in Recht transformierte Handlungsordnung (Honnefelder 2011b, 510; Kirchhoff 2009, 13); dies gilt nicht nur für das angelsächsische *case law*. Jede Rechtsgemeinschaft benötigt einen Raum für ungeschriebene Regeln in Form guter Gewohnheiten. Aus diesem identitätsstiftenden Raum kann die Rechtsgemeinschaft schöpfen. Die Gemeinschaft kann sogar durch zunehmende und übermäßige juridische Normierung in Gefahr geraten, wenn die Rechtsnormen ihre Bodenhaftung im Ethos verlieren. Das Recht selbst kann die Gemeinschaft und ihre Identität nicht stiften. Ein *Standes- oder Berufsrecht* (*professional law*) ist in ganz besonderer Weise auf eine Ethosform angewiesen, wenn es als Recht ohne externe Kontrolle funktionieren soll (Taupitz 1991, 480–483). Denn die Verbindlichkeiten, die sich aus zentralen Bestandteilen des Ethos ergeben, ermöglichen eine eigenverantwortliche Selbstverwaltung in bestimmten Rechtsangelegenheiten, die durch einen hoheitlichen Akt vom Staat auf die betreffende Gruppe übertragen wird. Wenn ein Gruppenethos wankt, verliert eine Gesellschaft nicht nur das Vertrauen in die rechtliche Selbstverwaltung, sondern das gesamte Handeln der Gruppe steht zur Disposition.

Im Rahmen des ärztlichen Handelns, aber auch im Wissenschaftsbetrieb oder bei Sportverbänden haben sich vor diesem Hintergrund Rechtsformen ausgebildet, die sich an Regelwerken unterhalb des Zivil- oder Strafrechts orientieren, die nur für einen bestimmten Verband oder eine bestimmte Berufsgruppe gelten. Ein funktionierendes Berufsethos kann einer zunehmenden *Verrechtlichung* Einhalt gebieten. Ein Berufsethos wird auch heute vom Recht immer noch vorausgesetzt und dient als zusätzlicher und notwendiger Steuerungsfaktor, um eine ordnungsgemäße Berufserfüllung zu gewährleisten. Das Ethos nimmt eine Steuerungsfunktion wahr, die das Recht selbst nicht hinreichend ausfüllt, da es nicht alles normieren kann. Grundsätzlich implizieren Rollenzuweisungen und Ethosformen auch *Sanktionsmöglichkeiten* gegenüber denen, die aus ihnen ausbrechen. Eine *interne Kontrolle* der Berufsausübenden, wie etwa bei Ärzten oder Apothekern durch das Standesrecht kann daher nur gelingen, wenn ethische Normen im Rahmen einer moralischen Einstellung internalisiert worden sind und die Normenkonformität Beachtung findet (Taupitz 1991, 480–483).

Geschlossenheit und Offenheit des Ethos

In den modernen Gesellschaften entsteht gerade im Kontext starker Verwissenschaftlichung und der mit ihr einhergehenden Partikularisierung ein neues Interesse, Ethik nicht nur als abstrakte akademische Disziplin zu betreiben, sondern als praktische Wissenschaft in die Gesellschaft zu integrieren (Höffe 2013, 106). »Das geschieht aber in einer Situation gesellschaftlichen Wandels, der auch für das traditionell gültige Ethos beträchtliche Folgen hat« (Kluxen 2006, 93). Es wird nach Formen gesucht, produktiv mit einem Wertewandel und neuen Dissensen umzugehen sowie integrativ die negativen Folgen der Arbeitsteilung der Gesellschaft aufzufangen. Denn mit der Arbeitsteilung und der Pluralisierung diffundieren auch die Vorstellungen über ein Ethos und seine Weitergabe. Je stärker sich etwa ein spezifisches Berufsethos einer Diffusion ausgesetzt fühlt und nicht mehr zu greifen scheint, um so mehr werden auch alternative Konzepte berufsspezifischer moralischer Handlungsleitung ins Feld geführt, wie etwa der Begriff der *Verantwortung* (s. Kap. II.26; Honnefelder 2011b, 509).

Die arbeitsteiligen Subsysteme der Gesellschaft wie etwa Wirtschaft, Wissenschaft, Kunst, Religion folgen nicht nur ihren je eigenen Methoden, Verfahren und Geltungsbedingungen, sondern ihnen ermöglicht eine übergreifende Moral auch Freiräume für unterschiedliche Ethosformen in Gestalt von Binnenmoralen. Im Idealfall hält ein Gesamtethos eine Gesellschaft mit seinen Kern-Überzeugungen und -Einstellungen zusammen. Das anspruchsvolle Ethos religiöser Gruppen wird damit eingebunden in die allgemeinen Normen einer modernen Gesellschaft. Gleichwohl können sie in eine schwierige Konkurrenz gehen, wenn sich Konflikte auf der Ebene von Prinzipien mittlerer Reichweite ergeben. Dies ist etwa dann der Fall, wenn die elterliche Erziehungsverantwortung und die staatlich angeordnete Schulpflicht aufeinandertreffen oder wenn religiöse Motive der Eltern die ärztliche Behandlungspflicht bei Minderjährigen in einer für das Kind lebensgefährdenden Form einschränken (Schelling/Gaibler 2012).

Während in einer sehr einheitlich geprägten Gemeinschaft ein Ethos großen Halt bietet, aber auch Freiräume für den Einzelnen beschränkt, findet man demgegenüber in den komplexeren und pluraleren Gesellschaften *offene Ethosformen*. In ihnen wird Raum geboten für Gruppen mit unterschiedlichen Traditionen (religiös, politisch, ethnisch) und anspruchsvollen Leitbildern. Ein solcher gesellschaftlicher Rahmen kann einen größeren Kulturkreis umfassen – wenn man etwa von einer europäischen oder westlichen *Wertegemeinschaft* spricht, in der sich eine Mehrheit von Religionen, Nationen und Gesellschaften zusammenfindet. Dabei erweist sich ein solcher Rahmen durchaus als wandlungs- und integrationsfähig (Kluxen 1998, 694). Zum Ethos gehört der Begründbarkeitsanspruch als zentrales tragendes Element. Ein plural gewendetes Ethos mit seinen faktischen Geltungsansprüchen tendiert dazu, sich in einer das Allgemein-Menschliche repräsentierenden Gestalt als *Weltethos* zu präsentieren (Küng 1998; Kluxen 1998, 694; Honnefelder 2011 b, 509; Grabner-Haider 2006). Gleichzeitig ist einem solchen Ethos seine Binnendifferenzierung immanent, die rollenspezifische Anforderungen formuliert. Schon früh hat sich etwa in der Medizin ein *Berufsethos* (s. Kap. III. 3) ausgebildet, aber auch in den Handwerkerzünften lassen sich vergleichbare sittliche Ausdrucksformen erkennen, die für die Ausbildung und Selbstverwaltung bei den freien Berufen von zentraler Bedeutung sind.

Gruppen- und Berufsethos

Wo Arbeitsteiligkeit der Gesellschaft, Eingriffstiefe in die Natur, Verwissenschaftlichung der Lebenspraxis und Pluralisierung der Werte zu »neuen Unübersichtlichkeiten« führen (Habermas 1985, 143) und Formen kollektiver oder individueller Unverantwortlichkeit ausbilden (Nida-Rümelin 2011), erlebt die Frage nach dem Ethos eine Renaissance (Höffe 2013, 21–25; Honnefelder 1992, 21–25; Schutz 1999). In der *Medizinethik* werden neue Tugenden gefordert, in der *Wirtschaftsethik* wird das Ideal des ›ehrbaren Kaufmanns‹ bemüht, in den *Ingenieurswissenschaften* werden berufs- und gruppenspezifische ethisch normative Kodexe eingefordert, in den Wissenschaften werden über ›good scientific practice‹ und ›scientific integrity‹ ein neues *Wissenschaftsethos* verlangt. Auch im Bereich des *Sports* wird ein Ethos herangezogen, das zu fairen Wettkämpfen verpflichtet, aber auch die Vorbildfunktion des Sportlers in der Gesellschaft stärken soll. Im Kern geht es in der aktuellen Debatte um die verschiedenen Ethosformen darum, die einzelnen *Rollenverständnisse* in einen neuen Typ lebensweltlicher Verantwortung zurückzuholen, die sich von einer rein punktuellen und partikularen Verantwortung grundsätzlich unterscheidet.

Ein spezifisches Ethos, wie es etwa ein Berufsethos darstellt, richtet sich nach der Rolle und den Zwecksetzungen im Rahmen bestimmter Sachaufgaben, die zu dem Aufgabenfeld der Akteure gehören. Es gilt, ein bestimmtes sachgerechtes, »technisches« Handeln etwa für einen Ingenieur, Unternehmer, Richter, Lehrer, Arzt in seiner »moralischen Bedeutung normativ zu erfassen und dabei die subjektive Gewissenhaftigkeit objektiv zu binden« (Kluxen 1998, 694). Dabei geht es nicht nur um den gewissenhaften Einsatz der zur Verfügung stehenden Mittel, sondern auch darum, die Ziele eines Berufs- und Arbeitsfelds immer wieder normativ zu reflektieren. So sind etwa beim ärztlichen Handeln die Mittel stets auf ein konkretes Ziel wie die Erhaltung der Gesundheit oder das Therapieren einer Krankheit (s. Kap. II. 14) zu richten, gleichzeitig gehört es zur ethosgemäßen ethischen Reflexion auch, abzuwägen, ob sich etwa die Ausweitung der ärztlichen Handlungsziele in ein konkretes ärztliches Ethos einfügen oder nicht. Gerade die bioethischen Debatten etwa um Schwangerschaftsabbruch (s. Kap. III. 37), Sterbehilfe (s. Kap. III. 40) oder Enhancement (s. Kap. III. 13) sind immer auch Debatten darüber, ob diese Zielsetzungen mit den Ansprüchen eines ärztlichen Ethos in Einklang zu bringen sind oder ob sie ihm in einer grundsätzlichen Form widersprechen. Im Zusammenhang mit Enhancementmaßnahmen ist daher auch vorgeschlagen worden, wenn diese Zielsetzungen gesellschaftlich gewollt, aber schwierig mit einem bestimmten Ethos zu vereinbaren sind, diese auf andere Berufsgruppen zu verlagern, um ein ärztliches Ethos, auf das sich Patienten verlassen können müssen, nicht zu gefährden (Parens 2011, 11).

Gerade das *ärztliche Ethos* blickt auf eine lange Tradition. Die Bindung an ein solches Ethos wird durch die Verpflichtung auf einen Eid (etwa Eid des Hippokrates oder Gelöbnisse wie das des Weltärztebundes) konkretisiert. Der Grund für die lange Tradition liegt in der Natur der Medizin als einer praktischen Wissenschaft, die eng am und mit dem Menschen und seiner Natur handelt. Medizinische Wissenschaft und ärztliches Ethos haben sich parallel entwickelt. Zwar lautet das zentrale ethische Prinzip ärztlichen Handelns zunächst jeglichen Schaden für den Patienten zu vermeiden (*primum nihil nocere/ non-maleficence*), aber gleichzeitig geht mit dem ärztlichen Handeln auch stets das Potential einher, menschliches Leben zu gefährden. Je größer die Eingriffstiefe in die menschliche Natur wird und je folgenreicher die Eingriffe sind, desto mehr sind die Patienten darauf angewiesen, auf die Existenz eines ärztlichen Ethos und seine praktische Einhaltung vertrauen zu können (Wieland 1986; Wiesing/ Marckmann 2009).

Betrachtet man die heutige Medizin vor dem Hintergrund der ursprünglichen Genese der medizinischen Wissenschaft, so sind ohne Zweifel bestimmte Konstitutionsfaktoren nach wie vor maßgeblich. Denn nicht nur die antike Medizin, sondern auch die moderne Medizin weist Eigenschaften auf wie Handlungsbezug, Konzentration auf den individuellen Patienten, integrative Naturbetrachtung, soziale Einbindung und sie bedarf einer ethosinhärenten Verbindung von technischer und ethischer Intelligenz. Zugleich wird aber auch deutlich, dass sich historisch und aktuell dramatische Veränderungen ergeben haben, die das Konstitutionsgefüge der Medizin beeinflussen und es heute mehr und mehr in Frage stellen, so dass auch hinsichtlich der wissenschaftsphilosophischen und ethischen Orientierung vielerlei Irritationen entstanden sind, die eine völlig zieloffene und ethosungebundene Dienstleistungsmedizin als möglich betrachten (Lanzerath 2002).

Stellt man die Frage nach dem Ethos im Zusammenhang mit *wirtschaftlichem* und *unternehmerischem* Handeln, dann sucht man nach Ansätzen, wie wirtschaftliches Handeln in Lebensentwürfe und normative Selbstverhältnisse integriert werden kann und nicht nur durch wirtschaftliche Binnenmuster, wie etwa der Profitsteigerung, geleitet ist. Ein solches Befassen mit der Fragestellung verbindet die Debatten um normative Rahmenbedingungen und Regelwerke einer Gesellschaftsform, die möglicherweise zur Disposition stehen, mit der Reflexion über ein Ethos und die Integrität der verantwortlichen Akteure. Es geht also um die Frage, was Menschen im Leben wichtig ist und welche Aufgabe dem wirtschaftlichen Handeln für ein gelingendes Leben dabei zukommt. In ökonomischen Zusammenhängen wird den Bildern von eindimensional denkenden Managern und den ›profitgierigen Heuschrecken‹ gerne das Ideal des ›ehrbaren Kaufmanns‹ entgegengehalten, das nicht nur für die individuelle und unternehmensbezogene moralische Klugheit und Verlässlichkeit des wirtschaftlich Handelnden steht, sondern mit dem man auch dessen Einbettung in ein Gesamtkonzept des guten Lebens und dessen Ausrichtung auf eine mitverantwortete gerechte Gesellschaft verbindet. Dies kann eben auch als *unternehmerisches Ethos* bezeichnet werden. Wie nun die Krisenerfahrung positiv auf die Wertehaltung der Akteure in der Wirtschaft wirken kann, wenn man wirtschaftliches Handeln in ein gesamtes Lebenskonzept und eine normative Vorstellung von sich selbst integriert, kann dann Gegenstand einer integrativen Ethik des Wirtschaftens sein, die sich etwa von oberflächlichen Strategien einer Corporate Social Responsibility (CSR) abhebt, die in vielen Unternehmen inzwischen integriert wird (Lanzerath 2012; Ulrich 2001; Nida-Rümelin 2011; Schutz 1999). Besonderen Ansprüchen unterliegt diese Strategie, wenn etwa in der *Gesundheitsökonomie wirtschaftsethische* und *medizinethische* Ansprüche aufeinandertreffen (ZEKO 2013).

Auch im sehr ausdifferenzierten wissenschaftlichen Handeln wird vermehrt ein Rückgriff auf ein *Wissenschaftsethos* angemahnt. Hier geht es einerseits um eine stärkere Verantwortung der Wissenschaftler für die Auswirkungen ihres Handelns in der gemeinsamen menschlichen *Lebenswelt* (Energie, Klima etc.), aber auch und v. a. um die Ansprüche wissenschaftlichen Handelns in Form einer *guten wissenschaftlichen Praxis*. Die gute Praxis, die wissenschaftliche Integrität sowie das Vertrauen in wissenschaftliche Urteile haben unter Betrugsfällen wie Datenfälschungen und Plagiaten sehr gelitten (Weingart 1998; Gethmann 2000; ALLEA 2013; Merton 1942).

Ethoskritik

Ethik ist als philosophische Disziplin in der Antike durch Kritik am überkommenen Ethos entstanden (Barta 2006, 436 Fn. 127). Ethoskritik ist damit in der philosophischen Ethik bereits angelegt. Doch ist mit der Fortentwicklung der Ethik in der Moderne eine Ethik der Verfahren und der reduzierten Prinzipien dominant geworden, weil diese sich von konkreten Inhalten wie Tugenden oder Werten – auf die sich eine plurale Gesellschaft nur schwer einigen kann – nicht mehr abhängig sieht. Es wird eingewandt, dass der ursprüngliche Gedanke, ein gutes Leben als ein Leben in Übereinstimmung mit dem Ethos einer Gemeinschaft zu verstehen, auf eine moderne globalisierte Gesellschaft nicht einfach übertragen werden kann (Rohls 1999, 1). Heutige Verfahrensethik setzt daher nicht nur die Ethoskritik fort, sondern kritisiert auch eine Ethik des Ethos. Da auch die Angehörigen eines Berufsstandes in ein plurales Gesellschaftssystem eingebunden sind, haben auch sie sehr unterschiedliche Vorstellungen nicht nur von ihrem Leben, sondern auch von den Wert- und Zielsetzungen ihrer Berufsausübung. Daher wird auch an dieser Stelle kritisiert, dass ein Berufsethos nicht mehr die Basis gemeinsamen Handelns sein kann und man sich eher an eine Sammlung von Verfahrensregel halten könne (Weingart 1998).

Gleichwohl zeigt die aktuelle Debatte (Nussbaum 1999; Taylor 1995; Habermas 2001; Höffe 2013), dass auch dann, wenn sich die Bindung an Verfahrensregeln sowohl in der Ethik als auch in den Rechtssystemen bewährt hat, dieser Fokus immer dann in Kritik gerät, wenn ihre Ergebnisse in der gesellschaftlichen Lebenspraxis nicht mehr als ›gerecht‹ oder ›gut‹ empfunden werden. Die Distanz, die Regelethiken zu den Inhalten aufgebaut haben, macht die Ansätze einer Ethik des Ethos in der Moderne wieder interessant, wenn sie eine Gesellschaft dazu nötigen, sich nicht nur über Verfahren, sondern auch über moralische Inhalte zu verständigen und das »Unbehagen an der Moderne« (Taylor 1995, 7–17) zu überwinden. Denn Gesetze und Regeln stellen aus sich heraus noch keine Moral oder Sitte dar. Verfahren einzuführen und sich im Raum der Gründe über ethosgeleitete Lebensformen auch außerhalb des Privaten auszutauschen, müssen daher nicht als Gegensätze behandelt werden (Höffe 1992; Siep 1997).

Literatur

ALLEA: »Ethics Education in Science«. Statement by the ALLEA Permanent Working Group on Science and Ethics o. O. 2013.

Barta, Heinz: Solons Eunomia und das Konzept der ägyptischen Ma'at – Ein Vergleich zu Volker Fadingers Übernahme-These. In: Robert Rollinger/Brigitte Truschnegg (Hg.): *Altertum und Mittelmeerraum. Die antike Welt diesseits und Jenseits der Levante. Festschrift für Peter. W. Haider zum 60. Geburtstag* (Oriens et Occidens 12). Stuttgart 2006, 409–443.

Brandom, Robert: *Expressive Vernunft. Begründung, Repräsentation und diskursive Festlegung.* Frankfurt a. M. 2000.

Finnis, John: *Fundamentals of Ethics.* Washington, DC ²1985.

Fleischer, Helmut: *Ethik ohne Imperativ. Zur Kritik des moralischen Bewußtseins.* Frankfurt a. M. 1987.

Gadamer, Hans-Georg: *Wahrheit und Methode. Grundzüge einer philosophischen Hermeneutik.* Gesammelte Werke Bd. 1, Hermeneutik I. Tübingen ⁵1986 (Zitate erfolgen nach Originalpaginierung).

Gethmann, Carl Friedrich: Die Krise des Wissenschaftsethos. Wissenschaftsethische Überlegungen. In: Max-Planck-Gesellschaft (Hg.): *Ethos der Forschung.* Ringberg-Syposium Oktober 1999. München 2000, 25–41.

Grabner-Haider, Anton (Hg.): *Ethos der Weltkulturen, Religion und Ethik.* Göttingen 2006.

Habermas, Jürgen: *Theorie des kommunikativen Handelns,* Bd. 1. Frankfurt a. M. 1981.

–: *Die Neue Unübersichtlichkeit* (Kleine politische Schriften V). Frankfurt a. M. 1985.

–: *Die Zukunft der menschlichen Natur: Auf dem Weg zu einer liberalen Eugenik?* Frankfurt a. M. 2001.

Hegel, Georg Wilhelm Friedrich: *Enzyklopädie der Philosophischen Wissenschaften* I. Werkausgabe, Bd. 8. Hg. von Eva Moldenhauer/Karl Markus Michel. Frankfurt a. M. 2003.

Höffe, Otfried: Universalistische Ethik und Urteilskraft. Ein aristotelischer Blick auf Kant. In: Ludger Honnefelder (Hg.): *Sittliche Lebensform und praktische Vernunft.* Paderborn 1992, 59–82.

–: *Ethik. Eine Einführung.* München 2013.

Honnefelder, Ludger: Die Krise der sittlichen Lebensform als Problem der philosophischen Ethik. In: Ders. (Hg.): *Sittliche Lebensform und praktische Vernunft.* Paderborn 1992, 9–25.

–: *Welche Natur sollen wir schützen? Über die Natur des Menschen und die ihn umgebende Natur.* Berlin 2011 a.

–: Sittlichkeit / Ethos. In: Marcus Düwell/Christoph Hübenthal/Micha H. Werner (Hg.): *Handbuch Ethik.* Stuttgart 2011 b, 508–513.

Kirchhoff, Georg: *Die Allgemeinheit des Gesetzes.* Tübingen 2009.

Kluxen, Wolfgang: *Ethik des Ethos.* Freiburg i. Br. 1974.

–: Ethos. In: *Lexikon der Bioethik,* Bd. 1. Gütersloh 1998, 693–694.

–: *Grundprobleme einer affirmativen Ethik. Universalistische Reflexion und Erfahrung des Ethos.* Freiburg/München 2006.

–/Korff, Wilhelm: *Moral – Vernunft – Natur. Beiträge zur Ethik.* Paderborn 1997.

Küng, Hans: *Projekt Weltethos.* München ⁴1998.

Lanzerath, Dirk: Enhancement: Form der Vervollkommnung des Menschen durch Medikalisierung der Lebenswelt? – Ein Werkstattbericht. In: Ludger Honnefelder/Christian Streffer (Hg.): *Jahrbuch für Wissenschaft und Ethik,* Bd. 7 (2002), 319–336.

–: Der Wert der Biodiversität. Ethische Aspekte. In: Dieter Sturma/Dirk Lanzerath/Bert Heinrichs (Hg.): *Biodiversität. Ethik in den Biowissenschaften – Sachstandsberichte des DRZE,* Bd. 5. Freiburg i. Br. 2008, 147–213.

–: Ökonomisches Handeln und normative Selbstverhältnisse. In: Hartmut Ihne/Thomas Krickhan (Hg.): *Werthaltungen angehender Führungskräfte.* Baden-Baden 2012, 215–227.

McDowell, John: *Geist und Welt.* Frankfurt a. M. 2001 (engl. *Mind and World.* Cambridge, Mass. 1996).

Merton, Robert K.: The normative structure of science [1942]. In: Norman W. Storer (Hg.): *The Sociology of Science. Theoretical and Empirical Investigations.* Chicago 1973, 267–278.

Nida-Rümelin, Julian: *Die Optimierungsfalle: Philosophie einer humanen Ökonomie.* München 2011.

Nussbaum, Martha C.: Perceptive equilibrium: Literary

theory and ethical theory. In: Dies.: *Love's Knowledge. Essays on Philosophy and Literature*. New York 1992, 168–194.

–: *Gerechtigkeit oder das Gute Leben*. Frankfurt a. M. 1999.

Parens, Eric: *Enhancing Human Traits: Ethical and Social Implications*. Washington, DC 2011.

Platon: Nomoi. In: *Gesetze. Übersetzung und Kommentar*, Bd. 2. Hg. von Klaus Schöpsdau. Göttingen 2003.

–: Der Staat. In: *Platon. Sämtliche Dialoge*, Bd. 5. Hg. von Otto Apelt. Hamburg 2004 [=Politeia].

Quante, Michael: *Die Rückkehr des gegenständlichen Gattungswesens: Jürgen Habermas über die Zukunft der menschlichen Natur* (Preprints and Working Papers of the Centre for Advanced Study in Bioethics 51). Münster 2013.

Rawls, John: *Eine Theorie der Gerechtigkeit*. Frankfurt a. M. 1979 (*A Theory of Justice*. Cambridge, Mass. 1971).

–: The priority of right and ideas of the good. In: *Philosophy & Public Affairs* 17/4 (1988), 251–276.

Reiner, H.: Ethos, in: Joachim Ritter/Karl Gründer (Hg.): *Historisches Wörterbuch der Philosophie*, Bd. 2: D–F. Darmstadt 1972, Sp. 812–815.

Rohls, Jan: *Geschichte der Ethik*. Tübingen 1999.

Schelling, Philip/Gaibler, Tonja: Aufklärungspflicht und Einwilligungsfähigkeit: Regeln für diffizile Konstellationen. In: *Deutsches Ärzteblatt* 109/10 (2012), A-476 / B-410 / C-406.

Schutz, Karl: *Renaissance des Ethos. Plädoyer für eine neue Verantwortung in Unternehmertum und Gesellschaft*. Berlin 1999.

Schwemmer, Oswald: Kulturelle Identität und moralische Verpflichtung. Zum Problem des ethischen Universalismus. In: Ludger Honnefelder (Hg.): *Sittliche Lebensform und praktische Vernunft*. Paderborn 1992, 83–104.

Sellars, Wilfrid: Empiricism and the philosophy of mind [1956]. In: Ders.: *Science, Perception and Reality*. London 1963, 127–196.

Siep, Ludwig: *Zwei Formen der Ethik*. Vorträge der Nordrhein-Westfälischen Akademie der Wissenschaften, Geisteswissenschaftliche Klasse. H. 347. Opladen 1997.

Taupitz, Jochen: *Die Standesordnungen der freien Berufe: geschichtliche Entwicklung, Funktionen, Stellung im Rechtssystem*. Berlin 1991.

Taylor, Charles: *Erklärung und Interpretation in den Wissenschaften vom Menschen Multikulturalismus*. Frankfurt a. M. 1975.

–: *Negative Freiheit. Zur Kritik des neuzeitlichen Individualismus*. Frankfurt a. M. 1992.

–: *Quellen des Selbst. Die Entstehung der neuzeitlichen Identität*. Frankfurt a. M. 1994 (engl. *Sources of the Self. The Making oft he Modern Identity*. Cambridge, Mass. 1989).

–: *Das Unbehagen an der Moderne*. Frankfurt a. M. 1995.

Ulrich, Peter: *Integrative Wirtschaftsethik. Grundlagen einer lebensdienlichen Ökonomie*. Bern ³2001.

Weingart, Peter: Ist das Wissenschafts-Ethos noch zu retten? In: *Gegenworte 2* (1998), 12–17.

Wellmer, Albrecht: Konsens als Telos sprachlicher Kommunikation? In: Hans-Joachim Giegel (Hg.): *Kommunikation und Konsens in modernen Gesellschaften*. Frankfurt a. M. 1992, 18–30.

Wieland, Wolfgang: *Strukturwandel der medizinischen und ärztlichen Ethik. Philosophische Überlegungen zu Grundfragen einer praktischen Wissenschaft*. Heidelberg 1986.

Wiesing, Urban/Marckmann, Georg: *Freiheit und Ethos des Arztes*. Freiburg i. Br. 2009.

ZEKO: Stellungnahme der Zentralen Kommission zur Wahrung ethischer Grundsätze in der Medizin und ihren Grenzgebieten (Zentrale Ethikkommission) bei der Bundesärztekammer »Ärztliches Handeln zwischen Berufsethos und Ökonomisierung. Das Beispiel der Verträge mit leitenden Klinikärztinnen und -ärzten«. In: *Deutsches Ärzteblatt* 110/38 (2013), A 1752–1756.

Dirk Lanzerath

8 Gerechtigkeit

Definition und Relevanz

Gerechtigkeit gehört zu den zentralen Begriffen der normativen Ethik und der politischen Philosophie. Das Konzept ist von den antiken Anfängen des abendländischen Denkens bis in die gegenwärtigen Diskussionen bioethischer Problemfelder präsent, wobei es im Laufe der Zeit zu bestimmten Verschiebungen und Präzisierungen gekommen ist, insbesondere was den Träger und was den Gegenstand der Gerechtigkeit betrifft.

Als *Subjekt* der Gerechtigkeit gilt in Antike und Mittelalter meist der individuelle Mensch: Platon definiert Gerechtigkeit als Funktionalität und Harmonie der Einzelseele, in der jeder Seelenteil seiner spezifischen Aufgabe nachkommt (Platon: Pol., 441 c–441 e). Aristoteles deutet Gerechtigkeit als psychische Disposition, die aus Übung hervorgeht und im Handeln eine rechte Mitte zwischen zwei falschen Extremen zu treffen hat (Aristoteles: NE, 1103 a–1105 b). In Neuzeit und Moderne werden demgegenüber zunehmend kollektive Formungen als Träger von Gerechtigkeit angesehen: Gerechtigkeit erscheint primär als Eigenschaft des Staates und seiner Gesetze, von Behörden und deren Verfahrensweisen. Dieses Verständnis ist der Antike zwar nicht fremd: Immerhin gewinnt Platon seine Deutung von Gerechtigkeit der Einzelseele durch eine Parallelisierung mit der Gerechtigkeit des Gesamtstaates (Platon: Pol., 368 e–369 a). Tatsächlich dominierend wird diese Auffassung aber erst in der Moderne: Gerechtigkeit wird nunmehr als oberste Qualität sozialer Institutionen definiert, während sie als Tugend einzelner Personen allein noch in abgeleitetem Sinne auftritt (Rawls 1994, 19).

Als *Objekt* der Gerechtigkeit wird in Antike und Mittelalter nicht selten der gesamte Bereich menschlichen Handelns verstanden: Wenn bei Platon Gerechtigkeit bedeutet, dass jeder Seelenteil seine Aufgabe erfüllt, so ist damit notwendig eingeschlossen, dass auch sämtliche anderen Kardinaltugenden vorliegen (Platon: Pol., 441 e–442 d). Aristoteles kennt ebenfalls diesen weiten Begriff von Gerechtigkeit, dem zufolge sie nichts anderes als umfassende Tugendhaftigkeit in sämtlichen Handlungsfeldern bedeutet (Aristoteles: NE, 1129 b–1130 a). In Neuzeit und Moderne jedoch wird der Begriff der Gerechtigkeit zunehmend auf spezifischere Bereiche menschlicher Moral eingegrenzt: Insbesondere geht es in ihr um jene zentralen Normen des öffentlichen Zusammenlebens, welche die einklagbaren Rechte individueller Personen betreffen. In diesem Sinne kennt bereits Aristoteles, neben der ›allgemeinen Gerechtigkeit‹ genereller Moralität, auch eine ›partikulare Gerechtigkeit‹ für spezielle Tätigkeitsfelder. Darin geht es namentlich um die Regelung wirtschaftlicher Beziehungen, um Verbrechen und ihre angemessene Ahndung sowie um die Verteilung öffentlicher Güter (ebd., 1130 a–1132 b). Sehr nachdrücklich nehmen moderne Autoren diese Abgrenzung vor, indem sie einen Vorrang des ›Rechten‹ bzw. ›Gerechten‹ vor dem ›Guten‹ deklarieren. Hiermit grenzen sie die vordringlichen Forderungen öffentlicher Gerechtigkeit gegenüber sonstigen Wertstellungnahmen privater Natur ab (Rawls 1994, 50; Habermas 1991, 7).

Insgesamt stellt sich Gerechtigkeit im modernen Verständnis als jener Bereich moralischer Normen dar, die erstens ihren primären Adressaten in *kollektiven Institutionen* haben und zweitens die angemessene Respektierung *individueller Rechte* betreffen. Nicht zufällig ist der Wortstamm von ›Recht‹ im Begriff ›Gerechtigkeit‹ enthalten, so auch etwa im Lateinischen *ius* in *iustitia*; jene Normen, die auf keine Rechte replizieren, werden demgegenüber meist als ›Tugendpflichten‹ (Pflichten ohne korrespondierende Rechte) bzw. ›Supererogatorisches‹ (lobenswertes Handeln ohne Pflicht) bezeichnet. Dort wiederum, wo zwar individuelle Rechte thematisch sind, aber nicht kollektive Institutionen, sondern andere Einzelpersonen als Normadressat auftreten, wird ebenfalls nicht passend von ›Gerechtigkeit‹ gesprochen; eher sind hier Begriffe wie ›Schuldigkeit‹ oder ›Obliegenheit‹ einschlägig.

Gerechtigkeit bezeichnet somit in der aktuellen Debatte die korrekte Anerkennung, den adäquaten Schutz und die stimmige Abwägung von individuellen Rechten durch gemeinschaftliche Institutionen. Ihre Relevanz speziell für die Bioethik liegt auf der Hand: Wo immer biomedizinisches Handeln individuelle Rechte berührt, ist Gerechtigkeit als Maßstab, Aufgabe und Problem staatlichen Handelns und gesetzlicher Gestaltung im Spiel.

Typen von Rechten

Indem Gerechtigkeit sich auf Rechte bezieht, lässt sich ihre genauere Aufgliederung anhand der verschiedenen Rechtstypen entwickeln, die in der modernen Rechtsphilosophie differenziert werden: (1) *Abwehrrechte* sind negative Rechte gegen die Beschneidung von Freiheiten, insbesondere gegen Eingriffe in die persönliche Integrität (Leben, Gesundheit, Eigentum, Ansehen etc.) sowie gegen Behinderungen selbstgewählter Handlungen (Ortswahl, Meinungsäußerung, Berufsausübung, Freizeitaktivität etc.). (2) *Anspruchsrechte* sind positive Rechte auf die Bereitstellung von Gütern (materielle Produkte, immaterielle Leistungen). (3) *Partizipationsrechte* sind Rechte auf angemessene Teilhabe an gemeinschaftlichen Entscheidungsprozessen (insbesondere durch Wahl und Kandidatur).

Abwehrrechte wie auch Anspruchsrechte haben zunächst individuelle Adressaten: Abwehrrechte richten sich *universell gegen jede Person*, die sich anschickt, die fraglichen Eingriffs- und Handlungsfreiheiten zu verletzen. Anspruchsrechte wenden sich *speziell an besondere Personen*, zu denen der Rechtsinhaber in einem geeigneten Sozialverhältnis steht, etwa in einer Vertragsbeziehung, einer Familienbindung oder einer Notsituation, die entsprechende Güteransprüche begründet. Auf *kollektiver Ebene*, und damit in den Bereich der Gerechtigkeit fallend, geht es zunächst darum sicherzustellen, dass jene Abwehrrechte nicht verletzt bzw. jene Anspruchsrechte befriedigt werden, was durch entsprechende Aufsichtssysteme zu geschehen hat, namentlich durch Polizei, Justiz, Militär, Strafvollzug etc.

Staatliche Institutionen sind aber auch unmittelbare Adressaten individueller Rechte: *Bürgerliche Abwehrrechte gegen den Staat* ergeben sich daraus, dass der Staat selbst mit seinen Aktivitäten die Freiheiten seiner Mitglieder nicht über Gebühr beschneiden darf, also u. a. bei der Arbeit seiner Aufsichtssysteme ihre Eingriffs- und Handlungsfreiheiten zu respektieren hat. *Soziale Anspruchsrechte gegenüber dem Staat* laufen darauf hinaus, bestimmte Versorgungssysteme zu unterhalten, die eine ausreichende Bereitstellung wichtiger Ressourcen gewährleisten. *Politische Partizipationsrechte am Staat* schließlich fordern dazu auf, geeignete Beteiligungssysteme einzurichten, um mündigen Menschen die Mitwirkung an anstehenden Beschlüssen zu ermöglichen.

Die letztere Unterscheidung benennt die bekannte Trias von Grundrechten, die für das Selbstverständnis moderner Staaten kennzeichnend sind: Sie formulieren das Ideal eines *liberalen Rechtsstaats*, eines *modernen Sozialstaats* bzw. eines *demokratischen Gemeinwesens*. Ihre jeweiligen Forderungen kennzeichnen die dominierenden Gerechtigkeitsauffassungen, die wichtige politische Reformbewegungen v. a. seit dem 17. Jahrhundert, teils gemeinsam, teils kontrovers, vertreten haben, darunter Liberalismus, Sozialismus und Demokratiebewegung. Ihre philosophische Reflexion ist von unterschiedlichen Teildisziplinen, Theorieströmungen und Grundperspektiven innerhalb der politischen Philosophie vorangebracht worden, v. a. von Rechts- und Staatsphilosophie (Hart 2011; Feinberg 1984–88; Höffe 1989; Alexy 1994), von Vertrags- und Diskurstheorie (Rawls 1994; Habermas 1991) sowie von allgemeiner politischer Ethik egalitaristischer (Dworkin 2002), liberalistischer (Nozick 1974), kommunitaristischer (Walzer 1983) oder tugendethischer (Nussbaum 1999) Provenienz.

Bereiche der Gerechtigkeit

Aktuelle Forschung zur Gerechtigkeit befasst sich im Wesentlichen mit drei Fragenkreisen: Welche philosophischen *Begründungen* lassen sich für die skizzierten Rechtstypen finden: Wurzeln sie in der individuellen Vernunftnatur des Menschen, leiten sie sich aus der kollektiven Sinnbestimmung von Gemeinwesen ab? Wie sind die genauen *Inhalte* der verschiedenen Rechte beschaffen: Wer hat welches Recht, was genau ist dessen Gegenstand, wie groß ist sein Umfang? Wie ist mit etwaigen *Konflikten* zwischen widerstreitenden Rechten umzugehen: Welche Formen der Abwägung gelten, bereits im zwischenmenschlichen Aufeinandertreffen, v. a. im staatlichen Sektor?

Insbesondere das dritte Thema der Rechtskonflikte stellt sich in vielen Bereichen öffentlicher Regulierung als zentrales Problemfeld der Gerechtigkeit dar. Ausgangspunkt sind dabei nicht selten vorausliegende Rechtskonkurrenzen auf der individuellen Ebene: So können verschiedene Abwehrrechte miteinander in Konflikt stehen, indem beispielsweise die Handlungsfreiheit einer Person mit der Eingriffsfreiheit einer anderen Person kollidiert. Ähnlich können unterschiedliche Anspruchsrechte zueinander in Konkurrenz geraten, indem sich etwa jemand den Güteransprüchen mehrerer Personen gegenübersieht, die er nicht allesamt zugleich zufriedenzustellen vermag.

(1) Es definiert die *administrative Gerechtigkeit* eines Gemeinwesens, dass es derartige Rechtsverhältnisse zwischen Individuen korrekt festschreibt und in angemessener Weise durch seine *Aufsichtssysteme* sicherstellt. Dies macht eine gesonderte Abwägung auf der kollektiven Ebene erforderlich: Zum einen sieht sich das Gemeinwesen den abgeleiteten, d. h.

indirekten, Anspruchsrechten gegenüber, die der jeweils Überlegene der individuellen Rechtsbilanz geltend machen kann, dahingehend dass die Gemeinschaft sein Recht durchsetzt. Zum anderen hat der Unterlegene der individuellen Rechtsbilanz unmittelbare, nämlich bürgerliche, Abwehrrechte gegen entsprechende Aktivitäten, die die Gemeinschaft zu diesem Zweck gegen ihn einleitet. Dabei geht die vorausliegende Bilanz auf der individuellen Ebene in diese neuerliche Abwägung ein und wird in der Regel dazu führen, dass dem abgeleiteten Anspruchsrecht der ersten Partei auf Unterstützung entsprochen werden kann; bereits in der Formulierung der jeweiligen Rechte gegenüber dem Kollektiv ist zu berücksichtigen, welche Partei legitime Interessen hat und welche nicht. Dennoch muss das unmittelbare Abwehrrecht der zweiten Partei auf der kollektiven Ebene einbezogen werden, damit die ergriffenen Maßnahmen sich in vertretbarem Rahmen bewegen; dies ist beispielsweise erforderlich, um die Verhältnismäßigkeit von Strafen zu gewährleisten.

(2) Die *distributive Gerechtigkeit* eines Gemeinwesens kennt keinen solchen normativen Bezug auf individuelle Rechtsverhältnisse, sondern ist unmittelbar auf der kollektiven Ebene verankert, als ursprüngliche Pflicht der Gemeinschaft zu Aufbau und Betrieb geeigneter *Versorgungssysteme*. Ungeachtet dessen ist auch hier eine Abwägung erforderlich: Auf der einen Seite stehen nun die unmittelbaren, nämlich sozialen, Anspruchsrechte, die bestimmte Personen auf entsprechende Unterstützungsleistungen geltend machen können. Auf der anderen Seite befinden sich die unmittelbaren, wiederum bürgerlichen, Abwehrrechte v. a. jener Personen, die für Einrichtung und Unterhalt derartiger Systeme beansprucht werden müssten. Somit wird zwar auf keine vorausliegenden Rechtsverhältnisse zwischen einzelnen Personen rekurriert; vielmehr bestehen kollektive Pflichten zur Bereitstellung von Versorgungsleistungen oftmals gerade gegenüber solchen Personen, die durch individuelle Verpflichtungsverhältnisse unterversorgt bleiben, etwa Waisen oder Kranke. Dennoch müssen Rechte gegeneinander abgewogen werden, nun unmittelbare Anspruchsrechte und unmittelbare Abwehrrechte; dies ist insbesondere wichtig für eine angemessene Festlegung von Steuern und Abgaben.

(3) Auch die *partizipative Gerechtigkeit* eines Gemeinwesens bezieht sich nicht auf vorgängige Rechtsverhältnisse zwischen Einzelmenschen, sondern bezeichnet eine grundständige Rechtspflicht der Gemeinschaft, nämlich zur Bereitstellung geeigneter *Beteiligungssysteme*. Auch hier sind indessen Abwägungen vorzunehmen: Politische Partizipationsrechte können mit bürgerlichen Abwehrrechten kollidieren, wenn eine demokratische Mehrheit sich anschickt, die ihr gegenüberstehende Minderheit zu schädigen oder zu unterdrücken. Angesichts dieser Möglichkeit müssen Rechte auf Mitwirkung und Selbstbestimmung mit Rechten auf Unversehrtheit und Freiheit in eine angemessene Balance gebracht werden; beispielsweise kann man neben offenen Gestaltungsräumen auch verfassungsmäßige Garantien vorsehen, die dem demokratischen Zugriff entzogen bleiben. Ähnlich können politische Partizipationsrechte mit sozialen Anspruchsrechte konfligieren, falls bestehende Mehrheiten nicht hinreichend auf den Versorgungsbedarf bestimmter Bevölkerungsteile Rücksicht nehmen. Auch hier geht es darum, ein geeignetes Gleichgewicht herzustellen zwischen der Gewährleistung autonomer Beteiligung einerseits und der Sicherstellung elementarer Bedürfnisse andererseits; dies kann etwa durch konstitutionelle Rahmenvorgaben geschehen, innerhalb derer sich mehrheitliche Beschlüsse zur ökonomischen Mittelverwendung zu bewegen haben.

Abwägungen und Kriterien

In den bisher dargestellten Konstellationen geht es um die Abwägung *ungleichartiger Rechte*, also um die Lösung von Konflikten und Konkurrenzen, die im Aufeinandertreffen von Abwehrrechten, Anspruchsrechten und Partizipationsrechten entstehen können. Derartige Konfliktfälle lassen sich kaum überzeugend durch ein qualitatives Stufungsverhältnis entscheiden, das bestimmten Rechtstypen eine kategorische Priorität gegenüber anderen zuspräche, sondern dürften eher von quantitativen Vorrangverhältnissen bestimmt sein, deren genaue Bilanz von den *jeweiligen Betroffenheitstiefen* abhängt: Welches Recht Vorzug zu erhalten hat, muss letztlich davon abhängen, wie elementar die widerstreitenden Belange sind, ob es also etwa bei den Beteiligten um Leben, Gesundheit, wirtschaftliche Betätigung, geistige Entfaltung, fundamentales Eigentum, marginalen Besitz, zentrale Selbstbestimmung, fakultatives Tun etc. geht. Dabei dürfte im Fall gleicher Betroffenheitstiefe ein gegebenes Abwehrrecht ein konkurrierendes Anspruchsrecht überwiegen: Ein Arzt darf einen Patienten nicht, entgegen seinem Abwehrrecht, umbringen, um mit dessen Organen einen anderen Patienten, gemäß dessen gleich gewichtigem Anspruchsrecht, zu retten. Eine solche Bilanz kann sich aber umkehren, wenn sich die Betroffenheitstiefe auf Seiten der verschiedenen Rechtsträger merklich verschiebt: Der Klang eines Martinshorns ist, entgegen dem Abwehrrecht gegen Lärmbelästigung, hinzunehmen, damit ein Krankenwagen zu einem Schwerverletzten, gemäß dessen höherrangigem Anspruchsrecht auf Lebensrettung, vordringen kann. Stimmige Rechtsabwägungen dieser Art lassen sich zumindest teilweise als adäquater Ausdruck des Menschenwürdegedankens bzw. des Instrumentalisierungsverbots deuten.

Korrekte Abwägungen zwischen ungleichartigen Rechten sind erkennbar von der jeweiligen Betroffenheitstiefe abhängig. Indessen scheinen sie von der *gegebenen Betroffenenanzahl* unberührt zu bleiben: Wo eine entsprechende Bilanz zwischen zwei Parteien vorliegt, ändert sie sich nicht mit einer Verschiebung der Gruppengrößen. Ein Arzt darf nicht einen Patienten umbringen, um mit dessen Organen einen anderen Patienten zu retten. Er darf aber auch nicht einen Patienten umbringen, um hierdurch zehn andere Patienten zu retten. Rechtsbilanzen gehen auf unverbrüchliche Rechte von Individuen zurück. Wenn einmal stimmig zwischen den ungleichartigen Rechten zweier Parteien entschieden wurde, kann ein zahlenmäßiges Übergewicht der einen Partei keine argumentative Bedeutung mehr erlangen. Hierin bringt sich zum Ausdruck, dass widerstreitende Rechte zwar zuweilen gegeneinander abgewogen werden müssen, aber niemals gegeneinander aufgerechnet werden dürfen (vgl. Hübner 2010).

Neben Abwägungen, die Konflikte zwischen ungleichartigen Rechten regeln, sind auch Kriterien dafür zu erarbeiten, wie *gleichartige Rechte* zwischen verschiedenen Personen anzuordnen sind. So kann ein und dasselbe Recht, mit gleichem Inhalt und gleicher Betroffenheitstiefe, bei *verschiedenen Personen* vorliegen, ohne dass es allen Beteiligten ohne Abstriche und in maximalem Umfang gewährt werden könnte: Bei Partizipationsrechten steht der Einfluss, der verschiedenen Einzelpersonen eingeräumt wird, in Konkurrenz zueinander, so dass bestimmt werden muss, welche Person welches Gewicht bei gemeinschaftlichen Entscheidungen haben soll. Die Ausgestaltung von Abwehrrechten, also von Eingriffs- und Handlungsfreiheiten, lässt viele Varianten offen, in welchem Umfang ein und dieselbe Freiheit verschiedenen Personen zugesprochen werden kann. Bei den Anspruchsrechten lassen sich zahlreiche Modi entwerfen, wie begrenzte Ressourcen auf potentielle Empfänger aufzuteilen sind, die allesamt ein berechtigtes Interesse an den fraglichen Gütern haben. Namentlich im letzteren Bereich der Anspruchsrechte erscheint es nicht abwegig, dass die Anzahl der jeweils Betroffenen, anders als in der Abwägung ungleichartiger Rechte (ein Arzt darf nicht einen Patienten töten, um zehn Patienten zu retten), bei der Entscheidung zwischen gleichartigen Rechten relevant sein könnte (ein Arzt darf zehn Patienten retten, statt einen Patienten zu retten).

Vertretbare Kriterien für die Zuweisung gleichartiger Rechte sind ein zentrales Thema der partizipativen, der administrativen bzw. der distributiven Gerechtigkeit. Auffällig ist dabei, dass der *gegenwärtige Konsens* über das korrekte Kriterium in diesen drei Bereichen sehr unterschiedlich ausgeprägt ist: Bei den Partizipationsrechten herrscht weitgehend Einigkeit darüber, dass Wahl- und Kandidaturrecht allen Betroffenen in möglichst gleichem und möglichst großem Umfang zuzusprechen sind, abgesehen von Spezialfällen wie Unmündigkeit. Bei den Abwehrrechten besteht ähnliche Übereinstimmung, dass ein und dieselbe Freiheit allen Kandidaten in möglichst gleichem und möglichst großem Umfang zuzuerkennen ist, abgesehen von Sonderfällen wie Straftätern. Hingegen begegnet man bei den Anspruchsrechten einer großen Vielfalt unterschiedlichster Verteilungskriterien, die innerhalb der Diskussion vertreten werden. Hierzu zählen Zustandskriterien (Gleichheit, Summenmaximierung, Bedürftigkeit) wie auch Verfahrenskriterien (Mehrheitsbeschluss, Zufallsentscheid, freier Markt) (vgl. Hübner 2009).

Gerechtigkeit in der Bioethik

Definiert man, wie oben geschehen, Gerechtigkeit als die kollektive Gewährleistung individueller Rechte, so ist sie überall dort thematisch, wo es um staatliche Gesetze oder sonstige übergreifende Regelungen geht, welche die Rechte Einzelner auf Freiheiten, Güter oder Mitbestimmung tangieren. Damit haben letztlich so gut wie alle Themen der Bioethik einen Bezug zur Gerechtigkeit: Fast immer geht es bei ihnen, zumindest in weiterer Perspektive, um die Frage der kollektiven Regulierung, sei es auf internationaler, nationaler oder lokaler Ebene. Sofern hierdurch individuelle Rechte geschützt und festgeschrieben oder gegenläufige Rechte begrenzt und eingeschränkt werden sollen, steht die Frage der Gerechtigkeit im Raum.

(1) Zur *administrativen Gerechtigkeit* der Bioethik

gehören sämtliche Felder, in denen biomedizinisch relevante Rechtsansprüche zwischen Individuen festgehalten werden, also einerseits Abwehr- oder Anspruchsrechte bestimmter Personen gegenüber anderen Einzelnen durchzusetzen sind, andererseits eben jene Regelungen selbst keine übermäßigen Belastungen und Beschränkungen bei den Betroffenen erzeugen dürfen.

Dies betrifft paradigmatisch die Gestaltung des *Arzt-Patient-Verhältnisses* (s. Kap. III. 4): Auf individueller Ebene sind hier vorrangig Anspruchsrechte auf angemessene Behandlung zu beachten, die ein Patient gegenüber seinem Arzt hat, wobei es bedeutsam sein kann, ob man das spezielle Sozialverhältnis zwischen Arzt und Patient anhand des Paradigmas des Vertrags, der Familienbindung oder aber der Nothilfe interpretiert. Hinzu kommen Abwehrrechte des Patienten, d. h. Rechte gegen ungewollte oder nichtindizierte Interventionen sowie Rechte zu selbstbestimmten Entscheidungen, um deren korrekte Darstellung es in den Diskussionen um Patientensicherheit und Patientenautonomie geht und deren geeigneter Wahrnehmung Instrumente wie Behandlungsleitlinien oder Patientenverfügungen dienen. Ärztlicherseits ist v. a. darauf zu achten, dass entsprechende Regelungen auf kollektiver Ebene keine übermäßigen Freiheitseingriffe oder Handlungsbeschränkungen entstehen lassen, etwa durch überzogene Haftungsregelungen oder Kontrollmechanismen.

Ebenfalls in die administrative Gerechtigkeit fällt die Regulierung des *Forscher-Proband-Verhältnisses* (s. Kap. III. 14): Auf individueller Ebene sind v. a. die Abwehrrechte von Probanden zu beachten, d. h. Rechte gegen unfreiwillige oder schädliche Eingriffe sowie Rechte auf selbstbestimmte Handlungen, die in einschlägigen Regulierungen zur Forschung an Menschen festgehalten sind, namentlich in Prinzipien wie Minimierung von Risiken und Belastungen, Verhältnismäßigkeit von Erkenntnisziel und Beanspruchung, Verzicht auf entbehrliche Experimente, Beachtung geeigneter Subsidiaritätsregeln, informierte Einwilligung inklusive des Rechts auf jederzeitigen Abbruch, mögliche Aussicht auf medizinischen Nutzen für den Probanden selbst. Vergleichbare Rechte mögen in Teilen auch menschlichen Embryonen (s. Kap. III. 12) oder nichtmenschlichen Tieren (s. Kap. III. 43) zuzusprechen sein, was sich in entsprechenden Bestimmungen zu Embryonenschutz, Stammzellforschung oder Tierschutz niederschlägt, insbesondere in Prinzipien wie *replacement*, *refinement*, *reduction*, Hochrangigkeit, Alternativlosigkeit, Verbot von verbrauchender Embryonenforschung, Forschungsverzicht bei höherentwickelten Tierarten. Entsprechende Regulationen auf kollektiver Ebene müssen ihrerseits dem Grundrecht auf Forschungsfreiheit Rechnung tragen, indem übermäßige Beschränkungen und Sanktionen unterbleiben, entsprechend den gebotenen Abwägungen.

(2) Die *distributive Gerechtigkeit* der Bioethik definiert sich durch jene Bereiche, in denen biomedizinisches Handeln sich auf Anspruchsrechte gründet, die Individuen gegenüber der Gemeinschaft geltend machen können, ohne dass die entsprechenden Ressourcenaufwendungen andere Personen über Gebühr beeinträchtigen dürfen.

Hierunter fällt zunächst der gesamte Sektor der *Ressourcenallokation im Gesundheitswesen*: Dies betrifft öffentliche Investitionen in die medizinische Infrastruktur sowie Umfang und Gestaltung der gesetzlichen Krankenversicherung. Es geht aber auch um die Festsetzung und Regulierung privatwirtschaftlicher Komponenten des Gesundheitssystems. Hierbei werden globale Fragen nach dem angemessenen Gesamtumfang von Gesundheitsausgaben erörtert (s. Kap. III. 18), spezielle Problemfelder wie die Bereitstellung und Allokation von Spenderorganen (s. Kap. III. 44) sowie konkrete Dilemmata (s. Kap. II. 4) bei der Verteilung von Leistungen und Ressourcen am Krankenbett.

In den distributiven Bereich zu rechnen ist auch die Frage der *Förderung biomedizinischer Forschung*: Wenn zur Entwicklung von Medizinprodukten öffentliche Mittel zur Verfügung gestellt werden, ist dies ebenfalls primär auf die Anspruchsrechte von Personen zu gründen, die von den Ergebnissen dieser Forschung in Zukunft profitieren könnten. Wiederum ist hier die Einbindung privatwirtschaftlichen Engagements thematisch, etwa bei der gerechten Gestaltung des Patentwesens mit seinen beiden Hauptbegründungslinien, geistiges Eigentum von Erfindern zu schützen bzw. Anreize für gewünschte Innovationen zu schaffen. Einmal mehr werden hierbei Allokationsentscheidungen getroffen, diesmal unter der besonderen Bedingung großer Ungewissheit, welche Interessen durch anstehende Forschungen einmal erfolgreich befriedigt werden könnten.

(3) Die *partizipative Gerechtigkeit* der Bioethik ist dort berührt, wo es um Rechte auf Mitwirkung an Gesetzgebungs- und sonstigen Entscheidungsprozessen im biomedizinischen Sektor geht.

Derartige Rechte sind zunächst durch entsprechende Gestaltung *demokratischer Strukturen* zu umzusetzen: Parlamente müssen, neben ihrer generellen demokratischen Fundierung, namentlich in biomedizinischen Fragen öffentliche Teilhabe garantieren. Hierfür sind u. a. geeignete Mechanismen der Anhörung von Betroffenen oder der Einbindung von Experten erforderlich. Die angemessene Rolle von Interessenvertretungen und Berufsverbänden ist jeweils themenspezifisch zu bestimmen.

Partizipative Rechte können ihrerseits jedoch nur vor dem Hintergrund einer niveauvollen *öffentlichen Diskussionskultur* wahrgenommen werden: Entsprechende Bemühungen sind gerade im Bereich der Bioethik intensiv, da die zu behandelnden Themen von hohem allgemeinen Interesse, zugleich aber von großer faktischer und normativer Komplexität sind. Die Erarbeitung von Bildungsangeboten oder die Einrichtung von Bürgerforen steht daher ebenfalls im Zeichen der Notwendigkeit, bioethische Themen einer demokratischen Beratung und Entscheidungsfindung zuzuführen. Zu kritisieren ist allein ein gelegentlicher Trend in der akademischen Bioethik, inhaltliche Fragen gänzlich an den öffentlichen Diskurs zu delegieren, ohne sich noch mit eigenen Argumentationsangeboten und Lösungsvorschlägen daran zu beteiligen.

Gerechtigkeit als Spezialthema

Gemäß der obigen Darstellung fällt jeder bioethische Problembereich in das Feld der Gerechtigkeit, wenn es in ihm darum geht, gemeinschaftliche Regelungen zu erarbeiten, die individuelle Rechte betreffen. Gleichwohl findet sich in der Bioethik auch ein engeres Verständnis von Gerechtigkeit, dem zufolge sie eine besondere Perspektive neben anderen Problemzugängen bildet.

Typisch hierfür ist die Wortverwendung von Tom L. Beauchamp und James F. Childress. In ihrem bekannten *four principles approach* taucht »justice« als viertes Prinzip neben »respect for autonomy«, »nonmaleficence« und »beneficence« auf. Tatsächlich könnten auch die drei letztgenannten Konzepte unter die Überschrift der Gerechtigkeit gebracht werden, insofern ›Respekt vor Autonomie‹ sich auf (abwehrrechtliche) Selbstbestimmung bezieht, ›Nichtschaden‹ auf (abwehrrechtliche) Unversehrtheit und ›Wohltun‹ auf (anspruchsrechtliche) Unterstützung. Wenn demgegenüber ›Gerechtigkeit‹ in einer solchen Liste separat erscheint, so markiert sie speziell den Problembereich der fairen Verteilung von Nutzen, Risiken und Kosten (Beauchamp/Childress 2013, 13).

Gerechtigkeit wird in dieser Begriffsverwendung im Wesentlichen auf die distributive Gerechtigkeit mit ihren korrelierenden Auswahl- und Übertragungsfragen eingeschränkt. Zu den konkreten Themen, die in einer solchen Terminologie unter den Gerechtigkeitsbegriff fallen, gehören insbesondere zwei Problemkreise aktueller Bioethik.

Fragen der gerechten Verteilung von Produkten und Leistungen in der biomedizinischen Versorgung: Dieses Thema ist auf den verschiedenen Ebenen der Makro-, Meso- und Mikroallokation sowie unter Einschluss der Frage einer gerechten Mittelaufbringung zu behandeln. Der Zugang wird dabei häufig unter speziellen Überschriften wie Priorisierung, Rationierung oder Rationalisierung gesucht. Als Lösungsvorschläge treten oftmals Allokationsmodi auf, die sich bei genauerem Hinsehen als spezielle Varianten gebräuchlicher Verteilungskriterien identifizieren lassen und ähnlich kontrovers wie diese diskutiert werden. Hierzu zählen etwa feste Fallpauschalen, feste Effektvorgaben, chronologisches Alter (Kriterium der Gleichheit), medizinische Erfolgsaussicht, interpersonelle Maximierung von Lebensjahren oder QALYs, biologisches Alter (Kriterium der Wohlfahrts- oder Nutzenmaximierung), *basic supply*, *decent minimum*, medizinische Dringlichkeit (Kriterium der Bedürftigkeit), Abstimmung (Kriterium der Mehrheit), Lotterie (Kriterium des Zufalls) oder Marktlösungen (Kriterium der Freiheit).

Fragen einer gerechten Verteilung von Nutzen und Lasten in der biomedizinischen Forschung: Dabei betrifft der Aspekt der Belastung zum einen die Erbringung von Finanzmitteln, zum anderen die Auswahl von Studienteilnehmern. Um eine gerechte Bestimmung von Forschungszielen geht es in den Problemfeldern *orphan diseases* (angemessene Aufwendungen für Forschung an seltenen Krankheiten), *innovation divide* (soziale Ungleichheiten in der Nutzbarkeit neuer Forschungsergebnisse) oder Forschung an Krankheiten, die speziell in ärmeren Ländern ohne ausreichende eigene Forschungsinfrastruktur und ohne attraktive marktwirtschaftliche Verkaufsperspektiven verbreitet sind. Die Perspektive der gerechten Verteilung von Nutzen und Lasten zwischen Patienten und Probanden wird eröffnet in den Fragekreisen der *vulnerable groups* (Häftlinge, Soldaten, Minderjährige, Behinderte u. a.), des *tainted knowledge* (nachträgliche Verwendung von Forschungsergebnissen, die seinerzeit auf unzulässige Weise erzielt wurden) oder der Forschung in Entwicklungsländern. Hinzu kommt die innerhalb der Bioethik selten explizit diskutierte Frage, welcher Anteil des öffentlichen Haushalts überhaupt berechtigt für biomedizinische Forschung verwendet werden sollte.

Ansätze und Perspektiven

Als Lösungsansätze für die skizzierten Gerechtigkeitsfragen bieten sich grundsätzlich alle drei Hauptzugänge normativer Ethik an: Deontologische Ansätze (kantische Traditionslinie, insbesondere Ethik der Autonomie, Diskurstheorie, Vertragstheorie) bewegen sich traditionell im Vokabular von Rechten und Pflichten und können aus ihrem argumentativen Bestand (Instrumentalisierungsverbot, Universalisierbarkeitsgebot, Zustimmbarkeitsprinzip) geeignete Explikationen des Würde- und Menschenrechtsgedankens (s. Kap. II. 17) sowie einschlägige Abwägungskriterien prozeduraler wie struktureller Art liefern. Tugendethische Ansätze (aristotelische Traditionslinie) können hilfreich sein, um insbesondere individuelle Verpflichtungsverhältnisse aufzuhellen, die im jeweiligen Zusammenhang von Bedeutung sein mögen. Teleologische Ansätze (utilitaristische Traditionslinie) schließlich können einfließen, um kollektive Zielperspektiven auszuleuchten, für die freilich neben Maximierungsgrundsätzen auch Gleichheitsideale oder Armutsvermeidung einschlägig sein mögen.

Ethische Begründungen entlang den drei großen Traditionslinien und konkrete Abwägungsregeln des oben skizzierten Typs sind unentbehrlich, um Gerechtigkeitsfragen in der Bioethik zu beantworten. Dies gilt unabhängig davon, ob man Gerechtigkeit in einem weiten Verständnis fasst, d. h. als kollektive Regulierung individueller Rechte, oder auf einen engeren Themenkreis einschränkt, insbesondere auf distributive Gerechtigkeit. In jedem Fall ist mit dem Begriff der Gerechtigkeit keineswegs bereits eine Lösung erschlossen, sondern immer noch ein Problem benannt: Gerechtigkeit, selbst wenn sie in einem speziellen Wortgebrauch anderen bioethischen Belangen und Perspektiven gegenübersteht, ist kein Prinzip, sondern eine Frage.

Literatur

Alexy, Robert: *Theorie der Grundrechte*. Frankfurt a. M. 1994.
Aristoteles: *Nikomachische Ethik*. Übers. von Eugen Rolfes. Hamburg 1985 [=NE].
Beauchamp, Tom L./Childress, James F.: *Principles of Biomedical Ethics*. Oxford/New York ^{7}2013.
Dworkin, Ronald: *Sovereign Virtue. The Theory and Practice of Equality*. Cambridge, Mass. 2002.
Feinberg, Joel: *The Moral Limits of the Criminal Law*. Vol. 1–4. New York 1984–88.
Habermas, Jürgen: *Erläuterungen zur Diskursethik*. Frankfurt a. M. 1991.
Hart, Herbert Lionel Adolphus: *Der Begriff des Rechts* [1961/94]. Frankfurt a. M. 2011.
Höffe, Otfried: *Politische Gerechtigkeit. Grundlegung einer kritischen Philosophie von Recht und Staat*. Frankfurt a. M. 1989.
Hübner, Dietmar: *Die Bilder der Gerechtigkeit. Zur Metaphorik des Verteilens*. Paderborn 2009.
–: Würdeschutz und Lebensschutz: Zu ihrem Verhältnis bei Menschen, Tieren und Embryonen. In: *Jahrbuch für Wissenschaft und Ethik*, Bd. 15. Hg. von Ludger Honnefelder/Dieter Sturma. Berlin 2010, 35–68.
Nozick, Robert: *Anarchy, State, and Utopia*. New York 1974.
Nussbaum, Martha C.: *Gerechtigkeit oder Das gute Leben*. Frankfurt a. M. 1999.
Platon: *Politeia*. Übers. von Friedrich Schleiermacher. Darmstadt 1990 [=Pol.].
Rawls, John: *Eine Theorie der Gerechtigkeit* [1971/99]. Frankfurt a. M. ^{8}1994.
Walzer, Michael: *Spheres of Justice. A Defense of Pluralism and Equality*. New York 1983.

Dietmar Hübner

9 Güter und Güterabwägung

Begriffsklärung

Für jegliches Handeln unter komplexen, multifaktoriell geprägten Bedingungen ist eine Form praktischer Deliberation erforderlich, die man als Güterabwägung bezeichnet. Sie ist besonders relevant in Fällen, in denen wichtige Gründe für unterschiedliche, einander ausschließende Handlungsoptionen sprechen, und in Fällen, in denen sich mit Handlungsmöglichkeiten sowohl Chancen als auch Risiken verbinden. Güterabwägungen bezeichnen Prozesse des praktischen Überlegens, bei denen die Vor- und Nachteile der einzelnen Optionen gegeneinander gestellt und auf ihr relatives Gewicht und ihre Eintrittswahrscheinlichkeit hin untersucht werden; sie zielen jeweils auf eine rational begründete Vorzugswahl. In manchen Fällen scheint der Konflikt aporetisch, also mit vernünftigen Mitteln unlösbar zu sein (etwa wenn die Handlungsbedingungen sehr offen und Wahrscheinlichkeiten nicht abschätzbar sind), einige andere erfordern detaillierte Informationen zu den relevanten Kontextbedingungen, in anderen muss man das kleinere Übel wählen, um ein größeres zu vermeiden, wieder andere führen zu einer Mehrzahl gleichwertiger Handlungsoptionen, andere gestatten Kompromisslösungen und in nochmals anderen entsteht ein Dilemma, vielleicht sogar ein ›tragisches‹, nämlich dann, wenn sich ein Akteur mit jeder seiner Handlungsmöglichkeiten in Schuld verstrickt.

Der im Ausdruck ›Güterabwägung‹ unterstellte Begriff von Gütern bzw. Übeln kann äußerst weit gefasst sein; er lässt sich auf alle Arten von Vor- oder Nachteilen beziehen: Neben den Grundgütern (Leben, Gesundheit, körperliche und psychische Integrität) sowie Bedarfsgütern (Nahrung, Kleidung, Unterkunft, Mindesteinkommen, medizinische Grundversorgung usw.) sind auch Rechte, Befugnisse und Kompetenzen, Anlagen und Begabungen, Partizipationsmöglichkeiten, menschliche Beziehungen, soziale Anerkennung, Vermögen, Bildung usw. als Güter zu berücksichtigen. Mehr noch, eine objektivistische Konzeption von Gütern, ein ›Wahrnehmungsmodell‹, ist um ein subjektivistisches ›Geschmacksmodell‹ zu ergänzen. Denn es gibt durchaus zwei berechtigte Möglichkeiten, den Gütercharakter G einer Entität x zu interpretieren: Entweder ergibt sich G aus den objektiven Eigenschaften von x sowie aus denen des Akteurs, oder aber G kommt durch einen Wunsch zustande, den der Akteur auf x richtet; im ersten Fall wäre G dasjenige, was den Wunsch im Subjekt hervorriefe, im zweiten Fall wäre es das Subjekt, das G einem x zuweist. Im Wahrnehmungsmodell ist der Zusammenhang zwischen dem Gegenstand und dem Wunsch eines Individuums einer Außenbeschreibung fähig, im Geschmacksmodell dagegen von interner Art.

Der Kern der Unterscheidung liegt in der Antithese »gewünscht, da wertvoll« (*desired because valuable*) und »wertvoll, da gewünscht« (*valuable because desired*; vgl. Griffin 1986). Allerdings erweist sich ein reines Geschmacksmodell (›Präferenzdezisionismus‹), also die Vorstellung, allein jemandes Interessen, Neigungen und Wünsche seien güterkonstitutiv, bei näherem Hinsehen als unplausibel. Denn es ist längst nicht immer der Fall, dass Güter durch jemandes Wünsche, Interessen, Neigungen, Präferenzen und Überzeugungen konstituiert werden. So könnte sich mein heftiger Wunsch auf ein vielversprechend aussehendes Pilzgericht richten, ohne dass das Gericht ein Gut für mich sein muss – sofern nämlich bei dessen Zubereitung giftige Pilze verwendet worden sind. Es scheint daher sinnvoll, zumindest nur wohlinformierte, überlegte oder rationale Wünsche zu berücksichtigen und Irrtümer, Fehleinschätzungen, überspannte und pathologische Wünsche, unüberlegte Überzeugungen und unausgereifte Motive oder Selbstmissverständnisse auszuschließen.

Das Grundprinzip jeder Güterabwägung kann so formuliert werden: Unter ansonsten gleichen Bedingungen (*ceteris paribus*) ist stets das wichtigste zur Wahl stehende Gut oder das geringste mögliche Übel zu wählen. Zwei Bemerkungen sind hier wichtig: Erstens sind Güterabwägungen nicht einfach mit einer Theorie rationaler Wahl (*rational choice*) gleichzusetzen, da diese häufig einen zu engen prudentiellen Rationalitätsbegriff unterstellen, der seit einiger Zeit sogar in der Ökonomie attackiert wird (vgl. Gigerenzer/Selten 2002; Sen 2002); Akteure handeln oft aus guten, aber rational suboptimalen Gründen. Zweitens schließen Güterabwägungen auch nichtmoralische Fälle ein (die für den vorliegenden Zusammenhang allerdings irrelevant sind); es können alle Arten von Handlungsgründen sein, die Güterabwägungen erforderlich machen.

In der philosophischen Ethik spielt oft eine enger gefasste Gruppe von moralischen Güterabwägungen eine wichtige Rolle: die moralischen Dilemmata (vgl. Mason 1996; Raters 2013; s. Kap. II. 4). Für sie ist kennzeichnend, dass es *moralische Gründe* für verschiedene Handlungsmöglichkeiten gibt. Vielleicht prallen sogar moralische Prinzipien aufeinander wie im Fall der Rückgabe einer entliehenen Waffe an einen zwischenzeitlich verrückt gewordenen Freund (vgl. Platon: *Politeia* I. 331 c): Hier besteht ein Konflikt zwischen der Pflicht zur Rückgabe und dem Schutz Dritter vor dem Waffengebrauch des Wahnsinnigen. Eine Wahl zwischen den Optionen ist unausweichlich und überdies dringlich; die verschiedenen Güter lassen sich nicht gleichzeitig realisieren bzw. die Übel nicht gleichzeitig vermeiden. Fälle dieser Art haben zudem eine negative Pointe: Wofür oder wogegen man sich auch entscheidet, es ergibt sich immer ein moralischer Regelverstoß, d. h. einer der moralischen Gründe oder Prinzipien wird missachtet. In gewisser Weise bildet der platonische Fall aber kein volles, d. h. unauflösliches, moralisches Dilemma, weil man hier die Rückgabepflicht klar hinter den Schutz Dritter zurückstellen würde. Dennoch handelt es sich um eine Güterabwägung. Generell gilt, dass sich moralische Güterabwägungen keineswegs auf moralische Dilemmafälle beschränken.

Grundsätzlich scheint man drei Konfliktvarianten, die moralische Güterabwägungen erforderlich machen, voneinander unterscheiden zu müssen: (1) den Anwendungskonflikt, bei dem unklar ist, wie man ein anerkanntes Handlungsprinzip auf eine komplexe und widersprüchliche reale Situation überträgt, (2) den Prinzipien- oder Wertkonflikt, bei dem sich verschiedene Handlungsgrundsätze als inkompatibel erweisen und (3) den Rollen-, Loyalitäts- oder Interessenskonflikt, bei dem die persönlichen Bindungen, Wertüberzeugungen oder Präferenzen von Individuen oder Gruppen unvereinbar aufeinander treffen.

Moralische Güterabwägungen und ihre Prinzipien

Relevante Güter, um die es in moralischen Güterabwägungen geht, sind immer dann involviert, wenn jemand eine andere Person (s. Kap. II. 21) an Leib und Leben bedroht, in ihrer Würde verletzt, ihre Selbstbestimmung mindert, in ihrem elementaren Besitz einschränkt oder ihr Schmerzen zufügt. In moralisch relevanter Weise agiert jemand gegenüber einer anderen Person, indem er diese ermordet, verletzt, misshandelt, verstümmelt, unterdrückt, beleidigt, herabsetzt, verleumdet, foltert, diskriminiert, einsperrt, beraubt, belügt, täuscht, ausnützt, gravierend benachteiligt usw. oder umgekehrt rettet, pflegt, fördert, unterstützt, heilt, schont, ermutigt, vor Schaden bewahrt etc. Bei moralischen Güterabwägungen stellt sich somit die Frage nach gültigen Abwägungsregeln. Eine naheliegende Problemlösung besteht in der Ausarbeitung einer realitätsnahen Kasuistik, die alle relevanten Fälle, zu denen es in einem bestimmten Gebiet kommen kann, auflistet und sie mit konkreten Handlungsanweisungen versieht. Eine andere einfache Lösung ergibt sich aus der Entwicklung von mehr oder weniger bereichsspezifischen Daumenregeln. Muss ein Akteur beispielsweise zwischen zwei Übeln wählen, so kann man ihm plausiblerweise raten, *ceteris paribus* das geringere dem größeren vorzuziehen, ebenso das kurzfristige dem langwierigen, das einmalige dem wiederkehrenden, außerdem das weniger folgenreichere dem konsequenzenreichen, sodann das wenige Personen betreffende demjenigen, das viele Personen schädigt, ferner das reversible Übel dem irreversiblen und schließlich das mit geringerer Wahrscheinlichkeit eintretende dem wahrscheinlicheren. Einleuchtend scheinen ferner Regeln wie: Ranghöhere Güter sind geringerwertigen vorzuziehen, Schadensprophylaxe geht vor Schadensreparatur, lebensrettende Maßnahmen sind *ceteris paribus* über wirtschaftliche oder generell klugheitsbezogene Gesichtspunkte zu stellen, dem Interesse der Allgemeinheit ist eher zu folgen als dem von Gruppen oder Individuen, effizientere Maßnahmen sind gegenüber ineffizienteren zu präferieren usw.

Allerdings werfen Daumenregeln auch erhebliche Probleme auf: In allen komplexeren Fällen dürften sie unzulänglich sein; beispielsweise ist die von Max Scheler und Nicolai Hartmann diskutierte Schwierigkeit, ob in entsprechenden Konfliktfällen der ›höhere‹ oder der ›dringlichere‹ Wert vorrangig sei, mit ihrer Hilfe nicht aufzulösen. Man muss sich vielmehr grundsätzlich fragen, auf welchen rational rekonstruierbaren Prinzipien solche Regeln beruhen.

Eine wichtige Herausforderung an Theorien moralischer Güterabwägung besteht darin, dass sich möglicherweise nicht alle moralischen Probleme auf eine einzige Skala beziehen, gleichsam in ein einziges Koordinatensystem eintragen lassen. Folgt man pluralistischen Ansätze in der Moralphilosophie, etwa David Ross (1930) oder Thomas Nagel (2008, Kap. 9), so setzt sich Moral aus ganz verschiedenen Komponenten zusammen. Ross differenziert zwischen Pflichten des persönlichen Treueverhältnisses, solchen der Dankbarkeit, der Gerechtigkeit, des Wohltuns, der Selbstentwicklung und der Nichtschädigung. Alle genannten Pflichtarten sollen aufeinander irreduzibel sein, da sie auf ganz verschiedene Wurzeln in unserer sozialen Praxis zurückgehen. Nagel unterscheidet zwischen fünf verschiedenen Arten von Wert (*types of value*), von denen er annimmt, dass sie miteinander inkommensurabel sind. Für ihn gibt es erstens spezifische Pflichten gegenüber Personen und Institutionen, mit denen man in einer besonderen Beziehung steht; zweitens Verpflichtungen, die sich aus den grundlegenden Rechten anderer ergeben; drittens Nutzenüberlegungen, wie Utilitaristen sie in Bezug auf die allgemeine Wohlfahrt anstellen; viertens perfektionistische Ziele oder Werte, wie sie mit intrinsisch wertvollen Aktivitäten, etwa in Wissenschaft oder Kunst, und der Idee einer Selbstentwicklung zusammenhängen; und fünftens das Interesse an den eigenen Bindungen und Projekten. Man mag Nagel tatsächlich zugestehen, dass die genannten Pflicht- oder Wertarten erheblich voneinander differieren. Aber sind sie deshalb inkommensurabel?

Ähnlich liegt der Fall beim bioethischen Principlism, den man als eine neuere Version von moralischem Pluralismus ansehen könnte – wenn man ihn nicht bloß als pragmatische Handreichung in der Theorietradition von René Descartes' *morale provisoire* versteht. Dem Principlism zufolge setzt sich unsere moralische Intuition, zumindest in Fragen der Bioethik, aus vier verschiedenen Zielsetzungen gegenüber Anderen zusammen. Nach Tom L. Beauchamp und James F. Childress (2013) ist medizinisches Handeln dann moralisch, wenn es (1) der Stärkung fremder Autonomie dient, d. h. der Wahrung der freien oder rationalen Handlungsfähigkeit, wenn es (2) einem Wohltun entspricht, d. h. fremdes Wohlergehen stärkt, wenn es (3) Nichtschädigung impliziert, d. h. den Verzicht auf eine Beeinträchtigung fremden Wohlergehens sowie (4) Gerechtigkeit einschließt, d. h. zu einer angemessenen Verteilung von Lasten und Pflichten führt.

Um Vorzugsregeln begründen zu können, scheint eine Theorie unterschiedlicher Zentralitätsgrade von Gütern oder Übeln erforderlich. Der Rang, die Dringlichkeit oder die Zentralität eines Gutes bzw. Übels lässt sich allerdings nach mindestens vier verschiedenen Theorien bestimmen: (1) auf der Grundlage von Berechnungen der zu erwartenden Nutzensummen, (2) im Blick auf den kategorischen Vorrang moralischer Güter, (3) auf der Basis einer Konzeption grundlegender Bedürfnisse (*basic needs*) und (4) mithilfe eines anthropologisch-essentialistischen Verfahrens. Schließlich soll (5) mit der Lehre von der Handlung mit Doppelwirkung ein Modell der Güterabwägung in moralischen Dilemmasituationen vorgestellt werden, das nicht auf einer ausgearbeiteten Güterkonzeption beruht.

(1) Utilitaristischen Ansätzen zufolge bestimmt sich der Rang eines Gutes nach Maßgabe des mit ihm verbundenen Nutzens, vermindert um die mit ihm verbundenen Nachteile. Dabei werden Nutzen und Schaden hedonistisch verstanden, also im Blick auf die Lust und die Unlust, die sich aus einer Handlung ergeben; utilitaristische Konzeptionen stützen sich bei Güterabwägungen also auf ein einziges Gut (*Gütermonismus*), im Blick auf das sie eine numerische Kalkulation durchführen (vgl. Mill: *Utilitarismus*, mit der bekannten Differenzierung höherer und niedrigerer Annehmlichkeiten). Wegen seiner Orientierung an den zu erwartenden Handlungsfolgen bezeichnet man den Utilitarismus als konsequentialistisch. Der Utilitarismus verfährt dabei nach einem Sozialprinzip: Nutzen und Schaden aller Handlungsbetroffenen müssen gleichermaßen berücksichtigt werden; das Eigeninteresse des Akteurs wird in keiner Weise privilegiert. Utilitaristische Formen der Güterabwägung scheinen damit einerseits ein einfaches, praktikables und unserer Fairnessintuition entsprechendes Instrument an die Hand zu geben. Andererseits erscheint Lust als ein zu vager, vielleicht sogar äquivoker Oberbegriff für höchst unterschiedliche positive Empfindungen. Auch wirkt es fragwürdig, ob sich alles, was wir uns wünschen, in Kategorien der Lustempfindung ausdrücken lässt.

(2) In der Nachfolge Immanuel Kants wenden sich deontologische Modelle der Güterabwägung gegen konsequentialistische Güterbestimmungen. Sie verweisen darauf, dass es utilitaristischen Formen der Güterabwägung allenfalls zufällig gelingt, das moralisch Geforderte zugleich als das hedonistisch Vorziehenswerte zu erweisen – sooft sich nämlich die moralisch beste Handlung als die mit der günstigsten Lustbilanz erweist. Nun gebe es aber Fälle, in denen das moralisch Angemessene eine schlechtere Nutzensumme aufzuweisen hat, etwa wenn die Versklavung von 5 % der Bevölkerung zu einer erheblichen allgemeinen Wohlstandssteigerung führen würde. Kantische Modelle verlangen, dass sich moralische Güter – hier die Nicht-Versklavung – bei Güterabwägungen stets gegen alle anderen Aspekte durchsetzen. Anders ausgedrückt: Die Menschenwürde begründet einen numerisch nicht angebbaren ›Wert‹ des Menschen, seine Selbstzwecklichkeit; sie darf daher kein Gegenstand von *trade offs* sein. Eine Beschädigung der Würde bestimmter Individuen lässt sich durch kein Anwachsen des Nutzens, Wohlstands, Vorteils oder Glücks anderer Personen kompensieren.

Um sich für die Merkmale, die die Menschenwürde ausmachen, nicht auf den bloßen *Common sense* oder aber vage Intuitionen berufen zu müssen, müssen deontologische Modelle irgendeine Prüfmethode – wie etwa den Kategorischen Imperativ (vgl. Kant: GMS, 2. Abschnitt) – angeben können, die das moralisch Erlaubte vom Unerlaubten und damit zugleich das Moralrelevante vom Indifferenten zu scheiden ermöglicht. Eine Möglichkeit, dies zu tun, ergibt sich aus dem Konsensverfahren der Diskursethik: Sobald eine Handlungsoption einen gravierenden oder unaufhebbaren Dissens auszulösen droht, scheint ein moralrelevantes Problem vorzuliegen. Eine andere Rekonstruktionsmöglichkeit ergibt sich aus den impliziten Präsuppositionen unserer rationalen Handlungsfähigkeit: Vernünftiges Handeln ist an Sinnkriterien gebunden, die man als höherstufige Zwecke oder als transzendentale Interessen bezeichnen könnte. Diese bilden formale Konsistenzbedingungen für das gewöhnliche Zwecksetzen; ihr Hintergrundprinzip dürfte die Erhaltung und Steigerung der rationalen Handlungsfähigkeit darstellen. Moralrelevant wäre folglich alles, was für ein Individuum zu den basalen Bedingungen seiner Handlungsfähigkeit gehört wie Leib und Leben, Gesundheit, Denk-, Sprach- und Kommunikationsfähigkeit usw.

(3) Güterabwägungen lassen sich ferner auf der Grundlage von empirischen oder empirienahen Theorien menschlicher Grundbedürfnisse (*basic needs*; vgl. Ohlsson 1995) durchführen, etwa in Anlehnung an Güterlisten, die von der UNO, der OECD sowie von internationalen Hilfsorganisationen für humanitäre Einsätze entwickelt wurde. Denn Grundbedürfnisse beruhen bei aller kulturellen Überformung auf einer physischen Basis und sind daher weitgehend objektiv formulierbar. Insofern sie die Voraussetzung aller weiteren Wünsche bilden, scheinen sie die essentiellen Interessen einer Person zu spiegeln. Um der Gefahr zu entgehen, dass nur subsistenznotwendige Elementarbedürfnisse oder aber nur quantitativ-metrisierbare Faktoren erfasst werden, und um paternalistische sowie kulturimperialistische Konsequenzen zu vermeiden, will etwa David Braybrooke (1987) empirische Erhebungen zu kulturspezifischen Gütervorstellungen vornehmen, die andererseits so beschaffen sein sollen, dass idiosynkratische, übertriebene oder vorgetäuschte Bedürfnisse ausgeschlossen werden können. Die Schwäche von Grundbedürfniskonzeptionen liegt aber darin, den Güterbegriff nicht kriteriologisch, sondern lediglich indexikalisch-additiv zu bestimmen.

(4) Aristotelische Modelle einer objektiven, essentialistisch begründeten Gütertheorie berufen sich auf epochale und kulturelle Invarianten im Menschenbild. Sie formulieren ein umfassendes Bild menschlicher Grundfähigkeiten oder Grundfunktionen und versuchen, deren Erfüllungsgrade zu identifizieren, um von Graden gelingenden menschlichen Lebens (*flourishing life*) sprechen zu können. Hauptvertreter dieses Modells sind Amartya Sen und Martha Nussbaum. Sens Position lässt sich durch seinen *capability*-Begriff charakterisieren, der sich auf menschliche Grundfunktionen bezieht, also auf Handlungsfelder und Zustandsarten, die für das Leben eines Menschen in einer bestimmten Zivilisation charakteristisch sind (Sen 2002). Kulturrelativität wird dabei nicht als Inkommensurabilität interpretiert, sondern durch die Vielfalt möglicher Lösungen des *capability*-Ansatzes erklärt. Für Martha Nussbaums Position ist eine Liste von elf menschlichen Grundbereichen kennzeichnend, wobei sie die Vernunft- und die Sozialnatur des Menschen als Organisationsprinzipien der anderen Erfahrungsbereiche ansieht (Nussbaum 1999).

(5) Ein weiteres Lösungsmodell für Güterkonflikte, das allerdings nicht auf einer Ausweisung zentraler Güter beruht, ist die Lehre von den Handlungen mit Doppelwirkung bei Thomas von Aquin (*Summa theologica*, II-II q. 64 a. 7; *De malo* I 3 ad 15; s. Kap. II. 22). Thomas denkt dabei an solche Akte, die sowohl eine moralisch gute als auch eine moralisch schlechte Wirkung hervorrufen, z. B. die Selbstverteidigung in Notwehr, die einerseits zur Rettung des Angegriffenen und andererseits zur Tötung des Angreifers führt. Sein Interesse ist es zu zeigen, dass man ungeachtet solcher Fälle, in denen eine Tötung als moralisch zulässig erscheint, an der Absolutheit des biblischen Tötungsverbots festhalten kann. Denn nach Thomas' Auffassung lässt sich die Tötung eines Angreifers unter Notwehrbedingungen nicht eigentlich der Klasse der Tötungshandlungen zurechnen, weil ausschließlich die Abwehr des Aggressors und die Rettung des eigenen Lebens in der Absicht (*in intentione*) des Akteurs liegen, während sich die Tötung außerhalb seiner Absicht (*praeter intentionem*) befindet. Die Pointe dieses Standpunkts liegt nun darin, allein die intendierten guten Handlungsfolgen, nicht jedoch die unbeabsichtigten schlechten Nebenwirkungen für die Bestimmung des Handlungstyps heranzuziehen. So darf man etwa einem Arzt, der zwischen dem Leben zweier gleich dringlich zu behandelnder Patienten zu wählen gezwungen war, keineswegs vorwerfen, er habe das eine menschliche Leben zum Instrument oder Mittel der Erhaltung des

anderen gemacht, oder gar, er habe einen Menschen getötet. Denn der Arzt besaß ja keine Tötungsabsicht, sondern hat sich lediglich in der Konfliktsituation, in der er nicht beide Leben hätte retten können, für das Leben eines der beiden Patienten unter Inkaufnahme des Todes des anderen entschieden. Thomas' Auffassung beruht insgesamt auf folgenden Prämissen: (1) Die Handlung muss moralisch gut oder wenigstens indifferent sein; (2) die moralisch schlechte Folge darf nicht das Mittel zur Erreichung der moralisch guten Wirkung sein; (3) das Handlungsmotiv darf allein in der guten Wirkung liegen; (4) dabei muss die intendierte gute Wirkung mindestens ein Äquivalent der hingenommenen schlechten Wirkung darstellen (vgl. Matthews 1999).

Mit einer moralischen Güterabwägung hat es ein Akteur immer dann zu tun, wenn mindestens eine der in Frage kommenden Alternativen moralische Implikationen aufweist; das scheint der Fall zu sein, wenn von der Handlungsentscheidung zentrale Güter bei fremden Personen oder beim Akteur selbst betroffen sind. Angenommen, jemand stünde vor der Entscheidung, zu einer lukrativen Geschäftsreise aufzubrechen oder am Ort zu bleiben, um einem in gravierende Schwierigkeiten geratenen Freund beizustehen. Wäre die Reise vom wirtschaftlichen Standpunkt des Akteurs betrachtet verzichtbar, wäre ferner eine wirksame Unterstützung des Freundes unaufschiebbar, vielleicht sogar lebensnotwendig und wäre sie für den Betreffenden leicht zu leisten, dann könnte es sein, dass die Entscheidung zugunsten der Geschäftsreise einen unmoralischen Charakter besäße. In Extremfällen können Güterabwägungen die Form moralischer Dilemmata annehmen. Davon wäre zu sprechen, wenn zwei moralisch relevante Handlungsaspekte in einen schweren Konflikt zueinander geraten. Beispielsweise kann die Knappheit von Medikamenten einen Notarzt dazu zwingen, eine Wahl zu treffen, welchem der Unfallopfer er eine überlebensnotwendige Behandlung zukommen lassen will. Am schwersten dürften für die Moralphilosophie die sogenannten Prinzipienkonflikte oder Pflichtenkollisionen wiegen: Darf ein Arzt den Patienten über seinen prekären Gesundheitszustand täuschen, um dessen Selbstheilungskräfte nicht zu lähmen? Darf man lügen, um die Verfolger eines Unschuldigen auf eine falsche Fährte zu locken? In solchen Fällen geraten das Prinzip der Wahrhaftigkeit und das Prinzip, von Personen Schaden fernzuhalten, miteinander in einen schwer auflösbaren Konflikt.

Gegen eine Kantisch-deontologische Sichtweise ließe sich einwenden, dass sie lediglich moralische Konflikte plausibel zu lösen vermag, nicht aber z. B. prudentielle Güterkollisionen. Eine noch fundamentalere Kritik hat in jüngerer Zeit Bernard Williams geübt (2000, Kap. 10). Um den Gedanken eines kategorischen Vorrangs der moralischen Option zurückzuweisen, bedient sich Williams der Gegenüberstellung von internen und externen Handlungsgründen: Interne Gründe sind solche, die mit meinen persönlichen Motiven, d. h. meinen Wünschen, Präferenzen, Wertungen, Loyalitäten, Projekten usw., in enger Verbindung stehen; bei externen Gründen besteht dagegen keine solche Verbindung. Nach Williams' Überzeugung muss angemessenes praktisches Überlegen stets auf internen Handlungsgründen beruhen; alle externen Begründungsansprüche seien falsch. Williams vertritt folglich die Auffassung, der Kantische Moralitätsbegriff sei ein externes Zwangssystem, das mit dem praktischen Überlegen, wie es sich natürlicherweise und angemessenerweise vollziehe, nicht kompatibel sei. In Williams' Beispiel hätte ein junger Mann, der alles Militärische zutiefst verabscheut, auch dann keinen guten Grund, Soldat zu werden, wenn er aus einer Familie von Berufssoldaten stammen würde. Der bloße Verweis auf die Familientradition ist nach Williams unzureichend für das, was für die betreffende Person ein guter Grund ist. Auch die Entscheidung Paul Gauguins, seine Familie zu verlassen, um in der Südsee eine neue Phase seiner künstlerischen Entwicklung zu beginnen, sei nicht von vornherein moralisch zu verwerfen; über ihre Richtigkeit entscheide erst das Gelingen oder Scheitern des damit verbundenen Lebensplans.

Güterabwägungen in der Bioethik

Güterabwägungen sind im Feld der Bioethik in der Regel dadurch schwieriger als in anderen Feldern praktischer Konflikte oder moralischer Urteilsbildung, weil es in ihr häufig um Fälle geht, in denen der moralische Status der involvierten Entitäten umstritten ist (Sind Zygoten, Föten, Embryonen oder auch komatöse Personen voll moralisch anspruchsberechtigt?) oder Nutzen und Schaden kaum adäquat gegeneinander abgewogen werden können (Gestattet das massive Interesse an menschlichen Organen im Rahmen der Transplantationsmedizin eine Aufweichung unseres Todeskriteriums?). Zudem stellt die Bioethik ein hochgradig interdisziplinär betriebenes Forschungsfeld dar, in das Überlegungen aus den Lebenswissenschaften und der Medizin ebenso einfließen wie solche aus der Psychologie, der Rechtswissenschaft und der Philosophie. Hinzu kommt noch, dass es sich bei bioethischen Güterabwägungen meist um gesellschaftlich hochsensible Themen handelt – etwa bei den Themen des beginnenden Lebens (s. Kap. III. 5, III. 12, III. 27, III. 37, III. 39), der Sterbehilfe (s. Kap. III. 40), der Humanexperimente (s. Kap. III. 14) oder der Genomanalyse und der genetischen Prädiktibilität (s. Kap. III. 22, III. 35) –, so dass zusätzlich zur akademischen Expertise auch die Meinungsbildung von Öffentlichkeit, Politik, dem Rechtssystem, den Religionsgemeinschaften und den Interessenverbänden von Bedeutung ist.

Drei Beispiele für Fälle von Güterabwägung seien knapp dargestellt: (1) Organtransplantation, (2) Forschungen an nicht-einwilligungsfähigen Personen, (3) Enhancement (s. Kap. III. 13):

(1) Im Bereich der Übertragung von Organen oder genereller Geweben – sei dies von lebenden oder toten Spendern – ist man mit dem Problem extremer Knappheit konfrontiert. Ein wichtiges Kriterium für die Allokation der knappen Güter scheint die medizinische Dringlichkeit der Transplantation zu sein: Ein Spenderorgan sollte vorrangig an jemanden vergeben werden, der ohne es in seinem Überleben oder seinen körperlichen Grundfunktionen bedroht wäre. Aber auch die Erfolgsaussichten in einem gegebenen Fall bilden zweifellos ein relevantes Kriterium: *Prima facie* sollte unter Konfliktbedingungen derjenige ein lebensnotwendiges Gut erhalten, dessen Überleben damit mit höherer Wahrscheinlichkeit oder auf längere Sicht gerettet werden kann. Schwierig oder auch zynisch können hingegen weitere Kriterien sein: etwa wenn die sozial höhergestellte Person das Organ eher bekommt oder der Jüngere oder sozial Anerkanntere. Denkbar ist unter Umständen, dass man soziale Rollen in einem gewissen Umfang gelten lässt, etwa wenn das Leben einer Mutter kleiner Kinder betroffen ist.

(2) Angenommen, es besteht in einem gegebenen Fall ein erhebliches Forschungsinteresse, und es sind nennenswerte moralische Güter im Spiel, z. B. bei der Prüfung neuentwickelter Arzneimittel, beim Test von Impfstoffen oder bei der Erprobung von therapeutischen Maßnahmen. Darf man dann in ein Testverfahren auch solche Patienten oder Probanden einbeziehen, die entweder gar nicht oder nicht voll informiert sind oder nicht zu vollständig autonomen Entscheidungen über ihre Versuchsteilnahme imstande sind? Klar ist soviel: Der moralische Idealfall im Fall fremdnütziger Experimente oder Praktiken besteht darin, dass die Patientin oder der Proband umfassend über die Risiken einerseits und über deren Bedeutung für die medizinische Forschung andererseits aufgeklärt sind und dann überlegtermaßen zugestimmt haben (*informed consent*-Modell). Exakt dieser Idealfall ist hier nicht gegeben. Folglich erscheint es als moralisch vorziehenswert, sich bei entsprechenden Experimenten auf einwilligungsfähige Personen zu beschränken. Allerdings wird von medizinischer Seite häufig darauf hingewiesen, dass Forschungen an Nichteinwilligungsfähigen, z. B. an Kindern, alternativlos sind, weil sich Versuche an Erwachsenen nicht vollständig auf pädiatrische Kontexte übertragen lassen. Auch im Fall von Demenzerkrankungen oder Schizophrenien scheint es unvermeidlich, Testreihen an den Betroffenen selbst vorzunehmen – und diese sind zumindest nicht im Vollsinn als autonome Akteure zu betrachten.

(3) Welches sind die moralischen Grenzen einer zulässigen Perfektionierung und Optimierung des Menschen, von Selbstperfektionierung und Merkmalsplanung? Soviel ist klar: Die Wertvorstellungen, die dem Enhancement zugrunde liegen, implizieren sowohl individuelle (präferentielle) als auch soziale (konventionelle) und essentialistische (naturale) Komponenten. Wollte sich beispielsweise jemand vorzügliche Eigenschaften anderer biologischer Spezies zulegen, sagen wir Schwimmhäute, ein Echolot oder Flügel, so läge wohl eine radikal individuelle Präferenz vor, die mit sozial geteilten oder essentialistischen Wertvorstellungen nichts zu tun hat. Anders im Fall von mentalem Enhancement zur Verbesserung von Gedächtnis, Konzentration und Leistungsdauer; dessen Attraktivität besteht nicht primär darin, dass man sich mit den Mitteln von Medizin und Biowissenschaften einen Ausgleich für – individuell empfundene, gesellschaftlich deklarierte oder artbezogene – Handicaps verschaffen kann, sondern besonders darin, dass man auf diese Weise scheinbar einseitige soziale Vorteile im Wettbewerb mit anderen erreichen kann. Für alle diese Fälle, besonders aber für individuelle und soziale Präferenzen gilt, dass aus Selbstgestaltung leicht Selbsttechnologisierung oder Selbstmanipulation werden kann. Behandelt man das Problem des Enhancement aus der Optik einer kritischen Gegenwartsanalyse, so könnte man konstatieren, dass die allgemeine zivilisatorische Entwicklung gegenwärtig die Lebensziele Gesundheit, Schönheit, Attraktivität, Intelligenz, Erfolg, Wohlbefinden und Glück – und zwar erstmals in der Menschheitsgeschichte – zu Normen oder zu Rechten uminterpretiert und dass daraus die verbreitete Tendenz zu Selbstmanipulation und Selbsttech-

nologisierung folgt. Natürlich wäre diese Beobachtung irgendwie richtig; aber für die Analyse wäre doch wenig gewonnen, da es sich um eine bloße zivilisationskritische Beschreibung handelt.

Zudem wirkt es z. B. schwierig, einem Unfallopfer kosmetische Chirurgie zu verweigern, wenn ansonsten alle Körperfunktionen intakt wären. Richtig scheint es zwar, ein ›Recht auf Unvollkommenheit‹ zu betonen und auf die Unvermeidlichkeit von Verletzlichkeit, Sterblichkeit, Hinfälligkeit und Fragilität im menschlichen Leben hinzuweisen. Aber solche bloß gegenwartskritischen Überlegungen reichen keinesfalls aus.

Man mag zudem versucht sein, das Problemfeld mit einer weiteren simplen Strategie zu bewältigen: Medizinische Eingriffe zur Therapie von Krankheiten, einschließlich Prävention, Diagnose, Schmerzpalliation, sind erlaubt, alle anderen, besonders solche zur Selbstmanipulation (Mental-Enhancement, Anti-Aging oder Schönheitschirurgie) sind unerlaubt oder aber auf private Kosten und eigenes Risiko vorzunehmen. Natürlich gibt es manches, was dafür spricht, die Sache so zu sehen. Aber der Krankheitsbegriff ist womöglich zu offen und zu normativ, um eine klare Demarkationslinie für die Trennung von Therapie und Enhancement zu bieten (s. Kap. II. 14).

Zudem lässt es der Wissensfortschritt in den Biowissenschaften als realistisch erscheinen, dass man in absehbarer Zeit weitreichende Eingriffe in das wird vornehmen können, was wir traditionell als ›menschliche Natur‹ betrachten. Um eine akzeptable Demarkationslinie zwischen legitimen und illegitimen Ansprüchen zu finden, scheint stattdessen die essentialistische Differenzierung zwischen Basiseigenschaften, Normaleigenschaften und Surplus-Eigenschaften sinnvoll zu sein. Denn auf ihrer Grundlage kann man beispielsweise die These vertreten: Die Herstellung oder Wiederherstellung von Basis- oder Normaleigenschaften des Menschen ist moralisch zulässig, die von Surplus-Eigenschaften fragwürdig oder zumindest rechtfertigungsbedürftig.

Beispiel (1) betrifft offenkundig Fälle von Güterabwägungen, bei denen es um Gerechtigkeitsfragen geht. Fall (2) einer Güterabwägung berührt dagegen Fragen der relativen Gewichtung von Autonomie und Nutzen (oder Schädigung). In Fällen des Typs (3) haben wir es mit einem Konflikt zwischen Gütern der Selbststeigerung und Gütern menschlicher Grundfunktionen zu tun.

Literatur

Beauchamp, Tom L./Childress, James F.: *Principles of Biomedical Ethics*. Oxford [7]2013.

Braybrooke, David: *Meeting Needs*. Princeton 1987.

Enderlein, Wolfgang: *Abwägung in Recht und Moral*. Freiburg i. Br. 1992.

Gigerenzer, Gerd/Selten, Reinhard (Hg.): *Bounded Rationality. The Adaptive Toolbox*. Cambridge, Mass./London 2002.

Griffin, James: *Well-Being*. Oxford 1986.

Kant, Immanuel: *Grundlegung zur Metaphysik der Sitten*. Akademie-Ausgabe, Bd. IV. Berlin 1907/14 a [=GMS].

Mason, H. E. (Hg.): *Moral Dilemmas and Moral Theory*. New York/Oxford 1996.

Matthews, Gareth B.: Saint Thomas and the principle of double effect. In: Scott MacDonald/Eleonore Stump (Hg.): *Aquinas's Moral Theory*. Ithaca/London 1999.

Nagel, Thomas: *Letzte Fragen*. Hamburg 2008 (engl. 1979).

Nussbaum, Martha C.: *Gerechtigkeit oder Das gute Leben*. Frankfurt a. M. 1999.

Ohlsson, Ragnar: *Morals Based on Needs*. Lanham/New York/London 1995.

Platon: *Der Staat/Politeia*. Übers. und hg. von Karl Vretska. Stuttgart 2001.

Raters, Marie-Luise: *Das moralische Dilemma: Antinomie der praktischen Vernunft?* Freiburg i. Br./München 2013.

Ross, William David: *The Right and the Good*. Oxford 1930.

Sass, Hans-Martin/Viefhues, Herbert (Hg.): *Güterabwägung in der Medizin. Ethische und ärztliche Probleme*. Berlin/Heidelberg/New York 1991.

Sen, Amartya: *Rationality and Freedom*. Cambridge, Mass./London 2002.

Thomas von Aquin: *Summa theologiae*, Opera Omnia iussu Leonis XIII edita cura et studio Fratrum Praedicatorum. Rom 1882 ff., Bd. IV–XII.

Williams, Bernard: *Scham, Schuld und Notwendigkeit: Eine Wiederbelebung antiker Begriffe der Moral*. Berlin 2000 (engl. 1993).

Christoph Horn

10 Informierte Einwilligung

Die informierte Einwilligung (*informed consent*) stellt heute das prominenteste Konzept sowohl der Medizinethik als auch des Medizinrechts dar. Abgesehen von wenigen Ausnahmen gelten Eingriffe – sei es zu therapeutischen Zwecken, sei es zu Forschungszwecken – ohne vorhergehende informierte Einwilligung als ethisch nicht zu rechtfertigen und werden rechtlich in der Regel als Körperverletzung bewertet. Dessen ungeachtet wirft die informierte Einwilligung nach wie vor schwierige Fragen auf, u. a. hinsichtlich ihrer Form und Reichweite, aber auch mit Bezug auf ihre Begründung. Zudem zieht die informierte Einwilligung von unterschiedlichen Seiten Kritik auf sich. So wird vor allem bemängelt, mit ihr sei oftmals eine normative Engführung verbunden, die gleichermaßen wichtige ethische Prinzipien in den Hintergrund treten lasse. Auch in anderen Bereichen zwischenmenschlicher Beziehungen spielt die Einwilligung eine zentrale Rolle, z. B. in sexuellen Beziehungen (Wertheimer 2003). Medizin und medizinische Forschung bilden insofern lediglich einen speziellen Anwendungsfall eines umfassenderen Konzepts. Daneben nimmt die Einwilligung auch in der politischen Theorie eine prominente Rolle bei der Legitimierung staatlicher Gewalt ein (Johnston 2010). Erst seit kurzem wird das Konzept bereichsübergreifend diskutiert (Miller/Wertheimer 2010a). Der vorliegende Artikel beschränkt sich im Wesentlichen auf den medizinischen Bereich.

Geschichtlicher Hintergrund

Wann sich die informierte Einwilligung in der Medizinethik und im Medizinrecht etabliert, ist umstritten (Faden/Beauchamp 1986, 56–60; Winau 1996). Einige Autoren machen geltend, dass bis weit ins 20. Jahrhundert hinein ein starker ärztlicher Paternalismus (s. Kap. II. 20) bestimmend sei. Auch wenn es vereinzelte Hinweise darauf gebe, dass der Wille des Patienten seit dem 19. Jahrhundert an Bedeutung gewinne, so sei die informierte Einwilligung in ihrer heutigen Form erst in den späten 1950er in Erscheinung getreten (Faden/Beauchamp 1986, 86). Jay Katz verrritt gar die These, dass Auskunft und Einwilligung dem traditionellen medizinischen Denken und der medizinischen Praxis fremde Verpflichtungen seien (Katz 2002). Er rekonstruiert die Geschichte des Arzt-Patient-Verhältnisses (s. Kap. III. 4) folglich als eine ›Geschichte des Schweigens‹. Andere weisen auf vielfältige ideengeschichtliche Stränge hin, die zum Teil ins 18. Jahrhundert und weiter zurückreichen, und erkennbare Verbindungen zur modernen Form der informierten Einwilligung aufweisen (Pernick 1982). Gleichwohl können diese frühen Formen nicht mit dem heutigen Verständnis von informierter Einwilligung in Eins gesetzt werden. Das Selbstbestimmungsrecht des Patienten wird im 18. und 19. Jahrhundert noch nicht wirklich thematisiert (Winau 1996, 16). Insofern sind auch Verweise auf antike Quellen zwar interessant, die These, dass man dort bereits Beleg für eine im Selbstbestimmungsrecht des Einzelnen gründende Einwilligung finde (Dalla-Vorgia et al. 2001), ist aber problematisch.

Frühe Bezugnahmen auf die informierte Einwilligung, die dem heutigen Verständnis womöglich näher kommen, finden sich in regulativen Texten und in der Rechtsprechung. Im Jahr 1900 erlässt der preußische Minister der Geistlichen, Unterrichts- und Medizinal-Angelegenheiten eine »Anweisung an die Vorsteher der Kliniken, Polikliniken und sonstigen Krankenanstalten«, in der »Eingriffe zu anderen als diagnostischen, Heil- und Immunisierungszwecken« geregelt werden (Minister der Geistlichen, Unterrichts- und Medizinal-Angelegenheiten 1901, 188). Darin wird ausgeführt, dass solche Eingriffe untersagt sind, wenn »die betreffende Person nicht ihre Zustimmung zu dem Eingriff in unzweideutiger Weise erklärt hat« und »dieser Erklärung nicht eine fachgemäße Belehrung über die aus dem Eingriffe möglicher Weise hervorgehenden nachteiligen Folgen vorausgegangen ist« (ebd., 189). Im Jahr 1894 stellt das Reichsgericht bereits mit Blick auf therapeutische Eingriffe klar, dass das ärztliche Berufsrechte durch den Willen des Patienten beschränkt ist und dass es »der Wille des Kranken ist, welcher den ersteren [d. i. den Arzt] legitimiert, Körperverletzungen straflos zu verüben« (Reichsgericht 1894, 380). Eine ähnlich gelagerte Entscheidung gibt es in den USA im Jahr 1914 im Fall »Schloendorff v. The Society of New York Hospital« (Court Of Appeals Of New York 1914). Wiederum ist allerdings umstritten, inwieweit in diesen Texten bereits das heutige Verständnis von informierter Einwilligung erreicht wird (Sauerteig 2000, 321f.; Katz 2002, 51f.). Wichtig zu beachten ist hierbei, dass es zwischen dem ethischen und dem rechtlichen Verständnis der informierten Einwilligung gewisse Unterschiede gibt, die nach wie vor bestehen: In rechtlicher Perspektive dient die informierte Einwilligung – dem römischen Rechtsgrundsatz *volenti non fit iniuria* (dem Wollenden geschieht kein Unrecht; dazu Ohly 2002) entsprechend – zumindest auch als Haftungsausschluss, womit der Blick auf denjenigen gerichtet ist, der eine Einwilligung erhält. In ethischer Perspektive stehen individuelle Rechte im Zentrum, womit der Blick auf denjenigen gerichtet ist, der eine Einwilligung gibt (Faden/Beauchamp 1986, 3 f.).

Die Struktur der Einwilligung

John Kleinig weist zu Recht darauf hin, dass es sich bei der Einwilligung um eine drei-gliedrige Transaktion handelt (Kleinig 2010). Formal lässt sich die Einwilligung darstellen als E: A willigt gegenüber B ein, dass φ.

Dabei müssen die folgenden Bedingungen erfüllt sein: (1) A ist eine einwilligungsfähige Person oder Gruppe oder Institution; (2) B ist eine Person (oder Gruppe oder Institution), die zu einer bestimmten A-betreffenden Handlung in der Lage ist und diese ausführen möchte; (3) φ ist eine solche Handlung, die B ausführen möchte und die A in einer Weise betrifft, dass sie ohne Einwilligung als Verletzung eines Rechts betrachtet würde, das A anerkanntermaßen zukommt; (4) E wird zwischen A und B in angemessener Form kommuniziert.

Charakteristisch ist, dass durch E die moralische Beziehung zwischen A und B in einer bestimmten Hinsicht verändert wird: B darf vermöge E etwas tun – nämlich φ –, was ohne E als Rechtsverletzung gegenüber A gelten würde.

Bedingung (1) beschränkt den Kreis derjenigen, die grundsätzlich eine Einwilligung geben können. Tiere (s. Kap. III. 43) z. B. gehören nicht diesem Kreis an. Die genauen Grenzen sind allerdings schwer zu ziehen. Sie werden unter dem Begriff der *Einwilligungsfähigkeit* diskutiert.

Bedingung (2) grenzt den Kreis derjenigen ein, gegenüber denen eine Einwilligung erteilt werden kann. Wiederum gilt, dass Tiere, insofern sie nicht als moralisch-rechtliche Akteure gelten, nicht in Betracht kommen. Das gleiche gilt aber auch für Personen oder Gruppen, die nicht in einem unmittelbaren Handlungsverhältnis zu A stehen. Eine Einwilligung ist nur in der speziellen Situation möglich, dass B φ ausführen kann und will. Kleinig berücksichtigt zusätzlich den Fall, dass B will, dass A etwas tut (Kleinig 2010, 7). Als Beispiel führt er an, dass B A bittet, einen Vortrag zu halten und A seine Einwilligung dazu gibt. Es stimmt zwar, dass auch in dieser Weise die Begriffe ›einwilligen‹ bzw. ›Einwilligung‹ verwendet werden. Allerdings handelt es sich um eine weite unspezifische Verwendungsweise, die nicht das für die Einwilligung im engeren Sinne charakteristische Profil aufweist. Es steht keine A-betreffende Handlung in Rede, die B ausführen will. Vielmehr verspricht A seinerseits, etwas zu tun. Ein wichtiger Unterschied besteht auch zu Verträgen, die auf dem Gedanken einer wechselseitigen Verpflichtung gründen. Verträge können in der Regel nicht einseitig gelöst werden. Einwilligungen hingegen können einseitig von A widerrufen werden und B kann deswegen im Normalfall keine Ansprüche (z. B. auf Schadenersatz) geltend machen.

Bedingung (3) betrifft die in Rede stehende Handlung φ. Sie muss so beschaffen sein, dass durch φ bestimmte anerkannte Rechte von A tangiert sind. So muss A z. B. normalerweise nicht in φ einwilligen, wenn φ darin besteht, ein Geschenk zu erhalten. Andersherum muss A über das durch φ tangierte Recht verfügen können. Dies wirft die grundsätzliche Frage nach der *Reichweite* von Einwilligungen auf.

Eine Komplikation kann sich durch unterschiedliche Beschreibungen von φ ergeben. Wenn A gegenüber B einwilligt, diesem sein Küchenmesser zu leihen, und B dieses benutzt, um seine Frau zu erstechen, dann hat A sicher nicht in das Erstechen der Frau eingewilligt. Andersherum darf B davon ausgehen, dass er das geborgte Messer nicht nur in der Hand halten, sondern auch zum Schneiden von etwas verwenden darf. Während es sich im ersten Fall nicht um eine übliche Verwendungsweise von Messern handelt, ist dies im zweiten Fall kaum zu bezweifeln. Problematisch sind solche Fälle, in denen nicht klar ist, ob eine Verwendungsweise noch üblich ist oder allgemeiner, ob Bs Beschreibung von φ auf ein geteiltes Verständnis bzw. eine allgemeine Praxis Bezug nimmt oder eine missverständliche oder sogar irreführende Beschreibung von φ vorliegt.

Bedingung (4) stellt auf die Natur von E selbst ab. Grundsätzlich lassen sich drei Positionen unterscheiden: Eine erste Position geht davon aus, dass E einen Geisteszustand von A bezeichnet. Eine zweite Position meint, dass E nur dann als Einwilligung gelten kann, wenn A E gegenüber B in angemessener Weise kommuniziert oder durch Verhalten zum Ausdruck bringt. Insbesondere stellt dieser zweiten Auffassung nach eine unausgesprochene Billigung von A keine Einwilligung dar. Beide Positionen sind unzureichend und müssen in einer dritten Position verbunden werden. Ein entsprechender Geisteszustand von A ist demnach zwar erforderlich, aber nicht hinreichend. Insbesondere steht eine bloße Äußerung oder ein Verhalten keine Einwilligung dar, solange A nicht auch über den entsprechenden Geisteszustand verfügt. Welche *formalen Anforderungen* erfüllt sein müssen, ist wiederum nicht leicht zu bestimmen.

Erfüllt eine Einwilligung E die skizzierten Bedingungen, dann stellt sich die Frage der Gültigkeit der Einwilligung – es sei denn, man vertritt die Ansicht, dass eine ungültige Einwilligung gar eine Einwilligung ist. Klar ist in jedem Fall, dass die formalen Bedingungen allein nicht ausreichen, damit eine Einwilligung die moralische Beziehung zwischen A und B tatsächlich in der gewünschten Art ändert. Die Frage danach, was inhaltlich erfüllt sein muss lässt sich nur vor dem Hintergrund der *Begründung* der Einwilligung beantworten.

Die oben angesprochenen unterschiedlichen Akzentuierungen, die tendenziell dem Recht und der Ethik eigen sind, lassen sich auch so formulieren: Im einen Fall besteht der primäre Sinn einer Einwilligung E darin, dass As Recht geschützt wird, im anderen Fall besteht der primäre Sinn einer Einwilligung E darin, dass B nach vollzogenem φ von A nicht belangt werden kann. Neuerdings ist vorgeschlagen worden, zu einem Verständnis von Einwilligung überzugehen, das beide Seiten gleichermaßen im Blick hat (Miller/Wertheimer 2010 b).

Einwilligungsfähigkeit

Den skizzierten Bedingungen gemäß gibt eine Person A durch eine Einwilligung E einen an sich bestehenden Rechtsschutz vorrübergehend auf und erlaubt damit einer anderen Person B eine Handlung φ zu vollziehen, die ohne E nicht legitim wäre. Dies setzt voraus, dass A über ein adäquates Verständnis von φ verfügt. Personen, denen die kognitiven oder andersartigen Fähigkeiten für ein solches Verständnis fehlen, werden als einwilligungsunfähig bezeichnet. Einwilligungsfähigkeit ist somit stets bezogen auf eine konkrete Handlung φ und keine kontextunabhängige Eigenschaft von A, obwohl dies häufig in der Praxis und auch in der Literatur anders dargestellt wird. Sie unterscheidet sich damit von der Geschäftsfähigkeit (BGB §§ 104–113), für die feste Altersgrenzen gelten. Umstritten ist, wie umfassend das Verständnis von A bezüglich φ sein muss. Nach einer stehenden Formulierung, die ursprünglich der Bundesgerichtshof geprägt und die mittlerweile Eingang in gesetzliche Bestimmung gefunden hat, ist einwilligungsfähig, wer »Art, Bedeutung und Tragweite« einer Handlung erfassen kann (Bundesgerichtshof 1957). Ob diese sehr hohe kognitive Anforderung wirklich erforderlich ist, hängt wesentlich von der *Begründung der Einwilligung* ab.

Als etabliert gelten kann die Differenzierung zwischen Einwilligung (*consent*) und Zustimmung (*assent*): Unter einer Zustimmung versteht man eine Willensbekundung, wobei A gerade nicht über ein angemessenes Verständnis für eine vollgültige Einwilligung verfügt. Eine Zustimmung ist oftmals zur Legitimierung einer Handlung φ zusätzlich erforderlich, aber nicht hinreichend. Sie muss durch eine stellvertretende Einwilligung (*proxy consent*) eines gesetzlichen Vertreters ergänzt werden.

Zur Überprüfung der Einwilligungsfähigkeit haben Paul S. Appelbaum und Thomas Grisso das »MacArthur Competence Assessment Tool« entwickelt, das in zwei Varianten, dem MacCat-T für therapeutische Kontexte sowie dem MacCat-CR für Forschungskontexte, vorliegt. Eine Zusammenfassung der zugrunde liegenden MacArthur Competence Study sowie zahlreiche Literaturhinweise finden sich auf der Internetseite http://www.macarthur.virginia.edu/treatment.html.

Reichweite

Nach dem oben Gesagten gilt, dass A über das durch φ tangierte Recht disponieren können muss. Ist dies nicht der Fall, kann E keine legitimierende Wirkung entfalten. Fraglich ist, ob es Schutzrechte gibt, die jenseits von As Verfügungsgewalt liegen. Bejaht man dies, dann ist die Reichweite von E begrenzt. Eine Antwort auf diese Frage hängt davon ab, welchen systematischen Stellenwert man dem Recht auf Selbstbestimmung einräumt. Mehrheitlich wird die Auffassung vertreten, dass es einen hohen, aber keinen absoluten Status hat. Damit verbunden wird zumeist davon ausgegangen, dass es Handlungen φ gibt, in die A grundsätzlich nicht gültig einwilligen kann. Dazu werden vor allem solche Handlungen gezählt, die eine weitere Selbstbestimmung von A unmöglich machen. Dieser Auffassung nach kann A z. B. nicht gültig in seine eigene dauerhafte Versklavung einwilligen. Das deutsche Recht sieht vor, dass eine Körperverletzung bei vorliegender Einwilligung dann rechtswidrig ist, wenn sie gegen die guten Sitten verstößt (StGB § 228). Nach ständiger Rechtsprechung ist dies bei schweren Körperverletzungen regelmäßig der Fall.

Formale Anforderungen

Die formalen Anforderungen, die eine Einwilligung erfüllen muss, hängen wesentlich vom Kontext ab. In intimen zwischenmenschlichen Beziehungen wird man etwa geringere Anforderungen für angemessen halten als im Bereich der Medizin. Unproblematisch sind geringe formale Anforderungen solang, wie beide Parteien von einem gleichen oder zumindest ähnlichen Verständnis ausgehen. Wenn z. B. A und B darin übereinstimmen, dass ein bloßes Kopfnicken bereits eine Einwilligung bedeutet, spricht nichts dagegen, dies als angemessene Form zu betrachten. Im Bereich der Medizin ist dies im Allgemeinen nicht der Fall oder kann zumindest nicht unterstellt werden. Eine Einwilligung gilt daher zumeist nur dann als gültig, wenn sie in schriftlicher Form gegeben wird. Die Schriftform ermöglicht es zusätzlich, dass bei späteren Streitigkeiten ein Einwilligungsdokument als Beweis herangezogen werden kann, was in erster Linie B – also dem Empfänger einer Einwilligung – zugutekommt. Allerdings kann die Schriftform auch zu Problemen führen. Bei Forschungsprojekten etwa, die in Gemeinschaften mit einer hohen Rate von Analphabeten durchgeführt wird, ist dieses Erfordernis kaum sinnvoll. Die Beweisproblematik kann es erforderlich machen, dass die Einwilligung anders dokumentiert wird etwa durch Video- oder Tonaufnahmen.

Geht man davon aus, dass eine Einwilligung nur dann vorliegt, wenn A einen entsprechenden Geisteszustand hat und diesen gegenüber B angemessen kommuniziert, dann besteht eine wesentliche Schwierigkeit darin zu prüfen, ob einer Äußerung tatsächlich auch ein Geisteszustand korrespondiert. Durch formale Anforderungen an die Einwilligung kann dies niemals restlos sichergestellt werden. Dennoch kann die Gewährleistung dieser Forderung durch die Form der Einwilligung unterstützt werden. Im Bereich der Medizin gehört eine umfangreiche Aufklärung zum Standard. Probanden und Patienten müssen bestätigen, dass sie die entsprechenden Informationen erhalten und verstanden haben. Dies erhöht zumindest die Wahrscheinlichkeit, dass der Einwilligende A nicht nur sagt, er willige in eine Handlung φ ein, sondern dies auch meint. Kontrovers diskutiert wird, inwieweit A dieses Erfordernis selbsttätig außer Kraft setzen kann (*waiver*).

Begründungsansätze

Die Frage, worin die informierte Einwilligung genau begründet ist, ist Gegenstand anhaltender Kontroversen. In einem Bericht für die National Commission for the Protection of Human Subjects of Biomedical and Behavioral Research unterscheidet Robert Veatch drei unterschiedliche Begründungsansätze für die informierte Einwilligung: (1) Schutz vor Schaden bzw. Nutzen für den Patienten, (2) Sicherung von Vertrauen bzw. Nutzen für die Gesellschaft und (3) Selbstbestimmung (Veatch 1979; Eyal 2011 differenziert sogar sieben Ansätze). Der erste Ansatz verweist auf das ärztliche Ethos (s. Kap. II.7) der Hippokratischen Tradition, der zweite allein auf ein utilitaristisches Kalkül. Keiner dieser beiden Ansätze kann, so Veatch, als plausible Begründung für die informierte Einwilligung gelten. Der Schutz vor Schaden kann ebenso wie die Sicherung von Vertrauen durch andere Maßnahmen genauso gut oder womöglich sogar effektiver realisiert werden. Die informierte Einwilligung wäre daher nicht unbedingt erforderlich, sondern würde nur eine mögliche Maßnahme neben anderen darstellen. Nur ein individuelles Recht auf Selbstbestimmung kann demnach als Begründung für die informierte Einwilligung gelten. Umgekehrt gilt aber auch, dass das Grundrecht auf Selbstbestimmung im medizinischen Kontext in der Regel notwendig zum Erfordernis der informierten Einwilligung führt und nicht durch Schadensminimierungs- oder Nutzenmaximierungserwägungen ersetzt werden kann.

Zu einem ähnlichen Ergebnis kommt auch Gerald Dworkin. Allerdings geht er der Frage nach, ob die informierte Einwilligung statt durch das Konzept der Selbstbestimmung durch den Begriff der Privatsphäre oder den Begriff der Freiheit begründet werden kann, wie es zum Teil in der Literatur vorgeschlagen worden ist. (Dworkin 1988, 100 ff.). Beide Ansätze lehnt er zugunsten einer Begründung durch das Konzept der Selbstbestimmung ab. Dabei legt er ein Verständnis von Selbstbestimmung als formalem Vermögen zweiter Stufe zur Reflexion von Präferenzen bzw. Wünschen zugrunde. Da Gesundheit (s. Kap. III.18) ein Primärgut darstelle, das für die Realisierung von Lebensplänen erforderlich sei, komme der Selbstbestimmung und mithin der informierten Einwilligung im Bereich der Medizin eine besondere Bedeutung zu.

In seinen Überlegungen zu biomedizinischen Humanexperimenten argumentiert Hans Jonas, eine bloß formelle Einwilligung reiche zur Legitimierung der Verdinglichung, die im Rahmen eines solchen Experiments grundsätzlich drohe, nicht aus (Jonas 1987, 111, 131–132). Nur eine »authentische Identifizierung mit dem Forschungszweck« sei dazu geeignet (ebd., 134). In dieser Zuspitzung kommt ein voraussetzungsreiches Konzept von Autonomie zum Tragen, das – anders als das Konzept der Selbstbestimmung – stark normativ geprägt ist. Sieht man die Einwilligung in einem solchen Konzept der Autonomie begründet, dann steht die informierte Einwilligung selbst unter normativen Vorgaben.

Bereits Paul Ramsey weist in seiner für die junge Disziplin der Bioethik prägenden Lyman Beecher Lecture, die er im Jahr 1969 an der Yale University hält, auf den Unterschied zwischen Schadensvermeidung und Respektierung der Selbstbestimmung hin. Er macht dort geltend, dass es möglich sei, einem Menschen ein moralisches Unrecht zu tun, ohne ihm im engeren Sinne einen Schaden zuzufügen (Ramsey 2002, 39). Das Unrecht bestehe gerade in der Verletzung des Selbstbestimmungsrechts oder allgemeiner darin, einen Menschen nicht als selbstbestimmten Akteur zu respektieren. Von diesem Gedanken ausgehend, bestimmt Ramsey die informierte Einwilligung als einen »canon of loyalty« (ebd., 5), der Menschen, die ein gemeinsames Projekt betreiben, verbinde. Ob dieses Projekt nun in der Therapie einer Erkrankung oder in medizinischer Forschung bestehe, in jedem Fall müsse der Arzt bzw. der Forscher den Patienten bzw. den Probanden als gleichberechtigten Partner begreifen, ohne dessen Mitsprache keine Handlungen erfolgen dürften.

Ist bei Ramsey noch von einer Partnerschaft die Rede, so verschiebt sich der Schwerpunkt später zu einer Auffassung, der zufolge der Patient oder Proband der alleinige Entscheider ist. Diese Entwicklung findet ihren Niederschlag in der Formulierung von Bedingungen, die für eine informierte Einwilligung erfüllt sein müssen, die sich allerdings zumeist ausschließlich auf den Patienten oder Probanden beziehen. Bei ihrer klassischen Theorie der informierten Einwilligung gehen Ruth Faden und Tom L. Beauchamp vom Konzept der selbstbestimmten Handlung aus und identifizieren drei notwendige und hinreichende Bedingungen für selbstbestimmte Handlungen: (1) Absichtlichkeit (*intentionality*), (2) Einsicht (*understanding*) und (3) Abwesenheit von beherrschendem Einfluss (*noncontrol*) (Faden/ Beauchamp 1986, 235–273). Dann und nur dann, wenn eine Handlung diese drei Bedingungen erfülle, könne sie als selbstbestimmt gelten. Die informierte Einwilligung bestimmen Faden und Beauchamp im Weiteren als eine bestimmte Art von selbstbestimmter Handlung, genauer als selbstbestimmte Autorisierung (*autonomous authorization*), für die grundsätzlich die Bedingungen gelten, die für selbstbestimmte Handlungen insgesamt charakteristisch sind (ebd., 277–280). Davon unterscheiden die Autoren ein zweites Verständnis von informierter Einwilligung, die sie als »wirksame Einwilligung« (*effective consent*) bezeichnen (ebd., 280–283). Diese zweite Bedeutung von informierter Einwilligung richtet sich allein nach konkreten Maßgaben des positiven Rechts oder anderen vergleichbaren Bestimmungen. Dieses eher positivistische Konzept von informierter Einwilligung muss faktisch keineswegs deckungsgleich mit dem ersten konzeptionellen Verständnis sein. Eine selbstbestimmte Autorisierung kann vorliegen, ohne dass zugleich eine ›wirksame‹ Einwilligung gegeben ist; andererseits kann eine wirksame Einwilligung vorliegen, ohne dass es eine selbstbestimmte Autorisierung gibt (ebd., 283).

Bemerkenswert ist, dass schon Faden und Beauchamp mit ihrer Analyse nicht das Ziel verfolgen, die Offenlegung von Informationen (*disclosure*) ins Zentrum der Betrachtung zu rücken. Explizit mahnen sie eine Hinwendung zum Problem effektiver Kommunikation an (ebd., 329). In jüngerer Zeit haben Neil Manson und Onora O'Neill eine alternative Begründung der informierten Einwilligung vorgeschlagen, bei der der Begriff des erfolgreichen kommunikativen Akts ins Zentrum gerückt wird (Manson/O'Neill 2007).

Empirische Befunde zur informierten Einwilligung

Die Bedingung der Einsicht auf Seiten der Patienten bzw. Probanden und damit verbunden die Frage nach den Standards für die Offenlegung spielen in der Diskussion um die informierte Einwilligung eine wichtige Rolle. Dies zeigen die mittlerweile unüberschaubar zahlreichen empirischen Studien zur informierten Einwilligung (Sugarman et al. 1999).

Vor allem die Frage nach dem faktischen Erfolg von Aufklärungsgesprächen lässt sich mit empirischen Methoden überprüfen. Schon früh ist auf diese Weise gezeigt worden, dass die Art der Informationsdarreichung einen wesentlichen Einfluss auf die Einwilligungsbereitschaft von Menschen hat. In einer klassischen Untersuchung fordern Lynn Epstein und Louis Lasagna Probanden auf, an einer Studie teilzunehmen, bei der ein scheinbar neuartiges Kopfschmerzmittel getestet wird (Epstein/Lasagne 1969). Zuvor sind die potentiellen Probanden über Risiken und Nebenwirkungen aufgeklärt worden. 21 der 66 Studienteilnehmer weigern sich teilzunehmen. Tatsächlich handelt es sich bei dem ›neuartigen Mittel‹ um Aspirin und das ausgehändigte Informationsmaterial enthält die Beschreibungen möglicher Nebenwirkungen von Aspirin aus einem pharmakologischen Standardwerk. Im Nachhinein befragt, äußern alle 66 Studienteilnehmer die Auffassung, bei Aspirin handele es sich um ein sicheres Medikament.

Andere Studien zeigen, dass Probanden trotz Aufklärung oftmals nicht verstehen, dass sie an einer Studie teilnehmen, in der es nicht oder zumindest nicht ausschließlich um ihr individuelles Wohlergehen geht. Charles Lidz und Paul Appelbaum beschreiben dieses Phänomen als »therapeutic misconception« (Appelbaum et al. 1987). In einer neueren Studie befragen Lidz und Kollegen insgesamt 155 Probanden aus 40 verschiedenen klinischen Studien, die an zwei verschiedenen medizinischen Zentren in den USA durchgeführt werden, bezüglich ihrer Risikowahrnehmung. Lediglich 13,5 % der Probanden sind in der Lage, Risiken zu benennen, die sich aus dem experimentellen Design ergeben, wie etwa die Unmöglichkeit einer individuellen Dosisanpassung, oder den Umstand, dass der Prüfarzt aufgrund der Verblindung nicht weiß, welches Medikament sie tatsächlich bekommen (Lidz et al. 2004). Zu einem anderen Ergebnis sind Benedetto Vitiello und Kollegen gekommen. Sie haben Eltern befragt, deren an Autismus leidende Kinder an einer randomisierten Studie teilgenommen haben. Ihre Daten belegen, dass die Eltern gut über den experimentellen Charakter der Studie informiert waren. Auch waren immerhin 72 % der Befragten darüber im Bilde, dass die Zuweisung der Kinder zu den Gruppen nach dem Zufallsprinzip erfolgt (Vitiello et al. 2005).

Auch wenn die empirischen Befunde nicht eindeutig sind, so geben sie doch Anlass dazu, den Aufklärungsprozess kritisch zu bedenken. Eine mögliche Reaktion besteht darin, durch immer mehr Informationen und immer ausgeklügeltere Verfahren, die Informiertheit von Patienten und Probanden sicherzustellen. Tatsächlich ist die Tendenz zu beobachten, dass die Anforderungen an Aufklärungsverfahren in rein quantitativer Hinsicht steigen.

Kritik am Konzept der informierten Einwilligung

Eine erste Form der Kritik knüpft an die skizzierte Reaktion auf das mangelnde Verständnis von Patienten und Probanden an. Diese Strategie sei, so der Einwand, verfehlt und verweise auf ein falsches Verständnis der informierten Einwilligung. Neil Manson und Onora O'Neill schlagen z. B. vor, die Einwilligung nicht oder zumindest nicht ausschließlich in der Selbstbestimmung des Patienten oder Probanden begründet zu sehen, sondern vielmehr zu einem sprechakttheoretischen Verständnis von Einwilligung überzugehen (Manson/O'Neill 2007). Die Bedingungen für eine gültige Einwilligung – verstanden als erfolgreicher Sprechakt – können nicht einfach in einem Mehr an Information gesucht werden. Die kommunikativen Normen für den Vollzug einer Einwilligung erweisen sich als wesentlich komplexer. Abhängig von den Rahmenbedingungen kann es sein, dass ein geringes Maß an Informationen für eine gültige Einwilligung ausreicht (ebd., 84–90).

Eine zweite Form der Kritik macht geltend, das etablierte Konzept der informierten Einwilligung zeichne sich durch eine kognitive Einseitigkeit aus. Statt allein auf rationale Argumentation abzustellen, gelte es die emotionale Dimension bei Entscheidungen stärker zu berücksichtigen (Breden/Vollmann 2008). Insbesondere greifen dieser Auffassung nach standardisierte Testverfahren wie der MacCat-T bzw. der MacCat-CR, die zur Überprüfung der Einwilligungsfähigkeit eingesetzt werden, zu kurz.

Eine dritte Form der Kritik schließlich argumentiert, dass die Fokussierung auf die informierte Einwilligung dazu geführt habe, dass die Bedeutung anderer ethischer Prinzipien in den Hintergrund getreten sei. Es sei aber nicht überzeugend, dass etwa das tradierte Prinzip der Schadensvermeidung grundsätzlich nachrangig behandelt werde. Daniel Callahan hat – allerdings im sachlichen Kontext der Sterbehilfe (s. Kap. III. 40) – auf drei markante Wendungen im westlichen Denken aufmerksam gemacht. Eine davon betrifft die Bedeutung und die Grenzen der Selbstbestimmung, die heute drohe »Amok zu laufen« (»It is self-determination run amok«, Callahan 1992, 55). Auch wenn man diese radikale Diagnose nicht teil, so stellt sich doch die Frage, wie Selbstbestimmung und Schadensvermeidung bzw. die informierte Einwilligung und ein moderater Paternalismus (s. Kap. II. 20) miteinander verbunden werden können (Husak 2010).

Offenen Fragen

Als etabliertes Prinzip wirft die informierte Einwilligung in der Praxis vor allem in den Bereichen Probleme auf, in denen sie nicht oder nicht ohne weiteres anwendbar ist. Dies ist dann der Fall, wenn Patienten oder Probanden aktuell oder grundsätzlich einwilligungsunfähig sind. Dies gilt z. B. für Minderjährige, Menschen mit geistiger Behinderung (s. Kap. II. 2), Demenzpatienten (s. Kap. III. 10), aber auch für Notfallpatienten. Im therapeutischen Kontext kann in akuten Situationen das Konzept der unterstellten Einwilligung (*presumed consent*) zur Anwendung kommen. Es geht davon aus, dass ein Patient in eine unmittelbar erforderliche Behandlung einwilligen würde, wenn er es könnte. In nicht-akuten Situationen kann ein Stellvertreter die Einwilligung erteilen (*proxy consent*), wobei er mit seiner Entscheidung dem Wohl der betroffenen Person verpflichtet ist. Zusätzlich sollte – soweit möglich – die Zustimmung der betroffenen Person selbst eingeholt werden. Schwieriger gestaltet sich die Lage im Forschungskontext. Das Konstrukt einer unterstellten Einwilligung ist hier zumindest fragwürdig, die Orientierung am Wohl des Betroffenen aus forschungsimmanenten Gründen nicht vollständig möglich. Für die Demenzforschung ist das Konzept der antizipierten Einwilligung vorgeschlagen worden, um das Problem zu entschärfen (Helmchen/Lauter 1995, 52 ff.).

Intensiv diskutiert worden ist in den vergangenen Jahren, ob es sich beim Konzept der informierten Einwilligung um ein kulturübergreifendes Konzept handelt oder ob es in Annahmen gründet, die nur innerhalb der westlichen Welt Geltung beanspruchen können und nicht auf Kulturkreise übertragen werden können, in denen Entscheidungen traditionell nicht oder zumindest nicht nur von der betroffenen Person getroffen werden (IJsselmuiden/Faden 1996).

Im Jahr 1997 entbrennt eine Kontroverse darüber, ob Forschungsergebnisse, die ohne vollgültige Einwilligung erlangt wurden, publiziert werden sollten oder nicht. Diese Frage kann als Teil einer allgemeineren Diskussion begriffen werden, die unter dem Begriff *tainted knowledge* geführt wird. Ausgelöst wird die Debatte dadurch, dass sich das renommierte British Medical Journal (BMJ) entschließt, zwei Studien zu publizieren, obwohl keine informierte Einwilligung der Probanden eingeholt worden ist. Die Autoren begründen im Rahmen ihrer Publikationen, warum sie sich zu diesem Schritt entschlossen haben. Das BMJ nimmt die Situation zum Anlass, zwei ethische Studien zur Frage in Auftrag zu geben, die ebenfalls im BMJ publiziert werden. Der Abdruck der Originalarbeiten sowie der ethischen Studien löst eine rege Debatte aus, die in Form von Briefen an das BMJ geführt wird. Im Jahr 2001 geben die beiden Autoren der ethischen Studien schließlich einen umfangreichen Band heraus, der neben den Originalarbeiten und den ethischen Studien auch die Briefe dokumentiert, die das BMJ zum Thema erhalten hat. Zusätzlich enthält der Band zahlreiche weitere Beiträge zu ideengeschichtlichen und systematischen Aspekten der informierten Einwilligung (Doyal/Tobias 2001). Die BMJ-Debatte zeigt eindrucksvoll, wie vielschichtig die Fragen rund um die informierte Einwilligung nach wie vor sind.

Literatur

Appelbaum, Paul S./Roth, Loren H./Lidz, Charles W./Benson, Paul/Winslade, William: False hopes and best data: consent to research and the therapeutic misconception. In: *Hastings Center Report* 17/2 (1987), 20–24.

Breden, Torsten Marucs/Vollmann, Jochen: Ein kognitionsbasierter Ansatz zur Feststellung der Selbstbestimmungsfähigkeit in der Psychiatrie. Eine medizinethische Kritik des MacCat-T. In: Jochen Vollmann (Hg.): *Patientenselbstbestimmung und Selbstbestimmungsfähigkeit. Beiträge zur Klinischen Ethik*. Stuttgart 2008, 73–83.

Bundesgerichtshof: Urteil vom 28. 11. 1957, 4 Str 525/57. 1957. In: http://www.servat.unibe.ch/dfr/bs 011111.html (25. 06. 2013).

Callahan, Daniel: When self-determination runs amok. In: *The Hastings Center Report* 22/2 (1992), 52–55.

Court Of Appeals Of New York: »*Schloendorff v. Society of New York Hospital*« (March 11, 1914). 211 N. 125; 105 N. 92. In: http://wings.buffalo.edu/faculty/research/bioethics/schloen1.html (25. 06. 2013).

Dalla-Vorgia, P./Lascaratos, J./Skiadas, P./Garanis-Papadatos, T.: Is consent in medicine a concept only of modern times? In: *Journal of Medical Ethics* 27 (2001), 59–61.

Doyal, Len/Tobias, Jeffrey S. (Hg.): *Informed Consent in Medical Research*. London 2001.

Dworkin, Gerald: *The Theory and Practice of Autonomy*. Cambridge/New York 1988.

Epstein, Lynn C./Lasagna, Louis: Obtaining informed consent. Form or substance. In: *Archives of Internal Medicine* 123/6 (1969), 682–688.

Eyal, Nir: Informed consent. In: *Stanford Encyclopedia of Philosophy*. 2011. In: http://plato.stanford.edu/entries/informed-consent/ (14. 06. 2013).

Faden, Ruth R./Beauchamp, Tom L.: *A History and Theory of Informed Consent*. New York/Oxford 1986.

Helmchen, Hanfried/Lauter, Hans (Hg.): *Dürfen Ärzte mit Demenzkranken forschen? Analyse des Problemfeldes Forschungsbedarf und Einwilligungsproblematik*. Stuttgart 1995.

Husak, Douglas: Paternalism and consent. In: Miller/Wertheimer 2010a, 107–130.

IJsselmuiden, Carel B./Faden, Ruth R.: Medical Research

and the Principles of respect for persons in non-western cultures. In: Harold Y. Vanderpool (Hg.): *The Ethics of Research Involving Human Subjects. Facing the 21st Century*. Frederick/Maryland 1996, 281–301.

Johnston, David: A history of consent in western thought. In: Miller/Wertheimer 2010a, 25–54.

Jonas, Hans: Im Dienste des medizinischen Fortschritts: Über Versuche an menschlichen Subjekten. In: *Technik, Medizin und Ethik. Praxis der Verantwortung*. Frankfurt a. M. 1987, 109–145.

Katz, Jay: *The Silent World of Doctor and Patient. With a New Foreword by Alexander Morgan Capron*. Baltimore/London 2002.

Kleinig, John: The nature of consent. In: Miller/Wertheimer 2010a, 3–24.

Lidz, Charles W./Appelbaum, Paul S./Grisso, Thomas /Renaud, Michelle: Therapeutic misconception and the appreciation of risks in clinical trials. In: *Social Science & Medicine* 58/9 (2004), 1689–1697.

Manson, Neil C./O'Neill, Onora: *Rethinking Informed Consent in Bioethics*. Cambridge/New York 2007.

Miller, Franklin G./Wertheimer, Alan (Hg.): *The Ethics of Consent. Theory and Practice*. Oxford/New York 2010a.

–/–: Preface to a theory of consent transactions: beyond valid consent. In: Miller/Wertheimer 2010b, 79–105.

Minister der Geistlichen, Unterrichts- und Medizinal-Angelegenheiten: Anweisung an die Vorsteher der Kliniken, Polikliniken und sonstigen Krankenanstalten. In: *Centralblatt für die gesamte Unterrichts-Verwaltung in Preußen* 2 (1901), 188–189.

Ohly, Ansgar: *»Volenti non fit iniuria«. Die Einwilligung im Privatrecht*. Tübingen 2002.

Pernick, Martin S.: The patient's role in medical decisionmaking: a social history of informed consent in medical therapy. In: President's Commission for the Study of Ethical Problems in Medicine (Hg.): *Making Health Care Decisions. The Ethical and Legal Implications of Informed Consent in the Patient-Pratitioner Relationship. Volume III: Appendices. Studies on the Foundations of Informed Consent*. Washington, DC 1982, 1–35.

Ramsey, Paul: *The Patient as Person. Explorations in Medical Ethics* [1970]. New Haven/London ²2002.

Reichsgericht: Urteil vom 31. Mai 1894. Az. Rep. 1406/94. In: *Entscheidungen des Reichsgerichts. Herausgegeben von Mitgliedern des Gerichtshofs und der Reichsanwaltschaft. Entscheidungen in Strafsachen*. Bd. 25. Leipzig 1894, 375–389.

Sauerteig, Lutz: Ethische Richtlinien, Patientenrechte und ärztliches Verhalten bei der Arzneimittelerprobung (1892–1931). In: *Medizinhistorisches Journal* 35/3–4 (2000), 303–334.

Sugarman, Jeremy/McCrory, Douglas/Powell, Donald/Krasny, Alex/Adams, Betsy/Ball, Eric/Cassell, Cynthia: Empirical research on informed consent. An annotated bibliography. In: *The Hastings Center Report* 29/1 (1999), Special Supplement, S 1–S 42.

Veatch, Robert: Three theories of informed consent: philosophical foundations and policy implications. In: The National Commission for the Protection of Human Subjects of Biomedical and Behavioral Research (Hg.): *The Belmont Report. Ethical Principles and Guidelines for the Protection of Human Subjects Research. Apendix*. Washington, DC 1979, Bd. II, 26–1-26–66.

Vitiello, Benedetto/Aman, Michael G./Scahill, Lawrence/Mccracken, James T./Mcdougle, Christopher J./Tierney, Elaine/Davies, Mark/Arnold, Eugene: Research knowledge among parents of children participating in a randomized clinical trial. In: *Journal of the American Academy of Child and Adolescent Psychiatry* 44/2 (2005) 145–149.

Winau, Rolf: Medizin und Menschenversuch. Zur Geschichte des »informed consent«. In: Claudia Wiesemann/Andreas Frewer (Hg.): *Medizin und Ethik im Zeichen von Auschwitz. 50 Jahre Nürnberger Ärzteprozeß*. Erlangen 1996, 13–29.

Wertheimer, Alan: *Consent to Sexual Relations*. Cambridge 2003.

Bert Heinrichs

11 Interessen und Interessenkonflikte

In seiner heutzutage gebräuchlichen Verwendung liegt der Begriff ›Interesse‹ erst seit dem 17. Jahrhundert vor. Nachdem er ursprünglich im Römischen Recht die Höhe eines Schadensersatzanspruchs bezeichnet (Koebler 1997), wird er heute üblicherweise für die mentale Einstellung des Begehrens eines Objekts gebraucht – auch wenn verwandte Ausdrucksweisen vom mentalen Aspekt des Interesses absehen können, etwa in Ausdrücken wie ›öffentliches Interesse‹. Aufgrund dieser Bindung der Bedeutung des Begriffs ›Interesse‹ an die mentale Einstellung einer Person steht das Interesse in einer Verwandtschaft zu beispielsweise Wünschen, Bedürfnissen oder Streben. Die entsprechenden Begriffe werden demnach von unterschiedlichen Autoren beinahe synonym mit ›Interesse‹ gebraucht.

Vor allem durch die Staatstheorie von Thomas Hobbes findet der Begriff des Interesses Eingang in die philosophische Terminologie. Hobbes selbst spricht jedoch vom Eigennutz des Individuums, welcher als anthropologisches Postulat das Streben des Menschen nach Selbsterhaltung erklärt (Hobbes 1966). In seiner heutigen Bedeutung nehmen Interessen eine Schlüsselfunktion in Theorien menschlichen Handelns ein. Neben ihrer zentralen Rolle in der ethischen Theoriebildung finden Erwägungen zum Interessensbegriff dabei ebenso Eingang in erkenntnistheoretische (Habermas 1968) und ästhetische (Kant: KdU) Konzeptionen.

Obwohl der Begriff ›Interesse‹ gemeinhin ein subjektives Gerichtetsein auf einen Gegenstand bezeichnet, lässt sich dem *subjektiven Interesse* ein *objektives Interesse* gegenüberstellen, wodurch der Begriff des Interesses besondere Relevanz für die Moralphilosophie erfährt. Ein objektives Interesse ist durch die Annahme gekennzeichnet, dass Personen es unter epistemisch günstigen Bedingungen, d. h. in Kenntnis relevanter Informationen und frei von korrumpierenden emotionalen Zuständen, als subjektives Interesse annehmen würden (Nelson 1971; Patzig 1978). Ein objektives Interesse richtet sich aufgrund der Aufgeklärtheit der Person nicht nur auf ein gegenwärtig erstrebtes, sondern ein generell *erstrebenswertes* Gut – wie etwa das Interesse an freier Selbstbestimmung und Selbstentfaltung oder an der Etablierung gerechter institutioneller Strukturen.

Interessen und die autonome Person

Vor allem in moralphilosophischen Schriften der Aufklärung entwickelt der Begriff des Interesses eine systematische Bedeutsamkeit, die bis in die politische Philosophie des 20. Jahrhunderts wirkt. Hier findet sich der Beginn einer Traditionslinie, welche den Begriff des Interesses in ein enges Verhältnis mit der Konzeption der autonomen Person (s. Kap. II. 21) bringt. Den Ausgangspunkt bildet Jean-Jacques Rousseaus Konzeption des moralischen Interesses, das sowohl von Immanuel Kant als auch von John Rawls aufgegriffen und in ihre je eigenen Ansätze integriert und mit der Konzeption der autonomen Person in systematische Verbindung gebracht wird.

Rousseaus Ethik (vgl. Rousseau 1998, Kap. 4) ist philosophiegeschichtlich besonders, insofern sie auf der anthropologischen Annahme aufbaut, der Mensch verfüge über eine instinktive Selbstliebe (*amour de soi*). Damit gründet Rousseau seine Moralphilosophie auf die Moralpsychologie. Aus Selbstliebe als Quelle des Handelns können sich zwei gegensätzlich angelegte Formen des Interesses entwickeln und im Handeln wirksam werden. Zum einen die egoistische Selbstsucht (*amour propre*) und zum anderen die Liebe zur Ordnung (*amour de l'ordre*). Aufgrund letzterer entwickelt der Einzelne Rousseau zufolge nach gelungener Erziehung ein moralisches Interesse (*intérêt moral*), welches in Rousseaus Konzeption die Grundlage der Moralität bildet: »Es gibt ein […] Interesse, das keinen Vorteil aus der Gesellschaft zieht, das nur auf uns selbstbezogen ist, auf das Wohl unserer Seele, auf unser absolutes Wohlergehen, und das ich […] das geistige oder moralische Interesse nenne, Interesse, das keine sinnlichen, materiellen Objekte hat, deshalb nicht weniger wahr, weniger bedeutend, weniger dauerhaft und […] das einzige, das dem Innersten unserer Natur entstammend auf unser wahres Glück zielt« (Rousseau 1872, 96).

Im Anschluss an Rousseaus Konzeption eines vernunftgeleiteten Interesses des Einzelnen bindet Immanuel Kant den Begriff des Interesses in seine praktische Philosophie ein. Ein Interesse ist Kant zufolge zunächst eine »den Willen bestimmende Ursache« (GMS, 459), die sich näher definieren lässt als das »Wohlgefallen, […] was wir mit der Vorstellung der Existenz eines Gegenstandes verbinden« (Kant: KdU, § 2). Moralisch lassen sich nach Kant nur solche Interessen nennen, die verallgemeinerungsfähig sind. Dies begründet Kant, indem er von einer Unterscheidung zwischen empirischem und reinem Interesse ausgeht. Während das empirische Interesse einen

Gegenstand des Begehrens zum Objekt hat und somit als subjektive Neigung die »Triebfeder des Willens« bildet, ist das reine Interesse nur auf die Form des moralischen Gesetzes selbst gerichtet: »Da das Gesetz selbst in einem moralisch-guten Willen die Triebfeder sein muß, so ist das moralische Interesse ein reines sinnenfreies Interesse der bloßen praktischen Vernunft« (KpV, 141). Eine Handlung aus Pflicht – also eine Handlung, die nicht nur legal, sondern auch moralisch ist – ist demnach frei von »pathologischem Interesse« (Kant: KpV, 140), welches durch kontingente und daher nicht verallgemeinerungsfähige Faktoren der menschlichen Natur bestimmt ist. Die Freiheit von pathologischem Interesse ist nach Kant das Merkmal der autonomen Person. Jedes Interesse, das auf ein empirisches Objekt des Begehrens gerichtet ist und somit nicht Grundlage einer allgemeinen moralischen Gesetzgebung sein kann, ist ein klares Anzeichen heteronomer Bestimmungen. Erst durch das reine Interesse der praktischen Vernunft drückt sich die Achtung vor dem moralischen Gesetz aus, welche die Autonomie der Person verwirklicht.

Rawls greift im 20. Jahrhundert sowohl die anthropologische Annahme Rousseaus, der Mensch verfüge seiner Natur nach über ein moralisches Interesse (Rawls 1963), als auch die Kantische Konzeption der autonomen Person auf (Rawls 1980) und setzt diese beiden Elemente in eine systematische Verbindung. Das Novum von Rawls' Theorie besteht jedoch darin, die Rolle der Person wesentlich sozial zu denken. Personen sind Rawls zufolge Akteure in einem sozialen Raum, die von einem rationalen Selbstinteresse geleitet werden. Unter rationalem Selbstinteresse ist dabei das Vermögen von Personen zu verstehen, ihre eigenen Bedürfnisse und Wünsche durch kalkulierte kurz- und langfristige Pläne zu verfolgen. Den Kern eines solchen Kalkulationsvermögens bildet die *instrumentelle Rationalität* von Personen. Die Rationalität von Akteuren drückt sich dementsprechend insbesondere in ihrer Fähigkeit zu Zweck/Mittel-Abwägungen aus. Rawls begreift das rationale Selbstinteresse wesentlich als »rationale Autonomie« (Rawls 1980, 517–535), welche moralische Akteure als gegenseitig desinteressierte und nach der Sicherung von Grundgütern strebende Personen charakterisiert. Wenn Personen im sozialen Raum von ihrem rationalen Selbstinteresse geleitet werden, dann sind Situationen, in denen Interessenkonflikte zwischen verschiedenen Parteien auftreten, unvermeidbar. Als Basis für eine Entscheidungsfindung, welche Interessen in einem solchen Konflikt Vorrang haben, dient das idealisierte Szenario des Urzustands (Rawls 1979, Kap. 4), in welchem Personen über die Prinzipien der Gerechtigkeit debattieren und entscheiden, welche in der Gesellschaft, in der sie leben wollen, gelten sollen. Jedes Interesse, das Handlungen zur Folge hätte, welche diesen Prinzipien widersprechen würden, kann nicht als objektives moralisches Interesse gelten. Mit dieser Konzeption des rationalen Selbstinteresses knüpft Rawls an die vertragstheoretische Tradition an. Kontraktualistische Ethiken begreifen das Konzept des rationalen Selbstinteresses als integralen Bestandteil des Natur- bzw. Urzustands. Rationale Akteure sind demzufolge beispielsweise geleitet vom Interesse an ihrer eigenen Sicherheit (Hobbes 1966), ihrem Eigentum (Locke 1986) oder politischer Freiheit (Rousseau 1986). Rawls gelingt es so, die Geltungsbedingungen objektiver moralischer Interessen nicht durch ontologische Annahmen, sondern allein durch den moralischen Diskurs selbst zu explizieren. Diese Konzeption provoziert allerdings einen Zirkularitätsverdacht, da die Objektivität moralischer Interessen durch die moralische Sprache selbst gerechtfertigt wird (vgl. Shafer-Landau 2003, 41–43). Eine Wiedererwägung von Rawls' Rechtfertigungsstrategie muss sich daher auf semantische Revisionen besinnen, um die von Rawls angestrebte ontologiefreie Objektivität fruchtbar zu machen (vgl. Putnam 2003; Reichardt 2014).

Rawls schafft nichtsdestotrotz eine Verbindung zwischen der Kantischen Konzeption der autonomen Person und Rousseaus anthropologischer Annahme des *intérêt moral*: Was als objektives Interesse gelten sollte, d. h. was jedes Mitglied einer Gesellschaft aus rationalen Gründen als sein eigenes Interesse akzeptieren sollte, wird nicht durch autoritative oder gar dogmatische Strukturen vorgegeben, sondern hängt von den rationalen Entscheidungsverfahren autonomer Akteure ab, zu denen diese Akteure aufgrund ihres Gerechtigkeitssinns motiviert sind.

Die Rolle von Interessen im Utilitarismus

Theoriearchitektonisch zeichnen sich konsequentialistische Ethiken durch eine Axiologie aus, die einen zu erstrebenden Wert festsetzt, für welchen die Theorie normative Forderungen formuliert, mit deren Hilfe der Wert im Handeln erreicht werden soll. Im späten 20. Jahrhundert bildet sich unter den utilitaristischen Ethiken die Spielart des Präferenzutilitarismus aus, welche wesentlich auf Peter Singers *Prak-*

tische Ethik (1994) zurückgeht. Das Prinzip der gleichen Berücksichtigung aller Interessen bildet Singer zufolge die argumentative Basis für moralische Entscheidungen. Der Maßstab dafür, was als moralisches oder unmoralisches Handeln gilt, ist einzig die unvoreingenommene Berücksichtigung von Interessen bzw. Präferenzen und nicht die Frage, *wessen* Präferenzen im Spiel sind. Mit dieser Gleichheitsforderung fängt der Präferenzutilitarismus das intuitiv einsichtige Prinzip ein, welches moralische Diskriminierungen aufgrund der Zugehörigkeit zu einer bestimmten Gruppe ausschließt (s. Kap. II. 5). Wer moralisch zu berücksichtigen ist, wer also über einen moralischen Status verfügt, hängt nicht von kontingenten Faktoren wie Ethnie oder Geschlecht ab, sondern entscheidet sich allein aufgrund der Fähigkeit, Interessen auszubilden. Singer zufolge lässt sich das Prinzip der gleichen Berücksichtigung aller Interessen auch im Bereich der Tierethik anwenden und erzwingt dort die moralische Berücksichtigung der Tiere (vgl. Singer 1982; s. Kap. III. 43).

Der Präferenzutilitarist sieht sich jedoch mit dem Problem konfrontiert, dass zunächst nicht klar ist, *welche* Präferenzen erfüllt werden sollen. Eine bloße Forderung nach der Erfüllung von Präferenzen kann unter Umständen kontraintuitiv sein, da »zukunftsbezogene oder auf andere Personen gerichtete Präferenzen in erheblichem Maße kognitiv und emotional verzerrt, irrational und selbstschädigend sein können« (Birnbacher 1990, 208). Da die faktischen Interessen von Personen nicht ausnahmslos auf Erstrebenswertes gerichtet sind, muss der Präferenzutilitarist angeben können, welche Art von Präferenz anderen Arten vorzuziehen ist. An dieser Stelle ist zwischen *faktischen* und *kontrafaktischen Interessen* zu unterscheiden. Kontrafaktische Interessen zeichnen sich dadurch aus, dass Personen sie hätten, wenn bestimmte epistemische Bedingungen erfüllt wären – wie etwa eine möglichst genaue Kenntnis der Sachlage (informierte Präferenzen) oder darüber hinaus auch noch die rein-rationale, nicht emotional beeinflusste Beurteilung der Sachlage (aufgeklärte Präferenzen). Klarerweise scheint die Erfüllung von informierten Präferenzen gegenüber uninformierten Präferenzen moralisch besser. Gegenüber informierten Präferenzen scheint jedoch die Erfüllung von aufgeklärten Präferenzen erstrebenswerter. Dies lässt sich noch zuspitzen, indem man danach fragt, ob nicht die Erfüllung von *idealen* Präferenzen, d. h. solchen Präferenzen, die eine Person in einer epistemisch idealen Situation hätte, das eigentliche systematische Ziel des Präferenzutilitarismus ist. Dadurch sieht sich diese ethische Theorie dem Einwand der Überforderung ausgesetzt. Da epistemisch ideale Situationen faktisch nicht erreichbar sind, die Theorie möglicherweise jedoch die Erfüllung von Präferenzen fordert, über die Personen nur in solchen Situationen verfügten, sind Akteure bei der moralischen Beurteilung ihrer Handlungen und der Handlungen anderer epistemisch überfordert. Eine adäquate moralische Entscheidung ist vor diesem Hintergrund nicht möglich.

Interessen und Interessenkonflikte im bioethischen Diskurs

Im bioethischen Diskurs sind in Bezug auf den Begriff des Interesses vor allem zwei Themen von besonderer Bedeutung: (1) Zum einen wird diskutiert, inwiefern die Fähigkeit, Interessen auszubilden, einen Grund für die moralische Berücksichtigung eines Lebewesens darstellen kann. (2) Zum anderen können Interessen auf institutioneller Ebene – wie etwa im Gesundheitswesen oder in biomedizinischer Forschung – zwischen verschiedenen Parteien konfligieren und so ethische Entscheidungen erzwingen, welche die entgegengesetzten Interessen in gerechter Art und Weise berücksichtigen müssen.

(1) Eine wirkmächtige Einbindung des Interessenbegriffs findet sich in Singers pathozentristischem Beitrag zur ethischen Beurteilung von Tierversuchen (Singer 1982). Ein Lebewesen verfügt Singer zufolge über einen moralischen Status – ist also um seiner selbst willen moralisch zu berücksichtigen – wenn es die Fähigkeit besitzt, Interessen am eigenen Fortbestehen oder an der Vermeidung von Schmerzen auszubilden. Da die Verhaltensäußerungen vieler höherentwickelter Tiere den Schluss darauf zulassen, dass sie bestrebt sind, Schmerzen zu vermeiden, können Singer zufolge Tieren derartige Interessen zugesprochen werden. Zwar lässt sich hieraus *nicht* folgern, dass der Einsatz von Versuchstieren zu Forschungszwecken nicht zu rechtfertigen ist, wohl aber lässt sich folgern, dass Versuche an Lebewesen, die über keine ausgebildeten Interessen am zukünftigen Fortbestehen verfügen, den Versuchen an Nagetieren oder Primaten aus ethischer Sicht vorzuziehen sind. In dieser Hinsicht entfachte Singers Ansatz vor allem im deutschsprachigen Raum eine hitzige Debatte, da unter die Lebewesen ohne solch ausgebildete Interessen bspw. auch menschliche Embryonen fallen. Unter Singers Bedingungen sind Versuche an menschlichen Embryonen (s. Kap. III. 12)

also vertretbar, während die gegenwärtige Praxis der Versuche an Nagetieren als ethisch problematisch zu beurteilen ist. Zwar spricht Singer dem Menschen aufgrund seines Zukunftsbewusstseins ein höheres Interesse am eigenen Weiterleben zu, jedoch ist die Betrachtung des Menschen als moralisches Ausnahmewesen gemäß dem oben besprochenen Prinzip der gleichen Berücksichtigung aller Interessen nicht zu rechtfertigen und sei – so Singer – letztlich eine Diskriminierung aller nicht-menschlichen Spezies. Für diese Form der Diskriminierung etabliert Singer den Begriff »Speziesismus«: »jene, die ich Speziesisten nennen möchte, [messen] da, wo es zu einer Kollision ihrer Interessen mit denen von Angehörigen einer anderen Spezies kommt, den Interessen der eigenen Spezies größeres Gewicht bei. Menschliche Speziesisten erkennen nicht an, dass der Schmerz, den Schweine oder Mäuse verspüren, ebenso schlimm ist wie der von Menschen verspürte« (Singer 1994, 85 f.). Strittig ist allerdings, ob die moralische Sonderstellung des Menschen – welche Singer kritisiert – wirklich durch seine Zugehörigkeit zu einer bestimmten Spezies konstituiert wird. Als biologische Bezeichnung verfügt der Begriff ›homo sapiens sapiens‹ über kein normatives Potential, um einen moralischen Status zu begründen. Vielmehr wird ein solcher Status durch Eigenschaften konstituiert, die zwar Menschen zukommen, welche jedoch nicht notwendigerweise ausschließlich Menschen zukommen; wie z. B. Selbstbewusstsein, Reflexionsvermögen oder Emotionalität. Es ist daher fragwürdig, gegen wen Singer argumentiert.

(2) Insbesondere in Kontexten des Gesundheitswesens (s. Kap. III. 20) und der biomedizinischen Forschung (s. Kap. III. 14) kann es zu Interessenkonflikten kommen, die nach einer ethisch aufgeklärten Lösung verlangen. Ein Interessenkonflikt ist dabei definiert als die mögliche Beeinträchtigung eines *primären Interesses* durch ein *sekundäres Interesse* (Thompson 1993). Unter einem primären Interesse versteht man das leitende Anliegen, welches Personen als Mitglieder einer bestimmten Institution teilen – wie etwa das Wohlergehen des Patienten in den institutionellen Rahmen des Gesundheitswesens oder die vorurteilsfreie Beurteilung wissenschaftlicher Resultate im Bereich der biomedizinischen Forschung. Sekundäre Interessen sind dahingegen unabhängig von Institutionen. Personen verfügen also nicht *als* Mitglieder einer Institution über sekundäre Interessen. Dabei kann es sich beispielsweise um wirtschaftliche oder soziale Interessen handeln, die Personen unabhängig von ihrer Bindung an eine Institution ausbilden. Es ist unmittelbar einsichtig, dass ein sekundäres Interesse unter Einwirkung bestimmter Faktoren ein primäres Interesse korrumpieren kann. So ist es beispielsweise durchaus möglich, dass in einem Bereich der biomedizinischen Forschung ein Interesse an finanziellem Gewinn das Interesse an der Integrität der Forschung untergraben kann, wenn Investoren eines Forschungsprojektes zügige Resultate zu ihren Gunsten fordern. Die der Unterscheidung zwischen primären und sekundären Interessen zugrundeliegende Struktur ähnelt in gewisser Weise jener der eingangs erwähnten Unterscheidung zwischen objektiven und subjektiven Interessen: Objektive Interessen richten sich auf erstrebenswerte Güter und sollten im Idealfall als subjektive Interessen angenommen werden. Analog dazu sollten die sekundären Interessen einer Person mit ihren primären Interessen in Einklang zu bringen sein.

Die Auflösung eines Interessenkonflikts besteht erstens in der deskriptiven Erfassung des Konflikts, d. h. der Identifikation korrumpierender Faktoren, und zweitens in der normativen Forderung nach der Beseitigung eben dieser Faktoren. Beide Punkte – sowohl die Identifikation der relevanten Faktoren als auch die Forderung, welche Faktoren zu beseitigen sind, sind ihrerseits mit Schwierigkeiten verbunden, die sich aus epistemisch unklaren Bedingungen ergeben, unter denen sich Interessenkonflikte im Gesundheitswesen oder in biomedizinischer Forschung herausbilden. So ist es erstens nicht immer klar, welche Parteien zur Bildung eines Interessenkonflikts beitragen – ob beispielsweise die Beziehung zwischen Arzt und Patient genügt, um den Konflikt angemessen darzustellen oder ob Pfleger, Angehörige oder sogar gesamtgesellschaftliche Verflechtungen mit einbezogen werden müssen (Lieb et al. 2011). Zweitens können sich ethische Schwierigkeiten in Bezug auf die Frage ergeben, welche personalen und institutionellen Verflechtungen moralischen Vorrang vor anderen haben – ob das primäre Interesse des Forschers beispielsweise immer noch höher wiegt als das sekundäre Interesse, wenn die Gefahr bestünde, dass das primäre Interesse nicht mehr erfüllt werden könnte, wenn dem sekundären nicht nachgegangen werden würde.

Literatur

Birnbacher, Dieter: Utilitaristische Ethik und Tötungsverbot. Zu Peter Singers Praktische Ethik. In: *Analyse & Kritik* 12 (1990), 205–218.

Habermas, Jürgen: *Erkenntnis und Interesse*. Frankfurt a. M. 1968.

Hobbes, Thomas: *Leviathan. Oder Stoff, Form und Gewalt eines kirchlichen und bürgerlichen Staates*. Frankfurt a. M. 1966.

Kant, Immanuel: *Grundlegung zur Metaphysik der Sitten*. In: Ders.: *Gesammelte Schriften*. Hg. von der Königlich Preußischen Akademie der Wissenschaften, Bd. 4. Berlin 1911, 385–463 [=GMS].

–: *Kritik der praktischen Vernunft*. In: Ders.: *Gesammelte Schriften*. Hg. von der Königlich Preußischen Akademie der Wissenschaften, Bd. 5. Berlin 1913, 1–164 [=KpV].

–: *Kritik der Urteilskraft*. In: Ders.: *Gesammelte Schriften*. Hg. von der Königlich Preußischen Akademie der Wissenschaften, Bd. 5. Berlin 1913, 165–485 [=KdU].

Koebler, Gerhard: *Lexikon der europäischen Rechtsgeschichte*. München 1997.

Lieb, Klaus/Limbach, Ulrich/Klemperer, David: Offenlegung von Interessenkonflikten. In: Dies. (Hg.): *Interessenkonflikte in der Medizin. Hintergründe und Lösungsmöglichkeiten*. Dordrecht 2011, 61–80.

Locke, John: *Über die Regierung*. Stuttgart 1986.

Nelson, Leonard: Die Theorie des wahren Interesses und ihre rechtliche und politische Bedeutung. In: Ders.: *Gesammelte Schriften*, Bd. 8. Hamburg 1971, 3–26.

Patzig, Günther: *Der Unterschied zwischen subjektiven und objektiven Interessen und seine Bedeutung für die Ethik*. Göttingen 1978.

Putnam, Hilary: *Ethics without Ontology*. Cambridge/Mass. 2003.

Rawls, John: Kantian constructivism in moral theory. In: *Journal of Philosophy* 77 (1980), 515–572.

–: *Eine Theorie der Gerechtigkeit*. Frankfurt a. M. 1979 (engl. 1971).

–: The sense of justice. In: *The Philosophical Review* 72 (1963), 281–305.

Reichardt, Bastian: Asserting moral sentences. In: *SATS – Northern European Journal of Philosophy* 15 (2014), 1–19.

Rousseau, Jean-Jacques: *Ausgewählte Briefe*. Hg. von F. Wiegand. Hildburghausen 1872.

–: *Der Gesellschaftsvertrag*. Stuttgart 1986.

–: *Emile. Oder über die Erziehung*. Stuttgart 1998.

Shafer-Landau, Russ: *Moral Realism. A Defence*. Oxford 2003.

Singer, Peter: *Praktische Ethik*. Stuttgart 1994 (engl. 1979).

–: *Die Befreiung der Tiere. Eine neue Ethik zur Behandlung der Tiere*. München 1982.

Thompson, Dennis F.: Conflicts of interest. In: *New England Journal of Medicine* 330 (1993), 503.

Bastian Reichardt

12 Kommerzialisierung

Im Lateinischen bezeichnet *commercium* allgemein den Handel und Warenverkehr. Der Begriff ›Ökonomie‹ hingegen leitet sich von den griechischen Wörtern *oikos* (Haus) und *nomos* (Regel, Gesetz) ab. Die Begriffe der Kommerzialisierung und der Ökonomisierung sind gleichwohl nicht trennscharf zu unterscheiden. Beide verweisen auf einen Prozess: Etwas gelangt in die Sphäre des Wirtschaftens bzw. wird dorthin verschoben, das zuvor nicht oder zumindest weniger als Markt- und damit Handelsgut aufgefasst worden ist. Damit wird erstens unausgesprochen vorausgesetzt, dass nicht alle Bereiche der Gesellschaft zur Ökonomie gehören, sondern zumindest einige den jeweils geltenden Markt- und Geldmechanismen (teilweise) entzogen sind. Zugleich besteht zweitens oft eine normative Setzung, dass bestimmte Dinge oder Bereiche auch nicht einfach wie Marktgüter behandelt werden *sollen*. So wie ›Kommerz‹ wird auch ›Kommerzialisierung‹ im allgemeinen Sprachgebrauch zunehmend in kritisch-wertender Perspektive verwendet, nicht nur beschreibend.

Kommerzialisierungsprozesse sind nicht unabhängig vom Kontext zu verstehen, und die Bedingungen des frühen 21. Jahrhunderts lassen sich in aller Kürze durch folgende Elemente kennzeichnen: globalisierte Finanz- und Warenströme sowie Dienstleistungen unter liberalisierten Weltmarktbedingungen, ein zunehmend naturwissenschaftlich geprägtes Naturverständnis und damit verbunden technologische Interventionsmöglichkeiten in den menschlichen Körper sowie in die nicht-menschliche Natur. Vor diesem Hintergrund erweisen sich für die Bioethik insbesondere drei Bereiche von Kommerzialisierung als bedeutsam: (1) das Gesundheitssystem/Systeme medizinischer Versorgung allgemein, (2) die ökonomische Verfügung über den menschlichen Körper und seine Bestandteile, (3) die ökonomische Inwertsetzung der Natur als sog. Ökosystemleistungen.

In der ethischen Debatte wird verhandelt, welche Gründe für oder gegen eine (teilweise) Kommerzialisierung sprechen und wie diese Bereiche entsprechend gesellschaftlich zu regeln sind. Allgemein gilt, dass Auffassungen und Bewertungen von Gesundheit, Körper, Natur und eben auch von ›Kommerz‹ in der Bioethik stets auf Bezugnahmen beruhen, die *quer* zu den Sortierungen natur-, geistes- und sozialwissenschaftlicher Quellen liegen. Es handelt sich um ›epistemisch-moralische Hybride‹, also um gemischte Beschreibungsmodi und Urteile, in denen sich Fakten und Werte auf charakteristische Weise verbinden (Potthast 2008). In einer bestimmten Kombination von naturwissenschaftlich-technischem Wissen und liberalistischen ethischen Theorien autonomer Selbstgestaltung werden Kommerzialisierungsprozesse dabei anders bewertet als aus einer kultur- und zeitkritischen Perspektive auf moderne Biotechniken und ihre zunehmende Einbindung ins bzw. als Marktgeschehen.

Kommerzialisierung: Der Unterschied zwischen Wert und Preis

Als kritischer Verweis soll ›Kommerzialisierung‹ ein mögliches moralisches Problem anzeigen: Eine an sich zweckfreie und insofern in sich gute Sache oder Angelegenheit erscheint nun den rein instrumentellen Gesetzen des Marktes unterworfen. Sie wird dabei letztlich monetarisiert und erscheint in bestimmter Weise womöglich entwürdigt, wenn bzw. weil sie dem neuen, einzigen oder zumindest allem übergeordneten, Ziel der Gewinnerzielung untergeordnet wird. Es gibt wichtige Bereiche der Lebenswelt, in denen das Etikett ›Kommerzialisierung‹ in solch negativer Weise verliehen wird: Religion, Kunst, Sport, Gesundheit, Freizeit, auch die Wissenschaften gehören hierzu. Bei der ›Kommerzialisierung der Bildung‹ geht es beispielsweise um die Verzweckung des Studiums weg von ›Einsamkeit und Freiheit‹ des Forschenden, hin zu einer reinen Berufsausbildung, die sich zugleich in programmatischen Formulierungen wie ›Humankapital‹ oder ›Bildungskapital‹ ausdrückt (Münch 2011). Wie stark die Einschätzung von wertenden Vorannahmen abhängt, zeigt auch der Sport. Im deutschen Profifußball wurde Kommerzialisierung in den 1970er Jahren anlässlich einer Werbung für eine Spirituose auf dem Trikot angeprangert. Diese Empörung wirkte insofern übertrieben, als hier lediglich unmissverständlich sichtbar wurde, wie sehr die Welt des Leistungssports bereits ökonomisiert war. Umgekehrt gelten die Kommerzialisierung und, damit verbunden, die Möglichkeiten hoher Gewinnerzielung im Sport auch als eine der Ursachen für die Zunahme moralisch strittiger Praktiken wie Doping (vgl. Pawlenka 2004; s. Kap. III. 11).

Die moralische Problematik der Kommerzialisierung hängt mit der Unterscheidung von Wert und Preis zusammen, wie sie prominent bei Immanuel Kant zu finden ist. Er trennt zwischen dem Preis und einem absoluten Wert (Kant: GMS, 434–435). Ersterer ist als Tauschwert ja gerade daraufhin angelegt, dass Dinge tauschbar und dabei reine Mittel zum Zweck sind. Dagegen verweist der absolute Wert auf eine Selbstzwecklichkeit des Menschen. Daraus ergeben sich normative Konsequenzen mit Bezug auf positive und negative Rechte im Bereich des Ökonomischen.

In seiner *Kritik der politischen Ökonomie* postuliert Karl Marx, dass es eine immanente Tendenz der Logik des Kapitalismus sei, schlichtweg alles in der Gesellschaft zu ökonomisieren, gerade auch Menschen selbst zum Verkauf ihres Körpers als Medium der Arbeitskraft zu treiben (Marx 1962). Letztlich basiert die marxistische Kritik an der ›Warenförmigkeit‹ von Allem und Allen in der Gesellschaft auf einem impliziten Ökonomisierungsverbot des Menschen und auch auf einer Kritik des Ökonomischen beispielsweise in der Kultur (Horkheimer/Adorno 1988). Allerdings steht nicht immer ein absoluter Wert, sprich Selbstwert im Sinne der Würde, zur Debatte. Vielmehr werden die Eigen-Logiken des Ästhetischen, des Sports oder persönlicher Beziehungen als Eigenwerte verstanden, die durch eine rein ökonomische Verzweckung in Gefahr zu geraten scheinen.

Kommerzialisierung des Gesundheitswesens

Gesundheit und damit verbundene medizinische Leistungen sind seit langem Bestandteil des *commercium*, wie es beispielsweise das medizinische Wirken der mittelalterlichen Bader auf den Märkten zeigt. Dass Gesundheit ein auch moralisch hohes Gut ist, und dass es Anspruchsrechte des Menschen auf gesundheitliche Vorsorge und Heilbehandlung gibt, ist heute weitgehend anerkannt. In Art. 25 der Allgemeinen Erklärung der Menschenrechte erfolgt dies allerdings indirekt über das »Recht auf einen Lebensstandard, der [...] Gesundheitssicherung und [...] ärztliche Versorgung und notwendige soziale Leistungen gewährleistet« (UN 1948). Kritik richtet sich mithin nicht unbedingt gegen die Marktförmigkeit der Gesundheitsbranche überhaupt. Problematisch erscheint diese v. a., wenn Gewinnerzielung oder ›Kostenneutralität‹ als prioritäre oder einzige Ziele dazu führen, dass sich Arme die Mittel zu Gewährleistung und Wiederherstellung der Gesundheit nicht leisten können.

Die Besonderheit der Gesundheit, so ließe sich sagen, verpflichtet Kliniken, Krankenkassen oder Pharmahersteller in besonderer Weise moralisch auf das Wohl ihrer Kundinnen und Kunden *und* die Zugänglichkeit der Leistungen. Das gilt für staatliche, private und genossenschaftliche Träger gleichermaßen. Bei privatwirtschaftlichen Organisationen sind aber, klassisch ökonomisch betrachtet, solche wirtschaftsexternen Ziele nicht vorgesehen oder sie werden sogar als schädlich verstanden. Hier zeigt sich in aller Deutlichkeit, dass ethische Annahmen von den zugrunde gelegten ökonomischen Prämissen abhängen, ob ein freier Markt letztlich die beste Gesundheitsversorgung garantiere, wie es praktisch alle liberalen ethischen und Markttheorien im Anschluss an Adam Smith (1999) formulieren, oder eben nicht. Kommerzialisierungskritik äußert sich ferner daran, dass auch staatliche oder gemeinnützige Institutionen zunehmend unter rein betriebswirtschaftlichen Perspektiven geführt werden. Letztlich geht es darum, welcher Teil des Gesundheitssystems vom Staat als Daseinsvorsorge, von als gemeinnützig geförderten Solidargemeinschaften oder eben privat zu tragen ist (Kritik an »Zweiklassenmedizin«). Hier öffnet sich ein Feld klassischer ethischer Abwägungen zu Fragen der Gerechtigkeit und für politische Aushandlungen (s. Kap. II. 8; III. 18).

Die Zuspitzung der Situation hat einen weiteren gesellschaftspolitischen Grund. Lange Zeit waren nur ärztliche, pharmazeutische und klinisch-pflegerische Leistungen Teil der Marktökonomie. Die häusliche Kranken-, Alten- und Behindertenpflege wurde dagegen unentgeltlich von Familienangehörigen – fast ausschließlich Frauen – übernommen. Durch den politischen, sozialen und demographischen Wandel sind hier ganz neue Bedarfe und damit auch Märkte entstanden, deren Regulierung in analoger Weise zur Debatte steht. Dabei sind Fragen der Integration von Medizin- und Wirtschaftsethik nach den Grundlagen eines gerechten Leistungs- und Behandlungssystems der Medizin (Frith 2013; Strech et al. 2013) ebenso aufgeworfen wie die nach einer Gemeinwohlökonomie oder einem *social entrepreneurship*, also neuen ökonomischen Leitbildern (vgl. Ostrom 2011) sowie Konzepten einer »Sozialen Infrastruktur« (Hirsch et al. 2013).

Im Grenzbereich zwischen Marktlogik und Moral steht auch der so genannte ›Wert eines statistischen Lebens‹ oder *value of a statistical life* (VSL), der die gesellschaftliche Praxis maßgeblich bestimmt: Zum Zweck volks- und betriebswirtschaftlicher Kalkulationen wird der Verlust oder die Verlängerung von Menschenleben in Geldeinheiten bewertet. Damit sind dann Kosten-Nutzen-Analysen bei der Maßnahmenplanung möglich. Würde ein Menschenleben in der Sphäre der Ökonomie mit dem Geldbetrag ›unendlich hoch‹ bewertet, wäre stets überall unendlich viel monetäre Sicherheit nötig. Damit lässt sich aber nicht planen, keine Versicherung betreiben und kein staatliches Handeln organisieren. Mit Hilfe des VSL lässt sich berechnen, wie viel mehr Lohn zu zahlen ist, wenn ein Arbeiter hohen Gesundheitsrisiken ausgesetzt ist oder wie viel Geld in Umweltschutzmaßnahmen zu investieren ist, um das statistische Risiko einer umweltbedingten, eventuell sogar tödlichen, Erkrankung um so und so viel Prozent zu reduzieren. In dieser verbreiteten Praxis wird das menschliche Leben statistisch vollständig monetarisiert. Gleichzeitig wird allerdings betont, dass damit keinerlei Urteil über ein bestimmtes Leben eines bestimmten Menschen gefällt wird (Fehling 2010). Hier erscheinen ökonomische und ethische Perspektive programmatisch völlig getrennt, was entsprechende Kritik an der Realistik dieser Trennung hervorruft.

Kommerzialisierung des menschlichen Körpers

Ethisch am strittigsten ist die Kommerzialisierung des individuellen menschlichen Körpers. Diesen und damit einen konkreten Menschen vollständig über einen monetären Preis bestimmen zu wollen, dürfte universell als moralisch inakzeptabel gelten. Welche Grade der *teilweisen* Kommerzialisierung – und der damit verbundenen möglichen Lebensverkürzung z. B. bei Verlust wichtiger Organe – allerdings noch hinnehmbar sind, lässt sich nicht generell bestimmen.

Im Sinne einer ökonomischen Betrachtung erscheint es sinnvoll, von menschlichen Körpern als einer Ressource zu sprechen, weil sie knappe Güter enthalten. Der Körper wird zum Gegenstand medizinischer, wissenschaftlicher und *zugleich* wirtschaftlicher Interessen (Lettow 2012; Steineck/Döring 2008; Taupitz 2007; Potthast et al. 2010). Problemfelder wie Organtransplantation, Organmangel und Organhandel sind wohlbekannt (s. Kap. III. 44). Dieser Medikalisierungs- und Kommerzialisierungsprozess ist nicht ohne Einspruch geblieben: So proklamiert die EU Grundwerte-Charta als Teil einer zukünftigen Europäischen Verfassung in Art. II-63 das Recht auf körperliche und geistige Unversehrtheit. Ausdrücklich wird ein Verbot festgeschrieben, »den menschlichen Körper und Teile davon als solche zur Erzielung von Gewinnen zu nutzen« (Deutscher Bundestag 2005, 194). Die Weltgesundheitsorganisation schreibt in den *Guiding Principles on Human Cell, Tissue and Organ Transplantation* im fünften Leitprinzip: »Cells, tissues and organs should only be donated freely, without any monetary payment or other reward of monetary value. Purchasing, or offering to purchase, cells, tissues or organs for transplantation, or their sale by living persons or by the next of kin for deceased persons, should be banned« (WHO 2010).

Dennoch werden Körpersubstanzen wie Haare oder Blut und zunehmend auch Organe wie Herz und Nieren längst auch als marktförmige Waren behandelt. Dieser faktischen Unterminierung des generellen Kommerzialisierungsverbots entspricht auf normativer Ebene eine erhebliche Unsicherheit. Denn mit der *faktischen Verfügung* und der zunehmenden *biotechnischen Verfügbarkeit* des menschlichen Körpers wird dessen *normative Unverfügbarkeit* zumindest in Frage gestellt. Das Kommerzialisierungsverbot des menschlichen Körpers steht in Spannung mit Hoffnungen und Heilserwartungen, die sich mit der zunehmenden Nutzbarkeit von Körpersubstanzen und Organen verbinden.

Zu klären ist darüber hinaus, wie sich verschiedene Formen der monetären Vergütung von Körpersubstanzen normativ angemessen fassen lassen: Ist eine Unterscheidung zwischen einer ›Aufwandsentschädigung‹ und dem ›Kaufpreis‹, beispielsweise für eine Niere, möglich? Wie können verschiedene gesundheitliche Risiken infolge körperlicher ›Dienstleistungen‹ in den Rahmen einer konsistenten normativen Bewertung gestellt werden? Warum darf dem Bergarbeiter für seine gesundheitsschädigende Arbeit eine Gefahrenzulage, dem Nierenspender jedoch nicht einmal ein Honorar für seinen Beitrag zur solidarischen Gesellschaft gezahlt werden (Breyer 2002)? Worin unterscheidet sich die Körperkommerzialisierung mittels eines Vertrags, den ein Profisportler mit seinem Verein hinsichtlich der Nutzung bestimmter körperlicher Fähigkeiten schließt, von der einer vertraglich geregelten Leihmutterschaft (s. Kap. III. 27)? Und steht eine vom Geldtransfer freie ›Gabe‹ als Geschenk stets jenseits solcher Fragen?

Eine normative Bestimmung von Grenzen und Reichweite der Kommerzialisierung des menschlichen Körpers setzt notwendig eine Beschäftigung mit der Frage voraus, wie sich die *Verfügung des Individuums zum Verfügten* verhält: Wie ist das Verhältnis zwischen einer Person (s. Kap. II. 21) und ihrem Körper zu denken? Welchen Status nimmt der menschliche Körper innerhalb der Dichotomie von verfügbarer Sache und zumindest prinzipiell unverfügbarer Person ein (Herrmann 2011)?

Oftmals wird vorausgesetzt, dass neben dem medizinisch beschreibbaren und generalisierbaren Körper zugleich eine unhintergehbare persönliche Leiblichkeit besteht (vgl. Böhme 2003): Der Körper des Menschen besitzt durch diese sog. Leiblichkeit eine Sinnstruktur, die ihn über eine Verfügung als reines Mittel erhebt. Diese Sinnstruktur besteht darin, dass nur durch, mit und in seinem Leib der Mensch weiterleben, sich Handlungsziele setzen und kommunizieren kann. Gleichzeitig haben Menschen einen Körper, den sie in instrumenteller Weise gemäß den eigenen Vorstellungen und Zwecken gebrauchen. Dies ist nicht zuletzt als Ausdruck ihrer Handlungsfreiheit zu begreifen, weshalb das Verhältnis von Körper und Person normativ nicht nur als Einheit, sondern immer auch als ein ›Gegenüber‹ zu denken ist. Die Lebenswissenschaften beziehen sich auf den menschlichen Körper unter beiden Aspekten: als Konstituens der Person einerseits und im Rahmen eines methodischen Materialismus andererseits, der den menschlichen Körper (in Teilen) als biologisches Material und – beispielsweise über patentrechtliche Regelungen – als marktförmiges Gut betrachtet. Menschen *sind* ein Leib und *haben* einen Körper, wie Helmuth Plessner (1975) es prägnant ausdrückte. Diese letztlich dualistische Trennung von Körper und Leib mit ihren metaphysischen und moralphilosophischen Implikationen ist allerdings nicht ohne Kritik geblieben: Es sei auch möglich bzw. nötig, die mit dem Leib assoziierten Aspekte innerhalb des Körperbegriffs zu verhandeln (Ammicht Quinn 1999).

Es ist die bereits erwähnte Sonderstellung des menschlichen Körpers zwischen Sache und Person, die auch das Recht vor Herausforderungen stellt, so etwa hinsichtlich der Rechtsnatur menschlicher Körpersubstanzen: Ist der menschliche Körper bzw. sind seine Teile dem Sachen- oder dem Persönlichkeitsrecht zuzuordnen? Was sind die normativen Grundlagen für Entgeltverbote? Kann man Eigentum an Körperteilen erwerben? (vgl. Schneider 2002; Herrmann 2011).

Ethische Positionen, in denen die Unverfügbarkeit des menschlichen Körpers und damit auch das Verbot der Kommerzialisierung begründet wird, beziehen sich zumeist auf das deontologische Prinzip der Menschenwürde. Kants Selbstzweckformel des Kategorischen Imperativs gebietet, dass Menschen andere Menschen »jederzeit zugleich als Zweck, niemals bloß als Mittel« (Kant: GMS, 429) behandeln sollen. Der Wert der Person hat gerade kein Äquivalent in anderen Werten, er ist nicht tauschbar und somit nicht kommerzialisierbar (Munzer 1993). Das kantische Instrumentalisierungsverbot schließt allerdings nicht aus, dass Menschen sich auch zum Mittel machen, eine Teilinstrumentalisierung der Person ist möglich, wobei die Einwilligung des Betreffenden in der Regel eine notwendige Voraussetzung dafür ist, dass keine vollständige Instrumentalisierung vorliegt (s. Kap. II. 17; II. 10).

Moralische Grenzen der Verfügung bei Anerkennung des Menschen als Selbstzweck erfordern auch tugend- und strebensethische Aspekte der Vorstellungen des guten Lebens (*eudaimonia*; Wolf 1999). So werden beispielsweise pornografische Zeitschriften und einzelne Abgebildete hinsichtlich der Kommerzialisierung inszenierter Nacktbilder individualethisch moralisch kritisiert, nicht aber ein Verbot der Publikation insgesamt gefordert. Die Grenze zwischen der individuellen moralischen Beurteilung als geschmacklos oder lasterhaft und der universalistischen Verbotsforderung ist dabei ebenso schwierig wie strittig.

Eine Ethik der Selbstverfügung muss die Frage beantworten, welche Aspekte der Körperlichkeit aufgrund welcher normativen Überlegungen der Kommerzialisierung entzogen werden sollen. Gegen deontologische Argumente einer Verfügungsbeschränkung wird insbesondere von libertären Theoretikern das Argument eines Rechts auf individuelle Selbstbestimmung ins Feld geführt. Danach ist es Ausdruck der Achtung der Person, dem Einzelnen weitgehend unbeschränkte Verfügungsgewalt über seinen Körper einzuräumen (Andrews 1986; Veatch 2003). Zu fragen ist hier, in welchem Verhältnis finanzielle Anreize zur notwendigen Freiwilligkeit einer Verfügung über den eigenen Körper stehen. So könnte die Entgeltlichkeit die Freiwilligkeit der Entscheidung eines Spenders grundsätzlich ausschließen. Wie verhält es sich etwa in Situationen, in denen Betroffene sich unter Zwang, beispielsweise bedingt durch finanzielle Notlagen, entschließen, ein Organ zu verkaufen? Ist es legitim, Handlungsoptionen zu beschränken, wenn deren Verwirklichung die Grundlagen autonomer Handlungsfähigkeit – die körperliche Unversehrtheit – bedroht? Die Antworten auf solche ethischen Fragen hängen mit davon ab, inwiefern die Verfügung über den Körper und vor allem die Abgabe von Körperteilen Erfolg verspricht und welche Chancen-Gefahren-Abwägungen gemacht werden müssen.

Mit dem zunehmenden Interesse an der Forschung mit humanbiologischem Material und der anschließenden kommerziellen Nutzung stellt sich die Frage nach dem rechtlichen Status der Personen, die dieses Material, z. B. für Biobanken, zur Verfügung stellen. Rechtswissenschaftlich ist das Verhältnis zwischen dem menschlichen Körper, abtrennbaren Körpermaterialien und der Person als ›Inhaber von Körpersubstanzen‹ noch wenig geklärt (vgl. Potthast et al. 2010; Taupitz 2007).

Für eine ethische Beurteilung der Verfügungsrechte über den eigenen Körper im Kontext biomedizinischer Tauschprozesse von Körperteilen und Körpersubstanzen ist in jedem Fall eine Differenzierung nach Körpersubstanzen, Eigentumstiteln, Tausch- und Handelsmodi notwendig, weil der Verkauf von Haaren etwas anderes ist als eine Leberteilspende. Dennoch lohnt es sich, die grundsätzliche Ambivalenz der Beurteilungen von Körperkommerzialisierung zwischen moralisch problematischer Grenzüberschreitung einerseits und dem Beharren auf ihrer zumindest prinzipiellen Erlaubtheit gerade unter den Bedingungen von Autonomie und ethischem Pluralismus andererseits zu beachten. Wer sich selbst als autonom sowie als Eigentümer des eigenen Körpers als Sache und *zugleich* diesen als technisch weitgehend manipulierbar versteht, ist eher bereit, diesen in eine ökonomische Zirkulation zu geben als jemand, der den Körper als zumindest weitgehend unverfügbaren Teil dieses autonomen Selbst versteht. Gleichwohl verbleibt die Verdinglichung des Körpers in fast jeder Hinsicht ein Prozess, in dem moralische Anfragen, Zweifel und Kritik nicht als Bedenkenträgertum und auch nicht als erratische Stimmen im Konzert des moralischen Pluralismus abzutun sind. Vielmehr gehören sie als notwendige Reflexionsperspektive individueller und gesellschaftlicher Dimension zwingend zur – kritischen – Prüfung jeder biotechnischen und kommerziellen Selbstgestaltung des Menschen in seiner unhintergehbaren Körperlichkeit.

Kommerzialisierung der nicht-menschlichen Natur

Die Behandlung der nicht-menschlichen Natur (s. Kap. II. 19) als Ressource gilt weitgehend als unstrittig. In ethischen Diskussionen ist allerdings die Frage, ob nicht auch Teilen dieser Natur darüber hinaus Eigen- oder Selbstwerte zukommen, was wiederum Einschränkungen der – auch kommerziellen –

Verfügbarkeit mit sich bringen würde. Die gesamte Tierrechts- und Tierschutzdebatte setzt hier an (s. Kap. III. 43), doch auch darüber hinaus werden die Implikationen einer direkten moralischen Berücksichtigung der Natur erörtert (Gorke 2010).

Damit verbunden, aber auf einer anderen Ebene angesiedelt, bewegt sich die Diskussion um die Monetarisierung sog. Ökosystemleistungen. Die Initiative *The Economics of Ecosystems and Biodiversity* (TEEB 2010) wurde ins Leben gerufen, um die Kosten des Verlustes von Biodiversität bzw. den Nutzen ihrer Erhaltung ökonomisch zu beziffern (s. Kap. III. 8). Mit Hilfe von Inwertsetzungen bestimmter Bestandteile der Biodiversität, wie z. B. dem Schutz der Kraniche im Kontext eines naturnahen Tourismus oder dem Schutz besonders artenreicher Lebensräume soll deutlich werden, dass die Erhaltung von Arten einen größeren Nutzen stiften kann als deren Ausrottung durch unterbliebene Schutzmaßnahmen. Ökonomische Bewertungen sind dabei methodisch stets an eine grenznutzenbezogene Betrachtung gebunden, wie z. B. in der konkreten Frage, ob es ökonomisch sinnvoll ist, eine bestimmte begrenzte Fläche Urwald in eine Viehweide oder eine Palmölplantage umzuwandeln. In der Folge von Arbeiten wie der von Costanza et al. (1997) werden sogar monetäre Gesamtwerte der globalen Biodiversität geschätzt, wobei allerdings aus methodischen Gründen solche Zahlen im besten Fall als politische Signale zu betrachten sind.

Generell besteht die Gefahr, dass höher bewertete Güter den Wert von Natur und Landschaft (s. Kap. III. 26) schlicht übertrumpfen. Ökonomisierung birgt ferner die Gefahr einer monetären Eindimensionalität der Betrachtung. Grenzen offenbaren sich auch bei den Versuchen, einen ›angemessenen‹ Geldwert für Natur als Heimat, für die Schönheiten der Natur sowie für spirituelle Einstellungen gegenüber der Natur festlegen zu wollen. Inwiefern also die nicht-menschliche Natur ökonomisiert und kommerzialisiert werden *kann*, ist ebenso strittig wie die Frage, wo die *moralischen* Grenzen solcher Versuche liegen.

Literatur

Ammicht Quinn, Regina: *Körper – Religion – Sexualität. Theologische Reflexionen zur Ethik der Geschlechter*. Mainz 1999.

Andrews, Lori B.: My body, my property. In: *The Hastings Center Report* 16 (1986), 28–38.

Böhme, Gernot: *Leibsein als Aufgabe. Leibphilosophie in pragmatischer Hinsicht*. Kusterdingen 2003.

Breyer, Friedrich: Möglichkeiten und Grenzen des Marktes im Gesundheitswesen: Das Transplantationsgesetz aus ökonomischer Sicht. In: *Zeitschrift für medizinische Ethik* 48 (2002), 111–123.

Costanza, Robert/d'Arge, Ralph/Groot, Rudolf de/Farberl, Stephen/Grasso, Monica/Hannon, Bruce/Limburg, Karin/Naeem, Shahid/O'Neill, Robert V./Paruelo, Jose/Raskin, Robert G./Sutton, Paul/Belt, Marjan van den: The value of the world's ecosystem services and natural capital. In: *Nature* 387 (1997), 253–260.

Deutscher Bundestag: *Entwurf eines Gesetzes zu dem Vertrag vom 29. Oktober 2004 über eine Verfassung für Europa*, Bundestagsdrucksache 15/4900. Berlin 2005. In: http://dip21.bundestag.de/dip21/btd/15/049/1504900.pdf (23. 10. 2013).

Fehling, Jochen: *Die Ethik des Value of a Statistical Life: Die Rolle individueller Risikokompetenz für die Legitimität des VSL*. Mering 2010.

Frith, Lucy: The NHS and market forces in healthcare: the need for organisational ethics. In: *Journal of Medical Ethics* 39/1 (2013), 17–21.

Gorke, Martin: *Eigenwert der Natur: Ethische Begründung und Konsequenzen*. Stuttgart 2010.

Herrmann, Beate: *Der menschliche Körper zwischen Vermarktung und Unverfügbarkeit. Grundlinien einer Ethik der Selbstverfügung*. Freiburg i. Br. 2011.

Hirsch, Joachim/Brüchert, Oliver/Krampe, Eva-Maria/Steinert, Heinz/Huckenbeck, Kirsten/Völker, Wolfgang: *Sozialpolitik anders gedacht: Soziale Infrastruktur*. Hamburg 2013.

Horkheimer, Max/Adorno, Theodor W.: *Dialektik der Aufklärung – Philosophische Fragmente* [1969]. Frankfurt a. M. 1988 (engl. 1944/47).

Kant, Immanuel: *Grundlegung zur Metaphysik der Sitten*. Akademie-Ausgabe. Bd. IV. Berlin 1907/14 a [=GMS].

Lettow, Susanne: *Bioökonomie: Die Lebenswissenschaften und die Bewirtschaftung der Körper*. Bielefeld 2012.

Marx, Karl: *Das Kapital. Kritik der politischen Ökonomie* [1868]. 1. Bd. Berlin 1962 (MEW Band 23).

Münch, Richard: *Akademischer Kapitalismus – Über die politische Ökonomie der Hochschulreform*. Frankfurt a. M. 2011.

Munzer, Stephen R.: Kant and property rights in body parts. In: *Canadian Journal of Law and Jurisprudence* VI/2 (1993), 319–341.

Ostrom, Ellinor: *Was mehr wird, wenn wir teilen – Vom gesellschaftlichen Wert der Gemeingüter*. München 2011.

Pawlenka, Claudia (Hg.): *Sportethik. Regeln – Fairness – Doping*. Paderborn 2004.

Plessner, Helmuth: *Die Stufen des Organischen und der Mensch. Einleitung in die philosophische Anthropologie* [1928]. Berlin/New York 1975.

Potthast, Thomas: Bioethik als inter- und transdisziplinäre Unternehmung. In: Cordula Brand/Eve-Marie Engels/Arianna Ferrari/László Kovács (Hg.): *Wie funktioniert Bioethik? Interdisziplinäre Entscheidungsfindung im Spannungsfeld von theoretischem Begründungsanspruch und praktischem Regelungsbedarf*. Paderborn 2008, 255–277.

-/Herrmann, Beate/Müller, Uta (Hg.): *Wem gehört der menschliche Körper? Ethische, rechtliche und soziale Aspekte der Kommerzialisierung des menschlichen Körpers und seiner Teile*. Paderborn 2010.

Schneider, Ingrid: Körper und Eigentum – Grenzverhandlungen zwischen Personen, Sachen und Subjekten. In: Ellen Kuhlmann/Regine Kollek (Hg.): *Konfiguration des Menschen. Biowissenschaften als Arena der Geschlechterpolitik*. Opladen 2002, 41–59.

Smith, Adam: *Wohlstand der Nationen* [1776/1778]. München 1999 (engl. 1776).

Steineck, Christian/Döring, Ole (Hg.): *Kultur und Bioethik. Eigentum am eigenen Körper*. Baden-Baden 2008.

Strech, Daniel/Hirschberg Irene/Marckmann, Georg (Hg.): *Ethics in Public Health and Health Policy. Concepts, Methods, Case Studies*. Dordrecht 2013.

Taupitz, Jochen (Hg.): *Kommerzialisierung des menschlichen Körpers*. Berlin 2007.

TEEB: *The Economics of Ecosystems and Biodiversity*. 2010. In: http://www.teebweb.org/ (23.10.2013).

UN – United Nations/Vereinte Nationen: *Allgemeine Erklärung der Menschenrechte*. Resolution 217 A (III) der Generalversammlung vom 10. Dezember 1948, New York. In: http://www.un.org/depts/german/grunddok/ar217a3.html (23.10.2013).

Veatch, Robert M.: Why liberals should accept financial incentives for organ procurement. In: *Kennedy Institute of Ethics Journal* 13/1 (2003), 19–36.

WHO – World Health Organization: *WHO Guiding principles on human cell, tissue and organ transplantation*. Genf 2010. In: http://www.who.int/transplantation/Guiding_PrinciplesTransplantation_WHA63.22en.pdf (23.10.2013).

Wolf, Ursula: *Die Philosophie und die Frage nach dem guten Leben*. Reinbek bei Hamburg 1999.

Thomas Potthast

13 Konsens

Eines der zentralen Anliegen, das Beratungsprozesse in Ethikkommissionen und Ethikräten (s. Kap. IV. 4, Kap. IV. 5) motiviert, besteht darin, eine möglichst weitgehende Einigung über ethische und rechtliche Grundsätze zur Regelung strittiger Materien zu erzielen sowie in Form politischer und rechtlicher Empfehlungen intersubjektiv geteilte normative Vorgaben zu formulieren, die auf einer anwendungsbezogenen Ebene konkrete Orientierung bieten. Anlass für dieses Streben nach Konsensbildung ist neben der Bemühung um die Befriedung ethischer Kontroversen eine gesellschaftsweit spürbare normative Unsicherheit, die insbesondere durch ungeklärte Fragen des moralisch zulässigen und verantwortlichen Umgangs mit innovativen medizinisch-biologischen Technologien entsteht. Beispiele für umstrittene Problemfelder, die diese Unsicherheit erzeugen und konfligierende ethische Positionierungen auf den Plan rufen, sind etwa die Bereiche der Stammzellforschung (s. Kap. III. 39), der synthetischen Biologie (s. Kap. III. 42), des Neuroenhancements (s. Kap. III. 13), der Präimplantationsdiagnostik (s. Kap. III. 5) oder der Euthanasie (s. Kap. III. 40), aber auch Kontroversen um die gerechte Allokation kostenintensiver medizinischer Ressourcen (s. Kap. III. 18), die der Lebenserhaltung oder Langzeitpflege dienen.

Das Ziel der Konsensbildung wirft die Frage auf, welche spezifische Form der intersubjektiven Übereinkunft unter dem erstrebten Einverständnis genau zu verstehen ist und welcher Status der konsensuellen Verständigung aus normativer und erkenntnistheoretischer Sicht zukommt. Als philosophische Kategorie ist der Begriff des Konsenses seit der Antike im abendländischen Denken beheimatet, wenngleich mit durchaus konträrer Akzentuierung. Während Platon in der *Politeia* (479 d–480 a) den Konsens der Vielen dem Bereich der bloßen Meinung zuordnet, dem der des genuinen Wissens philosophischer Experten entgegensteht, schreibt Aristoteles in der *Nikomachischen Ethik* (1172b35–1173 a) vorgefundenen Formen der prädiskursiven Übereinstimmung zumindest im Rahmen der ethischen Orientierung eine gewisse Autorität zu (vgl. Oehler 1961; Fuchs 2006, 30). Diese Divergenz verweist bereits darauf, dass die philosophische Analyse die Rolle von Konsensen in unterschiedlichen Diskursbereichen gegebenenfalls unterschiedlich zu bewerten hat.

Darüber hinaus ist es erforderlich, unterschiedliche Arten von Konsensen klar voneinander abzuheben. Von zentraler Bedeutung ist die häufig getroffene Unterscheidung zwischen einem bloß *faktischen* Konsens und einem *rationalen* Konsens. Während sich ein faktischer Konsens in der vorhandenen Übereinstimmung von Meinungen und Hintergrundüberzeugungen erschöpft, handelt es sich bei einem rationalen Konsens stets um das Ergebnis einer an Gründen orientierten Erkenntnisbemühung. Einem in normativer Hinsicht besonders anspruchsvollen Begriffsverständnis zufolge muss das auf Gründe gestützte Verfahren der Konsensbildung dabei zusätzlich strengen prozeduralen Standards genügen, die den vernünftigen Zuschnitt des Ergebnisses gewährleisten. Fernerhin gilt es, rationale Konsense, bei denen die Beteiligten, indem sie jeweils *monologische* Verfahren der Begründung durchlaufen, zu einer im Ergebnis gleichen Überzeugung gelangen, von *dialogischen* Formen der Konsensbildung zu unterscheiden, bei denen die Beteiligten sich im Rahmen eines miteinander geführten Diskurses gemeinsam von einer Auffassung überzeugen und diese Überzeugung somit auf *intersubjektiv geteilte* Gründe stützen. Wichtig ist ferner, nicht zuletzt mit Blick auf die kritische Evaluation der Ergebnisse bioethischer Beratungsgremien, die Unterscheidung zwischen bloßen *Formel-Konsensen*, die auf nur partiell geteilten Begriffsverständnissen basieren, und *semantisch tiefen Konsensen*, bei denen die Beteiligten nicht nur an der sprachlichen Oberfläche dieselben Überzeugungen, sondern darüber hinaus auch dieselben sprachlichen Ausdrucksverständnisse teilen, in deren Licht diese Überzeugungen sowie die ihnen zugrundeliegenden geteilten Überlegungen formuliert sind. Nur in letzterem Fall werden auch die daraus gezogenen praktischen Konsequenzen auf lange Sicht auf geteilte Zustimmung stoßen.

Konsens und Wahrheitsgeltung

Philosophisch strittig ist insbesondere die begriffliche Rolle von Konsensen innerhalb der Teildisziplin der Wahrheits- und Erkenntnistheorie. Unter der Voraussetzung, dass sich auch ethische Diskurse als wahrheitsfähig betrachten lassen, betrifft dieser Streit allerdings in seinen Konsequenzen nicht allein die theoretische, sondern ebenso auch die praktische Philosophie und die angewandte Ethik.

Für eine starke interne Verknüpfung von Wahrheitsgeltung und Konsens plädiert die sogenannte Konsenstheorie der Wahrheit. Sie wurde von Jürgen Habermas und Karl-Otto Apel in Übereinstimmung mit ähnlich lautenden Analysen des Erlanger und Konstanzer Konstruktivismus (vgl. Kamlah/Lorenzen 1973, 118 ff.) sowie im Anschluss an gedankliche Motive der semiotischen Philosophie von Charles S. Peirce als Alternative zur klassischen Korrespondenztheorie der Wahrheit ausgearbeitet. In der Abhandlung »Wahrheitstheorien« aus dem Jahr 1972 vertritt Habermas die These, dass der Umstand, dass sich über eine Aussage ein qualifizierter Konsens erzielen lässt, als hinreichende Bedingung für die Wahrheit dieser Aussage anzusehen ist (Habermas 1984, 136 f.) und folglich in einem logisch starken Sinne als Wahrheitskriterium dienen kann (ebd., 160): Die behauptete »Wahrheit einer Proposition meint das Versprechen, einen vernünftigen Konsens über das Gesagte zu erzielen« (ebd., 137). Entscheidend ist in diesem Zusammenhang die Qualifikation des betreffenden Konsenses: Nicht ein beliebiger *faktischer* Konsens, sondern allein ein hypothetisch vorgestelltes *rationales* Einverständnis kann danach als wahrheitsverbürgende Instanz gelten. Unter welchen Bedingungen ein Konsens das Prädikat »rational« verdient, wird anhand des hypothetischen Konstrukts einer »idealen Sprechsituation« erläutert. Hierbei handelt es sich um eine vom Handlungsdruck entlastete, herrschaftsfreie Kommunikationssituation, die allen Beteiligten die Gelegenheit bietet, frei von äußerem oder innerem Zwang sowie in gleichberechtigter Manier Argumente und Kritik auszutauschen und zu prüfen (ebd., 177 f.). Die sprachphilosophische These lautet, dass wir diese idealisierten Kommunikationsverhältnisse in unserer wahrheitsorientierten Rede jederzeit *kontrafaktisch* antizipieren (ebd., 180 ff.). Jedem faktisch erhobenen Wahrheitsanspruch ist demnach die konditionale Unterstellung inkorporiert, dass sich über seine Berechtigung unter den Bedingungen einer idealen Sprechsituation ein rationaler Konsens erzielen *ließe*.

Diese konzeptuelle Engführung von Wahrheit und rationalem Konsens sieht sich mit einer Vielzahl von Schwierigkeiten konfrontiert. Ein tendenzielles Zirkularitätsproblem besteht darin, dass der qualifizierte Konsens nur dann tatsächlich die Wahrheit einer Aussage zu garantieren vermag, wenn zu den unterstellten Idealisierungen auch die unbeeinträchtigte kognitive Kompetenz der Dialogpartner zählt. Diese ist jedoch ihrerseits kaum anders als durch die verlässliche Fähigkeit definierbar, wahre Aussagen von Irrtümern zu unterscheiden. Umgehen lässt sich diese Schwierigkeit auch nicht bei Zugrundelegung der von Apel vertretenen, von Peirces Konzept der *ultimate opinion* inspirierten Variante der Konsenstheorie, wonach die Wahrheitsgeltung einer Aussage sich daran bemisst, ob sie innerhalb einer raumzeitlich entgrenzten idealen Interpretations- und Kommunikationsgemeinschaft bis ans Ende aller Zeiten Bestand hat (Apel 1987, 142 f.). Beiden Versionen haftet darüber hinaus das Problem an, dass sie Wahrheit epistemisch deuten und damit der realistischen Intuition zuwiderlaufen, die der Verwendung des Wahrheitsprädikats gewöhnlich anhaftet. Dieser Intuition zufolge, die Habermas mittlerweile zur Preisgabe der Konsenstheorie veranlasst hat (Habermas 1999, 15 f., 48–53, 284 f, 288), hängt die Wahrheit einer Aussage mindestens *auch* von der Welt sprach*unabhängiger* Tatsachen und Objekte ab und nicht allein von der rein sprach*internen* Konstellation möglicher intersubjektiver Konsense.

Nicht in vollem Umfang betroffen von diesen begrifflichen Schwierigkeiten ist das Postulat einer *schwächeren* grammatischen Verknüpfung von Wahrheit und universeller Konsensfähigkeit, dem man in den Texten einiger Autoren begegnet (vgl. Kambartel 1997, 176–179). Danach handelt es sich bei der unterstellten Möglichkeit, dass eine behauptete Aussage unter geeigneten Bedingungen auf die Zustimmung aller anderen rationalen Sprecher stoßen kann, lediglich um eine begrifflich *notwendige* Bedingung für deren Wahrheit, die intersubjektive Billigung dient jedoch nicht zugleich als logisch *hinreichendes* Wahrheitskriterium. Insbesondere lässt sich eine bloß *notwendige* Verknüpfung des beschriebenen Typs für elementare Wahrnehmungsurteile behaupten, für die gilt, dass ihr *intersubjektiv interpretierbarer Bedeutungsgehalt* begrifflich nicht grundsätzlich von ihrer *zutreffenden* situativen Verwendung durch die jeweiligen Sprecher ablösbar ist (Knell 1998, 574–576). Darüber hinaus bleibt festzuhalten, dass die zuvor erwähnten Einwände natürlich nicht gegen die grundsätzliche Rationalität der Praxis sprechen, die aus freien Stücken erfolgende Zustimmung eines kritikfähigen Publikums mindestens als *heuristisches* Indiz für das Zutreffen einer eigenen Behauptung oder für die Triftigkeit der ihr zugrundeliegenden epistemischen Rechtfertigung aufzufassen.

Konsens in ethischen Diskursen

Die realistische Intuition, die sich gegen die starke Variante der Konsenstheorie der Wahrheit richtet, betrifft in erster Linie den Diskursbereich der empirischen Wissenschaften. In diesem Bereich mutet die unterstellte Determination der Wahrheitswerte unserer Aussagen durch die außersprachliche Wirklichkeit besonders naheliegend an. Sofern jedoch auch *ethische* Diskurse, die nicht von deskriptiv-empirischen, sondern von normativen Sachverhalten handeln, als *wahrheitsfähig* betrachtet werden, mag mit Blick auf sie ein alternatives Wahrheitsverständnis adäquat erscheinen, das einen stärker antirealistischen Zuschnitt besitzt. Wer den Standpunkt des moralischen Realismus ablehnt, wonach moralische Urteile von diskurstranszendenten moralischen Tatsachen wahrgemacht werden, besitzt daher im Prinzip die Option, eine Spielart der Konsenstheorie der Wahrheit zu vertreten, deren Reichweite sich auf den spezifischen Bereich der Ethik beschränkt. Gemäß einer solchen Theorie wird die Wahrheitsgeltung moralischer Urteile durch das wie immer näher zu qualifizierende rationale Einverständnis der Urteilenden nicht nur *indiziert*, sondern *konstituiert*.

Eine systematische Alternative hierzu, die auf eine diskursspezifische Ausdifferenzierung des Wahrheitsbegriffs verzichtet, besteht in der von Habermas vorgeschlagenen Diversifikation der Geltungsansprüche. Für moralische Aufforderungen und Normen erheben wir, so Habermas, anders als für deskriptive Aussagen, keinen *Wahrheits*anspruch sondern vielmehr einen wahrheitsanalogen Geltungsanspruch auf *normative Richtigkeit* (Habermas 1984, 144, 147 f., 157; ders. 1999, 271–318). Ob eine ethische Norm diese spezifische Form der Gültigkeit besitzt, bemisst sich dabei ebenfalls an der Möglichkeit des rationalen Einverständnisses. Der oberste Grundsatz der sogenannten ›Diskursethik‹ besagt, dass nur solche Normen Gültigkeit besitzen, über die von ihrer allgemeinen Befolgung Betroffenen im Rahmen eines praktischen Diskurses ein Einverständnis erzielen könnten (Habermas 1983, 76; ders. 1991, 12). Dieses Einverständnis ist als rationaler Konsens an idealisierende Voraussetzungen gebunden, die den Idealisierungen der weiter oben betrachteten idealen Sprechsituation entsprechen (Habermas 1983, 98 ff.). Im Rahmen so verstandener praktischer Diskurse gelangt ferner ein Universalisierungsgrundsatz zur Anwendung, der die Rolle einer formalen Argumentationsregel übernimmt. Er sieht vor, dass eine Norm, deren Berechtigung auf dem Prüfstand steht, nur dann Gültigkeit beanspruchen kann, wenn »die Folgen und Nebenfolgen, die sich aus der *allgemeinen* Befolgung der strittigen Norm für die Befriedigung der Interessen eines *jeden Einzelnen* voraussichtlich ergeben, von allen *zwanglos* akzeptiert werden können« (Habermas 1983,

103). Dieser Universalisierungsgrundsatz verlangt den kritischen Abgleich der jeweiligen Norm mit den Interessen aller Beteiligten in Form einer generalisierten Perspektivenübernahme. Auf diese Weise bietet er eine konkrete Operationalisierung des Prinzips ethischer Unparteilichkeit (Habermas 1991, 153 f.).

Indem die Diskursethik die Sollgeltung moralischer Normen lediglich an das rationale Einverständnis der von ihrer Befolgung *Betroffenen* bindet, begrenzt sie den Kreis der Diskursteilnehmer immerhin so weit, dass dies der Durchführbarkeit entsprechender Diskurse entgegenkommt. Gleichwohl bilden die idealisierten Kommunikationsbedingungen eine Hürde, die den Verdacht auf sich zieht, für Zwecke der praktischen Entscheidungsfindung im Kontext realer Verständigungsverhältnisse sei das Konsenskriterium letztlich unbrauchbar (Wellmer 1986, 63 ff.). Ein weiterer Einwand lautet, das Diskursprinzip grenze nicht-menschliche Lebewesen aus dem Universum der moralischen Berücksichtigung aus (Krebs 1997), wobei dieses Problem ebenso menschliche Säuglinge, geistig Schwerstbehinderte oder Demenzkranke betrifft, denen die Fähigkeit fehlt, an praktischen Diskursen teilzunehmen. Habermas hat diese Schwäche im Fall der Tierethik eingeräumt und durch das ergänzende Postulat moralanaloger Verpflichtungen gegenüber nicht-menschlichen Lebewesen zu beheben versucht (Habermas 1997).

Eine grundsätzliche Alternative zu einem geltungstheoretisch signifikanten Konsens in ethischen Fragen bildet das von John Rawls favorisierte Modell des übergreifenden bzw. »überlappenden« Konsenses (*overlapping consensus*) (Rawls 1992). Dieser besteht in einer Form des begründeten Einverständnisses, bei dem die Beteiligten jeder für sich mit guten Gründen einer normativen Orientierung zustimmen, ohne dass es sich dabei jeweils um dieselben Gründe handeln muss (ebd., 306 f.). Nach diesem Muster lässt sich innerhalb moderner pluralistischer Gesellschaften auf der Basis divergierender weltanschaulicher Hintergrundannahmen de facto Einigkeit über Grundprinzipien der politischen Ordnung oder des gerechten Zusammenlebens herstellen, ohne dass dieser Konsens eine *gemeinsam gewonnene Einsicht* zum Ausdruck bringt. Das jeweils durchlaufene Begründungsverfahren bleibt dabei vielmehr monologisch. Zudem kann ein dergestalt überlappender Konsens in pluralistischen Gesellschaften die *funktionale* Rolle der Stabilisierung sowie gegebenenfalls der demokratischen Legitimierung der politischen Ordnung übernehmen, ohne dass ihm zugleich die *geltungstheoretische* Relevanz zugedacht wird, für die moralische Validität einer Norm als Kriterium zu dienen (ebd., 316).

Rationaler Konsens versus Kompromiss

Von Formen des praktischen Konsenses, die auf einer – sei es je individuell ausgeformten, sei es gemeinsam gewonnenen – *Einsicht* basieren, sind Einverständnisse zu unterscheiden, die den Charakter einer bloßen *Einigung* in Gestalt einer Kompromissbildung haben. In solchen Fällen ist der Ausgangspunkt eine Verhandlungssituation, in der sich Individuen mit unterschiedlichen Interessen, Machtpositionen oder Sanktionspotenzialen gegenüberstehen und aufeinander zu bewegen. Eine unter solchen Bedingungen erzielte Einigung kann, ebenso wie ein praktischer Diskurs oder ein überlappender Konsens, rechtlich verbindliche normative Vorgaben in Kraft setzen. Auf was die Beteiligten sich einigen, spiegelt jedoch nicht wider, was aus Sicht aller oder jedes Einzelnen die richtige oder in moralischer Hinsicht rational akzeptable Lösung ist, sondern hängt vielmehr davon ab, wessen Partikularinteressen in der gegebenen Verhandlungssituation am erfolgreichsten durchsetzbar sind und was dem jeweiligen Eigeninteresse der Verhandlungsteilnehmer unter den gegebenen Machtverhältnissen am stärksten entgegenkommt. Im Fall eines *fairen* Kompromisses kommen dabei die Interessen aller Beteiligten gleichermaßen weitgehend zum Zuge. Ein bloßes Verhandlungsergebnis lässt sich, ebenso wie das Resultat einer einsichtsbasierten Konsensfindung, als eine *gemeinsame Willensbildung* beschreiben. Es unterscheidet sich jedoch von jener Form der Willensbildung, die auf einer gemeinsamen *Einsicht* beruht, dadurch, dass die Beteiligten wechselseitige Konzessionen machen, indem sie jeweils Abstriche von dem hinnehmen, was sie *eigentlich* wollen (Düwell 2011, 416 f.). Im Gegensatz hierzu bringt eine Norm, die auf einer geteilten, im Rahmen eines praktischen Diskurses gewonnenen Einsicht basiert, einen gemeinsamen Willen zum Ausdruck, der dem entspricht, was alle Beteiligten am Ende *tatsächlich* wollen. Darüber hinaus unterscheidet sich die im Fall einer Einigung gegebene Zustimmung von einer einsichtsbasierten Zustimmung begrifflich dahingehend, dass man zwar in einem Verhandlungsprozess, nicht jedoch bei der Gewinnung einer rationalen Einsicht durch andere *vertreten* werden kann.

Konsensbildung in der Bioethik

Für die Konsensbildung in bioethischen Beratungen, wie sie in nationalen und internationalen Ethikkommissionen, Ethikräten oder auch Begutachtungskommissionen (s. Kap. IV. 6) stattfinden, bieten sich nach dem bisher Gesagten grundsätzlich drei Modelle an: Das Verhandlungs- und Kompromissbildungsmodell, das des überlappenden Konsenses und das der gemeinsamen Einsicht. Sofern diese Beratungen allerdings einen kognitiven Anspruch erheben – was unter anderem darin zum Ausdruck kommt, dass die Beteiligten in den entsprechenden Gremien oftmals den Status von Experten genießen –, scheidet ein reines Verhandlungsmodell, das auf einen bloßen Interessenausgleich abzielt, offenkundig aus. Dies bedeutet freilich nicht, dass an bioethischen Beratungen nicht sinnvoll auch sogenannte *stakeholder* beteiligt werden können. Denn schließlich sieht beispielsweise auch das diskursethische Modell der rationalen Konsensbildung vor, dass eine gültige Norm sich an der angemessenen Berücksichtigung sämtlicher relevanter *Interessen* (s. Kap. II. 11) bemisst. Zum Zweck der unverzerrten *Identifikation* dieser Interessen macht die Beteiligung ihrer Träger am Diskurs daher durchaus Sinn. Dessen Prozedere dient dann jedoch der Erkenntnisgewinnung und nicht der voluntativen Kompromissbildung. Ungeachtet dessen gilt natürlich, dass dort, wo es nicht um die Formulierung eines kognitiv gehaltvollen *Beratungs*ergebnisses, sondern um das Fällen einer politischen *Entscheidung* angesichts verbleibender Dissense geht, auch genuine Verfahren der Kompromissbildung legitimerweise zur Anwendung gelangen können (Fuchs 2006, 14 f.).

Welche Art von kognitiv gehaltvollem Konsens ein sinnvolles Ziel der ethischen Beratung darstellt, hängt nicht zuletzt davon ab, ob diese eher auf die gemeinsame Etablierung moralischer *Grundprinzipien* zur Regelung anwendungsbezogener Materien abzielt oder sich ihrerseits bereits auf der Ebene der Klärung konkreter *Anwendungsfälle* bewegt. Sofern etwa über elementare Grundprinzipien der bio- und medizinethischen Orientierung zwischen den beratenden Experten – bzw. zwischen den Repräsentanten unterschiedlicher gesellschaftlicher Gruppen – de facto bereits Einigkeit herrscht, lässt sich auf deren Basis über konkrete Entscheidungsfragen im Prinzip ein Konsens erzielen, der den Charakter einer gemeinsamen, von identischen Gründen getragenen Einsicht hat. Obgleich die tatsächlichen Beratungsergebnisse von Ethikkommissionen und Ethikräten oftmals unaufgelöste Dissense enthalten (Fuchs 2006, 13 f., 144.), für deren praktische Bewältigung eine Vielzahl unterschiedlicher Prozeduren zur Verfügung steht (ebd., 32–37), erscheint es daher nicht von vornherein unsinnig, an einem entsprechenden Ziel der bioethischen Beratung mindestens als Idealvorgabe festzuhalten. Die von Tom L. Beauchamp und James F. Childress vorgeschlagenen vier Grundprinzipien der Autonomie, Schadensvermeidung, Benefizienz, und Gerechtigkeit, die auf einer mittleren Ebene der ethischen Reflexionstiefe angesiedelt sind, mögen dabei geeignete Kandidaten für eine Prämissenbasis sein, von der ausgehend sich geteilte bioethische Einsichten gewinnen lassen (Beauchamp/Childress 2013).

Einschränkend ist allerdings hinzuzufügen, dass angesichts der aus pragmatischen Gründen begrenzten Inklusionsfähigkeit bioethischer Gremien sowie angesichts der Limitierung der Ressource Zeit die prozedurale Institutionalisierung herrschaftsfreier, fairer und erkenntnisfördernder Kommunikationsbedingungen sich der Erfüllung jener Kriterien, die die weiter oben erörterte Diskursethik für die Rationalität ethischer Konsense formuliert, bestenfalls unvollkommen annähern kann. Zudem bilden auch Hintergrundkonsense über ethische Grundprinzipien keine verlässliche Basis für mögliche geteilte Einsichten auf der Anwendungsebene. Denn ethische Dissense können selbst bei einhelliger Beurteilung sämtlicher relevanter Tatsachenfragen unter anderem dadurch entstehen, dass diese grundlegenden Prinzipien dort, wo ihre jeweilige konkrete Befolgung in Konflikt miteinander gerät, unterschiedlich gewichtet werden (Beauchamp/Childress 2013, 24). Die übereinstimmende Akzeptanz der fraglichen Prinzipien allein schließt jedoch noch keinen einvernehmlichen Modus ihrer jeweiligen Gewichtung im konkreten Fall mit ein.

Was den Konsens über die Gültigkeit der ethischen Grundprinzipien selbst betrifft, so mutet für seine gegebenenfalls erforderliche Sicherstellung das Modell der gemeinsamen Einsicht von vornherein weniger erfolgsversprechend an als für die intendierte Verständigung innerhalb von ethischen Beratungen, die auf der biomedizinischen Anwendungsebene angesiedelt sind. Viel eher bietet sich in diesem Fall das Modell des überlappenden Konsenses an. Denn die tatsächliche Zustimmung zu ethischen Grundnormen, die die Verwirklichung von Gerechtigkeit, Autonomie und anderen fundamentalen Werten vorschreiben, erfolgt oftmals vor dem Hintergrund divergierender Weltanschauungen und Hintergrundüberzeugungen: Entsprechende Grundwerte finden sich in ähnlicher Ausprägung als Glaubensinhalte unterschiedlicher Religionen, lassen sich aber auch auf der Basis unterschiedlicher Ansätze der zeitgenössischen philosophischen Ethik ableiten, zu denen u. a. kantianische, utilitaristische und neoaristotelische Strömungen zählen. Spätestens dort, wo ein interkultureller bioethischer Konsens im globalen Maßstab gesucht wird, dürfte das Modell des überlappenden Konsenses daher den einzig gangbaren Weg darstellen. Über bestimmte ethische Prinzipien freilich, wie etwa das der größtmöglichen Gewährleistung individualistisch verstandener Autonomie, das vor allem innerhalb der liberalen abendländischen Denktradition beheimatet ist, wird sich im globalen Diskurs selbst in diesem schwachen Sinne nur schwer ein hinreichend tragfähiger Konsens herstellen lassen (vgl. Fan 2006). Insgesamt stellt die Möglichkeit kulturübergreifender bioethischer Konsense (s. Kap. IV. 8) in der aktuellen Debatte daher ein offenes Problemfeld dar (vgl. Biller-Andorno et al. 2008) und wird zuweilen sogar kategorisch bestritten (Engelhardt 2006).

Bei allen betrachteten Modi der bioethischen Konsensbildung droht angesichts der tendenziellen Differenz der Vokabulare, von dem unterschiedliche Expertenkulturen sowie unterschiedliche gesellschaftliche und kulturelle Gruppen Gebrauch machen, zudem die ständige Gefahr, dass ein Konsens semantisch nicht weit genug in die Tiefe reicht, um Divergenzen in den konkreten praktischen Konsequenzen der vereinbarten Regelungen auszuschließen. In solchen Fällen beschränkt sich das Einverständnis auf einen problematischen Formel-Konsens, der an der Oberfläche der Sprache verbleibt (vgl. Engelhardt 2006, 3 f.) Diese Gefahr ist naturgemäß umso größer, je weiter der intendierte Konsens in interkulturelle Dimensionen ausgreift. Berücksichtigt man ferner den holistischen Zusammenhang von sprachlichem Sinnverstehen und praktischer Lebensform, könnte dies letztlich bedeuten, dass eine rationale bioethische Konsensbildung, sofern sie im globalen Maßstab erfolgen soll, bis zu einem gewissen Grade die globale Gemeinsamkeit der praktischen Lebensverhältnisse zur Voraussetzung hat (vgl. Kambartel 1997, 175, 183–185).

Literatur

Apel, Karl-Otto: Fallibilismus, Konsenstheorie der Wahrheit und Letztbegründung. In: Forum für Philosophie Bad Homburg (Hg.): *Philosophie und Begründung*. Frankfurt a. M. 1987, 116–211.

Aristoteles: *Nikomachische Ethik*. Eingel. und übertr. von Olof Gigon. Zürich 1951.

Beauchamp Tom L./Childress, James F.: *Principles of Biomedical Ethics*. New York [7]2013.

Biller-Andorno, Nikola/Schaber, Peter/Schulz-Baldes, Annette (Hg.): *Gibt es eine universale Bioethik?* Paderborn 2008.

Düwell, Marcus: Kompromiss. In: Ders./Christoph Hübental/Micha A. Werner (Hg.): *Handbuch Ethik*. Stuttgart/Weimar [3]2011, 415–420.

Engelhardt Jr., Herman Tristram: Global bioethics: An introduction to the collapse of consensus. In: Ders. (Hg.): *Global Bioethics. The Collapse of Consensus*. Salem Mass. 2006, 1–17.

Fan, Ruiping: Bioethics: Globalization, communitization, or localization? In: Engelhardt Jr. 2006, 271–299.

Fuchs, Michael: *Widerstreit und Kompromiß. Wege des Umgangs mit moralischem Dissens in bioethischen Beratungsgremien und Foren der Urteilsbildung*. Bonn 2006.

Habermas, Jürgen: Diskursethik – Notizen zu einem Begründungsprogramm. In: Ders.: *Moralbewusstsein und kommunikatives Handeln*. Frankfurt a. M. 1983, 53–125.

–: Wahrheitstheorien. In: Ders.: *Vorstudien und Ergänzungen zur Theorie des kommunikativen Handelns*. Frankfurt a. M. 1984, 127–183.

–: *Erläuterungen zur Diskursethik*. Frankfurt a. M. 1991.

–: Die Herausforderung der ökologischen Ethik für eine anthropozentrisch ansetzende Konzeption. In: Angelika Krebs (Hg.): *Naturethik. Grundtexte der gegenwärtigen tier- und ökoethischen Diskussion*. Frankfurt a. M. 1997, 92–99.

–: *Wahrheit und Rechtfertigung. Philosophische Aufsätze*. Frankfurt a. M. 1999.

Kambartel, Friedrich: Wahrheit und Vernunft. In: Christoph Hubig (Hg.): *Cognitio humana – Dynamik des Wissens und der Werte. XVII. Deutscher Kongreß für Philosophie, Leipzig 23. -27. September 1996. Vorträge und Kolloquien*. Berlin 1997, 175–185.

Kamlah, Wilhelm/Lorenzen, Paul: *Logische Propädeutik. Vorschule des vernünftigen Redens*. Mannheim/Wien/Zürich 1973.

Knell, Sebastian: Dreifache Kontexttranszendenz. Variationen über ein universalistisches Motiv. In: *Deutsche Zeitschrift für Philosophie* 46 (1998), 563–580.

Krebs, Angelika: Discourse ethics and nature. In: *Environmental Values* 6 (1997), 269–279.

Platon: *Der Staat/Politeia*. Übers. und hg. von Karl Vretska. Stuttgart 2001.

Oehler, Klaus: Der Consensus omnium als Kriterium der Wahrheit in der antiken Philosophie und Patristik. In: *Antike und Abendland* 10 (1961), 103–129.

Rawls, John (1992): Der Gedanke eines übergreifenden Konsenses. In: Ders.: *Die Idee des politischen Liberalismus. Aufsätze 1978-1989*. Frankfurt a. M. 1992, 293–332.

Wellmer, Albrecht: *Ethik und Dialog. Elemente des moralischen Urteils bei Kant und in der Diskursethik*. Frankfurt a. M. 1986.

Sebastian Knell

14 Krankheit

Unter ›Krankheiten‹ versteht man *dysfunktionale Zustände der physischen und psychischen Natur des Menschen*, die der Betroffene als Störung seines Wohlbefindens empfindet, und zwar als eine solche, die ihn abhängig vom Schweregrad veranlasst, um therapeutische Hilfe nachzusuchen. Diese Zustände sind häufig mit *empirisch* erhebbaren Parametern korreliert, mit denen sie aber keineswegs identisch sind. Vielmehr kommt dem Krankheitsbegriff eine gewichtige *subjektbezogene* Bedeutung zu, die selbst wiederum in einem *gesellschaftlichen* Kontext verortet ist, der sowohl die Interpretation eines Zustands als Krankheit als auch die *Rolle* betrifft, die Kranke in der Gesellschaft einnehmen. Je nachdem, welchen der Aspekte des Krankheitsgeschehens man besonders betont, gelangt man zu unterschiedlichen Auffassungen darüber, was man näherhin unter ›Krankheit‹ verstehen kann. Diese reichen von naturalistischen Auffassungen, die Krankheiten als rein *biologische Dysfunktionen* darstellen, bis hin zu Positionen, die unter Krankheiten lediglich *gesellschaftliche Konstrukte* verstehen, die Modeerscheinungen oder ideologischen Einflüssen unterliegen. Reduktionen auf nur eine dieser Dimensionen lassen entsprechende Krankheitsverständnisse als unterbestimmt erscheinen. Gleichwohl müssen die einzelnen Aspekte innerhalb der Konstitutionsverhältnisse des Krankheitsbegriffs als ungleichgewichtig betrachtet werden.

Konstitutionsverhältnisse

Die Einschätzung der Konstitutionsverhältnisse beim Krankheitsbegriff ist nicht nur von theoretischem Interesse für unser Verständnis von Begriffsbildung und Begriffsgebrauch, vielmehr hat sie *praktische Konsequenzen* innerhalb unserer Lebenswelt. Die Zuordnung von dysfunktionalen Zuständen zum Krankheitsbegriff in Abgrenzung zu anderen Dysfunktionen entscheidet darüber, ob Behandlungen als Versicherungsleistungen anerkannt werden können oder etwa darüber, ob Gründe für eine Berufsunfähigkeit vorliegen. Aber darüber hinaus sind diese Zustände ganz wesentlich Auslöser von Auseinandersetzungen mit sich selbst und dienen der Ausbildung eines gelungenen Selbst- und Körperverhältnisses. Gerade dann, wenn der Körper nicht mehr wunschgemäß funktioniert, wird man seines Körperseins in einer Weise gewahr, wie es im Zustand der Gesundheit nicht der Fall ist.

Diese praktisch-normative Dimension des Krankheitsbegriffs tritt besonders dann hervor, wenn sich aus der Zuordnung von dysfunktionalen Zuständen zum Krankheitsbegriff unmittelbare Handlungsoptionen ergeben, die sich nicht einfach auf eine Kapitelerweiterung medizinischer Lehrbücher beschränken, sondern zu persönlichen und gesellschaftlichen Veränderungen führen. Denn diese Seite des Krankheitsbegriffs reflektiert nicht nur medizinische Fortentwicklungen, sondern auch normative Einstellungen in Wissenschaft und Gesellschaft. So hat etwa die immer wieder modifizierte Einordnung des Zustands der Trauer im Klassifikationssystem des *Diagnostischen und Statistischen Handbuchs Psychischer Störungen* (DSM) stets für Diskussionen gesorgt, denn es versteht sich nicht von selbst, Trauer mit Krankheit in Verbindung zu bringen. Wenngleich sich eine langfristige Trauerreaktion durchaus in Form einer Depression manifestieren kann, ist die Trauer selbst, für gewöhnlich nicht als Krankheit einzustufen. Sie kennzeichnet vielmehr eine *gesunde* und *normale* Reaktion auf eine Verlusterfahrung ohne einen Krankheitswert, wenngleich Trauer mit einem Leidensdruck verbunden ist, der symptomatischen Krankheitszuständen gleichen kann. Im DSM-IV (1994/rev. 2000) wird Trauer bereits der Kategorie »weitere klinisch relevante Probleme« zugeordnet (V 62.82). Wenn noch zwei Monate nach dem Verlust eines Menschen Symptome wie Schuldgefühle oder intensive Beschäftigung mit Gefühlen von Wertlosigkeit vorhanden sind oder auch der Betreffende in seinen Funktionen erheblich beeinträchtigt ist, gar halluzinatorische Erlebnisse hat, dann schlägt das DSM-IV die Diagnose der »Major Depression« (296.2 x) vor (Kersting et al. 2001). Doch nach der aktuellen Auflage, dem DSM-5 (2013), kann – bei hinzutretenden einer Reihe von Symptomen wie etwa Antriebslosigkeit, Schlafstörungen, Appetitstörungen, Konzentrationsmangel oder Ängstlichkeit – bereits eine mehr als zwei Wochen andauernde Trauer als eine behandlungsbedürftige Krankheit dem Zustand der Depression zugeordnet werden und damit in einem sehr frühen Stadium zum Gegenstand therapeutischen Handelns werden. Wenngleich sich im DSM-5 darum bemüht wird, Trauer (*grief*) nicht generell als Krankheit zu verstehen, sie von einer schweren depressiven Episode (*major depressive episode* (MDE)) zu trennen sowie beide Zustände als möglicherweise koexistent zu betrachten (vgl. American Psychiatric Association 2013, 125 f.,

133 f., 160 ff., 810 f.), suggeriert das Diagnose- und Klassifikationssystem DSM schon durch die Verkürzung der Zeiträume, dass Trauer die Konnotation von Krankheit oder Dysfunktion erhält und damit ein zentraler menschlicher Emotionsausdruck pathologisiert wird, wenn er zulange andauert.

Dieses und andere Beispiele einer problematischen Kategorisierung durch voreilige Pathologisierung zeigen, wie hier sowohl einseitige *szientistische* Auffassungen als auch problematische *soziale Konstruktivismen* mit einfließen: Ein eingeschränktes Studiendesign psychiatrischer Forschung lässt eine trauernde Person schon früh als depressiv erscheinen und gesellschaftlich besteht der Drang, das lebensweltliche Phänomen der Trauer möglichst rasch einer medizinischen Behandlung zuzuführen, um sich gesellschaftlich nicht mit diesem unangenehmen Zustand menschlicher Kontingenz auseinandersetzen zu müssen. Derartige Formen der zunehmenden Pathologisierung und Medikalisierung der Lebenswelt sind gekoppelt mit einseitig interpretierten Krankheitsbegriffen. Daher ist es notwendig, den Krankheitsbegriff in seiner Multidimensionalität zu betrachten und seine internen Konstitutionsverhältnisse zu klären.

Krankheiten als Naturzustände zwischen Deskription und Evaluation

Der empirische Rekurs auf die Natur (s. Kap. II. 19) war in der antiken Entstehungsphase der wissenschaftlichen Medizin – in Abgrenzung zur Magie oder auch Scharlatanerie – ein wichtiger Schritt, um zu einer korrekten Diagnose und Prognose zu gelangen und um eine angemessene Therapie einzuleiten. Der Arzt musste bemüht sein, über die Natur des Menschen so viel zu wissen, dass er das Verhältnis des Menschen zu seiner Ernährung und seinen anderen Lebensverhältnissen bestimmen konnte, um die notwendigen Kenntnisse über Gesundheits- und Krankheitszustände zu erhalten. Auch in der modernen Medizin werden mit Hilfe von naturwissenschaftlichen Methoden und biomedizinischen Techniken Daten über die biologische Natur eines Patienten erhoben, um eine Diagnose zu erstellen und gegebenenfalls therapeutisch oder palliativ tätig zu werden. Dies wirft grundsätzlich die Frage auf, ob Krankheit und Gesundheit an der Natur des Menschen ablesbare Zustände sind, die die Funktionalität oder Dysfunktionalität des Organismus belegen. Auf dieser Annahme beruht die Auffassung, ›Krankheit‹ sei ein rein naturwissenschaftlich theoretisches Konzept, mit dessen Hilfe man einen Zustand am Organismus deskriptiv erfasst (Boorse 1975, 1997). Wenn der Organismus nicht mehr in der Lage ist, gemäß seines funktionalen Bauplans adäquat auf Umweltbedingungen zu reagieren, wird er biologisch betrachtet dysfunktional und das heißt ›krank‹. Dies gilt dann analog auch für nicht-menschliche Organismen.

Im Blick auf den Krankheitsbegriff wird mit einer solchen *naturalistischen Perspektive* suggeriert, man habe mit den Methoden der Naturwissenschaften eine objektive Herangehensweise an das Phänomen ›Krankheit‹ gefunden. Diese würde dem Betrachter erlauben, exakt zu prüfen, ob beispielsweise neben Krebs oder Diabetes auch Homosexualität (s. Kap. III. 38), Nikotin- und Heroinsucht (s. Kap. III. 41) oder eben auch Trauer, vielleicht sogar kriminelles Verhalten als biologische Dysfunktionen anzusehen seien oder nicht. So wird etwa in der Kinder- und Jugendpsychiatrie debattiert, ob eine Aufmerksamkeitsdefizit-Hyperaktivitätsstörung (ADHS) wirklich als Krankheit einzustufen ist oder ob es sich nicht vielmehr um ein vielschichtiges soziales Phänomen handelt, das auf Defizite im familiären Rahmen oder in den Erziehungssystemen der westlichen Industrieländer hinweist und nur partiell eine krankhafte Struktur hat (vgl. Armstrong 2002; Leuzinger-Bohleber et al. 2006). Wären Krankheiten im Kern rein naturwissenschaftlich untersuchbare und an dem entsprechenden szientistischen Naturbegriff orientierte Zustände, dann könnten diese Zustände mit dem entsprechenden naturwissenschaftlichen Methodenrepertoire als ›pathologisch‹ oder ›nicht-pathologisch‹ klassifiziert werden. Zwar soll die Möglichkeit, mit Hilfe naturwissenschaftlicher Methoden Krankheiten zu untersuchen, keineswegs in Frage gestellt werden, doch gibt es gute Gründe, welche die Annahme zulassen, dass der Krankheitsbegriff in einer theoretisch-naturwissenschaftlichen Beschreibung bestimmter Naturzustände nicht aufgeht, sondern auf andere Beschreibungsformen außerhalb des naturwissenschaftlichen Denkens angewiesen ist (Lanzerath 2000). Die methodisch notwendigerweise eingeschränkte Sicht naturalistischer Denk- und Arbeitsformen führt zum Problem, Ereignisse und Zustände in der Welt nur noch ausschnitthaft wahrzunehmen. Diese funktional-fragmentarische Betrachtung des Menschen durch die naturwissenschaftliche Denkweise endet in Formen punktuell-funktionaler Eingriffe mit Hilfe biomedizinischer Methoden. Die Komplexitätsreduktion dieser Methoden und der ihnen eigene praktische Erfolg münden in einer Übertragung dieses Denkens und Handelns auch auf andere ›Systeme‹ als das naturwissenschaftlich zu sichtende System: Gerade die Lebenswissenschaften, insbesondere mit ihnen die Medizin, greifen zunehmend auf andere Gesellschaftsbereiche über und bieten biomedizinische Lösungen an, die ihrem Wesen nach eigentlich psychosozialer und normativer Natur sind. Statt angemessene ganzheitliche Lösungen zu sekundieren, wird in der naturalistischen Betrachtung ein Teilbereich für das Ganze genommen.

Die den naturalistischen Auffassungen entgegengesetzten Positionen (Joseph Margolis 1981 und Hugo Engelhardt 1976; 1986, 73–75) gehen davon aus, dass die Natur keine Standards oder Normen setzen kann. Die Begriffe ›Gesundheit‹ und ›Krankheit‹ seien aber normativ. Sie implizieren Werturteile, die nur im entsprechenden soziokulturellen Kontext verstanden werden können: ›Krankheit‹ und ›Gesundheit‹ würden unsere negativen oder positiven Bewertungen von physischen oder psychischen Zuständen widerspiegeln und damit erst Krankheit oder Gesundheit *konstituieren*. Würde man diesen Gedanken weiterführen, dann könnte dies implizieren, dass das soziokulturelle Paradigma als das alleinige konstitutive Moment von Krankheit aufzufassen sei. Damit würde sich jedoch der Krankheitsbegriff als Ausdruck reiner Konvention im sozialen Handlungsfeld darstellen.

Gegen diese Deutung, Krankheit sei in erster Linie ein soziokultureller Wertbegriff historischer Wissensformation, kann eingewandt werden, dass die kulturelle Varianz im Blick auf die Vielfalt von Krankheiten eher ein Randproblem darstellt und es bei der Bewertung der meisten Krankheiten doch einen weitestgehenden transkulturellen Konsens gebe, dass entsprechende Zustände dem Krankheitsbegriff zugeordnet werden. Diejenigen, die den Krankheitsbegriff ausschließlich für ein Werturteil halten, deuten diese Übereinstimmung so, dass damit keineswegs das Nichtvorhandensein solcher normativer Urteile bewiesen werde, sondern dies vielmehr auf die Existenz *weitverbreiteter Konventionen und Normen* zurückzuführen sei. Naturalistische Deutungen hingegen gehen davon aus, dass diese *Übereinstimmung in der Natur der menschlichen Spezies* liege – und insofern für alle Menschen gleichermaßen gelte –, und damit Krankheiten (*diseases*) als biologische Dysfunktionalitäten in der Natur des Menschen ablesbar seien.

Die berechtigte Kritik an beiden Ansätzen legt die Einsicht nahe, dass ein Krankheitsbegriff sowohl auf die *Natur* Bezug nehmen muss als auch mit *Werturteilen* verbunden ist. Doch ist zu klären, in welchem Verhältnis diese zueinander stehen, ohne dass man sich entweder für einen Naturalismus zu entscheiden hat, der Krankheiten als in der Natur objektiv ablesbare Phänomene versteht, oder aber einem relativistischen Konstruktivismus anschließen muss, der dem Krankheitsbegriff Zustände nach willkürlichem Wertemuster oder reiner Konvention zuordnet (Reznek 1987, 20–21).

Erleben von Krankheit und Gesundheit: Elemente der Selbstauslegung

Der Schlüssel für die Verbindung der verschiedenen Dimensionen des Krankheitsbegriffs und seine hermeneutische Einordnung liegt offenbar im stets um Selbstauslegung bemühten Menschen selbst. Denn die Bewertung eines Zustand als Krankheit im Kontext der individuellen Lebensführung kann – je nach Schwere der Krankheit – den Betroffenen nicht nur mit seinem eigenen *Selbst- und Körperverhältnis* konfrontieren, sondern auch mit der Frage nach dem *Sinn* seines Daseins. Es ist eine Konfrontation mit der eigenen *kontingenten Existenzweise*, die im Negativum des Krankseins auch etwas Positives erkennen lässt.

Der Kontrollverlust über den eigenen Körper, Teile des Körpers oder über die gesamte eigene Lebenssituation, der mit dem Krankheitserleben häufig einhergeht, lässt oft ein Gefühl völliger Unsicherheit über das Jetzt und die Zukunft entstehen. Die damit verbundene »Hilfserwartung« und »Hilfsgewissheit« bezeichnet Jean Améry (1966, 52) als eine der »Fundamentalerfahrungen des Menschen«. Gerade diese zugrundeliegende Unsicherheit, die sich bis hin zur existentiellen Angst (Martin Heidegger) entwickeln kann, macht den Patienten unfähig, seine Situation alleine wieder in den Griff zu bekommen. Der Blick des Anderen – hier zeigt sich das dialogische Element des Krankheitsbegriffs – ist daher eine bedeutende Größe bei der Auslegung der eigenen Krankheitssituation.

Krankheit offenbart dem Menschen – vielleicht mehr als alle anderen Befindlichkeiten – die Gleichzeitigkeit von Identität und Nicht-Identität mit seinem Körper und Leib: Werde ich krank, so wird mir mein Körper fremd; er ist es, der mich krank macht, gleichzeitig bin ich es, der krank ist und der sich nicht vom kranken Körper distanzieren kann. Der

Mensch ist sein Körper nur im Modus der *Verkörperung*, d.h. als Person (s. Kap. II. 21) in Form von Sprache, Religion, Lachen, Weinen u. a. (Plessner 1983, 136–217). Das Leibliche ist nichts Fertiges, es entsteht ständig neu, indem es sich verwirklicht, d. h. verkörpert. Diese leibliche und kulturelle Verkörperung als Ausdruck des Leib-Verhältnisses der Person ist stets auch mit seiner Gegenmöglichkeit, der *Entkörperung* konfrontiert. Der Mensch weiß um sich selbst und um sein Umfeld, das er als ›Welt‹ begreift, nämlich als das Wirkliche, das aber auch vor dem leeren Hintergrund des Nichts gedacht werden muss. Daher gehört zur Erkenntnis der Realität auch »die zumindest implizite Erkenntnis ihrer möglichen Nichtigkeit« (Honnefelder 1994, 123). Das Krankwerden lässt diese Fragilität nicht nur erahnen, sondern leibhaft erfahren.

In Relation zu diesem komplexen semantischen Feld des Krankheitsbegriffs, der den Menschen in existenzieller Weise mit seinem Leib konfrontiert, steht der Begriff der ›Gesundheit‹. Es ist dies ein Zustand, der von uns in seiner Eigenheit oftmals gar nicht begreifbar wird; vielmehr übersehen wir unsere Gesundheit. Gesund zu sein heißt, befreit sein von Einschränkungen und Problemen, die eine Reflexion auf sich selbst fördern würden. Deshalb spricht Hans Georg Gadamer von der »Verborgenheit der Gesundheit« (Gadamer 1993, 133) und Drew Leder (1990, 79–83; 1995, 1007) von der Gesundheit als einem »tacit background«. Der gesunde Mensch kann seine Arbeit, seine Freizeitbeschäftigungen, seine gesellschaftlichen Unternehmungen mit einer gewissen Beliebigkeit planen. Die individuellen Intentionen können grundsätzlich erfüllt werden.

> »Gesund ist ein Mensch, der mit oder ohne nachweisbare oder für ihn wahrnehmbare Mängel seiner Leiblichkeit allein oder mit Hilfe anderer Gleichgewichte findet, entwickelt und aufrechterhält, die ihm ein sinnvolles, auf die Entfaltung seiner persönlichen Anlagen und Lebensentwürfe eingerichtetes Dasein und die Erreichung von Lebenszielen in Grenzen ermöglicht, so dass er sagen kann: mein Leben, meine Krankheit, mein Sterben« (Hartmann 1997, 25).

Dem kranken Menschen ist eine selbstbestimmte Lebensführung nur im eingeschränkten Maß möglich. Die Abwesenheit von dieser Erfahrung bleibt implizit immer in unserem Alltag präsent. Dies ist der Hintergrund für das, was Maurice Merleau-Ponty (1966) im Anschluss an Edmund Husserl als das »körperliche ›Ich kann‹« bezeichnet. Ich brauche nicht über meinen Körper nachzudenken, ich nehme ihn gar nicht wahr, wenn er gesund ist. Der gesunde Körper ist mir mein »ruhiger und treuer Diener«, über den ich mir genauso wenig Gedanken machen muss wie über meine eigene Sterblichkeit. Er befreit mich auch davon, mich auf die Welt außerhalb meiner selbst wirklich einzulassen und bedeutet einen Verlust an Kontingenzerfahrung. Insbesondere das Krankheitserleben führt uns unsere eigene Fragilität und Endlichkeit und damit die Unsicherheit dieser Welt, deren Teil wir sind, vor Augen (Heidegger 1986, §§ 47, 51).

Wenn wir uns gewöhnlich gemäß selbst gesetzten Zielen auf eine Lebenszukunft hin entwerfen (ebd. §§ 67–71), so sehen wir durch eine aktuelle Krankheit unseren Weg in die Zukunft versperrt. Krankheit kann uns an das Hier und Jetzt festnageln. Diese Disintegration in Raum und Zeit beeinflusst auch unser Verhältnis zu den Anderen. Als Gesunde sind wir integriert in die Aktivitäten und Erfahrungen anderer um uns herum. Aber schon eine Schmerzerfahrung lässt uns den Anderen gegenüber auf Distanz gehen, denn diese spezielle Erfahrung kann der Andere zunächst nicht nachvollziehen; dem Betroffenen fehlen die Worte, dies mitzuteilen, denn die Fähigkeit des Mit-Leiden-Könnens ist beschränkt. Es mangelt in dieser Situation an der Kraft zur Sozialisation; wir haben das Bedürfnis uns zu verstecken, das wir zum Ausdruck bringen: ›Ich möchte nicht, dass Du mich in diesem Zustand siehst.‹ Die Gesunden neigen dazu, die Welt der Kranken zu meiden, weil die Begegnung mit den Kranken sie an ihre eigene Kontingenz, Verwundbarkeit und Sterblichkeit erinnert. Denn Krankheit ruft uns unser »Vorlaufen zum Tode« als das Bewusstsein der eigenen Sterblichkeit in Erinnerung (ebd. § 53, 267) und hindert uns auf diese Weise daran, unsere Endlichkeit zu vergessen. Krankheit ist in diesem ganz positiven Sinne konstitutiv für die Welt des Menschen (May 1956, 134–143). Aber das, was an Mit-Leiden-Können (Sym-Pathie) vorhanden ist, und sich artikuliert in einem Zuhören-, Berühren- und Umsorgen-Wollen, kann ein großer Dienst (*care*) sein, Leiden zu lindern und der Hilflosigkeit der Kranken entgegenzukommen.

Besonders ernste Krankheiten lassen auf diesem Hintergrund Fragen aufkommen wie: ›Warum ist das passiert?‹, ›Warum gerade jetzt?‹, ›Warum ausgerechnet mir?‹. Die von uns gedachte Welt kann auf einmal in sich zusammenfallen: ›Es ist alles sinnlos, ich habe etwas falsch gemacht und mein jetziger Zustand ist die Strafe hierfür.‹ Historisch sind Krankheiten in verschiedenen Kulturen vielfach als *Strafe*

Gottes oder der Götter aufgefasst worden (Eckart 2013, 51; Leder 2013, 17). Krankheit kann aber auch in der modernen Gesellschaft für den Einzelnen zum Anlass für eine Eigenreflexion und Ausgangspunkt für Sinnsuche und Sinnfindung werden. »Illness, then, is not simply a biological event; it is also an existential transformation. One may be stripped of one's trust in the body, reliance on the future, taken-for-granted abilities, professional and social roles, even one's place in the cosmos« (Leder 1995, 1109). Das ganze Leben kann sich durch Krankheitserfahrung ändern und zu einer Änderung der Rangordnung der Lebensziele im Lebensplan führen. Dies ist natürlich nicht grundsätzlich und immer der Fall, sondern hängt von der Natur einer Krankheit, der individuellen Haltung des Kranken und dessen sozialem Umfeld ab. Besonders *chronische Krankheiten* bis hin zu dauerhaften Behinderungen (s. Kap. II. 2) sind mit Blick auf die Kontingenzerfahrung noch einmal anders zu bewerten, denn sie sind kein akutes Durchgangsstadium, sondern müssen über lange Zeiträume hindurch ertragen werden. Diese Zustände fordern den Einzelnen in noch stärkerem Maße als jene, die nur vorübergehende Erscheinungen sind. Sie machen umso mehr die Aufgabe bewusst, die dem Menschen durch seine Natur gestellt ist.

Von einem besonderen Gleichgewichtsverlust wird eine Reihe von psychiatrischen Erkrankungen begleitet, die nicht nur die Selbsteinschätzung, sondern auch das übliche Wertemuster eines Patienten deutlich verzerren können. Dies kann so weit gehen, dass während der Krankheit jene Werte (s. Kap. II. 27) gefährdet sind, denen gegenüber sich der Patient als gesunder Mensch hätte verpflichtet gefühlt. Viele therapeutische Ansätze versuchen daher, dem Patienten Hilfestellung anzubieten, indem sie dem Kranken die eigene lebensgeschichtliche Situation bewusst machen und ihn auf diese Weise mit dem eigenen Leben unter den Bedingungen der Krankheit *konfrontieren*. Der Verlust an Realitätsbezug bei Psychosen, wie beispielsweise schizophrenen Zuständen, macht eine schwierige Vermittlung in Anamnese und Therapie notwendig. Da über das rein Empirische, das naturwissenschaftlich Fassbare kein Zugang zum Kranken, der an einer Psychose leidet, möglich ist, sondern nur über die Vermittlung zwischen unserer Realität und der des Kranken, d. h. unter Bewusstmachen des je eigenen Subjektseins, wird auch die *Psychiatrie keinen Krankheitsbegriff ohne Rückbezug auf das Subjekt* bilden können. Nur über den Patienten selbst kann festgestellt werden, wie die Erkrankung seine innere Welt und »seine Objektbeziehungen affiziert, und über welche Möglichkeiten er verfügt, sich mit diesen Erfahrungen auseinanderzusetzen und sie zu integrieren« (Weiß 1997, 78). Wenn das selbständige ›Über-sich-selbst-verfügen-Können‹ beeinträchtigt ist und uns die Fähigkeit verlorengeht, zu uns selbst – und damit zu unserem Kranksein – Stellung zu nehmen, dann sind wir mehr denn je auf ein zielorientiertes ärztliches und therapeutisches Handeln angewiesen, das auch eine benevolente Form des paternalen Handelns einschließt, die nicht zu Bevormundung und Entmündigung führen darf, sondern sich an einem treuhänderischen Verwalten der Patientenautonomie orientieren muss. Die Einschränkung der Handlungs- und Lebensfähigkeit und die damit verbundene Hilfebedürftigkeit haben als zentrale Elemente somatische Krankheiten mit psychischen Krankheiten gemein. Sie unterscheiden sich aber häufig in der mangelnden Selbsteinsicht und damit Krankheitseinsicht, die mit der psychischen Krankheit verbunden ist.

Mit dem Erleben von Gesundsein und Kranksein wird einerseits deutlich, dass Gesundheit als ein Zustand bezeichnet werden kann, der nicht das Gegenteil von Krankheit ist, sondern sich Gesundheit und Krankheit vielmehr gegenseitig bedingen und andererseits lässt sich erkennen, dass der Krankheitsbegriff in dieser Betrachtungsweise eine eigentümlich dialektische Struktur von Destruktivem und Konstruktivem, von existentiellem Leid und existenzieller Chance beinhaltet.

Offensichtlich können vom naturalistischen und konventionalistischen Zugang zu Krankheit und Gesundheit nur Teilaspekte übernommen werden. Denn Krankheit und Gesundheit lassen sich als individuelle Zustände und Erlebnisse beschreiben, die die ›Natur‹ des Menschen betreffen und an die *Selbstauslegung* der Betroffenen gebunden sind. Der Zugang zur menschlichen Natur ist aber eben nicht rein theoretisch-naturwissenschaftlich zu verstehen, sondern muss als ein *Naturbezug in evaluativ-praktischer Absicht* aufgefasst werden. Bei einem solch hermeneutischen Blick auf die auslegungsoffene menschliche Natur spielen auch *gesellschaftliche* Aspekte eine gewichtige Rolle.

Gesundheit und Krankheit: relationale Begriffe im soziokulturellen Gefüge

Fasst man den Krankheitsbegriff als ein Element der Selbstauslegung auf, so gehen in ihn wesentlich gesellschaftliche Vorstellungen mit ein, da der Prozess der Selbstauslegung in einen *sozialen Kontext* eingebunden ist. Auf diese Weise können gerade kontingente und fremdbestimmte gesellschaftliche und kulturelle Faktoren entscheidend dafür sein, welche Symptome der Patient seiner Familie oder seinem Arzt unterbreitet und welche er bagatellisiert oder gar verheimlicht. Diese Auswahl kann dafür entscheidend sein, wann, wie und wo ein Patient Hilfe in Anspruch nimmt. Lebensstil, Kultur, Traditionen, Gesetzgebungen und vieles andere mehr können daher einen erheblichen Einfluss auf individuelle Krankheitsinterpretationen haben, wie umgekehrt das Krankheitserleben Lebensweisen und Institutionen verändern kann (Parsons 1964; Lettke et al. 1999).

Daher ist dieser gesellschaftliche Bezug nicht nur für Krankheit als *Interpretandum*, sondern auch für die *praktische Dimension* des Krankheitsbegriffs von Bedeutung. Er verweist nämlich auf das *dialogische* Element des Krankheitswerts, mit dem bestimmte gegenseitige Erwartungen an Haltungen und Handlungen verknüpft sind. Diese anthropologische und soziale Komponente der *Gegenseitigkeit* impliziert eine Form der *Fürsorge*, die dem Menschen als *zoon politikon* entspricht und sich in der medizinisch-gesellschaftlichen Verantwortung (s. Kap. II. 26) konkretisieren kann. Nimmt man die Rolle des Kranken als die eines Hilfsbedürftigen ernst, dann ist ihre soziale Wirksamkeit an eine Gesellschaft gebunden, die diese Rolle akzeptiert und die ihr eine Verpflichtung zur Fürsorge entnimmt. Eine Funktion der Medizin auf gesellschaftlicher Ebene ist es, die Annahme der Krankenrolle zur Geltung zu bringen und ihre Konkretion zu ermöglichen. Die Rolle der Heilberufe ist dann keineswegs ethisch neutral im Kontext sozialer Regulation und Kontrolle (Susser 1981; Lanzerath 2000). Fasst man vor diesem Hintergrund den Arzt als Treuhänder von Patienteninteressen (s. Kap. II. 11) auf, dann setzt dies eine Gesellschaft voraus, die hierfür Rahmenbedingungen schafft und ihre fürsorglichen Aufgaben gegenüber den Schwachen ernstnimmt, nicht zuletzt deshalb, weil die *conditio humana* aus jedem Einzelnen einen potenziell Betroffenen macht und Gesundheit als ein hohes Gut gilt.

Gesundheit wird – und hierüber besteht weitgehend Konsens (s. Kap. II. 13) – als ein fundamentales und primäres Gut für alle Mitglieder einer Gesellschaft betrachtet. Dieser Stellenwert von Gesundheit wird dadurch verstärkt, dass man sie nicht nur um ihrer selbst willen erstrebt, sondern auch deshalb, weil sie eine Voraussetzung dafür ist, selbstgesteckte Ziele und Güter (s. Kap. II. 9) im Rahmen seines Lebensentwurfs zu erreichen (Nordenfelt 1987, 2012). Insofern ergibt sich die Normativität des Gesundheitsbegriffs schon daraus, dass er alle die physischen und psychischen Bedingungen umfasst, ohne die der Mensch nicht das Lebewesen zu sein vermag, das die Fähigkeit besitzt, Person und sittliches Subjekt zu sein. Wenn wir aber die menschliche Person als unbedingtes Gut betrachten und ihm Würde zuschreiben, dann muss die Gesundheit im Sinn der psychophysischen Verfasstheit, die Voraussetzung des Subjektseins ist, selbst ein schützenswertes Gut sein. Sie ist nicht nur ein instrumentelles Gut, aber auch nicht das ranghöchste, sondern ein für den Menschen *fundamentales Gut*. Als ein fundamentales individuelles Gut zählen wir es zu den *Elementar-* oder *Primärgütern*. Und in dem Maß, in dem nicht nur der besondere Charakter des Gutes Gesundheit erkannt wurde, sondern durch Entwicklung der ärztlichen Kunst auch wirksame Verfahren entwickelt wurden, die Gesundheit zu bewahren oder wiederherzustellen, ist Gesundheit zu einem sozialen Gut und damit zum Gegenstand staatlicher Für- und Vorsorge, d. h. der Gesundheitspolitik geworden. In der gesundheitspolitischen Umsetzung bedeutet dies eine Versorgungssicherheit und faire Zugangsmöglichkeiten zum Gesundheitswesen als Ausdruck einer gerechten Gesellschaft zu garantieren (Honnefelder 2010; Nagel/Fuchs 1997). Hierzu bedarf es Räume für ein vertrauliches Arzt-Patient-Verhältnis (s. Kap. III. 4) (Lanzerath 2006), in dem auch Schamgrenzen geöffnet werden (Eckhart 2013, 330), denn dort ist der Ort, der Interpretationshilfen für die Bestimmung von Krankheit und Gesundheit liefert.

Kranke und Therapeuten

In der Arzt-Patient-Beziehung ist es nicht der Arzt oder der Therapeut, der in erster Linie urteilt, ob jemand krank ist oder nicht. Vielmehr steht zunächst das Urteil des Patienten, der den Arzt um Hilfe aufsucht, im Mittelpunkt. Die Wahrnehmung der Krankheit durch den Kranken verbleibt nicht auf der sensorischen Ebene, sondern sie wird reflektiert. Der als ›Krankheit‹ bezeichnete Zustand wird bewertet, indem der Kranke ihm Bedeutung verleiht und ihn in den eigenen Lebensentwurf einordnet. Diese individuelle Evaluation ist aber auf der ersten Ebene der Reflexion begrenzt, weil dem Kranken in der Regel jenes entscheidende Vorwissen fehlt, das in eine Bewertung mit eingehen sollte, nämlich das medizinische Fachwissen. Schon hier ist der Kranke oftmals auf ärztliche Hilfe angewiesen, wenn er seinen Zustand besser verstehen will. Auf dem Hintergrund eines Gesprächs in Form einer Anamnese, in der der Kranke zum Patienten wird, wird der Arzt als Fachmann bemüht sein, eine erklärende Deskription des Zustands zu geben, in dem sich sein Gegenüber befindet.

In einer gemeinsamen Leistung von Arzt und Patient kann dann eine erneute Evaluation der Krankheit erfolgen, die dann eine Basis für präventive, therapeutische oder palliative Handlungen liefert. Der Arzt hilft das Urteil des Patienten, seine Selbsteinschätzung zu objektivieren, indem das Krankheitserleben in Beziehung gesetzt wird zu pathologischen Befunden, Laborwerten usw. Hieraus entstehen subsidiäre Prozesse zum persönlichen Krankheitserleben. Die Reduktion der Person und ihre Transformation in eine Set von diagnostischen Fähigkeiten kann durchaus als ein notwendiger und wünschenswerter Prozess angesehen werden, der jenes genaue Denken und jene strenge Untersuchung ermöglicht, die eine medizinische Beurteilung konstituieren (Fabrega 1972, 510). Das subjektive Empfinden wird durch die Erhebung empirischer Daten im Arzt-Patient-Verhältnis auf einer weiteren Stufe evaluiert. Damit wird der Krankheitsbegriff für zukünftige ärztliche Handlungen in eine operable Größe transformiert. Häufig geschieht aber in der Praxis das Gegenteil: Die subjektive Erfahrung ist nur noch der Anlass für ein Urteil; als ›Tatsache‹ – und in diesem Sinne als Krankheit – wird nur noch der pathologische oder pathoanatomische Befund anerkannt, doch ist der Befund, der pathologische Zustand oder die biologische Funktionsstörung gerade *nicht identisch* mit der Krankheit (Toombs 1992, 39–42).

Die an dieser Stelle auftretenden kommunikativen Schwierigkeiten zwischen Arzt und Patient lassen sich in unterschiedlichen Variationen durch alle Epochen der Medizingeschichte verfolgen (Lang/Arnold 1996; Eckhart 2013, 324–330). Sie sind zurückzuführen auf eine Inkommensurabilität zwischen der lebensweltlichen Sprache des Patienten und der medizinischen Fachsprache des Arztes, die zunächst nur in diesem Subsystem verstanden werden kann. Aber je länger der Kommunikationsprozess zwischen Arzt und Patient dauert, desto mehr wird auch der Patient bereit sein, seine Krankheit mit Hilfe medizinischer Terminologie zu deuten. Die notwendige, an den Stand der medizinischen Wissenschaften gebundene, Interpretation des pathologischen Befundes seitens des Arztes muss in die lebensweltliche Interpretation der vom Patienten empfundenen Störung überführt werden, um die Krankheit des Patienten als seine Krankheit zu verstehen. Das Gespräch im Behandlungszimmer – so Gadamer (1993, 144) – trägt die Humanisierung der Beziehung zwischen zwei »fundamental Ungleichen«. Der Patient ist auf eine fachmännische Interpretation der empirisch erhebbaren Befunde angewiesen. Die Kommunikation zwischen Arzt und Patient muss dem Patienten ermöglichen, seinen Krankheitszustand besser zu verstehen. Der Patient verlangt damit aber in erster Linie nicht nach einer wissenschaftlichen Erklärung physischer Symptome, sondern er möchte seine persönliche Situation verstehen, die sein Kranksein ausmacht. Der Kommunikationsprozess drückt die Bedeutung der Krankheit im Kontext der spezifischen biographischen Situation des Patienten aus (Toombs 1992, 110–111).

Für eine funktionierende Kommunikation zwischen Arzt und Patient sind nach Eduard May die Tugenden des Patienten ebenso einzufordern wie die des Arztes. Denn ohne den Willen zur Genesung nützen die Anstrengungen des Arztes wenig (May 1956, 1112). So entwickelt sich in der kommunikativen Praxis zwischen Patient und Arzt ein praktischer Krankheitsbegriff, also ein Handlungsbegriff, der auf beiden Seiten mit bestimmten Erwartungen des Handelns verbunden ist. Im Dialog zeigen sich gegenseitige Verantwortlichkeit und Solidarität. Das Handeln mit dem Anderen und an dem Anderen beginnt dann nicht erst mit dem physischen Akt, sondern bereits mit der Sprache in einer »›face-to-face‹ relationship« (Toombs 1992, 110–118). Dazu gehört nicht nur der vertrauliche Umgang mit allen erhobenen Daten und die Schweigepflicht des Arztes, sondern ein grundsätzliches Vertrauen, das aber nur dann vorausgesetzt werden kann, wenn ärztliches Handeln sich an wohldefinierten Zielen orientiert und nicht durch sekundäre wie etwa ökonomische bestimmt wird.

Krankheit als praktischer Begriff

Der Krankheitsbegriff offenbart eine Bestimmung des Verhältnisses, das der Mensch zu sich selbst einnehmen muss in seiner Einheit von personalem und organismischem Sein. Diese Einheit lässt das Ich identisch sein mit seinem Körper als Leib, lässt aber zugleich dieses Ich auch dem eigenen Organismus gegenübertreten (Helmuth Plessner) und erlaubt damit, den Körper zum Gegenstand von Diagnose und

Therapie zu machen. Dabei wird ein Verhältnis deutlich, das zur *conditio humana* gehört: Die Verschränkung von einer einerseits vorhandenen und vorgegebenen Natur sowie andererseits einer zur Gestaltung notwendigerweise aufgegebenen Natur. Jeder vorgefundene Zustand unseres Organismus ist zugleich auch Resultat und Aufgabe unserer Interpretation. Erst in der Art und Weise, in der wir einen vorgegebenen Zustand interpretieren und als praktische Aufgabe akzeptieren, wird er als Zustand der Gesundheit oder der Krankheit erfahren. Dass in den Krankheitsbegriff ein Bündel von naturwissenschaftlichen, psychischen und soziokulturellen Komponenten eingeht, und dass der Krankheitsbegriff der Begriff einer praktischen Zuschreibung ist, die in der Arzt-Patient-Relation erfolgt, entspricht genau dem Verhältnis, das der Mensch zu sich selbst als organischem Lebewesen hat. Aus der Natur selbst ergeben sich keine Standards und Normen, erst durch die Art und Weise, wie der Mensch seine ihm vorgegebene psycho-physisch konstituierte Natur deutet und als praktische Aufgabe akzeptiert, wird Natur in dieser Selbstinterpretation als Zustand der Gesundheit oder der Krankheit erfahren. Wenngleich naturale Vorgänge gegeben sind, müssen diese *als etwas* – wie etwa als Krankheit – eingeordnet werden und verstehen sich nicht als solche von selbst. Aus zu interpretierenden natürlichen Vorgegebenheiten, dem Selbstempfinden des erkrankten Subjekts im gesellschaftlichen Kontext, erwachsen ärztliche Aufgabe und Auftrag in Form von Diagnose, Heilung, Linderung und Prävention. Diese Aufgabe ist dann abgegrenzt von einem Handeln, das versucht, die menschliche Natur zu verbessern in Form von individuellem Enhancement (s. Kap. III. 13) oder kollektiver Eugenik.

Durch den Umgang mit kranken Menschen hat es die Medizin mit Körper und Psyche zu tun. Diese sind natürliche Voraussetzungen als die Bedingungen der Möglichkeit für ein gelingendes Leben des Einzelnen. Diese Voraussetzungen können durch Krankheit beeinträchtigt und als solche zum Gegenstand ärztlichen Handelns werden. Da Gesundheit ein Gut, aber nicht das Gute ist, befasst sich der Arzt nicht mit dem Gelingen selbst, denn dafür trägt jeder eigenständig die Verantwortung. Weder der individuelle Lebensentwurf noch das völlige soziale Wohlbefinden können Gegenstand ärztlichen Handelns sein. Die Erinnerung an den eugenischen Missbrauch der Medizin in Diensten einer pervertierten Gesellschaftsvorstellung zeugt von einem erheblichen Orientierungsverlust in der Medizin. Eine Gesellschaft, die die Medizin dazu nutzt, ihre ›unbrauchbaren‹ Mitglieder auszusondern, parteipolitischen Zwecken zu dienen oder Handlangerin politischer Institutionen zu werden, würde rasch ihr eigenes Zentrum und ihre eigene Integrität verlieren. Löst sich eine ethische Beurteilung der neuen medizinischen Handlungsmöglichkeiten und Zielsetzung von einer grundsätzlichen Zielgerichtetheit des ärztlichen Handelns (Teleologie), dann ist sie keine integrierte medizinische Ethik mehr, sondern formiert sich zu einer besonderen Form der Technikfolgenabschätzung (s. Kap. II. 24), die eine zur ›Anthropotechnik‹ gewordene Medizin zum Gegenstand hat. Hält man hingegen an der Teleologie ärztlichen Handelns fest, dann kann der Blick auf den Krankheitsbegriff helfen, hinsichtlich der Ziele ärztlichen Handelns Orientierung zu geben. Gefunden ist damit ein Krankheitsbegriff, der sich daran orientiert, Kranksein als eine Weise des Mensch-Seins so zu fassen, dass die kommunikative Komponente des seine Befindlichkeit mitteilenden Menschen wesentlich zur Konstitution von Krankheit gehört. Der subjektiv-evaluative Charakter des Krankheitsbegriffs unterstreicht die zentrale Stellung des Patienten. Therapeuten und Therapeutinnen treten als diejenigen Akteure hinzu, die durch ihre medizinischen Kenntnisse über die menschliche Natur als Experten und Expertinnen den Krankheitsbegriff objektivieren und in Kommunikation und Handeln das medizinische Wissen zum erkrankten Subjekt und dessen Evaluation zurückführen. Damit erweisen sich Ärzte und Therapeuten als jene Instanzen, die dem um Selbstauslegung bemühten Kranken nicht nur im engeren Sinne therapeutische, sondern im Idealfall auch hermeneutische Hilfe leisten.

Literatur

American Psychiatric Association: *Diagnostic and Statistical Manual of Mental Disorders: DSM 5*. Washington ⁵2013.

Améry, Jean: *Jenseits von Schuld und Sühne. Bewältigungsversuche eines Überwältigten*. München 1966.

Armstrong, Thomas: *Das Märchen vom ADHS-Kind*. Paderborn 2002.

Boorse, Christopher (1975): On the distinction between disease and illness. In: Arthur L. Caplan/H. Tristram Engelhardt, Jr./James J. McCartney (Hg.): *Concepts of Health and Disease. Interdisciplinary Perspectives*. Reading, Mass. 1981, 545–560 (Wiederabdruck aus: *Philosophy and Public Affairs* 5 (1975), 49–68).

–: A rebuttal on health. In: James M. Humber/Robert F. Almeder (Hg.): *What is Disease?* Totowa, New Jersey 1997, 1–134.

Eckart, Wolfgang U.: *Geschichte, Theorie und Ethik der Medizin*. Berlin ⁷2013.

Engelhardt, H. Tristram Jr.: Ideology and etiology. In: *The Journal of Medicine and Philosophy* 1 (1976), 256–268.

–: The roles of values in the discovery of illnesses, diseases, and disorders. In: Tom L. Beauchamp/LeRoy Walters (Hg.): *Contemporary Issues in Bioethics*. Belmont 1986, 73–75.

Fabrega, Horacio Jr.: Concepts of disease: logical features and social implications. In: In: Arthur L. Caplan/H. Tristram Engelhardt, Jr./James J. McCartney (Hg): *Concepts of Health and Disease: Interdisciplinary Perspectives*. Reading, Mass. 1981, 493–522 (Wiederabdruck aus: *Perspectives in Biology and Medicine* 15 (1972), 538–617).

Gadamer, Hans-Georg: *Über die Verborgenheit der Gesundheit. Aufsätze und Vorträge*. Frankfurt a. M. 1993.

Gäfgen, Gérard: Das Dilemma zwischen humanem Anspruch und ökonomischer Knappheit im Gesundheitswesen. In: *Jahrbuch für Wissenschaft und Ethik*. Bd. 3. Berlin 1998, 149–158.

Hartmann, Fritz: Sittliche Spannungslagen ärztlichen Handelns. In: Dietrich von Engelhardt (Hg.): *Ethik im Alltag der Medizin. Spektrum der medizinischen Disziplinen*. Basel ²1997.

Heidegger, Martin: *Sein und Zeit*. Tübingen ¹⁷1986.

Honnefelder, Ludger: Das Verhältnis des Menschen zu Leben, Leiblichkeit, Krankheit und Tod. Elemente einer philosophischen Anthropologie. In: Ders./Günter Rager (Hg.): *Ärztliches Urteilen und Handeln. Zur Grundlegung einer medizinischen Ethik*. Frankfurt a. M. 1994, 104–134.

–: Gesundheit – unser höchstes Gut? Anthropologische und ethische Überlegungen. In: Gregor Maria Hoff/Christoph Klein/Matthias Volkenandt (Hg.): *Zwischen Ersatzreligion und neuen Heilserwartungen. Umdeutungen von Gesundheit und Krankheit*. Freiburg 2010, 111–127.

Kersting, Anette/Reutemann, Michael/Ohrmann, Patricia/Schütt, Katharina/Wesselmann, Ute/Rothermund, Matthias/Suslow, Thomas/Arolt, Volker: Traumatische Trauer – ein eigenständiges Krankheitsbild? In: *Psychotherapeut* 46 (2001), 301–308.

Lang, Erich/Arnold, Klaus (Hg.): *Die Arzt-Patient-Beziehung im Wandel*. Stuttgart 1996.

Lanzerath, Dirk: *Krankheit und ärztliches Handeln. Zur Funktion des Krankheitsbegriffs in der medizinischen Ethik*. Freiburg 2000.

–: Was ist medizinische Indikation? Eine medizinethische Überlegung. In: Ralph Charbonnier/Klaus Dörner/Steffen Simon (Hg.): *Medizinische Indikation und Patientenwille. Behandlungsentscheidungen in der Intensivmedizin und am Lebensende*. Stuttgart 2006, 35–52.

Leder, Drew: *The Absent Body*. Chicago 1990.

–: Health and disease. The experience of health and illness. In: Warren T. Reich (Hg.): *Encyclopedia of Bioethics*, Bd. 3. New York 1995, 1106–1113.

–: A tale of two bodies: the cartesian corpse and the lived body. In: Ders. (Hg.): *The Body in Medical Thought and Practice*. Dordrecht ²2013.

Lettke, Frank/Hennes, Claudia/Jacob, Rüdiger/Eirmbter, Willy H./Hahn, Alois (Hg.): *Krankheit und Gesellschaft. Zur Bedeutung von Krankheitsbildern und Gesundheitsvorstellungen für die Prävention*. Konstanz 1999.

Leuzinger-Bohleber, Marianne/Brandl, Yvonne/Hüther, Gerald: *ADHS – Frühprävention statt Medikalisierung. Theorie, Forschung, Kontroversen*. Göttingen 2006.

Margolis, Joseph: The concept of disease. In: Arthur L. Caplan/H. Tristram Engelhardt, Jr./James J. McCartney (Hg.): *Concepts of Health and Disease: Interdisciplinary Perspectives*. Reading, Mass., 1981, 561–577 (Wiederabdruck aus: *Journal of Medicine and Philosophy* 1 (1976), 238–255).

May, Eduard: *Heilen und Denken*. Berlin 1956.

Merleau-Ponty, Maurice: *Phénoménologie de la perception*. Paris 1945 (dt. *Phänomenologie der Wahrnehmung*. Berlin 1966).

Nagel, Eckhard/Fuchs, Christoph (Hg.): *Leitlinien und Standards im Gesundheitswesen. Fortschritt in sozialer Verantwortung oder Ende der ärztlichen Therapiefreiheit?* Köln 1997.

Nordenfelt, Lennart: *On the Nature of Health. An Action-Theoretic Approach*. Dordrecht 1987.

–: Die Begriffe der Gesundheit und der Erkrankung. Eine erneute Betrachtung. In: Thomas Schramme (Hg.): *Krankheitstheorien*. Berlin 2012, 223–235.

Parsons, Talcott: Definitions of health and illness in the light of american values and social structure. In: Ders. (Hg.): *Social Structure and Personality*. London 1964, 257–291.

Plessner, Helmuth: Die Frage nach der Conditio humana [1961]. In: Ders.: *Gesammelte Schriften VIII*. Frankfurt a. M. 1983, 136–217.

Reznek, Lawrie: *The Nature of Disease*. London 1987.

Susser, Mervyn: Ethical components in the definition of health. In: Arthur L. Caplan/H. Tristram Engelhardt, Jr./James J. McCartney (Hg.): *Concepts of Health and Disease: Interdisciplinary Perspectives*. Reading, MA 1981, 93–105.

Toombs, S. Kay: *The Meaning of Illness. A Phenomenological Account of the Different Perspectives of Physician and Patient*. Dordrecht 1992.

Weiß, Heinz: Die Bedeutung subjektiver Modelle für die Bewältigung neuroimmunologischer Erkrankungen. In: Reinhard Herold/Jürgen Keim/Hartmuth König/Christoph Walker (Hg.): *Ich bin doch krank und nicht verrückt. Moderne Leiden. Das verleugnete und unbewußte Subjekt in der Medizin*. Tübingen 1997, 63–80.

Dirk Lanzerath

15 Leben

Alles Lebendige steht in einem so offenkundigen Kontrast zum Toten und zum Unbelebten, dass jede Verunsicherung über den Gehalt des Begriffs ›Leben‹ zunächst überraschen muss. Dennoch tut sich die Biologie schwer, wenn sie ihren Gegenstand nicht nur benennen, sondern definieren will. Nebeneinander bestehen unterschiedliche Bestimmungsversuche und eine Mehrzahl von Merkmalslisten. Zu den gelisteten Merkmalen gehören Stoffwechsel, Replikation und Mutabilität. Auch in unserer alltäglichen Verwendung ist nicht ohne weiteres klar, was wir mit ›Leben‹ bezeichnen, ob es primär eine Eigenschaft ist, die einer Reihe von Entitäten zukommt (›Etwas hat Leben.‹ oder ›Etwas ist lebendig.‹) oder ein Gesamtzusammenhang (›Das Leben auf der Erde entstand vor 4 Milliarden Jahren.‹) oder eine zählbare Größe (›Es war ein Leben für die Wissenschaft.‹). Mitunter ist es nicht die Abgrenzung vom Toten oder vom Unbelebten, die durch den Begriff des Lebens ausgedrückt werden soll, sondern etwa die Abgrenzung des Alltäglichen von der Wissenschaft, so etwa, wenn Philosophen von der Lebenswelt sprechen.

Fragen wir nach dem Sinn des Lebens, so kann unser eigenes Leben, das menschliche Leben oder das Leben im Allgemeinen gemeint sein. Spricht man vom kulturellen Leben an einem bestimmten Ort, so bezieht sich dies auf eine dynamische Interaktion zwischen mehreren Personen (s. Kap. II. 21). Die Vielfalt der Verwendungen lässt sich allerdings semantisch systematisieren, wenn man davon ausgeht, dass der Lebensbegriff nicht durch die Biologie entwickelt wurde, dass aber mit dem Gegenstandsbereich der Biologie der Kernbereich auch der außerwissenschaftlichen Verwendung des Lebensbegriffs bezeichnet wird. Sozial geprägte Verwendungen wie der Ausdruck ›kulturelles Leben‹ sind insofern als übertragen anzusehen. Auch religiös geprägte Ausdrücke wie ›das Leben nach dem Leben‹ oder ›ewiges Leben‹ setzen für ihr Verständnis die Vorstellung eines natürlichen, prinzipiell biologisch beschreibbaren Lebens voraus.

Im Griechischen, der Sprache, in der jenes Denken, das wir heute Philosophie nennen, seinen ersten Ausdruck fand, werden für das Leben mindestens zwei etymologisch nicht verwandte Termini benutzt: βίος und ζωή. Ihre Verwendungsweisen und Bedeutungen lassen sich unterscheiden. In der *Nikomachischen Ethik* scheint Aristoteles mit ζωή organisches Leben zu bezeichnen, während βίος jenes Leben meint, das ein Mensch führt und nicht einfach hat. Zumindest wenn man diese semantische Einteilung und den Begriffsgebrauch des Aristoteles zugrunde lege, müsse man den Ausdruck ›Zoologie‹ auf die Gesamtheit der Biologie anwenden und entsprechend statt von Bioethik von Zooethik reden, sofern in der Bioethik gerade der Bereich des organischen Lebens verhandelt werden soll (Pfeiffer 1998). Allerdings ist die begriffliche Unterscheidung schon bei Aristoteles nicht strikt durchgehalten (Rudolph 2009, 268), und auch für das spätere Schrifttum lässt sich keine klare terminologische Trennung zwischen biologischem und biographischem Leben (Mori 1998, 83) festhalten.

Leben als Gegenstand vorwissenschaftlicher und wissenschaftlicher Beschreibungen

Sowohl das Leben des Menschen wie auch das anderer Organismen sind von einer Prozesshaftigkeit und Dynamik gekennzeichnet. Vorwissenschaftliche Beschreibungen versuchen, diese Prozesshaftigkeit mit konkreten materiellen Abläufen wie z. B. dem der Atmung zu identifizieren (Hultkrantz 1960, 248). Neben der Atmung erhält oft das Blut die Funktion eines Symbols oder eines metonymischen Ausdrucks für das Leben und die Lebendigkeit. Viele frühe Kulturen unterstellen natürlichen Prozessen generell eine Beseeltheit nach dem Vorbild der menschlichen Intentionalität (Animismus, Hylozoismus).

Die vorsokratischen Naturphilosophen fragen, ob die mit dem Leben verbundene Dynamik für die Wirklichkeit insgesamt prägend ist oder ob sie einen bestimmten Bereich kennzeichnet. Bei den verschiedenen Ansätzen lassen sich Vorstellungen ontologischer und / oder evolutionärer Priorität solchen Auffassungen gegenüberstellen, die das Leben als sekundär betrachten, insofern es, wie Anaximander von Milet lehrt, aus dem Unbelebten hervorgehe (vgl. Wolters 2006). Aristoteles erklärt einerseits, dass Lebendiges aus Unbelebtem entstehen kann, ist zugleich indes von der ontologischen Priorität des Lebendigen überzeugt. Mit Platon und Aristoteles verdichtet sich die Auffassung, dass Leben jene Dynamik ist, die ihre Ursache in sich selbst hat: Leben ist durch Selbstbewegung gekennzeichnet.

Aristoteles hat die Vorstellung vom Leben auch dadurch maßgeblich geprägt, dass er unter den Lebewesen eine Stufenordnung annimmt, die man als *scala naturae* bezeichnet hat. Die aristotelische Konzeption geht davon aus, dass sich Seele als Prinzip des Lebendigen in einer Reihe von Fähigkeiten manifestiert, die sich bei den Individuen und den Arten zusammenfügen können. Während die Pflanzen über die Fähigkeit zur Ernährung und zum Wachstum verfügen, addiert sich zu diesen Fähigkeiten bei den Tieren (s. Kap. III. 43) das Vermögen der Ortsbewegung und das der Wahrnehmung. Menschen wiederum weisen diese Grundfähigkeiten der Pflanzen und Tiere auf, zudem aber auch intellektuell-kognitive und spezielle voluntative Befähigungen. Durch dieses Prinzip der Addition ist die Ordnung der Arten für Aristoteles nicht nur eine taxonomische Einteilung, sondern auch eine Rangordnung. Er versucht in den biologischen Schriften auch durch andere Vergleiche wie die zwischen den Fortpflanzungsarten die Stufenkonzeption zu begründen, zeigt dabei aber auch die Schwierigkeiten auf, alle bekannten Arten einer bestimmten Stufe zuzuordnen (vgl. Happ 1969). Insgesamt kann die aristotelische Biologie und Seelenlehre als Versuch gewürdigt werden, ohne das Konzept einer Evolution der Arten eine gewisse sachliche Kontinuität zwischen den verschiedenen Arten auszudrücken und dabei die Verschiedenheit der Komplexität nicht zu leugnen (vgl. Cassirer 1944). Diese Konzeption hat durch die scholastische Aristoteles-Rezeption, aber auch vermittelt durch schöpfungstheologische und neuplatonische Konzeptionen – Arthur Lovejoy spricht von der Konzeption einer großen Kette von Wesen (Lovejoy 1993) – bis in die Neuzeit hinein gewirkt.

Die neuzeitliche Beschreibung des biologischen Lebens ist zunächst durch den Widerstreit zwischen Mechanismus und Vitalismus geprägt. Während der Mechanismus die Eigentümlichkeit des Lebendigen gegenüber der physikalisch-chemisch beschreibbaren Materie bestreitet und Organismen nach dem Vorbild von Maschinen darstellt, bemühen sich vitalistische Theoretiker durch die Annahme einer besonderen Materie oder einer besonderen Kraft (*vis vitalis*) oder eines spezifischen Prinzips die Eigentümlichkeit lebendigen Seins zu begründen. Als wirkmächtigster Vertreter des Mechanismus gilt René Descartes. Als frühe Vertreter der Gegenposition, die, wie Gottfried Wilhelm Leibniz sagt, »pour les principes de vie« (Leibniz 1992, 338) argumentierten, werden Franciscus Mercurius van Helmont, Paracelsus (Philippus Theophrastus Aureolus Bombastus von Hohenheim) und Tommaso Campanella angeführt, als wichtigster Vertreter des Neovitalismus gilt Hans Driesch. Als vermittelnde Ansätze können die Konzeptionen von Leibniz und Immanuel Kant sowie in der Naturwissenschaft des 19. Jahrhunderts jene von Claude Bernard und Rudolf Virchow gedeutet werden.

Leibniz charakterisiert den organischen Körper eines Lebewesens als eine Art göttlicher Maschine (»Espèce de Machine divine«) oder als natürlichen Automaten (»Automate Naturel«) (Leibniz 1985, § 64, 468), und greift damit den cartesischen Gedanken auf, Lebewesen als Maschinen zu beschreiben, modifiziert ihn aber mithilfe aristotelischer Elemente: Lebende Organismen, so betont Leibniz, sind keine bloßen Aggregate, vielmehr haben sie eine wirkliche Einheit aufgrund ihrer inneren Quelle der Aktivität. Gegenüber künstlichen Maschinen sind sie durch eine unendliche Komplexität ausgezeichnet, sie sind bis ins Kleinste ihrer Teile Maschinen bis ins Unendliche (»sont encor des machines dans leur moindres parties jusque' à l'infini«; ebd.). Leibniz unterscheidet sich sowohl von mechanistischen wie von vitalistischen Positionen durch die Auffassung, dass alle Natur (s. Kap. II. 19) voll ist von Leben. Die Monaden, als lebendige Substanzen, machen das Ganze der eigentlichen Wirklichkeit aus, die sich nach Stufen der Wachheit differenziert.

Kant ist in seiner *Kritik der Urteilskraft* darauf aus zu zeigen, dass ein bloß mechanisches Verständnis der Natur nicht nur unbefriedigend, sondern auch unzureichend ist. Zwar muss man in den Organismen die Wechselwirkungen der Teile analysieren, doch lässt sich die Pointe des Lebendigen erst mithilfe der Konzepte Zweckmäßigkeit und Selbstorganisation angemessen fassen: »Organisierte Wesen sind also die einzigen in der Natur, welche, wenn man sie auch für sich und ohne Verhältnis auf andere Dinge betrachtet, doch nur als Zwecke derselben möglich gedacht werden müssen, und die also zuerst dem Begriffe eines Zwecks, der nicht ein praktischer sondern Zweck der Natur ist, objektive Realität [...] verschaffen [...]« (Kant: KU, § 65, B 295).

Für die jüngere Geschichte des Lebenskonzeptes ist der wissenschaftliche Erfolg der Evolutionstheorie zentral. Durch ihn wurde aus einer Klassifikationsgemeinschaft ein Abstammungskollektiv: Alles Leben ist miteinander verwandt. Die Frage nach der Besonderheit des Lebendigen bleibt in der Philosophie eine wichtige Frage und wird auch von Biologen, die an der Debatte teilnehmen, nicht einvernehmlich beantwortet (vgl. dazu Köchy 2003). Wird in der mechanistischen Tradition eine Besonderheit weitgehend bestritten, können Spezifikationsansätze sowohl funktionell wie substanziell ansetzen. Als substanzieller Ansatz, die Differenz des Lebendigen zu bestimmen, kann Ernst Mayrs Verweis auf die DNA als Spezifikum des Lebendigen betrachtet werden (Mayr 1991, 27 f.). Unter die funktionellen Ansätze ist der Hinweis auf den Metabolismus (Jonas 1973; Schrödinger 1951) als allen Organismen zukommende Tätigkeit einzuordnen. Zumeist werden mehrere Merkmale angegeben, die Lebewesen auszeichnen (vgl. Toepfer 2005), was dazu führt, dass einige Entitäten wie Viren als Grenzfälle gewertet werden können. Es gibt Merkmale, indes nicht das eine, das eine eindeutige Zuordnung ermöglicht. Man müsse akzeptieren, so Michael Ruse, dass es Borderline-Fälle gibt (Ruse 1995, 487). Neben den funktionellen und den substanziellen Differenzierungsansätzen können auch strukturelle Ansätze ausgemacht werden. Helmuth Plessner nämlich sieht die Grenze als Besonderheit des Lebendigen. Das Lebendige verfügt besitzend über seine Grenze. Es scheint gegen seine Umgebung gestellt (Positionalität). Es ist raumbehauptend und nicht nur raumerfüllend (vgl. Plessner 1975). Das Lebewesen zeichnet sich demnach von anderen Entitäten dadurch aus, dass es in besonderer Weise als Einzelwesen in Erscheinung tritt.

In der theoretischen Biologie, der Philosophie der Biologie und der analytischen Ontologie konkurrieren bis heute unterschiedliche Ansätze, das Leben zu definieren und zu betrachten. Bis in die aktuelle Diskussion der analytischen Philosophie finden sich Ansätze, Lebendiges als ontologisch prioritär anzusehen. Nur Lebewesen können nach der Auffassung von Peter van Inwagen als komplexe Substanzen im eigentlichen Sinne angesehen werden (van Inwagen 1990). Strittig bleibt, ob man sich vom lebensweltlichen Verständnis dessen, was Lebewesen sind, leiten lassen soll, oder ob man zunächst einen konsistenten Begriff entwickeln soll, durch den sich dann auch die Extension ergibt. Schon Thales verfolgt letzteres Verfahren, wenn er den Magnetstein wegen seines Bewegungsvermögens als Lebewesen ansieht, so wie auch Platon, der den Kosmos und die Sterne als selbstbewegt und mithin als lebendig betrachtet.

Greift man Peter Strawsons Unterscheidung zwischen einer deskriptiven und einer revisionären Metaphysik auf (Strawson 1972), so kann man revisionäre Konzepte des Lebendigen von nicht revisionären oder deskriptiven Konzepten unterscheiden (vgl. Bedau 2011, 2012). Weiter stehen individuationsbezogene Ansätze, für die Leben stets in Form von Organismen oder Lebewesen begegnet, neben Ansätzen, die prozessphilosophisch oder holistisch den Zusammenhang des Lebendigen gegen die Geschiedenheit der Individuen ausspielen. Funktionalistische Definitionen konkurrieren mit struktur- oder substanzbezogenen Definitionen.

Die Tendenz in der Biologie, die Frage nach der Definition des Lebens für irrelevant zu erklären, hat sich in den vergangenen Jahren abgeschwächt (vgl. Bedau 2011, 455). Denn die Anstrengungen um die Herstellung kleiner künstlicher Organismen, motiviert durch ökonomisch verwertbare Anwendungen, lassen sich gerade dann als wissenschaftliche und technische Innovation preisen, wenn die hergestellten Gebilde als Lebewesen verstanden werden können. Dies aber verlangt einen Rekurs auf eine Definition des Lebens, an der Biologen bislang meist wenig Interesse gezeigt haben.

Leben als philosophischer Vermittlungsbegriff

Ungeachtet der Unsicherheiten über die Bedeutung und die Extension des Begriffs ›Leben‹ hat es in der Geschichte der Philosophie zahlreiche Versuche gegeben, das Phänomen des Lebens zum Ansatzpunkt der Lösung philosophischer Grundfragen zu machen. So dient ›Leben‹ zum einen als positiver Kontrastbegriff zu kritisierten Konzepten der Weltdeutung, die Leben als maßgebliche Referenzgröße leugnen, und zum anderen als konzeptionelle Verbindung zwischen unterschiedlichen philosophischen Gegensatzpaaren. Dies gilt für den Gegensatz zwischen Natur und Kultur (vgl. Gehring 2009) wie auch für die Entgegensetzung von Materie und Geist: »Eine der Grundbestimmungen in der Bedeutung des philosophischen Lebensbegriffs besteht somit in der in ihm liegenden Identifizierung des Denkens mit anderem, Nichtdenkendem. Der Lebensbegriff steht von daher der Dichotomie Denken – Materie entgegen« (Simon 1973, 844).

Dass sich der Begriff des Lebens als philosophisches Brückenkonzept eignet, mit dem der Gegensatz zwischen Materie und Geist, Sinnlichem und Übersinnlichem überwunden werden kann, zeigt sich bereits in den Versuchen Platons, trotz idealistischer Grundüberzeugungen eine realistische und auf empirische Anschauungen rekurrierende Naturphilosophie zu etablieren (vgl. *Timaios*). Allerdings ist nicht immer klar, ob es wirklich gelingt, das Leben als physikalisch-chemischen Prozess, als Bewegung, als bewegende Seele, als Ordnungszusammenhang oder als zwecksetzende Vernunft (Morin 1965, 137) in einem einheitlichen Begriff zusammenzudenken.

Aristoteles richtet sich nicht nur gegen die materialistische und mechanistische Vorstellung von Demokrit, nach der Leben aus unbelebter Materie besteht, auf deren Regularitäten auch die Erklärung des Lebens zurückgeführt werden kann, sondern zugleich auch gegen eine Vorstellung des Seienden, die Entstehen und Vergehen, Bewegung und Veränderung auszuschließen versucht, wie Parmenides dies zu tun scheint.

Dichotomische Konzeptionen kehren im Lebensbegriff wieder, wenn man, wofür die Philosophiegeschichte bis heute viele Versuche kennt, zwei grundsätzlich verschiedene Arten von Leben kontrastiert, indem man wie Georg Wilhelm Friedrich Hegel ein logisches Leben dem Naturleben gegenüberstellt oder wie Max Scheler eine sog. Vitalsphäre einem geistigen Leben bzw. ein biologisches Leben einem eigentlichen Leben. Abgeschwächt wird der Dualismus, wenn der Lebensbegriff dazu dient, Analogieverhältnisse zwischen den beiden Sphären aufzuzeigen. Friedrich Schleiermacher bemüht sich, den Metabolismus als Grundphänomen körperlichen Lebens zum Paradigma für das geistige Leben zu machen, das auch durch Aneignung und Selbstentfaltungsstreben bzw. durch den Willen sich auszudrücken geprägt sei:

> »Es scheint mir als ob auch die Geister, sobald sie auf diese Welt verpflanzt werden, einem solchen Gesetze folgen müßten. Jede menschliche Seele [...] ist nur das Produkt zweier entgegengesetzter Triebe. Der eine ist das Bestreben alles was sie umgiebt an sich zu ziehen [...]. Der andere ist die Sehnsucht ihr eigenes inneres Selbst von innen heraus immer weiter auszudehnen [...] und selbst nie erschöpft zu werden« (Schleiermacher 1799, 6).

Schleiermacher betrachtet das individuelle Leben als ein Ganzes, das zugleich Teil eines größeren Ganzen ist. Er betont seine Zeitlichkeit im Sinne einer Reihung von Momenten und eines dynamischen Übergangs.

In Wilhelm Diltheys Arbeiten zur Geisteswissenschaft, zur Philosophie und zur Dichtung sind die Ausdrücke ›Leben‹ und ›Erleben‹ grundlegend. Dilthey meint damit das menschliche Dasein und seine individuelle Selbsterfahrung, die stets eine Erfahrung von Zusammenhängen und Ereignisgeflechten ist. Das Verstehen anderer Personen und ihrer Äußerungen, das spezifische Erkenntnisziel der Geisteswissenschaften, setzt das Erleben voraus. Gleichzeitig setzt auch das individuelle Erleben den Bezug und das Verständnis der äußeren Welt und der Bezüge zwischen den Personen voraus. Leben ist für Dilthey eine sich zeitlich erstreckende Struktureinheit, die zugleich durch Veränderung und Beharren bestimmbar ist. Werner Stegmaier hat sie als Substanz im Fluss, als ›Fluktuanz‹, beschrieben (Stegmaier 1992).

Bei Henri Bergson, dem zweiten wichtigen Repräsentanten der sog. Lebensphilosophie neben Dilthey, ist der Begriff des Lebens nicht der grundlegende philosophische Begriff. Vielmehr steht im Zentrum seiner philosophischen Werke die Auseinandersetzung mit der Zeit, mit zeitlicher Ausdehnung und zeitlichem Abstand (*durée*). Bergson kritisiert alle Auffassungen, die die Zeit nach Analogie des Raumes denken oder sie sogar als räumliche Dimension auffassen. Zeitlicher Abstand nämlich beinhaltet für Bergson eine größere Heterogenität als räumliche Distanz.

Die Kritik, die die zeitgenössische Philosophiegeschichtsschreibung an der Lebensphilosophie äußert, ist hart und wie es scheint vernichtend: Sie sei ein irrationaler Affekt, ein Lobpreis der Irrationalität und es gelinge ihr nicht, einen klaren Begriff vom Leben zu fassen (vgl. Röd 2002, 114; 159). Nur selten wird erörtert, ob mit der Unergründbarkeit des Lebens nicht ein wohlreflektierter Verzicht zum Ausdruck kommt, die Überzeugung, dass man erkennend nicht hinter das Leben zurückkommt (vgl. Schürmann 2011, 55 FN 5). Auch wenn der mitunter expressionistische Stil der lebensphilosophischen Autoren heute befremdlich wirkt, so ist die Kritik der Lebensphilosophie an den der naturwissenschaftlichen Weltsicht zugrundeliegenden Begriffen durchaus wohldurchdacht, was etwa bei Bergsons Zeitanalyse deutlich wird. Zudem hat die Philosophie des 20. Jahrhunderts und unserer Zeit vom lebensphilosophischen Begriff des Lebens mehr übernommen, als Kritiker der Lebensphilosophie zugestehen wollen: Ob wir mit Edmund Husserl von der Lebenswelt sprechen oder mit Ludwig Wittgenstein verschiedene Lebensformen unterscheiden, ob wir Theodor W. Adornos *Reflexionen aus dem beschädigten Leben* nachgehen oder in der Bioethik Überlegungen zur Lebensqualität anstellen, in der Sache knüpfen wir an ein durch die Lebensphilosophie vermitteltes Verständnis des Lebens als des menschlichen Daseins an, das als zeitlich ausgedehntes und zeitlich begrenztes Sein leiblich verfasster Vernunftwesen begriffen wird.

Leben als Objekt moralischer Anerkennung

Der evaluative Blick auf das Leben, die Auffassung vom Leben als Wert und somit eine bioethische Betrachtung des Lebens ist spätestens seit Aristoteles dokumentiert. Im neunten Buch der *Nikomachischen Ethik* (Aristoteles: NE IX, 9, 211 b) führt er in verschiedenen Wendungen aus, dass das Leben (ζωή) zu jenen Gütern gehört, die an sich geschätzt werden. Als Beleg führt er an, dass alle danach streben. Diese Auffassung vom Streben nach Selbsterhaltung, die für Lebendiges in besonderer Weise gilt, wird – angereichert durch stoisches Gedankengut – in der Scholastik in der Lehre vom natürlichen Gesetz (*lex naturalis*) aufgegriffen. Plotin begründet zudem, warum Leben nicht nur allgemein ein Gut darstellt, sondern gerade auch in seiner Vielfalt positiv zu werten ist (Plotins Schriften, III, 2 [47], Z. 29–Z. 33).

In der neuzeitlichen und zeitgenössischen Ethik wird der axiologische Status des Lebens sehr unterschiedlich betrachtet. Eine extreme Position wird durch die Ethik von Albert Schweitzer repräsentiert, für den Ethik und Lebensschutz gewissermaßen zusammenfallen: »Ethik ist ins Grenzenlose erweiterte Verantwortung gegen alles, was lebt« (Schweitzer 1990, 332). Schweitzer erkennt allerdings selbst die Schwierigkeiten, die er sich durch das uneingeschränkte und nicht differenzierte Gebot einer Achtung für das Leben einhandelt (vgl. Schweitzer 1990; Schweitzer 1997).

Weder das Streben nach Selbsterhaltung noch die Vielfalt des Lebendigen sind evidenter Gegenstand der Wertschätzung und des Respekts. Insofern stellt sich erstens das Problem der Begründung entsprechender normativer Ansprüche und Forderungen (1). Zweitens führen die Schwierigkeiten, die sich in der definitorischen Bestimmung des Lebens und seiner philosophischen Deutung zeigen, auf normativer Ebene zu erheblichen Problemen der Abgrenzung (2). Schließlich ist die Vielfalt der Lebenserscheinungen und der Lebensformen in normativer Hinsicht auch ein Anlass, über Wertungsabstufungen im Bereich des Lebens und der Lebewesen nachzudenken (3).

(1) Sowohl die Rede von einem Recht auf Leben, wie auch die vom Wert des Lebens und von der Heiligkeit des Lebens beziehen sich oft nur auf menschliches Leben und nicht auf Leben schlechthin. Insofern ist es nicht allein das Lebewesen-Sein oder die Lebendigkeit, durch die der moralische Wert konstituiert ist, sondern es sind spezifisch menschliche Eigenschaften wie etwa Rationalität oder Moralfähigkeit, auf die sich die Wertung gründet. Lebensbeginn oder Lebensende markieren dann den zeitlichen Anfang und das zeitliche Ende einer Entität, die durch diese Eigenschaften zumindest zeitweise ausgezeichnet ist. Auch das Kriterium der Lebensfähigkeit wird mitunter angeführt (etwa als Grenze der Legalität von Schwangerschaftsabbrüchen im US-amerikanischen Rechtsverständnis). Andererseits kann sich die Wertschätzung und Wertanerkennung aber auch auf das Sein des Lebewesens beziehen, insofern es ein Subjekt der Selbstbewegung ist. Auch hier muss man betonen, dass es nicht die Eigenschaft des Lebens allein ist, auf die es ankommt. Vielmehr muss das Subjekt der Selbstbewegung als individuiertes Agens aufgefasst werden, es kommt also in evaluativer oder normativer Hinsicht auf das Leben von Lebewesen an, also auf die Eigenschaften Lebendigkeit und Individualität. Diese Differenzierungen werden sowohl in der Wendung von der Heiligkeit des Lebens wie auch in Ethikansätzen, die sich als biozentrisch qualifizieren, eher verwischt als beachtet. Eine klare Unterscheidung zwischen einem holistischen und einem individualistischen bzw. einem individuationsbasierten Biozentrismus wird nicht vollzogen. Es muss allerdings auch betont werden, dass der Topos der Heiligkeit des Lebens selten im Modus der Behauptung erscheint, sondern eher eine Karikatur darstellt, die im Dienst einer Kritik steht, welche von pathozentristischen oder präferenzutilitaristischen Positionen gegen einen vermeintlich zu uneingeschränkten Schutz aller Mitglieder der Spezies vorgetragen wird (zum Verhältnis des Konzepts der Lebensqualität zum Ausdruck ›Heiligkeit des Lebens‹ s. Kap. II.16).

Beachtet man diese Anforderungen an eine begründete moralische Wertschätzung von Lebewesen, dann erscheint es durchaus plausibel, die Differenz zwischen Belebtem und Unbelebtem als moralisch signifikant anzunehmen und menschlichen wie auch nicht-menschlichen Lebensformen Respekt entgegenzubringen.

(2) Auch unter Beachtung dieser Voraussetzung bleiben indes Probleme der Abgrenzung bestehen. Wenn nämlich die Unterscheidung zwischen Belebtem und Unbelebtem als moralisch signifikant angesehen wird, dann wird die Frage, was ein Lebewesen ist, zu einer praktisch normativen Frage. Mitunter kann sogar die moralische Intuition hinsichtlich der Schutzwürdigkeit leitend sein für die Weise, in der die Frage, ob x ein Lebewesen ist, beantwortet wird. So stellt sich etwa im Kontext der Robotik (s.

Kap. III. 36) und der synthetischen Biologie die Frage, ob und wenn ja welche Artefakte als Lebewesen anzusehen sind und ob sie denselben Schutz genießen sollen wie Lebewesen, die durch nicht-artifizielle Weisen der Fortpflanzung entstanden sind (vgl. Dabrock et al. 2011; Boldt et al. 2012; zur Frage nach dem Einfluss der synthetischen Biologie auf unser Wissen über die Entstehung des Lebens auf der Erde vgl. Schleim 2010). Auch bei nicht-artifiziellen Gebilden wie Viren stellt sich für eine biozentrische Ethik des Schweitzerschen Typs die Frage nach der Zuordnung zu den Lebewesen als praktisch normative Frage.

Dasselbe gilt für die Frage nach dem zeitlichen Beginn und Ende von Wesen, die unter den Lebensschutz fallen. Die ethischen Fragen nach dem Schutz früher Phasen menschlichen Lebens (s. Kap. III. 12) oder die Frage nach dem Todeszeitpunkt und der Todesfeststellung (s. Kap. II. 25), wie sie in der Ethik der Humanmedizin diskutiert werden, können je nach Schutzanspruch prinzipiell auch auf nicht-humane Lebensformen angewandt werden.

(3) Die Schwierigkeiten, in die Schweitzers Ansatz gerät, machen deutlich, dass die Rede vom Recht auf Leben und vom Wert des Lebens differenziert werden muss und dass Kriterien der Abwägung eingeführt werden müssen. Beinhaltet das Recht auf Leben auch ein Recht über das Leben etwa im Falle des reflektierten Suizids oder steht dem etwas entgegen? Die Annahme einer Hierarchie des Lebendigen (Höffe 2013) hat für die Abwägung zwischen Lebewesen unterschiedlicher Art weiter große Plausibilität. Auch das Konzept einer evaluativen *scala naturae* wird von einigen zeitgenössischen Autoren als gestuftes Konzept für eine realistische Grundlegung einer normativen Bewertung nachdrücklich verteidigt (Siep 2004).

Der Begriff des Lebens ist der Biologie, die das Leben als ihren wissenschaftlichen Gegenstand hat, aber auch der Philosophie vorgegeben. Wir sagen von Menschen, Tieren, Pflanzen, vielleicht auch von Zellen oder Viren, dass sie leben, und wir sagen von Sprachen, Kulturen, musikalischen oder theatralischen Darbietungen, dass sie lebendig sind. Ob es dafür Kriterien gibt, ob diese verbindlich sind und welche es sind, sowie welche Verwendungsweisen eher metaphorisch oder abgeleitet sind, darüber besteht keine Einigkeit. Aber nur in wenigen Fällen führt die Uneinigkeit über diese Kriterien zu einer praktischen Verunsicherung: Die Bioethik hat es gerade mit diesen Bereichen der Unsicherheit zu tun.

Diese Unsicherheit wiederum betrifft weniger die Frage, ob dem Leben ein besonderer Schutz zukommt. Vielmehr wird dieser wegen der besonderen Verletzlichkeit von Lebewesen, aber auch wegen ihrer besonderen Selbststeuerung, Individualität und Zentriertheit weithin angenommen. Ein ethischer Hyläzentrismus, der gegen einen Biozentrismus, Pathozentrismus oder Anthropozentrismus stünde, wird nur von wenigen vertreten (Physikozentrismus). Strittig ist aber die Weise, wie Abwägungen innerhalb des »value of life« (Harris 1985) vorgenommen werden. Hier kann im bioethischen Disput der Wert des Lebens gegen anderes Leben gewogen, oder durch das Recht auf Selbstbestimmung relativiert werden.

Im Verständnis moderner menschenrechtsbasierter Rechtsordnungen hat das Leben des Menschen einen herausgehobenen Wert, weil es die notwendige Grundlage für alle Handlungsvollzüge ist einschließlich der selbstbestimmten. »Es ist die vitale Basis der Menschenwürde und die Voraussetzung aller anderen Grundrechte« (BVerfGE 39, 1 [42]).

Literatur

Aristoteles: *Nikomachische Ethik*. Eingeleitet und übertragen von Olof Gigon. Zürich 1951 [=NE].
Bedau, Mark: What is life? In: Sahotra Sarkar/Anya Plutynski (Hg.): *A Companion to the Philosophy of Biology*. Malden/Oxford 2011, 455–471.
–: Introduction to philosophical problems about life. In: *Synthese. An International Journal for Epistemology, Methodology and Philosophy of Science* 185 (2012), 1–5.
Boldt, Joachim/Müller, Oliver/Maio, Giovanni (Hg.): *Leben schaffen? Philosophische und ethische Reflexionen zur synthetischen Biologie*. Paderborn 2012.
Cassirer, Ernst: *An Essay on Man. An Introduction to a Philosophy of Human Culture*. New Haven/London/Oxford 1944.
Dabrock, Peter/Bölker, Michael/Braun, Matthias/Ried, Jens (Hg.): *Was ist Leben – im Zeitalter seiner technischen Machbarkeit? Beiträge zur Ethik der Synthetischen Biologie*. Freiburg 2011.
Gehring, Petra: Wert, Wirklichkeit, Macht. Lebenswissenschaften um 1900. In: *Allgemeine Zeitschrift für Philosophie* 34 (2009), 117–135.
Happ, Heinz: Die Scala naturae und die Schichtung des Seelischen bei Aristoteles. In: Ruth Stiehl/Hans E. Stier (Hg.): *Beiträge zur Alten Geschichte und deren Nachleben. Festschrift für Franz Altheim zum 6.10.1968*. Berlin 1969, 220–244.
Harris, John: *The Value of Life*. London 1985.
Höffe, Otfried: Biozentrische Anthropozentrik. Hierarchien des Lebendigen. In: *Merkur. Deutsche Zeitschrift für europäisches Denken* 67/2 (2013), 107–117.
Hultkrantz, Ake: Leben. In: Kurt Galling (Hg.): *Die Religion in Geschichte und Gegenwart*, Bd. 4. Tübingen 1960, 248–249.

Jonas, Hans: *Organismus und Freiheit: Ansätze zu einer philosophischen Biologie*. Göttingen 1973.

Kant, Immanuel: *Kritik der Urteilskraft*. Hg. von Wilhelm Weischedel. Frankfurt a. M. 1996 [=KU].

Köchy, Kristian: *Perspektiven des Organischen. Biophilosophie zwischen Natur- und Wissenschaftsphilosophie*. Paderborn 2003.

Leibniz, Gottfried W.: Considérations sur les principes de vie, et sur les natures plastiques, par l'auteur du système de l'harmonie preétablie [1705]. In: Gottfried W. Leibniz: *Philosophische Schriften*. Bd. 4. Hg. und übersetzt von Herbert Herring, 7 Teilbände. Darmstadt 1992, 327–347.

–: Les principes de la philosophie ou la Monadologie [1714]. In: Gottfried W. Leibniz: *Philosophische Schriften*. Bd. 1. Hg. und übersetzt von Hans Heinz Holz, 7 Teilbände, Darmstadt 1985, 438–483.

Lovejoy, Arthur O.: *Die große Kette der Wesen: Geschichte eines Gedankens*. Frankfurt a. M. 1993.

Mayr, Ernst: *Eine neue Philosophie der Biologie*. München 1991.

Mori, Maurizio: Life, concept of. In: Ruth Chadwick (Hg.): *Encyclopedia of Applied Ethics*. Vol. 3. San Diego u. a. 1998, 83.

Morin, Edgar: *Der Begriff des Lebens im »Timaios« Platons unter Berücksichtigung seiner früheren Philosophie*. Uppsala 1965.

Pfeiffer, Alexandra: »Zoo-ethics«? In: *International Association of Bioethics-News* 7 (1998), 3–4.

Plessner, Helmuth: *Die Stufen des Organischen und der Mensch*. Berlin/New York ³1975.

Plotin: *Plotins Schriften*, Übersetzung mit griechischem Lesetext und Anmerkungen von Richard Harder, fortgeführt von Rudolf Beutler und Willy Theiler. 6 Bde. in 12 Halbbänden. Hamburg 1956–1971.

Röd, Wolfgang: Die Lebensphilosophie. In: Rainer Thurnher/Ders./Heinrich Schmidinger (Hg.): *Die Philosophie des ausgehenden 19. und des 20. Jahrhunderts*. Bd. 3. München 2002, 111–159.

Rudolph, Enno: ›Leben‹ in der Renaissancephilosophie. In: Petra Bahr/Stephan Schaede (Hg.): *Das Leben*. Berlin/Heidelberg 2009, 265–278.

Ruse, Michael: Life. In: Ted Honderich (Hg.): *The Oxford Companion to Philosophy*. Oxford 1995, 487.

Schleiermacher, Friedrich: *Über die Religion. Reden an die Gebildeten unter ihren Verächtern*. Berlin/New York 1980 ff., I/2 mit Originalpaginierung 1799.

Schleim, Stephan: Entstehung und Evolution des Lebens – eine philosophische Perspektive. In: Volker Herzog (Hg.): *Lebensentstehung und künstliches Leben*. Zug/Schweiz 2010, 275–310.

Schrödinger, Erwin: *Was ist Leben?* München 1951.

Schürmann, Volker: *Die Unergründlichkeit des Lebens*. Bielefeld 2011.

Schweitzer, Albert: *Kultur und Ethik*. München 1990.

–: *Die Ehrfurcht vor dem Leben*. München 1997.

Siep, Ludwig: *Konkrete Ethik. Grundlagen der Natur- und Kulturethik*. Frankfurt a. M. 2004.

Simon, Josef: Art. »Leben«. In: Hermann Krings/Hans M. Baumgartner/Christoph Wild (Hg.): *Handbuch Philosophischer Grundbegriffe*. Bd. 3. München 1973, 844–859.

Stegmaier, Werner: *Philosophie der Fluktuanz*. Göttingen 1992.

Strawson, Peter F.: *Einzelding und logisches Subjekt (Individuals). Ein Beitrag zur deskriptiven Metaphysik*. Stuttgart 1972 (engl. 1959).

Toepfer, Georg: Der Begriff des Lebens. In: Ulrich Krohs/Georg Toepfer (Hg.): *Philosophie der Biologie*. Frankfurt a. M. 2005, 157–174.

Van Inwagen, Peter: *Material Beings*. Ithaca 1990.

Wolters, Gereon: Der Stoff, aus dem das Leben ist. Philosophische Konzepte des Lebendigen. In: Barbara Naumann/Thomas Strässle/Caroline Torra-Mattenklott (Hg.): *Stoffe. Zur Geschichte der Materialität in Künsten und Wissenschaft*. Zürich 2006, 39–58.

Michael Fuchs

16 Lebensqualität

Gegenstand und Begriff

Der Begriff der Lebensqualität fasst – einem weiten Begriffsverständnis folgend – zusammen, was das Leben eines Lebewesens zu einem für dieses Lebewesen ›guten‹ Leben macht. Zwar gibt es bislang angesichts der verschiedenen Diskurse, in denen das Konzept eine Rolle spielt, und hinsichtlich der unterschiedlichen Funktionen, die es dort übernehmen soll, keine allgemein akzeptierte Definition der Lebensqualität. Als weitgehend anerkannt kann aber gelten, dass es sich beim Begriff der Lebensqualität um ein mehrdimensionales Konzept handelt, das sich zumindest auf die physische, psychische und soziale Dimension des Lebens eines Lebewesens bezieht. Von verwandten Begriffen wie denen des Wohlstands oder des Lebensstandards unterscheidet sich der Begriff daher u. a. dadurch, dass er sich nicht nur auf die materiellen Aspekte eines guten Lebens bezieht, sondern das ganze Leben bzw. das ganze Lebewesen in den Blick nimmt (s. Kap. II. 15).

Die Geschichte des Begriffs der Lebensqualität lässt sich bis in die 1920er Jahre zurückverfolgen. Erstmalig erwähnt wird der Begriff der *Quality of Life* in dem 1920 erschienenem Werk *The Economics of Welfare* von Arthur C. Pigou. Größere Aufmerksamkeit erfuhr er jedoch erst ab den 1970er Jahren, als im Zusammenhang der Kritik des Wirtschaftswachstums die Forderung laut wurde, neben bloß quantitativen ökonomischen Indikatoren für die Bewertung des Wirtschafts- und Sozialsystems auch qualitative, soziale, ›humane‹ oder ökologische Faktoren zu berücksichtigen.

Etwa seit den 1980er Jahren hat sich das Konzept der Lebensqualität auch in der Medizin etabliert. Im Vordergrund stand hier ebenfalls zunächst die Kritik daran, die Ziele der Medizin ausschließlich quantitativ im Sinne physiologischer und/oder funktionaler Kenngrößen zu definieren. Motiviert war diese Kritik zum einen durch innermedizinische Entwicklungen: Sowohl die, u. a. durch demographische Entwicklungen verstärkte, Zunahme chronischer Erkrankungen als auch die Weiterentwicklung diagnostischer und therapeutischer Verfahren, die bei gesteigerter Effektivität nicht selten eine höhere Aggressivität aufwiesen, gaben Anlass, die psychosoziale Dimension von Krankheiten und Behandlungen in den Vordergrund zu rücken. Eine wichtige Rolle spielte darüber hinaus, dass – nicht zuletzt im Zuge der wachsenden Anerkennung der Selbstbestimmung auch in der Medizin – die Perspektive von Patienten und ihr subjektives Erleben in medizinischen Entscheidungsprozessen gegenüber der Fremdbewertung durch die behandelnden Ärzte gestärkt werden sollte.

Problemfelder

In der Debatte über den Begriff der Lebensqualität sind insbesondere die Fragen zentral, (1) ob Urteile über die Qualität eines Lebens subjektive oder objektive Urteile sind, (2) wie die Lebensqualität eines Lebewesens festgestellt bzw. gemessen werden kann, und (3) welche Rolle Lebensqualitäts-Erwägungen im Hinblick auf medizinische Entscheidungen spielen können bzw. dürfen.

(1) Zu den besonders kontrovers diskutierten Fragen in der Lebensqualität-Diskussion gehört die Frage, ob Lebensqualität-Urteile subjektive oder objektive Urteile sind. Einer weitverbreiteten Unterscheidung folgend kann man drei Arten von Theorien des guten Lebens bzw. des Wohlergehens unterscheiden: *Hedonistische Theorien* identifizieren das Wohlergehen eines Lebewesens mit Bewusstseinszuständen, die von diesem als positiv oder negativ erfahren werden. Diese positiven Zustände werden in den verschiedenen hedonistischen Theorien u. a. als Lust, Freude, Glück, Zufriedenheit oder Genuss bezeichnet. Ein gutes Leben ist aus dieser Perspektive ein Leben mit einer positiven Empfindungsbilanz. *Präferenztheorien* des Wohlergehens zufolge ist ein gutes Leben ein Leben, in dem möglichst viele Wünsche oder Präferenzen des Wesens, um dessen Leben es geht, in Erfüllung gehen. Gut ist, folgt man Präferenztheorien, eine möglichst optimale Realisierung von Präferenzen. Im Unterschied zu hedonistischen und Präferenztheorien, die behaupten, dass sich Urteile über die Lebensqualität eines Lebewesens irreduzibel auf Einstellungen des Lebewesens beziehen, um dessen Leben es geht, und in diesem Sinne subjektive Urteile sind, behaupten *Objektive-Liste-Theorien*, dass sich über die Lebensqualität eines Lebewesens auch unabhängig von entsprechenden Einstellungen etwas sagen lässt, und dass Lebensqualitätsurteile in diesem Sinne objektive Urteile sind. Zu den Objektive-Liste-Theorien gehören z. B. Theorien, die behaupten, dass Lebewesen als Bedürfniswesen im Hinblick auf ihr Wohlergehen auf die Befriedigung bestimmter Grundbedürfnisse (*basic needs*) angewiesen sind, Theorien, die auf bestimmte konstitu-

tive Güter verweisen, die zu einem guten Leben gehören, oder teleologische Theorien, die das Wohlergehen eines Lebewesens damit identifizieren, dass dieses seine arttypischen Funktionen und Fähigkeiten bzw. die für es spezifische Form der Exzellenz realisiert (s. Kap. II. 9).

Behauptungen über die Lebensqualität eines Individuums sind Subjekt-relative Behauptungen in dem Sinne, dass sie eine Behauptung darüber aufstellen, dass das Leben *für dasjenige Lebewesen*, dessen Leben es ist, gut oder schlecht ist (vgl. Sumner 1999, 20). Die Prämisse objektiver Theorien des Wohlergehens, das Wohlergehen eines Lebewesens lasse sich auch ohne Bezugnahme auf Einstellungen des fraglichen Individuums bestimmen, steht dazu offenbar in einem Spannungsverhältnis. Dies hat bei manchen Autoren Zweifel daran geweckt, ob objektive Dimensionen bei der Bestimmung der Lebensqualität eines Lebewesens überhaupt Berücksichtigung finden sollten und z. B. zu der Forderung geführt, nur solche objektiven Dimensionen zu berücksichtigen, die mit subjektiven Einstellungen korreliert sind. Objektive Indikatoren können dieser Auffassung nach nur eine heuristische – im Unterschied zu einer konstitutiven – Funktion übernehmen (vgl. Birnbacher 1999, 32). Andere sind demgegenüber der Auffassung, »that medicine and health care provide some of the most persuasive instances for both the objective *and* subjective components of a good life« (Brock 1993, 98).

(2) Die derzeit gebräuchlichen Instrumente zur Messung der Lebensqualität unterscheiden sich nicht nur hinsichtlich ihrer Methodik (Fragebögen, Interviews, Fremd- vs. Selbstbewertung, verhaltensnahe vs. bewertungsbezogene Instrumente), sondern auch im Hinblick auf ihre Reichweite (generische vs. krankheitsspezifische Instrumente) und die jeweils erfassten Dimensionen der Lebensqualität. Zu den häufig genutzten generischen Instrumenten gehören z. B. das *Sickness Impact Profile*, das *Nottingham Health Profile* oder der *SF-36 Health Survey* (vgl. Carr et al. 2003). Diese Instrumente müssen nicht nur die üblichen testtheoretischen Gütekriterien erfüllen, d. h. valide, reliabel und sensitiv sein, sondern auch konzeptionell fundiert sein. Dies wirft insbesondere die Frage auf, ob sich der Begriff der Lebensqualität auf eine Weise operationalisieren lässt, die eine Messung der Lebensqualität ermöglicht.

Ein erstes Problem besteht diesbezüglich darin, dass im Konzept der Lebensqualität sehr unterschiedliche Dimensionen zusammengefasst und bestimmt werden sollen. Einige Autoren sehen hier ein *Problem der Integration* der verschiedenen Dimensionen. Eine gängige Antwort auf dieses Problem besteht darin, die Komplexität des Lebensqualitäts-Konzeptes dadurch zu reduzieren, dass auf bereichsspezifische Begriffe von Lebensqualität ausgewichen wird. In der Medizin wird entsprechend häufig von der sog. *gesundheitsbezogenen Lebensqualität* (*health related quality of life*) gesprochen. Diese Entscheidung scheint auf den ersten Blick den doppelten Vorteil zu haben, dass erstens nur noch solche Dimensionen der Lebensqualität erfasst werden müssen, die im Hinblick auf medizinische Entscheidungen relevant sind, und bei denen es sich zweitens zumindest teilweise um solche ›objektiven‹ Dimensionen handelt, die gut operationalisierbar sind, z. B. physische und funktionale Dimensionen wie Mortalität, Organfunktion oder Mobilität. Diese Strategie ist allerdings um den Preis erkauft, dass auf einen allgemeinen, allumfassenden Begriff der Lebensqualität verzichtet wird. Zudem zeigt ein Blick auf die in der Medizin gebräuchlichen Instrumente zur Messung der Lebensqualität, dass diese sich im Hinblick auf die jeweils erfassten Dimensionen bzw. das Gewicht, das sie diesen jeweils zuschreiben, zum Teil erheblich unterscheiden. Die verschiedenen Messinstrumente messen also verschiedene Dinge und führen, wenn auf denselben Fall angewendet, teilweise zu unterschiedlichen Ergebnissen. Dies wird mitunter als Anlass für die Forderung gesehen, das Konzept der Lebensqualität inhaltlich und methodisch im Hinblick auf spezifische Fragestellungen innerhalb der Medizin weiter zu differenzieren.

Neben dem Problem der Integration sehen Kritiker des Konzepts der Lebensqualität ein *Problem der theoretischen Inkommensurabilität* bzw. der »Quantifizierung des Qualitativen« (Raspe 1990, 34). Damit das Konzept der Lebensqualität die ihm zugeschriebenen Funktionen übernehmen kann, müssen nicht nur verschiedene Dimensionen zusammengefasst, sondern häufig auch auf einer einzelnen Skala erfasst werden. Dies impliziert, dass die verschiedenen Dimensionen der Lebensqualität quantifiziert, vergleichbar gemacht und aggregiert werden können. Die Idee und Praxis der Messung der Lebensqualität setzen dabei in mehrfacher Hinsicht *Wertentscheidungen* voraus: Nicht nur die Auswahl der für die Messung der Lebensqualität zu berücksichtigenden Dimensionen hängt von inhaltlichen Wertungen ab; auch das Gewicht, mit der die verschiedenen Gesichtspunkte in den jeweiligen Instrumenten berücksichtigt werden und die Bestimmung von Skalenendpunkten implizieren Wertentscheidungen. Das Konzept der Lebensqualität weist insofern einen normativ-deskriptiven Doppelcharakter auf (vgl. Ach/ Quante 1994). Ethische Entscheidungen lassen sich mit dem Konzept der Lebensqualität daher weder eliminieren noch rechtfertigen. Sie können aber durch den Einbezug von Lebensqualitätsüberlegungen ergänzt, unterstützt und transparent gemacht werden.

Das Problem der theoretischen Inkommensurabilität stellt sich, wie Kritiker einwenden, v. a. im Fall interpersoneller Lebensqualitätsvergleiche (s. Kap. III. 18). In manchen Kontexten wird das Konzept der Lebensqualität nämlich nicht nur für intrapersonelle Lebensqualitätsvergleiche, sondern auch für *interpersonelle Vergleiche* herangezogen. Dies impliziert, dass die Lebensqualität nicht nur grundsätzlich quantifizierbar, sondern auch über Individuen hinweg vergleichbar sein muss. Entschärfen lässt sich dieser Einwand indem man sich klar macht, dass die Vergleichsmaßstäbe bei Lebensqualitätserwägungen nicht einfach unterstellt werden können, sondern gezielt *hergestellt* werden müssen. Problematisch ist also weniger, wie individuelle Präferenzen oder Präferenzordnungen miteinander verglichen werden können, sondern eher, welches die intersubjektiven Standards sind, die in die Erwägungen Eingang finden, und wie man zu ihnen gelangt. Ein zweiter Einwand gegen interpersonelle Lebensqualitätsvergleiche behauptet eine *praktische Inkommensurabilität*. Die Theorie und Praxis interpersoneller Lebensqualitätsvergleiche, so manche Kritiker, sei nicht mit der Idee der Einzigartigkeit, dem inhärenten Wert oder der Würde von Lebewesen, insbesondere von Personen, vereinbar. Diese Kritik richtet sich weder gegen das Konzept der Lebensqualität als solches, noch gegen die Theorie und Praxis der Messung der Lebensqualität, sondern gegen die Anwendung des Konzeptes in bestimmten Anwendungskontexten oder Entscheidungssituationen.

(3) Lebensqualitätserwägungen werden in der Medizin in verschiedenen Kontexten und zu unterschiedlichen Zwecken angestellt. In der *klinischen Forschung* wird mit dem Ziel, die subjektive Befindlichkeit prospektiver Patientinnen und Patienten stärker zu berücksichtigen, neben Parametern wie Morbidität und Mortalität häufig auch die Lebensqualität als ein weiterer Outcome-Parameter herangezogen. Aussagen über die Lebensqualität geben in diesem Kontext keinen direkten Aufschluss über die Lebensqualität der einzelnen Probanden, deren Lebensqualität im Rahmen der Studie erhoben wird. Es geht vielmehr ausschließlich darum, die Effekte medizinischer Interventionen anhand vorab definierter Parameter zu bestimmen bzw. miteinander zu vergleichen. Die Nutzung des Konzeptes der Lebensqualität im Kontext klinischer Forschung wird daher von vielen als vergleichsweise unproblematisch angesehen: Zum einen ist es im Zusammenhang klinischer Forschung weniger problematisch als in anderen Kontexten, wenn die herangezogenen Messverfahren ›objektive‹ Dimensionen oder Komponenten für die Bewertung der Lebensqualität nutzen; zum anderen ist eine ›Bewertung menschlichen Lebens‹, wie sie in anderen Kontexten befürchtet wird, von vornherein nicht zu unterstellen.

Im Rahmen *gesundheitsökonomischer Analysen* kann das Konzept der Lebensqualität dazu genutzt werden, die Kosten-Nutzen-Relation medizinischer Maßnahmen zu bestimmen. Die in diesem Zusammenhang derzeit häufig verwendeten *qualitätsadjustierten Lebensjahre*, sog. QALYs, stellen ein integriertes Maß dar, das sowohl die Lebensqualität als auch die Lebenserwartung berücksichtigt, und das es erlaubt, verschiedene medizinische Maßnahmen miteinander im Hinblick auf die Kosten für ein gewonnenes QALY zu vergleichen und ggf. in Form von sog. *QALY league tables* zu priorisieren. Gegen das QALY-Konzept ist eingewendet worden, dass es bei der Bewertung von Interventionen deren gesundheitliche Relevanz, also z. B. den Schweregrad einer Erkrankung, außer Acht lasse. Auch sei der QALY-Ansatz diskriminierend, da sich aus seiner Konstruktion ergebe, dass bestimmte Personengruppen systematisch niedrigere QALY-Werte erhielten als der Durchschnitt der gesunden Bevölkerung (vgl. Harris 1987). Ob die verschiedenen Korrektur-Vorschläge, die auf diese Einwände reagieren sollen, z. B. die Einführung von *disability adjusted life years* (DALYs), erfolgreich sind, wird kontrovers diskutiert.

Ein dritter Bereich, in dem Lebensqualitätsüberlegungen in der Medizin eine Rolle spielen, sind *klinische Prognosen und Therapieentscheidungen*. Die Lebensqualität soll hier die Funktion eines Kriteriums bzw. eines Prädiktors übernehmen und eine Orientierungshilfe bei Therapieentscheidungen sein. Da es hier um einen Vergleich der Lebensqualitäts-Effekte verschiedener Handlungsoptionen für individuelle Patienten geht, stellt sich die Frage, in welchem Maß die Instrumente zur Messung der Lebensqualität tatsächlich das subjektive Empfinden von Patientinnen und Patienten abbilden, mit besonderer Schärfe.

Gegen die Nutzung von lebensqualitäts-bezogenen Kriterien oder Prädiktoren für Therapieentscheidungen wird u. a. eingewendet, dass dabei eine moralisch unakzeptable ›Bewertung menschlichen

Lebens‹ stattfände. Tatsächlich ist der Begriff der Lebensqualität in der Debatte von manchen explizit als Gegenbegriff zum Begriff der *Heiligkeit des (menschlichen) Lebens* konturiert und in die Debatte eingeführt worden (Kuhse 1987). Kritiker halten es insbesondere für inakzeptabel, dass die Lebensqualität eines Menschen, folgt man der Logik des Konzeptes, auch negativ sein kann, und/oder dass das Konzept gegebenenfalls zu dem Urteil führen könne, dass ein bestimmtes Leben nicht wert sei, gelebt zu werden. Die Kritik, dass die Einführung des Lebensqualitäts-Konzeptes zu einer Unterscheidung zwischen ›lebenswertem‹ und ›lebensunwertem‹ Leben führe oder diese sogar impliziere, übersieht freilich, dass das Konzept der Lebensqualität in die Medizin gerade mit der Intention eingeführt worden ist, die subjektive Perspektive von Patienten und deren eigenes Erleben im Hinblick auf medizinische Interventionen zur Geltung zu bringen. Lebensqualitätsurteile können für entscheidungskompetente Personen (s. Kap. II. 21) zwar eine Orientierungshilfe darstellen, rechtfertigen aber keine Entscheidung gegen den Willen des Betroffenen.

Problematisch ist die Verwendung von Lebensqualitätsüberlegungen in klinischen Entscheidungen aber offenbar bei nicht entscheidungskompetenten Patienten, also z. B. bei Neugeborenen, Kleinkindern oder auch Demenz-Patienten. Ob und inwiefern das Konzept der Lebensqualität hier überhaupt sinnvoll angewendet werden kann, wird kontrovers diskutiert. Da es die subjektive Perspektive des Patienten ist, die mit dem Konzept der Lebensqualität erfasst werden soll, stellt sich die Frage, ob von einer solchen Perspektive im Falle von Individuen, die zu reflexiver Selbstbewertung nicht oder nur sehr reduziert fähig sind, überhaupt sinnvoll gesprochen werden kann (vgl. Birnbacher 1999), bzw. wie man auf das Problem reagieren kann, dass die interne Perspektive des betroffenen Lebewesens in diesen Fällen von Dritten, d. h. ›von außen‹, erschlossen werden muss.

Messung der Lebensqualität

Vor dem Hintergrund, dass seit den 1980er Jahren eine Reihe von Instrumenten zur Messung der Lebensqualität entwickelt, getestet und eingesetzt worden sind, besteht eine der zentralen Herausforderungen heute darin, diese konzeptionell besser zu verankern und eine bessere Vergleichbarkeit der Instrumente, v. a. zur Messung der gesundheitsbezogenen Lebensqualität, zu erreichen, die sowohl aus theoretischen als auch aus praktischen Gründen wünschenswert wäre.

Literatur

Ach, Johann S./Quante, Michael: »…having good times…«. Anmerkungen zum Konzept »Lebensqualität« in der Medizin. In: *Zeitschrift für medizinische Ethik* 4 (1994), 307–319.

Birnbacher, Dieter: Quality of life – evaluation or description? In: *Ethical Theory and Moral Practice* 2 (1999), 25–36.

Brock, Dan: Quality of life measures in health care and medical ethics. In: Martha Nussbaum/Amartya Sen (Hg.): *The Quality of Life.* Oxford 1993, 95–132.

Carr, Alison J./Higginson, Irene J./Robinson, Peter G. (Hg.): *Quality of Life.* London 2003.

Harris, John: QALYfying the value of life. In: *Journal of Medical Ethics* 13 (1987), 117–123.

Kuhse, Helga: *The Sanctity-of-Life Doctrine in Medicine: A Critique.* Oxford 1987.

Phillips, David: *Quality of Life: Concept, Policy and Practice.* London/New York 2006.

Raspe, Hans-Heinrich: Zur Theorie und Messung der »Lebensqualität« in der Medizin. In: Paul Schoelmerich/Gerhard Thews (Hg.): *»Lebensqualität« als Bewertungskriterium in der Medizin.* Stuttgart/New York 1990, 23–40.

Sumner, L. Wayne: *Welfare, Happiness, and Ethics.* Neue Aufl. Oxford 1999.

Johann S. Ach

17 Menschenwürde und Instrumentalisierung

Die Ansicht, es sei moralisch falsch, Menschen zu instrumentalisieren, ist nicht nur ein wichtiger Bestandteil der Alltagsmoral, sondern spielt auch in moraltheoretischen Diskussionen eine wichtige Rolle. Verschiedenste Praktiken werden als unzulässig kritisiert, weil mit ihnen Menschen instrumentalisiert würden. So wird die Meinung vertreten, dass etwa das Austragen von Kindern für andere Person (s. Kap. II. 21), die sog. Leihmutterschaft (s. Kap. III. 27) sowie die Forschung an Kindern (s. Kap. III. 14) und Embryonen (s. Kap. III. 12), die Eizellspende von Frauen im Kontext künstlicher Befruchtung (IVF) (s. Kap. III. 5), oder auch der Verkauf von Organen (s. Kap. III. 44) eine solche Instrumentalisierung darstelle. All diese Praktiken, so wird argumentiert, sind als unzulässig anzusehen, *weil* mit ihnen Menschen bloß als Mittel behandelt werden.

Die natürliche Referenzgröße des Instrumentalisierungsverbots ist Immanuel Kants sog. *Selbstzweckformel*, wonach man andere und sich selbst nie bloß als Mittel behandeln dürfe (vgl. Kant: GMS/14a, 429). Das Instrumentalisierungsverbot bezieht sich dabei nach Kant auf andere wie auch auf die eigene Person. Viele meinen, dass mit dieser Formel eine zentrale moralische Einsicht formuliert wird. Ernst Tugendhat z. B. sieht das Verbot, andere bloß als Mittel zu behandeln, als das *Grundprinzip* der Moral (vgl. Tugendhat 1993, 144). Doch ungeachtet der Bedeutung und Prominenz der Selbstzweckformel ist unklar, was unter diesem Verbot genau zu verstehen ist, auf welche Praktiken es zutrifft und nicht zuletzt auch worin seine Begründung liegt. Von verschiedenen Autoren wird das Instrumentalisierungsverbot in Zusammenhang mit der Idee der Würde von Menschen gebracht. Es wird die Meinung vertreten, andere nicht bloß als Mittel zu behandeln, sei das, was es heißt, sie in ihrer Würde zu respektieren. Umgekehrt würde gelten: Die Würde einer anderen Person wird genau dann verletzt, wenn man diese Person instrumentalisiert (vgl. Höffe 2002, 129). Das allerdings wirft die Frage auf, was unter Würde zu verstehen ist. Die Klärung des Begriffs der Instrumentalisierung kann als eine Möglichkeit gesehen werden, auf diese Frage eine Antwort zu finden.

Das Instrumentalisierungsverbot

Wir behandeln andere Menschen täglich als Mittel zu unseren Zwecken: Wenn wir sie um Informationen fragen, wenn wir das Taxi nehmen, wenn wir Briefe am Postschalter aufgeben etc. Kants Selbstzweckformel verbietet uns nicht, andere als Mittel zu behandeln, es untersagt vielmehr, Personen – sich selbst wie auch andere – *bloß* als Mittel zu gebrauchen. Die Unterscheidung zwischen ›jemanden bloß als Mittel behandeln‹ und ›jemanden als Mittel behandeln‹ ist demnach moralisch bedeutsam. Doch was unterscheidet eine Handlung, die andere als Mittel behandelt, von einer Handlung, die diese *bloß* als Mittel behandelt? Ich behandle eine andere Person *bloß* als Mittel, wenn sie mir, so könnte man argumentieren, ausschließlich dazu dient, meine Ziele zu realisieren. Dies ist jedoch zu kurz gegriffen. Ich kann den anderen auch instrumentalisieren, ohne dass die verfolgten Ziele meine sind: Wenn ich einen anderen umbringe, um mit seinen Organen andere Menschen zu retten, behandle ich ihn bloß als Mittel, ohne dass dabei eines meiner Ziele bedient würde. Instrumentalisiert wird der andere folglich, wenn er reines Mittel zu *ihm fremden* Zwecken ist. Doch wann ist das der Fall?

Unmögliche Einstimmung (Kant): Kant erläutert sein Verständnis des Instrumentalisierungsverbots am Beispiel des lügenhaften Versprechens. Jeder werde, wie Kant meint, sofort einsehen, dass wer so handelt, »sich eines andern Menschen *bloß als Mittels* bedienen will […]« (Kant: GMS/14a, 429). »Denn derjenige, den ich durch ein solches Versprechen zu meinen Absichten brauchen will, kann unmöglich in meine Art, gegen ihn zu verfahren einstimmen« (ebd., 429 f.). Bloß als Mittel wird man nach Kant folglich behandelt, wenn man von anderen in einer Weise behandelt wird, in die man nicht einwilligen kann; gleichzeitig wird man dann auch nicht als Zweck an sich selbst behandelt. Denn nur wenn man einstimmen kann, sind die eigenen Zwecke in der Weise, wie der andere mich behandelt, auch berücksichtigt.

Die Formulierung, dass der andere unmöglich einstimmen kann, lässt sich auf unterschiedliche Weisen verstehen. Nach Allen Wood kann jemand unmöglich einstimmen, wenn er das Ziel, das der andere mit seinem Tun verfolgt, *nicht teilen* kann (Wood 1999, 153). Dabei geht es nicht darum, dass der andere das Ziel meines Tuns nicht teilt, sondern dass er es nicht teilen *kann*. Was heißt es, ein Ziel nicht teilen zu können? Handelt es sich dabei um ein

Ziel, das die andere Person nicht verfolgt und auch nie verfolgen würde? Oder handelt es sich um ein Ziel, das ihrer Auffassung nach nicht verfolgt werden sollte? Wie auch immer die Antworten auf diese Fragen lauten, es scheint wenig dafür zu sprechen, Instrumentalisierung daran festzumachen, ob Ziele geteilt werden können: Nehmen wir an, ich möchte das Geld, das ich durch ein falsches Versprechen erhalte, zur Bekämpfung des Welthungers verwenden (vgl. Kerstein 2009, 167). Das ist ein Ziel, das die betrogene Person nicht nur teilen könnte, sondern vielleicht auch tatsächlich teilt. Ungeachtet ihrer Einstellung behandle ich sie jedoch bloß als Mittel, wenn ich sie durch ein falsches Versprechen dazu bringe, mir Geld zu geben. Ob eine andere Person instrumentalisiert wird, scheint folglich nicht davon abhängig zu sein, ob sie meine Ziele teilt oder teilen kann.

Man kann Kants Formulierung auch im Sinne einer *logischen Unmöglichkeit* verstehen: Der andere hat nicht die Möglichkeit, seine Zustimmung zu geben, weil er nicht weiß, was ich mit ihm vorhabe. Es gehört zu einem falschen Versprechen, dass das Opfer nicht weiß, was der andere zu tun beabsichtigt. Das Opfer hat nicht die Möglichkeit, seine Zustimmung zu geben. So versteht Christine Korsgaard Kants Ausführungen zum Instrumentalisierungsverbot (Korsgaard 1996, 39). Wie sie meint, wird man genau dann bloß als Mittel behandelt, wenn man von anderen in einer Weise behandelt wird, der man *nicht zustimmen kann*, und das heißt, wenn man keine Möglichkeit hat, zum Tun des anderen Stellung zu nehmen. Das trifft auf Handlungen zu, mit denen wir von anderen getäuscht, manipuliert und gezwungen werden. Wer andere nicht bloß als Mittel behandeln will, muss entsprechend seine Absichten den anderen gegenüber offen legen und klar machen, worum es ihm geht (so auch O'Neill 1989, 110).

Man kann Kants Formulierung aber auch im Sinne einer *normativen Unmöglichkeit* verstehen. Der andere kann einer bestimmten Behandlung unmöglich zustimmen, wenn er dazu *keinen Grund* hat. Wenn er gegebenenfalls einstimmen würde, wäre er irrational. So könnte man im Blick auf das lügenhafte Versprechen sagen: Er hätte keinen Grund, einzustimmen, wüsste er, was ich mit ihm vorhabe.

Zustimmung: Das lässt sich im Sinne eines Prinzips rationaler Zustimmung verstehen. Bloß als Mittel behandle ich danach eine andere Person genau dann, wenn sie der Weise, wie ich mit ihr umgehe, *rationalerweise* nicht zustimmen kann (vgl. Parfit 2011, 182 ff.). Durch welche Handlungen andere Personen nach dieser Auffassung bloß als Mittel behandelt werden, hängt davon ab, was man als Gründe ansieht, die Personen haben können, der Weise, wie andere mit ihnen umgehen, zuzustimmen. Man kann unterschiedliche Vorstellungen darüber haben, was Personen Gründe liefert, zu- bzw. nicht zuzustimmen. So könnte man z. B. bloß das als Grund der Zustimmung anerkennen, was im Eigeninteresse des Akteurs ist. Oder man könnte meinen – wie das wohl ein Utilitarist tun würde – dass man dann einen Grund hat, dem Tun der anderen zuzustimmen, wenn es das allgemeine Wohl befördert. Nach einem solch weiten Begriff von Gründen, tue ich mit einem falschen Versprechen nicht notwendigerweise etwas, dem der andere nicht zustimmen kann. Wenn ich z. B. mit dem Geld, das ich durch ein lügenhaftes Versprechen erlangt habe, etwas gegen den Welthunger unternehme, hat die Person, die ich hinters Licht führe, Grund, dem, was ich mit ihr vorhabe, zuzustimmen. Ihr ist dieser Grund bei einem falschen Versprechen nicht bewusst, aber ich könnte berechtigterweise sagen, dass sie einen Grund hat, in mein Tun einzuwilligen, auch wenn sie um diesen Grund nicht kennt.

Wem dieser Vorschlag, Instrumentalisierung von Menschen an rationaler Zustimmung festzumachen, zu viel offenlässt, könnte *faktische* rationaler Zustimmung vorziehen und den Vorschlag machen, dass ich eine andere Person genau dann bloß als Mittel behandle, wenn sie der Weise, wie ich sie behandle, nicht zustimmt (vgl. Scanlon 2008, 107). Um mit diesem Vorschlag auch den Fällen gerecht zu werden, in denen die andere Person ihre Zustimmung aufgrund von Täuschung, Manipulation und Zwang nicht geben kann, muss man sagen: Die andere Person wird dann bloß als Mittel benutzt, wenn sie ihre Zustimmung nicht gibt oder ihre Zustimmung nicht geben würde, wäre sie darüber, was ich mit ihr vorhabe, informiert. Dieser Vorschlag weist der Zustimmung von Personen eine eigenständige, von den Gründen der Zustimmung unabhängige normative Bedeutung zu. Nach diesem Vorschlag sind gewisse Handlungen als Instrumentalisierungen zu betrachten, die nach dem Prinzip der rationalen Zustimmung nicht so bewertet werden würden, und umgekehrt. Denn eine Person kann faktisch nicht zustimmen, gleichzeitig aber Gründe haben, dies zu tun.

Ist die fehlende faktische Zustimmung der Betroffenen das Kriterium reiner Instrumentalisierung? Nehmen wir an, ich würde der Anfrage eines Arztes, mein Leben zu opfern, um andere zu retten, freiwillig zustimmen. Würde ich dann vom Arzt bloß als Mittel behandelt? Man kann diese Frage mit ›Nein‹ beantworten und die Tat des Arztes gleichzeitig für unzulässig ansehen. Wer dies tut, hält die Differenz zwischen ›bloß als Mittel‹ und ›als Mittel behandeln‹ nicht immer für moralisch bedeutsam. Handlungen, mit denen ich andere als Mittel behandle, ohne sie bloß als Mittel zu behandeln, können auch moralisch falsch sein.

Man kann auch eine andere Position vertreten, wonach Handlungen anderer, denen ich freiwillig zustimme, nicht nur keine reinen Instrumentalisierungen darstellen, sondern auch immer zulässig sind. Ich bin aufgrund meiner Zustimmung dann kein bloßes Mittel zum Zweck und das Handeln des Arztes ist erlaubt. Die Unterscheidung zwischen ›bloß als Mittel behandeln‹ und ›als Mittel behandeln‹ ist nach dieser Position in jedem Fall moralisch bedeutsam. Ihr zufolge gilt auch: Wenn ich einen anderen versklave, um mir ein angenehmeres Leben zu verschaffen und der andere dieser Versklavung freiwillig zustimmt, behandle ich ihn weder bloß als Mittel noch in unzulässiger Weise. Das werden wenige für plausibel halten. Die meisten werden ein solches Tun für unzulässig halten. Wer faktische Zustimmung als Kriterium reiner Instrumentalisierung versteht und reine Instrumentalisierung für moralisch falsch hält, muss mit solch unplausiblen Resultaten rechnen. Wer darüber hinaus meint, dass der Sklave in solchen Fällen auch bloß als Mittel behandelt wird, muss nach einem anderen Kriterium reiner Instrumentalisierung Ausschau halten.

Einstellungen: Nach Derek Parfit behandle ich einen anderen bloß als Mittel, wenn sein Wohlergehen und seine moralischen Ansprüche für mich nicht von Belang sind (Parfit 2011, 213). Er schildert das Beispiel eines Gangsters, der bereit ist, anderen unbeschränkt Schaden zuzufügen, wenn das seinen Zielen dienlich ist (ebd., 216). Die anderen zählen für ihn nicht, was nicht ausschließt, dass er sich aus Eigeninteresse moralisch korrekt verhält und z. B. einem Kaffeeverkäufer das Geld gibt, das dieser für seinen Kaffee verlangt.

Dieses Verständnis von Instrumentalisierung lässt verschiedene Grade zu: Je weniger mir am Wohl des anderen liegt, desto stärker behandle ich ihn in der Interaktion als bloßes Mittel. Zudem hängt reine Instrumentalisierung nach diesem Verständnis von den Einstellungen der Akteure ab. Der Gangster behandelt den Kaffeeverkäufer bloß als Mittel, auch wenn er korrekt für seinen Kaffee bezahlt, sofern er bereit wäre, ihn gegebenenfalls für den Kaffee auch umzubringen. Was er in einem solchen Fall tut, ist moralisch zulässig, obwohl den Kaffeeverkäufer bloß als Mittel behandelt. Der Gangster hat eine falsche Einstellung anderen gegenüber, das sagt allerdings nichts darüber aus, ob seine Taten auch falsch sind. Nach Parfit ist es sogar selten so, dass wir falsch handeln, *weil* wir jemanden bloß als Mittel benutzen (vgl. ebd., 232). Kants Instrumentalisierungsverbot scheint eine wichtige moralische Wahrheit zum Ausdruck zu bringen. Das, worauf sie hinweist, ist jedoch, wie Parfit meint, kaum je eine falschmachende Eigenschaft. Wenn es eine Frage der Einstellung ist, ob ich eine andere Person bloß als Mittel gebrauche, dann spielt die Diagnose, jemand werde instrumentalisiert, für die moralische Beurteilung von Handlungen nicht die von Kant vorgesehene Rolle. Viele Weisen, den anderen bloß als Mittel zu behandeln, werden dann moralisch erlaubt sein. Das korrekte Bezahlen für den Kaffee durch Parfits Gangster ist ein Beispiel dafür.

Andere Konzeptionen von Instrumentalisierung teilen Parfits Schluss, dass Instrumentalisierung keine falschmachende Eigenschaft sei, wenngleich aus anderen als den von ihm vorgebrachten Gründen. So kann man argumentieren, dass andere Personen genau dann bloß als Mittel gebraucht werden, wenn sie in einer Weise als Mittel behandelt werden, die *moralisch unzulässig* ist (vgl. Schaber 2010, Kap. 1). Die Formulierung ›bloß als Mittel‹ weist dann darauf hin, dass die jeweils zur Diskussion stehende Form der Instrumentalisierung moralisch falsch ist. Nach diesem Vorschlag ist der Unterschied zwischen ›bloß als Mittel behandeln‹ und ›als Mittel behandeln‹ moralisch bedeutsam. Er ist jedoch nicht moralisch bedeutsam in dem Sinn, dass die Eigenschaft ›bloß als Mittel‹ eine Handlung falsch macht, sondern vielmehr in dem Sinn, dass sie bloß dann vorliegt, wenn die Handlung Eigenschaften hat, welche diese moralisch falsch machen. Jemanden bloß als Mittel behandeln, heißt, ihn in einer unzulässigen Weise zu instrumentalisieren. Ob es falsch ist, jemanden bloß als Mittel zu behandeln, ist nach diesem Vorschlag keine offene Frage.

Menschenwürde

Nach einer verbreiteten Auffassung stellt die Instrumentalisierung anderer Personen eine Verletzung der Menschenwürde dar. So ist z. B. der Rechtsphilosoph Kurt Seelmann der Meinung, dass die Würde von Kindern, mit denen Forschung betrieben wird, verletzt wird, *weil* sie dabei instrumentalisiert werden (Seelmann/Kipfer 2006). Ob diese Diagnose zutrifft, hängt davon ab, was unter dem Begriff der Würde zu verstehen ist. Nicht für alle Autoren steht fest, dass eine befriedigende Antwort auf diese Frage gegeben werden kann. Verschiedene sind der Meinung, der Begriff sei leer (vgl. Hoerster 2002, 24) oder aber auf andere normativ wichtige Begriffe wie den Begriff der Menschenrechte (vgl. ebd., 25) oder den Begriff der Autonomie (vgl. Macklin 2003) reduzierbar. Davon, dass der Begriff leer ist und nicht geklärt werden kann, kann man nicht ausgehen. Dass er klärungsbedürftig ist, ist ein Schicksal, das er mit anderen normativ wichtigen Begriffen wie ›Gerechtigkeit‹ oder ›Autonomie‹ teilt. Ob der Begriff redundant ist, kann nur durch eine konkrete Begriffsanalyse geklärt werden.

Inhärente Würde: Wenn in der Forschungsethik und anderen Bereichen der Angewandten Ethik von Verletzungen der Würde von Menschen die Rede ist, steht jeweils eine bestimmte Form der Würde im Blick, die man als *inhärente Würde* bezeichnen kann. In der Präambel der Allgemeinen Menschenrechtserklärung der Vereinten Nationen ist von der inhärenten Würde (*inherent dignity*) aller Mitglieder der menschlichen Familie die Rede. Was könnte damit gemeint sein?

Vergleichen wir diese moderne Verwendung zunächst mit vormodernen Verwendungen des Begriffs. In der ersten Übersetzung von Ciceros *De officiis* aus dem Jahr 1488 wird das Wort *dignitas* mit dem deutschen Begriff der *Wyrde* übersetzt. Für Cicero selbst ist das Wort *dignitas* die Übersetzung des griechischen Ausdrucks *axioma*. Mit *axioma* ist im griechischen Denken allgemein das Ansehen, die Geltung oder der Wert eines Menschen gemeint, d. i. kontingente Qualitäten, die Menschen aufgrund ihrer sozialen Herkunft und Stellung und auch aufgrund ihres Verhaltens, nicht aber bereits aufgrund ihres Menschseins zukommt. Cicero nimmt jedoch nicht auf dieses Verständnis Bezug, sondern stützt sich auf die Verwendung des Begriffs *axioma* in der Stoa. In der Stoa versteht man unter *axioma* den inneren Wert, den Menschen aufgrund ihrer Vernunftbegabung besitzen. Cicero bezieht sich damit interessanterweise auf eine nicht-kontingente Eigenschaft von Menschen. Würde wird nicht an die soziale Herkunft und Stellung, an das soziale Ansehen, auch nicht an ein bestimmtes Verhalten, sondern an eine nicht-kontingente Eigenschaft gebunden.

Interessant ist, dass dies die Eigenschaft ist, an die viel später dann auch Kant den Würdebegriff bindet. Liegt der moderne Würdebegriff also schon in der Antike vor? Nein, und dies wird verständlich, wenn man genauer betrachtet, wie der Vorschlag von Cicero lautet: Die Vernunft erlaubt es dem Menschen, sich von seinen Wünschen und Begierden zu distanzieren. Er muss ihnen nicht folgen. Genau das ist es, was nach Cicero dem Menschen Größe verleiht. Und daran knüpft die Würde des Menschen an: Der Mensch hat Würde als Wesen, das nicht durch seine Natur bestimmt wird. Damit ist zunächst eine Fähigkeit beschrieben. Gleichzeitig ist damit aber auch ein normatives Ideal bezeichnet. Die besagte Fähigkeit, sich durch Vernunft von Wünschen und Begierden zu distanzieren, die die Würde des Menschen nach Cicero ausmacht, verpflichtet ihn darauf, sein Leben in einer bestimmten Weise zu gestalten. Sie verpflichtet ihn darauf, sich nicht durch die eigenen Wünsche und Begierden bestimmen zu lassen. Cicero versteht Würde im Sinne eines anti-hedonistischen Lebensideals. Wenn man sich, so Cicero, vor Augen führt, was Menschen im Unterschied zu Tieren zu tun in der Lage sind, ersieht man, »dass körperliches Vergnügen der erhabenen Stellung des Menschen nicht genug würdig ist und verschmäht und zurückgewiesen werden muss« (Cicero: De. off., 105 f.). Würdig verhält sich bloß derjenige, welcher »sparsam, enthaltsam, streng und nüchtern« (ebd., 106) lebt. Wer die Fähigkeit zur Selbstdistanzierung nicht ausübt, lebt nicht in einer Weise, die uns die menschliche Natur vorzeichnet. Da Menschen frei sind, stehen sie in Gefahr, diese Bestimmung zu verfehlen und so wie Tiere zu leben. Man besitzt Würde bloß, wenn man sich in der beschriebenen Weise verhält. Man kann die Würde entsprechend erwerben, verlieren und wiedergewinnen. Würde meint ein Lebensideal: nämlich vernunftgemäß zu leben.

Genau das meint der moderne Begriff inhärenter Würde nicht. Er beschreibt kein Lebensideal, sondern einen Anspruch, den seine Träger anderen gegenüber geltend machen können. Moderne Verfassungen schreiben uns nicht vor, sparsam, enthaltsam, streng und nüchtern zu leben. Sie schreiben uns vielmehr vor, andere in bestimmten Weisen in erster Linie *nicht* zu behandeln.

Diesen *moralischen* Begriff von Würde finden wir zuallererst bei Kant. Für ihn haben Personen Würde. Dass Personen Würde haben, bedeutet nach Kant, dass sie in bestimmter Weise behandelt werden sollen: Wesen, die Würde haben, müssen geachtet werden und diese Achtung kann eingefordert werden: »Achtung, die ich für andere trage, oder die ein anderer von mir fordern kann, ist die Anerkennung einer Würde an anderen Menschen, d. i. eines Werths, der kein Preis hat, kein Äquivalent, wogegen das Object der Werthschätzung ausgetauscht werden kann« (Kant: MS/14b, 462). Würde wird von Kant als Anspruch gedacht, der geachtet werden soll und entsprechend auch verletzt werden kann. Ein Anspruch ist etwas, was man anderen gegenüber geltend machen kann.

Was ist mit ›inhärenter Würde‹ gemeint? Die inhärente Würde kann zunächst von Formen der Würde unterschieden werden, die dem Würdeträger aufgrund kontingenter Eigenschaften zukommen. Das gilt z. B. für die Würde, die an Ämter und Funktionen gebunden ist (wie z. B. die Würde der Richterin). Die inhärente Würde kommt den Würdeträgern im Unterschied zu diesen anderen Würdeformen permanent zu und kann nicht gewonnen, verloren und wieder gewonnen werden. Sie kann verletzt oder angetastet werden, aber sie kann nicht verlorengehen. Wenn etwa durch Forschung die Würde von Kindern verletzt wird, heißt das nicht, dass sie keine Würde mehr haben. Es heißt vielmehr, dass sie nicht so behandelt wurden, wie es ihrer inhärenten Würde entsprochen hätte.

Doch was heißt es, eine inhärente Würde zu haben? Orientierungspunkt für ein angemessenes Verständnis von inhärenter Würde ist für viele Kants Verständnis der Würde. Würde beruht nach Kant auf der Autonomie, d. h. auf der Möglichkeit, sich nach Gesetzen zu bestimmen. Einschlägig für das Verständnis dessen, was es nach Kant bedeutet, andere in ihrer Würde zu respektieren, ist darüber hinaus die Zweckformel des kategorischen Imperativs. Sie legt uns nahe, die Würde von Personen als etwas zu verstehen, das dann geachtet wird, wenn Personen als Zweck an sich selbst behandelt werden. Das wirft die Frage danach auf, was es heißt, jemanden als Zweck an sich selbst zu behandeln, ein Begriff, der seinerseits interpretationsbedürftig ist.

Moralischer Status und Rechte: Man kann inhärente Würde auch als Zuschreibung eines moralischen Status verstehen. Nach Stephen Darwall ist die Würde die Zuschreibung einer normativen Autorität, anderen Personen gegenüber gültige Forderungen stellen zu können (vgl. Darwall 2006, 14). Den anderen in seiner Würde zu achten, heißt entsprechend, ihn als Wesen mit einer solchen normativen Autorität zu achten. In eine ähnliche Richtung zielt der Vorschlag von Joel Feinberg, wonach Würde zu haben bedeutet, die Fähigkeit zu besitzen, Forderungen stellen zu können (Feinberg 1970, 151). Darwalls Begriff der Würde ist klar normativ gefasst: Würde haben heißt, normative Autorität zu besitzen. Feinberg sieht Würde als eine bestimmte Fähigkeit. Beide Begriffe sind allerdings nicht direkt mit Ansprüchen verbunden, in bestimmter Weise von anderen behandelt bzw. nicht behandelt zu werden.

Das sieht anders aus, wenn man sich an einem Begriff der Würde orientiert, wie ihn Dieter Birnbacher vorschlägt (Birnbacher 1996, 110). Die inhärente Würde zu achten, heißt für ihn, eine Gruppe von Grundrechten zu respektieren. Gemeint sind dabei (1) das Grundrecht auf ein Existenzminimum, (2) das Recht auf Freiheit von großen und andauernden Schmerzen, (3) das Recht auf eine minimale Freiheit und (4) das Recht auf eine minimale Selbstachtung. Nach diesem Verständnis lässt sich die Menschenwürde auf grundlegende Rechte von Menschen reduzieren. Der Begriff der Würde scheint keine eigenständige normative Bedeutung zu haben, sondern ein Sammelname für unterschiedliche Grundrechte zu sein. Wenn eines dieser Grundrechte und damit die Würde von Menschen verletzt wird, wird kein Anspruch verletzt, der diesen Rechten zugrunde liegt. Mit Würde ist nichts angesprochen, was Grundrechte begründen würde. Folgt man Birnbachers Vorschlag, wird man deshalb wohl in begründungstheoretischer Hinsicht auch auf den Begriff der Würde verzichten können.

Eine andere Auffassung des Verhältnisses von inhärenter Würde und Rechten findet sich in der Schlusserklärung der Zweiten Internationalen Menschenrechtskonferenz, wo es heißt, dass alle Menschenrechte aus der inhärenten Würde abgeleitet sind (vgl. Clapham 2006, 439). Das entspricht auch der Standardauffassung des Deutschen Grundgesetzes, wonach sich die unveräußerlichen und unverletzlichen Verfassungsgrundrechte aus der Anerkennung der Würde jedes Menschen ergeben (vgl. Menke/Pollmann 2007, 150).

Würde und Demütigung: Avishai Margalit versteht die inhärente Würde von der Würdeverletzung her. Menschen werden in ihrer Würde verletzt, wenn sie gedemütigt werden (Margalit 1996, 115 ff.). Wer einen anderen demütigt, achtet ihn nicht als menschliches Wesen. Demütigung ist, so Margalit, ein Angriff auf die *Selbstachtung* der betroffenen Person. Dabei ist Selbstachtung eine Einstellung, die man sich selbst gegenüber einnimmt, wenn man sich einen intrinsischen Wert zuschreibt (ebd., 120). Diese Einstellung ist abhängig von den Einstellungen, die andere einem gegenüber einnehmen. Die Demütigung anderer zielt darauf, meine Einstellung der Selbstachtung zu zerstören. Dieser Ansicht ist auch Ralf Stoecker. Durch die Demütigung anderer wird das Selbst beschädigt, das einem Menschen ermöglicht, eine für ihn akzeptable Rolle zu übernehmen (Stoecker 2003, 142 ff.).

Der zentrale Begriff dieses Verständnisses von Menschenwürde ist derjenige der Selbstachtung. Die Frage stellt sich, welche Auffassung von Selbstachtung in diesem Zusammenhang von Bedeutung ist. Sich selbst zu achten, kann im Sinne der Selbstwertschätzung verstanden werden: Ich schreibe mir selbst und dem, was ich tue, einen Wert zu (vgl. Rawls 1979, 440; Raz 1994, 26). Margalit meint, dass es sich bei der Selbstachtung, die durch Demütigung gefährdet wird, um eine Wertschätzung handelt, die sich nicht auf eigene Taten, sondern auf das eigene Menschsein bezieht (vgl. Margalit 1996, 24). Er meint darüber hinaus, dass man Selbstwertschätzung und Selbstachtung unterscheiden sollte (vgl. ebd., 44). Selbstachtung soll nach Margalit kein psychischer Zustand zu sein, der in unterschiedlichen Individuen in unterschiedlicher Stärke vorliegt. Er begreift sie als etwas, das unabhängig von der Bewertung konkreter Kompetenzen und Taten ist. Allerdings ist nicht klar, ob man Selbstachtung nicht doch als einen psychischen Zustand begreift, und damit besser von Selbstwertschätzung sprechen müsste, wenn man darunter wie Margalit etwas versteht, das durch Demütigungen bei den meisten, jedoch nicht bei allen Menschen beeinträchtigt wird (vgl. ebd., 123). Ein solches Verständnis wirft nicht nur die Frage auf, ob man dann besser von Selbstwertschätzung sprechen sollte. Es stellt auch die Konzeption in Frage, da es fraglich erscheint, ob es tatsächlich die kontingente Beeinträchtigung der Selbstwertschätzung ist, die Demütigungen verwerflich und zu einer Verletzung der Würde von Menschen machen.

Man kann Selbstachtung in einem rein *normativen* Sinn verstehen und die Meinung vertreten, dass eine Person sich selbst achtet, wenn sie ihre eigenen moralischen Rechte nicht aus niederen Motiven verleugnet (vgl. Schaber 2010, Kap. 2.4). Selbstachtung setzt damit auch voraus, dass andere mein Recht anerkennen, die eigenen Rechte wahrzunehmen. Demütigung zielt nach diesem Verständnis darauf ab, dieses Recht abzusprechen und stellt deshalb eine Verletzung der Selbstachtung dar. Nach dieser normativen Konzeption ist die Verletzung der Selbstachtung unabhängig von den psychischen Beeinträchtigungen, die eine Person aufgrund von Demütigungen erleidet. Demütigung verletzt die Selbstachtung von Personen, weil mit ihnen Rechte von Personen verletzt werden, nicht weil ihre Selbstwertschätzung in Mitleidenschaft gezogen wird (vgl. Schaber 2012, 67 f.).

Instrumentalisierung und Würdeverletzung: Für viele ist jede Instrumentalisierung von Menschen eine Verletzung ihrer Würde. Ob das allerdings wirklich der Fall ist, hängt davon ab, was man unter ›inhärenter Würde‹ versteht. Man braucht einen weiten Begriff von inhärenter Würde, soll jeder Fall reiner Instrumentalisierung als Würdeverletzung gesehen werden können. Wenn ich ein falsches Versprechen abgebe, verletzte ich ein Recht, nicht getäuscht zu werden, aber damit nicht eo ipso auch einen Anspruch, der direkt mit der Würde des anderen verbunden ist. Die Würde wird vielmehr in schwerwiegenderen Fällen verletzt. Darüber, welche dieser Fälle gleichzeitig Instrumentalisierungen darstellen, bestehen unterschiedliche Meinungen. Ein paradigmatischer Fall der Würdeverletzung ist es, wenn ich andere als Sklaven zu meinen Zwecken benutze. Der Grund hierfür kann darin gesehen werden, dass man einem anderen Menschen, indem man ihn versklavt, das Recht abspricht, seine moralischen Rechte wahrnehmen zu können. Jedoch auch wenn man Würde nicht an Selbstachtung knüpft, sondern wie z. B. Dieter Birnbacher an bestimmte Grundrechte des Menschen, wird man Versklavung als klare Würdeverletzung verstehen. Schwieriger ist es eine Antwort auf die Frage zu geben, ob man Menschen in würdeverletzender Art instrumentalisiert, wenn man ihren Tod in Kauf nimmt, um anderen Menschen das Leben zu retten. In dem viel diskutierten Trolley-Beispiel (Foot 1978), in dem durch das Umstellen der Weichen die Straßenbahn bloß eine statt fünf Personen zu Tode reißt, scheint niemand instrumentalisiert zu werden. Dies gilt zumindest dann, wenn man annimmt, dass man eine kausale Rolle in der Herbeiführung eines Handlungsresultats spielen muss, soll das, was man dabei tut, als Instrumentalisierung einer anderen Person angesehen werden können (vgl. Scanlon 2008, 111 ff.).

Bei sog. humanitären Interventionen in Drittstaaten, die darauf abzielen, massive Menschenrechtsverletzungen zu verhindern, das Leben Unschuldiger aber in Mitleidenschaft ziehen, wird nach Ansicht von Rüdiger Bittner das Instrumentalisierungsverbot verletzt (Bittner 2004, 101). Menschen würden getötet, um Zwecke zu realisieren, die nicht die ihren sind. Es ist allerdings nicht klar, ob die unschuldigen Opfer hier Mittel zum Zweck sind. Man kann argumentieren, dass sie gar nicht Mittel zu einem Zweck sind, da der Zweck, der realisiert werden soll, auch ohne den Tod von Menschen erreicht werden könnte. Das unterscheidet humanitäre Interventionen, so kann man argumentieren, von dem Fall eines gesunden Menschen, der getötet wird, um seine Organe zur Heilung von fünf kranken Menschen zu verwenden. In diesem Beispiel ist das Töten eines Menschen in der Tat ein Mittel zur Erreichung des guten Zwecks: Der Tod der Person, die benutzt wird, ist intendiert und nicht als Nebenfolge eines Tuns bloß in Kauf genommen (s. Kap. II. 22).

Ohne Frage instrumentalisiert wird die Person, die im Trolley-Beispiel vor die Straßenbahn gestoßen wird, um diese zu stoppen und Menschen das Leben zu retten. Die meisten halten diese Instrumentalisierung für moralisch unzulässig und wohl auch für eine Verletzung der Würde der Opfer. Im Unterschied zu militärischen Interventionen sind in solchen Fällen die Opfer Mittel zum Zweck: Eine Person wird in den Tod gestoßen, um anderen das Leben zu retten. Das gilt auch für die Verhinderung eines Terroraktes, der nicht nur zum Tod der Terroristen, sondern auch zum Tod Unschuldiger führt, die sich in der Gewalt der Terroristen befinden. Das Problem wurde am Beispiel eines von Terroristen entführten Flugzeugs, das in einem Wolkenkratzer zur Explosion kommen und Tausende in den Tod reißen soll, diskutiert (vgl. Merkel 2007). Darf man dieses Flugzeug abschießen und damit das Leben vieler Unschuldiger beenden, um eine noch größere Zahl Unschuldiger zu schützen? Menschen werden dabei instrumentalisiert und zwar, wie verschiedene Autoren meinen, in einer ihre Würde verletzenden Art (BverfG 2006, 758). Man könnte dagegen argumentieren, dass die Betroffenen einer solchen Tat zustimmen würden oder zumindest Gründe haben, das zu tun – auch wenn sie es faktisch vielleicht nicht tun würden (vgl. Merkel 2007, 16).

Einige meinen, dass eine würdeverletzende Instrumentalisierung auch bei der sog. Leihmutterschaft (s. Kap. III. 27) vorliegt. Frauen werden von anderen für fremde Zwecke benutzt. Sie stellen dabei ihren Körper in einer Weise zur Verfügung, die oft mit erheblichen physischen und psychischen Belastungen verbunden ist. Das kann man als Verletzung der Würde sehen (vgl. Warnock 1985, 46). Man kann allerdings der Meinung sein, dass dies nur dann der Fall ist, wenn das Austragen eines Kindes für andere erniedrigend ist. Und das ist nicht der Fall, so kann man argumentieren, sofern die betroffenen Frauen freiwillig zustimmen.

Welche Auffassung richtig ist, hängt davon ab, was unter ›Würde‹ zu verstehen ist. Wenn man Würde über Selbstachtung bestimmt, stellt sich die Frage, welche Rolle Zustimmung im Kontext von Selbstachtung hat. Wird die Selbstachtung einer Person nicht beeinträchtigt, wenn sie Gründe hat, der Weise, wie man sie behandelt, zuzustimmen? Das ist eine Frage, die nur innerhalb einer ausgearbeiteten Theorie der Selbstachtung beantwortet werden kann.

Instrumentalisierungen sind Verletzungen der Würde von Menschen, wenn sie Ausdruck der Überzeugung sind, dass die Anliegen der betroffenen Personen nicht zählen. In anderen Fällen können sie Rechte von Personen verletzen und deshalb unzulässig sein, ohne dass sie notwendigerweise Verletzungen der Würde darstellen.

Literatur

Birnbacher, Dieter: Ambiguities in the concept of Menschenwürde. In: Kurt Bayertz (Hg.): *Sanctity of Life and Human Dignity*. Dordrecht 1996, 107–122.

Bittner, Rüdiger: Humanitäre Interventionen sind unrecht. In: Georg Meggle (Hg.): *Humanitäre Interventionsethik*. Paderborn 2004, 99–106.

Bundesverfassungsgerichtsurteile (BverfG): Urteil vom 15. 2. 2006 – 1 BvR 357/05. In: *Neue Juristische Wochenzeitschrift* 11 (2006), 751–761.

Cicero: *De officiis/Vom pflichtgemäßen Handeln*, übersetzt und kommentiert von H. Gunermann. Stuttgart 1995 [=De. off.].

Clapham, Andrew: *Human Rights Obligations of Non-State Actors*. Oxford 2006.

Darwall, Stephen: *The Second-Person Standpoint. Morality, Respect, and Accountability*. Cambridge, Mass. 2006.

Feinberg, Joel: The nature and value of rights. In: *Journal of Value Inquiry* 4 (1970), 243–257.

Foot, Philippa: The problem of abortion and the doctrine of double effect. In: Dies.: *Virtues and Vices*. Oxford 1978, 19–32.

Hoerster, Norbert: *Ethik des Embryonenschutzes. Ein rechtsphilosophischer Essay*. Stuttgart 2002.

Höffe, Otfried: Menschenwürde als ethisches Prinzip. In: Ders./Ludger Honnefelder/Josef Isensee/Paul Kirchhof (Hg.): *Gentechnik und Menschenwürde. An den Grenzen von Ethik und Recht*. Köln 2002, 111–141.

Kant, Immanuel: *Grundlegung zur Metaphysik der Sitten*. Akademie-Ausgabe, Bd. IV. Berlin 1907/14a [=GMS].

–: *Metaphysik der Sitten*. Akademie-Ausgabe. Bd. VI. Berlin 1907/14b [=MS].

Kerstein, Samuel: Treating others merely as means. In: *Utilitas* 2 (2009), 163–180.

Korsgaard, Christine M.: The right to lie. Kant on dealing with evil. In: *Creating the Kingdom of Ends*. Cambridge 1996, 133–158.

Macklin, Ruth: Dignity is a useless concept. In: *British Medical Journal* 327 (2003), 1419–1420.

Margalit, Avishai: *The Decent Society*. Cambridge, Mass. 1996.

Menke, Christoph/Pollmann, Arnd: *Philosophie der Menschenrechte*. Hamburg 2007.

Merkel, Rainer: § 14 Abs. 3 Luftsicherheitsgesetz: Wann und warum darf der Staat töten? Ms. 2007.

O'Neill, Onora: Between consenting adults. In: *Constructions of Reason. Constructions of Reason*. Cambridge 1989, 105–125.
Parfit, Derek: *On What Matters*. Vol. I. Oxford 2011.
Rawls, John: *Eine Theorie der Gerechtigkeit*. Frankfurt a. M. 1979 (engl. 1971).
Raz, Joseph: Duties of well-being. In: Ders. (Hg.): *Ethics in the Public Domain*. Oxford 1994, 3–28.
Scanlon, Thomas: *Moral Dimensions. Permissibility, Meaning, Blame*. Cambridge, Mass. 2008.
Schaber, Peter: *Instrumentalisierung und Würde*. Paderborn 2010.
–: *Menschenwürde*. Stuttgart 2012.
Seelmann, Kurt/Kipfer, Daniel: Der Zweck heiligt auch bei der Forschung nicht die Mittel. In: *Neue Zürcher Zeitung*, 12./13. August 2006.
Stoecker, Ralf: Menschenwürde und das Paradox der Entwürdigung. In: Ders. (Hg.): *Menschenwürde – Annäherung an einen Begriff*. Wien 2003, 133–152.
Tugendhat, Ernst: *Vorlesungen über Ethik*. Frankfurt a. M. 1993.
Warnock, Mary: *A Question of Life*. Blackwell 1985.
Wood, Allen W.: *Kant's Ethical Thought*. Cambridge 1999.

Peter Schaber

18 Nachhaltigkeit

Begriffsklärung und Begriffsgeschichte

Die Begriffe ›Nachhaltigkeit‹ bzw. ›nachhaltige Entwicklung‹ werden mittlerweile in vielfältigen Zusammenhängen verwendet: Die großen Weltkonferenzen der letzten Dekaden rückten sie ins Zentrum, völkerrechtliche Abkommen nahmen sie auf, Koalitionsvereinbarungen in Bund und Ländern erklärten sie zum Leitbild der deutschen Regierungspolitik, die Schweiz verankerte ›Nachhaltigkeit‹ sogar in Artikel 73 ihrer Verfassung. Trotz – oder gerade wegen – dieser rasanten Karriere konnte keine Einigkeit über die Bedeutung des Begriffspaares erzielt werden. Es scheint, als ob nichts so beliebt wäre wie das Reden und Schreiben über Nachhaltigkeit und gleichzeitig nichts so aussichtslos wie der Versuch, den Begriff konsensfähig und allgemeinverbindlich zu definieren (vgl. Jüdes 1997, 1).

Manchmal wird die Not zur Tugend erklärt und eine präzise Definition explizit abgelehnt: »Dass dieses Konzept innerhalb kurzer Zeit zu einem zentralen Leitbild der internationalen Debatte avancierte, liegt wesentlich daran, dass es diffus genug ist, um einen breiten normativen Konsens bei sehr unterschiedlichen Vorstellungen über die Art [...] seiner Umsetzung sicherzustellen. Begriffliche Präzision hätte dem Konzept sein Leitbildpotenzial gerade entzogen« (Brand 2004, 37).

Ein wichtiges Definitionskriterium, um die Bedeutung von Begriffen zu klären, ist ihre Ursprungsbedeutung. Das Herkunftswörterbuch schreibt zur Etymologie von ›nachhaltig‹, dass es eine Ableitung von dem heute veralteten Substantiv ›Nachhalt‹ sei, was gleichbedeutend ist mit etwas, das man für Notzeiten zurückbehält, bzw. mit einem Rückhalt. Die althochdeutsche Bedeutung des Verbs ›nachhalten‹ wird mit *anhalten* oder *wirken* angegeben. Eine der ersten Fundstellen im deutschen Sprachraum, in der sich das Wort im Zusammenhang mit Ressourcenbewirtschaftung findet, ist 1713 in der von Hans Carl von Carlowitz (1640–1714) veröffentlichten *Sylvicultura Oeconomica*: »Wird derhalben die gröste Kunst, Wissenschafft, Fleiß und Einrichtung hiesiger Lande darinnen beruhen, wie eine sothane Conservation und Anbau des Holtzes anzustellen [sei], daß es eine continuirliche, beständige und *nachhaltende* Nutzung gebe weiln es eine unentberliche Sache ist, ohne welche das Land in seinem Esse nicht bleiben mag.« (von Carlowitz 2013, 216). Der deutsche Begriff

›nachhaltig‹ entstand zunächst in der Forstwirtschaft und bedeutete dort, dass so viel Holz geschlagen werden sollte, wie wieder nachwächst. Der Wald – freilich nur in seiner Ertragsfunktion, nicht als Ökosystem – sollte für künftige Generationen erhalten bleiben.

Ins Englische wird ›nachhaltig‹ seit Ende der 1990er Jahre einheitlich mit ›sustainable‹ übersetzt. Der Wortstamm des englischen Verbs – wie auch des französischen Pendants ›soutenir‹ – geht auf das lateinische Verb ›sustinere‹ zurück, was so viel wie aushalten, aufrechterhalten, tragen, stützen, bewahren bedeutet. Allerdings setzte sich ›sustainable‹ (aufrechterhaltbar), anders als das viel ältere englische Wort ›sustained‹ (aufrechterhaltend, aufrechterhalten werdend), erst in den 1980er Jahren im englischen Sprachgebrauch durch. Im ersten Fall wird ein Prozess gekennzeichnet, der für die Zukunft den gleichen stabilen Ertrag verspricht, im zweiten Fall wird die bisherige Entwicklung beurteilt. Unter dem Begriff ›sustained yield‹ wurde das Bewirtschaftungsprinzip im englischsprachigen Raum schon seit mehreren Jahrhunderten auf die Nutzung des Waldes und anderer natürlicher Ressourcen, z. B. Fischerei, auf lokaler Ebene angewandt.

Festzuhalten bleibt: Die etymologische Bedeutung von ›nachhaltig/sustainable‹ verweist auf ein intertemporal-statisches Gleichgewicht, d. h. die Abnahme einer nachwachsenden Ressource durch menschliche Eingriffe ist dabei pro Periode höchstens so groß wie ihre Zunahme dank natürlicher Regeneration. Diese Begriffsbedeutung von Nachhaltigkeit sah kein Wachstum vor.

Auch für finanzielle Sachverhalte wird der Nachhaltigkeitsbegriff in dieser Bedeutung seit Ende der 1990er von Finanzwissenschaftlern, der Bundesbank und dem Finanzministerium verwendet. Bei Verletzungen des Prinzips der »finanziellen Nachhaltigkeit«, etwa wenn der Staat mehr ausgibt, als er einnimmt, wird eine »Nachhaltigkeitslücke« konstatiert.

Der Brundtland-Bericht und die Geburtsstunde von ›sustainable development‹

Die Begriffskombination ›sustainable development‹ trat erst 1987 ihren Siegeszug an (Brand/Jochum 2000, 20). Der zusammengesetzte englische Begriff wird in den 1990er Jahren zögerlich, seit den 2000er Jahren aber einheitlich mit ›nachhaltiger Entwicklung‹ ins Deutsche übersetzt. Der Aufstieg zu einem weltweiten Leitbild begann mit dem 1987 vorgelegten Abschlussbericht *Our Common Future* der Weltkommission für Umwelt und Entwicklung (WCED), die von der damaligen sozialdemokratischen norwegischen Ministerpräsidentin Gro Harlem Brundtland geleitet wurde. Diese Kommission prägte die vielfach wiederholte Definitionsformel: »Nachhaltige Entwicklung ist Entwicklung, die die Bedürfnisse der Gegenwart befriedigt, ohne zu riskieren, daß künftige Generationen ihre eigenen Bedürfnisse nicht befriedigen können« (WCED 1987, 43).

Die 22-köpfige, mit Wissenschaftlern und Politikern aus Nord und Süd besetzte Kommission war auf der Suche nach neuen Begriffen bzw. Frames, um die gegensätzlichen Interessen der Industrieländer (Umweltschutz) und Entwicklungsländer (Armutsbekämpfung) zu überwinden. Um einen Entwicklungsprozess zu entwerfen, der sowohl Umweltschutz als auch die Überwindung der Armut gewährleisten sollte, erfand man Neologismen, von denen ›sustainable development‹ der berühmteste werden sollte. Es kann bei allem Streit über die richtige Auslegung von ›nachhaltiger Entwicklung‹ kein Zweifel daran bestehen, dass durch die Kopplung dieser zwei vorher nicht zusammen verwendeten Ausdrücke ein Wortsinn entsteht, mit dem eine Veränderungsdynamik (›Entwicklung‹ bzw. ›Wachstum‹) gerechtfertigt wird, wenn auch nicht unbedingt quantitatives Wirtschaftswachstum. Im etymologischen Bedeutungsstrang aus der Forstwirtschaft war kein Wachstumsdenken angelegt, denn dies hätte bedeutet, dass als Ziel statt konstanter stetig steigende Erträge anzustreben sind. Diese Zielsetzung ist aber grundsätzlich unvereinbar mit Grundsätzen der Bewirtschaftung erneuerbarer Ressourcen. Der im Kompromissbegriff ›nachhaltige Entwicklung‹ implizierte Entwicklungsgedanke war denn auch ein wesentlicher Kritikpunkt der Umweltverbände am Brundtland-Report. Mit dem Nachhaltigkeitsbegriff sollten aus ihrer Sicht weiterhin ausschließlich Aspekte der Stabilität und der Erhaltung von ökologischen Funktionen verknüpft werden. Vorstellungen von Veränderung, Dynamik und Wachstum hatten dieser Position zufolge in einem umweltpolitischen Leitbild nichts zu suchen. Angesichts des Verhältnisses der beiden Bestandteile des zusammengesetzten Begriffs wurde nachhaltige Entwicklung als Dichotomie, ja sogar als Widerspruch in sich bezeichnet (vgl. Sachs 1993, 16).

Gelegentlich finden sich im Brundtland-Bericht die Begriffe ›ökologisch‹, ›ökonomisch‹ und ›sozial‹

in räumlicher Nähe, aber explizit ist 1987 noch nicht von dem später üblichen Drei-Säulen-Modell die Rede. Auf der normativen Ebene wird im Bericht neben der intra- auch die intergenerationelle Dimension bereits zur Begründung von ›Nachhaltigkeit‹/ ›Nachhaltige Entwicklung‹ herangezogen. Auch Regeln für das Management erneuerbarer und nicht-erneuerbarer Ressourcen werden bereits formuliert.

Der Bericht stand im Mittelpunkt der Diskussion auf dem darauf folgenden Erdgipfel der Vereinten Nationen zu Umwelt und Entwicklung (UNCED) 1992 in Rio de Janeiro, bei dem sich 178 Staaten auf eine Deklaration und ein gemeinsames Aktionsprogramm für das 21. Jahrhundert – die Agenda 21 – einigten.

Stationen im Nachhaltigkeitsdiskurs seit 1992

Der Diskurs um ›Nachhaltigkeit‹ – also um ein Jahrhunderte altes Wort v. a. aus der Forstwirtschaft – und der Diskurs um ›nachhaltige Entwicklung‹ – die Kompromissformel der Weltgemeinschaft in Rio – verschmolzen zu einem Diskurs. Im Konzept von Rio war von Anfang an eine Mehrdimensionalität angelegt, die es in der deutschen Ursprungsbedeutung nicht gab. Dies forderte zu Deutungen und Konkretisierungsversuchen geradezu heraus. Als ein wichtiger Beitrag der Diskussion in Deutschland kann der Abschlussbericht der Enquete-Kommission *Schutz des Menschen und der Umwelt* des 12. Bundestags von 1994 gelten. Dort war die Definition als Fließgleichgewicht noch herrschende Meinung, entsprechende Managementregeln wurden für den ökologischen Bereich formuliert.

Die Konzeption der zweiten Enquete-Kommission des 13. Bundestages 1998 leitete einen Paradigmenwechsel ein, indem sie das Drei-Säulen-Modell in den deutschen Diskurs über Nachhaltigkeit/nachhaltige Entwicklung einführte (Deutscher Bundestag 1998, 30–32). Folgerichtig werden nun auch für die ökonomische und soziale Dimension provisorische Managementregeln aufgestellt. Statt eines umweltpolitischen wurde ein gesellschaftliches Leitbild postuliert. Dieser Bedeutungswechsel wurde in der Wissenschaft breit und kontrovers diskutiert, und zwar auf mehreren Ebenen. Auf der ersten Ebene ging es um die Frage, wie viele und welche Dimensionen überhaupt betrachtet werden sollen. Auf der zweiten Ebene wurde debattiert, wie das Verhältnis der Dimensionen zueinander gesehen und wie das Problem der Integration bzw. der Zielkonflikte gelöst werden könnte. Auf der dritten Ebene ging es schließlich um die Frage, welche Inhalte innerhalb der Dimensionen thematisiert werden.

Grundwald und Kopfmüller fassen die kontroversen Positionen in der Debatte wie folgt zusammen:

»Unter der Prämisse, dass die Befriedigung der Bedürfnisse heutiger und zukünftiger Generationen nur möglich ist, wenn die Natur als Lebens- und Wirtschaftsgrundlage erhalten bleibt, räumen einige Positionen ökologischen Belangen im Konfliktfall den Vorrang vor allen anderen ein [...]. Ökonomische und soziale Fragen spielen dabei zwar als Ursachen und Folgen von Umweltproblemen eine Rolle. Die daraus resultierende Anforderung, Umweltschutzmaßnahmen so ›ökonomie- und sozialverträglich‹ wie möglich umzusetzen, ändert jedoch am Primat der ökologischen Nachhaltigkeit nichts. [...]. In Gegensatz zur ökologischen Nachhaltigkeit bzw. zu Ein-Säulen-Konzepten wird in mehrdimensionalen Konzepten ein prinzipieller Vorrang der ökologischen Dimension abgelehnt und stattdessen die Notwendigkeit einer gleichrangigen Berücksichtigung der Dimensionen nachhaltiger Entwicklung betont« (Grunwald/Kopfmüller 2012, 54–55, 57).

Eine 2003 durchgeführte Literaturanalyse von sechzig Nachhaltigkeitsdefinitionen verschiedener Wissenschaftler/innen im deutschen Sprachraum (Tremmel 2003) ergab, dass sich Konzeptionen, die drei oder mehr Säulen gleichberechtigt nebeneinander sehen, immer weiter durchsetzten. Dieser Prozess hat sich seitdem noch beschleunigt. Heute, rund 25 Jahre nach Beginn des Diskurses über Nachhaltigkeit und nachhaltige Entwicklung, sind Theorien, die der Ökologie Priorität zubilligen, stark in die Defensive geraten. Die konzeptuelle Priorisierung der Ökologie erscheint auch in realdefinitorischer Sicht als nicht adäquat. Nachhaltigkeit als Containerbegriff zu verwenden, der kaum gefüllt ist, weil sich hinter dem Begriff letztlich nur ökologische Prinzipien verbergen sollen, macht definitionstheoretisch wenig Sinn. Wer Umweltschutz will, kann dieses Ziel durchaus weiterhin mit dem Begriff ›Umweltschutz‹ einfordern.

Indikatorengebundene Definitionen von Nachhaltigkeit/nachhaltige Entwicklung

Eine neue Qualität kam in den Bedeutungsdiskurs durch die Ergänzung von Definitionsvorschlägen durch Kriterienkataloge. Denn wenn Nachhaltigkeit und nachhaltige Entwicklung als das definiert werden, was konkrete Indikatoren intersubjektiv überprüfbar messen, dann wird ein weit höheres Maß an

Genauigkeit erreicht als wenn das Begriffspaar nur vage, und potentiell missverständlich, umschrieben wird. Im Vorfeld des Weltgipfels von Johannesburg 2002 legte die Bundesregierung ihre Nachhaltigkeitsstrategie vor, die in vier Handlungsfeldern (Generationengerechtigkeit, Lebensqualität, sozialer Zusammenhalt, Internationale Verantwortung) 21 Handlungsbereiche abbildete. In umfassenden Revisionen (2004, 2008 und 2012) wurde der Indikatorenkatalog weiterentwickelt, auch wenn dies aufgrund des Wunsches nach zeitlicher Vergleichbarkeit recht vorsichtig geschah. Auch nach Regierungswechseln fand kein Austausch der Nachhaltigkeitsziele und der ihnen zugeordneten Indikatoren entsprechend der Parteipräferenzen statt. Der Bericht 2012 enthält inzwischen 38 Indikatoren. Im Handlungsfeld *Generationengerechtigkeit* lauten diese z. B.: Energieproduktivität, Treibhausgasemissionen, Artenvielfalt und Landschaftsqualität, Staatsdefizit und Studienanfängerquote.

Die Indikatoren des Handlungsfeldes *Lebensqualität* sind z. B.: Bruttoinlandsprodukt je Einwohner, Ökologischer Landbau, Schadstoffbelastung der Luft, vorzeitige Sterblichkeit sowie Zahl der Straftaten.

Im Bereich *Sozialer Zusammenhalt* finden sich die Indikatoren: Erwerbstätigenquoten, Ganztagsbetreuung für Kinder, Verdienstabstand zwischen Frauen und Männern sowie ausländische Schulabsolventen mit Schulabschluss.

Internationale Verantwortung wird operationalisiert durch die Indikatoren: Anteil öffentlicher Entwicklungsausgaben am Bruttonationaleinkommen und Deutsche Einfuhren aus Entwicklungsländern.

Die Ziele und auch der Grad der Zielerreichung sind damit quantitativ beschreibbar geworden, so dass nach diesem Definitionsansatz der Nachhaltigkeitsterminologie nichts Unerläutertes oder Unscharfes mehr anhaftet. Ein indikatorenbasierter Ansatz liefert eine glasklare Definition: Eine Gesellschaft entwickelt sich nachhaltig, wenn die entsprechenden quantitativen Ziele der Nachhaltigkeitsstrategie erreicht werden.

Zahlreiche Akteure haben Indikatoren-Sets für Nachhaltigkeit/nachhaltige Entwicklung vorgelegt (vgl. Kopfmüller et al. 2001; Renn et al. 2007). Auch wenn einige Indikatoren übereinstimmend genannt werden, so gibt es auch bemerkenswerte Unterschiede. So formuliert die Enquete-Kommission »Wachstum, Wohlstand, Lebensqualität – Wege zu nachhaltigem Wirtschaften und gesellschaftlichem Fortschritt in der Sozialen Marktwirtschaft« insgesamt zehn Indikatoren, darunter auch Innovationen wie Einkommensverteilung 80/20, nationaler Stickstoff-Überschuss und einen Freiheitsindex (Deutscher Bundestag 2013).

Nachhaltigkeitsethik als neue Bereichsethik

Ethik ist definierbar als das systematische Nachdenken über die Moral. Als normative Disziplin macht die Ethik Aussagen darüber, was Menschen tun sollen bzw. welches ihre Pflichten sind. Dabei werden Kriterien für gutes und schlechtes Handeln aufgestellt.

Die kurz dargestellte Geschichte des Nachhaltigkeitsdiskurses deutet schon an, dass die Imperative einer Nachhaltigkeits*ethik* nicht leicht zu identifizieren sein dürften. In einem ersten Schritt könnte man die landläufige Meinung aufgreifen, dass derjenige moralisch im Sinne dieser Bereichsethik handelt, der die Umwelt schützt. Dies würde aber das Drei-Säulen-Modell und damit den Bedeutungswandel ignorieren, den das Begriffspaar ›Nachhaltigkeit/nachhaltige Entwicklung‹ erlebt hat. In einer zweiten Annäherung könnte man folgern, dass Nachhaltigkeitsethik als die Summe der Postulate aus Umwelt-, Wirtschafts- und Sozialethik verstanden werden muss (Carnau 2011) – dies scheitert jedoch aus zweierlei Gründen. Erstens verhandeln diese drei Bereichsethiken unterschiedliche Gegenstände, die inkommensurabel sind. Zweitens wäre auch dieser Ansatz unterkomplex, weil er den Wandel des Verständnisses von Nachhaltigkeit und nachhaltiger Entwicklung in den letzten Jahren hin zu indikatorenbasierten Konzepten unberücksichtigt ließe. Indikatorenkataloge, vor allem wenn sie deduktiv aus einer fundierten Nachhaltigkeitstheorie abgeleitet werden, stellen wie gezeigt einen Fortschritt innerhalb des Nachhaltigkeitsdiskurses dar. Berücksichtigt man dies konsequent für die Bestimmung einer Nachhaltigkeitsethik, so führt das zu dem Schluss, die einzelnen Indikatoren als Basis für Gebote moralischen Handelns heranzuziehen. Daraus lässt sich dann ein Pflichtenkatalog zusammenstellen, der etwa folgende Gebote enthält: Reduziere Treibhausgase! Verhalte Dich so, dass das Bruttoinlandsprodukt/Kopf wächst! Lebe gesund! Rauche nicht! Nimm ein Studium auf! Begehe keine Straftaten! Geh wählen! Aber wähle keine extremistischen Parteien! Registriere Dich als Knochenmarkspender!

Einige überraschende oder ungewöhnliche Postulate ergeben sich aus Indikatoren einzelner Indikatoren-Sets: Setze genug Kinder in die Welt! (Renn et al. 2007). Tritt einer Gewerkschaft bei! (Kopfmüller et al. 2001). Ein solcher Pflichtenkatalog, obwohl stringent aus indikatorenbasierten Nachhaltigkeitskonzepten ableitbar, wird heute in der Nachhaltigkeitsethik, sofern diese als etablierte Bereichsethik überhaupt schon existiert, noch nicht diskutiert. Meist zieht man sich auf die vage Formel zurück, Nachhaltigkeit sei ein Konzept, das normativ durch inter- und intragenerationelle Gerechtigkeit begründet wird. Etwa ein Drittel der Nachhaltigkeitstheoretiker stützen ihr Konzept auf der normativen Begründungsebene ausschließlich auf Erwägungen intergenerationeller Gerechtigkeit, für weitere 60 % steht Generationengerechtigkeit immerhin gleichberechtigt neben intragenerationellen Gerechtigkeitszielen (Tremmel 2004). Es erscheint daher notwendig, kurz den Stand der Generationenethik darzustellen und diesen dann auf den Nachhaltigkeitsdiskurs zu beziehen.

Neben theoretischen Fragen nach der Identität und Personalität des Menschen, insbesondere dem sog. Nicht-Identitäts-Paradoxon (s. Kap. II. 28, s. Kap. II. 21), diskutiert die Generationenethik das Ausmaß unserer Pflichten gegenüber künftigen Generationen (s. Kap. II. 28). Der intergenerationelle Suffizienziarismus (vgl. Meyer/Roser 2009) beurteilt Generationengerechtigkeit nach einem absoluten Standard: Eine spätere Generation wird gerecht behandelt, wenn ihr Wohl mindestens auf dem Suffizienzlevel ist, d. h. ein Niveau erreicht, das für ein gutes menschliches Leben ausreicht. Ob sie besser oder schlechter gestellt ist als andere Generationen, ist dabei ohne Belang. Die Mehrheit der philosophischen Autoren jedoch vertritt im Hinblick auf intergenerationelle Gerechtigkeit keinen absoluten Standard menschlichen Wohls, sondern einen komparativen, also einen, der das erstrebenswerte Level an Wohl im Vergleich mit anderen Generationen festlegt (s. Kap. II. 28). Im Rahmen solch komparativer Standards werden strikt egalitaristische Prinzipen – also die Forderung, dass die heutigen und nachfolgenden Generationen gleichwertige Lebensgestaltungschancen besitzen sollen – relativ selten postuliert. Weit häufiger werden komparative Standards zusammen mit der Formulierung ›mindestens genauso gut‹ verwendet. Ähnlich wie bereits bei John Locke (1977, II § 25) finden wir in der Gegenwart bei Dieter Birnbacher, Otfried Höffe, Eric Rakowski oder Gregory S. Kavka die Auffassung, dass das Erbe einer jeden Generation *mindestens* gleich, *möglichst* aber größer ausfallen sollte als das Erbe, das sie von der vorherigen Generation übernommen hatte.

Aber auch die Auffassung, dass Generationengerechtigkeit eine – nicht durch ›möglichst‹ oder ›vielleicht‹ eingeschränkte – Verpflichtung beinhaltet, das Wohl nachrückender Generationen zu steigern, hat ihre Anhänger (Tremmel 2012).

Je nachdem, ob die Formulierung ›mindestens so gut wie‹ oder ›besser als‹ verwendet wird, hat dies unterschiedliche Implikationen hinsichtlich des Ausmaßes unserer Pflichten gegenüber der Zukunft. Die erste Variante gehört noch zu den strikt egalitaristischen Standards, wenn auch in abgeschwächter Form, die zweite jedoch nicht. Bezogen auf die Lebensbedingungen des Menschen korrespondiert die erste Variante mit der intertemporal-statischen Auffassung von Nachhaltigkeit. Generationengerechtigkeitstheorien, die eine Verbesserung für spätere Generationen proklamieren, kann hingegen eine Nähe zu intertemporal-dynamischen Nachhaltigkeitskonzepten nachgesagt werden.

Nachhaltigkeitsindikatoren-Sets als Teil der Axiologie, nicht der Ethik

Möglicherweise ist es aber auch gänzlich irrig, auf Nachhaltigkeit bezogene ethische Postulate, also eine Nachhaltigkeitsethik, entwickeln zu wollen.

Es ist weithin üblich, die Axiologie, d. i. Wertlehre (s. Kap. II. 27), als eigenständigen, von der Ethik getrennten Bereich der Philosophie zu betrachten. Immanuel Kant hat einst das Streben nach Glück klar unterschieden von der tugendhaften Erfüllung der Pflicht. Nur für Letzteres sah er die Ethik zuständig. Es ist möglich, dass ›Nachhaltigkeit/nachhaltige Entwicklung‹ in den letzten Jahren zu einer primär axiologischen Kategorie geworden ist. Denn die zahlreichen Indikatoren, die zur Bestimmung einer sich nachhaltig entwickelnden Gesellschaft aufgestellt wurden, scheinen zu beschreiben, was ein auf Dauer *glückliches* Leben für alle Erdenbürger ausmacht. Die Frage nach den im Nachhaltigkeitskonzept enthaltenen Pflichten des Einzelnen würde dann sekundär.

Für diese Deutung spricht Einiges. Die jüngste Enquete-Kommission hat nach eigenen Angaben bei der Festlegung ihres Indikatoren-Sets die gesamte Bandbreite der Methoden der Wohlfahrtsmessung, angefangen von lange etablierten Wohlfahrtsmaßen wie etwa dem seit 1990 veröffentlichten Human Development Index (HDI) der Vereinten Nationen über den Nationalen Wohlfahrtsindex (NWI) bis hin zu aktuellen Initiativen wie sie derzeit etwa in Australien (Measures of Australian's Progress), den Vereinigten Staaten (Key National Indicator System, KNIS) oder Großbritannien (National Well-Being Framework des britischen Statistikamtes ONS) gestartet wurden, berücksichtigt (Deutscher Bundestag 2013, 231). Die genannten Indices sind zweifellos dem Diskurs über Lebensqualität, nicht dem Diskurs über Ethik, zuzurechnen. ›Nachhaltigkeit/nachhaltige Entwicklung‹ ist die Chiffre für die zeitgemäße Bestimmung von Lebensqualität und Wohlstand, jetzt und für künftige Generationen, geworden. Statt: »Was soll ich tun?« wird die Frage umgedreht in: »Was kann der Staat tun, damit ich und meine Kinder ein gutes Leben haben?« Alle 38 Indikatoren der *Deutschen Nachhaltigkeitsstrategie* sollen sich positiv entwickeln. Dies ist die Logik, die nicht nur der nationalen, sondern im Grunde allen indikatorenbasierten Nachhaltigkeitsstrategien zu Grunde liegt. Die nächste Generation soll es also besser haben als ihre Vorgänger-Generation.

Bezogen auf den Diskurs über Nachhaltigkeit, lässt sich daraus ein doppeltes Gebot ablesen: Das Naturkapital soll mindestens *erhalten* werden, alle anderen Kapitalarten sollen *gesteigert* werden. Die vorherrschende Auffassung von Nachhaltigkeit/ nachhaltiger Entwicklung als Leitbild mit mehreren, gleichberechtigten und durch Indikatoren quantitativ bestimmten Dimensionen formuliert damit eine sehr anspruchsvolle Position hinsichtlich des Ausmaßes an Lebensqualität für kommende Generationen.

Literatur

Brand, Karl-Werner/Jochum, Georg: *Der deutsche Diskurs zu nachhaltiger Entwicklung.* Texte der Münchner Projektgruppe für Sozialforschung 1 (2000). München 2000.
–: Strohhalme bieten keinen Halt. Kommentar 1 zu Jörg Tremmels Beitrag. In: *GAIA* 13/1 (2004), 35–37.
Bundesregierung von Deutschland: *Unsere Strategie für eine nachhaltige Entwicklung.* Berlin 2002.
–: *Nationale Nachhaltigkeitsstrategie.* Fortschrittsbericht 2012. Berlin 2012.
Carlowitz, Hans Carl von: *Sylvicultura oeconomica oder Haußwirthliche Nachricht und Naturmäßige Anweisung zur Wilden Baum-Zucht* [1713]. Hg. von Joachim Hamberger. München 2013.
Carnau, Peter: *Nachhaltigkeitsethik. Normativer Gestaltungsansatz für eine global zukunftsfähige Entwicklung in Theorie und Praxis.* München 2011.
Deutscher Bundestag: *Die Industriegesellschaft gestalten. Perspektiven für einen nachhaltigen Umgang mit Stoff- und Materialströmen.* Bericht der Enquete-Kommission »Schutz des Menschen und der Umwelt« des 12. Deutschen Bundestages. Bonn 1994.
–: *Konzept Nachhaltigkeit. Vom Leitbild zur Umsetzung.* Bericht der Enquete-Kommission »Schutz des Menschen und der Umwelt« des 13. Deutschen Bundestages. Bonn 1998.
Deutscher Bundestag: *Schlussbericht der Enquete-Kommission »Wachstum, Wohlstand, Lebensqualität – Wege zu nachhaltigem Wirtschaften und gesellschaftlichem Fortschritt in der Sozialen Marktwirtschaft«.* Berlin 2013.
Grunwald, Armin/Kopfmüller, Jürgen: *Nachhaltigkeit.* 2., aktual. Aufl. Frankfurt/New York 2012.
Jüdes, Ulrich: Sprachverwirrung. Auf der Suche nach einer Theorie des Sustainable Development. In: *Politische Ökologie* 15/52 (1997), 1–12.
Kopfmüller, Jürgen/Brandl, Volker/Jörissen, Juliane/Paetau, Michael/Banse, Gerhard/Coenen, Reinhard/Grunwald, Armin: *Nachhaltige Entwicklung integrativ betrachtet. Konstitutive Elemente, Regeln, Indikatoren.* Berlin 2001.
Locke, John: *Zwei Abhandlungen über die Regierung* [1960]. Frankfurt a. M. 1977.
Meyer, Lukas H./Roser, Dominic: Enough for the future. In: Axel Gosseries/Lukas Meyer (Hg.): *Intergenerational Justice.* Oxford 2009, 219–248.
Ott, Konrad: Theoriebildung statt Definitionswirrwarr. Kommentar 2 zu Jörg Tremmels Beitrag. In: *GAIA* 13/1 (2004), 38–39.
–: Zu einer Konzeption ›starker‹ Nachhaltigkeit. In: Monika Bobbert/Marcus Düwell/Kurt Jax: *Umwelt – Ethik – Recht.* Tübingen 2003, 202–239.
Renn, Ortwin/Deuschle, Jürgen/Jäger, Alexander/Weimer-Jehle, Wolfgang: *Leitbild Nachhaltigkeit: Eine normativ-funktionale Konzeption und ihre Umsetzung.* Wiesbaden 2007.
Sachs, Wolfgang: Globale Umweltpolitik im Schatten der Entwicklungspolitik. In: Ders. (Hg.): *Der Planet als Patient. Über die Widersprüche der globalen Umweltpolitik.* Basel 1993.
Tremmel, Jörg: *Nachhaltigkeit als politische und analytische Kategorie. Der deutsche Diskurs um nachhaltige Entwicklung im Spiegel der Interessen der Akteure.* München 2003.
–: »Nachhaltigkeit« – definiert nach einem kriteriengebundenen Verfahren. In: *GAIA* 1/13 (2004), 26–34.
–: *Eine Theorie der Generationengerechtigkeit.* Münster 2012.
World Commission on Environment and Development: *Our Common Future.* Oxford/New York/Toronto 1987.

Jörg Tremmel

19 Natur

Naturverhältnisse

(1) *Bedeutung*. Der Begriff der Natur steht in seinen unterschiedlichen semantischen Ausprägungen für die Bezugspunkte menschlicher Einstellungen und Verhältnisse, die extensional von der Umwelt über animalische Lebensformen bis zur biologischen Verfassung des Menschen reichen. Bei bioethischen Fragestellungen geht es um die Thematisierung und Bewertung von theoretischen oder praktischen Bezugnahmen auf Vorgänge in der Natur, die nicht vom Menschen hervorgebracht worden, aber auf folgenreiche Weise von ihm beeinflusst worden sind.

(2) *Semantische Arbeitsteilung*. Der Mensch hat sich im Laufe seiner Kulturgeschichte zunehmend von seiner natürlichen Umgebung distanziert und eine Vielzahl von theoretischen und praktischen Naturverhältnissen entwickelt. Dabei kommt es zu sehr unterschiedlichen Zugriffen auf das semantische Feld des Naturbegriffs. Allerdings ist die Vielfalt nur in Ausnahmefällen Anlass für semantische Klärungen, sodass Form und Inhalt der jeweiligen Bezugnahmen oft unklar bleiben oder sich nur mit großen Schwierigkeiten erfassen lassen.

Die semantische Vielfarbigkeit des Ausdrucks ›Natur‹ ist nicht nur die Folge definitorischer Versäumnisse. In ihr offenbart sich auch die Komplexität menschlicher Naturverhältnisse, die aus guten Gründen eine methodische und semantische Arbeitsteilung nach sich zieht, zumal die gebräuchlichsten Verwendungsweisen des Naturbegriffs in ihren jeweiligen Aufgabenstellungen nicht auf einen grundlegenden semantischen Ansatz zurückführbar sind. In der Mehrzahl seiner Verwendungsweisen steht der Begriff der Natur für die Gesamtheit der wahrnehmbaren physischen Welt, einschließlich ihrer durch Modellbildungen, Experimente und Gesetze rekonstruierten Bereiche, die gesamte belebte Welt, die gesamte belebte nicht-menschliche Welt oder die gesamte nicht-menschliche und nicht von Menschen beeinflusste Welt. Zuweilen werden die Begriffe der Natur und des Kosmos gleichbedeutend gebraucht.

Der Ausdruck ›Natur‹ geht begriffsgeschichtlich auf die griechische und lateinische Antike zurück. Die Ausdrücke ›physis‹ und ›natura‹ bezeichnen sowohl Eigenschaften von dem, was der Fall ist, als auch den Prozess des Werdens und Vergehens aller Lebewesen und Dinge. Vorgänge in der Natur sind danach Gegebenheiten, die sich ohne menschliche Eingriffe entwickeln. Das unterscheidet Natur von Kultur bzw. Technik.

Die verschiedenen Verwendungsweisen des Begriffs der Natur können in formaler Hinsicht drei Bereichen zugeordnet werden. Die *umfassende Bedeutung* bezieht sich auf alles, was sich selbst entwickelt und in seinen Veränderungsprozessen beobachtbar ist. Das schließt die Einzeldinge und Vorgänge in der Welt genauso ein wie die sie bestimmenden Gesetzmäßigkeiten. Weiterhin wird ›Natur‹ als *Gegenbegriff* zu Ausdrücken wie ›Geist‹, ›Kultur‹ oder ›Technik‹ eingesetzt. Die Gegensatzbildungen stehen aufgrund ihrer dualen Verfassung in einem spannungsreichen Verhältnis zum umfassenden Naturbegriff, was erkenntnistheoretische, wissenschaftstheoretische und ontologische Probleme aufwirft. Der Ausdruck ›Natur‹ findet darüber hinaus auch Anwendung als Bezeichnung für die *Verfassung* und *das Wesen* von Arten sowie von belebten und unbelebten Einzeldingen.

In disziplinärer Hinsicht ist der Begriff der Natur der theoretischen Philosophie, insbesondere der Metaphysik, Naturphilosophie und Ontologie, sowie im Hinblick auf Vermittlungsfragen der Erkenntnis- und Wissenschaftstheorie zuzuordnen. Mit seinen theoretischen Bestimmungen verbinden sich gleichwohl offen oder unausgesprochen normative Perspektiven, die sich nicht direkt aus Bestimmungen des Naturbegriffs ableiten lassen. Dieser Sachverhalt zeigt sich vor allem bei bioethischen Verwendungsweisen.

Die mit den vielfältigen Verwendungsweisen sich verbindenden Schwierigkeiten wirken sich im Kontext der Bioethik nachteilig aus, weil eine geklärte Semantik des Naturbegriffs eine entscheidende Voraussetzung für belastbare normative Anwendungen in der Bioethik ist. Obwohl diese Bedingung in der Regel nicht eingelöst wird, sind Vorstellungen zu Natur oder Natürlichkeit in der Bioethik wie in der Biopolitik als Ausgangspunkte konkreter Bewertungen und Forderungen sehr verbreitet. Entsprechend kommt es häufig zu suggestiven Verwendungen und weltanschaulichen Vereinnahmungen des Naturbegriffs.

Die Ausgestaltung der Naturverhältnisse wird im Einzelnen davon bestimmt, wie das jeweilige Naturverständnis ausfällt. Für Ansätze, die ein Gegensatzverhältnis zwischen Natur und Kultur unterstellen, ist ein instrumentelles oder interessen- und nutzenorientiertes Verhältnis zur Natur nahegelegt. Wer dagegen von dem umfassenden Naturbegriff oder von intrinsischen Werten in der Natur ausgeht, wird versuchen einen instrumentellen Umgang zu vermeiden und eine integrative Praxis anstreben. Es sind aber auch Mischformen denkbar, die von diesen Vorgaben abweichen. Solche Ansätze zählen allerdings nicht zu den Hauptströmungen der Naturethik.

Philosophiehistorische und systematische Ansätze

(1) *Die umfassende Bedeutung*. Ansätze, die den Ausdruck ›Natur‹ in einer umfassenden Weise verwenden, unterstellen der Sache nach ein einheitliches System der Natur, das durch Kontinuitäts- bzw. Übergangsprinzipien aller Veränderungsprozesse – gleichsam über die *scala naturae* hinweg – konstituiert wird. Bei diesem naturethischen Ansatz ergeben sich konzeptionelle Schwierigkeiten sowohl bei der semantischen Binnendifferenzierung als auch bei der extensionalen Konturierung.

Erste Versionen der umfassenden Bedeutung des Naturbegriffs finden sich in der frühgriechischen Naturphilosophie, in der dieser als Inbegriff der Ordnung des Entstehens und Vergehens aufgefasst wird. Sie sind der Ausgangspunkt für Kritik, Modifikationen und Revisionen von Platon, Aristoteles, Epikur und der Stoa, durch die der Naturbegriff eine Vielzahl von ontologischen Differenzierungen und normativen Ausdeutungen erfährt.

Mit der umfassenden Bedeutung gehen oft pantheistische oder panlogistische Vorstellungen einher. In der Neuzeit erweist sich Baruch de Spinozas monistische Formel *deus sive natura*, nach der die Natur ewig und unendlich ist und keinen Zweck außer sich hat (Spinoza: *Ethik*, IV, 382), als Bezugspunkt vieler umfassender Verwendungsweisen des Naturbegriffs. Eine naturphilosophische Konzeption, welche die Stufenfolge des Existierenden und Kontinuitätsbestimmungen aufeinander abbildet, findet sich bei Gottfried Wilhelm Leibniz. Er unterstellt im Sinne des Wissenschaftsverständnisses der Neuzeit mathematische bzw. mechanistische Prinzipien, die er aber ihrerseits als metaphysisch begründungsbedürftig begreift (Leibniz 1978, 58).

In naturphilosophischen Ansätzen der Neuzeit, die mit der umfassenden Bedeutung operieren, wird versucht, die systematischen Schwierigkeiten, die sich aus dem hohen Grad von Abstraktionen und spekulativen Anteilen ergeben, durch eine Integration von Natur und Geist zu lösen. Das gilt insbesondere für Friedrich Wilhelm Joseph Schellings frühe naturphilosophische Entwürfe, in denen Geist als unsichtbare Natur und Natur als sichtbarer Geist bestimmt wird:

»Denn wir wollen, nicht daß die Natur mit den Gesetzen unsers Geistes *zufällig* (etwa durch Vermittlung eines Dritten) zusammentreffe, sondern daß *sie selbst* nothwendig und ursprünglich die Gesetze unsers Geistes – nicht nur *ausdrücke*, sondern *selbst realisire*, und daß sie nur insofern Natur sey und Natur heiße, als sie dies thut. [...] Die Natur soll der sichtbare Geist, der Geist die unsichtbare Natur seyn« (Schelling: *Ideen zu einer Philosophie der Natur*, 55 f.).

Alexander von Humboldt interpretiert das Verhältnis zwischen Natur und Geist in der Perspektive einer erkenntnistheoretisch vermittelten Konzeption der Einheit in der Vielheit und weist der naturwissenschaftlichen Forschung die Aufgabe zu, im Rahmen der Identifikation der mannigfaltigen Erscheinungsformen auch den ›Geist der Natur‹ zu begreifen:

»Die Natur ist für die denkende Betrachtung Einheit in der Vielheit, Verbindung des Mannigfaltigen in Form und Mischung, Inbegriff der Naturdinge und Naturkräfte, als ein lebendiges Ganzes. Das wichtigste Resultat des sinnigen physischen Forschens ist daher dieses: in der Mannigfaltigkeit die Einheit zu erkennen, [...] den Geist der Natur zu ergreifen, welcher unter der Decke der Erscheinungen verhüllt liegt« (Humboldt: *Kosmos*, 14 f.).

Mit Humboldts Versuch, dem Naturbegriff in seinen vielfältigen Ausdrucksformen semantische Konturen zu verleihen, kommt eine Dynamik in den umfassenden Ansatz, die auf moderne Entwicklungsgedanken zuläuft, denen auch die Evolutionstheorie zuzurechnen ist. Die Evolutionstheorie vollzieht unter naturalistischen bzw. biologischen Vorgaben eine radikale Abkehr von den statischen Wirklichkeitsauffassungen der Antike und des Mittelalters und schließlich auch von den Überlegungen der neuzeitlichen Naturphilosophie zum Zusammenhang von Natur und Geist.

In der Neuzeit hat sich infolge mathematischer und experimenteller Verfahren ein methodisch neu geordnetes Naturverständnis entwickelt, das nicht zuletzt auch von den erweiterten technischen Möglichkeiten menschlichen Handelns geprägt ist. Der Mensch nimmt eine distanzierte Haltung gegenüber seinen Lebenszusammenhängen ein, die ihm schließlich Wege der Naturbeherrschung bzw. der Instrumentalisierung der Natur eröffnet.

Die Kenntnis der Naturgesetze wird für menschliche Zwecke genutzt, indem Vorgänge in der Natur technisch gezielt verändert werden. Es geht dabei nicht mehr um ein umfassendes Verständnis, sondern um manipulierende Eingriffe in die Natur. Jenseits der Metaphysik der Natur öffnet sich so das Feld von szientistischen Naturalisierungen und Naturbeherrschungen, dem ein mechanistisches Weltmodell zugrunde liegt. Das neue Naturverständnis leitet sich methodisch von den Naturwissenschaften ab und ist sowohl globalen wie reduktiven Zielen verpflichtet. Es geht von einem extensionalen Rahmen aus, der für alles, was der Fall ist, gelten soll. Auf die wissenschaftlich-technischen Herausforderungen der neuen Naturverhältnisse lässt sich nicht zuletzt auch der Großteil bioethischer Problemstellungen zurückführen.

Eine besondere Schwierigkeit stellt in diesem Zusammenhang die Erfassung der Natur des Menschen dar. Bei der Verwendung des Naturbegriffs herrscht unabhängig von den vielen extensionalen Unterschieden keine Einigkeit darüber, ob er den Menschen einschließen oder ausschließlich das bezeichnen soll, was von dessen Handlungen und Eingriffen unabhängig ist. Dieses schwierige Verhältnis zur Natur, das sich unter Bedingungen des naturwissenschaftlich formierten Naturbegriffs noch verschärft, kann als erkenntnistheoretische Signatur der anthropologischen Selbstthematisierung der humanen Lebensform verstanden werden.

(2) *Oppositionen und Ausgrenzungen.* Die semantischen Umrisse des Naturbegriffs werden auch durch Gegenüberstellungen und Ausgrenzungen kenntlich gemacht. Das geschieht durch die Konstruktion von Gegensatzverhältnissen zwischen Bestimmungen, die das bezeichnen, was in seiner Konstitution nicht von menschlichen Eingriffen abhängt, auf der einen Seite sowie anthropozentrischen bzw. kulturellen Bestimmungen auf der anderen Seite. Solche Gegensatzverhältnisse sind etwa *Natur und Freiheit, Natur und Geist, Natur und Kultur, Natur und Technik, Natur und Zivilisation* oder *natürlich und künstlich*. Bereits in der antiken Philosophie finden sich Unterscheidungen zwischen der Natur als dem Gegebenen bzw. dem aus sich heraus Entstehenden sowie der Kultur als dem Gemachten und Erlernten. Es gilt bislang als ungeklärt, wie der umfassende mit dem ausgrenzenden Sinn des Ausdrucks ›Natur‹ zu vereinbaren ist.

Bei der Festlegung des Orts der humanen Lebensform innerhalb der Natur muss zwischen einer Kontinuitätsthese und einer Diskontinuitätsthese unterschieden werden. Diese Unterscheidung deckt sich nicht mit der zwischen der umfassenden und der ausgrenzenden Bedeutung. Die umfassende Bedeutung kann strukturelle Unterschiede zwischen Geist und Natur genauso zulassen wie die ausgrenzende Bedeutung die Einheit der Wirklichkeit.

Im Rahmen des Ausgrenzungsansatzes ist es üblich, den Menschen aus dem Anwendungsbereich auszuklammern. Modellhaft für die Verbindung von semantischer Ausgrenzung und Diskontinuitätsthese ist René Descartes' Geist-Körper-Dualismus (vgl. Descartes: *Meditationes*, I und II). Die Trennlinie zwischen Natur und Geist verläuft bei Descartes gleichsam durch den Menschen hindurch. Während der Geist in eminenter Weise von der Natur unterschieden sei, bleibe der Körper integraler Bestandteil der Welt beobachtbarer Objekte und Prozesse. Descartes' Diskontinuitätsthese erscheint im Hinblick auf Besonderheiten des menschlichen Bewusstseins bzw. Selbstbewusstseins plausibel. Die Schlussfolgerungen, die er aus der Sonderrolle zieht, werden heute nicht mehr geteilt oder sogar scharf zurückgewiesen. Der cartesische Dualismus wirft ein Naturalismusproblem auf, zu dessen Lösung in der Philosophie der Neuzeit parallelistische, monistische und eliminative Ansätze entwickelt worden sind. Für diese Ansätze sind die Positionen von Leibniz, Spinoza und des Französischen Materialismus exemplarisch.

Eine Verbindung zwischen Kontinuitäts- und Diskontinuitätsthese findet sich in der kritischen Philosophie Immanuel Kants. Er bestimmt die Natur als Inbegriff aller Dinge *qua* Erscheinungen, die allgemeinen Gesetzen unterworfen sind (vgl. Kant: *Prolegomena*, 294 ff.). Natur ist für ihn dem Gehalt nach die Gesamtheit aller gesetzmäßig geordneten Gegenstände der Erfahrung. Der Ausdruck ›Natur‹ führe entsprechend immer schon »den Begriff von Gesetzen bei sich« (Kant: *Metaphysische Anfangsgründe der Naturwissenschaft*, 468). Die Ordnung der Erscheinungen sei nicht einfach gegeben, sondern beruhe auf Konstitutionsleistungen des Verstandes: »Die Ordnung und Regelmäßigkeit [...] an den Erscheinungen, die wir *Natur* nennen, bringen wir selbst hinein« (Kant: KrV, A 125). Alle Erscheinungen der Natur stehen danach unter den Bedingungen kategorialer Synthesis als »dem ursprünglichen Grunde ihrer notwendigen Gesetzmäßigkeit (als natura formaliter spectata)« (Kant: KrV, B 165). Kant hat seine erkenntniskritische Wende in der Formel zusammengefasst, dass die Vernunft nur das einsehe, was sie selbst nach ihrem Entwurfe hervorbringe und deshalb die Natur nötigen müsse, auf ihre Fragen zu antworten:

> »Die Vernunft muß mit ihren Principien, nach denen allein übereinstimmende Erscheinungen für Gesetze gelten können, in einer Hand und mit dem Experiment, das sie nach jenen ausdachte, in der anderen an die Natur gehen« (Kant: KrV, B XIII).

Kant bestimmt den Verstand im Sinne der *formalen* Einheit der Natur als »Quell der Gesetze der Natur« (Kant: KrV, A 127). Aus diesem Sachverhalt folgt für ihn nicht, dass empirische Gesetze unmittelbar aus dem Verstand herzuleiten seien. Er unterscheidet zwischen einer formalen, auf die vielfältigen naturwissenschaftlichen Verwendungen zurückgehenden, und einer materiellen, auf die sinnliche Erfahrung bezogenen, Bedeutung des Naturbegriffs.

Der erkenntniskritische Begriff der Natur zieht Naturerklärungen und möglichen normativen Folgerungen enge Grenzen. Für Kant sind Zwecke oder intrinsische Qualitäten der Natur aus prinzipiellen erkenntniskritischen Gründen nicht zugänglich. Er räumt allerdings ein, dass sich die Praxis naturwissenschaftlicher Forschung als erfolgreich erwiesen habe und zu erwarten sei, dass

> »ein solcher Leitfaden die Natur zu studieren [...] noch manche Gesetze derselben dürften auffinden lassen, die uns nach der Beschränkung unserer Einsichten in das Innere des Mechanismus derselben, sonst verborgen bleiben würden« (Kant: KdU, 334).

Vor dem Hintergrund des biotechnischen Fortschritts und der damit einhergehenden Auflösung von Natürlichkeitsbestimmungen wird vielfach erwartet, dass die sich mit der Ausgrenzungsthese verbindenden Gegensätze zunehmend an Schärfe verlieren werden. In der Perspektive derartiger Erwartungen erscheint die technische Naturbeherrschung als naheliegende Konsequenz aus dem Umstand, dass die Natur *als solche* keine Quelle von Normativität ist. Die Ausgrenzungsthese schließt allerdings nicht aus, auf umfassende technische Eingriffe in die Natur zu verzichten und deren Entwicklungswege vor menschlichen Eingriffen zu schützen.

Eine wenig beachtete Schwierigkeit ist in dem Verhältnis der Ausdrücke ›Natur‹ und ›Kosmos‹ begründet. Wird der Begriff der Natur in dem umfassenden Sinne gebraucht, der alles das, was es gibt, bezeichnen soll, entsteht in der Perspektive kosmologischer bzw. physikalistischer Weltmodelle ein schiefes Bild. Im Kosmos ist die ›grüne‹ Natur, von der wir beim umfassenden Begriff offenbar ausgehen und in der Leben eine dominierende Stellung einnimmt, eine verschwindend kleine Größe – selbst wenn in den Weiten des Universums noch andere Formen des Lebens sich entwickelt haben oder noch entwickeln werden. In der von Aristoteles und Ptolemäus beeinflussten Kosmologie des Mittelalters bezeichnet ›Natur‹ nicht den gesamten Kosmos, sondern die sublunare Welt der physischen Veränderungen im Unterschied zu der unveränderlichen Himmelssphäre.

(3) *Eigenschaften*. Mit dem Begriff der Natur werden seit der Antike auch spezifische Eigenschaften oder Verfassungen von Arten, Lebewesen und Dingen bezeichnet. Bei Aristoteles hat der Ausdruck ›Natur‹ (*physis*) die Bedeutung einer »Wesenheit der natürlichen Dinge« (Aristoteles: *Metaphysik*, 1014 b):

> »Daher sagen wir auch von allem, was von Natur ist oder wird, wenngleich das schon vorhanden ist, woraus es naturgemäß wird oder ist, daß es noch nicht seine Natur habe, wenn es nicht die Form und Gestalt hat. Von Natur also ist das aus beiden, Stoff und Form Bestehende, z. B. die Tiere und deren Teile [...]. Und Natur ist auch das Prinzip der Bewegung der natürlichen Dinge, immanent in den Dingen entweder dem Vermögen oder der wirklichen Tätigkeit nach« (Aristoteles: *Metaphysik*, 1015 a).

Als Wesensbestimmung ist Natur das Prinzip der potenziellen und wirklichen Bewegungen oder Veränderungen natürlicher Dinge. Die Veränderungen von dem, was seiner Natur gemäß existiert, erklären sich Aristoteles zufolge aus dem komplexen Verhältnis von materialen, formalen, bewirkenden und finalen Ursachen.

Bereits in der antiken Philosophie ist die Sonderstellung der humanen Lebensform innerhalb des Systems natürlicher Dinge auffällig geworden. Insbesondere Aristoteles und die Stoa arbeiten heraus, dass im Unterschied zu anderen animalischen Lebensformen die humane Lebensform auf die Ausbildung der Fähigkeiten und Eigenschaften ihrer Individuen Einfluss nehmen könne. Mit dem Begriff der zweiten Natur (*altera natura*) (vgl. Cicero: *De finibus* V) wird angezeigt, dass das Wesen der humanen Lebensform nicht unmittelbar mit ihrer biologischen Verfassung gegeben sei. Menschliche Individuen verfügen über die natürliche Anlage, kulturelle Fähigkeiten und Eigenschaften zu entwickeln. Aristoteles verwendet die Formel »*weder von Natur noch gegen die Natur*« (Aristoteles: NE, 1103 a) für den Sachverhalt der Überlagerung von Natur und Kultur in der menschlichen Lebensform. Aufgrund ihrer kulturellen Konstitution können auf Personen nicht mehr ohne weiteres Natürlichkeitsbestimmungen angewandt werden. Diese Unzugänglichkeit wirkt sich auch auf bioethische Problemstellungen aus.

Mit den Eigenschaften und Fähigkeiten, die einer Art oder einem Individuum von Natur aus zukommen, haben neoaristotelische Ansätze des zwanzigsten und einundzwanzigsten Jahrhunderts – insbesondere Amartya Sen und Martha C. Nussbaum –

normative Bestimmungen verbunden. In der Perspektive des Neoaristotelismus ist es für jedes Wesen gut, imstande zu sein, die jeweiligen spezifischen Fähigkeiten angemessen auszuüben. Im Falle des Menschen sei es gut, seine sprachlichen, rationalen, moralischen und politischen Fähigkeiten ausüben zu können.

Naturethische Problemstellungen

(1) *Naturalistische Herausforderungen*. In der Neuzeit wird der Begriff der Natur durch die sich entwickelnden Naturwissenschaften einer Vielzahl von naturalistischen Herausforderungen ausgesetzt, die auch Anlass für eine grundsätzliche Revision der philosophischen Begriffsbildung gewesen sind. Der moderne Naturbegriff wird zu einem Großteil von Naturalisierungsprogrammen bestimmt, deren Befürworter ein Naturverständnis unterstellen, das sich an den naturwissenschaftlichen Modellbildungen und Ableitungen orientiert. Kritiker derartiger Programme entwickeln holistische Naturvorstellungen, die auch bei Revisionen bzw. Neuausrichtungen moderner Naturverhältnisse zugrunde gelegt werden.

Wichtige Vorbehalte gegenüber engen Naturalisierungsprogrammen gehen auf erkenntnistheoretische und wissenschaftstheoretische Überlegungen zurück. Das gilt vor allem für die Kritik an unreflektierten Verwendungen von Modellen und Metaphern. Das zeige sich exemplarisch an Übertragungen des an Artefakten ausgerichteten mechanistischen Vokabulars auf Verständigungen über Naturverhältnisse. Es wird eingewandt, dass metaphorische Ausdrücke, die aus technischen Bereichen stammen – etwa ›Uhrwerk‹, ›Maschine‹ und ›Computer‹ –, keine phänomengerechten Umschreibungen für Natur, Mensch oder Bewusstsein seien, weil die sich mit ihnen verbindenden Annahmen gerade das ausklammerten, was eigentlich bezeichnet werden sollte.

(2) *Der naturalistische Fehlschluss*. In bioethischen Bewertungen müssen deskriptive und normative Bestimmungen in einen rechtfertigungsfähigen Argumentationszusammenhang gebracht werden. Argumentative Übergänge von deskriptiven zu normativen Aussagen sind der Gefahr des naturalistischen Fehlschlusses ausgesetzt (s. Kap. II. 27). Auf die Begründungslücke, die zwischen deskriptiven und normativen Bestimmungen besteht, und die sich daraus ergebenden methodischen Anforderungen hat David Hume aufmerksam gemacht. Er kritisiert die verbreitete Praxis, dass aus einer Aneinanderreihung von deskriptiven Sätzen unversehens normative Sätze folgten, ohne dass für diesen Übergang eine Begründung geliefert würde (vgl. Hume 1978, 469; Birnbacher 1997, 225 f.).

Die Kritik am naturalistischen Fehlschluss ist ein wichtiges Element der Kontrolle von normativen Argumentationen, mit dem insbesondere in biopolitischen Diskursen verbreitete dogmatische Setzungen aufgedeckt und auf ihre Rechtfertigungsfähigkeit hin überprüft werden können. Aus der Kritik ist zu entnehmen, dass für die argumentative Verbindung von deskriptiven mit normativen Bestimmungen spezifische Begründungen bzw. Rechtfertigungen vonnöten seien, aus ihr folgt aber keineswegs, dass zwischen Beschreibungen und Wertungen eine unüberbrückbare Kluft bestehe.

(3) *Normative Herausforderungen*. Menschliche Eingriffe sind für einen Großteil von Veränderungen in der Umwelt und in den Lebensformen verantwortlich. Unter den Bedingungen moderner Lebensweisen wirkt sich menschliches Handeln auf die nicht-menschliche Natur genauso aus wie auf die Natur des Menschen. Die Auswirkungen auf die einzelnen menschlichen Personen (s. Kap. II. 21) sind im medizinischen Bereich von den jeweiligen nationalen bzw. sozialen Kontexten abhängig und können deshalb sehr unterschiedlich ausfallen. Auch die Folgen globaler klimatischer Veränderungen (s. Kap. III. 24) werden in ihren konkreten Auswirkungen durch soziale Benachteiligungen dramatisch verstärkt.

Moderne Lebensweisen sind durch den hohen Stand wissenschaftlich-technischer Entwicklungen gekennzeichnet, die einen starken Verbrauch an Rohstoffen, Energie, Land und Wasser genauso zur Folge haben wie eine Verbesserung der Ernährungs- und Gesundheitssituationen. Diese Entwicklungen vollziehen sich global unter den Bedingungen tiefgreifender sozialer Ungleichheiten, was sich beispielsweise an den dramatischen Unterschieden in der Lebenserwartung ablesen lässt. Die Einführung neuer Techniken sieht sich deshalb der Kritik ausgesetzt, dass weder die sozialen Kontexte hinreichend bedacht noch belastbare Analysen zum langfristigen Nutzen angestellt werden. Generell ergeben sich bioethische Problemstellungen aus dem Sachverhalt, dass den wissenschaftlich-technischen Eingriffsmöglichkeiten nicht durchgängig ein entsprechendes epistemisches Potenzial und spezifische normative Kompetenz zur Seite stehen.

Normative Naturverhältnisse durchziehen das gesamte Feld der Bioethik. Außerhalb der Medizinethik lassen sie sich nicht auf Beziehungen zwischen

Personen zurückführen und nehmen insofern eine asymmetrische Form an. Personen haben auf rechtfertigungsfähige Weise Entscheidungen zu treffen, die sich auf nicht-menschliche Lebens- und Daseinsformen auswirken. Dabei entstehen Konflikte zwischen dem kurzfristigen Selbstinteresse von Personen und einem nachhaltigen Umgang mit der Umwelt.

(4) *Der Wert der Natur*. Der theoretische wie praktische Umgang mit der Umwelt wird von den jeweiligen Vorstellungen zum Wert der Natur bestimmt. Eine grundsätzliche Problemstellung ergibt sich aus dem Gegensatz von anthropozentrischen und nicht-anthropozentrischen Ansätzen. Auf der Seite anthropozentrischer Positionen ist zwischen erkenntnistheoretischen und normativen bzw. ethischen Argumentationsweisen zu unterscheiden. Die Gründe, die zu einem erkenntnistheoretischen Anthropozentrismus führen, sind nicht ohne weiteres auf die Ethik zu übertragen. Wer von einer besonderen epistemischen Stellung der humanen Lebensform in der Natur ausgeht, muss keineswegs eine entsprechende ethische Ausnahmestellung annehmen.

Die nicht-anthropozentrische Position gliedert sich in die Ansätze des Pathozentrismus, des Biozentrismus und des Physiozentrismus. Ihnen ist gemeinsam, dass sie menschlichen Personen keinen ethischen Sonderstatus zubilligen. Die Gründe für die Kontextualisierung fallen unterschiedlich aus. Als Ausgangspunkt der ethischen Bewertung von Naturverhältnissen werden die Leidensfähigkeit, Leben oder das gesamte Ökosystem gewählt.

Bei der Frage nach dem Wert der Natur stellt sich die grundsätzliche motivationale und normative Frage, ob dieser im Nutzen für den Menschen liege oder in intrinsischen Eigenschaften begründet sei. Nützlichkeitserwägungen, die bei der Festlegung des Werts der Natur vom menschlichen Interesse ausgehen, bieten einen günstigen motivationalen Ausgangspunkt für Schutzmaßnahmen. Sie haben allerdings ein auf menschliche Interessen verengtes Verständnis der Natur zur Folge, das instrumentalisierende Umgangsweisen zumindest begünstigt. Positionen, die den Wert der Natur an intrinsischen Eigenschaften festmachen, fehlen die epistemischen und epistemologischen Grundlagen für den Zugang zu derartigen Eigenschaften. Zudem kann aus der Kritik an einseitig interessegeleiteten und instrumentalisierenden Zugriffen auf die Natur nicht abgeleitet werden, dass menschliche Interesse bei naturethischen Abwägungen unberücksichtigt bleiben müssen. Schließlich dürfte sich durch die Ausklammerung menschlicher Interessen ein praktisches Überforderungssyndrom einstellen.

(5) *Natur als Unverfügbares*. Eine in der Bioethik verbreitete Strategie, ethischen Schutz zu gewährleisten, besteht darin, die Natur eines Wesens als das Unverfügbare auszuweisen. Das Unverfügbare wird dann im Weiteren unter einen kategorischen ethischen Schutz gestellt. Der Rekurs auf das Unverfügbare erfolgt vor allem im Rahmen von ethischen Auseinandersetzungen um Entscheidungen beim Umgang mit Problemfällen des entstehenden und vergehenden menschlichen Lebens sowie bei tiefen Eingriffen in dessen genetische Verfassung.

Für die Ausweisung eines unverfügbaren Bereichs ist auch der Begriff der Heiligkeit des Lebens eingesetzt worden, um beispielsweise bei normativen Fragestellungen zur Stammzellforschung (s. Kap. III. 39) oder Sterbehilfe (s. Kap. III. 40) einen nicht verhandelbaren bzw. nicht abwägbaren Bereich festzulegen. Grundlage für die Ausweisung ist in der Regel die These, dass der Mensch Abbild Gottes sei und aufgrund dessen in der Schöpfung eine besondere Rolle einnehme, die vor Eingriffen geschützt werden müsse.

Um die These von der Heiligkeit des Lebens ist in der Bioethik eine heftige Kontroverse entbrannt. Kritiker der These haben herausgestellt, dass es bei ihr nicht um Lebensschutz in einem umfassenden Sinne, sondern um die normative Privilegierung der menschlichen Spezies gehe (s. Kap. II. 21). Bis heute wird vor allem beklagt, dass die These einen Abbruch des ethischen Diskurses und bioethischer Abwägungen zur Folge habe.

(6) *Asymmetrische Anerkennungen*. Untersuchungen zum Wert der Natur sind nicht auf einen einzigen Theorietyps festlegt. Die in den gegenwärtigen Debatten weithin akzeptierte Position des erkenntnistheoretischen Anthropozentrismus schließt bei normativen Zielsetzungen keineswegs eine Orientierung an nicht-anthropologischen Bestimmungen aus.

Weil der Begriff der Natur *als solcher* kein Ausgangspunkt für normative Bewertungen ist, gestalten sich Ausweitungen des Adressatenkreises von moralischen Anerkennungen über die Gemeinschaft der Personen hinaus in die Bereiche anderer Lebensformen als überaus schwierig (vgl. Siep 2004; Sturma 2012). Aus Gründen der Rechtfertigungsfähigkeit kann die Ausweitung nicht unter Umgehung der epistemologischen Vorgaben erfolgen, wie sie typischerweise in Konzeptionen des erkenntnis- und wissenschaftstheoretischen Anthropozentrismus entwickelt werden. Insofern müssen die Ausweitungen des Adressatenkreises auf dem Wege von asymmetrischen Anerkennungen erfolgen. Dabei richten sich die Bemühungen auf eine Neubewertung von Kernbereichen des ethischen Schutzes – etwa der Selbstzweckformel und des Instrumentalisierungsverbots (vgl. Korsgaard 2004; Siep 2004; Sturma 2012; Schaber 2010). Der Sachverhalt, dass nur Personen in der Lage sind, moralische Verpflichtungen zu äußern und zu akzeptieren, ist im Rahmen von asymmetrischen Anerkennungen kein Anlass für den Ausschluss anderer Lebensformen von ethischer Berücksichtigung. Vollständiger Instrumentalisierung fehlt die ethische Rechtfertigungsfähigkeit nicht nur im Fall von Personen, sondern auch im Fall von anderen Lebensformen, deren Individuen fähig sind, sich selbständig in der Umwelt zu bewegen sowie eigene Formen des Verhaltens zu etablieren und zu steuern (Korsgaard 2004, 82 ff.).

Bei der Ausweitung des Adressatenkreises von moralischen Verpflichtungen bietet sich in begründungstheoretischer Hinsicht die Bezugnahme auf die Verwendungsweise des Prädikats ›gut‹ sowie auf die abgestufte Vergleichbarkeit von Zuständen und Perspektiven an. Die Verpflichtung kann bereits dann vorliegen, wenn potentiellen Adressaten im Bereich der Lebensformen bessere oder schlechtere Zustände zugeschrieben werden können. Auch wenn die potentiellen Adressaten über keine reflektierende Erlebensperspektive verfügen, kann es im Rahmen ethischer Bewertungen gute Gründe geben, Interventionen oder Verletzungen, die bei ihnen zu schlechteren Zustände führen, als nicht rechtfertigungsfähig auszuweisen (vgl. Sturma 2012).

Ausweitungen des Adressatenkreises moralischer Verpflichtungen erfolgen unter den Bedingungen epistemischer Unsicherheit. Die kognitiven Grenzen, die sich bei der Ausweitung des Adressatenkreises von ethischen Bewertungen einstellen, lassen sich zumindest in Teilen durch Überlegungen überbrücken, die sich an der Vergleichbarkeit von Formen der Beschädigung menschlicher Lebensformen auf der einen Seite und anderer animalischer Lebensformen auf der anderen Seite orientieren. Solche Vergleichbarkeiten liegen etwa im Fall der Verursachung von Leiden, der Verletzung der körperlichen Integrität, der Beschädigung von Fähigkeiten oder der Zerstörung von biologischen Systemen vor.

Der Stellenwert von asymmetrischen Anerkennungsverhältnissen fällt in den jeweiligen bioethischen Disziplinen unterschiedlich aus. Weil es in der Medizinethik grundsätzlich um Verhältnisse zwischen Personen geht, erhält der Begriff der Autonomie den Stellenwert eines hohen Gutes. Gleichwohl sind auch in der Medizinethik asymmetrische Verhältnisse verbreitet – etwa im Rahmen der Fürsorge für Kinder oder in Fällen, in denen Personen kurzfristig oder über längere Zeit nicht mehr imstande sind, eigene Entscheidungen autonom zum eigenen Wohl zu fällen. In der Umweltethik besteht die wesentliche Aufgabe darin, auf asymmetrische Weise das Verhältnis zur nicht-menschlichen Natur normativ auszugestalten.

Literatur

Aristoteles: *Metaphysik*. Zwei Bde. Hg. von Horst Seidl. Hamburg 1978 und 1980.
–: *Nikomachische Ethik*. Hg. von Günther Bien. Hamburg 1972 [=NE].
Birnbacher, Dieter: »Natur« als Maßstab menschlichen Handelns. In: Ders. (Hg.): Ökophilosophie. Stuttgart 1997, 217–241.
–: *Natürlichkeit*. Berlin 2006.
Cicero: *Über die Ziele des menschlichen Handelns. De finibus bonorum et malorum*. München 1988 [=De finibus].
Descartes, René: Discours de la méthode. In: *Œuvres de Descartes*, Bd. 6. Hg. von Charles Adam/Paul Tannery. Paris 1965.
–: Meditationes de prima philosophia. In: *Œuvres de Descartes*, Bd. 7. Hg. von Charles Adam/Paul Tannery. Paris 1964.
Foot, Philippa: *Natural Goodness*. Oxford 2001.
Harris, John: *The Value of Life*. London 1985.
Humboldt, Alexander von: *Kosmos. Entwurf einer physischen Weltbeschreibung*. Darmstadt 2008 [Kosmos].
Hume, David: *A Treatise of Human Nature*. Hg. von L. A. Selby-Bigge, neu bearbeitet von P. H. Nidditch. Oxford 1978.
Kant, Immanuel: Kritik der reinen Vernunft. In: Ders.: *Werke*, Bd. IV. Akademie-Textausgabe. Berlin 1968 [=KrV].
–: Metaphysische Anfangsgründe der Naturwissenschaft. In: Ders.: *Werke*, Bd. IV. Akademie-Textausgabe. Berlin 1968.
–: Prolegomena. In: Ders.: *Werke*, Bd. IV. Akademie-Textausgabe. Berlin 1968.
–: Kritik der Urteilskraft. In: Ders.: *Werke*, Bd. V. Akademie-Textausgabe. Berlin 1968 [=KdU].
Korsgaard, Christine M.: Fellow creatures: The Kantian ethics and our duties to animals. In: *Tanner Lectures on Human Values* 24 (2004), 77–110.
Krebs, Angelika: *Ethics of Nature. A Map*. Berlin 1999.
Leibniz, Gottfried Wilhelm: *Die philosophischen Schriften*, Bd. II. Hg. von Carl Immanuel Gerhardt. Hildesheim 1978.
Lewis, Clive S.: Nature. In: *Studies in Words*. Cambridge ²1967, 24–74.
Lovejoy, Arthur O.: *The Great Chain of Being*. Cambridge, Mass. 1936.

–/Boas, George: Appendix: Some Meanings of ›Nature‹. In: Dies.: *Primitivism and Related Ideas in Antiquity*. New York 1973, 447–456.

Pope, Alexander: *An Essay on Man*. London 1950.

Schaber, Peter: *Instrumentalisierung und Würde*. Paderborn 2010.

Schelling, Friedrich Wilhelm Joseph: Ideen zu einer Philosophie der Natur. In: Ders.: *Sämmtliche Werke*, Bd. 2. Stuttgart 1857.

Schwemmer, Oswald (Hg.): *Über Natur. Philosophische Beiträge zum Naturverständnis*. Frankfurt a. M. 1991.

Siep, Ludwig: *Konkrete Ethik. Grundlagen der Natur- und Kulturethik*. Frankfurt a. M. 2004.

Spinoza: *Tractatus de intellectus emendatione. Ethica*. Hg. von Konrad Blumenstock. Darmstadt 1967 [=Ethik].

Sturma, Dieter: Naturethik und Biodiversität. In: *Jahrbuch für Wissenschaft und Ethik* 17 (2012), 141–155.

Taylor, Paul W.: *Respect for Nature. A Theory of Environmental Ethics*. Princeton 1986.

Dieter Sturma

20 Paternalismus

Unter ›Paternalismus‹ lässt sich in einer ersten Annäherung ein Eingriff in die Freiheit einer Person (s. Kap. II. 21) verstehen, der mit dem Ziel unternommen wird, das Wohl dieser Person zu fördern. Der Begriff selber deutet dabei an, dass das Verhalten eines Vaters gegenüber seinem Kind hier als Muster dient, um analoge Fälle in anderen Kontexten als denen der Erziehung auszuzeichnen. Entscheidend für die Abgrenzung paternalistischen Handelns von anderen Formen von Freiheitseingriffen ist dabei, dass dieser im Fall von Paternalismus mit Blick auf das Wohl des Betroffenen unternommen wird, nicht etwa zur Wahrung der Interessen Dritter.

Als prägend für die in der praktischen Philosophie geführten Debatten über den genauen Charakter und die Legitimität des Paternalismus können mindestens die Beiträge von Joel Feinberg (1971), Gerald Dworkin (1972, 1983), Bernard Gert und Charles M. Culver (1976) sowie Tom L. Beauchamp (1977) angesehen werden, da die gegenwärtigen Debatten auf diese regelmäßig anknüpfend oder abgrenzend Bezug nehmen. Gleichwohl sind diese Debatten nicht ohne historische Vorgänger. So kritisiert etwa Immanuel Kant bereits 1793 in *Über den Gemeinspruch* eine väterliche Regierung (*imperium paternale*) als den »größten denkbaren Despotismus« (Kant: TP, 290 f.) und John Stuart Mill formuliert 1859 in *On Liberty* sein bis heute wirkmächtiges Schadensprinzip, demzufolge »the only purpose for which power can be rightfully exercised over any member of a civilized community, against his will, is to prevent harm to others« (Mill 1869, 22), wobei er etwa Handlungen auf der Basis mangelnder Kompetenz oder fehlender Informationen hiervon ausnimmt.

Diese bereits von Kant und Mill thematisierte Spannung zwischen Erwägungen der Autonomie, die eine einmischungsfreie Zuständigkeit für selbstbezügliche Handlungen nahelegen, und Erwägungen des Wohlergehens, die ein Einschreiten bei Handlungen, die das eigene Wohl verfehlen, nahelegen, ist es, die die normativ-evaluativen Debatten um die Legitimität paternalistischer Handlungen bis heute leitet. Wann darf in die Freiheit einer Person eingegriffen werden, weil sie ihr eigenes Wohl zu verfehlen droht, und wann ist sie sich selbst zu überlassen, sofern sie keine Dritten schädigt? Die grundlegenden theoretischen Fragen betreffen dabei den Begriff ›Paternalismus‹, der eine Vielzahl an Klärungsversuchen erfahren hat, und die Frage nach den

Rechtfertigungsmöglichkeiten und Rechtfertigungsstrategien von paternalistischen Handlungen. Im Anschluss an diese theoretischen Fragen werden Anwendungsfälle aus dem Kontext der Medizin und des Rechts thematisiert.

Begriff

In seinem einflussreichen ersten Paternalismus-Aufsatz hat Dworkin Paternalismus bestimmt als »the interference with a person's liberty of action justified by reasons referring exclusively to the welfare, good, happiness, needs, interests or values of the person being coerced« (Dworkin 1972, 65). Hiergegen haben Gert und Culver (1976) eingewandt, dass Paternalismus nicht zwingend die Handlungsfreiheit einer Person beschneiden müsse und besser über die Verletzung moralischer Regeln konzeptualisiert werden solle, was wiederum von Dworkin (1983) kritisiert wird. Diese Auseinandersetzung hat eine breite Diskussion über eine angemessene Definition des Paternalismusbegriffs nach sich gezogen. Systematisch kann zunächst zwischen *wertneutralen* und *wertenden Definitionen* unterschieden werden (Schöne-Seifert 2009, 111), wobei wertneutral hier nicht bedeuten soll, dass keinerlei normatives Vokabular Verwendung findet, sondern dass der Paternalismusbegriff noch keine Auskunft darüber gibt, ob paternalistische Handlungen – unter Berücksichtigung aller Erwägungen oder zumindest prima facie – moralisch falsch sind.

Eine weitere definitorische Diskussion betrifft die Frage, welche Komponenten konstitutiv für paternalistische Handlungen sind. Hierbei werden typischerweise (Grill 2012, 361) folgende vier Bedingungen – in unterschiedlichen Konkretisierungen – diskutiert:
- eine *Einmischungsbedingung*, die festlegt, dass paternalistische Handlungen einen (näher zu bestimmenden) intrusiven Charakter haben müssen;
- eine *Zustimmungsbedingung*, die festlegt, dass zumindest keine aktuale Zustimmung bezüglich der in Frage stehenden Handlung besteht;
- eine *Wohlwollensbedingung*, die festlegt, dass die Handlung auf die Förderung des (zu spezifizierenden) Wohls des Betroffenen zielt;
- eine *Überlegenheitsbedingung*, die festlegt, dass der Paternalisierende sich mit Bezug auf die Handlung als in weiter zu qualifizierender Weise überlegen auffasst.

Ein großer Teil der Debatte um die angemessene Konzeptualisierung von ›Paternalismus‹ betrifft die Frage, welche dieser Komponenten notwendig und/oder hinreichend für das Vorliegen einer paternalistischen Handlung sind, sowie die Frage, wie die einzelnen Komponenten näher bestimmt werden sollen. Aufgrund dieser umfangreichen Definitionsdebatte ist hinterfragt worden, ob das Prädikat ›paternalistisch‹ überhaupt Handlungen oder nicht besser Gründen zugesprochen werden sollte (Grill 2007). Diese Konzeption hat gewisse Vorzüge, da die meisten Handlungen nicht rein paternalistisch sind, sondern sowohl auf das Wohl der Betroffenen als auch auf das Wohl Dritter zielen und daher diskutiert wird, ob eine Handlung alleine oder in erster Linie mit Bezug auf das Wohl des Betroffenen ausgeführt werden muss, um paternalistisch zu sein. Möglicherweise macht die Konzeption der Handlungsgründe die Unterscheidung beider Absichten besser deutlich. Selbst wenn man jedoch Antipaternalismus als die Ablehnung paternalistischer Handlungsgründe versteht, bleibt die Aufgabe bestehen, näher zu bestimmen, welche Charakteristika eine Handlung aufweisen muss, um von einem so verstandenen Antipaternalismus als moralisch illegitim ausgezeichnet zu werden.

Über die Frage nach den für Paternalismus konstitutiven Komponenten hinaus lassen sich noch einmal unterschiedliche Typen von Paternalismus unterscheiden. Am weitesten verbreitet ist die Unterscheidung zwischen *weichem* respektive *schwachem* und *hartem* respektive *starkem* Paternalismus. Weicher Paternalismus in diesem Sinne liegt dann vor, wenn in eine Handlung interveniert wird, die ›substanziell unfreiwillig‹ (Feinberg 1971, 113) ist, oder wenn die Intervention darauf zielt, festzustellen, ob eine präsumtiv selbstschädigende Handlung auf einer hinreichend freiwilligen Entscheidung beruht (Feinberg 1986, 12). Paradigmatisch hierfür ist das auf Mill zurückgehende Beispiel eines Wanderers, der davon abgehalten wird, eine Brücke zu betreten, solange er nicht weiß, dass diese einsturzgefährdet ist. Harter Paternalismus ist hingegen dann gegeben, wenn trotz des Vorliegens einer voll informierten und reflektierten Entscheidung einer kompetenten Person eingegriffen wird, um das Wohl dieser Person zu sichern. Fasst man begrifflich nur harten Paternalismus unter den Paternalismusbegriff, vertritt man einen *engen*, wird auch weicher Paternalismus hinzugezählt, vertritt man einen *weiten* Paternalismusbegriff.

Weiterhin kann zwischen *positivem* und *negativem* Paternalismus unterschieden werden (Kleinig 1983, 13 f.), wobei negativer Paternalismus allein darauf abzielt, den Eintritt eines Schadens, gemessen am Status quo, abzuwenden, während positiver Paternalismus darauf zielt, das Wohl zu befördern. Eine weitere Grenze verläuft zwischen *reinem* oder *direktem* und *nicht reinem* oder *indirektem* Paternalismus (Dworkin 1972, 68), wobei bei nicht reinem Paternalismus nicht unmittelbar in die Freiheit des Paternalisierten eingegriffen, sondern die Freiheit eines Dritten eingeschränkt wird. So kann etwa KFZ-Herstellern verboten werden, bestimmte Sicherheitsstandards zu unterschreiten, um den Kunden zu schützen, auch wenn dieser gerne ein günstigeres KFZ mit geringerer Sicherheit erwerben würde.

Ein in der jüngeren Debatte verstärkt diskutierter Typ des Paternalismus ist der sog. *libertäre* Paternalismus, wie er von Cass Sunstein und Richard Thaler (2003) entwickelt wurde. Sie nehmen ihren Ausgangspunkt von empirischen Befunden der Verhaltensökonomie, denen zufolge Menschen regelmäßig suboptimale Entscheidungen treffen, bei denen sie sich v. a. von der Entscheidungsarchitektur leiten lassen, die insbesondere durch die Präsentation der Optionen bestimmt wird. Das Ziel ist es entsprechend, die Entscheidungsarchitektur so einzurichten, dass Menschen trotz *bounded rationality* und *bounded self-control* häufiger Entscheidungen zu ihrem Wohl treffen. Beispiele hierfür wären, dass Angestellte standardmäßig für eine Krankenversicherung angemeldet werden oder dass ungesunde Nahrungsmittel weniger ansprechend präsentiert werden als gesunde. Die Besonderheit des libertären Paternalismus besteht nun darin, dass die bessere Option zwar leichter zugänglich gemacht wird als die weniger guten, es jedoch den Paternalisierten offen gelassen wird, sich auch anders zu entscheiden, also von einem *opting out* aus der Standardoption Gebrauch zu machen. Dieser Typ des Paternalismus wird häufig als eine besonders weiche Form des Paternalismus angesehen, was jedoch übersieht, dass libertärer Paternalismus grundlegend andere Eigenschaften hat als weicher Paternalismus im oben genannten Sinne. Die Charakterisierung von ›weich‹ in der zuvor skizzierten Form bezieht sich auf die Verfasstheit des aktualen Willens bzw. der operativen Präferenz des Paternalisierten. Ist diese in einem näher zu bestimmenden Sinne defekt oder ist zu klären, ob dies der Fall ist, so spricht man von weichem Paternalismus. Libertärer Paternalismus dagegen trifft keine Aussage über die Struktur des Willens, sondern ist in der Wahl seiner Mittel weich bzw. libertär, da er dem Paternalisierten die Option des *opting out* lässt, also die Möglichkeit, auch entgegen des paternalistischen Standards zu handeln. Zudem ist libertärer Paternalismus primär an der Optimierung der Entscheidungsrationalität der Betroffenen und nur mittelbar an deren Wohl interessiert.

Rechtfertigungsstrategien

Neben den begrifflichen Fragen ist es von besonderem ethischen Interesse zu klären, ob und wenn ja, in welchen Fällen paternalistische Handlungen oder paternalistisch motivierte politische Regulierungen ethisch akzeptabel sind und wann dies nicht der Fall ist. Da sich auch in liberalen westlichen Gesellschaften eine Reihe von breit akzeptierten paternalistischen Praxen auffinden lassen (vgl. van deVeer 1986, 13 ff.), kann davon ausgegangen werden, dass nicht jede Form des Paternalismus als unakzeptabel erscheint. Umgekehrt bringt eine Vielzahl von antipaternalistischen Haltungen die Sorge vor unangemessener Bevormundung zum Ausdruck. Auf der Suche nach einer entsprechenden Grenzziehung sind daher unterschiedliche Rechtfertigungsstrategien für Paternalismus vorgeschlagen und diskutiert worden.

Eine immer wieder anzutreffende These besagt, dass mit der begrifflichen Grenze zwischen hartem und weichem Paternalismus auch eine ethische Grenze einhergehe. So hat bereits Tom Beauchamp die These vertreten, weicher Paternalismus sei kein Paternalismus »in any interesting sense« (Beauchamp 1977, 67), und bis heute ist immer wieder die These anzutreffen, weicher Paternalismus sei ethisch unproblematisch und/oder harter Paternalismus sei grundsätzlich abzulehnen. Gegen ersteres ist jedoch eingewandt worden, dass auch weicher Paternalismus unangemessen intrusiven Charakter haben könne und zudem die Tendenz zu beobachten sei, paternalistische Handlungen so zu beschreiben, dass sie unter diesen Terminus subsumiert werden können (Fateh-Moghadam/Gutmann 2014). Gegen letzteres lässt sich einwenden, dass es in unserer Alltagspraxis eine Reihe von breit akzeptierten Regulierungen gibt, die auch voll-informierte und rationale Menschen daran hindern, bestimmte, ihrem Wohl abträgliche Handlungen auszuführen. Beispielhaft könnten hier die Gurtpflicht oder die Sozialversicherungspflicht genannt werden. Entsprechend zweifelhaft erscheint es, mit der begrifflichen Grenze auch unmittelbar eine ethische Grenze ziehen zu wollen, auch wenn es möglicherweise richtig ist, dass weicher Paternalismus sich in vielen Fällen leichter rechtfertigen lässt als harter.

Neben diesen begrifflich orientierten Rechtfertigungsstrategien unterscheidet man hauptsächlich zwischen *einverständnisbasierten* und *wohlbasierten Rechtfertigungen* (van de Veer 1986, Kap. 2 u. 3; Beauchamp/Childress 1994, 278 ff.). Erstere konzentrieren sich auf ein näher zu charakterisierendes Einverständnis des Paternalisierten, das gegenüber dem aktualen Willen stark gemacht wird, letztere heben den Wert des zu befördernden Guts für den Paternalisierten hervor. Gerne werden beide in Opposition zueinander behandelt, wobei einverständnisbasierte Rechtfertigungen dann eher in einem deontologischen, wohlbasierte Rechtfertigungen eher in einem konsequentialistischen Theorierahmen vertreten werden. Hinsichtlich letzterer wird die Frage kontrovers diskutiert, über welche theoretischen Ressourcen die konsequentialistische, insbesondere die utilitaristische Moral- und Rechtsphilosophie verfügt, ihr paternalistisches Potential zu begrenzen (Kühler/Nossek 2014).

Bezüglich einverständnisbasierter Rechtfertigungen ist zu beachten, dass es sich in der Regel nicht um die aktuale Zustimmung des Paternalisierten handeln kann, solange man es für ein konstitutives Merkmal von paternalistischen Handlungen hält, dass diese gegen den oder in Absehung vom aktualen Willen des Paternalisierten durchgeführt werden: Läge eine aktuale Zustimmung vor, handelte es sich nicht um eine Instanz von Paternalismus. Zustimmungsbasierte Rechtfertigungen müssen sich daher auf adäquate Substitute für den aktualen Willen beziehen. Hier ist zunächst die *hypothetisch-rationale* Zustimmung zu nennen, die danach fragt, ob es ein rationaler Mensch in der entsprechenden Situation wünschen würde, paternalistisch behandelt zu werden (Dworkin 1972). Gegen diese Strategie ist eingewandt worden, dass sie der Oktroyierung vollständig fremder Standards Tür und Tor öffne (van de Veer 1986, 70 ff.; Quante 2002, 327 f.). Eine Alternative besteht darin, sich auf die *zu erwartende spätere* Zustimmung zu konzentrieren (Hallich 2011). Diese Zustimmung könnte jedoch bestenfalls nach einer paternalistischen Handlung eingeholt werden und wäre nicht nur hinsichtlich ihres normativen Status fragwürdig, sondern auch in der Entscheidungssituation ungewiss. Schließlich kann auch eine *vorhergehende* Zustimmung, wie sie etwa in früheren Meinungsäußerungen oder einer Patientenverfügung dokumentiert sein kann (s. Kap. III. 33), zur Rechtfertigung einer paternalistischen Handlung herangezogen werden. Hierbei ist begrifflich umstritten, ob es sich dann noch um eine paternalistische Handlung oder aber um Formen der rationalen Selbstbindung handelt (Quante 2002, Kap. 7.4), außerdem ist ethisch das Problem des Umgangs mit Präferenzenwandel zu beachten (Hallich 2011). Mit Dworkin (2000, 216 f.) lässt sich jedenfalls ein ›Willenspaternalismus‹ (*volitional paternalism*), der den Betroffenen durch Zwangsmaßnahmen helfen will, zu erreichen, was sie ›an sich selbst wollen‹, von einem ›kritischen‹ Paternalismus (*critical paternalism*) unterscheiden, bei dem der Eingriff darauf zielt, Handlungen oder Unterlassungen der Betroffenen zu erzwingen, die diese auf der Grundlage ihrer reflektierten Überzeugungen ablehnen.

Setzt man anstelle von einverständnisbasierten Rechtfertigungen auf wohlbasierte, so stellt sich die Frage danach, wie das Wohl näher zu bestimmen ist (Kleinig 1983, 48 ff.; van de Veer 1986, Kap. 3). Auch hier kann man zunächst zwischen solchen Bestimmungen des Wohls unterscheiden, die eher *subjektiven* Charakter haben, d. h. im Wertgefüge des Paternalisierten aufzufinden sind, und solchen, die eher *objektiven* Charakter haben und z. B. auf gesellschaftlichen Konzeptionen des Wohlergehens oder Natürlichkeitsvorstellungen basieren. Solche objektiven Vorstellungen sind insbesondere im Bereich des medizinischen Handelns relevant, etwa wenn es um Konzeptionen von Gesundheit, körperlicher Integrität oder psychischer Gesundheit geht. Umstritten ist dabei, ob und wann sie paternalistische Handlungen rechtfertigen, wenn das so bestimmte Wohl des Paternalisierten in dessen Wertgefüge keine oder nur eine untergeordnete Bedeutung hat. Bei subjektiven Vorstellungen des Wohls kann man sich dagegen entweder auf *frühere* Vorstellungen des Wohls aus Sicht des Betroffenen berufen oder aber auf ein Wohl, das mit der Ausführung der paternalistischen Handlungen einhergeht bzw. ihr *nachfolgt*. Hier liegen die ethischen Probleme analog zur vorhergehenden und nachfolgenden Zustimmung. Eine spezifische Form wohlbasierter Rechtfertigung stellen Positionen dar, die paternalistische Interventionen zur Maximierung der künftigen *Autonomie* bzw. der *zukünftigen Wahlfreiheiten* der Betroffenen für legitimierbar halten (z. B. Enderlein 1996; vgl. Fateh-Moghadam/Gutmann 2014, Kap. 2.2.1).

Es ist allerdings nicht zwingend, die beiden unterschiedenen Rechtfertigungsstrategien in Opposition zueinander zu diskutieren. Sofern es sich bei dem Wohl um ein in irgendeinem Sinne vom Paternalisierten affirmiertes Gut handelt, kann es auch Überlappungen beider Rechtfertigungsstrategien geben (Quante 2002, Kap. 8.4; Kleinig 1983, 67 ff.). Ein Paternalismus, der etwa auf die Bewahrung der persönlichen Integrität abzielt, kann so konzipiert werden, dass im Konzept der Persönlichkeit individuelle und gesellschaftliche Evaluation verwoben sind sowie das intendierte Wohl zwar das primäre Ziel der paternalistischen Handlung ist, der antizipierten späteren Zustimmung jedoch als rechtfertigender Aspekt dient. So werden sowohl subjektive als auch objektive Elemente sowie Aspekte aus wohlbasierten und aus einverständnisbasierten Konzeptionen verknüpft.

Neben der Frage nach der aussichtsreichsten Rechtfertigungsstrategie lässt sich noch danach fragen, welchen Charakter die Rechtfertigungen von Paternalismus haben sollten. Einerseits werden konkurrierende Prinzipien diskutiert, die allesamt anzugeben versuchen, in welchen Einzelfällen Paternalismus gerechtfertigt ist und in welchen nicht (vgl. van de Veer 1986). Demgegenüber lässt sich bezweifeln, ob es überhaupt aussichtsreich ist, generalisierte Aussagen darüber zu treffen, welche Eigenschaften Einzelfälle immer aufweisen müssen, damit es sich um gerechtfertigten Paternalismus handelt. Eine alternative Strategie bestünde darin, anhand von Einzelfällen und vermittels von Analogieargumenten ohne Generalisierungsanspruch je für den Einzelfall zu entscheiden, ob paternalistische Handlungen hier angemessen sind (Düber 2013).

Paternalismus in der Medizin

Noch vor wenigen Jahrzehnten konnte das Leitbild des Arztes als idealtypisch paternalistisch charakterisiert werden. Aufgabe des Arztes war es, gut informiert die für den Patienten beste Entscheidung zu treffen, ohne dass diesem dabei größerer Raum zur Mitwirkung eingeräumt wurde. Vorrang hatten die Prinzipien des Nichtschadens und des Wohltuns. Mit der zunehmend stärkeren Gewichtung des Respekts vor der Autonomie des Patienten als mindestens gleichrangigem Prinzip hat dieses Bild wesentliche Modifikationen erfahren, insbesondere indem nunmehr die informierte Zustimmung des Patienten für die meisten medizinischen Handlungen im Vordergrund steht. Daher ist es fraglich geworden, ob sich paternalistische Handlungen in medizinischen Kontexten überhaupt rechtfertigen lassen.

Harter Paternalismus im Bereich der Medizin wird meist grundsätzlich abgelehnt oder aber unter einen Verhältnismäßigkeitsgrundsatz gestellt (Schöne-Seifert 2009, 112 f.). Am ehesten auf Akzeptanz stoßen Instanzen von weichem Paternalismus, also Fälle, bei denen beim Paternalisierten ein Kompetenzdefizit vorliegt. Dies kann etwa bei Patienten mit psychischen Erkrankungen, aber auch bei Minderjährigen, alkoholisierten, emotional aufgewühlten oder geistig behinderten Menschen der Fall sein. Allerdings gibt es hier deutlich divergierende Meinungen, wann harter und wann weicher Paternalismus vorliegt (Schöne-Seifert 2007, 52–54).

Ein gängiger Anwendungsfall im medizinischen Kontext sind sog. *barmherzige Lügen*. Diese können in Erwägung gezogen werden, wenn ein Patient mit einer positiven und hoffnungsvollen Grundeinstellung bessere Chancen auf Heilung hat als mit einer gegenteiligen Einstellung. In diesem Fall kann es dazu kommen, dass die vollständige Aufklärung über die Heilungschancen diese selbst negativ beeinflusst, während eine positivere Schilderung die Heilungschancen erhöht. Hierbei dürfte es sich in der Regel um harten Paternalismus handeln, zumindest sofern der Patient eine wahrheitsgemäße Aufklärung wünscht. Während solche Handlungen manchmal als moralisch vertretbar eingeschätzt werden, sind sie zumindest im Bezug auf Einwilligungen nicht mit geltendem Recht vereinbar, wohingegen ihr moralischer Status umstritten ist.

Sofern man Patientenverfügungen als Fälle von Paternalismus deutet – meist wird in diesem Fall in Analogie zum antiken Odysseus von *Odysseus-Paternalismus* gesprochen – spielt ein solcher Paternalismus in Medizin, Pflege und Psychiatrie eine gewichtige Rolle. So können z. B. Menschen mit Suchtkrankheiten oder bipolaren Störungen Vorkehrungen für wiederkehrende Phasen unerwünschter aktualer Wünsche treffen. Ebenso können Behandlungswünsche für irreversibel degenerative Erkrankungen formuliert werden. In Fällen von Odysseus-Paternalismus werden dann gegenwärtige Willensäußerungen zugunsten von vorher verfügten Wünschen übergangen. Solche Verfügungen werden – zumindest in der ethischen Debatte – meist als autoritativ akzeptiert, wenngleich es auch hier Fälle wie etwa bei Verfügungen im Zusammenhang mit Demenz (s. Kap. III. 10) gibt, wo strittig ist, ob vergangene reflektierte Interessen gegenwärtige Präferenzen überstimmen sollten (Dworkin 1993, Kap. 7; Hallich 2011).

In der Ethik der Bevölkerungsgesundheit (*Public Health*; s. Kap. III. 20) werden verstärkt paternalistische Maßnahmen, insbesondere des libertären Paternalismus (Sunstein/Thaler 2003), diskutiert. So wird im Kontext von Ländern mit unzureichenden öffentlichen Gesundheitssystemen vorgeschlagen, Arbeitnehmer automatisch zu einer Krankenversicherung anzumelden, von der sie sich jedoch aktiv wieder abmelden können, anstatt dass diese umgekehrt sich selbst aktiv anmelden müssen. Ähnliche Vorschläge zielen darauf, ungesunde Nahrungsmittel unattraktiver oder weniger leicht erreichbar zu präsentieren. Hier besteht die ethische Frage darin, ob eine solche Optimierung der sog. Entscheidungsarchitektur hin zu gesünderen oder besseren Optionen, die jedoch auch aktiv verworfen werden können, einen zu stark bevormundenden bzw. manipulierenden Charakter hat oder aber eine wertvolle Erleichterung für gesunde Verhaltensweisen darstellt. Ebenso werden im Kontext der Bevölkerungsgesundheit stärker paternalistische Maßnahmen diskutiert oder angewendet. Hier wären etwa die Verteuerung von Suchtmitteln wie Alkohol und Zigaretten durch entsprechende Besteuerung oder die Verknappung von Möglichkeiten zum Tabakkonsum zu nennen, sofern sie mit der Absicht unternommen werden, Menschen zu ihrem Wohl von ihm abzuhalten.

Paternalismus im Recht

Rechtsordnungen müssen, insoweit sie subjektive Freiheitsrechte garantieren, im Kern antipaternalistisch sein. In Abgrenzung von der stark paternalismusaffinen älteren deutschen und kontinentaleuropäischen rechtsphilosophischen Tradition (Gutmann 2005) vermitteln die Freiheitsgrundrechte des Grundgesetzes primär formale Freiheit und »schließen das Recht ein, von der Freiheit einen Gebrauch zu machen, der – jedenfalls in den Augen Dritter – den wohlverstandenen Interessen des Grundrechtsträgers zuwiderläuft. [...] Die grundrechtlich geschützte Freiheit schließt auch die ›Freiheit zur Krankheit‹ [...] ein« (Bundesverfassungsgericht 2011, Tz. 48). Hatte das Gericht 1999 – in einer atypischen Entscheidung – noch Restriktionen bei der Lebendspende von Organen damit gerechtfertigt, »daß es ein legitimes Gemeinwohlanliegen [sei], Menschen davor zu bewahren, sich selbst einen größeren persönlichen Schaden zuzufügen« (Bundesverfassungsgericht 1999), ist ein sich gegen ›harten‹ Paternalismus wendendes Grundrechtsverständnis inzwischen zum *common sense* der bundesverfassungsgerichtlichen Rechtsprechung geworden. Dieses scheint, wie etwa die Entscheidung des Gerichts zum Rauchverbot in Gaststätten zeigt, der zufolge Rauchern »kein Schutz vor Selbstgefährdung aufgedrängt« werden dürfe (Bundesverfassungsgericht 2008, Tz. 126), auch die Grenzen legitimer *Public*

Health-Policies zu definieren. Die Paternalismusresilienz des Rechts wird weiter dadurch abgesichert, dass das Rechtsgut des Grundrechts auf körperliche Unversehrtheit aus Art. 2 Abs. 2 Satz 1 GG nicht Körper und Gesundheit als solche, d. h. als objektive Güter schützt, sondern vielmehr die »Freiheit zur Selbstbestimmung« des Einzelnen über seine leiblich-seelische Integrität (Bundesverfassungsgericht 1979, 1930). Der Anspruch des Patienten darauf, vollständig über Befunde und Diagnosen unterrichtet zu werden, wird in seinem durch grundrechtliche Wertungen geprägten Selbstbestimmungsrecht und seiner personalen Würde (Art. 1 Abs. 1 i.V. m. Art. 2 Abs. 1 des Grundgesetzes) verankert, die es nach Überzeugung des Bundesverfassungsgerichts verbieten, »ihm im Rahmen der Behandlung die Rolle eines bloßen Objekts zuzuweisen« (Bundesverfassungsgericht 2004). Dass das Recht des einwilligungsfähigen Patienten zur Bestimmung über seinen Körper Zwangsbehandlungen auch dann unzulässig macht, wenn sie lebenserhaltend wirken, ist ständige Rechtsprechung des Bundesgerichtshofs.

Gleichwohl beinhaltet die deutsche Rechtsordnung eine Fülle, zumindest auch, paternalistisch begründeter Normen. Dramatische Fälle eines ›weichen‹, gleichwohl extrem freiheitsbeschränkenden Paternalismus vermitteln die Unterbringungsgesetze der Länder, die es ermöglichen, psychisch kranke oder gestörte Personen, die ihr Leben oder in erheblichem Maß ihre Gesundheit gefährden, gegen oder ohne ihren Willen in einem psychiatrischen Krankenhaus unterzubringen, wobei für die Zwangs*behandlung* solcher, auch fremdgefährdender Personen seit der Entscheidung des Gerichts vom 23.03.2011 (Bundesverfassungsgericht 2011) besonders hohe Hürden aufgestellt wurden. ›Hart‹ paternalistische Motive mit unterschiedlicher Überzeugungskraft liegen unter anderem § 8 Abs. 1 Satz 2 Transplantationsgesetz (Verbot der Organlebendspende unter sich nicht nahestehenden Personen), §§ 17 f. Transplantationsgesetz (Verbot des Organverkaufs), § 1 Abs. 1 Nrn. 1 und 7 Embryonenschutzgesetz (Verbot der Ersatzmutterschaft und der Eizellspende), § 6 Embryonenschutzgesetz (Verbot der reproduktiven Humanklonierung), § 40 Abs. 1 Nr. 4 Arzneimittelgesetz (Verbot der Teilnahme auch einwilligungsfähiger untergebrachter Personen an klinischen Studien) sowie §§ 212, 216 StGB (Verbot der Tötung auf Verlangen) mit zu Grunde. Darüber hinaus organisiert das Recht, nicht zuletzt im Sozialrecht (Renten- und Krankenversicherungspflicht), anerkannte soziale Institutionen, die nicht paternalismusfrei zu denken sind. Zugleich ermöglicht das Recht in Form von Patientenverfügungen (§ 1901a BGB) Odysseus-Anordnungen einwilligungsfähiger Personen für den Fall ihrer späteren Einwilligungsunfähigkeit, während es solche Verfügungen, die – wie z. B. bestimmte Fälle einer für einen bestimmten Zeitraum unwiderruflichen Selbsteinweisung in eine Suchtklinik – auch für den Fall einer weiterbestehenden Einwilligungsfähigkeit gelten sollen, die Anerkennung versagt.

Die theoretische Durchdringung der Erscheinungsformen des Rechtspaternalismus ist nicht abgeschlossen. Ihre Bewertung hängt nicht zuletzt von der Funktion des jeweiligen Rechtsbereichs ab: Paternalistische Gesetzgebung, die mit strafrechtlichen Sanktionen einhergeht (Feinberg 1986; Fateh-Moghadam 2008; Hirsch et al. 2010), ist schwieriger zu rechtfertigen als Paternalismus in der Sozialgesetzgebung oder im Verbraucherschutz (vgl. Husak 2003).

Literatur

Beauchamp, Tom L.: Paternalism and biobehavioral control. In: *Monist* 60/1 (1977), 62–80.
–/Childress, James F.: *Principles of Biomedical Ethics*. Oxford ⁴1994.
Bundesverfassungsgericht: Beschluss vom 25. 07. 1979. In: *BVerfGE* 52, 131–187.
–: Beschluss vom 11. 08. 1999 – 1 BvR 2181-83/98. (1. Kammer des Ersten Senats). In: *Neue Juristische Wochenschrift* (1999), 3399–3404.
–: Beschluss vom 18. 11. 2004 – 1 BvR 2315/04 (2. Kammer des Ersten Senats). In: *Neue Juristische Wochenschrift* (2005), 1103–1105.
–: Urteil vom 30. 07. 2008. In: *BVerfGE* 121, 317–388.
–: Beschluss vom 23. 03. 2011. In: *BVerfGE* 128, 282–322.
Düber, Dominik: Lassen sich die moralischen Grenzen des Paternalismus durch Prinzipien bestimmen? In: *Preprints and Working Papers of the Centre for Advanced Study in Bioethics* 58. 2013. In: http://www.uni-muenster.de/KFG-Normenbegruendung/publikationen/preprints.html (04. 02. 2015).
Dworkin, Gerald: Paternalism. In: *Monist* 56 (1972), 64–84.
–: Paternalism: some second thoughts. In: Rolf Sartorius (Hg.): *Paternalism*. Minneapolis 1983, 105–111.
–: Paternalism. In: Edward N. Zalta (Hg.): *The Stanford Encyclopedia of Philosophy*. Summer 2010 Edition. In: http://plato.stanford.edu/archives/sum2010/entries/paternalism/ (04. 02. 2015).
Dworkin, Ronald: *Life's Dominion. An Argument about Abortion and Euthanasia*. London 1993.
–: *Sovereign Virtue. The Theory and Practice of Equality*. Cambridge 2000.
Enderlein, Wolfgang: *Rechtspaternalismus und Vertragsrecht*. München 1996.
Faden, Ruth R./Beauchamp, Tom L.: *A History and Theory of Informed Consent*. New York 1986.
Fateh-Moghadam, Bijan: *Die Einwilligung in die Lebendorganspende. Die Entfaltung des Paternalismusproblems im Horizont differenter Rechtsordnungen am Beispiel Deutschlands und Englands*. München 2008.
–/Gutmann, Thomas: Governing [through] autonomy. The moral and legal limits of ›soft paternalism‹. In: *Ethical Theory and Moral Practice* 17 (2014), 383–397.
Feinberg, Joel: Legal paternalism. In: *Canadian Journal of Philosophy* 1/1 (1971), 105–124.
–: *Harm to Self. The Moral Limits of the Criminal Law*. Bd. III. Oxford 1986.
Gert, Bernard/Culver, Charles M.: Paternalistic behavior. In: *Philosophy & Public Affairs* 6/1 (1976), 45–57.
Grill, Kalle: The normative core of paternalism. In: *Res Publica* 13 (2007), 441–458.
–: Paternalism. In: Ruth Chadwick (Hg.): *Encyclopedia of Applied Ethics*. London ²2012, 359–369.
Gutmann, Thomas: Paternalismus – eine Tradition deutschen Rechtsdenkens? In: *Zeitschrift der Savigny-Stiftung für Rechtsgeschichte, Germanistische Abteilung* 122 (2005), 150–194.
–: Paternalismus und Konsequentialismus. In: Michael Kühler/Alexa Nossek (Hg.): *Paternalismus und Konsequentialismus*. Münster 2014, 27–66.
Hallich, Oliver: Selbstbindungen und medizinischer Paternalismus. Zum normativen Status von »Odysseus-Anweisungen«. In: *Zeitschrift für philosophische Forschung* 65 (2011), 151–172.
Husak, Douglas: Legal paternalism. In: Hugh LaFollette (Hg.): *Oxford Handbook of Practical Ethics*. Oxford 2003, 387–412.
–: Paternalism and consent. In: Franklin G. Miller/Alan Wertheimer (Hg.): *The Ethics of Consent. Theory and Practice*. New York/Oxford 2010, 107–130.
Hirsch, Andreas von/Neumann, Ulfried/Seelmann, Kurt (Hg.): *Paternalismus im Strafrecht. Die Kriminalisierung von selbstschädigendem Verhalten*. Baden-Baden 2010.
Kant, Immanuel: Über den Gemeinspruch: Das mag in der Theorie richtig sein, taugt aber nicht für die Praxis [1793]. In: Ders.: *Gesammelte Schriften*. Hg. von der Preußischen Akademie der Wissenschaften. Bd. VIII. Berlin 1912/23, 273–313 [=TP].
Kleinig, John: *Paternalism*. Manchester 1983.
Kühler, Michael/Nossek, Alexa (Hg.): *Paternalismus und Konsequentialismus*. Münster 2014.
Mill, John Stuart: *On Liberty*. London ⁴1869.
Quante, Michael: *Personales Leben und menschlicher Tod*. Frankfurt a. M. 2002.
Schöne-Seifert, Bettina: *Grundlagen der Medizinethik*. Stuttgart 2007.
–: Paternalismus. Zu seiner ethischen Rechtfertigung in Medizin und Psychiatrie. In: *Jahrbuch für Wissenschaft und Ethik*. Bd. 14. Berlin/New York 2009, 107–127.
Sunstein, Cass R./Thaler, Richard H.: Libertarian paternalism is not an oxymoron. In: *The University of Chicago Law Review* 70/4 (2003), 1159–1202.
Veer, Donald van de: *Paternalistic Interference*. Princeton 1986.

Dominik Düber, Thomas Gutmann und Michael Quante

21 Person

Begriffserklärung

Der Begriff der Person bezieht sich als philosophischer Grundbegriff auf einen sozialen Akteur, der über Phasen seines Lebens hinweg sich zu sich selbst und zu anderen Personen verhält, über epistemische, moralische und ästhetische Fähigkeiten verfügt, Gründe versteht und aus Gründen handelt sowie gegenüber sich selbst und anderen Personen Erwartungen hat, Ansprüche stellt und Verpflichtungen eingeht.

Bei der Zuschreibung eines personalen Standpunkts kommt epistemischen und praktischen Bestimmungen wie Selbstbewusstsein, Selbstbestimmung und Anerkennung besondere Bedeutung zu. Mit ihnen verbinden sich hohe Anforderungen an einen ethischen und rechtlichen Schutz. Der Begriff der Person kommt normativ auch dann zur Anwendung, wenn die idealtypisch angenommenen Eigenschaften und Fähigkeiten entwicklungsbedingt oder aufgrund von Dysfunktionen noch nicht oder nicht mehr vorliegen.

In der Bioethik gewinnt der Begriff der Person sein semantisches und methodisches Profil durch die Bezeichnung des Ausgangspunkts und Adressaten von bioethischen Zuschreibungen, Anerkennungen und Verpflichtungen. Vor allem in den letzten Jahrzehnten ist der Begriff der Person Gegenstand grundsätzlicher bioethischer Auseinandersetzungen über die Grenzen der ethischen Gemeinschaft sowie über den moralischen Status von Individuen mit schwerwiegenden Einschränkungen ihrer Eigenschaften und Fähigkeiten. Das gilt v. a. für Entscheidungen in Bereichen des entstehenden und vergehenden menschlichen Lebens bzw. in Fällen des Verlusts der Mitteilungs- und Zustimmungsfähigkeit.

Die Thematisierung des Personenstatus wird häufig mit Fragen nach dem moralischen Status und dem Lebensrecht des betreffenden Individuums unmittelbar zusammengeführt. Die Vermengung dieser Problemfelder ist methodisch umstritten. Bei der Anwendung des Personbegriffs geht es zunächst um Bestimmungen wie Zurechenbarkeit und Verpflichtung sowie um die Klärung, wer rechtfertigungsfähig als Person angesprochen werden kann, und keineswegs schon darum, Grundsatzentscheidungen über Leben und Tod zu treffen.

Begriffsgeschichte

Vor dem Eintritt in bioethische Diskussionen verläuft die Entfaltung der Semantik des Begriffs der Person unabhängig von der des Ausdrucks ›Mensch‹. Dieser Sachverhalt verändert sich im Zuge der modernen biomedizinischen Entwicklungen und des damit einhergehenden normativen Problembewusstseins. Der Begriff der Person ist im Unterschied zu dem des Menschen keine biologische Bezeichnung. Sein semantischer Gehalt setzt sich vielmehr zu einem Großteil aus normativen Bestimmungen zusammen.

Der Ausdruck ›Person‹ verfügt über eine facettenreiche Begriffsgeschichte, die eine Vielzahl von Brüchen und semantischen Neuanfängen aufweist. In der Antike lassen sich Verwendungen in den Bereichen des Theaters, des Gerichtswesens und der Grammatik nachweisen. Eine genuin philosophische Bedeutung des Ausdrucks ›persona‹ findet sich in der mittleren Stoa. Panaitios von Rhodos entwirft eine *personae*-Lehre, die das Leben vernünftiger Individuen nach Maßgabe der Bestimmungen des Wesens, der Eigenart, der Kontingenz und des Lebensplans interpretiert (Cicero 1994, 90 ff.). Diese *personae*-Lehre weist bereits moderne Konturen auf, bleibt aber wirkungsgeschichtlich weitgehend folgenlos.

In der Spätantike ergibt sich eine neue semantische Situation aus dem Umstand, dass der Begriff der Person Eingang in die christliche Trinitätsformel *una substantia, tres personae* findet. Durch Übertragungen und Abwandlungen bilden sich aus dieser Formel Bestimmungen einer metaphysischen Dignität der *menschlichen* Person heraus. Dieser Vorgang kommt bei Boethius, der den Begriff der Person ausdrücklich auf menschliche Individuen bezieht, zu einem vorläufigen Abschluss.

Die neuzeitliche Philosophie der Person erfährt ihre systematische Grundlegung in drei Ansätzen, die weitgehend unabhängig voneinander in den Bereichen der Erkenntnistheorie, der Ethik und der Sozialphilosophie ausgearbeitet werden. John Locke entwickelt im erkenntnistheoretischen Kontext eine Theorie personaler Identität, die ein modernes egologisches Vokabular mit der personalitätstheoretischen Semantik zusammenführt. Dabei zieht er eine semantische Grenze zwischen den Begriffen des Menschen und der Person. Nach Locke steht der Ausdruck ›Person‹ für »a thinking intelligent Being, that has reason and reflection, and can consider it self as it self, the same thinking thing in different times and places« (Locke 1975, 335).

Immanuel Kant vollzieht, in Weiterführung von Jean-Jacques Rousseaus Ausführungen zum Zusammenhang von Selbstbestimmung und Menschenrechten, eine ethische Erweiterung des Begriffs der Person. Das geschieht ohne Bezugnahme auf eigene erkenntniskritische Überlegungen zu personaler Identität über die Zeit hinweg. Sein exponiertes normatives Profil erhält der Begriff der Person durch seine Bedeutung für die Formulierung des kategorischen Imperativs. Nach der materialen Vorstellungsart des kategorischen Imperativs gilt für Personen ein grundsätzliches Instrumentalisierungsverbot: »*Handle so, daß du die Menschheit sowohl in deiner Person, als in der Person eines jeden andern jederzeit zugleich als Zweck, niemals bloß als Mittel brauchst*« (Kant: GMS, AA IV 429).

Im deutschen Idealismus, insbesondere von Fichte und Hegel, wird die konstitutive Funktion von Sozialverhältnissen für personales Leben herausgearbeitet. Die sozialphilosophische Auslegung des Personbegriffs deckt die normativen Anerkennungsverhältnisse im sozialen Raum auf, die sowohl symmetrische wie asymmetrische Formen annehmen können.

In der Philosophie des 20. und 21. Jahrhunderts kommt der Begriff der Person in verschiedenen Ansätzen der theoretischen Philosophie mit unterschiedlichen methodischen Zielsetzungen zur Anwendung. Das gilt sowohl für die Bereiche der kontinentaleuropäischen wie für die der angloamerikanischen Philosophie. In der Phänomenologie, etwa bei Husserl, Scheler, Sartre oder Merleau-Ponty, werden personale Bestimmungen zur Bezeichnung von Erleben und intentionalen Akten eingesetzt. Im Rahmen des sog. *linguistic turn* bezeichnet der Begriff der Person ein Subjekt, das sich mit propositionalen Einstellungen epistemisch und praktisch in der Welt orientiert. In sprachanalytischen Untersuchungen werden die konstitutive Rolle von Selbstreferenz in Prädikationssituationen sowie der systematische Zusammenhang von Zuschreibungen und Selbstzuschreibungen rekonstruiert (vgl. Chisholm 1976, 1981; Hampshire 1959; Strawson 1959; Castañeda 1966). Die analytische Philosophie setzt sich auch ausführlich mit der Bestimmung personaler Identität über die Zeit hinweg auseinander (vgl. Williams 1973; Nagel 1970; Parfit 1984).

In der neueren praktischen Philosophie steht der Begriff der Person im Mittelpunkt von normativen Fragestellungen der Sozialphilosophie, allgemeinen Ethik, Metaethik und Bioethik. Die im Anschluss an John Rawls' neokantianischer Theorie der Gerechtigkeit aufkommende Liberalismus-Kommunitarismus-Debatte wird von gegensätzlichen Ansätzen zur Bestimmung personalen Lebens beherrscht. Der liberalistischen Konzeption, die Personen normativ als vernünftige und reflektierende Akteure mit eigenen Vorstellungen vom guten Leben begreift (vgl. Rawls 1971), steht die kommunitaristische Vorstellung von der Person als einem fest in die gemeinschaftlichen Lebensbedingungen eingebundenen Individuum gegenüber (vgl. Sandel 1982).

Die sozialphilosophische und ethische Individualitätsproblematik betrifft auch das Verhältnis von personalem Standpunkt und Menschenrechten. Der in der Aufklärung etablierten engen Verbindung zwischen neuzeitlichem Personverständnis und Menschenrechtsgedanken liegen weitreichende normative Bestimmungen für die Ausgestaltung personalen Lebens zugrunde, die nicht nur die klassischen Grundrechte, sondern auch das Recht auf soziale und kulturelle Teilhabe einschließen. Dieser Sachverhalt zeigt sich exemplarisch in der *Universal Declaration of Human Rights* von 1948.

Für den aus der kantianischen Gerechtigkeitstheorie hervorgehenden Konstruktivismus ist der normative Begriff der Person die systematisch entscheidende Bestimmung (Rawls 1980). Bei Rawls steht der Ausdruck ›Person‹ für den Zusammenhang zwischen normativem Selbstverständnis und ethischen Prinzipien: »the conception of the person is a moral conception, one that begins from our everyday conception of persons as the basic units of thought, deliberation, and responsibility« (Rawls 1993, 18 Anm.). Der Begriff der Person fungiert im kantianischen Konstruktivismus als Ausgangs- und Bezugspunkt von Weisen der Verpflichtung und Anerkennung in einer Gemeinschaft vernünftiger Akteure, denen der Konstruktion nach so ermöglicht wird, eigene Zwecke zu setzen und sich wechselseitig als Zwecke an sich selbst anzuerkennen.

In bioethischen Auseinandersetzungen kommt der Begriff der Person bei medizinethischen Abwägungen zur Anwendung. Er wird im Rahmen von Entscheidungssituationen zum entstehenden und vergehenden menschlichen Leben eingesetzt, in denen über ethischen und rechtlichen Schutz jenseits von Selbstbewusstsein und Mitteilungsfähigkeit zu befinden ist. Solche Situationen treten v. a. in der innovativen Forschung sowie in der intensivmedizinischen Praxis auf – etwa bei der Stammzellforschung (s. Kap. III. 39) oder beim Umgang mit komatösen Patienten.

Im Rahmen von konzeptionellen und praktischen Bewertungen der sich mit dem personalen Standpunkt verbindenden Verpflichtungen kommt es vermehrt zur Wiederaufnahme von Lockes an psychischer Kontinuität ausgerichteten Theorie der Person (Parfit 1984; Harris 1985, 1999). Diesem Ansatz steht der Versuch entgegen, die semantischen Felder des Personbegriffs und des speziesistischen Ausdrucks ›Mensch‹ zusammenzuführen (vgl. Spaemann 1996), um vom Ansatz her normative Abwägungen im Hinblick auf das Lebensinteresse oder die Bewusstseinsqualität eingeschränkten personalen Lebens zu unterbinden.

Systematische Fragestellungen

(1) *Semantisches Feld*. Personales Leben durchläuft eine Vielzahl von Phasen, in denen menschliche Individuen nicht in der Lage sind, ihre Umgebung selbstbewusst wahrzunehmen und begründete oder nachvollziehbare Entscheidungen zu treffen. Weil sich die Verwendungsweise des Personbegriffs pragmatisch und normativ vorrangig an entfalteten Formen von Selbstreferenz und sozialer Teilhabe orientiert, verblasst sein semantisches Profil an den zeitlichen Rändern des Lebens einer Person.

In den gegenwärtigen Diskussionen wird zuweilen infrage gestellt, ob der Begriff der Person zur Lösung gravierender normativer Problemstellungen im Feld der Bioethik beitragen kann. Der Zweifel richtet sich v. a. auf seine Anwendbarkeit in den schwierigen Entscheidungssituationen beim Umgang mit dem entstehenden und vergehenden menschlichen Leben, bei denen die epistemischen und normativen Ausgangssituationen nicht klar sind. Insbesondere zum Ende des menschlichen Lebens treten Zustände auf, die durch die Abnahme oder Abwesenheit von Einsichts- und Zustimmungsfähigkeit gekennzeichnet sind. Mit solchen Zuständen verschärft sich das ohnehin schwierige Problem des Fremdpsychischen.

Das semantische Feld des Begriffs der Person enthält gleichwohl eine Vielzahl von Bestimmungen und Differenzierungen, mit denen arbeitsteilig auf die systematischen Herausforderungen in Theorie und Praxis reagiert werden kann. Es kommt insbesondere darauf an, zwischen der Bedeutung der Ausdrücke ›Person‹, ›Personalität‹, ›Persönlichkeit‹, und ›personale Identität über die Zeit hinweg‹ zu unterscheiden.

In einer ersten Annäherung kann die *Person* als ein aktives und passives Subjekt im Raum der Gründe beschrieben werden. Unter *Personalität* sind die Eigenschaften und Fähigkeiten zu verstehen, die es einem Individuum ermöglichen, das Leben einer Person zu führen. Die *Persönlichkeit* ist ein System von Einstellungen, Dispositionen sowie von Verhaltens- und Handlungsmustern. Dieses System bildet sich im Leben einer Person über die Zeit hinweg heraus, wobei die Zeiträume der Konsistenz, Kohärenz und Kontinuität stark variieren können. Der Begriff der diachronen *Identität der Person* entscheidet darüber, ob oder wann es sich bei der Präsenz von Personen an unterschiedlichen Raum- und Zeitstellen um ein und dieselbe Person handelt.

Eine Person ist im Idealfall ein selbstreferenzielles Subjekt von Aktivitäten, das Ansprüche erhebt, Erwartungen hegt und Verpflichtungen erfüllt. Sie ist aber auch – gleichsam passiv – Adressat von Rücksichtnahme und Verpflichtung seitens anderer Personen. Im Falle von Erkrankungen, Verletzungen und Behinderungen (s. Kap. II. 2), die das selbstreferenzielle System von Aktivitäten auf gravierende Weise schädigen, bleiben die passiven Komponenten bestehen. Durch den Wegfall des Aktivitätspotentials kommt es normativ zu einem Kompensationsphänomen, das die ethischen und rechtlichen Fürsorgepflichten auf Seiten anderer Personen erhöht.

Die Unterscheidung zwischen aktiven und passiven Bestimmungen von Personalität legt eine Differenzierung zwischen enger und weiter Bedeutung des Ausdrucks ›Person‹ nahe. Diese Differenzierung zeigt sich auch in der semantischen Arbeitsteilung des alltäglichen Sprachgebrauchs zwischen einem Verständnis von Personsein, das sich an der kognitiven und praktischen Leistungsfähigkeit des Erwachsenenlebens orientiert, und einem, das personales Leben mit der Gesamtheit der Verläufe menschlichen Lebens verbindet.

(2) *›Mensch‹ und ›Person‹*. Vor dem Hintergrund neuerer und neuester biomedizinischer Entwicklungen wird das Verhältnis der Begriffe ›Mensch‹ und ›Person‹ sowohl in deskriptiver wie in normativer Hinsicht zunehmend als spannungsreich wahrgenommen. In den gegenwärtigen bioethischen Debatten kommt es dabei zu unterschiedlichen und oft auch gegensätzlichen Auslegungen (vgl. Sturma 2005, 103 ff.).

Essentialistische Ansätze unterscheiden nicht grundsätzlich zwischen den Ausdrücken ›Mensch‹ und ›Person‹ und behandeln sie als extensional deckungsgleiche Wesensbestimmungen. Auch für speziesistische Ansätze fallen die Bedeutungen der Ausdrücke ›Mensch‹ und ›Person‹ zusammen. Die Konvergenz wird in der Regel von biologischen Bestimmungen abhängig gemacht, die im Weiteren metaphysisch ausgedeutet werden. Individuen der Gattung Mensch sind danach immer Personen.

Die von essentialistischen und speziesistischen Positionen vorgenommene ethische Auszeichnung der Gattungszugehörigkeit ist von Ansätzen zurückgewiesen worden, die sich an der Empfindungsfähigkeit oder am Lebensinteresse orientieren. Sie weisen darauf hin, dass nicht jede Form menschlichen Lebens im Hinblick auf Empfindungsfähigkeit und Lebensinteresse einen ethischen Vorrang gegenüber anderen höher entwickelten Lebensformen beanspruchen könne (vgl. Singer 1979). Das Leiden nichtmenschlicher Lebewesen sei nicht deswegen ethisch vernachlässigbar, weil diese nicht zur Spezies Mensch gehörten.

Die semantische Unterscheidung zwischen den Ausdrücken ›Mensch‹ und ›Person‹ findet sich auch beim Fähigkeitenansatz, der sich an dem Sachverhalt orientiert, dass Menschen sich über die Zeit hinweg als Personen entfalten, indem sie spezifische epistemische, emotionale, moralische und ästhetische Eigenschaften und Fähigkeiten entwickeln (vgl. Hurley 1989; Nussbaum 1999; Korsgaard 2009; Sturma 2013). Der Fähigkeitenansatz, der aristotelische und kantische Theorieperspektiven miteinander verbindet, geht von einem sehr engen Verhältnis zwischen den Bestimmungen ›Mensch‹ und ›Person‹ aus. Bislang ist auch nur von Menschen bekannt, dass sie sich unter normalen biologischen und sozialen Bedingungen zu Personen entwickeln. Das bedeutet aber keineswegs, dass sich prinzipiell nur Menschen zu Personen entwickeln können. Dem Fähigkeitenansatz zufolge bestehen moralische Verpflichtungen auch gegenüber Individuen, die personale Eigenschaften erst entwickeln, sowie gegenüber Individuen, die über personale Eigenschaften nicht mehr verfügen können.

Die Hauptströmungen der Philosophie der Person gehen weithin davon aus, dass uns Personen nur in der Gestalt von Menschen begegnen. Diese Eingrenzung wird mittlerweile von zwei Seiten in Zweifel gezogen (vgl. Birnbacher 2001). Zum einen wird die Forderung erhoben, die ethische Gemeinschaft über die Speziesgrenzen hinaus zu erweitern und Große Menschenaffen wegen ihrer spezifischen Eigenschaften und Fähigkeiten *wie* Personen zu behandeln (vgl. Cavalieri/Singer 1993). Zum anderen ist die Erwartung geäußert worden, dass die Entwicklung Künstlicher Intelligenz auf neue Formen personalen Lebens zusteuere.

Während die Frage nach dem Umgang mit künstlichen Personen bis auf weiteres hypothetisch bleiben dürfte, verbinden sich mit Erwägungen zum moralischen Status von Großen Menschenaffen im Besonderen und höher entwickelten animalischen Lebensformen im Allgemeinen schon jetzt ethische und rechtliche Herausforderungen. Dabei geht es v. a. um die Erfassung von moralischen Verpflichtungen gegenüber Lebensformen, deren Individuen über ein komplexes Bewusstsein und Erleben verfügen, ohne in der Lage zu sein, ausdrücklich Ansprüche zu erheben oder Rechte einzufordern. In diesen Fällen muss über die ethische Reichweite von asymmetrischen Anerkennungen entschieden werden.

(3) *Personale Identität über die Zeit hinweg*. Weil sich im Begriff der Person auf eigentümliche Weise deskriptive und normative Bestimmungen verbinden, stellt sich die Frage, wie unter den Bedingungen der wechselvollen Verläufe personalen Lebens die Identität der jeweiligen Person über die Zeit hinweg zu verstehen ist. In der Beantwortung dieser Frage besteht der Beitrag der neuzeitlichen Erkenntnistheorie zur Philosophie der Person.

Am systematischen Beginn der Theorie personaler Identität steht Lockes sog. *memory theory*. Ihr zufolge wird die Identität einer Person über die Zeit hinweg durch das Bewusstsein ihrer psychischen Kontinuität konstituiert. Dieser bis heute einflussreichen Zugangsweise haben sich sowohl substanzphilosophische Theorien – von Leibniz und Thomas Reid bis zu Richard Swinburne – als auch Ansätze entgegengestellt, die sich vorrangig an der körperlichen Kontinuität einer Person orientieren (vgl. Williams 1973).

In der Theorie personaler Identität wird metatheoretisch zwischen einem *simple view* und einem *complex view* unterschieden (vgl. Parfit 1984). Dem *simple view* zufolge, dem auch die substanzphilosophischen Theorien zuzurechnen sind, ist das Phänomen personaler Identität nicht aus psychischen oder physischen Bestimmungen ableitbar. Der sachliche Grund des Phänomens bleibt danach epistemisch unzugänglich. Der *complex view* unterstellt demgegenüber, dass personale Identität aus psychischen oder physischen bzw. psychophysischen Relationen hervorgeht, die zumindest in Teilen identifizierbar sind.

Die gegenwärtige Diskussion wird konzeptionell von drei relationalen Modellen beherrscht, nach denen personale Identität durch (a) psychische Bestimmungen, (b) physische Bestimmungen oder durch (c) psychophysische Wechselwirkungen konstituiert wird. Der von psychophysischen Wechselwirkungen ausgehende Ansatz kann an neurowissenschaftliche Entwicklungen anknüpfen (vgl. Hurley 1998).

Gegenwärtige Problemstellungen

(1) *Naturalistische Herausforderungen.* Der Begriff der Person sowie die sich mit ihm verbindende Zuschreibung von spezifischen Eigenschaften und Fähigkeiten sind Gegenstand grundsätzlicher Kritik seitens eliminativistischer Positionen. Ihnen zufolge haben bei der Beantwortung von Fragen nach dem Menschen bzw. der Person die Naturwissenschaften im Allgemeinen und die Neurowissenschaften im Besonderen das Primat vor allen anderen wissenschaftlichen Ansätzen. Exemplarisch für die eliminativistischen Vorbehalte ist die These, dass Personen Autonomie, Rationalität oder Willensfreiheit zu Unrecht unterstellt werde.

Schon in frühen neurophilosophischen Ansätzen ist die Überzeugung vertreten worden, dass das mit dem personalen Standpunkt unmittelbar verknüpfte mentalistische Vokabular nur vorbehaltlich gelten könne und im Laufe der Zeit durch Begriffe und Modelle aus der neurowissenschaftlichen Forschung ersetzt werde (vgl. Churchland 1986). Ansätze des eliminativistischen Naturalismus sehen in ihren Wirklichkeitsmodellen keinen Platz für den personalen Standpunkt vor. Ihnen zufolge liefern die Entwicklungen der Naturwissenschaften keinen Anlass für die Annahme eines *personalen* Lebens.

Allerdings ist es bislang nicht möglich, neuronale Vorgänge und subjektives Erleben von Personen unmittelbar aufeinander abzubilden. Dieser Umstand hat sehr unterschiedliche Ausdeutungen erfahren. Zum einen gibt es die Erwartung, dass der künftige wissenschaftliche Fortschritt zu einer neurobiologischen Konzeption führe, in die subjektives Erleben explanatorisch integriert werden könne. Es wird aber zum anderen auch erwogen, dass es aus prinzipiellen Gründen nicht möglich sei, subjektives Erleben *als solches* mit neurowissenschaftlichen Methoden zu erfassen.

Praktisch belangvoll ist die prinzipielle Möglichkeit von Personen, sich zu neurowissenschaftlichen Entdeckungen von neuronalen Mechanismen, die mit spezifischen Verhaltensweisen zusammenhängen, epistemisch und praktisch verhalten zu können. Damit stehen ihnen im günstigen Fall Wege offen, Dispositionen zu identifizieren und ggf. zu korrigieren. Lebenspraktisch erweitern die Neurowissenschaften durch die Aufdeckung von kausalen Zusammenhängen den Spielraum von Handlungen und Verhaltensweisen (vgl. Hampshire 1959, 169 ff.). Dieser Sachverhalt wird in den öffentlichen Auseinandersetzungen um die Willensfreiheit kaum beachtet.

(2) *An den Grenzen der Person.* In bioethischen Diskussionen zu normativen Bewertungen im Umfeld der zeitlichen Grenzen menschlichen Lebens sind Zweifel im Hinblick auf die semantische Trennschärfe und begründungstheoretische Leistungsfähigkeit des Begriffs der Person angemeldet worden. In Fällen des entstehenden und vergehenden Lebens haben wir es unstrittig mit menschlichen Individuen zu tun. Es stellt sich aber die Frage, ob bei der Abwesenheit wesentlicher personaler Eigenschaften – wie Selbstbewusstsein, Autonomie- oder Mitteilungsfähigkeit – der Begriff der Person sinnvoll in Ansatz gebracht werden kann.

In den Anfangs- und in den Endphasen menschlichen Lebens verschwimmen zumindest epistemisch die Konturen des Begriffs der Person im Allgemeinen und der praktischen Kontinuität über die Zeit hinweg im Besonderen. Aus der Perspektive des äußeren Beobachters ist nur schwer darüber zu befinden, in welchen Erlebniszuständen sich eine Person befindet, die eine Vielzahl ihrer Eigenschaften und Fähigkeiten, einschließlich ihrer Mitteilungsfähigkeit, eingebüßt hat. Diese Schwierigkeit wirkt sich auch auf den Sachverhalt praktischer Identität aus. Zwar haben wir es im numerischen Sinne nach wie vor zweifelsfrei mit ein und derselben Person zu tun, es ist aber nicht ohne weiteres zu klären, welchen Stellenwert diese Zustände für das Verständnis des betroffenen personalen Lebens insgesamt haben und von welchen Verbindungen zwischen früheren reflektierten Wertungen und späterem, von außen nicht mehr transparentem, Erleben im Einzelnen ausgegangen werden kann.

Menschen durchlaufen in ihrer biologischen und sozialen Entwicklung Phasen, in denen sie noch nicht oder nicht mehr über die Eigenschaften und Fähigkeiten verfügen, die gemeinhin mit personalem Leben verbunden werden. In frühen Entwicklungsstadien wird deshalb von möglichen oder werdenden personalen Eigenschaften und in späteren Phasen von der starken Veränderung oder dem Verlust von spezifischen Eigenschaften und Fähigkeiten gesprochen. Es herrscht weitgehend Einvernehmen darüber, dass auch in diesen Stadien oder Phasen ein ethischer und rechtlicher Schutzanspruch besteht. In der Bioethik gibt es aber heftige Auseinandersetzungen darüber, ob dieser Schutz nach Maßgabe der jeweiligen Entwicklung von Eigenschaften und Fähigkeiten abgewogen werden darf.

Aufgrund der Vertrautheit mit Problemfällen des entstehenden und vergehenden menschlichen Lebens gilt es in der Bioethik als weitgehend unkontrovers, dass die zeitliche Extension personalen Lebens weiter reicht als das ausdrückliche Bewusstsein, welches die jeweilige Person von ihm hat. Dieser Sachverhalt legt Unterscheidungen zwischen Oberflächen- und Tiefenstrukturen menschlichen Bewusstseins nahe, um gleichermaßen dem bewussten Erleben und der zeitlichen Erstreckung personalen Lebens Rechnung zu tragen. Dieser Sachverhalt ist nicht zuletzt Anlass für die Unterscheidung zwischen enger und weiter Bedeutung des Ausdrucks ›Person‹.

Bei Versuchen, den Schutz personalen Lebens über die Phasen möglichen Bewusstseins hinaus zu erweitern, wird in der Regel auf Bestimmungen von Potentialität sowie der Kontinuität und Identität einer Person über die Zeit hinweg zurückgegriffen (vgl. Damschen/Schönecker 2003). Auf diese Weise sollen Relationen zwischen den Phasen im Leben einer Person etabliert werden, die unterschiedliche Entwicklungsstufen so miteinander verbinden, dass normative Urteile gefällt werden können.

(3) *Personaler Standpunkt und medizinethische Prinzipien*. Seine grundlegende bioethische Bedeutung gewinnt der Begriff der Person aus dem Sachverhalt, dass mit ihm auf den Ausgangspunkt wie auf einen Adressaten von normativen Zuschreibungen und ethischen Anerkennungen Bezug genommen wird. Bei einem Großteil der bioethischen Problemstellungen geht es um den normativen und praktischen Ausgleich zwischen Autonomie, Vertrauen, Fürsorge und Verpflichtung. Bei der Bewältigung der Problemstellungen stellen das Instrumentalisierungsverbot sowie die medizinethischen Prinzipien die maßgebenden ethischen Vorgaben für Abwägungen und Entscheidungen dar.

Das Instrumentalisierungsverbot (s. Kap. II. 17) überträgt den Menschenrechtsgedanken in den Bereich der medizinischen Praxis und weist die Selbstbestimmung der einzelnen Person als ethisch unhintergehbar aus. Die normative Ausgestaltung der Praxis in Forschung und Medizin, insbesondere im Fall von schweren Erkrankungen und Einschränkungen der Urteils- und Mitteilungsfähigkeit, erfolgt durch die vier medizinethischen Prinzipien der Autonomie, des Wohltuns, der Schadensvermeidung und der Gerechtigkeit (vgl. Beauchamp/Childress 2013).

Mit den medizinethischen Prinzipien wird den normativen Anforderungen an die Berücksichtigung des personalen Standpunkts entsprochen. Mit *Autonomie* verbinden sich hohe Anforderungen an die aufgeklärte Einwilligung (*informed consent*) (s. Kap. II. 10), die Anerkennung der Selbstzweckhaftigkeit des Patienten im Sinne des Instrumentalisierungsverbots sowie des Anspruchs auf eigene Lebensführung auch unter den Bedingungen zunehmender Unselbstständigkeit. *Wohltun* bzw. *Fürsorge* zielt auf den Erhalt oder die Verbesserung der Lebensqualität (s. Kap. II. 16) der erkrankten Person. Dabei sind auch die psychischen und sozialen Folgen der Erkrankung zu berücksichtigen. *Schadensvermeidung* verpflichtet zur Risikoabwägung (s. Kap. II. 23), zur Vermeidung von Leiden oder belastenden Situationen sowie zur Wahrung der psychischen und körperlichen Integrität der erkrankten Person. Schließlich folgt aus dem Prinzip der *Gerechtigkeit* (s. Kap. II. 8), die Teilhabe an den Mitteln der Betreuung und medizinischen Versorgung sowie den Anteil an den Kosten des Gesundheitssystems fair zu regeln.

(4) *Autonomie und Lebensplan*. Der Lebensplan einer Person im Sinne von starken Wertungen ermöglicht einen überschaubaren Verhaltensspielraum sowie nachvollziehbare und einsichtige Handlungsgeschichten, die in einen Zusammenhang mit normativen Vorstellungen zur eigenen Identität über die Zeit hinweg gebracht werden können (Rawls 1971, 407 ff.; Taylor 1985, 95 ff.). Eine große ethische und rechtliche Herausforderung für den Lebensplan einer Person stellt der Verlust ihrer kognitiven Fähigkeiten dar, der v. a. in der Gestalt demenzieller Erkrankungen (s. Kap. III. 10) in den Mittelpunkt öffentlicher und wissenschaftlicher Aufmerksamkeit gerückt ist.

Besondere Schärfe erhält die Herausforderung durch den Umstand, dass mit Hilfe von Biomarkern viele Jahre vor dem möglichen Auftreten von Symptomen frühe Diagnosen gestellt werden können, aber bislang keine erfolgreichen Therapien zur Verfügung stehen. Im Fall einer Frühdiagnose sieht sich eine Person mit der Entscheidungssituation konfrontiert, wie sie sich auf die mögliche Erkrankung vorbereiten und welchen zeitlichen Anteil sie demenziellen Erkrankungen in ihrem Leben vor und nach dem Auftreten der Demenz einräumen soll.

Eine Person kann auf dem Wege von Patientenverfügungen (s. Kap. III. 33) oder Gesprächen mit Angehörigen versuchen, Regelungen medizinischer

Versorgung für Fälle zu treffen, in denen sie nicht mehr über Mitteilungsfähigkeit verfügt. Die ethische Schwierigkeit derartiger Verfügungen besteht darin, dass sie Festlegungen treffen, die später von der verfügenden Person nicht mehr ohne weiteres revidiert werden können. Die ›frühere‹ Person würde für die ›spätere‹ Person auch dann Festlegungen treffen, wenn diese ihr Leben trotz des Verlusts von kognitiven Kompetenzen und Mitteilungsfähigkeit dennoch als wertvoll erlebt.

Bei der Bewertung des eigenen Lebens ergeben sich für den personalen Standpunkt zwei Orientierungsperspektiven: (a) ein übergreifender Lebensplan (critical interests) und (b) episodische oder situative Erlebnisse (experiential interests) (vgl. Dworkin 1993, 199 ff.). Der konkrete Stellenwert prädiktiven Wissens im Leben einer Person hängt davon ab, ob sie für sich einen Lebensplan formuliert oder formulieren kann. Sie kann ein Interesse daran haben, dass ihr personales Leben zumindest in der Außenperspektive nur für kurze Abschnitte mit einer demenziellen Erkrankung identifiziert wird.

(5) *Die Unhintergehbarkeit des personalen Standpunkts.* Aufgrund seiner konstitutiven Bedeutung für epistemische, normative und soziale Selbstverständigungen erweist sich der Begriff der Person auch im bioethischen Kontext als unhintergehbar. Gerade an den Schwierigkeiten und Begrenzungen, die ihn insbesondere in spezifischen medizinethischen Anwendungen begleiten, zeigt sich seine semantische und normative Leistungsfähigkeit. Denn die bioethischen Problemstellungen erhalten erst auf der Grundlage der Zuschreibung von personalen Standpunkten einen Ausgangs- und Bezugspunkt für ethische und rechtliche Bewertungen. Nicht zuletzt wird auf diese Weise im bioethischen Kontext die normative Verbindung zum Menschenrechtsgedanken hergestellt. Die in Ausnahme- bzw. Grenzfällen auftretenden Zuschreibungsprobleme sind nicht geeignet, dem Begriff der Person insgesamt die Grundlage zu entziehen.

Die bioethischen Problemstellungen erzeugen im semantischen Feld des Begriffs der Person eine Arbeitsteilung zwischen einer engen und einer weiten Bedeutung. Im engeren Sinne bezieht sich der Begriff der Person auf das aktive Subjekt, welches selbstbewusst im sozialen Raum agiert. Diese Verwendungsweise umfasst im Wesentlichen die aktiven Komponenten von Personalität. Dagegen werden die passiven Komponenten von Personalität von der weiten Bedeutung erreicht.

Es gibt eine Reihe von neueren Ansätzen, die bei der moralischen und ethischen Zuschreibung Abstufungen nach Maßgabe des Vorliegens von Selbstbewusstsein und Handlungsmöglichkeiten vornehmen. Der Sache nach gibt es keinen zwingenden Grund, die epistemischen und praktischen Unterschiede zwischen der engen und weiten Bedeutung des Begriffs der Person abstufend auf den moralischen Status von menschlichen Individuen zu übertragen, die noch nicht oder nicht mehr im sozialen Raum aktiv präsent sind. Die arbeitsteilige Verwendung von engem und weitem Begriff hat zur Folge, dass jedes menschliche Wesen zumindest im Sinne passiver Personalität eine Person ist, ohne dass eine normativ abträgliche semantische Angleichung der Ausdrücke ›Mensch‹ und ›Person‹ unterstellt werden muss.

Literatur

Beauchamp, Tom L./Childress, James F.: *Principles of Biomedical Ethics*. New York [7]2013.
Birnbacher, Dieter: Selbstbewußte Tiere und bewußtseinsfähige Maschinen. Grenzgänge am Rand des Personenbegriffs. In: Sturma 2001, 301–321.
Castañeda, Hector-Neri: ›He‹: a study in the logic of self-consciousness. In: *Ratio* 8 (1966), 130–157.
Cavalieri, Paola/Singer, Peter (Hg.): *The Great Ape Project. Equality Beyond Humanity*. London 1993.
Chisholm, Roderick M.: *Person and Object*. London 1976.
–: *The First Person*. Brighton 1981.
Churchland, Patricia S.: *Neurophilosophy. Toward a Unified Science of the Mind-Brain*. Cambridge, Mass. 1986.
Cicero, Marcus Tullius: *Vom rechten Handeln. De officiis*. Zürich 1994.
Damschen, Gregor/Schönecker, Dieter: *Der moralische Status menschlicher Embryonen. Pro und contra Spezies-, Kontinuums-, Identitäts- und Potentialitätsargument*. Berlin 2003.
Dworkin, Ronald: *Life's Dominion. An Argument About Abortion, Euthanasie, and Individual Freedom*. New York 1993.
Hampshire, Stuart: *Thought and Action*. London 1959.
Harris, John: *The Value of Life. An Introduction to Medical Ethics*. Routledge 1985.
–: The concept of the person and the value of life. In: *Kennedy Institute of Ethics Journal* 9/4 (1999), 293–308.
Hurley, S. L.: *Natural Reasons. Personality and Polity*. Oxford 1989.
–: *Consciousness in Action*. Cambridge, Mass. 1998.
Kant, Immanuel: Grundlegung zur Metaphysik der Sitten. In: Ders.: *Werke*, Bd. IV. Akademie-Textausgabe. Berlin 1968 [=GMS].
–: Kritik der praktischen Vernunft. In: Ders.: *Werke*, Bd. V. Akademie-Textausgabe. Berlin 1968 [=KpV].
Korsgaard, Christine M.: *Self-Constitution. Agency, Identity, and Integrity*. Oxford 2009.
Leibniz, Gottfried Wilhelm: Nouveaux Essais sur l'Entendement humain – Neue Abhandlungen über den

menschlichen Verstand. In: Ders.: *Philosophische Schriften*, Bd. III. Frankfurt a. M. 1986.
Locke, John: *An Essay Concerning Human Understanding*. Oxford 1975.
Nagel, Thomas: *The Possibility of Altruism*. Oxford 1970.
Nussbaum, Martha C.: *Gerechtigkeit oder Das gute Leben*. Frankfurt a. M. 1999.
Parfit, Derek: *Reasons and Persons*. Oxford 1984.
Quante, Michael: *Personales Leben und menschlicher Tod. Personale Identität als Prinzip der biomedizinischen Ethik*. Frankfurt a. M. 2002.
Rawls, John: *A Theory of Justice*. Cambridge, Mass. 1971.
–: Kantian constructivism in moral theory. The Dewey Lectures 1980. In: *Journal of Philosophy* 77/9 (1980), 515–577.
–: *Political Liberalism*. New York 1993.
Römer, Inga/Wunsch, Matthias (Hg.): *Person: Anthropologische, phänomenologische und analytische Perspektiven*. Paderborn 2013.
Sandel, Michael J.: *Liberalism and the Limits of Justice*. Cambridge 1982.
Shoemaker, Sydney/Swinburne, Richard: *Personal Identity*. Oxford 1984.
Singer, Peter: *Practical Ethics*. Cambridge 1979.
Spaemann, Robert: *Personen. Versuche über den Unterschied zwischen ›etwas‹ und ›jemand‹*. Stuttgart 1996.
Strawson, Peter F.: *Individuals. An Essay in Descriptive Metaphysics*. London 1959.
Sturma, Dieter (Hg.): *Person. Philosophiegeschichte – Theoretische Philosophie – Praktische Philosophie*. Paderborn 2001.
–: *Philosophie des Geistes*. Leipzig 2005.
–: *Philosophie der Person. Die Selbstverhältnisse von Subjektivität und Moralität*. Paderborn/Wien/Zürich ²2008.
–: Akteur und Anerkennung. »Person« als Grundbegriff der theoretischen und praktischen Philosophie. In: Römer/Wunsch 2013, 281–297.
Swinburne, Richard: *The Evolution of the Soul*. Oxford 1986.
Taylor, Charles: *Human Agency and Language. Philosophical Papers 1*. Cambridge 1985.
–: *Sources of the Self. The Making of the Modern Identity*. Cambridge 1989.
Williams, Bernard: *Problems of the Self. Philosophical Papers 1956–1972*. London 1973.

Dieter Sturma

22 Prinzip der Doppelwirkung

Begriffsklärung

Das Prinzip der Doppelwirkung ist ein Instrument zur ethischen Urteilsbildung, das für Handlungen mit doppelter – normgerechter und normwidriger – Wirkung ethisch vertretbare Entscheidungen generieren soll. Gemäß dem Prinzip der Doppelwirkung besteht ein moralisch relevanter Unterschied zwischen Handlungen, mit denen das Verursachen eines Schadens intendiert wird und solchen, bei denen die Hervorbringung eines Schadens zwar vorhersehbar ist und gebilligt, nicht jedoch beabsichtigt wird. Gemäß dem Prinzip der Doppelwirkung ist die Inkaufnahme einer schlechten Handlungsfolge ethisch legitim, wenn die folgenden Voraussetzungen erfüllt sind: (1) Die Handlung ist an sich gut oder mindestens moralisch neutral, (2) mit der Handlung wird ausschließlich die Realisierung des guten Zwecks intendiert, (3) schlechte Nebenfolge und gute Wirkung müssen gleich unmittelbar (*aeque immediate*) aus der Handlung hervorgehen (in kausaler, nicht unbedingt in zeitlicher Abfolge), damit ausgeschlossen werden kann, dass die schlechte Nebenfolge als Mittel zur Erreichung der guten Wirkung dient und (4) der Grund für die Inkaufnahme der schlechten Nebenfolge ist schwerwiegend und wird dem Grundsatz der Verhältnismäßigkeit (*ratio proportionata*) gerecht (Gury 1858, 4 f.; Mangan 1949, 43; Cavanaugh 2006, 12; Beauchamp/Childress 2013, 165).

In der Literatur wird zwischen einer ›starken‹ und einer ›schwachen‹ Variante des Prinzips der Doppelwirkung unterschieden (Schockenhoff 2007, 463 f.). Während der starken Version zufolge eine Handlung ethisch auch dann vertretbar sein kann, wenn das Auftreten der normwidrigen Nebenfolge mit Gewissheit vorhersehbar ist, kommen für die schwache Variante ausschließlich Handlungen, bei denen das Auftreten der schlechten Nebenwirkung nur prinzipiell möglich ist, als ethisch legitimierbar in Betracht. Für Verfechter des Prinzips der Doppelwirkung sind weniger die Konsequenzen einer Handlung ausschlaggebend für ihre moralische Güte, als vielmehr die handlungsleitende Intention. Da dem Prinzip der Doppelwirkung die Annahme moralisch unbedingt guter und schlechter bzw. absolut gebotener und verbotener Handlungen zugrunde liegt, gilt es als deontologisches Prinzip (Boyle 2004, 54, 57; Nagel 2010). Die Idee der intrinsischen Güte von Handlungen wird von einigen Autoren allerdings entschieden zurückgewiesen (Thomson 1999, 512 ff.). In den Rahmen konsequentialistischer Ethikansätze lässt sich das Prinzip der Doppelwirkung grundsätzlich nicht integrieren, da für sie die moralische Güte einer Handlung allein durch ihre absehbaren Handlungsfolgen bestimmt wird.

Begriffsgeschichte

In der deutschsprachigen Literatur hat sich die Bezeichnung ›Prinzip der Doppelwirkung‹ durchgesetzt, das Prinzip der Doppelwirkung firmiert aber auch unter den Namen ›Duplex-Effectus-Lehre‹, ›Principle of Proportionalism‹, ›Doktrin des Doppeleffekts‹, ›Rule of Double Effect‹, ›Double-Effect-Reasoning‹ oder ›Principle of Collateral Consequences‹. Obschon die zahlreichen Interpretationen des Prinzips der Doppelwirkung verschiedene Schwerpunkte setzen, ist den meisten gemein, dass sie seinen Ursprung bei Thomas von Aquin verorten (Mangan 1949, 43; Kaczor 1998, 298 ff.; Eberl 2006, 17 ff.; hierüber kritisch Bennett 2010, 91).

> »Es steht nichts im Wege, daß ein und dieselbe Handlung zwei Wirkungen hat, von denen nur die eine beabsichtigt ist, während die andere außerhalb der [eigentlichen] Absicht liegt. Die sittlichen Handlungen aber empfangen ihre Eigenart von dem, was beabsichtigt ist, nicht aber von dem, was außerhalb der Absicht liegt, da es zufällig ist [...]« (Thomas von Aquin, II–II, q. 64, 7).

Als Beispiel führt Thomas eine doppelte Wirkung an, die aus dem Akt der Selbstverteidigung hervorgehen kann: zum einen die Rettung des eigenen Lebens, zum anderen die Tötung des Angreifers. Weil aber die handlungsleitende Absicht der Selbstverteidigung auf die Rettung des eigenen Lebens und nicht auf die Tötung des Angreifers abziele, sei an der Handlung nichts Unerlaubtes. Unerlaubt könne die aus einer guten Absicht hervorgehende Handlung erst dann werden, wenn sie mit Blick auf das angestrebte Ziel unangemessen sei – wenn also im Fall der Selbstverteidigung zur Verteidigung des eigenen Lebens eine unnötig große Gewalt angewendet werde. Eine maßvolle und dem beabsichtigten Handlungsziel angemessene Gewaltanwendung sei demgegenüber erlaubt. Thomas entwickelt innerhalb dieser Bewertung einer zur Tötung führenden Notwehr bereits grundlegende Kriterien des Prinzips der Doppelwirkung. Bezüglich seines Verständnisses von *intendere* herrscht allerdings Unklarheit. U. a. wird eine undifferenzierte Interpretation kritisiert, die das thomasische *intendere* fälschlicherweise mit dem zeitgenössischen Intentionsbegriff gleichsetze (Honnefelder 1989, 96). Zwar sei die Intention des Handelnden (*finis operantis*) und das mit ihr verknüpfte Handlungsziel (*finis operis*) zweifelsohne das für Thomas moralisch entscheidende Moment (ebd., 87), strittig scheint einigen Autoren aber insbesondere, ob nach thomasischem Verständnis bezüglich der ethischen Vertretbarkeit der Mittelwahl nicht allein der Grundsatz der Verhältnismäßigkeit entscheidet. Fraglich ist somit, ob Thomas zufolge nur das Intendieren eines schlechten Zwecks oder auch dasjenige eines schlechten, aber für die Realisierung des erstrebenswerten Handlungsziels angemessenen Mittels verboten ist. Im ersten Fall würde eine *prima facie* gute Handlung durch das Intendieren eines schlechten Mittels unerlaubt, im zweiten Fall hingegen allein durch mangelnde Proportionalität (für die verschiedenen Interpretationsansätze von Thomas' *intendere* vgl. Mangan 1949, 45 ff.; Kaczor 1998, 308 ff.; Knauer 2002, 54; Eberl 2006, 17 ff.; Cavanaugh 2006, 8 f.; Schockenhoff 2007, 453 ff., 463 f.).

Die genaue Bedeutung des für das zeitgenössische Prinzip der Doppelwirkung maßgeblichen Begriffs der ›Intention‹ ist auch nicht unstrittig (Beauchamp/Childress 2013, 166 ff.). Zumeist wird eine Differenzierung zwischen der Intention einer Handlung und ihrer Motivation vorgenommen. Einige Autoren definieren die *Intention* einer Handlung als diejenige Überzeugung, die die ausgeführte Handlung erklärt (Beabout 2010, 300; Bennett 2010, 92). Für andere ist die Handlung selbst die Intention, insofern sie den Handlungsplan in die Realität umsetzt (Cavanaugh 2006, 94 ff.; Wedgwood 2011, 388). Demgegenüber wird die Handlungs*motivation* zuweilen als Gesamtheit aller die Handlung bestimmenden mentalen Prozesse gefasst, die neben der Intention weitere mentale Zustände wie Wünsche, Überzeugungen u. Ä. beinhalte (Wedgwood 2011, 388). Während die überwiegende Mehrheit der Verteidiger des Prinzips der Doppelwirkung die Intention, mit der eine Handlung ausgeführt wird, als fundamental für ihre moralische Beurteilung ansehen (Cavanaugh 2006, 95–107; anders Quinn 1989, 343 ff.), erachten andere die Intention des Handelnden zwar als relevant für die Bestimmung seines Charakters, lehnen sie als Kriterium für die moralische Güte einer Handlung aber grundsätzlich ab (Thomson 1999, 514 ff.; ähnlich auch Scanlon 2008, 2 ff.; 21 ff.).

Aktuelle Debatte

Der normative Gehalt der Unterscheidung von intendiertem und nicht-intendiertem jedoch in Kauf genommenem Schaden ist für Opponenten des Prinzips der Doppelwirkung ein der rationalen und empirischen Prüfung unzugängliches Postulat metaphysischer Intuition, wird als reine psychologische Spitzfindigkeit charakterisiert oder für schlichtweg überflüssig befunden (Donagan 1979, 163; Bennett 2010, 90 f.). Elizabeth Anscombe charakterisiert Intentionalität hingegen als notwendiges und intersubjektiv nachvollziehbares Kriterium moralischer Handlungen. Sie lehnt ein rein subjektives Verständnis von Intention, dem zufolge sie sich aufgrund ihrer rein psychologischen Dimension der Zugänglichkeit Dritter entziehe, ab (Anscombe 2005, 216, 223). Dass es für Dritte letztlich nur stichhaltige Indikatoren, aber keine absolute Gewissheit bezüglich der tatsächlich vorliegenden Intention eines Handelnden gibt, könne darüber hinaus als Eigentümlichkeit jeglichen moralischen Urteilens gelten. Zudem seien »die subtilen Analysen des PDW [Prinzip der Doppelwirkung, C. P.] [...] keine überflüssigen Spitzfindigkeiten, sondern der Versuch, die Grundfrage aller Moral nach der Qualität unseres inneren Wollens auch in schwierigen Entscheidungssituationen zu beantworten« (Schockenhoff 2007, 465).

In der aktuellen Debatte wird auch der Verantwortungsbegriff (s. Kap. II. 26) thematisch. Mit dem Prinzip der Doppelwirkung soll gegebenenfalls die Inkaufnahme einer nicht-intendierten Nebenwirkung, nicht jedoch die Nebenwirkung selbst ethisch legitimiert werden. Im Falle einer verhältnismäßigen Notwehr mit Todesfolge gilt die Handlung gemäß dem Prinzip der Doppelwirkung als moralisch gerechtfertigt. Ob der aus Notwehr heraus handelnde Akteur der Verantwortung für den Tod des Angreifers enthoben ist bzw. ob ein moralischer Akteur grundsätzlich für die Verursachung eines nicht-intendierten aber vorhersehbaren Nebeneffekts verantwortlich ist, bleibt Gegenstand der Diskussion. Befürworter des Prinzips der Doppelwirkung sprechen sich zumeist für eine bestehende Verantwortlichkeit des Handelnden aus (Knauer 2002, 39; Eberl 2006, 20 f.; Beabout 2010, 305), denn wenn das Prinzip der Doppelwirkung eine Handlung als ethisch vertretbar ausweise, sei diese zugleich moralisch verantwortbar. Einige sprechen ihm eine *moralische* Verantwortung jedoch ab (Bader 2002, 37 f.; Schockenhoff 2007, 461).

Ein weiteres Diskussionsfeld stellt die ›Nähe‹ der schlechten Nebenfolge zum eigentlichen Handlungszweck dar. Ein Ansatz mit dem geprüft werden soll, ob es sich bei einer unvermeidlichen tatsächlich um eine bloß unbeabsichtigte Nebenwirkung gehandelt hat, ist der sogenannte kontrafaktische Test (Cavanaugh 2006, 87–91). Hat der Handelnde bei Ausbleiben der schlechten Wirkung sein Handlungsziel dennoch vollumfänglich realisiert, könne die schlechte Wirkung als nicht-intendierte Nebenfolge gelten. Hat der Handelnde bei Ausbleiben der schlechten Wirkung sein Handlungsziel nicht vollumfänglich erreicht, müsse die schlechte Wirkung selbst als Mittel oder Zweck der Handlung bestimmt werden (Bennett 2010, 95–116; Wedgwood 2011, 393 ff.). Um dem Problem der Nähe zu entgehen, unterscheidet Warren Quinn nicht zwischen intendierten und nicht-intendierten Handlungen, sondern zwischen intentionalen und nicht-intentionalen Objekten eines Schadens (Quinn 1989, 344). Die Intention verfügt Quinn zufolge *eo ipso* über kein ethisches Gewicht. Eine Handlung sei vielmehr dann moralisch schlecht, wenn durch sie eine Person (s. Kap. II. 21) zum intentionalen Objekt eines Schadens werde, d. h. wenn sie vom Handelnden in dessen Strategie direkt involviert werde. Demgegenüber sei eine Handlung ethisch vertretbar, durch die eine Person als Nebeneffekt zu Schaden komme, d. h. wenn sie nicht in die Strategie des Handelnden involviert und somit kein intentionales Objekt des Schadens sei (Quinn 1989, 343 ff.). Auf die nachfolgend geschilderten Anwendungsfälle bezogen sei der Fötus bei der Kraniotomie als Bestandteil der Handlungsstrategie des Arztes direkt involviert, wohingegen er bei der Hysterektomie vom eigentlichen Handlungsplan des Arztes nicht umfasst werde (Quinn 1989, 342).

Das letzte der vier Kriterien, auf deren Basis die ethische Vertretbarkeit einer Handlung mit schlechter Nebenfolge gemäß dem Prinzip der Doppelwirkung zu prüfen ist, ist ihre Angemessenheit. Um diese beurteilen zu können ist eine Güterabwägung zwischen dem von der Handlung zu erwartenden Guten resp. Schlechten vorzunehmen, die erhellen soll, ob die Realisierung des guten Handlungszwecks so schwer wiegt, dass der Vollzug der Handlung trotz schlechter Nebenwirkungen moralisch geboten ist, oder ob die mit der Handlung einhergehenden schlechten Nebenwirkungen so schwer wiegen, dass die Unterlassung der Handlung trotz gutem Zweck moralisch indiziert ist. Im Falle ethischer Dilemmata (s. Kap. II. 4) ist eine Entscheidung bezüglich der grundsätzlichen Kommensurabilität der in Frage stehenden Güter (s. Kap. II. 9) allerdings oftmals schwer zu treffen – einige moralische Instanzen, wie die Würde des Menschen, sind ihrer Idee nach ohnehin von jeder Wägbarkeit ausgeschlossen.

Bioethische Anwendungsfälle

Bei den moralischen Dilemmata, die sowohl von traditionellen als auch von aktuellen Auseinandersetzungen mit dem Prinzip der Doppelwirkung als paradigmatische Anwendungsfälle diskutiert werden, handelt es sich stets um Konfliktsituationen, in denen über Leben (s. Kap. II. 15) und Tod (s. Kap. II. 25) entschieden wird (Scanlon 2008, 1) und die daher einen besonders kritischen Bereich bioethischer Problemstellungen widerspiegeln.

Beispiel 1 – Schwangerschaftsabbruch: Im ersten Fall, der *Kraniotomie*, ist der Schädel des Fötus zu groß, um das Becken der Mutter passieren zu können. Die Gebärende droht zu versterben, wenn der Fötus nicht mittels Durchführung einer Kraniotomie aus dem Geburtskanal entfernt wird. Das Unterlassen einer Handlung würde den Tod der Mutter zur Folge haben, hiernach aber das Bergen des lebenden Fötus ermöglichen. Unter Rückgriff auf das Prinzip der Doppelwirkung argumentieren katholische Moraltheologen, dass die zweite Handlungsoption moralisch vorzugswürdig sei, da bei der ersten Option der Tod des Fötus – durch das Zertrümmern seines Schädels – direkt, bei der zweiten Option der Tod der Mutter hingegen bloß indirekt beabsichtigt werde (Foot 1990, 210; Bader 2002, 53). Im zweiten Fall, der *Hysterektomie*, geht es um das operative Entfernen der Gebärmutter bei diagnostiziertem Gebärmutterkrebs. Hier – so das auf dem Prinzip der Doppelwirkung beruhende Argument – sei der Tod des Fötus zwar ebenso notwendig impliziert, könne jedoch als nicht-intendierte Nebenfolge ausgewiesen werden und sei somit moralisch gerechtfertigt. Einige Autoren sind bestrebt, auch die Kraniotomie mittels Prinzip der Doppelwirkung ethisch zu legitimieren, da der Tod des Fötus hier ebenso wenig wie im Fall der Hysterektomie dazu beitrage, die Mutter am Leben zu erhalten und daher nicht als schlechtes Mittel identifiziert werden könne. In der Literatur wird die auf dem Prinzip der Doppelwirkung basierende Unterscheidung zwischen Kraniotomie und Hysterektomie umfänglich problematisiert (Donagan 1979, 159 ff.; Foot 1990, 198; Bader 2002, 53 ff.; Bennett 2010, 95 ff.; Beauchamp/Childress 2013, 165 ff.).

Beispiel 2 – terminale Sedierung: Als weiterer klassischer Anwendungsfall des Prinzips der Doppelwirkung gilt die terminale Sedierung. Hierbei werden u. a. Krebspatienten im Endstadium besonders hohe Dosen Morphin verabreicht (Boyle 2004; Schockenhoff 2007, 464 f.; Beabout 2010). Einige Autoren sehen hier die Möglichkeit einer klaren Unterscheidung zwischen der guten Intention der Handlung und ihren vorhersehbaren, nicht beabsichtigten schlechten Nebenwirkungen gegeben (Beabout 2010, 307; Thomson (1999, 511 f.) stellt den Tod des Patienten als absolutes Übel in diesem Kontext in Frage). Patienten mit Krebs im Endstadium erleiden oftmals außerordentliche Schmerzen, die durch die Gabe von Morphin gelindert werden können. Durch physiologische Gewöhnungseffekte muss die Dosierung u. U. kontinuierlich gesteigert werden, damit der schmerzlindernde Effekt aufrechterhalten werden kann. Ab einem gewissen Punkt kann jedoch die verabreichte Morphindosis beim Patienten das Auftreten von Atemdepressionen oder Lungenentzündungen begünstigen und läuft somit Gefahr, das Leben des Patienten zu verkürzen (Boyle 2004, 51; Beabout 2010, 307; Alison McIntyre (2011) hält die These der potentiell lebensverkürzenden Wirkung von Opioiden für falsch). Gemäß dem Prinzip der Doppelwirkung gilt die potentiell lebensverkürzende Verabreichung von Morphin an Krebspatienten im Endstadium als ethisch vertretbar, wenn sie ausschließlich das hohe Gut der Linderung starker Schmerzen beim Patienten beabsichtigt, eine klare Grenze zwischen der intendierten schmerzlindernden Wirkung und den nicht-intendierten möglichen Nebenwirkungen wie Abhängigkeit (s. Kap. III. 41), Atemdepression und Lungenentzündung besteht, letztere keinesfalls als Mittel zur Verwirklichung des beabsichtigten Ziels dienen, die hohe Dosierung des Medikaments verhältnismäßig bleibt und schließlich das Gut der Schmerzlinderung die potentiellen schlechten Nebenfolgen überwiegt (Beabout 2010, 307 f.). Insofern alle genannten Voraussetzungen erfüllt sind, gilt die terminale Sedierung im Gegensatz zur aktiven Sterbehilfe (s. Kap. III. 40) als durch das Prinzip der Doppelwirkung ethisch gerechtfertigte palliative Versorgung (Boyle 2004, 51 f.; Eberl 2006, 108 ff.).

Literatur

Anscombe, G. E. M.: Action, intention and ›double effect‹. In: Mary Geach/Luke Gormally (Hg.): *Human Life, Action and Ethics*. Exeter/Charlottesville 2005, 207–226.

Bader, Judith: Die Lehre von der Doppelwirkung und ihre

Bedeutung für die Medizinethik. In: Jan C. Joerden/Josef N. Neumann (Hg.): *Medizinethik 3. Ethics and Scientific Theory of Medicine.* Frankfurt a. M. 2002, 35–60.

Beabout, Greg: Morphine use for terminal cancer patients: an application of the principle of double effect. In: Paul A. Woodward (Hg.): *The Doctrine of Double Effect.* Notre Dame/Indiana 2010, 298–311.

Beauchamp, Tom L./Childress, James F.: *Principles of Biomedical Ethics* [1979]. Oxford [7]2013.

Bennett, Jonathan: Foreseen side effects versus intended consequences. In: Paul A. Woodward (Hg.): *The Doctrine of Double Effect.* Notre Dame/Indiana 2010, 85–118.

Boyle, Joseph: Medical ethics and double effect: the case of terminal sedation. In: *Theoretical Medicine and Bioethics* 25/1 (2004), 51–60.

Cavanaugh, Thomas A.: *Double-Effect Reasoning. Doing Good and Avoiding Evil.* Oxford 2006.

Donagan, Alan: *The Theory of Morality.* Chicago 1979.

Eberl, Jason T.: *Thomistic Principles and Bioethics.* London 2006.

Foot, Philippa: Das Abtreibungsproblem und die Doktrin der Doppelwirkung. In: Anton Leist (Hg.): *Um Leben und Tod. Moralische Probleme bei Abtreibung, künstlicher Befruchtung, Euthanasie und Selbstmord.* Frankfurt a. M. 1990, 196–211 (engl. 1967).

Gury, Jean-Pierre: *Moraltheologie.* Regensburg 1858.

Honnefelder, Ludger: Güterabwägung und Folgenabschätzung. Zur Bestimmung des sittlich Guten bei Thomas von Aquin. In: Dieter Schwab (Hg.): *Staat, Kirche, Wissenschaft in einer pluralistischen Gesellschaft.* Berlin 1989, 81–98.

Kaczor, Christopher: Double-effect reasoning from Jean Pierre Gury to Peter Knauer. In: *Theological Studies* 59 (1998), 297–316.

Knauer, Peter: *Handlungsnetze – Über das Grundprinzip der Ethik.* Frankfurt a. M. 2002.

Mangan, Joseph T.: An historical analysis of the principle of double effect. In: *Theological Studies* 10 (1949), 41–61.

McIntyre, Alison: Doctrine of double effect. In: http://plato.stanford.edu/archives/fall2011/entries/double-effect/ (01. 06. 2013).

Nagel, Thomas: Agent-relative morality. In: Paul A. Woodward (Hg.): *The Doctrine of Double Effect.* Notre Dame/Indiana 2010, 41–49.

Quinn, Warren: Actions, intentions, and consequences: the doctrine of double effect. In: *Philosophy and Public Affairs* 18/4 (1989), 343–351.

Scanlon, Thomas M.: *Moral Dimensions. Permissibility, Meaning, Blame.* Cambridge 2008.

Schockenhoff, Eberhard: *Grundlegung der Ethik. Ein theologischer Entwurf.* Freiburg 2007.

Thomas von Aquin: Summa theologica. Albertus-Magnus-Akademie (Hg.): *Die deutsche Thomas-Ausgabe.* Bd. 18. Vollständige, ungekürzte deutsch-lateinische Ausgabe. Heidelberg/München 1953.

Thomson, Judith J.: Physician-assisted suicide: two moral arguments. In: *Ethics* 109/3 (1999), 497–518.

Wedgwood, Ralph: Defending double effect. In: *Ratio* 24/4 (2011), 384–401.

Christina Pinsdorf

23 Risiko

Problemlage

Die im Zuge der zivilisatorischen Entwicklung stetig erhöhte Eingriffstiefe der Techniken in unsere äußere und innere Natur zeitigt neue Herausforderungen für die Einschätzung und Bewertung möglicher Folgen: im quantitativen Sinne dahingehend, dass die Langfristigkeit eines voraussichtlichen Eintritts und die Dauer der Folgen steigen (zeitliche Dimension), ihre Eingrenzbarkeit und Sektoralisierung aufgrund von Interdependenzen und globalen Wirkungen zunehmend verunmöglicht wird (räumliche Dimension) und entsprechend die Zahl der aktiv und passiv Involvierten in spezifischen Fällen extrem erweitert wird bis hin zur ›Menschheit‹ überhaupt (Dimension der Adressaten); im qualitativen Sinne dadurch, dass in spezifischen Fällen die folgenträchtigen Ereignisse und Prozesse in den hochkomplexen Systemen von Organismen, Ökosystemen und der Ökosphäre situiert sind, deren Prozessieren als Wachstum und Entwicklung selbst nicht auf einfach kalkulierbare Kausalketten reduzierbar ist. Dies schreibt sich fort in die Einschätzbarkeit und Bewertung der Folgen einer Interaktion von Menschen und biotischen Systemen als Steuerung, Regelung oder der Herstellung von ›Biofakten‹, d. h. Artefakte mit natürlicher Wachstumskomponente wie z. B. gentechnisch veränderte Lebewesen, in der äußeren Umwelt oder im Menschen selbst. Die Schnittstellen dieser Interaktion werden zunehmend opak und als einzelne immer weniger disponibel, worauf alternative Konzepte ›medialer Steuerung‹ – veranlassender ›Steuerung‹ durch Bereitstellung von begünstigenden Umgebungsbedingungen – im Bio- und Nanobereich sowie in der Medizin reagieren.

Durch bestimmte Eingriffe in die äußere Natur u. a. durch gentechnische Interventionen, Hybridisierungen, Beeinflussung evolutionärer Prozesse und der Biodiversität; in unsere innere Natur durch Eingriffe in die Keimbahn, Implantate zur Unterstützung oder Ersetzung von Sensorik und Organen, Steuerung und Regelung von Hirnfunktionen in therapeutischer oder optimierender Absicht, technisch induzierte Reproduktion etc. werden die Definitionsbereiche selbst verändert, auch bezüglich ihrer Veränderbarkeit, die klassischen Strategien der Risikoeinschätzung und Risikobewertung mit ihrer Unterstellung einer gegebenen Gleichheit und Unabhängigkeit jeweiliger Ereignisse bzw. Ereignistypen als Bezugspunkt dienen. Mit der Dynamisierung der Definitionsbereiche wird unsere Erfahrungsbasis induktiver Risikoeinschätzung dynamisiert; in Ansehung dieser Effekte reflektiert die bioethische Diskussion zunehmend die Grenzen eines rein konsequenzialistischen Denkens und stellt herkömmliche in Lebenswelt und klassisch-technischen Systemen bewährte Konzeptualisierungen vom ›Risiko‹ auf den Prüfstand. Insbesondere wird ein Technomorphismus in Frage gestellt, der Sachlagen im biotischen Bereich in der Terminologie der Maschinen- und Informationstechnik modelliert und die Risikoanalyse am möglichen Ausfall von Funktionen einschlägiger Bauelemente und Strukturen bei der Wandlung, Speicherung und dem Transport von Stoffen, Energie und Information festmacht (für die synthetische Biologie vgl. Boldt et al. 2009; für die Grüne Gentechnik vgl. Bühl 2009, 387). Die ›klassische‹ Risikodiskussion mit ihrerseits deutlich unterschiedlichen Vorstellungen von Risiko, Gefahr, Sicherheit, Unsicherheit, Ungewissheit etc. und entsprechend divergierenden Strategien beim Versuch, Zukunft zu bedenken und zu domestizieren, reagiert auf diese Herausforderung, indem sich die Untersuchungen zunehmend auf ›Potenziale‹ als höherstufige Möglichkeiten richten: Risiko- und Gefahrenpotenziale, Potenziale der Unsicherheit selbst, Besorgnispotenziale einschließlich der sie prägenden Konzepte des Nichtwissens provozieren einerseits die Herausbildung höherstufiger Kalkulierungs- und Abwägungsstrategien angesichts unsicherer Kalkulierbarkeit, andererseits Forderungen nach Abbruch des Kalkulierens überhaupt als Forderung nach Moratorien und Prohibitionen (ebd., 380).

Risiko, Unsicherheit, Ungewissheit

Während die Alten die Verfasstheit der äußeren Natur mit ihren Gaben, Verlockungen und Gefahren sowie die menschliche leib-seelische Verfasstheit im Wesentlichen als gegeben hinnehmen und durch singuläre technische Reaktionen (»Zufallstechnik«, Ortega y Gasset 1949, 93) zu nutzen oder symptomatisch zu ändern suchten, zielen die im Zuge der neolithischen Revolution schrittweise eingeführten Real-, Intellektual- und Sozialtechniken, z. B. Ackerbau und Viehzucht, Umgang mit abstrakten Zeichen/Rechnen, vertragliche Vereinbarungen, auf Sicherung des Gelingens der Vollzüge und Kompensation eintretender Schäden, die vorab als mögliche und teilweise disponibel vorgestellt werden. Dieser Prozess prägt weiterhin unsere theoretischen und praktischen Weltbezüge. War Kinderlähmung etwa bis in jüngste Zeit noch ›Schicksal‹ oder indisponible ›Gefahr‹, so ist sie heute Ergebnis einer technischen Unterlassungshandlung, basierend auf fehlendem oder problematischem ›Risikobewusstsein‹. Seit dem 15./16. Jahrhundert wurden mathematische Techniken entwickelt, um über eine qualitative Erfassung möglicher Zustände als wahrscheinliche hinaus ihr Auftreten berechenbar zu machen, insbesondere um in ökonomischer Absicht im weiteren Sinne erwartbare künftige Schadens- und Nutzenseffekte von Wagnissen kalkulieren, gegeneinander abwägen und Kompensationen vorsehen zu können. War in stoisch-aristotelischem Geist die Natur als indisponible Ordnung gefasst, die allenfalls eine Bearbeitung der eigenen menschlichen Natur zum Guten hin zuließ, wurde nun im Rahmen eines interventionistischen Naturbezugs die Gestaltung der Handlungsumwelt in der Absicht, Gefahren zu eliminieren oder zu mindern, zum Thema (s. Kap. II. 19; Hottois 2002, 14). Zu diesem Zweck wurden und werden unterschiedliche Wahrscheinlichkeitskonzepte und Wahrscheinlichkeitskalküle entwickelt, die Erwartungswerte von Nutzen und Schäden quantifizierbar machen. Auf diese Weise sollen die Unsicherheit des Vorstellens von und des Umgangs mit möglichen zukünftigen Ereignissen bestimmbar und die Erwartbarkeit graduierbar werden. Prominent wird dies gefasst in der ›Risikoformel‹, der gemäß das Risiko als Produkt aus Auftrittswahrscheinlichkeit oder Ereignisrate und Schadenshöhe modelliert wird, analog zur ›Chance‹ bezüglich Nutzenhöhe. Indikator – nicht: Definition – der Wahrscheinlichkeit ist die relative Häufigkeit nach dem Gesetz der großen Zahl. Auf dieser Basis werden Risiken untereinander sowie gegen Chancen verrechenbar und Risikoverläufe relativ zu Sicherungs- und Vorsorgeinvestitionen darstellbar. Ziel ist die Maximierung des Quotienten aus Chance und Risiko.

Diese Standardformel ist äußerst voraussetzungsreich: Sie setzt die Homogenität des Definitionsbereiches bei Unterstellung einer Gleichheit und Unabhängigkeit der Ereignisse bzw. Ereignistypen voraus und bildet Mittelwerte über Standardabweichungen. Im biotischen Bereich sind solche Typisierungen nicht unproblematisch; mag solcherlei für versicherungswirtschaftliche Interessen oder eine allgemeine Orientierung eines Suchraumes für therapeutische Maßnahmen durchaus angehen (*evidence based medicine*), so müssten für die Behandlung von Einzelfällen als individuellen Ausprägungen des Lebens und seiner Schadensbilder die Unsicherheitsmargen bezüglich der Standardabweichungen selbst und nicht auf der Basis irgendwelcher Mittelwerte bestimmt werden (Kuhbier 1986). Wenn bei der Risikoanalyse über induktive Verfahren Ausfallwahrscheinlichkeiten einzelner Funktionsträger ermittelt oder über deduktive Verfahren (Fehlerbaumanalyse) potentielle Ursachen für Schäden eruiert werden, wird jene Homogenität vorausgesetzt. Gleiches gilt für die vergleichende Berechnung von Schadensausmaßen, für die in diesem Rahmen Effekte einer neu auftretenden Schadensqualität durch Kumulation, Wechselwirkung oder unterschiedliche Regenerationserfolge zu berücksichtigen sind. Die klassische Einteilung von Bereichen des Vorstellbaren und Disponiblen in Sicherheit (deterministisch), Risiko (probalistisch) und Ungewissheit/Unsicherheit (possibilistisch), letzterer bei fehlender Kalkulierbarkeit von Schadenseintritt und Schadenshöhe (Knight 1921), ist unterkomplex. Sie wäre mindestens zu ergänzen durch einen vierten Bereich des Nichtwissens – der *ignorance* bezüglich nicht erfasster Schadensqualitäten oder qualitativ neuer Schäden.

Wir sind dabei mit Unsicherheiten unterschiedlichen Typs konfrontiert (Hubig 2007, 4.2–4.3): Zum einen mit Unsicherheiten *in* den Aussagen über Schäden, deren Möglichkeit bzw. künftiges Eintreten zwar als Risiken kalkulierbar gemacht werden, in Ansehung der Einzelfälle jedoch Unsicherheitsmargen mit Blick auf die Standardabweichung zurücklassen oder, im bloß possibilistischen Bereich, fehlende Eintrittswahrscheinlichkeit und fehlende Größenangaben für Schäden bzw. bloße Angaben zu deren ›Nichtausschluss‹ mit sich führen. Hierbei ist noch weiter zu differenzieren zwischen realen Risiken – bei Unterstellung der Bekanntheit des Definitionsbereiches – und hypothetischen Risiken, für die der Definitionsbereich im Rahmen von Simulationen modelliert oder über Analogiebetrachtungen zu bekannten Definitionsbereichen konzeptualisiert wird, z. B. beim Übergang von Laborversuchen zu Freilandversuchen.

Daneben ist die Unsicherheit *über* Aussagen bezüglich ihres Wahrheitsanspruches zu unterscheiden, also die Frage, ob und inwieweit die Risikokalkulation oder die Possibilitätsannahme überhaupt den Bezugssachverhalt erfasst, und zwar mit Blick auf die Kalkulationsstrategie (Kann ein Einzelfall relativ zur Problemstellung als derart typisch erachtet werden, dass er unabhängig von Standardabweichungen über Mittelwertbildung identifizierbar ist?) sowie bezüglich der Possibilitätsannahmen (Sind alle möglicherweise relevanten Parameter bei der Modellbildung berücksichtigt?). Im ersteren Fall ist die Unsicherheit umgekehrt proportional zur Unschärfe der Aussagen hinsichtlich räumlicher und zeitlicher Situierung der Schadensereignisse; im zweiten Fall ist die Unsicherheit umgekehrt proportional zur Unbestimmtheit der Aussage über konkrete Schadensqualitäten.

In den Stellungnahmen des IPCC (Intergovernmental Panel on Climate Change) zum Klimawandel wird die Unsicherheit auf jenen beiden Ebenen in und über Aussagen durch die Dokumentation von gemäß der Experteneinschätzung gewichteten Wahrscheinlichkeitsspannen sowie der Markierung von Ungewissheitsräumen bezüglich einer noch nicht verstandenen Rolle bestimmter Parameter dokumentiert (s. Kap. III. 24). Diese Unsicherheiten prägen die Kontroversen um den Ausschluss oder das Zulassen von ›Gefahren‹ in oder jenseits der Risikomodellierung.

Risiko, Restrisiko, Grenzrisiko, Gefahr

Die Leitdifferenz Risiko-Gefahr wird freilich in den unterschiedlichen Risikotheorien und Risikophilosophien ganz unterschiedlich gefasst. Dies ist wohl u. a. einer Mehrdeutigkeit der Begriffsherkunft geschuldet, wonach das italienische/lateinische *rischio* sowohl Wurzel, Fels, Klippe, also ein gegebenes ›Risiko‹ als Gefährdung meint, als auch das Umschiffen einer Klippe, die kalkulierbare Auseinandersetzung mit einer Gefährdung als transportlogistisches Problem der Kaufleute und Versicherer. Insofern reicht der Sprachgebrauch von Risikokonzepten, die

(1) mit ›Gefahr‹ eine kalkulierbare Gefahr meinen und entsprechend zwischen natürlichen und künstlichen Risiken, unbeeinflussbaren und beeinflussbaren Risiken unterscheiden (u. a. Ropohl 1994) über

(2) eine Abgrenzung von Gefahr und Risiko unter dem Oberbegriff ›Risiko‹ nach Maßgabe der Akzeptabilität von Risiken, jenseits derer ›als übergroßem Risiko‹ Gefahr drohe (im Wesentlichen im juristischen Bereich, auch DIN 31004),

(3) der Verortung von Gefahr *im* Bereich der Risikokalkulation als Bezeichnung für einen möglichen Schaden in einer spezifischen singulären Handlungssituation, wobei Unfälle, sofern sie typisierbar sind, wieder dem Risiko zuzurechnen wären (vgl. Gethmann 1992, 44), bis hin zu

(4) einer Unterscheidung von Gefahr und Risiko dahingehend, dass ›Gefahr‹ eine indisponible Betrof-

fenheit bezeichnet, während ›Risiko‹ durch die Entscheidung zustande kommt, mit möglichen Schäden zu disponieren (Luhmann 1991; Bechmann 1991).

Entsprechend wird als ›Wagnis‹ die subjektive Einschätzung eines gegebenen Risikos erachtet indem man Risiko mit dem sog. Aversionsfaktor multipliziert (Hosemann 1989, 113) oder es wird das Zustandekommen von Risiken auf die Handlung des Etwas-Wagens zurückgeführt, wobei Wagnis dann Ergebnis einer Entscheidung ist.

Die Unterscheidung ›gegeben – übernommen‹ trägt entsprechend weiterhin unterschiedliche Konzeptualisierungen von ›Restrisiko‹ im Verhältnis zu ›Gefahr‹: Entweder wird Restrisiko als das objektiv unwägbare, gegebene Risiko interpretiert (Bundesverfassungsgericht 1978, 143), also als nicht beherrschbare und verantwortbare Dimension, die aus anderer Sicht als Gefahr erachtet wird. Alternativ wird Restrisiko als hinzunehmendes Risiko erachtet bis hin zu dem Grenzrisiko, jenseits dessen dann Gefahr besteht und auszuschließen sei. Unterscheidet man hingegen mit Luhmann (1991) aus der Perspektive der Disponibilität, dann erscheint dasjenige, was für die Entscheider ein Risiko ist, für die Betroffenen, sofern sie an der Entscheidung nicht beteiligt sind, als Gefahr. Die Zumutung von Risiken wäre gemäß dieser Terminologie eine Zumutung von Gefahren.

Wenn für bestimmte soziale und ökonomische Verfasstheiten zu beobachten ist, dass relativ zu den Chancen die Risiken ungleich verteilt sind, so ist für Risiken im Bio-Bereich (Eingriffe in Klima, Evolution, Transformation der Verfasstheit menschlichen Lebens etc.) festzustellen, dass eingegangene Risiken als ›Bumerang-Effekt‹ auf alle zurückfallen, so dass von einer Weltrisikogesellschaft insgesamt zu sprechen ist (Beck 2008). In Luhmannscher Terminologie ließe sich das so ausdrücken, dass die Risiken in universelle Gefahren transformiert werden.

Die Doppelung im Begriffsgebrauch prägt schließlich auch die Konzeptualisierung von ›Sicherheit‹: Definiert man, wie es das Oxford Dictionary tut, Sicherheit als »Freiheit von Gefahr«, so dürfte es, gemäß dem Gefahrenbegriff als Begriff für das Indisponible, nie Sicherheit geben. Sehr wohl wäre dies aber aus der Perspektive des Ausschlusses eines übergroßen Risikos zu fassen; demgemäß definiert der ISO-IEC Guide 51 (1999, 2 f.) Sicherheit als Freiheit von unakzeptablen Risiken (vgl. auch die TÜV-Kennzeichnung ›Geprüfte Sicherheit‹). Dies ist die Auffassung derjenigen, die Sicherheit nicht als Komplementärbegriff zu Gefahr, sondern als Komplementärbegriff zu Risiko fassen, denn: »Risiko ist eine bestimmte Form der Praxis des Umgangs mit Gefahren, und zwar jene, die über die Handlungstechniken, Methoden und Institutionen versucht, Gefahren abgrenzbar, berechenbar oder auch zurechenbar zu machen« (in bewusster Abgrenzung zu Beck: Evers 1989, 34).

Der unterschiedliche Begriffsgebrauch erklärt, warum in zentralen Kontroversen über Sicherheitsmargen und Umweltstandards die Debattierer aneinander vorbeireden: Angesichts einer als zumindest in Maßen gegebenen Sicherheitslage werden von manchen zusätzliche, gegebenenfalls geringe, Belastungen nicht als zusätzliche Risiken gedeutet, sondern als Gefahren angesichts nicht kalkulierbarer kumulativer Effekte; auf der anderen Seite werden die Risiken je für sich kalkuliert und mit Blick auf bereits eingegangene Risiken eine Konsistenz der Entscheidungen dahingehend gefordert, dass Risiken mit vergleichbaren Lasten zu übernehmen wären (Gethmann 1992, 56 ff.). Entsprechend finden sich unterschiedliche Auffassungen bezüglich der Rechtfertigung von Grenzwerten, in denen entweder Grenzrisiken verglichen oder als bestehende Limitationen für jedwede zusätzliche Risikozumutung begriffen werden. Der sog. ›Prinzessin-auf-der-Erbse-Effekt‹, nach dem die Risikoaversion bei gegebenen hohen Sicherheitsstandards zunimmt, weil sich aus ihnen eine übersteigerte Sensibilität für mögliche kleine Belastungen ergibt (Franck 1989, 89; Lübbe 1989, 40), verliert seine Eignung für Argumentationen in kritischer Absicht, sobald darauf verwiesen wird, dass entsprechende Sicherheitskonzepte im Rahmen eines allgemeinen Niveaus von ›Grenzrisiko‹ gefasst sind, wonach alles weitere als Gefahr erscheint.

Spezifika der Schadensentwicklung im Bio-Bereich: Schadensverläufe und evolutionäre Risiken

Für Risikokalkulationen gemäß Auftrittswahrscheinlichkeit und Schadenshöhe sowie entsprechende Risikovergleiche relativ zu Sicherheitsinvestitionen und Chancen sowie zur Identifizierung zulässiger Restrisiken oder ›Gefahren‹ als übergroßen Risiken spielen Risikoverläufe, dargestellt als Funktionen, eine zentrale Rolle. Dabei wird in der Regel nicht hinreichend berücksichtigt, dass gerade im Feld des Biotischen sowohl die Schadensqualität als auch die Schadenshöhe inhärente Dynamiken zeitigen. Biosysteme weisen innerhalb eines Bereiches diesseits ihrer Zerstörung (›Umkippen‹, ›Tod‹) spezifische Regenerationsraten auf, die mathematisch modellierbar sind, z. B. als Vektoren. Nimmt man idealiter für ein bestimmtes System eine gleiche Regenerationsrate an, so wird schnell ersichtlich, dass viele kleine Schäden in einem Biosystem (z. B. einem Ökosystem) schneller regeneriert sind als ein großer Schaden, von dem bei gleicher Regenerationszeit jeweils noch eine Restgröße zu verzeichnen ist (Tittes 1989). Umgekehrt können aber auch die Regenerationsmechanismen bei vielen kleinen Schäden neue Effekte schädlicher Art zeitigen, so dass im Zuge einer ›Überforderung‹, z. B. der Immunsysteme, das System kollabiert. Es sind hier also Zeitspannen zu berücksichtigen, was Konsequenzen hat für Risikomodellierungen, bei denen die Möglichkeitskomponente in Gestalt von Ereignisraten gefasst wird: Das Augenmerk muss nicht auf Risikoverläufe, sondern auf Schadensverläufe gerichtet sein.

Ferner ist zu berücksichtigen, dass Schäden qualitativ *unterschiedlicher* Art untereinander wechselwirken und zu kumulativen Effekten neuer Qualität führen können. Damit entfällt die Unabhängigkeit der Ereignisse, über deren Eintrittsrate Risikovergleiche angestellt werden sollen.

Schließlich sind die sog. ›evolutionären Risiken‹ zu berücksichtigen (Krohn/Krücken 1993): Sie entstehen, wenn durch das Auftreten von Schadensfällen die Schadensanfälligkeit selbst bezüglich derselben Schadensqualität oder bezüglich anderer Schadensqualitäten erhöht wird. Evolutionäre Risiken sind also dadurch charakterisiert, dass beim Auftreten von Schäden der Definitionsbereich selbst, über dem bisherige Risiken kalkuliert wurden, verändert wird. Neben realen oder hypothetischen Möglichkeiten wären in solchen Fällen ›Metamöglichkeiten‹ zu berücksichtigen, also Veränderungen des Definitionsbereichs, über dem die bisherigen Risikokalkulationen stattfanden. Mit Einschränkungen in solchen Bereichen, z. B. im Zuge von Verlusten an Biodiversität, Erweiterungen durch technisch induzierte neue Arten sowie durch den Verlust bestimmter Definitionsbereiche (irreversible Zerstörung von Biosystemen) oder die Realisierung neuer (künstliche Ökosphären, ›Cyborgs‹) entstehen neue Qualitäten, weil bestimmte binnenfunktionale Effekte wegfallen, z. B. im Kontext von Symbiosen, oder neu eröffnet werden. Solcherlei ›evolutionäre Risiken‹ veranlassen manche dazu, die Möglichkeit einer Risikokalkulation im biotischen Bereich grundsätzlich in Abrede zu stellen. Dass hier sog. ›Risikopotenziale‹ geltend gemacht werden und in Gestalt von ›Besorgnispotenzialen‹ auch Eingang in die Rechtsprechung gefunden haben (Bundesverwaltungsgericht 1985, 315), zielt darauf ab, in Ansehung entsprechender Entwicklungsoptionen solche Entwicklungen gar nicht erst zuzulassen bzw. zu sanktionieren, um ein entsprechendes Auftreten von Schäden zu verhindern.

Risiko objektiv und subjektiv

Angesichts der Probleme einer induktiven Extrapolation empirisch gewonnener, statistischer Daten auf analoge Definitionsbereiche oder Schwierigkeiten einer deduktiven Aufstellung von Fehlerbäumen als verketteten Einzelereignissen bei hinreichend komplexen technischen Systemen sowie der immer gegebenen Notwendigkeit eines Abbruchs bei der Analyse weitreichender Kausalketten kommt eine Risikoeinschätzung mit Objektivitätsanspruch schnell an ihre Grenzen. Eine subjektive Risikoeinschätzung bezüglich der einzelnen Komponenten des Risikos wird bezüglich ihrer möglichen ›Rationalität‹ in den Kontroversen unterschiedlich beurteilt: Wenn (mit Gottfried-Wilhelm Leibniz) Wahrscheinlichkeit als ›Grad der Möglichkeit‹ aufzufassen ist, so wäre eine subjektive oder personale Interpretation der Wahrscheinlichkeit in einem Überzeugungsgrad bezüglich der Möglichkeit der Wahrheit einer Hypothese zu begreifen. Gemäß dem Bayesschem Theorem würde dies besagen, dass die subjektive Wahrscheinlichkeit – verstanden als A-posteriori-Wahrscheinlichkeit einer Hypothese relativ zu einem Beweismaterial – proportional ist zu dem Produkt der A-priori-Wahrscheinlichkeit der Hypothese und der Wahrscheinlichkeit des Beweismaterials relativ zur Hypothese (d. h. der ›likelihood‹).

Freilich zeigen psychologische Studien, dass die Risikowahrnehmung oftmals nicht solchen ›rationalen‹ Überzeugungsgraden entspricht, auch dann nicht, wenn die einschlägigen Grenzkriterien eingehalten werden, z. B. darf die Summe der Wahrscheinlichkeiten nicht größer als 1 sein. Hierbei finden wir einerseits Differenzen zwischen einer ›Risikorealität‹ – so weit sie in Bereichen geringer Komplexität über Häufigkeiten zu ermitteln ist – und der *Einschätzung* dieser Risikorealität, andererseits zwischen dieser Risikoeinschätzung und dem in Entscheidungen offen gelegten Risikoverhalten. In diesem Kontext wird immer wieder darauf hingewiesen, dass im Umgang mit vertrauten Risiken die Risikoeinschätzungen mit den ›objektiven Risiken‹ besser übereinstimmen als im anderen Fall. Daher wird von Expertenseite oftmals die subjektive Risikoeinschätzung insgesamt problematisiert und als laienhaft abgetan.

Betrachtet man die immer wieder angeführten Monita an der unterschiedlichen Risikoeinschätzung, z. B. Akzeptanz oder Unterbewertung gewohnter Risiken (Verkehrsteilnahme), schleichender und sich langsam entwickelnder Risiken (Rauchen), Gruppenrisiken Gleichgesinnter (Bergwanderung), aktiver Wagnisse (Ausprobieren), gut wahrnehmbarer Risiken (sichtbare Staubemissionen) und Risiken bei erwartetem hohen Nutzen (Antibiotika) relativ zur Überbewertung von unsichtbaren Risiken (Strahlung), Betroffenheitsrisiken/›Gefahren‹ (Asbest, Grüne Gentechnik), Risiken bezüglich Großschadensereignissen (Klimawandel) sowie Risiken mit verdeckter Urheberschaft etc., so lässt sich durchaus ein rationaler Kern freilegen, der auf die Möglichkeit angepasster Risikoentscheidungen und eines Risiko- bzw. Schadens*managements* zielt. Die Beeinflussbarkeit der Risiko- und Schadensverläufe wird in die Risikoeinschätzung mit einbezogen; der Horizont der Entscheidungsrationalität ist weiter, da er auf die Bedingungen des Erhalts bzw. des Verlustes der Entscheidbarkeit zielt.

Umgang mit Biorisiken: Resilienz

Wenn für die Interaktion mit Biosystemen gilt, dass in virulenten Fällen die klassische Leitdifferenz zwischen möglichen Schäden jenseits der Einflussnahme und möglichen Schäden, die kalkuliert in Kauf genommen werden, nicht mehr gilt, weil wir mögliche Schäden zwar selbst verursachen, aber nicht wägen, wählen oder kontrollieren können, dann versagen die klassischen Strategien der Risikoeinschätzung und des Risikomanagements, ja es entstehen »Neogefahren« (Gransche 2013, 99 ff.) als höherstufige Gefahren, die dadurch bedingt sind, dass das Risikomanagement die Retardierung seines Vorstellungsvermögens nicht wahrnimmt und seine eigenen Grenzen aus den Augen verliert. Ein typisches Beispiel hierfür sind die kürzlich in China erfolgreich realisierten Experimente zu zwischen Menschen übertragbaren Vogelgrippeviren. In der Absicht, Mutationen zuvorzukommen, um Gegenstrategien zu entwickeln, statt an Bedingungen zur Vermeidung von Mutationen zu arbeiten, wird der Suchraum auf Risikokalkulation verengt und neue Gefahren zeichnen sich ab.

Angesichts der Veränderung der Definitionsbereiche der klassischen Strategien muss die Frage eines Umgangs mit Risiken transformiert werden zur Frage nach einem Umgang mit den Grenzen des Risikomanagements. An diesem Punkt setzen Überlegungen an, die eine Anpassung der sozialen und ökonomischen Systeme des Disponierens an diese ›Neogefahren‹ fordern. Das hierfür in orientierender Absicht entworfene Leitbild ist dasjenige der ›Resilienz‹ (Lorenz 2010). Gemeint ist die Fähigkeit sozialer Systeme, auf überraschende und nicht vorhersehbare Irritationen zu reagieren. Sie umfasst die Fähigkeit zur Anpassung sowohl im Sinne flexibler kurzfristiger Reaktionsfähigkeit als auch im Sinne der Transformationsfähigkeit hin zur kreativen Herausbildung neuer Erwartungsstrukturen bezüglich künftiger Schäden im Sinne eines ›Einbaus‹ von Unvorhersehbarkeit in die Erwartungsstrukturen. Vorbilder sind Immunsysteme oder das Konzept der ›Präadaptivität‹ aus der Evolutionsbiologie. Ferner besteht Resilienz in der Herausbildung einer *coping capacity* im Umgang mit Bedeutungs- und Sinnstrukturen, über die die Identität der Systeme fortgeschrieben werden soll, indem narrative Strukturen und kulturelle Formen ihrer Festigung einem Verlust von Bewährtheitstraditionen vorbeugen. Es geht also um das Freihalten von Optionen und die Wahrung von Vermächtnissen (Hubig 2007, Kap. 5.3).

Als Basis dieser beiden Grundfähigkeiten soll eine *participative capacity* gewährleisten, dass nicht über eine institutionelle *top-down*-Steuerung Risikomanagementstrategien ins Leere laufen, sondern die Adaptionsfähigkeit und die *coping capacity* der Träger interner Sinnstrukturen weitestgehend selbstorganisiert fortgeschrieben werden, damit sich neue Verhaltensmuster unter Nutzung des Reichtums lokal-individueller Erfahrungen herausbilden können. Eine im Rahmen der *coping capacity* realisierte Fehlerfreundlichkeit ist nur zielführend, wenn auf Basis einer *participative capacity* gemeinsam aus Fehlern gelernt werden kann. Es geht also insgesamt um die Vermeidung ›großer Strategien‹ eines Risikomanagements, die ›Neogefahren‹/›Metarisiken‹ mit sich führen bezüglich einer Verkennung der durch das Risikomanagement selbst induzierten Veränderung der Kalkulationsbasis. Die ›großen Strategien‹ eines Bio-Engineering in der Ökosphäre (äußere Natur), prädiktionsgestützer Interventionen in die menschliche Keimbahn oder antizipatorischer Therapien – bis hin zu Amputationen – auf der Basis von Genomdiagnostik (innere Natur) verkennen diese Problematik.

Risikoethik im Rahmen der Bioethik

Angesichts der Problemlage kommen ethische Rechtfertigungsstrategien, die den Umgang mit Risiken, Gefahren und Neogefahren als zweckrationales Handeln in konsequenzialistischer Modellierung fassen, schnell an ihre Grenzen. Wenn der Probabiliorismus rät, bei unbekannten Größen den besten Schätzwert und bei unbekannten Wahrscheinlichkeiten alternative Optionen dieser Wahrscheinlichkeiten als gleich verteilt anzusetzen sowie dann so zu tun, als sei der subjektiv wahrscheinlichste Fall sicher, und dies mit der Forderung verbindet, den maximalen Erwartungswert des Netto-Nutzens, d. i. Quotient aus Chance und Risiko, als ausschlaggebend zu erachten, bleiben die Voraussetzungen dieser Kalkulation selbst unberücksichtigt. Wenn umgekehrt ein Tutiorismus rät, vom »Vorrang der ungünstigsten Prognose« (Jonas 1979, 70–83) auszugehen, also den jeweils größtmöglichen Schadensfall unabhängig von seiner Wahrscheinlichkeit anzunehmen und »Wetten zu verbieten«, ist einzuwenden, dass sich beliebig abstruse Modelle bzw. Zugänge vorstellen lassen, die für unbekannte Bereiche des Definitionsbereichs extreme Resultate liefern, z. B. mit Blick auf ein nicht auszuschließendes Zusammentreffen von Bedingungen für Havarien, Trendextrapolationen bei nicht auszuschließenden Emergenzen oder möglicherweise erst langfristig wirksamen Schäden.

Wird die ›schlechte Prognose‹ als ›Killerargument‹ eingesetzt, entstehen Unterlassungsrisiken bezüglich potentieller Nutzenserwartungen, z. B. in den Bereichen Versorgung oder Therapie, die neue Rechtfertigungsprobleme aufwerfen. Nicht mehr in Ansehung konkreter Ungewissheiten, sondern mit Blick auf das Unsicherheitsspektrum insgesamt, empfehlen sich Entscheidungsstrategien einer klugheitsorientierten provisorischen Moral, die auf den Erhalt des Handelnkönnens durch Wahrung von Options- und Vermächtniswerten (Hubig 2007, Kap. 5.3) zielt. Angesichts möglicher Irrtümer kann dann gefragt werden, wie hoch die ökonomischen – im weiteren Sinne – und moralischen Lasten eines irrtümlich unterstellten voraussichtlichen Schadens relativ zu einem irrtümlich ausgeschlossenen voraussichtlichen Schaden sind. In der Regel zeigt sich dann, dass eine False-Positive-Strategie in der Schadensannahme einer False-Negative-Strategie vorzuziehen ist, denn die im Rahmen einer False-Positive-Strategie unternommenen Anstrengungen der Vorbeugung, Absicherung sowie Entwicklung alternativer Lösungsmöglichkeiten haben unabhängig vom Eintreten des irrtümlichen Befundes und der damit entgangenen Realwerte einen hohen Optionswertcharakter: Der Erhalt biotischer, technischer und kultureller Diversität (Hottois 2002, 47), die Eröffnung neuer Suchräume, die Forcierung alternativer Technologien, die Umstellung von Konsum- und Verteilungsmechanismen im Sinne einer Resilienz vermögen neue Realwerte zu zeitigen. Mit Blick auf Vermächtniswerte sind alternativ zur konsequenzialistischen Ausrichtung der Abwägungsprozesse Grenzkriterien zu reklamieren, die die Bedingungen des Erhalts unserer Entscheidungsfähigkeit als identische Subjekte reklamieren und als Lebensrechte, Menschenrechte und Bürgerrechte, Rechte auf Freiheit von vermeidbarem Leid (für alle leidensfähigen Organismen) sowie Eigentumsrechte als schwache Individualrechte (Nida-Rümelin 1996) formuliert werden können.

Hier ist der Ort deontologischer und vertragstheoretischer Rechtfertigungsmodi in der Ethik, die nicht bloß quasi arbeitsteilig neben Klugheitserwägungen stehen, sondern den Bedingungserhalt der Handlungsfähigkeit basal rechtfertigen, damit diese im Feld der Klugheitsethik in pragmatischen Maximen ausbuchstabiert werden kann (Hubig 2007). Es geht dann darum, zweckrational orientierte Entscheidungsstrategien, wie z. B. das Maximin-Prinzip, nicht per se als inadäquat zu verwerfen, sondern situationsspezifisch in einem resilienzorientierten Entscheidungsspektrum zu verorten. Mit Blick auf die *participative capacity* des Resilienzkonzepts wäre dafür zu plädieren, die Akzeptabilität von Risiken im Biobereich angesichts des Wertpluralismus freiheitlicher Gesellschaften nicht als ›gerechtfertigte‹ – und in dieser Hinsicht zumutbare – Akzeptanz zu begreifen, sondern im schwächeren Sinne als Akzeptanzfähigkeit, als Erhalt der Fähigkeit des Einzelnen, Risiken einzugehen oder abzulehnen, ohne einerseits Druck, Sanktionen und Kontrolle sozialer oder ökonomischer Provenienz ausgesetzt zu sein sowie andererseits Lasten der riskanten Entscheidung externalisieren zu können bzw. zu dürfen. Insbesondere sollte man Akzeptabilität im Sinne von Akzeptanzfähigkeit nicht dadurch untergraben, dass man die Bevölkerung vor Risiken zu schützen sucht, indem man – wie im Falle der Genomdiagnostik vom Deutschen Ethikrat verfochten – das Nichtwissen privilegiert und damit die Gefahren erhält. Die Berlin-Brandenburgische Akademie der Wissenschaften und Acatech haben dagegen zu Recht geltend gemacht, dass eine Risikoübernahme nicht vorab einzuschränken ist, sofern das Risikomanagement in den Händen der Betroffenen bleibt.

Literatur

Bechmann, Gotthard: Risiko als Schlüsselkategorie der Gesellschaftstheorie. In: *Kritische Vierteljahresschrift für Gesetzgebung und Rechtswissenschaften* 74 (1991), 212–420.
Beck, Ulrich: *Weltrisikogesellschaft*. Frankfurt a. M. 2008.
Boldt, Joachim/Müller, Oliver/Maio, Giovanni: *Synthetische Biologie. Eine ethisch-philosophische Analyse*. Bern 2009.
Bühl, Achim: Risikoanalyse Grüne Gentechnik. In: Ders. (Hg.): *Auf dem Weg zur biomächtigen Gesellschaft*. Wiesbaden 2009, 371–443.
Bundesverfassungsgericht: Beschluss vom 08. August 1978 – 2 BvL 8/77. In: *BVerfGE* 49, 89–147.
–: Urteil vom 19. Dezember 1985 – 7 C 65/82. In: *BVerwGE* 72, 300–332.
Evers, Adalbert: Risiko und Individualisierung. In: *Kommune* 7 (1989), 33–49.
Franck, Eberhard: Risikobewertung in der Technik. In: Hosemann 1989, 43–93.
Gethmann, Carl F./Pinkau, Klaus/Decker, Karl: *Umweltstandards*. Berlin 1992.
Gransche, Bruno: *In Zukunft im Unfall. Ein philosophischer Beitrag zum Umgang mit neuen Akzidenzphänomenen*. Heidelberg 2013.
Hosemann, Gerhard (Hg.): *Risiko in der Industriegesellschaft*. Erlangen 1989.
Hottois, Gilbert: *Technosciene et sagesse*. Paris 2002.
Hubig, Christoph: *Die Kunst des Möglichen*. Bd. 2: *Ethik der Technik als provisorische Moral*. Bielefeld 2007.
ISO/IEC: Guide 51. *Safety Aspects – Guideline for their Inclusion in Standards*. Genf ²1999.
Jonas, Hans: *Das Prinzip Verantwortung*. Frankfurt a. M. 1979.
Knight, Frank: *Risk, Uncertainty and Profit*. Boston 1921.
Krohn, Wolfgang/Krücken, Georg: Risiko als Konstruktion und Wirklichkeit. In: Dies. (Hg.): *Riskante Technologien: Reflexion und Regulation*. Frankfurt a. M. 1993, 9–44.
Kuhbier, Peter: Vom nahezu sicheren Eintreten eines fast unmöglichen Ereignisses. In: *Leviathan, Berliner Zeitschrift für Sozialwissenschaft* 14 (1986), 606–614.
Lorenz, Daniel F.: The diversity of resilience. In: *Natural Hazards* 67/1 (2010), 7–24.
Lübbe, Hermann: Risiko und Lebensbewältigung. In: Hosemann 1989, 15–41.
Luhmann, Niklas: *Soziologie des Risikos*. Berlin 1991.
Nida-Rümelin, Julian: Ethik des Risikos. In: Ders. (Hg.): *Angewandte Ethik*. Stuttgart 1996, 806–831.
Ortega y Gasset, José: *Betrachtungen über die Technik*. Stuttgart 1949 (span. 1939).
Ropohl, Gunter: Das Risiko im Prinzip Verantwortung. In: *Ethik und Sozialwissenschaften* 5/1 (1994), 109–194 (einschließlich Diskussion).
Tittes, Eberhard: Der Risikobegriff der Sicherheitstechnik. In: Gesellschaft für Sicherheitswissenschaft (Hg.): *Risiko, subjektiv und objektiv*. Bremerhaven 1989, 73–104.

Christoph Hubig

24 Technikfolgenabschätzung

Der Begriff der Technikfolgenabschätzung, die gelegentlich auch als Technikbewertung bezeichnet wird, ist aus der amerikanischen Bezeichnung ›Technology Assessment‹ entstanden, unter der ab Ende der 1960er die Politikberatung im US-Kongress zu Fragen des wissenschaftlich-technischen Fortschritts verstanden wurde. Technikfolgenabschätzung fungiert als Oberbegriff für wissenschaftliche Verfahren zur Untersuchung von Bedingungen und Folgen von Wissenschaft, Technik und Technisierung sowie zu ihrer politischen und gesellschaftlichen Bewertung. Die Analysen zielen auf die Erarbeitung von Optionen und Handlungsstrategien zum Umgang mit Wissenschafts- und Technikfolgen für Politikberatung, zur Unterstützung des öffentlichen Dialoges und zur Technikgestaltung. Die moderne Biotechnologie und die Lebenswissenschaften gehören seit Jahrzehnten zu den großen thematischen Feldern der Technikfolgenabschätzung.

Hintergrund und Motivation

Seit dem Zweiten Weltkrieg ist die Bedeutung von Wissenschaft und Technik für nahezu alle Bereiche der Gesellschaft (Wirtschaftswachstum, Arbeitswelt, Gesundheit, Militär etc.) dramatisch gewachsen. Damit wuchs und wächst einerseits die Bedeutung von Wissenschaft und Technik für Gesellschaft und Umwelt. Andererseits müssen Entscheidungen in Politik und Wirtschaft immer stärker den wissenschaftlich-technischen Fortschritt und seine Folgen in Betracht ziehen. Wissenschaft und Technik verändern gesellschaftliche Traditionen, eingespielte kulturelle Üblichkeiten, kollektive und individuelle Identitäten und Selbstverständnisse und stellen überlieferte moralische Normen in Frage. Der wissenschaftlich-technische Fortschritt erzeugt neue Handlungsmöglichkeiten und Freiheitsgrade und steigert die Fragilität von individuellen oder kollektiven Konstellationen (Bora et al. 2005) genauso wie die gesellschaftliche Abhängigkeit von Wissenschaft und Technik. Dieser erheblich gestiegene Einfluss von Wissenschaft und Technik rückt sie stärker in das Blickfeld von Politik und Öffentlichkeit, macht sie zum Gegenstand kritischer Nachfragen, legt insbesondere die Frage nach Folgen, Nebenfolgen und Risiken nahe, verursacht Konflikte und motiviert Mitgestaltungsansprüche der Betroffenen sowie den Bedarf nach gesellschaftlicher und politischer Einflussnahme zur Sicherung öffentlicher Belange.

Spätestens seit den 1960er Jahren sind erhebliche Nebenfolgenprobleme von wissenschaftlich-technischen Entwicklungen in teils dramatischen Ausprägungen aufgetreten. Unfälle in technischen Anlagen (Tschernobyl, Bhopal), Folgen für die natürliche Umwelt (Luft- und Gewässerverschmutzung, Ozonloch, Klimaänderung), soziale und kulturelle Nebenfolgen von Technik (z. B. Arbeitsmarktprobleme als Folge der Automatisierung) und absichtlicher Missbrauch von Technik (Attentate auf das World Trade Center) haben naive fortschrittsoptimistische Zukunftserwartungen im Zusammenhang mit Technik und Technisierung verblassen lassen. Die Ambivalenz der Technik (Grunwald 2010, Kap. 1) ist zu einem zentralen Topos geworden, teils wurden und werden sogar technikbedingte apokalyptische Gefahren für den Fortbestand der Menschheit thematisiert (vgl. Jonas 1979). Vor allem die stark vergrößerte Reichweite der Technikfolgen in räumlicher und zeitlicher Hinsicht und die dadurch erfolgte immense Ausweitung des Kreises der von Nebenfolgen möglicherweise Betroffenen auf die gesamte gegenwärtige und eventuell auch zukünftige Menschheit haben die Nebenfolgenproblematik als kritisches Element des wissenschaftlich-technischen Fortschritts ins allgemeine Bewusstsein gerückt.

Diese Erfahrung von unerwarteten und teilweise gravierenden Technikfolgen, die man gerne im Vorhinein gekannt hätte, um sie verhindern oder um Kompensationsmaßnahmen einleiten zu können, ist eine der Grundmotivationen der Technikfolgenabschätzung. Demzufolge nahm zunächst der Begriff der *Frühwarnung* vor technikbedingten Gefahren wesentlichen Raum ein (Paschen/Petermann 1992, 26). Parallel dazu geht es immer auch um die *Früherkennung* der Chancen von Technik, damit diese optimal genutzt und Abwägungen von Chancen und Risiken vorgenommen werden können. Technikfolgenabschätzung soll dazu beitragen, systematisch die Voraussicht für die Folgen unserer Handlungen in zeitlicher und thematischer Hinsicht auszuweiten, statt sich auf ein Vorgehen nach ›Versuch und Irrtum‹ einzulassen und im Falle eines ›Irrtums‹, sprich unerwarteter negativer Technikfolgen, erst im Nachhinein umzusteuern. Zu den Basisüberzeugungen der Technikfolgenabschätzung gehört, dass für Entwicklung und Einsatz vieler moderner Technologien das Prinzip von Versuch und Irrtum weder praktikabel noch verantwortbar ist. In diesem Sinne ist Technikfolgenabschätzung Teil der reflexiven Modernisierung (Beck et al. 1996). Die diesbezügliche Innovation besteht darin, systematisch und umfassend das beste verfügbare Nebenfolgenwissen in Beurteilungs- und Entscheidungskalküle mit einzubeziehen.

Eine weitere Motivation von Technikfolgenabschätzung stellt das Auftreten teils gravierender gesellschaftlicher Technikkonflikte dar, die eine neue Erscheinung in den industrialisierten Gesellschaften seit den 1960er Jahren sind. Kernenergie, Gentechnik, Chemiefabriken, Müllverbrennungsanlagen und ethische Fragen, die sich aus der biomedizinischen Forschung ergeben, sind die Themen dieser Konflikte. Die Ausdifferenzierung der modernen Gesellschaften, ihre Zersplitterung in plurale, moralisch auf verschiedenen Überzeugungen aufbauende Gruppen und die durch Migration und Globalisierung verstärkten kulturellen Heterogenitäten auch auf kleinstem Raum erschweren die Möglichkeiten einer Verständigung im gesellschaftlichen Konsens. In den Mittelpunkt einer hauptsächlich auf Konfliktprävention und Konfliktbewältigung ausgerichteten Technikfolgenabschätzung treten Begriffe und Probleme wie öffentliche Kommunikation über Technik, Risikokommunikation, Konfliktforschung, Mediation und Schlichtung, Sozialverträglichkeit und die Beteiligung von Betroffenen an Entscheidungsprozessen. Die diesbezügliche Innovation der Technikfolgenabschätzung besteht darin, in den Beratungs- und Entscheidungsprozessen frühzeitig nicht nur die Perspektiven der Entscheider, sondern auch die von Bürgern, Stakeholdern und Betroffenen einzubeziehen, eingedenk der Erkenntnis, dass Technikkonflikte häufig ihre Wurzeln in divergierenden Wahrnehmungen zwischen Entscheidern und Betroffenen haben (Bechmann 2007).

Dies führt auf eine weitere grundsätzliche Motivation und Ausrichtung der Technikfolgenabschätzung, nämlich in Bezug auf die Frage, was hinsichtlich des technischen Fortschritts von wem und unter welchen Kriterien entschieden wird. Wissenschaftliche Politikberatung tendiert vielfach dazu, sich auf Optimierungsüberlegungen einzulassen, um die vermeintlich *one best solution* zu formulieren und sodann zu empfehlen oder zu fordern, diese auch politisch umzusetzen. In Gegensatz zu diesem technokratischen (Habermas 1968) und vielfach auf vermeintliche Sachzwänge setzenden Vorgehen fokussiert Technikfolgenabschätzung auf die öffentlich relevante und politische Seite in der Gestaltung des wissenschaftlichen Fortschritts und damit auf *alternative Optionen* dieser Gestaltung. Zukunftsscheidungen sind nach Überzeugung der Technikfolgenabschätzung nicht einfach wissenschaftlich entscheidbare oder optimierbare Sachfragen, sondern Entscheidungen darüber, in welcher Gesellschaft wir leben wollen, welche Risiken wir einzugehen bereit sind und welche Rolle Technik darin spielen soll – und die sind ersichtlich wert- und positionsabhängig. Damit stellt Technikfolgenabschätzung dem technokratisch beliebten Sachzwangargument ein *Denken in Alternativen* gegenüber, verbunden mit der Erwartung, demokratische Debatten und politische Entscheidungsfindung mit besserer Information und transparenterer normativer Orientierung versorgen zu können.

Geschichte

Einige Arbeiten des amerikanischen Soziologen William Ogburn aus den 1930er Jahren über die Folgen des zunehmenden Einsatzes von Maschinen in vielen Lebensbereichen gelten als frühe Vorläufer der modernen Technikfolgenabschätzung. Nach dem Zweiten Weltkrieg war es der Kalte Krieg, der zu einer Hochkonjunktur sog. Think Tanks führte, einer Form von Beratungseinrichtungen, in denen Folgenüberlegungen zu militärischen Entwicklungen angestellt wurden. Hier wurden unter dem Begriff der Zukunftsforschung Methoden entwickelt, die teils bis heute Verwendung finden, so Simulationsmethoden auf der Basis von Computermodellen, aber vor allem die Szenarienmethode.

Der Begriff der Technikfolgenabschätzung selbst taucht zuerst in Protokollen des US-amerikanischen Kongresses auf. Mit der Entstehung dieses Begriffs ist der Name des demokratischen Kongressabgeordneten Emilio Q. Daddario verbunden. Die prominenteste Persönlichkeit, die mit der Idee des Technology Assessment in den USA verbunden ist, war Senator Edward Kennedy. Konkreter Anlass war eine Asymmetrie im Zugang zu relevanten Informationen zwischen der Legislative und der Exekutive in den USA. Während die Exekutive durch den ihr zur Verfügung stehenden behördlichen Apparat und die finanziellen Ressourcen jederzeit auf neueste Informationen zurückgreifen konnte, hinkte das Parlament in diesen Fragen weit hinterher, so dass die demokratische Gewaltenteilung, die Kontrolle der Administration durch den Kongress, in komplexen Entscheidungen gefährdet erschien. Zur Behebung dieses Problems wurde 1972 das Office of Technology Assessment (OTA) mit dem Ziel gegründet, den Kongress in Washington D. C. im Hinblick auf Forschungs- und Technikentscheidungen zu beraten. Es bestand bis 1995 und hatte zum Zeitpunkt seiner aus politischen Gründen erfolgten Schließung (Bimber 1996) etwa 200 Mitarbeiter, davon etwa 130 Wissenschaftler, zu etwa gleichen Teilen aus den Natur- und Technikwissenschaften einerseits und den Sozial- und Wirtschaftswissenschaften andererseits. Das OTA war die erste explizite Technikfolgenabschätzung-Einrichtung überhaupt und gewann dadurch einen Vorbildcharakter für alle folgenden Institutionalisierungen, zumindest im parlamentarischen Bereich.

Die Gründung des OTA führte rasch in einigen europäischen Ländern zu Debatten, ob und in welcher Form ähnliche Einrichtungen auch in Europa benötigt würden. Ab der zweiten Hälfte der 80er Jahre wurden in mehreren europäischen Ländern, meist kleine, Einrichtungen parlamentarischer Technikfolgenabschätzung gegründet. Seitdem wächst die Zahl entsprechender Einrichtungen langsam, aber stetig. Die parlamentarischen TA-Einrichtungen haben sich 1990 im *European Parliamentary Technology Assessment Network* (EPTA, www.epta-network.org) zusammengeschlossen. Parallel dazu erfolgte die Integration von Technikfolgenabschätzung in die Beratungsformen vieler Ministerien und nachgeordneter Behörden. Im deutschsprachigen Raum besteht seit 2004 das Netzwerk Technikfolgenabschätzung (www.netzwerk-ta.net), das über Arbeitsgruppen, Vernetzungsaktivitäten und Konferenzen zur Entwicklung der Technikfolgenabschätzung beiträgt.

Global gesehen ist der Schwerpunkt der Technikfolgenabschätzung seit der Schließung des OTA in Europa zu finden. Seit einigen Jahren ist ein verstärktes Interesse in Ländern Ostasiens wie Japan, Korea und China zu beobachten, ebenfalls in Australien und in einigen Ländern Lateinamerikas. Gleichzeitig ist festzustellen, dass zumindest die beiden eingangs genannten Charakteristika der Technikfolgenabschätzung, die frühzeitige Befassung mit möglichen nicht intendierten Folgen und die Einbeziehung der Perspektive der Betroffenen, in vielen gesellschaftlichen Bereichen Eingang gefunden haben, ohne dass dies immer als Technikfolgenabschätzung bezeichnet würde.

In den letzten Jahren hat der klassische Fokus der Technikfolgenabschätzung, nämlich Technik in Form von gegenständlichen Artefakten (z. B. Anlagen und Kraftwerken) mit ihren Folgen zu untersuchen, an relativer Bedeutung zugunsten der Betrachtung eher wissenschaftlicher Entwicklungen einerseits und gesellschaftlicher Querschnittsfolgen neuer Technologien andererseits verloren. Neue Entwicklungen wie die Nanotechnologie (s. Kap. III. 28), die Synthetische Biologie (s. Kap. III. 42) und die »Converging Technologies« (Roco/Bainbridge 2002) werden von Technikfolgenabschätzung bereits in sehr frühen Stadien ihrer Entwicklung begleitet, wo es noch gar nicht um konkrete Produkte und Dienstleistungen, sondern vielfach eher um Visionen und Forschungsziele geht (vgl. Grunwald 2012). Das Interesse gilt dabei oft gar nicht mehr den Folgen einzelner Techniken für einzelne Bereiche, sondern vielmehr komplexen Gemengelagen zwischen wissenschaftlich-technischen Entwicklungen, Innovationspotentialen, Produktions- und Konsummustern, Lifestyle und Kultur sowie politischen Entscheidungen angesichts dieser Komplexität. Der relativ neue forschungspolitische Begriff »Responsible Research and Innovation« reflektiert auf diese Entwicklung (Schomberg 2012).

Adressaten

Ergebnis der Technikfolgenabschätzung soll ein ›Wissen zum Handeln‹ sein. Der damit notwendigerweise verbundene Kontext- und Adressatenbezug bringt es mit sich, dass Technikfolgenabschätzung sehr unterschiedlich konzipiert werden kann. Es hängt z. B. von der Einschätzung der Rolle des Staates oder der Wirtschaft in der Beeinflussung des wissenschaftlich-technischen Fortschritts und der Bewältigung seiner Folgen, von Faktoren der Technikentwicklung und den daraus abgeleiteten wesentlichen Adressaten einer wissenschaftlichen Beratung, aber auch von Einschätzungen der Rolle der ›Zivilgesellschaft‹ ab, an wen sich Technikfolgenabschätzung mit welchen Mitteln und mit welchen Zielen richten sollte. Eine Fülle von Konzepten wurde entwickelt und teils erprobt (vgl. Grunwald 2010). Dabei haben sich drei primäre Adressatenfelder herausgebildet: politisches System, demokratische Öffentlichkeit und die Technikentwicklung.

Beratung des politischen Systems: Standardsetzungen, Regulierungen, Deregulierungen, Steuergesetze, Verordnungen, Forschungs- und Technologieförderung, internationale Konventionen oder Handelsabkommen, die auf Basis nationaler Vorstöße zustande kommen und die national ratifiziert werden etc. beeinflussen auf verschiedene Weise den Gang der Technikentwicklung und Technikdiffusion. Staatliche Institutionen und politische Akteure üben daher in unterschiedlichen Weisen Einfluss auf die technische Entwicklung aus. Politikberatende, insbesondere parlamentarische Technikfolgenabschätzung erstreckt sich nur auf die öffentlich relevanten und politisch zu entscheidenden Technikaspekte wie z. B. Sicherheits- und Umweltstandards, den Schutz der Bürger vor Eingriffen in Bürgerrechte, Prioritätensetzung in der Forschungspolitik, die Gestaltung von Rahmenbedingungen für Innovation etc. Hier geht es um die *Rahmenbedingungen*, unter denen Wissenschaftler und Ingenieure arbeiten und unter denen in der Wirtschaft Technik entwickelt und auf den Markt gebracht wird. Im parlamentarischen Bereich stellen sich Erwartungen und Anforderungen an Technikfolgenabschätzung in anderer Weise als in der Beratung von Fachreferaten in Ministerien, Behörden oder der EU-Kommission. Um sie zu realisieren, wurden unterschiedliche Formen der Institutionalisierung parlamentarischer Technikfolgenabschätzung gewählt, die in europäischen Ländern häufig auch mit unterschiedlichen politischen Kulturen und Entscheidungsregimes verbunden sind (Petermann/Grunwald 2005). Bio- und gentechnische Fragen sind dabei häufig Anlass für TA-Studien (vgl. Sauter 2005).

Beitrag zur demokratischen Debatte: Die seit Beginn der Technikfolgenabschätzung immer wieder erhobene, anfangs jedoch kaum eingelöste Forderung nach Partizipation von Betroffenen, Stakeholdern oder Bürgern erfolgte vor allem vor dem Hintergrund der Bewertungsproblematik. Bewertungen sollten weder den wissenschaftlichen Experten (Expertokratie) noch den politischen Entscheidern (Dezisionismus) allein überlassen werden. Stattdessen ging es je nach Konzept darum, auch gesellschaftliche Gruppen, Interessenvertreter, betroffene Bürger oder auch ganz allgemein die Öffentlichkeit in den Beratungs- und Bewertungsprozess einzubeziehen. Partizipative Technikfolgenabschätzung (Joss/Belucci 2002) beteiligt Personen und Gruppen außerhalb von Wissenschaft und Politik. Insbesondere sollen Beratungen über zukünftige Technik – einschließlich der Identifikation der Themen zur öffentlichen Förderung von Forschung und Entwicklung neuer Technologien – unter größtmöglicher Beteiligung der Öffentlichkeit erfolgen.

Mitwirkung an der Technikgestaltung: Angesichts der Tatsache, dass Technikbewertung in der Erforschung und Entwicklung von Technik durch Ingenieure und in der Wirtschaft grundsätzlich betrieben werden muss, wenn z. B. eine Techniklinie als aussichtsreich, eine andere als Sackgasse bewertet wird, wenn zukünftige Produktchancen bewertet werden oder ein neues Produktionsverfahren im Betrieb eingeführt werden soll, kann Technikfolgenabschätzung auch direkt dort, d. h. an der Entwicklungsarbeit in Laboratorien ansetzen. Hier ist das Ziel, über die üblichen techno-ökonomischen Bewertungskriterien hinaus weitere Folgendimensionen zu berücksichtigen. So sollen beispielsweise nach Maßgabe der VDI-Richtlinie zur Technikbewertung (Verein Deutscher Ingenieure 1991) auch im Entwicklungsprozess Bewertungen nach gesellschaftlich anerkannten Werten erfolgen, die auch öffentliche Belange wie Sicherheit, Gesundheit und Umweltqualität einschließen. Diese Werte sollen das technische Handeln prägen und von den Ingenieuren in ihrer Praxis beachtet, d. h. in die Technik quasi *eingebaut* werden. Dadurch soll die Technikentwicklung in die ›richtige‹ Richtung gelenkt und sollen Fehlentwicklungen vermieden werden. Technik soll so entwickelt werden, dass sie im Einklang mit diesen Werten steht. Das von niederländischen Ethikern entworfene ›Value Sensitive Design‹ operiert in ähnlicher Ausrichtung.

Weiterhin dient die Technikfolgenabschätzung, wenngleich in geringerem Umfang, auch zur Erhöhung der Reflexivität in den Wissenschaften selbst. Es werden teils bereits in frühen Entwicklungsstadien Folgenüberlegungen angestellt und entsprechende Reflexionen z. B. über die Forschungsagenda oder über die zu führende gesellschaftliche Debatte angestellt. Die Synthetische Biologie (s. Kap. III. 42) ist ein Beispiel hierfür.

Charakteristika der Forschung

Das von der Technikfolgenabschätzung für die Zwecke der Politikberatung, der demokratischen Debatte und der Technikgestaltung bereitgestellte ›Wissen zum Handeln‹ soll über Beiträge zur wissenschaftlichen Erkenntnis hinaus einen »Impact« in der außerwissenschaftlichen Welt erzielen (Decker/Ladikas 2004). Dazu muss es aus unterschiedlichen Anteilen bestehen:

Systemwissen: Ein hinreichendes Verständnis der betrachteten Systeme, welches die technische Entwicklungen und ihre Bedingungen, Anwendungsmöglichkeiten, Akteurskonstellationen und Interessen, Erfolgsbedingungen und hemmende Faktoren für Innovationen, Mechanismen an der Schnittstelle zwischen Wissenschaft, Technik, Politik, Umwelt und Gesellschaft umfasst, ist notwendige Voraussetzung zur Bereitstellung von Technikfolgenwissen.

Normative Orientierung: Die Beurteilung von wissenschaftlich-technischen Entwicklungen und ihren Folgen bedarf einer rechtfertigenden, mit normativen Prämissen arbeitenden Argumentation, von rechtlichen bis hin zu ethischen Überlegungen, z. B. zur Akzeptabilität von Risiken (s. Kap. II. 23).

Handlungswissen: Wissen über Wirkungen von Maßnahmen, z. B. der Regulierung oder der Innovationsförderung, ihre Zielerreichung und Effizienz genauso betreffend wie mögliche unbeabsichtigte Nebenfolgen, stellt eine entscheidende Voraussetzung einer informierten Entscheidungsfindung dar.

Zukunftswissen: Technikfolgen zu erforschen, bevor sie möglicherweise eintreten, bedarf *prospektiven* Wissens. Hierbei handelt es sich gelegentlich um Prognosen, häufiger aber um Formen der Erschließung zukünftiger Entwicklungen mit niedrigerem Geltungsanspruch wie vor allem um Szenarien.

Die Integration, teils auch bereits die Bereitstellung dieser Wissenselemente bedürfen eines *inter- oder transdisziplinären* Zugangs, um Antworten in den Spannungsfeldern des wissenschaftlich-technischen Fortschritts (Grunwald 2010, Kap. 1) zu entwickeln. Politikwissenschaftliche, betriebs- und volkswirtschaftliche, umweltbezogene, soziale, kulturelle, technische, sozial- oder individualpsychologische und ethische Aspekte müssen, ohne Anspruch auf Vollständigkeit, interdisziplinär integriert und gegebenenfalls transdisziplinär um das außerwissenschaftliche ›lokale Wissen‹ von Betroffenen und ihre Beurteilungsperspektiven ergänzt werden. Entsprechend breit ist das zum Einsatz kommende Methodenspektrum (Grunwald 2010, Kap. 7).

Technikfolgenabschätzung zu Biotechnologie und Medizin

Die Fortschritte in den Lebenswissenschaften und die dadurch ermöglichten neuen Biotechnologien und Medizintechniken bieten seit den 1980er Jahren Stoff für eine Vielzahl von TA-Studien. Das Spektrum der untersuchten Fragestellungen umfasst alle Aspekte der Erforschung von Chancen und Risiken, ihrer einordnenden Bewertung im Bezug zu politischen Zielen und gesellschaftlichen Werten sowie der Mitwirkung an der Ausarbeitung adäquater Strategien, um auf diese Weise Chancen zu nutzen und Risiken zu minimieren. An dieser Stelle können nur kurz, kursorisch und ohne Anspruch auf Vollständigkeit einige der zentralen Themen der Technikfolgenabschätzung in diesem Bereich angeführt werden.

Die Auseinandersetzung über Fragen der biologischen Sicherheit gentechnisch veränderter Pflanzen (GVP) stellt eine frühe Risikokontroverse bereits seit den 1980er Jahren dar (s. Kap. III. 16). Technikfolgenabschätzung und andere Formen der Technikreflexion sowie intensive öffentliche Risikodebatten haben zur Etablierung des Vorsorgeprinzips in der Europäischen Union geführt, das vorsorgende Strategien (z. B. strenge Reglementierung der Freisetzung von gentechnisch veränderten Pflanzen) bereits dann zulässt, wenn nur ein begründeter Verdacht auf Risiken besteht, aber noch kein Nachweis vorliegt. Kurzfristige und direkte Folgen der Freisetzung von gentechnisch veränderten Pflanzen wurden bislang kaum festgestellt bzw. zeigten kaum erkennbare Schadenspotentiale. Hinsichtlich der mittel- und langfristigen Folgen eines stark ausgeweiteten Anbaus von gentechnisch veränderten Pflanzen besteht jedoch weiterhin ein erhebliches Maß an Nichtwissen, das ein ständiges Monitoring zur Verbesserung des Wissens und zur Früherkennung möglicher Probleme erfordert (Sauter 2005). Technikfolgenabschätzung hat sich hier lange Zeit auf die Risikodimension konzentriert und sich insbesondere mit der Frage ›guter‹ Risikokommunikation und verantwortlicher Verfahren im Risikomanagement befasst.

In der medizinischen Forschung und Entwicklung neuer Diagnose- und Therapieverfahren wurde das Health Technology Assessment (HTA) entwickelt, um den medizinischen und ökonomischen Nutzen zu erforschen und mit Risiken und Nachteilen abzuwägen (Banta/Luce 1993). Dabei stehen utilitaristischen Ansätzen nahestehende Verfahren wie die Kosten/Nutzen-Analyse und die multikriterielle Entscheidungsanalyse im Mittelpunkt, während darüber hinausgehende ethische Fragen wie z. B. Gerechtigkeitserwägungen eher randständig sind.

Technikfolgenabschätzung ist jedoch auch mit Fragen befasst, die in der bio- und medizinethischen Debatte stark diskutiert werden. Hierzu gehört z. B. die Transplantationsproblematik, die neben den ethischen Aspekten ersichtlich auch Fragen der Organisation von Entscheidungsprozessen, der Vertrauenswürdigkeit von Institutionen und der Abläufe im Gesundheitssystem aufwirft (s. Kap. IV. 45). Die Xenotransplantation, die Nutzung von Tiergewebe oder Tierorganen für den Einsatz im Menschen, wurde rasch zu einem TA-Thema, als kurzfristig hohe Hoffnungen in diese gesetzt wurden. Das hat sich mittlerweile aufgrund erkannter erheblicher Risiken geändert. Das medizinische Thema, das wahrscheinlich am häufigsten in der Technikfolgenabschätzung behandelt worden ist, dürfte jedoch das der prädiktiven Diagnostik sein (Kollek/Lemke 2008).

Ein weiteres Thema in diesem Feld ist die Einrichtung und zunehmende Bedeutung von Biobanken (s. Kap. III. 7) und die damit verbundene Frage, wer welche Rechte an der Nutzung von Biomaterialien besitzt und wie sich individuelle Rechte auf Datenschutz und informationelle Selbstbestimmung wahren lassen.

Seit einigen Jahren stehen auch Themen der Grundlagenforschung auf dem Programm, deren Anwendungspotentiale noch sehr unklar sind. Einer der Auslöser war die Diagnose, dass durch die Konvergenz von Nanotechnologie, Biotechnologie, Informationstechnik und Neurowissenschaften ganz neue technische Möglichkeiten in Reichweite rücken, wie z. B. eine technische Verbesserung des Menschen (s. Kap. IV. 13; Roco/Bainbridge 2002; Grunwald 2012, Kap. 9) oder die Synthetische Biologie (s. Kap. IV. 43; Grunwald 2012, Kap. 7). Dort wird das Programm verfolgt, mit Mitteln der Molekularbiologie und der Nanobiotechnologie aus unbelebten Materialien künstliches Leben zu schaffen oder bestehendes Leben mit neuen Funktionen anzureichern. Strittig ist, ob die Behandlung von auftretenden gesellschaftlichen Fragen, z. B. im Hinblick auf Missbrauchsmöglichkeiten für militärische oder terroristische Zwecke, im Rahmen einer Selbstverpflichtung der in der Synthetischen Biologie tätigen Akteure erfolgen kann oder ob hier externe Beobachtung, Folgenforschung und Beurteilung notwendig sind. Technikfolgenabschätzung ist hier vielfach in der Form sog. ELSI-Studien (*ethical, legal and social implications*) involviert.

Technikfolgenabschätzung und Bioethik

Dass mit dem technischen Fortschritt ethische Fragen verbunden sind und dass ethische Reflexion zur Behandlung vieler Fragen in diesem Kontext unverzichtbar ist, gehört heute zu den Selbstverständlichkeiten. Weder ist es erforderlich, heute noch Gründe anzuführen, warum die Technik ein Fall für die Ethik ist, noch muss betont werden, dass der technische Fortschritt bis in das Handeln der Wissenschaftler und Ingenieure hinein nicht werturteilsfrei, sondern von normativen Vorstellungen durchzogen ist. Ethische Fragen zeigen sich in den normativen Unsicherheiten, die sich aus der Entwicklung, Nutzung und Entsorgung von Technik ergeben (Grunwald 2012, Kap. 3).

Die Rolle der Ethik war allerdings nicht immer so unangefochten. Technikfolgenabschätzung ist ursprünglich als eher deskriptive Forschungsrichtung entstanden, vor allem getragen aus den Wirtschafts- und Sozialwissenschaften sowie den Technikwissenschaften. Orientierungsfragen sollten, so noch die weitgehende Überzeugung in der Technikfolgenabschätzung der 1980er Jahre, durch sozialwissenschaftliche Wert- und Akzeptanzforschung bearbeitet werden. Angewandte Ethik und Technikfolgenabschätzung waren sich bis in die 1990er Jahre fremd (Gethmann/Sander 1999). Heute hingegen gehört die Analyse ethischer Fragen untrennbar zu vielen Themen der Technikfolgenabschätzung hinzu, und dies gilt insbesondere und verstärkt für bioethische Fragen (vgl. Grunwald 2013). Dies hat bereits der kurze Durchgang durch typische TA-Fragestellungen zu Biotechnologie und Medizin ergeben.

Literatur

Banta, Henry David/Luce, Bryan R.: *Health Care Technology and its Assessment: an International Perspective*. Oxford 1993.
Bechmann, Gotthard: Die Beschreibung der Zukunft als Chance oder Risiko? In: *Technikfolgenabschätzung – Theorie und Praxis* 16/1 (2007), 24–31.
Beck, Ulrich/Giddens, Anthony/Lash, Scott (Hg.): *Reflexive Modernisierung. Eine Kontroverse*. Frankfurt a. M. 1996.
Bimber, Bruce: *The Politics of Expertise in Congress: The Rise and Fall of the Office of Technology Assessment*. New York 1996.
Bora, Alfons/Decker, Michael/Grunwald, Armin/Renn, Ortwin (Hg.): *Technik in einer fragilen Welt. Die Rolle der Technikfolgenabschätzung*. Berlin 2005.
Decker, Michael/Ladikas, Miltos (Hg.): *Bridges Between Science, Society and Policy. Technology Assessment – Methods and Impacts*. Berlin 2004.
Dusseldorp, Marc: Technikfolgenabschätzung. In: Grunwald 2013, 394–399.
Gethmann, Carl Friedrich/Sander, Thorsten: Rechtfertigungsdiskurse. In: Armin Grunwald/Stephan Saupe (Hg.): *Ethik in der Technikgestaltung. Praktische Relevanz und Legitimation*. Berlin 1999, 117–151.
Grunwald, Armin: *Technikfolgenabschätzung – eine Einführung*. Berlin ²2010.
–: *Responsible Nanobiotechnology. Philosophy and Ethics*. Singapore 2012.
– (Hg.): *Handbuch Technikethik*. Stuttgart/Weimar 2013.
Habermas, Jürgen: Verwissenschaftlichte Politik und öffentliche Meinung. In: Ders. (Hg.): *Technik und Wissenschaft als Ideologie*. Frankfurt a. M. 1968, 120–145.
–: *Die Zukunft der menschlichen Natur*. Frankfurt a. M. 2001.
Jonas, Hans: *Das Prinzip Verantwortung. Versuch einer Ethik für die technologische Zivilisation*. Frankfurt a. M. 1979.
Joss, Simon/Bellucci, Sergio (Hg.): *Participatory Technology Assessment – European Perspectives*. Westminster 2002.
Kollek, Regine/Lemke, Thomas: *Der medizinische Blick in die Zukunft. Gesellschaftliche Implikationen der prädiktiven Medizin*. Frankfurt a. M. 2008.
Paschen, Herbert/Petermann, Thomas: Technikfolgenabschätzung – ein strategisches Rahmenkonzept für die Analyse und Bewertung von Technikfolgen. In: Thomas Petermann (Hg.): *Technikfolgen-Abschätzung als Techniknforschung und Politikberatung*. Frankfurt a. M. 1992, 19–42.
Petermann, Thomas/Grunwald, Armin (Hg.): *Technikfolgen-Abschätzung für den Deutschen Bundestag. Das TAB – Erfahrungen und Perspektiven wissenschaftlicher Politikberatung*. Berlin 2005.
Roco, Mihail C./Bainbridge, William Sims (Hg.): *Converging Technologies for Improving Human Performance*. Arlington, Virginia 2002.
Sauter, Arnold: Grüne Gentechnik? – Folgenabschätzung der Agrobiotechnologie. In: Petermann/Grunwald 2005, 116–146.
Schomberg, René von: Prospects for Technology Assessment in the 21st century: the quest for the »right« impacts of science and technology. An outlook towards a framework for responsible research and innovation. In: Marc Dusseldorp/Richard Beecroft (Hg.): *Technikfolgen abschätzen lehren. Bildungspotenziale transdisziplinärer Methoden*. Opladen 2012.
Verein Deutscher Ingenieure (VDI): *Technikbewertung – Begriffe und Grundlagen* (Richtlinie 3780). Düsseldorf 1991.

Armin Grunwald

25 Tod

Tod und Sterben als Endpunkte der individuellen Lebensspanne sind seit ihren Anfängen zentrale Themen der Bioethik. Medizinische und psychotherapeutische Verfahren, die entweder – wie lebenserhaltende Therapien und Suizidprävention – auf die Erhaltung des Lebens oder – wie die Palliativmedizin und die Sterbehilfe – auf die Erleichterung des Sterbens zielen, werfen eine Fülle kontroverser Fragen auf, die wesentlich dazu beigetragen haben, die Bioethik in den Mittelpunkt des öffentlichen Nachdenkens zu rücken.

Definition und Kriterien des Todes

Die seit den 1960er Jahren geführte Debatte um den Hirntod und um die Frage, wie weit der Hirntod, der unumkehrbare Ausfall aller Hirnfunktionen, als der ›Tod des Menschen‹ gelten kann, hat zu Unterscheidungen Anlass gegeben (vgl. Culver/Gert 1982, 179 ff.), die für eine Klärung der bioethischen Fragen im Umkreis der Todesdefinition insgesamt unverzichtbar sind. Danach sind drei Fragen zu unterscheiden: die nach der *Definition* des Tods, die nach den *Kriterien* des Todes und die nach den *Tests*, anhand derer die Erfülltheit der Kriterien überprüft wird. Antworten auf diese Fragen erfordern unterschiedliche Kompetenzen und richten sich an unterschiedliche Disziplinen. Die Frage nach der Zuverlässigkeit, mit der bestimmte Tests anzeigen, dass ein Todeskriterium erfüllt ist, ist eine medizinisch-naturwissenschaftliche Frage. Nur aufgrund neurologischer Expertise kann festgestellt werden, dass die Hirntätigkeit eines Menschen nicht nur vollständig, sondern auch unumkehrbar ausgefallen ist, wobei in Deutschland die vom Wissenschaftlichen Beirat der Bundesärztekammer formulierten Richtlinien zugrunde zu legen sind. Auch die Frage danach, wie gut ein Todeskriterium die jeweils vorausgesetzte Todesdefinition trifft, lässt sich nur mit wissenschaftlichen Mitteln beantworten. Auch wenn die Validität eines vorgeschlagenen Todeskriteriums keiner direkten empirischen Überprüfung zugänglich ist, sondern die Gesamtwürdigung unseres Wissens über die Rolle somatischer und mentaler Funktionen im Prozess des Sterbens erfordert, ist die Einschätzung der Güte eines Kriteriums eine wissenschaftliche Frage. Ein Kriterium ist dann ein gutes Kriterium, wenn es dem Stand des Wissens, d. h. den am besten bewährten einschlägigen wissenschaftlichen Theorien entspricht.

Akzeptabel kann ein Todeskriterium allerdings stets nur soweit sein, wie auch die jeweils vorausgesetzte Todesdefinition akzeptabel ist. Wer die vorausgesetzte Todesdefinition ablehnt, wird in der Regel auch die dazugehörigen Kriterien ablehnen – nicht weil diese wissenschaftlich nicht hinreichend gesichert wären, sondern weil sie etwas anderes anzeigen, als sie seiner Auffassung nach anzeigen müssten. Die Frage, welche Todesdefinition angemessen ist, lässt sich insofern nicht mit empirischen oder wissenschaftlichen Mitteln beantworten, sondern entweder mit den Mitteln philosophischer Begriffsanalyse – welche Todesdefinition kann angesichts des überwiegenden Begriffsverständnisses als die adäquateste gelten? – oder mit den Mitteln einer von bestimmten normativen Kriterien angeleiteten ethisch-rechtlichen Konvention – welche Todesdefinition kann angesichts der praktischen Kontexte, in denen sie eine Funktion übernimmt, als die zweckmäßigste gelten?

Mit einem begriffsanalytischen Ansatz ist der Frage nach der ›richtigen‹ Todesdefinition kaum beizukommen. Eine eindeutige Bezugsgröße, an der sich die Adäquatheit der Definition messen lassen könnte, ist nicht in Sicht. Zwar gilt gegenwärtig in nahezu allen Rechtssystemen das Kriterium des Hirntods auch als Todesdefinition. In Deutschland definiert das Transplantationsgesetz den Tod indirekt (s. Kap. III. 44). Es bestimmt in § 3 einerseits, dass die Entnahme von Organen nur zulässig ist, wenn »der Tod des Organspenders […] festgestellt ist«, andererseits, dass die Entnahme von Organen unzulässig ist, wenn »nicht vor der Entnahme bei dem Organspender der endgültige, nicht behebbare Ausfall der Gesamtfunktion des Großhirns, des Kleinhirns und des Hirnstamms […] festgestellt ist«. Aus beiden Aussagen zusammengenommen folgt, dass der Hirntod mit dem Tod identisch ist. Fielen Hirntod und Tod zeitlich nicht zusammen, wäre eine Organentnahme in der Phase zwischen Eintritt des Hirntods und späterem Eintritt des Todes unzulässig, was jedoch mit dem Zweck des Gesetzes, Organentnahmen zu ermöglichen, unvereinbar wäre. Allerdings wird die Gleichsetzung von Hirntod und Tod nicht überall akzeptiert. In Japan und anderen Ländern Ostasiens trifft sie verbreitet auf Ablehnung (vgl. Lock 2001). In den US-Bundesstaaten New York und New Jersey ist den Bürgern sogar die Möglichkeit eingeräumt worden, das Hirntodkriterium für sich durch individuelle Willenserklärung abzulehnen – eine Regelung, die den orthodoxen Juden entgegenkommt, für die der Tod mit dem ›letzten Atemzug‹ zusammenfällt. Die Vorbehalte gegen eine Definition des Todes durch den Hirntod gehen nicht zuletzt darauf zurück, dass die Phänomenologie eines Hirntoten, der maschinell beatmet wird, die eines Lebenden ist. Dem Augenschein nach lebt der Hirntote noch: Er atmet, führt Spontanbewegungen aus, verdaut und reagiert auf bestimmte Umweltreize.

Es wäre voreilig, aus der Uneindeutigkeit der kulturell geprägten Todesverständnisse die Folgerung zu ziehen, dass der Todesbegriff zu »fuzzy« ist, um die Suche nach einer eindeutigen Grenze zwischen Leben und Tod sinnvoll erscheinen zu lassen (vgl. Brody 2002, 72). Die Tatsache der kulturellen Vielfalt der Todesverständnisse schließt für sich genommen nicht aus, dass es gute und überkulturell einsichtige Gründe gibt, bestimmte Grenzziehungen vor anderen zu bevorzugen. Allerdings ist ein Konsens über solche Gründe nicht in Sicht. Nahezu alle Kriterien, an denen sich eine Todesdefinition orientieren könnte, sind kontrovers:

(1) Sollte es überhaupt einen *einzigen* Todesbegriff geben? Jeff McMahan vertritt die These, es sei unverzichtbar, den Begriff in zwei nicht deckungsgleiche Alternativbegriffe aufzuspalten, einerseits den des mentalen, andererseits den des biologischen Todes. Bei einigen schweren Hirnschädigungen treten die durch die beiden Begriffe bezeichneten Ereignisse so weit auseinander wie im Fall Nancy Cruzan, deren Grabstein zwei Sterbezeitpunkte vermerkt: das Ende ihres mentalen Lebens – der Zeitpunkt, zu dem sie in ein irreversibles Koma gefallen ist – und das Ende ihres biologischen Lebens sieben Jahre später (vgl. McMahan 2002, 423). Dagegen argumentieren andere mit dem pragmatischen Grund, dass eine Konzeption, die die Zeitpunkte, zu denen das Leben eines menschlichen Individuums endet, vervielfacht, zu Konfusionen und Irritationen führen muss. Diese bestünden heute bereits angesichts des verbreiteten Gebrauchs des Terminus ›klinischer Tod‹ (Birnbacher 2007, 464).

(2) Sollten Leben oder Tod als erschöpfende Alternativen gelten oder sollte ein *dritter* Zustand zugelassen werden, in dem ein Mensch weder eindeutig lebendig noch eindeutig tot ist? Von einem ›Graubereich‹ zwischen Leben und Tod auszugehen, liegt nahe in Fällen, in denen etwa ein menschlicher Organismus keine Lebensfunktionen aufweist, aber im Prinzip wiederbelebt werden könnte, etwa die Verstorbenen, die sich tiefgefrieren lassen, um nach einem eventuellen Auftauen in der Zukunft von den dann gegebenen medizinischen Möglichkeiten zu profitieren. Auch das ›Schweben‹ eines Hirntoten zwischen Leben und Tod wird gelegentlich einem ›dritten‹ Bereich zugewiesen (vgl. Stoecker 2010, XL-Vff.).

(3) Sollte der Tod des Menschen *mentalistisch* oder *biologisch* bestimmt werden? ›Mentalisten‹ lassen den Tod mit dem endgültigen oder unumkehrbaren Ausfall der Bewusstseinsfähigkeit zusammenfallen, während für ›Biologisten‹ der Tod mit dem endgültigen oder unumkehrbaren Erlöschen des Blutkreislaufs eintritt. Mentalisten (z. B. McMahan 2002) begründen ihre Grenzziehung u. a. mit einer von einer Erste-Person-Perspektive ausgehenden Auffassung von Menschsein, nach der Menschen primär »embodied minds« (McMahan 2002) sind, deren inneres Leben mit dem Erwachen des Bewusstseins in der Fötalphase beginnt und mit dem Übergang in die terminale Bewusstlosigkeit endet. In dieselbe Richtung zielt Kants Begriffsbestimmung in der *Metaphysik der Sitten* (Kant MS, 443), nach der der Begriff ›Leben‹ ausschließlich auf empfindungsfähige Tiere zutrifft. ›Biologisten‹ verweisen darauf, dass der Tod des Menschen gegenüber anderen Lebewesen keinen Sonderstatus beanspruchen kann und rein biologisch bestimmt werden sollte (Roth/Dicke 1994; DeGrazia 2005). Leben und Tod seien primär biologische Begriffe, die für menschliche Individuen in derselben Weise wie für andere biologische Organismen gälten. Vor allem werde die Frage, ob ein Lebewesen als lebendig oder tot gilt, im Allgemeinen nicht von der An- oder Abwesenheit von Bewusstseinsaktivität oder der Fähigkeit dazu abhängig gemacht.

(4) Ist für den Tod des Menschen die *Endgültigkeit* oder die *Unumkehrbarkeit* des Erlöschens der Lebensfunktionen erfordert? Im ersten Fall ist ein Mensch nur dann tot, wenn es in der Zukunft keine Phase seiner Existenz gibt, in der er lebt. Dieses Merkmal ist als Merkmal des Todes weithin anerkannt (vgl. Schumacher 2004, 44). Im zweiten Fall ist er nur dann tot, wenn es in der Zukunft keine Phase seiner Existenz geben *kann*, in der er lebt. Ausschlaggebend für die Endgültigkeit des Todes ist die Faktizität der Nicht-Reanimation, ausschlaggebend für die Unumkehrbarkeit des Todes die Unmöglichkeit einer Reanimation. In einer hypothetischen Welt, in der alle Patienten, die dem Tod nahe sind, verfügen, nicht reanimiert zu werden und in der diese Verfügung ausnahmslos befolgt wird, wäre für alle Patienten die erste Definition erfüllt, nicht aber notwendig auch die zweite. Zumindest bei einigen Patienten

wäre der Versuch einer Reanimation möglicherweise erfolgreich. Ohne dass dies ausdrücklich zugestanden wird, scheint der ersten Definition die gegenwärtig in vielen Ländern geübte Praxis der Entnahme transplantierbarer Organe vom sog. *non-heart-beating donor* (NHBD) bzw. *donation after cardiac death* (DCD) zu folgen: Die Entnahme nach Herzstillstand gilt als Entnahme vom Toten, obwohl nach der relativ kurzen Zeit, die nach dem Herzstillstand gewartet wird, die Unmöglichkeit einer Wiederherstellung der Lebensfunktionen fraglich ist. Da in diesen Fällen der Patient verfügt hat, dass er nicht reanimiert werden möchte, besteht für eine Reanimation nicht nur kein Anlass, sie wäre auch ethisch – als Eingriff wider den Patientenwillen – problematisch. Der Tod durch Herzstillstand ist zum Zeitpunkt der Explantation endgültig, aber nicht unumkehrbar.

Die Vertreter einer biologischen Todesdefinition stehen einer Gleichsetzung von Hirntod und Tod in der Regel skeptischer gegenüber als Vertreter einer mentalistischen Todesdefinition. Allerdings gibt es Argumente, die auch die Vertreter einer biologischen Todesdefinition dazu bestimmen können, einer Gleichsetzung von Hirntod und Tod zuzustimmen. Dazu gehört das Argument der *Künstlichkeit*, der Verweis auf die Tatsache, dass die wesentlichen Körperfunktionen bei einem Hirntoten durch ein äußeres Agens und nicht durch Eigenaktivität aufrechterhalten werden. Ein Organismus, der unfähig sei, Kreislauf und Atmung aus sich selbst heraus aufrechtzuerhalten, sei auch dann tot, wenn er phänomenologisch den Eindruck vermittelt, lebendig zu sein. Dieses Argument ist offenkundig nur soweit akzeptabel, als es sich um die künstliche Aufrechterhaltung der wesentlichen Körperfunktionen bei einem Menschen handelt, der endgültig oder unumkehrbar bewusstseinsunfähig ist. Auf andere Fälle angewandt, würde es zu der paradoxen Auffassung zwingen, dass alle Menschen, deren Lebensfunktionen von einem Beatmungsgerät oder einem Herzschrittmacher abhängen, eigentlich tot sind.

Das Argument der Künstlichkeit scheint auch der Todesdefinition zugrunde zu liegen, die der President's Council on Bioethics vorgeschlagen hat, u. a. in dem Bestreben, das rechtlich geltende Hirntodkriterium philosophisch abzusichern. Danach sollen drei Merkmale je für sich als hinreichend dafür gelten, dass ein Mensch lebt. Tot ist der Mensch dann, wenn er keines dieser Merkmale aufweist: (1) Offenheit gegenüber der Welt, d. h. Empfänglichkeit des Organismus für Reize und Signale aus der Umgebung; (2) die Fähigkeit des Organismus, so auf die Welt einzuwirken, dass er genau das aus der Welt bekommt, was er braucht; (3) der ›gefühlte Drang‹, der den Organismus dazu treibt, so zu agieren, wie erforderlich ist, um zu bekommen, was er braucht, wobei ihm seine Offenheit für die Welt signalisiert, wie weit dies in seiner Umwelt verfügbar ist (President's Council 2008, 61). Diesen Kriterien liegt die Intuition zugrunde, dass ein Organismus nicht erst dann als tot gelten kann, wenn er seine normalen Funktionen nicht mehr aufweist, sondern bereits dann, wenn er diese Funktionen zwar weiterhin aufweist, aber nicht aus eigenem Antrieb und aus eigener Kraft. Wie immer dieser Vorschlag einzuschätzen ist, sein Ziel, die Gleichsetzung von Hirntod und Tod zu begründen, erfüllt er nicht. Zumindest dem ersten der vorgeschlagenen Kriterien für Leben wird auch der Organismus des Hirntoten gerecht. Die Tatsache, dass ein Hirntoter auf die Zufuhr von Sauerstoff mit Herzschlag, Blutkreislauf, Verdauung usw. reagiert, zeigt, dass er durchaus noch für aus der Umwelt kommende Reize empfänglich ist (vgl. Miller/Truog 2009, 189).

Die Kontroverse um die Todesdefinition hat gravierende Auswirkungen v. a. auf das Verständnis, aber auch auf die Akzeptanz der Praxis der Organentnahme beim Hirntoten. Solange der Vertreter einer biologischen Todesdefinition sich nicht das Argument der Künstlichkeit oder eine ähnliche Argumentationsstrategie zueigen macht, wird er den Hirntod lediglich als Entnahmekriterium, aber nicht als Todeskriterium akzeptieren können. Das hindert ihn allerdings nicht daran, die Gleichsetzung von Hirntod und Tod als eine pragmatisch gerechtfertigte Legaldefinition oder, pointierter, als »legal fiction« (Shah/Miller 2010) zu akzeptieren.

Tod – zunehmend ein Gegenstand von Gestaltung

Während der Tod traditionell als eine der großen Kontingenzen des Lebens gilt – als ein wesentlich heteronomes und schicksalhaftes Geschehen –, liegt er mit den Fortschritten der modernen Medizin zunehmend in der Hand des Menschen. Erst seit wenigen Jahrzehnten stehen Möglichkeiten zur Verfügung, das Leben auch bei zuvor sicher zum Tod führenden Erkrankungen zu erhalten, insbesondere durch künstliche Ernährung, künstliche Beatmung und andere Formen einer apparativen Unterstützung von andernfalls für ein Weiterleben unzureichenden Körperfunktionen sowie die Transplantation von

Organen. Damit ist nicht nur das Wie, sondern auch das Wann des Endes des Lebens zunehmend in den Bereich der Verfügbarkeit gerückt. Am weitesten geht in dieser Hinsicht die Praxis der aktiven Sterbehilfe in den Benelux-Ländern, die mit der vorgreifenden Datierung des Todes die am weitesten gehende Ausschaltung von Kontingenz ermöglicht (s. Kap. III. 40). Aber auch in Ländern, in denen keine aktive Sterbehilfe praktiziert wird, gehören zunehmend Entscheidungen des Sterbenden, der Ärzte, der Angehörigen, evtl. des Betreuungsgerichts zu den über Art und Zeitpunkt des Todes bestimmenden Faktoren, etwa Entscheidungen über den Abbruch oder die Nichtaufnahme einer potenziell lebenserhaltenden Behandlung oder über den Übergang von einer kurativen, d. h. auf Heilung zielenden, zu einer rein palliativen, d. h. symptomlindernden, Therapie.

Während die weitgehende und mit dem Fortschritt der intensivmedizinischen Möglichkeiten zunehmende Gestaltbarkeit des Todes in der allgemeinen Öffentlichkeit erst dabei ist, in ihrer Brisanz erkannt und in Gestalt von Patientenverfügungen als Chance für Selbstbestimmung am Lebensende wahrgenommen zu werden, ist sie für die Philosophie kein gänzlich neues Thema (s. Kap. III. 33). Bereits Sokrates hat seinen Tod – falls Platons *Phaidon* auf wahren Begebenheiten beruht – in ausgeprägter Weise gestaltet. Und zumindest jene Philosophen, die den Suizid nicht für eine Blasphemie gehalten oder aus anderen Gründen abgelehnt haben, haben in der Regel auch die Frage danach gestellt, unter welchen Bedingungen es vernünftig oder unvernünftig, klug oder unklug oder aus anderen Gründen zulässig oder unzulässig ist, sich selbst den Tod zu geben. Zu den bekanntesten Überlegungen dazu gehören die Ratschläge, die Seneca seinem Briefpartner Lucilius im 70. Brief seiner *Epistulae morales* erteilt.

Mit der Wählbarkeit des Wie und Wann des Todes kommen schwierige bioethische Fragen ins Spiel, u. a. wie unter den Bedingungen der modernen Medizin der weiterhin als Leitbegriff verwendete Begriff des ›natürlichen Todes‹ verstanden werden kann. Falls zutrifft, dass ein beträchtlicher Teil des Lebens gesunder Erwachsener als von der Medizin wenigstens ›mit geschaffen‹ angesehen werden muss (Fuchs 1969, 181), wäre jeder Tod, der mit den Mitteln der Medizin – und der Zivilisation insgesamt – zeitlich nach hinten verlagert worden ist, ein ›künstlicher‹, weil nicht mehr naturwüchsiger Tod. Analog zu der sich für den Naturschutz (s. Kap. II. 19) stellenden Frage, welche Vegetation unter Bedingungen der Kultivierung noch als ›natürlich‹ gelten kann, stellt sich für die Lebensfrist des Menschen die Frage, nach welchen Kriterien eine Lebensspanne und ein dieser entsprechender Tod als ›natürlich‹ gelten kann, wenn diese nicht mehr mit der Lebensspanne gleichgesetzt werden kann, die sich ergeben würde, würden Erkrankungen nicht behandelt werden können und/oder würden Erkrankungen, obwohl sie behandelbar sind, unbehandelt bleiben. Diese Frage stellt sich zumindest solange, wie man nicht bereit ist, mit Ivan Illich zu sagen, dass die moderne Medizin der Epoche des natürlichen Tods endgültig ein Ende gemacht hat (Illich 1977, 238 f.).

Die Bedingungen dafür, was als ›natürlicher Tod‹ gelten kann, können angesichts dieser Lage nur pragmatisch, nach Kriterien der Zweckmäßigkeit bestimmt werden. Unzweckmäßig wäre eine Bestimmung, die, wie die Gleichsetzung von ›natürlich‹ mit ›naturwüchsig‹, nur wenige Tode – zumindest in den Industrieländern mit einem entwickelten Medizinsystem – zu ›natürlichen‹ erklären würde, ebenso eine, die nahezu alle Tode zu ›natürlichen‹ erklären würde und es unverständlich machte, dass es seit den 1960er Jahren zu einer weltweiten Bewegung für einen ›natürlichen Tod‹ gekommen ist, die sich gegen eine ›künstliche‹ Lebenserhaltung mit allen verfügbaren Mitteln wendet.

Ein Kriterium dafür, was angesichts der modernen Medizin als ›natürlicher Tod‹ gelten kann, kann entweder formal gehalten oder durch inhaltliche Merkmale angereichert sein. Eine formale Bestimmung deutet Max Scheler mit seinem Vorschlag an, den natürlichen Tod an diejenige Lebensspanne zu koppeln, die jemand bei *optimalen* Lebensbedingungen erleben kann (Scheler 1957, 21). Da sich das ›Optimale‹ mit dem Fortschritt der Medizin und dem kulturellen Wandel ändert, wäre das ›Natürliche‹ stark relativiert. Ähnliches folgt aus der These Jean Baudrillards, den ›natürlichen Tod‹ als den Tod zu bestimmen, den die jeweilige Gesellschaft als ›normal‹ definiert. Danach ist das Natürliche des ›natürlichen Todes‹ ein ideologisches Konstrukt, das verschleiert, dass es die Gesellschaft selbst ist, die bestimmt, wann wer zu sterben hat (Baudrillard 1991, 256 ff.).

Konzeptionen, die den Begriff des natürlichen Todes inhaltlich charakterisieren, gehen in der Regel davon aus, dass der natürliche Tod dem nicht-natürlichen vorzuziehen ist bzw. der nicht-natürliche Tod eine Störung der Normalität darstellt, die anders als ein ›natürlicher Tod‹ nach Begründung und Rechtfertigung verlangt. Als Modell dienen dabei die Begriffe des ›natürlichen‹ und des ›nicht-natürlichen‹ Tods in der Rechtsmedizin. Diese entscheiden darüber, ob in einem Todesfall polizeiliche Ermittlungen erforderlich sind. Neben deskriptiven bringen diese Begriffe auch ausfüllungsbedürftige normative Kriterien ins Spiel. So definiert ein neuerer Fachbeitrag den ›natürlichen Tod‹ als einen »Tod aus innerer, krankhafter Ursache, bei dem der Verstorbene an einer bestimmt zu bezeichnenden Erkrankung gelitten hat und mit dem Ableben zu rechnen war« und der »völlig unabhängig von rechtlich bedeutsamen äußeren Faktoren« eintrat (Madea/Rothschild 2010, 658). Damit gilt als ›nicht-natürlich‹ nicht nur ein Tod, der durch Gewalteinwirkung, Unfall, durch Selbsttötung oder Selbstschädigung oder durch aktive Sterbehilfe eingetreten ist, sondern auch einer aufgrund eines als rechtswidrig beurteilten Verhaltens wie einen ärztlichen Behandlungsfehler oder die Nichtbehandlung trotz bestehender Indikation.

Da die Rechtslage darüber entscheidet, unter welchen Bedingungen etwa ein Behandlungsverzicht oder Behandlungsabbruch trotz bestehender Indikation zulässig ist und die ärztlichen Behandlungsrichtlinien, welche Indikationen bei welchen Erscheinungsformen einer Erkrankung bestehen, weisen auch die inhaltlichen Kriterien für den ›natürlichen Tod‹ – im Gegensatz zu dem, was der Ausdruck nahelegt – ein beträchtliches Maß an kultureller Relativität auf. Da sich die Anschauungen darüber, was im Fall einer zum Tod führenden Erkrankung ›medizinisch notwendig‹ ist, wandeln, wandeln sich auch die Anschauungen darüber, welche Todesursachen als ›natürlich‹ hingenommen und für welche als ›nicht-natürlich‹ besondere Rechtfertigungen verlangt werden. Wird etwa Krebs im hohen Alter als ›natürliche‹ Todesursache aufgefasst, wird man einen Verzicht auf den Einsatz aller verfügbaren kurativen Therapien eher für rechtfertigbar halten, als wenn man Krebs als eine Erkrankung betrachtet, bei der in jedem Fall eine Behandlung indiziert ist, sofern diese das Leben bei annehmbarer Lebensqualität verlängert und vom Patienten nicht akut oder durch Vorausverfügung abgelehnt wird. In diesem Zusammenhang hat v. a. die These Daniel Callahans für Aufsehen gesorgt, dass ab dem Erreichen eines bestimmten chronologischen Alters – definiert als ›natürliche Lebensspanne‹ – auf jede kurative Behandlung verzichtet und lediglich palliativ behandelt werden sollte (vgl. Callahan 1995). Nach diesem Kriterium würde jeder Todesfall, der infolge des Verzichts auf kurative Behandlung eintritt, der Kategorie des ›natürlichen Tods‹ zugeschlagen, gleichgültig, wie weit er mit medizinischen Mitteln aufgehalten werden könnte. In eine ähnliche, allerdings weniger radikale Richtung gehen die Vorschläge insbesondere von Autoren in der Tradition der katholischen Moraltheologie, einen Tod dann als ›natürlich‹ zu bezeichnen, wenn er nur mit einem ›unverhältnismäßigen‹ Einsatz künstlicher Mittel zu vermeiden wäre (vgl. Bormann 2005, 304).

Der ›gute‹ Tod

Dass der ›natürliche Tod‹, verstanden als Tod ohne Inanspruchnahme der Mittel der Medizin, ein ›guter‹ und für den Sterbenden wie für sein persönliches Umfeld am ehesten erträglicher Tod ist, gehört zu den Idealisierungen des Natürlichen, denen gelegentlich auch ansonsten urteilssichere Autoren erliegen (vgl. Ariès 1981, 202). Die historische Erfahrung belehrt eines Besseren. Auch in früheren Zeiten starb man des Öfteren beschwerlich, unter Schmerzen, Ängsten und Scham- und Schuldgefühlen, vielfach noch verstärkt durch religiös begründete Furcht vor nach dem Tod zu erwartenden Strafen. Bereits Francis Bacon richtete zu Beginn der Neuzeit an die Medizin die Forderung, der geistlichen Vorbereitung der Seele auf das Sterben (*euthanasia interior*) eine ärztliche *euthanasia exterior* an die Seite zu stellen, durch die »die Sterbenden leichter und sanfter aus dieser Welt gehen« (Bacon 1966, 395). Paradoxerweise hat auch die moderne Medizin zunächst nur wenig an dieser Situation geändert. Im Gegenteil haben gerade die unvergleichlich überlegenen Therapiemöglichkeiten zwar zu einer beträchtlichen Lebensverlängerung, aber nicht durchweg zu einem symptomfreieren, leichteren, und für alle Beteiligten erträglicheren Sterben geführt (vgl. Nuland 1994; de Ridder 2010).

Zum Teil als Reaktion auf die teilweise nachhaltig beunruhigenden Erfahrungen mit dem Sterben älterer Angehöriger haben sich in den letzten Jahrzehnten zwei sich überschneidende, aber inhaltlich unterscheidbare Idealvorstellungen von einem ›guten Tod‹ herausgebildet, auf die die Medizin, aber auch Gesetz- und Richtliniengebung mit kontinuierlichen, wenn auch nach Meinung vieler bisher allzu zögerlicher Angeboten geantwortet haben. Die eine ist das Ideal eines sanften, ruhigen und möglichst symptomfreien Sterbens, die andere das Ideal eines selbstbestimmten Sterbens unter Offenhalten der Option, selbst Hand an sich zu legen und den Zeitpunkt dafür nach Maßgabe der verbleibenden Lebensaussichten ohne Bevormundung durch einen wohlmeinenden Paternalismus (s. Kap. II. 20) selbst zu bestimmen. Das erste Ideal ist u. a. von der Hospizbewegung aufgegriffen worden und liegt vielen Strategien der Palliativmedizin (s. Kap. III. 31) zugrunde. Das zweite Ideal haben sich v. a. die Sterbehilfe- und Right-to-die-Gesellschaften zu eigen gemacht, die allerdings ihre Forderungen bisher nur teilweise durchsetzen konnten.

Im ersten Fall übernimmt der Sterbende eine eher passiv-zulassende, im anderen Fall eine eher aktiv-gestaltende Rolle. Ansonsten stimmen beide Ideale eines ›guten Tods‹ in vielem überein. Gemeinsam ist ihnen der Wunsch, dem Tod möglichst bei wachem Bewusstsein, bei Aufrechterhaltung von Selbstbewusstsein und Autonomie, bei guter Pflege und begleitet von den Nahestehenden entgegenzugehen. Auch sollte genügend Zeit für ein Abschiednehmen bleiben sowie Zeit für die Nahestehenden, sich auf den bevorstehenden Tod einzustellen. Dass das ›passive‹ Ideal des Sterbens dabei gelegentlich mit dem ›natürlichen Tod‹ gleichgesetzt wird (vgl. Streckeisen 2005, 138), entspricht der besonders in Hospizen verbreiteten Praxis, das Sterben als ein allmähliches Verlöschen zu gestalten, z. B. durch eine allmähliche Zurückführung der lebensverlängernden Maßnahmen. Eine solche ›Inszenierung‹ einer idealisierten Form des ›natürlichen‹ Todes wird von den Beteiligten zumeist als besonders harmonisch erlebt (vgl. Dreßke 2007, 99). Der Sterbende fühlt nach und nach seine Kräfte schwinden, die Angehörigen haben Gelegenheit, sich auf den Tod vorzubereiten, die Ärzte haben nicht das Gefühl, durch eine abrupte Einstellung der medizinischen Maßnahmen am Tod ihres Patienten kausal beteiligt zu sein. An dieser Form des Sterbens ist allenfalls problematisch, dass sie dem Sterbenden gelegentlich durch die institutionellen Rahmenbedingungen diktiert wird. Ihm wird eine ›Sterberolle‹ angesonnen, unabhängig davon, wie weit er diese Rolle selbst zu übernehmen bereit ist (vgl. Göckenjan/Dreßke 2005, 165).

Während bei Institutionen, die das Ideal des ›sanften‹ Sterbens zu verwirklichen suchen, die Gefahr eines ›moralischen Imperialismus‹ besteht (Payne et al. 1996, 308), ist auch das Ideal des selbstbestimmten Sterbens nicht ohne Probleme. Patienten, die auf ihr durch das Rechtssystem zugesicherte Recht auf Selbstbestimmung auch im Sterben pochen, laufen Gefahr, die Wünsche und Erwartungen der ihnen Nahestehenden zu wenig zu berücksichtigen, die sich erfahrungsgemäß überwiegend an eingespielten Vorstellungen über den ›natürlichen‹ Ablauf einer Erkrankung orientieren (vgl. Seymour 1999).

Literatur

Ariès, Philippe: *Studien zur Geschichte des Todes im Abendland.* München 1981.
Bacon, Francis: *Über die Würde und den Fortgang der Wissenschaften.* Darmstadt 1966.
Baudrillard, Jean: *Der symbolische Tausch und der Tod.* München 1991.
Birnbacher, Dieter: Der Hirntod – eine pragmatische Verteidigung. In: *Jahrbuch für Recht und Ethik* 15 (2007), 459–477.
Bormann Franz-Josef: Ein natürlicher Tod – was ist das? Ethische Überlegungen zur aktiven Sterbehilfe. In: Eberhard Schockenhoff/Alois Johannes Buch/Matthias Volkenandt/Verena Wetzstein (Hg.): *Medizinische Ethik im Wandel. Grundlagen, Konkretionen, Perspektiven.* Ostfildern 2005, 300–309.
Brody, Baruch D.: How much of the brain must be dead? In: Stuart J. Youngner/Robert M. Arnold/Renie Schapiro (Hg.): *The Definition of Death. Contemporary Controversies.* Baltimore/London 2002, 71–82.
Callahan, Daniel: *Setting Limits. Medical Goals in an Aging Society.* Washington D. C. 1995.
Culver, Charles M./Bernard Gert: *Philosophy in Medicine. Conceptual and Ethical Issues in Medicine and Psychiatry.* New York/Oxford 1982.
DeGrazia, David: *Human Identity and Bioethics.* Cambridge 2005.
de Ridder, Michael: *Wie wollen wir sterben? Ein ärztliches Plädoyer für eine neue Sterbekultur in Zeiten der Hochleistungsmedizin.* München 2010.
Dreßke, Stefan: Interaktionen zum Tode. Wie Sterben im Hospiz orchestriert wird. In: Petra Gehring/Marc Rölli/Maxine Soborowski (Hg.): *Ambivalenzen des Todes. Wirklichkeit des Sterbens und Todestheorien heute.* Darmstadt 2007, 71–102.
Fuchs, Werner: *Todesbilder in der modernen Gesellschaft.* Frankfurt a. M. 1969.
Göckenjan, Gerd/Stefan Dreßke: Sterben in der Palliativversorgung. Bedeutung und Chancen finaler Aushandlung. In: Hubert Knoblauch/Arnold Zingerle (Hg.): *Thanatosoziologie. Tod, Hospiz und die Institutionalisierung des Sterbens.* Berlin 2005, 147–167.
Illich, Ivan: *Die Nemesis der Medizin. Von den Grenzen des Gesundheitswesens.* Reinbek 1977.
Kant, Immanuel: *Metaphysik der Sitten.* Akademie-Ausgabe. Bd. VI. Berlin 1907/14, 203–494 [=MS].
Lock, Margaret: On dying twice: culture, technology and the determination of death. In: Margaret Lock/Alan Young/Alberto Cambrosio (Hg.): *Living and Working with the New Medical Technologies.* Cambridge 2001, 233–262.
Madea, Burkhard/Markus Rothschild: Ärztliche Leichenschau: Feststellung der Todesursache und Qualifikation der Todesart. In: *Deutsches Ärzteblatt* 107/33 (2010), 575–588.
McMahan, Jeff: *The Ethics of Killing. Problems at the Margins of Life.* Oxford 2002.

Miller, Franklin G./Truog, Robert D.: The incoherence of determining death by neurological criteria: A commentary on controversies in the determination of death, a white paper by the President's Council on Bioethics. In: *Kennedy Institute of Ethics Journal* 19 (2009), 185–193.

Nuland, Sherwin B.: *Wie wir sterben. Ein Ende in Würde?* München 1994.

Payne, S. A./Langley-Evans, A./Hiller, R.: Perceptions of a ›good‹ death: a comparative study of the views of hospice staff and patients. *Palliative Medicine* 10 (1996), 307–312.

President's Council on Bioethics: *Controversies on the Determination of Death. A White Paper.* Washington D. C. 2008.

Roth, Gerhard/Ursula Dicke: Das Hirntodproblem aus der Sicht der Hirnforschung: In: Johannes Hoff/Jürgen in der Schmitten (Hg.): *Wann ist der Mensch tot? Organverpflanzung und Hirntodkriterium.* Reinbek 1994, 51–67.

Scheler, Max: Tod und Fortleben. In: *Schriften aus dem Nachlass.* Bd. 1. Bern ²1957, 9–64.

Schumacher, Bernard N.: *Der Tod in der Philosophie der Gegenwart.* Darmstadt 2004.

Seymour, Jane Elizabeth: Revisiting medicalisation and ›natural‹ death. In: *Social Science & Medicine* 49/5 (1999), 691–704.

Shah, Seema K./Miller, Franklin G.: Can we handle the truth? Legal fictions in the determination of death. In: *American Journal of Law and Medicine* 36 (2010), 1–56.

Stoecker, Ralf: *Der Hirntod. Ein medizinethisches Problem und seine moralphilosophische Transformation.* Freiburg/München ²2010.

Streckeisen, Ursula: Das Lebensende in der Universitätsklinik. Sterbendenbetreuung in der Inneren Medizin zwischen Tradition und Aufbruch. In: Hubert Knoblauch/Arnold Zingerle (Hg.): *Thanatosoziologie. Tod, Hospiz und die Institutionalisierung des Sterbens.* Berlin 2005, 125–146.

Dieter Birnbacher

26 Verantwortung

Spätestens seit Hans Jonas, der dem Begriff der Verantwortung in seinem Buch *Prinzip Verantwortung* (1979/2003) zu besonderer Prominenz verholfen hat, ist er zu einem Grundbegriff der praktischen Philosophie im Allgemeinen und der Angewandten Ethik im Besonderen geworden. Der Begriff der Verantwortung hat auch vorher eine gewisse Rolle gespielt. Etymologisch stammt ›verantworten‹ laut Duden aus vom mittelhochdeutschen ›verantwürten‹ und bedeutete zunächst nur in verstärkter Form ›antworten‹, später auch ›vor Gericht antworten‹ und ›für etwas einstehen‹. Seit dem 15. Jahrhundert wird dann von Verantwortung als ›Verpflichtung, für etwas einzutreten oder die Folgen zu tragen‹ gesprochen. Philosophisch bedeutsam geworden ist der Begriff erst im 18. Jahrhundert, insbesondere im Kontext von Fragen der Willensfreiheit und Moralfähigkeit, beispielsweise bei David Hume und Immanuel Kant, später auch in der politischen Philosophie, beispielsweise bei John Stuart Mill und Max Weber. Dennoch ist die Geschichte des Verantwortungsbegriffs im Gegensatz zu derjenigen des Pflichtbegriffs noch relativ jung (vgl. Bayertz 1995).

Die wachsende Bedeutung des Begriffs der Verantwortung hat wahrscheinlich mit den moralischen Herausforderungen spätmoderner Gesellschaften, ihrer zunehmenden Komplexität und ihren ganz neuen technischen Machbarkeiten zu tun. Gerade im Bereich der Bioethik werden diese Phänomene der Komplexitätssteigerung und technischen Machbarkeit gut sichtbar. Viele verantwortungstheoretische Probleme der Reproduktionsmedizin wie z. B. die Problematik der Leihmutterschaft (s. Kap. III. 27), sind überhaupt erst durch neu entwickelte Technologien entstanden. Der Begriff der Verantwortung ist daher im sehr techniksensitiven bioethischen Kontext von großer Bedeutung.

Ein Überblick über diese Relevanz des Verantwortungsbegriffs lässt sich gut über eine Analyse seiner Relationen gewinnen. Verantwortung wird häufig als dreistellige oder vierstellige Relation analysiert (Lenk 1998; Lohmann 2002; Heidbrink 2003). Damit ist gemeint, dass die folgenden Beziehungen in Sätzen der Verantwortungszuschreibung relevant sind: (1) Jemand hat eine Verantwortung, (2) diese Verantwortung besteht gegenüber jemandem, (3) die Verantwortung besteht für etwas. Die vierte, manchmal nicht genannte Beziehungsrelation lautet: (4) Die Verantwortung besteht auf der Grundlage eines normativen Maßstabes. Man kann dies auch in Frageform ausdrücken: (1) Wer ist verantwortlich? (2) Wem gegenüber ist er oder sie verantwortlich? (3) Wofür ist er oder sie verantwortlich? (4) Auf der Grundlage welchen Maßstabes ist er oder sie verantwortlich?

Maßstäbe der Verantwortung

Typische Maßstäbe für die Zuschreibung und Gewichtung von Verantwortung sind politische, moralische und rechtliche Normen. Entsprechend wird auch von politischer, moralischer oder rechtlicher Verantwortung gesprochen. Im Grunde kann jeder normative Maßstab zu einem Maßstab für die Zuschreibung von Verantwortung werden. So kann man beispielsweise auch von einer wirtschaftlichen oder existentiellen Verantwortung sprechen. Selbst Kausalität kann als normativ gesetzter Maßstab für Verantwortung verstanden werden. Von der Einsicht ausgehend, dass Kausalität selbst nicht beobachtet werden kann, haben dann Sätze, in denen z. B. Naturereignisse für Zerstörungen verantwortlich gemacht werden, in einem schwachen naturwissenschaftlichen Sinne einen normativen Charakter. Das gilt beispielsweise für den Satz: Das Unwetter ist für die Zerstörung der Ernte verantwortlich. Hier liegt die Normativität darin, dass aus der Vielfalt von kausal relevanten Faktoren ein bestimmter als ursächlich herausgegriffen wird (vgl. Moore 2010). Diese Verwendung des Verantwortungsbegriffs ist im Alltag zwar verbreitet, aber sicher nicht typisch und hat häufig eher metaphorischen Charakter.

Im Kontext der Bioethik sind demgegenüber die moralische, die rechtliche und die politische Verantwortung von besonderer Relevanz. Moralische Verantwortung besteht stets vor dem Hintergrund bestimmter moralischer Vorstellungen. Eine besondere Schwierigkeit liegt dann darin, dass es auch innerhalb einer Gesellschaft sehr verschiedene moralische Vorstellungen und Moraltheorien gibt (Copp 1995). Abhängig davon, ob jemand einem naturalistisch geprägten Atheismus anhängt oder einer bestimmten religiösen Auffassung, werden auch die Zuschreibungen von Verantwortung bzw. davon, was verantwortbar ist, unterschiedlich ausfallen. Davon hängt beispielsweise ab, welcher Umgang mit vorgeburtlichem menschlichen Leben, mit Menschen am Lebensende, aber auch mit Tieren und der Natur verantwortbar ist und welcher nicht. Dasselbe gilt für unterschiedliche Moraltheorien wie den Kantianismus, den Utilitarismus oder Spielarten der Tugendethik. Sie können etwa mit Blick auf einen verantwortlichen Umgang mit Tieren zu unterschiedlichen Ergebnissen kommen, z. B. abhängig davon, ob Tieren aus kantischer Perspektive ein besonderer moralischer Status zugeschrieben wird oder nicht.

Die faktische Pluralität moralischer Maßstäbe für die Zuweisung von Verantwortung gilt es bei der Evaluation dieser Zuweisungen zu berücksichtigen. Immer stellt sich die Frage, aufgrund welchen Maßstabes diese Zuweisung vorgenommen wird und ob Meinungsverschiedenheiten auf unterschiedliche moralische Hintergrundtheorien zurückgehen. Das gilt gerade für die zum Teil sehr polarisierten Debatten in der Bioethik. Gerade wegen des Faktums des moralischen Pluralismus ist der rechtliche Maßstab von Verantwortung von besonderer Bedeutung. Er soll dort Klarheit und Eindeutigkeit herstellen, wo sie in moralischer Hinsicht nicht besteht. Wenn aus verschiedenen moralischen Perspektiven verschiedene Umgangsweisen mit ungeborenem Leben verantwortbar sind, dann muss das Recht eine eindeutige Festlegung vornehmen. Vertreter verschiedener moralischer Positionen und Moraltheorien argumentieren im öffentlichen Raum für die Vernünftigkeit ihrer Position auch mit Blick darauf, dass sie ihrer Meinung nach rechtlich positiviert, also zum Maßstab rechtlicher Verantwortung gemacht werden sollte.

Der rechtlich eindeutige Maßstab für Verantwortung kann verantwortliche Akteure allerdings vor ein Problem in Form eines praktischen Dilemmas stellen, wenn dieser rechtliche Maßstab von ihren moralischen Überzeugungen abweicht. Sie stehen dann vor der Frage, ob sie ihren moralischen Überzeugungen oder dem rechtlichen Maßstab folgen sollen (Hörster 1986). Aus rechtlicher Perspektive ist die Antwort klarerweise, dass sie eine Verantwortung haben, sich an das Recht zu halten. Aus moralischer Perspektive ist die Antwort jedoch nicht so klar. Es kann moralische Gründe geben, sich an das Recht zu halten; es kann aber auch eine moralische Verantwortung geben, sich nicht an das Recht zu halten. Wie diese Abwägungsfrage zu entscheiden ist, hängt letztlich von der spezifischen moralischen Position und der Stärke der moralischen Gründe ab.

An dieser Stelle wird die politische Verantwortung relevant. Gerade weil zwischen dem moralischen und dem rechtlichen Maßstab für Verantwortung keine Deckungsgleichheit besteht, gibt es eine politische Verantwortung, zwischen den verschiedenen moralischen Positionen Kompromisse zu ermöglichen und einen möglichst großen übergreifenden Konsens bezüglich der rechtlichen Regelung herzustellen (Rawls 1979). Eine Möglichkeit, dies zu erreichen, besteht beispielsweise darin, einzelnen Akteuren den Spielraum zu lassen, die Grenzen des moralisch Verantwortbaren enger zu ziehen, als diejenigen des rechtlich Erlaubten. Wenn etwa Ärzte und Ärztinnen moralisch nicht verantworten können, was rechtlich erlaubt ist, dann könnte es Ausdruck einer politischen Verantwortung sein, ihnen in solchen Fällen individuell die Entscheidung zu überlassen. Andersherum funktioniert dies jedoch nicht, denn was rechtlich verboten ist, kann nicht ausnahmsweise erlaubt werden, sondern muss verboten bleiben. Daraus ergibt sich aus der Perspektive einer an einem überlappenden Konsens orientierten politischen Verantwortung ein gewisses Primat einer liberalen rechtlichen Regelung. Allerdings muss dies aus moralischer Perspektive nicht gelten. Die Spannung zwischen moralischem Pluralismus und rechtlicher Eindeutigkeit lässt sich also auch politisch nicht vollständig auflösen.

Gegenstände der Verantwortung

Der zentrale Gegenstand von Verantwortung sind Handlungen. Akteure sind für ihre Handlungen und, wie oft betont wird, nur für ihre Handlungen verantwortlich (Mackie 1986). Zwar lässt sich auch eine Verantwortung für Überzeugungen annehmen, die ist jedoch gegenüber der Verantwortung für Handlungen sekundär (Nida-Rümelin 2011). Wenn Akteure etwas Gutes tun, dann verdienen sie Lob und wenn sie etwas Schlechtes tun, dann verdienen sie Tadel. Außerdem müssen sie für ihre schlechten Handlungen haften und Wiedergutmachung leisten. Deswegen wird dieses Verständnis von Verantwortung auch als vergangenheitsbezogenes Modell von Verantwortung als Haftung bezeichnet. Dem steht ein zweites Verständnis von Verantwortung entgegen, das von solch unterschiedlichen Autoren wie Jonas (2003), Nel Noddings (1984) und Iris Young (2011) stark gemacht wird. Dabei geht es nicht primär um die eigenen, vergangenen Handlungen und nicht darum, sich die Hände nicht schmutzig zu machen und keine Schuld auf sich zu laden. Es geht vielmehr um eine zukunftsgerichtete Verantwortung für Ereignisse und Zustände. Handlungen spielen hierbei zwar auch eine Rolle, aber nur instrumentell. Akteure sind dann dafür verantwortlich, wünschenswerte Zustände oder Ereignisse herbeizuführen. Das gilt ganz unabhängig davon, ob sie vorher durch unverantwortliches Handeln selbst Schuld auf sich geladen haben oder nicht. Entscheidend ist vielmehr ihre Fähigkeit, eine zukunftsgerichtete Verantwortung zu übernehmen.

Das vergangenheitsbezogene Modell der Verantwortung als Haftung hat stark deontologische Züge. Man muss seine negativen Pflichten erfüllen, sonst macht man sich schuldig und muss haften. Über die negativen Pflichten, niemandem zu schaden, hinaus gibt es jedoch keine weitergehende Verantwortung. Das zukunftsgerichtete Modell der Verantwortung hingegen besitzt stärker konsequentialistische Züge, denn es geht darum, Verantwortung für Konsequenzen in der Form von zukünftigen Ereignissen und Zuständen zu übernehmen (s. Kap. II. 9). Viele Verantwortungstheoretiker und Verantwortungstheoretikerinnen vertreten eine Mischkonzeption, in der sowohl eine vergangenheitsbezogene Verantwortung in Form von Haftung für eigenes Handeln als auch eine zukunftsgerichtete Verantwortung in Form von Sorge für bestimmte Ereignisse und Zustände relevant sind. Das Konzept der Verantwortungsethik von Weber (1988) lässt sich beispielsweise so interpretieren, da er argumentiert, dass Politiker entscheiden müssen, welche Mittel sie abhängig von welchen Zwecken für verantwortbar halten.

Auch in der Bioethik sind alle drei Gegenstände der Verantwortung, also Handlungen, Ereignisse und Zustände, sowie vergangenheitsbezogene und zukunftsgerichtete Verantwortung relevant. Die Kritik am Transhumanismus beispielsweise lässt sich so verstehen, dass zwar die einzelne Handlung nicht unbedingt unverantwortlich ist. Individuelles Enhancement, so das Argument, schadet zunächst niemandem. Allerdings sind die Konsequenzen, so lautet die Kritik, nicht zu verantworten, z. B. weil ein gesellschaftlicher Zustand zu großer Ungleichheit erreicht wird oder weil unkontrollierbare Ereignisse angestoßen werden (s. Kap. III. 13). Andersherum erscheinen bestimmte Tierversuche vielleicht zunächst unverantwortlich, lassen sich aber, je nach moralischer Position, über erreichbare deutliche Verbesserungen in der Gesundheitsversorgung rechtfertigen und sind vielleicht sogar gefordert (s. Kap. III. 43). Da die meisten Bioethiker weder reine Konsequentialisten noch reine Deontologen sind, also weder nur auf die Konsequenzen noch nur auf den pflichtgemäßen Charakter ihrer Handlungen schauen, ist die Unterscheidung von vergangenheitsbezogener und zukunftsgerichteter Verantwortung besonders relevant. Sie kann dabei helfen, den Handlungsraum verantwortlicher Akteure mit Blick auf normativ relevante Alternativen vorab zu strukturieren.

Adressaten der Verantwortung

Mögliche Adressaten sind alle normativ zu berücksichtigenden Wesen und vielleicht auch Gegenstände. Verantwortung besteht definitiv Menschen gegenüber, weil sie normativ unbedingt zu berücksichtigen sind. Die Idee der Menschenwürde verweist sogar auf den besonderen moralischen Stellenwert und die besondere Berücksichtigungswürdigkeit von Menschen (Joerden et al. 2013; s. Kap. II. 17). Dies gilt insbesondere für die moralische und rechtliche Verantwortung Menschen gegenüber. Ob die Menschenwürde auch eine politische Norm darstellt und eine politische Verantwortung begründen kann oder der Logik politischer Verantwortung, die mit schmutzigen Händen einhergeht, widerspricht, ist strittig. Schwierige Fragen bestehen bei Menschen in Bezug auf ungeborenes Leben, aber auch am Ende des Lebens. Zudem stellt sich die Frage, ob nicht mehr lebenden Menschen, also vergangenen Generationen und noch nicht lebenden Menschen, also zukünftigen Generationen gegenüber auch eine Verantwortung existiert. Außerdem wird kontrovers diskutiert, ob Tieren, Pflanzen, der Natur im Allgemeinen und Institutionen wie Unternehmen und Kirchen oder Nationen gegenüber eine Verantwortung bestehen kann.

Eine Verantwortung gegenüber Institutionen bzw. korporativen Akteuren existiert in jedem Fall in rechtlicher Hinsicht. Durch Vertragsschluss mit korporativen Akteuren wird man ihnen gegenüber verantwortlich; aber man kann dies beispielsweise auch durch Mitgliedschaft sein, die nicht auf Vertragsschluss zurückgeht, beispielsweise als Staatsbürger. Diese Fragen sind allerdings in anderen Bereichen der Angewandten Ethik, wie der Wirtschaftsethik und der politischen Ethik von größerer Relevanz als in der Bioethik (vgl. Bovens 1998). Ob und inwieweit eine Verantwortung Tieren, Pflanzen und der Natur insgesamt gegenüber besteht, hängt von ihrem normativen Status ab (s. Kap. II. 19). Hier ist es wichtig, die verschiedenen normativen Maßstäbe zu berücksichtigen. Pflanzen und die Natur als solche haben wahrscheinlich keinen eigenen moralischen Status (s. Kap. II. 15). Trotzdem kann es politische Gründe geben, ihnen gegenüber Verantwortung wahrzunehmen und dies lässt sich auch rechtlich kodifizieren.

Bei Tieren ist inzwischen die Position weit verbreitet, dass sie eigene moralische Ansprüche aufgrund und im Verhältnis zu ihrer Empfindungsfähigkeit haben (Wolf 2005). Daraus ergibt sich eine unmittelbare moralische Verantwortung Tieren gegenüber (s. Kap. III. 43).

Ob und in welchem Ausmaß ungeborenem menschlichem Leben gegenüber nicht nur politisch und rechtlich, sondern auch moralisch eine Verantwortung besteht, hängt vom moralischen Status des ungeborenen Lebens ab (s. Kap. III. 12). Der besondere moralische Status des Menschen wird oft an seinen Personenstatus als vernünftiges, reflexives und über Autonomie verfügendes Wesen gebunden (s. Kap. II. 21). Dagegen wird angeführt, dass der Personenbegriff selbst eine normative Konstruktion sei und moralische Verantwortung nicht von ihm abhängig gemacht werden könne (Birnbacher 2006).

Eine weitere Schwierigkeit betrifft die Verantwortung vergangenen und zukünftigen Generationen gegenüber, sprich Menschen gegenüber, die nicht mehr oder noch nicht leben. Hier stellt sich wieder die Frage, ob es eine moralische Grundlage für politische und rechtliche Standards gibt, ob also eine moralische Verantwortung eine politische und rechtliche Verantwortung begründen kann. Bei vergangenen Generationen besteht insbesondere das Problem, dass sie keine Interessen mehr haben, die es zu berücksichtigen gilt. Daher ist nicht klar, warum sie moralisch noch zu berücksichtigen sind (Schefczyk 2011). Eine mögliche Antwort wäre, dass auch tote Menschen noch eine Würde besitzen. Bei zukünftigen Generationen hingegen besteht das Problem darin, dass sie noch keine Interessen haben. Es ist zudem nicht klar, welche Interessen sie haben werden und wie diese Interessen individuellen Personen zugeordnet werden sollen, ob also Mitglieder zukünftiger Generationen bereits jetzt individuierbar sind. Gleichwohl gehen einige davon aus, dass zukünftige Generationen bestimmte Grundinteressen und Grundbedürfnisse haben, ganz unabhängig davon, um welche konkreten Personen es sich handeln wird (Birnbacher 1988).

Akteure der Verantwortung

Diejenigen Akteure sind verantwortungsfähig, die ihr Handeln an normativen Maßstäben ausrichten können. Tiere sind deswegen keine verantwortungsfähigen Akteure, ganz unabhängig davon, ob man ihnen freies Handeln oder nur Verhalten zuspricht, weil sie sich nicht an normativen Maßstäben orientieren können. Paradigmatische Akteure der Verantwortung sind individuelle Menschen. Menschen sind üblicherweise in der Lage, verschiedene normative Standpunkte einzunehmen, ihr Handeln moralisch, politisch und rechtlich zu bewerten und zumindest ein Stück weit auch danach auszurichten. Allerdings gilt dies nicht für alle Menschen. Einige geistig schwer behinderte Menschen etwa sind nicht in der Lage, diese normativen Standpunkte einzunehmen. Und bei Menschen mit soziopathischer Störung wird diskutiert, ob sie aufgrund fehlender Mitleidsfähigkeit vielleicht nicht moral-, aber rechtsfähig sind.

Diskutiert wird zudem, ob nur individuelle Akteure oder auch Gruppen und selbst von Menschen geschaffene und aufrechterhaltene Organisationen verantwortliche Akteure sein können. Gruppen haben dann eine kollektive Verantwortung, die sich nicht aus vorher bestehenden individuellen Verantwortungen zusammensetzt, aber auf die individuellen Mitglieder der Gruppe verteilen lässt. Organisationen hingegen haben eventuell eine korporative Verantwortung, die sich weder aus vorher bestehenden individuellen Verantwortungen der Organisationsmitglieder ergibt noch auf die individuelle Verantwortung der Organisationsmitglieder reduzieren lässt. Organisationen hätten dann eine ganz eigene Verantwortung. Ob sie solch eine korporative Verantwortung haben können, hängt davon ab, ob sie frei handeln und ihr Handeln an normativen Gesichtspunkten ausrichten können. Immerhin wird in den meisten Rechtssystemen angenommen, dass manche Organisationen verantwortliche Akteure des Zivilrechts und in manchen Rechtssystemen auch des Strafrechts sind.

In der Bioethik sind alle drei Ebenen, also individuelle, kollektive und korporative Verantwortung relevant. Individuelle Verantwortung besitzt jeder Mensch, wenn er mit bioethischen Fragen konfrontiert ist: Ist es moralisch erlaubt, Tierfleisch zu konsumieren? Welche rechtlich erlaubten medizinischen Eingriffe sind moralisch vertretbar? Über welche rechtlichen Regelungen ist politisch abzustimmen? etc. Darüber hinaus gibt es in bestimmten Kontexten noch besondere individuelle Verantwortungen. Dies gilt insbesondere für professionelle Akteure in Medizin und Wissenschaft. Welche Tierversuche sind zu verantworten? Welche Empfehlungen sind Patient/innen zu geben? Berufsstände besitzen möglicherweise besondere kollektive Verantwortungen, z. B. die politische Verantwortung, aufgrund ihrer Expertise auf öffentliche Meinungsbildungsprozesse einzuwirken. Auch Organisationen wie Krankenhäuser oder Forschungseinrichtungen können spezifische Verantwortungen haben, z. B. dafür rechtliche Vorgaben gewissenhaft umzusetzen und moralische Standards einzuhalten.

Die Analyse von Verantwortung entlang der vier Dimensionen Maßstab, Gegenstand, Adressat und Akteur zeigt die vielfältige Relevanz des Verantwortungsbegriffs für die Bioethik. Es sollte auch deutlich geworden sein, dass der Begriff der Verantwortung kein Wertbegriff ist, aus dem sich unmittelbar normative Ansprüche ableiten lassen. Vielmehr handelt es sich um einen normativ strukturierenden Begriff, der dabei hilft, über normative Fragen geordnet nachzudenken. Die detaillierte Auffächerung macht deutlich, dass sich der Begriff der Verantwortung sowohl für die Zuweisung allgemeiner Zuständigkeiten als auch zur Detailanalyse konkreter Einzelfälle eignet.

Literatur

Bayertz, Kurt: *Verantwortung. Prinzip oder Problem?* Darmstadt 1995.
Birnbacher, Dieter: *Verantwortung für zukünftige Generationen*. Stuttgart 1988.
–: *Bioethik zwischen Natur und Interesse*. Frankfurt a. M. 2006.
Bovens, Mark: *The Quest for Responsibility: Accountability and Citizenship in Complex Organisations*. Cambridge 1998.
Copp, David: *Morality, Normativity, & Society*. Oxford 1995.
Damschen, Gregor/Schönecker, Dieter (Hg.): *Der moralische Status menschlicher Embryonen. Pro und contra Spezies-, Kontinuums-, Identitäts- und Potentialitätsargument*. Berlin 2002.
Heidbrink, Ludger: *Kritik der Verantwortung. Zu den Grenzen verantwortlichen Handelns in komplexen Kontexten*. Weilerwist 2003.
Hörster, Norbert: *Recht und Moral: Texte zur Rechtsphilosophie*. Stuttgart 1986.
Joerden, Jan C./Hilgendorf, Eric/Thiele, Felix: *Menschenwürde und Medizin: Ein interdisziplinäres Handbuch*. Berlin 2013.
Jonas, Hans: *Das Prinzip Verantwortung* [1979]. Frankfurt a. M. ^{4}2003.
Lenk, Hans: *Konkrete Humanität: Vorlesungen über Verantwortung und Menschlichkeit*. Frankfurt a. M. 1998.
Lohmann, Georg: Zur moralischen, ethischen und rechtlichen Verantwortung in Wissenschaft und Technik. In: Holger Burckhart/Horst Gronke (Hg.): *Philosophieren aus dem Diskurs. Beiträge zur Diskurspragmatik*. Würzburg 2002, 366–378.
Mackie, John L.: *Ethik. Die Erfindung des moralisch Richtigen und Falschen*. Stuttgart 1986 (engl. 1977).

Moore, Michael S.: *Causation and Responsibility: An Essay in Law, Morals, and Metaphysics*. Oxford 2010.
Nida-Rümelin, Julian: *Verantwortung*. Stuttgart 2011.
Noddings, Nel: *Caring: A Feminine Approach to Ethics and Moral Education*. Berkeley 1984.
Rawls, John: *Theorie der Gerechtigkeit*. Frankfurt a. M. 1979 (engl. 1971).
Schefczyk, Michael: *Verantwortung für historisches Unrecht: Eine philosophische Untersuchung*. Berlin 2011.
Weber, Max: Politik als Beruf [1919]. In: Ders.: *Gesammelte Politische Schriften*. Tübingen ⁴1988, 505–560.
Wolf, Jean-Claude: *Tierethik*. Erlangen 2005.
Young, Iris M.: *Responsibility for Justice*. Oxford 2011.

Christian Neuhäuser

27 Werte

In der gesamten Ethik, auch in der Bioethik, spielt der Begriff des Werts eine zentrale Rolle, da ethische Probleme Konflikte über Werte beinhalten, die ihrerseits in Form von Interessen, Rechten, Pflichten, Freiheiten etc. beschrieben werden können. Allerdings besteht kein Konsens darüber, ob es Werte tatsächlich gibt. Sophisten wie etwa Gorgias haben Behauptungen wie die folgenden vertreten: Es gibt keine Werte. Angenommen, es gäbe Werte, so könnten wir jedenfalls nichts über sie wissen. Selbst wenn wir Wissen von Werten hätten, wären wir nicht in der Lage, dieses Wissen anderen mitzuteilen. Sokrates hingegen hat diese Auffassung sein Leben lang kritisiert. Noch heute bildet diese Kontroverse die Grundlage für einen Großteil der Diskussion über Werte.

Diskussionen über Werte finden auf unterschiedlichen Abstraktionsebenen statt. Im Zentrum stehen dabei u. a. folgende Fragen: (1) Welche – einzelnen oder Klassen von – Objekten, Ereignissen oder Sachverhalten sind wertvoll? (2) Welche Gründe lassen sich für Wertaussagen angeben? (3) Auf welchen Annahmen beruhen diese Gründe? (4) Wie lassen sich solche Annahmen ihrerseits kritisieren?

In der neonatalen Intensivpflege z. B. bestehen Kontroversen hinsichtlich der Behandlung von Frühgeburten: Wie aktiv sollte die Behandlung sein? Wann sollten intensivmedizinische Behandlungsmöglichkeiten voll ausgeschöpft werden und wann nicht? Solche Probleme illustrieren Konflikte zwischen verschiedenen Werten, die gleichermaßen anerkannt sind. Zu den betreffenden Werten gehören Lebensrettung, Reduzierung der körperlichen Schäden für das Kind sowie Optimierung der Lebensqualität der Eltern. All diese Werte können in verschiedenster Weise interpretiert und, je nach gegebenem Szenario, unterschiedlich gewichtet werden (s. Kap. II. 9). Was glauben und wollen Patienten, Eltern, Verwandte, Schwestern, Pfleger und Ärzte? Welche Relevanz sollte den Interessen dieser Anspruchsberechtigten beigemessen werden? Welche Rolle sollten die gesellschaftlichen Interessen hinsichtlich der Eindämmung der Gesundheitsversorgungskosten spielen? (s. Kap. III. 18).

Das Nachdenken über Werte, die für bioethische Probleme unmittelbar relevant sind, muss auch Untersuchungen darüber beinhalten, auf welche Werte Beratungs- bzw. Entscheidungsgremien bei ihrer Tätigkeit zurückgreifen (s. Kap. IV. 4, IV. 5, IV. 6, IV. 7): Welche Werte werden angewendet, wie werden sie interpretiert, woher stammen sie, welche Gruppen identifizieren und artikulieren diese Werte und in welcher Form beziehen sie sich auf diese Werte, wenn sie Empfehlungen erteilen oder Entscheidungen treffen und kommunizieren?

Der Begriff des Werts

Der Begriff des Werts ist nicht leicht zu bestimmen. Gelegentlich löst seine Verwendung sogar heftige Negativreaktionen aus. In der philosophischen Diskussion ist sowohl die Vielfältigkeit der Verwendungsweise von ›Wert‹ hervorgehoben worden (Wright 1963), als auch die Fragilität des Begriffs ›Güte‹ (*goodness*) (Nussbaum 1986). Zu Beginn sind einige wichtige Differenzierungen angezeigt. Einige Autoren unterscheiden zwischen verschiedenen Arten von Werten. So differenzieren sie zwischen moralischen, prudentiellen, künstlerischen, ästhetischen, epistemischen, religiösen und spirituellen Werten. Die genauen Beziehungen zwischen diesen Wertbereichen sind umstritten.

›Werte‹ können sich auf konkrete Objekte, wie Häuser oder Kunstwerke, beziehen, auf Ereignisse wie eine bestimmte Rede, auf Tatsachen wie beispielsweise, dass etwas an einem bestimmten Ort stattfand. Weiterhin umfasst der Begriff abstrakte Entitäten, etwa moralische Werte wie Gerechtigkeit, Gleichheit oder Autonomie, aber auch Werte wie Schönheit oder Freundschaft. Manchmal ist das, was als bewertbar oder wertvoll erachtet wird, historisch mit einer Person (s. Kap. II.21) verbunden, manchmal nicht.

Der Ausdruck ›wertvoll oder bewertbar‹ wird verwendet, um das gesamte Spektrum abzudecken, das sich von rein deskriptiven Begriffen über die gemischten Begriffe bis zu den rein normativen Begriffen erstreckt. Tatsächliche Präferenzen, also diejenigen Dinge, die eine Person oder eine Gruppe de facto erstrebt oder bevorzugt, können, genau wie die Kontroversen innerhalb dieser Präferenzen, empirisch ermittelt werden. Was Personen hingegen erstreben oder bevorzugen *sollten*, ist eine andere Frage. Kontroversen in diesem Bereich können nicht mit empirischen Methoden gelöst werden. Intermediäre Begriffe können über bestimmte Sätze beschrieben werden, wie beispielsweise, was Menschen bevorzugen oder begehren, ob sie adäquat informiert sind, genug Zeit haben, über die Angelegenheit nachzudenken, ob sie rational denken oder agieren usw.

Die philosophische Debatte über Werte beinhaltet einige Themen, die sich als zentral herausgestellt haben (Bergström 2004; Schroeder 2012): (1) Ontologische Fragestellungen, die sich mit der Existenz von Werteigenschaften wie gut, schlecht, indifferent befassen. (2) Die Klassifizierung von Werten, beispielsweise in persönlich und unpersönlich, intrinsisch und extrinsisch, mit speziellem Fokus auf dem Grund, warum etwas wertgeschätzt wird oder bewertbar ist. (3) Die Frage, ob alle Werte von unterschiedlicher Natur sind oder sich auf einen grundlegenden Wert reduzieren lassen. (4) Epistemologische Themen, oder was wir über Werte wissen können. (5) Die semantische Interpretation von Wertaussagen. (6) Die Rangfolge von Werten oder das Maß, nach dem Werte verglichen und nach Wichtigkeit sortiert werden müssen. (7) Die Beziehungen zwischen Werten und Normen.

Fast alle Unterscheidungen, die in diesem Beitrag getroffen werden, sind seit Langem Themen der philosophischen Debatte. Entsprechend sind verschiedenste Ansichten darüber geäußert worden, wo und warum Unterscheidungen zu machen sind. ›Das Für und Wider bezüglich dieser Grenzziehungen wurde debattiert, die Notwendigkeit der Unterscheidung manchmal in Zweifel gezogen, und weitere Unterscheidungen wurden vorgeschlagen und verteidigt.

Wertontologie

Wenn man eine deskriptive Studie darüber machen würde, was innerhalb einer gegebenen Kultur als positiv oder negativ bewertet wird, würde man eine Liste von Zuständen oder Dingen erhalten, die generell als gut, schlecht oder indifferent betrachtet werden. Man könnte in einem nächsten Schritt nach denjenigen Eigenschaften dieser Dinge oder Zustände fragen, die zu ihrer Wertschätzung führen. Man müsste dann unterscheiden zwischen Eigenschaften, die dazu führen, dass Dinge *de facto* geschätzt, d. h. positiv bewertet werden, und solchen, die dazu führen, dass Dinge tatsächlich wertvoll sind. Schließlich könnte man dann die Frage stellen, ob sich diese Eigenschaften auf etwas beziehen, das in der Welt existiert. Wo also sind Werte innerhalb einer Welt von Tatsachen zu verorten?

Das Hauptproblem einer Wertontologie kann mithin wie folgt formuliert werden: Existieren Werteigenschaften und Werttatsachen? Diejenigen, die diese Frage affirmativ beantworten, werden *Wertrealisten* genannt. Andere Philosophen bestreiten entweder, dass Werteigenschaften und Werttatsachen existieren oder sie positionieren sich skeptisch zu solchen Behauptungen. Eine weitere Perspektive nehmen diejenigen ein, die Werteigenschaften und Werttatsachen für konstruiert halten: Sie postulieren, diese Eigenschaften und Tatsachen existierten nicht objektiv in der Welt, sondern seien von uns vorgenommene Konstruktionen oder, mit anderen Worten, durch uns geschaffen. Die Diskussion der Gründe für und gegen diese Positionen bildet einen zentralen Teil der Werttheorie und sie lassen sich mit den unterschiedlichen Antworten auf die übrigen in diesem Artikel diskutierten Fragestellungen kombinieren.

Sind Werteigenschaften eine spezielle Art von nicht-natürlichen, nicht analysierbaren Eigenschaften, wie George E. Moore (1996; 1912; 1993) erklärt? Moores sog. ›Argument der offenen Frage‹ lautet: Angenommen, ›gut‹ wird als durch eine natürliche Eigenschaft definiert, also eine empirisch nachweisbare Eigenschaft wie etwa gelb zu sein oder begehrt zu werden. Dann lässt sich immer noch fragen, ob gelb sein oder begehrt werden, wirklich gut ist, ohne dass diese Frage tautologisch wäre. Die Identifikation natürlicher und nicht-natürlicher Eigenschaften, die Moore kritisiert, wird allgemein als naturalistischer Fehlschluss bezeichnet.

Häufig wird argumentiert – und zwar nicht nur von moralischen Realisten –, dass Werteigenschaften abhängig von verschiedenen natürlichen Eigenschaften sind (*Supervenienz*). Die zugrundeliegende Implikation lautet wie folgt: Alle Objekte, die dieselben natürlichen Eigenschaften haben, müssen auch dieselben Werteigenschaften besitzen. Wenn ein bestimmtes Objekt gut ist und ein anderes nicht, dann müssen sich auch die natürlichen Eigenschaften der Objekte unterscheiden (Hare 1983). Solche Abhängigkeitsbeziehungen finden sich ebenfalls in der Kunstkritik und Ästhetik (Hermerén 1988) sowie in anderen durch Werte strukturierten Bereichen. Eine präzise Definition von Supervenienz zu geben, beschäftigt Philosophen indes nach wie vor (vgl. Toni Rønnow-Rasmussen 2009).

Klassifizierung von Werten

Wie können Werte und die Gründe, die zur Bewertung einer Sache führen, klassifiziert werden? Gelegentlich wird eine Unterscheidung zwischen zwei Arten von Werten, persönlichen und unpersönlichen, und zwei korrespondierenden Arten des Gebrauchs von ›Wert‹ gemacht: Wert einerseits als Wert-für-jemanden, andererseits als Wert schlechthin. Eine weitere Unterscheidung ist wichtig. Zu sagen, dass etwas für eine Person gut ist, kann eine deskriptive Feststellung sein, die wiedergibt, was in einer bestimmten Hinsicht für diese Person gut ist. Die Aussage kann aber auch eine genuin evaluative Feststellung sein, die einen Wert-für auf normative Weise zuschreibt.

Warum bewerten wir Objekte und Zustände? Geld kommt ein Wert zu, weil es Menschen z. B. die Möglichkeit bietet, Häuser in attraktiven Gegenden zu kaufen, wo sie frische Luft, schöne Parks und gute Schulen finden. Dies wiederum führt zu anderen Dingen oder Zuständen, die diese Menschen wertschätzen. Schließlich ist etwas gut an sich, nicht nur für das, wozu es führt. Manchmal wird die erste Art von Werten instrumentell oder extrinsisch genannt, weil diese Werte dabei helfen, einen Zustand oder Gegenstand herbeizuführen, der wünschenswert ist oder angestrebt wird. Die zweite Art, also diejenigen Werte, die um ihrer selbst willen angestrebt werden oder wünschenswert sind, heißen intrinsisch.

Die allgemeine Idee, die auch für den Monismus oder Pluralismus von Werten wichtig ist, drückte John Stuart Mill (1985) wie folgt aus: »[…] daß Lust und das Freisein von Unlust die einzigen Dinge sind, die als Endzwecke wünschenswert sind, und daß alle anderen wünschenswerten Dinge […] entweder deshalb wünschenswert sind, weil sie selbst lustvoll sind oder weil sie Mittel sind zur Beförderung von Lust und zur Vermeidung von Unlust« (Mill 1985, 13). Eine nähere Betrachtung zeigt jedoch, dass mehr oder weniger dicht verwobene Konzepte existieren und dass an dieser Stelle mehr als eine Unterscheidung vorgenommen werden muss. Die aktuelle Diskussion (vgl. z. B. Korsgaard 1983; Rabinowicz/Rønnow-Rasmussen 1999) versucht, folgende Bereiche voneinander abzugrenzen:

- *Finaler Wert* – etwas, das um seiner selbst willen wertgeschätzt wird.
- *Finaler Wert (intrinsisch oder extrinsisch)* – etwas, das um seiner selbst willen wertgeschätzt wird, aufgrund von inneren Eigenschaften der bewertenden Person (finaler intrinsischer Wert) oder aufgrund von äußeren relationalen Eigenschaften (finaler extrinsischer Wert).
- *Personaler Wert* – der Wert, den etwas für eine bestimme Person besitzt.
- *Impersonaler Werte* oder *allgemeiner Wert* – der Wert, den etwas für jeden hat.
- *Nicht-finaler extrinsischer Wert* – beispielsweise etwas, das als Mittel wertvoll ist (instrumenteller Wert).

Einige von diesen Konzepten können kombiniert werden. Werte können z. B. als personal und final oder extrinsisch und impersonal bezeichnet werden. Manche dieser Konzepte sind erklärungsbedürftig:

(1) Extrinsischer (instrumenteller) Wert: Ist ein extrinsischer oder instrumenteller Wert überhaupt ein Wert? Die Antwort auf diese Frage hängt von der entsprechenden Definition ab. Manche Philosophen unterscheiden zwischen stärkeren und schwächeren Bedeutungen dieses Begriffs. Beispielsweise unterscheidet Rønnow-Rasmussen auf der einen Seite zwischen starkem evaluativem und schwachem evaluativem instrumentellem Wert. Die starke evaluative Wertbedeutung definiert er wie folgt: ›x hat instrumentellen Wert‹ bedeutet ›x trägt einen gewissen besonderen Wert, und diesen trägt x nur, wenn x zur Existenz einer Sache mit finalem Wert führt‹. Demgegenüber steht folgende schwache evaluative Wertbedeutung: ›x hat instrumentellen Wert‹ bedeutet ›x führt zur Existenz einer Sache mit finalem Wert‹.

Was ist ein extrinsischer Wert? Negativ ausgedrückt ist es ein Wert, der nicht intrinsisch ist. Mit einigen Qualifikationen versehen, lässt sich positiv formulieren: Stellt etwas ein Mittel dar, mithilfe dessen bestimmte Ziele erreicht werden, dann besitzt es instrumentellen Wert in Bezug auf diese Ziele. Mögliche Ausdeutungen lauten: Ob ein Ding instrumentellen Wert hat, hängt nicht nur davon ab, was es bewirkt, sondern auch davon, was es verhindert. Des Weiteren kann aus einer Handlung mehr als nur eine Konsequenz folgen, und sie kann gleichzeitig gute wie auch schlechte Wirkungen haben. Der negative intrinsische Wert einer schlechten Wirkung kann besser sein als der positive intrinsische Wert einer guten Wirkung.

(2) Intrinsischer Wert: Was kann intrinsischen Wert haben? In der philosophischen Literatur gibt es verschiedene Antwortvorschläge auf diese Frage, z. B.: individuelle Objekte, wie Bücher; das Bewusstsein individueller Objekte, oder dessen Qualitäten; die Existenz individueller Objekte; verschiedene Typen individueller Objekte; und/oder Zustände individueller Objekte. Diese Liste erhebt keinen Anspruch auf Vollständigkeit.

In seinen *Principia* versucht Moore, intrinsische Werte zu analysieren und in ihrer Natur zu erfassen, gelangt aber schließlich zu dem Vorschlag, dass sie nicht analysierbar sind: Das Wort ›Wert‹ beziehe sich auf eine simple, nicht analysierbare und nicht-natürliche Eigenschaft. Genau wie ›gelb‹ kann ›gut‹ nicht in begriffliche Teile zerlegt werden. Ein Gegenbeispiel dazu wäre ›Bruder‹, das in ›männlich‹ und ›Geschwister‹ teilbar ist. Die Begriffe ›gelb‹ und ›gut‹ sind insofern unterschiedlich, als dass ›gelb‹, sich auf eine natürliche Eigenschaft bezieht: Ob etwas gelb ist, lässt sich empirisch messen. ›Gut‹ wiederum bezieht sich laut Moore auf eine nicht-natürliche Eigenschaft, ist also nicht empirisch messbar. Wie identifizieren wir intrinsischen Wert? Zu dieser Frage ist eine Vielzahl von Tests vorgeschlagen und diskutiert worden (Moore 1996, 1912; Lemos 1994; Zimmermann 2001). In Bezug auf diese Tests existieren wiederum zahlreiche kritische Beiträge.

In der Bioethik ist Menschenwürde ein zentraler und ebenso intensiv diskutierter Wert (Kant: GMS; Egonsson 1998; Beyleveld/Brownsword 2001). Dieser Begriff basiert auf Kants Überlegungen darüber, was respektiert und geschützt werden sollte. Damit verbunden ist die Unterscheidung zwischen Dingen, die wir mit einem Preis versehen – und die wir entsprechend kaufen und verkaufen – und Dingen, mit denen wir keinen Handel treiben können und sollten, wie z. B. das menschliche Leben. Hieraus folgt, dass Sklaverei grundsätzlich falsch ist. Das Prinzip der Menschenwürde – häufig für seinen Mangel an Klarheit und seine Vagheit kritisiert – bildet so gesehen die Basis aller Menschenrechte und spielt eine prominente Rolle in vielen bioethischen Erklärungen und Richtlinien, wie beispielsweise der Oviedo-Konvention.

Einige Ethiker, die der kantischen Tradition verpflichtet sind, würden argumentieren, dass Menschenwürde intrinsischen Wert besitzt und das höchste ethische Prinzip darstellt, die Basis aller Menschenrechte. Dennoch unterscheidet sich diese kantische Idee stark von der von Moore. Jene, die an kantische Überlegungen anknüpfen, gehen davon aus, dass Menschenwürde jederzeit respektiert werden soll; sie gilt ihnen als unantastbar. Für diejenigen hingegen, die ihren Standpunkt an Moore anlehnen, sollte das, was intrinsischen Wert hat, gefördert werden. Sowohl Menschenwürde als auch intrinsische Werte sind umstrittene Konzepte, die aus verschiedenen Gründen kritisiert worden sind.

(3) Finaler und intrinsischer Wert: Ein kontrovers diskutiertes Thema in der aktuellen Werttheorie ist die Frage, ob finale und intrinsische Werte koextensional sind. Viele Autoren argumentieren, sie seien es nicht. Finale Werte sind nicht notwendigerweise intrinsisch. Nach Christine M. Korsgaard sind nicht alle Dinge, die als Zweck wertvoll sind, auch intrinsisch wertvoll (1983, 252; 1996). Sie macht geltend, dass instrumenteller Wert mit finalem Wert kontrastiert werden muss, also mit dem Wert, den etwas als

Selbstzweck hat, wohingegen intrinsischer Wert im Sinne des Werts, den ein Ding kraft seiner intrinsischen, nicht-relationalen Eigenschaften in sich selbst trägt, mit extrinsischem Wert kontrastiert werden muss, also demjenigen Wert, den ein Ding kraft seiner extrinsischen, relationalen Eigenschaften besitzt. Somit gibt es ihr zufolge zwei Unterscheidungen sowie vier Konzepte, die getrennt voneinander betrachtet werden müssen. Shelly Kagan (1998) und andere haben die Diskussion über die Beziehung zwischen diesen Konzepten fortgeführt.

(4) Kritik der Unterscheidung zwischen intrinsischen und instrumentellen Werten: Viele Philosophen haben argumentiert, dass die Frage nach dem intrinsischen Wert fundamental ist für die Ethik und dass intrinsische Werte von höchster Wichtigkeit sind, wenn es um ethische Entscheidungen geht. Andere wiederum, z. B. John Dewey (1939), haben jede scharfe Unterscheidung zwischen den Dingen, die intrinsisch gut oder gut als Zweck sind, und solchen, die gut als Mittel zum Zweck sind, kritisiert. Nach Dewey übernehmen wir dann Zwecke oder geben sie auf, wenn wir mit ihrer Hilfe widersprüchliche Impulse und Wünsche auflösen können. Was im einen Kontext einen Zweck darstellt, ist in einem anderen ein Mittel. Somit wäre es falsch, eine zeitlose und kontextfreie Liste von instrumentellen und intrinsischen Werten vorzuschlagen. Elizabeth L. Beardsley (1957) ist so weit gegangen zu bestreiten, dass irgendetwas intrinsischen Wert hat, und hat argumentiert, dass es nur extrinsische Werte gibt.

Monismus und Pluralismus

Gibt es nur eine Art von basalem oder intrinsischem Wert oder viele Arten von Werten? Dieses Problem wirft verschiedene weitere Fragen auf (Mason 2011). Wenn wir von amerikanischen Werten oder traditionellen deutschen Werten sprechen, beziehen wir uns selbstverständlich auf viele Dinge, die in diesen Kulturen wertgeschätzt werden. Auch hinter den vier – vieldeutigen – Prinzipien des bekannten Lehrbuchs *Principles of Biomedical Ethics* von Tom L. Beauchamp und James F. Childress (2013) stehen viele verschiedene Werte, die von diesen Prinzipien gefördert und geschützt werden. Die Frage lautet dann: Ist es möglich, diese Werte auf einen grundlegenden Wert zu reduzieren, der als Standard für Vergleiche verwendet werden kann, etwa so wie Gold in der Vergangenheit genutzt wurde, um einen relativen Vergleich zwischen verschiedenen Währungen herzustellen?

Gibt es verschiedene Arten von Werten, wie etwa Wissen, Freundschaft, Glück, Schönheit, wie Pluralisten behaupten, oder können alle Arten von Werten auf Eigenschaften oder Sachverhalte desselben Typs, wie z. B. Glück oder Interessenbefriedigung, reduziert werden, wie die Monisten behaupten? Zu den Pluralisten zählen beispielsweise Moore (1996; 1993), William D. Ross (1930), Franz Brentano (1969) und Max Scheler (2000). Zu den Monisten gehören Utilitaristen wie Epikur, Jeremy Bentham (1789, 1948) und Peter Singer (2013). Sie argumentieren, dass selbst dann, wenn andere Zustände als Glück oder Lust angestrebt werden, diese wiederum in Glück oder Lust übersetzbar sind. Den Monisten zufolge besitzt ein Ding dann Wert, wenn es entweder der intrinsische Wert selbst ist oder es diesen herbeiführt.

Zunächst scheint der Hauptgrund für den Pluralismus dessen Kompatibilität mit der verbreiteten Auffassung zu sein, dass viele unterschiedliche Dinge, Ereignisse und Sachverhalte aus verschiedensten Gründen wertgeschätzt werden. Darüber hinaus besteht das Problem der Übersetzung oder Reduktion von auf den ersten Blick unterschiedlichen Werten auf eine einzige Wertklasse. Der Hauptgrund für den Monismus – wie der Hedonismus und der Präferenzutilitarismus – scheint ihre explanatorische Einfachheit zu sein. Ebenso wie Wissenschaftler und Philosophen in der Vergangenheit versucht haben, allgemeine und grundlegende Elemente der uns umgebenden Dinge zu identifizieren, von Demokrits Atom-Theorie bis hinein in die Gegenwart, mag es verlockend scheinen, etwas Vergleichbares in der Theorie der Werte zu erreichen: Ein basales Kriterium zu finden, das ein Fundament bildet für alle Kontroversen im Bereich der Werte hinter den vielen verschiedenen Gründen und Kriterien, die genutzt werden, um zu zeigen, was wertvoll ist.

Wertepistemologie

Können wir irgendetwas über Werteigenschaften und Werttatsachen wissen? Oder können wir zumindest rationale Gründe haben für bzw. gegen Positionen im Rahmen von Kontroversen über Werte? Diejenigen, die derartige Fragen affirmativ beantworten, werden Kognitivisten genannt. Doch die Unterscheidung zwischen dem Besitz von Wissen und der Fähigkeit, rationale Gründe anzugeben, ist nicht unwichtig, da es möglich ist, die erste Frage (›Wissen wir…?‹) negativ, die zweite hingegen (›Existieren rationale Gründe…?‹) affirmativ zu beantworten. Des

Weiteren existieren verschiedene Formen des Kognitivismus, die auch davon abhängig sind, welche Gründe als rational bezeichnet werden. Darüber hinaus besteht ein Unterschied zwischen dem Besitzen von rationalen Gründen für eine Aussage und dem Besitz von rationalen Gründen, die einen dazu verleiten, eine Aussage für wahr zu halten.

Zwei grundsätzliche Formen des Kognitivismus können unterschieden werden. Zum einen argumentieren Fundamentalisten (*foundationalists*), es gebe gewisse selbstevidente Wertaussagen, die eine Grundlage bilden, aufgrund derer wir rationale Gründe für andere Wertaussagen besitzen und anbringen könnten, indem wir zeigen, dass diese durch die Grundlage unterstützt oder bewiesen werden könnten. Diese Grundlage selbst könne nicht bewiesen werden und es existiere kein Grund, sie zu beweisen. Henry Sidgwick (1907) behauptet beispielsweise, dass es selbstevident sei, dass man aktuell weniger gute Zustände weder gegenüber späteren besseren Zuständen bevorzugen solle, noch dass man einen weniger guten Zustand für sich selbst gegenüber einem besser Zustand für jemand anderen präferieren solle. Immanuel Kant (GMS), der zwar eine ganz andere ethische Position vertritt, ist in dieser Hinsicht der Überzeugung, jedes rationale Wesen müsse begreifen, dass es nach Maximen handeln solle, die es als allgemeine Gesetze akzeptieren könne. Wenn eine Person in einer Situation etwas tun sollte, beispielsweise die Wahrheit sagen, dann sollte jede andere in dieser Situation dasselbe tun.

Zum anderen haben die Schwierigkeiten hinsichtlich einer klaren Einigung auf eine Grundlage andere Kognitivisten zu der Argumentation geführt, dass wir rationale Gründe für oder gegen Wertaussagen mithilfe eines Kohärenztests wissen oder zumindest anführen können. Der bekannteste Repräsentant für diese Sichtweise ist vermutlich John Rawls (1979). Rawls zufolge sollten wir versuchen, ein von ihm so benanntes ›Reflexionsgleichgewicht‹ zu erreichen, das vorliegt, wenn Intuitionen, Prinzipien und Fakten sich wechselseitig entsprechen, so dass sie ein kohärentes Ganzes bilden. Die genaue Bedeutung dieses Tests ist ausgiebig diskutiert worden.

Relativisten stimmen darin überein, dass sie behaupten, wir könnten weder Wissen von Werten und Werttatsachen haben noch rationale Gründe für oder gegen den Glauben an bestimmte Aussagen über Werte besitzen. Doch es gibt viele Formen des Relativismus: deskriptive, semantische und normative. Epistemische Wertrelativisten sind der Auffassung, dass verschiedene inkompatible Werturteile gleichermaßen gerechtfertigt, durchdacht und rational sein können. Offensichtlich leugnet niemand, dass wir *wissen* können, dass bestimmte Einzelpersonen und Gruppen gewisse Werte bestimmten Objekten oder Zuständen zuschreiben. Worum es hier geht, ist, ob wir wissen können, dass solche Attributionen korrekt oder rational sind, und wie sicher dieses Wissen ist.

Häufig wird eine Unterscheidung zwischen normativen Gründen für Handlungen oder die Annahme einer bestimmten Einstellung – zustimmender oder ablehnender Art – und erklärenden Gründen für Handlungen oder Einstellungen getroffen. Werte liefern Gründe für die erstgenannte Art, sie sind Motivationen, auf bestimmte Weise zu handeln oder gewisse Einstellungen anzunehmen. Sie können mit deskriptiven und motivierenden Handlungs- und Einstellungsgründen, wie sie beispielsweise die Psychoanalyse liefert, kontrastiert werden.

Platon und viele andere haben behauptet, dass moralisches Wissen existiert und wir entsprechend Ethik lernen und lehren können. Moore hat argumentiert, dass moralisches Wissen und moralische Wahrheiten bestehen und wir sie intuitiv erkennen können. Die Position, dass es moralisches Wissen gibt, ist einfacher aufrechtzuerhalten, wenn vor einem realistischen Hintergrund argumentiert wird, da dieser Hintergrund Werte als real existente Eigenschaften definiert.

John L. Mackie (1986) entwickelt eine konstruktivistische Annäherung an die Ethik. Innerhalb dieser Annäherung werden richtig und falsch als Erfindungen angesehen, die Zusammenarbeit und friedliches Zusammenleben ermöglichen. Auch im Rahmen dieser Theorie gibt es ein Wissen über Werte, und zwar nicht nur in einem deskriptiven Sinn. Ob alle normativen Gründe akteurrelativ sind, ist ein Streitpunkt in der jüngeren Moralphilosophie und bildet den Gegenstand andauernder Debatten.

Wertsemantik

Wie sind Wertaussagen zu interpretieren? Wertobjektivisten interpretieren sie als deklarative Sätze, die etwas über die Welt aussagen. Emotivisten und Präskriptivisten bestreiten das und interpretieren Wertaussagen als Ausdrücke von Emotionen oder Vorschriften. Zusätzlich zu diesen zwei Positionen gibt es Naturalisten, die miteinander darin übereinstimmen, dass sie Wertaussagen als Aussagen über die Natur (s. Kap. II.19) interpretieren, oft die menschliche Natur im Speziellen. Diese Aussagen können auf dieselbe Art und Weise getestet werden wie andere empirische Aussagen. Es gibt allerdings viele Arten von Wertnaturalismus.

Manchen Versionen zufolge ist eine Äußerung, die besagt, dass etwas gut ist, gleichzusetzen mit der Aussage, dass dieses etwas vom Sprecher oder vom Großteil der Gemeinschaft, der der Sprecher angehört, geschätzt wird. Selbstverständlich kann die letzte Aussage unter Anwendung empirischer Methoden überprüft werden. Andere Versionen des Naturalismus nehmen an, dass die Bezeichnung, etwas sei ›besser als etwas anderes‹ bedeutet, dass dieses Bessere eine höhere Zahl von Interessen befriedigt als das weniger Gute. Es existieren einige Argumente gegen den Naturalismus, beispielsweise die Arbeiten Moores (1996; 1912), und wenige Argumente für diese Position.

Eine erste Klassifikation besteht darin, zwischen kognitivistischen und nonkognitivistischen Theorien zu unterscheiden, wobei diese etablierten Bezeichnungen durch ihre epistemologischen Anklänge ein wenig irreführend sind. In jedem Fall argumentieren kognitivistische Theorien, dass Aussagen über Werte, Attributionen von Werten zu Dingen, wahr oder falsch sein können und dass wir wissen können, ob sie wahr oder falsch sind. Es gibt intersubjektive Methoden zur Überprüfung von Behauptungen über Werte. Diejenigen, die Werte als objektiv betrachten, gehen davon aus, dass aus irgendwelchen Gründen Werturteile und Wahlakte, die auf Werturteilen basieren, von einem unabhängigen Standpunkt korrigierbar sind (Nagel 2012). Die Herausforderung besteht darin, diesen Standpunkt zu spezifizieren und zu definieren. Vorschläge für solche Spezifizierungen sind etwa Rationalitätsbedingungen (Bernard Gert), die menschliche Natur oder die menschlichen Bedürfnisse (Philippa Foot), das menschliche Gedeihen (Aristoteles).

Zu den Kritikern des Wertobjektivismus gehört David Hume. Hume geht davon aus, dass es sich bei Wertzuschreibungen um Projektionen der eigenen Gefühle auf dasjenige handelt, von dem gesagt wird, es besitze Wert (Hume 2013). Dieser Position haben sich einige spätere Autoren angeschlossen, u. a. Axel Hägerström, Alfred J. Ayer und Charles L. Stevenson (Hägerström 1953; Ayer 1970; Stevenson 1944).

Richard M. Hare (1983) hat vorgeschlagen, genuine Wertaussagen in gewisser Hinsicht als Vorschriften zu betrachten. Eine ontologische Position, die die Existenz von Werteigenschaften verneint, kann mit einer Position kombiniert werden, die davon ausgeht, dass Wertaussagen zwar sinnvolle Aussagen sind, aber stets falsch. Diese spezielle Kombination wird manchmal als ›Irrtumstheorie‹ bezeichnet. Zu den Vertretern dieser Theorie gehören Mackie und Sören Halldén (Mackie 1986; Halldén 1954).

Vergleichbarkeit und Kommensurabilität

Ist mehr Wissen besser als weniger Freundschaft oder umgekehrt? Können Werte wie beispielsweise Vergnügen, Wissen, Schönheit und Freundschaft miteinander verglichen und auf sinnvolle, nicht arbiträre Art in ein Rangverhältnis gesetzt werden? Wenn die Antwort ja lautet, zieht sie Fragen nach solche Rangverhältnisse begründenden Bedingungen nach sich. Wenn Werte nicht vergleichbar sind, wenn sie inkommensurabel sind, wie sind dann rationale Abwägungen zwischen Werten möglich? Wie ist es möglich, Entscheidungen in Situationen zu treffen, in denen Konflikte zwischen verschiedenen Werten bestehen?

Um Wertobjekte oder Wertzustände oder aber abstraktere Werte wie Freiheit, Gleichheit und Gerechtigkeit zu vergleichen, sind ordnende Beziehungen notwendig, wie ›besser als‹, ›ist gleich wie‹ oder, wie von Ruth Chang (2002) vorgeschlagen, ›sind ebenbürtig‹. Welche formalen Eigenschaften haben diese Beziehungen? Sind sie reflexiv und transitiv? Unter Anwendung einiger wirtschaftswissenschaftlicher Methoden und Konzepte ist dieses Problem von John Broome untersucht worden (vgl. Broome 1991, 2004).

Wenn argumentiert wird, dass der moderne Bildhauer Brancusi nicht besser ist als der Renaissancemaler Botticelli, dass Botticelli nicht besser ist als Brancusi und dass sie nicht gleich gut sind, dann sind sie unvergleichbar in der Weise, die einige Autoren als schwache Art der Unvergleichbarkeit bezeichnet haben – die starke Ausprägung erfordert auch, dass beide nicht gleichwertig sind. Dieses Beispiel illustriert, dass ähnliche Probleme außerhalb des Bereichs der Ethik auftreten können. Hier geht es um künstlerischen Wert und es lässt sich argumentieren, dass es auch in dieser Klasse von Werten Fälle von Unvergleichbarkeit gibt.

Sind die Werte Freiheit und Gleichheit inkommensurabel? Es besteht ein weiteres Problem, wenn, wie Moore (1996) argumentiert hat, der intrinsische Wert eines Ganzen nicht mit der Summe der einzelnen intrinsischen Werte seiner Teile gleichzusetzen ist. Moore hat dies an folgendem Beispiel illustriert: Das Bewusstsein eines schönen Objektes kann großen intrinsischen Wert besitzen, obwohl dem Bewusstsein allein und dem schönen Objekt allein nur vergleichsweise geringer intrinsischer Wert zukommt, sofern ihnen überhaupt Wert zukommt. Aber wodurch wird das Ganze definiert und begrenzt? Die Frage der Vergleichbarkeit intrinsischer Werte wird noch schwieriger, wenn Jonathan Dancy (1993; 2004) Recht hat: Er behauptet, der intrinsische Wert einer Sache müsse nicht notwendigerweise über den intrinsischen Eigenschaften der Sache allein supervenieren, sondern könne auf eine Weise offen sein, die Generalisierungen unmöglich macht.

Viele Werte gelten innerhalb unserer Kultur als gerechtfertigt. Die Herausforderung besteht dann nicht darin, sich zwischen ihnen zu entscheiden, sondern darin, sie nach ihrer relativen Wichtigkeit zu sortieren. Es ist vorgeschlagen worden, dass die Werte innerhalb einer Kultur die Bildung der moralischen Identität dieser Kultur unterstützen und dass dieselben Werte die Grundlage zweier sehr unterschiedlicher Kulturen bilden können, wenn diese Werte unterschiedlich gewichtet werden.

Die Gewichtung von Werten erlaubt es im Übrigen, eine Brücke zur politischen Philosophie und gesellschaftlichen Aspekten der Entscheidungsfindung zu schlagen. Vergleichen Sie die folgende Wertreihenfolge: (1) Forschungsfreiheit, Wirtschaftswachstum, höhere Lebenserwartung für zukünftige Generationen, Wohlstand für zukünftige Generationen, individuelle Selbstbestimmung, Sicherheit, Integrität, Solidarität, die Unterstützung für schwache und gebrechliche Menschen beinhaltet, und (2) Solidarität, die Unterstützung für schwache und gebrechliche Menschen beinhaltet, Sicherheit, individuelle Selbstbestimmung, Wohlstand für zukünftige Generationen, höhere Lebenserwartung für zukünftige Generationen, Wirtschaftswachstum, Forschungsfreiheit (Hermerén 2008).

Die Werte sind in beiden Fällen dieselben, aber die Reihenfolge ihrer normativen Wichtigkeit ist umgekehrt. Der höchste Wert in der einen Folge ist der niedrigste in der anderen. Die Reihenfolgen geben zwei sehr unterschiedliche Gesellschaften wieder: In der einen Gesellschaft ist der wichtigste Wert die Forschungsfreiheit, in der anderen ist es die Solidarität. Für ältere Menschen macht es einen erheblichen Unterschied, ob sie in der einen Gesellschaft oder in der anderen leben – und ob die impliziten Prämissen in der Diskussion um die Älteren in der Gesellschaft inklusive der gesellschaftlichen Ideale näher an (1) als an (2) liegen.

Ein Unterschied besteht auch darin, ob Werte an einer Verhältnisskala gemessen werden, d. h. einer, die einen fixen Nullpunkt aufweist, oder ob Werte anhand einer Intervallskala gemessen werden. Die zweite Option kann möglich sein, selbst wenn sich herausstellt, dass die erste nicht möglich ist. Das präzise Verständnis solch einer Skala birgt interessante Probleme, insbesondere, wenn es sowohl um qualitative als auch um quantitative Wertaspekte gehen soll. Es ist besser, ein unzufriedener Sokrates zu sein, als ein zufriedenes Schwein, wie Mill (1985, 18) formuliert. Er unterstellt dabei eine qualitative Unterscheidung von Werten, die besagt, es »sei besser ein unzufriedener Mensch zu sein als ein zufriedenes Schwein; es sei besser ein unzufriedener Sokrates zu sein als ein zufriedener Narr...«.

Diese Aussage bedingt dann Fragen wie: Ist ein klein wenig eines qualitativ höheren Werts besser als eine große Menge Wert von geringer Qualität? Außerdem ist unklar, was eine gegebene Rangfolge impliziert. Was schlägt man vor oder sagt man aus, wenn man Werte auf eine bestimmte Art anordnet? Leider besteht in diesen Gebieten keine Eindeutigkeit und einige nicht äquivalente, rechtliche, moral-erzieherische Interpretationen sind möglich: Unterschiedliche Handlungen sollten ausgeführt werden, je nachdem, welchen Werten höhere Wichtigkeit beigemessen wird (Hermerén 2008).

Werte und Normen

Wie ist die Beziehung zwischen Werten und deontischen Kategorien, d. h. Kategorien wie richtig, sollte, passend, angemessen, rational und gerecht sowie Aussagen über Rechte, Pflichten usw. beschaffen? Es ist gut, die Wahrheit zu sagen, weil wir nicht kommunizieren können, ohne zu wissen, ob und wann Menschen lügen. Deshalb sollte man die Wahrheit sagen. Oder verhält es sich genau umgekehrt?

Sind deontische Kategorien den Werten nachgeordnet und durch die Werte und evaluative Kategorien wie ›gut‹ und ›gut für‹ erklärbar? Zuerst die Werte, dann die Normen, um es einfach auszudrücken. Oder ist es genau andersherum? Liegen die deontischen Kategorien den evaluativen Kategorien voraus und erklären diese? Vereinfacht: Erst die Normen, dann die Werte.

Sidgwick (1907) schlägt vor, evaluative Konzepte anhand von normativen Kategorien zu analysieren. Seine Herangehensweise kann in folgender Formel zusammengefasst werden: Gut ist, was erstrebt werden sollte. Er nutzt dann ›gut‹ als Explanandum und definiert es durch ›sollte‹ oder andere normative Terme, ohne zu spezifizieren, durch wen oder unter welchen Umständen. Eine Alternative besteht darin, zu sagen: Was erstrebt werden sollte ist, was gut ist. Das ›sollte‹ wird hier als Explanandum genutzt und mithilfe von Wertkonzepten definiert.

Viele Moralphilosophen haben die Auffassung vertreten, dass dem Normativen das Primat gegenüber dem Evaluativen zukommt, u. a. Brentano, Sidgwick, Alfred C. Ewing (Thomas M. Scanlon, Rønnow-Rasmussen (Brentano 1969; Sidgwick 1907; Ewing 1948, 1973; Scanlon 1998; Rønnow-Rasmussen 2011). Dies bedeutet, dass der Begriff des Werts durch das erklärt wird, was wir aus guten Gründen favorisieren. Die *fitting attitude*-Theorie, die von diesen Autoren vorgeschlagen worden ist, führt evaluative Behauptungen auf deontische Behauptungen über Einstellungen zurück, d. h. Einstellungen, die man haben sollte, oder deren Besitz passend oder angemessen ist in Bezug auf die bewerteten Objekte. »To be valuable is to be an object there is reason to favour« (Rønnow-Rasmussen 2011, 25). Einen ähnlichen Ansatz stellt der *buck passing account* von Scanlon dar (1998). So meint Scanlon »to call something valuable is to say that it has other properties that provide reasons for behaving in certain ways with respect to it«. Scanlons Herangehensweise verweist auf Gründe, anstatt auf Begierden, wie Sidgwick (1907).

Diese Probleme sind weitestgehend ungelöst (Schroeder 2012): Sie bilden nach wie vor ein Thema in philosophischen Zeitschriften. Dort werden die Begründungsargumente und Begründungsannahmen überprüft. Zu den Kritikern des *buck passing account* gehört etwa Krister Bykvist (2009).

Wertdiskussion und gesellschaftliche Entwicklung

Es ist offensichtlich möglich, einige der Antworten zu den in diesem Beitrag aufgeworfenen Fragen zu kombinieren, wohingegen bestimmte Kombinationen aus logischen Gründen ausgeschlossen sind. Platzgründe machen eine weitere Diskussion der Kombinationen, wie Kognitivismus, Realismus und Objektivismus oder Skeptizismus, Anti-Realismus und Präskriptivismus hier unmöglich.

Wenn eine soziologische oder ethnologische Studie zeigt, dass bestimmte Werte diejenigen Werte sind, die aktuell von einer Gesellschaft geteilt werden, so folgt daraus nicht, dass es dieselben Werte sind, die von den einzelnen Mitgliedern dieser Gesellschaft angenommen und verteidigt werden sollten. Werte sind nicht immun gegenüber Kritik. Die kritische Reflexion von Werten ist ein essenzieller Teil der moralischen Reflexion und kann dazu führen, dass manche Werte verabschiedet werden, andere neu interpretiert werden oder die Rangfolge einzelner Werte verändert wird.

Kritik an Werten, die auf normativen Überlegungen und neuen wissenschaftlichen Belegen basiert, kann Änderungen sowohl der gesellschaftlichen als auch der individuellen Bedingungen den Weg bereiten. Bereiche wie der der Rolle der Frau in der Gesellschaft, Kinderrechte, Tierversuche, Patientenrechte, Umweltschutz sind nur einige Beispiele für Dinge, die sich aufgrund von Kritik an den Werten vorangegangener Lebensweisen geändert haben.

Literatur

Ayer, Alfred J.: *Sprache, Wahrheit und Logik*. Stuttgart 1970.
Beardsley, Elizabeth L.: Moral worth and moral credit. In: *Philosophical Review* 66 (1957), 304–28.
Beauchamp, Tom L./Childress, James F.: *Principles of Biomedical Ethics*. Oxford [7]2013.
Bentham, Jeremy: *An Introduction to the Principles of Morals and Legislation* [1789]. Hg. von L. J. Lafleur. New York 1948.
Bergström, Lars: *Grundbok i värdeteori (Fundamentals of value theory)*. Stockholm 2004.
Beyleveld, Deryck/Brownsword, Roger: *Human Dignity in Bioethics and Biolaw*. Oxford 2001.
Brentano, Franz: *Vom Ursprung sittlicher Erkenntnis*. Hamburg 1969.
Broome, John: *Weighing Goods*. Oxford 1991.
–: *Weighing Lives*. Oxford 2004.
Bykvist, Krister: No good fit: why the fitting-attitude analysis of value fails. In: *Mind* 118 (2009), 1–30.
Chang, Ruth: *Making Comparisons Count*. New York 2002.
Dancy, Jonathan: *Moral Reasons*. Oxford 1993.
–: *Ethics without Principles*. Oxford 2004.
Dewey, John: *Theory of Valuation*. Chicago 1939.
Egonsson, Dan: *Dimensions of Dignity*. Dordrecht 1998.
Ewing, Alfred C.: *The Definition of Good*. New York 1948.
–: *Value and Reality*. London 1973.
Gert, Bernard: *Morality: Its Nature and Justification*. New York 1998.
–: Values and health care. In: Stephen G. Post (Hg.): *Encyclopedia of Bioethics*. Bd. 5. New York [3]2004, 2535–9.
Halldén, Sören: *Emotive Propositions*. Stockholm 1954.
Hägerström, Axel: *Inquiries into the Nature of Law and Morals*, papers from 1912 and onwards. Uppsala 1953.
Hare, Richard M.: *Die Sprache der Moral*. Frankfurt a. M. 1983.
Hermerén Göran: *The Nature of Aesthetic Qualities*. Lund 1988.
–: European Values – and Others. Europe's shared values:

Towards an ever-closer Union? In: *European Review* 16/3 (2008), 373–385.
Hume, David: *Ein Traktat über die menschliche Natur*. 2 Bde. Hamburg 2013.
Kagan, Shelly: Rethinking intrinsic value. In: *Journal of Ethics* 2 (1998), 277–97.
Kant, Immanuel: *Grundlegung zur Metaphysik der Sitten* [1785]. Leipzig 1999 [=GMS].
Korsgaard, Christine M.: Two distinctions in goodness. In: *Philosophical Review* 92 (1983), 169–95.
–: *Creating the Kingdom of Ends*. Cambridge 1996.
–: *The Sources of Normativity*. Cambridge/New York 1996.
Lemos, Noah: *Intrinsic Value*. Cambridge 1994.
Mackie, John L.: *Ethik. Die Erfindung des moralisch Richtigen und Falschen*. Stuttgart 1986.
Mason, Elinor: Value Pluralism. In: Edward N. Zalta (Hg.): *The Stanford Encyclopedia of Philosophy*. 2011. http://plato.stanford.edu/archives/fall2011/entries/value-pluralism/ (18.11.2013).
Mill, John Stuart: *Der Utilitarismus*. Stuttgart 1985.
Moore, George E.: *Principia Ethica*. Ditzingen 1996 (engl. 1903).
–: *Ethics*. Oxford 1912.
–: *Principia Ethica*. Cambridge 1993.
Nagel, Thomas: *Der Blick von Nirgendwo*. Frankfurt a. M. 2012.
Nussbaum, Martha: *The Fragility of Goodness*. Cambridge 1986.
Rabinowicz, Wlodek/Rønnow-Rasmussen, Toni: A distinction in value: intrinsic and for its own sake. In: *Proceedings of the Aristotelian Society* 100 (1999), 33–52.
Rawls, John: *Eine Theorie der Gerechtigkeit*. Frankfurt a. M. 1979.
Ricœur, Paul: *Freedom and Nature: The Voluntary and the Involuntary*. Evanston, Ill. 1970.
Rønnow-Rasmussen, Toni: Instrumental values – strong and weak. In: *Ethical Theory and Moral Practice* 5 (2002), 23–43.
–: *Personal Value*. Oxford 2011.
Ross, William D.: *The Right and the Good*. Oxford 1930.
Scanlon, Thomas M.: *What We Owe to Each Other*. Cambridge, Mass. 1998.
Scheler, Max: *Der Formalismus in der Ethik und die materiale Wertethik: Neuer Versuch der Grundlegung eines ethischen Personalismus*. Bonn 2000.
Schroeder, Mark: Value Theory. In: Edward N. Zalta (Hg.): *The Stanford Encyclopedia of Philosophy*. Summer 2012 Edition. http://plato.stanford.edu/archives/sum2012/entries/value-theory/ (18.11.2013).
Sidgwick, Henry: *The Methods of Ethics*. London [7]1907.
Singer, Peter: *Praktische Ethik*. Stuttgart 2013 (engl. 1979).
Stevenson, Charles L.: *Ethics and Language*. New Haven 1944.
–: *Goodness and Advice*. Princeton 2001.
Wright, Georg Henrik von: *The Varieties of Goodness*. London 1963.
Zimmerman, Michael J.: *The Nature of Intrinsic Value*. Lanham 2001.

Göran Hermerén
(Übersetzung aus dem Englischen von Rosa Stark)

28 Zukünftige Generationen

Die Folgen menschlichen Handelns erstrecken sich mitunter weit in die Zukunft. Angehörige späterer Generationen sind von heutigen Aktivitäten und Unterlassungen unter Umständen stark betroffen. Dies gilt insbesondere angesichts der Langzeitwirkungen technischer Innovationen sowie angesichts der langfristigen Nebenwirkungen der fortschreitenden Industrialisierung. Wenn heute über die Gefahren des Klimawandels (s. Kap. III. 24), die Vernichtung des Regenwaldes, die Lagerung radioaktiver Abfälle oder die Freisetzung gentechnisch veränderter Organismen diskutiert wird, sind dabei nachfolgende Generationen und deren Interessen stets mit im Blick. Einer verbreiteten Auffassung zufolge obliegt den heute Lebenden die moralische Pflicht, diese Interessen angemessen zu berücksichtigen und zu schützen.

Distale Langzeitwirkungen menschlichen Handelns, die die Interessen oder das Wohlergehen späterer Generationen tangieren, sind kein ausschließliches Phänomen der neueren Zeit. Bereits die antike Abholzung von Teilen des Mittelmeerraums durch die Römer, die das Holz unter anderem zum Heizen und für den Flottenbau verwendeten, wirkt sich bis heute aufgrund der dadurch verursachten Abschwemmung der Böden nachteilig auf Bewohner der betroffenen Regionen aus. Dennoch ist die Thematik der moralischen Verantwortung für zukünftige Generationen erst in jüngerer Zeit verstärkt in den Mittelpunkt des allgemeinen Bewusstseins gerückt. Grund dafür ist zum einen der rasante Zuwachs von Technologien, durch die die zeitliche Eingriffsweite menschlichen Handelns signifikant gesteigert wurde, sowie zum anderen – etwa beim CO_2-Ausstoß oder bei der Freisetzung radioaktiven Materials – das zunehmende Wissen um die möglichen Langzeitwirkungen.

Auch innerhalb der Disziplin der philosophischen Ethik ist die Thematik der moralischen Berücksichtigung zukünftiger Generationen erst seit einigen Jahrzehnten beheimatet. Erste wichtige Arbeiten auf diesem Gebiet waren John Rawls' Erörterung eines intergenerationell gerechten Spargrundsatzes (Rawls 1971, sec. 44) und die verantwortungsethische Grundlegung einer allgemeinen Zukunftsethik durch Hans Jonas (1984). In der Folge hat sich die Philosophie des Themas auf breiter Front angenommen. In den Fokus gerückt sind dabei neben *ethischen* Fragen im engeren Sinne auch *logisch-be-*

griffliche Probleme. Hierzu gehören etwa die Frage, ob Ungeborene überhaupt moralische Rechte besitzen können, und die Frage, welche logischen Besonderheiten sich ergeben, wenn gegenwärtiges Handeln nicht nur die Lebensumstände, sondern auch die *Existenz* zukünftiger Individuen determiniert.

Zum Begriff ›zukünftige Generationen‹

Der Ausdruck ›Generationen‹ ist systematisch mehrdeutig. Auf der einen Seite steht eine eher umgangssprachliche Verwendung, nach der dieser Terminus unterschiedliche Alterskohorten bezeichnet, zwischen denen jeweils Beziehungen der Eltern- bzw. der unmittelbaren Nachkommenschaft bestehen. Danach gehört eine Person (s. Kap. II. 21) P einer späteren Generation an als ihre Eltern und einer früheren als ihre eigenen Kinder. Mehrere der so verstandenen Generationen können daher zeitgleich existieren. Hiermit kontrastiert ein stärker terminologisch zugeschnittener Generationenbegriff. Er bezeichnet Gruppen von Individuen, die zu keinem Zeitpunkt simultan existieren. Geht man von dem ersten, eher umgangssprachlichen Generationenbegriff aus, lassen sich u.a. auch solche Gruppen von Individuen als ›zukünftige Generationen‹ titulieren, die zwar zum Teil noch zeitgleich mit gegenwärtig existierenden Individuen am Leben sein werden, deren zukünftige Lebensspanne jedoch die verbleibende Lebensspanne der älteren Generation heute lebender Personen zeitlich transzendiert. Nimmt man hingegen die zweite Verwendung zum Maßstab, sind mit zukünftigen Generationen stets Gruppen von Personen gemeint, die erst nach dem Tod derjenigen Individuen auf die Welt kommen werden, deren gegenwärtige Existenz den indexikalischen Bezugspunkt für die Charakterisierung ›zukünftig‹ liefert (vgl. Birnbacher 1988, 24 f.).

Im Folgenden wird von dem zweiten, stärker terminologisch geprägten Verständnis des Begriffs der zukünftigen Generationen ausgegangen. Denn nur bei diesem Konzept treten all jene begrifflichen Besonderheiten zutage, die den ethischen Diskurs, der über die Berücksichtigung der Interessen zukünftiger Generationen geführt wird, vor spezielle Herausforderungen stellen. Dies betrifft insbesondere das Problem der fehlenden Reziprozität.

Die moralische Irrelevanz zeitlicher Distanz

Ein grundlegendes Prinzip, ohne dessen Anerkennung eine adäquate moralische Berücksichtigung der Interessen und des Wohls zukünftiger Generationen nicht erfolgen kann, ist das Prinzip der moralischen Irrelevanz zeitlicher Distanz. Es schließt aus, dass die Belange zukünftiger Generationen deshalb nicht oder nicht in vollem Umfange zählen, weil die betroffenen Personen zeitlich von uns entfernt sind (Parfit 1984, 357; Birnbacher 1988, 58 f.; Gesang 2011, 135 f.; Barry 2003, 490; De-Shalit 1995, 129). Misst man dem Leiden einer Person, die in der Zukunft lebt und die z. B. an den Folgen heute freigesetzter radioaktiver Strahlung erkrankt, aufgrund der zeitlichen Distanz keine oder eine nur geringfügige Bedeutung bei, ist dies danach ebenso wenig akzeptabel wie es verfehlt ist, der Schädigung räumlich entfernter Personen – die zum Beispiel unter Waffenexporten leiden – deshalb keine oder eine bloß geringfügige Bedeutung beizumessen, weil es sich bei den Opfern nicht um direkte Nachbarn oder um Bewohner desselben Staatsgebiets handelt. Beides verstößt gegen die grundlegende Idee der Unparteilichkeit, der zufolge sowohl die räumliche als auch die zeitliche Position einer Person moralisch nicht ins Gewicht fallen. Akzeptiert man diese Norm, ergibt sich zunächst, dass auch gegenüber zukünftigen Generationen beispielsweise das moralische Gebot greift, deren elementare Lebensgrundlagen nicht zu schädigen.

Zuweilen wird die gebotene Irrelevanz zeitlicher Distanz allerdings mit einer Einschränkung versehen, die sich aus einer unterstellten zeitlichen Diskontierung zukünftigen Nutzens ergibt. Vorbild ist dabei die ökonomische Diskontrate, der zufolge der Wert eines ökonomischen Guts mit der Zeit abnimmt, da die zinsbedingte Kaufkraft einer heute verfügbaren Geldmenge entsprechend ansteigt. Die Übertragung dieses Diskontierungsgrundsatzes auf die Sphäre der Moral wird jedoch von etlichen Autoren abgelehnt, da sie auf einer fragwürdigen ökonomistischen Umdeutung nicht-ökonomischer Werte basiert (Broome 1994, sec. VI–IX; Krebs 2001, 164 f.; Birnbacher 2001, 125 f.). Das moralische Übel fremdverschuldeten Leidens ist bei unparteilicher Betrachtung offenkundig nicht deshalb geringer zu veranschlagen, weil dieses Leiden nicht heute, sondern erst in der Zukunft stattfindet.

Fehlende Reziprozität

Auch wenn der zeitlichen Distanz als solcher keine moralische Relevanz zuzuschreiben ist, mag es unter Umständen dennoch philosophische Gründe geben, weshalb moralische Pflichten sich grundsätzlich nicht auf zeitlich weit entfernte Individuen richten können. Ein potenzieller Grund hierfür ist die fehlende Reziprozität der Pflichten. Sofern nämlich die Existenz zukünftiger Generationen tatsächlich keine zeitliche Überlappung mit der Existenz gegenwärtiger Generationen aufweist, gilt, dass zukünftige Generationen durch ihre Tätigkeiten und Unterlassungen das Wohl und die Interessen gegenwärtiger Generationen nicht oder nur marginal zu tangieren imstande sind. Denn ihre Handlungskausalität kann nicht in die Vergangenheit zurückwirken. Der retroaktive Schutz der Interessen gegenwärtig lebender Menschen ist daher bestenfalls in der begrenzten Form des Schutzes vor postmortaler Rufschädigung oder der Gewährleistung der testamentarischen Willensvollstreckung möglich (Feinberg 1986, 160 ff.). Stellt man sich auf den strikt kontraktualistischen Standpunkt, dass moralische Pflichten innerhalb einer moralischen Gemeinschaft stets *gegenseitig* gelten und dem gegenseitigen Interessenschutz dienen, kann es daher keine substanziellen Pflichten gegenüber zukünftigen Generationen geben. Vertreter dieses Standpunktes müssen den moralisch geforderten Schutz der Interessen Nachgeborener dann in einen Schutz der Interessen gegenwärtig lebender Personen umdeuten, deren subjektive Wünsche und persönliche Anteilnahmen sich auf Nachgeborene richten.

Diese Problematik entfällt, wenn man die Prämisse der strikten Reziprozität moralischer Pflichten preisgibt. Für diese Preisgabe sprechen auch unabhängige systematische Gründe, wie etwa der Umstand, dass die Reziprozitätsforderung auch der Anerkennung von moralischen Pflichten gegenüber Tieren, kleinen Kindern oder geistig Schwerstbehinderten im Wege steht, die ebenfalls nicht imstande sind, reziproke moralische Pflichten zu schultern (vgl. Jonas 1984, 87; Krebs 1999, 89; Patzig 1993, 173). Besonders naheliegend erscheint der Verzicht auf Reziprozitätsforderungen dabei in einem *konsequentialistischen* moralischen Rahmen wie etwa dem des Utilitarismus: Wird die Herstellung bestimmter moralisch ausgezeichneter Weltzustände zum Ziel moralischen Handelns erklärt, und trägt das Wohl zukünftiger Generationen zur Verwirklichung dieses Weltzustandes bei, ist damit eine Pflicht zum Schutz dieses Wohls unmittelbar begründet. Aber auch eine nicht-utilitaristische Konzeption kann die moralische Forderung erheben, dafür Sorge zu tragen, dass die Lebensqualität zukünftiger Generationen nicht unter die der gegenwärtig Lebenden absinkt. Dies gilt etwa für einen teleologisch verstandenen *Egalitarismus*, der die Gleichheit der Lebensverhältnisse aller Menschen als moralisch erstrebenswerten Endzustand betrachtet.

Das Nicht-Identitäts-Problem

Geht man von der grundsätzlichen Möglichkeit aus, dass moralische Pflichten gegenüber nachgeborenen Generationen bestehen, erscheint die Pflicht, diesen Nachgeborenen keinen schweren Schaden zuzufügen – verursacht etwa durch die Zulassung einer dramatischen Klimaerwärmung –, als zentrale Pflicht. Ein vertracktes konzeptuelles Problem, das dabei jedoch auftritt, ist das sogenannte Nicht-Identitäts-Problem, das in der Ethik seit Mitte der 1980er Jahre diskutiert wird. Es basiert auf zwei Prämissen. Die erste Prämisse besteht in der plausiblen Annahme, dass die Identität einer Person essenziell von dem Zeitpunkt bzw. Zeitfenster ihrer Zeugung abhängt. Demnach gilt, dass eine Person P nicht zu einem wesentlich späteren oder früheren Zeitpunkt t' hätte gezeugt werden können, als zu jenem Zeitpunkt t, zu dem sie tatsächlich gezeugt wurde. Denn jede Person P', die zu t' gezeugt worden wäre, wäre numerisch verschieden von P. Diese Schlussfolgerung ist vor allem im Lichte der Unterstellung zwingend, dass aus einer alternativen Kombination elterlicher Ei- und Samenzellen, wie sie zu einem anderen Zeitpunkt zustande gekommen wäre, eine andere Person hervorgegangen wäre. Sie lässt sich allerdings auch unter identitätstheoretischen Prämissen aufrechterhalten, die der genetischen Identität keine tragende Rolle zusprechen (Parfit 1984, 351–355).

Die zweite Prämisse – das *two-state-requirement* (Meyer 2008, sec. 2.2) – besagt, dass die Schädigung einer Person P stets beinhaltet, dass P durch die schädigende Handlung *schlechter gestellt* wird als im alternativen Fall der Unterlassung der Schädigung. Wird nun zum Beispiel eine permissive Politik gegenüber dem Ausstoß von Treibhausgasen praktiziert, die im Ergebnis die Lebensbedingungen zukünftiger Personen verschlechtert, lässt sich anscheinend nicht ohne weiteres behaupten, die betreffenden Personen würden dadurch *geschädigt*. Denn diese wären *nicht schlechter gestellt* als im Fall einer

Politik des energischen Klimaschutzes. Eine solche alternative Politik würde nämlich die ökonomischen Rahmenbedingungen des individuellen Lebensvollzugs weltweit dergestalt verändern, dass es langfristig zu anderen elterlichen Paarbildungen und Zeugungszeitpunkten käme als im Fall der Beibehaltung der permissiven Politik. Folglich würden diejenigen Personen, die durch die Klimaschutzpolitik vor einer Schädigung bewahrt werden sollen, im Fall der Verwirklichung dieser Politik erst gar nicht geboren werden. Dementsprechend wären sie bei Beibehaltung der permissiven Politik auch nicht schlechter gestellt als *sie* es wären, wenn der Klimaschutz stattfände (vgl. hierzu Parfit 1984, 361–364).

Ein überzeugender Vorschlag zur Lösung des Problems besteht in der Zurückweisung des zugrundeliegenden relationalen Konzepts der Schädigung, das das *two-state-requirement* beinhaltet. Denn als Alternative hierzu lässt sich eine Schwelle eines minimal guten oder menschenwürdigen Lebens definieren, unter die abzurutschen für jeden Menschen einen gravierenden Schaden bedeutet (Meyer 2003, sec. III u. V; Meyer 2008, sec. 3.1 u. 4.2). Der Maßstab für die Feststellung des Schadens ist dann nicht der kontrafaktische Vergleich mit einer Situation, in der man besser gestellt wäre, sondern der Vergleich mit dem allgemeinen Standard, den die Schwelle selbst setzt (Meyer 2008, sec. 3.2). Dies bedeutet, dass auch von zukünftigen Erdenbewohnern, denen eine nachlässige Klimaschutzpolitik eine Lebensqualität unterhalb der Schwelle zumutet und die im Fall einer alternativen Politik gar nicht auf die Welt kämen, im Prinzip gesagt werden kann, dass die tatsächlich praktizierte Politik ihnen einen *Schaden* zufügt, den zu verhindern eine moralische Pflicht besteht. Die Verpflichtung, zukünftigen Generationen keinen schweren Schaden zuzufügen, lässt sich daher auch dort postulieren, wo gegenwärtiges Handeln die Identität und Anzahl zukünftiger Personen beeinflusst. Wer auch immer auf der Welt sein wird, darf nicht, so die Forderung, durch die Langzeitwirkungen unseres Verhaltens dazu verurteilt sein, ein Leben unterhalb der Schwelle zu fristen.

Rechte zukünftiger Generationen

Die zuletzt postulierte *Pflicht* lässt im Prinzip noch offen, ob ihr auch ein moralisches *Recht* auf Seiten der potenziell Geschädigten entspricht, nicht geschädigt zu werden. Ob gegenwärtige Akteure Rechte zukünftiger Personen verletzen können, ist dabei auch unabhängig von dem Nicht-Identitäts-Problem umstritten. Einige Autoren haben dies mit dem Argument negiert, nur aktual existierende Personen kämen als Träger von Rechten in Frage, die das Handeln aktueller Akteure einschränken (De George 1981; Jonas 1984, 84; für einen Überblick über diese Debatte vgl. De-Shalit 1995, 113 ff.). Hiergegen lässt sich jedoch einwenden, dass es genügt, wenn zukünftige Personen im Zukunftsabschnitt des Raum-Zeit-Kontinuums tatsächlich existieren und wenn gilt, dass die Interessen, die sie dann haben werden, von unseren Handlungen kausal affiziert werden können. In diesem Fall können wir diesen Personen verletzbare Rechte zu schreiben, die sie in der Zukunft besitzen werden und die diese Interessen schützen (Feinberg 1986, 171; Birnbacher 1988, 98–101; Meyer 2008, sec. 2.1).

Ein offenes Problem verbindet sich indes mit der Frage, ob auch zukünftige Personen, deren *Existenz* von unseren Handlungen abhängt, Rechte besitzen können, die durch eben jene Handlungen verletzt werden, dank deren diese zukünftigen Personen allererst existieren werden. Wer letzteres annimmt, mag etwa postulieren, dass die Wohlfahrtsrechte zukünftiger Menschen durch die Folgen eines nachlässigen Klimamanagements verletzt werden, das im Ergebnis zugleich zur Zeugung dieser Menschen führt. Ein Hindernis besteht darin, dass diese vermeintlichen Rechte niemals *positiv* erfüllt werden könnten, da ihre Träger laut Voraussetzung bei Unterlassung der schädigenden Handlungen gar nicht erst geboren würden (Parfit 1984, 365). Dann jedoch stellt sich die Frage, ob die Zuschreibung von entsprechenden Rechten – bzw. die mögliche Diagnose der Zufügung eines Unrechts (Kumar 2003, 112–114) – sinnvoll ist. In verschärfter Form betrifft dieses Problem das vermeintliche Recht auf Nicht-Existenz, das manche Autoren Personen zuschreiben, die de facto zu einem Leben unterhalb der Schwelle verurteilt sind und die allein durch die Verhinderung ihrer Geburt vor diesem schweren Schaden hätten bewahrt werden können (Meyer 2008, sec. 3.2). Denn im Fall der Erfüllung dieses Rechts gibt es ebenfalls niemanden, der die Rolle des Rechtsträgers übernimmt. Dies schließt freilich nicht die Anerkennung einer moralischen *Pflicht* aus, mögliche zukünftige Generationen vor einer Existenz unter unabwendbar unzumutbaren Bedingungen zu bewahren. Denn moralische Pflichten sind im Prinzip auch ohne komplementäre moralische Rechte denkbar (s. Kap. II. 8).

Wohlergehen zukünftiger Generationen und Verteilungsgerechtigkeit

Pflichten ohne korrespondierende Anspruchsrechte lassen sich grundsätzlich auch in Form von Normen *distributiver Gerechtigkeit* (s. Kap. II. 8) postulieren. Steht nicht die Forderung im Zentrum, die *Schädigung* zukünftiger Generationen zu unterlassen, sondern vielmehr das Gebot, für eine *intergenerationell gerechte Verteilung* von Wohlstand, Lebenschancen oder Gütern zu sorgen, ist es von vornherein unerheblich, ob die Identität und Existenz bestimmter zukünftiger Individuen von einer allgemeinen Praxis der Normbefolgung beeinflusst wird. Entscheidend ist dann lediglich, ob diejenigen, die zukünftig leben werden, wer auch immer dies im Einzelnen sein wird, gut genug positioniert sind, um einem Standard intergenerationeller Gerechtigkeit zu entsprechen, der zugleich die gegenwärtig Lebenden in den Blick nimmt. In der neueren Debatte werden allerdings divergierende Standards intergenerationeller Gerechtigkeit postuliert.

Nach *egalitaristischer* Auffassung ist *Gleichheit* ein zentraler Standard der Gerechtigkeit. Übertragen auf den intergenerationellen Fall bedeutet dies, dass der *relationale Vergleich* mit gegenwärtigen Generationen bestimmt, welches Quantum an Lebensgrundlagen und Lebenschancen wir zukünftigen Generationen zu hinterlassen moralisch verpflichtet sind. Der Pflicht ist danach dann genüge getan, wenn dafür Sorge getragen ist, dass Nachgeborene diesbezüglich genauso gut oder aber besser dastehen wie wir selbst (Barry 2003, 489, 493). Dies muss nicht die Weitergabe eines gleichen Anteils natürlicher Ressourcen einschließen, solange derselbe Grad des Wohlergehens zukünftig durch geeignete Substitute erreichbar ist. Eine alternative Norm intergenerationeller Gerechtigkeit entspringt hingegen einer suffizienztheoretischen *Schwellenkonzeption* der Verteilungsgerechtigkeit. Ihr zufolge ist eine Verteilungssituation dann gerecht, wenn niemand unterhalb der bereits erwähnten Schwelle eines menschenwürdigen Daseins leben muss. Dies gilt auch für die Angehörigen zukünftiger Generationen. Ist gewährleistet, dass sie die Schwelle erreichen können, spielt es keine Rolle, ob sie in diesem Fall im Vergleich zu gegenwärtigen Generationen besser oder schlechter gestellt sind (Meyer 2008, sec. 4.3; Krebs 2001, 328).

Sowohl der egalitaristische als auch der schwellentheoretische Ansatz bieten im Prinzip die Möglichkeit, die Vorsorgepflichten gegenüber zukünftigen Generationen abzumildern, sofern deren zahlenmäßige Größe und damit deren zukünftiger Ressourcenbedarf durch Geburtenkontrollen minimiert werden (Barry 2003, 496). Dem entgegen steht ein utilitaristischer Ansatz, der eine intergenerationelle Verteilung der Güter oder Lebenschancen postuliert, die den diachronen Gesamtnutzen maximiert (Birnbacher 1988, 103; Gesang 2011, 72 f.). Erfährt dieser Gesamtnutzen durch eine größere Anzahl zukünftiger Personen, für deren Wohl gesorgt ist, eine voraussichtliche Steigerung, erscheint es illegitim, den Umfang zukünftiger Generationen gezielt zu minimieren. Allerdings hat dieser Ansatz mit der unattraktiven Konsequenz zu kämpfen, dass er gegenwärtigen Generationen die umgekehrte Pflicht auferlegt, möglichst viele Nachkommen zu zeugen, solange diesen einen gutes Leben gewährt ist (Birnbacher 1988, 131 ff.).

Demokratietheoretische Probleme

Allen bisher besprochenen Pflichten, die das Wohl zukünftiger Generationen betreffen, haftet das Problem an, dass ihre politische Durchsetzung im Namen der Interessen oder Gerechtigkeitsansprüche von Individuen erfolgen muss, die als Bewohner der Zukunft nicht imstande sind, am aktuellen politischen Prozess teilzunehmen. Aus demokratietheoretischer Perspektive birgt diese Konstellation tendenziell die Gefahr eines Legitimationsdefizits entsprechender politischer Maßnahmen. Gelegentlich wird allerdings auch die Auffassung vertreten, die Rechtfertigungsfähigkeit solcher demokratischer Institutionen, die primär die Durchsetzung gegenwärtiger Konsum- und Wachstumsinteressen befördern, stoße angesichts der ökologischen Krise und der Verantwortung für zukünftige Generationen ihrerseits an eine Grenze, so dass womöglich eine autoritäre, von Expertenwissen kontrollierte Regierung vorzuziehen sei (Sherman/Smith 2007). Dem entgegen steht die These, dass mindestens eine idealtypische Verwirklichung und Vertiefung von Demokratie mit Forderungen intergenerationeller Gerechtigkeit verträglich sein könnte und dass immerhin der vorsorgende Schutz der Möglichkeit der demokratischen Selbstbestimmung auch zukünftiger Generationen nicht mit demokratischen Werten konfligiert (Rinderle 2011).

Die Fortexistenz der Menschheit

Die meisten der bisher diskutierten moralischen Pflichten mit Blick auf zukünftige Generationen implizieren kein Verbot, auf Fortpflanzung ganz zu verzichten und die Menschheit dadurch aussterben zu lassen. Hierdurch würde weder zukünftigen Individuen *geschadet* noch würden Normen der intergenerationellen *Verteilungsgerechtigkeit* verletzt. Denn beides setzt die Existenz zukünftiger Generationen voraus. Zwar würde *gegenwärtigen* Generationen geschadet, wären diese dazu verurteilt, im Alter die Unterstützung vitaler Nachkommen zu entbehren. Doch letzteres wäre aus moralischer Sicht akzeptabel, entschlössen sich alle heute Lebenden unter Inkaufnahme dieses Nachteils freiwillig zum Verzicht auf Nachkommenschaft.

Jenseits des zuvor erwähnten, wenig attraktiven utilitaristischen Prinzips der diachronen Glücksmaximierung scheint es somit schwerzufallen, genuin moralische Einwände gegen diese Art des sanften Holozids zu erheben (Feinberg 1986, 173; Patzig 1993, 177). Manche Autoren berufen sich, um das Problem zu lösen, daher auf eine Art metaphysisches Prinzip, dass eine Menschheit *sein soll* (Jonas 1984, 86–91), oder postulieren eine vernunfttheoretische Pflicht, das Überleben der Menschheit zum Zweck der langfristigen Verwirklichung einer idealen Kommunikationsgemeinschaft zu gewährleisten (Apel 1990, 38 f.). Einen Ausweg mag jedoch auch eine schwächere rationalitätstheoretische Begründung bieten, die die Offenheit für metaphysische Überlegungen mit dem Fallibilismusprinzip verknüpft: Da wir, obgleich keine belastbaren metaphysischen Anhaltspunkte dafür existieren, dass eine Menschheit sein soll, dennoch nicht ausschließen können, dass wir uns beim gegenwärtigen Stand der philosophischen Erkenntnis diesbezüglich irren, sollten wir die Fortexistenz des Menschen gewährleisten, um die grundsätzliche Chance zu wahren, dass jene skeptische Haltung, die keinen zwingenden Grund für die Existenz nachgeborener Generationen sieht, in der Zukunft eine Korrektur erfahren kann.

Literatur

Apel, Karl-Otto: *Diskurs und Verantwortung. Das Problem des Übergangs zur postkonventionellen Moral*. Frankfurt a. M. 1990.
Barry, Brian: Sustainability and intergenerational justice. In: Andrew Light/Holmes Rolston (Hg.): *Environmental Ethics. An Anthology*. Malden, Mass. 2003, 487–499.
Birnbacher, Dieter: *Verantwortung für zukünftige Generationen*. Stuttgart 1988.
–: Lässt sich die Diskontierung der Zukunft rechtfertigen? In: Ders./Gerd Brudermüller (Hg.): *Zukunftsverantwortung und Generationensolidarität*. Würzburg 2001, 117–136.
Broome, John: Discounting the future. In: *Philosophy & Public Affairs* 23/2 (1994), 128–156.
De George, Richard: The environment, rights and future generations. In: Ernest Partridge (Hg.): *Responsibilities to Future Generation: Environmental Ethics*. New York 1981, 157–165.
De-Shalit, Avner: *Why Posterity Matters. Environmental Policies and Future Generations*. London/New York 1995.
Feinberg, Joel: Die Rechte der Tiere und zukünftiger Generationen. In: Dieter Birnbacher (Hg.): *Ökologie und Ethik*. Stuttgart 1986, 140–179.
Gesang, Bernward: *Klimaethik*. Frankfurt a. M. 2011.
Jonas, Hans: *Das Prinzip Verantwortung. Versuch einer Ethik für die technologische Zivilisation* [1979]. Frankfurt a. M. 1984.
Krebs, Angelika: *Ethics of Nature*. Berlin/New York 1999.
–: Wieviel Natur schulden wir der Zukunft? Eine Kritik am zukunftsethischen Egalitarismus. In: Dieter Birnbacher/Gerd Brudermüller (Hg.): *Zukunftsverantwortung und Generationensolidarität*. Würzburg 2001, 157–183.
Kumar, Rahul: Who can be wronged? In: *Philosophy & Public Affairs* 31/2 (2003), 99–118.
Meyer, Lukas H.: Past and future. The case for a threshold conception of harm. In: Ders./Stanley L. Paulson/Thomas W. Pogge (Hg.): *Rights, Culture, and the Law. Themes from the Legal and Political Philosophy of Joseph Raz*. Oxford 2003, 143–159.
Meyer, Lukas M.: Intergenerational justice. 2008. In: *Stanford Encyclopedia of Philosophy*. 2008. In: http://plato.stanford.edu/entries/justice-intergenerational (09.12.2013).
Parfit, Derek: *Reasons and Persons*. Oxford 1984.
Patzig, Günther: Ökologische Ethik – innerhalb der Grenzen bloßer Vernunft. In: Ders.: *Gesammelte Schriften II*. Göttingen 1993, 162–185.
Rawls, John: *A Theory of Justice*. Oxford 1971.
Rinderle, Peter: Klimaschutz im Spannungsfeld von intergenerationeller Gerechtigkeit und demokratischer Legitimität. In: *Jahrbuch für Wissenschaft und Ethik* 16 (2011), 215–231.
Shearman, David/Smith, Joseph W.: *The Climate Change Challenge and the Failure of Democracy*. Westport 2007.

Sebastian Knell

III. Bioethische Themen

1 Alter/Altern

Der Ausdruck ›Altern‹ wird in zwei unterschiedlichen Bedeutungen verwendet, wobei diese sich sowohl auf Lebewesen als auch auf unbelebte Dinge beziehen können. Hier soll allerdings das Alter bzw. Altern des Menschen im Blickpunkt stehen. Erstens bezeichnet ›Altern‹ das chronologische Altern, das Älterwerden, das bereits mit dem Beginn des Lebens seinen Anfang nimmt. In diesem Sinne altern nicht nur Lebewesen, sondern im Prinzip alle Dinge. Das Alter als spezifisch menschliche Lebensphase wird allerdings erst in einem späten Stadium des Lebens zugeschrieben, wobei die genaue Grenze variiert und mitunter feinere Graduierungen vorgenommen werden, beispielsweise durch die Unterscheidung zwischen jungen und alten Alten. Zum anderen kann ›Altern‹ den Abbau oder Verlust bestimmter Fähigkeiten bzw. Eigenschaften während des Lebens bezeichnen, wobei genaugenommen auch hier – zumindest metaphorisch – Dingen wie etwa Automobilen ein solcher Prozess zugeschrieben werden kann. In Bezug auf Menschen wird üblicherweise der medizinische Begriff der Seneszenz verwendet.

Alter und Altern tauchen in bioethischen Diskussionen in erster Linie im Zusammenhang mit Verfall, Tod und Ressourcenknappheit auf (s. Kap. II. 25 und Kap. III. 18). Altern – im Sinne der Seneszenz, nicht des chronologischen Alters – gilt weithin als schlechter Zustand des menschlichen Organismus; als etwas, das es hinauszuzögern und nach Möglichkeit zu überwinden gilt. Dies bezeugen zahllose kulturelle Produkte, die den Jungbrunnen oder ähnliche Mittel gegen das Altern besingen (vgl. Post/Binstock 2004). In Situationen wiederum, in denen nicht alles medizinisch Mögliche für alle getan werden kann, erscheint es manchen plausibel, alte Menschen nachrangig zu behandeln; bis hin dazu, dass eine »Pflicht zu sterben« (Hardwig 1997; vgl. Overall 2003) gesehen wird.

Dieser negativen Einschätzung des Alters steht eine philosophische und kulturelle Tradition entgegen, die das »Lob des Alters« (Martens 2011) betreibt. Der Alterungsprozess wird als notwendiger Bestandteil eines vollständigen menschlichen Lebens gesehen, und es werden spezifische Vorteile dieser Lebensphase verzeichnet. Alt zu sein bedeutet – statistisch gesehen –, näher am Tod zu sein und auch häufiger zu erkranken als in jüngeren Jahren. Doch all dies macht das Alter als solches nicht zu einem schlechten Zustand oder gar selbst zur Krankheit. Bevor also zu den im engeren Sinne bioethischen Debatten Stellung bezogen werden kann, gilt es, die Wertigkeit des Alters kritisch zu reflektieren sowie besser zu verstehen, was das Altern im biomedizinischen Sinne der Seneszenz eigentlich ausmacht.

Biologische Erklärungen des Alterns

Es besteht unter Biologen keine Einigkeit darüber, was genau den Alterungsprozess ausmacht. Es existieren beispielsweise Theorien zur Reproduktion von Zellen, die im Verlauf des Lebens durch »fehlerhafte« Genexpression weniger effektiv abläuft. Andere Ansätze beschäftigen sich mit Telomeren und freien Radikalen im menschlichen Organismus. Grundsätzlich würde ein effektiverer Erhaltungsprozess wohl größere Energiemengen beanspruchen, die wiederum zu Lasten der sexuellen Reproduktion geschähen. Insofern scheint es einen Ausgleich zwischen individuellen Reparatur- und Reproduktionsmechanismen zu geben. Unabhängig von den denkbaren biologischen Erklärungen scheint allerdings deutlich, dass ein nicht unerheblicher Anteil des Alterns menschlicher Organismen durch Umweltfaktoren und Lebensstile verursacht wird. Auch wenn es tatsächlich wohl biologisch nicht erforderlich ist, dass die organismischen Veränderungen der Seneszenz einsetzen (Arking 2004, 91; Knell/Weber 2009), so scheint es doch eine notwendige Begleiterscheinung eines normalen menschlichen Lebens, das den Körper und die Psyche mitunter stark beansprucht.

Eine wichtige Frage in diesem Zusammenhang besteht darin, ob man die Seneszenz überhaupt als Verfall organismischer Funktionen begreifen kann; schließlich kennen wir Effekte von Mechanismen, die abhängig von biologischen Entwicklungsstufen ablaufen. Die Menopause beispielsweise gilt ab einem bestimmten Lebensalter als normaler körperlicher Prozess, keineswegs als pathologisch. Warum sollen also andere körperliche und ggf. psychische Veränderungen als Verfallserscheinungen begriffen werden, solange sie biologisch und statistisch normal sind?

Die Frage, warum es Altern gibt, richtet den Blick auf die ultimaten Ursachen des Prozesses. Heute ist dies zumeist im Sinne einer evolutionsbiologischen Erklärung gemeint. Wir wissen, dass evolutionäre Mechanismen der Variation und Selektion – und damit Adaptationsprozesse – nur dort greifen, wo Reproduktion stattfindet. Die Seneszenz trägt wesentlich mit dazu bei, dass Organismen nicht ewig leben; ein längeres Leben eines nicht mehr reproduktionsfähigen Organismus wäre keine Eigenschaft, die selektiert würde. Der Tod lässt damit – bei angenommener gleicher Ressourcenmenge – mehr Genvariationen zu.

Diese Überlegung findet sich auch unabhängig von biologischen Erwägungen in alltäglichen Erklärungen des Sinns des Alterns, die ebenfalls auf die damit verbundene Sterblichkeit fokussieren: Neues kann in erster Linie dann in die Welt gelangen, wenn das Alte abstirbt. Zusammen mit der stereotypen Annahme vom Alter als der Zeit der Rigidität und mangelnden Veränderung ergibt sich daraus eine kulturelle Wertschätzung der Seneszenz als Mittel zum Tod, der in seiner allgemeinen Sinnhaftigkeit für die Menschheit insgesamt anerkannt wird und dabei mit der gleichzeitig möglichen individuellen Ablehnung der eigenen Seneszenz und der eigenen Sterblichkeit in Spannung stehen kann.

Die Wertigkeit des Alters

Die übliche negative Bewertung des Alters speist sich zumindest teilweise aus den gesellschaftlichen Rahmenbedingungen moderner westlicher Gesellschaften, in denen alte Menschen einen vergleichsweise größeren Anteil an der Gesamtbevölkerung ausmachen, als in der lange Zeit üblichen pyramidenförmigen Verteilung der Bevölkerung über die Lebensphasen hinweg. Daraus ergeben sich höhere finanzielle Aufwände für sozialstaatliche Vorsorgesysteme, wie die medizinische Versorgung und die Renten, was als gravierendes soziales Problem und bisweilen als Ungerechtigkeit gesehen wird. Hinzu treten bestimmte Vorannahmen über psychologische Eigenschaften des Alterns, etwa eine größere Rigidität und Unaufgeschlossenheit gegenüber Neuerungen, die wiederum als Ursachen gesellschaftlicher Stagnation wahrgenommen werden. Das Alter wird so in der Summe in einen individuell und gesellschaftlich nachteiligen bzw. üblen Zustand überführt.

Doch diese wertende Aufteilung des menschlichen Lebens in Phasen, wobei das Alter als Verfallsstufe begriffen wird, ist keineswegs neu. Es gibt weit verbreitete kulturelle Zeugnisse für diese Einstellung, etwa in den sog. Lebenstreppen, die zunächst aufwärts führen, um nach dem Zenit des Lebens im Alter wieder an den unteren Punkt zu gelangen. Auch existierte lange die Vorstellung, dass der Mensch über eine gewisse Lebenskraft verfüge, die sich im Alter erschöpfe.

Gleichwohl steckt in diesen Ideen bereits eine Interpretation des Lebens als Narrativ, als eine Art kontinuierlicher Reise. So kann das Alter trotz seiner negativen Aspekte als wesentlicher Bestandteil eines vollständigen menschlichen Lebens gesehen werden. Selbst die Tuchfühlung mit dem Tod wird mitunter als etwas Gutes angesehen. Speziell in der Philosophie gilt das Alter als Lebensabschnitt, in dem eine »Nähe zum Metaphysischen« (vgl. Small 2007, 46) und eine dem Philosophieren zuträgliche Lebensweisheit verortet wird.

Inwiefern übliche Stereotypen im Blick auf das Alter berechtigt sind, müsste jeweils genauer geprüft werden. Ein Beispiel ist die Zuschreibung von Inflexibilität und Perspektivenverengung. Diese könnte allerdings anstatt als Verfallserscheinung der Offenheit gegenüber dem Neuen auch alternativ gedeutet werden als erfolgreiche, nämlich sparsame Organisation bzw. Ordnung der Erfahrung (Prado 1986, 8). Insofern erscheint es insgesamt zweifelhaft, dem Alter bestimmte wesentliche Eigenschaften zuzuschreiben. Entweder sind diese nicht generalisierbar oder es handelt sich um keine genuinen Alterscharakteristika.

Auch sollte das Alter als solches nicht als Krankheit angesehen werden, obwohl es Krankheiten gibt, die gehäuft in dieser Lebensphase auftreten. Der Grund dafür liegt allerdings nicht in der immer wieder betonten Natürlichkeit des Alterungsprozesses (vgl. Caplan 1981). Vielmehr muss das Alter – so wie der Lebensbeginn, der spezifische Funktionen des Organismus bereithält, die in späteren Lebensphasen gar nicht mehr auftreten – biologisch als Phase mit eigenen Normalwerten angesehen werden. Die Tatsache, dass ein älterer Mensch nicht mehr über die körperliche Leistungsfähigkeit eines jüngeren verfügt, bedeutet nicht, dass es sich dabei um eine pathologische Einschränkung der Funktionsfähigkeit handelt, sondern vielmehr, dass die Funktionsfähigkeit eines Organismus sich qualitativ und quantitativ verändert und entsprechend relativierte Gesundheitsstandards benötigt.

Versuche, das Alter zu besiegen

Biogerontologen erforschen die Mechanismen, welche die Seneszenz hervorrufen und steuern. Potentiell ergibt sich daraus langfristig die Möglichkeit, in den natürlichen Alterungsprozess einzugreifen. Setzt man weiterhin voraus, dass die Beseitigung des Alterns gut für Menschen sei – eine Auffassung, die gerade in ihrer allgemeinen Gültigkeit in Frage gestellt wurde –, dann hätte man einen Anlass, diese Forschung und ihre Anwendung besonders zu fördern. Einige Autoren gehen so weit, eine gesellschaftliche Pflicht zur Bekämpfung des Alterns zu konstatieren (Harris 2009; Grey 2005). Dies geschieht meist im Zusammenhang mit Argumenten zugunsten der Lebensverlängerung, denn diese erfolgt wiederum zumindest teilweise durch Komprimierung der Morbidität – mit anderen Worten, durch Verzögerung des Alterungsprozesses.

Für viele Menschen wäre in der Tat die Beseitigung nachteiliger Aspekte der Seneszenz ein erwünschtes Ziel. Ob dafür wiederum gesellschaftliche Ressourcen zur Verfügung gestellt werden müssen oder ob es ein individuelles Ziel bleibt, hängt davon ab, welche gerechtigkeitsrelevanten Ansprüche man diesbezüglich für begründet hält. Sicherlich könnte man die denkbare und bereits teilweise existierende Ungleichheit zwischen reichen »fitteren Alten« und armen »normalen Alten« für ungerecht erklären (vgl. Ehni/Marckmann 2011). Andererseits könnte man auch die als verbessernd interpretierten Eingriffe in den Alterungsprozess im Konflikt mit den inhärenten Zielen der Medizin sehen, oder sie auch als höchst riskante Interventionen in eine Art natürlicher Ordnung begreifen (Kass 1985, 299 ff.; President's Council on Bioethics 2009, 111 ff.). In dieser Sichtweise besteht ein grundlegender Unterschied zwischen den Zwecken der Krankheitstherapie und des Enhancements (s. Kap. III. 13).

Solche Hinweise auf vermeintliche inhärente Ziele der Medizin sind selbst schwer zu begründen. Darüber hinaus scheint die durchaus bestehende enge Korrelation von biologischen Alterungsprozessen und pathologischen Zuständen wie Demenzen oder Knochenbrüchen eine hinreichende argumentative Basis für die Beförderung des »Kampfs gegen das Alter« zu bieten. Schließlich sind dieser Sichtweise zufolge die entsprechenden medizinischen Maßnahmen letztlich als präventive Interventionen in Gesundheitsrisiken zu verstehen – sie stehen demnach also keineswegs im Gegensatz zu traditionellen Zielen der Medizin. Diese Argumentation, die eher auf die mit dem Alter korrelierten Krankheiten als auf die Seneszenz als solche fokussiert, hat sicherlich einen gewissen Plausibilitätsgrad; allerdings sind die bisher erreichten Erfolge der entsprechenden biogerontologischen Forschung eher bescheiden und wir sind sicherlich weit entfernt von dem mitunter herbeigesehnten »posthumanen« Zeitalter, also der Überwindung der menschlichen Vulnerabilitäten.

Abhängigkeit und Vulnerabilität

Die Seneszenz geht mit Veränderungen menschlicher Fähigkeiten einher, die zu größerer Anfälligkeit für Verletzungen und Krankheiten führen. Diese Entwicklungen wiederum stellen das verbreitete Ideal des selbstbestimmten, unabhängigen Lebens für ältere Menschen regelmäßig in Frage; auch wenn es natürlich Einzelne gibt, die diesem Ideal bis ins hohe Alter gerecht werden. Statt aber diese normalen Entwicklungen zu größerer Abhängigkeit und Vulnerabilität als Prozess des Verfalls und des Niedergangs eines guten Lebens zu sehen, könnte man eine Veränderung der Lebensideale vornehmen (s. Kap. III. 45). Unabhängig davon, ob das verbreitete Ideal der unabhängigen, individuellen Selbstbestimmung überhaupt ein geeignetes menschliches Ziel darstellt, muss man fragen, warum es als solches ein Übel sein sollte, auf die Unterstützung anderer Menschen angewiesen zu sein.

In der bioethischen Debatte werden solche Überlegungen in erster Linie an dem weit verbreiteten Prinzip der Achtung von Autonomie deutlich. Wo Autonomie, hier verstanden als Selbstbestimmung, Fähigkeiten verlangt, die im Alter nicht mehr im gleichen Maße vorhanden sind, da wäre es sicherlich nicht angemessen, das entsprechende moralische Prinzip als nicht mehr anwendungsfähig anzusehen und etwa paternalistisch über die vermeintlich inkompetenten, alten Personen (s. Kap. II. 21) zu bestimmen. Vielmehr wird es notwendig, das Ideal der Autonomie hinsichtlich der veränderten Bedingungen anzupassen. Einige Bioethiker sind daher dazu übergegangen, den Begriff der relationalen Autonomie sowie allgemein die Ethik von Beziehungen und Vulnerabilitäten näher zu untersuchen (vgl. Conradi 2001; MacKenzie/Stoljar 2000).

Das Alterskriterium bei der Ressourcenzuteilung

In den bioethischen Diskussionen über die Priorisierung und Rationierung von Gesundheitsleistungen wird immer wieder das Kriterium des Alters eingebracht. Dabei ist darauf zu achten, dass hier üblicherweise das chronologische Alter gemeint ist, nicht die Lebensphase der Seneszenz. Das heißt, dass in dieser Argumentation nicht etwa das Alter als grundsätzlich schlechter als andere Lebensphasen bewertet werden muss, sondern die Begründung von Altersrationierung zielt darauf ab, dass ein menschliches Leben ab einem bestimmten Zeitpunkt als lang genug gelten kann. Man kann dieser Art der Argumentation daher auch nicht pauschal den Vorwurf machen, diskriminierend vorzugehen, also in unbegründeter bzw. willkürlicher Weise eine Ungleichbehandlung vorzuschlagen (s. Kap. II. 5). Dem Anspruch nach ist vielmehr diese Position eine, die sich aus fairen und rationalen Überlegungen nachvollziehbar für alle ergibt.

Norman Daniels (2003) beispielsweise begründet eine solche Position mit Hilfe eines Modells von John Rawls, das eine faire Ausgangsposition definiert und daraus auf der Grundlage von vernünftigen individuellen Interessen ein Gerechtigkeitsprinzip ableitet. Demzufolge würde man in einer solchen fairen Position, in der man weder über sein Alter noch seinen Gesundheitsstatus informiert ist, medizinische Ressourcen über die eigene Lebensspanne so verteilen, dass sie im Alter in vergleichsweise geringerem Ausmaß zur Verfügung stehen. Dies ist gewissermaßen die Perspektive des rationalen Versicherers von Gesundheitsrisiken, und es wird dabei keineswegs eine diskriminierende Benachteiligung alter Menschen produziert (vgl. Huster 2010). Zu einem ähnlichen Ergebnis, wenn auch über einen anderen Begründungsweg, der sich an der stärker umstrittenen Natürlichkeit einer menschlichen Lebensspanne orientiert, kommt Daniel Callahan (1995).

Tatsächlich spielt das Lebensalter zumindest indirekt in der medizinischen Ressourcenverteilung eine Rolle, da in den sog. QALYs (*Quality-Adjusted-Life-Years*), die eine medizinökonomische Grundlage für Verteilungsentscheidungen darstellen, die zu erwartenden Lebensjahre aufgenommen sind, die wiederum unter sonst gleichen Bedingungen im Alter in geringerem Ausmaß erwartet werden können. Genau an dieser Form der indirekten und in der Begründung willkürlich wirkenden Weise, das Alterskriterium in Überlegungen der medizinischen Gerechtigkeit zu integrieren, hat sich entsprechend Kritik entzündet (Harris 1988).

Weitere Fragen

Das Alter und der biologische Prozess des Alterns werden in bioethischen Kontexten meist im Zusammenhang mit Ressourcenfragen diskutiert, etwa in Bezug auf Ansprüche zur Linderung von Alterungserscheinungen durch medizinische Eingriffe. Unabhängig von den bisher wenig ergiebigen tatsächlichen Möglichkeiten der Anti-Aging-Medizin führt die Perspektive auf mögliche Verbesserungen zu wesentlichen Einschränkungen des Blickfelds. Denn zunächst muss gefragt werden, ob und ggf. in welcher Weise das Altern schlecht für den Betroffenen selbst ist. Eine bloß voraussetzende Identifikation von Seneszenz und Übel ist nicht angemessen.

Auch in Bezug auf das chronologische Alter stehen Ressourcenprobleme im Vordergrund; hier geht es um mögliche Beschränkungen von medizinischen Leistungen am Ende des Lebens. Obwohl diese Art der Einschränkung unter einen verbreiteten Diskriminierungsvorwurf gerät, scheint die einschlägige Debatte unter Bedingungen eingeschränkter Ressourcen weit wichtiger als der angeblich plausible Kampf gegen das biologische Alter. Schließlich könnte auch die Anti-Aging-Perspektive diskriminierenden Vorurteilen aufsitzen.

Literatur

Arking, Robert: Aging and the aged. I. Theories of aging and life extension. In: Stephen G. Post (Hg.): *Encyclopedia of Bioethics*. New York ³2004, 89–98.

Callahan, Daniel: *Setting Limits. Medical Goals in an Aging Society with »a Response to my Critics«* [1987]. Washington, DC ²1995.

Caplan, Arthur L.: The ›unnaturalness‹ of aging – a sickness unto death? In: Ders./H. Tristram Engelhardt, Jr./James J. McCartney (Hg.): *Concepts of Health and Disease*. Reading 1981, 725–737.

Conradi, Elisabeth: *Take Care: Grundlagen einer Ethik der Achtsamkeit*. Frankfurt a. M. 2001.

Daniels, Norman: Die kluge Lebensplanung als Modell der Gerechtigkeit zwischen den Generationen. In: Georg Marckmann/Paul Liening/Urban Wiesing (Hg.): *Gerechte Gesundheitsversorgung: Ethische Grundpositionen zur Mittelverteilung im Gesundheitswesen*. Stuttgart 2003 (engl. 1993), 212–235.

Ehni, Hans-Jörg/Marckmann, Georg: Medizinische Eingriffe in den biologischen Alterungsprozess als möglicher Bestandteil einer gerechten Gesundheitsversorgung. In: Giovanni Maio (Hg.): *Altwerden ohne alt zu*

sein? Ethische Grenzen der Anti-Aging Medizin. Freiburg 2011, 194–216.
Grey, A. D. N. J. de: Life extension, human rights, and the rational refinement of repugnance. In: *Journal of Medical Ethics* 31 (2005), 659–663.
Hardwig, John: Is there a duty to die? In: *Hastings Center Report* 27/2 (1997), 34–42.
Harris, John: More and better justice. In: J. M. Bell/Susan Mendus (Hg.): *Philosophy and Medical Welfare.* Cambridge 1988, 75–96.
–: Enhancements are a moral obligation. In: Julian Savulescu/Nick Bostrum (Hg.): *Human Enhancement.* Oxford 2009, 131–154.
Huster, Stefan: Altersrationierung im Gesundheitswesen: (Un-)Zulässigkeit und Ausgestaltung. In: *Medizinrecht* 28 (2010), 369–372.
Kass, Leon R.: *Toward a More Natural Science: Biology and Human Affairs.* New York 1985.
Knell, Sebastian/Weber, Marcel: *Menschliches Leben.* Berlin 2009.
MacKenzie, Catriona/Stoljar, Natalie (Hg.): *Relational Autonomy: Feminist Perspectives on Autonomy, Agency, and the Social Self.* Oxford 2000.
Martens, Ekkehard: *Lob des Alters: Ein philosophisches Lesebuch.* Mannheim 2011.
Overall, Christine: *Aging, Death, and Human Longevity.* Berkeley 2003.
Post, Stephen G./Binstock, Robert H. (Hg.): *The Fountain of Youth: Cultural, Scientific, and Ethical Perspectives on a Biomedical Goal.* New York 2004.
Prado, C. G.: *Rethinking How We Age. A New View of the Aging Mind.* Westport 1986.
President's Council on Bioethics: Körper, die nicht altern. In: Sebastian Knell/Marcel Weber (Hg.): *Länger leben? Philosophische und biowissenschaftliche Perspektiven.* Frankfurt a. M. 2009 (engl. 2003), 77–116.
Small, Helen: *The Long Life.* Oxford 2007.

Thomas Schramme

2 Arzneimittel

Arzneimittel als Gegenstand der Ethik

Der Fortschritt der modernen Medizin ist zu einem großen Anteil dem Umstand zu verdanken, dass sie zunehmend über Arzneimittel verfügt, d. h. über Mittel, die angewendet werden um physiologische Funktionen »durch eine pharmakologische, immunologische oder metabolische Wirkung wiederherzustellen, zu korrigieren oder zu beeinflussen oder eine medizinische Diagnose zu erstellen« (AMG, § 2). Anhand ihres besonderen Zwecks und Verwendungskontextes innerhalb der Medizin sind Arzneimittel von Drogen, Lebensmitteln und Kosmetika zu unterscheiden, wenngleich die Grenzen dieser Unterscheidung veränderlich und nicht immer trennscharf zu ziehen sind. Da Arzneimittel in dieser Bestimmung Mittel zur Erreichung medizinischer Zwecke darstellen, behandelt die Ethik der Arzneimittel vorrangig die veränderten Risiken, Möglichkeiten und Ungerechtigkeiten, die mit ihrer Erzeugung, mit ihrer Verfügbarkeit und mit ihrer Verteilung einhergehen.

In Bezug auf Arzneimittel lassen sich demnach drei zentrale Handlungsfelder benennen, auf denen unterschiedliche ethische Herausforderungen auftreten. Diese betreffen erstens die Herstellung von Arzneimitteln, zweitens die Anwendung von Arzneimitteln, sowie drittens ihre Bereitstellung, bzw. die Versorgung mit Arzneimitteln. In all diesen Bereichen besteht eine der grundlegenden ethischen Fragen in der Verhältnisbestimmung von wirtschaftlichen Privatinteressen seitens der pharmazeutischen Industrie einerseits und individuellen und gesellschaftlichen Gesundheitsansprüchen andererseits. Denn Arzneimittel gewinnen nicht nur in medizinischer, sondern auch in wirtschaftlicher Hinsicht an Bedeutung. So machen die Aufwendungen für Arzneimittel, die jährlich mehr als 45 Mrd. Euro betragen, ca. ein Sechstel der gesamten Gesundheitsausgaben innerhalb Deutschlands aus (Statistisches Bundesamt 2013, 13). Gegenwärtige politische Steuerungsüberlegungen konzentrieren sich daher auf den Zusammenhang von wirtschaftlichen Kosten und gesundheitlichem Nutzen neuer Arzneimittel.

Die legitime Erzeugung von Arzneimitteln

Der erste Bereich ethischer Erwägungen betrifft die Beurteilung derjenigen Handlungen, die erforderlich sind, um über Arzneimittel zu verfügen, insbesondere die Forschung an oder nach Arzneimitteln und ihre klinische Prüfung. Im pharmakologischen Forschungshandeln stellen sich ethische Fragen v. a. hinsichtlich der Bedingungen der zulässigen Anwendung von zu Arzneimitteln tauglichen Wirkstoffen an Tieren (s. Kap. III. 43), sowie ihrer Erprobung am Menschen, weil diese meist nicht oder zumindest nicht allein der Diagnose, Heilung, Vorbeugung oder Linderung von Krankheit dient, sondern teilweise oder vollständig einem Erkenntnisgewinn, der anderen Personen (s. Kap. II. 21) oder Personengruppen als den Beteiligten zugutekommt (s. Kap. III. 14).

Sowohl bei sog. Humanexperimenten (Heubel 2003) als auch bei Heilversuchen, die mit einem Erkenntnisfortschritt verbunden sind, besteht aus ethischer Sicht das Bedenken der möglichen Instrumentalisierung (s. Kap. II. 17) von Probanden und Patienten, da sie dem Risiko einer Schädigung ausgesetzt werden, von dem nur oder zumindest auch andere Patienten, Forschende oder wirtschaftliche Akteure profitieren. Da wirtschaftliche Interessen der pharmazeutischen Industrie von den unmittelbaren gesundheitlichen Interessen von Patienten und Probanden mitunter abweichen, findet Arzneimittelforschung innerhalb eines rechtlichen und sozialen Normenrahmens statt, der Sicherheit und Transparenz des Forschungshandelns gewährleisten soll. Insbesondere vor dem Hintergrund historischer Erfahrungen hat sich in Deutschland ein vergleichsweise restriktives System der Zulassung von Forschungsvorhaben mit hohen Anforderungen hinsichtlich der vertretbaren Risiken, der Aufklärung und der Sicherstellung der freiwilligen Einwilligung etabliert (s. Kap. II. 10). So müssen zur Zulassung eines Wirkstoffs zu einer Arzneimittelprüfung eine Reihe von Bedingungen gewährleistet sein: es hat eine vorklinische toxikologische Prüfung vorzuliegen, die Beteiligten müssen aufgeklärt werden, einwilligen und Gewissheit darüber haben, dass sie jederzeit die Teilnahme abbrechen können, es dürfen keine außergewöhnlichen Abhängigkeitsverhältnisse vorliegen etc. (AMG, § 40). In allen Fällen nehmen Ethikkommissionen eine Beurteilung klinischer Forschungsvorhaben vor (s. Kap. IV. 5).

Herausforderungen ethischer Art bereiten in diesem Bereich v. a. die Forschung und klinische Prüfung in Patientengruppen, deren Mitglieder nur eingeschränkt oder überhaupt nicht einwilligungsfähig sind, wie z. B. Kinder oder die Betroffenen von Erkrankungen, die mit einer vorübergehenden oder dauerhaften Einschränkung der Fähigkeit zur Selbstbestimmung einhergehen. Da diese Patientengruppen gleichwohl mitunter spezifischer Arzneimittel bedürfen, stellt der Verzicht auf ihre Einbeziehung in die klinische Forschung mangels erforderlicher Einwilligung (s. Kap. III. 10) keine vertretbare Alternative dar. Risiken und Belastungen werden in diesen Fällen über die mutmaßliche Einwilligung oder einen direkten oder indirekten Nutzen für betroffene Patienten gerechtfertigt (AMG, § 41). Außerdem gelten hier besondere Einschränkungen hinsichtlich des Umfangs der innerhalb der Forschung zulässigen Eingriffe. Eine der grundlegenden ethischen Fragen ist in diesem Zusammenhang, ob ein lediglich gruppenspezifischer Nutzen für die Betroffenen einer bestimmten Erkrankung die Forschung an nicht einwilligungsfähigen Patienten rechtfertigt.

Die verantwortungsvolle Anwendung von Arzneimitteln

Ein davon zu unterscheidender Bereich ethischen Überlegens betrifft den Umgang mit zugelassenen Arzneimitteln. An diesem Punkt liegen bereits Erkenntnisse über die grundsätzliche Wirksamkeit und Verträglichkeit eines Arzneimitteltyps vor. Gleichwohl ist dies nicht hinreichend für die ethische Beurteilung der einzelnen Anwendung.

Zunächst stellen sich hier ethische Fragen der individuellen Abwägung medizinischer Vorteile gegen mögliche oder zu erwartende Belastungen. Gerade der Einsatz neuer Medikamente birgt mitunter Unsicherheiten und Nebeneffekte in sich, die insbesondere schwer Erkrankte, für die nicht-standardisierte Therapieformen die *ultima ratio* darstellen, kaum beurteilen können (Rippe 1998). In diesen Fällen sind besondere Verpflichtungen seitens der Pharmazie und der Medizin zu beachten, deren Vertreter die problematische Entscheidungssituation von Patienten zu berücksichtigen haben (Campbell 1996; Edgar 2002). Solche Ausnahmefälle zeigen das grundsätzlichere Problem auf, dass Patienten – und unter Umständen auch Mediziner – die Wirkungsweise von Arzneimitteln nicht vollständig einzuschätzen vermögen. Vermarktungsstrategien, die dies ausnutzen, sind im Fall von Arzneimitteln ethisch problematischer als im Fall weniger bedeutsamer Konsumgüter.

Wiederum gilt es hier zu verhindern, dass privatwirtschaftliche Erwägungen ethisch illegitimen Einfluss auf medizinische Therapieentscheidungen nehmen (s. Kap. II. 12).

Weiterhin können sich in der Anwendung von Arzneimitteln Konflikte zwischen der öffentlichen Gesundheit und der individuellen Selbstbestimmung ergeben. Auf dieser Grundlage werden etwa Impfverpflichtungen diskutiert (Marckmann 2010). Da die Impfung von Personen auch die Gesundheit dritter betrifft, ist hier ihre körperliche Integrität gegen Gesundheitsansprüche der Gemeinschaft abzuwägen. In besonderer Weise stellt sich die Frage der Zulässigkeit von Impfverpflichtungen bei Beschäftigten in der Gesundheitsversorgung. Denn mit der spezifischen beruflichen Stellung von medizinischem und pflegerischem Personal ist womöglich nicht nur ein besonderer Anspruch auf, sondern auch eine besondere Verpflichtung zur Impfung verbunden, etwa zum Schutz immunkomprimierter Patienten in Krankenhäusern und in der Pflege (van Delden et al. 2008).

Schließlich betrifft die Ethik der Arzneimittel diejenigen Wirkstoffe, die sich in einem Grenzbereich medizinischer Indikation und menschlicher Verbesserung befinden (Talbot 2009). So betrifft die ethische Beurteilung des sog. Enhancement (s. Kap. III. 13) u. a. den Umgang mit Mitteln, die primär oder ursprünglich als Arzneimittel angewendet werden oder wurden, aber gleichwohl als Rauschmittel oder zur Leistungssteigerung (s. Kap. III. 11) Verwendung finden. Die unterschiedlich strikte Abgabe von freiverkäuflichen, apothekenpflichtigen und verschreibungspflichtigen Medikamenten und von Betäubungsmitteln dient dazu, Formen selbstschädigenden oder gesellschaftlich bedenklichen Missbrauchs von Arzneimitteln vorzubeugen, zum Teil auf Grundlage paternalistischer Argumente.

Die gerechte Bereitstellung von Arzneimitteln

Der dritte Bereich ethischer Auseinandersetzung betrifft die Abwägungen, die mit der gleichzeitigen Dringlichkeit des Bedarfs an Arzneimitteln und ihrer begrenzten Verfügbarkeit verbunden sind. Die Bereitstellung von Arzneimitteln ist aus ethischer Perspektive primär ein Verteilungsproblem. Allerdings verdient dieses Problem eine gesonderte Betrachtung, weil es sich von anderen Gerechtigkeitsfragen der Bereitstellung von Gesundheitsleistungen unterscheidet. Die Debatte bezüglich der Bereitstellung von Arzneimitteln teilt mit anderen ethischen Fragen der öffentlichen Gesundheit das grundsätzliche Bedenken, inwieweit gesundheitsbezogene Güter über Märkte als Waren bereitgestellt werden sollten. Insbesondere sind hier jedoch Argumente für und wider die Aufrechterhaltung einer wirtschaftlichen Knappheit um des medizinischen Fortschritts Willen zu diskutieren.

Dem gegenwärtigen Verteilungsmechanismus von Arzneimitteln liegt eine gesamtgesellschaftliche Überlegung zugrunde, die mitunter als implizite Vereinbarung zwischen Gesellschaft und pharmazeutischer Industrie beschrieben wird (Koski 2005 spricht von einem *grand bargain*). Arzneimittel sind für eine Bereitstellung über Märkte insofern ungeeignet, als sie extrem hohe Initialinvestitionen erfordern. Da es besonders aufwendig ist, pharmakologische Wirkstoffe zu identifizieren, zu isolieren, und als verträglich zu erweisen, ist die Arzneimittelfindung und -zulassung im Vergleich zur letztendlichen Herstellung und Bereitstellung von Arzneimitteln außerordentlich kostenintensiv und der wirtschaftliche Erfolg von Forschungsinvestitionen zunächst ungewiss. Aus diesem Grund werden pharmazeutische Innovationen durch Patente geschützt (s. Kap. III. 32). Den Herstellern von Arzneimitteln ist damit eine Zusicherung gegeben, dass allein sie ein von ihnen entdecktes oder geschaffenes Medikament anbieten dürfen. Die daraus resultierende Monopolstellung von Arzneimittelherstellern schafft Anreize für Innovation. Denn die Bereitstellung neuer Medikamente ist lukrativ, weil – sobald ein markttaugliches Medikament herstellungsreif ist – aufgrund ausbleibender Konkurrenz ein vergleichsweise sicherer Absatz zu einem sicheren Preis zu erwarten ist. Gleichzeitig sorgt die Bereitstellung über Märkte nach Ablauf eines Patents für ein Arzneimittel, dass es nahezu zu den Herstellungskosten bereitgestellt werden kann, wenn Generikahersteller in den Markt eintreten. In der Bereitstellung von Arzneimitteln wird also auf die Verteilungs- und Innovationswirkung von Marktprozessen gebaut, die in Form von Patenten, öffentlichen Forschungsmitteln, Abnahmegarantien etc. strukturiert werden.

Die Patentlösung in der Bereitstellung von Arzneimitteln bringt zwei ethische Probleme mit sich, in denen jeweils eine Unter- oder Fehlversorgung entsteht. Dies ist einerseits die Zurückstellung bestimmter Krankheiten durch die pharmazeutische Industrie (Marckmann 2008; Pogge 2005) und andererseits der Ausschluss von Personen vom Zugang zu bereits verfügbaren Medikamenten aufgrund ihrer wirtschaftlichen Stellung.

Neben der Frage, in welcher Form und unter welchen Bedingungen pharmakologische Forschung ethisch zulässig ist, stellt sich die gesellschaftliche Verteilungsfrage, welche Krankheiten primärer Gegenstand pharmakologischer Forschung sein sollten. Dies betrifft *vernachlässigte* Krankheiten einerseits und *seltene* Krankheiten andererseits. Vernachlässigte Krankheiten sind solche, für die unzureichender Fortschritt in der Erforschung geeigneter Wirkstoffe besteht, weil sie ausschließlich Verbreitung in wirtschaftlich schwachen Regionen oder sozialen Schichten aufweisen. Damit ist nicht zwingend gemeint, dass erforderliche Forschungs- und Herstellungskosten nicht zu decken sind. Aber womöglich verspricht der Einsatz begrenzter Forschungsmittel an anderer Stelle höhere Erträge. Dieses Problem ist primär ein globales Gerechtigkeitsproblem und betrifft z. B. tropische Krankheiten (WHO 2010), aber auch Krankheiten, die in wirtschaftlich entwickelten Regionen der Welt kaum noch vorkommen, weshalb vorhandene Wirkstoffe nicht weiterentwickelt werden. Zum Teil ist die durch diese Krankheiten entstehende Krankheitslast, etwa im Fall von Cholera oder Tuberkulose, enorm hoch. Die Kritik am gegenwärtigen Bereitstellungssystem für Arzneimittel richtet sich v. a. gegen Arrangements zur Sicherung von Patentrechten, welche die Unterversorgung mit essentiellen Arzneimitteln innerhalb der sich entwickelnden Welt befördern. In der neueren Literatur werden einige Instrumente diskutiert (MSF 2003; Banerjee et al. 2010), die auf Grundlage des bestehenden Marktmechanismus veränderte Patentanreize vorschlagen, um die Forschung nach vernachlässigten Krankheiten zu fördern.

Von den vernachlässigten Krankheiten sind seltene Krankheiten zu unterscheiden, die unabhängig von sozioökonomischen Faktoren eine geringe Prävalenz aufweisen. Die ethische Frage, welche Forschungsmittel für die Bekämpfung seltener Krankheiten aufzuwenden sind, stellt sich daher nicht nur global, sondern auch im engeren innergesellschaftlichen Maßstab. Während sich die geringere Chance auf Versorgung mit Arzneimitteln für Personen mit seltenen Krankheiten unter Umständen über konkurrierende Ansprüche Dritter ethisch begründen lässt (s. Kap. III. 35), weil begrenzte Forschungsressourcen an anderer Stelle weitaus größere Gesundheitseffekte erzielen, wird die Unverfügbarkeit von Arzneimitteln allein aufgrund privatwirtschaftlicher Erwägungen meist kritisch beurteilt.

Das Verteilungsproblem stellt sich nicht nur in der Erforschung von, sondern auch im Zugang zu Arzneimitteln. So werden Therapieformen für HIV/AIDS in den westlichen Industrienationen beständig weiterentwickelt, vorhandene Präparate aber etwa im subsaharischen Afrika zum Teil aufgrund ihres hohen Preises nicht eingesetzt. Eine fundamentalere Kritik an der Wirkungsweise des Markt- und Patentsystems innerhalb der Bereitstellung von Arzneimitteln betrifft dementsprechend nicht allein fehlgeleitete Entwicklungsanreize, sondern kritisiert den Ausschluss vom Zugang zu Arzneimitteln aufgrund mangelnden Einkommens. Gemäß dieser Kritik verbietet es der grundlegende Anspruch auf Gesundheit und die damit verbundene besondere Bedeutung gesundheitsbezogener Güter, die Verteilung von Arzneimitteln von Marktprozessen abhängig zu machen und Gesundheitsbedürfnisse als gewöhnlichen Gegenstand ökonomischer Gewinnerwägung zu behandeln. Wenn Gesundheit als Bestandteil oder Bedingung der Verwirklichung zentraler ethischer Ansprüche angesehen wird, entsteht eine ethische Abwägungsfrage zwischen geistigem Eigentum und elementaren Gesundheitsansprüchen, mit der die Verteilungswirkungen und -prinzipien des gegenwärtigen Bereitstellungssystems zumindest bedenklich erscheinen. Selbst wenn die auf dem Pharmamarkt erzielten Erträge Forschungsinvestitionen vergüten und Forschungsanreize setzen, stellt sich die Frage, in welchem Umfang Gewinne mit teils dringlich benötigten Arzneimitteln zu rechtfertigen sind, und wie die entsprechenden Kosten zu verteilen sind. Aus diesem Grund fordern Kritiker, die diesen Einwand formulieren, eine grundlegendere Neuaushandlung des impliziten Abkommens zwischen Gesellschaft und pharmazeutischer Industrie.

Literatur

Banerjee, Amitava/Hollis, Aidan/Pogge, Thomas: The health impact fund: incentives for improving access to medicines. In: *The Lancet* 375 (2010), 166–69.

Campbell, Courtney/Constantine, George: The normative principles of pharmacy ethics. In: Bruce Weinstein (Hg.): *Ethical Issues in Pharmacy*. Vancouver 1996, 29–66.

Delden, Johannes van/Ashcroft, Richard/Dawson, Angus/Marckmann, Georg/Upshur, Ross/Verweij, Marcel: The ethics of mandatory vaccination against influenza for health care workers. In: *Vaccine* 26 (2008), 5562–5566.

Edgar, Andrew: Physician choice or patient choice: ethical dilemmas in science and politics. In: Sam Salek/Andrew Edgar (Hg.): *Pharmaceutical Ethics*. West Sussex 2002, 97–109.

Heubel, Friedrich: Humanexperimente. In: Marcus Düwell/ Klaus Steigleder (Hg.): *Bioethik. Eine Einführung*. Frankfurt a. M. 2003, 323–332.

Koski, Edward: Renegotiating the grand bargain. Balancing prices, profits, people, and principles. In: Michael Santoro/Thomas Gorrie (Hg.): *Ethics and the Pharmaceutical Industry*. New York 2005, 393–403.

Marckmann, Georg: Ausrichtung von Forschung und Entwicklung in der Pharmaindustrie: Keine Chance für seltene und Dritte-Welt-Erkrankungen? In: Peter Koslowski/Aloys Prinz (Hg.): *Bittere Arznei. Wirtschaftsethik und Ökonomik der pharmazeutischen Industrie*. München 2008, 71–82.

–: Impfprogramme. Ethische Fragen. In: Daniel Streich/Georg Marckmann (Hg.): *Public Health Ethik*. Berlin 2010, 173–189.

MSF (Médecins Sans Frontières): Drug patents under the spotlight. sharing practical knowledge about pharmaceutical patents. 2003. In: http://apps.who.int/medicinedocs/pdf/s4913e/s4913e.pdf (30.06.2013).

Pogge, Thomas: Medizinischer Fortschritt auch für die Armen. Ein neues Anreizsystem für pharmazeutische Innovation. In: *Jahrbuch für Wissenschaft und Ethik*, Bd. 10. Berlin/New York 2005, 115–127.

Rippe, Klaus Peter: Individuelle Therapieversuche in der Onkologie. Wo liegen die ethischen Probleme? In: *Ethik in der Medizin* 10 (1998), 91–105.

Statistisches Bundesamt: Gesundheit. Ausgaben. Fachserie 12, Reihe 7.1.1. 2013. In: https://www.destatis.de/DE/Publikationen/Thematisch/Gesundheit/Gesundheitsausgaben/AusgabenGesundheitPDF_2120711.pdf?__blob=publicationFile (30.06.2013).

Talbot, Davinia: Pharmakologisches Enhancement – Eine Einführung in nichtmedizinische Anwendungen von Arzneimitteln zu Verbesserungszwecken. In: Wolfram Eberbach/Kathrin Janke/Hans-Jürgen Kramer/Albrecht Wienke (Hg.): *Die Verbesserung des Menschen. Tatsächliche und rechtliche Aspekte der wunscherfüllenden Medizin*. Berlin 2009, 69–78.

WHO (World Health Organization): Working to overcome the global impact of neglected tropical diseases. First WHO report on neglected tropical diseases. 2010. In: http://whqlibdoc.who.int/publications/2010/9789241564090_eng.pdf (30.06.2013).

Simon Derpmann

3 Ärztliche Berufsethik

Die Notwendigkeit einer ärztlichen Berufsethik

Wenn man die Frage beantworten will, warum es überhaupt einer Berufsethik für Ärzte bedarf, so fällt zunächst ins Auge, dass es sie immer gegeben hat. Die Medizin hat sich – soweit wir sie kennen – stets auch zum Verhalten ihrer Berufsmitglieder geäußert, sei es zum Verhalten untereinander oder gegenüber anderen Menschen, insbesondere Patienten. Die Frage nach einer ärztlichen Berufsethik kann mit dem über 2000 Jahre alten Hippokratischen Eid auf eine eindrucksvolle Geschichte zurückblicken.

Doch die Frage nach dem ›warum‹ einer ärztlichen Berufsethik lässt sich nicht allein durch Verweis auf die Geschichte beantworten. Reicht es nicht von einem Arzt in moralischer Hinsicht zu fordern, was ohnehin von jedem Bürger zu fordern ist? Offensichtlich nicht, wenn man sich beispielsweise das erwartete Verhalten eines Arztes und eines Bürgers angesichts einer akuten Erkrankung vergleichend vor Augen führt. Die Sachgegebenheiten und spezifischen Bedingungen ärztlichen Handelns sprechen dafür, das Verhalten eines Arztes mit Normen zu regulieren, die an Personen außerhalb des Berufsstandes heranzutragen unangemessen wäre. Demnach ist die Frage nach besonderen Normen für einen bestimmten Berufsstand nicht von vornherein sinnlos.

In begründungstheoretischer Hinsicht stellt sich die Frage, ob es zu einer ärztlichen Berufsethik besonderer moralischer Prinzipien bedarf. Diese Notwendigkeit besteht nicht, zumal sich besondere moralische Prinzipien ethisch schwerlich ausweisen ließen. Die allgemeine Moral und ein Berufsethos (s. Kap. II.7) beruhen auf den gleichen moralischen Prinzipien; sie können den Betroffenen jedoch durchaus unterschiedliches Verhalten vorschreiben. Dies lässt sich mit der weithin akzeptierten Formel erklären »Ärztliche Ethik ist keine besondere Ethik, sondern die Ethik für ein Handeln in besonderen Situationen« (vgl. Birnbacher 1993; Wieland 1986), ohne dass außergewöhnliche moralische Prinzipien für ärztliches Handeln beansprucht und begründet werden müssten.

Der Einfluss der Medizin und die Ungewissheit der ärztlichen Handlung

Zu einer begründeten und inhaltlich ausgewiesenen ärztlichen Berufsethik muss man sich vorab einige Merkmale der ärztlichen Handlung und des ärztlichen Berufes vor Augen führen. Zunächst einmal ist festzuhalten, dass die Medizin, ausgeübt durch Ärzte, einer der wirkmächtigsten Tätigkeiten in den modernen Gesellschaften ist. Ihr Einfluss auf fast alle Lebensbereiche sowie auf die Lebenserwartung und Lebensqualität ist so bedeutend, dass manche Diagnostiker unserer Zeit schon von ›medikalisierten Gesellschaften‹ sprechen. Zudem genießt der ärztliche Berufsstand durchweg höchstes Ansehen in der Bevölkerung. Dabei ist die ärztliche Tätigkeit erstaunlicherweise in mehrfacher Hinsicht mit Ungewissheit behaftet. Ein Arzt kann selbst bei optimalen äußeren Bedingungen und einem Handeln nach den Regeln der Kunst den Erfolg seines Handelns nicht garantieren. Ob eintritt, was er mit seinem Handeln anstrebt, kann grundsätzlich nicht mit Gewissheit zugesagt werden. Umgekehrt kann ein Arzt das Eintreten unerwünschter Wirkungen nicht sicher ausschließen (Toellner 1983).

Überdies gilt es trotz der großartigen Erfolge der modernen Medizin nüchtern festzustellen: Die Menschen sind weiterhin anfällig für Krankheiten (s. Kap. II. 14) und sterblich. Zudem kann ein Arzt die Heilung seines Patienten im Nachhinein nicht immer seiner Einflussnahme zugute schreiben, denn viele Erkrankungen heilen auch ohne Zutun. Will der Arzt jedoch aus einer Heilung auf sein Vorgehen bei zukünftigen Patienten schließen, dann muss er klären, ob der Patient von selbst genesen ist oder die ärztliche Therapie einen Anteil hatte. Dies zu beantworten, gelingt nur durch den kontrollierten klinischen Versuch. Hier hat die Notwendigkeit der klinischen Forschung ihren Ursprung, und hier liegt der Grund für die wissenschaftliche Reflexion der ärztlichen Tätigkeit. Der Arzt muss sich trotz aller Komplexität, ja gerade wegen der Komplexität seiner Tätigkeit, Rechenschaft über die Ergebnisse ablegen. Ferner trägt Nutzen und Schaden der ärztlichen Handlung nicht der Arzt, sondern der Patient. Anders als ein Pilot oder ein Busfahrer, die aufgrund eines physikalischen Sachzusammenhangs bei einem Fehler auch um sich fürchten müssen, wird einzig der Patient die Ergebnisse ärztlicher Tätigkeit spüren. Überdies sind ärztliche Tätigkeiten häufig hoch komplex und müssen zahlreiche Faktoren berücksichtigen. Ärztliche Entscheidungen sind stets innerhalb begrenzter Zeit zu fällen und überdies nur höchst selten von mathematischer Präzision.

Es gibt immer Grenzfälle, immer schwierig zu treffende Entscheidungen und komplizierte Abwägungen, weil die Zahl der zu berücksichtigenden situativen Kontingenzen sehr hoch sein kann. Allein aufgrund dieser Eigenschaften hat der Computer im ärztlichen Handeln nur bedingt Einzug erhalten. Der Computer kann den Arzt in seiner Praxis bei zahlreichen Verwaltungsvorgängen, Routinemaßnahmen und bei der Optimierung finanzieller Erlöse unterstützten. Die eigentliche ärztliche Tätigkeit können Computer jedoch nur unzureichend simulieren und sie findet *de facto* auch nicht auf dem Computer statt. Er kann eben nicht den Kern der ärztlichen Leistungen erbringen. Computer sind in vielen ihrer Leistungen dem Menschen weit überlegen, ein noch so simples Gespräch können sie hingegen nicht führen und auch nicht die eigentlichen diagnostisch-therapeutischen Entscheidungen fällen.

Diese Eigenschaften ärztlichen Handelns sind lange bekannt. Sie haben sich seit der Antike und unter dem Einfluss der modernen Wissenschaften allenfalls graduell, nicht jedoch prinzipiell geändert. Die ärztliche Handlung ist so, wie es der erste Hippokratische Aphorismus trotz seines Alters von etwa 2500 Jahren prägnant zu formulieren weiß: »Das Leben ist kurz, die Kunst weit, der günstige Augenblick flüchtig, der Versuch trügerisch, die Entscheidung schwierig« (Müri 1986, 11).

Die Kontrollierbarkeit der Medizin

Aufgrund ihrer Eigenschaften sind die ärztlichen Handlungen wie auch der ärztliche Berufsstand in mindestens dreierlei Hinsicht schwer zu kontrollieren. Wolfgang Schluchter (1980) spricht von drei Asymmetrien zwischen der Macht des ärztlichen Berufes und der Kontrolle über den ärztlichen Beruf:

(1) Der Bedeutung des einzelnen Experten für den Patienten steht keine entsprechende Kontrolle des Patienten gegenüber. Strukturbedingt können die Patienten die überaus komplexe und ungewisse ärztliche Tätigkeit und ihre Ausübenden nur in geringem Maße überwachen, denn sie ist letztlich nur vom Fachmann zu durchschauen. Das bedeutet für die Patienten: Sie können eine Tätigkeit nur in geringem Maße fachlich kontrollieren, derer sie zuweilen in höchster Not bedürfen und die für sie existentiell überaus bedeutsam sein kann. Sie sind keineswegs immer der Kunde, der eine Dienstleistung oder ein

Produkt einschätzen und souverän über einen Kauf entscheiden kann.

(2) Auch die Organisationen dieses Berufes, z. B. die Ärztekammern und Berufsverbände, können die einzelnen Ärzte nur begrenzt kontrollieren. Hinter der kontroversen Diskussion um Leitlinien und andere Vorgaben für ärztliches Handeln verbirgt sich genau dieses Problem: Ärztliches Handeln behält stets einen nur jeweilig auszufüllenden Entscheidungsspielraum und ist nur in begrenztem Maße von außen zu steuern.

(3) Nicht zuletzt steht der funktionalen Bedeutung der Medizin für die Gesellschaft keine entsprechende Kontrolle der Gesellschaft gegenüber. Die Medizin hat sich zu einem derart komplexen, schwierig zu durchschauenden und ebenso zu lenkenden Gebilde entwickelt, dass es faktisch unmöglich ist, dieses durch staatliche Bürokratie in effizientem Maße einzuholen.

Und wie reagiert die Gesellschaft auf das dreifache Ungleichgewicht von funktionaler Bedeutung und Kontrollmöglichkeiten? Die Antwort mag erstaunen: Der Profession wird eine weitgehende Autonomie und Selbstverwaltung bis hin zum Standesrecht gebilligt. Sie organisiert und kontrolliert sich zu einem gewissen Maße selbst. Wie kann das funktionieren? Wie kann ein Beruf in der Gesellschaft auf Akzeptanz hoffen, wo die Tätigkeit ihrer Mitglieder so ungewiss, zuweilen von größter Bedeutung und zudem so schwer zu kontrollieren ist? Die Antwort: durch eine ganz bestimme Berufsethik.

Die Legitimation: moralische Selbstverpflichtung und fachliche Qualität

Nur durch eine ganz bestimmte Ausrichtung des Berufes, nur wenn die Patienten bestimmte Verhaltensweisen berufsbedingt erwarten dürfen, gelingt die Akzeptanz der Medizin in der Gesellschaft und bei den Patienten. Der Berufsstand muss bestimmte Verhaltensweisen für seine Mitglieder kodifizieren, überwachen und sanktionieren: fachliche Qualität und eine Moral, die Wille und Wohl des Patienten in den Vordergrund stellt. Ärzte sind verpflichtet, ihren Patienten zu nutzen, Schaden zu vermeiden, die Patienten aufzuklären, ihre Selbstbestimmung zu respektieren und die Verschwiegenheit zu wahren. Im Mittelpunkt stehen »Freiwilligkeit, Vertrauen und Integrität, gestützt vor allem durch eine Berufsmoral, deren oberste Maxime das Wohl des Klienten ist« (Schluchter 1980, 192).

Es muss allein durch die Mitgliedschaft im Beruf gewährleistet sein, dass der Arzt ein bestimmtes Ethos für sich akzeptiert und dass es ihm gelingt, dies auch zu realisieren. Wenn der Bürger, also jeder potentielle Patient, einem Mitglied dieses Berufsstandes begegnet, dann muss er, ohne es kontrollieren zu können, allein über die Berufszugehörigkeit eine bestimmte moralische Ausrichtung und fachliche Qualität des Mitglieds erwarten dürfen.

Nur indem die Profession die ärztliche Ethik für alle Mitglieder verbindlich macht, ermöglicht sie es, »dem personalen Vertrauen den Charakter eines Systemvertrauens zu verleihen« (ebd., 191). Dieses antizipatorische Systemvertrauen wird nach überwiegender Meinung der Bevölkerung zumeist auch nicht enttäuscht: Trotz einzelner Verfehlungen und trotz der allgegenwärtigen Medizinkritik erfreut sich der Arztberuf nach wie vor höchster Wertschätzung.

Die skizzierte moralische Konstruktion der Arztrolle wird aus Sicht der Ärzte auch nicht ganz uneigennützig verfolgt. Denn letztlich ermöglicht die Integrität der Arztrolle und »ihre sozial dramatisierte Verpflichtung auf Selbstkontrolle« (ebd., 189) auch die Integrität des Ärztestandes mitsamt der gewährten Autonomie und den Privilegien bis hin zum Monopol für bestimmte Therapien. Die moralische Integrität der Arztrolle und die Stellung des Berufsstandes sind auf diese Weise eng miteinander verknüpft.

Konsequenzen aus den Strukturen des ärztlichen Handelns: Elemente einer ärztlichen Berufsethik

Welche Elemente muss eine ärztliche Berufsethik angesichts der Strukturen der zu regelnden Tätigkeit enthalten? Zunächst einmal muss sie das Ziel ärztlichen Handelns benennen: eine Verbesserung der Gesundheit. Das Genfer Gelöbnis, eine Art modernisierter Hippokratischer Eid, hält dazu fest: ›Die Gesundheit meines Patienten soll oberstes Gebot meines Handelns sein.‹ Zudem müssen die Bedingungen für eine gesundheitsbezogene Intervention geregelt werden, insbesondere die informierte Zustimmung (s. Kap. II.10) des Patienten. Eine jede ärztliche Intervention – mit wenigen Ausnahmen – bedarf des *informed consent* des Patienten nach Aufklärung.

Doch das Ziel der ärztlichen Intervention zu erreichen, kann – wie erwähnt – nicht mit Gewissheit garantiert werden. Diese Ungewissheit ärztlichen Handelns lässt sich allenfalls verringern, indem ein Arzt nach den Regeln der Kunst handelt, also fachlich korrekt handelt. Das geht v. a. durch fachliche Kompetenz, die stets aufs Neue durch kontinuierliche Fortbildung zu erwerben ist. Insofern muss eine ärztliche Berufsmoral fordern, dass der Arzt über fachliche Fähigkeiten verfügt und gewillt ist, sie aufrecht zu halten. Damit lässt sich das Problem der Ungewissheit verringern, aber nicht lösen. Denn es lässt sich durch die Regeln der Kunst nicht vollständig eliminieren. Auch der beste Arzt kann bei einer Handlung *lege artis* in einem optimalen Umfeld keine Gewissheit in seiner Tätigkeit erlangen. Also bleibt auch die Frage, wie darauf zu reagieren ist. Diese Überlegungen führen zur ärztlichen Haltung.

Der Arzt kann zwar nicht für den Erfolg seiner Handlung garantieren, wohl aber »für die Sorgfalt und die Gewissenhaftigkeit, mit der er seine Handlungen plant und ausführt, für sein Engagement, kurz für seine eigene Person. Dafür zu garantieren ist er freilich verpflichtet« (Wieland 1986, 48). Nur mit einer Haltung seiner Person kann der Arzt auf die unvermeidliche Unsicherheit seines Tuns reagieren.

Was ist unter einer Haltung zu verstehen? Indem eine Person (s. Kap. II. 21) eine Haltung einnimmt, versucht sie, sich bestimmte Reaktionsweisen dauerhaft anzueignen, um so eine angemessene, beständige und gewohnheitsmäßige Verhaltensbereitschaft zu erlernen. Haltungen sind immer an eine Person gebunden und sollen eine angemessene Reaktion der Person wahrscheinlicher werden lassen. Sie sind nur durch fortgesetzte praktische Übung zu erlernen und anzueignen. Internalisierte Haltungen sind in aristotelischer Tradition auch als Tugenden bekannt. Insofern muss eine ärztliche Berufsethik aufgrund der Eigenschaften ärztlichen Handelns stets auch Tugenden adressieren.

Die Berufsordnung

Wenn durch Krankheit das Leben (s. Kap. II. 16) zumindest verändert, wenn nicht gar bedroht wird, und wenn gleichzeitig von den Fähigkeiten eines Arztes statistisch gesehen zwar Besserung erwartet werden darf, im Einzelfall aber nichts garantiert werden kann, so bleibt dem Patienten nichts anderes, als sein Vertrauen auf der berufsgebundenen, fachlichen Qualifikation und der moralischen Integrität des Arztes aufzubauen. Beides muss kodifiziert und gegenüber der Gesellschaft vertreten werden. Und genau dies versucht die Berufsordnung. Hier gibt sich die Profession ein ›moralisches Aushängeschild‹, hier findet sich die offizielle Formulierung der ärztlichen Berufsethik. Die in der Berufsordnung niedergelegten Normen sind von ganz entscheidender Bedeutung für die Stellung des ärztlichen Berufsstandes in der Gesellschaft; sie sollen – so die Präambel – »das Vertrauen zwischen Arzt und Patient« (Bundesärztekammer 2011) erhalten und fördern.

Die Berufsordnung demonstriert beispielhaft, dass man sich auch in einer wertepluralen Gesellschaft (s. Kap. II. 27) über die grundsätzlichen Ziele ärztlichen Handelns einigen kann, solange man sie in einer gewissen Allgemeinheit formuliert. Sie enthält die wichtigsten moralischen Normen der ärztlichen Ethik und ist in diesen Fragen – erstaunlicherweise – weitgehend unumstritten. Damit sind keineswegs alle ethischen Probleme der Medizin gelöst, denn die in der Berufsordnung genannten Normen ärztlichen Handelns können durchaus untereinander in Konflikt geraten. Auch verbleibt stets eine erhebliche Detailarbeit, wenn man bestimmen will, was die weithin akzeptierten Normen ärztlichen Handelns beispielsweise bei neuen Technologien konkret bedeuten. Insofern kann die Berufsordnung zwar Orientierung über die grundlegenden Normen ärztlichen Handelns liefern, die ethischen Fragen und Schwierigkeiten des ärztlichen Alltags bleiben freilich weiterhin bestehen.

Bedauerlicherweise äußert sich die Berufsordnung in zentralen Fragen widersprüchlich. Das Genfer Gelöbnis, der Berufsordnung vorangestellt, erhebt ›die Erhaltung und Wiederherstellung der Gesundheit‹ zum obersten Gebot ärztlichen Handelns und schweigt zum Respekt der Selbstbestimmung des Patienten. Andere Paragraphen der Berufsordnung hingegen werten das informierte Einverständnis des Patienten so hoch, dass die Verweigerung einer Behandlung auch anerkannt werden muss, wenn der Patient damit eine für ihn offensichtlich gesundheitsschädliche Entscheidung fällt. Das Gelöbnis ist noch von der Maxime *salus aegroti suprema lex* geprägt (›das Wohl des Patienten ist oberstes Gebot‹), die Berufsordnung indes von der Maxime *voluntas aegroti suprema lex* (›der Wille des Patienten ist oberstes Gebot‹). Die Widersprüchlichkeiten lassen sich auch historisch erklären: Das Gelöbnis stammt von 1948, die Passagen zur Aufklärung und zum Einverständnis des Patienten sind Ergänzungen jüngeren Datums. Insofern spiegeln die Ungereimtheiten auch einen Wandel in der Berufsethik und im Selbstverständnis der Patienten wider.

Konstanz und Pluralität in der ärztlichen Berufsethik

Die moralische Konstruktion der Arztrolle hat sich zumindest als Norm erstaunlicherweise lange Zeit bewährt. »Das Leitbild des in seiner unvertretbaren Individualität die ungeteilte Verantwortung tragenden Arztes, dessen Tun zugleich durch den Patienten und sein Vertrauen legitimiert ist, hat ein außergewöhnliches Beharrungsvermögen bewiesen« (Wieland 1986, 60). Die normativen Grundzüge der gegenwärtigen Arztrolle, sieht man vom informierten Einverständnis einmal ab, sind bereits weitgehend im Hippokratischen Eid zu finden und wurden im Genfer Gelöbnis des Weltärztebundes von 1948 in modernisierter Form kodifiziert.

Angesichts der Pluralisierung der Gesellschaft bleibt zu klären, in welchen Bereichen sich die ärztliche Berufsethik inhaltlich auf bestimmte Handlungen festlegen muss, oder wo auf eine inhaltliche Festlegung verzichtet werden sollte zugunsten einer formalen Festlegung auf den Respekt des – durchaus unterschiedlichen – Willens der Patienten. Man kann dieses Problem am Beispiel des ärztlich assistierten Suizids erläutern: Gehört es zur ärztlichen Berufsethik, dass Ärzte unter allen Umständen Beihilfe zu einem Suizid unterlassen müssen? Ist deshalb eine klare inhaltliche Festlegung in der Berufsordnung geboten? Oder müssen Ärzte die unterschiedlichen Vorstellungen der Bürger respektieren und dürfen in bestimmten Situationen bei ausdrücklichem Willen des Patienten Beihilfe zum Suizid leisten? Muss eine Berufsethik deshalb formale Kriterien (Wille des Patienten, Aussichtslosigkeit der Situation, vorheriges Angebot von palliativmedizinischen Maßnahmen u. a.) für die Zulässigkeit aufstellen, um Missbrauch zu verhindern? Darf in einer pluralistischen Gesellschaft, die dem Bürger den Suizid und die Suizidbeihilfe erlaubt, die ärztliche Berufsethik den ärztlich assistierten Suizid überhaupt noch kategorisch verbieten?

Die auch innerhalb der Ärzteschaft kontroverse Problematik (Wenker 2013; Wiesing 2013) lässt sich nur über die Funktion der ärztlichen Berufsethik und die Auswirkungen auf das Vertrauen beantworten. Wenn es Anhaltspunkte dafür gibt, dass eine Erlaubnis des ärztlich assistierten Suizids unter bestimmten, sicherlich streng zu fassenden Rahmenbedingungen dazu führen würde, dass das Vertrauen in die Medizin gefährdet ist, wäre ein berufsrechtliches Verbot zu rechtfertigen. Wenn nicht, dann müsste die Berufsordnung dafür Sorge tragen, dass die Bedingungen für einen ärztlich assistierten Suizid so gefasst würden, dass Missbrauch unterbleibt, der das Vertrauen gefährden könnte. Sie könnte überdies ein Verweigerungsrecht eines Arztes festhalten. Für eine Gefährdung des Vertrauens in die Ärzteschaft bei Zulassung des ärztlich assistierten Suizids gibt es derzeit keine empirischen Belege (Jox 2011; Supreme Court of British Columbia 2012).

Eine weitere Herausforderung für die ärztliche Berufsethik ergibt sich durch die zunehmende Ausweitung medizinischer Tätigkeiten jenseits von Krankheit. Bekanntes Beispiel ist die kosmetische Chirurgie: Ein entscheidendes Kriterium ärztlichen Handelns, die medizinische Indikation, ist bei rein kosmetischen Interventionen nicht mehr gegeben. Gilt damit noch die ärztliche Berufsethik?

Auch wenn die Ärzte ohne medizinische Indikation tätig werden, also streng genommen kein medizinischer Nutzen zu erwarten ist, so sind sie jedoch aufgrund ihrer Berufsmoral verpflichtet, Interventionen zu unterlassen, die überhaupt nicht nutzen und/oder Schaden verursachen. Zudem müssen weitere ärztliche Verhaltensweisen gewährleistet sein: eine hohe Qualität der Durchführung um Schäden zu vermeiden, eine umfassende Aufklärung des Patienten, um ihn in die Lage zu versetzen, ein informiertes Einverständnis zu geben, ein Unterlassen von unnötig aufwendigen, wenn auch finanziell lukrativen Maßnahmen (vgl. ZEKO 2013). Zumindest diese Elemente der ärztlichen Berufsethik müssen gewahrt bleiben, weil anderenfalls das Vertrauen in die Ärzteschaft in seiner Gesamtheit gefährdet wäre.

Literatur

Birnbacher, Dieter: Welche Ethik ist als Bioethik tauglich? In: Johann S. Ach/Andreas Gaidt (Hg.): *Herausforderung der Bioethik*. Stuttgart 1993, 45–67.

Bundesärztekammer: (Muster-)Berufsordnung für die in Deutschland tätigen Ärztinnen und Ärzte. 2011. In: http://www.bundesaerztekammer.de/page.asp?his=1.100.1143 (19. 7. 2013).

Freidson, Eliot: *Der Ärztestand: Berufs- und wissenschaftssoziologische Durchleuchtung einer Profession*. Stuttgart 1979.

Jox, Ralf J.: *Sterbenlassen. Über Entscheidungen am Ende des Lebens*. Hamburg 2011.

Müri, Walter: *Der Arzt im Altertum. Griechische und lateinische Quellenstücke von Hippokrates bis Galen mit der Übertragung ins Deutsche*. Darmstadt 1986.

Schluchter, Wolfgang: Legitimationsprobleme der Medizin. In: Ders. (Hg.): *Rationalismus der Weltbeherrschung. Studien zu Max Weber*. Frankfurt a. M. 1980, 185–205.

Supreme Court of British Columbia: Carter vs. Canada (Attorney General). 2012. In: http://www.canlii.org/en/bc/bcsc/doc/2012/2012bcsc886/2012bcsc886.html (29. 03. 2013).
Taupitz, Jochen: *Die Standesordnungen der Freien Berufe. Geschichtliche Entwicklung, Funktionen, Stellung im Rechtssystem.* Berlin/New York 1991.
Toellner, Richard: Der Patient als Entscheidungssubjekt. In: Ders./Kazem Sadegh-Zadeh (Hg.): *Anamnese, Diagnose, Therapie.* Tecklenburg 1983, 237–248.
Tröhler, Ulrich: Das ärztliche Ethos und die Kodifizierung von Ethik in der Medizin. In: Alberto Bondolfi/Hansjakob Müller (Hg.): *Medizinische Ethik im ärztlichen Alltag.* Basel/Bern 1999, 39–61.
Wenker, Martina: Durfte der Kieler Ärztetag den ärztlich assistierten Suizid verbieten? Ja! In: *Zeitschrift für Ethik in der Medizin* 25 (2013), 72–77.
Wieland, Wolfgang: *Strukturwandel der Medizin und ärztliche Ethik. Philosophische Überlegungen zu Grundfragen einer praktischen Wissenschaft.* Heidelberg 1986.
Wiesing, Urban: Durfte der Kieler Ärztetag den ärztlich assistierten Suizid verbieten? Nein! In: *Zeitschrift für Ethik in der Medizin* 25 (2013), 67–71.
–: *Zur Verantwortung Arztes.* Stuttgart 1995.
Zentrale Ethikkommission bei der Bundesärztekammer (ZEKO): Ärztliche Behandlungen ohne Krankheitsbezug unter besonderer Berücksichtigung der ästhetischen Chirurgie. In: *Deutsches Ärzteblatt* 109 (2013), 2000–2004.

Urban Wiesing

4 Arzt-Patient-Verhältnis

Das Arzt-Patient-Verhältnis ist als zentrales Interaktionsgeschehen innerhalb der medizinischen Handlungsräume Gegenstand normativer und empirischer Untersuchungen in verschiedenen Fachdisziplinen. Aus historischer Perspektive werden die spontane oder instinktive, die empirische, die magisch-religiöse und die wissenschaftliche Form des Verhältnisses zwischen Helfendem und Kranken unterschieden (Lain 1995). Während in allen historischen Epochen verschiedene Formen bzw. Mischformen zu finden sind, dominiert heute das bereits in der Antike, d. h. in der Hippokratischen Medizin und ihren Vorläufern, geprägte, wissenschaftliche Arzt-Patient-Verhältnis die medizinische Praxis.

In der Medizinethik bilden Analysen zu einer angemessenen Gestaltung der Aufklärung und der Entscheidungsfindung einen Schwerpunkt der wissenschaftlichen Untersuchungen zum Arzt-Patient-Verhältnis. Der Respekt vor der Autonomie des Patienten und sein Recht auf Selbstbestimmung stehen im Zentrum zahlreicher ethisch-normativer Beiträge. Die medizinethische Diskussion in den letzten Dekaden ist eingebettet in eine rechtliche Entwicklung, im Verlauf derer die Patientenrechte in der modernen Medizin gestärkt wurden. Ausgehend von der, zunächst insbesondere im Kontext der medizinischen Forschung mit Menschen erhobenen, Forderung nach Information von Probanden bzw. Patienten und Einholung der Zustimmung, bildet der *informed consent* (informierte Einwilligung; s. Kap. II. 10) bis heute die ethische und rechtliche Grundlage für ärztliches Handeln im Arzt-Patient-Verhältnis (Faden/Beauchamp 1986; Vollmann 2000).

In diesem Beitrag werden zunächst ausgewählte soziologische Aspekte zum Arzt-Patient-Verhältnis referiert. Im Anschluss folgt eine Darstellung und Analyse unterschiedlicher Modelle des Arzt-Patient-Verhältnisses aus medizinethischer Perspektive. Gegenstand des dritten Teils ist die Analyse moralisch relevanter empirischer Faktoren für die ethisch angemessene Gestaltung des Arzt-Patient-Verhältnisses. Im abschließenden Teil wird ein Ausblick auf aktuelle medizinethischen Diskussionen zum Arzt-Patient-Verhältnis in der modernen Medizin gegeben.

Soziologische Grundlagen

Die Arzt-Patient-Dyade, als kleinstes soziales Interaktionssystem im Gesundheitswesen, bildet seit Mitte des 20. Jahrhunderts einen Schwerpunkt konzeptioneller und empirischer Untersuchungen in der Soziologie. Die Identifizierung von Professionsmerkmalen, die am Beispiel des ärztlichen Berufsstandes herausgearbeitet werden, bildet dabei einen Arbeitsschwerpunkt. Daneben wurden zahlreiche Untersuchungen zu strukturellen Kennzeichen des Arzt-Patient-Verhältnisses sowie zu den Erwartungen, die an die Rolle des Patienten bzw. Arztes gestellt werden, durchgeführt. Als Strukturmerkmale eines asymmetrischen Arzt-Patient-Verhältnisses werden das Informationsgefälle zwischen dem ärztlichen Experten und dem Patienten sowie die damit verbundene Definitionsmacht und Steuerung der Entscheidungsfindung herausgestellt (vgl. Siegrist 1998). Die Rollenmerkmale von Arzt und Patient und die damit verbundenen Aufgaben und Erwartungen wurden von Talcott Parsons (1951) herausgearbeitet. Demnach verpflichtet die ärztliche Rolle u. a. zu *Universalismus*, im Sinne der Gleichbehandlung von Patienten, *funktionaler Spezifität* hinsichtlich der Angelegenheiten, die innerhalb der Arzt-Patient-Beziehung verhandelt werden sowie zu *affektiver Neutralität*. Die von Parsons komplementär zur Arztrolle formulierten normativen Rollenerwartungen an den Patienten beinhalten u. a. die Verpflichtung des Patienten zur Einhaltung ärztlicher Vorgaben und die Entpflichtung von Alltagsaufgaben, z. B. Haushalt, berufliche Tätigkeit (Parsons. n. Siegrist 1998).

Parsons' Überlegungen zum Arzt-Patient-Verhältnis wurden aus unterschiedlichen Gründen kritisiert (vgl. Bloom 1995). Eine bereits zeitnah nach Veröffentlichung von Parsons' Werk vorgetragene Kritik bezieht sich auf die mangelhafte Abbildung chronischer Erkrankungen in Parsons' Modellen. Gerade im Fall von chronischen Erkrankungen kann es zu einer Verschiebung der fachlichen Expertise kommen. Patienten erwerben im Verlauf von Erkrankungen Expertise für Symptome sowie diagnostische und mögliche therapeutische Maßnahmen, die es im Rahmen des Arzt-Patient-Verhältnis zu berücksichtigen gilt. Das erweiterte Spektrum ärztlicher Leistungen, das zunehmend auch Angebote des Enhancements (s. Kap. III. 13), im Sinne der Verbesserung nicht krankhafter Zustände umfasst, kann als weiterer Grund dafür genannt werden, dass das von Parsons konzeptionalisierte Arzt-Patient-Verhältnis sich nur begrenzt mit den Gegebenheiten in der modernen Gesundheits- und Krankenversorgung in Einklang bringen lässt.

Medizinethische Untersuchungen zum Arzt-Patient-Verhältnis

Die Erfolge der naturwissenschaftlich geprägten Medizin, die Einrichtung von Krankenhäusern und anderen Einrichtungen der institutionalisierten Krankenversorgung, der Aufbau eines öffentlich finanzierten Gesundheitswesens sowie die Professionalisierung der Ärzteschaft sind Faktoren, die ein asymmetrisches Arzt-Patient-Verhältnis begünstigen (vgl. Faden/Beauchamp 1986; Siegler 1985; Siegrist 1998; Vollmann 2000; 2008). Mit der Forderung nach Respekt vor den Rechten von Bürgern – auch in Bezug auf Entscheidungen über medizinische Maßnahmen (›Paternalismusdebatte‹; s. Kap. II. 20) – wurde insbesondere seit Beginn der 1960er Jahre das bereits erwähnte normative Konzept des *informed consent* in die klinische Praxis eingeführt (Vollmann 2000; 2008). Im Rahmen der informierten Einwilligung soll der *selbstbestimmungsfähige* Patient durch *Information* in die Lage versetzt werden, eine Entscheidung zu treffen, die mit seinen persönlichen Wertvorstellungen (s. Kap. II. 27) übereinstimmt. Die Entscheidung soll dabei *freiwillig* ohne unzulässige Beeinflussung oder gar Manipulation erfolgen. Dem ethischen Prinzip der *Autonomie* im Sinne der Patientenselbstbestimmung und dem Respekt vor dem Willen des Patienten wird in vielen ethischen Ansätzen ein Primat gegenüber dem ethischen Prinzip der *Benefizienz* (Wohltun) eingeräumt (vgl. Siegler 1985; Vollmann 2000; 2008).

Im Folgenden werden unterschiedliche Formen des Arzt-Patient-Verhältnisses anhand idealtypischer Modellvorstellungen der Aufklärung und Entscheidungsfindung dargestellt. Die ethisch-normative Abgrenzung erfolgt in Anlehnung an die von Ezekiel Emanuel und Linda Emanuel (1992) verwendeten Kriterien: (1) Ziel der Arzt-Patient-Interaktion, (2) Aufgaben der am Entscheidungsfindungsprozess beteiligten Ärzte und Patienten und (3) Zuordnung der Kontrolle über die Entscheidung.

Paternalistische Entscheidungsfindung: Ziel der paternalistischen Entscheidungsfindung, die in der Literatur auch ›hippokratisches Modell‹ bzw. ›priesterliches Modell‹ genannt wird, ist eine Entscheidung, die das gesundheitliche Wohl des Patienten bestmöglich fördert. Aufgabe des Arztes ist eine entsprechende Therapieempfehlung, basierend auf den zur Verfügung stehenden Fachkenntnissen und der eigenen klinischen Expertise. Das Wohl des Patienten ist nach den Vorstellungen des Modells objektiv. Die Rolle des Patienten ist verknüpft mit der Einhaltung gesundheitsförderlicher Verhaltensweisen, die den Erfolg der vorgesehenen Behandlung unterstützen sollen. Das ethische Prinzip der Benefizienz hat Vorrang vor dem ethischen Prinzip der Autonomie des Patienten.

Informative Entscheidungsfindung: Ziel der Arzt-Patient-Interaktion ist die informierte Entscheidung des Patienten auf Basis einer möglichst umfassenden Kenntnis über die zur Verfügung stehenden medizinischen Optionen und entsprechend seiner Wertvorstellungen. Das Modell wird in der Literatur auch als ›Vertragsmodell‹, ›Beratungsmodell‹, ›wissenschaftliches Modell‹ oder ›Konsumentenmodell‹ bezeichnet. Aufgabe des Arztes ist die Darlegung der für die Entscheidungsfindung relevanten Informationen. Aufgabe des Patienten ist die Abwägung der erhaltenen Informationen sowie die Entscheidung über die medizinische Prozedur. Die Präferenzen bezüglich gesundheitsbezogener Entscheidungen sind nach Vorstellung dieses Modells dem Patienten bekannt, konstant und individuell verschieden. Die Wertvorstellungen des Arztes sollen die Entscheidung nicht beeinflussen. Das ethische Prinzip der Autonomie des Patienten ist der zentrale Wert dieses Modells der Entscheidungsfindung und steht über dem ärztlich definierten Wohl des Patienten.

Interpretative Entscheidungsfindung: Ziel der Arzt-Patient-Interaktion ist eine Entscheidung, die den Präferenzen (s. Kap. II. 11) des Patienten entspricht. Aufgabe des Arztes ist die Unterstützung des Patienten bei der Identifikation seiner Wertvorstellung. Die Wertvorstellungen des Patienten sind nach dieser Modellvorstellung nicht fix und dem Patienten nur teilweise bewusst. Demnach ist es Aufgabe des Patienten sich mit Hilfe des Arztes seiner Werthaltungen bewusst zu werden, um eine Entscheidung zu treffen, die seinen Präferenzen am ehesten entspricht. Hinsichtlich des Verhältnisses von Autonomie und Benefizienz steht Ersteres im Vordergrund. Der Arzt steht dem Patienten bei der Suche nach einer Entscheidung, die seinen Präferenzen am ehesten entspricht, beratend zur Seite und setzt dessen Entscheidung um.

Deliberative Entscheidungsfindung: Ziel der Arzt-Patient-Interaktion ist eine Entscheidung, die sowohl persönliche Werthaltungen des Patienten als auch gesundheitsbezogene, ärztlich definierte Werte berücksichtigt. Aufgabe des Arztes ist nach Übermittlung der für die Therapieentscheidungsfindung relevanten Informationen die Partizipation am Diskurs mit dem Patienten. Im Verlauf des Diskussionsprozesses sollen gesundheitsbezogene sowie andere, vom Patienten eingebrachte Wertvorstellungen, benannt und abgewogen werden. Der Arzt soll den Patienten von gesundheitsrelevanten Werten überzeugen, wobei jegliche Form der Manipulation oder Zwang vermieden werden muss. In Bezug auf das Verhältnis zwischen Autonomie und Benefizienz wird dem Arzt die Rolle eines Freundes oder Lehrers zugestanden, der eigene Werthaltungen in den Entscheidungsprozess einbringt. Die Kontrolle über die Entscheidung liegt beim Patienten.

Die vorstehende Abgrenzung von idealtypischen Arzt-Patient-Verhältnissen (vgl. Emanuel/Emanuel 1992) orientiert sich primär an den ethischen Prinzipien der Autonomie des Patienten und der Benefizienz. In Anknüpfung an den Vier-Prinzipien-Ansatz nach Tom L. Beauchamp und James F. Childress (Beauchamp/Childress 2013) sind neben diesen beiden ethischen Prinzipien der mittleren Ebene weiterhin das ethische Prinzip der *Non-Malefizienz* (Nichtschaden) und die *Gerechtigkeit* (s. Kap. II. 8) zu berücksichtigen, mit Hilfe derer sich ethische Problemstellungen des Arzt-Patient-Verhältnisses untersuchen und beurteilen lassen. Das Prinzip des Nichtschadens wird in der medizinethischen Diskussion über die Pflichten des Arztes oft als die wichtigste Norm erachtet. Zum einen stellt die Verpflichtung zum Verzicht auf eine absichtliche Schädigung des Gegenübers eine zentrale Grundlage für das Vertrauen im Arzt-Patient-Verhältnis, wie auch generell für die Interaktion zwischen Menschen, dar. Zum anderen bildet die Verpflichtung des Arztes auf das Gebot des Nichtschadens auch eine Voraussetzung für die weitreichenden Befugnisse der ärztlichen Profession, z. B. mit Blick auf den Zugriff zu persönlichen und vertraulichen Informationen über den Patienten.

Das ethische Prinzip der Gerechtigkeit lässt sich in Bezug auf das Arzt-Patient-Verhältnis teilweise mit der von Parsons geprägten Rollennorm des ›Universalismus‹ in Deckung bringen. In diesem Sinne ist es Aufgabe des gerecht handelnden Arztes, jeden seiner Patienten angemessen zu behandeln und keine unbegründeten Unterschiede zwischen den einzelnen Kranken zu machen. Eine konkrete praktische Herausforderung, die sich Ärzten in Bezug auf die Umsetzung des Prinzips der Gerechtigkeit in der klinischen Praxis stellt, ist die Verteilung von knappen Ressourcen. Angesichts impliziter Rationierungsmaßnahmen, wie etwa begrenzter Budgets im ambulanten Sektor oder der sog. Diagnosis Related Groups (DRG) im stationären Bereich, liegt es im Verantwortungsbereich des einzelnen Arztes zu entscheiden, wie die zur Verfügung stehenden Ressourcen gerecht auf die Patienten verteilt werden.

Die ethischen Prinzipien Selbstbestimmung des Patienten, Wohltun, Nichtschaden und Gerechtigkeit sind eine, aber nicht die einzige Möglichkeit ethische Herausforderungen im Kontext des Arzt-Patient-Verhältnisses zu analysieren. Ein alternativer ethischer Ansatz wird in tugendethischen Modellen (*virtue ethics*) vorgeschlagen, in denen das Verhalten und die Einstellung des Arztes im Mittelpunkt stehen, die das ärztliche Ethos (s. Kap. II. 7; III. 3) abbilden. Ausgehend von dem Verständnis, dass die Anwendung von ethischen Prinzipien letztlich von der Disposition und den Einstellungen des einzelnen moralisch Handelnden abhängen, wurden tugendethische Theorieansätze u. a. als Grundlage für die Konzeption medizinethischer Aus- und Weiterbildung vorgeschlagen (Pellegrino 2006). Unabhängig davon, welcher ethisch-theoretische Ansatz zur Analyse moralischer Aspekte des Arzt-Patient-Verhältnisses angewendet wird, hängt die medizinethische Bewertung einer konkreten Arzt-Patient-Interaktion auch von empirischen Kontextfaktoren ab. Dies soll im Folgenden am Beispiel ausgewählter moralisch relevanter Kontextfaktoren erläutert werden.

Kontextfaktoren

Der Kontext, in dem Informationen über Diagnose, Behandlungsmöglichkeiten und Prognose übermittelt und Entscheidungen getroffen werden, ist relevant für die Bewertung des konkret ausgestalteten Arzt-Patient-Verhältnisses. Dabei ist zu beachten, dass sich aus dem Vorliegen eines bestimmten empirischen Kontextes nicht direkt eine normative Bewertung ableiten lässt. Vielmehr müssen moralisch relevante Kontextfaktoren in Verbindung mit den eingebrachten ethisch normativen Konzepten bzw. Theorien gebracht werden. Auf der Grundlage von ethisch normativer Theorie einerseits und im Lichte der bekannten moralisch relevanten Faktoren andererseits ist eine empirisch informierte medizinethische Bewertung des Arzt-Patient-Verhältnisses möglich.

Wie bereits von Emanuel/Emanuel (1992) ausgeführt, gibt es für alle oben genannten Modelle der Entscheidungsfindung *medizinische Kontexte*, die eines der Modelle prädestinieren. Dies gilt auch für das heute vielfach kritisierte Modell der paternalistischen Entscheidungsfindung. Ein Beispiel hierfür sind Situationen, in denen in kürzester Zeit Maßnahmen durchgeführt werden müssen, um das Leben eines Patienten zu retten bzw. zu erhalten und in denen keine Möglichkeit besteht, die relevanten Werthaltungen des Patienten vor Durchführung der entsprechenden Maßnahmen zu erheben bzw. diese zu klären. Der Arzt handelt in solchen Situationen unter der Annahme, dass das von ihm angestrebte Ziel der Erhaltung des Lebens bzw. der Verhinderung oder Verringerung von Schaden im Einklang mit den Präferenzen und Werthaltungen des Patienten ist. Es ist möglich, dass sich retrospektiv herausstellt, dass diese Prämisse nicht korrekt war. Dennoch erscheint in dieser eng umschriebenen Situation das paternalistische Vorgehen des Arztes ethisch gerechtfertigt. Allerdings können lebensrettende bzw. erhaltende Maßnahmen nicht in jeder Situation, in der aus medizinischer Perspektive dringlich gehandelt werden müsste, gerechtfertigt werden. Ein Szenario für eine solche ethisch nicht gerechtfertigte paternalistische Handlung wäre die Transfusion von Blut bei einem Patienten, von dem bekannt ist, dass er diese Maßnahme in jeglicher Situation ablehnt.

Neben den vorstehend voneinander abgegrenzten medizinischen Kontexten fließen weitere moralisch relevante empirische Faktoren in die medizinethische Bewertung des Arzt-Patient-Verhältnisses ein. Ein Beispiel hierfür sind situative Faktoren, wie die Dauer des Arzt-Patient-Verhältnisses. So ist es für die ethische Bewertung von Relevanz, ob ein seit vielen Jahren bestehendes Verhältnis zwischen Hausarzt und einem Patienten oder ein Erstkontakt zwischen diesem, gerade in einer Klinik aufgenommenen, Patienten und einem Stationsarzt vorliegt. Im ersten Fall hätte der Arzt die Möglichkeit gehabt, Präferenzen des Patienten etwa mit Blick auf die Behandlung bei lebensbedrohlichen Zuständen zu eruieren. Möglicherweise hätte der Arzt im Verlauf der Betreuung des Patienten auch die Ambivalenz des Patienten gegenüber bestimmten medizinischen Eingriffen identifizieren können. Dem Stationsarzt ist eine derart differenzierte Erhebung der Patientenpräferenzen im Rahmen des Erstkontakts nur begrenzt möglich. Die medizinethische Analyse sollte in diesem konkreten Fall einerseits die situationsbedingten Limitationen für die Gestaltung der Aufklärung und Entscheidungsfindung durch den Stationsarzt anerkennen. Andererseits sollten Lösungsansätze entwickelt werden, damit die aus ethischer Perspektive zu fordernde Berücksichtigung von Patientenpräferenzen ermöglicht werden kann. Im vorliegenden Fall könnten dies Vorschläge zur verbesserten Kooperation zwischen Hausarzt und Stationsarzt im Rahmen der Entscheidungsfindung sein.

Im Zusammenhang mit dem vorstehenden Fallbeispiel können auch strukturelle Rahmenbedingungen, wie die eines hocharbeitsteiligen Krankenhaussystems, als moralisch relevante Faktoren identifiziert werden. So ist die Durchführung unterschiedlicher diagnostischer und therapeutischer Maßnahmen von jeweils speziell dafür ausgebildeten Ärzten aus ethischer Perspektive einerseits positiv zu werten, da auf diese Weise eine gute medizinische Versorgungsqualität gefördert werden kann. Andererseits ist diese Arbeitsteilung für das Arzt-Patient-Verhältnis insofern relevant, als dass es schwierig für den einzelnen behandelnden Arzt ist, sämtliche, den Patienten betreffenden Informationen, zu integrieren. Schließlich stellen auch die zur Verfügung stehende Zeit und die kommunikativen Kompetenzen des Arztes empirische Rahmenbedingungen für eine ethisch angemessene Gestaltung des Arzt-Patient-Verhältnisses dar. Diese Faktoren können teilweise vom Arzt durch entsprechende Prioritätensetzungen beeinflusst werden, z. B. durch die Teilnahme an Fortbildungen zur Verbesserung kommunikativer Kompetenzen. Allerdings ist der Spielraum durch systembedingte Vorgaben, z. B. Honorierung von Gesprächsleistungen, begrenzt.

Aktuelle Diskussion

Angesichts der Bedeutung eines angemessenen Vorgehens bei der Gestaltung des Arzt-Patient-Verhältnisses aus ethisch-normativer wie auch aus klinisch-medizinischer Perspektive sind interdisziplinäre Studien zur Gestaltung der Aufklärung und Entscheidungsfindung erforderlich. Ein konkretes Beispiel stellen die normativen und empirischen Arbeiten zum Konzept von *shared decision making* (dt. Partizipative Entscheidungsfindung) dar. Dieses Modell des Arzt-Patient-Verhältnisses wird seit den 1990er Jahren als Vorbild für die Therapieentscheidungsfindung in der Arzt-Patient-Beziehung von vielen Wissenschaftlern, Ärzten sowie Vertretern gesundheitspolitisch relevanter Gruppen befürwortet (vgl. Charles et al. 1997; Scheibler/Pfaff 2003). In Abgrenzung zu den oben referierten ethischen Modellen des Arzt-Patient-Verhältnisses, liegt der Fokus von *shared decision making* weniger auf der normativ relevanten Zuordnung von Kontrolle über die Entscheidung, als vielmehr auf der Identifizierung von Prozessschritten zur Gestaltung einer Arzt-Patient-Beziehung, die die Einbeziehung der Präferenzen von Patienten hinsichtlich Aufklärung und Teilhabe an der Therapieentscheidungsfindung ermöglicht. Neben umfangreichen empirischen Untersuchungen zu den Auswirkungen von *shared decision making* in der medizinischen Praxis (vgl. Rockenbauch/Schildmann 2011) wird das Modell sowohl aus soziologischer (vgl. Quirk et al. 2012) als auch aus medizinethischer Perspektive (Anselm 2003) kritisch hinsichtlich der enthaltenen normativen Prämissen untersucht.

Neue Technologien in der Gesundheitsversorgung werfen ethische Fragen auf, die auch für die Gestaltung des Arzt-Patient-Verhältnisses von Bedeutung sind. Exemplarisch hierfür stehen Fragen zu den möglichen Auswirkungen des Internets auf das Informations- und Teilhabeverhalten von Patienten bei der Aufklärung und Entscheidungsfindung sowie zu neuen Anforderungen an eine professionelle ärztliche Tätigkeit angesichts der in vielen Fällen qualitativ problematischen medizinischen Informationen im Internet und in anderen Medien (Lo/Parham 2010). Die Auswirkungen der Telemedizin auf das Arzt-Patient-Verhältnis und insbesondere ethische Aspekte eines reduzierten persönlichen Kontakts zwischen Arzt und Patient sind weitere Forschungsfragen, die angestoßen durch die Implementierung moderner Informationstechnologien im Rahmen interdisziplinärer medizinethischer Untersuchungen derzeit bearbeitet werden (Wynsberghe/Gastmans 2009).

In Ergänzung zu ethisch relevanten Fragestellungen, die sich aufgrund der Implementierung moderner Kommunikationstechnologien ergeben, stellen sich weitere, für das Arzt-Patient-Verhältnis relevante, ethische Forschungsfragen im Kontext der Zunahme an medizinischen Informationen. Ein Beispiel hierfür sind genetische Informationen, die derzeit mit Hilfe sog. Hochdurchsatztechnologien in großem Umfang generiert werden. Die Entwicklung von Strategien zur angemessenen fachlichen Einordnung dieser Daten und zur verantwortungsbewussten Integration dieser Informationen in die klinische Praxis erfordert eine enge Zusammenarbeit von Vertretern aus Medizin, Medizinethik und weiteren Fachdisziplinen.

Literatur

Anselm, Reiner: Partner oder Person. In: Fülöp Scheibler/Holger Pfaff (Hg.): *Shared Decision-Making*. Weinheim 2003, 26–33.

Beauchamp, Tom L./Childress, James F.: *Principles of Biomedical Ethics*. New York/Oxford [7]2013.

Bloom, Samuel: Professional-patient relationship II. Sociological perspectives. In: Warren T. Reich (Hg.): *Encyclopedia of Bioethics*. New York 1995, 2085–2094.

Brody, David: The patient's role in clinical decision making. In: *Annals of Internal Medicine* 93/5 (1980), 718–722.

Charles, Cathy/Gafni, Amiram/Whelan, Tim: Shared decision-making in the medical encounter: what does it mean? (or it takes at least two to tango). In: *Social Science & Medicine* 44/5 (1997), 681–692.

Emanuel, Ezekiel/Emanuel, Linda: Four models of the physician-patient relationship. In: *Journal of the American Medical Association* 16 (1992), 2221–2226.

Faden, Ruth R./Beauchamp, Tom L.: *A History and Theory of Informed Consent*. Oxford 1986.

Frosch, Dominick/Kaplan, Robert: Shared decision making in clinical medicine: past research and future directions. In: *American Journal of Preventive Medicine* 17/4 (1999) 285–294.

Lain, Entralgo Pedro: Professional-patient relationship I. Historical perspectives. In: Warren T. Reich (Hg.): *Encyclopedia of Bioethics*. New York 1995, 2076–2084.

Lo, Bernhard/Parham, Lindsay: The impact of web 2.0 on the doctor-patient relationship. In: *Journal of Law, Medicine & Ethics* 38/1 (2010), 17–26.

Parsons, Talcott: *The Social System*. California 1951.

Pellegrino, Edmund D.: Toward a reconstruction of medical morality. In: *American Journal of Bioethics* 6/2 (2006), 65–71.

Quirk, Alan/Chaplin, Rob/Lelliott, Paul/Seale, Clive: How pressure is applied in shared decisions about antipsychotic medication: a conversation analytic study of psychiatric outpatient consultations. In: *Sociology of Health & Illness* 34/1 (2012), 95–113.

Rockenbauch, Katrin/Schildmann, Jan: Partizipative Entscheidungsfindung (PEF): eine systematische Übersichtsarbeit zu Begriffsverwendung und Konzeptionen. In: *Das Gesundheitswesen* 73/7 (2011), 399–408.

Scheibler, Fülöp/Pfaff, Holger (Hg.): *Shared Decision-Making*. Weinheim 2003.

Siegler, Mark: The progression of medicine. From physician paternalism to patient autonomy to bureaucratic parsimony. In: *Archives of Internal Medicine* 145/4 (1985), 713–715.

Siegrist, Johannes: Arzt-Patient-Beziehung. In: Wilhelm Korff/Lutwin Beck/Paul Mikat (Hg.): *Lexikon der Bioethik*. Gütersloh 1998, 238–242.

Vollmann, Jochen: *Aufklärung und Einwilligung in der Psychiatrie. Ein Beitrag zur Ethik in der Medizin*. Darmstadt 2000.

–: *Patientenselbstbestimmung und Selbstbestimmungsfähigkeit*. Stuttgart 2008.

Wynsberghe, Aimee van/Gastmans, Chris: Telepsychiatry and the meaning of in-person contact: a preliminary ethical appraisal. In: *Medicine, Health Care, and Philosophy* 12/4 (2009), 469–476.

Jan Schildmann und Jochen Vollmann

5 Assistierte Reproduktion und vorgeburtliche Diagnostik

Assistierte Reproduktion

Als ›assistierte Reproduktion‹ (AR, international auch ART – *Assisted Reproductive Technologies* genannt) bezeichnet der Wissenschaftliche Beirat der Bundesärztekammer »die ärztliche Hilfe zur Erfüllung des Kinderwunsches eines Paares durch medizinische Hilfen und Techniken« (BÄK-RL 2006, A 1393). Diese Beschränkung auf die soziale Konstellation eines Paares wird in der ethischen Debatte allerdings schon als normativ gewertet, da auch Alleinstehende mit Hilfe von assistierter Reproduktion Nachwuchs zeugen können. Techniken sind die Keimzellspende von Eizellen oder Samenzellen, gelegentlich auch als heterologe oder donogene Insemination bezeichnet, die Spende befruchteter Eizellen, die In-vitro-Fertilisation (IVF) sowie die Ersatzmutterschaft; diese werden oft in Kombination eingesetzt. Theoretisch stellt auch das reproduktive Klonen (Kap. III.25) eine Technik der assistierten Reproduktion dar, seine praktische Durchführbarkeit beim Menschen wurde aber bisher noch nicht gezeigt.

Unter dem Begriff ›Zeugung eines Kindes‹ sollen hier alle biologischen und leiblichen Prozesse einschließlich der Schwangerschaft zusammengefasst werden, die zur Geburt eines Kindes führen. Als ›imprägnierte Eizelle‹ gilt im Folgenden – im Einklang mit der Sprachregel des deutschen Embryonenschutzgesetzes (ESchG) – die Eizelle nach Eindringen der Samenzelle, aber vor der Kernverschmelzung. Die entwicklungsfähige Eizelle vom Zeitpunkt der Kernverschmelzung an wird – ebenfalls im Einklang mit dem Embryonenschutzgesetz – als ›befruchtet‹ bezeichnet. Von einem Embryo wird im Text nach Abschluss der Nidation der befruchteten Eizelle in die Gebärmutter bis zum Zeitpunkt der Geburt gesprochen, d. h., es wird nicht weiter zwischen Embryo und Fötus differenziert. Personen, deren Keimzellen für die Zeugung eines Kindes verwendet wurden, werden als Keimzellspender bzw. mit Blick auf das gezeugte Kind als genetische Eltern bezeichnet. Frauen, die ein Kind austragen, das sie selbst aller Voraussicht nach nicht aufziehen werden, werden als Ersatzmütter oder Tragemütter bezeichnet. Jene Personen, die beabsichtigen, ein Kind aufzuziehen, ohne mit ihm oder ihr genetisch verwandt zu sein und ohne das Kind auszutragen, werden ›soziale Eltern‹ genannt. Wunscheltern oder prospektive Eltern sind jene Personen, die versuchen, mit Hilfe von assistierter Reproduktion ein Kind zu bekommen.

Für die Durchführung von ärztlich assistierter Reproduktion spricht eine Reihe von moralischen Gründen. Unfruchtbarkeit kann ein Zustand existentiellen Leidens sein, der für viele Menschen verbunden ist mit der Frage nach dem Sinn ihres Lebens. Kinder haben zu können, bedeutet die Freude, eine Familie zu gründen, für andere Menschen da sein zu können, etwas Wichtiges aus dem eigenen Leben weitergeben zu können, eine Familientradition fortsetzen zu können. Das Fortleben der Menschheit schlechthin hängt davon ab, ob Menschen Kinder bekommen. Nachkommen sind nötig, um jene sozialen Systeme aufrechtzuerhalten, die auf intergenerationelle Solidarität aufbauen, z. B. die Versorgung im Alter. Nicht zuletzt können Kinder als ein Wert an sich gesehen werden, da sie durch ihr lebendiges, offenes und unverstelltes Wesen, ihre Neugier, Spontaneität und Lernfähigkeit das Leben anderer Menschen bereichern.

Gegen die Durchführung jeglicher Art von assistierter Reproduktion werden grundsätzliche moralische Einwände zum einen von der Katholischen Kirche erhoben. Diese richten sich gegen die Trennung von sexueller Vereinigung der Ehepartner und Zeugung, da dies einerseits eine Herabwürdigung des Sakraments der Ehe, andererseits eine Verletzung der Würde des Kindes bedeute. Einwände betreffen auch die Tatsache, dass Samenzellen für assistierte Reproduktion durch Masturbation gewonnen werden müssen (Kongregation für die Glaubenslehre 1987, 34).

Während sich diese kritische Richtung aus normativen Vorüberlegungen zum absoluten Wert der Ehe speist, und damit innerhalb des Gedankengebäudes der katholischen Lehrmeinung als schlüssig angesehen werden kann, ist eine zweite Richtung grundsätzlicher Kritik an assistierter Reproduktion als problematisch zu bewerten, die diese Verfahren als ›unnatürlich‹ und deshalb als moralisch verwerflich klassifiziert (vgl. Bayertz 2004). Vorgänge der Natur (s. Kap. II. 19) sind nicht per se moralisch wertvoll, ein solches Werturteil beruht vielmehr auf einer menschlichen Interpretation im Kontext von deren intraindividueller, sozialer oder gar kosmischer Bedeutung. Die Existenz des Arztberufs schlechthin beruht auf der Annahme, dass die Natur des Menschen fehleranfällig und unterstützungsbedürftig ist. Dass Ärzte sich des natürlichen Defizits ›Unfruchtbarkeit‹ annehmen, ist also keinesfalls per se ethisch rechtfertigungsbedürftig, allenfalls kann sich daran eine Diskussion anschließen, welche Priorität solche medizinischen Maßnahmen angesichts knapper Ressourcen in nationalen Gesundheitswesen oder aber auch aus der Perspektive einer globalen Gesundheitsversorgung beanspruchen dürfen.

Ein dritter, grundsätzlicher Einwand gegen assistierte Reproduktion wird von einer Richtung innerhalb des Feminismus vorgebracht. Diese kritisiert assistierte Reproduktion als intrinsisch schädlich, da sie innerhalb eines patriarchalen Denk- und Machtsystems den Frauenkörper als technisch manipulierbares Objekt inszenieren und Frauen auf ihre Funktion als Gebärende reduzieren (vgl. Tong 1996). Tatsächlich können und haben Frauen, die In-vitro-Fertilisation durchlaufen haben, die aufwändige Technik als machtvollen Zugriff auf ihren Körper empfunden, mit dem ihr ganzes Leben nur dem einen Ziel, schwanger zu werden und ein Kind zu bekommen, unterworfen wird (Hölzle/Wiesing 1991). Viele Frauen nehmen In-vitro-Fertilisation – unter Umständen über Jahre hinweg – in Anspruch, ohne ein Kind zu bekommen; manche von ihnen empfinden ihr Scheitern als persönliches existenzielles Versagen.

Auch die Verbreitung der kommerziellen Ersatzmutterschaft scheint Gena Coreas Schlagwort von der Mutter als Reproduktionsmaschine zu bestätigen (Corea 1986). Dieses destruktive Potential von assistierter Reproduktion gilt es zu minimieren und bei einer Risiko-Nutzen-Bewertung (s. Kap. II. 23) zu berücksichtigen. Als grundsätzlicher Einwand gegen jede Form von assistierter Reproduktion taugt das Argument jedoch nicht. Nicht umsonst haben sich andere Teile der feministischen Bewegung dezidiert für den Gebrauch von assistierter Reproduktion zur Befreiung von Frauen aus den leiblichen und sozialen Zwängen der Schwangerschaft und heterosexueller Beziehungen ausgesprochen. Überdies wird assistierte Reproduktion mehr und mehr auch von Männern mit Kinderwunsch in Anspruch genommen.

Gelegentlich wird schließlich als grundsätzlicher Einwand gegen die Zulässigkeit von assistierter Reproduktion vorgebracht, Menschen mit Kinderwunsch stünde alternativ die Möglichkeit zur Adoption von Kindern zur Verfügung. 2011 wurden in Deutschland z. B. 1342 Kinder im Alter von bis zu drei Jahren adoptiert (Statistisches Bundesamt 2011, 5). Im Vergleich dazu wurden in diesem Jahr jedoch 9266 Kinder mit Hilfe von In-vitro-Fertilisation geboren, mindestens ebenso viele Paare nahmen die Technik vergeblich in Anspruch (DIR Jahrbuch 2012, 29). Ein erzwungenes Ausweichen aller dieser Personen – noch nicht eingerechnet jene Menschen, die assistierte Reproduktion ohne In-vitro-Fertilisation benötigen – auf Adoption würde schon rein praktisch darauf hinauslaufen, der überwiegenden Mehrzahl der Menschen mit Kinderwunsch die Befriedigung ihres Wunsches vorzuenthalten.

Fortpflanzung gehört zu den wichtigsten individuellen und sozialen Lebensereignissen; der Umgang mit ihr konstituiert herausgehobene Formen menschlicher Beziehungen mit besonderen moralischen Verpflichtungen. Assistierte Reproduktionen haben Auswirkungen auf das Leben reproduktionswilliger Frauen und Männer, auf die mit dieser Hilfe zu zeugenden Kinder, auf die Vorstellungen von Elternschaft und Familie und mittels all dieser Effekte indirekt auch auf unsere Auffassung von einem sozialen und politischen Gemeinwesen. Bedenklich ist, dass sich solche innovativen Techniken oft genug verbreiten, ohne dass ihre Einführung von sorgfältig kontrollierten wissenschaftlichen Studien begleitet würde, welche die physischen, psychischen und sozialen Folgen systematisch erfassen können. So etablierte sich z. B. die In-vitro-Fertilisation in Deutschland anfänglich ohne eine systematische Erfassung des Erfolgs dieser Technik oder der Folgen für die derart gezeugten Kinder. Solches Wissen ist aber Voraussetzung für einen *informed consent* (Hölzle/Wiesing 1991).

Die in der Analyse zu berücksichtigenden ethischen Prinzipien sind (1) die Patientenautonomie und insbesondere die reproduktive Autonomie der beteiligten fortpflanzungswilligen Paare, (2) die Menschenwürde (s. Kap. II. 17) der an der Zeugung beteiligten Personen, insbesondere des zu zeugenden Kindes, (3) die Prinzipien von Nutzen und Nichtschaden einschließlich des Kindeswohls und (4) die prospektive Verantwortung von Eltern und Fortpflanzungsmedizinern für die entstehenden Familienbeziehungen. Auch Gerechtigkeitsfragen werden gelegentlich mit Blick auf die Beziehung zwischen den Geschlechtern, die Kosten von assistierter Reproduktion und nicht zuletzt die Probleme einer wachsenden Weltbevölkerung diskutiert. Letztere können im Folgenden aber nur angerissen werden.

Die Autonomie der Person (s. Kap. II. 21) zählt zu den fundamentalen moralischen Prinzipien jeder medizinischen Behandlungssituation. Unter reproduktiver Autonomie als einem Spezialfall personaler Autonomie versteht man das Recht, über die Belange des eigenen Lebens und des eigenen Körpers, insofern sie die Fortpflanzung betreffen, selbst zu entscheiden (Beier/Wiesemann 2013). Art. 16 der »Allgemeinen Erklärung für Menschenrechte der Vereinten Nationen« hält fest: »Heiratsfähige Männer und Frauen haben ohne jede Beschränkung auf Grund der Rasse, der Staatsangehörigkeit oder der Religion das Recht, zu heiraten und eine Familie zu gründen«. Dieses Recht auf Selbstbestimmung bei der Fortpflanzung richtet sich gegen staatliche oder religiös motivierte Heiratsbeschränkungen, gegen Zwangsabtreibungen, Zwangssterilisationen und Zwangsadoptionen. Solche Eingriffe in die reproduktive Autonomie der Person sind ein Charakteristikum totalitärer Staaten, z. B. des NS-Regimes 1933 bis 1945. Aber auch demokratische Staaten haben sich vereinzelt solche Verstöße zu Schulden kommen lassen; so zwangen z. B. in Kanada noch in den 1950er und 60er Jahren Mitarbeiter von staatlichen und kirchlichen Wohlfahrtseinrichtungen ledige Mütter, ihre neugeborenen Kinder zur Adoption freizugeben.

Manche Autoren haben argumentiert, man müsse ein negatives Recht auf Freiheit von Eingriffen in das Fortpflanzungsvermögen von einem positiven Recht auf Fortpflanzung unterscheiden; reproduktive Autonomie könne nur mit Blick auf ersteres gelten, ein positives Recht auf ein Kind könne hingegen nicht postuliert werden. In der Tat kann ein Anspruchsrecht auf ein Kind aus der reproduktiven Autonomie nicht abgeleitet werden, dies aber ist eine triviale Erkenntnis, scheiterte ein solcher Anspruch doch schon an rein praktischen Hindernissen; ebenso wenig kann es ein Recht auf ein Kind im Sinne eines technisch-praktischen Anspruchs gegenüber einem Arzt geben. Insofern aber Ärzte eine Technik anbieten, die verspricht, zu einem Kind zu führen, darf der Staat die Beteiligten daran nicht ohne Not bzw. ohne höherrangige Rechtsansprüche ins Feld zu führen hindern. Das Recht auf reproduktive Autonomie trifft z. B. insofern auf konkurrierende Rechte, als es reproduktive Arrangements betrifft, die mehr als eine Person umfassen, dies ist, außer bei Entscheidungen über Empfängnisverhütung, nahezu regelhaft der Fall, da Reproduktionsentscheidungen stets unmittelbar weitere Elternteile – mit der Ausnahme des reproduktiven Klonens – und das zu zeugende Kind betreffen.

Ein weiteres grundlegendes Prinzip ist die Menschenwürde der beteiligten Personen (Kettner 2004). Konkret bedeutet dies z. B. das Gebot, ein Kind um seiner selbst willen zu zeugen. Aus der Menschenwürde der zu zeugenden Person leitet sich auch das Recht der späteren selbstbestimmungsfähigen Person auf Kenntnis der eigenen Abstammung ab. Das damit der Theorie nach auch umfasste, wenngleich hier gesondert erwähnte Kindeswohl kann auch innerhalb des gedanklichen Rahmens der Prinzipien von Nutzen und Nichtschaden erfasst werden und muss sowohl für das ungeborene wie auch das geborene Kind berücksichtigt werden. So ist z. B. denkbar, dass bestimmte Techniken mit einer erhöhten Morbidität und Mortalität des Kindes prä- oder postnatal einhergehen, die im Interesse des Kindes in die Nutzen-Risiko-Abwägung Eingang finden müssen.

Schließlich werfen gerade fortpflanzungsmedizinische Maßnahmen verantwortungsethische Fragen auf (Murray 1996). Elternschaft kann definiert werden als eine persönliche Beziehung von umfassender, unkündbarer und liebevoller Verantwortung für das Leben eines anderen Menschen (Wiesemann 2006). Diese moralisch einzigartige Konstellation ermöglicht es Kindern, sich im Schutze förderlicher, vertrauensbasierter Familienbeziehungen zu selbständigen Erwachsenen zu entwickeln. Eltern wird dazu ein beträchtlicher Entscheidungsspielraum eingeräumt, der zugunsten des Kindes verantwortlich genutzt werden kann und muss. Ethische Fragen betreffen das Ausmaß und Grenzen dieser prospektiven Verantwortung mit Blick auf die vielfältigen denkbaren Elternschaftskonstellationen, die Lebensbedingungen des Kindes sowie die den jeweiligen Techniken inhärenten Risiken. Überdies wirft die Tatsache, dass bei manchen assistierten Reproduktionen Fortpflanzungsmediziner unmittelbar beteiligt sind, die Frage nach deren Verantwortung für solcherart gezeugte Kinder auf.

Keimzellspende oder Embryonenspende ermöglichen es Personen mit biologisch oder sozial bedingter Infertilität, auf leiblichem Wege, d. h. mittels Schwangerschaft, ein Kind zu bekommen. Als ›sozial bedingt unfruchtbar‹ werden lesbische und schwule Paare sowie Singleeltern bezeichnet, die einen Kinderwunsch hegen. Die Keimzellspende kann auch eingesetzt werden, um zu vermeiden, einen genetischen Defekt eines Partners an das Kind weiterzugeben. Während die Samenspende ohne weitere medizinische Hilfe möglich ist, muss bei der Eizellspende oder der Spende befruchteter Eizellen In-vitro-Fertilisation eingesetzt werden. Alle drei Techniken werden altruistisch oder kommerziell angeboten. Bei der Samenspende ist das kommerzielle Verfahren seit Jahrzehnten etabliert und gesellschaftlich akzeptiert, sie ist in Deutschland legal. In der Abwägung zwischen dem Schutz der Ehe sowie dem Interesse des sozialen Vaters, dass seine Vaterschaft nicht hinterfragt wird, auf der einen und den Interessen des Kindes auf Kenntnis seiner Herkunft auf der anderen Seite wurde in früheren Jahren oft zugunsten der Erwachseneninteressen entschieden (s. Kap. II. 11). Mittlerweile ist in einem Entscheid des Bundesverfassungsgerichts dem so gezeugten Kind ein Recht auf Kenntnis der eigenen Abstammung zugestanden worden, weshalb anonyme Samenspenden in Deutschland nicht mehr zulässig sind. Dieses Recht wird allerdings unterlaufen, da es möglich ist, tiefgekühlten Samen aus Ländern zu importieren, in denen anonyme Samenspende weiterhin möglich ist.

Eizellspende und die geplante Spende befruchteter Eizellen sind in Deutschland nach dem Embryonenschutzgesetz verboten (§ 1, Abs. 1). Die rechtliche Ungleichbehandlung von Eizellspende und Samenspende wird begründet mit der Absicht, die sog. ›gespaltene Mutterschaft‹ zu verhindern, d. h. die Inkongruenz von genetischer Mutterschaft und Tragemutterschaft. Dies wird von einigen als Benachteiligung infertiler Frauen im Vergleich zu infertilen Männern angesehen. Überdies wird argumentiert, dass in Deutschland die soziale Elternschaft mittels Adoption zulässig sei und es deshalb inkonsistent sei, der Einheit von genetischer Mutterschaft und Tragemutterschaft so großes moralisches Gewicht zu verleihen. Vor allen Dingen gegen die kommerzielle Eizellspende wird eingewandt, sie sei für die Spenderin mit körperlichen Risiken in Folge der dazu notwendigen Hormonstimulation verbunden, auch bestehe ein gewisses Risiko der Ausbeutung der Notsituation von Frauen (Schneider 2003). Allerdings haben die Nebenwirkungen dieser Technik in den letzten Jahren durch verbesserte Stimulationstechniken abgenommen und treten verhältnismäßig selten auf. So war die Eizellentnahme 2011 in Deutschland in 0,66 % der Fälle mit Komplikationen behaftet; in nur 0,03 % der Fälle wurde deshalb ein operativer Eingriff notwendig (DIR Jahrbuch 2012, 31). Die Aufklärung und Bezahlung der Spenderinnen – die meist aus dem europäischen Ausland stammen – ist in der Regel angemessen, u. a. weil das Internet dazu ausreichende Informationen und Angebote bereithält. Zu bedenken ist, dass das Recht des Kindes auf Kenntnis der eigenen Abstammung in diesen Fällen unterlaufen werden kann, weil keine ausreichende Dokumentation erfolgt und Frauen, die für eine solche reproduktive Behandlung ins Ausland reisen, dies ggf. aus Angst vor Kriminalisierung und sozialer Stigmatisierung verschweigen. Einen interessanten

Mittelweg zwischen kommerzieller und altruistischer Eizellspende geht Großbritannien. Dort wird das sog. *egg sharing* gefördert, d. h. Frauen erhalten eine In-vitro-Fertilisations-Behandlung zu vergünstigten Bedingungen, wenn sie bereit sind, einige ihrer Eizellen zu spenden. Überdies werden Paare, die mittels In-vitro-Fertilisation ein Kind bekommen haben, gefragt, ob sie bereit sind, ggf. überzählige befruchtete Eizellen zu spenden. In diesem System müssen nur solche körperlichen Risiken für die Spenderin in Kauf genommen werden, die ohnehin auftreten würden. Einige der oben genannten Argumente pro und contra Eizellspende gelten gleichermaßen der Spende befruchteter Eizellen. Ein gewichtiges neues Argument für diese Technik beruft sich auf das Faktum, dass bei In-vitro-Fertilisation trotz Einhalten aller Regeln des Embryonenschutzgesetzes gelegentlich überzählige befruchtete Eizellen entstehen, z. B. in Folge von Scheidung, Erkrankung oder Tod von Wunscheltern, die dann in der Regel verworfen werden müssten. Innerhalb eines moralischen Ansatzes, der diesen Entitäten vollen Lebensschutz zugesteht, wäre jedoch stattdessen eine Spende an andere Kinderwuncheltern wesentlich eher zu rechtfertigen.

Alle drei Arten der Samen- oder Eizellspende werfen die Frage auf, welche Formen von Elternschaft für das zu zeugende Kind sowie die beteiligten Erwachsenen und die Gesellschaft moralisch zuträglich sind. Überdies muss geklärt werden, welchem Elternteil im Konfliktfall das Sorgerecht für das Kind zugesprochen werden soll. Allerdings sind die damit verbundenen ethischen Probleme nicht neu, sondern stellten sich auch schon vor der Einführung von assistierter Reproduktion, entweder weil ein Kind durch einen Seitensprung gezeugt wurde, ein oder beide Elternteile vorzeitig verstarben oder ein Kind adoptiert wurde. Mit Hilfe von assistierter Reproduktion kann ein Kind bis zu fünf Eltern haben: die genetischen Eltern, die Tragemutter und die sozialen Eltern. Eine sechste Form der Elternschaft ist mittlerweile in der Diskussion, bei der dem Kind ausschließlich epigenetische Informationen von einer Eizellspenderin weitergegeben werden. Ziel ist es, genetische Erkrankungen zu verhindern, die über die mütterlichen Zellmitochondrien, d. i. die Energiequelle der Zelle, weitergegeben werden. Dazu wird eine Spendereizelle entkernt und der Kern einer Eizelle der Wunschmutter in die entkernte Eizelle transferiert. Das zu zeugende Kind verfügt über das genetische Erbmaterial der Wunschmutter und das – verhältnismäßig sehr kleine – zusätzliche genetische Erbmaterial der Mitochondrien der Spendermutter.

Bei der ethischen Diskussion der Vervielfältigung von Elternrollen lassen sich zwei Umgangsweisen im Grundsatz unterscheiden: die der Eindeutigkeit und die der Pluralität von Elternschaft (Bayne/Kolers 2003). Die Strategie der Eindeutigkeit zielt darauf, Elternschaft ausschließlich zwei Personen zuzusprechen und den Beitrag der jeweils anderen Parteien zur Zeugung des Kindes für unbeachtlich zu erklären. Dieses System basierte zumeist auf Privilegierung der traditionellen heterosexuellen Ehe, d. h. Vater ist der männliche Ehepartner für alle innerhalb der Ehe geborenen Kinder; Mutter ist immer die gebärende Frau (Version 1).

Da mittlerweile auch homosexuelle Personen die Ehe oder zumindest eheähnliche Partnerschaften eingehen können, scheint dieser Weg, Eindeutigkeit herzustellen, vielen nicht mehr gangbar. Alternativ wurde deshalb vorgeschlagen, Eindeutigkeit zu ermöglichen, indem die sozialen Eltern vor allen anderen denkbaren Eltern privilegiert werden (Version 2).

Aus der Perspektive des Kindes hat Eindeutigkeit den Vorteil einer klaren Zuordnung zu zwei, für das Kind ohne Wenn und Aber verantwortlichen Personen. Eindeutigkeit ist jedoch nur dann voll und ganz möglich, wenn der Anteil der anderen an der Zeugung beteiligten Personen verschwiegen wird. Diese Option hat das Bundesverfassungsgericht im Interesse des Kindes ausgeschlossen. Version 1 wird zudem wegen ihrer Inkonsistenz kritisiert, da Elternschaft bei der Frau aus einem vorwiegend biologischen (Schwangerschaft), bei dem Mann aus einem sozialen Faktum (Ehe) hergeleitet wird, also gewissermaßen schon in sich einen Kern der Pluralität der Begründungen beinhaltet. Version 2 hingegen marginalisiert nicht nur die Bedeutung der körperlichen Abstammung, sondern auch der Schwangerschaft und der dabei entstehenden Beziehung zwischen schwangerer Frau und Ungeborenem. Die alternative Strategie, eine Pluralität von Elternschaftskonzeptionen zuzulassen, korrespondiert mit der in der Gesellschaft ohnehin praktizierten Vielfalt an Familienbeziehungen.

Auch ohne assistierte Reproduktion können Kinder in Folge von Scheidung der Eltern und neuen Partnerschaften mehrere im elterlichen Sinne verantwortliche Personen auf sich vereinen. Aus der Perspektive des Kindes können alle diese Beziehungen von Bedeutung sein und sollten ihm oder ihr demnach nicht vorenthalten werden. Dem Bedürfnis des Kindes nach vertrauensvollen, persönlichen und verbindlichen Beziehungen und eindeutiger Verantwortung auf der anderen Seite kommt der Gesetzgeber mittlerweile mit entsprechenden Sorgerechtsregelungen nach. Solcherart moderierte und moderate Pluralität von Elternschaft geht im Interesse des Kindes und der Familien einen Mittelweg zwischen starrer Begrenzung und unbeschränkter Flexibilität der elterlichen Rollen. Allerdings müssen Kind und Eltern dafür auch den Preis einer erhöhten Zahl von Sorgerechtsauseinandersetzungen zahlen.

Eine besondere ethische Frage wird durch den Kinderwunsch von homosexuellen Paaren aufgeworfen. Ihr Wunsch erhält Rückenwind durch die Tatsache, dass mittlerweile die heterosexuelle Ehe als Institution für das Aufziehen von Kindern nicht mehr privilegiert wird. Die rechtliche Gleichstellung von ehelichen und nicht-ehelichen Kindern ist vollzogen und korrigiert ein Jahrhunderte altes Unrecht, das an den sog. ›illegitimen‹ Kindern verübt wurde. Denn selbst wer die Ansicht vertritt, dass ein Seitensprung oder eine uneheliche Schwangerschaft moralisch zu verurteilen ist, kann wohl kaum begründen, warum das daran ganz und gar unschuldige Kind dafür zu büßen hat. Angesichts der Tatsache, dass sich die moderate Pluralität von Elternschaftskonzeptionen zum vorrangigen gesellschaftlichen Modell entwickelt hat, kann Elternschaft homosexuellen Paaren nur noch mit Verweis auf das Kindeswohl verweigert werden. Hier zeigen allerdings die Langzeitstudien von Susan Golombok, dass Kindern lesbischer Eltern keine Nachteile drohen und dass sie diese Form der Elternschaft als für sie positiv einschätzen; ähnlich positive Ergebnisse haben erste Studien mit schwulen Eltern ergeben (Golombok 2013). Dies kommt nicht ganz überraschend, nimmt doch die Diskriminierung (s. Kap. II. 5) von homosexuellen Personen in den westlichen Gesellschaften mehr und mehr ab. Hier wäre ohnehin zu fragen, ob aus Gründen der Gerechtigkeit (s. Kap. II. 8) die Diskriminierung aufgrund sexueller Orientierung als Rechtfertigung für eine Beschränkung der Fortpflanzungsfreiheit taugt, ob also einem Unrecht ein weiteres Unrecht aufgesattelt werden darf.

Voraussetzung für die Spende befruchteter oder unbefruchteter Eizellen ist die Möglichkeit, Keimzellen im Reagenzglas zu halten, ggf. über längere Zeit einzufrieren, ihre Entwicklung zum Mehrzeller zu befördern und diesen schließlich erfolgreich in die Gebärmutter zu übertragen (In-vitro-Fertilisation). Zusätzlich zu den oben genannten Fragen der heterologen Spende wirft die In-vitro-Fertilisation auch im homologen System ethische Fragen auf; diese betreffen allerdings Details ihrer Anwendung. In-vitro-Fertilisation ist in Deutschland unter den im Embryonenschutzgesetz geregelten Bedingungen rechtlich zulässig. Voraussetzung ist die unmissverständliche Aufklärung der beteiligten Wunscheltern, insbesondere der Frau, über die Erfolgswahrscheinlichkeit in Abhängigkeit vom Alter und die mit In-vitro-Fertilisation verbundenen körperlichen und seelischen Risiken, die teilweise nicht unerheblich sind. Risiken entstehen insbesondere in Folge der Übertragung von mehr als einer befruchteten Eizelle in der Absicht, die Wahrscheinlichkeit einer Schwangerschaft zu erhöhen. Jede Mehrlingsschwangerschaft, insbesondere die höhergradige, ist mit einem deutlich erhöhten Risiko für mütterliche und kindliche Morbidität und Mortalität verbunden. 2011 kam es in Deutschland nach In-vitro-Fertilisationen in 11.771 Fällen (18,79 % aller klinischen Schwangerschaften) zu einem Abort (DIR Jahrbuch 2012, 24). Knapp 2,4 % (n= 222) aller Geburten nach In-vitro-Fertilisation waren Drillinge (ebd., 29). Das Embryonenschutzgesetz verbietet es, mehr Eizellen zu befruchten, als einer Frau innerhalb eines Zyklus übertragen werden sollen, und begrenzt die Zahl der übertragbaren, entwicklungsfähigen befruchteten Eizellen auf drei. Die Zahl der Drillingsschwangerschaften und die hohe Abortrate ließen sich jedoch voraussichtlich reduzieren, wenn eine größere Zahl von Eizellen befruchtet, im Reagenzglas auf ihre Entwicklungsfähigkeit hin begutachtet und schließlich nur eine oder höchstens zwei optimal entwickelte übertragen werden würden.

Es ist strittig, ob ein solches Vorgehen, das aus Gründen der Risikoreduzierung geboten erscheint, durch das Embryonenschutzgesetz gedeckt wird oder nicht. Vom Embryonenschutzgesetz nicht erfasst wird der Umgang mit überzähligen imprägnierten oder befruchteten Eizellen. In der Praxis hat sich etabliert, diese mit Einwilligung der Keimzellspender zu verwerfen. Die Tatsache, dass aus Gründen, die der Technik inhärent sind, solche frühen menschlichen Entwicklungsformen entstehen, die nicht weiter für die Zeugung eines Kindes verwendet werden, wird von manchen als grundsätzlicher Einwand gegen In-vitro-Fertilisation vorgebracht; Menschen würden ›auf Vorrat‹ erzeugt und ggf. vernichtet. Andere wiederum halten es für geboten, die überzähligen befruchteten Eizellen anderen Kinderwunschpaaren zur Verfügung zu stellen. Manche halten es auch für angemessen, sie für Forschung zur Verbesserung der In-vitro-Fertilisation oder sogar für weitergehende Stammzellforschung bereitzustellen. Immerhin nutze die deutsche Fortpflanzungsmedizin z. B. die Ergebnisse von In-vitro-Fertilisations-Forschung, die in Großbritannien durchgeführt werde. Rechtlich und ethisch strittig ist, was zu tun ist, wenn der Mann, von dem der Samen stammt, seine Einwilligung nach Imprägnierung zurückzieht oder gar in der Zeit vor dem Transfer verstirbt. Der wissenschaftliche Beirat der Bundesärztekammer vertritt die Ansicht, dass in diesem Fall die kryokonservierten Zellen zu verwerfen seien (BÄK-RL 2006, A 1402). Ethische Argumente für einen solchen Eingriff in die reproduktive Freiheit der Frau, die bis dahin schon ein erhebliches Ausmaß an ›reproduktiver Arbeit‹ erbracht hat, werden nicht vorgebracht (Donchin 2009, 37). Im Kontrast dazu hat das Oberlandesgericht Rostock kürzlich einer Witwe erlaubt, die kryokonservierten, mit dem Samen ihres in der Zwischenzeit verstorbenen Ehemannes imprägnierten Eizellen für In-vitro-Fertilisation zu verwenden, mit der Begründung, die Einwilligung des Ehemannes zur Verwendung des Samens habe der Befruchtung gegolten und diese sei bereits zu seinen Lebzeiten erfolgt (Oberlandesgericht Rostock, Urteil. v. 07. 05. 2010, 7 U 67/09). Damit wird jedoch der im Embryonenschutzgesetz niedergelegte gravierende moralische Unterschied zwischen dem Zustand bei Eindringen der Samenzelle – Imprägnierung = noch kein schützenswerter Mensch – und der wenige Stunden später folgenden Kernverschmelzung – Befruchtung = schützenswerter Mensch – begrifflich verunklart. Die Konsequenzen dieses Urteils sind strittig, es zeigt sich aber, dass die unterschiedliche juristische und moralische Bewertung dieser so eng benachbarten Ereignisse im Prozess der Embryonalentwicklung, die von einigen als ohnehin kontraintuitiv eingestuft wird, nicht von allen Richtern geteilt wird.

Bei der Ersatzmutterschaft mittels In-vitro-Fertilisation wird die schwangere Frau nicht auch soziale Mutter des Kindes, im Unterschied zur Adoption wird das Kind schon vor der Schwangerschaft per Vereinbarung oder Vertrag den Wunscheltern zugesprochen. Genetische Elternteile des Kindes können die Wunscheltern, weitere Keimzellspender oder auch die schwangere Frau sein. Ersatzmutterschaft wird üblicherweise finanziell abgegolten, kann aber auch aus altruistischen Gründen erfolgen, z. B. wenn eine Frau für ihre Schwester ein Kind austrägt. Das Embryonenschutzgesetz verbietet die Durchführung von IFV »bei einer Frau, welche bereit ist, ihr Kind nach der Geburt Dritten auf Dauer zu überlassen« (§ 1, Abs. 1), unabhängig von den zugrunde liegenden Motiven der beteiligten Personen. Die ethische Kritik an der Ersatzmutterschaft fokussiert vor allen Dingen auf die kommerziellen Formen. Kritisiert wird, dass Kinder als eine Art Ware betrachtet werden und Elternschaft damit zu einer Konsumentenentscheidung wird. Die kommerzielle Ersatzmutterschaft verlagert sich zudem in Länder mit großen Differenzen zwischen Arm und Reich, z. B. nach Indien. Die finanzielle Not, die schlechte Ausbildung bzw. gelegentlich sogar ein Analphabetismus der Ersatzmütter lassen ihren *informed consent* als fragwürdig erscheinen. Oft werden sie über die Risiken des Verfahrens nur ungenügend aufgeklärt und können bei schwerwiegenden Problemen in Folge ihrer Schwangerschaft oder gar bei der Geburt eines behinderten Kindes auf wenig Unterstützung hoffen. Es gibt Hinweise darauf, dass behindert geborene Kinder von den ursprünglich avisierten sozialen Eltern zurückgewiesen wurden. Im Normalfall hindert die Vertragsgestaltung die Frauen daran, ihre Entscheidung, das Kind nach der Geburt abzugeben, zu revidieren. Dies alles fördert die Instrumentalisierung (s. Kap. II. 17) von Kind und Ersatzmutter und negiert die soziale Beziehung, die zwischen Frau und Kind in der Regel schon in der Schwangerschaft entsteht. Auf der anderen Seite eröffnet die Ersatzmutterschaft zusätzlich zu der zumeist starken Restriktionen unterworfenen Möglichkeit der Adoption einen Weg für Frauen ohne Gebärmutter und für schwule Paare, ein Kind zu bekommen, das überdies mindestens zur Hälfte über die eigene genetische Ausstattung verfügen kann, mit dem also einer oder beide Elternteile genetisch verwandt sein können. Zu bedenken ist jedenfalls, dass die Alternative einer altruistischen Ersatzmutterschaft im Verbund mit großzügigeren Adoptionsregeln es ermöglichte, die meisten der genannten ethischen Probleme zu umgehen.

Als ein Sonderproblem des deutschen Umgangs mit Ersatzmutterschaft hat sich in Einzelfällen ergeben, dass derart im Ausland gezeugten Kindern deutscher Wunscheltern die deutsche Staatsbürgerschaft verweigert wurde, was sie de facto staatenlos werden ließ, wenn im Herkunftsland der Ersatzmutter das Reproduktionsverfahren legal ist. Dabei handelt es sich um eine besondere Form der Instrumentalisierung des Kindes zum Zwecke der Durchsetzung deutscher Fortpflanzungspolitik.

Eine bisher aller Wahrscheinlichkeit nach rein theoretische Möglichkeit der menschlichen Fortpflanzung ist das reproduktive Klonen, mittels dessen ein genetisch fast vollständig mit einem anderen identischer Mensch gezeugt werden kann. Die Machbarkeit dieses Verfahrens wurde in Tierversuchen gezeigt, allerdings ergab sich bei Säugetieren eine hohe Abort- und Fehlbildungsrate. Schon aus diesem Grund ist das reproduktive Klonen eine nicht zu rechtfertigende Technik, denn die reproduktive Autonomie findet ihre Grenzen dort, wo dem zu zeugenden Kind mit hoher Wahrscheinlichkeit Schaden zugefügt wird. Ein weiteres ethisches Argument gegen das reproduktive Klonen ist das Instrumentalisierungsverbot, da dabei – zumindest in jenen Fällen, in denen ein Mensch sich selbst oder eine bekannte Person klonen möchte – dem zu zeugenden Kind eine bestimmte genetische Identität auferlegt und damit nach Jürgen Habermas die universelle Gleichheitsunterstellung aller Menschen in Frage gestellt wird (Habermas 2001). Wie die Erfahrung mit natürlicherweise entstehenden genetisch identischen Zwillingen zeigt, ist dieses Argument umso stärker, je eher das zu zeugende Kind einem schon vorhandenen erwachsenen Menschen gleichen soll. Allerdings wurde im Zuge der Kritik am reproduktiven Klonen auch vor einem unkritischen biologischen Determinismus gewarnt und dafür argumentiert, die Freiheit des Menschen innerhalb einer vorgegebenen genetischen Ausstattung nicht zu unterschätzen (Gerhardt 2001).

Vorgeburtliche Diagnostik

Die In-vitro-Fertilisation wirft besondere ethische Fragen auf, insofern sie als technisch-praktische Voraussetzung für die Durchführung der besonderen Form der vorgeburtlichen Diagnostik, der Präimplantationsdiagnostik (PID), dient (Kaminsky 1998; Krones 2009). Unter vorgeburtlicher Diagnostik versteht man alle medizinischen Untersuchungen, die im Verlauf der Zeugung eines Kindes und insbesondere der Schwangerschaft bei Mutter und Kind durchgeführt werden. Diese Untersuchungen verfolgen heterogene Ziele, denn sie bezwecken einerseits, einen unproblematischen Verlauf der Schwangerschaft zu gewährleisten, z. B. durch Diagnostik auf Rhesus-Unverträglichkeit, oder Gesundheitsprobleme beim Kind zu beheben, z. B. bei Herzfehlern, andererseits können und sollen u. U. dabei auch genetisch bedingte Erkrankungen oder Fehlbildungen identifiziert werden, die Anlass zu einem Schwangerschaftsabbruch (s. Kap. III. 37) oder bei der PID zum Verwerfen der betroffenen befruchteten Eizelle geben können. PID wird an der befruchteten Eizelle im Reagenzglas noch vor deren Implantation in die Gebärmutter durchgeführt. Dazu wird dem noch vermutlich totipotenten Mehrzeller eine Zelle für die genetische Diagnostik entnommen. Falls sich dabei ein genetischer Defekt ergibt, wird diese befruchtete Eizelle nicht implantiert, sondern verworfen. PID ist eine Form der vorgeburtlichen Diagnostik, da sie jedoch nicht ohne In-vitro-Fertilisation durchgeführt werden kann, kommt sie verhältnismäßig selten zur Anwendung. Paare, die PID nachsuchen, haben in der Regel schon ein Kind mit einer erblichen Behinderung (s. Kap. II. 2) (z. B. Mukoviszidose) oder leiden unter einer auffällig hohen Rate von Tot- oder Fehlgeburten.

Eine ethische Problematik der vorgeburtlichen Diagnostik ergibt sich durch deren Heterogenität der Ziele, insbesondere, wenn diese vor der Untersuchung gegenüber der Frau nicht klar genug angesprochen werden (Haker 2002). So wird z. B. der Tripletest, ein Bluttest, von den Schwangeren oft missverstanden als Test zu Sicherung der gesundheitlichen Entwicklung ihres Kindes. Dass dieser allerdings ggf. auch Anlass zu weiterer genetischer Diagnostik gibt und dann die Frage nach einem Schwangerschaftsabbruch aufwirft, ist manchen Frauen nicht ausreichend bewusst. Wenn zuvor darüber nicht unmissverständlich aufgeklärt wurde, kann die Verortung innerhalb eines Settings von Vorsorgemaßnahmen dazu beitragen, dieses Potential des Triple-Tests zu verschleiern. Seit 2012 ist in Deutschland ein Bluttest auf verschiedene Trisomien (Chromosomen 21, 13, 18) zugelassen, z. B. der sog. PraenaTest, der eine deutlich höhere Genauigkeit als der Triple-Test aufweist. Dieser Test erbringt verlässliche Ergebnisse etwa ab der 12. Schwangerschaftswoche. Für seine Anwendung spricht, dass damit einigen Frauen die Durchführung einer invasiven Diagnostik mit entsprechendem Risiko für Mutter und Ungeborenes erspart werden kann, denn bisher wurde allen Frauen mit auffälligem Befund bei Ultraschalluntersuchung oder Triple-Test eine solche Diagnostik empfohlen. Führte man jedoch zuvor noch den PraenaTest durch, könnte z. B. der Verdacht auf das Vorliegen der häufigsten genetischen Aberration, der Trisomie 21, in vielen Fällen wieder entkräftet werden. Gegen den PraenaTest wird eingewendet, er könne wegen seiner einfachen Durchführung zu einer Banalisierung des Schwangerschaftsabbruchs führen, wenn er im großen Maßstab angewendet werden würde. Allerdings hat der Test in der Gruppe der jüngeren Frauen einen niedrigen prädiktiven Wert, die Zahl der falsch positiven übersteigt die der richtig positiven Ergebnisse. Dies wird vermutlich eine breite Anwendung begrenzen. Zurzeit wird ohnehin zur Kontrolle eines positiven Ergebnisses die Durchführung weiterer invasiver Diagnostik empfohlen.

Alle Formen der pränatalen Diagnostik zur Früherkennung von genetischen Defekten können zu einer Diskriminierung von Menschen mit Behinderungen führen. Behinderung ist ein relativer Begriff, er wird durch interne wie externe Faktoren geprägt. So kann z. B. ein Mensch mit Kleinwuchs zwar in der Regel nicht so schnell laufen wie jemand mit durchschnittlich langen Beinen, die Beschränkung des Handlungsradius eines kleinwüchsigen Menschen wird aber verstärkt durch die Tatsache, dass ohnehin die meisten Gegenstände des Alltags (Möbel, Autos, Türen etc.) für Körpergrößen über 1,50 Meter konfektioniert sind. Menschen mit Behinderung machen zu Recht einen Anspruch auf Inklusion geltend, d. h. auf Berücksichtigung ihrer spezifischen Bedürfnisse zur gleichen Teilhabe an der Gesellschaft (Graumann 2011). Eine pauschale Gleichsetzung von Behinderung mit Bürde und eine daraus resultierende Rechtfertigung eines Schwangerschaftsabbruchs werden als ein Angriff auf die Menschenwürde der Betroffenen kritisiert. Ob jedoch eine Abwägung im Einzelfall unter Berücksichtigung der auch unter optimalen Inklusionsbedingungen erreichbaren Lebensqualität (s. Kap. II. 16) als Diskriminierung zu werten ist, ist umstritten. Das Präimplantationsdiagnostik-Gesetz lässt die Durchführung der Diagnostik zu bei einem hohen Risiko für »das Vorliegen einer schwerwiegenden Erbkrankheit« sowie bei »einer schwerwiegenden Schädigung«, die mit hoher Wahrscheinlichkeit zu einer Tot- oder Fehlgeburt führen wird (§ 3 a, Abs. 2). Der Gesetzgeber erlaubt also im Einzelfall eine Abwägung auf der Basis der zu erwartenden Schwere des Befunds. Aus ethischer Perspektive wird argumentiert, dass Elternschaft eine verantwortungsvolle Berücksichtigung der zu erwartenden Lebensqualität des zu zeugenden Kindes umfasse (Wiesemann 2006). Tanja Krones prägte dafür den Begriff der »kontextsensitiven Bioethik« (Krones 2008). Im Umkehrschluss wird überdies argumentiert, dass die gezielte Zeugung eines Kindes mit einem erblich bedingten Kleinwuchs oder z. B. mit Gehörlosigkeit, die schon von einzelnen fortpflanzungswilligen Paaren mit diesen Behinderungen eingeklagt wurde, im Interesse des Kindes auch unter optimalen Inklusionsbedingungen ethisch nicht vertretbar sei. Als Verstoß gegen das Instrumentalisierungsverbot wird von vielen auch die Zeugung sog. ›Rettungsgeschwister‹ angesehen, deren genetische Ausstattung mit Hilfe von PID so beeinflusst wird, dass sie nach der Geburt Nabelschnurblutspender für ein lebensbedrohlich erkranktes Geschwisterkind werden können.

Ganz allgemein werfen die stetig wachsenden Möglichkeiten der vorgeburtlichen genetischen Diagnostik die Frage auf, welche Verantwortungslast den Eltern aufgebürdet werden darf. Kritisiert wird, dass der Automatismus der vorgeburtlichen Diagnostik die Vorstellung von einer »Schwangerschaft auf Probe« begünstige und damit die Bindung zwischen Schwangerer und Ungeborenem behindere und dass Elternschaft mehr und mehr perfektionistischen Ansprüchen genügen müsse (Katz Rothman 1993). Strittig ist, wie mit Möglichkeit der Ganzgenomsequenzierung umgegangen werden sollte und inwiefern auch schon das Ungeborene ein Recht auf informationelle Selbstbestimmung beanspruchen könne.

Umstritten sind auch Gerichtsentscheide in den USA, Frankreich, den Niederlanden, der Schweiz und auch in Deutschland (sog. *wrongful-birth decisions*), die in Deutschland unter dem polemischen Begriff ›Kind als Schaden‹ bekannt wurden. Demnach können Ärzte zur Zahlung von Unterhalt und Schadenersatz verpflichtet werden können, wenn eine mögliche ernsthafte Erkrankung oder Behinderung falsch diagnostiziert oder über den Umstand mangelhaft aufgeklärt wurde. Dabei – so betont etwa der deutsche Bundesgerichtshof (BGH) – beziehe sich der ersatzfähige Schaden nicht auf das Kind, weil sich dies aufgrund der durch die Verfassung garantierten Würde des Menschen verbiete, vielmehr stellten die behinderungsbedingten Mehrkosten für den Unterhalt eine Schadenposition dar, die ersatzfähig sei (vgl. Riedel 2003). Kritisiert wurde, dass damit dennoch indirekt das Kind selbst als Schadensfall betrachtet werden könne.

Aber auch Maßnahmen der vorgeburtlichen Diagnostik, die ausschließlich dem Ziel dienen, die Gesundheit des Embryos zu verbessern, können ethische Dilemmata erzeugen (s. Kap. II. 4). In den USA und kürzlich auch in Großbritannien gab es einzelne Fälle, in denen Frauen per Gerichtsbeschluss gezwungen wurden, im Interesse ihres gefährdeten Ungeborenen einen Kaiserschnitt über sich ergehen zu lassen. Solche Eingriffe in die leibliche Integrität der Frau gegen ihren erklärten Willen werden mit dem

Überlebensinteresse des Kindes begründet, sind aber juristisch höchst umstritten (Annas 1982). Ein Argument für die Privilegierung der Perspektive der Schwangeren ist, dass das Ungeborene im Mutterleib noch nicht vollständig individuiert, sondern vielmehr Teil der leiblichen und biographischen Existenz der Mutter ist (Warren 1989).

Literatur

Annas, George J.: Forced cesareans: The most unkindest cut of all. In: *Hastings Center Report* 12/3 (1982), 16–17, 45.

Bayertz, Kurt (Hg.): *Die menschliche Natur. Welchen und wie viel Wert hat sie?* Paderborn 2004.

Bayne, Tim/Kolers, Avery: Toward a pluralistic account of parenthood. In: *Bioethics Q.* 17/3 (2003), 221–242.

Beier, Katharina/Wiesemann, Claudia: Reproduktive Autonomie in der liberalen Demokratie. Eine ethische Analyse. In: Claudia Wiesemann/Alfred Simon (Hg.): *Patientenautonomie. Theoretische Grundlagen, praktische Anwendungen*. Münster 2013, 205–221.

Bundesärztekammer: (Muster-) Richtlinie zur Durchführung der assistierten Reproduktion, Novelle 2006 vom 17. Februar. In: *Deutsches Ärzteblatt* 103/20, 19. Mai (2006), A 1392–1403 [BÄK-RL].

Corea, Gena: *MutterMaschine. Reproduktionstechnologien – von der künstlichen Befruchtung zur künstlichen Gebärmutter*. Berlin 1986.

DIR Jahrbuch 2011 [Deutsches IVF-Register]. *Journal für Reproduktionsmedizin und Endokrinologie 2012*, 9. Jg., Modifizierter Nachdruck aus Nr. 6.

Donchin, Anne: Toward a gender-sensitive assisted reproduction policy. In: *Bioethics* 23/1 (2009), 28–38.

Gerhardt, Volker: *Der Mensch wird geboren. Kleine Apologie der Humanität*. München 2001.

Golombok, Susan: Families created by reproductive donation: Issues and research. In: *Child Development Perspectives* 7/1 (2013), 61–65.

Graumann, Sigrid: *Assistierte Freiheit. Von einer Behindertenpolitik der Wohltätigkeit zu einer Politik der Menschenrechte*. Frankfurt a. M. 2011.

Habermas, Jürgen: *Die Zukunft der menschlichen Natur. Auf dem Weg zu einer liberalen Eugenik?* Frankfurt a. M. 2001.

Haker, Hille: *Ethik der genetischen Frühdiagnostik. Sozialethische Reflexionen zur Verantwortung am Beginn des menschlichen Lebens*. Paderborn 2002.

Heyer, Martin/Dederer, Hans-Georg: *Präimplantationsdiagnostik, Embryonenforschung, Klonen. Ein vergleichender Überblick zur Rechtslage in ausgewählten Ländern*. Ethik in den Biowissenschaften – Sachstandsberichte des DRZE, Bd. 3. Hg. von Ludger Honnefelder/Dirk Lanzerath. Freiburg 2007.

Hölzle, Christina/Wiesing, Urban: *In-vitro-Fertilisation. Ein umstrittenes Experiment: Fakten, Leiden, Diagnosen, Ethik*. Berlin/New York 1991.

Kaminsky, Carmen: Von IVF zu ICSI und PID: Ethische Probleme (un)eingeschränkter Fortpflanzungsmedizin. In: Giuseppe Orsi/Kurt Seelmann/Stefan Smid/Ulrich Steinvorth (Hg.): *Medizin – Recht – Ethik (Rechtsphilosophische Hefte*, Bd. 8). Frankfurt a. M. 1998, 37–53.

Katz Rothman, Barbara: *The Tentative Pregnancy. How Amniocentesis Changes the Experience of Motherhood*. New York 1993.

Kettner, Matthias (Hg.): *Biomedizin und Menschenwürde*. Frankfurt a. M. 2004.

Kongregation für die Glaubenslehre: *Instruktion der Kongregation für die Glaubenslehre über die Achtung vor dem beginnenden menschlichen Leben und die Würde der Fortpflanzung, Antworten auf einige aktuelle Fragen*, »Donum Vitae«, 10. März 1987, Verlautbarungen des Apostolischen Stuhls, Nr. 74., Hg. vom Sekretariat der Deutschen Bischofskonferenz. Bonn 1987.

Krones, Tanja: *Kontextsensitive Bioethik. Wissenschaftstheorie und Medizin als Praxis*. Frankfurt a. M. 2008.

–: Aspekte der Präimplantationsdiagnostik. In: Achim Bühl (Hg.): *Auf dem Weg zur biomächtigen Gesellschaft? Chancen und Risiken der Gentechnik*. Wiesbaden 2009, 137–240.

Murray, Thomas H.: *The Worth of a Child*. Berkeley 1996.

Riedel Ulrike: *»Kind als Schaden«. Die höchstrichterliche Rechtsprechung zur Arzthaftung für den Kindesunterhalt bei unerwünschter Geburt eines gesunden, kranken oder behinderten Kindes*. Frankfurt a. M. 2003.

Schneider, Ingrid: Gesellschaftliche Umgangsweisen mit Keimzellen: Regulation zwischen Gabe, Verkauf und Unveräußerlichkeit. In: Sigrid Graumann/Dies. (Hg.): *Verkörperte Technik – Entkörperte Frau. Biopolitik und Geschlecht*. Frankfurt a. M./New York 2003, 41–65.

Statistisches Bundesamt (Hg.): *Statistiken der Kinder- und Jugendhilfe. Adoptionen*. Wiesbaden 2011.

Steinke, Verena/Rahner, Nils/Middel, Annette/Schräer, Angela: *Präimplantationsdiagnostik. Medizinisch-naturwissenschaftliche, rechtliche und ethische Aspekte*. Ethik in den Biowissenschaften – Sachstandsberichte des DRZE, Bd. 10. Hg. von Dieter Sturma/Dirk Lanzerath/Bert Heinrichs. Freiburg 2009.

Tong, Rosemarie: *Feminist Approaches to Bioethics: Theoretical Reflections and Practical Applications*. Boulder/Colorado 1996.

Warren, Mary A.: The moral significance of birth. In: *Hypatia* 4/3 (1989), 46–65.

Wiesemann, Claudia: *Von der Verantwortung, ein Kind zu bekommen. Eine Ethik der Elternschaft*. München 2006.

Claudia Wiesemann

6 Bevölkerungswachstum und demographischer Wandel

Bevölkerungswachstum und demographischer Wandel sind zwei distinkte, aber zusammenhängende Phänomene der Bevölkerungsentwicklung. Das Bevölkerungswachstum bezeichnet die quantitative Veränderung einer Population über die Zeit und wird meist als Wachstumsrate in Prozent der jeweiligen Bevölkerung ausgedrückt. Ein Bevölkerungswachstum, dessen Wert größer als 0 ist, bedeutet, dass die Bevölkerung zunimmt; negatives Bevölkerungswachstum bedeutet eine zahlenmäßige Abnahme. Verschiebungen hinsichtlich der Geburten- und Sterberaten, der Altersstruktur, der Geschlechterverhältnisse sowie der Migration (Emigration und Immigration) machen den demographischen Wandel aus. Bevölkerungswachstum und demographischer Wandel können u. a. zu ethischen Problemen in den Bereichen Umwelt und Ernährung, Reproduktion, Generationen- und Geschlechtergerechtigkeit sowie Migration führen.

Übersicht zum globalen Bevölkerungswachstum

Zur Zeit von Christi Geburt lebten weniger als 200 Millionen Menschen auf der Erde. 1900 gab es 1,6 Milliarden Menschen; 1965 bereits 3,3 Milliarden. Bis zum Jahr 2000 stieg die Bevölkerungszahl auf 6 Milliarden an. Grund für die rapide Steigerung waren vornehmlich stark sinkende Sterberaten bei zugleich langsamer sinkenden Geburtenraten. Letztere reduzieren sich erst seit den 1950er Jahren (United Nations Department for Economic and Social Affairs 2012). 2012 lebten ca. 7 Milliarden Menschen. Für das Jahr 2050 werden 9 Milliarden Menschen prognostiziert; für das Jahr 2100 mehr als 10 Milliarden. Voraussagen zur zukünftigen Weltbevölkerungsgröße hängen dabei stark von den in den Modellierungen jeweils angenommenen Fortpflanzungsraten ab. Alle Prognosen, v. a. jene über das Jahr 2050 hinaus, sind also unsicher.

Das Bevölkerungswachstum variiert stark geographisch (United Nations Department for Economic and Social Affairs 2012): Die höchsten Fertilitätsraten finden sich gegenwärtig vornehmlich in weniger entwickelten Ländern, allen voran in Afrika sowie in Asien, Ozeanien und Lateinamerika. Insgesamt leben bislang 18 % der Weltbevölkerung in sogenannten Hochfertilitätsländern (Gruppe A). Länder mit so niedriger Geburtenrate, dass sich insgesamt die Bevölkerung reduziert (Gruppe C), sind unter anderen alle europäischen Länder, inklusive Russland, mit Ausnahme von Island und Irland. Bisher leben in dieser Gruppe 42 % der Weltbevölkerung. Weitere 40 % leben in Ländern mit intermediärer Fertilitätsrate (Gruppe B). Für alle drei Gruppen wird angenommen, dass die Lebenserwartung weiter ansteigt. Grob gesprochen wird die Bevölkerung in entwickelten Ländern zukünftig insgesamt abnehmen oder, in einigen Ausnahmefällen, stabil bleiben und insbesondere in den ärmsten Ländern stark zunehmen.

Ethische Probleme des globalen Bevölkerungswachstums

Global betrachtet kann also von einem starken zukünftigen Bevölkerungswachstum ausgegangen werden. Zugleich wird ein wirtschaftlicher Aufschwung insbesondere auch in den ärmeren Regionen der Welt angestrebt. Angesichts steigender Bevölkerungszahlen wird erwartet, dass dieses Wachstum zu zunehmender Umweltverschmutzung sowie zu zunehmendem Wettbewerb um die natürlichen Ressourcen des Planeten führen wird – zumindest dann, wenn sich die wirtschaftliche Entwicklung weiter so vollzieht wie in der Vergangenheit. Darüber hinaus wird verstärkt diskutiert, wie die zusätzlichen Milliarden Menschen zukünftig ernährt werden sollen (Deutscher Ethikrat 2012). Auch die steigende Konkurrenz um Agrarflächen zwischen der Lebensmittel- und der Energiebranche kann zu den indirekten Folgen des Bevölkerungswachstums gezählt werden (Godfrey et al. 2010). Zudem können sich bevölkerungspolitische Herausforderungen ergeben, insbesondere im Bereich der Fortpflanzung und der Migration.

Einige zentrale philosophische Debatten bezüglich der zukünftigen Bevölkerungsgröße als solcher kreisen um ein Szenario, das von Derek Parfit als sogenannte »abstoßende Konklusion« (engl. *repugnant conclusion*) eingeführt wurde (Parfit 1984, Kap. 17). Die Folgerung basiert auf den Prämissen, dass ein starkes Bevölkerungswachstum im Allgemeinen zu einer abnehmenden Lebensqualität führen wird, aber auch ein Leben mit sehr geringer Lebensqualität immer noch lebenswert ist. Die Konklusion besagt, es sei moralisch geboten, die Bevölkerungszahl sehr stark ansteigen zu lassen – und zwar auch dann, wenn die Lebensqualität der einzelnen Mitglieder zukünftiger Generationen dadurch nur noch äußerst gering wäre. Es gäbe also keine Verpflichtung, das Bevölkerungswachstum zugunsten zukünftiger Generationen einzudämmen oder darauf zu achten, dass für zukünftige Generationen ausreichende Ressourcen für eine akzeptable Lebensqualität vorhanden sind. Diese als Provokation zu verstehende ›abstoßende Konklusion‹ wird oft eingesetzt, um die Probleme eines utilitaristischen Kalküls zu thematisieren, das besagt, dass die Gesamtmenge des Glücks in einer Welt mit einer riesigen Bevölkerung, aber marginaler Lebensqualität durchaus größer sein kann als die Gesamtmenge des Glücks in einer Welt mit weniger Menschen und höherer Lebensqualität. Es wird in der Populationsethik weitgehend davon ausgegangen, dass es einfachen Formen des Utilitarismus nicht gelingt zu begründen, warum wir die Bevölkerung gerade *nicht* ins Unermessliche steigen und dadurch womöglich die allgemeine Lebensqualität rapide absinken lassen sollten (Parfit 1984, Kap. 18, 19). Zahlreiche Autoren haben daher verschiedenste Modifikationen des klassischen utilitaristischen Kalküls vorgeschlagen (Arrhenius/Ryberg/Tännsjö 2010).

Die zukünftige Größe der Populationen und unser Verhältnis zu zukünftigen Generationen generieren aber auch für andere Moraltheorien Probleme. Wenn man sich über etwaige moralische Pflichten gegenüber zukünftigen Generationen Gedanken macht, muss man sich fragen, *wem* gegenüber wir diese Pflichten eigentlich haben. Während der Utilitarismus recht problemlos auch moralische Pflichten stipulieren kann, die keine *bestimmten* Individuen betreffen (engl. oft *non-person affecting duties*), verlangen rechtebasierte Pflichtenethiken in der Regel ein *bestimmtes* Subjekt als Träger von moralischen Rechten, das dann individuell zugeordnete Pflichten begründet (engl. oft *person-affecting duties*). Da die noch gar nicht existierenden Mitglieder zukünftiger Generationen in diesem Sinne aber keine *bestimmten* Träger subjektiver moralischer Rechte sein können (s. Kap. II. 28), hat auch eine rechtebasierte Pflichtenethik Schwierigkeiten zu erklären, warum die »abstoßende Konklusion« falsch sein muss (Parfit 1984, Kap. 16).

In theoretischer Hinsicht stellt sich also die Frage, wie man das Ziel, die Bevölkerungsgröße einzudämmen, im Rahmen einer Moraltheorie kohärent begründen kann. Daran anschließend ergibt sich aus globaler Sicht die Frage, ob es womöglich eine individuelle Pflicht geben könnte, auf eigene Nachkommen zu verzichten, um das Bevölkerungswachstum zu reduzieren (Overall 2012). Falls dem so sein sollte, stellt sich die weitergehende Frage, mit welchen Mitteln der Bevölkerungspolitik eine solche Eindämmung betrieben werden darf (Callahan 1976). Bisher gibt es in dieser Debatte keinen Konsens.

Umweltverschmutzung und zusätzlicher Wettbewerb um natürliche Ressourcen werfen die Frage auf, wem eigentlich natürliche Ressourcen wie urbares Land, saubere Luft, sauberes Wasser, Urwälder oder die Fische in den Weltmeeren gehören und wer diese in welchem Umfang, auf welche Weise und mit welchem Resultat nutzen darf. In den ethischen Diskussionen hierüber werden immer wieder ältere philosophische Eigentumstheorien, wie z. B. die Theorie von John Locke auf diese Probleme angewandt. Dabei spielt insbesondere die Lockesche Bedingung, der zufolge man bei der Eigentumsakquise genügend und gleich Gutes für andere übrig zu lassen hat, eine zentrale Rolle. In umweltethischen Diskussionen um die Definition von Nachhaltigkeit (s. Kap. II. 18) im Umgang mit den Ressourcen der Erde wird darum gestritten, ob wir die Lockesche Bedingung gegenüber zukünftigen Generationen erfüllen sollen, und wenn nicht, wie viel – oder wenig – wir zukünftigen Generationen übrig lassen können, ohne dass die Verteilung als unethisch angesehen werden muss (Ott/Döring 2008). Auch hierbei ist ein wichtiger Maßstab der der voraussichtlichen zukünftigen Populationsgröße.

Ein anderer Strang der Diskussion widmet sich den bereits bestehenden Ungleichheiten in der globalen Ressourcennutzung, etwa hinsichtlich des genauen Ausmaßes der individuellen Pflichten von Bewohnern reicherer Länder gegenüber der Bevölkerung in ärmeren Ländern. Autoren wie z. B. Peter Singer sehen hier sehr weitreichende individuelle Pflichten, Unterstützung zu leisten (Singer 1972). Andere wie etwa Thomas Pogge weisen auf negative bzw. Unterlassungspflichten gegenüber den Menschen in ärmeren Ländern hin, etwa die Pflicht zur Unterlassung von Umweltverschmutzung (Pogge 2008). Da ein Großteil der natürlichen Ressourcen wie etwa Öl oder saubere Luft in den Industrienationen verbraucht wird und wirtschaftliche sowie politische Strukturen weiterhin die Industrienationen zu begünstigen scheinen, können auch solche Unterlassungspflichten als recht weitreichend verstanden werden. Das voraussichtliche Bevölkerungswachstum weitet sie noch zusätzlich aus. In der politischen Philosophie schließlich finden sich Autoren, die solchem kosmopolitischen Denken republikanische

Grenzen setzen möchten und argumentieren, die Pflichten gegenüber den Angehörigen der eigenen Nation seien deutlich weitreichender als diejenigen gegenüber Menschen in anderen Ländern (MacIntyre 1995).

Weiter wird verhandelt, ob verschiedene Ressourcen – Nahrung, Energie, Wasser etc. – und ihre Nutzung in einer bestimmten Rangordnung stehen sollten; ob also z. B. der Nahrungsgewinnung stets der Vorrang vor anderweitiger Nutzung von Land gegeben werden soll, solange Menschen hungern (vgl. die *food versus fuel*-Kontroverse; Nuffield Council 2011), und wie mit den resultierenden Machtverhältnissen umzugehen ist. Engpässe bei der Lebensmittelversorgung haben häufig logistische und politische Ursachen. Zusätzlich wird jedoch argumentiert, es sei notwendig, lokale Kleinproduktion und herkömmliche Ackerbaumethoden durch industrielle Produktion und Monokulturen zu ersetzen. Erträge, die auf diese Weise gesteigert werden, können aber auch zu neuen Abhängigkeitsverhältnissen führen, etwa zwischen Bäuerinnen in ärmeren Ländern und den Konzernen in reicheren Industrienationen. Insgesamt stellt sich daher zunehmend die Frage, welche Formen wirtschaftliche Zusammenarbeit, Handel und Entwicklungshilfe zwischen diesen Ländern annehmen sollten und auf welche Weise gegebenenfalls moralisch problematische, ›post-kolonialistische‹ Strukturen zu vermeiden sind.

Übersicht zum globalen demographischen Wandel

Die Alterung der Bevölkerung nimmt weltweit zu, sowohl in den ärmeren Regionen wie auch – besonders stark – in den reichen Ländern. Gegenwärtig sind in diesen Ländern 11 % der Bevölkerung über 65 Jahre alt und 34 % unter 25. Für das Jahr 2050 wird, bei mittlerer Projektion, angenommen, dass in den reichen Ländern mehr Menschen über 65 Jahre alt sein werden als unter 25 (26 zu 24 %) (UN Department for Economic and Social Affairs 2011).

Die UN schätzt das globale Geschlechterverhältnis auf 102 Männer zu 100 Frauen (UN Department of Economic and Social Affairs 2012). Insgesamt leben heute ca. 57 Millionen mehr Männer als Frauen auf der Welt. Das Geschlechterverhältnis variiert allerdings signifikant, wenn einzelne Altersgruppen und Regionen betrachtet werden. Besonders ausgeprägt ist der ›Männerüberschuss‹ in einigen der bevölkerungsreichsten Länder der Erde – China (108 Männer zu 100 Frauen), Indien (107/100), Pakistan (106/100). Als plausibelste Erklärung werden eine Präferenz für männliche Nachkommen und selektive pränatale Diagnostik (s. Kap. III. 5) sowie resultierende selektive Abtreibungen angeführt. Der Frauenüberschuss in Europa und Südamerika erklärt sich durch die höhere weibliche Lebenserwartung (UN Department of Economic and Social Affairs 2010).

Migration lässt sich auf globaler Ebene schwer beschreiben und nur sehr bedingt voraussagen, da sie von vielen Faktoren abhängt. Einigkeit besteht inzwischen darin, dass in den kommenden Jahrzehnten in globaler Hinsicht der Klimawandel eine wesentliche Rolle für die Migrationsbewegungen spielen wird. Hinsichtlich zukünftiger Trends besteht allerdings ein uneinheitliches Bild: Einige Untersuchungen nehmen an, dass der Klimawandel zu stärkeren Migrationsbewegungen führen wird, weg von Ländern, die besonders von Dürren, Überschwemmungen und anderen Klimaeffekten betroffen sind, hin in temperierte Gegenden (destatis.de). Andere Analysen weisen darauf hin, dass auch das Gegenteil möglich ist (UK Government Office for Science Foresight 2011).

Ethische Probleme des globalen demographischen Wandels

Bisher gibt es kaum ethische Untersuchungen der globalen Bevölkerungsalterung; diese wird meist als ein nationales Problem erörtert (siehe beispielhaft die Darstellung der Situation in Deutschland weiter unten). Der wachsende ›Männerüberschuss‹ in einigen Regionen der Welt hingegen wird zunehmend als dringende globale ethische Herausforderung empfunden. Die Geschlechterselektion wird als Geringschätzung von Mädchen und Frauen und Ausdruck tief-verankerter misogyner kultureller Praktiken beklagt (UN Department of Economic and Social Affairs 2010). Ob die Weltgemeinschaft hier sanktionierend eingreifen soll oder ob kulturell tradierte Selektion akzeptiert werden sollte, wie aus stärker kultur-relativistischer Sicht argumentiert werden könnte, ist Gegenstand kontroverser Debatten (Nie 2011; Macklin 2010). Zugleich wird auf wahrscheinliche Folgen des zukünftigen Frauenmangels hingewiesen. Für China beispielsweise wird von zunehmender Prostitution und begleitenden steigenden HIV-Infektionen ausgegangen sowie von möglicher physischer und sozialer Verwahrlosung alleinstehender Männer im höheren Alter (Ebenstein/Sharygin 2009). Bisher ist unklar, wie diesen Konsequenzen begegnet werden soll.

Klimawandel, bestehende globale ökonomische Ungleichheit und die mit dem Bevölkerungswachstum einhergehenden ökonomischen und politischen Veränderungen könnten zukünftig einen erhöhten Migrationsdruck auslösen. In diesem Zusammenhang wird der Status eines möglichen Rechts auf Auswanderung erörtert, ein mögliches Recht auf Einwanderung, ein mögliches Recht darauf, die Heimat zu verlassen und dorthin wieder zurückkehren zu können, eine gerechte Regelung von Asylfragen sowie eine gerechte Regelung des Staatsbürgerschaftserwerbs für Migranten und Staatenlose (Benhabib 2004). Viele dieser Rechte haben bereits den Status von Menschenrechten. Ihre Umsetzung steht allerdings vielerorts noch aus. Darüber hinaus kann der global gesehen ungleich verteilte Zugang zu Bildung und zu den dadurch bedingten Aussichten auf Wohlstand in weniger gut aufgestellten Nationen zu einer Abwanderung der leistungsstärksten Nachwuchskräfte führen (*brain drain*), was die Fortentwicklung dieser Länder weiter schwächen kann (Kollar/Buyx 2013).

Die Situation in Deutschland

Zwischen den Jahren 1950 (ca. 69 Millionen Menschen) und 2000 (ca. 82,3 Millionen Menschen) wuchs die deutsche Bevölkerung kontinuierlich. Trotz steigender Lebenserwartung haben sinkende Geburtenraten diesen Trend mittlerweile umgekehrt: Seit 2003 nimmt die deutsche Gesamtbevölkerung laut Statistischem Bundesamt ab (destatis.de). Im Jahr 2011 lebten 80,2 Millionen Menschen in Deutschland. Je nach Projektionsmodell werden es im Jahr 2060 65 oder 70 Millionen sein, und selbst Berechnungen mit den höchsten gewählten Parametern hinsichtlich Geburtenraten, Lebenserwartung und Zuwanderung gehen von maximal 77 Millionen Menschen aus (Egeler 2009). Deutschland erlebt zudem gegenwärtig einen signifikanten demographischen Wandel (destatis.de; Egeler 2009). Kontinuierlich steigende Lebenserwartung in Kombination mit konstant niedriger Geburtenhäufigkeit pro Frau führen nicht nur zum beschriebenen Bevölkerungsschwund. Sie tragen auch zu einer Alterung der Gesellschaft bei: Gegenwärtig sind in Deutschland 19 % der Menschen unter 20 und 20 % der Menschen über 65 Jahre alt. 2030 werden 29 %, 2060 dann 34 %, also jeder Dritte, älter als 65 Jahre sein und nur 10 % unter 20. Deutschland hat damit eine der am schnellsten alternden Bevölkerungen der Welt.

In den letzten Jahren war der Saldo aus Zu- und Abwanderung in Deutschland niedrig. Es gab insgesamt nur eine geringe Nettozuwanderung. Mittel- bis langfristig wird angenommen, dass ab 2014 und bis 2060 eine moderate Zuwanderung zu erwarten ist (ca. 200.000 Personen im Jahr) – vornehmlich aufgrund des schrumpfenden und alternden Erwerbspotentials in Deutschland und der durch den Klimawandel verursachten stärkeren globalen Wanderungsbewegungen. Die meisten Berechnungen gehen aber davon aus, dass die Zuwanderung den grundsätzlichen Bevölkerungsschwund und die Bevölkerungsalterung insgesamt relativ wenig beeinflussen wird (destatis.de).

Bevölkerungsabnahme und demographischer Wandel werden in Deutschland zu massiven Veränderungen der Gesellschaft führen und eine Reihe ethisch-praktischer Herausforderungen mit sich bringen. Ganz allgemein produziert die demographische Veränderung zum Beispiel Schwierigkeiten für den sogenannten Generationenvertrag, demzufolge die jeweils erwerbstätige Bevölkerung die Renten der Ruheständler finanziert und dann selbst im Ruhestand von dieser Regelung profitiert. Durch die zunehmende Alterung der Bevölkerung und den immer geringer werdenden Prozentsatz der Erwerbstätigen entstehen zunehmende Lasten für die Erwerbstätigen und eine erhöhte Wahrscheinlichkeit, dass sie selbst im Alter nicht mehr in vergleichbarer Weise profitieren können, also niedrigere Renten und eine schlechtere Kranken- und Altersversorgung hinnehmen müssen.

In der Gerechtigkeitstheorie wird diskutiert, in welchem Umfang und auf welche Weise Bevölkerungsgenerationen bzw. Kohorten eigentlich ein geeigneter Anwendungsbereich für Prinzipien der Verteilungsgerechtigkeit darstellen. Soll das gesamte Leben der Menschen die wichtigste Einheit für Prinzipien der Verteilungsgerechtigkeit darstellen oder soll auch Gleichheit zwischen den Lebensabschnitten der Menschen befördert werden (McKerlie 2001)? Einige Autoren sind der Meinung, ein Verzicht darauf, Gleichheit zwischen den Lebensabschnitten der Menschen herzustellen, sei durchaus akzeptabel, da ja naturgemäß nahezu jeder gleichermaßen mehrere Lebensabschnitte durchläuft. Der mittlerweile einschlägig gewordene *prudential life span account* von Norman Daniels sieht dabei vor, dass Ungleichheiten zwischen den Generationen und Altersrationierung in dem Maß rechtfertigbar sind, in dem es auch die individuelle Klugheit gebietet, weniger Ressourcen für das eigene hohe Alter einzuplanen, das man mit zunehmender Wahrscheinlichkeit gar nicht mehr erreichen wird (Daniels 1996). Anders verhält es sich bei Verteilungsungleichgewichten zwischen Bevölkerungsgruppen wie Männern und Frauen aus, da das biologische Geschlecht fast immer lebenslang erhalten bleibt.

Um eine möglichst weitgehende Gleichheit zwischen Kohorten zu gewährleisten, müsste allerdings angesichts der demographischen Entwicklung in Deutschland die Umverteilung von Erwerbstätigen zur Rentnergeneration kontinuierlich angepasst werden. Zur Stärkung zukünftiger Kohorten müsste zudem die Zuwanderung angekurbelt werden. Denn wenn die Kohorten sich stark unterscheiden, etwa weil es immer weniger Junge und immer mehr Alte gibt, dann fängt der *prudential life span account* nur einen Teil der Probleme ein; die überproportionale Belastung jeder jüngeren Kohorte müsste anders kompensiert werden. Eventuell stellt sich hier auch die Frage, ob es in Regionen wie Deutschland etwa eine moralische Pflicht geben könnte, dem Trend mittels einer größeren Anzahl eigener Nachkommen entgegenzuwirken (Overall 2012).

Wenn, wie zu erwarten steht, die Zuwanderung die demographische Situation in Deutschland nicht abmildert, stellen sich daher eine Reihe praktisch-ethischer Herausforderungen: Wie sollen die anschwellenden alten und sehr alten Bürgergruppen versorgt werden? Wie kann mit den sozialen Veränderungen einer vergreisenden Gesellschaft umgegangen und wie können relevante Institutionen – etwa die der Gesundheitsversorgung – umorganisiert werden (Marckmann 2009)? Auch dies sind im Wesentlichen Verteilungs- und damit Gerechtigkeitsfragen. Zukünftige Leistungsausschlüsse scheinen wahrscheinlich. Wie diese möglichst gerecht gestaltet werden können, wird Inhalt einer wohl unumgänglichen Debatte sein, die sowohl global wie auch in Deutschland erst in den Anfängen steckt (s. Kap. III. 18).

Literatur

Arrhenius, Gustaf/Ryberg, Jesper/Tännsjö, Torbjörn: The repugnant conclusion. In: *Stanford Encyclopedia of Philosophy*. 2010. In: http://plato.stanford.edu/archives/fall2013/entries/repugnant-conclusion/ (30. 01. 2014).

Benhabib, Seyla: *The Rights of Others. Aliens, Residents and Citizens*. Cambridge, Mass. 2004.

Callahan, Daniel: Ethics and population limitation. In: Michael D. Bayles (Hg.): *Ethics and Population*. Cambridge, Mass. 1976, 19–40.

Daniels, Norman: *Justice and Justification. Reflective Equilibrium in Theory and Practice*. Cambridge, Mass. 1996.

Deutscher Ethikrat: *Die Ernährung der Weltbevölkerung – eine ethische Herausforderung*. Berlin 2012.

Ebenstein, Avraham Y./Sharygin, Ethan J.: The consequences of the »missing girls« of china. In: *The World Bank Economic Review* 23/3 (2009), 399–425.

Egeler, Roderich: Statement anlässlich der Pressekonferenz zu »Bevölkerungsentwicklung in Deutschland bis 2060«. 2009. In: https://www.destatis.de/DE/PresseService/Presse/Pressekonferenzen/2009/Bevoelkerung/Statement_Egeler_PDF.pdf?__blob=publicationFile (20. 8. 2013).

Godfrey, Charles/Beddington, John R./Crute, Ian R./Haddad, Lawrence/Lawrence, David/Muir, James F./Jules, Pretty/Robinson, Sherman/Thomas, Sandy M./Toulmin, Camilla: Food security: The challenge of feeding 9 billion people. In: *Science* 12, 327 (5967) (2010), 812–818.

Kollar, Eszter/Buyx, Alena (2013): Ethics and policy of medical brain drain: a review. *Swiss Medical Weekly* (forthcoming).

MacIntyre, Alasdair: *Der Verlust der Tugend. Zur moralischen Krise der Gegenwart*. Frankfurt a. M. 1995 (engl. 1981).

Macklin, Ruth: The ethics of sex selection and family balancing. In: *Seminars in Reproductive Medicine* 28/4 (2010), 315–21.

Marckmann, Georg: Zwischen Skylla und Charybdis. Reformoptionen im Gesundheitswesen aus ethischer Perspektive. In: *Gesundheitsökonomie und Qualitätsmanagement* 12 (2009), 96–100.

McKerlie, Dennis: Justice between the young and the old. In: *Philosophy and Public Affairs* 30/2 (2001), 152–177.

Nie, Jing-Bao: Non-medical sex-selective abortion in china: ethical and public policy issues in the context of 40 million missing females. In: *British Medical Bulletin* 98/1 (2011), 7–20.

Nuffield Council on Bioethics: *Biofuels: Ethical Issues*. London 2011.

Ott, Konrad/Döring Ralf: *Theorie und Praxis starker Nachhaltigkeit*. Marburg ²2008.

Overall, Christine: *Why Have Children? The Ethical Debate*. Cambridge, Mass. 2012.

Parfit, Derek: *Reasons and Persons*. Oxford 1984.

Pogge, Thomas W.: *World Poverty and Human Rights. Cosmopolitan Responsibilities and Reforms*. Cambridge ²2008.

Singer, Peter: Famine, affluence, and morality. In: *Philosophy and Public Affairs* 1/1 (1972), 229–243.

Statistisches Bundesamt. In: https://www.destatis.de/DE/Startseite.html (20. 8. 2013).

UK Government Office for Science Foresight: Migration and global environmental change. 2011. In: http://www.bis.gov.uk/assets/foresight/docs/migration/11–1115-migration-and-global-environmental-change-summary.pdf (30. 01. 2014).

United Nations Department for Economic and Social Affairs: World population prospects: The 2012 revision. 2012. In: http://esa.un.org/wpp/index.htm (30. 01. 2014).

–: The world's women. 2010. In: http://unstats.un.org/unsd/demographic/products/Worldswomen/WW_full%20report_color.pdf (30. 01. 2014).

Alena Buyx und Annette Dufner

7 Biobanken

Abgrenzungsfragen

Die Diskussion um sog. Biobanken hat in den vergangenen Jahren eine erhebliche Dynamik entwickelt. Eine Stellungnahme des Deutschen Ethikrates aus dem Jahr 2010 und zwei hierauf basierende Gesetzesinitiativen aus demselben Jahr verdeutlichen, dass das Thema nicht nur in akademischen Kreisen von Interesse, sondern gleichermaßen auf die Agenda von Politik und Politikberatung gerückt ist.

Der Begriff der Biobank wird nicht einheitlich definiert. Versteht man hierunter allgemein eine Sammlung von biologischem oder genetischem Material, so sind zweifellos auch verschiedenste Projekte im Bereich des Biodiversitätsschutzes als Biobanken zu qualifizieren. Zu den bekanntesten Vorhaben in diesem Bereich zählt etwa der Svalbard Global Seed Vault, ein durch den Global Crop Diversity Trust auf Spitzbergen eingerichteter Saatguttresor. Indes treten die sensibelsten Fragen ausschließlich bei der Ansammlung humanbiologischer Materialien zu Tage, so dass sich die folgenden Ausführungen auf derartige Humanbiobanken fokussieren.

Der Deutsche Ethikrat legt seinen Überlegungen insoweit folgendes Begriffsverständnis zugrunde: »Als Humanbiobanken bezeichnet man gemeinhin Sammlungen von Proben menschlicher Körpersubstanzen (z. B. Gewebe, Blut, DNA), die mit personenbezogenen Daten und soziodemografischen Informationen über die Spender des Materials verknüpft sind. Sie haben einen Doppelcharakter als Proben- und Datensammlungen« (Deutscher Ethikrat 2010, 7).

Diese Sichtweise ist einerseits recht eng, andererseits vergleichsweise weit: Die geforderte Verknüpfung der Proben mit personenbezogenen Daten reagiert auf das besondere Gefahrenpotential bei nicht erfolgter Anonymisierung eingelagerter Proben, verkennt dabei aber den immensen Fortschritt im Bereich der Bioinformatik, der die Option einer echten Anonymisierung bzw. Anonymisierbarkeit zunehmend unwahrscheinlich werden lässt. Zugleich bewirkt der allgemein gehaltene Rekurs auf ›Sammlungen von Proben‹, dass bereits jede im Umfeld einer Qualifikationsarbeit vorgenommene Probenallokation die Anlage einer Biobank darstellt. Gerade der letzte Aspekt war auch innerhalb des Deutschen Ethikrates Gegenstand heftiger Kontroversen. Weitere Zuordnungsfragen betreffen die Einbeziehung kommerzieller Biobanken. Im Folgenden werden v. a. die zentralen Spannungsfelder umrissen, die bei Sammlungen humanbiologischen Materials ungeachtet der Sammlungsgröße oder der zugrundeliegenden Intention auftreten können.

Die mit Biobankenetablierung und Biobankenbetrieb einhergehenden normativen Herausforderungen zeigen sich auf verschiedenen Ebenen. Anzusprechen sind zunächst alle Aspekte, die mit der Probengewinnung verknüpft sind. Daneben gilt es zu klären, wie mit den zulässigerweise gewonnenen Materialien im Weiteren verfahren werden darf, für welche wissenschaftlichen oder ökonomischen Zwecke somit eine Verwendung in Betracht kommt. Einer gesonderten Behandlung bedürfen schließlich zwei weitere Bereiche: Zum einen stellt sich die Frage des Zugriffs auf die in den Proben inkorporierten Daten durch Dritte, vornehmlich durch den Staat in Gestalt von Strafverfolgungs- oder Sicherheitsbehörden. Zum anderen zeigen sich bei Biobanken einige Besonderheiten in Bezug auf sog. *benefit sharing*.

Probenallokation

Hinsichtlich der Gewinnung von Materialien ist zunächst das bioethische Prinzip der informierten Einwilligung (s. Kap. II.10) von zentraler Bedeutung, das mittlerweile auch im rechtlichen Kontext allgemein akzeptiert ist. Der rasante naturwissenschaftliche und bioinformatische Fortschritt macht es dabei erforderlich, schon im Rahmen der Aufklärung des Materialspenders einige Aspekte in besonderer Deutlichkeit zu thematisieren. Angesprochen ist damit insbesondere die Auseinandersetzung um die zeitliche Dimension einer auf humanbiologisches Material bezogenen informierten Einwilligung. Die Unabsehbarkeit der in mehreren Jahren oder Jahrzehnten zur Verfügung stehenden naturwissenschaftlichen respektive technischen Möglichkeiten lässt es aus Sicht einiger Diskussionsbeiträge angeraten erscheinen, den zeitlichen Horizont einer informierten Einwilligung entsprechend einzuschränken. Demzufolge sollten Spender die betreffenden Körpermaterialien lediglich für einen Zeitraum von drei, fünf oder zehn Jahren zur Verfügung stellen. Nach Erschöpfung dieses zeitlichen Rahmens wäre es sodann erforderlich, den Spender erneut zu kontaktieren und die informierte Einwilligung auf Basis des aktuellen Standes der Erkenntnisse zu aktualisieren. Es versteht sich von selbst, dass mit einem solchen Procedere erhebliche praktische wie administrative

Schwierigkeiten verbunden wären. Dies betrifft bereits den Aspekt der fortdauernden Erreichbarkeit des Spenders und setzt sich fort bis zur Frage der korrekten Vorgehensweise für den Fall, dass der Spender zwischenzeitlich verstorben ist.

Angesichts der zu erwartenden Verwerfungen konnten sich die entsprechenden Forderungen nach einer zeitlichen Limitierung der informierten Einwilligung bislang nicht durchsetzen. Unter rein rechtlichen Gesichtspunkten ist dieser Umstand kaum zu bemängeln, da das geltende Recht auch inhaltlich wie zeitlich weit gefasste Einwilligungen grundsätzlich unbeanstandet lässt. Gleichwohl bleibt diese Dimension der Probengewinnung im Kontext der informierten Einwilligung nicht gänzlich ohne Konsequenzen: Gerade der Umstand der Unansehbarkeit des Potentials künftiger Forschungsarbeiten macht es nämlich erforderlich, diesen Umstand im Rahmen der Aufklärung des Probenspenders ausdrücklich zu thematisieren. Je weiter die Einwilligung gefasst ist, desto umfassender gilt es, den Spender über die Folgen dieser Weite zu informieren.

Darüber hinaus ist zu berücksichtigen, dass sich die informierte Einwilligung auch aufgrund bestehender rechtlicher Rahmenbedingungen explizit auf die Gewinnung der Proben, auf die weitere Verwendung der Proben, sowie auf die datenschutzrechtlichen Aspekte beziehen muss. Mit Blick auf die internationale Dimension der Materie erfolgt im Rahmen der Probensammlung zudem oftmals ein Hinweis darauf, dass Materialien bzw. korrelierende Daten unter Umständen in ein Drittland transferiert werden, in dem andere rechtliche wie ethische Standards gelten. Erklärt sich der Materialspender mit diesem Procedere einverstanden, sind keine grundlegenden Bedenken zu erheben. Indes wird im Rahmen guter wissenschaftlicher Praxis jedenfalls bei Forschungsbiobanken darauf geachtet, dass Kooperationen mit Drittstaaten an die Voraussetzung geknüpft sind, dass die dortigen Standards mit den deutschen/europäischen Anforderungen ganz überwiegend konform gehen.

Umgang mit Proben

Hat die Materialgewinnung zulässigerweise unter Beachtung der Grundsätze einer informierten Einwilligung stattgefunden, so stellt sich die Frage nach dem im Weiteren zulässigen Umgang mit den vorliegenden Materialien. Insoweit gilt es v. a. den Grundsatz der Zweckbindung zu beachten: Wenn und soweit der Materialspender im Rahmen der Bereitstellung seiner Materialien diese an bestimmte Voraussetzungen – etwa an die Erforschung bestimmter Erkrankungen – geknüpft oder aber der Forscher aus eigenem Antrieb eine solche Einschränkung vorgenommen hat, so ist diese Zweckbindung zu beachten. Soll der so gesteckte Rahmen im Nachhinein erweitert werden, so bedarf es einer entsprechenden Neueinholung der informierten Einwilligung. Vor diesem Hintergrund wird in der Praxis vermehrt dazu übergegangen, auf Zweckbindungen bei der informierten Einwilligung nach Möglichkeit zu verzichten.

Besondere Schwierigkeiten bereitet ferner der adäquate Umgang mit möglichen ökonomischen Implikationen eines Biobankenbetriebs. Ausschlaggebend hierfür ist v. a. die Auseinandersetzung um das sog. Kommerzialisierungsverbot (s. Kap. II. 12), das sich in zahlreichen Dokumenten internationaler Organisationen findet. So bestimmt etwa Art. 21 des Übereinkommens zum Schutz der Menschenrechte und der Menschenwürde im Hinblick auf die Anwendung von Biologie und Medizin: Übereinkommen über Menschenrechte und Biomedizin: »Der menschliche Körper und Teile davon dürfen als solche nicht zur Erzielung eines finanziellen Gewinns verwendet werden.« Wenngleich das Biomedizin-Übereinkommen mangels Unterzeichnung und Ratifizierung in Deutschland derzeit keine Rechtskraft entfaltet, ist es doch von erheblicher praktischer Bedeutung im biopolitischen Umfeld. Die möglichen Auswirkungen des Kommerzialisierungsverbotes sind daher auch aus Sicht vieler Biobankenbetreiber zu erörtern. Von maßgeblicher Bedeutung ist insoweit, dass sich alle Positionierungen zum Kommerzialisierungsverbot stets auf den Körper und seine Bestandteile ›als solche‹ beziehen. Dies bedeutet nach ganz herrschender Lesart im Umkehrschluss, dass eine wirtschaftliche Verwertung, die Körpermaterialien lediglich als Ausgangsstoff nutzt, prinzipiell unbedenklich ist. Diese Bewertung wird übrigens auch gestützt durch den Erläuternden Bericht zum Übereinkommen, der in Nr. 132 ausführt, dass der menschliche Körper und seine Teile als solche keinen Anlass zu einer finanziellen Bereicherung bieten dürfen. Gemäß dieser Bestimmung sollten Organe und dazugehöriges Gewebe, einschließlich Blut, weder gekauft oder verkauft werden noch Anlass zu finanzieller Bereicherung für die Person (s. Kap. II. 21) bieten, der sie entnommen wurden, oder für Dritte, ob Individuen oder Körperschaften, wie etwa Krankenhäusern. Technische Handlungen, d. h.

Probenentnahmen, Testungen, Pasteurisierungen, Fraktionierungen, Purifikationen, Einlagerungen, Züchtungen, Transport usw., die auf der Basis dieser Materialien durchgeführt wurden, dürfen gleichwohl Anlass zu einer vertretbaren Vergütung bieten. Insofern verbietet diese Bestimmung beispielsweise nicht den Verkauf einer medizinischen Vorrichtung, die menschliches Gewebe inkorporiert, das einem Produktionsverfahren unterzogen wurde, so lange das Gewebe als solches nicht verkauft wird. Darüber hinaus hindert diese Bestimmung eine Person, der ein Organ oder Gewebe entnommen wurde, nicht, eine Entschädigung zu erhalten, solange diese keine Vergütung darstellt, sondern die Person für erlittene Unkosten oder Einkommensverluste, etwa als Folge eines Krankenhausaufenthalts, angemessen entschädigt.

Der Umstand, dass die mögliche ökonomische Verwertung einer Biobank – bzw. in mediatisierter Form der dort inkorporierten Substanzen – grundsätzlich nicht mit dem Kommerzialisierungsverbot kollidiert, führt jedoch nicht dazu, dass der Materialspender über diese Aspekte des Biobankenbetriebs nicht zu informieren wäre. Für Forschungsbiobanken führt dies Art. 13 Abs. 2 Satz 2 Nr. vii) des Zusatzprotokolls zum Übereinkommen über Menschenrechte und Biomedizin betreffend biomedizinische Forschung explizit aus:

> »Before being asked to consent to participate in a research project, the persons concerned shall be specifically informed, according to the nature and purpose of the research [...] of any foreseen potential further uses, including commercial uses, of the research results, data or biological materials [...].«

Dabei muss der Materialspender nicht über die – in der Regel noch gar nicht konkret absehbaren – Details einer solchen weiteren Verwendung informiert werden. Vielmehr genügt schon der ausdrückliche Hinweis auf die grundsätzliche Möglichkeit einer derartigen weiteren Verwertbarkeit.

Eng verknüpft mit dem Aspekt einer möglichen Kommerzialisierung ist das sog. *benefit sharing*, also die Beteiligung der Materialspender an möglichen Vorteilen, die sich in Folge des Biobankenbetriebs zeigen können. Allzu oft erfolgt hier eine Fokussierung auf die wirtschaftlichen Elemente einer derartigen Beteiligung. Doch parallel zur Diskussion um sog. *Access and Benefit Sharing*-Systeme im Rahmen der Biodiversitätsnutzung setzt sich auch im Kontext der Biobanken mittlerweile die Erkenntnis durch, dass eine solche Schwerpunktsetzung angesichts der praktischen Rahmenbedingungen (Relevanz einer einzelnen Probe, Gewichtung der jeweiligen Anteile am wirtschaftlichen Erfolg etc.) unrealistisch ist. Aus diesem Grund wird vermehrt dazu übergegangen, *benefit sharing* in anderer Form – etwa durch die Bereitstellung von aus dem Biobankbetrieb hervorgegangenen Publikationen – zu thematisieren.

Umgang mit Altproben

Biobanken-Betreiber sehen sich besonderen Herausforderungen gegenüber, wenn auf vorhandene Altproben zurückgegriffen werden soll. Hier zeigt sich nicht nur regelmäßig das Problem, dass die Materialspender nicht mehr zu ermitteln sind; problematisch ist vielmehr auch, dass die Sammlungen zu einem Zeitpunkt angelegt worden sind, als die informierte Einwilligung noch nicht durchgehend als tragendes Prinzip der Materialsammlung anerkannt war. Im Rahmen von medizinischen Behandlungen anfallendes ›Rest-Material‹ wurde so regelmäßig ohne explizite Thematisierung asserviert, ohne dass aber insoweit von einer bewussten Umgehung von Schutzstandards gesprochen werden könnte. In Bezug auf diese Materialien wird etwa angedacht, auf die Einwilligung der Betroffenen zu verzichten, wenn und soweit Daten und Proben ausschließlich anonymisiert verwendet werden. Ein solches Vorgehen würde grundrechtlich geschützte Interessen der Forscher und die schutzwürdigen Interessen der Materialspender grundsätzlich in ein ausgewogenes Verhältnis bringen.

Externer Zugriff auf Biobanken

Der durch Dritte erfolgende Zugriff auf Proben oder Daten einer Biobank hat in Deutschland v. a. durch die entsprechenden Ausführungen des Deutschen Ethikrates erhebliche Aufmerksamkeit erfahren. Der Ethikrat schlägt als zentrale Stütze des von ihm propagierten Fünf-Säulen Konzeptes die Schaffung eines sog. Biobankgeheimnisses vor, das verschiedene Schutzrichtungen umfassen soll: Neben einer Schweigepflicht für Betreiber und Angestellte der Biobank sowie für Forscher und deren Helfer, einem Verbot sämtlicher Maßnahmen zur Identifizierung des Spenders, einem Verbot für externe Stellen, wie z. B. Versicherungen, Arbeitgebern, zur Verwendung von personenbezogenen und einem Zeugnisverweigerungsrecht der schweigepflichtigen Personen soll das Biobankgeheimnis aus Sicht des Ethikrates »forschungsexternen Personen und Stellen untersagen, auf die im Wissenschaftsbereich verfügbaren, auf einzelne Proben bezogenen Informationen zuzugreifen. Dies wäre analog zu den Beschlagnahmeverboten des § 97 StPO und v. a. entsprechend den Einschränkungen des Datenabgleichs im Sinne der Rasterfahndung in § 98a StPO zu regeln« (Deutscher Ethikrat 2010, 32).

Aktuelle Entwicklungen

Vor dem Hintergrund insbesondere der Stellungnahme des deutschen Ethikrates, wurden im Jahre 2010 auf parlamentarischer Ebene verschiedene Aktivitäten entfaltet, die auf den Erlass eines spezifischen Biobankgesetzes zielten. Die Vorschläge der Fraktionen der SPD und von BÜNDNIS 90/Die Grünen mündeten jedoch nicht in einen entsprechenden Gesetzgebungsakt. Beide Vorstöße zeichneten sich einerseits durch die Betonung des in Deutschland bereits geltenden hohen Schutzniveaus aus. Andererseits wurde die Schaffung administrativer Rahmenbedingungen vorgeschlagen, die v. a. zu Fragen hinsichtlich der praktischen Handhabbarkeit führten. Die DFG-Senatskommission für Grundsatzfragen der Genforschung hat vor diesem Hintergrund 2011 eine Stellungnahme veröffentlicht, in der zum Verzicht auf ein spezifisches Biobankgesetz aufgefordert wird.

Literatur

Brüning, Thomas/Johnen, Georg/Rozynek, Peter/Wiethege, Thorsten/Zaghow, Monika: Biobanken. In: *IPA-Journal* 3 (2011), 22–24.
Dabrock, Peter: Gesundheit von der Biobank? In: *Gesundheit und Gesellschaft* 3 (2008), 48.
Deutscher Ethikrat: *Humanbiobanken für die Forschung*. Berlin 2010.
Kollek, Regine: Biobanken – medizinischer Fortschritt und datenschutzrechtliche Probleme. In: *Vorgänge* 4 (2008), 59–68.
Mand, Elmar: Biobanken für die Forschung und informationelle Selbstbestimmung. In: *Medizinrecht* 10 (2005), 565–575.
Taupitz, Jochen/Weigel, Jukka: Biobanken – das Regelkonzept des deutschen Ethikrates. In: *Wissenschaftsrecht* 45/1 (2012), 35–81.
Wellbrock, Rita: Datenschutzrechtliche Aspekte des Aufbaus von Biobanken für Forschungszwecke. In: *Medizinrecht* 2 (2003), 77–82.
–: Biobanken für die Forschung. In: *Datenschutz und Datensicherheit* (2004), 561–565.

Tade Matthias Spranger

8 Biodiversität

Biologische Vielfalt oder kürzer Biodiversität wird in dem 1992 in Rio de Janeiro verabschiedeten internationalen Übereinkommen über die Biologische Vielfalt (CBD) definiert als »[...] die Variabilität unter lebenden Organismen jeglicher Herkunft, darunter unter anderem Land-, Meeres- und sonstige aquatische Ökosysteme und die ökologischen Komplexe, zu denen sie gehören; dies umfaßt die Vielfalt innerhalb der Arten und zwischen den Arten und die Vielfalt der Ökosysteme« (Übereinkommen über die biologische Vielfalt 1992, 3). Während Biodiversität als Begriff relativ neu ist, wird allgemein über Diversität, Mannigfaltigkeit etc. in der Biologie schon länger gearbeitet. Die biologischen Systematiken von Aristoteles und Theophrast bis hin zu Carl von Linné belegen dies; die Vielfalt der Wechselwirkungen zwischen Arten und ihren Lebensräumen begannen insbesondere Alexander von Humboldt und Ernst Haeckel zu erforschen. Mit den Fortschritten in der Molekularbiologie steht heute v. a. die genetische Vielfalt im Mittelpunkt.

Begriffsgeschichte

In den 1970er Jahren taucht in ökologischen Fachartikeln der Ausdruck ›biological diversity‹ auf. In einem Beitrag in *Science* (Holden 1974) wird der normative Zusammenhang zwischen der Beschreibung von Arten, der Extinktion von Arten und eines Imperativs, einen weitergehenden Artenschwund zu verhindern, von Naturwissenschaftlern expliziert: »Scientist talk of the need for conservation and an ethics of biotic diversity to slow species extinction« (ebd. 1974, 647). Darauf folgende Konferenzen in den USA, etwa von der National Academy of Science, verwenden schließlich den Ausdruck ›BioDiversity‹. Seit 1988 wird der Ausdruck ›Biodiversity‹ regelmäßig in wissenschaftlichen, populärwissenschaftlichen und journalistischen Publikationen (Wilson 1988) gebraucht. 1992 wird auf gesellschaftlicher Ebene das internationale »Übereinkommen über die biologische Vielfalt« bei der UN-Konferenz über Umwelt und Entwicklung (UNCED-Biodiversitätskonvention) in Rio verabschiedet, so dass der Biodiversitätsschutz nicht nur zu einem politischen Thema, sondern auch über den Artenschutz hinaus Eingang in die Gesetzgebungspraxis findet. Insbesondere die Umweltschutzkonferenzen der UNCED haben den Begriff der ›Biodiversity‹ populär gemacht. Das 2010 im Anschluss an diese Konvention formulierte Nagoya-Protokoll (Nagoya Protocol on Access to Genetic Resources and the Fair and Equitable Sharing of Benefits Arising from their Utilization) hat mit Inkrafttreten 2014 eine unmittelbar praktische Wirkung auf den Zugang zu genetischen Ressourcen und einen gerechten Vorteilsausgleich bei deren Nutzung. Dies trifft v. a. die Länder, in denen sog. Biodiversity Hotspots liegen, d. h. Regionen mit sehr hoher Artenvielfalt. Die Entwicklung und die Verwendung des Begriffs im normativen Kontext legt nahe, dass dieser schon früh nicht nur auf die empirisch-naturwissenschaftlichen Zusammenhänge der biologischen Vielfalt bezogen wurde, sondern bereits wertende Elemente enthielt und damit auch als naturethischer und umweltpolitischer Begriff thematisiert werden sollte.

Probleme der Theorie

Biodiversität scheint schon der Bezeichnung nach ein Gegenstand lebenswissenschaftlicher Betrachtung zu sein. Grundlegend für dieses Verständnis sind Definitionsansätze folgender Art:

> »›Biological diversity‹ means the variability among living organisms from all sources including, inter alia, terrestrial, marine and other aquatic systems and the ecological complexes of which they are part; this includes diversity within species, between species and of ecosystem« (Harper/Hawksworth 1995, 6).

Wichtig sind dabei neben den angeführten Arten und Ökosystemen v. a. genetische Aspekte, wenn diese nicht ohnehin als wesentliche biologische Beschreibungsebene angesehen werden (Cohen/Potter 1993, XX). Ganz unabhängig von der methodologisch anspruchsvollen Frage nach der Reduzierbarkeit oder Irreduzibilität der angesprochenen Ebenen lebendiger Organisation, kommen jedenfalls Art, Gen und Ökosystem eine besondere Rolle für die Definition von Biodiversität zu (Mayr 1997; Wilson 1992). Dabei lässt sich von lebenswissenschaftlicher Seite eine gewisse implizite Übereinstimmung rekonstruieren, darstellbar als Vermutung, dass es sich bei ›Diversität‹ um eine Eigenschaft des Lebendigen selber handele (Gutmann/Neumann-Held 2000). Diese Vermutung wird weder durch die Einsicht erschüttert, dass sich eine größere Anzahl von Artbegriffen und von Ökosystemdefinitionen identifizieren lassen, die je nach Intension und Extension differieren, noch durch eine ähnliche Situation im Falle des Ausdruckes ›Gen‹ (Gutmann/Janich 2002a, 2002b; Gutmann/Neumann-Held 2000).

Ist Diversität eine Eigenschaft des Lebendigen?

Das ›Divers-Sein‹ wird innerhalb des lebenswissenschaftlichen Diskurses als Eigenschaft von Lebewesen, oder durch diese gebildete Einheiten verstanden; die genauere Bestimmung ist aber auf die Ebene zu beziehen, welcher die Organisationsform jeweils zugehört – dies reicht von Zellorganellen, über Zellen zu Organismen und schließlich ganzen Gemeinschaften derselben, deren Bezeichnung etwa als Superorganismus daher auch kaum überrascht (Hölldobler/Wilson 2008). Es ergeben sich folglich für die Bestimmung von Diversität verschiedene Maße, selbst innerhalb einer Organisationsform, etwa im Sinne von α-, β- und χ-diversity – verstanden als Artenreichtum, Habitatdiversität und ›Ökodiversität‹ (Richter 1998, 85). Die Diversität von Lebewesen erscheint als deren Eigenschaft, welcher eine gut ausgebildete Fähigkeit zu deren Erkenntnis entspricht (Wägele 2000, 13). Der eigentümliche Kontrast zwischen dieser, dem Muster evolutionärer Erkenntnistheorien folgenden Erklärung auf der einen und der problematischen Rede von ›divers‹ als einstelligem Ausdruck auf der anderen Seite, wird sichtbar, wenn exemplarisch die oben angedeutete Vielzahl von Artbestimmungen berücksichtigt wird. Als wesentliche lassen sich etwa das BSC (biological species concept), E(cological)SC, P(hylogenetic)SC oder das M(orphological)SC ansprechen, wobei das erstgenannte auf die Kreuzungsisolation als Artkriterium abhebt (Mayr 1942, 120; Gutmann/Janich 1998). Sieht man von formalen Einschränkungen ab, die sich etwa aus der fehlenden Transitivität und damit der unklaren Projectability der explanatorischen Kraft der Artzugehörigkeit, sowie von empirischen Einschränkungen bezüglich der für die Verwendung des BSC ›ungeeigneten‹ Gruppen – man denke etwa an Protisten, viele Pflanzen etc. – ergeben, so wird hier eine weitere Schwierigkeit deutlich, die keinesfalls nur für das BSC gilt, nämlich die Bindung an ›wohl-beschriebene‹ taxonomische Gruppen (Mayr 1942, 121). Unabhängig von einem möglichen Zirkeleinwand, der auf die Verknüpfung von ›Wohlbeschriebenheit‹ als Voraussetzung der Nutzung des Kriteriums und zugleich als Resultat von dessen Anwendung abzielte, ergeben sich grundlegende Probleme für das BSC, das ja auf die Unterscheidung von Lebewesen abzielt, die miteinander frei reproduzieren, insbesondere wenn die räumliche und zeitliche Dimension von Reproduktionsvorgängen berücksichtigt wird.

Zusammenfassend lässt sich sagen, dass die Frage, worin eigentlich ›in der Natur‹ artbildende Merkmale bestehen, solange eher schlecht-metaphysische Antworten evozieren wird, als die Konstruktion von Arten nicht als das angesehen wird, als was sie dem Wortsinn nach erscheint: nämlich als das Resultat menschlichen Unterscheidens und Abstrahierens – Formen der Tätigkeit also, nach Maßgabe welcher Natur strukturiert und als – u. a. – aus Arten ›aufgebaut‹ oder mit solchen ›ausgestattet‹ verstanden werden kann (Gutmann/Janich 2002 b).

Der Versuch also, die Natur zu zerteilen »gliedermäßig, wie ein jedes gewachsen« (Platon: Phaidros 265 e), ist nicht nur mit dem Auswahlproblem konfrontiert, das sich aus der Vielzahl der Artkonzepte ergibt; vielmehr stellt sich eine eigentümlich zirkuläre Situation dadurch ein, dass die Kenntnis der geographischen Distribution ebenso wie die Qualität der ›Wohlbeschriebenheit‹ weder logisch noch praktisch von dem Bezug auf das je in Rede stehende Artkonzept unabhängig ist. Diese methodologisch inkommode Situation kann zu der Vermutung verleiten, es ließe sich wohl nur eine einzige adäquate Definition der Art abgeben:

> »The most accurate definition of ›species‹ is the cynic's. Species are those groups of organisms which are recognized as species by competent taxonomists. Competent taxonomists, of course, are those who can recognize the true species« (Kitcher 1992, 317).

Eine Alternative ergäbe sich allerdings, wenn man das Caveat bedenkt, welches schon Charles Darwin mit Blick auf den – jedenfalls auch – konventionalen Charakter von Arten formulierte und das sich als nominalistische Zurückweisung realistischer Interpretation dessen verstehen lässt, was vor-Darwinistisch als unveränderbare natürliche Einheit mit der Bezeichnung der Art belegt war (Darwin 1897, II,301). Versteht man diese Warnung als *methodischen* Hinweis auf den für die Biologie selbst in ihrer modernsten Gestalt zentralen Unterschied, zwischen Merkmalen, die lediglich für den Aufbau künstlicher Systeme dienen – man denke exemplarisch an die Nutzung sekundärer Pflanzenstoffe für Taxonomien pharmakologischen Interesses – und solchen Merkmalen, die dem Aufbau *des* ›natürlichen‹ Systems dienen, so ergibt sich eine methodologisch grundsätzlich andere Situation. Denn nun drücken sich naturwissenschaftlich relevante Unterschiede nicht mehr notwendig in den zu *taxonomischen* Zwecken genutzten Merkmalen aus. Die Frage also nach ›artbildenden‹ Kriterien nimmt sogleich eine ontologisch brisante Wendung, wenn damit nicht mehr der Ausweis von – vorgeblichen oder tatsächlichen – *natural kinds* gelingen soll (Quine 1975; Griffiths 1997), sondern sich darin insbesondere theoriestrategische Erkenntnisinteressen ausdrücken (vgl. Gutmann/Janich 1998). Eine alternative Herangehensweise besteht in der Bestimmung von Arten als Einheiten bezüglich Transformationen. In dieser Weise verstanden, bezeichnet die Konstanz der Art die Permanenz von reproduktiven Prozessen, welche die Kriterien der Identität der zwischen den Mitgliedern einer reproduktiven Einheit ausgezeichneten Relationen abgibt (Gutmann 2009; 2013).

Einige Konsequenzen für den wissenschaftlichen Biodiversitätsdiskurs

Die Vermutung, es handele sich bei Biodiversität um einen Naturgegenstand, für den es *eine* zutreffende und adäquate Beschreibung gebe, hat sich zumindest insofern als unzutreffend erwiesen, als der Referent des Ausdruckes von den investierten Beschreibungsmitteln und den jeweiligen Zwecken – hier summarisch als Erkenntnisinteressen gekennzeichnet – abhängt. Mit dieser Einsicht in den wesentlichen Handlungscharakter wissenschaftlicher Gegenstände ist aber eine zweite Einsicht auf das engste verknüpft, die der wenig überraschenden Feststellung der angedeuteten Vielzahl gegenständlicher Konzepte innerhalb der Lebenswissenschaften – sei es bezüglich ›Gen‹, ›Art‹ oder ›Ökosystem‹ – ihre polemische Spitze nehmen mag. Es drückt sich darin nämlich durchaus ein für ›lebendige‹ Wissenschaften charakteristisches Moment der Theoriearbeit aus, welches dazu führen kann, dass neben im engeren Sinne *empirische* Probleme, die sich mit den jeweils innerhalb der Wissenschaften angebotenen Mitteln als – jedenfalls im Prinzip – lösbar ausweisen lassen, auch solche treten, die eher *methodischer* und *methodologischer* Art sind. Während sich empirische Probleme eng mit der Angemessenheit der jeweils zugrunde gelegten Definition und den sich daraus resultierenden Kriterien verbinden, sind methodische Probleme v. a. dort zu gewärtigen, wo Abschätzungen der »tatsächlich vorhandenen« Arten und der Relationen derselben zueinander innerhalb höherer taxonomischer Einheiten vorgenommen werden sollen (Gutmann/Janich 2002 a; 2002 b).

Von besonderem Interesse sind im vorliegenden Zusammenhang die als *methodologisch* charakterisierten Probleme. Diese kommen zunächst durch die jeweils ausgezeichneten Erkenntnisinteressen zustande, denn nicht für alle Fragestellungen sind alle Diversitätsbeurteilungen gleichermaßen *relevant*. Die Wahl eines eher ökologischen oder eines eher genealogischen Maßes – oder gar eines evolutionären, was nicht identisch ist mit phylogenetisch –, die interne Konstruktion des Maßes selber, die etwa für phylogenetische Rekonstruktionen genutzten Modelle, schließlich die *biologische* Interpretation der in die Rekonstruktion eingehenden Prinzipien sind ihrerseits zumindest theoriestrategisch zu rechtfertigende Aspekte der Theoriearbeit, die aber die Gelingensbedingungen der jeweiligen biologischen Aussagen in erheblichem Ausmaß bestimmen (Gutmann/Janich 2002b; Gutmann 2002). Die Fragen etwa, aus welchen Komponenten Biodiversität ›eigentlich‹ bestünde, welche Mächtigkeit dieselben aufwiesen und schließlich, wie die funktionalen Beziehungen zwischen diesen bestimmt sind, sind letztlich nur unter Explikation der aufgeführten methodischen wie methodologischen Aspekte zu beantworten.

Die Differenz der Zwecke und ein systematischer Grundwiderspruch

Der Ausgangspunkt der methodologischen Probleme, die sich mit der Einführung von Biodiversitäts-Konzepten ergeben, besteht in der Auszeichnung der Zwecke, die den jeweiligen Praxen zugrunde liegen. Dabei ist bisher gleichsam selbstverständlicher Weise angenommen worden, dass es sich generell um wissenschaftliche, durch Erkenntnisinteressen repräsentierbare Zwecke handelt. Diese drücken sich – wie angedeutet – im Theoriedesign, den genutzten beschreibungssprachlichen Mitteln und Resultaten ihrer Verwendung aus, wobei für die Geltung der gewonnenen wissenschaftlichen Aussagen wesentlich deren Personen- und Situationeninvarianz gilt. Der Unterschied zwischen den Geltungsansprüchen an wissenschaftliche Aussagen auf der einen und an nicht- oder außerwissenschaftliche auf der anderen Seite wird im Falle der Lebenswissenschaften leicht nivelliert, da es zunächst den Anschein hat, als bezögen sich beide Aussageformen auf ein und denselben Gegenstand – ein Eindruck, der noch dadurch verstärkt wird, dass lebenswissenschaftliche Bezeichnungen mitunter an die Stelle lebensweltlicher treten. Methodologisch betrachtet liegt aber dem Übergang von der lebensweltlichen zur wissenschaftlichen Betrachtung ein Sprachebenenwechsel zugrunde, der eng mit der Gegenstandskonstitution der Lebenswissenschaften verknüpft ist. Dies geschieht in den Lebenswissenschaften wesentlich durch Modellierung von biotischen Gegenständen, etwa Pflanzen und Tieren, als *funktionalen* Einheiten. Dabei werden Lebewesen so beschrieben, als handele es sich um funktionale Gebilde, die unter Nutzung etwa technischen, physikalischen oder chemischen Wissens modelliert werden. Im Resultat liegen dann z. B. Strukturierungen von Lebewesen im Lichte von Wissensbeständen vor, die u. a. an der Planung, dem Bau und Betrieb von Artefakten gewonnen wurden (Bölker et al. 2010; Gutmann 2012; Gutmann/Janich 2002a; 2002b). Der entscheidende Gedanke, der diese ›Angleichung‹ – die eben keine Identifikation ist – leitet, besteht in der Nutzung von Gesetzen in einem anderen Feld als dem, in dem sie gewonnen wurden, ohne dass strukturelle Identität gefordert wäre. Werden Biodiversität oder deren Bestandteile oder die Relationen derselben zueinander zum Gegenstand weiterführender lebenswissenschaftlicher Betrachtung, so wird notwendig Bezug genommen auf konstituierte Gegenstände, die aber – außer in den methodischen Anfängen – nicht mehr *notwendig* einen direkten Rückbezug oder gar eine Reduktion auf die lebensweltlichen Anfänge erlauben. Doch selbst die unterstellte Homogenität der Zwecke biologischer Forschungsprogramme verbürgte keinesfalls, dass es nicht zu konzeptionellen Unverträglichkeiten kommt. Eine solche zeigt sich an einem Grundwiderspruch der Rede von ›Stabilität‹ als Eigenschaft von Ökosystemen (Potthast 1996; 1999; Trepl 1995). Die Korrelation von Stabilität zu Struktur und Mannigfaltigkeit von Biodiversität kann dabei ganz offen bleiben – gleichwohl ist der Ausdruck ›stabil‹ ein Bewertungsprädikat, das normative Elemente enthält. Diese sind im lebenswissenschaftlichen Zusammenhang ohne ethische oder moralische Konnotation und beziehen sich lediglich auf die in die hypothetische Normalform jeder wissenschaftlichen Erklärung eingehenden konstativen Aspekte. Am Beispiel hieße das etwa, dass unter Bedingungen sowie nach Maßgabe populationsgenetischer oder ökologischer Gesetzmäßigkeiten die Zusammensetzung eines Ökosystems vom Typ N unverändert bleiben müsste, bzw. sich bei Veränderungen eines bestimmten Parameters auf eine bestimmte Weise ändern müsste. Die Beurteilung eines Ökosystems *als* stabil ist also hypothetisch konditioniert. Daraus lässt sich aber nicht ableiten, dass Ökosysteme ›natürlicherweise‹ stabil *sind* – dies kann empirisch gleichwohl der Fall sein.

›Stabil‹ kann zudem sowohl statisch wie dynamisch verstanden werden, wobei im zweiten Fall der Zustand des Systems als Ausdruck des Antagonismus von Kräften aufzufassen wäre und nicht als deren Abwesenheit. Der Unterschied beider Anschauungen besteht in der grundlegenden Erwartung, dass im ersten Fall die Veränderung eines stabilen Zustandes letztlich als Störung aufzufassen wäre, auf die das System mit ›Wiederherstellung‹ oder Einstellung eines neuen ›Gleichgewichtes‹ reagiert. Der Normalfall wäre also der Gleichgewichtszustand, die Veränderung wäre ein Widerfahrnis, welches in der logischen Grammatik der Abweichung oder Störung zu beschreiben wäre.

Im zweiten Fall kehrte sich die Situation regelrecht um: Hier wäre der – durchaus als ungleichgewichtig bestimmbare – Zustand als Resultat von Transformation zu verstehen, die Veränderung mithin der Normalfall. In einer solchen Beschreibung wäre eher die Stabilität begründungspflichtig als die Veränderung.

Dieses methodologische Problem liegt auch der Auszeichnung von *alien species* zugrunde. Gibt man – wie hier vorgeschlagen – den Atomismus der Arten auf (Gutmann 2013), dann lassen sich über Eigenschaften von Lebewesen letztlich Aussagen nur unter Einbeziehung der Interaktionspartner derselben machen. Die Suche nach allgemeinen Merkmalen der *alieness* als Eigenschaft von *species* ist eine Folge dieses Atomismus (Lockwood et al. 2007; Elton 1958; Davis 2009).

Versteht man nun ›Stabilität‹ nicht strikt an die oben skizzierte hypothetische Normalform gebunden, sondern als Aussage über ›eigentliche‹ Zustände oder Eigenschaften von Ökosystemen, so ergibt sich ein eigentümlicher Widerspruch, wenn Ökosysteme als Gegenstand von Evolution betrachtet werden sollen. In diesem Falle wäre Evolution weniger ein selbstverständlich sich vollziehender Vorgang als vielmehr eine Folge von Reaktionen auf Ereignisse, die beständig zu einer ›Störung‹ der jeweiligen Systeme führten – was wiederum sehr grundlegende Folgen für die Struktur der resultierenden Evolutionstheorie hätte (Gutmann/Janich 2002 a; 2002 b).

Biodiversität als Metapher

Die Relevanz dieser methodologischen Erwägungen zeigt sich sogleich, wenn andere als die in den Blick genommenen wissenschaftlichen Zwecke berücksichtigt werden, die bisher nur negativ als ›nicht- oder außerwissenschaftlich‹ charakterisiert worden sind. Im wissenschaftlichen Diskurs wird nämlich das Gelingen und Misslingen von Erklärungen wesentlich alethisch verstanden, also mit Blick auf die zugrunde liegende hypothetische Normalform von Erklärungen oder Prognosen als Zutreffen oder Nicht-Zutreffen von Behauptungen bzw. Hypothesen und vermittelt über dieselben als Kriterien für die Geltung von Theorien, etwa über die Veränderung von Biodiversität im Laufe der Evolution von Ökosystemen.

Im Unterschied dazu sind nicht- oder außerwissenschaftliche Zwecke – jedenfalls gelegentlich – als solche zu verstehen, die wesentlich auf die *Nutzung* von Naturstücken abzielen, d. h. die Beschreibung oder Strukturierung von Naturstücken erfolgt nicht mit Blick auf die Wahrheit oder Falschheit von Aussagen über dieselben, sondern mit Blick auf gelingende oder misslingende Nutzung derselben. Als Zwecke dieses Typus ließen sich etwa »economic considerations«, »agriculture and pest management«, »pharmaceuticals«, »environmental applications« oder »molecular-level benefits« anführen (Lovejoy 1997, 82 ff.).

Bei der Beschreibung von Biodiversität als Gegenstand nicht- oder außerwissenschaftlicher – hier bezogen auf die als Standard entwickelte Lebenswissenschaft – Praxis, kann selbstverständlich auf wissenschaftliche Beschreibungen Bezug genommen werden. So ist *Astacus leniusculus* die – biologische – Bezeichnung eines Lebewesens, das zum Gegenstand der Fischereiwirtschaft werden mag. Als ein solcher ist er aber nicht Gegenstand der Biologie, sondern der Aquakultur. Die in die Strukturierung der Aquakultur eingehenden Wissensbestände können wiederum lebenswissenschaftlicher Natur sein: Es ist sicher sinnvoll, um z. B. Erträge zu steigern oder die Anfälligkeit für Krankheiten zu senken, auf lebenswissenschaftliches Wissen – etwa bezüglich des Lebenszyklus der Organismen, ihre Individualentwicklung und ihre ökologische Einbindung – zurückzugreifen. Dies geschieht jedoch nicht aus *epistemischem* Interesse, weshalb die alethischen Kriterien der Lebenswissenschaft hier nur als *praktische* von Relevanz sind. Die Nutzung von Naturstücken erfolgt dabei etwa zur Sicherung der Reproduktionsbedingungen menschlicher Gemeinwesen – diese Zwecke sind aber wiederum für das *Erkenntnisinteresse* der lebenswissenschaftlichen Betrachtung von Biodiversität *irrelevant*: Menschliche Gemeinwesen wären hier lediglich lebenswissenschaftlich, etwa ökologisch, thematisiert – aber eben nicht *als solche*.

Nivelliert man die Geltungsdifferenz zwischen alethischen und praktischen Aussagen, so entsteht der Eindruck, dass lebenswissenschaftliche Beschreibungen von Naturstücken – also etwa Biodiversität und ihre Bestandteile – *hinreichende* Mittel für die Realisierung nicht-wissenschaftlicher Zwecke wären.

Weitere Konsequenzen solcher Nivellierung ergeben sich für die schon angedeutete, regelmäßig auch mit lebenswissenschaftlichen Mitteln geführte Debatte um Status und Form von sog. »alien species«, »invasive species« und den Umgang mit »Neophyten« und »Neozoen« (Davis 2009). Wird hier nicht sorgsam zwischen der lebenswissenschaftlichen Rekonstruktion der Transformation von Populationsverhältnissen auf der einen Seite und gewissen – eben nur im gesellschaftlichen Diskurs zu rechtfertigenden – Ansprüchen an Umgebungsbedingungen auf der anderen Seite, zu denen durchaus ein – eben nicht wissenschaftlich ausgewählter – Artbestand gehören mag, unterschieden, so stellt sich leicht ein gesellschaftlicher Diskurs als eben nur scheinbar wissenschaftlicher dar.

Kaum zu bezweifeln ist hingegen die Möglichkeit der Nutzung wissenschaftlicher Beschreibungen oder Strukturierungen von Naturstücken zu nicht-wissenschaftlichen Zwecken. Die zur Realisierung solcher Zwecke eingesetzten lebenswissenschaftlichen Mittel treten dann aber – bezüglich des Einsatzes innerhalb der Lebenswissenschaften – *metaphorisch* als Anzeige der dann relevanten gesellschaftlichen Diskurse auf. Der Unterschied zwischen Biodiversität als lebenswissenschaftlichem Gegenstand zum einen und der Darstellung von Biodiversität als Ressource zum anderen besteht darin, dass die Ressource bezüglich ökonomischer Gesetzmäßigkeiten bestimmt ist – z. B. mit Blick auf die jeweils verfügbaren Produktionsmittel (Weingarten 1998a; 1998b; Gutmann/Weingarten 2004). Dies wird letztlich auch bei ökonomietheoretischer Betrachtung vorausgesetzt (Marggraf 2002) – ohne allerdings notwendig auf starke biotheoretische Interpretation zu verzichten (Pearce/Moran 1994).

Die Antwort auf die Frage, *welche* Biodiversität zu bevorzugen oder welche Umgebungsbedingungen zu *stabilisieren* wären, von Lebenswissenschaften zu erwarten, käme deren systematischer Überforderung gleich. Umgekehrt ist die Rechtfertigung eines pfleglichen Umganges mit Naturstücken – zu deren Charakterisierung als Ressource lebenswissenschaftliche Beschreibungen hilfreich sein können –, durchaus möglich: Versteht man nämlich diese Naturstücke als Momente der Reproduktion menschlicher Gemeinwesen, so ist der Hinweis auf die Reproduktionsnotwendigkeit eben jener Mittel und Werkzeuge angebracht. Die Arbeit, welche in die Reproduktion der Reproduktionsmittel zu investieren wäre, erscheint also – auch ohne Einforderung alethischer Geltungsbedingungen lebenswissenschaftlicher Aussagen – schlicht als Ausdruck klugen Verhaltens (Gutmann/Weingarten 2004).

Die Etablierung eines praktischen Biodiversitätsbegriffs

Die beschriebene empirische, methodische und methodologischen Unterbestimmtheit von Biodiversitätskonzepten hindert die Debatte nicht daran, ›Biodiversität‹ als einen praktischen Begriff des klugen Verhaltens ernst zu nehmen, da er ein vielfältiges ethisches Problem artikuliert. Diese praktische Bedeutung des Biodiversitätsbegriffs ist bereits in den Anfängen seiner Verwendungsgeschichte grundgelegt.

Als praktischer Begriff vereint ›Biodiversität‹ sowohl naturwissenschaftliche Tatsachen (*facts*) als auch normative Ansprüche in Form von Wertungen (*values*) für eine Umwelt- und Naturschutzpolitik und wird zu einem »epistemisch-moralische[n] Hybrid« (Potthast 2007). Dabei darf die Vermischung zweier analytisch voneinander zu trennender Sachverhalte nicht übersehen werden, auch wenn sie hier gewollt kombiniert erscheinen. So muss etwa die Frage, ob hohe Diversität zur Stabilität eines Ökosystems beiträgt und ob Stabilität überhaupt ein sinnvoller Begriff in diesem Zusammenhang ist, von der Frage unterschieden werden, ob und in welcher Weise die Stabilität eines Ökosystems wünschenswert oder unerwünscht ist bzw. welche moralische Verpflichtung hieraus resultieren könnte, getrennt werden – denn diese entspringen nicht einem theoretischen Erkenntnisinteresse, sondern praktischen Zwecken, die ihrerseits zu rechtfertigen sind. Wenn Naturschutz (s. Kap. III. 30) und Biodiversitätsschutz als politisches Desiderat verstanden werden, dann kann ein Handlungsimperativ nicht einfach aus den empirischen Tatsachen abgeleitet werden. Vielmehr bedarf er der normativen Reflexion. *Welche Natur* (s. Kap. II. 19) und *welche Diversität* es zu schützen gilt, ist nicht in erster Linie eine Frage der wissenschaftlichen Begründung, sondern des ethischen Diskurses (Lanzerath 2008, 13–23).

Biodiversitätsschutz: Ethische Werte von Biodiversität

Fragt man danach, ob Biodiversität einen *Wert* (s. Kap. II. 27) darstellt und ob es eine Verpflichtung gibt, sie zu erhalten, dann können intuitive Antworten höchst unterschiedlich ausfallen: Einerseits schätzen Menschen die Vielfältigkeit ihrer Umgebungsbedingungen – die wissenschaftlich als Arten, Habitate, Formen, Ressourcen etc. thematisiert werden. Andererseits ist es jedoch keineswegs evident, von einer Wertschätzung einer unbekannten Tiefseefischpopulation oder Milbenart auszugehen, die kein Mensch je gesehen hat, und es erscheint auch nur für wenige plausibel, prinzipiell zum Schutz pathogener Organismen aufzufordern, gleichwohl ihnen auch ein mittelbarer Nutzen zukommen mag. Nicht nur die Begründung einer Wertschätzung der Biodiversität sowie ihr utilitärer und transutilitärer Anteil sind daher strittig, sondern Unklarheit herrscht auch über die *empirische* Frage des *Ausmaßes* und der *Geschwindigkeit*, mit der Biodiversität *reduziert* wird und in welcher Form ein Handlungsbedarf überhaupt besteht (Secretariat of the Convention on Biological Diversity 2010; Takacs 1996).

Die Debatten zur Frage nach dem Nutzen und Wert der Biodiversität zeigen, dass diese eng mit der grundsätzlicheren Frage verbunden ist, welche ›Natur‹ wir eigentlich schützen sollen (Honnefelder 2011, 24–26). Ob ›unberührte Wildnis‹, naturnahe Kulturlandschaft, eine Sammlung von Genomen in Datenbanken, gestaltete Gärten und Parks oder aber Nutz- und Kultursorten mit ›Natur‹ gemeint sind, bleibt zunächst unklar. Die praktischen Implikationen, die sich aus den *verschiedenen Naturvorstellungen* und *Naturbegriffen* für den Schutz der Biodiversität ergeben, sind daher perspektivenbedingt. Diese Perspektiven hängen an dem kognitiven und praktischen Verhältnis, das der Mensch zu seinen als ›Natur‹ thematisierten Umgebungsbedingungen einzunehmen vermag.

Praxisnormen für den Biodiversitätsschutz

Schutzmaßnahmen für den Erhalt der Biodiversität sind auf eine ethische Reflexion angewiesen, die dem Menschen nicht nur als ökonomisch, sondern auch als *moralisch handelndem Subjekt* Rechnung tragen. Daher haben für eine Begründung des Biodiversitätsschutzes ethische und metaethische Reflexionen eine konstitutive Bedeutung. Ein gesellschaftlicher Diskurs ist auf diese Reflexionen angewiesen. Die dabei unvermeidbar auftretenden Dissense, die sich etwa durch die Fundierung anthropozentrischer, pathozentrischer oder biozentrischer Ansätze in der Umwelt- und Naturethik ergeben (s. Kap. III. 30; Lanzerath 2008), erreichen auch die umweltpolitische Praxis.

Doch muss dies nicht zwingend zu einer Blockade für Entscheidungsprozesse und Handlungsformen führen. Ob man nicht-instrumentelle oder intrinsische Werte holistischer oder ökozentrischer Natur anerkennt, ist weniger eine Frage der praktisch-moralischen Normfindung als vielmehr der unterschiedlichen Hintergrundannahmen und moralischen Grundüberzeugungen (Birnbacher 2006, 94–95), die bei Sachfragen nicht ständig untereinander ausgetauscht werden müssen.

»Die ökozentrische Axiologie kann mit dem metaethischen Subjektivismus friedlich koexistieren, weil die Aussagen beider Theorien auf unterschiedlichen Ebenen angesiedelt sind. Wertaussagen sagen etwas darüber, was *in welcher Hinsicht* wertvoll ist. Metaethische Aussagen sagen etwas darüber, *welcher Status* solchen Wertaussagen zukommt« (Birnbacher 2006, 96).

Fasst man den Nutzen von Biodiversität im Sinne der Mannigfaltigkeit von Arten und Ökosystemen nicht nur als utilitären, sondern als trans-utilitären Nutzen auf, d. h. im Sinne eines ästhetischen oder transzendentalen Gewinns, dann sind viele Gründe angebbar, aus denen heraus sich – gleichsam quer zu den verschiedensten ethischen Ansätzen – ein umfassender Schutz der Biodiversität argumentativ ableiten lässt. Biodiversität kann als ein Wert oder Gut *zweiter Ordnung* (Birnbacher 2004, S. 182) gelten, der höherrangigen Werten oder Gütern (s. Kap. II. 9) wie Gesundheit, Schönheit etc. zugeordnet werden muss, so dass für eine moralische Praxis Vorzugsregeln entwickelt werden können, die Anspruch auf eine weitreichende Akzeptabilität mit sich führen.

Neben allgemeinen *quantitativen Vorzugsregeln* oder Praxisnormen wie die, dass Handlungen mit geringer Übelwahrscheinlichkeit oder einem quantitativ geringerem Übel vorzuziehen sind, dass negative Nebenwirkungen »auf das jeweils geringstmögliche Ausmaß zu reduzieren« sind sowie derjenigen, dass die »Wahrscheinlichkeit einer möglichen positiven oder negativen Folge […] mit dem Ausmaß der möglichen positiven oder negativen Folgen zu multiplizieren« (Ricken 2013, 263) ist, bedarf es für die Bewertung der Biodiversität im moralphilosophischen Diskurs, *qualitativer Vorzugsregeln* oder *Praxisnor-*

men, um für Entscheidungsfindungen in den gesellschaftlichen Debatten dienlich zu sein. Diese können einen gesellschaftlich-ethischen Diskurs strukturieren, ohne dass man sich auf alle Werte, ideale Normen oder normative Einstellungen einigen können müsste (Ricken 2013, 248). Wohl wird es Unterschiede in der Einschätzung der jeweiligen Ranghöhe der Güter und Wertschätzungen geben – dies gilt sowohl hinsichtlich dieser Liste selbst, als insbesondere auch mit Blick auf konkurrierende Güter (wie beispielsweise Mobilität, Energienutzung, landwirtschaftliche Aneignungen etc.). Unter Berücksichtigung dieser Grundannahmen sind es v. a. folgende Aspekte, die den ethischen und politischen Diskurs über Biodiversität und Biodiversitätsschutz bestimmen:

- Der Schutz von Biodiversität(en) kann als eine Maßnahme zur nachhaltigen Sicherung der natürlichen Lebensbedingungen für Menschen und andere Organismen auch davon abhängen, dass Ökosysteme und ihre Bestandteile in einem beachtlichen Umfang zur Sicherung der natürlichen menschlichen Lebensbedingungen (Klima, Nahrung etc.) beitragen.
- Ein Schutz von Biodiversität(en) sicherte zudem die Erhaltung von bis dahin noch unbekannten Substanzen für Medikamente und andere Produkte wie etwa Öle, Farben, Fasern usw. Gerade der – vielfach noch unbekannte – Wert der Inhaltsstoffe hat eine große Bedeutung für die traditionellen ökonomischen Strukturen in Entwicklungs- und Schwellenländern.
- Konservierung von Naturkapital führte damit zu einem indirekten Schutz der Biodiversität als Potential für lokale Ökonomien und Sozialstrukturen.

Es sind darüber hinaus aber vor allem auch die trans-utilitären Naturzugänge, die einen Schutz der Biodiversität präferieren – diese können durchaus auch in Widerspruch zu den oben angeführten instrumentellen Werten stehen, woraus sich die Notwendigkeit einer Abwägung ergibt. Über die wertvollen Errungenschaften der Zivilisation und der kultivierten Natur hinaus mag die Erfahrung von ursprünglicher und diversifizierter natürlicher Bedingungen die Befriedigung weiterer Bedürfnisse versprechen, wie dies im Zusammenhang *ästhetischer und emotionaler* Werte diskutiert wird.

- So kann Natur und ihre diversifizierte Struktur einen symbolischen und sinnstiftenden Bezugspunkt der Identitätsbildung darstellen. Danach nähme die wachsende Kontrolle, die der Mensch über die natürlichen Verhältnisse ausübt, diesen ihre dämonische, erschreckende Kraft. Die Elemente ›wilder Naturen‹ verschwänden zusehends aus der Wahrnehmung des Menschen, auf welche die ästhetisch-kontemplative Dimension menschlicher Erfahrung hohem Maße angewiesen ist.

›Wilde Naturen‹ und ihre diverse Struktur werden zum Symbol des Menschseins im Sinne eines Wesens, das sich zugleich als Objekt und Subjekt einer gemeinsamen Naturgeschichte versteht oder verstehen kann, wenngleich deren Erfahrbarkeit stets kulturvermittelt bleibt (Lanzerath 2014, 7–13).

Literatur

Birnbacher, Dieter: *Natürlichkeit*. Berlin 2006.
–: Limits to substitutability in nature conservation. In: Markku Oksanen/Juhani Pietarinen (Hg): *Philosophy and Biodiversity*. Cambridge 2004, 180.
Bölker, Michael/Gutmann, Mathias/Syed, Tareq: Existiert »genetische Information«? In: Michael Bölker/Mathias Gutmann/Wolfgang Hesse (Hg.): *Menschenbilder und Metaphern im Informationszeitalter*. Münster 2010, 155–180.
Cohen, Joel I./Potter, Christopher S.: Introduction: conservation of biodiversity in natural habitats and the concept of genetic potential. In: Christopher S. Potter/Joel I. Cohen/Dianne Janczewski (Hg.): *Perspectives on Biodiversity: Case Studies of Genetic Resource Conservation and Development*. Washington 1993, XIX–XXIII.
Darwin, Charles: *Origin of Species*. Vol. I–II. New York 1897.
Davis, Mark A.: *Invasion Biology*. Oxford 2009.
Elton, Charles S.: *The Ecology of Invasions by Animals and Plant*. Chicago 1958.
Griffiths, Paul E.: *What Emotions Really Are. The Problem of Psychological Categories*. Chicago/London 1997.
Gutmann, Mathias: Warum die Beine nicht laufen und das Gehirn nicht denkt – Einige systematische Bemerkungen zum »Denken« und seinem Verständnis. In: Jan C. Joerden/Eric Hilgendorf/Natalia Petrillo/Felix Thiele (Hg.): *Menschenwürde in der Medizin: Quo vadis?* Baden-Baden 2012, 191–210.
–: Biodiversität als Naturgegenstand? In: *Jahrbuch für Wissenschaft und Ethik*, Bd. 17. Hg. von Ludger Honnefelder/Dieter Sturma. Berlin 2013, 157–172.
–/Janich, Peter: Species as cultural kinds. Towards a culturalist theory of rational taxonomy. In: *Theory in Biosciences* 117 (1998), 237–288.
–/–: Methodologische Grundlagen der Biodiversität. In: Peter Janich/Mathias Gutmann/Kathrin Prieß (Hg.): *Biodiversität. Wissenschaftliche Grundlagen und gesellschaftliche Relevanz*. Springer/Berlin/Heidelberg/New York 2002b, 281–353.
–/Weingarten, Michael: Preludes to a reconstructive »en-

vironmental science«. In: *Poiesis & Praxis* 3/1-2 (2004), 37-61.
-/-: Das Typusproblem in philosophischer Anthropologie und Biologie – Nivellierungen im Verhältnis von Philosophie und Wissenschaft. In: Gerhard Gamm/Mathias Gutmann/Alexandra Manzei (Hg.): *Zwischen Anthropologie und Gesellschaftstheorie*. Bielefeld 2005, 183–194.
Harper, John L./Hawksworth, David L.: Preface. In: David L. Hawksworth (Hg.): *Biodiversity. Measurement and Estimation*. London/Glasgow/Weinheim 1995, 5–12.
Holden, Constance: Scientists Talk of the Need for Conservation and an Ethic of Biotic Diversity to Slow Species Extinction. In: *Science* (May 1974) 647–648.
Hölldobler, Bert/Wilson, Edward O.: *The Superorganism. The Superorganism: The Beauty, Elegance, and Strangeness of Insect Societies*. New York 2008.
Honnefelder, Ludger: Welche Natur sollen wir schützen? In: Ders. (Hg.): *Welche Natur sollen wir schützen? Über die Natur des Menschen und die ihn umgebende Natur*. Berlin 2011, 23–47.
Kitcher, Philip: Species. In: Marc Ereshefsky (Hg.): *The Units of Evolution*. Cambridge, Mass./London 1992, 317–341.
Lanzerath, Dirk: Biodiversity as an ethical concept. In: Dirk Lanzerath/Minou Friele (Hg.): *Concepts and Values in Biodiversity* (Routledge Biodiversity Politics and Management Series). Abingdon, New York 2014, 1–15.
-/Mutke, Jens/Barthlott, Wilhelm/Spranger, Tade Matthias: *Biodiversität. Ethik in den Biowissenschaften – Sachstandsberichte des DRZE*, Bd. 5. Hg. von Dieter Sturma/Dirk Lanzerath. Freiburg 2008.
Lockwood, Julie L./Hoopes, Martha F./Marchetti, Michael P.: *Invasion Ecology*. London 2007.
Lovejoy, Thomas E.: Biodiversity: what is it? In: Marjorie L. Reaka-Kudla/Don E. Wilson/Edward O. Wilson (Hg.): *Biodiversity II. Understanding and Protecting our Biological Resources*. Washington 1997, 7–14.
Marggraf, Rainer: Ökonomische Aspekte der Biodiversitätsbewertung. In: Peter Janich/Mathias Gutmann/Kathrin Prieß (Hg.): *Biodiversität – Wissenschaftliche Grundlagen und gesellschaftliche Relevanz*. Berlin 2002, 355–411.
Mayr, Ernst: *Systematics and the Origin of Species*. New York 1942.
-: *This is Biology*. Cambridge/London 1997.
Neumann-Held, Eva M.: Let's talk about genes: the process molecular gene concept and its context. In: Susan Oyama/Paul E. Griffiths/Russell D. Gray (Hg.): *Cycles of Contingency: Developmental Systems and Evolution*. Cambridge 2000, 69–84.
Pearce, David/Moran, Dominic: *The Economic Value of Biodiversity*. London 1994.
Platon: Phaidros. In: *Platon, Werke*. Bd. 5. Übers. von F. Schleiermacher und D. Kurz. Darmstadt 2011.
Potthast, Thomas: Inventing biodiversity: genetics, evolution, and environmental ethics. In: *Biologisches Zentralblatt* 115 (1996), 177–188.
-: *Die Evolution und der Naturschutz. Zum Verhältnis von Evolutionsbiologie, Ökologie und Naturethik*. Frankfurt a. M. 1999.

-: *Biodiversität – Schlüsselbegriff des Naturschutzes im 21. Jahrhundert* (Naturschutz und Biologische Vielfalt, 48). Bonn 2007.
Quine, Willard Van Orman.: Natürliche Arten. In: *Ontologische Relativität und andere Schriften*. Stuttgart 1975, 157–189.
Richter, Michael: Zonal features of phytodiversity under natural conditions and under human impact – a comparative survey. In: Wilhelm Barthlott/Matthias Winiger (Hg.): *Biodiversity. A Challenge for Development Research and Policy*. Heidelberg 1998, 83–110.
Ricken, Friedo: *Allgemeine Ethik*. Stuttgart ^{5}2013.
Übereinkommen über die biologische Vielfalt. 1992. In: http://www.dgvn.de/fileadmin/user_upload/DOKUMENTE/UN-Dokumente_zB_Resolutionen/UEbereinkommen_ueber_biologische_Vielfalt.pdf (25. 09. 2014).
Secretariat of the Convention on Biological Diversity: Global biodiversity outlook 3. 2010. In: http://www.cbd.int/gbo3/ (07. 07. 2014).
Takacs, David: *The Idea of Biodiversity. Philosophy of Paradise*. Baltimore/London 1996.
Trepl, Ludwig: Die Diversitäts-Stabilitäts-Diskussion in der Ökologie. In: *Bericht der Bayerischen Akademie für Naturschutz und Landschaftspflege*, Beiheft 12 (1995), 35–49.
Wägele, Johann W.: *Grundlagen der Phylogenetischen Systematik*. München 2000.
Weingarten, Michael: Methodische Probleme der Umweltwissenschaften. In: *Wissenschaftstheorie als Wissenschaftskritik*. Bonn 1998 a.
-: Die Krise der gesellschaftlichen Naturverhältnisse. Eine Annäherung an die kulturell konstituierte Differenzierung von Natur und Kultur. In: Dirk Hartmann/Peter Janich (Hg.): *Die Kulturalistische Wende. Zur Orientierung des philosophischen Selbstverständnisses*. Frankfurt a. M. 1998 b, 371–414.
Wilson, Edward O. (Hg.): *Biodiversity*. Washington 1988.
-: *Der Wert der Vielfalt*. München 1992.

Mathias Gutmann und Dirk Lanzerath

9 Chimären und Hybride

Forschung mit Chimären und Hybriden ist Gegenstand ethischer Diskussionen, weil biologisches Material menschlichen Ursprungs dabei verwendet werden kann. Unter einer Chimäre wird eine biologische Einheit verstanden, die aus Zellen besteht, die von mindestens zwei unterschiedlichen Zygoten stammen und sich daher aus genetisch verschiedenen Zellen zusammensetzt. Bei einem Hybrid handelt es sich dagegen um eine Entität, die die Merkmale unterschiedlicher, zuvor eigenständiger Arten oder Klassen in sich vereint; alle Zellen weisen den gleichen Genotyp auf. In der Biologie ist damit v. a. das Produkt einer Kreuzung unterschiedlicher Arten gemeint, das klassische Beispiel aus der Zoologie sind Maultier und Maulesel. Für die meisten ethischen Fragen in diesem Kontext ist der biologische Unterschied zwischen Hybriden und Chimären nur begrenzt bedeutsam, daher wurde der Kunstbegriff ›Chimbrids‹ als übergreifender Begriff eingeführt wurde, der sowohl Chimären als auch Hybride bezeichnet (Taupitz/Weschka 2009). Wenn im Folgenden von ›Chimbrids‹ gesprochen wird, so sind stets Chimären und Hybride gemeint, die menschlich-tierische Mischwesen darstellen. Wenn von ›Tieren‹ (s. Kap. III. 43) gesprochen wird, so sind stets ›nicht-menschliche Tiere‹ gemeint.

Forschung an Chimbrids findet bisher in einem sehr begrenzten Umfang statt, das könnte sich aber in der Zukunft ändern. Eine Schwierigkeit bei der ethischen Diskussion dieses Themas besteht darin, dass es sich um ganz unterschiedliche Formen der Forschung handeln kann, die sich sowohl hinsichtlich des Ausmaßes der artübergreifenden Übertragung von biologischem Material als auch von der Zielsetzung der Forschung unterscheiden. Man kann diese Forschungsprojekte im Hinblick auf die *Herkunft* des biologischen Materials, den *Empfänger*, das *Ergebnis* und die *möglichen Anwendungen* unterscheiden (ebd., 487 f.). Auf der einen Seite des Spektrums könnte man an das Forschungsziel der Erzeugung und Austragung eines Embryos denken, der vollständig aus biologischem Material unterschiedlicher Spezies bestünde. Wird auf die Austragung solcher Embryonen (s. Kap. III. 12) verzichtet, so kann eine solche artübergreifende Erzeugung von Embryonen und embryonalen Stammzellen (s. Kap. III. 39) darauf abzielen, Erkenntnisse über die frühe Embryonalentwicklung und die Wirkweise von Stammzellen zu erhalten, ohne dabei menschliche Embryonen herstellen zu müssen. Mögliches Forschungsziel ist auch die Übertragung eines tierischen Organs in einen menschlichen Organismus mit dem Ziel, dass dieses Organ im menschlichen Organismus Funktionen übernimmt, zu denen das entsprechende menschliche Organ nicht in der Lage ist. Diese sog. Xenotransplantation zielt darauf, Alternativen für die Transplantationsmedizin (s. Kap. III. 44) zu entwickeln und den Mangel an Spenderorganen auf diese Weise zu kompensieren. Im Prinzip ist natürlich auch die Intention denkbar, tierische Organe, Gewebe, Zellen oder Gene in den Menschen einzuführen, die Funktionen realisieren können, die beim Menschen untypisch sind – etwa erhöhte Geruchs- oder Gehörwahrnehmung oder erhöhte körperliche Leistungsfähigkeit. Auf der anderen Seite des Spektrums findet man Forschungen, bei denen ein menschliches Gen, Chromosom, Gewebe oder eine Zelle in einen tierischen Organismus eingeführt wird, um dessen Wirkweise zu studieren. Dabei wird auf tierische Organismen zurückgegriffen, weil sich die entsprechenden Effekte dort besser studieren lassen oder weil man auf diese Weise Risiken für menschliche Probanden vermeiden kann.

Der vorliegende Beitrag wird zunächst einige grundlegende Gesichtspunkte im Hinblick auf die moralische Signifikanz der Grenze zwischen Tier und Mensch besprechen. Sollte es so sein, dass wir eine Chimäre als einen Menschen anzusehen haben, so wären all diejenigen Rechte auf sie anzuwenden, die wir dem Menschen zuschreiben. Der moralische und rechtliche Status einer Chimäre ist jedoch sehr undeutlich und von unterschiedlichen ethischen Theorien käme man hier zu unterschiedlichen Einschätzungen. Anschließend werden einige allgemeine medizin- und tierethische Gesichtspunkte übersichtsartig diskutiert, die nicht spezifisch für die Forschung mit Chimären sind, aber auch auf für die Beurteilung dieser Forschung relevant sind.

Zur moralischen Bedeutung der Grenze zwischen Mensch und Tier

Die traditionelle Moral und ebenso die meisten Rechtssysteme kennen einen prinzipiellen Unterschied von Mensch und Tier. Wenn ein Wesen den Status eines Menschen hat, ist es Träger von Menschenwürde und Menschenrechten, wogegen für Tiere bestimmte, deutlich unterschiedene Schutzregelungen gelten, die etwa in Tierschutzgesetzen festgeschrieben werden. Das gilt auch dann, wenn es um die Klassifikation von Embryonen geht, die entsprechend als menschliche Embryonen anzusehen sind oder nicht. Mit der Klassifikation als ›Mensch‹ oder ›Tier‹ bzw. der entsprechenden Tierarten wird also nicht nur eine biologische Zuordnung vorgenommen, sondern ist auch die Zuschreibung eines bestimmten moralischen Status verbunden. Traditionell kennen etwa Rechtssysteme den Unterschied zwischen ›Personen‹ (s. Kap. II. 21) und ›Sachen‹: ›Personen‹ haben Rechte, die respektiert werden müssen und sie können nicht Eigentum von jemandem sein, ›Sachen‹ dagegen sind Besitz und können veräußert werden. In älteren Gesellschaften war der Rechtsstatus nicht egalitär, sondern standes- und geschlechtsspezifisch differenziert. Sklaven hatten in manchen Gesellschaften einen Zwischenstatus.

In Recht und Bioethik wird der Status von Menschen sehr unterschiedlich bestimmt (vgl. Düwell 2008, 100–114). Wird etwa der menschliche Embryo als ein Wesen angesehen, das aus der Verschmelzung einer menschlichen Ei- und Samenzelle hervorgeht, so wäre etwa eine Zygote, die aus der Verschmelzung von Ei- und Samenzelle hervorgeht, von denen zumindest ein Teil nicht-menschlicher Herkunft ist, nicht als menschlicher Embryo anzusehen, mit allen damit verbundenen Rechtsfolgen. Dies gilt nicht nur für die expliziten Regelungen des Rechts, sondern auch informelle moralische Regeln oder Prinzipien machen diesen Unterschied, wenn etwa gefordert wird, dass wir Menschen respektieren müssen oder dass wir Tieren keine unnötigen Schmerzen zufügen dürfen. Ethische Theorien versuchen zu begründen, warum Menschen Respekt zukommen sollte und rekurrieren dann etwa auf das Vermögen des Menschen zur rationalen Selbstbestimmung oder sie führen die Leidensfähigkeit von Tieren als Begründung von Tierschutzforderungen an. Von diesen *Gründen* zur Zuschreibung eines moralischen Status können wir *Kriterien* zur Bestimmung des Status unterscheiden. Jene Gesichtspunkte, die den moralischen Status rechtfertigen – etwa Rationalität oder Autonomie – sind nicht empirisch bestimmbar und zudem in den frühen Phasen der menschlichen Existenz höchstens in Potenz anzutreffen. Es bedarf also empirisch feststellbarer oder phänomenal erfassbarer Kriterien, um den Status bestimmen zu können. Das Kriterium ›Gattungszugehörigkeit‹ ist nun im Hinblick auf Chimären unzureichend.

Wir können hier prinzipiell an zwei Wege einer näheren Bestimmung dieses Status denken: Wir können vom biologischen *Herkunftsmaterial* oder von – wahrscheinlichen oder möglichen – Eigenschaften des *Ergebnisses* der Erschaffung einer Chimbrids ausgehen. Bei der *ersten* Möglichkeit würde die Bestimmung des moralischen Status von Eigenschaften des biologischen Herkunftsmaterials abhängig gemacht. Wenn etwa ein ›menschlicher Embryo‹ – also der Beginn des Status eines Menschen – als Verschmelzung von ›menschlicher Ei- und Samenzelle‹ definiert wird, so wären Zygoten, bei deren Entstehen entweder die Ei- oder Samenzelle nicht-menschlich wäre, nicht als menschliche Embryonen anzusehen; Entsprechendes gilt für die Bestimmung des Status eines tierischen Embryos. Wird innerhalb einer solchen Konzeption davon ausgegangen, dass das Experimentieren mit und das Austragen von künstlich erzeugten menschlichen Embryonen moralisch verboten oder zumindest strikt zu restringieren ist und dass der Würdestatus Menschen vorbehalten ist, so wäre es bei einer solchen Definition von menschlichen Embryonen nicht ersichtlich, warum die Herstellung einer Chimäre verboten sein sollte, selbst wenn die Gefahr bestünde, dass sie menschliche Eigenschaften, vielleicht sogar Selbstbewusstsein entwickeln würde. Wenn die Ausgangsmaterialen, also Ei- und Samenzelle, als solche keinen besonderen eigenen Status haben und wenn entsprechend der genannten Definition die Chimäre kein Mensch wäre, so wäre nicht einsehbar, warum ihre Herstellung verboten sein sollte. Sie wäre nicht einmal evident als Tier anzusehen, aber selbst wenn sie das wäre, so würden lediglich Tierschutzgesichtspunkte gelten, die allerdings in anderen Fällen gegenüber anderen Gütern (s. Kap. II. 9) abgewogen werden können.

Eine Alternative bestünde darin, nicht vom Herkunftsmaterial zu denken, sondern vom *Resultat* der Erzeugung einer Chimäre auszugehen. Die Frage wäre dann nicht, woher das biologische Material kommt, sondern was für Eigenschaften das Wesen – mutmaßlich oder wahrscheinlich – haben wird, das aus diesem Versuch hervorgeht. Wenn dieses Wesen die Eigenschaft zur Reflexion auf sich selbst haben wird oder wenn es leidensfähig ist, so wäre sein Schutzstatus nach der gleichen Ratio zu bestimmen, die auch bei der Bestimmung des Status von Menschen und Tieren vorausgesetzt wird. Wenn wir die Eigenschaften einer solchen Chimbrids nicht einschätzen können und auf Vermutungen angewiesen sind, so könnte das ein Grund sein, um solche Experimente aus Vorsichtsgesichtspunkten restriktiv zu regeln.

Es ist evident, dass die nähere Bestimmung des Status von Chimären von einer Theorie des moralischen Status abhängig ist, die der Bestimmung zugrunde liegt. Diese kurze Problemübersicht macht jedoch bereits deutlich, welche Relevanz die Grenze von Mensch und Tier für unsere moralische Orientierung haben kann. In jedem Fall wird man aber darüber nachdenken müssen, wie sich die Bestimmung der Gattung zur Bewertung moralisch relevanter Eigenschaften verhält und ob bei der Gattungsbestimmung von Ausgangsmaterialen oder vom Resultat einer Erzeugung einer Chimbrids ausgegangen wird. In der bioethischen Diskussion wird die Diskussion über die Bedeutung der Gattungsgrenze häufig auf eine Kritik des Speziesismus reduziert, die besonders durch Peter Singer (1994) große Popularität erzielt hat. Danach wäre es unzulässig, die Zugehörigkeit zu einer bestimmten Gattung als *Grund* anzusehen, einen bestimmten moralischen Status zuzuschreiben. Die Speziesismuskritik übersieht jedoch, dass die Rede von der Gattungszugehörigkeit in zweifacher Hinsicht moralisch relevant sein kann: einmal als *Grund* bei der Zuschreibung eines moralischen Status und zum anderen als *Unterscheidungskriterium* in verschiedenen Regelungssystemen, wobei diese Unterscheidungsmöglichkeit auf der Basis verschiedener moralischer Begründungen relevant sein kann.

Es wäre noch hinzuzufügen, dass die Möglichkeit, Menschen und Tiere voneinander zu unterscheiden auch in der lebensweltlichen Moral eine wesentliche Rolle spielt. Die Möglichkeit, Menschen bereits von der physischen Erscheinung her als Menschen zu identifizieren, ist ein wesentliches Element alltäglicher normativer Orientierung. Wäre es nicht mehr möglich, den Menschen aufgrund der körperlichen Erscheinung als Menschen zu identifizieren, würde dies für unsere lebensweltliche Orientierung weitreichende Konsequenzen haben. Das bedeutet nicht, dass der Mensch nicht in der Lage wäre, sein moralisches Koordinatensystem zu verändern, aber es sollte deutlich sein, dass für die Legitimität dieser Veränderung wichtige Gründe vorliegen müssten.

Chimbrids im Kontext allgemeiner medizinethischer Gesichtspunkte

Im Folgenden sollen neben den bereits angedeuteten prinzipiellen Erwägungen, die natürlich auch im Sinne des Embryonenschutzes relevant sind und je nach ethischer Position zum Embryonenschutz prinzipielle Verbote rechtfertigen könnten, überblicksartig einige konkrete Gesichtspunkte moralischer Beurteilung auf der Basis bekannter medizinethischer Überlegungen dargestellt werden.

Forschungsfreiheit: Zunächst einmal könnte Forschung mit Chimären im Sinne der Forschungsfreiheit als zulässig angesehen werden. Diese Freiheit ist aber nicht unbegrenzt, und es gibt in diesem Kontext zahlreiche Gesichtspunkte, die Beschränkungen legitimieren können. Die Frage nach der Legitimität dieser Beschränkung stellt sich sicherlich unterschiedlich für den Fall, dass es sich um Forschungen mit biologischem Material im Labor handelt oder damit direkte therapeutische Ziele verbunden sind. Im ersteren Fall wären – neben der bereits angedeuteten Frage nach dem moralischen Status einer Chimbrids – Tierschutzerwägungen relevant. Im Fall direkter therapeutischer Anwendungen wären auch Risiken für Probanden und Gesellschaft zu berücksichtigen.

Risiken und Unsicherheiten für Probanden, Gesellschaft und Umwelt: Unter kontrollierten Bedingungen von Laborexperimenten ist nicht direkt ersichtlich, warum eine größere Bedrohung von Sicherheit oder Gesundheit Dritter und der Umwelt durch das Durchführen von Experimenten mit Chimären vorliegen sollten. Das ändert sich, sobald es um Versuche außerhalb des Labors geht. Diese Risiken sind etwa ausführlich diskutiert im Kontext der Xenotransplantation, wobei Risiken diskutiert wurden, die mit dem Einbringen von tierlichen Organen, Geweben und Zellen in den menschlichen Körper verbunden wären. Diese Risiken wurden bei der Xenotransplantation bislang als schwerwiegend eingeschätzt. Ebenso wurden die damit verbundenen Ansteckungsgefahren für Dritte als so erheblich eingeschätzt, dass weitgehende Quarantänemaßnahmen notwendig wären (Council of Europe 2003). Ferner scheint es prinzipiell fraglich, wie diese Risiken abgeschätzt werden können, ohne entsprechende Versuche außerhalb des Labors durchzuführen. Neben gesundheitlichen Risiken wäre hier aber auch an *psychologische* Folgen zu denken. Dies hängt von verschiedenen Faktoren ab, etwa der symbolischen Bedeutung des Organs und des Herkunftstiers. Das Bewusstsein mit einem Schweine- oder Affenorgan zu leben könnte für viele Menschen psychisch tief verstörend sein; dies mag auch kulturell variieren.

Informierte Zustimmung: Für Versuche der Xenotransplantation, oder Versuche, die mit vergleichbaren Unsicherheiten verbunden sind, wäre die Frage, ob eine informierte Zustimmung überhaupt möglich ist, wenn der Betroffene über kaum gesicherte Einschätzungen der Folgen eines entsprechenden Eingriffs verfügt. Da zudem bei derartigen Versuchen auch eine Ansteckungsgefahr für Dritte besteht bzw.

eine solche nicht ausgeschlossen werden kann, wäre entweder eine langfristige Isolierung des Probanden oder eine Zustimmung derjenigen erforderlich, mit denen er in Kontakt kommt.

Bedeutung für die Forschung: Für die Abwägung der relevanten Gesichtspunkte ist es ebenfalls wesentlich, wie man die Relevanz der Forschungsvorhaben und die Realistik der langfristigen Ziele hinter dieser Forschung einschätzt. Auch wenn man Embryonen nur eine relative Schutzwürdigkeit zuspricht oder den Tierschutzerwägungen nur ein mäßiges Gewicht zuspricht, wird man dennoch zum Ergebnis kommen, dass bei all diesen Versuchen moralische Bedenken bestehen, die nur aufgewogen werden können, wenn die entsprechenden Versuche von hoher Bedeutung sind und die grundlegenden Erkenntnisse, etwa in der Stammzellforschung, hochrangig sind und entsprechende Therapiemöglichkeiten realistische Forschungsziele darstellen. Sofern man die entsprechenden Schutzerwägungen bezüglich Embryonen und Tieren höher gewichtet, erhöht sich das entsprechende Rechtfertigungserfordernis.

Zur Nutzung von Tieren

Neben medizinethischen Gesichtspunkten geht es auch um die Frage, wie der Umgang mit Tieren bei Experimenten mit Chimbrids im Hinblick auf übliche tierethische Gesichtspunkte einzuschätzen ist.

Schmerz, Leiden und Wohlergehen: Im Allgemeinen muss Leiden von Tieren mit hochrangigen Forschungszielen abgewogen werden. Bei Experimenten mit Chimbrids ist aber nicht ersichtlich, dass in der Regel ein höheres Maß an Leiden von Tieren zu erwarten ist. Bei Experimenten mit Stammzellen, tierischen Ei- und Samenzellen ist dies eher unwahrscheinlich und auch die Entnahme von Geweben und Organen muss nicht mit erheblichen Schmerzen verbunden sein. Neben dem Gebot der Leidensverminderung wird im Allgemeinen auch gefordert, dass die Lebensbedingungen von Tieren bei den Versuchen artgerecht sind und das allgemeine Wohlergehen von Tieren gewährleistet ist. Auch dieser Standardgesichtspunkt sollte berücksichtigt werden, es ist aber nicht eo ipso deutlich, dass dies bei Chimbrids-Experimenten ein besonderes Problem darstellt.

Vermeidbarkeit: Versuche mit Tieren sollten in der Regel nach Möglichkeit schmerzfrei sein, und sie sollten nur dann zulässig sein, wenn sie unvermeidbar sind und die entsprechenden Forschungsziele nicht auf andere Weise erzielt werden können. Vermeidbarkeit hängt insofern am Gewicht des Forschungsvorhabens und von den verfügbaren Alternativen ab. Geht es etwa um Forschung an Embryonen und embryonalen Stammzellen, so wäre die Frage, ob Forschung an menschlichen Embryonen vertretbarer ist, sofern man diese Forschung für erforderlich ansieht. In jedem Fall entstehen in diesem Kontext keine moralischen Gesichtspunkte, die sich nicht auch im Hinblick auf andere Tierversuche stellen.

Artgerechtigkeit und Spezies-Integrität: Es ist umstritten, ob die Integrität einer tierischen Spezies überhaupt ein plausibles ethisches Kriterium ist (vgl. Bovenkerk et al. 2002). Bei der Diskussion geht es um die Frage, ob es Gesichtspunkte bei der Beurteilung von Tierversuchen gibt, die deutlich über Leiden und Schmerzen von Tieren hinausgehen. Wie sieht es etwa mit biotechnologischen Experimenten aus, bei denen einer Maus ein menschliches Ohr auf den Rücken transplantiert wird? Wird damit nicht eine Grenze überschritten? Tiere werden hier in einer Weise behandelt, die der üblichen artgerechten Entwicklung nicht entspricht. Nun ergibt sich hier natürlich das Problem, dass Tiere kein Bewusstsein ihrer selbst entwickeln und insofern auch keine Möglichkeit haben, sich in der eigenen Integrität als entfremdet zu erleben. Ist nicht die Erfahrung eines Mangels an Integrität eine Projektion von Menschen, die das Gefühl haben, dass die Artgerechtigkeit nicht gegeben ist? Aber warum sollte dies ein moralischer Grund sein, die entsprechenden Versuche nicht vorzunehmen, wenn das Versuchstier selbst dies nicht als entfremdet erfahren kann?

Gibt es also moralische Gesichtspunkte, die über Schmerzvermeidung und Sicherung des Wohlergehens von Versuchstieren hinausgehen? Diese Frage scheint insofern für Chimbrids besonders relevant zu sein, da Versuche zur Erzeugung von Mensch-Tier-Mischwesen zum Ziel haben, die natürlichen Grenzen zu überschreiten und insofern eo ipso die Speziesintegrität antasten würden. Sollte mit der Speziesintegrität gemeint sein, dass die langfristige Identität der Spezies als solcher geschützt zu werden verdient, so wäre dies nur relevant, wenn es um Experimente geht, bei denen modifizierte Chimbrids freigesetzt werden. Geht es hingegen bei dem gebotenen Schutz der Integrität eines Tieres um die Integrität des individuellen Tiers, so hätte dies auch für Laborexperimente Konsequenzen.

Aktuelle Diskussion

Bei den hier angedeuteten Argumentationslinien und Fragen handelt es sich um eine Reihe von Gesichtspunkten, die für die Beurteilung von Experimenten an Tier-Mensch-Mischwesen relevant sind. Bezüglich therapeutischer Anwendungen im Sinne einer Xenotransplantation gibt es sicherlich erhebliche Gründe, skeptisch zu sein, ob die entsprechenden Risiken beherrschbar sind. Im Hinblick auf Laborexperimente, etwa zum besseren Verständnis der Wirkweise von Stammzellen, stellt sich diese Frage sicherlich anders dar. Die entsprechenden Fragen könnten Gegenstand kasuistischer Abwägungen sein. Doch es gibt zwei Gesichtspunkte, in denen sicherlich ein weitergehender Reflexionsbedarf besteht:

Zunächst einmal wäre da die eher *symbolische Ebene* der Überschreitung der Artgrenze. Den meisten Menschen löst die Vorstellung der Grenzüberschreitung zumindest Unwohlsein aus, als ob hier ein Tabu überschritten werde. Die Frage ist, ob es sich hier einfach nur um eine unreflektierte und nicht weiter begründbare Intuition handelt oder ob sich hier legitime Sorgen äußern. Zumindest wäre die Frage, ob diese Intuition es legitimieren würde, dass eine Beweislastumkehr erforderlich scheint. Wer diese Grenze überschreiten will, der muss schon sehr besondere Argumente anbringen können. Für Menschen ist die Vorstellung wesentlich, dass sie sich in einer Welt orientieren können, in welcher die Grenze zwischen den Arten nicht willkürlich überschritten wird. Es ist nicht per se deutlich, dass das Insistieren auf dem Schutz dieser Grenze irrational ist, wenn man bedenkt wie fundamental es für Menschen ist, einander als Menschen anzuerkennen.

Sicherlich wird man aber fordern müssen, dass die Grundlagen der Anwendung der fundamentalen moralischen Begriffe plausibel nachvollziehbar sind. Diskussionen zum Embryonenschutz haben große Zweifel an der internen Konsistenz aufkommen lassen. Das würde mit einer Überschreitung der Gattungsgrenze noch zweifelhafter. Wir müssen verstehen können, warum wir verpflichtet sind, Wesen als Träger von Menschenwürde (s. Kap. II. 17) und Menschenrechten anzusehen. Diese fundamentale Zuschreibung des Würdestatus kann nicht willkürlich geschehen, und die Grenze kann nicht aus pragmatischen Gründen hin und her geschoben werden, ohne dass die Autorität dieses Würdestatus Schaden nimmt. Wenn wir unsere zentralen moralischen Begriffe ernst nehmen, dann müssen wir bei der Regelung dieser Grenze die höchste Sorgfalt an den Tag legen. Eine Zulassung von Chimbrids-Experimenten sollte daher nur möglich sein, wenn zunächst deutlich ist, wie sich dies innerhalb des Rechtssystems regeln lässt und aus welchem Grund wir im Rechtssystem die Grenze von Mensch und Tier aufrechterhalten.

Literatur

Badura-Lotter, Gisela/Düwell, Marcus: Chimären und Hybride – Ethische Aspekte. In: *Jahrbuch für Recht und Ethik/Annual of Law and Ethics* 15 (2007), 83–104.

Bovenkerk, Bernice/Brom, Frans W. A./Bergh, Barbara J. van den: Brave new birds. The use of ›animal integrity‹ in animal ethics. In: *Hastings Center Report* 32/1 (2002), 16–22.

Council of Europe: Recommendation Rec(2003)10 of the Committee of Ministers to member states on xenotransplantation, adopted by the Committee of Ministers on 19 June 2003 at the 844th meeting of the Ministers' Deputies. 2003. In: https://wcd.coe.int/ViewDoc.jsp?id=45827 (25. 11. 2013).

Danish Council of Ethics (Hg.): Man or mouse? Ethical aspects of chimaera research. 2008. In: http://etiskraad.dk/upload/publications-en/stem-cell-research/man-or-mouse/manormouse.pdf (25. 11. 2013).

Deutscher Ethikrat: *Mensch-Tier-Mischwesen in der Forschung*. Stellungnahme. Berlin 2011.

Düwell, Marcus: *Bioethik. Methoden, Theorien und Bereiche*. Stuttgart/Weimar 2008.

Joerden, Jan C./Winter, Cornelia: Thesen zur Chimären- und Hybridbildung aus der Perspektive von Recht und Ethik. In: *Jahrbuch für Recht und Ethik* 15 (2007), 105–149.

Singer, Peter: *Praktische Ethik*. Stuttgart 1994 (engl. 1979).

Taupitz, Jochen/Weschka, Marion: *CHIMBRIDS – Chimeras and Hybrids in Comparative European and International Research: Scientific, Ethical, Philosophical and Legal Aspects*. Berlin/Heidelberg 2009, 61–79.

Marcus Düwell

10 Demenz

Begriff und Phänomen

Der Begriff ›Demenz‹ leitet sich vom lateinischen *de mens* ab, was mit ›ohne Geist‹ übersetzt werden kann. Demenz ist ein klinisches Syndrom, das vor allem durch die meist irreversibel fortschreitende Abnahme des Gedächtnisses und des Denkvermögens der Betroffenen in Folge einer hirnorganischen Störung bestimmt ist. Dies führt zu erheblichen Beeinträchtigungen der Aktivität der Betroffenen im täglichen Leben. Hinzu treten auch häufig Veränderungen der Persönlichkeit. Die Situation der Betroffenen ist zudem durch Brüche im Bewusstsein bis dahin präferierter Selbstentwürfe und Lebensentscheidungen geprägt.

Im Jahr 2010 litten weltweit 35,6 Millionen Menschen an einer Demenz, allein in Deutschland gab es zu diesem Zeitpunkt mehr als 1,4 Millionen Fälle. Das statistische Risiko, im Lauf seines Lebens eine Demenz zu entwickeln, liegt bei 8,6 %, steigt jedoch mit zunehmendem Alter erheblich an. Von den Personen (s. Kap. II. 21) zwischen 65 und 69 sind 1,6 %, bei den über 90-jährigen sind mehr als 40 % betroffen (Deutsche Alzheimer Gesellschaft 2012).

Formen der Demenz

Primäre Demenzformen gehen auf Krankheitsprozesse zurück, die zu einem fortschreitenden Untergang neuronaler Verbindungen und Nervenzellen im Gehirn führen. Der überwiegende Teil primärer Demenzformen wird auf neurodegenerative Prozesse zurückgeführt. Dazu gehört auch die Alzheimer-Krankheit, die mit 65 % für einen Großteil der demenziellen Erkrankungen verantwortlich gemacht wird. Aufgrund der problematischen Diagnosestellung kommt es bei dieser Zahl jedoch zu Schwankungen. Weitere neurodegenerativ verlaufende primäre Demenzformen sind u. a. die Lewy-Körper-Demenz, Frontotemporale Lobärdegeneration, die Parkinson Krankheit, Chorea Huntington und die Creutzfeld-Jakob-Krankheit. Auch im Kontext von HIV-Infektionen (s. Kap. III. 21) entstehen voll ausgeprägte Demenzen. Zusammen sind die zuletzt genannten Erkrankungen verantwortlich für etwa 5 % der Demenzfälle. Zu den primären Demenzformen gehört auch eine neurovaskulär bedingte Form der Demenz. Die vaskuläre Demenz macht ca. 15 % der Demenzfälle aus. Es treten überdies auch Demenzformen eines gemischten Typs auf, deren Häufigkeit liegt ebenfalls bei 15 %. Primäre Demenzformen sind nicht heilbar und verlaufen fortschreitend.

Als sekundäre Demenzformen bezeichnet man funktionelle Störungen des Gehirns nicht hirn-organischer Ursache. Diese können durch chronische Vergiftungen (Alkohol, Medikamente, Drogen) oder anderen Krankheiten wie z. B. Herz-Kreislaufkrankheiten, Schilddrüsenerkrankungen oder Hirnverletzungen bedingt sein und sind durch Behandlung der Grunderkrankung häufig reversibel. Die ätiologische Varianz demenzieller Erkrankungen bedingt ein hochkomplexes und individuelles Krankheitsbild.

Zur Unterscheidung der Ausprägung demenzieller Erkrankungen stehen unterschiedliche Modelle zur Verfügung, die den schrittweisen Verfall der Fähigkeiten zumeist in Stufen abbilden. Vorwiegend angewandt wird eine Einteilung in drei Stadien. Das erste Stadium der leichten Demenz ist demnach geprägt durch deutliche Störungen des Kurzzeitgedächtnisses. Die betroffenen Personen sind grundsätzlich noch in der Lage, alleine zu leben, sind mit komplexeren Aufgaben des Alltags jedoch bereits überfordert. Personen mit einer mittelgradig ausgeprägten Demenz (zweites Stadium), können sich an Neues nur gelegentlich und allenfalls noch kurz erinnern. Altvertrautes und gewohnte Abläufe sind ihnen noch vertraut, jedoch könne sie zur eigenen Person oder zu nahestehenden Personen keine aktuellen Informationen abrufen. Ein unabhängiges Leben ist in diesem Stadium bereits nicht mehr möglich. Bei schwerer Demenz (drittes Stadium) lassen die Betroffenen keine nachvollziehbaren Gedankengänge mehr erkennen. Nur Fragmente des einmal Gelernten bleiben manchmal erhalten. Nahestehende Personen werden nicht mehr erkannt. Auch basale Bewegungsmuster und Körperfunktionen sind in dieser Phase häufig betroffen, die Personen werden in dieser Phase meist bettlägerig, entwickeln häufig eine Schluckstörung oder werden inkontinent. Diese Umstände erhöhen die Risiken für Begleiterkrankungen wie Pneumonie und Sepsis stark, die dann oft tödlich verlaufen (Förstl 2011).

Kritisch diskutiert wird eine pauschalisierende Zuordnung leichter kognitiver Beeinträchtigung im Alter (engl. *mild cognitive impairment*, MCI) zur Demenz. MCI wird auf ätiologischer Ebene häufig als Moment der Konversion einer präklinischen oder stummen Phase der Alzheimer-Krankheit verstanden. In der präklinischen Phase der Alzheimer-

Krankheit findet Neurodegeneration zwar bereits statt, diese bleibt jedoch aufgrund der großen Hirnreserven lange Zeit unbemerkt. Ziel innovativer Forschungsansätze ist es, die neurodegenerativen Prozesse aufzuhalten, noch ehe die klinische Phase erreicht ist (Zaudig 2011; Karlawish 2011). Seit einigen Jahren ist es anhand von Liquoruntersuchungen und mittels bildgebender Verfahren möglich, die neuropathologischen Korrelate der Alzheimer-Demenz im Gehirn indirekt bzw. direkt nachzuweisen. Personen, die eine MCI aufweisen und bei denen Amyloidaggregate mittels Biomarkern belegt sind, haben ein sehr hohes Risiko, in einem Zeitraum von wenigen Jahren an einer Demenz zu erkranken. Damit kann eine Demenz grundsätzlich prädiktiv vorhergesagt werden (Hampel et al. 2010). Es ist bislang jedoch nicht möglich, die individuelle zeitliche Dynamik der kognitiven Verschlechterung von der MCI bis zur Demenz vorauszusagen. Zudem finden sich bei vollständig kognitiv gesunden Personen über 70 Jahre ebenfalls Hinweise für das Vorliegen der Biomarker. Abgesehen von der diagnostischen Unsicherheit, die in der Prädiktion einer Demenz mit den oben beschrieben Mitteln liegt, muss aus medizinethischer Sicht auch kritisch erwogen werden, welcher individuelle Nutzen mit einer solchen Diagnose verbunden ist. Dieser scheint angesichts mangelnder kausaler Therapieoptionen bislang fraglich (Zaudig 2011) (s. Kap. III. 35).

Medizin als Leitwissenschaft im Umgang mit dem Demenzphänomen

Dass Krankheiten des Gehirns für Demenzzustände ursächlich sind, wird kaum noch grundsätzlich in Frage gestellt, obwohl Ätiologie und Pathogenese insbesondere bei der Alzheimer-Krankheit noch nicht eindeutig geklärt sind. Kritik findet hingegen die ausschließlich medizinische Prägung des aktuellen Demenzkonzepts und die dieser Prägung zugeschriebenen Folgen. Die Monopolstellung, die die Medizin bei der Beschreibung sowie der Entwicklung von Bewältigungsstrategien innehat, erzeugt dieser Kritik nach einen verengten Blick auf die Demenz und verführt damit zur Vernachlässigung einer ganzheitlichen Wahrnehmung der Betroffenen. Demenz birgt generell das Problem, dass sich die Betroffenen zu ihrem Zustand nicht mehr differenziert und umfassend äußern können. Dieses Problem, so die Kritik, sei mit dem medizinischen, naturwissenschaftlich positivistisch angelegten Methodeninventar nicht aufzulösen. Es bestehe daher die Notwendigkeit, dieses um andere Zugänge zu ergänzen.

Mit der Klassifikation der Demenz als Krankheit wird altersbedingter geistiger Verfall, der lange Zeit als eine normale Form des Alterns verstanden wurde, dem Alltag und dessen Bewältigungsstrategien enthoben und in den Bereich der Klinik verbracht. Dieser Vorgang gibt im alltäglichen Verständnis vom Altern einem nicht-defizitären Altersbegriff Raum, birgt jedoch zugleich die Gefahr der Ausgrenzung und Stigmatisierung von demenziell Erkrankten. Die Anwendung eines Krankheitsbegriffs bringt jedoch in diesem Zusammenhang auch die grundsätzliche Hoffnung auf eine kausale Therapie zum Ausdruck.

Die Reduktion des Demenz-Syndroms auf ein medizinisches Ereignis führt leicht zu überhöhten Erwartungen an die aktuell noch sehr begrenzten Möglichkeiten pharmakologischer Intervention, wenn sich in der Einnahme von Medikamenten die Handlungsoptionen für Betroffene erschöpfen. Insofern sich Bewältigungsstrategien zur Demenz ausschließlich auf medizinische Konzepte stützen, müssen diese hinsichtlich der Lebenswelt der Patienten zwangsläufig zu kurz greifen (Wetzstein 2005). Eine pharmakologische Behandlung sollte immer in die Anbahnung angemessener psychosozialer Betreuung und alternativer therapeutischer Angebote eingebettet sein (S 3 Leitlinie Demenzen 2009). Diese können vor allem der Linderung nicht-kognitiver, psychischer Symptome und Verhaltenssymptome, wie sie im Kontext einer Demenz häufig auftreten, dienen. Inwieweit solche Symptome auch durch Psychopharmaka zu therapieren sind, wird diskutiert. Multifaktoriell bedingte psychische Symptome und Verhaltenssymptome erschweren den Umgang mit demenziell veränderten Menschen häufig erheblich. Sie bilden den wesentlichen Risikofaktor für pflegende Angehörige, durch die Belastung der Pflege zu erkranken, und stellen den häufigsten Grund für den Übergang eines Menschen mit Demenz in eine institutionelle Pflegeform dar.

Angesichts ihrer stark herabgesetzten Entscheidungsfähigkeit sind Menschen mit Demenz für eine missbräuchliche Behandlung mit sedierenden Medikamenten besonders anfällig. Studien zeigen, dass starke, verschreibungspflichtige Medikamente häufig zu Unrecht verordnet werden und sich durch eine bessere Betreuung der Betroffenen vermeiden lassen. Die Einbeziehung demenziell veränderter Menschen in die Pflegeplanung, aber auch andere psychosoziale Interventionen, sind demnach geeignet, psychische Symptome und Verhaltenssymptome zu reduzieren.

Im Vordergrund muss bei der Behandlung von solchen Symptomen bei Menschen mit Demenz daher immer der Versuch stehen, diese auf der Verhaltensebene zu klären. Dazu gehören die Identifikation externer Auslöser der Symptome und deren Bewältigung durch psychosoziale Intervention. Nur insofern auf dieser Ebene nichts mehr zu erreichen ist, sowie bei akuter Selbst- und Fremdgefährdung, gilt der Einsatz von Psychopharmaka im Sinne einer Palliativbehandlung als angezeigt (Jessen 2010).

Um ihrem Heilungsauftrag zu entsprechen, richtet die Medizin ihre Bemühungen auf die Erforschung der Ätiologie und Pathogenese der Alzheimer-Krankheit und auf die Entwicklung der Diagnostik. Die Auffassung von Demenz mit einem vorwiegend medizinischen Konzept hat daher auch Folgen für die Ressourcenallokation. Kritisiert wird in diesem Kontext, dass zur Erforschung spezialisierter Pflege und auf Demenz hin entwickelter Betreuungskonzepte nicht ausreichend Mittel bereitgestellt werden. Ebenso ist die Finanzierung der Behandlung von Symptomen in frühen Phasen der Demenz wie auch die Therapie von Begleiterkrankungen weitgehend unproblematisch, während es an personellen und zeitlichen Ressourcen zur adäquaten Betreuung von Demenzpatienten mangelt (Wetzstein 2005).

Beurteilung von Entscheidungsfähigkeit bei Demenz

Die kognitiven Einbußen, die Betroffene im Verlauf einer Demenzentwicklung erfahren, bringen eine Reihe praktischer Probleme mit sich, die ethisch zu erwägen sind. Vordringlich ist gerade im Rahmen von Diagnose und anschließender therapeutischer Maßnahmen das Problem der Einwilligung in diese Prozeduren. Damit stellt sich die Frage, inwiefern demenziell veränderte Personen in der Lage sind, eine Einwilligung zu geben (s. Kap. II. 10) und wie zu verfahren ist, falls sie dies nicht mehr können.

Im klinischen Alltag wird die Fähigkeit eines Patienten zu autonomer Willensentscheidung meist vorausgesetzt. Nur falls Gründe vorliegen, diese in Frage zu stellen, wird durch den behandelnden Arzt nach dessen Ermessen und auf Grundlage seiner Erfahrung festgestellt, ob der Patient einwilligungsfähig ist. Bemühungen, die dahingehende Beurteilung der Patienten an einheitlichen Kategorien zu orientieren und diese so zu verbessern, haben eine Reihe von Testverfahren hervorgebracht, von denen sich einige zur klinischen Anwendung eignen, zum Beispiel das MacArthur Competence Assessment Tool (MacCAT). Mit diesen Tests wird mittels halbstrukturierter Interviews auf der Grundlage von Informationsverständnis, Urteilsvermögen, Krankheits- und Behandlungseinsicht und Entscheidungsfähigkeit die klinische Einwilligungsfähigkeit beurteilt. Empirische Untersuchungen zeigten eine Diskrepanz zwischen der Einschätzung durch einen Psychiater und den mit den Messinstrumenten erzielten Ergebnissen. Die standardisierte Messung von Einwilligungsfähigkeit führte zu hohen Zahlen nicht einwilligungsfähiger Patienten mit Demenz (Vollmann et al. 2004).

Das MacCAT, aber auch alle anderen standardisierten Verfahren dieser Art, beruhen auf einer weitgehend kognitiv ausgerichteten Kriteriologie. Diese Ausrichtung verdankt sich nicht zuletzt auch der Orientierung der geltenden Rechtsprechung. In Deutschland gilt: BGH NJW 1972 »Einwilligungsfähig ist, wer Art, Bedeutung und Tragweite (Risiken) der ärztlichen Maßnahme erfassen kann«. Es gilt zwar als gut belegt, dass die kognitiven Einschränkungen, die Menschen mit Demenz betreffen, die autonome Entscheidungsfähigkeit und auch die Einwilligungsfähigkeit herabsetzen können, der Versuch eines empirischen Nachweises zeigte jedoch, dass aus einzelnen neuropsychologischen Untersuchungsergebnissen bzw. der Diagnose einer Demenz nicht auf die Einwilligungsfähigkeit eines individuellen Patienten geschlossen werden darf (Vollmann et al. 2003).

Eine besondere Stellung kommt in diesem Kontext Entscheidungen über eine Beteiligung von Menschen mit Demenz an Forschungsvorhaben zu. Im Unterschied zur Behandlung, werden hier diagnostische und therapeutische Methoden und Mittel eingesetzt, die noch nicht erprobt sind. Eine Einwilligung in die Teilnahme an Forschungsvorhaben ist daher mit besonderen Ansprüchen hinsichtlich Einschätzungsfähigkeit und Verständnis versehen (s. Kap. III. 14). Dabei ist es, wenn es sich um die Erforschung therapeutischer Mittel und Methoden handelt, grundsätzlich möglich, eine stellvertretende Einwilligung auf Grundlage des mutmaßlichen Willens des Betroffenen zu geben, insofern mit dem Forschungsziel für diesen auch eigennützige Interessen verbunden sind. In der Grundlagenforschung zu Pathogenese und Ätiologie ist dies jedoch meist nicht möglich (Maio 2010). Als unklar gilt bislang auch, welche Risiken bei der Forschung mit demenziell veränderten Menschen als hinnehmbar einzustufen sind (Helmchen et al. 2006).

Welche Methode zur Feststellung von Einwilligungsfähigkeit die medizinethisch am besten begründete ist, bleibt offen. Für eine Abwägung der Vorteile und Risiken einer zu strengen bzw. zu einfachen Prüfung muss zunächst die Auswahl der Kriterien bewertet werden, die zur Prüfung autonomer Entscheidungsfähigkeit herangezogen werden. Die hier herrschende Dominanz kognitiver Kriterien korrespondiert mit einer gleichzeitigen Vernachlässigung emotionaler, biographischer und kontextspezifischer Faktoren. Ansatzpunkte für die weitere Forschung werden daher in der Ergänzung durch nicht-kognitive Beurteilungsmethoden gesehen (Vollmann et al. 2004).

Autonomieerhalt bei Demenz

Wenn es nicht mehr möglich ist, den aktuellen Willen eines Patienten sicher festzustellen, soll diesem dennoch in bestmöglicher Weise entsprochen werden. Hat der Patient in keiner Weise für diese Situation vorgesorgt, muss versucht werden, seinen mutmaßlichen Willen zu ermitteln. Im besten Interesse des Patienten formulierte medizinische Empfehlungen werden dann, soweit bekannt, mit Werthaltungen des Patienten und vormals geäußerten Wünschen medizinethisch erwogen. Das Kernproblem liegt bei diesen Entscheidungsvorgängen darin, dass der epistemische Zugang zu einem dementen Zustand versperrt ist. Die Erfahrung, dement zu sein, können die Betroffenen weder umfassend kommunizieren noch ist sie durch Einfühlung vorstellbar. Mit einer Patientenverfügung oder Vorsorgevollmacht bzw. einer Betreuungsverfügung stehen Instrumente zur Verfügung, mit denen Anweisungen getroffen werden, wie in kritischen Situationen stellvertretend für den Testator zu entscheiden ist. So soll der Erhalt der Autonomie auch dann garantiert sein, wenn ein Patient nicht mehr aktiv an einem Entscheidungsprozess mitwirken kann (s. Kap. III. 33). Bei den genannten Ansätzen verbleibt jedoch eine Differenz zur aktuellen Situation des Betroffenen, eine zeitliche bei der vorsorgenden Planung bzw. Patientenverfügung und eine personelle bei der stellvertretenden Entscheidung bzw. Vorsorgevollmacht oder Betreuungsverfügung.

Kritisch ist sowohl für die Anwendung einer Patientenverfügung als auch für die Ausübung der Betreuungsvollmacht die Frage nach der Bewertung aktueller – möglicherweise indirekter – Willensbekundungen nicht-einwilligungsfähiger Patienten. Im Gegensatz zur Patientenverfügung selbst ist nach deutschem Recht für deren Widerruf keine Schriftform nötig. Dieser kann also auch mündlich oder sogar ohne Worte durch entsprechendes Verhalten erfolgen. Es muss jedoch klar erkennbar werden, dass sich der Wunsch des Patienten geändert hat. Juristisch kann aus dem entsprechenden Verhalten eines nicht mehr als einwilligungsfähig geltenden Patienten ein sogenannter ›natürlicher Wille‹ abgeleitet werden. Darunter werden zum Beispiel Verhaltensweisen, die Zufriedenheit ausdrücken, verstanden oder aber Unlust oder Angst. Dieser im Betreuungsrecht angewandte Begriff ist jedoch weder ein Teil der Alltagssprache noch ein gängiger philosophisch-ethischer Begriff. Ein besonderes Problem besteht vor allem im Kontext der Demenz darin, den ›natürlichen Willen‹ inhaltlich zu bestimmen. Die Äußerungen oder Handlungen, welche in fortgeschrittenen Stadien beobachtet werden, sind häufig nicht sehr umfassend und ermöglichen einen breiten Interpretationsspielraum.

Einschränkend gegenüber dem als ›natürlicher Wille‹ benannten Phänomen wird durch Ralf Jox geltend gemacht, dass dieser, verglichen mit der autonomen Willensbildung, durch mit der Erkrankung verbundene kognitive Defizite belastet ist. Es ist nach Jox daher fraglich, ob ein Verweis auf die Geltung des ›natürlichen Willens‹ unter Anrufung des Autonomieprinzips überhaupt sachgemäß ist. Die von Menschen in einem Stadium der fortgeschrittenen Demenz geäußerten Wünsche und Bedürfnisse sind demnach zwar zu berücksichtigen, aber nicht im Sinne eines geänderten Willens, sondern sie treten dem in der Patientenverfügung geäußerten Willen als etwas zweites hinzu. Als jenes zweite sind die aktuell geäußerten Wünsche jedoch eher dem medizinethischen Prinzip des Wohlergehens zuzurechnen, dem das Prinzip der Patientenautonomie, inhaltlich bestimmt durch die Patientenverfügung, dann in der Abwägung entgegentritt. Eine Ausweitung des Autonomiebegriffs auf den natürlichen Willen könnte, so die Zielrichtung dieser Argumentationslinie, das Prinzip der Patientenautonomie sonst schwächen (Jox 2006).

Agnieszka Jaworska macht dementsprechend für demenziell veränderte Menschen die Fähigkeit zur Autonomie auf der Grundlage von Wertschätzungen geltend. Wertschätzungen bilden demnach ein Regulativ gegenüber unmittelbaren Bedürfnissen, mittels derer diese in Bezug auf die eigene Person anerkannt werden. Dies sei auch dann noch möglich, wenn der Bezug zu der den gesamten Lebensvollzug überspannenden Identität nicht mehr abrufbar ist. Um diese elementare Form der Selbstbestimmung nutzbar zu machen, brauchen demenziell veränderte Menschen Unterstützung, indem ihre Wertschätzungen von anderen erkannt und umgesetzt werden müssen (Jaworska 1999).

Die Erforschung von für die Willensbildung Dementer verbleibenden Motiven aus dem physischen und emotionalen Bereich sowie – möglichicherweise, wenn auch nur in Fragmenten – aus der biographischen Sphäre und deren Bedeutung für medizinische Behandlungsentscheidungen ist jedoch noch in ihren Anfängen. An die Erschließung dieser Dimensionen der Willensbildung knüpft sich die Hoffnung auf eine Verbesserung des Autonomieerhalts demenziell veränderter Menschen (Vollmann et al. 2004).

Weitere Ansätze zur Verbesserung des Autonomieerhalts eines Patienten gründen auf dem Gedanken, die zuvor beschriebenen Differenzen zur aktuellen Situation eines demenziell veränderten Menschen zu überbrücken. Innovative Forschungsansätze erproben zudem den Einsatz von Bildmedien. Mittels dieser soll es gelingen, komplexe Vorgänge zu veranschaulichen und Entscheidungen eine bessere, verständnisbasierte Grundlage zu geben.

Personale Identität bei Demenz und die Geltung von Patientenverfügungen

Der Idee, Behandlungswünschen durch Patientenverfügungen Geltung zu verschaffen, liegt die Überzeugung zugrunde, dass die Person, die die Patientenverfügung verfasst hat, identisch ist mit dem demenziell veränderten Menschen, für den sie Geltung haben soll. Personenkonzeptionen, die im Kontext von Demenz eine solche Identität bestreiten, formulieren somit einen grundsätzlichen Einwand gegen Patientenverfügungen. Dieses Problem wird in der Medizinethik kontrovers diskutiert. Als exemplarisch für diese Debatte kann der im Folgenden entwickelte Gegensatz zwischen Rebecca Dresser bzw. Derek Parfit einerseits und Ronald Dworkin andererseits gelten.

Dworkin geht davon aus, dass die Persönlichkeit eines Menschen durch die Demenz zwar psychisch erheblich verändert wird, jedoch der progrediente Gedächtnisverlust, der eigentlich für ein langsames Verschwinden der Person sprechen würde, selbst in Phasen fortgeschrittener Demenz, nicht vollständig sei und deshalb eine personale Identität nicht ausgeschlossen werden dürfe. Demenz ist demnach als eine Phase ein und derselben Biographie und Person zu verstehen. Die Interessen, die eine Person im Zustand schwerer Demenz noch hat, sind nach Dworkin nur unmittelbar erfahrungsbezogene *experiential interests*, die leicht in einem Konflikt stehen können mit grundsätzlicheren *critical interests*, welche die betroffene Person vor ihrer Erkrankung aufrecht hielt, an die sie sich jetzt aber eventuell nicht mehr erinnern kann. Ein solcher Konflikt zwischen *experiential interests* und *critical interests* besteht zum Beispiel dann, wenn eine demenziell veränderte Person, die sich zuvor in einer Patientenverfügung gegen lebensverlängernde Maßnahmen entschieden hat, den Eindruck vermittelt, dass sie ihr Leben noch zu genießen vermag und Angst vor dem Sterben äußert. Nach Dworkins Argument sind *critical interests* jedoch nicht zeitlich gebunden, d. h. auch wenn eine demenziell veränderte Person diese nicht mehr äußern kann, muss man von deren Fortbestehen ausgehen. Eine Patientenverfügung behält dem folgend auch in Phasen schwerer Demenz ihre Gültigkeit (Dworkin 1986).

Dresser wendet sich gegen Dworkins These und argumentiert in Anschluss an Parfit (1984), dass angesichts der großen psychischen Brüche im Leben demenziell veränderter Menschen von unterschiedlichen Personen vor und nach Eintritt einer schweren Demenz gesprochen werden kann. Für den Betroffenen sei die Berücksichtigung von Entscheidungen und Werten, die er nicht mehr teilt, unerheblich. Von Interesse seien für ihn allein aktuelle Wünsche, zu denen er noch Zugang hat. Die medizinethische Bedeutung von Patientenverfügungen wird demnach stark relativiert. Nach Dresser sind mehr als der Betroffene selbst (mittels einer Patientenverfügung) nahe Angehörige oder sogar Ärzte und Pflegende auf Grundlage ihrer Kenntnis der ›neuen‹ Person moralisch legitimiert, über diese zu bestimmen (Dresser 1995).

Personale Identität und der moralische Status des demenziell veränderten Menschen

Die oben beschrieben These der Diskontinuität einer Person in Folge des demenzbedingten geistigen Verfalls zieht eine Reihe von Fragen nach sich, die den moralischen Status der ›neuen‹ Person betreffen. Nach Auffassung einiger Ethiker ist es nicht selbstverständlich, dass dieser überhaupt einige dem Personenstatus beigeordnete Rechte zukommen. Bewusstseinskriterien, die von diesen in der Tradition John Lockes als konstitutiv für den Personenstatus angesehen werden, sind auf demenziell Erkrankte in fortgeschrittenen Phasen nur noch eingeschränkt oder gar nicht mehr anwendbar.

Nach Peter Singers Position, die jedoch nicht explizit im Hinblick auf Demenz entwickelt wurde, sind Lebewesen dann Personen, wenn sie über Bewusstsein und Rationalität verfügen. Demenziell veränderte Menschen haben demnach ihren Personenstatus und damit verbundene Rechte eingebüßt (Singer 1993).

Tristram Engelhardt Jr. bewertet den personellen Status demenziell veränderter Menschen mittels eines abgestuften Konzepts. Demnach befinden sich Menschen mit mittelschwerer Demenz noch in einer Phase des Übergangs, während Menschen mit schwerer Demenz bereits nicht mehr mit der Person identisch sind, die sie vor Einbruch ihrer kognitiven Fähigkeiten einmal waren. Ihr moralischer Status genügt dann nunmehr konsequentialistischen Kriterien (Engelhardt 1996).

Dan Brock argumentiert, dass der Verlust von Bewusstsein und moralischer *agency* mit der Vorstellung einer Person unvereinbar ist. Menschen mit fortgeschrittener Demenz kommt seiner Argumentation nach, je nach Ausmaß ihrer kognitiven Einbußen, ein moralischer Status vergleichbar dem von Pflanzen oder Tieren zu. Letzteren steht demnach zwar ein Recht auf palliative Pflege, nicht jedoch auf Lebensverlängerung zu, während Brock die körperliche Erhaltung Schwerst-Betroffener als für diese nutzlos beschreibt (Brock 1988).

Jeff MacMahan widmet sich, anknüpfend an Brocks Konzept, u. a. der Frage wie der Zeitpunkt zu bestimmen sei, an dem eine Person aufhört zu existieren. Er kommt jedoch zu keinem operationalisierbaren Ergebnis (MacMahan 2003).

Eine aus ethischer Sicht motivierte Kritik an der oben gekennzeichneten Debatte richtet sich vor allem gegen die Folgen, welche die offene Infragestellung personaler Eigenschaften bestimmter Menschengruppen für diese haben könnte. Angesichts der epidemischen Ausmaße der Entwicklung des Demenz-Syndroms sowie der knappen finanziellen und personellen Ressourcen, die dieser Entwicklung gegenüberstehen, kann ein so geführter Diskurs einen Dammbruch zur Folge haben (s. Kap. II. 1).

Geht man wie Dworkin davon aus, dass Demenz als Abschnitt oder Phase im Leben einer einzigen Person zu verstehen ist, stellt sich die Frage nach dem Personenstatus demenziell veränderter Menschen nicht. Ein weiterer, nicht zuletzt aufgrund seiner verfassungsrechtlichen Implikationen zumindest in der deutschen Debatte weitgehend intuitiver Ansatz, der von vielen in der christlichen Tradition stehenden Denkern vertreten wird, verknüpft den Personenstatus nicht mit einer Summe bestimmter Eigenschaften, sondern direkt mit dem Menschsein. Nach dem Schutzkonzept der Menschenwürde ist das Innehaben bestimmter Rechte unbedingt mit dem Menschsein verbunden (vgl. Wetzstein 2005). Auch Menschen in der Phase schwerster Demenz steht in diesem Sinne medizinische Behandlung im vollen Umfang zu, insofern dies ihren Wünschen entspricht.

Der hier angedeutete Diskurs korrespondiert mit gesellschaftlichen Exklusionsbestrebungen, wie sie sich auch in der Rede von Demenz als ›Tod bei lebendigem Leib‹ ausdrücken, sowie in der Tendenz, Betroffene der alltäglichen Wahrnehmung zu entziehen und weitgehend isoliert zu versorgen. Nach Auffassung von Verena Wetzstein bildet die Pathologisierung der, zuvor als mögliche Form normalen Alterns wahrgenommenen, Demenz die Grundlage für eine eingeschränkte und funktionalisierte Sicht auf den dementen Menschen. Dabei entsprechen die Mittel, welcher sich die Medizin unter der Zielsetzung des ihr eigenen Heilungsauftrags zur Konzeptualisierung der Demenz bedient, keineswegs den Ansprüchen einer ethischen Bewertung. Die defizitorientierten Beschreibungen des Krankheitsbilds entwerfen naturgemäß ein reduktionistisches Bild des dementen Menschen mit teilweise noch unbekannten Leerstellen. So wird etwa die Frage nach den Empfindungen eines demenziell veränderten Menschen selten gestellt. Auch Beschreibungen verbleibender Fähigkeiten bei Demenz werden bislang kaum vorgenommen (Wetzstein 2005).

Ethische Konflikte in Pflege und Umgang

Die Abkehr von einem defizitorientierten Demenzbegriff bildet die Grundlage für einen ressourcenorientierten Umgang mit demenziell veränderten Menschen. Innovative Pflegekonzepte, die die Person des Demenzkranken und deren als authentisch verstandenen Ausdruck von Bedürfnissen in den Mittelpunkt stellen, grenzen sich ausdrücklich von einer im nur technischen Sinne vollständigen Versorgung ab (Kitwood 1997). Aus medizinethischer Sicht gilt als handlungsleitend im Kontext der Pflege, ebenso wie bei medizinischen Handlungsentscheidungen, zumeist die Bewertung aktueller Befindlichkeiten bzw. eines aktuellen Willens und deren Abwägung mit Willensbekundungen aus dem gesamtbiographischen Bezug. Hinzu tritt jedoch in diesem Kontext häufig noch die Notwendigkeit, diese Wünsche mit den Interessen Dritter abzuwägen. Neben Fragen der Ressourcenallokation sind hiermit vor allem die professionellen oder auch persönlichen Interessen des Pflegenden gemeint.

Die Veränderung der Altersstruktur, nicht nur in den westlichen Gesellschaften steigt die Lebenserwartung kontinuierlich, bedingt auch eine steigende Inzidenzrate der Demenz. Zur Versorgung des steigenden Anteils pflegebedürftiger alter Menschen steht aufgrund des demographischen Wandels v. a. in den Staaten der Ersten Welt ein geringer werdender Anteil jüngerer Menschen bereit. Dies sowie die Tatsache, dass die progredient verlaufende Demenz zwangsläufig zur Pflegebedürftigkeit führt und in absehbarer Zeit kein therapeutischer Durchbruch erwartet wird, lässt eine Situation erwarten, in der einer immer größer werdenden Menge pflegebedürftiger Menschen immer knappere personelle und möglicherweise auch finanzielle Ressourcen gegenüberstehen.

In dieser komplexen Problemlage soll die Setzung verbindlicher ethischer Standards für den Bereich der medizinischen Behandlung und Pflege von Menschen mit Demenz Orientierung bieten. In den entsprechenden Leitlinien werden die ethischen Aspekte der Demenz, das zeigt ein internationaler Vergleich, jedoch sehr unterschiedlich gewichtet (Knüppel 2013).

Für die Entwicklung ethischer Standards haben die Prinzipien der Medizinethik wie Autonomie, Wohltun, Schadensvermeidung und Gerechtigkeit (Beauchamp/Childress 2013) entscheidende Bedeutung, sind jedoch entsprechend der besonderen Lage demenziell veränderter Menschen zu modifizieren. Fragen des pflegerischen Umgangs sind zwar grundsätzlich, analog zum Konzept der Informierten Einwilligung, am Selbstbestimmungskonzept ausgerichtet, erhalten jedoch, da der demenziell veränderte Mensch vor allem in der Pflegesituation vulnerabel und auf Hilfe angewiesen ist, durch die asymmetrischen Anerkennungsverhältnisse zwischen Pfleger und Pflegeperson eine besondere Ausprägung. Der Wegfall aktiver personaler Eigenschaften führt hier zu einem Kompensationsphänomen, das die Fürsorgepflichten auf Seiten anderer Personen erhöht. Gerade in der Pflege kommt daher den medizinethischen Prinzipien des Wohltuns und Nichtschadens eine hohe Bedeutung zu. Diese implizieren den Anspruch, den besonderen psychischen und auch sozialen Folgen demenzieller Erkrankungen wie dem Verlust kognitiver Leistungen fürsorgend Rechnung zu tragen und die körperliche Integrität der Betroffenen zu wahren, sowie deren Leiden zu mindern (Sturma 2011).

Umgekehrt werden jedoch auch Pflegende durch die Verantwortung für die auf psychische wie physische Unterstützung angewiesenen Pflegepersonen besonders stark gefordert. Vor allem der adäquate Umgang mit aggressiven Tendenzen bei demenziell veränderten Menschen kann leicht überfordern. Dafür sprechen auch die gewalttätigen Übergriffe, zu denen es in Pflegesituationen gehäuft kommt (Weissenberger-Leduc/Weiberg 2010). Besonders die Situation von Angehörigen in der häuslichen Pflege ist in diesem Kontext beachtlich. Entlastungsangebote sollten pflegenden Angehörigen daher bereits frühzeitig verfügbar gemacht werden. Außerdem ist in der ärztlichen Betreuung des Demenz-Patienten auch die Belastung des pflegenden Angehörigen zu evaluieren. Diese sind aufgrund enormer Beanspruchung einem hohen Risiko ausgesetzt, selber zu erkranken (S 3-Leitlinie Demenzen). Wie der Schutz der Interessen Dritter im Kontext von Demenz aus ethischer Perspektive zu gewichten ist, wurde bislang nur wenig beachtet.

Im Folgenden aufgeführte konkrete Fragestellungen sind nur als exemplarisch für eine Vielzahl von Problemen zu verstehen, mit denen Pflegende im Umgang mit demenziell veränderten Menschen häufig konfrontiert sind. Eine im Kontext der Pflege Demenzkranker meist schwere Entscheidung betrifft die Ernährung über eine Magensonde. Betroffene entwickeln im fortgeschrittenen Stadien der Demenz häufig eine Schluckstörung, die ohne den Einsatz einer Magensonde eine Unterversorgung mit Nahrung zur Folge haben kann. Obwohl die technische Durchführung der Anlage und deren Nutzung als risikoarm gelten muss, kann diese doch einige Nachteile für deren Träger mit sich bringen (Post 2001). Problematisch ist auch der Gebrauch freiheitseinschränkender Maßnahmen wie mechanische Fixierung oder der Einsatz von GPS und anderen Überwachungsprogrammen. Bei deren Anwendung gilt es zu prüfen, ob diese Maßnahmen aus pflegefachlicher Sicht notwendig und aus ethischer und rechtlicher Sicht vertretbar sind. Im Sinne des Respekts vor der Autonomie des Patienten gilt es, Maßnahmen zu finden, die die Freiheit nicht einschränken (Grammer 2013).

Im Umgang mit demenziell veränderten Menschen stellt sich auch häufig die Frage, ob es ethisch vertretbar ist, diese zu täuschen, um ihre Bedürfnisse zu befriedigen. Von behelfsmäßigen Lügen, mit denen verwirrte Personen von irrationalen Vorhaben abgelenkt werden, sind noch Maßnahmen abzugrenzen, welche die kognitiven Einschränkungen demenziell veränderter Menschen systematisch nutzen, um deren Bedürfnisse mit einfachen Mitteln zu befriedigen. Eine relativ neue Entwicklung sind z. B. technische Hilfsmittel, die Menschen mit Demenz beschäftigen sollen und zugleich deren Bedürfnis nach Nähe und Ansprache befriedigen. Elektronische Stofftiere, die auf Aktionen wie Streicheln und Ansprache reagieren, lassen die Betroffenen glauben, sie streichelten ein echtes Tier, das ihre Berührungen genießt. Daneben gibt es auch Videos mit denen Betroffenen suggeriert wird, dass sie Besuch erhalten.

Gegen eine systematische Täuschung von Menschen mit Demenz mittels eigens dafür geschaffener Maßnahmen ist einzuwenden, dass man nie ausschließen kann, dass ein Betroffener die Täuschung und die damit verbundene Kränkung bemerkt. Grundsätzlich wird empfohlen nach Möglichkeiten zu suchen, den Bedürfnissen eines Patienten zu entsprechen ohne ihn zu belügen. Zugleich gilt es jedoch, einen Umgang mit der ›Wahrheit‹ zu suchen, der den Betroffenen nicht irritiert oder Leiden verursacht. In diesem Sinne sind behelfsmäßige Lügen – insofern sie dem Wohlergehen des Patienten dienen – rechtfertigbar. Es liegt dann jedoch in der Verantwortung des Pflegenden, die Situation auf die darin liegenden Möglichkeiten hin zu bewerten. Generell ist jedoch zu sagen, dass eine Pflegekultur, in der Täuschungen und Lügen ein legitimes Mittel der Bedürfnisbefriedigung bilden, einem auf Respekt gründenden Anerkennungsverhältnis zwischen Pflegendem und Pflegeperson grundsätzlich entgegensteht (vgl. Schermer 2007).

Literatur

Beauchamp, Tom L./Childress, James F.: *Principles of Biomedical Ethics*. New York [7]2013.
Brock, Dan W.: Justice and the severely demented elderly. In: *Journal of Medicine and Philosophy* 13 (1988), 73–99.
Deutsche Alzheimer Gesellschaft: Das Wichtigste. 1. Die Epidemiologie der Demenz. 2012. In: http://www.deutsche-alzheimer.de/fileadmin/alz/pdf/factsheets/FactSheet01_2012_01.pdf (27. 01. 2014).
Deutsche Gesellschaft für Psychiatrie, Psychotherapie und Nervenheilkunde/Deutsche Gesellschaft für Neurologie (Hg.): S 3 Leitlinie Demenzen. In: http://www.dgppn.de/fileadmin/user_upload/_medien/download/pdf/kurzversion-leitlinien/s 3-leitlinie-demenz-lf.pdf (14. 03. 2014).
Dresser, Rebecca: Dworkin on dementia. Elegant theory, questionable policy. In: *Hastings Center Report*, November-December 1995.
Dworkin, Ronald: Autonomy and the demented self. In: *Milbank Quarterly* 64 (1986), Suppl. 2, 4–16.
Engelhardt Jr., Herman Tristram: *The Foundations of Bioethics*. New York/Oxford 1996.
Förstl, Hans: Was ist Demenz? In: Ders. (Hg.): 3–9.
–/Kurz, Alexander/Hartmann, Tobias: Alzheimer-Demenz. In: Hans Förstl (Hg.): *Demenzen in Theorie und Praxis*. Berlin 2011, 47–72.
Grammer, Ilona/Mutz, Bettina: Fixierung in der Pflege. In: *Zeitschrift für medizinische Ethik* 59/2 (2013), 140–151.
Hampel, Harald/Frank, Richard/Broich, Karl/Teipel, Stefan J./Katz, Russell G./Hardy, John/Herholz, Karl/Bokde, Arun L. W./Jessen, Frank/Hoessler, Yvonne C./Sanhai, Wendy R./Zetterberg, Henrik/Woodcock, Janet/Blennow, Kaj: Biomarkers for alzheimer's disease: academic, industry and regulatory perspectives. In: *Nature Review Drug Discovery* 9/7 (2010), 560–574.
Helmchen, Hanfried/Kanowski, Siegfried/Lauter, Hans: *Ethik in der Altersmedizin*. Stuttgart 2006.
Jessen, Frank/Spottke, Annika: Therapie von psychischen und Verhaltenssymptomen bei Demenz. In: *Nervenarzt* 81 (2010), 815–822.
Jaworska, Agnieszka: Ethical dilemmas in neurodegenerative disease: respecting patients at the twilight of agency. In: *Philosophy & Public Affairs* 28/2 (1999), 105–138.
Jox, Ralf J.: Der ›natürliche‹ Wille als Entscheidungskriterium: Rechtliche, handlungstheoretische und ethische Aspekte. In: Jan Schildmann/Uwe Fahr/Jochen Vollmann (Hg.): *Entscheidungen am Lebensende in der modernen Medizin: Ethik, Recht, Ökonomie und Klinik*. Berlin 2006.
Karlawish, Jason: Addressing the ethical, policy, and social challenges of preclinical Alzheimer disease. In: *Neurology* 77/15 (2011), 1487–93.
Kitwood, Tom: *Dementia Reconsidered: The Person Comes First*. Maidenhead 1997.
Knüppel, Hannes/Metz, Marcel/Schmidhuber, Martina/Neitzke, Gerald/Strech, Daniel: Inclusion of ethical issues in dementia guidelines: A thematic text analysis. In: *PLOS Medicine* 10/8 (2013): e 1001498. doi:10.1371/journal.pmed.1001498.
Maio, Giovanni: Ethics of research with decisionally impaired patients. In: *Ethics in Psychiatry* 45 (2010), 421–435.
McMahan, Jeff: *The Ethics of Killing. Problems at the Margins of Life*. Oxford 2003.
Parfit, Derek: *Reasons and Persons*. Oxford 1984.
Post, Stephen G.: Tube feeding and advanced progressive dementia. In: *Hastings Center Report* 31/1 (2001), 36–42.
Schermer, M.: Nothing but the Truth? On Truth and Deception in Dementia Care. In: *Bioethics* 21/1 (2007), 13–22.
Singer, Peter: *Practical Ethics*. Cambridge 1993 (engl. 1979).
Sturma, Dieter: Ethische Überlegungen zum Umgang mit demenziell erkrankten Personen. In: Olivia Dibelius/Wolfgang Maier (Hg.): *Versorgungsforschung für demenziell erkrankte Menschen*. Stuttgart 2011.
Vollmann, Jochen/Bauer, Armin/Danker-Hopfe, Heidi/Helmchen Hanfried: Competence of mentally ill pati-

ents: A comparative study. In: *Psychological Medicine* 33 (2003), 1464–1471.
Vollmann, Jochen/Kühl, Klaus-Peter/Tilmann, Amely/Hartung, Heinz-Dieter/Helmchen Hanfried: Einwilligungsfähigkeit und neuropsychologische Einschränkungen bei dementen Patienten. In: *Nervenarzt* 75 (2004), 29–35.
Weissenberger-Leduc, Monique/Weiberg, Anja: *Gewalt und Demenz: Ursachen und Lösungsansätze für ein Tabuthema in der Pflege*. Berlin 2010.
Wetzstein, Verena: *Diagnose Alzheimer. Grundlagen einer Ethik der Demenz*. Frankfurt a. M. 2005.
Zaudig, Michael: ›Leichte kognitive Beeinträchtigung‹ im Alter. In: Hans Förstl (Hg.): *Demenzen in Theorie und Praxis*. Berlin 2011, 25–46.

Theresia Volhard

11 Doping

Wer über den modernen Hochleistungssport spricht, darf zum Doping nicht schweigen. Aus dieser inzwischen zweifelfreien Feststellung folgt: Doping ist nicht nur ein akzidentielles, sondern ein essentielles Problem des zeitgenössischen Sports. Entsprechend ist die folgende Begriffsklärung nicht nur eine Aussage über einen Sachverhalt, sondern auch Ausdruck eines allgemeinen Gegenstandsverständnisses. Der folgende Beitrag berücksichtigt diese Relation von begrifflicher Explikation und kontextabhängiger Argumentation.

Begriffsgeschichte

Der Wortstamm ›dope‹ geht auf einen Dialekt aus Südafrika zurück, und bezeichnet alkoholisches Getränk bei Kulthandlungen. Der Begriff ›Doping‹ wird erstmals 1869 aufgeführt und kennzeichnete eine Mischung aus Opium und Narkotika, die bei Pferderennen zur Leistungssteigerung verwendet wurde. Maßnahmen zur Erhöhung der körperlichen Leistungsfähigkeit gibt es seit der Antike. Mit Beginn der Industrieentwicklung bemühten sich Arbeitsmediziner und die Pharmaindustrie um eine systematische Erforschung physiologischer Leistungsgrenzen. Im Ersten Weltkrieg wurde an Soldaten die Wirkung einer Phosphat-Substanz erprobt und im Zweiten Weltkrieg mit der sog. ›Fliegerschokolade‹ experimentiert. Im modernen Wettkampfsport lassen sich bezüglich leistungssteigernder Mittel und Methoden drei Entwicklungsphasen erkennen und über veränderte Dopingdefinitionen dokumentieren:

(1) Doping als eine Gesundheitsgefährdung und Verletzung des Amateurismus: Mit den Olympischen Spielen 1896 beginnt die Etablierung eines leistungsorientierten Wettkampfsports auf der Basis des Amateurismus. Unter Doping verstand man zu Beginn des 20. Jahrhunderts vorrangig eine Gesundheitsgefährdung und Verletzung der Amateurbestimmungen. 1933 heißt es in *Beckmanns Sport Lexikon* (709):

»Doping, der Gebrauch von aufpeitschenden Mitteln, die den Sportler über seine normale Leistungsgrenze hinaus antreiben sollen. Es werden verwendet: Adrenalin, Hodenextrakte, Koffein [usw.]. Die Anwendung eines D. ist aus sportmoralischen und gesundheitlichen Gründen abzulehnen und wird bei vielen Sportarten mit Ausschluss u. a. Strafen geahndet«.

Kennzeichnend für diese Zeit ist, dass sich der Dopingmissbrauch nur auf die vereins -und verbandsorientierte Wettkampfzeit und noch nicht auf die Trainingszeit bezog.

(2) Normative Dopingbestimmungen unter Bezug auf eine Wesensbestimmung des Sports: Das doppelt begründete Dopingverbot – durch den Schutz der Gesundheit einerseits und den fairen Handlungsablauf andererseits – bestimmte zunächst auch das Dopingverständnis nach dem Zweiten Weltkrieg.

1952 verabschiedete der Deutsche Sportärztebund folgende Dopingdefinition: »Der Deutsche Sportärztebund steht auf dem Standpunkt, daß jedes Medikament – ob es wirksam ist oder nicht – mit der Absicht der Leistungssteigerung vor Wettkämpfen gegeben, als Doping zu betrachten ist« (Ruhemann 1953, 26). Damit wurde die Auffassung bestätigt, Medikamente dürfen nicht zur Steigerung sondern nur zur Wiederherstellung der körperlichen Leistungsfähigkeit verabreicht werden, wobei Kommentare zum sportmedizinischen Beschluss noch einen sportethischen Begründungsbedarf erkennen lassen (s. Kap. III. 3). »Das Entscheidende ist [...] die Absicht, mit dem diese Medikamente verabfolgt werden, nicht das Medikament selbst. [Sie dürfen dem Athleten nicht] das Gefühl der Überlegenheit geben, sind also unsportlich [wodurch] dem Sporttreibenden ein unberechtigter, unfairer, unsportlicher Vorteil über den Gegner gegeben« wird (Ruhemann 1953, 28).

Die zunehmende Politisierung des internationalen Sports durch die Ost-West-Konflikte der 1950er und 1960er Jahre und damit verbundener Dopingpraxen veranlasste 1963 den Europarat zu einer eigenen Stellungnahme und Präzisierung des Dopingbegriffs: »Doping ist die Verabreichung oder der Gebrauch von körperfremden Substanzen in jeder Form und physiologischer Substanzen in abnormaler Form oder auf abnormalem Weg an gesunde Personen mit dem einzigen Ziel der künstlichen und unfairen Steigerung der Leistung für den Wettkampf« (Prokop 1985, 15).

Die explizite Berücksichtigung moralischer Kategorien durch eine politische Institution entsprach der zunehmenden gesellschaftspolitischen Bewertung von Dopingpraxen. Sie hatte auch Rückwirkung auf Sportinstitutionen, wie die Grundsatzerklärung des Deutschen Sportbundes (DSB) von 1977 zeigt: Der DSB bekennt sich zum Leistungssport »unter Wahrung von Chancengleichheit und Humanität«. Er lehnt »jede medizinisch-pharmakologische Leistungsbeeinflussung und technische Manipulation am Athleten [...] ab, da sie seine Würde beeinträchtigen, dem Sinn des Sports widersprechen und schädigende Nebenwirkungen nicht ausschließen« (DSB 1982, 224).

(3) Von der moralischen zur enumerischen Rechtfertigung des Dopingverbots: Die normativen Hinweise zu unerlaubten Sporthandlungen, mit moralischen Vorgaben zur ›inneren Einstellung‹ oder zum ›Geist des Sports‹, gerieten Ende des 20. Jahrhunderts in der öffentlichen Diskussion unter vermehrten Legitimationsdruck. Da solche moralischen Kategorien nicht überprüft werden können, sind Dopingvergehen letztlich nur nachweisbar, wenn es dafür auch rechtlich verbindliche Fakten gibt. Durch die Erstellung von Listen verbotener Substanzen und Maßnahmen, die Entwicklung sensibler und verlässlicher Nachweismethoden sowie deren ständige Anpassung an neue Erkenntnisse in kodifizierter Form sollten diese sicher gestellt werden.

Die Folge war eine erkennbare Verrechtlichung des Dopingdiskurses, verbunden mit einer Aufwertung medizinisch-biochemischer Nachweismethoden und dem Zwang zur Institutionalisierung der Kontrollen. Sichtbares Ergebnis dieser Entwicklung ist der Aufbau einer Welt-Anti-Doping-Agentur (WADA) mit einem verbindlichen Code (2009), justiziablen Vorgaben und numerischen Grenzwerten. Doping wird dort definiert als »das Vorliegen einer oder mehrerer nachfolgenden in Artikel 2.1 bis 2.8 festgelegten Verstöße gegen Anti-Doping-Bestimmungen« (WADA 2009). Als solche gelten u. a. Verhaltensweisen, z. B. Weigerung oder Einflussnahme bei Kontrollmaßnahmen, und der Besitz oder die Anwendung von Substanzen, klassifiziert in Gruppen je nach Verbotsgrad (generell: Anabolika, Hormone, Diuretika; bis zu speziell: Alkohol, Beta-Blocker etc.).

Der Vorteil einer solchen numerischen Definition zeigt sich in ihrer rechtsverbindlichen Anwendung. Ihr Nachteil ergibt sich aus dem funktionalen Selbstverständnis der Grenzwertbestimmungen. Sie verführen ohne moralische Bedenken zum ›Herandopen‹ bei Substanzen, für die nur ein allgemeiner – in der Regel relativ hoher – Grenzwert (z. B. bei EPO) festgelegt werden kann, mit der Folge, dass bei einem niedriger liegenden individuellen Substanzwert ein »Nicht Dopen« innerhalb der Grenzwerte leicht als Dummheit erscheint. Das heißt, Listen und Grenzwertmarkierungen erleichtern zwar die justiziable Bestimmung von Doping, relativieren jedoch den normativen Diskurs, warum Doping verhindert werden sollte.

Sozialwissenschaftliche Deutungsversuche

Die verstärkte Betonung eines rechtlichen und bio-medizinischen Nachweises von Dopingpraxen wurde begleitet von einer Transformation gesellschaftlicher Bewertungsmuster (Emrich/Pitsch 2009). Doping wurde nicht mehr als das ›Krebsgeschwür‹ gedeutet, das den gesunden Leistungssport leider erfasst hat, sondern als in den »Strukturdynamiken« (Bette/Schimank 1995) des modernen Sportbetriebs immer schon angelegt. Durch die erkennbaren ›Verschränkungen‹ von sportlicher Leistung und gesellschaftlichem Nutzen verlor auch der traditionelle Anspruch des Wettkampfsports auf einen Sonderstatus mit eigenen Wertvorgaben gegenüber der Alltagswelt zunehmend an Bedeutung (Hoberman 1994). Bezogen auf die Dopingdiskussion zeigt sich dieser gravierende Veränderungsprozess sportlichen Selbstverständnisses u. a. in zwei unterschiedlichen sozialwissenschaftlichen Erklärungsansätzen.

(1) Doping als Struktureffekt: Deutet man den Wettkampfsport nicht als eine besondere Lebenswelt mit eigenen Wertpräferenzen, sondern als ein Handlungssystem, in dem der spezifische Code Sieg/Niederlage gilt, werden Struktureffekte sichtbar, durch die die Dilemmata von Dopingpraxen und Kompensationsstrategien erklärbar erscheinen.

Ein wesentlicher Aspekt ist die zunehmende Diskrepanz zwischen offizieller Wertorientierung, z. B. Fairplay-Vorgaben, und zweckrationalem Erfolgsdenken. Die daraus sich ergebenden Handlungsdilemmata für beteiligte Institutionen und Personen führen zu einer Doppelstrategie von öffentlichen Moralappellen und internen Rechtfertigungsmaßnahmen. So proklamieren Sportorganisationen einerseits den humanen Leistungssport mit Verweis auf den mündigen Athleten und erklären andererseits das Maximum internationaler Leistungsstandards (›Endkampfteilnahme‹) – unabhängig vom Disziplinwissen über mögliche Dopingpraxen – zum Maßstab einer Leistungsförderung.

(2) Doping als abweichendes Verhalten: In Kenntnis der makrosoziologischen Rahmenbedingungen untersuchen mikrosoziologische Forschungen mit Bezug auf Theorien abweichenden Verhaltens die »Zwangsläufigkeit« von Dopingpraxen (vgl. Bette/Schimank 2006). Ausgehend von der ›Pfadabhängigkeit‹ in Biographien wird dabei erkennbar, in welcher Weise die Konkurrenz um knappe Positionen, die Abhängigkeit von begrenzender Körperlichkeit und zeitlich befristeter Leistungserstellung zu einer Totalisierung der Athletenrolle führen kann. Sie stellt eine Engführung der Selbstbildung dar, aus der heraus Doping oft als ein probates Mittel erscheint, insbesondere in Sportarten, z. B. dem Radsport, in denen sich der Eindruck verfestigt hat, dass dies letztlich alle tun und abweichendes Verhalten als ›Substitution‹ verharmlost werden kann. Doping wird damit zu einer partiellen Übertretung von Messdaten innerhalb des Systems Wettkampfsport.

Normative Implikationen des Dopings

Wie die Begriffsgeschichte des Dopings zeigt, leiteten sich traditionelle moralische Begründungen gegen das Doping aus Idealvorstellungen des Sports ab. Ausgegrenzt aus Zwängen des Alltags, expliziert als zweckfreie Spiel-Sport-Welt, konstituierte sich die sog. ›Eigenweltlichkeit‹ des sportlichen Wettkampfes u. a. über die moralische Haltung seiner Akteure (›Ethos des Fairplay‹). Entsprechend galt Doping als eine Missachtung dieser ethischen Einstellung, als verwerflicher Betrug. Eine Auffassung, die in dem Maße ihre Gültigkeit verlor, in dem es im professionellen und kommerziellen Sportbetrieb unglaubwürdiger wurde, eine sportliche ›Eigenweltlichkeit‹ über die Moral ihrer Akteure bestimmen zu können – mit ambivalenten Folgen. Einerseits säkularisierte sich die konkrete Wettkampfpraxis zunehmend von diesen traditionellen Moralvorstellungen, andererseits zeigt sich ein vermehrter Bedarf an ethischen Begründungen hinsichtlich der sich ausweitenden Dopingvorgaben und Kontrollbedingungen. Ein Dilemma im öffentlichen Kampf für einen dopingfreien Sport, das letztlich nur gelöst werden kann, wenn nicht nur die individuellen Handlungsmotive der Akteure, sondern auch die spezifischen strukturellen Voraussetzungen des agonalen Sports genauer analysiert werden. Wie dies zu verstehen ist, wird im Folgenden an drei zentralen Aspekten des Systems Wettkampfsport expliziert:

(1) Die Ethik der Ästhetik des sportlichen Wettkampfes – eine strukturelle Rekonstruktion der Sonder-Welt des Sports: Die berechtigte Kritik an den idealistischen Vorstellungen einer ›Eigenweltlichkeit‹ des Sports, hat einen Diskurs überlagert, der seit ca. 25 Jahren in der Sportphilosophie stattfindet (vgl. Lenk 1985; Apel 1988; Gebauer 2002; Franke 2010). Im Mittelpunkt stehen nicht die genannten gesellschaftlichen Veränderungen des modernen Sportbetriebs, sondern die strukturellen Voraussetzungen der spezifischen Handlungswelt »Wettkampfsport«,

in der sich Sinn oft auch aus ›Zwecklosigkeit‹ gegenüber alltagsweltlicher Zweckhaftigkeit ergeben können, z. B. bei einem 400 m Lauf, bei dem man dort wieder ankommt, wo man losgelaufen ist. Sie stellen konstitutive Bedingungen dar, die auch als ›ästhetisch‹ bezeichnet werden können (vgl. u. a. Seel 1996; Welsch 1996).

Ähnlich wie in der modernen Kunst, in der häufig Gegenstände des Alltags zum ästhetischen Kunstobjekt werden, indem sie als Œuvre aus dem Gebrauchskontext raum-zeitlich ausgegrenzt werden und in ihrer »Zweckmäßigkeit ohne Zweck« auf sich selbst verweisen (Konstitutionsperspektive), ist es auch mit Handlungen in der Wettkampf-Welt. Gleichzeitig schließt die Anerkennung einer solchen Bedeutungszuschreibung, durch die ein Gegenstand oder eine Handlung zu einem ästhetischen Œuvre wird, nicht aus, dass sie unter Marktgesichtspunkten (Verwertungsperspektive) auch eine ›Waren-Bedeutung‹ erhalten kann.

Für die gegenstandsrelevante Voraussetzung von Dopingverboten bedeutet das: Aus struktureller Sicht ist wettkampfsportliches Handeln einerseits ein Handeln in einer ästhetischen ›Sonder-Welt‹, deren Handlungsergebnisse andererseits in der Alltagswelt immer auch einen Warenwert, eine Verwertungs-Bedeutung erhalten können. Die ethische Relevanz der auf diese ästhetische Weise sich konstituierenden Sonderwelt ergibt sich aus dem Umstand, dass beide Bedeutungszuschreibungen nur dann wirksam sind, wenn die für die Konstitutions-Bedeutung relevanten Wettkampfregeln mit ihren regulativen und konstitutiven Vorgaben vom Akteur und Rezipienten auch als sinnvoll anerkannt werden. Wobei die Anerkennung immer auch bedeutet, den widersprüchlichen Handlungsauftrag des agonalen Wettkampfsports zu respektieren: einerseits besser sein zu wollen als der Andere (Überbietungsgebot) und andererseits diesem Anderen gegenüber Gerechtigkeit widerfahren zu lassen (Gleichheitsgebot).

Die Tatsache, dass man Wettkampfregeln nicht immer wieder neu erschaffen, sondern nur beachten muss, verdeckt den dabei implizit involvierten ›Vertrags-Akt‹, den jeder vornimmt, der bereit ist, einen z. B. in einem Sportspiel als ›Aus‹ gegebenen Ball als richtig anzuerkennen. Diese Anerkennung stellt einen »performativen Sprechakt« (Drexel 2002, 77 ff.), eine Art »Sozialvertrag« (Franke 2010, 85–88) dar. Er gilt immer dann, wenn die spezifische Sinnhaftigkeit der konstitutiven Regel-Norm-Vorgaben eines Wettkampfs grundsätzlich akzeptiert wird. Wobei entscheidend ist, dass die Implementierung dieser Normvorgaben – insbesondere durch die Anerkennung der eigentlichen Sinnlosigkeit des Tuns bezüglich der Zweckhaftigkeit des Alltags – sich auch auf die Geltung wesentlicher Wertimplikationen dieser Normen auswirkt, was sich an zwei primären Werten der Sonderwelt des sportlichen Wettkampfes zeigt: dem Gebot der Natürlichkeit und dem der Freiheit.

(2) Das ›Natürlichkeits-Postulat‹ – eine Basisbedingung des Dopingverbots: Die Glaubwürdigkeit der agonalen Sonder-Welt des Sports wird wesentlich geprägt durch drei Handlungsprinzipien. Neben dem ›Überbietungs- und Gleichheitsgebot‹ soll insbesondere das Postulat der ›Natürlichkeit‹ sicherstellen, dass nur authentische Leistungen im Rahmen der formalen Chancengleichheit die individuelle Leistungsbewertung bestimmen. Ein Anspruch, der einerseits im Hinblick auf die technikabhängige Sportentwicklung in der Öffentlichkeit zunehmend bezweifelt wird, der jedoch andererseits von grundsätzlicher Bedeutung für eine zeitgemäße sportphilosophische Strukturanalyse ist, worauf u. a. Claudia Pawlenka (2010) verweist. In Abwehr einer pauschalen Verwendung der Begriffe ›künstlich‹ versus ›natürlich‹ plädiert sie in Abgrenzung zu Dieter Birnbacher (2002) für eine Entkoppelung der Anthropogenese von der Biogenese beim Gebrauch des Natürlichkeitsbegriffs.

> »Trainingstechniken sind Körperoptimierungstechniken, das heißt sie optimieren den menschlichen Körper im Rahmen vorgegebener Gesetzmäßigkeiten und Möglichkeiten. Dopingtechniken dagegen sind Körpertranszendierungstechniken, das heißt sie überwinden natürliche Grenzen durch eine gezielte Veränderung vorgefundener Strukturen und Prozesse des menschlichen Körpers« (Pawlenka 2010, 120).

Sportliches Training ist danach als Kulturleistung immer noch eine Naturleistung, eine ›Leistung *mit* Natur, nicht Leistung *an* Natur‹ im Gegensatz zu Dopingpraktiken, die eine Veränderung an der Natur bewirken.

Pawlenka gelingt damit nach Holger Schnell (2011) zwar eine überfällige Begriffsklärung, allerdings mit der Gefahr eines Naturalistischen Fehlschlusses. Wie dieser zu vermeiden und dennoch ein vom Körper ausgehender Autonomiebegriff möglich ist, versucht Schnell (2011) zu zeigen. Im Rückgriff auf Immanuel Kants Organismusbegriff (Kant: KU) entwickelt er unter Bezug auf den Kategorischen Imperativ ein Deutungsangebot, aus dem erkennbar wird, in welcher Weise im Sinne der Selbstzwecknorm ein dopingfreier Sport in einem humanen Sportsystem nicht hintergehbar ist. So gilt nach

Schnell Kants Forderung, den Anderen jederzeit zugleich als Zweck niemals bloß als Mittel zu benutzen, auch für den Handelnden selbst, denn es muss gewährleistet sein, dass der Mensch der in Frage stehenden Handlung mit Blick auf seine eigenen Zwecke zustimmen kann bzw. sich den Handlungszweck selbst zum Zweck machen kann (s. Kap. II. 19).

Das normative Postulat der Natürlichkeit erweist sich damit nicht nur als ein empirisches und kulturwissenschaftliches Phänomen mit bekannten Abgrenzungsproblemen, sondern auch als eine genuin ethische Frage, die mit Bezug auf Kants Ethik beantwortet werden kann (s. Kap. II. 19).

(3) Die Beschränkung der Freiheit zum Erhalt ›sportlicher Freiheit‹ – Zur Legitimation von Dopingkontrollen: Kennzeichnend für den Wandel moralischer zu numerischen Dopinginterpretationen ist die Aufwertung von Dopingkontrollen zur Sicherung der Beweisführung. Doping liegt danach nur vor, wenn eine Dopinghandlung zweifelsfrei belegt werden kann. Da reale Dopingpraxen selten beobachtbar sind, haben sich die Kontrollen auf die physiologischen Veränderungen an und im Körper konzentriert. Aktuell sind zwei Verfahren: Urinuntersuchungen und Blutproben. Beide werden aus ethischer Sicht sowohl kritisiert als auch legitimiert. Umstritten sind vor allem die mit den Maßnahmen verbundenen Einschränkungen individueller Persönlichkeitsrechte. So wird die Wettkampfberechtigung im organisierten Sport einerseits von der Bereitschaft abhängig gemacht, sich als Sportler auch in seiner privaten Alltagswelt umfassend kontrollieren zu lassen. Eine Einschränkung persönlicher Freiheit in einem Handlungssystem, das andererseits auf dem Prinzip der Freiwilligkeit beruht. Nach aktueller Rechtsauffassung können jedoch Urinuntersuchungen durch Verbandsrecht zur Pflicht gemacht werden, da es sich um eine ›körperäußere‹ Maßnahme zur Sicherung eines dopingfreien Wettbewerbs handelt. Eine Auslegung, die bisher auch intime Untersuchungsmethoden und generelle Meldepflichten einschließt. Umstritten sind dagegen Blutuntersuchungen, obwohl sie einfacher und effizienter sind, da sie einen verbotenen Eingriff in die Unverletzlichkeit des Körpers darstellen und eigentlich nur bei Vorliegen einer Straftat, z. B. dem Verdacht auf Alkoholfahrt, angeordnet werden dürfen (Schild 1986).

Diese vorwiegend aus alltagsweltlichen Rechtsauffassungen abgeleitete Kritik, kann deutlich relativiert werden, wenn die Teilnahme am Wettkampfsport im Sinne der Vertrags-Ethik gedeutet wird. In ihr stellt der dopingfreie Wettkampf ein hohes verteidigungswürdiges Gut dar (Rössner 2002), für das es sich lohnen kann, wie Martin Heger (2010) aus strafrechtlicher Sicht betont, einige der allgemeinen Rechtsgüter zu relativieren. »Die Freiheit, an einem wirklichen Wettkampf teilnehmen zu können, erkauft [der Sportler] sich durch die minimale Einschränkung seiner Handlungsfreiheit« (ebd., 143).

Begründung des Dopingverbots

Ein Verbot des Dopings im Sinne von Enhancement (Schöne-Seifert et al. 2009) (s. Kap. III. 13) lässt sich für den modernen Leistungssport abschließend mit Bezug auf zwei wesentliche Handlungsprinzipien des Wettkampfsystems begründen: die ästhetischen Konstitutionsbedingungen und vertragsethische Bereitschaft der Akteure.

Doping verändert danach nicht nur die Sportpraxis, sondern es zerstört die agonale Struktur des Wettkampfes, weil es die konstitutiven Voraussetzungen – strukturelle Handlungsprinzipien und Vertragswerte – unglaubwürdig werden lässt. Kontrollmaßnahmen sind dadurch nicht nur am Maßstab individueller Freiheitsrechte zu bewerten, sondern immer auch in Bezug auf die prinzipielle Frage der Bedingungen der Möglichkeit eines dopingfreien Sports. Gleichzeitig ergibt sich aus dieser Notwendigkeit aber auch die Verpflichtung zu einer selbstkritischen Kultivierung der Kontrollen (Franke 2010, 2012), um die Balance der zwei zentralen schutzbedürftigen Güter sicher zu stellen: der *Freiheit des Athleten* in einem *dopingfreien Wettbewerb*.

Literatur

Apel, Karl-Otto: Die ethische Bedeutung des Sports in der Sicht einer universalistischen Diskursethik. In: Ders.: *Diskurs und Verantwortung*. Frankfurt a. M. 1988, 217–246.

Beckmanns Sport Lexikon A-Z: Doping. Leipzig/Wien 1933, 709.

Bette, Karl-Heinrich (Hg.): *Doping im Leistungssport. Sozialwissenschaftlich beobachtet*. Stuttgart 1994.

–/Schimank, Uwe: *Doping im Hochleistungssport. Anpassung durch Abweichung*. Frankfurt a. M. 1995.

–: *Die Dopingfalle. Soziologische Betrachtungen*. Bielefeld 2006.

Birnbacher, Dieter: Der künstliche Mensch – ein Angriff auf die menschliche Würde? In: Karl R. Kegler/Max Kerner (Hg.): *Der künstliche Mensch. Körper und Intelligenz im Zeitalter ihrer technischen Reproduzierbarkeit*. Köln/Weimar/Wien 2002, 165–189.

Deutscher Sportbund: Doping. In: *Sportmedizin* 4 (1953), 61.

–: *Grundsatzerklärung für den Spitzensport 1977*. In: Ders. 1978–1982. Frankfurt a. M. 1982, Dokumentation 40, 223–228.

Drexel, Gunnar: *Paradigmen in Sport und Sportwissenschaft*. Schorndorf 2002.

Emrich, Eike/Pitsch, Werner (Hg.): *Sport und Doping. Zur Analyse einer antagonistischen Symbiose*. Frankfurt a. M./ Berlin/Bern 2009.

Franke, Elk (Hg.): *Ethik im Sport*. Schorndorf 2010 a.

–: Doping und Vertrags-Ethik im Sport – Zwischen individueller Verantwortung und systematischer Kontrolle. In: Giselher Spitzer/Elk Franke (Hg): *Sport, Doping und Enhancement. Bd. 1: Transdisziplinäre Perspektiven*. Köln 2010 b, 77–94.

–: Die Rechtfertigung einer »Kontroll-Kultur« im Spiegel individueller Freiheitsrechte. In: Giselher Spitzer/Elk Franke (Hg.): *Sport, Doping und Enhancement. Bd. 6: Ergebnisse und Denkanstöße*. Köln 2012, 91–110.

Gebauer, Gunter: *Sport in der Gesellschaft des Spektakels*. Sankt Augustin 2002.

Grupe, Ommo/Mieth, Dietmar (Hg.): *Lexikon der Ethik im Sport*. Schorndorf ³2001.

Heger, Martin: Doping – von der moralischen Frage zum juristischen Problem. In: Franke 2010 a, 132–145.

Hoberman, John: *Sterbliche Maschinen. Doping und die Unmenschlichkeit des Hochleistungssports*. Aachen 1994.

Kant, Immanuel: *Kritik der Urteilskraft*. Hg. von Wilhelm Weischedel. Frankfurt a. M. 1996 [=KU].

Lenk, Hans: *Die achte Kunst. Leistungssport – Breitensport*. Osnabrück/Zürich 1985.

NADA (Nationale Anti Doping Agentur): *Welt Anti Doping Code*. In: http://www.wadaama.org/static/PDF/OtherLanguages/Code_deutsch.pdf. (27. 7. 2010).

Pawlenka, Claudia (Hg.): *Sportethik. Regeln-Fairneß-Doping*. Paderborn 2004.

–: *Ethik, Natur und Doping im Sport*. Paderborn 2010.

Prokop, Ludwig: Zur Geschichte des Dopingproblems. In: Verein für medizinische und sportwissenschaftliche Beratung (Hg.): *Doping*. Infobroschüre. Salzburg 1985, 11–21.

Rössner, Dieter: Doping aus kriminologischer Sicht – Brauchen wir ein Anti- Doping Gesetz? In: Helmut Digel/Hans- Hermann Dickhuth (Hg.): *Doping im Sport*. Tübingen 2002, 118–139.

Ruhemann, Werner: *Doping*. In: Sportmedizin IV (1953), 24–29.

Schild, Wolfgang (Hg.): *Rechtliche Fragen des Dopings*. Heidelberg 1986.

Schnell, Holger J.: *Normative Probleme der pharmakologischen Leistungssteigerung*. In: Giselher Spitzer/Elk Franke (Hg.): *Sport, Doping und Enhancement – Sportwissenschaftliche Perspektiven*. Köln 2011, 41–110.

Schöne-Seifert, Bettina/Talbot, Davinia/Opolke, Uwe/Ach, Johann S.: *Neuro- Enhancement. Ethik vor neuen Herausforderungen*. Paderborn 2009.

Seel, Martin: *Ethisch-ästhetische Studien*. Frankfurt a. M. 1996.

Sehling, Michael/Pollert, Reinhold/Hackfort, Dieter (Hg.): *Doping im Sport. Medizinische, sozialwissenschaftliche und juristische Aspekte*. München 1989.

Spitzer, Giselher/Franke, Elk (Hg.): *Sport, Doping und Enhancement – Transdisziplinäre Perspektiven*, Bd. 1–6. Köln 2010–2012.

WADA (Welt-Anti-Doping-Agentur): *Welt-Anti-Doping-Code. 2009*. Deutsche Übersetzung. In: http://www.wada-ama.org/rtecontent/document/code_deutsch.pdf (11. 06. 2014).

Welsch, Wolfgang: *Grenzgänge der Ästhetik*. Stuttgart 1996.

Elk Franke

12 Embryonen und Föten

Begriffsklärung

Die vorgeburtliche Entwicklung des Menschen wird in der Medizin üblicherweise in drei Abschnitte eingeteilt: Die erste Phase bezeichnet man typischerweise als *Präembryonalphase*. Sie reicht von der Entstehung der Zygote, und anschließend der Morula, der Blastozyste mit der Ausbildung des Embryo- und Throphoblasten bis zur Einnistung (bis zur 2. Woche nach der Befruchtung). Befindet sich die menschliche Leibesfrucht in diesem Stadium, wird sie als *Präembryo* bezeichnet. Mit der Einnistung und der Bildung des Primitivstreifens beginnt die zweite Phase, die *Embryonalphase*, die mit dem Ende der Organentwicklung abgeschlossen ist (2.-8.Woche). Den in dieser Entwicklung stehenden Keim bezeichnet man als *Embryo*. Die dritte Phase, die sich unmittelbar hieran anschließt, wird als *Fetalperiode* bezeichnet (ab der 8. Woche). Sie wird auf den Zeitraum nach Ausbildung der Organe bis zur Geburt datiert. In dieser Phase bezeichnet man das vorgeburtliche Leben als *Fötus*.

Aus medizinischer Sicht kann demnach zwischen Präembryo, Embryo und Fötus unterschieden werden. Ob diese Unterscheidung jedoch aus moralischer Sicht relevant ist, ist umstritten. Im Folgenden wird, nicht zuletzt auch aus begriffsökonomischen Gründen, der Terminus ›Embryo‹ verwendet, um den Gesamtbereich *aller* vorgeburtlichen Stadien zu bezeichnen.

Die ethische Problemlage

Wenn es um die Frage nach dem ›richtigen‹ Umgang mit menschlichen Embryonen geht, stehen gegenwärtig v. a. die neuen technischen Verfahren im Mittelpunkt des ethischen Interesses. Vieles, was früher als unvorstellbar galt, ist mittlerweile möglich geworden.

So ist beispielsweise die In-vitro-Fertilisation (IVF) längst eine gängige Praxis: In Deutschland kommen pro Jahr durch Anwendung dieses Verfahrens etwa 10.000 Babys zur Welt. Hinzu kommen weitere Techniken der genetischen Diagnostik, wie die Präimplantationsdiagnostik (PID) und die Pränataldiagnostik (PND), durch die Chromosomenstörungen, krankheitsbedingte genetische Mutationen oder andere Fehlentwicklungen mittels vorgeburtlicher Selektion verhindert werden können (s. Kap. III. 5). Antizipiert werden auch weitere biotechnische und genetische Verfahren, wie das *genetic engineering* und das reproduktive Klonen, mit denen es vielleicht in Zukunft möglich sein wird, nicht nur unerwünschte Eigenschaften negativ zu selektieren, sondern gewünschte Merkmale auch positiv ›herzustellen‹ (s. Kap. III. 25).

Neben diesem »new ways of making babies« (Singer/Wells 1984) sind weitere Techniken und Verfahren entwickelt worden, von denen indes viele in Deutschland durch das Embryonenschutzgesetz (ESchG) verboten werden. Das gilt nicht nur für die Leihmutterschaft (s. Kap. III. 27), Eizell- oder Embryonenspende, sondern auch für das reproduktive Klonen (s. Kap. III. 25) und die PID, die allerdings unter bestimmten Bedingungen vom Gesetzgeber seit 2011 erlaubt wurde (s. Kap. IV. 2). Auch die Herstellung von embryonalen Stammzellen und die Forschung mit menschlichen Embryonen sind – abgesehen von bestimmten, klar definierten Ausnahmefällen – verboten (s. Kap. III. 39).

Es ist offensichtlich, dass all diese Optionen und ihre gesetzliche Regulierung ethische Fragen aufwerfen und Anlass für hitzige Debatten bezüglich des richtigen Umgangs mit Embryonen geben.

Der moralische Status von Embryonen

Im Zentrum vieler ethischer Debatten rund um den Lebensanfang steht die Diskussion des ›moralischen Status‹ von Embryonen, also die Frage nach dem Grad ihrer Schutzwürdigkeit (vgl. Maio 2007). Systematisch ist das keine große Überraschung, denn bei allen Handlungen, bei denen Embryonen involviert sind, stellt sich die Frage nach den grundsätzlichen moralischen Verpflichtungen, die wir ihnen gegenüber in den verschiedenen Entwicklungsstadien haben.

Hier kollidieren Positionen, die grundsätzlich von der Schutzwürdigkeit des menschlichen Lebens ab der Befruchtung ausgehen, mit solchen, denen zufolge ein Lebensschutz der Leibesfrucht erst mit dem Erreichen bestimmter Entwicklungsstufen und damit mit der Ausbildung bestimmter Merkmale besteht.

(1) Lebensschutz von Beginn an: Mit Blick auf diejenigen Vertreter, die das menschliche Leben *ab ovo* für schützenswert halten, sind es häufig religiöse Argumentationsmuster, die anzutreffen sind (vgl. Schockenhoff 2003). Gleichwohl findet man aber auch sä-

kulare Versionen dieser Position, die sich nicht explizit auf Glaubensannahmen stützen (vgl. etwa die meisten der Aufsätze in Damschen/Schönecker 2003). Beide Positionen haben indes oft die gleiche Strategie, ihre Unverfügbarkeitsthese zu begründen. Zunächst wird davon ausgegangen, dass das geborene Leben einen hohen moralischen Schutz verdient – sei es z. B. durch seine Gottesebenbildlichkeit, sei es durch seine ihm zukommende Menschenwürde. Anschließend wird dann eine modale Beziehung zwischen dem geborenen Leben und dem frühen Embryo hergestellt, um so auch dessen Schutzwürdigkeit nachzuweisen. Inhaltlich ausbuchstabiert wird diese Strategie nicht selten mit Hilfe der sog. SKIP-Argumente, die in der Debatte einen geradezu klassischen Stand haben. Hierbei handelt es sich um die folgenden Argumente:

Das *Speziesargument* besagt, dass jedem Mitglied der Spezies ›Mensch‹ *qua* seiner Zugehörigkeit zur menschlichen Gattung Lebensschutz zukommt. Hiergegen wird manchmal eingewendet, dass die bloße biologische Gattungszugehörigkeit keine moralischen Rechte begründen könne. Wer dies dennoch tue, begehe einen naturalistischen Fehlschluss (vgl. Engels 2008). Zumeist wird diese Verbindung von Vertretern des Arguments aber nicht in dieser Weise hergestellt. Vielmehr wird darauf abgestellt, dass die biologische Spezieszugehörigkeit unablöslich mit bestimmten Eigenschaften verbunden ist, die ihrerseits die moralische Begründungsleistung übernehmen (vgl. Spaemann 2001).

Demgegenüber stellt das *Kontinuitätsargument* darauf ab, dass jeder Versuch, zwischen dem ungeborenen Embryo und dem geborenen Menschen eine normativ relevante Zäsur zu setzen, nicht willkürfrei möglich ist. Als Begründung hierfür wird angeführt, dass es sich bei der Menschwerdung um einen kontinuierlichen Vorgang handle, bei dem nicht gesagt werden könne, an welcher Stelle genau der ›Sprung‹ vom Embryo zum schutzwürdigen Menschen erfolge. Das Setzen eines Einschnitts, der schutzwürdiges von nicht schutzwürdigem Leben trenne, müsse daher arbiträr sein. Dagegen wird jedoch von Kritikern eingewendet, dass das Argument schlicht auf einem Fehlschluss beruhe (vgl. das antike Sorites-Paradox). Denn daraus, dass ein bestimmter Vorgang ein Kontinuum darstelle, folge keineswegs, dass sich keine Unterscheidung zwischen den jeweiligen Endpolen des Vorgangs treffen lasse. So können wir z. B. sehr wohl zwischen einem Sandkorn und einem Sandhaufen unterscheiden, auch wenn es nicht möglich ist, den exakten ›Umschlagspunkt‹ zu bestimmen, wann aus den angehäuften Sandkörnern ein Haufen wird. Warum sollte nicht das Gleiche auch für die Entwicklung vom Embryo zum Menschen gelten? Dem folgend kann man also durchaus zugestehen, dass es sich bei der Embryonalentwicklung um einen kontinuierlichen Prozess handelt, bei dem keine exakte Grenze gezogen werden kann. Gleichzeitig wird dadurch aber nicht ausgeschlossen, dass wir zwischen beiden Enden des Kontinuums unterscheiden können, d. h. zwischen dem frühen Embryo einerseits und dem vollentwickelten Menschen andererseits.

Die Vertreter des *Identitätsarguments* gehen von der These aus, dass der Embryo mit dem möglicherweise aus ihm entstehenden Kind identisch sei, woraus sich auch die Schutzwürdigkeit von Erstgenanntem ableite. Fraglich ist allerdings, um welche Art von Identität es sich handeln soll. Kritiker bezweifeln, dass hierauf eine überzeugende Antwort gegeben werden kann. Dabei wird durchaus zugestanden, dass viele Menschen intuitiv von einem Konzept einer numerischen Identität ausgehen (Spaemann 2001). Zugleich bleibt aber für viele zum einen zweifelhaft, ob diese Intuition auch tatsächlich philosophisch abgesichert werden kann (vgl. Merkel 2001); zum anderen sprechen handfeste biologische Befunde dagegen, da in den ersten Tagen nach der Befruchtung die Möglichkeit einer Zwillingsschwangerschaft gegeben ist (vgl. Ford 1988). In diesem Fall haben wir es also später mit zwei Kindern, nicht mit einem zu tun. Von einer numerischen Identitätsbeziehung zwischen Embryo und Kind kann daher nicht die Rede sein, so dass folglich ein anderes Konzept von Identität angesetzt werden müsste.

Das wohl einflussreichste Argument in der Debatte ist das sog. *Potenzialitätsargument*. Es besagt, dass der menschliche Embryo das Potenzial besitzt, genau solche Eigenschaften und Merkmale auszubilden, die für einen moralischen Schutz ausschlaggebend sind. Zwei der klassischen Standardeinwände lassen sich wie folgt wiedergeben: Zum einen wird angeführt, dass die *potenzielle* Ausbildung von Merkmalen nicht hinreichend sei, um einer Entität die gleichen Ansprüche zuzugestehen wie bei einer Entität, die bereits die *aktualisierten* Merkmale besitze. Dieser Unterschied werde durch zahlreiche normative Zusammenhänge nahegelegt: Der Führerscheinanwärter hat andere Rechte als der Führerscheininhaber; der Auszubildende besitzt nicht die gleichen Befugnisse wie der Geselle; und der Prinz hat andere rechtliche Möglichkeiten als der König. Zum anderen wird darauf hingewiesen, dass neue wissenschaftliche Erkenntnisse das Potenzialitätsargument in Bedrängnis brächte: Denn sollte es tatsächlich möglich sein, dass sich durch Reprogrammierung einer somatischen Zelle ein Embryo erzeugen lässt, dann scheint sich die moralische Schutzwürdigkeit auch auf diese Zellen zu erstrecken (vgl. Ach et al. 2006). Das käme jedoch einer *reductio ad absurdum* des Potenzialitätsarguments gleich, insofern es bedeuten würde, dass allen embryonalisierbaren Zellen, etwa auch *jeder* Samen- und Eizelle, ein moralischer Status zugesprochen werden müsste. Andererseits ist fraglich, ob diese Konklusion tatsächlich unausweichlich ist. Dies wird gerade im jüngeren Diskurs in Zweifel gezogen. Hier besteht die Stoßrichtung häufig darin, dass sich moralisch relevante Unterschiede zwischen bloß reprogrammierbaren somatischen Zellen und schutzwürdigen embryonalen Stammzellen benennen lassen (vgl. Muders/Rüther 2013).

(2) Lebensrecht ab der Ausbildung von Eigenschaft x: Während diejenige Gruppe von Vertretern, die auf die SKIP-Argumente abstellen, in der Regel einen Lebensschutz bereits nach der Verschmelzung von Ei- und Samenzelle ansetzen, gehen viele Kritiker der SKIP-Argumente von einem deutlich späteren Zeitpunkt aus.

Einer häufig vertretenen Auffassung zufolge kommt nur denjenigen Lebewesen eine Schutzwürdigkeit zu, die empfindungsfähige Wesen sind (vgl. Singer 1994). Allerdings wird die Empfindungsfähigkeit eines Embryos *alleine* nur sehr selten als hinreichendes Kriterium gewertet, zum Teil auch deshalb, da hiervon ausgehend nur schwerlich eine moralische Abgrenzung zu nicht-menschlichen Lebewesen möglich wäre. Diese Konsequenz kann vermieden werden, wenn weitere Kriterien eingeführt werden. Hier sind besonders Positionen einflussreich, die auf ein implizites Interesse des Embryos am eigenen Fortbestehen abstellen (vgl. Hoerster 2002). Warum aber gerade die Eigenschaft, ein solches Überlebensinteresse haben zu können, den besonderen Status des Embryos ausweisen sollte, ist eine offene Frage. Jedenfalls gibt es ein reichliches Angebot an Alternativen. Diskutiert werden etwa Bewusstsein, Rationalität, Selbstbewusstsein und der morphologische Beginn der Hirnentwicklung (vgl. Schöne-Seifert 2007, Kap. 3.4). In diesem Zusammenhang würden die Vertreter dieser Position sicherlich vom Einbringen einer Werttheorie profitieren, die moralisch relevante Eigenschaften nicht nur benennt, sondern auch mit Blick auf ihre Status-begründende Funktion gegeneinander abgrenzt.

(3) Gradualistische Statuskonzepte: Viel Zuspruch findet in der neueren Literatur insbesondere ein abgestuftes Statuskonzept, nach dem die moralische Verpflichtung gegenüber dem Embryo zu Beginn der Entwicklung noch gering sind, mit zunehmender Dauer aber wächst (vgl. Siep 2004). Diese Position gewinnt ihre Überzeugungskraft v. a. durch die Konvergenz mit den Intuitionen vieler Menschen, dass die Entwicklung des Embryos zum schutzwürdigen Menschen keine dichotomische Zäsur erlaubt, nach der das ungeborene Leben entweder vollen oder gar keinen moralischen Schutz verdienen. Vielmehr handle es sich bei der Menschwerdung um einen kontinuierlichen Prozess, bei dem der moralische Status in der Entwicklung gleichsam ›mitwächst‹. Argumentativ wird diese Position häufig in Zusammenhang mit einer Relativierung der SKIP-Argumente vorgebracht, nicht selten auch mit Verweis auf ihre Konformität mit dem deutschen Abtreibungsrecht. Ein solches abgestuftes Statuskonzept ist allerdings selbst nicht unumstritten. Fraglich erscheint einigen Kritikern v. a., ob sich im Entwicklungsprozess tatsächlich gut begründete ›Schwellen‹ identifizieren lassen, um ein Mehr oder Weniger an Schutzwürdigkeit zu begründen (vgl. Ach 2011).

Folgen für die Praxis

Schwangerschaftsabbruch und vorgeburtliche Selektion: Schwangerschaftsabbrüche werden weltweit, trotz verfügbarer Kontrazeption, jährlich in großer Zahl durchgeführt – in Deutschland weit über 100.000 (s. Kap. III. 37). Dabei lassen sich zwei Arten unterscheiden: In den meisten Fällen handelt es sich um *elektive* Schwangerschaftsabbrüche, also um solche, bei denen ein Abort vorgenommen wird, ohne dass konkrete Eigenschaften des Embryos bei der Entscheidung eine Rolle spielen. Demgegenüber steht die Gruppe der *selektiven* Abtreibungen, z. B. aufgrund von Ergebnissen von PND, die genau aus dem Grund durchgeführt werden, dass bestimmte unerwünschte Eigenschaften zu erwarten sind, zumeist etwa bestimmte Krankheiten oder Behinderungen. In ethischer Hinsicht ist in beiden Fällen die Statusfrage zentral. Je nachdem, ab wann man den Schutz des ungeborenen Lebens ansetzt, eröffnen sich Spielräume für weitere Aspekte, die bei der Bewertung zu berücksichtigen sind. Bei der elektiven Abtreibung sind es, insofern man kein Schutzkonzept *ab ovo* vertritt, insbesondere die Interessen der Eltern und deren reproduktive Autonomie; beim selektiven Schwangerschaftsabbruch kommen noch weitere Gesichtspunkte, die das ungeborene Kind, die Eltern und die Gesellschaft insgesamt betreffen, hinzu.

Forschung an embryonalen Stammzellen: Die ethische Diskussion um die ›verbrauchende‹ Embryonenforschung erhielt im Jahr 2000 neuen Aufschwung, als wissenschaftliche Befunde erkennen ließen, dass man zukünftig humane Stammzellen als Zell- und Gewebeersatz verwenden könnte (s. Kap. III. 39). Mittlerweile scheint dies nach Ansicht vieler Experten durchaus eine realistische Zukunftsoption zu sein (vgl. Nationaler Ethikrat 2003). Aufgrund dieser Aussichten ist es daher wenig verwunderlich, dass die Forschung an Ersatzgeweben für Parkinsonpatienten, Querschnittsgelähmte oder Herzinfarktpatienten gegenwärtig sehr aufwendig betrieben und finanziert wird. In der ethischen Auseinandersetzung geht es auch hier einmal mehr um den moralischen Status des 4–5 Tage alten Embryos und die Frage, ob ihm zu diesem Zeitpunkt bereits eine volle Schutzwürdigkeit zukommt (vgl. Steinbock 2007). Wer beispielsweise davon ausgeht, dass bereits nach der Befruchtung von Ei- und Samenzelle ein voller moralischer Status zugeschrieben werden muss, kann selbst die höchsten therapeutischen Ziele nicht für gerechtfertigt halten. Dem entgegen können schwächere Schutzkonzeptionen, die dem frühen Leben möglicherweise Respekt, aber kein unabwägbares moralisches Recht zusprechen, die Forschung an Embryonen durchaus zulassen.

Die ethische Debatte um menschliche Embryonen ist zu großen Teilen eine Debatte über den moralischen Status. Gleichwohl kommen auch andere ethische Gesichtspunkte ins Spiel, jedenfalls insofern, als volle moralische Rechte erst deutlich *nach* der Befruchtung von Ei- und Samenzelle zugesprochen werden. In diesem Fall müssen neben Aspekten des Kindes- und Elternwohls auch Überlegungen zur Gerechtigkeit, Chancengleichheit und möglicherweise sogar zur Natürlichkeit in der Abwägung mitberücksichtigt werden (s. Kap. II. 8, II. 5 sowie II. 19). All dies macht die ethische Beurteilung vom richtigen Umgang mit Embryonen schwierig. Es handelt sich um eine komplexe Problematik, die über den engen Bereich der Bioethik hinausreicht und in vielen Aspekten unser zugrunde gelegtes Selbst- und Weltbild betrifft.

Literatur

Ach, Johann S.: »Eugenik-Argument« in der bioethischen Diskussion – Differenzierungen und Anmerkungen. In: Georg Pfleiderer/Christoph Rehmann-Sutter (Hg.): *Zeithorizonte des Ethischen.* Stuttgart 2006, 217–233.

–: Autonomie und Lebensschutz. Moralische Probleme am Beginn menschlichen Lebens. In: Ders./Kurt Bayertz/Ludwig Siep (Hg.): *Grundkurs Ethik 2. Anwendungen.* Paderborn 2011.

–/Schöne-Seifert, Bettina/Siep, Ludwig: Totipotenz und Potentialität: Zum moralischen Status von Embryonen bei unterschiedlichen Varianten der Gewinnung humaner embryonaler Stammzellen. In: *Jahrbuch für Wissenschaft und Ethik,* Bd. 11. Hg. von Ludger Honnefelder/Dieter Sturma. Berlin 2006, 261–321.

Birnbacher, Dieter: *Bioethik zwischen Natur und Interesse.* Frankfurt a. M. 2006.

Buchanan, Allen/Brock, Dan W./Daniels, Norman/Wikler, Daniel: *From Chance to Choice. Genetics and Justice.* Cambridge 2000.

Daele, Wolfgang van den: Die Praxis der vorgeburtlichen Selektion und die Anerkennung von Menschen mit Behinderung. In: Annette Leonhardt (Hg.): *Wie perfekt muss der Mensch sein?* München 2004, 177–200.

Damschen, Gregor/Schönecker, Dieter (Hg.): *Der moralische Status menschlicher Embryonen.* Berlin/New York 2003.

Engels, Eve Marie: Was und wo ist ein »naturalistischer Fehlschluss«? Zur Definition und Identifikation eines Schreckgespenstes der Ethik. In: Giovanni Maio/Jens Clausen/Oliver Müller (Hg.): *Mensch ohne Maß? Reichweite und Grenzen anthropologischer Argumente in der biomedizinischen Ethik.* Freiburg 2008, 176–194.

Ford, Norman M.: *When Did I Begin? Conception of the Human Individual in History, Philosophy and Science.* Cambridge/New York 1988.

Graumann, Sigrid: Gesellschaftliche Folgen der Präimplantationsdiagnostik. In: Bundesministerium für Gesundheit (Hg.): *Fortpflanzungsmedizin in Deutschland.* Baden-Baden 2001, 215–220.

Habermas, Jürgen: *Die Zukunft der menschlichen Natur. Auf dem Weg zu einer liberalen Eugenik?* Frankfurt a. M. 2001.

Heyer, Martin/Hans-Georg Dederer: *Präimplantationsdiagnostik, Embryonenforschung, Klonen. Ein vergleichender Überblick zur Rechtslage in ausgewählten Ländern.* Ethik in den Biowissenschaften – Sachstandsberichte des DRZE, Bd. 3. Hg. von Ludger Honnefelder/Dirk Lanzerath. Freiburg 2007.

Hoerster, Norbert: *Ethik des Embryonenschutzes. Ein rechtsphilosophischer Essay.* Stuttgart 2002.

Maio, Giovanni (Hg.): *Der Status des extrakorporalen Embryos. Perspektiven eines interdisziplinären Zugangs.* Stuttgart-Bad Cannstatt 2007.

Merkel, Reinhard: Rechte für Embryonen? Die Menschenwürde lässt sich nicht allein auf die biologische Zugehörigkeit zur Menschheit gründen. In: Christian Geyer (Hg.): *Biopolitik. Die Positionen.* Frankfurt a. M. 2001, 51–64.

Muders, Sebastian/Rüther, Markus: Prematurely depotentialized? Ethical nonnaturalism and the absurdest exten-

sion objection. In: *American Journal of Bioethics* 13/1 (2013), 34–36.
Nationaler Ethikrat: *Zum Import menschlicher embryonaler Stammzellen. Stellungnahme*. Berlin 2003.
Parens, Erik/Asch, Adrienne (Hg.): *Prenatal Testing and Disability Rights*. Washington, DC 2000.
Sandel, Michael J.: *The Case against Perfection: Ethics in the Age of Genetic Engineering*. Harvard 2007.
Schockenhoff, Eberhard: Pro-Spezies-Argument: Zum moralischen und ontologischen Status des Embryos. In: Gregor Damschen/Dieter Schönecker (Hg.): *Der moralische Status menschlicher Embryonen*. Berlin/New York 2003, 11–33.
Schöne-Seifert, Bettina: Kommerzialisierung des menschlichen Körpers. Nutzen, Folgeschäden und ethische Bewertungen. In: Jochen Taupitz (Hg.): *Kommerzialisierung des menschlichen Körpers*. Berlin 2007, 37–52.
–/Talbot, Davinia (Hg.): *Enhancement. Die ethische Debatte*. Paderborn 2008.
Siep, Ludwig: *Konkrete Ethik. Grundlagen der Natur- und Kulturethik*. Frankfurt a. M. 2004.
Singer, Peter: *Praktische Ethik*. Stuttgart 1994 (engl. 1979).
–/Wells, Deane: *The Reproduction Revolution. New Ways of Making Babies*. Oxford 1984.
Spaemann, Robert: Wer jemand ist, ist es immer. In: Christian Geyer (Hg.): *Biopolitik. Die Positionen*. Frankfurt a. M. 2001, 73–82.
Steinbock, Bonnie: Moral status, moral value, and human embryos. In: Dies. (Hg.): *The Oxford Handbook of Bioethics*. Oxford 2007, 416–440.

Markus Rüther

13 Enhancement

Als ›Enhancement‹ wird in der Bioethik der Einsatz pharmakologischer oder biotechnischer Mittel zur Verbesserung, Leistungssteigerung oder Verschönerung bei Gesunden verstanden. Allgemein bedeutet der Begriff ›Enhancement‹ Verbesserung, Erhöhung oder Steigerung (vgl. Fuchs et al. 2002, 15). Da es kein direktes Synonym in der deutschen Sprache gibt, hat sich die Verwendung des englischen Terminus auch im deutschen Diskurs etabliert. ›Enhancement‹ wird gemeinhin als Gegenbegriff zu ›Therapie‹ verwendet, häufig auch zu ›Prävention‹ (vgl. Juengst 2009). Zur Diskussion stehen Verfahren aus dem Bereich der Schönheitschirurgie, des Sport-Dopings (s. Kap. III.11), zur Steigerung der sexuellen Potenz, des Anti-Aging sowie zur Verbesserung der kognitiven Leistungsfähigkeit (Gedächtnisleistung, Konzentrationsfähigkeit u. a.) oder der Stimmung – gemeinsam auch als Neuro-Enhancement bezeichnet. Gerade Letztgenanntem ist in den letzten Jahren besonders viel Aufmerksamkeit zuteil geworden (Merkel et al. 2007; Galert et al. 2009; Lieb 2009; Schöne-Seifert et al. 2009; Kipke 2011). Weitgehend hypothetischer Natur – mehr noch als beim Neuro-Enhancement – sind derzeit Diskussionen über moralisches Enhancement, worunter die biotechnisch induzierte Verbesserung moralischer Einstellungen und moral-relevanter Eigenschaften wie Empathie oder Altruismus verstanden wird.

Ein Großteil der Substanzen oder Methoden, z. B. Hirnstimulation durch Magnetfelder, Schwachstrom oder Licht, für die bisher ein reales oder potentielles Enhancement-Potential nachgewiesen ist, wurde ursprünglich für therapeutische Zwecke entwickelt. Ein Einsatz bei Gesunden fällt somit unter den sog. *off-label*-Gebrauch – den Einsatz abseits der ursprünglichen Zwecksetzung und Zulassung. Enhancement-Praktiken bilden teils eine Zukunftsvision, teils sind sie schon heute verbreitet, etwa in Form von Schönheitsoperationen oder – meist fraglich wirksamer – *Anti-Aging*-Medizin. Die Befunde empirischer Studien zeigen, dass neben dem Enhancement der äußeren Erscheinung auch das kognitive Enhancement verstärkt nachgesucht wird – nicht zuletzt durch Studierende und Wissenschaftler (Dietz et al. 2013). Beispielsweise wird das Stimulanz Ritalin, ursprünglich zur Behandlung des Aufmerksamkeitsdefizits/Hyperaktivitätssyndroms (ADHS) auf den Markt gekommen, in zunehmendem Umfang von gesunden Menschen als ›Konzentrationspille‹

konsumiert. Zu beachten ist allerdings, dass aktuell keine Nachweise für die signifikante Wirksamkeit von *Neuro-Enhancern* bei gesunden Menschen vorliegen und dass Studienergebnisse zu entsprechenden Langzeitrisiken fehlen. Dennoch haben die wachsenden und prognostizierten Möglichkeiten zur Verbesserung der physischen und psychischen Konstitution durch neue biotechnische Eingriffe das Thema ›Enhancement‹ seit geraumer Zeit zunehmend ins Zentrum der öffentlichen und akademischen Aufmerksamkeit gerückt.

Ethische Debatten über die Bewertung von Enhancement-Praktiken beginnen naheliegender Weise mit den ungeklärten Fragen der gesundheitlichen Risiken und Nebenwirkungen. Doch die komplexeren und neuartigen ethischen Überlegungen setzen erst danach ein – indem man zunächst weitgehend *hypothetisch* annimmt, die in Rede stehenden Eingriffe seien eines Tages tatsächlich wirksam und frei von inakzeptablen Nebenwirkungen durchführbar. Die dann beginnenden Kontroversen haben zum Teil mit dem speziellen Funktionsbereich zu tun, um dessen Verbesserung es geht – etwa mit dem Bereich von Nähe, Erotik und Liebe beim Sex-Enhancement – zum Teil sind sie variantenübergreifend, etwa wenn es um die Bedeutung von Naturbelassenheit und Künstlichkeit in der Selbstgestaltung geht. Im Rahmen des vorliegenden Beitrags lassen sich die Spezialdebatten natürlich nicht sämtlich skizzieren. Befassen werden wir uns stattdessen, exemplarisch, mit den generellen wie spezifischen Elementen der Debatte über Neuro-Enhancement, also der Verbesserung kognitiver und psychischer Funktionen bei Gesunden. Als Manipulation dessen, was uns im Kern ausmache, steht Neuro-Enhancement im Zentrum aller Enhancement-Debatten.

Pro und Contra auf der Ebene individueller Nutzung

Die Frage nach der Zuträglichkeit von Enhancement für den individuellen Nutzer behandelt die zu erwartenden Auswirkungen auf dessen Wohlergehen und Lebensglück sowie Folgen von Enhancement, die die Persönlichkeit und Authentizität betreffen.

Ein zentrales Argument dieser Debatte um ›Glück auf Rezept‹ oder ›Glückspillen‹ dreht sich darum, ob die zur Diskussion stehenden Praktiken eine ›unlautere Abkürzung‹ (vgl. kritisch Schermer 2008) darstellen und zu einem trügerischen Glück statt zu einer langfristigen Steigerung des Wohlergehens führen (The President's Council on Bioethics 2003). Argumente solcher Art basieren häufig auf der Vorstellung, das ›Glück‹ werde durch den Entstehungszusammenhang in seinem Wert gemindert: Wahrhaftiges Glück müsse, so manche Kritiker, durch Selbstdisziplin mühsam erarbeitet und damit wohlverdient werden, was Enhancement-Maßnahmen wie Medikamente zur geistigen Leistungssteigerung oder auch bestimmte Schönheitsoperationen konterkarierten. Des Weiteren wird zwischen *künstlichen* und *natürlichen* Mitteln zur Erlangung des jeweils verfolgten Ziels unterschieden, von denen nur letztere dem Glück tatsächlich zuträglich seien. Dabei wird auf normative Natürlichkeits-Argumentationen (s. Kap. II.19) Bezug genommen, die sich allerdings mit Erklärungs- und Begründungsschwierigkeiten konfrontiert sehen, wie sie auch aus anderen Kontexten bekannt sind: Im Zentrum steht die Frage danach, warum der Natürlichkeit – im Sinne von Naturbelassenheit – überhaupt ein moralischer Wert zukommen solle.

Das Beispiel von Mocca oder aber Koffein-Tabletten zur Steigerung der Aufmerksamkeit verdeutlicht zudem, wie schwierig es ist, eine klare Grenze zwischen natürlichen und künstlichen Mitteln zu ziehen. Eine weitere Sorge im Hinblick auf das Lebensglück der Nutzer betrifft einen befürchteten Charakterverlust durch die Anwendung von Enhancement-Methoden. So habe die Erfahrung von Anstrengung, Leid und psychischer Arbeit eine charakterbildende Wirkung, die ihrerseits eine wichtige Voraussetzung für individuelles Lebensglück und Wohlergehen sei. Enhancement-Verfahren kürzten diese Prozesse ab und behinderten damit die Charakterbildung.

Befürworter von Enhancement hingegen sehen in den neuen Verfahren eine willkommene Möglichkeit, Lebensglück und Wohlergehen nun gerade zu befördern (Savulescu et al. 2011). Indem Enhancement-Verfahren solche Eigenschaften wie Intelligenz, Attraktivität und Grundstimmung modifizierten, verbesserten sie entscheidende Parameter für individuelle Entfaltung und Lebensglück. Sie könnten helfen, Leistungsanforderungen besser und schneller zu bewältigen oder angemessener mit emotionalen Herausforderungen des Alltags zurechtzukommen. Die neuen Verbesserungsverfahren seien herkömmlichen Mitteln vorzuziehen, da sie deutlich schneller und müheloser zu den angestrebten Zielen führen könnten als etablierte Methoden wie Training oder Psychotherapie. Damit seien sie zumindest potentiell einem gelingenden Leben zuträglich.

Wenn es um Lebensglück durch Enhancement geht, spielt auch die *Authentizität* der Nutzer eine tragende Rolle, die sich in der Debatte geradezu als ein Schlüsselkonzept etabliert hat (DeGrazia 2005). Gemeinhin – und mehrdeutig – gilt jemand dann als authentisch, wenn er ›sich selbst treu bleibt‹. Mit Bezug auf dieses Ideal werden in der Enhancement-Debatte ganz unterschiedliche Positionen vertreten: Auf der einen Seite wird argumentiert, dass Verbesserungsmethoden wie die Einnahme von Stimmungsaufhellern Personen (s. Kap. II. 21) nachgerade helfen können, ihr ›wahres Selbst‹ überhaupt erst zu finden. Einschlägig sind in diesem Zusammenhang die pionierhaften Einzelfallbeschreibungen des Psychiaters Peter Kramer (1995), in denen er schildert, wie das Antidepressivum Prozac manchen seiner nicht-kranken Patienten dazu verholfen habe, endlich ›sie selbst sein‹ zu können. Aus kritischer Perspektive wird hingegen vor einer Gefährdung oder Verletzung der Authentizität durch Enhancement gewarnt (Elliott 1998).

Zu diesen unterschiedlichen Argumentationslinien kommt es nicht zuletzt deshalb, weil der Authentizität-Begriff notorisch unscharf und klärungsbedürftig ist und keine Einigkeit darüber besteht, welchen normativen Stellenwert die Authentizität haben sollte. Erik Parens (2005) differenziert zwischen zwei unterschiedlichen Konzepten, die in der Enhancement-Debatte vorherrschend – wenngleich weder trennscharf noch ganz eindeutig – seien: Kritischen Argumenten liege in der Regel das ›Modell der Dankbarkeit‹ (*gratitude framework*) zugrunde, wonach unser jeweiliges Selbst etwas Gegebenes sei, das wir wertschätzen, bewahren und schützen sollten. Argumente der Befürworter von Enhancement basierten hingegen häufig auf dem Modell der Kreativität (*creativity framework*), demzufolge wir mit unserem Selbst kreativ umgehen und es gegebenenfalls transformieren sollten.

Die hier dargelegten Erwägungen für und wider Enhancement geben einen ersten Einblick über die unterschiedlichen Argumentationen und Bewertungen der Auswirkungen von Enhancement auf den individuellen Nutzer. Daneben besteht aber auch ein tiefer Dissens über die gesellschaftlichen Auswirkungen einer Enhancement-Liberalität oder -Praxis.

Pro und Contra auf der Ebene einer gesellschaftlichen Enhancement-Praxis

Sozialethische Überlegungen beschäftigen sich mit den zu erwartenden Implikationen eines verbreiteten Einsatzes von Enhancement auf die Gesellschaft insgesamt. Kontrovers verhandelt wird hier die Frage, welche Auswirkungen eine Verbreitung von Enhancement auf die Autonomie der Nutzer und den sozialen Druck in Richtung einer Inanspruchnahme haben könne und ob verschärfte *Fairness*-Probleme zu erwarten seien. Des Weiteren wird diskutiert, ob Enhancement mit dem ärztlichen Ethos zu vereinbaren sei.

Insbesondere Befürworter von Enhancement betonen die Bedeutung der individuellen Autonomie als zentralen Wert in liberalen Gesellschaften. Hier gehe es um »das Recht eines jeden entscheidungsfähigen Menschen, über sein persönliches Wohlergehen, seinen Körper und seine Psyche selbst zu bestimmen« (Galert et al. 2009, 41). Auf dem Boden dieser auch grundgesetzlich garantierten Präsumption von Freiheit seien Individuen prinzipiell berechtigt, sich nach vorheriger Aufklärung über das Nutzen-Risiko-Verhältnis für oder gegen die Inanspruchnahme von Enhancement-Verfahren zu entscheiden. Begründungsbedürftig sei daher nicht etwa das Einräumen, sondern gegebenenfalls eine Begrenzung dieser Entscheidungsspielräume (vgl. ebd., 42). Einige Stimmen in der Debatte gehen einen Schritt weiter und argumentieren dafür, dass Enhancement die Autonomie der Nutzer sogar steigern könne (vgl. Juth 2011). Eine autonome Entscheidungsfindung und die Realisierung autonom gefasster Pläne setzten spezifische Fähigkeiten wie Konzentrationsfähigkeit oder Gedächtnisleistung voraus, die mittels Enhancement gesteigert werden könnten. Insofern könne Enhancement über die Verbesserung dieser Fähigkeiten die Autonomie der Nutzer indirekt befördern.

Dagegen wird kritisch eingewendet, die Vorraussetzungen einer autonomen Entscheidung für oder gegen die Nutzung von Enhancement in unserer Gesellschaft seien gar nicht gegeben. In den diversen Bereichen, in denen Enhancement-Verfahren eingesetzt werden, wie etwa im universitären Kontext oder in der Arbeitswelt, herrsche ein starker Leistungsdruck, der individuelle Entscheidungsfreiräume konterkariere und damit einen Druck oder latenten Zwang zum Enhancement evoziere: Personen, die Enhancement ablehnen, müssten entweder das Risiko einer Benachteiligung in Kauf nehmen oder wären genötigt, trotz persönlicher Bedenken Enhancement in Anspruch zu nehmen. Ein verbreiteter Einsatz von Enhancement, so wird argumentiert, könnte den bestehenden Druck und das Zwangspotential drastisch erhöhen. Dies gelte insbesondere für Enhancement in kompetitiven Kontexten.

Durch Gefährdungspotentiale für Autonomie stellten insbesondere Verfahren des vorgeburtlichen genetischen Enhancement unsere Gesellschaft vor besondere Herausforderungen (vgl. Habermas 2001): Diese Eingriffe wären – im Kontrast zum Selbstenhancement einwilligungsfähiger Erwachsener – notgedrungen fremdbestimmt und gingen mit irreversiblen Fernwirkungen über alle weiteren Generationen einher. Kritiker verweisen auf das Recht betroffener Kinder auf eine offene Zukunft, welches durch genetisches Enhancement eingeschränkt werde. Aber nicht allein die Autonomie und der soziale Druck bilden wichtige Diskussionspunkte aus gesellschaftlicher Perspektive.

Auch Fragen der Gerechtigkeit (s. Kap. II. 8) sind ein Streitpunkt, da viele Enhancement-Verfahren ihren Nutzern Wettbewerbsvorteile verschaffen könnten. Es wird daher der Sorge Ausdruck verliehen, eine Verbreitung von Enhancement könne bereits bestehende Gerechtigkeitsprobleme maßgeblich verstärken (vgl. Parens 1998, 15): So könnten sich vor allem Wohlhabende und deren ohnehin schon privilegierte Kinder den Zugang zu Enhancement-Verfahren leisten und sich damit weitere Vorteile im sozialen Wettbewerb ›erkaufen‹. Auch diese Befürchtung bezieht sich offenkundig in erster Linie auf den Einsatz kompetitiver Formen von Enhancement wie z. B. von Neuro-Enhancern in Prüfungssituationen oder im Berufsalltag. Da sich die Schere zwischen ökonomisch Privilegierten und Benachteiligten als Konsequenz noch weiter öffnen würde, konfligiere eine Verbreitung von Enhancement mit dem Prinzip der Chancengleichheit. Daher sei es angemessen, den Zugang zu solchen Verbesserungsverfahren zu begrenzen. Dan Brock (2009, 61) macht in diesem Zusammenhang allerdings auf die Notwendigkeit einer differenzierten Betrachtung aufmerksam: Es sei wichtig, zwischen *kompetitiven* Vorteilen durch Enhancement und *nicht-kompetitiven* Vorteilen, die intrinsisch Gutes fördern, zu unterscheiden. So könnten Neuro-Enhancer durchaus mit dem Ziel eingenommen werden, die eigene Zufriedenheit etwa beim Musikhören zu steigern (ebd.). Eine Zugangsbeschränkung von Enhancement würde in bedenklicher Weise auch die Erlangung solcher intrinsischer Güter verhindern.

Eine andere Argumentationslinie verweist auf die Möglichkeit, mittels Enhancement gezielt Benachteiligte zu fördern und Enhancement-Mittel somit im Dienste der Chancengleichheit einzusetzen (vgl. Buchanan et al. 2000). Enhancement könne zur Kompensation von Nachteilen einer ›naturgegebenen‹ oder sozialen Lotterie eingesetzt werden und so z. B. die Benachteiligung von Personen mit vergleichsweise geringen intellektuellen Kapazitäten ausgleichen. Es könne also statt um zusätzliche dispositionale Vorteile bereits Privilegierter in erster Linie um die Beförderung der Benachteiligten gehen (vgl. Galert et al. 2009, 45–46). Folglich könne Enhancement – bei entsprechender Regulierung und Kontrolle – sogar der Beförderung von Gerechtigkeit dienen.

In Hinblick auf den ärztlichen Umgang mit Enhancement wird diskutiert, ob Verbesserungseingriffe *jenseits* von Krankheit und Leid überhaupt ein legitimer Teil ärztlichen Handelns seien. In den Augen mancher Kritiker sind oder wären sie denn auch eine problematische Erweiterung des ärztlichen Tätigkeitsbereichs. In deren Zuge sei zudem ein Wandel vom Patienten zum Klienten zu erwarten, was das Arzt-Patient-Verhältnis nachteilig beeinflussen werde. Hiergegen wird ins Feld geführt, die Medizin böte ihrerseits bereits jetzt zahlreiche Praktiken, wie z. B. die Sterilisation, an, die klassische Zielsetzungen deutlich übersteigen. Die viel beschworene Grenze zwischen Therapie und Enhancement scheine – allein durch die Unschärfe der Begriffe – nicht dazu dienlich, zulässige von unzulässigen Tätigkeitsfeldern der Medizin abzugrenzen.

Als Argument für die Integration von Enhancement-Praktiken in den ärztlichen Beratungs- oder auch Verschreibungsbereich wird darauf verwiesen, dass die Expertise von Ärzten Nutzer von Enhancement vor einer unsachgemäßen Anwendung und vor Schäden durch Nebenwirkungen schützen könnte. Alternativ könnten aber auch ›Enhancement-Spezialisten‹ mit entsprechender Expertise ausgebildet werden (vgl. Parens 1998). Diese wären dann gegebenenfalls in ihrer Tätigkeit ebenso wie herkömmliche Ärzte auf Schadenvermeidung, Fürsorge und den Respekt vor der Selbstbestimmung ihrer Klienten zu verpflichten – auch wenn es bei Enhancement um weniger existentielle Bedürfnisse geht (vgl. Schöne-Seifert 2005, 196). Für die Frage nach der Zulässigkeit von Enhancement aus sozialethischer Perspektive sind jedoch die zuvor dargelegten Erwägungen deutlich relevanter als die Frage nach den Zielen oder Zuständigkeiten der Medizin.

Aktuelle Kontroversen

Die skizzierten Diskussionsfelder geben einen ersten Überblick über Pro- und Contra-Argumente auf der individual- und sozialethischen Ebene und zeigen die Vielfalt an unterschiedlichen Haltungen in der ethischen Kontroverse um Enhancement auf. Neuere Entwicklungen lassen eine zeitnahe Erweiterung des Spektrums an Verbesserungsmöglichkeiten und immer präzisere Verfahren erwarten, wodurch die Auseinandersetzung mit den dargelegten Problemen immer dringlicher würde.

Wie bereits einleitend angedeutet, basieren die unterschiedlichen Erwägungen auf der hypothetischen Annahme, dass Enhancement eines Tages zielgenau und ohne inakzeptable Risiken und Nebenwirkungen wirken könnte. Zu diesen ›Idealbedingungen‹ gehört auch die Gewährleistung einer absoluten Freiwilligkeit in Bezug auf die Inanspruchnahme von Enhancement. Die Realisierung eben dieser Bedingungen (Wirksamkeit, erwiesene Sicherheit, absolute Freiwilligkeit) scheint vordringlich, ist aber leider keineswegs selbstverständlich. Mit Blick auf die Wirksamkeit und Sicherheit ist insbesondere im Fall von Neuro-Enhancement eine intensivere Forschung notwendig – aktuell fehlen aussagekräftige Studien zur Wirksamkeit und zu den Langzeitrisiken von Neuro-Enhancern. Sollten die Unsicherheiten bezüglich der Risiken und Nebenwirkungen ausgeräumt werden können, so bleibt noch das Hindernis des Konkurrenzdrucks erhalten, der sich mit der zunehmenden Verfügbarkeit von Enhancement-Praktiken noch gnadenloser gestalten könnte. Insbesondere in kompetitiven Umfeldern wie etwa der Schul- und Arbeitswelt müsste dafür gesorgt werden, dass die Inanspruchnahme von Enhancement nicht heimlich erzwungen wird. Hier bliebe auszuloten, wie dies rechtlich oder politisch sichergestellt werden kann.

Wie dargelegt, gibt es aber noch die nicht-kompetitiv motivierte Nutzung von Enhancement, die insbesondere Fragen nach Enhancement und dem gelingenden Leben aufwirft. Neue Möglichkeiten wie leicht erworbene Mehrsprachigkeit, Pillen für einen tieferen Musikgenuss oder für mehr Empathie lassen – bei aller Kritik – durchaus auch eine optimistische Perspektive sowohl auf der individual- als auch auf der sozialethischen Ebene zu.

Literatur

Brock, Dan W.: Enhancement menschlicher Fähigkeiten: Anmerkungen für Gesetzgeber. In: Bettina Schöne-Seifert/Davinia Talbot (Hg): *Enhancement. Die ethische Debatte*. Paderborn 2009, 48–71.

Buchanan, Allen/Brock, Dan W./Daniels, Norman/Wikler, Daniel: *From Chance to Choice. Genetics & Justice*. Cambridge 2000.

DeGrazia, David: *Human Identity and Bioethics*. Cambridge 2005.

Dietz, Pavel/Striegel, Heiko/Franke, Andreas G./Lieb, Klaus/Simon, Perikles/Ulrich, Rolf: Randomized response estimates for the 12-month prevalence of cognitive-enhancing drug use in university students. In: *Pharmacotherapy: The Journal of Human Pharmacology and Drug Therapy* 33/1 (2013), 44–50.

Elliott, Carl: The tyranny of happiness. Ethics and cosmetic psychopharmacology. In: Erik Parens (Hg.): *Enhancing Human Traits*. Washington, D. C. 1998, 177–188.

Fuchs, Michael/Lanzerath, Dirk/Hillebrand, Ingo/Runkel, Thomas/Balcerak, Magdalena/Schmitz Barbara: *Enhancement. Die ethische Diskussion über biomedizinische Verbesserungen des Menschen*. Ethik in den Biowissenschaften – Sachstandsberichte des DRZE, Bd. 1. Bonn 2002.

Galert, Thorsten/Bublitz, Christoph/Heuser, Isabella/Merkel, Reinhard/Repantis, Dimitris/Schöne-Seifert, Bettina/Talbot, Davinia: Das optimierte Gehirn. In: *Gehirn&Geist* 11 (2009), 40–48.

Habermas, Jürgen: *Die Zukunft der menschlichen Natur. Auf dem Weg zu einer liberalen Eugenik?* Frankfurt a. M. 2001.

Juengst, Eric T.: Was bedeutet Enhancement? In: Bettina Schöne-Seifert/Davinia Talbot (Hg): *Enhancement. Die ethische Debatte*. Paderborn 2009, 25–46.

Juth, Niklas: Enhancement, autonomy, and authenticity. In: Julian Savulescu/Ruud ter Meulen/Guy Kahane (Hg): *Enhancing Human Capacities*. Chichester 2011, 34–48.

Kipke, Roland: *Besser Werden. Eine ethische Untersuchung zu Selbstformung und Neuro-Enhancement*. Paderborn 2011.

Kramer, Peter D.: *Glück auf Rezept. Der unheimliche Erfolg der Glückspille Fluctin*. München 1995.

Lieb, Klaus: *Hirndoping: Warum wir nicht alles schlucken sollten*. Mannheim 2009.

Merkel, Reinhard/Boer, Gerard/Fegert, Jörg/Galert, Thorsten/Hartmann, Dirk/Nuttin, Bart/Rosahl, Steffen: *Intervening in the Brain. Changing Psyche and Society*. Berlin/Heidelberg/New York 2007.

Parens, Erik: Is better always good? The enhancement project. In: Ders. (Hg.): *Enhancing Human Traits*. Washington, D. C. 1998, 1–28.

–: Authenticity and ambivalence. Towards understanding the enhancement debate. In: *Hastings Center Report* 35/3 (2005), 34–41.

President's Council on Bioethics: *Beyond Therapy. Biotechnology and the Pursuit of Happiness*. New York 2003.

Savulescu, Julian/Sandberg, Anders/Kahane, Guy: Wellbeing and enhancement. In: Julian Savulescu/Ruud ter Meulen/Guy Kahane (Hg): *Enhancing Human Capacities*. Chichester 2011, 3–18.

Schermer, Maartje: Enhancements, easy shortcuts, and the

richness of human activities. In: *Bioethics* 22/7 (2008), 355–365.

Schöne-Seifert, Bettina: Von der Medizin zur Humantechnologie? Ärztliches Handeln zwischen medizinischer Indikation und Patientenwunsch. In: Wolfgang van den Daele (Hg.): *Biopolitik*. Wiesbaden 2005, 179–199.

–/Talbot, Davinia/Opolka, Uwe/Ach, Johann S.: *Neuro-Enhancement. Ethik vor neuen Herausforderungen*. Paderborn 2009.

Bettina Schöne-Seifert und Barbara Stroop

14 Forschung am Menschen

Geschichtlicher Hintergrund

Die Alexandrinischen Ärzte Herophilos und Erasistratos führen einem Bericht des römischen Enzyklopädisten Celsus zufolge bereits im 3. Jahrhundert vor Christus Experimente mit zum Tode verurteilten Straftätern durch (Celsus 1960, 23 f.). Darüber hinaus liegen kaum Berichte über biomedizinische Experimente aus der Antike und dem Mittelalter vor. Die über viele Jahrhunderte dominierende hippokratisch-galenische Medizin zeichnet sich durch eine beobachtende Methodik aus. Aktiv betriebene Experimente bilden daher die Ausnahme, zumindest mit menschlichen Probanden. Hinzu kommt, dass die Kirche Sektionen lange Zeit ablehnt und sie erst seit dem 14. Jahrhundert zu Lehrzwecken stattfinden (Porter 2000, 133 f.). Die dadurch ausgelöste Entwicklung der Anatomie kann als erster Schritt hin zu einer wissenschaftlich-experimentellen Medizin gesehen werden. Die Entwicklung einer neuen Wissenschaftsmethodologie im 16. und 17. Jahrhundert, für die Francis Bacon, Galileo Galilei und andere stehen, ist die Voraussetzung für eine wissenschaftliche Medizin im modernen Sinne. Sie bildet sich seit dem 18. Jahrhundert heraus, in dem erste systematische Experimente unternommen werden (Pethes et al. 2008). So stellt beispielsweise der Marinearzt James Lind im Jahr 1753 die Hypothese auf, dass Zitrusfrüchte ein wirksames Mittel gegen Skorbut sind, und überprüft sie im darauffolgenden Jahr, indem er zwölf Skorbutkranke an Bord der HMS Salisbury in sechs Gruppen einteilt, die unterschiedliche Diäten verabreicht bekommen, u. a. Orangen und Zitronen (Porter 2000, 297 f.). Der Wandel zur modernen Medizin vollzieht sich endgültig im 19. Jahrhundert. Der französische Physiologe Claude Bernard formuliert das neue methodische Programm in seiner grundlegenden Schrift *Einführung in das Studium der experimentellen Medizin* aus dem Jahre 1865 und etabliert das Experiment damit endgültig als Methode in der Medizin (Bernard 1961). Im späten 19. und 20. Jahrhundert wird es dann zum anerkannten Standard.

Angesichts moralisch fragwürdiger medizinischer Humanexperimente gibt es schon früh Bemühungen, deren Durchführung zu regulieren. Im Jahr 1891 erlässt der Preußische Innenminister ein Rundschreiben, in dem die Anwendung des von Robert Koch entwickelten Tuberkulins in Gefängnissen reglementiert wird (Winau 1996, 20 f.). Wenige Jahre später gibt die Preußische Regierung eine »Anweisung an die Vorsteher der Kliniken, Polikliniken und sonstigen Krankenanstalten« heraus, in der »Eingriffe zu anderen als diagnostischen, Heil- und Immunisierungszwecken« geregelt werden (Minister der Geistlichen, Unterrichts- und Medizinal-Angelegenheiten 1901, 188). Im Jahr 1931 schließlich wird mit den »Reichsrichtlinien zur Forschung am Menschen« ein erstes umfassendes Regelungswerk in Geltung gesetzt (Reichsminister des Inneren 1931). Dies kann indes nicht verhindern, dass in den nationalsozialistischen Konzentrationslagern in großem Umfang Menschenversuche durchgeführt werden, bei denen viele Probanden zu Tode kommen oder dauerhaft schwer geschädigt werden. Einige Ärzte, die diese Versuche durchgeführt haben, werden im Rahmen der Nürnberger Kriegsverbrecherprozesse angeklagt und verurteilt (Mitscherlich/Mielke 2004; Annas/Grodin 1992). Ein Teil des Urteils des sog. *doctor's trial* bildet der »Nuremberg Code«, der eines der wichtigsten forschungsethischen Dokumente überhaupt darstellt.

Die medizinhistorische Forschung dokumentiert viele weitere Fälle von Menschenversuchen, die vor, während und unmittelbar nach dem Zweiten Weltkrieg v. a. zu militärischen Zwecken durchgeführt werden, u. a. in Japan und den USA (Roelcke/Maio 2004; Böhme et al. 2008). Auch aus dem Bereich der nicht-militärischen medizinischen Forschung wird in der zweiten Hälfte des 20. Jahrhunderts immer wieder über Humanexperimente berichtet, die unter ethischen Gesichtspunkten als problematisch angesehen werden (Beecher 1966; Pappworth 1967). Die kritische Auseinandersetzung mit diesen Fällen trägt maßgeblich zur Entwicklung der heute allgemein anerkannten forschungsethischen Prinzipien bei. Von herausragender Bedeutung ist dabei die Enthüllung der sog. *Tuskegee Syphilis Study*: Im Jahr 1972 deckt die New York Times auf, dass seit 1932 im US-amerikanischen Ort Tuskegee eine Studie zur Erforschung von unbehandelter Syphilis an Männern durchgeführt wird, wobei die Probanden allesamt Afroamerikaner aus sozial schwachen Verhältnissen sind (Jones 1993). Diese Enthüllung führt u. a. zur Einrichtung der National Commission for the Protection of Human Subjects of Biomedical and Behavioral Research, die in den Jahren 1974 bis 1978 arbeitet (Jonsen 1998, 99–106). Sie legt eine Reihe von Berichten vor, darunter den »Belmont Report« (National Commission 1978). Dieses Dokument prägt die forschungsethische Debatte der folgenden Jahre wie kaum ein anderes (Childress et al. 2005). Das nicht nur für die Ethik der Forschung am Menschen, sondern für die gesamte Bioethik enorm einflussreiche Buch *Principles of Biomedical Ethics* von Tom Beauchamp und James Childress greift den prinzipientheoretischen Ansatz des »Belmont Report« auf und entwickelt ihn fort (Beauchamp/Childress 2013).

Humanexperiment – Heilversuch – Heilbehandlung

In der konkreten Ausgestaltung erfahren Humanexperimente eine enorme Differenzierung. Besonders wichtig ist die Einführung von randomisierten klinischen Studien (engl. *randomized clinical trials*, RCT) (Schumacher/Schulgen 2002; Kopelman 2004; Heinrichs 2006, 287–292). Mit dem Begriff ›klinische Studie‹ werden prospektive experimentelle Längsschnittstudien im Bereich der biomedizinischen Forschung bezeichnet; unter ›Randomisierung‹ versteht man die zufällige Aufteilung von Probanden auf verschiedene Gruppen innerhalb einer klinischen Studie. Im einfachsten Fall erhält eine Gruppe von Probanden eine neuartige Therapieform, deren Wirksamkeit überprüft werden soll (Verumgruppe), während eine andere Probandengruppe mit der etablierten Therapieform behandelt wird oder ein Placebo erhält (Kontrollgruppe). Es sind aber auch Studien mit mehr als zwei Gruppen oder ›Armen‹ möglich. Die randomisierte Zuweisung erfolgt – wiederum im einfachsten Fall – mit Hilfe von Zufallszahlen. Sie dient dazu, Fehler durch unbekannte externe Faktoren sowie durch eine bewusste oder auch unbewusste Voreingenommenheit der Forscher zu minimieren. Daneben gibt es zahlreiche andere methodische Verfahrensweisen, die je nach Fragestellung und anderen Umständen gewählt werden können (Schaffner 2004, 2330–2333).

Kontrovers diskutiert wird seit langem die genaue Abgrenzung der biomedizinischen Forschung von der Praxis (Diagnose, Therapie, Prävention, Palliation), nicht zuletzt wegen der ethischen Implikationen, die damit verbunden sind. Sowohl in einschlägigen Richtlinien und Kodizes als auch in der Fachliteratur wird eine Vielzahl von unterschiedlichen Begriffen verwendet, um Differenzierungen zu markieren. Diese Begriffsvielfalt ist Ausdruck eines systematischen Problems: Eine Grenzziehung ist zum einen nicht leicht, weil sich eine überzeugende Definition von ›Wissenschaft‹ bzw. ›Forschung‹ als überaus schwierig erweist. Klar ist, dass Wissenschaft und

Forschung auf Erkenntnisgewinn abzielen und durch dieses Ziel maßgeblich bestimmt sind. Allerdings ist nicht jede Handlung, die auf einen Erkenntnisgewinn abstellt, schon eine Forschungshandlung. Zum anderen ist eine Grenzziehung zwischen biomedizinischer Forschung und Praxis schwierig, weil es weite Bereiche der Überlappung gibt.

In der deutschsprachigen Debatte wird zumeist die Dreiteilung ›Humanexperiment – Heilversuch – Heilbehandlung‹ gebraucht, wenngleich die Begriffe nicht immer einheitlich verwendet werden. Während die Heilbehandlung auf das Wohlergehen eines individuellen Patienten abzielt, ist das Humanexperiment auf einen Erkenntnisgewinn ausgerichtet, bei dem der Proband als Versuchsobjekt zum Einsatz kommt. Für die Heilbehandlung ist der approbierte Arzt zuständig, der neben den Regeln der medizinischen Kunst auch den Prinzipien der Medizinethik verpflichtet ist. Das Humanexperiment hingegen wird von einem Forscher durchgeführt, der nicht unbedingt Arzt sein muss. Maßgeblich sind hier die Regeln der guten wissenschaftlichen Praxis sowie spezielle ethische Prinzipien der Forschung mit Menschen.

Besonders deutlich wird die Relevanz dieser Unterscheidung durch den Umstand, dass Humanexperimente regelmäßig durch eine Ethikkommission begutachtet werden müssen (s. Kap. IV. 4). Für klinische Studien zur Prüfung von Arzneimittel (s. Kap. III. 2) und Medizinprodukten ist ein positives Votum einer Ethikkommission sowie die Genehmigung durch die zuständige Bundesbehörde (dem Bundesamt für Arzneimittel und Medizinprodukte bzw. dem Paul-Ehrlich-Institut) sogar gesetzlich vorgeschrieben (Arzneimittelgesetz § 40 Abs. 1, § 42; Medizinproduktegesetz § 20 Abs. 1, §§ 22, 22 a). Der Arzt ist bei seiner Therapiewahl hingegen – innerhalb der Grenzen, die durch die Regeln der Kunst gesetzt sind – frei und muss keine externe Begutachtung einholen. Darüber hinaus sind weitere Schutzmaßnahmen für Probanden vorgesehen, die für die medizinische Praxis nicht gelten, etwa der Abschluss einer Probandenversicherung.

Häufig ist es freilich so, dass die Rolle des Arztes und des Forschers in einer Person vereinigt sind und sich nicht einfach entscheiden lässt, ob es sich um eine Heilbehandlung oder ein Humanexperiment handelt. Dies ist beispielsweise der Fall, wenn ein Patient ein neuartiges, noch nicht zugelassenes Medikament erhält. In diesem Fall wird ein Erkenntnisgewinn angestrebt, es geht aber ebenso um das Wohl des Patienten. Die systematische Zwischenstellung solcher Fälle soll durch den Begriff des ›Heilversuchs‹ markiert werden. Allerdings bleibt auch durch die Einführung dieser zusätzlichen Kategorie die Frage bestehen, welche Regeln und Prinzipien zur Anwendung kommen sollen. Der Heilversuch kann nämlich entweder als Unterform der Heilbehandlung oder als Unterform des Humanexperiments aufgefasst werden (Heinrichs 2006, 149–157). Zumeist wird der Begriff so gedeutet, dass er eine Handlungsweise markiert, die zwar neuartige Methoden zur Anwendung bringt, dies aber in einem medizinisch-praktischen Kontext geschieht, so dass die Regeln der medizinischen Praxis einschlägig sind. Die Begutachtung durch eine Ethikkommission wäre demnach nicht erforderlich. Mit Blick auf besonders risikoreiche oder sonst wie problematische Methoden, wie z. B. gentherapeutische Verfahren oder Therapien in der Psychiatrie, ist in den vergangenen Jahren vereinzelt gefordert worden, einige Heilversuche sollten im Interesse der Patienten den strengeren Regeln der Forschungsethik unterworfen werden und als ›kontrollierte Heilversuche‹ durchgeführt werden (Heinemann et al. 2008; Heberlein 2013). Diese Forderung verweist letztlich auf das inhärente Spannungsverhältnis zwischen Arzt einerseits und Forscher andererseits (Brody/Miller 2003).

Einschlägige Regelungsansätze

Das Arzt-Patient-Verhältnis (s. Kap. III. 4) ist lange Zeit paternalistisch (s Kap. II. 20) geprägt, und das Nichtschadenprinzip (*primo nil nocere*) bildet die maßgebliche normative Grundlage. Am Ende des 19. Jahrhunderts deutet sich ein Wandel an; das Selbstbestimmungsrecht des Einzelnen gewinnt gegenüber der Entscheidung des Arztes an Bedeutung (Reichsgericht 1894). Dies hat auch für die neuaufkommende experimentelle medizinische Forschung Konsequenzen. Zwar gehen ›Arzt-Forscher‹ anfangs oftmals noch davon aus, dass Experimente schon dann legitimiert sind, wenn sie den ›Patienten-Probanden‹ nicht schaden. Diese Auffassung verliert aber schnell an Überzeugungskraft. Besonders deutlich wird dies am Fall des Arztes Albert Neisser (Elkeles 1996, 23 ff.; Winau 1996, 21 ff.). Neisser führt 1892 Versuche zur ›Serumtherapie bei Syphilis‹ durch, die er im Jahr 1899 in einer Festschrift veröffentlichte. In seinen Versuchen injiziert er insgesamt acht Mädchen bzw. jungen Frauen, aufgeteilt in zwei Gruppen, ein Serum von Syphilispatienten. Bei vier der acht Frauen kommt es während der Nachbeobachtungszeit zu einer Syphiliserkrankung, die Neisser jedoch auf ›natürliche‹ Ursachen zurückführt. Gleichzeitig schließt er, dass das Serum keine immunisierende Wirkung hat. Neissers Veröffentlichung löst eine Welle öffentlicher Empörung aus. Er wird schließlich angeklagt und verurteilt. Zwar folgt das Gericht Neissers Auffassung, dass das verwendete Serum als ungefährlich gelten könne. Es kritisiert jedoch die Verwendung minderjähriger Probanden und beanstandet, dass Neisser nicht die Einwilligung der gesetzlichen Vertreter eingeholt habe.

Der Stellenwert, der dem Recht auf Selbstbestimmung und dem daraus abgeleiteten Prinzip der informierten Einwilligung heute zukommt, ist mit dem Fall Neisser indes noch nicht erreicht. Einen weiteren wichtigen Schritt markiert der oben bereits erwähnte »Nuremberg Code«, der in Reaktion auf die menschenverachtenden Versuche in deutschen Konzentrationslagern im Rahmen des *doctor's trial* formuliert wird. Sein erster Satz lautet: »Die freiwillige Zustimmung der Versuchsperson ist unbedingt erforderlich« (zitiert nach Mitscherlich/Mielke 2004, 354 f.). Die Betonung des Rechts auf Selbstbestimmung, die hier zum Ausdruck kommt, ist offenkundig als Bollwerk gegen jede Form der Ausnutzung von Probanden gedacht. Es zeigt sich allerdings, dass der »Nuremberg Code« nur begrenzt Wirkung auf die Forschungspraxis entfalten kann, nicht zuletzt wohl auch, weil er von vielen als einseitig restriktiv und forschungshemmend verstanden wird (Katz 1992, 228). Die Folge ist, dass die World Medical Association im Jahr 1964 mit der »Declaration of Helsinki« ein Rahmenwerk für die Forschung am Menschen vorlegt, in dem das Recht auf Selbstbestimmung und die damit verbundene informierte Einwilligung (s. Kap. II. 10) weniger prominent gemacht wird (Schaupp 1994). Diese Entwicklung wird von einigen überaus kritisch gesehen, zumal die World Medical Association als Standesvertretung der Ärzteschaft betrachtet wird, die deren Interessen (s. Kap. II. 11) verfolgt (Schmidt/Frewer 2007, 10–15). Die »Declaration of Helsinki« wird seither regelmäßig fortgeschrieben (Weltärztebund 2013) und stellt – trotz der Kritik – eines der wichtigsten Dokumente zur Forschung am Menschen dar (Schmidt/Frewer 2007; Ehni/Wiesing 2012). Daneben gibt es zwei weitere Dokumente, die als wichtig gelten: die »International Ethical Guidelines for Biomedical Research Involving Human Subjects« des Council for International Organizations of Medical Sciences (CIOMS) aus dem Jahr 2002 (2. Aufl.) legt einen Schwerpunkt auf globale Aspekte, das »Additional Protocol to the Convention on Human Rights and Biomedicine, concerning Biomedical Research« des Council of Europe (Europarat) – eine Ergänzung der sog. »Oviedo-Konvention« – nimmt eine dezidiert europäische Perspektive ein. Die grundlegenden ethischen Prinzipien, die für die Forschung am Menschen einschlägig sind, werden im ebenfalls bereits erwähnten »Belmont Report« benannt, den die National Commission im Jahr 1978 vorlegt.

Grundlegende Prinzipien und ihre Spezifizierung

Neben dem Prinzip der Selbstbestimmung (*respect for persons*) und dem tradierten medizinethischen Prinzip des Nichtschadens (*nonmaleficence*) bzw. Wohltuns (*beneficence*) wird im »Belmont Report« als drittes Prinzip das Prinzip der Gerechtigkeit (*justice*) (s. Kap. II. 8) herausgestellt (National Commission 1978, 4–10). Aus diesen fundamentalen ethischen Prinzipien, deren Geltung als allgemein akzeptiert vorausgesetzt wird, werden durch Anwendung auf den Bereich der biomedizinischen Forschung die informierte Einwilligung (*informed consent*), die Risiko-Nutzen-Analyse (*risk/benefit assessment*) und die gerechte Probandenauswahl (*fair selection of subjects*) als Bedingungen für eine ethisch akzeptable Forschung mit menschlichen Probanden abgeleitet (National Commission 1978, 10–20). Damit ist ein Rahmen gesteckt, der im Wesentlichen bis heute als verbindlich für die biomedizinische Forschung am Menschen angesehen wird. Weltweite Verbreitung erlangt er nicht zuletzt durch die Ausdifferenzierung, die die beiden US-amerikanischen Autoren Beauchamp und Childress ihm in ihrem Buch *Principles of Biomedical Ethics* gegeben haben, das im Jahr 2013 in der siebten Auflage erscheint (Beauchamp/Childress 2013). Beauchamp und Childress begreifen – anders als der »Belmont Report« – Nichtschaden und Wohltun als separate Prinzipien und kommen somit auf vier ethische Grundprinzipien, die sie durch konzeptuelle Erwägungen ebenso wie durch Beispiele ausformulieren. Tatsächlich wirft jedes einzelne Prinzip Fragen auf und bedarf weiterer Spezifizierungen, um adäquate Regeln für die Forschungspraxis zu erhalten.

Aus dem Recht auf Selbstbestimmung leitet sich zunächst die informierte Einwilligung als wesentliche Maßgabe für die Praxis ab. Daneben stehen u. a. das Recht auf uninformierte Ablehnung sowie das Recht auf jederzeitige Rücknahme der Einwilligung. Auch das Recht auf informationelle Selbstbestimmung inklusive des Datenschutzes (s. Kap. II. 3) fällt in diesen Begründungszusammenhang. Es ist allerdings zu klären, was eine ›informierte‹ Einwilligung eigentlich ausmacht. Der angemessene Umfang sowie die adäquate Darbietung der Informationen zu einem Experiment sind Gegenstand kontroverser Debatten, die nach wie vor anhalten (Faden/Beauchamp 1986, 30–34; Manson/O'Neill 2007). Bemerkenswert ist dabei, dass empirische Untersuchungen zeigen, dass viele grundsätzlich einsichtsfähige Probanden auch nach umfassender Aufklärung nicht verstehen, dass sie an einem Experiment teilnehmen, bei dem ihr individuelles Wohlergehen nicht im Zentrum steht. Dieses Phänomen wird in der Forschung unter dem Titel *therapeutic misconception* diskutiert (Appelbaum et al. 1987).

Weiterer Klärung bedarf auch die Frage, in welcher Weise das Recht auf Selbstbestimmung operationalisiert wird, wenn Probanden nicht oder nicht vollständig einwilligungsfähig sind, ihnen also kognitive oder andere Fähigkeiten fehlen, um eine vollgültige Einwilligung zu geben. Dafür ist neben der Einwilligung (*consent*) das schwächere Konzept der Zustimmung (*assent*) entwickelt worden, das keine vollumfängliche Einsichtsfähigkeit voraussetzt, also beispielsweise für Kinder ab einem bestimmten Alter bzw. Reifegrad relevant wird. In der Regel wird bei der Zustimmung die zusätzliche Forderung nach stellvertretender Einwilligung (*proxy consent*) durch die Erziehungsberechtigten oder einen legitimierten Betreuer verlangt. Für Fälle, in denen absehbar ist, dass zu einem späteren Zeitpunkt ein Mangel an Einwilligungsfähigkeit vorliegen wird – wie etwa bei Demenzpatienten –, wird das Konzept der antizipierten Einwilligung diskutiert (Helmchen/Lauter 1995, 52 ff.). In der zunehmend globalisierten Forschung stellt sich die die Frage, ob das Konzept der informierten Einwilligung ohne weiteres auf solche Kulturkreise übertragen werden kann, in denen Entscheidungen traditionell nicht oder zumindest nicht nur von der betroffenen Person getroffen werden (IJsselmuiden/Faden 1996).

Ähnliche Erfordernisse zur Spezifizierung ergeben sich auch mit Blick auf die Risiko-Nutzen-Analyse. Der Grundgedanke besteht zunächst darin, dass Probanden unabhängig von ihrer Einwilligung nicht übermäßigen Risiken ausgesetzt werden dürfen und dass Risiken in einem angemessenen Verhältnis zum erwartbaren Nutzen stehen. Dies impliziert, dass vor Durchführung eines Humanexperiments alle anderen Forschungsmethoden (Computersimulationen, Versuche *in vitro*, Tierversuche) ausgereizt sein müssen. Es beinhaltet darüber hinaus, dass nur solche Humanexperimente als zulässig gelten können, denen eine klare Forschungshypothese zugrunde liegt. Dennoch gilt ein sehr hohes Risiko (s. Kap. II. 23) für eine dauerhafte Schädigung auch dann als inakzeptabel, wenn der erwartete Nutzen als sehr groß angesetzt wird. Fraglich ist allerdings umgekehrt, ob bei nur minimalen Risiken schwächere Schutzstandards ausreichen. Dies wird v. a. mit Bezug auf Forschung an Minderjährigen überwiegend bejaht und hat dazu geführt, dass der Begriff Eingang in gesetzliche Regelungen gefunden hat (Arzneimittelgesetz § 41 Abs. 2 Nr. 2 Buchst. d). Gleichwohl bleibt der Begriff umstritten, v. a. weil unklar ist, wie er genau gefasst werden soll (Fisher et al. 2007). Fraglich ist darüber hinaus auch, ob er wirklich geeignet ist, eine starke Legitimationsfunktion zu übernehmen (Heinrichs 2010, 130–136).

Das Prinzip der Gerechtigkeit konkretisiert sich im Kontext biomedizinischer Humanexperimente zu der Forderung nach einer gerechten Probandenauswahl. Durch wissenschaftlich begründete Ein- und Ausschlusskriterien, die zum festen Bestandteil jedes Forschungsprotokolls gehören, wird eine willkürliche Probandenselektion auf individueller Ebene vermieden. Eine faire Verteilung von Nutzen und Belastungen auf der Ebene von Probandengruppen stellt mitunter ein schwieriges Problem dar. Hans Jonas führt in diesem Zusammenhang die Maxime *noblesse oblige* an: Es sind demnach v. a. die gesellschaftlichen Eliten, die als Probanden dienen sollten (Jonas 1987, 20). Die Praxis sieht freilich zumeist anders aus. Die finanzielle Aufwandsentschädigung, die für die Teilnahme an biomedizinischen Humanexperimenten in der Regel gezahlt wird, stellt für einkommensschwächere Menschen oftmals einen Anreiz zur Teilnahme dar. Davon unabhängig stellt sich indes die Frage nach grundsätzlich unfairen Probandenrekrutierungen. Solche liegen sicher dann vor, wenn eine Probandengruppe absehbar nicht von den Ergebnissen eines Humanexperiment profitieren wird. Dies kann beispielsweise dann sein, wenn Medikamente, die für den westlichen Markt bestimmt sind, in Entwicklungsländern getestet werden. Diese Praxis ist zu Recht als eine Form von Ausbeutung kritisiert worden (Macklin 2004, 99–130). Allgemeiner lassen sich Rekrutierungsstrategien dann als problematisch charakterisieren, wenn sie auf Gruppen abstellen, die in irgendeiner Weise vulnerabel sind (Heinrichs 2012). Nach verbreiteter Auffassung gehören dazu u. a. Kinder und allgemein einwilligungsunfähige Menschen, aber auch Gefangene, weil sie in einem starken institutionellen Abhängigkeitsverhältnis stehen. Vor diesem Hintergrund lässt sich aus dem Prinzip der Gerechtigkeit eine Subsidiaritätsregel für die Rekrutierung von Probanden ableiten, der zufolge vulnerable Personen nur dann als Probanden aufgenommen werden sollten, wenn es dafür zwingend methodische Gründe gibt. Solche Gründe liegen für die Verwendung von Kindern als Probanden etwa dann vor, wenn es um Krankheiten geht, die im Erwachsenenalter nicht mehr auftreten. Allerdings besteht die Gefahr, dass es aus dieser Überlegung heraus zu überprotektiven Regelungen kommt, die bestimmte Personengruppen vom medizinischen Fortschritt abschneiden, und auf diese Weise ethisch problematisch sind. Ein Beispiel dafür ist die Forschung an Schwangeren (Wild 2010).

In den vergangenen Jahrzehnten haben sich neben den genannten inhaltlichen ethischen Prinzipien und ihren Spezifizierungen einige prozedurale Prinzipien etabliert. Dazu zählen die Maßgaben der Dokumentation und Publikation, die u. a. gewährleisten sollen, dass keine Experimente durchgeführt werden, die bereits an einem anderen Ort betrieben wurden. Für klinische Studien sind weltweit mittlerweile Melderegister eingerichtet worden, die ein transparentes Nachvollziehen der Aktivitäten ermöglichen sollen. Das markanteste prozedurale Prinzip bildet die Maßgabe der Begutachtung durch unabhängige Ethikkommissionen (Toellner 1990). Diese Fachgremien sind inzwischen weltweit anerkannt, allerdings zum Teil sehr unterschiedlich beschaffen und verortet. In Deutschland sind sie für klinische Studien, in denen Arzneimittel und Medizinprodukte getestet werden, gesetzlich vorgeschrieben und nach Landesrecht organisiert (Arzneimittelgesetz § 42, Medizinproduktgesetz § 22).

Der skizzierte Prinzipienansatz wirft die Frage nach dem systematischen Zusammenhang der Prinzipien auf, die auch methodisch von Bedeutung ist, da es regelmäßig zu Konflikten zwischen den genannten drei bzw. vier Prinzipien kommt und dann begründete Abwägungen gefunden werden müssen. Die Annahme eines grundsätzlichen Primats eines Prinzips – etwa des Prinzips der Selbstbestimmung – erweist sich dabei als wenig überzeugend. Vielmehr gilt es, dem jeweiligen sachlichen Kontext nach zu entscheiden, wie die Prinzipien gegeneinander abgewogen werden müssen (Heinrichs 2006, 74–78, 99–104). Geht man davon aus, dass bei biomedizinischen Humanversuchen das ethische Hauptproblem in der Gefahr einer Verdinglichung (Jonas 1987) oder – in Anlehnung an Immanuel Kant (1785) – vollständigen Instrumentalisierung (s. Kap. II. 17) der Probanden liegt, dann muss der Abwägungsprozess gerade darauf gerichtet sein, dies zu verhindern.

Aktuelle Problemfelder

Im Verlauf der vergangenen Jahrzehnte ist ein Rahmenwerk entwickelt worden, das vorgibt, wie Humanexperimente in ethisch akzeptabler Form durchgeführt werden können. Wie in der Darstellung der Spezifizierungen der einzelnen Prinzipien deutlich geworden ist, gibt es aber nach wie vor Probleme, für die überzeugende Lösungen noch ausstehen. Dazu gehört u. a. der Bereich der Forschung an Einwilligungsunfähigen, wobei in den letzten Jahren das Feld der Demenzforschung besondere Beachtung gefunden hat (Dresser 2000/2001). Der vermehrte Einsatz von bildgebenden Verfahren, v. a. in der neurowissenschaftlichen Forschung, hat das Problem der Zufallsbefunde virulent werden lassen, für das noch keine allgemein akzeptierten Vorgaben existieren (Wolf et al. 2008). Auch die zunehmende Verfügbarkeit von *whole genome sequencing* wirf neue Fragen auf (McGuire et al. 2008).

Darüber hinaus gibt es immer wieder Vorfälle, die die Forschung am Menschen in sehr grundsätzlicher Weise in Zweifel zieht. Im Jahr 2006 ist es in London bei der klinischen Prüfung eines neuen Wirkstoffs zu erheblichen medizinischen Schädigungen bei einigen der Probanden gekommen (Schmidt/Frewer 2007, 7–9). Ein Beitrag in der Fachzeitschrift *Nature* titelt, die desaströse Studie habe erhebliche Nebenwirkungen für die Forschung (Wadman 2006). Zwar hat es in der Folge keine grundlegenden Änderungen der Regulation von Humanexperimenten gegeben, die Forderung nach einer erneuten Reflexion steht aber im Raum (Wertheimer 2011). Eine solche Reflexion scheint indes nicht nur angesichts von Unfällen bei Studien angezeigt. Vielmehr ist davon auszugehen, dass die Verwendung von Menschen als Versuchsobjekten ein derart grundsätzliches ethisches Problem darstellt, dass eine immer wieder neue ethische Reflexion der Begründetheit und der Grenzen solchen Handelns erforderlich ist.

Literatur

Annas, George J./Grodin, Michael A. (Hg.): *The Nazi Doctors and the Nuremberg Code. Human Rights in Human Experimentation*. New York/Oxford 1992.

Appelbaum, Paul S./Roth, Loren H./Lidz, Charles W./Benson, Paul/Winslade, William: False hopes and best data: consent to research and the therapeutic misconception. In: *Hastings Center Report* 17/2 (1987), 20–24.

Beauchamp, Tom L./Childress, James F.: *Principles of Biomedical Ethics*. Oxford/New York ⁷2013.

Beecher, Henry K.: Ethics and clinical research. In: *New England Journal of Medicine* 274/24 (1966), 1354–1360.

Bernard, Claude: *Einführung in das Studium der experimentellen Medizin*. Leipzig 1961 (frz. 1865).

Böhme, Gernot/LaFleur, William R./Shimazono, Susumu (Hg.): *Fragwürdige Medizin. Unmoralische Forschung in Deutschland, Japan und den USA im 20. Jahrhundert*. Frankfurt/New York 2008.

Brody, Howard/Miller, Franklin G.: The clinician-investigator: Unavoidable but manageable tension. In: *Kennedy Institute of Ethics Journal* 13/4 (2003), 329–346.

Celsus: *De medicina*. With an English Translation by Walter G. Spencer. London 1935 (Reprint 1960).

Childress, James F./Meslin, Eric M./Shapiro, Harold T. (Hg.): *Belmont Revisited. Ethical Principles for Research with Human Subjects*. Washington, DC 2005.

Council for International Organizations of Medical Sciences (CIOMS): *International Ethical Guidelines for Biomedical Research Involving Human Subjects*. Geneva ²2002. In: http://www.cioms.ch/images/stories/CIOMS/guidelines/guidelines_nov_2002_blurb.htm (15.05.2013).

Council of Europe: *Additional Protocol to the Convention on Human Rights and Biomedicine, concerning Biomedical Research*. Strasbourg 2005. http://conventions.coe.int/Treaty/EN/Treaties/Html/195.htm (15.05.2013).

Dresser, Rebecca: Dementia research: Ethics and policy for the twenty-first century. In: *Georgia Law Review* 35 (2000/2001), 661–690.

Ehni, Hans-Jörg/Wiesing, Urban (Hg.): *Die Deklaration von Helsinki. Revisionen und Kontroversen*. Köln 2012.

Elkeles, Barbara: *Der Moralische Diskurs über das medizinische Menschenexperiment im 19. Jahrhundert*. Stuttgart 1996.

Faden, Ruth R./Beauchamp, Tom L.: *A History and Theory of Informed Consent*. New York/Oxford 1986.

Fisher, Celia B./Kornetsky, Susan Z./Prentice, Ernest D.: Determining risk in pediatric research with no prospect of direct benefit: time for a national consensus on the interpretation of federal regulations. In: *American Journal of Bioethics* 7/3 (2007), 5–10.

Heberlein, Annemarie: Helfen um jeden Preis? – Historisch fundierte Gründe für das Konzept des »kontrollierten individuellen Heilversuchs« für risikoreiche »individuelle Heilversuche« zur Behandlung einwilligungsunfähiger psychisch kranker Menschen. In: *Ethik in der Medizin* 25/1 (2013), 19–31.

Heinemann, Thomas/Heinrichs, Bert/Klein, Christoph/Fuchs, Michael/Hübner, Dietmar: Der »kontrollierte individuelle Heilversuch« als neues Instrument bei der klinischen Erstanwendung risikoreicher Therapieformen – Ethische Analyse einer somatischen Gentherapie für das Wiskott-Aldrich-Syndrom. In: *Jahrbuch für Wissenschaft und Ethik*, Bd. 11. Hg. von Ludger Honnefelder/Dieter Sturma. Berlin 2006. 153–199.

Heinrichs, Bert: *Forschung am Menschen. Elemente einer ethischen Theorie biomedizinischer Humanexperimente*. Berlin/New York 2006.

–: Forschung mit Minderjährigen. Ethische Aspekte. In: Dieter Sturma/Dirk Lanzerath/Bert Heinrichs (Hg.): *Forschung mit Minderjährigen. Medizinische, rechtliche und ethische Aspekte*. Freiburg i. Br. 2010, 97–164.

–: Der Begriff der Vulnerabilität in der Ethik der Forschung am Menschen. In: Ehni/Wiesing 2012, 66–76.

Helmchen, Hanfried/Lauter, Hans (Hg.): *Dürfen Ärzte mit Demenzkranken forschen? Analyse des Problemfeldes Forschungsbedarf und Einwilligungsproblematik*. Stuttgart 1995.

Ijsselmuiden, Carel B./Faden, Ruth R.: Medical research and the principles of respect for persons in non-western cultures. In: Harold Y. Vanderpool (Hg.): *The Ethics of Research Involving Human Subjects. Facing the 21st Century*. Frederick/Maryland 1996, 281–301.

Jonas, Hans: Im Dienste des medizinischen Fortschritts: Über Versuche an menschlichen Subjekten. In: *Technik, Medizin und Ethik. Praxis der Verantwortung*. Frankfurt a. M. 1987, 109–145.

Jones, James H.: *Bad Blood. The Tuskegee Syphilis Experiment*. New York/London ²1993.

Jonsen, Albert R.: *The Birth of Bioethics*. New York/Oxford 1998.

Kant, Immanuel: *Grundlegung zu Metaphysik der Sitten* [1785]. Hamburg ⁷1994.

Katz, Jay: The consent principle of the nuremberg code: its significance then and now. In: Annas/Grodin 1992, 227–239.

Kopelman, Loretta M.: Research methodology. II. Clinical trials. In: Stephen G. Post (Hg.): *Encyclopedia of Bioethics*, vol. 4. New York/Oxford 2004, 2334–2343.

Macklin, Ruth: *Double Standards in Medical Research in Developing Countries*. Cambridge 2004.

Manson, Neil C./O'Neill, Onora: *Rethink Informed Consent in Bioethics*. Cambridge/New York 2007.

McGuire, Amy L./Caulfield, Timothy/Cho, Mildred K.: Research ethics and the challenge of whole-genome sequencing. In: *Nature Reviews Genetics* 9/2 (2008), 152–156.

Minister der Geistlichen, Unterrichts- und Medizinal-Angelegenheiten: Anweisung an die Vorsteher der Kliniken, Polikliniken und sonstigen Krankenanstalten. In: *Centralblatt für die gesamte Unterrichts-Verwaltung in Preußen* 2 (1901). Berlin, 188–189.

Mitscherlich, Alexander/Mielke, Fred (Hg.): *Medizin ohne Menschlichkeit: Dokumente des Nürnberger Ärzteprozesses*. Frankfurt a. M.¹⁶ 2004.

National Commission for the Protection of Human Subjects of Biomedical and Behavioral Research: *The Belmont Report. Ethical Principles and Guidelines for the Protection of Human Subjects of Research*. Washington, DC 1978.

Pappworth, Maurice H.: *Human Guinea Pigs. Experimentation on Man*. London 1967.

Pethes, Nicolas/Griesecke, Birgit/Krause, Marcus/Sabisch,

Katja (Hg.): *Menschenversuche. Eine Anthologie 1750–2000*. Frankfurt a. M. 2008.

Porter, Roy: *Die Kunst des Heilens. Eine medizinische Geschichte der Menschheit von der Antike bis heute*. Heidelberg/Berlin 2000.

Reichsgericht: Urteil vom 31. Mai 1894. Az. Rep. 1406/94. (»Von welchen rechtlichen Voraussetzungen hängt die Strafbarkeit oder Straflosigkeit von Körperverletzungen ab, welche zum Zwecke des Heilverfahrens von Ärzten bei operativen Eingriffen begangen werden?«). In: *Entscheidungen des Reichsgerichts. Herausgegeben von Mitgliedern des Gerichtshofs und der Reichsanwaltschaft. Entscheidungen in Strafsachen*. Bd. 25. Leipzig 1894, 375–389.

Reichsminister des Inneren: Reichsrichtlinien zur Forschung am Menschen. In: *Reichsgesundheitsblatt* 6/55 (1931), 174–175.

Roelcke, Volker/Maio, Giovanni (Hg.): *Twentieth Century Ethics of Human Subjects Research. Historical Perspectives on Values, Practices, and Regulations*. Stuttgart 2004.

Schaffner, Kenneth F.: Research methodology. I. Conceptual issues. In: Stephen G. Post (Hg.): *Encyclopedia of Bioethics*. Bd. 4. New York/Oxford 2004, 2326–2334.

Schaupp, Walter: *Der ethische Gehalt der Helsinki Deklaration. Eine historisch-systematische Untersuchung der Richtlinien des Weltärztebundes über biomedizinische Forschung am Menschen*. Frankfurt a. M./Berlin 1994.

Schmidt, Ulf/Frewer, Andreas: History and ethics of human experimentation: the twisted road to helsinki. In: Ulf Schmidt/Andreas Frewer (Hg.): *History and Theory of Human Experimentation. The Declaration of Helsinki and Modern Medical Ethics*. Stuttgart 2007, 7–23.

Schmidt, Ulf/Frewer, Andreas (Hg.): *History and Theory of Human Experimentation. The Declaration of Helsinki and Modern Medical Ethics*. Stuttgart 2007.

Schumacher, Martin/Schulgen, Gabi: *Methodik klinischer Studien. Methodische Grundlagen der Planung, Durchführung und Auswertung*. Berlin/Heidelberg 2002.

Toellner, Richard (Hg.): *Die Ethik-Kommission in der Medizin. Problemgeschichte, Aufgabenstellung, Arbeitsweise, Rechtsstellung und Organisationsformen Medizinischer Ethik-Kommissionen*. Stuttgart/New York 1990.

Wadman, Meredith: London's disastrous drug trial has serious side effects for research. In: *Nature* 440 (2006), 388–389.

Weltärztebund: *Deklaration von Helsinki. Ethische Grundsätze für die medizinische Forschung am Menschen – Fassung von 2013*. In: http://www.bundesaerztekammer.de/downloads/deklHelsinki2013.pdf (04. 02. 2015).

Wertheimer, Alan: *Rethinking the Ethics of Clinical Research. Widening the Lens*. Oxford/New York 2011.

Wild, Verina: *Arzneimittelforschung an schwangeren Frauen. Dilemma, Kontroversen und ethische Diskussion*. Frankfurt/New York 2010.

Winau, Rolf: Medizin und Menschenversuch. Zur Geschichte des »informed consent«. In: Claudia Wiesemann/Andreas Frewer (Hg.): *Medizin und Ethik im Zeichen von Auschwitz. 50 Jahre Nürnberger Ärzteprozeß*. Erlangen 1996, 13–29.

Wolf, Susan M./Paradise, Jordan/Nelson, Charles A./Kahn, Jeffrey P./Lawrenz, Frances (Hg.): Incidental findings in human subjects research: from imaging to genomics. Symposium articles. In: *Journal of Law, Medicine & Ethics* 36/2 (2008), 216–383.

Bert Heinrichs

15 Gender

Mit dem Begriff ›Gender‹ werden soziale Differenzen entlang der Geschlechtszuordnung wissenschaftlich erfasst. Diese analytische Kategorie bezieht sich auf die soziale Klassifikation menschlicher Individuen zu Gruppen wie Männer und Frauen. Die in den 1970er Jahren beginnende, englischsprachige Debatte verdeutlichte, dass diese Klassifikation von ›Gender‹, anders als der Begriff ›Sex‹, nicht auf biologische Fakten zurückgeht, sondern sozial- und kulturhistorisch geformt ist. Die Unterscheidung von Gender und Sex markiert eine der wichtigsten Modernisierungsdebatten im 20. Jahrhundert (vgl. Beauvoir 1992), da mit ihr die wissenschaftliche Auseinandersetzung mit und soziale Kritik an Geschlechterunterschieden, Machtverhältnissen und sozialen Rollenzuordnungen für Personen (s. Kap. II. 21) betrieben wurde. Die heutige Genderforschung versteht sich als interdisziplinärer, geistes- und sozialwissenschaftlicher Ansatz, der sich, ähnlich der Bioethik, kritisch-reflexiv und normativ motiviert mit sozialen Verhältnissen und der Rolle der Wissenschaft auseinandersetzt.

Gender wird oft auch als Geschlechtsidentität verstanden, welche die Zuordnung zur traditionell vorherrschenden binären Gegenüberstellung von Frau versus Mann und den damit verbundenen Eigenschaften von weiblich versus männlich meint. Diese dichotome Geschlechtszuweisung erfolgt nicht nur mittels biologisch-körperlicher Sexualmerkmale (Chromosomen, Gonaden, Genitalien, Körperform), sondern gerade auch durch soziale Verhaltensmerkmale. Abweichungen von der dichotomen Norm der Geschlechtszuordnungen werden durch die Begriffe Trans- und Intersexualität (s. Kap. III. 23) sowie Queer beschrieben. Um den Handlungsaspekt von Gender-bezogenen Rollen zu unterstreichen, wurde der Begriff *doing gender* geprägt. *Doing gender* basiert als internalisiertes Rollenhandeln auf Erziehung und Sozialisation durch Eltern, Peers und sozialen sowie politischen Strukturbedingungen.

Neben der biologischen und sozialen Dimension muss noch die psychologische Dimension der Selbstzuordnung berücksichtig werden. Diese geht nicht immer mit der biologischen und/oder sozialen Verortung einher. Daher werden in neuerer Zeit weitere, alternative Kategorien wie z. B. Trans- und Intergender oder Cross Dresser hinzugenommen, die auch unter dem Begriff ›Queer‹ zusammengefasst werden. Unter Transgender verstehen sich Personen, die die herkömmlichen Geschlechtergrenzen überschreiten. Der Begriff geht weit über die rein medizinischen Bezeichnungen wie Transsexualität hinaus. Der eher medizinische Begriff der transsexuellen Personen umfasst solche, die zwar ein eindeutiges biologisches Geschlecht als Mann/Frau aufweisen, sich selbst jedoch psychologisch eindeutig dem entgegengesetzten Geschlecht zuordnen. Viele von ihnen verfolgen durch medizinisch-operative und soziale Anpassung die Wiederherstellung einer Einheit der verschiedenen Dimensionen (vgl. Hirschauer 1998). Mit ›Intergender‹ bezeichnen sich dagegen Personen, die sich nicht in einer der beiden Geschlechtskategorien ›Mann‹ oder ›Frau‹ verorten. Personen mit einem biologisch nicht eindeutigen Geschlecht werden in medizinischer Sicht als ›Intersexuelle Personen‹ bezeichnet. Bei diesen Kindern wurde gerade im letzten Jahrhundert durch chirurgische Eingriffe das Geschlecht ›angepasst‹. Diese medizinische Praxis ist in letzter Zeit mit Blick auf die Selbstbestimmungsrechte der Kinder und Betroffenen stark kritisiert worden, wirft sie doch verschiedene bioethische Fragen auf. Die Ambivalenz von Geschlechtszuordnungen kann auch durch explizites androgynes Verhalten oder das Cross Dressing, d. h. das Übertreten von geschlechtscodierter Kleiderordnung, hervorgehoben werden. In vielen nicht-westlichen Kulturen, z. B. in Indien, Thailand oder bei den Navajos, gibt es kulturell tief verankerte und sozial integrierte, alternative dritte Kategorien des Geschlechts.

Gender ist prinzipiell von sexueller Orientierung zu unterscheiden: Durch eine Geschlechtszuordnung kann noch keine Aussage über die sexuellen Vorlieben und Praktiken einer Person, z. B. als hetero-, homo-, bi- oder auch asexuell (s. Kap. III. 38) getroffen werden. Allerdings muss kritisch reflektiert werden, dass traditionelle Genderstereotypen bezüglich Mann und Frau heterosexuelle Orientierung als Norm (sog. Heteronormativität) voraussetzen.

Die neuere Genderforschung hat zunehmend in Frage gestellt, ob die Unterscheidung von biologischem und sozialem Geschlecht (Gender und Sex) aus wissenschaftstheoretischer und epistemologischer Sicht tragfähig ist (Butler 1997). Versteht man Geschlecht als vorrangiges Produkt sozialer, externer Zuschreibung und individueller Performanz, geprägt durch soziale Normen, so kann berechtigterweise bezweifelt werden, ob es die Möglichkeit einer reinen biologischen Zuschreibung von Geschlecht geben kann. Wie wissenschaftshistorische Studien überzeugend zeigen konnten (Laqueur 1992), ist insbesondere die medizinische und biologische Praxis der

Geschlechtszuordnung einerseits eine soziale Praxis auf der Basis normativer Prämissen, die einem starken historischen Wandel ausgesetzt ist. Anderseits kommen sozialkonstruktivistische Erklärungen an ihre Grenzen, wenn es z. B. um das mit dem Geschlechterdimorphismus korrelierte Reproduktionsvermögen geht. Insofern ist die Diskussion um *nature vs. nurture* und der Rolle von materialer Körperlichkeit über den rein konstruktivistischen Aspekt hinaus weiterhin ein zentraler Bestandteil der Gendertheoriebildung (vgl. Kuhlmann 2003).

Aus bioethischer Sicht ergeben sich vier zentrale Themenfelder, die im Folgenden skizziert werden.

Gender und Moralität

Kann und soll es eine genderspezifische Ethik geben? Diese umstrittene Frage kennzeichnete die sog. Gilligan-Kohlberg-Debatte der 1990er Jahre (Gilligan 1994). Auf der Basis moralpsychologischer Untersuchungen wurde diskutiert, dass Mädchen eher fürsorgeorientiert argumentierten, Jungen hingegen eher gerechtigkeitsorientiert. Die Entwicklungspsychologin Carol Gilligan hat dabei die in der Moralpsychologie vorherrschende Annahme, dass die universale Gerechtigkeitsethik die höchste moralische Entwicklungsstufe sei, kritisiert. Sie schlug vor, *ethics of care* (Fürsorgeethik) als gleichwertige, kontextspezifische Moralperspektive anzuerkennen. Neuere Ansätze gehen davon weg, diese Ethikkonzeption als genderspezifisch zu konzipieren und kritisieren, dass sie dichotome Strukturen und Stereotypen reiterieren. Vielmehr wird nun das Potenzial dieser Debatte in einer Auseinandersetzung um Situations- und Perspektivenvorrangigkeit (vgl. Nunner-Winkler 1991) und der ethischen Rücksichtnahme auf Vulnerabilität und soziale Abhängigkeiten, unabhängig von Männer-Frauen-Unterschieden, gesehen (vgl. Kittay/Feder 2002).

Der Beitrag der *ethics of care* ist in der Bioethik besonders dort relevant geworden, wo es um die Analyse ethischer Probleme und Lösungen in engen Beziehungsgeflechten geht, wie z. B. in Eltern-Kind-Beziehungen oder pflegerischen Situationen (vgl. Wiesemann 2006). Die Grundannahme beinhaltet, dass sich aus der aktiven Übernahme von sozialen, meist eben auch vergeschlechtlichten Rollen, wie z. B. Elternschaft oder pflegende Angehörige, besondere moralisch relevante Abhängigkeiten und Asymmetrien ergeben. Diese sollen nicht allein aus der Perspektive von Pflichten und formalen Verantwortungen betrachtet werden, sondern es müssen die positiven und motivationalen Aspekte von Liebe und Sorge um den Anderen sowie der Mehrwert der sozialen Bindung an sich berücksichtigt werden.

Gender und Gerechtigkeit

Genderdifferenzen gelten nicht per se als ungerecht. Jedoch trägt Genderforschung an vielen Stellen dazu bei, offensichtliche soziale Ungleichheit und Diskriminierung aufzudecken. Notorische Themen sind Diskriminierung von Frauen in Politik, z. B. fehlendes Frauenwahlrecht, oder der Arbeitswelt sowie Frauen als Gewaltopfer, z. B. Vergewaltigung in der Ehe. Die soziale Praxis westlicher, demokratischer Länder steht dabei immer noch in vielerlei Hinsicht im Widerspruch zu den rechtlichen und moralischen Idealen der Gleichheit aller Menschen und dem Diskriminierungsverbot. Neuere Forschung der Intersektionalität betont allerdings, dass soziale Schichtzugehörigkeit, Ethnizität, Religion und Alter bei dieser kritischen Diskussion ebenso zu berücksichtigen sind, da andernfalls wichtige Differenzierungen, z. B. innerhalb der Gruppe der Männer, übersehen werden (vgl. Winker/Degele 2009).

Wie sehr sich diskriminierende Genderpraxis auch auf bioethische Themen auswirken kann, zeigt sich eindrücklich am Thema der *sex selection*. In einigen asiatischen Ländern, z. B. in China, Indien, und z. T. auch zunehmend in bestimmten Migrantengruppen in den USA und Kanada erfolgt nach pränataler Diagnostik ein Schwangerschaftsabbruch weiblicher Föten. In manchen Regionen wurde hierdurch das nummerische Geschlechterverhältnis enorm zu Gunsten männlicher Neugeborener verschoben (vgl. Patel/Baviskar 2007). Diese Praxis geht auf die soziale Benachteiligung zurück, die Eltern von Töchtern erfahren. Zugleich scheint das Ungleichverhältnis die bestehende frauendiskriminierende Praxis zu verstärken, wofür beispielhaft die steigende Häufigkeiten von Frauenraub für Zwangsehen oder Vergewaltigung steht. Trotz gesetzlicher Verbote, z. B. in Indien, existiert die Praxis der *sex selection* weiter, weil der soziale Status von Töchtern weiter sinkt. Auch bei der Präimplantationsdiagnostik (s. Kap. III. 5) etabliert sich zunehmend in vielen Ländern die Praxis der *sex selection*. Die ethische Rechtfertigung basiert hier weitgehend auf der Annahme, dass die einzelne Bevorzugung eines weiblichen oder männlichen Fötus keine Auswirkungen auf das gesamtgesellschaftliche Gefüge bzw. auf andere lebende Individuen haben kann. Damit kann sie nicht als Diskriminierung bewertet werden. Die komplexen Zusammenhänge der *sex selection*, wie sie in Asien praktiziert werden, sollten allerdings deutlich machen, dass diese Annahme in empirischer Hinsicht stark von den jeweiligen Rahmenbedingungen abhängt. Gerade bei der weiteren Etablierung von Selektionstechniken im Bereich der Reproduktionsmedizin erscheint es daher wichtig, Genderdimensionen in gesellschaftliche Szenarien zur Technikentwicklung zu berücksichtigen.

Gender und Medikalisierung

Biologischer Reduktionismus und die Pathologisierung bestimmter Geschlechtsidentitäten stellen verbreitete problematische Herangehensweisen der Lebenswissenschaften und Medizin dar. Diese Erkenntnis ist der einflussreichen Forschung Michel Foucaults zu verdanken. Dieser hat die besonders kritische Funktion wissenschaftlicher Institutionen und Wissenskategorien bei der gesellschaftlichen Normierung herausgestellt (Foucault 1983). Medizin und Lebenswissenschaften müssten nach Foucault daher unter dem Paradigma ihrer – meist als Rationalität und Objektivität maskierten – Macht und Einflussnahme auf andere soziale Lebensbereiche kritisch reflektiert werden.

Biologischer Reduktionismus beinhaltet die naturalisierende Zuordnung von personalen Eigenschaften (wie Intelligenz, Emotionen) zu Geschlechtsidentität auf der Basis überzogener Verallgemeinerungen (vgl. Fausto-Sterling 1988). Psychologie, Genetik und Neurowissenschaften werden herangezogen, um soziale Unterschiede zwischen Männern und Frauen zu rechtfertigen, ohne den Anteil sozialer Faktoren kritisch zu reflektieren. Die medizinische Praxis hat durch die Pathologisierung von genderspezifischen Phänomenen – z. B. bei der Frau: Menstruation, Schwangerschaft, sog. Hysterie – ebenfalls sehr zur Diskriminierung von Frauen beigetragen. Pathologisierung beinhaltet auch die Einstufung von uneindeutigem Gender per se als Krankheit oder Störung. Dabei kann, wie historisch am Beispiel der Transgender-Behandlung gezeigt, eine Pathologisierung einer Kriminalisierung entgegenwirken (vgl. Herrn 2008). Ein Pathologisierungsprozess ist aus ethischer Sicht dann problematisch, wenn die psychologische und subjektive Perspektive der Betroffenen und gegebenenfalls ein fehlender Leidensdruck ignoriert werden. Die umfangreiche medizinische Therapie der Transgender-Personen und der Einstufung von Transsexualität als Krankheit, wie sie seit Mitte der 1990er Jahre etabliert wurde, wird daher ambivalent beurteilt (vgl. Hirschauer 1998): Einerseits gilt sie aus Sicht vieler Betroffener als wichtige Errungenschaft und Ermöglichung, ein anderes Leben zu führen, andererseits ist sie mit enormen Abhängigkeiten der Betroffenen von Ärzten und Psychologen verbunden, die oft als demütigend und fremdbestimmend empfunden werden.

Gender und Gesundheitsversorgung

Die Gender-Medizin als neues Fach erforscht, inwiefern und warum Männer und Frauen aufgrund von körperlichen und sozialen Umständen statistisch betrachtet im Lebensverlauf sehr unterschiedlich krank werden können (vgl. Rieder/Lohff 2008). Für viele chronische Volkskrankheiten wie Herzinfarkt, Depression, Krebs, Alzheimer Demenz, Osteoporose oder Niereninsuffizienz sind inzwischen signifikante epidemiologische Unterschiede zwischen Männern und Frauen festgestellt worden. Die medizinische Versorgung von Frauen gilt in vielen Bereichen als unzureichender, wenngleich Frauen in westlichen Industrieländern durchschnittlich eine höhere Lebenserwartung haben.

Aus Sicht einer Public Health-Ethik stellen sich daher wichtige Fragen nach Behandlungsschwerpunkten und Makroallokation im Gesundheitswesen (s. Kap. III. 20). Da Krankheit, Armut und soziale Benachteiligung eng zusammenhängen, ist es aus ethischer Sicht besonders relevant, mögliche Angriffspunkte zur Beseitigung von sozialer Ungleichheit zu identifizieren. Es wurde daher vorgeschlagen, das leitende ethische Prinzip der Gleichbehandlung in der Public Health-Ethik vermehrt aus Genderperspektive zu beleuchten. Hierzu ist es notwendig, nicht auf formale Rechte zu verweisen, sondern zu berücksichtigen, dass Männer und Frauen (aber auch Mitglieder anderer sozialer Gruppen) unterschiedliche psychologische, soziale und ökonomische Ressourcen haben, ihre Rechte einzufordern (vgl. Tong/Williams 2002).

Die soziale und individuelle ethische Ebene verschränken sich dort, wo vermeintliche persönliche Entscheidungen – wie z. B. bei der Organspende – größere soziale Muster erkennen lassen. So zeigt sich die bioethische Komplexität von Gender u. a. am Beispiel der Behandlung von chronischer Niereninsuffizienz durch Lebendorgantransplantation. In vielen westlichen Industrieländern erhalten Männer häufiger Lebendnieren als Frauen, die wiederum häufiger bereit sind zu spenden. Medizinethnologische Forschung zeigt, dass hier v. a. traditionelle Geschlechterrollen für die Bereitschaft von Organspende und -annahme wirksam werden, die bislang vom Medizin- und Rechtssystem weitgehend ausgeblendet werden (vgl. Wöhlke 2013).

Genderrollen können zudem auch die Interaktion und Kommunikation zwischen Arzt/Ärztin und Patient/Patientin beeinflussen. Männer und Frauen zeigen nachweislich Unterschiede im Gesundheits- und Präventionsverhalten; und umgekehrt reagieren und kommunizieren Ärzte unterschiedlich mit ihnen. Die Genderperspektive ist jedoch in der klassischen Medizinethik zum Arzt-Patienten-Verhältnis bisher kaum thematisiert worden.

Aktuelle Diskussion

Gender ist für alle Lebensbereiche relevant: Kindheit und Erziehung, Familie, Bildung, Arbeitswelt sowie Altern. Alle diese Kontexte sind durch große Differenzen im Zugang zu Ressourcen, Chancen und Rollenerwartung geprägt. Die moderne Medizin und Lebenswissenschaften beeinflussen zunehmend ebenfalls all diese Bereiche. Genetische, chirurgische und pharmakologische Eingriffe am Kind, Familienplanung mittels moderner Reproduktionsmedizin, Behandlung von körperlichen und psychischen Störungen, um wieder arbeitsfähig zu sein und z. B. medizinische und pflegerische Versorgung am Lebensende sollten daher auch um die Perspektive ›Gender‹ ergänzt werden. Grundsätzliche bioethische Forschungsfragen wären somit: Inwiefern tragen biomedizinische Behandlungen dazu bei, soziale Differenzen zwischen den Geschlechtern zu vergrößern oder zu verkleinern? Inwiefern wird in Zukunftsszenarien zu den Auswirkungen der Lebenswissenschaften auf individuelle Selbstverständnisse und das gesellschaftliche Zusammenleben auch der Einfluss auf Genderrollen und damit das Verhältnis zwischen den Geschlechtern berücksichtigt?

Literatur

Butler, Judith: *Körper von Gewicht*. Frankfurt a. M. 1997.
Beauvoir, Simone de: *Das andere Geschlecht. Sitte und Sexus der Frau*. Reinbek 1992.
Fausto-Sterling, Anne: *Gefangene des Geschlechts? Was biologische Theorien über Mann und Frau sagen*. München/Zürich 1988.
Foucault, Michel: *Der Wille zum Wissen. Sexualität und Wahrheit* (1). Frankfurt a. M. 1983.
Gilligan, Carol: *In a Different Voice. Psychological Theory and Women's Development*. Cambridge Mass. 1994.
Herrn, Rainer: Geschlecht als Option. Selbstversuche und medizinische Experimente zur Geschlechtsumwandlung im frühen 20. Jahrhundert. In: Nicolas Pethes/Silke Schicktanz (Hg.): *Sexualität als Experiment*. Frankfurt a. M. 2008, 45–70.
Hirschauer, Stefan: *Die soziale Konstruktion der Transsexualität: Über die Medizin und den Geschlechtswechsel*. Frankfurt a. M. 1998.
Kittay, Eva/Feder, Ellen (Hg.): *The Subject of Care: Feminist Perspectives on Dependency*. Totowa NJ 2002.
Kuhlmann, Ellen: Verhandlungen über den Körper – Biotechnologische Entwicklungen und feministische Perspektiven. In: Sigrid Graumann/Ingrid Schneider (Hg.): *Verkörperte Technik – Entkörperte Frau*. Frankfurt a. M. 2003, 125–140.
Laqueur, Thomas: *Auf den Leib geschrieben. Die Inszenierung der Geschlechter von der Antike bis Freud*. Frankfurt a. M./New York 1992.
Nunner-Winkler, Gertrud (Hg.): *Weibliche Moral: Die Kontroverse um eine geschlechtsspezifische Ethik*. Frankfurt a. M. 1991.
Patel, Tulsi/Baviskar, Baburao S. (Hg.): *Sex Selective Abortion in India: Gender, Society and New Reproductive Technologies*. New Delhi 2007.
Rieder, Anita/Lohff, Brigitte (Hg.): *Gender Medizin: Geschlechtsspezifische Aspekte für die klinische Praxis*. Wien/New York [2]2008.
Tong, Rosemary/Williams, Nancy: Gender justice in the health care system: past experiences, present realities and future hopes. In: Rosamond Rhodes/Margaret Battin/Anita Silvers (Hg.): *Medicine and Social Justice*. New York 2002, 224–234.
Wiesemann, Claudia: *Von der Verantwortung, ein Kind zu bekommen. Eine Ethik der Elternschaft*. München 2006.
Winker, Gabriele/Degele, Nina: *Intersektionalität. Zur Analyse gesellschaftlicher Ungleichheiten*. Bielefeld 2009.
Wöhlke, Sabine: The morality of giving and receiving living kidneys: Empirical findings on opinions of affected patients. In: Gurch Randhawa/Silke Schicktanz (Hg.): *Public Engagement in Organ Donation and Transplantation*. Lengrich 2013.

Silke Schicktanz

16 Gentechnik in der Lebensmittelproduktion

Begriffsbestimmung

Die Gentechnik ist ein Teilgebiet der Biotechnik. Der Einsatz von Biotechnik in der Lebensmittelproduktion ist keineswegs neu (vgl. Tambornino 2011, 107 ff.). Bekannte biotechnologische Verfahren, die schon seit Jahrhunderten eingesetzt werden, sind beispielsweise der Einsatz von Hefe zur Alkoholherstellung und die Verwendung von Bakterien zur Herstellung von Käse. Gentechnisch veränderte Lebensmittel gibt es hingegen erst seit Ende des 20. Jahrhunderts. Gentechnik wird beschrieben als die Summe aller Methoden, die sich mit der Isolierung, Charakterisierung, Vermehrung und Neukombination von Genen, auch über Artgrenzen hinweg, beschäftigen (Mohr 2001, 13). Als gentechnisch verändert wird ein Organismus bezeichnet, wenn sein genetisches Material in einer Weise verändert worden ist, wie es unter natürlichen Bedingungen, d. h. durch Kreuzen oder Rekombination, nicht vorkommt (Freisetzungs-Richtlinie 2001/18/EG, Art. 2). Grundsätzlich ist ein gentechnisch verändertes Lebensmittel ein Lebensmittel, das aus gentechnisch veränderten Pflanzen, Tieren oder Mikroorganismen besteht, diese enthält oder daraus hergestellt ist. Für den Konsumenten ist es teilweise schwierig nachzuvollziehen, welche Produkte mit Hilfe von Gentechnik hergestellt wurden und zudem herrscht diesbezüglich auch Uneinigkeit unter Experten. Problematisch ist etwa die Beantwortung der Frage, ob Lebensmittel, die von Tieren stammen (Fleisch, Milch, Eier), die mit gentechnisch veränderten Pflanzen gefüttert wurden, selbst als gentechnisch verändert gelten und dementsprechend gekennzeichnet werden sollten – zurzeit ist dies nicht der Fall.

Die Gentechnik im Vergleich zu konventionellen Züchtungsmethoden

Verglichen wird die Anwendung der Gentechnik im Lebensmittelsektor häufig mit klassischen Züchtungsmethoden, wie beispielsweise der Auslese-, Kombinations-, Hybrid- oder Mutationszüchtung. Zwei Unterschiede werden hervorgehoben: Während die klassische Züchtung in der Regel mit Organismen der gleichen Art und nahen Verwandten arbeitet, können mit Hilfe der Gentechnik problemlos die Erbanlagen artfremder Organismen genutzt werden, wodurch eine Kreuzung über Artgrenzen hinweg in ganz anderem Ausmaß möglich ist. Die Gentechnik versetzt den Menschen also in die Lage, den Bauplan von Lebewesen und Organismen zu verändern, ohne dass er sich dabei an Artgrenzen halten muss (Siep 1993, 315). Sie ist zudem mit einem nicht unerheblichen Zeitgewinn bei der Herstellung neuer Sorten verbunden. Während es auf dem Weg der klassischen Züchtung Jahre dauern kann, bis eine neue Sorte kultiviert ist, geschieht dies mit Hilfe der Gentechnik relativ schnell (Irrgang et al. 2000, 76). In Abhängigkeit davon, ob gentechnisch veränderte Lebensmittel insgesamt abgelehnt oder befürwortet werden, fällt der Vergleich von klassischer Züchtung und Gentechnik sehr unterschiedlich aus: Große Gentechnik-Konzerne propagieren, dass die gentechnikbasierte Herstellung kostengünstiger, gesünder und ressourcenschonender sei als die konventionelle Züchtung, da gesündere Lebensmittel entwickelt werden könnten, weniger Rohstoffe, Energie und Wasser benötigt würden und weniger Abfälle entstünden (vgl. Kues/Schiemann 2002, 79–84). Gentechnikgegner verweisen hingegen auf ungewollte Ausbreitungen der gentechnisch veränderten Organismen in die Umwelt, gesundheitsschädigende Auswirkungen und andere unabsehbare Folgen, die bei klassischen Züchtungsmethoden ausgeschlossen werden könnten.

Das Vorsorgeprinzip

Im Mittelpunkt der ethischen Debatte stehen sowohl die mit der Anwendung der Gentechnik verbundenen Chancen als auch die Risiken. Diskutiert wird v. a. über die Bewertung auf Grundlage des sog. Vorsorgeprinzips. Dieses besagt, dass die Einführung einer neuen Technik bzw. eines neuen Produktes vorsorglich verboten werden muss, wenn Risiken nicht gänzlich ausgeschlossen werden können (Rio-Deklaration 1992, Grundsatz 15). Das Vorsorgeprinzip wird häufig bei der Bewertung von gentechnisch veränderten Lebensmitteln zugrunde gelegt. Einem anderen Bewertungsprinzip folgend, muss eine neue Technik oder ein neues Produkt nur dann verboten werden, wenn der zu erwartende Schaden mit hoher Wahrscheinlichkeit eintreten wird und zudem schwerwiegend ist (Rippe 2001, 15). Kritiker wenden ein, dass das Vorsorgeprinzip wirtschaftlichen Wachstum und technischen Fortschritt verhindere, der mit großem Nutzen verbunden sein könnte (Beckerman 2006; Daele 2001, 103 ff.). Zurzeit ist in der ethischen Debatte keine einheitliche Haltung für oder gegen die Anwendung des Vorsorgeprinzips bei der Bewertung von gentechnisch veränderten Lebensmitteln auszumachen.

Risiken und Nutzen in unterschiedlichen Bereichen

In drei Bereichen werden Risiken und möglicher Nutzen einander gegenübergestellt: erstens im Bereich Umwelt, zweitens im Bereich Gesundheit und Ernährung sowie drittens im Bereich Wirtschaft und Gesellschaft.

Umwelt: Diskutiert wird in der ethischen Debatte insbesondere über die Legitimität des mit der Anwendung der Gentechnik verbundenen Eingriffs in die Umwelt bzw. die den Menschen umgebende Natur (s. Kap. II. 19). Dabei stehen sich Vertreter unterschiedlicher ethischer Positionen gegenüber, die divergente Bewertungsmaßstäbe für die richtige Handlungsweise des Menschen gegenüber der Natur zugrunde legen. Abzugrenzen sind anthropozentrische von nicht-anthropozentrischen Positionen. Die Kernthese des epistemischen Anthropozentrismus, die besagt, dass Menschen Überlegungen und Urteile grundsätzlich nur aus der menschlichen Perspektive vollziehen und vollstrecken können, wird selten bezweifelt und muss zudem nicht zwangsläufig auf eine »ethische Sonderstellung der humanen Lebensform« (Sturma 2013, 144) hinauslaufen.

Der normative Anthropozentrismus fordert hingegen genau das. Es wird davon ausgegangen, dass Menschen die einzigen Lebewesen mit einem sittlich verpflichtenden Eigenwert sind. Dies bedeutet aber nicht, dass der Umgang mit der Natur beliebig ist. Basierend auf der anthropozentrischen Grundannahme wird häufig für den Schutz der Natur argumentiert, weil die Erfüllung menschlicher Bedürfnisse von der Verfügbarkeit natürlicher Ressourcen abhänge und diese durch mangelnden Schutz bedroht sei. Eine solche Position wird u. a. von Martha Nussbaum und John Passmore vertreten (Nussbaum 1998; Passmore 1980). Die Legitimität der genetechnischen Intervention im Nahrungsmittelbereich wird aus anthropozentrischer Sicht letztlich daran bemessen, ob sie insgesamt gut oder schlecht für das Wohl des Menschen ist. Uneinigkeit besteht innerhalb des Anthropozentrismus darüber, ob dabei auch die Interessen zukünftig lebender Generationen berücksichtigt werden müssen (vgl. Birnbacher 1995; s. Kap. II. 28).

Nicht-anthropozentrische bzw. physiozentrische Positionen sprechen der Natur, im Gegensatz zu den anthropozentrischen Positionen, einen Eigenwert zu. Die Natur ist um ihrer selbst willen schützenswert. Drei nicht-anthropozentrische Positionen werden differenziert: der Pathozentrismus, der Biozentrismus und der Ökozentrismus bzw. Holismus. Nach Auffassung des Pathozentrismus, welcher auf Jeremy Bentham zurückgeht (Bentham 1789) und u. a. von Peter Singer und Tom Regan weiterentwickelt wurde (Singer 1991; 1994; Regan 1988), sind alle leidens- bzw. empfindungsfähigen Wesen schützenswert. Vertreter des Biozentrismus sprechen generell allen Lebewesen einen moralischen Status zu (Schweitzer 2009). Dem Ökozentrismus bzw. Holismus folgend hat hingegen die gesamte Natur einen moralischen Wert, und der Mensch hat Pflichten gegenüber der Natur als Ganzes (Meyer-Abich 1988; Siep 2004). Kritiker weisen darauf hin, dass die nicht-anthropozentrischen Ansätze mit der Schwierigkeit belastet sind, dass sie bislang über keine gut gesicherte Begründungsgrundlage verfügen und nur geringes motivationales Potential haben. Physiozentrische Theorien würden deswegen häufig mit radikaler Kritik an anthropozentrischen Interessenlagen sowie mit suggestiven und appellierenden Einlassungen operieren (Sturma 2013, 144).

Unabhängig davon, ob eine anthropozentrische oder nicht-anthropozentrische Position vertreten wird, bleibt zu klären, inwiefern mit der Herstellung von gentechnisch veränderten Lebensmitteln in die Umwelt eingegriffen wird. In diesem Zusammenhang wird darüber diskutiert, was die Umwelt bzw. die Natur überhaupt ist, wobei in der Regel Gegenüberstellungen zwischen ›Natur‹ und ›Kultur‹ vorgenommen werden (vgl. Siep 1993; Honnefelder 1999; Neumann 1998; Lanzerath 2001). So wird die Natur als das Ursprüngliche, die Kultur hingegen als das vom Menschen Geschaffene beschrieben. Die Natur werde in Kultur umgeformt, ohne dabei gänzlich künstlich zu werden (vgl. Lanzerath 2001, 140). Eine intakte Natur sei notwendige Bedingung für das Überleben des Menschen. Gleichzeitig sei sie aber auch unberechenbar und dadurch bedrohlich. So sei der Mensch gegenüber Naturkatastrophen, etwa Erdbeben, Tsunamis oder Überschwemmungen, aber auch gegenüber manchen Erkrankungen, machtlos (vgl. ebd., 141). »Schon alleine um des Überlebens willen muß der Mensch in die Natur eingreifen, indem er Kultur schafft« (ebd., 140). Die

Auffassung, dass die Gentechnik einen Eingriff in die Natur darstellt, ist durchaus verbreitet. Strittig ist hingegen, ob es sich dabei letztlich um positives *Kulturschaffen* oder negatives *Naturzerstören* handelt.

Gesundheit und Ernährung: Der Einsatz der Gentechnik in der Lebensmittelproduktion kann einerseits positive Effekte auf die Gesundheit einzelner Bevölkerungsgruppen haben. Mit Hilfe der Gentechnik ist es möglich, ›gesündere‹ Lebensmittel zu erzeugen, beispielsweise indem sie mehr Vitamine oder andere wertvolle Inhaltsstoffe enthalten oder besser verträglich sind. Zudem können mit Hilfe der Gentechnik insgesamt mehr Lebensmittel produziert werden, etwa durch den Anbau von gentechnisch veränderten Pflanzen, die auch an ungünstigen Standorten angebaut werden können. So konnten Pflanzen entwickelt werden, die tolerant gegen Trockenheit, Hitze oder Frost sind und andere, die auch auf schwermetallhaltigen, salzhaltigen oder nährstoffarmen Böden angebaut werden können (Kempken/Kempken 2012, 135 ff.). Ferner kann der Einsatz von Pestiziden, der meist gesundheitsschädigend ist, durch den Anbau von Pflanzen, die gentechnisch so verändert wurden, dass sie eine starke Widerstandskraft gegenüber Schädlingen aufweisen, reduziert werden.

Andererseits sind der Anbau von gentechnisch veränderten Pflanzen und der Verzehr von gentechnisch veränderten Lebensmitteln aber möglicherweise mit negativen Gesundheitseffekten verbunden. Gentechnikgegner verweisen insbesondere auf das Auftreten neuer Allergien und Antibiotikaresistenzen als Folge des Verzehrs von gentechnisch veränderten Lebensmitteln. Zurzeit kann für die meisten gentechnisch veränderten Lebensmittel keine sichere Aussage darüber getroffen werden, ob und in welchem Ausmaß ihr Verzehr gesundheitsschädigend ist. Dies hängt damit zusammen, dass es nur wenige Langzeitstudien in diesem Bereich gibt, die zudem teilweise als in methodischer Hinsicht mangelhaft bewertet werden. Die Verträglichkeit gentechnisch veränderten Lebensmittel wird in der Regel an Ratten oder anderen Tieren getestet (s. Kap. III. 43). So führte eine Forschergruppe um Gilles-Eric Séralini eine Studie durch, in der über einen längeren Zeitraum gentechnisch veränderter Mais der Sorte NK 603 an Ratten verfüttert wurde. Gezeigt wurde, dass Ratten, die ihr Leben lang gentechnisch veränderten Mais der Sorte NK 603 fraßen, häufig an Krebs erkrankten und daran starben (Séralini et al. 2012). Im Rahmen einer intensiv geführten Debatte, die zum Teil auch über die Medien ausgetragen wurde, nahm die Europäische Behörde für Lebensmittelsicherheit (EFSA) im November 2012 in einer Pressemitteilung schließlich schriftlich Stellung (Europäische Behörde für Lebensmittelsicherheit 2012). Ihrer Einschätzung nach, kann die Interpretation der Studienergebnisse nicht als wissenschaftlich fundiert betrachtet werden und folglich können keine aussagekräftigen Schlussfolgerungen über das Auftreten von Tumoren bei den untersuchten Ratten gezogen werden. In einer Pressemitteilung vom 28. November 2013 hat der Elsevier Verlag schließlich mitgeteilt, dass der Beitrag aufgrund seiner mangelnden Aussagekraft offiziell zurückgezogen worden ist.

Die ethische Bewertung der Anwendung der Gentechnik in der Lebensmittelproduktion wird durch die Frage der richtigen Interpretation von Ergebnissen erschwert. Letztlich kann derzeit keine sichere Aussage darüber getroffen werden, ob der Anbau und der Verzehr gentechnisch veränderter Lebensmittel insgesamt positiv oder negativ für die Gesundheit einzelner Bevölkerungsgruppen ist.

Wirtschaft und Gesellschaft: Der Einsatz der Gentechnik in der Lebensmittelproduktion kann sich in dreierlei Weise auf wirtschaftliche und gesellschaftliche Strukturen auswirken. Lebensmittel können mit Hilfe der Gentechnik möglicherweise (1) kostengünstiger produziert werden, (2) in größerer Menge hergestellt werden, (3) weltweit zu einer gesünderen Ernährung beitragen.

Strittig ist mit Blick auf alle drei Punkte, wer jeweils von gentechnisch veränderten Lebensmitteln profitiert – einzelne Konzerne, bestimmte Bevölkerungsgruppen oder Bevölkerungsschichten, oder die Menschheit insgesamt. Die kostengünstigere Herstellung von Lebensmitteln nutzt primär den großen Gentechnikkonzernen. Kleinere Unternehmen, ebenso wie die Konsumenten, würden nur dann profitieren, wenn diese das gentechnisch veränderte Saatgut bzw. die gentechnisch veränderten Lebensmittel auch entsprechend billig verkaufen würden. Ähnlich verhält es sich mit dem zweiten Punkt: Die Herstellung großer Mengen gentechnisch veränderter Lebensmittel könnte die Welternährungssituation verbessern, wenn diese an die Menschen verteilt würden, denen nicht ausreichend Nahrung zur Verfügung steht (Müller-Röber et al. 2013, 157 f.). Entscheidend sind die Kriterien, die bei der Verteilung von Nahrungsmitteln zugrunde gelegt werden. Dies betrifft auch den dritten Punkt: Lebensmittel, die gentechnisch so verändert wurden, dass sie bestimmte Vitamine oder andere Zusätze enthalten, haben nur dann einen Nutzen, wenn sie auch von den Menschen konsumiert werden können, die an einem entsprechenden Mangel leiden. Zur Veranschaulichung der Problematik kann die Debatte über die Zulassung einer gentechnisch veränderten Reissorte, der sog. ›goldene Reis‹, der besonders viel Vitamin A enthält, als Beispiel dienen. Menschen, die nicht genügend Vitamin A mit der Nahrung zu sich nehmen, erblinden häufig. Betroffene gibt es insbesondere in Entwicklungsländern, in denen Unterernährung vorherrschend und Reis zuweilen das einzige zur Verfügung stehende Lebensmittel ist. Nach über zehn Jahren Produktentwicklung steht der gentechnisch veränderte Reis vor seiner möglichen Markteinführung. Geht es nach den Vorstellungen seiner Entwickler, soll er nun kommerziell angebaut werden und dadurch der Vitamin A-Mangel in Entwicklungsländern gemindert werden (Berman et al. 2013). Kritiker bezweifeln indes, dass dieses an sich hochrangige Ziel auf diesem Wege erreichbar ist. Sie gehen davon aus, dass die Macher der neuen gentechnisch veränderten Reissorte letztlich ausschließlich ein kommerzielles Interesse verfolgen und dass es für Menschen in Entwicklungsländern, höchst schwierig sein wird, den ›gesunden‹ Reis zu erwerben.

Literatur

Beckerman, Wilfried: *Ein Mangel an Vernunft. Nachhaltige Entwicklung und Wirtschaftswachstum*. Berlin 2006.
Bentham, Jeremy: *An Introduction to the Principles of Morals and Legislation* [1789]. New York 1948.
Berman, Judit/Changfu, Zhu/Pérez-Massot, Eduard/Arjó, Gemma/Zorrilla-López, Uxue/Masip, Gemma/Banakar, Raviraj/Sanahuja, Georgina/Farré, Gemma/Miralpeix, Bruna/Bai, Chao/Vamvaka, Evangelia/Sabalza, Maite/Twyman, Richard/Bassié, Ludovic/Capell, Teresa/Christou, Paul: Can the world afford to ignore biotechnology solutions that address food insecurity? In: *Plant Molecular Biology*. DOI 10.1007/s 11103-013-0027-2 (2013).
Birnbacher, Dieter: *Verantwortung für zukünftige Generationen*. Stuttgart 1995.
Daele, Wolfgang van den: Zur Reichweite des Vorsorgeprinzips – rechtliche und politische Perspektiven. In: Joachim Lege (Hg.): *Gentechnik im nicht-menschlichen Bereich – was kann und was sollte das Recht regeln?* Berlin 2001, 101–125.
EU-Freisetzungsrichtlinie – Richtlinie 2001/18/EG des Europäischen Parlaments und des Rates vom 12. März 2001 über die absichtliche Freisetzung genetisch veränderter Organismen in die Umwelt und zur Aufhebung der Richtlinie 90/220/EWG. In: *Amtsblatt der Europäischen Gemeinschaften*, Nr. L 106/1 vom 17. April 2001, 1–38 [zitiert als Freisetzungs-Richtlinie (2001/18/EG)].
Europäische Behörde für Lebensmittelsicherheit: EU-Risikobewerter: Schlussfolgerungen der Studienergebnisse von Séralini et al. nicht fundiert. Pressemitteilung vom 28.11.2012. In: http://www.efsa.europa.eu/de/press/news/121128.htm (29.05.2013).
Honnefelder, Ludger: Das Rohe und das Gekochte. Anthropologische und ethische Überlegungen zur gentechnischen Veränderung von Nahrungsmitteln. In: *Jahrbuch für Wissenschaft und Ethik*, Bd. 4. Hg. von Ludger Honnefelder/Christian Streffer. Berlin/New York 1999, 13–27.
Irrgang, Bernhard/Göttfert, Michael/Kunz, Matthias/Lege, Joachim/Rödel, Gerhard/Vondran, Ines: *Gentechnik in der Pflanzenzucht. Eine interdisziplinäre Studie*. Dettelbach 2000.
Kempken, Frank/Kempken, Renate: *Gentechnik bei Pflanzen: Chancen und Risiken*. Berlin ⁴2012.
Kues, Wilfried A./Schiemann, Joachim: *Transgene Tiere und Pflanzen. Techniken und Anwendungen, Ethik und Risiken, rechtliche Grundlagen*. Gießen 2002.
Lanzerath, Dirk: Gentechnik. Ethische Kriterien bei der Beurteilung ihrer Anwendungsfelder. In: Werner Fricke (Hg.): *Jahrbuch Arbeit und Technik*. Bonn 2001, 138–156.
Meyer-Abich, Klaus M.: *Wissenschaft für die Zukunft: holistisches Denken in ökologischer und gesellschaftlicher Verantwortung*. München 1988.
Mohr, Hans: Grüne Gentechnik in der Diskussion. In: Ekkehard Fulda/Klaus-Dieter Jany/Albert Käuflein (Hg.): *Gemachte Natur. Orientierungen zur Grünen Gentechnik*. Karlsruhe 2001, 13–21.
Müller-Röber, Bernd/Boysen, Mathias/Marx-Stölting, Lilian/Osterheider, Angela (Hg.): *Grüne Gentechnologie. Aktuelle wissenschaftliche, wirtschaftliche und gesellschaftliche Entwicklungen*. Berlin 2013.
Neumann, Gerhard: Eßgewohnheiten im kulturellen Wandel. In: Anja Haniel/Stephan Schleissing/Reiner Anselm (Hg.): *Novel Food. Dokumentationen eines Bürgerforums zur Gentechnik und Lebensmitteln*. München 1998, 13–26.
Nussbaum, Martha C.: Menschliches Tun und soziale Gerechtigkeit. In: Holmer Steinfath (Hg.): *Was ist ein gutes Leben?* Frankfurt a. M. 1998, 196–246.
Passmore, John: *Man's Responsibility for Nature. Ecological Problems and Western Traditions*. London ²1980.
Regan, Tom: *The Case for Animal Rights*. London 1988.
Rio-Deklaration: Erklärung von Rio zu Umwelt und Entwicklung. 1992. In: http://www.un.org/documents/ga/conf151/aconf15126–1annex1.htm (27.05.2013).
Rippe, Klaus-Peter: Vorsorge als umweltethisches Leitprinzip. Bericht der Eidgenössischen Ethikkommission für die Gentechnik im ausserhumanen Bereich. 2001. In: http://www.ph-karlsruhe.de/uploads/media/Vorsorgeprinzip.pdf (28.05.2013).
Schweitzer, Albert: *Die Ehrfurcht vor dem Leben*. München ⁹2009.
Séralini, Gilles-Eric/Clair Emilie/Mesnage, Robin/Gress, Steeve/Defarge, Nicolas/Malatesta, Manuela/Hennequin, Didier/Vendômois, Joël Spiroux de: Long term toxicity of a roundup herbicide and a roundup-tolerant genetically modified maize. In: *Food and Chemical Toxicology* 50/11 (2012), 4221–4231.
Siep, Ludwig: Ethische Probleme der Gentechnologie. In: Johann S. Ach/Andreas Gaidt (Hg.): *Herausforderung der Bioethik*. Stuttgart 1993, 137–156.

–: *Konkrete Ethik*. Frankfurt a. M. 2004.
Singer, Peter: *Animal Liberation*. London 1991.
–: *Praktische Ethik*. Stuttgart ²1994 (engl. 1979).
Sturma, Dieter: Naturethik und Biodiversität. In: Dieter Sturma/Ludger Honnefelder: *Jahrbuch für Wissenschaft und Ethik*, Bd. 17. Berlin 2013, 141–155.
Tambornino, Lisa: Ethische Aspekte der Gentechnik in der Lebensmittelproduktion. In: *Gentechnik in der Lebensmittelproduktion*. Ethik in den Biowissenschaften – Sachstandsberichte des DRZE, Bd. 13. Hg. von Dieter Sturma/Dirk Lanzerath/Bert Heinrichs. Freiburg 2011, 105–159.

Lisa Tambornino

17 Gentherapie

Sobald die genetischen Ursachen angeborener Erkrankungen auf molekularer Ebene bekannt wurden, entstand die Idee, dieses Wissen nicht nur diagnostisch, sondern auch therapeutisch einzusetzen. Seit den frühen 1970er Jahren steht dafür die Gentechnik (DNA-Rekombination) zur Verfügung. Eine gentechnologische Intervention sollte den zugrundeliegenden Defekt korrigieren und so die Krankheit entweder heilen oder verhindern. Dieses Vorgehen wurde als ›Gentherapie‹ bezeichnet. Eingeführt hatte den Begriff schon Clyde Keeler (1947). William French Anderson, der 1990 den ersten bewilligten Heilversuch mit einer Gentherapie an einem 4-jährigen Mädchen durchführte, das an *Adenosin-Deaminasemangel* (ADA-SCID) litt, hatte ihn so definiert: »the insertion into an organism of a normal gene which then corrects a genetic defect« (Anderson 1984, 401).

Diese Definition passt zu monogenen Erbkrankheiten, die auf ein dysfunktionales Protein zurückzuführen sind. Weil aber viele Krankheiten, z. B. Tumor- oder Infektionskrankheiten, zwar durch genetische Faktoren beeinflusst werden, aber durch sie nicht erklärbar sind, hat sich der Begriff der Gentherapie wesentlich erweitert. Er beinhaltet heute nicht nur die Korrektur eines krankheitsverursachenden Gens, sondern umfasst *jeglichen Einsatz von DNA zu heilenden oder gesunderhaltenden Zwecken*. In verschiedenartigen Ansätzen wird heute DNA als pharmazeutisches Agens (s. Kap. III. 2) zur Behandlung oder Prävention von Krankheiten verwendet.

Ethische Rechtfertigung genetischer Eingriffe

Ob es ethisch vertretbar sei, manipulativ in das menschliche Genom einzugreifen, ist bis heute stark umstritten (Weß 1989; Shanks 2005; vgl. Rehmann-Sutter 2011). Es wurden Missbräuche befürchtet und man vermutete unabsehbare Gefahren. Das Genom bildete einen Bereich, in dem manche das ›Wesen‹ des Menschen lokalisierten, das unantastbar bleiben müsse. Es sind deshalb einerseits gute Gründe für den genetischen Eingriff an Menschen nötig und andererseits müssen die vorgebrachten Befürchtungen widerlegt werden.

Grundsätzlich ist die Entwicklung der Gentherapie folgendermaßen zu begründen: *Wenn* es (1) möglich wird, genetisch bedingte Krankheiten durch eine Korrektur im Genom oder durch einen geschickten Einsatz von DNA zu therapieren, wenn (2) die Verfahren sicher genug gemacht werden können, und wenn es (3) keine besseren, d. h. effizienteren und/oder sichereren Alternativen gibt, so dürfte man (4) Patienten nicht einfach deswegen vom Nutzen der medizinischen Forschung ausschließen, weil ihr Leiden *genetische* und nicht vielmehr andere Ursachen hat. Aus der ärztlichen Fürsorgepflicht und dem konkret entwickelbaren biologisch-biomedizinischen Können ergibt sich für diesen Entwicklungsbereich ein Sollen. Denn die Patienten, oft sind es Kinder, können bestimmt nichts dafür, dass sie an einer erblichen statt an einer nicht-genetischen Krankheit leiden – für deren Bekämpfung und Heilung die Gesellschaft viel investiert. Es wäre ungerecht, die Entwicklung von geeigneten Heilverfahren für genetische Krankheiten zu verzögern.

Dieses moralische Argument führt zwar zu einer *prima facie*-Pflicht, gentherapeutische Ansätze zu entwickeln; sie ist aber nicht gleichbedeutend mit einer *wirklichen* Pflicht. Denn neben der ärztlichen Fürsorge (Anderson/Clyde Fletcher 1980 nannten sie im damaligen Gentherapie-Hype sogar ein »urgent desire«) gibt es eine ganze Reihe von weiteren Gesichtspunkten, die zu berücksichtigen sind, um erkennen zu können, *wann* es vertretbar ist, ein Gentransferexperiment am Menschen konkret durchzuführen. Dazu gehören folgende Unsicherheiten: Die konkreten Ziele der Intervention, die möglichen Nebenwirkungen für die Umwelt (Biosicherheit), ein hinreichendes Wissen über die Gefahren und über die kurz- und langfristigen Auswirkungen für die Patienten selbst, und vor allem die mögliche Erblichkeit der Effekte. Soll die Therapie auch für die Nachkommen bleibende Wirkungen haben? Theodore Friedmann und Richard Roblin verwendeten noch eine Definition von Gentherapie, die das sogar direkt in Aussicht stellte: »permanent, heritable, genetic modification of a human cell by means of DNA« (Friedmann/Roblin 1972).

Aus den intensiv, sowohl in Fachkreisen als auch in der Öffentlichkeit geführten bioethischen Debatten, hatte sich bald ein Konsens herauskristallisiert: Gentherapie soll sich zunächst auf somatische, d. h. nicht-erbliche Genmanipulationen beschränken, die zum Ziel haben, eine Krankheit zu heilen (Friedmann 1989). Mit der doppelten Abgrenzung der Gentherapie (1) gegen Keimbahninterventionen und (2) gegen Enhancement (s. dazu Kap. III. 11 und III. 13) wurde ein therapeutisches Modell der sog. »somatischen Gentherapie« gefunden (Walters/Palmer 1997; Rehmann-Sutter/Müller 2003; Fuchs 2012). Es lag aus pragmatischen Gründen nahe, sich zumindest vorläufig (vgl. Hoose 1990) auf diesen vergleichsweise wenig umstrittenen Bereich nicht-erblicher Heil-Eingriffe zu beschränken, weil dort außer den Sicherheitsbedenken und der Risiko-Nutzen-Abwägung für die Betroffenen keine grundsätzlichen ethischen Vorbehalte bestanden. Wie bei einer Transplantation wird ein krankes Körperteil durch ein gesundes ersetzt: hier statt eines Organs ein Gen. Durch diese Abgrenzungen wurde die Gentherapie zu einem Verfahren, das – mit Ausnahme der Biosicherheit – innerhalb der etablierten Prüfkriterien für klinische Forschung durch Ethikkommissionen beurteilt werden konnte (s. Kap. II. 14 und III. 3). Dieses Modell der somatischen Gentherapie hat sich in den einschlägigen Richtlinien und Gesetzen niedergeschlagen. In den USA waren dies zuerst die »Points to Consider« der US-National Institutes of Health (Subcommittee 1986). In Deutschland gibt es Richtlinien der Bundesärztekammer (Bundesärztekammer 1995). Über die ethischen Gründe, die für oder gegen diese beiden Abgrenzungen sprachen, konnte allerdings noch keine restlose Übereinstimmung erzielt werden.

Rückschläge, Fortschritte und Etablierung

Die Geschichte der Gentherapie nach 1990 ist vom Ausbleiben schneller Erfolge, aber auch von Unfällen und vielen enttäuschten Hoffnungen geprägt. Die ersten ADA-SCID Patienten wurden zusätzlich zur Gentherapie auch mit Enzymsubstitutionstherapie behandelt, was die Wirkung der Gentherapie überdeckte und unsichtbar machte. Im Jahr 2000 kam eine Erfolgsmeldung aus Paris. Mehrere Kinder mit angeborener Immunschwäche (SCID) konnten über einige Monate hinweg erfolgreich mit Gentherapie behandelt werden. Die Therapie wurde mit retroviralen Vektoren an extrahierten Blutstammzellen der betroffenen Kinder durchgeführt. Die Stammzellen wurden sodann wieder implantiert. Im Sommer 2002 musste Alain Fischer, Leiter der Pariser Studie, aber bekanntgeben, dass 5 von 20 der behandelten Kinder in Folge der Gentherapie an Leukämie erkrankt waren, eines davon so schwer, dass es verstarb (Fischer et al. 2010). Die Insertion des Retrovirus im Genom der *ex vivo* behandelten Blutstammzellen erfolgt an einem zufälligen Ort, was zur Tumorbildung führen kann.

Was in der Theorie einfach klingt – ein defektes Gen durch ein funktionierendes zu ersetzen – erwies sich in der Praxis als außerordentlich delikates Unterfangen. Es mussten effiziente und sichere Vektoren entwickelt werden, um therapeutische DNA gezielt an die gewünschten Stellen des Körpers zu bringen. Dazu wurden inaktivierte Viren (*Herpes simplex, Adenoviren, adenoassoziierte Viren, Lentiviren, Retroviren*) oder *Liposomen* verwendet (vgl. Limberis 2012). Weil einige dieser Viren von Krankheitserregern abgeleitet sind, Lentiviren etwa von Immundefizienzviren, einschließlich HIV, und weil sich die Viren im Genom zufällig einfügen, ergeben sich Sicherheitsprobleme (vgl. Selkirk 2004). Die molekularen Interaktionssysteme der Zellen sind um Größenordnungen komplexer, als dies die älteren einfachen Modelle der Genwirkung suggeriert haben. Therapeutische DNA fügt sich in interaktive Netzwerke der Genregulation ein, die erst zu einem kleinen Teil erforscht und verstanden sind (vgl. Graumann 2000). Der Erfolg von Studien ist deshalb unsicher im Kontrast zu den Hoffnungen, von denen die Forscher, aber auch die Eltern von schwer erkrankten Kindern häufig getragen sind. Eine besondere forschungsethische Herausforderung besteht darin, mit der bei Eltern trotz seriöser Information über die geringe Erfolgswahrscheinlichkeit oft unabwendbaren Hoffnung auf therapeutischen Erfolg einer Studienbehandlung (›therapeutische Misskonzeption‹) fair umzugehen. Die gesundheitlichen Risiken waren erheblich. Deshalb stellte sich immer wieder die Frage nach der ethischen Legitimation solcher klinischen Versuche.

Am deutlichsten wurde diese Frage nach dem ersten Unfall in einem Gentherapie-Experiment 1999 an der University of Pennsylvania gestellt, wo der 18-jährige Studienpatient Jesse Gelsinger an einer Entzündung verstarb, die durch das verabreichte rekombinante Adenovirus ausgelöst wurde. Der Fall führte zu einer Überprüfung und Rekonstruktion des forschungsethischen Aufsichtsregimes in den Vereinigten Staaten, die u. a. eine beschleunigte Meldung von *serious adverse events* beinhalteten. Die früh schon einsetzende kommerzielle Organisation der klinischen Forschung im Bereich der Gentherapie brachte zusätzliche Bedenken über mögliche Interessenkonflikte der beteiligten Forscher ins Spiel, die gleichzeitig als Firmengründer auftraten (vgl. Sisti/Caplan 2003).

Erst in den letzten Jahren sind die Hoffnungen wieder gewachsen. 2008 ist es gelungen, bei Patienten, die an der Leberschen kongenitalen Amaurose (LCA; angeborene Erblindung) leiden, die visuelle Funktion mit Gentherapie deutlich zu verbessern. Auch bei anderen Krankheiten, u. a. SCID, stellten sich Erfolge ein (vgl. Fischer et al. 2010; Limberis 2012). 2012 ist das weltweit erste gentherapeutische Verfahren von der Europäischen Kommission zur regulären klinischen Anwendung zugelassen worden: ›Glybera‹ gegen Lipoprotein Lipase Defizienz.

Spezielle Fragen

(1) Weil Gentherapien auf der konzeptionellen Ebene große Hoffnungen wecken können, besteht eine ethische Problematik bei der realen Durchführung von Studien darin, den Zugang zur Studie, die von Eltern betroffener Kinder als einzige Chance gesehen werden kann, fair und transparent zu regulieren (s. Kap. II. 18). Eltern von Kindern mit Muskeldystrophie Duchenne z. B. drängten aus moralischen Gründen darauf, ihr Kind in Exon-Skipping-Experimente einzubringen, die erste Erfolge gezeigt haben (vgl. Goemans et al 2011). Sie erblicken darin die beste Behandlung für ihr Kind, das nicht darauf warten kann, bis die Therapie Jahre später zugelassen wird. Deshalb fühlen sie sich verpflichtet, für den Einschluss ihres Kindes in die Studien zu kämpfen (McCormack et al. 2013; vgl. www.treat-nmd.eu). Eine ethische Frage ist, was es für die Studienleiter heißt, in dieser Situation fair zu sein. Es ist zudem eine Herausforderung an die persönliche Ethik der Forschenden, verzweifelten Eltern die Unsicherheiten einer Studie offen und ehrlich zu erklären.

(2) Die Abgrenzung zwischen Therapie und Verbesserung (s. Kap. II. 11 und II. 13) bezieht sich auf einen Standard des nicht-pathologischen Zustandes. Wenn die Intervention von einem defizienten Zustand auf die Norm zurückführt, wäre sie ›therapeutisch‹; wenn die Intervention über die Norm hinaus führt, wäre sie ›verbessernd‹. Selbst wenn dieser Standard von der subjektiven Einschätzung der Betroffenen abgelöst und so weit als möglich an wissenschaftliche Kriterien geknüpft wird, muss er von Wertannahmen ausgehen, zu denen es verschiedene Ansichten gibt. Orientiert man sich daran, was von dem Betroffenen selbst als ›normal‹ empfunden wird, oder an einem von anderen festgesetzten Ideal? Wie weit gelten Abweichungen noch als ›akzeptabel‹? In Bezug auf welche Grundgesamtheit wird der ›normale Variationsbereich‹ statistisch bestimmt? Eine scharfe Abgrenzung der Gentherapie zum *human enhancement* ist nicht möglich. Eine Abgren-

zung der Gentherapie vom verbotenen Enhancement mit einer Norm des ›Normalen‹ hätte für diejenigen Personen (s. Kap. II. 21), deren Körper die Norm nicht erfüllt, diskriminierende Auswirkungen (Scully/Rehmann-Sutter 2001). Stattdessen müsste man bei der Evaluation darauf achten, ob sie für die Betroffenen und Mitbetroffenen in ihrem Kontext wirklich lebensförderlich sind. Es ist a priori nicht einsehbar, dass jede gentechnische Verbesserung ethisch zweifelhaft ist, auch wenn es Verbesserungen gibt, vor denen wir aus guten ethischen Gründen warnen.

Überlappungen zwischen Gentherapie und Enhancement ergeben sich auch daraus, dass neben der Therapie die *Prävention* eine moralisch gebotene Kategorie medizinischer Handlungen darstellt. Ist Prävention, sobald sie durch genetische Eingriffe die Körperkonstitution verändert, automatisch als ›Verbesserung‹ anzusehen? Die Impfung ist ebenfalls ein Eingriff in die körperliche Konstitution, wird aber allgemein nicht als Verbesserung angesehen, sondern benützt die körpereigenen Fähigkeiten des Immunsystems (vgl. Walters/Palmer 1997). Wie wäre es aber, wenn das Immunsystem durch Verabreichung von DNA gestärkt würde (vgl. Stock 2002)? Die Steigerung der gesundheitserhaltenden Kräfte im Verlauf der Alterungsprozesse ist sowohl als Verbesserung als auch als Prävention anzusehen, denn sie verhindert das Auftreten von Krankheiten.

(3) Keimbahnzellen, d. h. Zygote, embryonale Stammzellen, Gametocyten und Gameten, haben generative Funktion. Genetische Veränderungen, die diese Fortpflanzungszellen betreffen, sind erblich. Gegen Keimbahnmanipulationen sind grundsätzliche Argumente ins Feld geführt worden, welche in den meisten Ländern, so auch in Deutschland, Österreich und der Schweiz, zu einem Verbot geführt haben. Allerdings sind diese Argumente, wenn man sie nur einzeln überprüft, nicht alle haltbar. Es ist z. B. nicht einsehbar, weshalb eine Weitergabe der Korrektur eines defekten Gens an Nachkommen – vorausgesetzt, sie sei ohne Nebenwirkungen möglich – per se ethisch verwerflich sei oder gar eine Verletzung der Menschenwürde darstelle. Denn es gibt für Menschen keine Pflicht, unter bestimmten Krankheiten zu leiden. Aus Gründen der Vorsicht hat man bisher aber davon abgesehen, die entsprechenden Verbote zu lockern.

Die Keimbahndebatte ist in jüngerer Zeit aus drei Richtungen neu entfacht worden: *Erstens* ist im Zuge der Transhumanismus-Debatte die Identifikation der menschlichen Identität mit dem evolvierten Genom in Frage gestellt worden (vgl. Stock 2002). Ethisch begründungsbedürftig ist deshalb nicht nur das Ansinnen, in die Keimbahn einzugreifen, sondern auch die Entscheidung, bewusst nicht in sie einzugreifen. *Zweitens* können Keimbahnveränderungen auch als unvermeidliche Nebenwirkung einer somatischen Gentherapie eintreten (vgl. Rehmann-Sutter 2003). Es ist nicht einfach zu begründen, warum dies ein absoluter Ausschlussgrund für diese Therapie sein sollte, wenn die Patientin entweder das fortpflanzungsfähige Alter schon überschritten hat oder bereit ist, wegen des Risikos auf Nachkommen zu verzichten. Die Situation ist eher vergleichbar mit einer radiologischen Therapie bei Tumorkrankheiten, bei der genetische Risiken für die Keimzellen nicht ausgeschlossen werden können. *Drittens* gibt es Ansätze zur Behandlung von mitochondrialen Stoffwechselkrankheiten, bei denen entweder die Vorkerne oder die maternale Spindel nach in vitro-Befruchtung in eine gespendete, entkernte Eizelle übertragen werden, oder das Zytoplasma der Eizelle durch gespendetes Zytoplasma mit ›gesunden‹ Mitochondrien ersetzt wird (vgl. Nuffield Council on Bioethics 2012). In diesen Fällen steht zur Debatte, ob der Austausch von Mitochondrien mitsamt der in ihnen enthaltenen Gene die Integrität des menschlichen Genoms verletzt oder ob der Begriff des menschlichen Genoms doch auf die nukleare DNA beschränkt werden soll.

(4) Welche ethischen Fragen durch die Möglichkeiten der Gentherapie aufgeworfen werden, hängt stark davon ab, um welche Krankheiten oder Behinderungen es sich handelt. Krankheiten und Behinderungen sind aus der Sicht Betroffener (Scully et al. 2004) eine höchst heterogene Kategorie, weil sie in ganz unterschiedlicher Weise in das Leben eingreifen können.

Literatur

Anderson, W. French: Prospects for human gene therapy. In: *Science* 226 (1984), 401–409.

–/Fletcher, John C.: Gene therapy in human beings: when is it ethical to begin? In: *The New England Journal of Medicine* 303 (1980), 1293–1297.

Baum, Christopher/Duttge, Gunnar/Fuchs, Michael: *Gentherapie. Medizinisch-naturwissenschaftliche, rechtliche und ethische Aspekte*. Ethik in den Biowissenschaften – Sachstandsberichte des DRZE. Hg. von Dieter Sturma/Dirk Lanzerath/Bert Heinrichs. Freiburg 2013.

Bundesärztekammer: Richtlinien zum Gentransfer in menschliche Körperzellen. 1995. In: http://www.bundesaerztekammer.de/downloads/Gentransferpdf.pdf (2. 8. 2013).

Fischer, Alain/Hacein-Bey-Aabina, Salina/Cavazzana-Calvo,

Marina: 20 years gene therapy for SCID. In: *Nature Immunology* 11 (2010), 457–460.

Friedmann, Theodore (1989): Progress toward human gene therapy. In: *Science* 244 (1989), 1275–1281.

–/Roblin, Richard: Gene therapy for human genetic disease? In: *Science* 175 (1972), 949–955.

Fuchs, Michael: *Gentherapie*. Bonn 2012.

Goemans, Nathalie M./Tulinius, Mar/Akker, Johanna T. van den/Burm, Brigitte E./Ekhart, Peter F./Heuvelmans, Niki/Holling, Tjadine/Janson, Anneke A./Platenburg, Gerard J./Sipkens, Jessica A./Sitsen, Ad/Aartsma-Rus, Annemieke/Ommen, Gert-Jan B. van/Buyse, Gunnar/Darin, Niklas/Verschuure, Jan J./Campion, Giles V./Kimpe, Sjef J. de/Deutekom, Judith C. van: Systemic administration of PRO051 in Duchenne's muscular dystrophy. In: *The New England Journal of Medicine* 364 (2011), 1513–1522.

Graumann, Sigrid: *Die somatische Gentherapie*. Tübingen 2000.

Hoose, Bernard: Gene therapy: Where to draw the line. In: *Human Gene Therapy* 1 (1990), 299–306.

Juengst, Eric T.: The NIH »Points to Consider« and the limits of human gene therapy. In: *Human Gene Therapy* 1 (1990), 425–433.

Keeler, Clyde E.: Gene therapy. In: *Journal of Heredity* 38 (1947), 294–298.

Limberis, Maria P.: Phoenix rising: gene therapy makes a comeback. In: *Acta Biochim Biophys Sin* 44 (2012), 632–640.

McCormack, Pauline/Woords, Simon/Aartsma-Rus, Annemieke/Hagger, Lynn/Herczegfalvi, Agnes/Heslop, Emma/Irwin, Joseph/Kirschner, Janbernd/Moeschen, Patrick/Muntoni, Francesco/Ouillade, Marie-Christine/Rahbek, Jes/Rehmann-Sutter, Christoph/Rouault, Francoise/Sejersen, Thomas/Vroom, Elizabeth/Straub, Volker/Bushby, Kate/Ferlini, Alessandra: Guidance in social and ethical issues related to clinical, diagnostic care and novel therapies for hereditary neuromuscular rare diseases. In: *PLOS Currents Muscular Dystrophy* (2013), Doi:10.1371/currents.md.f90b49429fa814bd26c5b22b13d773ec.

Nuffield Council on Bioethics: Novel techniques for the prevention of mitochondrial DNA disorders. 2012. In: http://www.nuffieldbioethics.org/sites/default/files/Novel_techniques_for_the_prevention_of_mitochondrial_DNA_disorders_compressed.pdf (2. 8. 2013).

Rehmann-Sutter, Christoph: Keimbahnveränderungen in Nebenfolge? In: Rehmann-Sutter/ Müller ²2003, 187–205.

–: Nur Träume der genetischen Medizin? In: Dirk Stederoth/Timo Hoyer (Hg.): *Der Mensch in der Medizin*. München 2011, 249–268.

–/Müller, Hansjakob (Hg.): *Ethik und Gentherapie. Zum praktischen Diskurs um die molekulare Medizin*. Tübingen ²2003.

Scully, Jackie L./Rehmann-Sutter, Christoph: When norms normalize. In: *Human Gene Therapy* 12 (2001), 87–95.

Scully, Jackie L./Rippberger, Christine/Rehmann-Sutter, Christoph: Non-professionals' Evaluations of Gene Therapy Ethics. In: *Social Science & Medicine* 58 (2004), 1415–1425.

Selkirk, Stephen M.: Gene therapy in clinical medicine. In: *Postgraduate Medical Journal* 80 (2004), 560–570.

Shanks, Pete: *Human Genetic Engineering*. New York 2005.

Sisti, Dominic/Caplan, Arthur L.: *Back to Basics* in der Post-Gelsinger-Ära. In: Rehmann-Sutter/Müller ²2003, 135–149.

Stock, Gregory: *Redesigning Humans*. Boston 2002.

Subcommittee on Human Gene Therapy: Points to Consider in the Design and Submission of Human Somatic-Cell Gene Therapy Protocols (Revised version, adopted 29 September 1986). In: *Recombinant DNA Technical* Bulletin 9/4 (1986); abgedr. in *Human Gene Therapy* 1 (1990), 93–103.

Walters, LeRoy/Palmer, Julia: *The Ethics of Human Gene Therapy*. Oxford 1997.

Weß, Ludger: *Die Träume der Genetik*. Nördlingen 1989.

Christoph Rehmann-Sutter

18 Gesundheit und Gerechtigkeit

Längere Zeit wurden Fragen der Gerechtigkeit bezüglich Gesundheit und Krankheit v. a. als Fragen der gerechten Verteilung begrenzter Ressourcen im Gesundheitswesen diskutiert. In den letzten Jahren hat sich jedoch auch in der ethischen Diskussion zunehmend die Erkenntnis durchgesetzt, dass der Gesundheitszustand eines Menschen und damit auch die gesundheitliche Chancengleichheit nicht nur vom Zugang zur medizinischen Versorgung abhängt, sondern darüber hinaus wesentlich von nicht-medizinischen Faktoren wie sozialem Status, Bildung, Arbeitsbedingungen, Umweltqualität und nicht zuletzt dem individuellen Verhalten bestimmt ist. Gerechtigkeitsüberlegungen hinsichtlich der Gesundheit dürfen sich folglich nicht auf die Zugangs- und Verteilungsprobleme im Gesundheitswesen beschränken, sondern müssen auch die sozioökonomisch bedingten Ungleichheiten im Gesundheitszustand in den Blick nehmen. Zunächst aber ist zu begründen, warum die Gesundheit einen besonderen moralischen Status genießt und deshalb zum Gegenstand von Gerechtigkeitsüberlegungen (s. Kap. II. 8) gemacht werden sollte.

Die moralische Bedeutung der Gesundheit

Der US-amerikanische Bioethiker Norman Daniels hat die wohl prominenteste Theorie zum Verhältnis von Gesundheit und Gerechtigkeit entwickelt. Während sich Daniels in seinem ersten Werk *Just Health Care* zunächst auf die Verteilungsprobleme im Gesundheitswesen konzentrierte (Daniels 1985), diskutiert er in seinem jüngsten Werk *Just Health* die gerechtigkeitsethischen Fragen von Gesundheit und Krankheit umfassender unter Berücksichtigung der nicht-medizinischen, sozioökonomischen Einflussfaktoren (Daniels 2008). Nicht verändert hat er darin aber seine Begründung, warum die Gesundheit eine besondere Bedeutung für den Menschen hat und deshalb einer besonderen gerechtigkeitsethischen Betrachtung bedarf.

Daniels knüpft in seiner Argumentation an das von John Rawls in dessen Theorie der Gerechtigkeit begründete Prinzip der Chancengleichheit an (Rawls 1975). Er verwendet einen biologisch-funktionalen Krankheitsbegriff, um die Bedeutung der Gesundheitsversorgung für die Chancenverteilung in der Gesellschaft zu begründen. Krankheit versteht er als Abweichung von der normalen arttypischen Funktionsfähigkeit, die die Chancen eines Individuums einschränkt, und zwar im Verhältnis zu dem Anteil am normalen Spektrum an Lebenschancen, der dem Individuum aufgrund seiner Fähigkeiten und Begabungen bei voller Gesundheit zur Verfügung gestanden hätte. Aus Gründen der Gerechtigkeit ist es nun geboten, diejenigen Voraussetzungen zu schaffen, die die normale Funktionsfähigkeit und damit eine faire Chancengleichheit aufrechterhalten oder wiederherstellen können. Daniels liefert damit gute Gründe für einen allgemeinen, gleichen Zugang zur Gesundheitsversorgung und den Ausgleich sozioökonomisch bedingter Ungleichheiten im Gesundheitszustand.

Sozioökonomische Ungleichheiten der Gesundheitschancen

Verschiedene empirische Studien belegen, dass sozioökonomische Ungleichheiten – bedingt durch Unterschiede in Bildung, Einkommen und sozialem Status – einen wesentlichen Einfluss auf den Gesundheitszustand und damit die Verwirklichung von Lebenschancen haben (vgl. Mielck 2005). Benachteiligt sind dabei nicht nur die am schlechtesten gestellten Teile der Bevölkerung, sondern es besteht ein sozialer Gradient bei den Gesundheitschancen über alle gesellschaftlichen Schichten hinweg. Internationale Vergleiche zeigen, dass dieser soziale Schichtgradient bei Mortalität und Morbidität nicht unvermeidlich ist. So lässt sich kein direkter Zusammenhang zwischen dem Wohlstand eines Landes und den gesundheitlichen Outcomes nachweisen, was das folgende Beispiel verdeutlicht (Daniels et al. 2004). Das Pro-Kopf-Bruttoinlandsprodukt der USA übertrifft dasjenige von Costa Rica um ungefähr 21.000 US-Dollar, während die durchschnittliche Lebenserwartung in Costa Rica höher ist als in den USA (76,6 versus 76,4 Jahre). Der soziale Gradient bei Morbidität und Mortalität ist folglich keine notwendige Folge der ökonomischen Entwicklung, sondern Resultat soziokultureller Faktoren und politischer Entscheidungen. Je größer die Einkommensunterschiede in der Bevölkerung sind, desto steiler ist der soziale Gradient. Als Gesundheitsdeterminanten sind dabei ebenso der relative sozioökonomische Status wie das absolute Einkommensniveau relevant.

Die sozioökonomisch bedingten Ungleichheiten der Gesundheitschancen lassen sich ethisch über zwei verschiedene Argumentationslinien bewerten. Sofern die sozialen Ungleichheiten selbst eine Ungerechtigkeit darstellen, sind auch die damit verbundenen gesundheitlichen Diskrepanzen ungerecht. Alternativ kann die Argumentation am besonderen moralischen Status des Gutes Gesundheit ansetzen. Damit sprechen überzeugende gerechtigkeitsethische Argumente dafür, nicht nur einen allgemeinen, einkommensunabhängigen Zugang zur medizinischen Versorgung zu gewährleisten, sondern auch bevölkerungsbezogene Maßnahmen zu ergreifen, die darauf abzielen, diejenigen sozialen Ungleichheiten und Benachteiligungen zu reduzieren, die nachweislich mit schlechteren Gesundheitschancen verbunden sind.

Dabei erscheint es weder praktikabel noch ethisch zwingend erforderlich, alle sozial bedingten Ungleichheiten im Gesundheitszustand zu eliminieren. Soziale Ungleichheiten sollten dann nicht weiter reduziert werden, wenn dies die gesamtgesellschaftliche Produktivität so stark beeinträchtigt, dass nicht mehr genug Ressourcen für die Beseitigung gesundheitlicher Disparitäten übrig bleibt. In Anlehnung an das Rawlssche Differenzprinzip könnte man argumentieren, dass sozioökonomische Ungleichheiten und die damit verbundenen gesundheitlichen Disparitäten akzeptabel sind, wenn sie den am wenigsten Begünstigten den größtmöglichen Vorteil bieten.

Verteilungsgerechtigkeit im Gesundheitswesen

Fragen der Verteilungsgerechtigkeit ergeben sich im Gesundheitswesen auf zwei Ebenen (vgl. Kersting 2002): Auf der Systemebene stellt sich zunächst die Frage, nach welchen Grundprinzipien eine gerechte Gesundheitsversorgung zu organisieren ist: Sollen die Gesundheitsgüter auf einem freien Markt oder im Rahmen eines zentral organisierten öffentlichen Gesundheitswesens verteilt werden? Sofern man sich für eine – zumindest teilweise – staatlich regulierte Gesundheitsversorgung entschieden hat, ergibt sich auf nachgeordneter Ebene ein zweites Gerechtigkeitsproblem: Nach welchen Verfahren und Kriterien können die begrenzt verfügbaren Mittel innerhalb des Systems gerecht verteilt werden?

Die Attraktivität einer marktorientierten Verteilung liegt darin, dass – unter Bedingungen eines vollkommenen Wettbewerbs – die Güter effizient produziert und nach den Präferenzen der Konsumenten, ausgedrückt in ihrer Zahlungsbereitschaft, verteilt werden. Ökonomische und gerechtigkeitsethische Argumente sprechen jedoch dagegen, die Verteilung von Gesundheitsgütern allein dem freien Markt zu überlassen. Den *ökonomischen* Argumenten zufolge weisen die Märkte für Gesundheitsgüter Eigenschaften auf, die zu einem Marktversagen führen. Kranke Menschen sind als Konsumenten nur eingeschränkt souverän, Informationen über Qualität und Preise medizinischer Leistungen sind oft nur eingeschränkt verfügbar, so dass die Patienten keine preis- und qualitätsbewusste Auswahl treffen können. Ohne staatliche Regulierung kann deshalb keine optimale Allokation erreicht werden.

Die *gerechtigkeitsethischen* Argumente setzen an den besonderen Eigenschaften der Gesundheit als fundamental ermöglichendes Gut an, das alle Menschen benötigen, egal welche Ziele und Pläne sie verwirklichen möchten. Auf einem freien Markt werden Gesundheitsleistungen v. a. nach der individuellen Zahlungs*fähigkeit* verteilt, was aufgrund der ungleichen Einkommensvoraussetzungen zu einer ungerechten Verteilung von Gesundheitsgütern führen würde. So lässt sich die Gewährleistung einer medizinischen Grundversorgung im Rahmen eines solidarisch finanzierten öffentlichen Gesundheitswesens unabhängig vom Einkommen begründen: Es ist gerechter, allen Bürgern einen begrenzten Zugang zu wichtigen Gesundheitsleistungen zu ermöglichen als nur einem Teil der Bevölkerung unbegrenzten Zugang zu allen verfügbaren Leistungen. Darüber hinausgehende, individuell unterschiedliche Versorgungspräferenzen können ihren Ausdruck in einem Markt für Zusatzleistungen finden.

Strategien zum Umgang mit der Mittelknappheit im Gesundheitswesen

Aller Voraussicht nach wird sich die Diskrepanz zwischen medizinisch sinnvoll Möglichem und solidarisch im Bereich der gesetzlichen Krankenversicherung (GKV) Finanzierbarem in den kommenden Jahren weiter vergrößern. Die Nachfrage nach Gesundheitsleistungen steigt durch medizinisch-technische Innovationen und die demographische Entwicklung (wachsender Anteil älterer Menschen mit chronischen Erkrankungen). Dem stehen begrenzte finanzielle Ressourcen gegenüber, u. a. auch bedingt durch den demographischen Wandel (s. Kap. III.6), da der steigende Altenquotient die Einnahmesituation der umlagefinanzierten GKV zukünftig erheblich schwächen dürfte. Es besteht folglich ein Bedarf an medizinisch rationalen und ethisch vertretbaren Strategien, wie mit der zunehmenden Mittelknappheit im Gesundheitswesen umgegangen werden kann. Grundsätzlich bieten sich hier drei Optionen: (1) Effizienzsteigerungen durch Rationalisierungen, (2) eine erhöhte Mittelzuweisung an das Gesundheitswesen und (3) Leistungsbegrenzungen durch Rationierungen.

(1) Effizienzsteigerungen durch Rationalisierungen: Die aus medizinischer und ethischer Sicht primär gebotene Strategie zum Umgang mit der Mittelknappheit besteht darin, die Effizienz der medizinischen Versorgung zu erhöhen. Es ist allgemein anerkannt und mit vielen Beispielen belegt, dass im deutschen Gesundheitswesen noch erhebliche Wirtschaftlichkeitsreserven vorhanden sind, deren Mobilisierung eine andauernde Verpflichtung der Gesundheitspolitik und aller Akteure im Gesundheitswesen darstellt. Wirtschaftlichkeitsreserven lassen sich aber nicht allesamt und schon gar nicht sofort ausschöpfen, da die notwendigen Rationalisierungen methodisch aufwändig sind – wie die evidenzbasierte Leitlinienentwicklung zeigt – und häufig strukturelle Veränderungen im Versorgungssystem erfordern – etwa die bessere Verzahnung von ambulanter und stationärer Versorgung oder die Stärkung von Prävention und Gesundheitsförderung. Rationalisierungen reduzieren deshalb nur mit zeitlicher Latenz und ohne Erfolgsgarantie den Mittelverbrauch. Zudem erlauben sie in der Regel nur einmalige, im Ausmaß begrenzte Einsparungen, während medizinische Innovationen und demographischer Wandel die Ausgaben anhaltend in die Höhe treiben. Trotz aller Bemühungen werden Rationalisierungen deshalb ein weiteres Auseinanderklaffen von Machbarem und Finanzierbarem nicht verhindern können.

(2) Erhöhung der Mittel im Gesundheitswesen: Wenn nicht ausreichend Wirtschaftlichkeitsreserven mobilisiert werden können, stellt sich die Frage, ob der Mehrbedarf nicht durch eine erhöhte Mittelzuweisung an die Gesundheitsversorgung gedeckt werden sollte. Verschiedene Argumente sprechen dafür, hier eher zurückhaltend zu sein: Der Gesundheitssektor konkurriert mit anderen Bereichen und moralisch relevanten Gütern (s. Kap. II.9) wie z. B. Bildung, Umweltschutz, Bekämpfung von Armut, Arbeitslosigkeit und Wohnungsnot oder innere Sicherheit um begrenzte öffentliche Finanzmittel. Eine weitere Erhöhung der Gesundheitsausgaben kann deshalb nur mit Einschränkungen (›Opportunitätskosten‹) in anderen sozialstaatlichen Bereichen erkauft werden. Dies wäre nicht nur ethisch problematisch, sondern hätte auch negative Auswirkungen auf die Gesundheit der Bevölkerung. Zudem weisen viele medizinische Verfahren einen abnehmenden Grenznutzen auf: Der – oft geringe – Nutzengewinn durch neue Behandlungsverfahren erfordert überproportional hohe Ausgaben. Ein ›Versorgungsmaximalismus‹, der alle verfügbaren Gesundheitsleistungen umfasst, ist weder ökonomisch sinnvoll noch ethisch vertretbar. Eine Obergrenze der Gesundheitsausgaben lässt sich aus diesen Argumenten jedoch nicht ableiten, sondern muss vielmehr *normativ* festgelegt werden. Die Mittelknappheit im Gesundheitswesen beruht folglich auf Wertsetzungen, die zum einen vom medizinischen Entwicklungsstand und der ökonomischen Leistungsfähigkeit der Gesellschaft abhängen, zum anderen aber auf die grundlegende Frage verweisen, wie viel wir bereit sind, für die medizinische Versorgung im Vergleich zu anderen Gütern auszugeben.

(3) Leistungsbegrenzungen durch Rationierungen: Wenn Effizienzsteigerungen den Kostenanstieg nicht ausreichend kompensieren können und es gute Gründe gibt, die Gesundheitsausgaben nicht weiter zu erhöhen, verbleibt als Alternative nur die Begrenzung des Leistungsumfangs (›Rationierung‹). Eine Rationierung liegt vor, wenn einem Patienten (vorübergehend oder dauerhaft) eine medizinische Maßnahme aus Kostengründen vorenthalten wird, die diesem im Vergleich zu alternativen Maßnahmen einen Nutzengewinn geboten hätte (vgl. Ubel/Goold 1998). Einen Nutzen haben diejenigen Maßnahmen, die die Lebenserwartung und/oder die Lebensqualität (s. Kap. II. 16) des Patienten verbessern. Autoren mit ökonomischem Hintergrund schlagen mitunter eine Definition vor, die nicht das Vorenthalten, sondern die begrenzte Zuteilung betont. Bei Rationierungen werden demnach medizinische Leistungen zu einem festgelegten Preis, der unterhalb markträumender Preise liegt, in einer geringeren Menge zugänglich gemacht, als sie zu diesem subventionierten Preis nachgefragt würden (vgl. Breyer 2002). Diese Begriffsdefinition rückt einen Grundgedanken von Rationierungen in den Vordergrund, der v. a. im nichtmedizinischen Bereich, z. B. bei Essensmarken im Krieg, geläufig ist: Die staatliche Zuteilung von Rationen zu festen Quantitäten und Preisen soll knappheitsbedingte Preissteigerungen verhindern und damit eine gleichmäßige, bedarfsorientierte Versorgung sicherstellen. Dass Rationierungen damit zu einer gerechten Verteilung knapper Güter beitragen können, wird in der öffentlichen Diskussion in der Regel nicht thematisiert.

Leistungsbegrenzungen werfen die zweite Gerechtigkeitsfrage auf: Wer soll nach welchen Kriterien über die Einschränkungen entscheiden? In Abhängigkeit von der Verteilungsebene kann man zwei Formen der Leistungsbegrenzung unterscheiden. *Explizite* Leistungsbegrenzungen erfolgen *oberhalb* der individuellen Arzt-Patient-Interaktion nach ausdrücklich festgelegten, allgemein verbindlichen Regeln und können entweder zum generellen Ausschluss von Leistungen (Begrenzung des Leistungskatalogs) oder zur Einschränkung von Indikationen (Versorgungsstandards) führen. Bei *impliziten* Leistungsbegrenzungen erfolgt die Zuteilung hingegen im Einzelfall durch die Leistungserbringer – gegebenenfalls unter Beteiligung der Patienten. Implizite Leistungsbegrenzungen resultieren aus Budgetierungen und finanziellen Anreizen. Hierbei tragen die Ärzte die Verantwortung für die Einschränkung medizinischer Maßnahmen, während bei der expliziten Form die Entscheidungen auf der Planungsebene des Gesundheitswesens gefällt werden. In der gesetzlichen Krankenversicherung ist hierfür der gemeinsame Bundesausschuss (G-BA), ein Gremium der gemeinsamen Selbstverwaltung von Ärzten, Krankenkassen und Krankenhäusern, zuständig, der über die Zusammensetzung des GKV-Leistungskatalogs entscheidet.

Explizite Leistungsbegrenzungen weisen aus ethischer Sicht mehrere Vorteile auf: Sie sichern *transparente* und *konsistente* Verteilungsentscheidungen und erhöhen dadurch die *Akzeptanz* bei Versicherten und Patienten. Zudem entlasten explizite Leistungsbegrenzungen das Arzt-Patient-Verhältnis, da die Zuteilungsentscheidungen nicht im Einzelfall getroffen werden müssen, sondern allgemein verbindlichen Vorgaben folgen. Entscheidungs- und Interessenskonflikte auf ärztlicher Seite lassen sich auf diese Weise reduzieren. Implizite Leistungsbegrenzungen bieten demgegenüber eine größere Flexibilität, um auf die Besonderheiten des Einzelfalles eingehen zu können. Da für die Zuteilungsentscheidungen im Einzelfall keine allgemein verbindlichen Regeln vorgegeben sind, besteht die Gefahr, dass medizinische Leistungen nach intransparenten, von Patient zu Patient und Arzt zu Arzt wechselnden Kriterien verteilt werden. Allokationsentscheidungen sollten deshalb nach Möglichkeit explizit auf der Grundlage klar definierter Regeln erfolgen, implizite Leistungsbegrenzungen werden sich aber aus pragmatischen Gründen nicht vermeiden lassen.

Priorisierungen im Gesundheitswesen

Um die begrenzt verfügbaren Ressourcen möglichst sinnvoll einzusetzen, sollte vorab geklärt werden, welche Leistungsbereiche und Leistungen der Gesundheitsversorgung wichtiger bzw. weniger wichtig sind. Dieses Vorgehen, das die relative Vorrangigkeit von medizinischen Maßnahmen, Indikationen, Patientengruppen oder ganzen Versorgungsbereichen bestimmt, wird, unter dem Begriff *Priorisierung*, in Fachkreisen zunehmend diskutiert (Zentrale Kommission zur Wahrung ethischer Grundsätze in der Medizin (Zentrale Ethikkommission) 2000). Das Ergebnis einer Priorisierung kann in der Aufstellung einer Rangordnung von Diagnose-Maßnahmen-Kombinationen innerhalb eines bestimmten Versorgungsbereichs bestehen (sog. *vertikale Priorisierung*), wie sie in Schweden z. B. für Herzkranke und Schlaganfallpatienten entwickelt wurde (vgl. Raspe/Meyer 2009). Von einer *horizontalen Priorisierung* spricht man hingegen, wenn verschiedenen Versorgungsbereichen eine unterschiedliche Wichtigkeit zugeordnet wird. Die Ergebnisse einer Priorisierung eröffnen zwei Anwendungsperspektiven im Gesundheitswesen: Zum einen können Versorgungsbereiche mit einer hohen Priorität gezielt weiter ausgebaut werden, z. B. die ambulante Versorgung älterer Menschen, womit Priorisierungen die Voraussetzungen für eine verbesserte Versorgungsqualität liefern können. Zum anderen können Leistungen in denjenigen Versorgungsbereichen eingeschränkt werden, die eine geringe Bedeutung für die Gesundheit der Bevölkerung haben. In diesem Fall leisten Priorisierungen einen Beitrag zu einer medizinisch rationalen, ethisch vertretbaren und zudem auch effizienten Ausgabenkontrolle im Gesundheitswesen. Priorisierungen stellen damit keine Einbahnstraße zur Rationierung dar, sondern bieten die Chance, Versorgungsqualität und Gesundheitsausgaben in einem transparenten Verfahren nach klar vorgegebenen Kriterien gegeneinander abzuwägen.

Gerechte Allokationskriterien

Unabhängig von der Ebene ihres Gegenstandes sollten Allokationsentscheidungen in einer gerechten Art und Weise getroffen werden. Dabei ist zwischen formalen und materialen Allokationskriterien zu unterscheiden. Während die formalen Kriterien die Bedingungen eines fairen Verfahrens zur Leistungsbegrenzung definieren, geben die materialen Kriterien vor, an welchen inhaltlichen ethischen Maßstäben sich die Verteilung orientieren sollte. Folgende *formale* Kriterien einer gerechten Verteilung werden diskutiert (vgl. Daniels/Sabin 2002; Emanuel 2000; Zentrale Kommission zur Wahrung ethischer Grundsätze in der Medizin und ihren Grenzgebieten (Zentrale Ethikkommission) bei der Bundesärztekammer 2007):

- *Transparenz:* Leistungsbegrenzungen und die zugrundeliegenden Verfahren und Kriterien sollten öffentlich zugänglich sein.
- *Konsistenz:* Alle Allokationsentscheidungen sollten den gleichen Regeln und Kriterien folgen, so dass Patienten in vergleichbaren Situationen auch gleich behandelt werden.
- *Legitimität:* Allokationsentscheidungen sollten durch demokratisch legitimierte Institutionen erfolgen.
- *Begründung:* Allokationsentscheidungen sollten auf einer nachvollziehbaren, relevanten Begründung beruhen.
- *Evidenzbasierung:* Allokationsentscheidungen sollten die verfügbare Evidenz hinsichtlich des gesundheitlichen Nutzens und der erwarteten Kosten berücksichtigen.
- *Partizipationsmöglichkeiten:* Da Allokationsentscheidungen Werturteile erfordern, die sich nicht hinreichend konkret aus einer ethischen Theorie ableiten lassen, sollte es für Bürger und Patienten angemessene Partizipationsmöglichkeiten geben.
- *Minimierung von Interessenkonflikten:* Da es im Gesundheitswesen viele, z. T. sehr einflussreiche Akteure mit finanziellen Eigeninteressen gibt, sollten Allokationsentscheidungen so geregelt sein, dass Interessenskonflikte z. B. durch finanzielle Anreize im Vergütungssystem minimiert werden.
- *Widerspruchsmöglichkeiten:* Im Einzelfall sollten Patienten, denen eine gewünschte Leistung vorenthalten wird, Widerspruchsmöglichkeiten offenstehen.
- *Regulierung:* Durch freiwillige Selbstverpflichtung oder staatliche Regulierung sollte sichergestellt werden, dass die formalen Bedingungen einer gerechten Verteilung auch tatsächlich eingehalten werden.

Folgende *materiale* Allokationskriterien lassen sich ethisch am besten begründen und konnten sich auch in den politischen Diskursen verschiedener Länder durchsetzen (Zentrale Kommission zur Wahrung ethischer Grundsätze in der Medizin und ihren Grenzgebieten (Zentrale Ethikkommission) bei der Bundesärztekammer 2007; Marckmann 2009):

- *Medizinische Bedürftigkeit:* Vorrang sollten diejenigen Patienten genießen, die am meisten der medizinischen Hilfe bedürfen, gemessen am Schweregrad der Erkrankung und an der Dringlichkeit der Behandlung.
- *Erwarteter medizinischer Nutzen:* Darüber hinaus sind diejenigen Maßnahmen zu bevorzugen, die einen großen medizinischen Nutzen – gemessen an einer verbesserten Lebenserwartung und/oder Lebensqualität – aufweisen. Leistungseinschränkungen sollten entsprechend bei denjenigen Maßnahmen ansetzen, die einen geringen oder unwahrscheinlichen Nutzen für die Patienten haben.
- *Kosten-Nutzen-Verhältnis:* Bei Allokationsentscheidungen unter Knappheitsbedingungen ist auch das Verhältnis von Ressourcenaufwand zu erwartetem medizinischen Nutzen zu berücksichtigen, um mit den verfügbaren Mitteln insgesamt einen möglichst großen gesundheitlichen Effekt erzielen zu können.

Als Metakriterium ist überdies der *Evidenzgrad* des erwarteten Nutzens und der entstehenden Kosten zu berücksichtigen: Maßnahmen, deren Nutzen durch klinische Studien nur schlecht belegt ist, sollten eine geringere Priorität genießen. Zu den aus ethischer Sicht nicht akzeptablen Kriterien gehören Alter, Geschlecht, sozialer Status, Zahlungsfähigkeit, Versichertenstatus oder der Gesundheitszustand des Patienten.

Die große ethische Herausforderung in der Praxis besteht nun darin, das relative Gewicht der drei Allokationskriterien zu bestimmen, da sich dieses nicht aus einer übergeordneten ethischen Theorie ableiten lässt. Vergleichsweise unkontrovers dürfte die Maxime sein, zunächst auf solche medizinischen Maßnahmen zu verzichten, die im Vergleich zu einer kostengünstigeren Alternative einen nur geringen (›marginalen‹) Zusatznutzen für den Patienten bieten (Friedrich et al. 2009).

Literatur

Breyer, Friedrich: Ökonomische Grundlagen der Finanzierungsprobleme im Gesundheitswesen: Status quo und Lösungsmöglichkeiten. In: Detlef Aufderheide/Martin Dabrowski (Hg.): *Gesundheit – Ethik – Ökonomie*. Berlin 2002, 11–27.
Daniels, Norman: *Just Health Care*. Cambridge 1985.
–: *Just health: Meeting Health Needs Fairly*. Cambridge 2008.
–/Sabin, James E.: *Setting Limits Fairly*. Oxford 2002.

–/Kennedy, Bruce/Kawachi, Ichiro: Health and inequality, or, why justice is good for our health. In: Sudhir Anand/Fabienne Peter/Amartya Sen (Hg.): *Public Health, Ethics, and Equity*. Oxford 2004, 63–91.

Emanuel, Ezekiel J.: Justice and managed care. Four principles for the just allocation of health care resources. In: *Hastings Center Report* 30/3 (2000), 8–16.

Friedrich, Daniel R./Buyx, Alena M./Schöne-Seifert, Bettina: Priorisierung: Marginale Wirksamkeit als Ausschlusskriterium. In: *Deutsches Ärzteblatt* 106/31-32 (2009), 1562–1564.

Kersting, Wolfgang: Gerechtigkeitsethische Überlegungen zur Gesundheitsversorgung. In: Oliver Schöffski/J.-Matthias von der Schulenburg (Hg.): *Gesundheitsökonomische Evaluationen*. Berlin 2002, 25–49.

Mielck, Andreas: *Soziale Ungleichheit und Gesundheit. Einführung in die aktuelle Diskussion*. Bern 2005.

Marckmann, G.: Priorisierung im Gesundheitswesen: Was können wir aus den internationalen Erfahrungen lernen? In: *Zeitschrift für Evidenz, Fortbildung und Qualität im Gesundheitswesen* 103/2 (2009), 85–91.

Raspe, Heiner/Meyer, Thorsten: Priorisierung: Vom schwedischen Vorbild lernen. In: *Deutsches Ärzteblatt* 106/21 (2009), A 1036–9.

Rawls, John: *Eine Theorie der Gerechtigkeit*. Frankfurt a. M. 1975.

Ubel, Peter A./Goold, Susan D.: ›Rationing‹ health care. Not all definitions are created equal. In: *Arch Intern Med* 158/3 (1998), 209–14.

Zentrale Kommission zur Wahrung ethischer Grundsätze in der Medizin und ihren Grenzgebieten (Zentrale Ethikkommission) bei der Bundesärztekammer: Priorisierung medizinischer Leistungen im System der Gesetzlichen Krankenversicherung (GKV). In: *Deutsches Ärzteblatt* 104/40 (2007), A-2750–2754.

Zentrale Kommission zur Wahrung ethischer Grundsätze in der Medizin (Zentrale Ethikkommission): Prioritäten in der medizinischen Versorgung im System der Gesetzlichen Krankenversicherung (GKV): Müssen und können wir uns entscheiden? In: *Deutsches Ärzteblatt* 97/15 (2000), A-1017–1023.

Georg Marckmann

19 Gesundheitskompetenz

Gesundheit ist ein ethisch hochrangiges Gut. Die gesundheitliche Verfassung eines Menschen ist im Sinne eines individuellen transzendentalen Gutes in zweifacher Hinsicht relevant: Erstens sind basale gesundheitliche Funktionen eine Bedingung der Möglichkeit des Lebens überhaupt, und zweitens bestimmt die Gesundheit das Spektrum möglicher Tätigkeiten und Lebensziele sowie die Erfolgsaussicht, diese zu erreichen. Gesundheit übt demnach einen unmittelbaren Einfluss darauf aus, inwieweit ein Mensch ein selbstbestimmtes Leben führen kann, sowohl in geistiger als auch emotionaler und körperlicher Hinsicht. Gesundheit kann vor diesem Hintergrund auch ein soziales Gut sein, insofern die Gesellschaft durch die Bereitstellung eines öffentlich finanzierten Gesundheitswesens die medizinische und pflegerische Versorgung ihrer Bürger in einem bestimmten Umfang übernimmt. Ferner kommt Gesundheit als soziales Gut in den Blick, da sie durch gesellschaftliche Strukturen in den Bereichen Bildung, Arbeit und Umwelt wesentlich beeinflusst wird.

Gesundheit ist über ihre ethische Dimension hinaus nicht zuletzt auch ökonomisch von hoher Relevanz. Je nach Gestaltung des Gesundheitswesens finden sehr viele Menschen in diesem Bereich ihren Arbeitsplatz, und es geht in unterschiedlichem Verhältnis zueinander um erhebliche private und öffentliche Finanzmittel auf der Eingaben- sowie auf der Ausgabenseite.

Vor diesem Hintergrund ist verständlich, dass einem kompetenten Umgang mit gesundheitlichen Belangen sowohl seitens des Individuums als auch seitens der Gesellschaft und der Politik eine hohe Priorität zukommt. Gesundheitskompetenz stellt hier eine Kernkompetenz dar. Sie ist das Schlüsselkonzept, von dem erwartet wird, dass es zu einem besseren Gesundheitszustand des Einzelnen und der Bevölkerung, zu einer leistungsfähigen und qualitativ hochwertigen Gesundheitsversorgung sowie zu einer Senkung der Kosten beiträgt. Insbesondere seit den letzten 20 Jahren hat die Forschung zu Gesundheitskompetenz in ihren unterschiedlichen Facetten zunehmend an Bedeutung gewonnen und steht in öffentlichen Förderprogrammen und Strategien wie beispielsweise der Gesundheitsstrategie der Europäischen Kommission »Together for Health – a strategic approach for the EU 2008-2013« (2007) und dem National Action Plan to Improve Health Literacy des amerikanischen Department of Health and Human Services (2010) im Zentrum der Aufmerksamkeit.

Definitionen und Modelle von Gesundheitskompetenz

Der Begriff der Gesundheitskompetenz (*health literacy*), in der deutschen Diskussion selten auch als Gesundheitsmündigkeit bezeichnet, wurde 1974 von Scott Simonds mit Blick auf den Schulunterricht eingeführt: Die Schüler/innen sollten in Fragen der Gesundheit eine ebensolche Kompetenz entwickeln wie in Fragen von Geschichte und Wissenschaft (Tones 2002, 287). Nachdem sich die Debatte um Gesundheitskompetenz in der ersten Zeit im Wesentlichen auf die Fähigkeiten zu lesen und zu schreiben im Sinne von *literacy* beim Einzelnen oder bei bestimmten Bevölkerungsgruppen bezog, umfasst sie mittlerweile auch den Bereich der öffentlichen Gesundheitsversorgung und nimmt komplexere Fähigkeiten und Fertigkeiten sowohl auf der individuellen als auch der institutionellen Ebene in den Blick. Gesundheitskompetenz erfuhr seit Anfang des 21. Jahrhunderts verstärkte Aufmerksamkeit zunächst v. a. in den USA und Kanada, mittlerweile auch in Australien, Korea, Japan, Großbritannien, Schweiz, den Niederlanden und auf der europäischen Ebene.

Eine einheitliche Definition oder ein konsentiertes Modell gibt es bis heute nicht. Die zahlreichen und letztlich nicht einheitlich zu systematisierenden Ansätze unterscheiden sich in vielfältigen Hinsichten: Die einen konzentrieren sich auf das Individuum, während andere die Gesellschaft und die Public-Health-Perspektive mit in den Blick nehmen; manche beziehen sich vorrangig auf die Fähigkeit zu lesen und zu schreiben, wohingegen andere weitergehende kognitive, soziale und psychologische Merkmale integrieren. Zuweilen wird Gesundheitskompetenz ausschließlich auf Gesundheitsinformationen bezogen, an anderen Stellen werden Motivation und Handlungsumsetzung von Personen (s. Kap. II. 21) oder Institutionen ergänzt. Beschränken sich manche Autoren auf den Bereich der Gesundheitsversorgung, berücksichtigen andere zusätzlich den Bereich der Prävention und der Gesundheitsförderung. Als Kernkompetenz für weitergehende ethische Analysen und Normierungen bedarf Gesundheitskompetenz einer tragfähigen Beschreibung. Ein Grund dafür, warum Gesundheitskompetenz in der Ethik entgegen ihrer Relevanz bislang nicht Gegenstand intensiver Untersuchungen war, mag darin liegen, dass sie als Konzept nicht hinreichend scharf konturiert ist.

Die von Seiten offizieller Organisationen verwendeten Definitionen stammen im Wesentlichen von der WHO und vom IOM (Institute of Medicine), das sich an eine Definition der American Medical Association (AMA) anlehnt. Gemäß WHO besteht Gesundheitskompetenz in »[…] the cognitive and social skills which determine the motivation and ability of individuals to gain access to, understand and use information in ways which promote and maintain good health« (WHO 1998, 10). Sie umfasst Wissen, Fähigkeiten und Handlungsbereitschaft, um durch Veränderungen des Lebensstils und der Lebensbedingungen zur Verbesserung der persönlichen Gesundheit sowie der Gesundheit der Gemeinschaft beizutragen, und ist von großer Bedeutung für Empowerment. Auch die AMA und das IOM stellen den Bezug auf das Individuum in den Vordergrund und definieren Gesundheitskompetenz als »the degree to which individuals have the capacity to obtain, process, and understand basic health information and services needed to make appropriate health decisions« (Institute of Medicine 2004). Als wichtige Einflussgrößen werden über das Gesundheitssystem hinaus auch das Bildungssystem sowie die Kultur und die Gesellschaft benannt. Erziehung und Sprache, die Kommunikationsfähigkeit der Gesundheitsberufe sowie die Fähigkeit der Medien, der Gesundheitsbehörden und der Wirtschaft, Gesundheitsinformationen in geeigneter Weise zur Verfügung zu stellen, können Gesundheitskompetenz befördern (IOM 2004, 4).

Einen anderen, weit rezipierten – und auch kritisierten (Tones 2002) – Ansatz verfolgt Don Nutbeam (2000), der Gesundheitskompetenz als einen zusammengesetzten Begriff rekonstruiert, der ein Spektrum an Ergebnissen von Gesundheitserziehung beschreibt. Im Sinne eines Stufenmodells unterscheidet er drei Formen von Gesundheitskompetenz, die sich nach dem jeweiligen Level von Wissen und Fähigkeiten sowie den Zielen von Gesundheitserziehung unterscheiden.

(1) *Funktionelle Gesundheitskompetenz* entsteht durch die Vermittlung von Informationen über Gesundheitsrisiken und den Gebrauch von Gesundheitsdiensten. Es geht um reine Informationsvermittlung mit dem erhofften Ergebnis verbesserten individuellen Wissens. Ein sozialer Vorteil kann gleichwohl indirekt entstehen, beispielsweise durch eine in der Folge verstärkte Inanspruchnahme von Impfprogrammen.

(2) Auf der zweiten Stufe, der *interaktiven Gesundheitskompetenz*, wird das Wissen um persönliche Fähigkeiten ergänzt, die in einer unterstützenden Umgebung im Rahmen einer Interaktion entwickelt werden. Der daraus resultierende individuelle Vorteil besteht in der verbesserten Fähigkeit, unabhängig zu handeln, besser motiviert zu sein und mehr Selbstvertrauen zu haben. Ein sozialer Nutzen kann sich ergeben, wenn sich die entstehende Gestaltungskompetenz auch darauf erstreckt, soziale Normen zu beeinflussen und mit sozialen Gruppen zu interagieren.

(3) Die letzte Stufe, die als *kritische Gesundheitskompetenz* bezeichnet wird, bezieht sich auf das Empowerment – im Deutschen grob übersetzbar als ›Befähigung zu Selbstbestimmung und Partizipation‹ – des Einzelnen und der Gemeinschaft. Sie besteht in der Entwicklung kognitiver und sozialer Fähigkeiten, die auf der Grundlage von Informationen über soziale und ökonomische Einflussfaktoren für Gesundheit insbesondere auf effektive soziale und politische Aktionen gerichtet sind und den Einzelnen darüber hinaus zu seinem individuellen Vorteil befähigen, mit widrigen Umständen aktiv umzugehen.

Auf der Grundlage von 17 verschiedenen Definitionen von Gesundheitskompetenz aus der Literatur entwickelten Kristine Sørensen et al. (2012) eine integrierte Definition:

> »Gesundheitskompetenz ist verknüpft mit Bildung und umfasst Wissen, Motivation und Kompetenzen, Gesundheitsinformationen zu erlangen, zu verstehen, zu beurteilen und umzusetzen, um Urteile zu bilden und Entscheidungen im Alltag in Bezug auf Gesundheitsversorgung, Krankheitsvermeidung und Gesundheitsförderung zu treffen und die Lebensqualität während der gesamten Lebensspanne zu erhalten oder zu verbessern« (2012, 3; Übersetzung durch die Verfasserin).

Darauf aufbauend, entwickelten die Autoren unter Berücksichtigung von 12 verschiedenen konzeptionellen Modellen aus der Literatur ebenso ein integriertes Modell, das sowohl die individuelle als auch die Bevölkerungsperspektive umfasst. Es enthält vier Schritte der Verarbeitung von Gesundheitsinformationen, drei Bereiche der Gesundheitsversorgung im weiteren Sinne, Voraussetzungen im Sinne von Einflussfaktoren sowie Konsequenzen.

Die vier Dimensionen im Sinne von Stufen des Verarbeitungsprozesses von Gesundheitsinformationen (Erlangen, Verstehen, Bewerten, Umsetzen) werden in diesem Modell jeweils zu den drei von den Entscheidungen betroffenen Gesundheitsbereichen (Behandlung, Prävention, Gesundheitsförderung) in Bezug gesetzt. In diesen Gesundheitsbereichen kommen Menschen in unterschiedlichen Rollen in den Blick: in der Behandlung bzw. Gesundheitsversorgung im engeren Sinn der Patient, in der Prävention die Risikoperson und in der Gesundheitsförderung der Bürger. Bei den Einflussfaktoren wird unterschieden zwischen distalen Faktoren, die gesellschaftliche und umweltbedingte Determinanten (wie z. B. demographische Situation, Kultur, Sprache) beinhalten, und proximalen Faktoren, die einerseits persönliche (z. B. Alter, Geschlecht, Bildung, Einkommen) und andererseits situative Determinanten (z. B. soziales Umfeld, Einfluss von Familie und Peer-Groups sowie Mediengebrauch) umfassen. Auswirkungen von Gesundheitskompetenz beziehen sich auf die Inanspruchnahme von Maßnahmen der Gesundheitsversorgung, das Gesundheitsverhalten, Gesundheitsergebnisse, Empowerment, Partizipation, Gleichheit, Kosten und Nachhaltigkeit – mithin Faktoren, die selbst wiederum einer komplexen wechselseitigen Beeinflussung unterliegen.

Dieses Modell kann sehr gut als Grundlage für die Herausarbeitung eingegrenzter Fragestellungen mit klarem Bezug auf bestimmte Dimensionen in einem definierten Anwendungsbereich oder der Analyse einzelner Zusammenhänge dienen. Ebenso kann es für die Entwicklung von Messinstrumenten verwendet werden und schließlich auch für die Entwicklung gezielter Interventionen zur Förderung von Gesundheitskompetenz. Nicht zuletzt bietet es eine gute Grundlage zur Verortung ethischer Analysen und möglicher Konflikte – auch unter Bezugnahme auf bestimmte Krankheits- oder Bevölkerungsgruppen. In Zusammenschau mit medizintheoretischen und -ethischen Konzepten kann es als Brückenmodell in den Anwendungsbezug hinein verwendet werden.

Daten zu Gesundheitskompetenz

Die meisten Erhebungen zu Gesundheitskompetenz erfassten zunächst vorrangig die funktionelle Form, erhoben insbesondere allgemeine Fähigkeiten des Lesens und Zahlenverständnisses und bezogen sich weniger auf bestimmte Krankheitsbilder oder Behandlungsmaßnahmen. Seit den letzten zwei Jahrzehnten werden darüber hinaus zunehmend einzelne Komponenten von Gesundheitskompetenz auch unter Einbeziehung komplexerer kognitiver und psychologischer Merkmale erforscht. Es ist deutlich geworden, dass Daten mit Blick auf konkrete Gesundheitskonstellationen gewonnen werden müssen, um Interventionen zur Beeinflussung von Gesundheitskompetenz entwickeln zu können.

Exemplarisch seien hier wenige ausgewählte Ergebnisse zur Situation in den USA sowie in Europa dargestellt, um die auch empirisch belegte Relevanz von Gesundheitskompetenz aufzuzeigen. So ergaben das amerikanische National Adult Literacy Survey (NALS) und das International Adult Literacy Survey (IALS), dass mehr als 47 % der US-amerikanischen Bevölkerung Schwierigkeiten damit haben, Informationen in geschriebenen Texten mit ausreichender Präzision und Konsistenz zu finden, zuzuordnen und zu integrieren. Die Gefahr einer dadurch bedingten geringen Gesundheitskompetenz besteht insbesondere bei älteren Menschen sowie bei sozial schwachen Gruppen mit schlechter Bildung. Eine gute Gesundheitskompetenz steht in Zusammenhang mit besserer selbst berichteter Gesundheit, weniger Kosten, größerer Therapieadhärenz, besserer Lebensqualität, stärkerer Einbindung in eine gemeinsame Entscheidungsfindung, mehr Wissen um gesundheitsförderndes Verhalten und Krankheitsbewältigung sowie höherer Inanspruchnahme von Präventionsangeboten (IOM 2004, 6 f.).

Im Auftrag der Agency for Health Care Research and Quality (AHQR) der USA wurde vor kurzem ein Review zur Gesundheitskompetenz aktualisiert, und deren Effekte auf Gesundheitsergebnisse sowie die Effekte von Interventionen anhand einer systematischen Literaturauswertung aufbereitet (Berkman et al. 2011). Dort wird zwar beklagt, dass die Datenbasis immer noch sehr dürftig sei, doch wurden folgende Befunde herausgestellt: Eine moderate oder starke Evidenz gibt es für einen Zusammenhang zwischen geringer Gesundheitskompetenz und häufigerer Hospitalisation und Notfallbehandlung sowie geringerer Inanspruchnahme von Mammographie und Grippeimpfung. Geringe Gesundheitskompetenz korreliert darüber hinaus mit einem schlechteren allgemeinen Gesundheitszustand bei älteren Menschen sowie einem höheren Mortalitätsrisiko innerhalb dieser Gruppe, einer geringeren Fähigkeit, Medikamente angemessen einzunehmen sowie Kennzeichnungen und Gesundheitsinformationen zu verstehen. Soziale Unterstützung und bestimmte Merkmale des Gesundheitswesens werden als potenzielle Moderatoren und Mediatoren für das Verhältnis zwischen Gesundheitskompetenz und Therapietreue sowie Blutdruckkontrolle identifiziert. Wissen, Selbstwirksamkeit und soziales Stigma können dem Review gemäß als Mediatoren auf dem kausalen Weg zwischen Gesundheitskompetenz und Gesundheitsergebnissen wirken. Zwar wird in einzelnen Studien ein deutlicher Zusammenhang zwischen einer hohen Gesundheitskompetenz und geringeren Kosten nachgewiesen, für einen konsistenten Nachweis zu einem Zusammenhang mit der Entwicklung der Kosten im Gesundheitswesen fehle jedoch die Datengrundlage.

In Europa wurde im Sommer 2011 in acht Ländern eine Erhebung zu Gesundheitskompetenz in der Allgemeinbevölkerung durchgeführt. Sie erfolgte auf der Grundlage des von Sørensen et al. (2012) entwickelten Modells und schloss einen validierten Fragebogen ein, der die vier Schritte der Verarbeitung und Umsetzung von Gesundheitsinformationen (Erlangen, Verstehen, Bewerten, Umsetzen) mit den drei Bereichen der Gesundheitsversorgung (Behandlung, Prävention, Gesundheitsförderung) in einer Matrix kombinierte – mithin einen komplexeren Ansatz verfolgte als die amerikanische Studie; anschließend wurden die Ergebnisse in einen Bezug zu soziodemographischen Daten gesetzt. Auch in Europa wurde bei fast der Hälfte der Befragten eine eingeschränkte Gesundheitskompetenz festgestellt. Die meisten Befragten fanden es einfacher, Anweisungen zu befolgen als eigene Bewertungen zu entwickeln und Entscheidungen zu fällen. Den höchsten Schwierigkeitsgrad wiesen die Aufgaben auf, den Einfluss politischer Entscheidungen auf die eigene Gesundheit zu verstehen, die Glaubwürdigkeit von Gesundheitsinformationen aus den Medien zu beurteilen und zwischen mehreren Therapieoptionen zu entscheiden. Als soziale Determinanten schlechterer Gesundheitskompetenz wurden in abnehmender Stärke finanzielle Schwäche, selbst bewerteter niedriger Sozialstatus, geringeres Bildungsniveau, höheres Alter und männliches Geschlecht identifiziert.

Gesundheitskompetenz und das Verständnis von Gesundheit

Über die Diskussion und Relevanz empirischer Daten zur Gesundheitskompetenz hinaus stellen sich sowohl im Hinblick auf eine ethische Analyse als auch die Konzipierung politischer Programme grundsätzliche konzeptionelle und normative Fragen.

Keine der Definitionen oder Modelle von Gesundheitskompetenz bezieht sich ausdrücklich auf eine bestimmte Definition von Gesundheit oder Krankheit im Sinne beispielsweise eines naturalistischen, biomedizinischen, psychosomatischen oder verhaltenstheoretischen Verständnisses (Franke 2012; s. Kap. II. 14), was als theoretische Schwäche anzusehen ist. Zwar kann man zumindest bei den komplexeren Definitionen, die auch soziale Fähigkeiten berücksichtigen, voraussetzen, dass sie ein umfassenderes, biopsychosoziales Gesundheitsverständnis zugrunde legen. Letztlich aber bleibt es demjenigen, der sich mit Gesundheitskompetenz in Forschung, Anwendung oder politischer Gestaltung befasst, überlassen, auf welches Verständnis er Bezug nimmt. Da sich aus den unterschiedlichen Verständnisweisen jedoch unterschiedliche Sichtweisen auf Gesundheitskompetenz und damit auch unterschiedliche Implikationen für Forschungsvorhaben und Interventionen ergeben, bleibt es eine Aufgabe und Pflicht derer, die sich mit Gesundheitskompetenz befassen, das jeweils zugrunde gelegte Gesundheitsverständnis explizit auszuweisen und zu reflektieren.

Eine Weiterentwicklung und Vertiefung der Debatte ist zum einen deswegen bedeutsam, weil das vorausgesetzte Verständnis der jeweils untersuchten Krankheit – wie z. B. bei psychischen Erkrankungen – zu weitreichenden Unterschieden dabei führt, was erhoben wird, welchen Inhalt Gesundheitsinformationen haben und worauf Einfluss genommen werden soll. Darüber hinaus besteht ein theoretisch nicht ausgewiesenes Verhältnis zwischen Gesundheit und ›Lebensqualität‹. Zwar wird eine Steigerung der Lebensqualität in der Literatur über Gesundheitskompetenz häufig als ein wichtiges Anliegen sowohl auf der individuellen als auch der sozialen Ebene erwähnt, es wird jedoch nicht ausgewiesen, was unter ›Lebensqualität‹ verstanden wird und inwiefern sie mit Gesundheit zusammenhängt. Allein schon die Debatte zur allgemeinen, gesundheitsbezogenen oder krankheitsspezifischen Lebensqualität, zu ihrer Definition und Erfassbarkeit sowie ihrer normativen Funktion beispielsweise bei Zuteilungsentscheidungen im Gesundheitswesen ist außerordentlich komplex (Nussbaum/Sen 1993). Das im Rahmen von Gesundheitskompetenz implizit für vorzugswürdig gehaltene Konzept hat jedenfalls weitreichende theoretische und praktische Auswirkungen und sollte gerade mit Blick auf seine hohe ethische Relevanz nicht unreflektiert bleiben.

Selbstbestimmung als Voraussetzung und Ergebnis von Gesundheitskompetenz

Die Fähigkeit zur Selbstbestimmung ist eine wichtige Voraussetzung, um gesundheitskompetent sein zu können. Darauf aufbauend ist eine gute Gesundheitskompetenz eine wichtige Voraussetzung für die Möglichkeit von Selbstbestimmung in Gesundheitsangelegenheiten. Gesundheitskompetente Menschen – so die Annahme – können Entscheidungen treffen und handeln, um ihre Gesundheit zu schützen, zu fördern oder wiederherzustellen. Interventionen zur Förderung von Gesundheitskompetenz werden dementsprechend als Beitrag zum Empowerment angesehen – auf der Mikro-Ebene als Empowerment des Individuums, auf der Populationsebene als Bürger-Empowerment. Dabei wird unter Empowerment ausgehend von einer Definition von Rappaport (1984) im erweiterten Sinne ein Prozess verstanden, bei dem Menschen auf dem Weg der Selbst- und/oder Fremdermächtigung größere Einflussmöglichkeiten und Kontrolle über verschiedene Aspekte ihres Lebens erlangen. Für den Patienten bedeutet dies eine aktive, Entscheidungsverantwortung übernehmende Teilnahme am Behandlungsprozess.

Zwei Fragenkomplexe sind hier – auch für die zukünftige Diskussion – von besonderer Relevanz: erstens das Problem der vom Patienten tatsächlich gewünschten Selbstbestimmung in gesundheitlichen Angelegenheiten, insbesondere im Rahmen des Arzt-Patient-Verhältnisses (s. Kap. III. 4), und zweitens der konzeptionelle Zusammenhang zwischen Gesundheitskompetenz, Selbstbestimmung und den eng damit verbundenen Begriffen Empowerment und Patientenorientierung.

Im Zusammenhang mit dem in der zweiten Hälfte des vergangenen Jahrhunderts stattgehabten Wandel der Arzt-Patient-Beziehung von einem paternalistischen Verständnis zu einem partnerschaftlichen Modell, in dem der Patient als selbstbestimmte und gleichberechtigte Person den Behandlungsprozess mitgestaltet (Stichworte *shared-decision-making*, Patientenorientierung, partizipative Entscheidungsfindung), wird immer wieder die Frage diskutiert, inwiefern eine selbstbestimmte Beteiligung überhaupt möglich ist, und falls man diese Möglichkeit als gegeben annimmt, ob Patienten diese Beteiligung überhaupt wünschen. So stellt z. B. Hanneke de Haes (2006) heraus, dass ängstliche Patienten und solche mit schlechter Prognose häufig keine volle Information wünschen und auch manche Patienten gar keine Wahl haben wollen.

Während Gesundheitskompetenz und Empowerment in der Regel als zusammengehörige und gleichsinnig sich entwickelnde Konzepte verstanden werden, fordern Schulz und Nakamoto (2013), sie voneinander zu trennen. Sie argumentieren, dass es sich um theoretisch und empirisch unterschiedliche Konzepte handele, die gegenläufig ausgeprägt sein können, was dann in der Praxis entweder zu einer hohen Abhängigkeit vom Arzt oder zu gefährlichen eigenen Entscheidungen führen könne. Den Unterschied sehen sie im Aspekt der Motivation, die auch bei ausreichenden Kenntnissen und Fähigkeiten ergänzend hinzukommen müsse, um selbstbestimmt gesundheitsdienlich zu handeln. Hier erkennt man, dass es sich um ein definitorisches Problem handelt, inwiefern die Konzepte von Gesundheitskompetenz und Empowerment zusammengehören: Integriert man nämlich wie Sørensen et al. (2012) die Motivation bereits in die Definition von Gesundheitskompetenz, kann es zu den gegenläufigen Entwicklungen nicht kommen, da ein motivationsbedingt geringes Empowerment auch mit einer motivationsbedingt geschwächten Gesundheitskompetenz einherginge.

Gleichwohl können einzelne Komponenten von Gesundheitskompetenz auch im Rahmen des oben dargestellten Modells unterschiedlich ausgeprägt sein. Letztlich kann eine Einschränkung bei nur einem einzigen der vier Schritte der Informationsverarbeitung die Möglichkeit zur Selbstbestimmung schwächen. Es liegt auf der Hand, dass ohne ausreichende Information selbst bei ideal gegebenem Verstehen, Bewerten und Umsetzen der lückenhaften Informationen schädliche Handlungen folgen können und Entscheidungen auf einer irreführenden Grundlage erfolgen. Interessanterweise besteht allerdings nicht unbedingt ein Zusammenhang zwischen dem tatsächlichen Wissen über gesundheits- und entscheidungsrelevante Sachverhalte und dem subjektiven Eindruck von Patienten, gut informiert zu sein. Liegen alle Informationen vor, werden sie aber nicht verstanden, ist selbstbestimmtes Handeln letztlich ebenfalls geschwächt. Vor diesem Hintergrund müssen Ärzte und andere Gesundheitsberufe sich vergewissern, was bei den Patienten tatsächlich an Informationen angekommen ist und wie groß das Verständnis für ihren Zustand und die anstehenden Entscheidungen ist (Sepucha et al. 2010). Werden die Informationen zwar verstanden, können aber nicht bewertet und in Bezug zu den eigenen Präferenzen gesetzt werden, fehlt ein entscheidendes Element von Selbstbestimmung. Der Schritt der Bewertung, d. h. der Einordnung der verstandenen Gesundheitsinformationen in die Vorstellungen vom eigenen Leben, ist derjenige Schritt, dem bislang in der Forschung und in Regulierungen am wenigsten Aufmerksamkeit geschenkt wurde. Da es sich jedoch bei der Inbezugsetzung zum eigenen Leben um einen für die Selbstbestimmung zentralen Aspekt handelt, besteht hier ein besonderer Bedarf weiterer Forschung. Schließlich ist es angesichts eines immer komplexer werdenden Gesundheitssystems eine große Herausforderung, eine effiziente Versorgung zu erlangen, ganz zu schweigen von den Strukturen in anderen gesellschaftlichen Bereichen wie dem Arbeitsmarkt, die weitreichende Auswirkungen auf die Gesundheit haben.

Aktuelle Diskussion

Gesundheitskompetenz ist ein komplexes Konzept, in das die Sichtweisen und Methoden vieler unterschiedlicher wissenschaftlicher Disziplinen wie Medizin, Psychologie, Gesundheitsökonomie, Humanwissenschaften, Kommunikationswissenschaften, Rechtswissenschaften, Philosophie, Ethik etc. einfließen. Die Auseinandersetzung mit Gesundheitskompetenz muss theoretische Grundlagenarbeit leisten, empirische Daten sammeln und zwischen den grundlegenden Konzepten und empirischen Daten vermitteln. Nicht zuletzt ist diese Auseinandersetzung von hoher politischer Relevanz.

Gesundheitskompetenz ist konzeptionell – je nach Definition – eng verbunden mit Begriffen und Prinzipien wie Gesundheit, Selbstbestimmung, Empowerment, Patientenorientierung und Lebensqualität, die je nach Gegenstand der Untersuchung und Diskussion ausgewiesen und voneinander unterschieden werden müssen. Empirisch gibt es noch einen hohen Bedarf an Forschung zur Messung und zur interventionellen Förderung von Gesundheitskompetenz in ihren unterschiedlichen Aspekten und in den verschiedenen gesellschaftlichen Bereichen, die Auswirkungen auf die Gesundheit des Einzelnen und der Bevölkerung haben. Dazu gehört nicht nur das Gesundheitswesen, sondern insbesondere auch das Bildungswesen und die Wirtschaft. Gesundheitskompetenz ist nicht nur ein Schlüsselkonzept zur Verbesserung von Gesundheit und effizientem Mitteleinsatz, sondern auch ein Scharnier bei der Förderung von Gerechtigkeit und der Überwindung von Ungleichheit in der Gesundheitsversorgung. Vor diesem Hintergrund erscheint es sinnvoll, Gesundheitskompetenz als einen prioritären Gegenstand auch ethischer Forschung anzusehen und sie in unterschiedlichen Bereichen gesellschaftlicher Gestaltung wirksam zu berücksichtigen.

Literatur

Berkman, Nancy D./Sheridan, Stacey L./Donahue, Katrina E./Halpern, David J./Viera, Anthony/Crotty, Karen/Holland, Audrey/Brasure, Michelle/Lohr, Kathleen N./Harden, Elizabeth/Tant, Elizabeth/Wallace, Ina/Viswanathan, Meera: Health literacy interventions and outcomes: an updated systematic review. Evidence report/technology assessment no. 199. (Prepared by RTI International – University of North Carolina Evidence-based Practice Center under Contract No. 290-2007-10056-I.) AHRQ Publication No. 11-E 006. Rockville, MD. Agency for Healthcare Research and Quality. March 2011.

Europäische Kommission: Together for Health. A Strategic Approach for the EU 2008–2013. 2007. In: http://ec.europa.eu/health/ph_overview/Documents/strategy_wp_en.pdf (7. 1. 2014).

Franke, Alexa: Modelle von Gesundheit und Krankheit. Bern ^{3}2012.

Haes, Hanneke de: Dilemmas in patient centeredness and shared decision making: a case for vulnerability. In: Patient Education and Counseling 62/3 (2006), 291–298.

HLS-EU Consortium: Comparative Report of Health Literacy in Eight EU Member States. The European Health Literacy Survey HLS-EU. 2012. In: http://www.healthliteracy.ie/wp-content/uploads/2012/09/HLS-EU_report_Final_April_2012.pdf (7. 1. 2014).

Institute of Medicine of the National Academies (IOM): Health Literacy. A Prescription to End Confusion. Washington 2004.

Nussbaum, Martha C./Sen, Amartya (Hg.): The Quality of Life. Oxford 1993.

Nutbeam, Don: Health literacy as a public health goal: a challenge for contemporary health education and communication strategies into the 21st century. In: Health Promotion International 15 (2000), 259–267.

Rappaport, Julian: Studies in empowerment: introduction to the issue. In: Prevention in Human Services 3 (1984), 1–7.

Schulz, Peter J./Nakamoto, Kent: Health literacy and patient empowerment in health communication: The importance of separating conjoined twins. In: Patient Education and Counseling 90 (2013), 4–11.

Sepucha, Karen R./Fagerlin, Angela/Couper, Mick P./Levin, Carrie A./Singer, Eleanor/Zikmund-Fisher, Brian J.: How Does Feeling Informed Relate to Being Informed? The DECISIONS Survey. In: Medical Decision Making 30/5 Suppl. (2010), 77S–84S.

Soellner, Renate/Huber, Stefan/Lenartz, Norbert/Rudinger, Georg: Gesundheitskompetenz – ein vielschichtiger Begriff. In: Zeitschrift für Gesundheitspsychologie 17/3 (2009), 105–113.

Sørensen, Kristine/den Broucke, Stephan van/Fullam, James/Doyle, Gerardine/Pelikan, Jürgen/Slonszka, Zofia/Brand, Helmut: Health literacy and public health: a systematic review and integration of definitions and models. In: BMC Public Health 12/80 (2012). doi: 10.1186/1471-2458-12-80.

Tones, Keith: Health literacy: new wine in old bottles? In: Health Education Research 17 (2002), 287–289.

U. S. Department of Health and Human Services, Office of Disease Prevention and Health Promotion: National Action Plan to Improve Health Literacy. Washington, DC 2010.

World Health Organization: Health Promotion Glossary. Genf 1998.

Christiane Woopen

20 Gesundheitsvorsorge

Wie die Medizin zielen auch Gesundheitsvorsorge bzw. Public Health auf die Verbesserung der Gesundheit, auf Krankheitsverhütung und Krankheitsbekämpfung. Den Unterschied zwischen Medizin und Gesundheitsvorsorge bzw. Public Health verdeutlicht ein in der Public Health Literatur verbreitetes Gleichnis (vgl. Rosenbrock 2001; Schröder 2007): Zwei Akteure des Gesundheitswesens gehen an einem Flussufer entlang und beobachten dabei zunächst einen, später noch einen und schließlich immer mehr Menschen, die in den Fluten zu ertrinken drohen. Der eine der beiden Akteure springt immer wieder in den Fluss und rettet die beinahe Ertrinkenden. Es ist der Mediziner. Der andere springt nicht. Er läuft das Ufer ab, um die Stellen ausfindig zu machen, an denen Menschen, die in der Nähe des Flusses leben, Gefahr laufen, durch das Wasser mitgerissen zu werden, untersucht, was Menschen dazu bringt, dem Wasser des Flusses gefährlich nahezukommen und entwickelt schließlich Maßnahmen, um zu verhindern, dass Menschen weiterhin in den Fluss geraten und dabei ertrinken. Dies ist der Public Health-Akteur.

Während der Medizin typischerweise die Aufgabe zukommt, das Gut ›Gesundheit‹ auf individueller Ebene zu befördern, zielen Gesundheitsvorsorge bzw. Public Health also auf die Beförderung der kollektiven Gesundheit, z. B. der Gesundheit der Bevölkerung einer bestimmten Region oder eines Landes, der Angehörigen verschiedener Berufsgruppen oder auch der Menschheit als Ganzer. Die Initiativen hierzu gehen von den Vertretern kollektiver Akteure aus, z. B. von Gemeinden, staatlichen Behörden, der Weltgesundheitsorganisation (WHO) und von verschiedenen zivilgesellschaftlichen Institutionen. Gesundheitsvorsorge bzw. Public Health zeichne sich zudem dadurch aus, dass ihre Maßnahmen vielfach vorbeugender Natur und nicht auf den klinischen oder medizinischen Kontext beschränkt sind: Screening-Programme für die frühzeitige Entdeckung gesundheitlicher Risiken wie etwa Brust- oder Prostatakrebs, Programme für flächendeckende Impfung oder allgemeine gesundheitliche Aufklärung zählen ebenso dazu wie die wissenschaftliche Entwicklung und politische Implementierung adäquater Arbeitsschutz-, Umwelt- und Hygienestandards im öffentlichen Raum. Das gemeinsame Anliegen dieser als Old Public Health bekannten Ansätze ist es in allen Fällen, bestimmte Erkrankungen oder Unfälle möglichst gar nicht erst entstehen und gesundheitliche Schäden verursachen zu lassen.

Außer der *Gesundheitsvorsorge* rückt zunehmend ein weiterer Aspekt in den Fokus kollektiver Bemühungen um eine Verbesserung der kollektiven Gesundheit – die *Gesundheitsversorgung*. Hier geht es v. a. um Fragen der Priorisierung, d. h. darum, welche Leistungen bei einem begrenzten Budget vorrangig zu gewähren sind, aber auch um Fragen der Rationierung knapper gesundheitsrelevanter Ressourcen, d. h. darum, welche Leistungen aus einem Maßnahmenkatalog ggf. herausgenommen werden. Gegenstand von Verteilungsentscheidungen sind z. B. medizinisch-technische Geräte und pharmazeutische Mittel, Transplantate, insbesondere Spenderorgane, und kostenintensive, oft neuartige, Therapien. Angesichts erweiterter medizinischer Möglichkeiten gewinnen Verteilungsfragen zunehmend an Bedeutung. Dieses scheinbare Paradoxon, dass mehr medizinische Möglichkeiten scheinbar zu neuer Knappheit führen, erklärt sich darüber, dass die hierfür erforderlichen Ressourcen selbst unter optimalen Umständen nicht unbegrenzt verfügbar sind (vgl. Felder 2013). Hinzu kommt, dass Gesundheit zwar ein besonderes, keineswegs aber das einzige Ziel/Gut ist, das gerechtfertigt verfolgt werden und dabei den Einsatz kollektiver Ressourcen erfordern kann. Der Wunsch nach Vergabe von Mitteln im Gesundheitswesen konfligiert ggf. mit dem Wunsch nach Vergabe von Mitteln, z. B. im Bildungswesen. Die neue Public Health-Debatte, die New Public Health, nimmt Bezug auf diese Herausforderungen. Sie ist in stärkerer Weise als die Old Public Health immer auch im Kontext der Einbettung des Gesundheitssystems in den Gesamtzusammenhang politisch-sozialer Entscheidungen zu verstehen.

Um sowohl den *vorsorge-* als auch den *versorgungs*bezogenen Aspekten der Debatte begrifflich hinreichend Raum zu geben, soll im Folgenden durchgängig von Public Health anstatt von Gesundheitsvorsorge gesprochen werden. Der englische Begriff hat sich in der deutschsprachigen Debatte auch aus historischen Gründen weitgehend durchgesetzt. Bedingt durch die faschistische Ideologie und ihren Vorstellungen von ›Sozialhygiene‹ und ›Volksgesundheit‹ in den 1930er und 1940er Jahren, war es hier für geraume Zeit zur Stagnation der wissenschaftlichen Diskussion der obigen Fragen gekommen. Erst in den 1990er Jahren setzte die Auseinandersetzung mit Fragen nach der Beförderung der Gesundheit der Bevölkerung als Ganzer oder auch von spezifischen Subpopulationen wieder ein (vgl. Strech/Marckmann 2010, 17).

Public Health-Ethik

Auch die ethischen Herausforderungen der Public Health werden erst seit verhältnismäßig kurzer Zeit in eigenständigen Debatten aufgenommen. Die Public Health-Ethik ist dabei der Medizinethik zwar verwandt, zeichnet sich dieser gegenüber allerdings durch einen teils erweiterten, teils modifizierten Bezugsrahmen aus: Während die Medizinethik v. a. die Beziehung individueller Akteure, z. B. die Arzt-Patienten-Beziehung, in den Fokus ethischer Reflexionen rückt, richtet sich der Fokus der Public Health-Ethik stärker auf institutionelle Akteure. Insofern Public Health weder eine ausschließlich oder auch nur primär medizinische Angelegenheit ist, richtet sich Public Health-Ethik zudem auch nicht ausschließlich oder auch nur vorrangig an ein medizinisches Fachpersonal. Schließlich ist die Public Health-Ethik dadurch gekennzeichnet, dass in ihr die Interessen, Rechte und Pflichten, die sich aus der Zugehörigkeit zu bestimmten sozialen Gruppen ergeben, stärker thematisiert werden als in der Medizinethik typischerweise der Fall. Besondere Bedeutung kommt dabei Fragen der sozialen Gerechtigkeit (s. Kap. II. 8) zu: der Abwägung der mit verschiedenen Maßnahmen verbundenen Chancen und Risiken sowie der Verteilung von Nutzen und Kosten auf einzelne Personen oder Personengruppen (s. Kap. II. 21). Ist z. B. die Zumutung von Impfrisiken nur dann gerechtfertigt, wenn das Individuum selbst von der Immunisierung profitiert? Oder sind auch die Reduktion der Fremdgefährdung und die Beförderung der sog. Herdenimmunität relevant, so dass z. B. auch die Impfung von jungen Männern gegen das allein für Frauen gefährliche, auf sexuellem Wege übertragbare, Papilloma-Virus gerechtfertigt ist?

Die Planung und Durchführung von Vorsorge- oder Versorgungsmaßnahmen wirft dabei besonders dann schwierige ethische Fragen auf, wenn sie an die Zuschreibung von Verantwortlichkeit für bestimmte Handlungen und Handlungsresultate geknüpft sind. Wird die Vergabe bestimmter gesundheitsrelevanter Mittel z. B. daran gebunden, dass die Betroffenen gesundheitlich riskantes Verhalten einschränken, z. B. eine ungesunder Ernährungsweise oder das Rauchen, stellt sich aus ethischer Sicht die Frage, ob dies als eine zulässige Beschränkung der kollektiven Solidaritätspflichten oder aber als unzulässige Beschränkung der individuellen Selbstbestimmungsrechte der Betroffenen zu bewerten ist. Die Frage nach den Selbstbestimmungsrechten wiederum ist in der Public Health-Ethik regelmäßig mit der Frage nach den faktischen Selbstbestimmungsmöglichkeiten verbunden: Ist die fett- und zuckerreiche Ernährung einer bereits dicklichen Person tatsächlich durch ihre eigene Wahl bestimmt, so dass die resultierende Diabeteserkrankung ihr selbst zuzuschreiben ist? Oder hat sie aufgrund ihrer Lebens- und Arbeitsumstände einen nur unzureichenden Einfluss auf ihre Ernährungsentscheidungen?

Zu fragen ist außerdem nach dem rechtfertigbaren Ausmaß von Eingriffen durch gesellschaftliche Institutionen. Zielen präventive Maßnahmen auf Verhaltensweisen, die zwar relevant für die Gesundheit sind, aber nicht notwendigerweise intentional auf diese gerichtet, richtet sich die Public Health ggf. auf Lebensstile, die von hoher identifikatorischer Bedeutung für die Betroffenen sind. Gesundheitsadäquates Verhalten ist häufig nicht allein eine Frage des Wissens, sondern auch der Werte (s. Kap. II. 27) der Betroffenen. Das bloße Wissen um die Gesundheitsrelevanz, z. B. des Körpergewichts, wird nicht unbedingt den Ausschlag dafür geben, dass die Betroffenen auf bestimmte Lebensmittel oder Mahlzeiten verzichten. Im Zweifel erlauben bestimmte, als gesundheitsgefährdend eingestufte Lebensgewohnheiten die Realisation anderer Werte, die mit dem der Gesundheit konkurrieren. Mit Zwang verbundene Public Health-Maßnahmen, die mögliche interpersonale Wertungsdifferenzen, sei es bewusst oder unbewusst, ignorieren, laufen leicht Gefahr, die Selbstbestimmungsrechte der Betroffenen zu unterlaufen. Neben Gerechtigkeitsfragen werden in der Public Health-Ethik daher auch die Fragen nach interpersonalen – ggf. auch interkulturellen – Wertungsdifferenzen und der Zulässigkeit paternalistischer (s. Kap. II. 20) Eingriffe relevant. Nicht zuletzt ist hierbei zu beachten, dass Entscheidungen über derartige Public Health-Maßnahmen auf der Basis von statistischen Wahrscheinlichkeitsaussagen getroffen werden. Statistisch validierte Aussagen können auch bei sorgfältiger Analyse aller verfügbaren Daten im individuellen Fall unzutreffend sein. Es besteht das Risiko (s. Kap. II. 23), dass der Einzelne für eine Erkrankung verantwortlich gemacht wird, die nur vermeintlich aus seinem Gesundheitsverhalten resultiert (vgl. Wikler 2007).

Um den ethischen Herausforderungen der Public Health zu begegnen, werden in der Public Health-Ethik, wie in der Medizinethik allgemein, verschiedene Methoden und Theorien herangezogen. Das Spektrum reicht von utilitaristischen Kalkülen (vgl. Brock 2003) und vertragstheoretischen Ansätzen (vgl. Daniels 1985; 2008) über die Anwendung des von Tom L. Beauchamp und James F. Childress entwickelten und von Childress und Ruth Gaare Bernheim auf dem Bereich der Public Health ausgeweiteten Principlism (vgl. Childress/Bernheim 2003) bis hin zu der ursprünglich im Bereich der politischen Philosophie relevant gewordenen Debatte zwischen Liberalen und Kommunitaristen (vgl. ebd.; Wikler 2007). Diese methodische und theoretische Vielfalt erklärt sich zum einen durch die jeweiligen philosophisch-ethischen Ausgangspositionen der Teilnehmer der Public Health-Ethik-Debatte, zum anderen dadurch, dass die verschiedenen im Bereich der Public Health auftretenden Fragestellungen mit den jeweiligen Theorien unterschiedlich erfolgreich bearbeitet werden bzw. einander ergänzen können. Dieser Pluralismus wird entsprechend oft weniger als Problem, sondern als Vorteil gesehen. In diesem Sinn schreiben z. B. Bayer et al: »It seems increasingly likely that no one moral theory is the whole story. Rather, each represents a partial contribution to an extraordinarily complex moral reality« (Bayer et al. 2007, 21).

Gesundheit und ihre Bedeutung

Die Komplexität des Gegenstandes zeigt sich bereits bei der Bestimmung des Kernziels der Public Health: Darüber, dass Gesundheit ein Gut von existentieller Bedeutsamkeit ist, besteht allgemeiner Konsens (s. Kap. II. 13). Wie ›Gesundheit‹ und ›Krankheit‹ (s. Kap. II. 14) zu definieren sind, ist jedoch umstritten. Dabei ist die Klärung der Begriffe für die Public Health-Debatte insofern zentral, als sich ohne hinreichend klare Zielvorgaben auch die zu ihrer Erreichung nötigen Mittel nur schwer bestimmen lassen.

Einer der Hauptakteure der Public Health ist die Weltgesundheitsorganisation (WHO), die sich seit ihrer Gründung im Jahr 1948 der Bekämpfung von Erkrankungen (v. a. Infektionskrankheiten) und der Förderung der allgemeinen Gesundheit aller Menschen auf der Welt widmet, die WHO definiert Gesundheit wie folgt: »Gesundheit ist ein Zustand des vollständigen körperlichen, geistigen und sozialen Wohlergehens und nicht nur das Fehlen von Krankheit oder Gebrechen« (WHO 1948). Diese Definition wird vielfach als zu weitreichend und unrealistisch kritisiert. Ein geläufiger Einwand gegen die Definition der WHO besteht in dem Hinweis, dass Altern (s. Kap. III. 1) und Tod (s. Kap. II. 25) letztlich unausweichlich, dass ein derart umfassender Zustand des Wohlergehens auf breiter Basis nicht erreichbar ist. Machteld Huber et al. plädieren aus diesem Grund z. B. dafür, Gesundheit als Fähigkeit, sich anzupassen – *ability to adapt* – und sich selbst zu organisieren – *ability to self manage* –, zu verstehen (vgl. Huber et al. 2011). Andere Autoren weisen darauf hin, dass nicht-krankheitsbedingte funktionale Defizite, z. B. Blindheit oder kognitive Störungen, angemessen erfasst werden müssen. Eine Charakterisierung der Betroffenen als krank wird ggf. als diskriminierend erachtet (vgl. Daniels 2008, 36–42). Es geht hier also um mehr als eine naturwissenschaftliche Klassifikation verschiedener psychischer und physischer Zustände. Die Zuschreibung von Adjektiven wie ›krank‹ oder ›gesund‹ ist mit Wertungen verbunden.

Im Kontext der Public Health werden dergleichen Zuschreibungen zudem zu einer Grundlage für Entscheidungen über die Zubilligung oder Abweisung individueller Anrechte auf gesundheitsrelevante Ressourcen. Dies macht auch der auf die Definition des Begriffs folgende Passus der WHO-Satzung deutlich. Sie hält fest, dass der bestmögliche Gesundheitszustand »eines der Grundrechte jedes menschlichen Wesens, ohne Unterschied der Rasse, der Religion, der politischen Anschauung und der wirtschaftlichen oder sozialen Stellung« ist (ebd.). Die Public Health-Ethik ist insofern nicht allein Teil der Medizinethik, sie ist auch Teil der Menschenrechtsdebatte. Tatsächlich ist Gesundheit auch in dieser Hinsicht keine rein medizinische, sondern auch eine sozioökonomische Variable: Gesundheit ist Voraussetzung für die Erreichbarkeit vieler anderer für ein gelungenes Leben (s. Kap. II. 16) als elementar erachteten Güter (s. Kap. II. 9) ist. »Gesundheit ähnelt insoweit der Bildung: Auch im Bildungssystem nehmen wir soziale Zwangshürden und Ausdifferenzierungen als ein massives Problem wahr, weil hier Lebenschancen verteilt werden« (Huster 2011, 13).

Der Streit um den Krankheitsbegriff ist auch vor diesem Hintergrund zu verstehen. So wird z. B. ein physischer oder psychischer Zustand nur dann als krankheitsbedingt behandelt, wenn er von den geläufigen medizinischen Kriterien verursacht gilt: Eine als leidvoll erfahrene Kleinwüchsigkeit, die auf eine Störung der Hirnanhangdrüse zurückgeht, wird als behandlungswürdig erachtet, eine vererbte Kleinwüchsigkeit dagegen nicht. Es wird also einem Elternpaar die Möglichkeit einer Therapie ihres erwartbar kleinwüchsigen Kindes eröffnet, während sie einem anderen vorenthalten wird. Beide Kinder könnten dabei ggf. von einem Eingriff in den Wachstumsprozess profitieren. Mit der Zuschreibung der Begriffe ›Krankheit‹ und ›Gesundheit‹ sind also nicht allein Risiken einer Diskriminierung (s. Kap. II. 5) der Betroffenen, sondern auch Chancen – z. B. auf die Zubilligung von Ressourcen – verbunden. Diese Zubilligung von Ressourcen erhöht dabei ihrerseits ggf. wichtige Lebenschancen. Statistiken belegen, dass größer gewachsene Männer in westlichen Industrienationen durchschnittlich deutlich einen höheren sozialen Status haben als weniger großgewachsener Personen (vgl. Judge/Cable 2004). Entsprechend ist die Verteilungsgrundlage für Therapien mit Wachstumshormonen umstritten. Während die einen argumentieren, dass allen Eltern, die sich wünschen, dass ihre Kinder mittels Hormongabe eine bestimmte, gesellschaftlich als normal geltende Körpergröße erreichen, eine entsprechende Therapie angeboten werden sollte, argumentieren die anderen für die Begrenzung auf Fälle, die auf medizinische Ursachen im engeren Sinne zurückgehen, um eine Medikalisierung nicht krankheitsbedingter Zustände zu vermeiden (vgl. Daniels 1985).

Gesundheitsungleichheit und Gesundheitsgerechtigkeit

Das Gut ›Gesundheit‹ sollte, so die allgemeine Überzeugung, nicht von der Einkommensgruppe abhängen (vgl. Huster 2011, 57). Viele sozialwissenschaftliche Erhebungen belegen jedoch, dass Gesundheit und Krankheit in nicht unerheblichem Ausmaß durch soziale Faktoren bestimmt sind (vgl. WHO 2012). Sozioökonomisch schlechter gestellte Personen haben im Vergleich zu besser gestellten Personen ein statistisch schlechteres Gesundheitsniveau und eine geringere Lebenserwartung. In Deutschland betrug z. B. der Unterschied in der durchschnittlichen Lebenserwartung zwischen Männern im obersten und im untersten Einkommensfünftel im Jahr 2011 ca. zehn Jahre (vgl. Huster 2011, 7). Ein solcher ›Gap‹ widerspricht dem solidarischen Selbstverständnis liberaler Wohlfahrtsstaaten. Dabei ist allerdings nicht jede gesundheitliche Ungleichheit automatisch auch eine Ungerechtigkeit. Problematisch sind sie nach verbreiteter Auffassung allerdings, wenn die fraglichen Unterschiede nicht selbstverschuldet und zudem durch kollektive Anstrengungen vermeidbar sind (vgl. Whitehead 1992, 429 ff.).

Bedingt werden gesundheitliche Ungerechtigkeiten keineswegs allein oder auch nur vorrangig durch eine unterschiedliche medizinische Versorgung. Deren Qualität und Verfügbarkeit spielt zwar eine wichtige Rolle für den Gesundheitszustand einer Population, mindestens ebenso relevant sind jedoch Faktoren wie die Belastungen am Arbeitsplatz oder die Umweltbedingungen im Wohnumfeld. Mindestens längerfristig ist die Gesundheit häufig zudem durch die allgemeine Lebensführung beeinflusst, z. B. durch die Art und Menge der konsumierten Lebens- und Genussmittel, die Bewegungs- und Erholungsgewohnheiten sowie das Risikoverhalten z. B. im Straßenverkehr oder im Rahmen von Sexualkontakten. Sowohl Umweltbedingungen als auch Verhaltensdispositionen spiegeln dabei wiederum vielfach soziale Einflüsse wieder: Lebens-, Ernährungs-, Bewegungs- und Risikoverhalten unterschiedlicher, nicht zuletzt sozioökonomisch definierter Subpopulationen unterscheiden sich teils auf erhebliche Weise. Problematisch sind hierbei naturgemäß weniger die Gewohnheiten der bessergestellten Teile der Gesellschaft. Auch dort, wo diese zu spezifischen Gesundheitsproblemen führen, etwa zu einem gehäuften Auftreten von Tennis- oder Golfer-Ellbogen, ist die gesundheitliche Gesamtsituation der betreffenden Subpopulation in der Summe deutlich besser, als die von sog. vulnerablen Subpopulationen. Der Fokus liegt daher auf der Verbesserung der Gesundheitssituation derjenigen, die nicht allein gesundheitlich schlechter gestellt sind, sondern auch in anderen Lebensbereichen. Dieses Anliegen gilt als gerechtfertigt, allerdings wird in der Debatte auch darauf hingewiesen, dass hierbei auch ein gewisses Risiko der Oktroyierung spezifischer Wertvorstellungen und der Diskriminierung besteht (vgl. Gerhardus et al. 2008).

Paternalismus und Verantwortungsfähigkeit

Dies gilt v. a. für die Durchsetzung gesundheitsadäquaten Verhaltens mithilfe von Zwangsmaßnahmen. Wie im Bereich der Medizin allgemein, so lassen sich Eingriffe in gesundheitsrelevante Entscheidungen im Kontext von Public Health-Maßnahmen nicht bereits darüber rechtfertigen, dass es zum Wohl der Betroffenen ist, wenn diese ihre Gesundheit, z. B. durch den Verzicht auf Tabak, weniger gefährdeten. Dass Tabakkonsum erhebliche gesundheitliche Schäden verursacht, ist mittlerweile unumstritten –

mehr als fünf Millionen Menschen sterben jedes Jahr weltweit nachweislich an den Folgen des Rauchens (WHO 2013). Ein allgemeines Verbot des Konsums von Tabakwaren, das über die Regelungen des Kinder- und Jugendschutzes hinausginge, wird trotzdem gemeinhin als unzulässig paternalistischer Eingriff in den Privatbereich der Betroffenen abgewiesen. Allenfalls wenn es um mögliche Schäden dritter durch unfreiwilliges Passivrauchen geht, gilt die Beschränkung der Freiheitsrechte aus Gesundheitsgründen als gerechtfertigt (vgl. Nichtraucherschutzgesetze der deutschen Bundesländer).

In der Public Health-Ethik wird allerdings darüber gestritten, ob es sich bei der Entscheidung für die Zigarette um eine hinreichend freie Entscheidung handelt. Anlass zur Skepsis gibt dabei nicht allein das Suchtpotential von Tabakwaren, sondern auch die unterschiedliche sozioökonomische Prävalenz des Rauchens. So rauchen rund 30 % der Personen, die einer manuellen oder einer Routinetätigkeit, dagegen nur durchschnittlich 16 % derjenigen Personen, die einer Management- oder anderweitig höherqualifizierten Tätigkeit nachgehen (Lader 2008, zit. nach Voigt 2010). Noch stärker ist Tabakgenuss in der Gruppe der gesellschaftlich Schlechtestgestellten verbreitet – 90 % aller Obdachlosen sind Raucher (Richardson/Crosier 2007, zit. nach Voigt 2010). Vermeintlich freiwillige gesundheitsrelevante Entscheidungen von Erwachsenen werden in der Public Health-Ethik daher häufig mit Skepsis betrachtet. Hinweise auf sozioökonomische Differenzen im Entscheidungsverhalten gelten als ein wichtiges Indiz dafür, dass die resultierenden gesundheitlichen Unterschiede ggf. als Ungerechtigkeit bewertet werden und entsprechende Maßnahmen zur Beförderung der Möglichkeit eines gesundheitsadäquaten Verhaltens ergriffen werden müssen. Letztere müssen keineswegs direkt auf eine Verhaltensänderung der Betroffenen zielen. Diskutiert werden auch Einschränkungen der Rechte anderer, z. B. der Werbeindustrie, deren Kampagnen sich häufig genau an diejenigen richten, die auch aufgrund ihrer sozioökonomischen Umstände besonders anfällig für gesundheitsinadäquates Verhalten sind (vgl. Voigt 2010).

Verteilungsgrundsätze für die Vergabe knapper Ressourcen und das Problem statistischer Verteilungen

Eine ggf. erforderliche besondere Rücksichtnahme gegenüber vulnerablen Subpopulationen spielt auch bei anderen Fragestellungen der Public Health-Ethik eine entscheidende Rolle, z. B. bei der Vergabe von Spenderorganen. Der Erhalt eines Spenderorgans ist geeignet, die Lebensqualität der Betroffenen signifikant zu steigern und die Lebenserwartung zu erhöhen. Insofern die allgemeine Zielrichtung von Public Health-Maßnahmen darin besteht, ein größtmögliches Maß an Gesundheit für eine größtmögliche Zahl von Menschen zu gewährleisten, drängt es sich auf, die Vergabe von knappen Spenderorganen so zu gestalten, dass insgesamt möglichst viele möglichst gesunde Lebensjahre resultieren. Dieser Ansatz wird in der internationalen Debatte als Vergabe nach Maßgabe der Maximierung erreichbarer QALYS, der Quality Adjusted Life Years, diskutiert. In welchem Ausmaß die Lebensqualität und Lebenserwartung gesteigert werden, wie viele QALYS also durch eine Transplantationsentscheidung erzeugt werden, hängt jedoch von einer Reihe von Faktoren ab, u. a. vom gesundheitlichen Allgemeinzustand der Betroffenen. Dieser gesundheitliche Allgemeinzustand ist statistisch betrachtet bei älteren Patienten schlechter als bei jüngeren Patienten. Sie haben auch bei einer erfolgreichen Transplantation statistisch betrachtet Aussicht auf weniger QALYS als jüngere Patienten.

Eine solche Form der Altersdiskriminierung wird von vielen Teilnehmern der Public Health-Ethik-Debatte abgelehnt. Die Debatte verläuft dabei quer zu den traditionellen Fronten der ethischen Diskussion zwischen den das Maximierungsprinzip grundsätzlich befürwortenden Utilitaristen und den auf die Würde jedes Menschen verweisenden Deontologen. Eine ausschließliche Orientierung an statistischen Wahrscheinlichkeiten – ›Wer älter ist, hat weniger gesunde Lebensjahre vor sich.‹ – gekoppelt an das Prinzip der Maximierung des Gesamtnutzens – ›Werden Organe an Patienten mit Aussicht auf mehr QALYS vergeben, erhöht sich die durch die Transplantationspraxis erreichbare Gesamtsumme der QALYS.‹ wird in Bereichen, in denen es buchstäblich um Leben und Tod geht, allgemein abgelehnt. Stattdessen wird vielfach über eine Kombination unterschiedlicher Prinzipien für die Verteilung derartiger Güter diskutiert, um andernfalls entstehende Härten zu vermeiden (vgl. Brock 2003).

Ein wichtiges Ziel der Public Health-Ethik besteht

hier, wie auch sonst, darin, gesundheitsrelevante Entscheidungen für alle Betroffenen so zu begründen, dass sie auch denjenigen gegenüber gerechtfertigt werden können, denen im Einzelfall Nachteile erwachsen. Nicht zuletzt in dieser Hinsicht weist die Public Health-Ethik starke Bezugspunkte zur politischen Philosophie auf, in der es ebenfalls regelmäßig um Rechtfertigungsfragen im Bereich der distributiven Gerechtigkeit geht.

Offene Fragen

Die Debatte um die Public Health macht deutlich, welch hohen Stellenwert eine wirksame medizinische Vorsorge und Versorgung für die Gewährleistung gesellschaftlicher Chancengleichheit haben. Sie verdeutlicht allerdings auch, dass Gesundheit nicht ausschließlich Angelegenheit der Medizin ist. Wie viele sozialepidemiologische Untersuchungen und auch die oben umrissenen Debatten belegen, sind medizinische Eingriffe und Präventionsmaßnahmen ggf. nur begrenzt für bestehende soziale Gesundheitsgradienten verantwortlich – sowohl im negativen wie auch im positiven Sinne. »Der Sieg über die großen europäischen Seuchen war keineswegs primär ein Sieg der Medizin«, zitiert Rosenbrock einen Vertreter der Old Public Health, der v. a. die Wirksamkeit von Präventions- und Hygienemaßnahmen in den Blick genommen hat (vgl. Rosenbrock 2001, 755). Viele Public Health-Ethiker plädieren heute dafür, gesundheitsrelevante Maßnahmen ausdrücklich in Bezug zu anderen Politikbereichen, z. B. den Bildungssektor, zu setzen, um der allgemeinen Erreichbarkeit von Gesundheit als einem Menschenrecht gerecht zu werden (vgl. Daniels 2008). Das schließt nicht aus, sondern erfordert es aus Sicht vieler Vertreter dieser New Public Health sogar, dass neben Vorsorge- auch Versorgungs-, d. h. Verteilungsfragen offen diskutiert werden (vgl. Huster 2011, 78 f.).

Literatur

Adler, Nancy E./Ostrove, Joan M.: Socioeconomic status and health: what we know and what we don't. In: *Annals of the New York Academy of Sciences* 896 (1999), Socioeconomic Status and Health in Industrial Nations: Social, Psychological, and Biological Pathways, 3–15.

Bayer, Ronald/Gostin, Lawrence O./Jennings, Bruce/Steinbock, Bonnie: Introduction. Ethical theory and public health. In: Ronald Bayer/Lawrence O. Gostin/Bruce Jennings/Bonnie Steinbock (Hg.): *Public Health Ethics. Theory, Policy and Practice*. Oxford 2007, 3–24.

Brock, Dan W.: Ethik und Altersrationierung in der Medizin: ein konsequentialistischer Standpunkt. In: Georg Marckmann (Hg.): *Gesundheitsversorgung im Alter. Zwischen ethischer Verpflichtung und ökonomischem Zwang*. Stuttgart 2003, 89–115.

Childress, James F./Bernheim, Ruth Gaare: Beyond the liberal and communitarian impasse: a framework and vision for public health. In: *Florida Law Review* 55 (2003), 1191–1219.

Daniels, Norman: *Just Health Care. Studies in Philosophy and Health Policy*. Cambridge/New York 1985.

–: *Just Health. Meeting Health Needs Fairly*. Cambridge 2008.

Felder, Stefan: Kosten-Nutzen-Verhältnis als Rationierungskriterium. In: Björn Schitz-Luhn/André Bohmeier (Hg.): *Priorisierung in der Medizin. Kriterien im Dialog*. Berlin/Heidelberg 2013, 61–78.

Gerhardus, Ansgar/Breckenkamp, Jürgen/Razum, Oliver: Evidence-based Public Health. Prävention und Gesundheitsförderung im Kontext von Wissenschaft, Werten und Interessen. In: *Medizinische Klinik* 103 (2008), 406–412.

Huber, Machteld: How should we define health? In: *Bundesministerium der Justiz und für Verbraucherschutz (BMJ)* 343 (2011), d 4163.

Huster, Stefan: *Soziale Gesundheitsgerechtigkeit. Sparen, umverteilen, vorsorgen?* Berlin 2011.

Judge, Timothy A./Cable, Daniel M.: The effect of physical height on workplace success and income: preliminary test of a theoretical model. In: *Journal of Applied Psychology* 89/3 (2004), 428–441.

Rosenbrock, Rolf: Was ist New Public Health? In: *Bundesgesundheitsblatt – Gesundheitsforschung – Gesundheitsschutz* 44/8 (2001), 753–762.

Schröder, Peter: Public-Health-Ethik in Abgrenzung zur Medizinethik. In: *Bundesgesundheitsblatt – Gesundheitsforschung – Gesundheitsschutz* 50/1 (2007), 103–111.

Schwartz, Friedrich Wilhelm/Walter, Ulla/Siegrist, Johannes/Kolip, Petra/Leidl, Reiner/Dierks, Marie-Luise/Busse, Reinhard/Schneider, Nils: *Public Health. Gesundheit und Gesundheitswesen*. Stuttgart/Jena/München ³2012.

Strech, Daniel/Marckmann, Georg: Konzeptionelle Grundlagen einer Public Health Ethik. In: Daniel Strech/Georg Marckmann (Hg.): *Public Health Ethik*. Berlin 2010, 15–42.

Voigt, Kristin: Smoking and social justice. In: *Public Health Ethics* 3/2 (2010), 91–106.

Weltgesundheitsorganisation (WHO): Preamble to the Constitution of the World Health Organization as adopted by the International Health Conference, New York, 19–22 June, 1946; signed on 22 July 1946 by the representatives of 61 States (Official Records of the World Health Organization, no. 2, p. 100) and entered into force on 7 April 1948. In: http://www.who.int/governance/eb/who_constitution_en.pdf) (31. 8. 2013).

Weltgesundheitsorganisation (WHO), Regionalbüro für Europa: Der Europäische Gesundheitsbericht 2012. In:

http://www.euro.who.int/de/what-we-do/data-and-evidence/european-health-report-2012 (31. 8. 2013).

Weltgesundheitsorganisation (WHO): Tobacco Free Initiative (TFI). 2013. In: http://www.who.int/tobacco/health_priority/en/ (31. 8. 2013).

Whitehead, Margaret: The concepts and principles of equity and health. In: *International Journal of Health Services* 22/3 (1992), 429–445.

Wikler, Dan: Who is to blame for being sick? In: Ronald Bayer/Lawrence O. Gostin/Bruce Jennings/Bonnie Steinbock (Hg.): *Public Health Ethics. Theory, Policy and Practice*. Oxford 2007, 89–104.

Minou Friele

21 HIV/AIDS

Zur Geschichte von HIV/AIDS

Das Autoimmunsyndrom AIDS (*Acquired Immune Deficiency Syndrome*) geht auf die Infektion mit dem HI-Virus (*human immunodeficiency virus*) zurück. Das Virus schwächt das Autoimmunsystem des menschlichen Körpers, so dass dieser anfällig für verschiedene Infektionskrankheiten wird; deshalb spricht man von einem Syndrom, d. h. einer Mehrzahl von möglichen Erkrankungen, die in sehr unterschiedlichen Verläufen nach der Infektion und abhängig von bisher nicht genau erforschten Varianten, Umweltfaktoren und Medikation im Zeitraum von einigen Monaten bis zu mehreren Jahrzehnten auftreten. Die Ansteckung kann über verschiedene Wege erfolgen: über den sexuellen Kontakt (Spermien und Vaginalflüssigkeit) und Blutaustausch durch verunreinigte Injektionsnadeln, durch den Kontakt mit Blut in medizinischen Berufen sowie durch blutbasierte Medikamente, Bluttransfusionen oder auch Organtransplantationen, sowie durch den gemeinsamen Blutkreislauf von Schwangeren und Föten während der Schwangerschaft bzw. durch Muttermilch während der Stillzeit.

HIV/AIDS wird zum ersten Mal 1981 in den USA identifiziert, zunächst jedoch als eine Infektionskrankheit betrachtet, die v. a. homosexuelle Männer betrifft. Bereits ein Jahr später wächst die Erkenntnis eines epidemischen Ausmaßes von HIV/AIDS – gegen Ende der 1980er Jahre sind in den USA bereits mehr als 100.000 Menschen an HIV/AIDS erkrankt, bis Mitte der 1990er Jahre steigt die Zahl auf 500.000 Menschen. Ende 1982 wird der erste Säugling mit HIV/AIDS diagnostiziert, 1985 wird der erste Bluttest entwickelt, der die Diagnose der Infektionskrankheit erleichtert. 1987 beginnt die WHO eine globale Aufklärungskampagne, die ersten Medikamente zur Behandlung von HIV/AIDS kommen auf den Markt, und UNAIDS, die eng mit der WHO sowie den einzelnen Nationen und Regionen zusammenarbeitet, nimmt die Arbeit auf. Mitte der 1999er Jahre beginnt UNAIDS die globale Kampagne gegen HIV/AIDS. Eine radikale Wende in der globalen Bekämpfung von HIV/AIDS bedeutet die zu Beginn des Millenniums erreichte Einigung, die Herstellung generischer Medikamente zuzulassen; mit dieser Patentausnahme ist es erstmals möglich, Millionen von HIV-infizierten Menschen auch in den ärmsten Regionen, v. a. den Sub-Sahara-Staaten, zu behandeln.

Am Ende des ersten Jahrzehnts des Millenniums sind trotz aller internationaler Anstrengungen über 30 Millionen Menschen an der Pandemie gestorben, und weitere 33 Millionen Menschen, so wird geschätzt, leben mit HIV, fast drei Viertel davon in Subsahara Afrika. In dieser Region sind Frauen und Mädchen überdurchschnittlich betroffen. In Deutschland wird die Zahl der HIV-Infektionen auf ca. 80.000 und die Zahl der an AIDS erkrankten Menschen auf ca. 50.000 geschätzt (Robert Koch Institut 2013).

Medizinische Forschung zur Bekämpfung von HIV/AIDS

Die globale Initiative zur Bekämpfung von AIDS richtet sich auf die *Prävention* und Vermeidung von Neuinfektionen mittels verschiedener Maßnahmen, die *Versorgung* der AIDS-kranken Patienten und Patientinnen, die *Erforschung* von Medikamenten und Impfstoffen, und allgemeine *Aufklärungs- und Antidiskriminierungsmaßnahmen*. Seit 2011 wird dafür die in einer eigens verabschiedeten UN-Resolution bestätigten UNAIDS Formel »Zero new infections, zero discrimination, and zero aids-related deaths« verwendet (UN Secretary-General 2011; United Nations General Assembly 2011).

Neben sexualpraktischen, sozialen und medizinischen Präventionsmaßnahmen, v. a. der Verwendung von Kondomen sowie frischen Injektionsnadeln für drogenabhängige Menschen, der Beschneidung von Männern zum Schutz von HIV/AIDS und der prophylaktischen medikamentösen Behandlung (*pre-exposure prophylaxis* oder PrEP), zielt die medizinische Forschung zum einen auf die Entwicklung von Impfstoffen, und zum anderen auf die Entwicklung von Vaginal-Mikrobiziden (VM) oder auch oral eingenommenen Mikrobiziden (OM), die antiretrovirale Substanzen enthalten, wobei Tenofovir am bekanntesten ist. Trotz anfänglicher Teilerfolge in der Grundlagenforschung zur Entwicklung eines Impfstoffes wurde die klinische Forschung von Skandalen überschattet. Dies gilt etwa für eine französische Studie, die in Zaire durchgeführt wurde und an der Kinder beteiligt waren – in dieser Studie wurden die internationalen Richtlinien der klinischen Forschung ignoriert und die genauen Umstände der Studie zunächst verheimlicht. Das Bekanntwerden der Missachtung internationaler Richtlinien der medizinischen Forschung in den frühen klinischen Studien führte in der Folge zu einer erhöhten Aufmerksamkeit gegenüber allen im Zusammenhang mit HIV/AIDS durchgeführten Studien (Esparza 2013). Bisher wurden insgesamt über zweihundert klinische Studien zur Erprobung von Impfstoffen gegen HIV/AIDS durchgeführt, ohne dass es bisher zu einem Durchbruch gekommen ist.

Die Geschichte der Mikrobizid-Forschung ist ebenso komplex und von Rückschlägen gekennzeichnet wie die Forschung an Impfstoffen. Bis heute ist nicht abschließend geklärt, ob Vaginal-Mikrobizide genügend Schutz gegen eine Infektion bieten, auch wenn die neuesten Studien dies zu bestätigen scheinen (Veazey 2013); Tierversuche zeigen nicht nur die negative Rolle von Entzündungen in Wechselwirkung mit der dadurch bedingten unregelmäßigen Einnahme von Tenofovir, sondern zeugen auch von Resistenzen, die zu einem erhöhten Infektionsrisiko führen. Neben den medizinischen Faktoren spielen jedoch verschiedene individuelle Faktoren (Konsistenz und Kontinuität in der Verwendung, Informationsstand, Zugang usw.) und soziale Faktoren (Geschlechterverhältnis, Aufklärung und Beratung, Finanzierung usw.) eine große Rolle sowohl in der oralen als auch in der vaginalen Mikrobizid-Medikation, so dass zumindest bisher nicht absehbar ist, ob die Mikrobizid-Forschung am Ende in eine Erfolgsgeschichte münden wird (Woodsong 2013). Nicht zuletzt spielen dabei auch die forschungsrelevanten Rahmenbedingungen, z. B. Forschungsrichtlinien und Lizenzierungen, eine große Rolle (Stone 2010; Stone/Harrison 2013).

Gegenwärtig ist es nicht möglich, HIV/AIDS zu heilen; wohl aber hat die Behandlung mit verschiedenen antiretroviralen Medikamenten große Fortschritte gemacht, und insbesondere die Wechselwirkung der antiretroviralen Prävention und Behandlung in den ersten Wochen nach der Infektion erscheint effektiv. Klinische Versuche zeigen die Sicherheit und die Effektivität der medikamentösen Behandlung, die zu einer durchschnittlichen Lebenserwartung führen kann (Arribas 2013), und es wird erwartet, dass in den nächsten Jahren Generika zu einer radikalen Verbesserung des Zugangs zu diesen Therapien führen werden. Diesen Erfolgen in der Behandlung von HIV-positiven Patienten sowie in der ›präventiven Behandlung‹ steht jedoch die weitaus größere Zahl der Neuinfektionen gegenüber, die dazu führen, dass die Pandemie auch in den nächsten Jahrzehnten das größte globale Gesundheitsproblem bleiben wird.

HIV/AIDS und Bioethik

Die Bedeutung von HIV/AIDS innerhalb des bioethischen Diskurses liegt auf der Hand: Als weltweit größte Pandemie stellt AIDS die zentrale Herausforderung für die globale Gesundheit dar; wie in einem Brennpunkt sammeln sich hier alle relevanten Themen der Bioethik.

Individualethische Aspekte von HIV/AIDS: HIV/AIDS ist die Infektionskrankheit des 20. Jahrhunderts mit der größten Eingriffstiefe in die individuelle Identität. Weil HIV v. a. über sexuelle Kontakte übertragen wird und die Ausbreitung in homosexuellen Milieus sowie unter drogenabhängigen Menschen begann, geht das Bekanntwerden der Betroffenheit mit einem hohen Diskriminierungs- und Stigmatisierungspotential einher. HIV/AIDS ist bis heute von einer Mauer der Tabuisierung umgeben, die die Verletzlichkeit der Betroffenen widerspiegelt. Viele öffentliche Kampagnen setzen hier an: Sie klären nicht nur über die Risiken des ungeschützten sexuellen Verkehrs auf, sondern sie versuchen zugleich auch, AIDS aus der Schamzone der Gesellschaft herauszuholen. Trotzdem durchzieht Scham AIDS vom Test bis zum Ausbruch der Krankheit, und zur Scham kommt nicht selten ein Schuldgefühl hinzu, das die Beschämung und Schuldzuweisungen durch andere entweder vorwegnimmt oder aber begleitet. HIV/AIDS macht Informationen über eine Person (s. Kap. II. 21) öffentlich, die ansonsten zur Privat- und Intimsphäre gehören, und in den ersten zwei Jahrzehnten kam ein HIV-positives Testergebnis einem sozialen Todesurteil gleich.

Auch deshalb war in den ersten Jahren der bioethischen Beschäftigung mit HIV/AIDS die Arzt-Patient-Beziehung das wichtigste Thema der bioethischen Diskussion. Der Umgang mit Krankheit, mit Vertraulichkeit, mit einem verantwortlichen Handeln sich selbst und anderen gegenüber, insgesamt also die Ermächtigung von Patienten in ihrer Verletzlichkeit und Sicherstellung ihrer Selbstbestimmung war neben Entscheidungsfragen des Behandlungsplans von der frühen Medikation bis hin zu palliativmedizinischen Entscheidungen das wichtigste Ziel der individual-bioethischen Reflexion (Bennett 1999; Pinching 2000). Die Bioethik, die in der klinischen Ausrichtung eher als Medizinethik verstanden werden muss, ist mit ihrer emphatischen Verteidigung der individuellen Rechte der Patienten und Patientinnen für die Aufklärungs- und Beratungsgespräche eine zentrale Säule in der Phase der allgemeinen Verunsicherung (Pinching 2000); aber in zahlreichen Beiträgen wird auch diskutiert, dass die Betonung der Autonomie und Vertraulichkeit nicht selten zu Konflikten entweder zwischen Arzt oder dem medizinischen Personal und Patient oder zwischen Arzt und Dritten (Individuen, Behörden, Versicherungen etc.) führt, insofern der Arzt nicht nur seiner Schweigepflicht, sondern auch seiner Aufklärungspflicht nachkommen muss. Sofern die bioethischen Reflexionen der ersten Jahrzehnte sich nicht unmittelbar mit der Arzt-Patient-Beziehung beschäftigen, thematisieren sie daher v. a. die indirekte ärztliche Verantwortung gegenüber Dritten – dies betrifft insbesondere Schwangerschaften, Partnerschaften, aber auch die Frage der Auskunftspflicht gegenüber Behörden und Versicherungen. Ein Dilemma besteht auch bei sog. Pflicht-Tests von Risikogruppen, die das Recht auf Nichtwissen verletzen – die Analyse der bioethischen Literatur zeigt die Spannung zwischen dem Respekt der Autonomie einerseits und den Ansprüchen der öffentlichen Gesundheitsvorsorge andererseits (Bayer 2004).

Mit der fortschreitenden Ausbreitung von HIV/AIDS in den 1980er Jahren kommt in der zu diesem Zeitpunkt US-amerikanisch dominierten bioethischen Literatur zunehmend die Frage der *Behandlungspflicht* auf. Nicht wenige Bioethiker argumentierten, dass das Risiko der Ansteckung Ärzte von der Pflicht zur Behandlung befreie – auch wenn die Behandlung von Risikopatienten zur Arzttugend gehöre, sei diese eher als Akt der Barmherzigkeit denn als Pflicht anzusehen (vgl. Wallis 2011). Aus der individualethischen Perspektive geht es entsprechend einerseits um die Berufsrisiken, andererseits aber um Bedingungen, die Patienten selbst erfüllen müssen, um effektiv und dauerhaft behandelt zu werden. Diskutiert wird dabei, ob die Nicht-erfüllung dieser Standards zu einer Minderung der (teuren) Behandlung führen solle. Das bioethische Prinzip der *Beneficence* wird damit zu einer individualethischen Frage des Arztethos, und auf der Patientenseite wird die *compliance*, d. h. die Bereitschaft zur Erfüllung bestimmter Bedingungen der Zusammenarbeit, zur Frage des Zugangs zu Medikamenten, zu Behandlungsplänen und Begleitprogrammen – nicht zuletzt geht es also bei der Behandlung *auch* um die notwendige Eigenverantwortung der HIV-positiven Menschen. Kritiker bemängeln allerdings, dass dabei sämtliche relationale und soziale Faktoren des ›situierten‹ Handelns ausgeblendet würden – Patienten und Patientinnen, die die Behandlung temporär aussetzen, werden als »vergesslich, nicht vertrauenswürdig, unzuverlässig, betrügerisch oder unmotiviert«

dargestellt (Broyles 2005, 370, Übers. H. H.). Demgegenüber werden zunehmend individualisierte Behandlungspläne erprobt, die die unterschiedlichen Faktoren berücksichtigen, um so ein besseres Selbstmanagement zu gewährleisten. Nicht zuletzt spielen hier auch kontext- und geschlechtersensitive Strategien eine große Rolle.

Die Kontroverse um die Priorität von individualethischen, normativ durch den Menschenrechtsdiskurs fundierten Argumenten und sozialethischen, v. a. durch die utilitaristische Tradition fundierten Argumenten zieht sich auch durch die bioethische Debatte um die Forschungsethik. Zunächst wurde zumindest in der bioethischen und medizinethischen Literatur nicht am Konsens darüber gerüttelt, dass in der HIV/AIDS-Forschung und insbesondere in den klinischen Studien die individuellen Patientenrechte zu gewährleisten und zu stärken seien, kurz, dass die Kriterien der Helsinki-Deklaration auch in der HIV/AIDS-Forschung erfüllt werden müssen. Aber seit Ende der 1990er Jahre zeichnet sich zunehmend der Konflikt zwischen Public Health-Ethiken und Bioethiken ab. Nicht zufällig werden in den letzten Jahren die Kriterien für die Forschung in Entwicklungsländern diskutiert und kontinuierlich neu austariert: Die Gegenüberstellung von Privatheitsrechten und der informierten Einwilligung (s. Kap. II. 10) zur Teilnahme an klinischen Studien zu HIV/AIDS, v. a. Impfstoff- und Mikrobizidstudien, einerseits und dem öffentlichen Gesundheitsgut, d. h.: Schutz der Bevölkerungen vor Neuinfektionen sowie das Interesse an wirksamen Medikamenten, andererseits spiegelt die Spannung, die seit Jahrzehnten besteht (Bayer 2004). Ob der sog. dritte Weg, nämlich die Aufklärung und Entscheidungsfindung zur Teilnahme an Studien stärker an die Kommunen bzw. lokalen Gemeinschaften anzubinden, ein Kompromiss ist, der für beide Seiten akzeptabel ist, darf bezweifelt werden, da ein zentrales Argument des bioethischen Diskurses darin besteht, dass individuelle Grundrechte gerade nicht gegenüber anderen Gütern abzuschwächen sind (vgl. London et al. 2012).

Sozialethische Aspekte von HIV/AIDS: HIV/AIDS hat einen großen Anteil an der ›politisch-ethischen Wende‹ der Bioethik, die mit der zunehmenden Integration des Gerechtigkeitsprinzips und der Thematisierung globaler Gerechtigkeitsfragen seit den 1990er Jahren beschrieben werden kann. Obwohl bereits in den 1970er Jahren das Recht auf Gesundheit in Form einer Basisversorgung als ein Ermöglichungsrecht für ein menschenwürdiges Leben anerkannt worden war (vgl. Schneider/Garrett 2009), gibt es bis heute keine nachhaltige globale Gesundheitspolitik. Die Geschichte von HIV/AIDS zeigt vielmehr, dass der globale Gerechtigkeitsdiskurs einerseits viel zu lange auf einer Katastrophenhilfe basierte, die die strukturellen Probleme kaum in Angriff nehmen kann, andererseits aber die internationalen Hilfsprogramme immer wieder an den nationalen bzw. ökonomischen Interessen der Geldgeber scheitern. Bioethiker diskutierten lange v. a. die normative Frage der freiwilligen Hilfsleistung gegenüber einer verbindlichen Solidar- oder Hilfspflicht, aber kaum die strukturellen Ungerechtigkeiten des globalen Gesundheitsmarktes und der globalen Gesundheitsforschung. Es finden sich überraschend wenige Beiträge innerhalb der bioethischen Literatur, die etwa die Millenniumsziele so diskutieren, dass sie mit der Verantwortung der medizinischen Institutionen – von der Pharmaindustrie bis zu den Versicherungen und den nationalen bzw. transnationalen Forschungseinrichtungen – gekoppelt würden.

Aber selbst wenn ein solcher Übergang von der Individualethik zur politischen Ethik in der Bioethik geleistet würde, würde dies noch zu kurz greifen, um *weitere* sozialethische Dimensionen der Medizin zu beschreiben. Denn die Scham, die der einzelne als besondere Krankheitserfahrung mit HIV/AIDS verbindet, basiert ja auf sozialen Werten und Normen, die eine aktive soziale Kultur der ›Beschämung‹ und Diskriminierung erst ermöglicht. Die Stigmatisierung und Diskriminierung im Kontext von HIV/AIDS beschränkt sich keineswegs auf die allgemeinen sozialen Kontexte, sondern sie betrifft genauso die medizinischen Praktiken: Die als symptomatisch anzusehende Diskussion um die Ausnahme von der ärztlichen Behandlungspflicht spiegelt die allgemeine Hysterie und Marginalisierung von HIV-infizierten Menschen in den ersten Jahren; die breite Akzeptanz, auf die die Einführung von Pflichttests insbesondere für Risikogruppen stieß, die Bereitwilligkeit, mit der Ärzte klinische Studien an sog. vulnerablen Personen durchführten und die Nachlässigkeit bei der Einhaltung der professionellen Standards charakterisieren den bioethischen Diskurs genauso wie allgemein gehaltene Appelle gegen Diskriminierung. Die Informations- und Aufklärungskampagnen, der Medizin-Skandal um die Inkaufnahme von Infektionen, insbesondere von Hämophilie-Patienten durch HIV-verseuchte Blutpräparate, das Bekanntwerden der ersten Fälle von HIV-positiven Neugeborenen – alle diese Faktoren zusammen waren nicht in der Lage, die soziale Diskriminierung von HIV-positiven Menschen zu verhindern. Bis heute wird die Bioethik eher mit der individualethischen Perspektive der Autonomiestärkung und Autonomieförderung als mit sozialethischen Argumentationen assoziiert. Und um dies zu untermauern, konstruieren Public Health-Ethiker nicht nur eine thematische, sondern auch eine normative Dichotomie von Individualrechten und Gemeinwohlinteressen – letztere, so die Argumentation, rechtfertigten die Einschränkung von Individualrechten. Diese Dichotomie prägt die Diskussion bis heute.

Nachdem durch die Behandlung von schwangeren HIV-positiven Frauen mit AZT (antiretroviral Azidothymidine) die Infektionsrate der Neugeborenen dramatisch abgesenkt werden konnte, stellte sich die Frage, ob diese Therapie ›global‹ – das hieß zu diesem Zeitpunkt v. a. in den Sub-Sahara-Staaten – eingesetzt werden sollte. Um die Kosten zu senken, wurden Studien durchgeführt, AZT erst während der Geburt zu geben – diese randomisierten Studien umfasste jedoch auch die Kontrollgruppe von Frauen, denen Placebos verabreicht wurde. Die Studien wurden nach anderen Maßstäben in den afrikanischen Ländern durchgeführt, als dies in den Industrieländern möglich gewesen wäre. Dies, so die Kritiker, stelle jedoch nicht nur eine Verletzung des Einsatzes der ›bestmöglichen‹ Therapie dar, sondern bedeute auch eine unzumutbare Benachteiligung derjenigen schwangeren Frauen, die an der Studie teilnehmen würden, dann aber nur eine Placebo-Therapie für ihre Kinder erhalten würden. Nachdem ein Dutzend dieser Studien durchgeführt und bekannt geworden waren, begann die Diskussion, die von Argumenten der unmittelbaren Missachtung der informierten Einwilligung der Teilnehmerinnen bis zu Vorwürfen der Ausbeutung aus Profitinteresse reichte (Zulueta 2001).

Nicht zuletzt aber geriet auch die internationale Forschungsethik in die Kritik, da nicht weniger Bioethiker das ›ungleiche Maß‹ in der Beurteilung von klinischen Studien in Industrieländern und Entwicklungsländern rechtfertigten. Phil Cox (1999) bietet einen guten Überblick über das bioethische Dilemma angesichts des Erfolgs einer Placebo-Studie in Thailand, die die Kosten der AZT Medikation in der Tat dramatisch senkte. In einer feministisch orientierten Diskursanalyse, die eine Vielzahl von Medienberichten und wissenschaftlichen Artikeln zur Hochzeit der Debatte um die klinischen Studien zur AZT (1997–98) beleuchtet, spitzt Karen M. Booth die Kritik an den Placebo-Studien jedoch noch weiter zu (Booth 2010). Die Studien zeigten, so Booths Kritik, dass es offensichtlich wichtiger sei, die Neugeborenen zu retten als die Mütter – denn deren Behandlung stand gar nicht erst zur Diskussion. Aber nicht nur dies: Sie zeigt auch die zum Teil impliziten, zum Teil explizit kolonialistischen Denkmuster auf, die v. a. ein Bild ›Afrikas‹ als abhängig und der Hilfe bedürftig, unfähig zur Selbstorganisation und kurz vor dem Kollaps stehend konstruieren (Booth 2010, 365 ff.): »[…] missing in this construction of ›Africa‹ as an unmitigated disaster is an acknowledgment of US and Western European participation in creating and worsening the various disasters faced by many of the countries hosting the trials« (Booth 2010, 365).

Eine sozialethisch gewendete Bioethik hätte aber genau diese Verflechtungen genauer zu analysieren, anstatt die Debatte auf die Forschungsethik engzuführen, wie dies häufig in medizinethischen Studien geschieht (vgl. Cohen 2009). Dass eine sozialethische Analyse auch Ungleichbehandlungen und Diskriminierungen in den Industrieländern einschließen muss, versteht sich von selbst, solange es immer wieder Vorstöße gibt, bestimmte gesellschaftliche Gruppen einer besonderen Kontrolle oder Behandlung zu unterziehen.

Bis heute hat die Bioethik es weitgehend versäumt, die sozialethischen Dimensionen als Teil ihrer eigenen ethischen Reflexion zu verstehen. Sie beschränkt sich vielmehr in weiten Teilen des Diskurses darauf, die Argumentationen der Public Health Ethics zu übernehmen. Damit wurde zwar das engere, individualethisch geprägte bioethische Paradigma transzendiert und das Gerechtigkeitsprinzip als Thema der Bioethik auch im globalen Kontext erkannt – aber die Frage, warum die Bioethik gerade der utilitaristischen Gerechtigkeitstheorie folgen soll, bleibt weitgehend ausgeklammert. Die Public Health-Ethik ist vom utilitaristischen Prinzip dominiert, das Gerechtigkeit so fasst: »When resources do not permit all to be saved, it is better to save more lives than fewer, provided that the beneficiaries are chosen fairly – all things held equally« (Brock/Wikler 2009, 1668).

Daniel W. Brock und Daniel Wikler (2009) diskutieren in einem für diese Richtung repräsentativen Artikel die Frage, ob die globale Strategie eher auf die Prävention oder auf die Behandlung der gegenwärtig infizierten HIV-Patienten gerichtet werden solle, und sie kommen zu dem Schluss, dass die internationale, von ihnen als altruistisch charakterisierte Hilfe sich eher auf die Prävention als auf die Behandlung richten sollte. Hätten sie in ihrer Argumentation, die den Vorteil hat, dass sie Gegenargumente zumindest diskutiert, Recht, dann wäre die Unterfinanzierung der globalen Gesundheitsversorgung kein *Gerechtigkeits*problem, sondern das ›factum brutum‹, das nicht weiter diskutiert werden muss; genau dies wird aber etwa in den postkolonialen (Timberg 2012) sowie in den kritisch-bioethischen Argumentationen bestritten. Denn dass defizitäre Finanzierung, Organisation sowie die mangelnde Nachhaltigkeit die AIDS-Hilfe begleiten, ist gut dokumentiert (vgl. die Jahresberichte von UNAIDS, sowie (Schneider/Garrett 2009).

In der Konsequenz bedeutet der utilitaristische Ansatz, dass es keine globale Behandlungspflicht gibt, dass es keine Individualrechte – etwa auf Behandlung und Versorgung – gibt, und dass die Durchsetzung globaler Gesundheitsrechte fortan an den ökonomischen Interessen der internationalen Geldgeber scheitert. Diese Argumentation spiegelt die dominante sozialethische Tendenz in der Bioethik gut wider. Sie ergänzt die autonomiezentrierte Ethik um die Perspektive der globalen Gerechtigkeitsethik, die sich jedoch in erster Linie als utilitaristische Gerechtigkeits*ökonomie* versteht. Eine solche utilitaristische Gerechtigkeitsökonomie kommt allerdings einer Absage an eine menschenrechtsorientierte Bioethik gleich, die das Recht auf Gesundheit als gleiches Recht für alle Menschen begreift. Zwar plädieren auch Brock und Wikler für das Prinzip des ›equal worth of all lives‹ – aber die Gleichheit bezieht sich keineswegs auf die Gleichbehandlung derjenigen Patienten der ›ersten Welt‹, die selbstverständlich eine Behandlung erhalten, mit denjenigen in den ›Entwicklungsländern‹, denen die Behandlung vorenthalten wird, sondern im Kontext von HIV/AIDS sind nur diejenigen als gleichwertig zu betrachten, die noch nicht infiziert sind und diejenigen, die der Behandlung bedürfen. Die strukturelle Ungerechtigkeit der globalen Gesundheitsversorgung wird so vollständig aus der Analyse herausgehalten. Angesichts der – ökonomisch und politisch realistischen, ethisch aber gerade *nicht* zu rechtfertigenden – finanziellen Lücken in der AIDS-Hilfe kommt an dieser Stelle das utilitaristische Prinzip des ›größten Nutzens für die größte Zahl‹ zum Tragen – die Gleichberechtigung aller auf Behandlung »bears more on a physician's personal code of conduct than on the direction of AIDS funding, and we therefore do not assess it« (Brock/Wikler 2009, 1670).

Offene Fragen

Eine offene Frage bezüglich HIV/AIDS besteht in der Integration der Prävention und Therapie von HIV/AIDS in nationale Gesundheitssysteme, die Prioritäten aufstellen müssen, um allen gesellschaftlichen Mitgliedern mit ihren je unterschiedlichen medizinischen Bedürfnissen gerecht zu werden. Hinzu kommt seit den 1980er Jahren die Individualisierung der Krankheit, nicht selten einhergehend mit Schuldzuweisungen bezüglich des individuellen Verhaltens; eine solche Engführung auf individuelles Verhalten birgt jedoch die Gefahr der geringen Akzeptanz gegenüber einer solidarischen medizinischen Versorgung, der gesellschaftlichen Isolierung, Stigmatisierung und womöglich sogar der Kriminalisierung bestimmter gesellschaftlicher Gruppen. Die Ethik ist auf länderspezifische Studien angewiesen, um hier kontextsensitiv Antworten zu finden. Um dies zu gewährleisten, müssen die HIV/AIDS-Analysen enger an die sozialphilosophischen und sozialwissenschaftlichen Disziplinen herangeführt werden, um eine breitere Analysebasis zu gewinnen – wie dies aber gelingen kann, ohne die ethischen Fragestellungen aus dem Blick zu verlieren, wird methodisch kontrovers diskutiert.

Die Frage nach der Dringlichkeit von Prävention und Behandlung ist aber nicht nur eine jeweils nationale Frage; vielmehr spitzt sie sich international nur noch zu, wenn man die Prioritäten der globalisierten medizinischen Forschung betrachtet. Bisher ist keine ›globale‹ Lösung im Hinblick auf die globale Gesundheit zu erkennen, auch wenn die Problematik inzwischen in der Bioethik, wenn auch kontrovers, diskutiert wird. Dass gerechtigkeitsökonomische Ansätze als Gerechtigkeitsethiken angesehen werden, wird nicht von allen Ethikern und Ethikerinnen geteilt; sie begreifen vielmehr das Menschenrechtsparadigma als Grundlage der Sozial- und politischen Ethik, die den individuellen Rechten im Rahmen der HIV/AIDS Bekämpfung mit sozialen bzw. politischen Pflichten begegnen. Diese Auseinandersetzung reicht gewiss weit über die Debatte um HIV/AIDS hinaus – sie ist nicht einfach nur ein Methodenstreit innerhalb einer Disziplin, an der sich die zukünftige Ausrichtung der Bioethik insgesamt entscheidet – sie ist auch entscheidend für die ethische Architektur der HIV/AIDS-Hilfe zu Beginn des 21. Jahrhunderts.

Literatur

Arribas, Jose R./Eron, Joseph: Advances in antiretroviral therapy. In: *Current Opinion in HIV and AIDS* 8 (2013), 341–349.

Bayer, Ronald/Fairchild, Amy L.: The genesis of public health ethics. In: *Bioethics* 18/6 (2004), 473–492.

Bennett, Rebecca/Erin, Charles A.: *HIV and AIDS: Testing, Screening, and Confidentiality*. Oxford/New York 1999.

Booth, Karen M.: A magic bullet for the »African« mother? Neo-imperial reproductive futurism and the pharmaceutical »solution« to the HIV/AIDS crisis. In: *Social Politics* 17/3 (2010), 349–78.

Brock, Daniel W./Wikler, Daniel: Ethical challenges in long-term funding for HIV/AIDS. In: *Health Affairs* 28/6 (2009), 1666–76.

Broyles, Lauren M./Colbert, Alison M./Erlen, Judith A.: Medication practice and feminist thought: a theoretical and ethical response to adherence in HIV/AIDS. In: *Bioethics* 19/4 (2005), 362–378.

Cohen, Emma R./O'Neill, Jennifer M./Joffres, Michel/Upshur, Ross E. G./Mills, Edward: Reporting of informed consent, standard of care and post-trial obligations in global randomized intervention trials: a systematic survey of registered trials. In: *Developing World Bioethics* 9/2 (2009), 74–80.

Cox, Phil: Codes of medical ethics and the exportation of less-than-standard care. In: *The International Journal of Applied Philosophy* 13/2 (1999), 177–85.

Esparza, Jose: A brief history of the global effort to develop a preventive HIV vaccine. In: *Brazilian Journal of Infectious Diseases* 24/13 (2013), 3502–3518.

London, Leslie/Kagee, Ashraf/Moodley, Keymanthri/Swartz, Leslie: Ethics, human rights and HIV vaccine trials in low-income settings. In: *Journal of Medical Ethics* 38/5 (2012), 286–93.

Pinching, Anthony J./Higgs, Roger/Boyd, Kenneth M.: The impact of Aids on medical ethics. In: *Journal of Medical Ethics* 26 (2000), 3–8.

Robert Koch Institut: *HIV-Infektionen/AIDS Jahresbericht 2012*. Berlin 2013.

Schneider, Kammerle/Garrett, Laurie: The end of the era of generosity? Global health amid economic crisis. In: *Philosophy, Ethics, and Humanities in Medicine* 4/1 (2009), 1–7.

Stone, Alan B.: *Regulatory Issues in Microbicide Development*. World Health Organization Report 2010. http://whqlibdoc.who.int/publications/2010/9789241599436_eng.pdf (17.12.2013).

–/Harrison, Polly F.: Microbicides from a regulatory perspective. In: *Aids* 27 (2013), 2261–2269.

Timberg, Craig/Halperin, Daniel: *Tinderbox: How the West Sparked the AIDS Epidemic and How the World Can Finally Overcome It*. New York 2012.

UN Secretary-General: Uniting for universal access: towards zero new HIV infections, zero discrimination and zero AIDS-related deaths. 2011. In: http://www.unaids.org/en/aboutunaids/unitednationsdeclarationsand goals/2011highlevelmeetingonaids/ (13.12.2013).

United Nations General Assembly Political Declaration on HIV/AIDS: Intensifying our efforts to eliminate HIV/AIDS. In: Political Declaration on HIV/AIDS: Intensifying our Efforts to Eliminate HIV/AIDS http://www.unaids.org/en/aboutunaids/unitednationsdeclarations-andgoals/2011highlevelmeetingonaids/ (10.01.2014).

Veazey, Ronald S.: Animal models for microbicide safety and efficacy testing. In: *Current Opinion in HIV and AIDS* 8/4 (2013), 318–25.

Wallis, Patrick: Debating a duty to treat: AIDS and the professional ethics of American medicine. In: *Bulletin of the History of Medicine* 85/4 (2011), 620–49.

Woodsong, Cynthia/MacQueen, Kathleen/Amico, K Rivet/Friedland, Barbara/ Gafos, Mitzy/Mansoor, Leila/Tolley, Elizabeth/McCormack, Sheena: Microbicide clinical trial adherence: insights for introduction. In: *Drugs* 73/7 (2013), 651–72.

Zulueta, Paquita de: Randomised placebo-controlled trials and HIV-infected pregnant women in developing countries. Ethical imperialism or unethical exploitation. In: *Bioethics* 15/4 (2001), 289–311.

Hille Haker

22 Humangenomforschung

An die Erforschung der *molekularen Grundlagen des Lebens* sind hohe Erwartungen geknüpft. Es besteht die Hoffnung, mit der Humangenomforschung neue diagnostische und therapeutische Verfahren zu entwickeln. Gleichzeitig ist die Tragweite des mit dieser Forschung produzierten *genetischen Wissens* für den Menschen und seine Lebenswelt noch kaum abzuschätzen. Welche *Bedeutung* kommt diesem neuen Wissenstyp zu für das Bild, das wir uns von uns selbst machen? Welches prädiktive Potential haben Erkenntnisse aus der Humangenomforschung für den individuellen Lebensplan? Wie gehen wir mit solch unsicherem und nur *probabilistischem Wissen* um? Diese Fragen haben schon von Beginn an humangenetische Forschung und ethische Reflexion eng miteinander verknüpft. Denn die auf diesem Weg gewonnene neue Einsichtstiefe in die menschliche Natur stellt für das menschliche Selbstverhältnis eine große Herausforderung dar.

Grundlegende Begriffe

Die Gesamtheit der ›genetischen Information‹ einer Zelle oder eines Organismus wird als Genom bezeichnet. Das Genom einer Körperzelle (somatische Zelle) ist in deren Kern in Form von 23 paarig angelegten *Chromosomen* organisiert, die die DNA (*desoxyribonucleic acid* oder deutsch Desoxyribonukleinsäure (DNS)) enthalten. Die DNA besteht aus aneinandergereihten *Bausteinen* (Nukleotiden oder Basen), von denen es insgesamt nur vier verschiedene gibt: Adenin, Guanin, Thymin und Cytosin. Die Anordnung dieser Bausteine wird während des Genexpressionsprozesses abgelesen und in eine Proteinsequenz übersetzt. Die *Proteine* (Eiweiße) sind die strukturell und funktional wirksamen Moleküle im Organismus. Sie falten sich zu dreidimensionalen Strukturen und dienen als Enzyme, Strukturelemente, Signalmoleküle, Transportproteine oder Bewegungselemente, die verschiedene Funktionen in der Zelle ausüben. Somit wird die Information für die Morphologie und Physiologie einer Zelle und somit für den Bauplan eines Organismus von der Abfolge von nur vier verschiedenen Nukleotide kodiert. Durch die Bestimmung der genauen Abfolge der Nukleotide in der DNA (DNA-Sequenz) und die bioinformatische Analyse wurden im menschlichen Genom bisher ca. 21.000 protein-kodierende Gene identifiziert. Diese kodierenden Sequenzen machen jedoch nur ca. 2 % des gesamten Genoms aus, während die verbleibenden 98 % aus nicht-kodierender DNA bestehen. Zu den nicht-kodierenden Abschnitten des Genoms gehören auch Pseudogene, Einzelkopieabschnitte und repetitive Elemente, deren Funktion noch weitgehend unbekannt ist. Vermutlich spielen diese Abschnitte aber eine Rolle in der *Regulation* der Genaktivität. Die *Variationen* in sowohl protein-kodierenden Genen als auch in nicht-kodierenden Regionen tragen zu unterschiedlichen Merkmalen, wie Aussehen, Anfälligkeit für Erkrankungen oder Medikamentenverträglichkeit, einzelner Individuen bei.

Die Informationen, insbesondere in Bezug auf Struktur und Regulation der Gene, die in der großen Datenmenge von 3,2 Milliarden Basenpaaren im menschlichen Genom versteckt liegen, sind bei weitem noch nicht entziffert und verstanden. Ein zentrales *Ziel* der Humangenomforschung ist es daher, diese Informationen zu entschlüsseln und den Einfluss der genetischen Faktoren auf Gesundheit und Krankheit besser zu verstehen. Diese Erkenntnisse sind Voraussetzung zur Verbesserung der *Diagnostik* von Krankheiten, der *Prädiktion* von Krankheitsanfälligkeiten und Krankheitsverläufen und der Steigerung der pharmakologischen *Wirksamkeit* bestimmter Therapien. Zudem können auf dieser Grundlage auch grundsätzlich *neue Therapieansätze* entwickelt werden.

Methoden und Meilensteine

Die *DNA-Sequenzierung* ist eine molekularbiologische Methode, mit der die Basenabfolge in einem DNA Molekül bestimmt wird. Im Rahmen des internationalen Humangenomprojektes (1990–2005) wurde im Jahr 2001 die vorläufige Arbeitssequenz des menschlichen Genoms publiziert. Während diese Sequenzierung des kompletten menschlichen Genoms in einer Gemeinschaftsarbeit von über 1000 Forschern 15 Jahre dauerte, braucht derselbe Prozess heute nur noch wenige Tage und kostet zwischen 1000 und 5000 Dollar (Frank et al. 2013). Dies ist rasanten Fortschritten in der Sequenziertechnologie zu verdanken. In den letzten Jahren wurden innovative Verfahren entwickelt, die als *Next-Generation-Sequencing* (NGS) bezeichnet werden. Mit diesen Verfahren können mehrere Tausend bis zu Millionen Reaktionen gleichzeitig analysiert werden. NGS wird derzeit überwiegend im Forschungskontext eingesetzt. Das ENCODE Projekt (»ENCyclopedia of DNA Elements«) hat z. B. das Ziel, alle funktionellen Elemente des menschlichen Genoms zu identifizieren und zu charakterisieren. Um einen detaillierten Katalog der genetischen Variationen (SNPs: Einzelnukleotid-Polymorphismen, engl. *Single Nucleotide Polymorphism*; INDELS: Mutationen in Form von Insertionen und Deletionen, strukturelle Variationen) zu erstellen, hat das internationale Projekt »1000-Genome« bisher mehr als 1000 Genome sequenziert.

Für die Entstehung vieler Krankheiten sind nicht nur mehrere Gene und deren regulatives Zusammenspiel verantwortlich, sondern es sind zusätzlich sog. *epigenetische Mechanismen* daran beteiligt. Dazu gehören chemische Modifikationen der DNA und der chromosomalen Strukturproteine, die z. B. durch Umwelteinflüsse hervorgerufen werden können. Daher ist ein nächster Meilenstein der Genomforschung, nicht nur die genomischen Daten zu analysieren (*genomics*), sondern auch die anderen sog. ›omics‹: Dazu gehören die Untersuchung der chemischen Modifikationen der DNA und chromosomaler Proteine (*epigenomics*), der mRNAs (*Transcriptomic*) und der Proteine (*proteomics*), aber auch der Stoffwechsel-Produkte – Metaboliten (*metabolomic*).

Diagnose und Therapie

Die technischen Fortschritte in der Genomforschung und bioinformatischen Verarbeitung lassen die Einführung dieser Techniken in die Klinik näherrücken (sog. *clinical sequencing*). Unter dem Begriff *personalisierte Medizin* wird eine Medizin in Aussicht gestellt, die die Gesundheitsvorsorge und Behandlung von Patienten unter anderem auf der Basis genetischer Daten und Biomarker auf deren individuelles Risikoprofil abstimmt (Schleidgen et al. 2013). Skeptiker wenden ein, dass es bisher an verlässlichen prädiktiven Biomarkern fehlt und es für die meisten Situationen keine klaren therapeutischen Alternativen gibt (Li 2011). Tatsächlich ist die Medizin von dieser Vision noch ein ganzes Stück entfernt. Es ist daher korrekter, von einer *stratifizierenden Medizin* zu sprechen, in der anhand von genetischen Profilen Risikogruppen für Prävention und Therapie definiert werden. Die Implementierung einer solchen stratifizierenden Medizin geht jedoch immer zügiger voran und ist v. a. in den folgenden Bereichen bedeutsam:

Pharmakogenetik: Die ersten klinischen Studien nach dem Prinzip der genetischen Profilbildung wurden in der Pharmakogenetik durchgeführt. Ziel ist es dabei, die Wirksamkeit einer Therapie und die Anfälligkeit für bestimmte Nebenwirkungen eines Therapeutikums für den einzelnen Patienten vorherzusagen und damit die Auswahl und Dosis von Therapeutika an das genetische Profil anzupassen. Am besten untersucht sind dabei die pharmakogenetischen Varianten, die für die Enzymtätigkeit von p 450 verantwortlich sind – ein Enzym, das für den Abbau vieler verschiedener Medikamente in der Leber verantwortlich ist. Während dieser Test noch nicht auf einen klinischen Nutzen getestet wurde, wurde dieser für einen anderen Test belegt, der über Enzymaktivität eine bessere Steuerung des Blutverdünnungsmittels Marcumar ermöglicht (Anderson et al. 2012). Durchgesetzt hat er sich in der klinischen Anwendung bislang noch nicht.

Tumorgenetik: Ein Hauptziel der gegenwärtigen Krebsforschung ist die Entschlüsselung der molekularen Mechanismen der Tumorentstehung und der Veränderungen dieser Muster auch unter Therapie. Darüber hinaus wird die molekulare Diagnostik im klinischen Alltag für die onkologische Behandlung und die Prognoseabschätzung immer wichtiger. Auf der Basis von Mutationsnachweisen in der Tumorzelle, die entscheidend für die Aktivierung oder De-Aktivierung von Stoffwechselwegen sind, werden Medikamente ausgewählt, die gezielt in den Zellstoffwechsel eingreifen. Prädiktive Gen-Panels, also die Bestimmung der Aktivierung einer Reihe von Genen, können z. B. bei Brustkrebs oder Darmkrebs das Risiko für einen Rückfall voraussagen und dabei bei der Entscheidung zur Intensität der prophylaktischen Chemotherapie nach abgeschlossener Operation helfen (Lo et al. 2010). Spezifische Gentests für erbliche Krebserkrankungen werden nach humangenetischer Beratung bei bestimmten Risikokonstellationen durchgeführt, z. B. BRCA1 für erblichen Brustkrebs. Ganzgenom- bzw. Exomsequenzierung wird derzeit überwiegend im Forschungskontext eingesetzt (s. Kap. III. 35).

Fetale Genetik: Seit der Entdeckung, dass eine ausreichende Menge fetaler DNA im Blut der Mutter zirkuliert, um an einer Probe die Variationen und Integrität des fetalen Genoms zu untersuchen, spielen pränatale genetische Tests in der vorgeburtlichen Diagnostik eine immer größere Rolle. Ein Beispiel ist das Screening von Rhesus-negativen Schwangeren, auf Rhesus-Positivität des Embryos. Besteht das Risiko einer schweren Immunreaktion, wird die Mutter mit einer Anti-D Prophylaxe behandelt. Durch die

Bestimmung des Rhesus-Faktors des Fetus lässt sich bei 40 % der Frauen eine unnötige Prophylaxe vermeiden (Bianchi 2012) (s. Kap. III. 5).

Bevölkerungsscreening und Genbanken

Die leichtere Verfügbarkeit genetischer Sequenzdaten hat potentiell die größte Bedeutung für die allgemeine hausärztliche Versorgung: dann nämlich, wenn tatsächlich aufgrund der Genomanalyse ein spezifisches Risikoprofil für bestimmte Erkrankungen für jeden Patienten erstellt werden kann. Hausärzte könnten sich auf diese Weise gemeinsam mit dem Patienten auf *Lebensstilveränderungen* oder *Präventionsmaßnahmen* verständigen, die der Verhinderung der entsprechend höchsten Risiken dienen. Einige Studien haben bereits gezeigt, dass die Verfügbarkeit genetischer Informationen die Compliance mit Verhaltensänderungen und anderen Präventionsmaßnahmen verstärkt (Sanderson/Michie 2007).

Bislang ist dieser Anwendungsbereich jedoch noch weit in die Zukunft gedacht – nicht nur weil für eine solche genetisch informierte Medizin die Ausbildung zur genetischen Beratung und das Wissen der meisten praktisch tätigen Ärzte bei weitem nicht ausreichend ist, sondern auch weil es bislang mit Ausnahme der klassischen genetischen Tests für erbliche Erkrankungen wenige Tests gibt, die für die Prävention einen prädiktiven Wert haben.

Ein genetisches Bevölkerungsscreening wird daher nicht nur aus ethischen Gründen kontrovers diskutiert. Es wird derzeit in Form des *Heterozygotenscreenings* (Untersuchung von Anlageträgern) in den USA für klar umschriebene Bevölkerungsgruppen angeboten, die ein erhöhtes Risiko für seltene genetische Erkrankungen haben. Hierzu gehört z. B. die Gruppe der Ashkenazi Juden. Sie stammen von Juden aus Osteuropa ab und es wird geschätzt, dass jeder vierte bis fünfte aus dieser Gruppe Anlageträger für bestimmte genetische Erkrankungen ist – die meisten davon sind schwerwiegend, nicht behandelbar und mit einer deutlich kürzeren Lebenserwartung verbunden. Das Screening auf Anlageträgerschaft für dieselbe Erkrankung bei den Eltern hilft bei der Prädiktion des Risikos für das Kind und ist in der Gruppe der Ashkenazi Juden daher akzeptiert (Sugarman et al. 2001). Die deutsche Gesellschaft für Humangenetik hat sich in einem Positionspapier zum Heterozygotenscreenig eher zurückhaltend geäußert (Kommission für Öffentlichkeitsarbeit und ethische Fragen der Deutschen Gesellschaft für Humangenetik e. V. 1991).

Derzeit werden die genetischen Daten überwiegend im *Forschungskontext* gesammelt. Um die Zusammenhänge zwischen genomischen Veränderungen und der Vielzahl potentieller Einflussfaktoren von vererbten Anfälligkeiten bis zu epidemiologischen Faktoren zu verstehen, müssen möglichst viele Datensätze in Genbanken gesammelt und gegeneinander abgeglichen werden. Das Gesundheitsministerium in Großbritannien plant etwa, die klinischen Daten aller Patienten gemeinsam mit den Sequenzdaten in einer großen Datenbank zusammenzuführen, auf die dann ganz unterschiedliche Forschungsprojekte zugreifen können. Auch das Internationale Krebsgenomprojekt (International Cancer Genome Consortium) hat das Ziel, Genome von mindestens 50 verschiedenen Tumorentitäten zu sequenzieren um krebsrelevante Mutationen aufzudecken. Hierfür werden zunächst eine große Zahl von Proben bestimmter Tumorentitäten zusammengeführt und auf typische Mutationen in den Tumorzellen untersucht. Um die Forschung hier voranzutreiben, sollen die Daten allen Forschern im Konsortium möglichst schnell verfügbar gemacht werden.

Genetisches Wissen und menschliches Selbstverständnis

Wenn das auf den verschiedenen Feldern gesammelte genetische Wissen in seiner gesamten Tragweite für den Menschen und seine lebensweltlichen Zusammenhänge begriffen werden soll, dann kann sich die Interpretation der DNA-Sequenzen nicht auf die rein biologischen Funktionszusammenhänge beschränken. Vielmehr wird man die biologische Funktion in einem lebensweltlichen Kontext betrachten müssen, um zu verstehen, was genetisches Wissen für den individuellen Menschen und sein Leben bedeutet. Deutet man Gene oder Nukleotidsequenzen dann eben nicht nur auf der Basis ihrer chemischen Zusammensetzung, sondern auch hinsichtlich ihrer Gesamtfunktionalität – insbesondere im Sinne von Möglichkeitsbedingungen für das menschliche Leben –, dann ist eine solche Deutung an bestimmte Prämissen gebunden, die den *Deutungsrahmen der Funktionseinheiten* angeben. Erst unter diesen Voraussetzungen erscheint es sinnvoll, von ›Mutation‹, ›Variation‹, ›Normalgenom‹, ›Code für etwas‹ und schließlich von ›Fitness‹, ›Dysfunktion‹ oder gar ›Krankheit‹ zu sprechen.

Die *Funktionszuschreibung* kann nur im Rahmen eines Systems vorgängiger *Wertzuweisungen*, d. h.

Zwecken, teleologischer Annahmen, anderer Funktionen usf. erfolgen. Geht es nämlich darum, humanbiologische Erkenntnisse in Begriffe und Sätze zu fassen, d. h. biologische Phänomene zu konzeptualisieren und zu propositionalisieren, dann sind damit Fragen hinsichtlich der menschlichen Erkenntnisbedingungen angesprochen. Wenn Erkennen, bezogen auf das erkennende Subjekt, stets heißt, *etwas als etwas zu* erkennen, dann ist Erkenntnis ein sinngebender Bewusstseinsakt, der intentional auf einen zu erkennenden Gegenstand bezogen ist und der durch Sprache symbolisiert wird, die dadurch selbst einen intentionalen Charakter erhält. Diese Ausrichtung unserer Sprache und ihr Umfang sind wiederum an Rahmenbedingungen wie Sprachregeln, Kulturräume, Institutionen, Riten usf. geknüpft (Kay 2000; Keller 1998, 2001). Im auf Sprache basierenden Diskurs werden dann die Konzeptualisierungen der Humangenomforscher mit denen anderer – etwa von Kranken oder Verbrauchern – konfrontiert, die möglicherweise ganz anderen Institutionen und Ritualen entsprungen sein können, so dass nicht gewährleistet ist, dass eine lebensweltliche Verständigung für eine gelungene Praxis tatsächlich funktioniert (Lanzerath 2013).

Wenn wesentliche hermeneutische Rahmenbedingungen für die Konzeptualisierung des Wissens der Humangenomforschung in der Weise der *Wissenstransformation* vom naturwissenschaftlichen Arbeitsfeld in die lebensweltlichen Bewandtniszusammenhänge liegen, dann kommt der Frage nach der Integrationsleistung dieses Wissenstyps in einen Lebensplan entscheidende Bedeutung zu.

Der *individuelle Lebensplan* kann und darf Kontingenz oder Varianzen keineswegs ausschließen, sondern muss sie von vornherein als konstitutive Elemente der Handlungsbedingungen anerkennen. Zu diesen Kontingenzen gehören auch alle Möglichkeitsbedingungen, die der menschlichen Natur aufgrund ihrer genetischen Dispositionen innewohnen und die eben nicht als determinierende Blaupausen zu bewerten sind. Über diese Kontingenzen der menschlichen Natur hinaus können aber auch die *Einstellungen* zu bestimmten Handlungsoptionen und die sich daraus ergebenden Änderungswünsche in verschiedenen Lebensabschnitten erheblich variieren. Bei der Verwirklichung eines Lebensplans ist entsprechend die Möglichkeit vernünftig begründeter Veränderungen jederzeit in Betracht zu ziehen. Hier bieten genetische Tests unter Umständen die frühe Möglichkeit einer gerechtfertigten Revision, um einer erzwungenen Revision im Falle einer Krankheitsmanifestation, die plötzlich und unerwartet kommt, vorzubeugen. Gleichwohl sind die meist nur probabilistischen Aussagen von Ergebnissen prädiktiver Tests mit der Schwierigkeit behaftet, dass für den Einzelfall der tatsächliche Eintritt einer Krankheitsmanifestation ungewiss bleibt.

Aber für eine Reihe von Krankheiten – etwa im Fall von neurodegenerativen Erkrankungen – kann gezeigt werden, dass Wissen um Prädiktionen mit frühzeitigen Revisionsmöglichkeiten verbunden sein kann. Denn wenn eine neurodegenerative Erkrankung zunehmend manifest wird, mag eine Revisionsmöglichkeit nicht mehr oder nicht mehr im ausreichenden Maß gegeben sein, wenn die Fähigkeit zur faktischen Selbstbestimmung zunehmend schwindet. Aufgrund solcher Erfahrungen ist es von großer Bedeutung, *wie* und *in welchem Umfang* genetisches Wissen in einen individuellen Lebensplan integriert wird und welche ethische und edukative Sensibilität medizinische Forschung und Praxis hierfür entwickeln.

Eine Verständigung über die Deutung genetischen Wissens kann misslingen, wenn ein naturwissenschaftlich geschulter Arzt oder Forscher und der aus seiner Lebenswelt gerissene Patient oder Proband zusammenkommen. Dies ist nicht nur in der diagnostischen *genetischen Beratung*, sondern auch im Rahmen der Aufklärung innerhalb der Humangenomforschung von Bedeutung, wenn es um eine aufgeklärte Zustimmung geht und hier die Möglichkeit etwaiger *Zufalls- oder Nebenbefunde* besprochen wird (Lanzerath 2014). Die exakte laborbedingte Aussage der theoretischen Naturwissenschaften fällt nicht mit der einzelfallbezogenen Aussage der handlungsorientierten Medizin zusammen. Prognoseunsicherheit und die nur statistisch auszumachende – d. h. auf große Populationen bezogene – Korrelation zwischen Abschnitten der DNA und Eigenschaften beeinflussen hinsichtlich des Umgangs mit unserer eigenen Natur unsere Fremd- und Selbstzuschreibungen. Es geht also nicht nur um einen medizinwissenschaftlichen Krankheitswert, sondern um Lebensplanung, Ein- oder Ausschluss aus sozialen Sicherungssystemen, gesellschaftliche Stigmatisierungsprozesse. Daher gilt gerade hinsichtlich genetischer Testverfahren, dass eine wissenschaftlich wie ethisch verantwortbare Beratung nur dann erfolgen kann, wenn deutlich wird, welche Art der Aussage in welchem Kontext Bestand und Gültigkeit hat im Blick auf den je einzelnen Lebensentwurf. Wert und Zwecksetzungen von Wahrscheinlichkeitsaussagen sind in einem lebensweltlichen Kontext zu bestimmen, damit eine Beratung aufgrund mangelhafter Kenntnisse nicht einem Orakelspruch gleichkommt. Vom beratenden Arzt und Forscher wird insofern nicht nur eine medizinisch-technische, sondern auch eine *hermeneutische Kompetenz* erwartet, die im Austausch der verschiedenen Überzeugungen berücksichtigt werden muss. Dies ist in der Humangenomforschung nicht immer gewährleistet, da verschiedene Disziplinen mit sehr unterschiedlich ausgebildeten Beteiligten mitwirken (Lanzerath 2013; EURAT 2013).

Ethische Probleme

Derjenige, der mit der Frage konfrontiert ist, ob er sich einem Gentest unterziehen will, ob er über ein bereits vorhandenes Testergebnis etwas erfahren will, ob er im Rahmen eines Forschungsprojekts etwas über zufällige krankheitsrelevante Befunde wissen will, steht vor einer großen praktischen und hermeneutischen Aufgabe. Denn die klassisch-aufklärerische Annahme, jede Information sei ein Gewinn für die Selbstbestimmung, kann in Bezug auf die prädiktive Medizin nicht grundsätzlich bestätigt werden. Ganz im Gegenteil kann eine gewisse Form der Ungewissheit und Schicksalhaftigkeit – also die bewusste Annahme von Kontingenzen – die Handlungsfreiheit eher steigern. Zur wahren Autonomie gehört es dann, bestimmte Informationen nicht zu haben und nicht zu wollen, aber selbst bestimmen zu können, welche dies sind und v. a.: wenn man sie haben möchte, zu welchem Zeitpunkt man sie haben möchte. Dann ist die Möglichkeit, sich selbst begrenzen und dadurch verwirklichen zu können, offensichtlich Bestandteil der Autonomie. So paradox dies klingen mag: Das Problem des richtigen Umgangs mit Wissen stellt sich auch dann, wenn man von seinem *Recht auf Nichtwissen* Gebrauch macht: Denn ›aufgeklärtes Nichtwissen‹ setzt voraus, dass ich antizipieren kann, was ich hinsichtlich meines Lebensentwurfs verpasse und welches Gefährdungspotenzial ich möglicherweise eingehe, wenn ich auf eine bestimmte Form von Wissen ausdrücklich verzichte.

Datenschutz und Schutz der Privatsphäre: Das menschliche Genom ist inhärent selbstidentifizierend. Daher können die gängigen Datenschutzmaßnahmen der Pseudonymisierung und Anonymisierung in dem Moment nichtig werden, in dem der Name des Patienten in Zusammenhang mit nur einer Sequenz seines Genoms (sog. SNPs) verfügbar wird und mit einer zweiten anonymisierten Gendatenbank abgeglichen werden kann. Die aktuelle Evidenz für Datenmissbrauch und Diskriminierung aufgrund von Biobank-Daten oder durch Versicherungen ist zwar bislang eher dünn (Barlow-Stewart et al. 2009). Das Missbrauchspotential steigt jedoch mit der leichteren Verfügbarkeit ganzer Genomdatensätze. Kürzlich hat eine Arbeitsgruppe aus Boston gezeigt, dass es technisch möglich ist, die Identität von Personen (s. Kap. II. 21) und ihren nahen genetisch Verwandten herauszufinden, die an öffentlichen Genomsequenzierungsprojekten teilnehmen, allein durch den Abgleich mit frei verfügbaren Informationen aus dem Internet (Gymrek et al. 2013).

Dem Datenschutz kommt daher über die gesamte Auswertungskette von Genomdaten ein hoher Stellenwert zu. So haben etwa die Universität Heidelberg und das Deutsche Krebsforschungszentrum einen Forscherkodex für den Umgang mit genetischen Daten offiziell eingesetzt, der einerseits zur Sensibilisierung und andererseits zum Schutz der Forscher beiträgt (Winkler et al. 2013; EURAT 2013).

Da viele Forschungsprojekte auf intensivem Datenaustausch in internationalen Kooperationen basieren, wäre langfristig eine Harmonisierung von Datenschutzstandards zumindest mit Blick auf den Austausch von Forschungsdaten und klinischen Daten wünschenswert. Bis dahin gilt es, die ethischen Mindeststandards für den Datentransfer von Sequenzdaten in externe Datenbanken zu formulieren. Hier haben alle Forschungsinstitutionen auch eine institutionelle Verantwortung. Darauf geht etwa das internationale Krebsgenomkonsortium ein, indem es Bestimmungen für den Datentransfer vertraglich formuliert, den Zugang zu Gen-Datenbanken kontrolliert und ein Kontrollkomitee einsetzt, das den Datenzugang gewährt und Verstöße sanktionieren kann (International Cancer Genome Consortium 2014).

Eine zentrale ethische Forderung, die sich aus dem Re-Identifizierungsrisiko ergibt, ist eine explizite Erwähnung des Risikos und Aufklärung der Patienten, die um eine Gewebespende zur Genomsequenzierung gebeten werden. Bestandteil der Patienteninformation sollten sein: die Maßnahmen zur Anonymisierung oder Pseudonymisierung von Daten, Bedingungen einer möglichen Weitergabe von Proben und Daten insbesondere ins Ausland und die Datenschutzstandards dieser Kooperationspartner im Ausland, Publikationsformen der Sequenzierergebnisse und das Schicksal von Proben und Daten nach Widerruf der Einwilligung.

Umgang mit Zufallsbefunden und Rückmeldung an die Patienten: Zufallsbefunde oder Zusatzbefunde sind Befunde, nach denen bei einer diagnostischen Fragestellung nicht gesucht wurde. Sie finden sich seit dem Einsatz der modernen Schnittbildgebungsverfahren vermehrt und wurden bislang in diesem Kontext diskutiert. Das Neue bei der Ganzgenomsequenzierung ist, dass sicher Ergebnisse außerhalb der primär intendierten wissenschaftlichen oder diagnostischen Fragestellung gefunden werden. Dies sind zunächst einmal nicht validierte Befunde, die außerhalb des ursprünglichen Diagnose- oder Forschungskontextes liegen. Sie müssen zunächst im Hinblick auf ihre Relevanz für den Patienten bewertet werden und dann in einem zertifizierten Labor validiert werden. Zusatzbefunde können für künftige Vorsorge- oder Therapiemaßnahmen wichtig sein, so dass hier rechtlich vielleicht sogar eine Mitteilungspflicht an den Patienten besteht. Sie können aber auch bei fehlenden Therapiemöglichkeiten zumindest für die Lebensplanung erheblich sein. Es gibt bislang keinen Standard, welche Befunde nach welchen Kriterien dem Patienten mitgeteilt werden sollen (Wolf et al. 2012).

Die Positionen zum Umgang mit Zufallsbefunden reichen von der Auffassung, dass bei einer routinemäßigen Testung eine festgelegte Liste genetischer Erkrankungen automatisch an den Patienten zurückgemeldet wird bis zur Haltung, dass aus dem Forschungskontext per se nichts zurückgemeldet werden darf, da es sich um nicht-validierte Ergebnisse handelt. Eine patientenzentrierte Antwort auf dieses Problem ist eine Vorab-Festlegung seitens der Patienten, ob und welche Befunde sie erfahren möchten. Aufgrund der Vielfältigkeit der Befunde mit sehr unterschiedlicher Penetranz und Relevanz für den Patienten und seine Angehörigen kann eine Vorab-Aufklärung jedoch nur beispielhaft anhand bestimmter Krankheitskategorien erfolgen. Damit wird bis zu einem gewissen Grad das Prinzip der Humangenetik »erst aufklären, dann testen« aufgegeben, denn bei einer allgemein gehaltenen Aufklärung wird die konkrete Situation, die dann durch einen Zufallsbefund relevant wird, nicht im Vorhinein detailliert besprochen worden sein. Eine solche detaillierte und befundspezifische Aufklärung ist eine Voraussetzung dafür, dass der Patient nicht nur auf das Testergebnis vorbereitet ist, sondern auch in informierter Weise von seinem Recht auf Nichtwissen Gebrauch machen kann. In der generischen Aufklärung vor Genomsequenzierung hingegen kann der Patient nur grundsätzlich der Rückmeldung von Zufallsbefunden zustimmen oder widersprechen. Die Frage, wie bindend eine Ablehnung ist, wenn wirklich ein eindeutig gesundheitsrelevanter Zusatzbefund auftaucht, ist umstritten. Idealerweise sollte der Patient abstufen können zwischen der Rückmeldung von therapie- oder vorsorgerelevanten Befunden und solchen Rückmeldungen, die allein Lebensplanungswissen transportieren.

Aufklärung und informierte Einwilligung: An den oben skizzierten Lösungsvorschlägen für die ethischen Probleme wird schon deutlich, dass die Legitimierung der Humangenomforschung wesentlich über die informierte Zustimmung (s. Kap. II. 10) in Kenntnis der Risiken durch die Patienten oder Probanden geschieht, die um eine Gewebespende zur Genomsequenzierung gebeten werden.

Dies stellt sehr hohe Anforderungen an die Aufklärung zur Studienteilnahme, die jedenfalls bei Patienten häufig im Kontext der Diagnosestellung einer Erkrankung erfolgt, die selbst die ganze Aufmerksamkeit und Entscheidungsressourcen des Patienten einfordert. Bislang gibt es wenige Studien, die das Informationsbedürfnis von Studienteilnehmern untersucht haben. Diese zeigen, dass Patienten und Spender häufig altruistisch motiviert ihre Gewebeproben spenden, ein begrenztes Verständnis von genetischer Forschung haben und nur etwa die Hälfte über therapeutisch relevante Befunde informiert werden möchte (Zika et al. 2011) In der Aufklärung sollten die Sachverhalte entsprechend dem Kenntnisstand und Informationsbedürfnis der Patienten dargestellt werden. Wir wissen jedoch, dass schon bei der Aufklärung für Studien mit weit weniger komplexem Inhalt viele Teilnehmer bezweifeln, dass sie alle relevanten Aspekte der Studie verstanden haben. Studien zeigen hier sehr klar, dass schriftliche Informationsmaterialien zu kompliziert, zu lang und insgesamt zu wenig an den Anforderungen der Patienten orientiert sind (Grossman et al. 1994). Zudem sind Verständnisschwierigkeiten häufig Folge einer Gesundheitskompetenz, die das Verständnis von Genen und Vorgängen auf Zellebene nicht ermöglicht.

Neben diesen praktischen Limitationen stellt sich auch ganz grundsätzlich das Problem, dass zumindest die biobankbasierte Humangenomforschung einige wesentliche Kriterien des klassischen Konzepts der informierten Einwilligung nicht erfüllen kann. Nach den forschungsethischen Grundsätzen des Weltärztebundes ist die Zustimmung zu einem Forschungsprojekt rechtlich nur wirksam und ethisch gerechtfertigt, wenn der Betroffene entscheidungsfähig ist und über Zweck, Wesen, Nutzen, Risiken der

Studienmaßnahme aufgeklärt ist, deren Bedeutung verstanden hat und sich dann freiwillig für die Studienteilnahme entscheidet (WMA Declaration of Helsinki 2014). Diese Kriterien sind auf Genbanken nur bedingt anwendbar, da diese die Abläufe und Infrastruktur für eine unbestimmte Zahl zukünftiger Forschungsprojekte sichern und damit die studienspezifischen Informationen zum Zweck, der Bedeutung und Tragweite zukünftiger Projekte zum Zeitpunkt der Einverständnisgabe im engen Sinn nicht verfügbar sind.

Mit Blick auf die aktuelle Praxis zeigt eine Inhaltsanalyse von Einverständniserklärungen für Sequenzierungsprojekte, dass etwa das kritische Thema der Rückmeldung klinisch relevanter Befunde in der Praxis kaum Erwähnung findet. Insgesamt besteht eine große Variabilität der Dokumente zur Patienteninformation und -einwilligung. Es gibt bislang keinen Trend hin zu einem einheitlichen Standard (Allen/Foulkes 2011). In einer Erhebung bei 126 Biobanken in 23 Ländern variierten die Anforderungen an die Einwilligung der Spender und den Datenschutz erheblich (Zika et al. 2011). Auch hier wäre ein ethisches Desiderat, langfristig einheitliche Mindeststandards für die Patienteneinwilligung in einer verständlichen Darstellungsweise zu erarbeiten.

Literatur

Allen, Clarissa/Foulkes, William D.: Qualitative thematic analysis of consent forms used in cancer genome sequencing. In: *BMC Medical Ethics* 12/14 (2011).

Anderson, Jeffrey L./Horne, Benjamin D./Stevens, Scott M./Woller, Scott C./Samuelson, Kent M./Mansfield, Justin W./Robinson, Michelle/Barton, Stephanie/Brunisholz, Kim/Mower, Chrissa P./Huntinghouse, John A./Rollo, Jeffrey S./Siler, Dustin/Bair, Tami L./Knight, Stacey/Muhlestein, Joseph B./Carlquist, John F.: A randomized and clinical effectiveness trial comparing two pharmacogenetic algorithms and standard care for individualizing warfarin dosing (CoumaGen-II). In: *Circulation* 125/16 (2012), 1997–2005.

Barlow-Stewart, Kristine/Taylor, Sandra D./Treloar, Susan A./Stranger, Mark/Otlowski, Margaret: Verification of consumers' experiences and perceptions of genetic discrimination and its impact on utilization of genetic testing. In: *Genetics in Medicine* 11/3 (2009), 193–201.

Bianchi, Diana W.: From prenatal genomic diagnosis to fetal personalized medicine: progress and challenges. In: *Nature Medicine* 18/7 (2012), 1041–1051.

EURAT: Stellungnahme. Eckpunkte für eine Heidelberger Praxis der Ganzgenomsequenzierung. 2013. In: http://www.marsilius-kolleg.uni-heidelberg.de/md/einrichtungen/mk/presse/stellungnahme_heidelberger_praxis_der_ganzgenomsequenzierungl_2013-06-12.pdf (23.04.2014).

Frank, Martin/Prenzler, Anne/Eils, Roland/Schulenburg, Johann-Matthias Graf von der: Genome sequencing: a systematic review of health economic evidence. In: *Health Economics Review* 3/1 (2013), 29.

Grossman, Stuart A./Piantadosi, Steven/Covahey, Charles: Are informed consent forms that describe clinical oncology research protocols readable by most patients and their families? In: *Journal of Clinical Oncology* 12/10 (1994), 2211–2215.

Gymrek, Melissa/McGuire, Amy L./Golan, David/Halperin, Eran/Erlich, Yaniv: Identifying personal genomes by surname inference. In: *Science* 339/6117 (2013), 321–324.

International Cancer Genome Consortium. 2014. In: https://www.icgc.org/ (30.04.2014).

Kay, Lily E.: *Who Wrote the Book of Life? A History of the Genetic Code*. Stanford 2000.

Keller, Evelyn F.: *Das Leben neu denken. Metaphern der Biologie im 20. Jahrhundert*. München 1998.

–: *Das Jahrhundert des Gens*. Frankfurt a. M. 2001.

Kommission für Öffentlichkeitsarbeit und ethische Fragen der Deutschen Gesellschaft für Humangenetik e. V. 1991. In: http://www.medgenetik.de/sonderdruck/2000-376 b.PDF (02.05.2014).

Lanzerath, Dirk: Konzeptualisierung genetischen Wissens: normative Probleme. In: *Nova Acta Leopoldina* 117/396 (2013), 87–105.

–: Incidental findings in genetic research: ethical issues. In: Ders./Marcella Rietschel/Bert Heinrichs/Christine Schmäl (Hg.): *Incidental Findings. Scientific, Legal and Ethical Issues*. Köln 2014, 73–81.

Li, Chumei: Personalized medicine – the promised land: are we there yet? In: *Clinical Genetics* 79/5 (2011), 403–412.

Lo, Selly S./Mumby, Patricia B./Norton, John/Rychlik, Karen/Smerage, Jeffrey/Kash, Joseph/Chew, Helen K./Gaynor, Ellen R./Hayes, Daniel F./Epstein, Andrew/Albain, Kathy S.: Prospective multicenter study of the impact of the 21-gene recurrence score assay on medical oncologist and patient adjuvant breast cancer treatment selection. In: *Journal of Clinical Oncology* 28/10 (2010), 1671–1676.

Sanderson, Sankia C./Michie, Susan: Genetic testing for heart disease susceptibility: potential impact on motivation to quit smoking. In: *Clinical Genetics* 71/6 (2007), 501–510.

Schleidgen, Sebastian/Klingler, Corinna/Bertram, Teresa/Rogowski, Wolf H./Marckmann, Georg: What is personalized medicine: sharpening a vague term based on a systematic literature review. In: *BMC Medical Ethics* 14 (2013), 55.

Sugarman, Elaine A./Allitto, Bernice A.: Carrier testing for seven diseases common in the Ashkenazi Jewish population, implication for counseling and testing. In: *Obstetrics & Gynecology* 97 (2001), 38–39.

Winkler, Eva C./Ose, Dominik/Glimm, Hanno/Tanner, Klaus/Kalle, Christoph von: Personalized medicine and informed consent: clinical and ethical considerations for developing a best practice guideline for biobank-based next generation sequencing in oncology. In: *Ethik in der Medizin* 25/3 (2013), 195–203.

WMA Declaration of Helsinki – Ethical Principles for Medical Research Involving Human Subjects. In: http://www.wma.net/en/30publications/10policies/b 3/ (23.04.2014).

Wolf, Susan M./Crock, Brittney N./Ness, Brian van/Lawrenz, Frances/Kahn, Jeffrey P./Beskow, Laura M./Cho, Mildred K./Christman, Michael F./Green, Robert C./Hall, Ralph/Illes, Judy/Keane, Moira/Knoppers, Bartha M./Koenig, Barbara A./Kohane, Isaac S./LeRoy, Bonnie/Maschke, Karen J./McGeveran, William/Ossorio, Pilar/Parker, Lisa S./Petersen, Gloria M./Richardson, Henry S./Scott, Joan A./Terry, Sharon F./Wilfond, Benjamin S./Wolf, Wendy A.: Managing incidental findings and research results in genomic research involving biobanks and archived data sets. In: *Genetics in Medicine* 14/4 (2012), 361–384.

Zika, Eleni/Paci, Daniele/Braun, Anette/Rijkers-Defrasne, Sylvie/Deschênes, Mylène/Fortier, Isabel/Laage-Hellman, Jens/Scerri, Christian A./Ibarreta Ruiz, Dolores: A European survey on biobanks: trends and issues. In: *Public Health Genomics* 14/2 (2011), 96–103.

Eva Winkler und Dirk Lanzerath

23 Intersex

Unter ›Intersex‹ versteht man eine Variation der genetischen, hormonalen, gonadalen und genitalen Ausstattung eines Menschen mit der Folge, dass das Geschlecht einer Person (s. Kap. II. 21) nicht mehr eindeutig den biologischen Kategorien ›männlich‹ oder ›weiblich‹ zugeordnet werden kann. Aus der medizinischen Perspektive wird dieser Sachverhalt auch als DSD bezeichnet, wobei die Abkürzung für *disorders of sex development* oder gelegentlich auch *differences of sex development* steht. Ärzte fassen darunter u. a. die verschiedenen Variationen der Geschlechtschromosomen x und y, die komplette und partielle Androgenresistenz (CAIS und PAIS), die fehlende oder veränderte Entwicklung der Keimdrüsen sowie Variationen in der Verstoffwechselung von Geschlechtshormonen, z. B. dem Adrenogenitalem Syndrom (AGS), das bei Mädchen zu einer Virilisierung führen kann. DSD kann schon bei Neugeborenen anhand eines auffälligen Phänotyps, aber auch erst in der Pubertät oder als Zufallsbefund, z. B. bei einer genetischen Diagnostik, diagnostiziert werden.

Die Gruppe der betroffenen Personen ist sehr heterogen. Nicht wenige von ihnen halten die medizinische Terminologie für unangemessen, weil diese zur Pathologisierung und Diskriminierung beitrage. Auch der ursprünglich von Selbsthilfevertretern in Abgrenzung zur medizinischen Nomenklatur gewählte Begriff ›Intersex‹ wird nicht von allen als angemessene Dachbezeichnung akzeptiert – insbesondere nicht von vielen Personen mit dem Adrenogenitalem Syndrom. Die im Deutschen ebenfalls gebräuchliche Bezeichnung ›Intersexualität‹ wird von einigen abgelehnt, weil sie den Sachverhalt fälschlicherweise auf Fragen der Sexualität reduziere (s. Kap. III. 38).

Krankheitsbegriff

Durch Intersex werden allgemeine Fragen normativer Art aufgeworfen. Diese betreffen sowohl die Unterscheidung von weiblich und männlich als auch gesund und krank bzw. behandlungsbedürftig und nicht behandlungsbedürftig. Zentrales Problem des Umgangs mit Intersex ist die Tatsache, dass die Unterscheidung zwischen männlich und weiblich in die Unterscheidung über gesund und krank einfließt, obwohl ›männlich‹ und ›weiblich‹ – verstanden als ›sex‹ wie als ›gender‹ – sozial konnotierte und in einem gewissen Maße historisch variable Kategorien sind (s. Kap. III. 15). Auf der anderen Seite begründet die Geschlechterdualität auf fundamentale Weise die Ordnung der Gesellschaft und damit die soziale Identität ihrer Mitglieder und hat auf diese Art und Weise durchaus großen Einfluss auf Wohlbefinden oder Leiden ihrer Mitglieder.

Die populäre Trennung zwischen einem biologischen ›sex‹ auf der einen Seite, das in nur zwei Formen – weiblich oder männlich – vorliege, und dem variableren, sozial geprägten ›gender‹ auf der anderen wird durch Intersex sehr weitgehend in Frage gestellt. Die Forschung zu Intersex hat aufgezeigt, dass die Unterscheidung zwischen den beiden biologischen Geschlechtern nicht auf einfachen und eindeutigen Kriterien beruht. Vielmehr sind diese Begriffe reflexiv, d. h. was wir als biologisches Geschlecht verstehen ist abhängig von sozialen Konventionen und umgekehrt. Denn die für die Bestimmung des biologischen Geschlechts oft verwendete Kriterien ›weiblicher oder männlicher Phänotyp‹, ›Vorhandensein von jeweils weiblichen oder männlichen Fortpflanzungsorganen‹, ›Fähigkeit zur heterosexuellen Fortpflanzung‹, ›Hormonstatus‹ etc. sind alle kontingent und entlang von Idealtypen konstruiert, die selbst wiederum sozial konnotiert sind (Voß 2010).

Das biologische Geschlecht von Menschen ist mithin nicht einfach binär strukturiert – meist versinnbildlicht durch die Geschlechtschromosomenpaare xx für ›Frau‹ und xy für ›Mann‹ –, sondern resultiert aus einer komplexen Interaktion von verschiedenen biologischen Prozessen, die alle zu Variationen von der idealtypischen Norm ›weiblich‹ oder ›männlich‹ führen können. Dabei können alle denkbaren Übergangsformen zwischen und Kombinationen von weiblicher und männlicher Biologie entstehen. In der Folge kann das eigene Geschlecht auch als mehr oder weniger androgyn erlebt werden, dies alles jedoch vor der Folie einer gesellschaftlichen Prägung weiblicher und männlicher Erlebensweisen.

Eine einfache Gleichsetzung von Intersex mit Fehlbildung oder Krankheit ist deshalb nicht möglich (Kessler 1998; Dreger 1999). Aus der Perspektive der Medizin wird es für die Unterteilung in ›gesund‹ und ›krank‹ als hilfreich angesehen, dass manche Übergangsformen mit Funktionsstörungen einhergehen, z. B. einem Verschluss der Vagina oder einem Salzverlust (bei AGS). Daran kann sich die Einstufung als behandlungsbedürftige ›Krankheit‹ ausrichten. Doch in vielen Fällen beruht diese Bewertung auf gesellschaftlichen Vorstellungen von Geschlechtsidentität und von der Notwendigkeit einer eindeutigen biologischen und sozialen Geschlechtszuordnung, die in Abhängigkeit von gesellschaftlichen Entwicklungen nach wechselnden, gelegentlich zweifelhaften Kriterien bestimmt wird. So wurde es – und wird es ab und an auch heute noch – beispielsweise als wichtig für einen Mann angesehen, im Stehen urinieren zu können.

Ethische Prinzipien

Die Ziele ärztlichen Handelns können dementsprechend heterogen ausfallen, mehr oder minder stark auf gesellschaftlichen Werturteilen beruhen und untereinander inkompatible Handlungsoptionen begründen. Da derartige Konfliktsituationen zudem oft bei noch nicht selbstbestimmungsfähigen Kindern auftreten, ist unklar, wer darüber wie entscheiden soll. Dies begründet den zentralen ethischen Konflikt im medizinischen Umgang mit Intersex.

In Anlehnung an die Kinderrechtskonvention der Vereinten Nationen von 1989 sind folgende ethische Prinzipien in diesem Konflikt von Bedeutung:

Der Schutz der *Würde des Kindes*, insbesondere in Form eines Rechts auf Berücksichtigung seiner Individualität und seiner Privatsphäre sowie seines Rechts, nicht wegen seines Geschlechts diskriminiert zu werden, das *Kindeswohl*, einerseits verwirklicht im Schutz der körperlichen und geistigen Unversehrtheit, andererseits durch angemessene und kindgerechte medizinische Behandlung von Leidenszuständen, das Recht des nicht selbstbestimmungsfähigen Kindes auf *angemessene Berücksichtigung* seiner Meinung in allen das Kind betreffenden Angelegenheiten, das Recht auf *Selbstbestimmung* des selbstbestimmungsfähigen Kindes bzw. Jugendlichen und das Recht des Kindes auf *Schutz* durch seine Eltern als Sachwalter seiner Interessen.

Berücksichtigt man diese Prinzipien, ist eine frühere, oft auf die Psychologen John Money und Anke Ehrhardt (Money/Ehrhardt 1972) zurückgeführte Vorgehensweise bei Kindern mit Intersex ethisch nicht begründbar. Diese beruhte darauf, alle Kleinkinder mit uneindeutiger Geschlechtszuordnung pauschal und möglichst frühzeitig operativ und sozial an eines der zwei idealtypischen Geschlechter anzugleichen und den Kindern im Interesse einer eindeutigen sozialen Verortung das Wissen über diesen Eingriff nötigenfalls vorzuenthalten. Da kaum evidenzbasierte Informationen über die Folgen eines solchen Vorgehens vorlagen, konnten auch die Eltern nicht umfassend aufgeklärt werden; sie wurden unter Umständen auch nicht in die Entscheidung einbezogen (s. Kap. II. 10). Aus ethischer Perspektive ist zudem problematisch, dass zwar die psychische und soziale Bedeutung der geschlechtlichen Identität für das Individuum berücksichtigt wurde, nicht aber der Preis, den das betroffene Kind für die vermeintlich eindeutige Zuordnung zu zahlen hatte. Dieser bestand z. B. in wieder und wieder durchgeführten Eingriffen, die das Kind über sich ergehen lassen musste, ohne zu verstehen, warum sich die Erwachsenen so sehr für seine intimen Körperteile interessieren. Betroffene berichten von sehr entwürdigenden Erlebnissen, die teilweise den traumatischen Charakter von Missbrauchserfahrungen annahm. Die Geheimhaltung machte es unmöglich, mit Eltern oder Ärzten über das, was geschah, zu sprechen, und ließ das Kind mit seinen Ängsten allein. Sie erschwert es im Übrigen auch heute noch, gute empirische Daten über die verwendeten Techniken und ihr Outcome zu erlangen. Damit immunisierte sich dieses Vorgehen gegen Kritik. Die operative Angleichung geschah ohne Berücksichtigung des sexuellen Empfindungsvermögens und der zukünftigen Fortpflanzungsfähigkeit des Kindes. So wurden beispielsweise Keimdrüsen, die nicht mit dem sozialen Geschlecht kongruent waren, regelhaft entfernt. Schließlich unterschätzte man in den Prognosen über den weiteren Verlauf der kindlichen Entwicklung die Auswirkungen der schon in der Schwangerschaft erfolgten hormonellen Prägung der Geschlechtsidentität. Dieses Problem machte sich besonders im Verlauf der Pubertät bemerkbar, wenn der oder die betroffene Jugendliche sich dem für ihn oder sie ausgewählten Geschlecht nicht mehr zugehörig empfand.

In einem wegweisenden Artikel im *Journal of Clinical Ethics* kritisierten Kenneth Kipnis und der Endokrinologe Milton Diamond auf der Basis dieses Sachverhalts diese Vorgehensweise zu Recht als Menschenrechtsverletzung und argumentierten für ein Moratorium aller dieser Eingriffe, sofern sie nicht unmittelbar zu Behebung von Krankheitszuständen notwendig seien (Kipnis/Diamond 1998). Geschlechtszuweisende Eingriffe müssten vom Individuum selbst autorisiert und daher ins Erwachsenenalter verschoben werden. Diese Forderung wurde und wird auch von einer wachsenden Bewegung innerhalb der Selbsthilfegruppen betroffener Personen, z. B. der Intersex Society of North America (ISNA), erhoben. Kritisiert wird eine pauschale Pathologisierung und Medikalisierung von Menschen mit Intersex und die Unterdrückung der Vielfalt von Geschlechtsidentitäten durch Medizin und Öffentlichkeit (Chase 2003). Auch die Rolle der Eltern als Stellvertreter des Kindes in einer so wichtigen, höchst persönlichen Frage wie der Geschlechtsidentität wird in Frage gestellt. Überdies fragt sich, ob Eltern tatsächlich in der Lage sind, die Interessen des Kindes und zukünftigen Erwachsenen stets angemessen zu berücksichtigen. So hat z. B. eine (nicht repräsentative) Befragung von Eltern von Mädchen mit AGS ergeben, dass die Mehrheit selbst dann einer chirurgischen Verkleinerung einer vergrößerten Klitoris zustimmen würde, wenn dies für die zukünftige junge Frau mit einer Einbuße bei der sexuellen Erregbarkeit einhergehe (Dayner et al. 2004).

Erst durch den Mut vieler Betroffener, ihre Geschichte öffentlich zu machen, konnte das Ausmaß des von der sog. »optimal-gender policy« verursachten Leids verstanden werden (Lang 2006). Unstrittig ist heute, dass Eingriffe in die körperliche Integrität des Kindes nicht schon allein deshalb gerechtfertigt sind, weil die Eltern sie für notwendig halten oder weil damit gesellschaftlichen Ansprüchen auf ›Normalität‹ entsprochen werde. Notwendig ist stets eine umfassende Berücksichtigung aller oben genannten Prinzipien, insbesondere der Würde des Kindes und des Kindeswohls (Wiesemann et al. 2010; Deutscher Ethikrat 2012). Dies erfordert, sämtliche Folgen solcher Eingriffe zu berücksichtigen und gegeneinander abzuwägen, einschließlich der Folgen für Selbstwertgefühl, zukünftiges sexuelles Erleben und Fortpflanzungsfähigkeit anstelle einer einseitigen Berücksichtigung von biologischen Indikatoren von Geschlecht oder einer dezisionistischen sozialen Zuordnung (Hughes et al. 2006). Das Recht der Eltern auf Stellvertretung findet seine Grenzen im Kindeswohl (Rothärmel 2006).

Medizinische Maßnahmen bei Intersex

Die Entscheidung über die Zugehörigkeit zu einem Geschlecht muss in jedem Fall den Betroffenen selbst vorbehalten sein. Da diese bei vielen Intersexbefunden schon aus biologischen Gründen nicht einfach zu treffen ist, muss den betroffenen Personen die Option auf einen späteren Wechsel der Geschlechtsidentität oder ein Leben als Person mit einem intersexuellen Geschlecht offen gehalten werden. Dies schließt allerdings eine frühzeitige soziale Zuordnung nicht aus (Coester-Waltjen 2010). Unstrittig ist überdies, dass betroffene Personen und ihre Stellvertreter ein Recht auf umfassende Information über alle diagnostischen und therapeutischen Eingriffe haben und diese für eine spätere Akteneinsicht sorgfältig dokumentiert werden müssen (Frader et al. 2004).

Viele medizinische Maßnahmen haben experimentellen Charakter, da zu wenig Wissen über ihr langfristiges Outcome, insbesondere über die Lebensqualität von Betroffenen vorliegt. Darüber müssen die betroffenen Personen und Entscheidungsträger unmissverständlich aufgeklärt werden; begleitende wissenschaftliche Studien sind unbedingt erforderlich. Medizinische Maßnahmen müssen von ausreichend qualifiziertem Personal in einem interdisziplinären Team unter Beteiligung psychosozialer Expertise abgewogen werden. Dies kann in der Regel nur in dafür spezialisierten Zentren erfolgen. Und schließlich ist unstrittig, dass der Stigmatisierung von Betroffenen systematisch entgegengewirkt werden muss durch umfassende gesellschaftliche Aufklärung, die Verbesserung der Ausbildung von medizinischem Personal und die Ermutigung und Unterstützung von Eltern – mit dem Ziel einer kognitiven und emotionalen Normalisierung im Umgang mit Menschen mit Variationen in der Geschlechtsentwicklung (Kessler 1998).

Strittig ist hingegen aus ethischer Perspektive die Angemessenheit eines generellen Verbots aller chirurgischen oder hormonellen Eingriffe im Kindesalter, die darauf abzielen, das Geschlecht einer Person zu vereindeutigen. Von einigen wird ein solches Verbot gefordert mit der Begründung, bei dem Zustand Intersex handele es sich nicht um eine Krankheit, sondern um eine nicht behandlungsbedürftige Variante von der Norm – verstanden als statistische Norm (Dreger 2006; Plett 2007). Nicht der Mensch müsse an die Gesellschaft angepasst werden, sondern die Gesellschaft an den Menschen. Erforderlich sei also vielmehr eine gesellschaftliche Akzeptanz der normalerweise vorkommenden Variationen in der Geschlechtsentwicklung und Geschlechtsidentität. Der Schutz der körperlichen Integrität des Kindes verbiete alle Eingriffe, die nur zum Zwecke der Anpassung an soziale Normen erfolgen. Alle Entscheidungen über die Geschlechtsidentität müssten deshalb der selbstbestimmungsfähigen Person vorbehalten bleiben (Kipnis/Diamond 1998).

Gegner eines solchen pauschalen Verbots halten Einzelfallentscheidungen auf der Basis der oben genannten Kriterien für gerechtfertigt (Deutscher Ethikrat 2012). Eine pauschale Verschiebung aller Entscheidungen über die geschlechtliche Zuordnung eines Menschen auf das Alter der Selbstbestimmungsfähigkeit verstoße gegen das Recht des noch nicht selbstbestimmungsfähigen Kindes, seine Meinung angemessen in Entscheidungen über seine Person einbringen zu können (Wiesemann et al. 2010). Bei einigen Intersexkonstellationen kann es z. B. zu einem Geschlechtswandel während der Pubertät kommen, der unter Umständen von dem betroffenen Kind bzw. Jugendlichen nicht gewünscht wird und als sehr belastend empfunden werden kann. Eine hormonelle Behandlung vor Eintreten der Pubertät, also schon mit zehn oder zwölf Jahren, könnte dem vorbeugen. In dieser Situation sei die pauschale Benachteiligung der Wünsche des Kindes zugunsten der zukünftigen selbstbestimmungsfähigen Person ethisch nicht gerechtfertigt. Hier komme es im Einzelfall auf die Informiertheit, Selbstsicherheit und Reife des betroffenen Kindes an. Weiterhin wird argumentiert, dass für das Kleinkind andere Maßstäbe wichtig sein können, als für den zukünftigen Erwachsenen. Für das kleinere Kind könne z. B. gesellschaftliche Normalität einen großen Wert haben; bei der Bewertung des Kindeswohls müsse das aktuelle Wohl des Kindes mindestens ebenso berücksichtigt werden wie das zukünftige. Die Eltern müssten als wichtigste Beziehungspersonen in Einzelfallentscheidungen einbezogen werden (Greenberg 2006).

Ein letzter Einwand gegen ein pauschales Verbot wird mit Bezug auf Personen mit dem Adrenogenitalen Syndrom (AGS) erhoben. Auffällig sei folgender Kontrast: Während Neugeborene mit AGS in der Regel der Gruppe der Personen mit Intersex zugerechnet würden, wenn sie mit uneindeutigem Genital geboren werden, fühlten sich viele Erwachsene mit AGS dieser Gruppe nicht mehr zugehörig und erführen ihre weibliche Geschlechtsidentität als unproblematisch. Ein Grund dafür könnten frühzeitige operative Eingriffe sein. Diese anscheinend positiven Erfahrungen mit medizinischen Maßnahmen müssten in die ethische Evaluation einfließen. Wie in vielen anderen Bereichen fehlt es allerdings auch hier an ausreichenden empirischen Belegen.

Die im Erwachsenenalter auftretenden medizinethischen Probleme ähneln denen im Umgang mit anderen potentiell stigmatisierenden Befunden sowie mit solchen Entscheidungssituationen, in denen die normativen Ziele ärztlichen Handelns strittig sind. Im Vordergrund stehen die ethischen Prinzipien des Schutzes der Privatheit und der Selbstbestimmung der informierten Patienten. Das Recht auf Nichtwissen kann gegebenenfalls von Bedeutung sein, wenn sich die Inkongruenz von biographischem, genetischem und gonadalem Geschlecht als Zufallsbefund ergibt.

Intersex im Sport

Ein besonderes ethisches Dilemma entsteht durch die im Leistungssport übliche Einteilung in Frauen- und Männersportarten. Im Sport können Personen mit Intersex, die im weiblichen Geschlecht aufwachsen, wegen eines erhöhten Testosteronspiegels u. U. einen Vorteil gegenüber anderen Frauen erlangen. Um einer solchen, als unfair aufgefassten Konkurrenz vorzubeugen, kann bei großen Sportereignissen auf Verlangen von Herausforderern eine medizinische Untersuchung der Beschuldigten durchgeführt werden. Eine Kommission, die vorwiegend aus Medizinern zusammengesetzt ist, befindet dann nach ausführlichen körperlichen Untersuchungen über den möglichen Ausschluss der Sportlerin. Diese Praxis ist aus ethischer Perspektive kritisiert worden (Wiesemann 2011; Karkazis et al. 2012). Zum einen legten solche Kommissionen die Maßstäbe für ihre Entscheidung nicht offen, die Unterscheidung zwischen ›eindeutig weiblich‹ und ›eindeutig männlich‹ beruhe aber immer auch auf normativen Vorstellungen von Geschlechtsidentität. Des Weiteren könnten derart verdächtigte Personen keinen gültigen *informed consent* (s. Kap. II. 10) für diese Untersuchungen geben, da sie unter dem Druck stehen, im Weigerungsfall vom Wettbewerb ausgeschlossen zu werden. Ein solcher Ausschluss sei für Profi-Leistungssportlerinnen, die schon von früher Jugend an für ihren Sport trainierten, eine katastrophale Folge. Und schließlich hätten die so ermittelten Befunde bzw. nicht selten schon der Verdacht auf Vorliegen einer intersexuellen Identität ein erhebliches Diskriminierungspotential; dies vor allen Dingen bei Sportlerinnen aus Ländern, in denen kaum Wissen über Intersex verbreitet sei und Geschlechterrollen rigider interpretiert werden würden.

Literatur

Chase, Cheryl: What is the agenda of the intersex patient advocacy movement? In: *Endocrinologist* 13/3 (2003), 240–242.

Coester-Waltjen, Dagmar: Geschlecht – kein Thema mehr für das Recht? In: *Juristenzeitung* 65/17 (2010), 852–856.

Dayner, Jennifer E./Lee, Peter A./Houk, Christopher P.: Medical treatment of intersex: parental perspectives. In: *The Journal of Urology* 172/4 (2004), 1762–1765.

Deutscher Ethikrat: *Stellungnahme Intersexualität*. Berlin 2012.

Dreger, Alice D.: When medicine goes too far in the pursuit of normality. In: *Health Ethics Today* 10/1 (1999), 2–5.

–: Intersex and human rights: The long view. In: Sharon E. Sytsma (Hg.): *Ethics and Intersexuality*. Dordrecht 2006, 73–86.

Frader, Joel/Alderson, Priscilla/Asch, Adrienne/Aspinall, Cassandra/Davis, Dena/Dreger, Alice/Edwards, James/Feder, Ellen K./Frank, Arthur/Hedley, Lisa Abelow/Kittay, Eva/Marsh, Jeffrey/Miller, Paul Steven/Mouradian, Wendy/Nelson, Hilde/Parens, Erik.: Health care professionals and intersex conditions. In: *Archives of Pediatric and Adolescent Medicine* 158/5 (2004), 426–28.

Greenberg, Julie A.: International legal developments protecting the autonomy rights of sexual minorities: Who should determine the appropriate treatment for an intersex child? In: Sharon E. Sytsma (Hg.): *Ethics and Intersexuality*. Dordrecht 2006, 87–102.

Hughes, Ieuan A./Houk Christopher P./Ahmed S. Faisal/Lee, Peter A.: Consensus statement on management of intersex disorders. In: *Pediatrics* 118 (2006), e 488-e 500.

Karkazis, Katrina/Jordan-Young, Rebecca/Davis, Georgiann/Camporesi, Silvia: Out of bounds? A critique of the new policies on hyperandrogenism in elite female athletes. In: *American Journal of Bioethics* 12 (2012), 3–16.

Kessler, Suzanne J.: *Lessons from the Intersexed*. New Brunswick 1998.

Kipnis, Kenneth/Diamond, Milton: Pediatric ethics and the surgical assignment of sex. In: *The Journal of Clinical Ethics* 9/4 (1998), 398–410.

Lang, Claudia: *Intersexualität. Menschen zwischen den Geschlechtern*. Frankfurt a. M./New York 2006.

Money, John/Ehrhardt, Anke: *Man & Woman, Boy & Girl: the differentiation and dimorphism of gender identity from conception to maturity*. Baltimore 1972.

Plett, Konstanze: Rechtliche Aspekte der Intersexualität. In: *Zeitschrift für Sexualforschung* 20/2 (2007), 162–175.

Rothärmel, Sonja: Rechtsfragen der medizinischen Intervention bei Intersexualität. In: *Medizinrecht* 24/5 (2006), 274–284.

Voß, Heinz-Jürgen: *Making Sex Revisited. Dekonstruktion des Geschlechts aus biologisch-medizinischer Perspektive*. Bielefeld 2010.

Wiesemann, Claudia/Ude-Koeller, Susanne/Sinnecker, Gernot H. G./Thyen Ute: Ethical principles and recommendations for the medical management of differences of sex development (DSD)/intersex in children and adolescents. In: *European Journal of Pediatrics* 169/6 (2010), 671–679.

Wiesemann, Claudia: Is there a right not to know one's sex? The ethics of ›gender verification‹ in women's sports competitions. In: *Journal of Medical Ethics* 37 (2011), 216–220.

Claudia Wiesemann

24 Klimaschutz

Problemlage

Bereits 1992 verpflichteten sich in der UN-Klimarahmenkonvention die Vertragsparteien, »auf der Grundlage der Gerechtigkeit und entsprechend ihren Verantwortlichkeiten und Fähigkeiten das Klimasystem zum Wohle heutiger und zukünftiger Generationen zu schützen« (UNFCCC 1992, 3.1). Gefordert wurde eine Stabilisierung der Treibhausgase in der Atmosphäre »auf einem Niveau, das gefährlichen menschlichen Eingriffen in das Klimasystem vorbeugt« (UNFCCC 1992, 256). Die Generalklauseln dieser Konvention bedürfen jedoch noch der Präzisierung bezüglich des Sachstands, der Interpretation der Gefährlichkeit der Folgen eines möglichen Klimawandels, der Rechtfertigung anzustrebender Stabilisierungsziele sowie einer Operationalisierung in Maßnahmen, diese Ziele zu erreichen.

Im Rahmen der Forschungsaktivitäten der letzten 20 Jahre haben sich die Befunde hinsichtlich der Klimasensitivität in Anbetracht der Treibhausgasemissionen sowie hinsichtlich der zu erwartenden Folgen stabilisiert: Konsistenz und Kohärenz der diachronen und synchronen Datenbasis, der immer weiter verfeinerten Kausalmodelle sowie der Entwicklungsszenarien relativ zu unterschiedlichen Emissionsraten und den damit verbundenen möglichen Folgen lassen auch trotz noch bestehender Unsicherheiten (z. B. was die Rolle der Wolken, die Aerosole, die Dynamik der Kryosphäre sowie Wirkungszusammenhänge in den Ozeanen und den Böden betrifft) ernsthafte Zweifel am anthropogenen Einfluss auf den Klimawandel nicht mehr zu. Etliche Fachgesellschaften und Organisationen sehen sich veranlasst, die negativen Entwicklungsszenarien darüber hinaus zu verschärfen: So rechnet der IPCC (IPCC 2007) in Abhängigkeit von den Zuwachsraten aller Treibhausgase bis 2100 mit einer Zunahme der globalen Durchschnittstemperatur von 1,1 °C – 6,4 °C. Weithin geteilt ist zudem die Annahme, dass angesichts der Erhöhung des Anteils allein von CO_2 um 39 % seit Beginn der Industrialisierung bis 2010 und eines weiteren Anstiegs bis 2100 (Global Carbon Project 2010) der Temperaturanstieg mindestens drei Grad (*best guess*) betragen wird. Dabei gilt es, positive Rückkopplungseffekte wie z. B. die Erwärmung und Versauerung der Meere, die Eis-Albedo-Rückkopplung, die Wasserdampf-Rückkopplung, die Methan-Freisetzung aus auftauenden Mooren/Permafrostböden sowie ferner Veränderungen in bestimmten Gebieten (*tipping points*) zu berücksichtigen, die für das globale Klimasystem weitreichende Konsequenzen nach sich ziehen, z. B. für den Nordostatlantik/Golfstrom und ggf. das von Austrocknung bedrohte Amazonasbecken.

Im Lichte dieser Befunde lässt sich ein Stabilisierungsziel von 450 ppmv CO_2-Äquivalenten begründen, das mit ca. 50 % Wahrscheinlichkeit eine globale Temperaturerhöhung um mehr als zwei Grad verhindert, jenseits derer jedoch mit den erwähnten Gefahren zu rechnen ist (vgl. Ott et al. 2004). Die großen politischen Organisationen und die meisten Regierungen haben sich auf dieses Ziel inzwischen festgelegt. Da die gegenwärtigen Konzentrationen bereits bei ca. 420 ppmv CO_2-Äquivalenten liegen, müssten globale Emissionen in den nächsten zehn Jahren ihren Höhepunkt erreichen und anschließend mit mehr als 5 % pro Jahr fallen, bis sie schließlich 2050 30 % des derzeitigen Niveaus erreichen. Die Realisierung dieses Ziels wird freilich inzwischen von prominenten Vertretern der Wissenschaften als unrealistisch erachtet. Eine Temperaturerhöhung um drei Grad erscheint daher unvermeidlich, und eher aus strategischen Gründen wird das Zwei Grad-Ziel zur Propagierung einschlägiger Maßnahmen in pragmatischer Absicht weitergeführt.

Die Folgen der derzeitigen Entwicklung zeichnen sich bereits ab und werden an Intensität zunehmen: Extremwetterereignisse und Dürren – mit einschlägigen Konsequenzen für Landwirtschaft und Ernährungssicherheit –, ein Anstieg des Meeresspiegels, hohe Einbußen an Biodiversität insbesondere auch in den Ozeanen, Migrationsbewegungen u. a. aufgrund von Wasserknappheit, Belastungen der Wirtschaftssysteme, sicherheitspolitische Risiken sowie die Ausbreitung von Krankheiten. Zwar werden die Extremstszenarien inzwischen zunehmend abgeschwächt, die Robustheit der Befunde bezüglich eines Geschehens zwischen zwei Grad und vier Grad Erderwärmung nimmt jedoch zu und aktualisiert mithin die Dramatik bezüglich spezifischer Gefährdungen. Bei aller Unterschiedlichkeit der Ansätze im Feld der Klimaethik ist ein deutlicher Konsens sowohl mit Blick auf die Rechtfertigbarkeit des Stabilisierungsziels und der Maßnahmen zu seiner Erreichung (*mitigation*) feststellbar als auch mit Blick auf die Notwendigkeit von Vorsorge- und Schutzmaßnahmen angesichts der bereits unabwendbaren zukünftigen Veränderungen (*adaption*) (UNESCO/COMEST 2010, 9).

In dieser Doppelung wird die zweifache Bedeutung von Klimaschutz ersichtlich: Zum einen als Schutz *des* Klimas – mit seinen Auswirkungen auf Atmosphäre, Hydrosphäre und Biosphäre – als Gut, Nutzenpotential oder Teil des Naturkapitals (s. Kap. II. 19), das als Ressource dienen kann; zum anderen als Schutz *vor* dem Klima bzw. seinen Veränderungen für die Betroffenen. Dass verstärkte Anstrengungen im Bereich der *mitigation* die *adaption* erleichtern, dürfte unstrittig sein. Angesichts der Opportunitätskosten der mitigation plädieren manche für eine Forcierung der adapation, da angesichts der zeitlichen Verzögerungen, mit denen die intendierten Effekte der mitigation eintreten, durch Anpassungsmaßnahmen, bzw. durch die Etablierung entsprechender *Adaption-Fonds*, die Vulnerabilität betroffener Entwicklungsländer adäquater berücksichtigt werde (ebd., 13). Die Hervorbringung hoher Optionswerte jedoch, die mit forcierter mitigation und adaption verbunden sind, z. B. die Erhöhung der Energieeffizienz oder die Entwicklung alternativer Technologien im Energie- und Agrarbereich und damit neuer Wirtschaftsfelder, lässt Entscheidungen alternativ für die eine oder andere Seite als unterkomplex erscheinen.

Die ethische Rechtfertigung von Klimaschutzmaßnahmen

Im Feld der Klimaethik finden sich unterschiedliche Rechtfertigungsstrategien, die idealtypisch in vier Gruppen einzuteilen sind: utilitaristische, gerechtigkeitstheoretische, deontologische und klugheitsethische. Sie unterscheiden sich (1) in der Beurteilung des Diskontierungsprinzips angesichts zukünftiger Nutzen und Schäden – je höher diese diskontiert werden, umso weniger lassen sich gegenwärtige Nutzenverzichte rechtfertigen, was allerdings eine Substituierbarkeit von Kosten und Erträgen voraussetzt, die angesichts der Gefährdung von Natur-, Kultur- und Humangütern/Lebenschancen in der Nachhaltigkeitsdiskussion kontrovers diskutiert wird. Zudem divergieren die genannten Rechtfertigungsstrategien (2) hinsichtlich der Frage, inwieweit wir hier überhaupt im Bereich szenariobasierter probabilistischer Risikokalkulationen verbleiben dürfen und nicht stattdessen den Fokus auf den Umgang mit Unsicherheit possibilistisch und möglichen Irrtümern zu legen haben (zu Risiko, s. Kap. II. 23). Darüber hinaus gibt es Differenzen (3) in der Beurteilung der Verantwortungszuweisung sowie der hieraus abzuleitenden Konsequenzen, (4) in der Frage, ob vollkommene oder unvollkommene Pflichten – mit Blick auf Autonomie- oder Wohlfahrtserwägungen über die Befriedigung von *basic needs* hinaus hier maßgeblich seien und (5) schließlich in der normativen Wertung von Umsetzungsverfahren, die den unterschiedlichen Rechtfertigungsstandards entsprechen.

Freilich konvergieren die verschiedenen Argumentationslinien durchaus in dem Punkt, dass angesichts der Unsicherheit relativ zur Langfristigkeit und Irreversibilität der Wirkungen der Erderwärmung Strategien der Katastrophenvermeidung einzuschlagen sind, die dem Prinzip gehorchen: »Bei einem Überwiegen von Ungewissheit auf gefährlichem Gelände ist mit Katastrophen auch dann zu rechnen, wenn mit ihnen nicht zu rechnen ist« (Birnbacher 2011, 93). Und bezüglich der Umsetzungsmaßnahmen werden unter den Titelworten *contraction* und *convergence* (vgl. Meyer 2000) übereinstimmend Verfahren favorisiert, in denen partizipativ und weitest möglich flexibel dem Ziel eines Erhalts der Lebenschancen Aller entsprochen werden kann. Im Einzelnen stellt sich das Spektrum folgendermaßen dar:

Paradigmatisch für ein *utilitaristisches* Denken in der Klimadebatte ist der »Stern-Report« (Stern 2007), der in Politik und Öffentlichkeit auf hohe Resonanz stieß. Auf der Basis probabilistischer Kalkulationen wird vorgerechnet, dass bei Unterlassung von Klimaschutzmaßnahmen das globale Bruttosozialprodukt um mindestens 5 % jährlich sinkt und bei Berücksichtigung weiterer Gefahren unter Unsicherheit mit 20 % Verlust zu rechnen ist. Demgegenüber könnten die Reduktionskosten der Treibhausgasemissionen auf ungefähr 1 % des globalen Bruttosozialprodukts begrenzt werden. Da solchen Berechnungen Nutzen- und Schadensfunktionen zugrunde gelegt werden müssen, ist eine entsprechende Argumentation darauf angewiesen, Nutzen und Schäden zu quantifizieren sowie zur Eruierung der Erwartungswerte die Unsicherheiten, die konzediert werden, auf einen probabilistischen Kalkül zu reduzieren. Zwar wird – was von nicht-utilitaristischer Seite gelobt wird (Ott 2011, 100) – der Diskontsatz, also die geringere Gewichtung, für zukünftige Schäden äußerst niedrig (0,1 % p. a.) angesetzt, so dass künftige Schäden des Klimawandels die Gegenwartsbilanzierung durchschlagend prägen; jedoch sehen sich sowohl die Kriterien der Substituierbarkeit, die in den an die Wirtschaftsprognosen angeschlossenen Wohlfahrtsbetrachtungen zur Anwendung gelangen, als auch die Berechnungsmodi selbst einer vernichtenden Kritik ausgesetzt (vgl. Betz 2008): Da utilitaristisches Abwägen, das in bestimmten Bereichen unseres alltäglichen Risikoverhaltens einen guten Leitfaden abgibt, auf klare Kalkulationsbasen angewiesen ist, müssen diese für den Zweck einer Optimierung des Umgangs mit den Folgen des Klimawandels allererst hergestellt werden. Während der IPCC deutlich davor warnt, Szenarien als Prognosen misszuverstehen, findet genau dies im Stern-Report statt. Für die unterschiedlichen Weltregionen werden die Bruttosozialprodukt-Minderungen über Monte-Carlo-Simulationen berechnet, die auf der Basis von Zufallsexperimenten eine Annäherung an die Wahrscheinlichkeitsverteilung liefern; die regionalen Temperaturänderungen werden ausgehend von Annahmen über die regionalen abkühlenden Aerosol-Emissionen auf der Basis subjektiver Wahrscheinlichkeit geschätzt, und der resultierende Wert wird dann ungeachtet der Unterschiedlichkeit regionaler Auswirkungen von der zunächst mit 3 % veranschlagten globalen Erwärmung abgezogen; bezüglich der Schadensfunktionen fließen ungesicherte Annahmen ein, die etwa die exponentielle Abhängigkeit der Wasserknappheit von der Erwärmung oder die kubische Abhängigkeit der Sturmschäden betreffen. Indem – in Übernahme der Ergebnisse von Nordhaus und Boyer 2000 – Klimaschäden relativ zum regionalen BSP beziffert werden, führen physikalisch identische Klimafolgen zu ganz unterschiedlichen Wertungen, insbesondere was den Verlustes an Lebensjahren betrifft, z. B. gehen Bewohner armer afrikanischer Staaten nur zu einem Hundertstel des Wertes in die Schadensanalyse ein, mit dem US-Amerikaner oder Europäer berücksichtigt werden; mit ihrem Anteil von 0,3 % des BSP überkompensieren die positiven Auswirkungen auf Freizeitaktivitäten in den USA die geschätzten Küstenschäden (0,1 %) aufgrund von Meeresspiegelanstieg und verstärkter Sturmaktivität etc.

Die Reduktionspotenziale verschiedener Treibhausgas-Quellen (Landwirtschaft, Müll oder industrielle Prozesse) werden deterministisch prognostiziert und die Reduktionskosten auf der Basis eines aggregierten Technologiemodells über Monte-Carlo-Simulationen bestimmt. Neben den deterministischen Prognosen über das Treibhausgeschehen und die Entwicklung des Weltwirtschaftsproduktes werden zwar – in Form von Aussagen über rationale Glaubensgrade – subjektive Wahrscheinlichkeiten bei den Kostenschätzungen in Anschlag gebracht; die verwendeten Wahrscheinlichkeiten im Stern-Review werden jedoch nicht explizit aus einem bayesianischen Lernprozess gewonnen, der vorhandenes Wissen (a priori-Wahrscheinlichkeiten) mit beobachteten Daten kombiniert und auf dieser Basis die Hypothese mit der aposteriori höchsten Wahrscheinlichkeit findet. Eine Orientierung einzig an volkswirtschaftlichen Auswirkungen blendet zudem wesentliche Ziele, die neben der Maximierung des Konsums bestehen, systematisch aus.

Reflektiertere utilitaristische Ansätze stellen sich explizit diesen Problemen (vgl. Gesang 2011), indem sie angesichts der Unsicherheit qualitativ argumentieren. Zwar orientiert sich auch Bernward Gesang an einer Maximierung des Erwartungsnutzens unter Einbezug desjenigen Nutzenpotentials, das in der Zukunft zu veranschlagen ist, er verweist dabei jedoch auf den Doppeleffekt klimapolitischer Maßnahmen: Anstrengungen zur Verringerung der Treibhausgase tragen zugleich zur Bekämpfung globaler Armut bei, indem sie qua Transfer entsprechender Technologien in Entwicklungs- und Schwellenländer einer gegebenen und möglichen Einschränkung von Entwicklungschancen – die aus Emissionsbegrenzungen resultieren – entgegenwirken. Dabei können gerechte Verfahren dabei helfen, entsprechende Lösungen durchsetzbar zu machen; Gerechtigkeit selbst sei jedoch kein klimapolitischer Leitwert und auch für sich gesehen kein Lösungsgarant, denn u. a. wäre eine Gleichverteilung mit misslichen Gesamteffekten dann rechtfertigbar. Unter utilitaristischen Gesichtspunkten sei in jedem Fall eine ›energische Klimapolitik‹ geboten, die eine Überschreitung der Tipping-Points ausschließe. Da von solchen Maßnahmen sowohl die Gegenwart wie auch die Zukunft profitierten, seien entsprechende utilitaristische Überlegungen unabhängig von Unsicherheiten der Prognosen sowie von »Nebel der Diskontierungsvorschläge« (Hampicke 1991). UNESCO/COMEST (2010, 33) zeigt sich unentschieden bezüglich einer möglichen Diskontierung: Die Obergrenze hierfür liege jedenfalls bei 3–5 %, entsprechend dem Weltwirtschaftswachstum; es sei aber angesichts der Gefahr eines Verlustes von Optionswerten – des Disponierens künftiger Generationen – eher zu erwägen, negative Diskontraten mit Blick auf einen Umgang mit den Folgen des Klimawandels anzusetzen.

Gerechtigkeitsorientierte Rechtfertigungsstrategien führen hinein in die Kontroversen um egalitaristische oder nonegalitaristische, bzw. um komparative oder absolute Standards. Ein Antiegalitarismus lehnt Gleichheit als intrinsischen Wert ab und fordert, dass moralische Standards nur den basalen Bereich des Menschenwürdigen betreffen (vgl. Krebs 2000, 325). Gleichbehandlung als hieraus abgeleiteter Wert ergibt sich lediglich bei der Gewährleistung der Einhaltung der Grenzen, deren Überschreitung qua Einschränkung von Lebenschancen als Missachtung anzusehen sei. Damit ist die Diskussion um ein menschenwürdiges Leben von Wohlfahrtserwägungen abgekoppelt, sofern diese nicht *basic needs* betreffen. Hierbei ist auch eine unterschiedliche *vulnerability* essentieller Lebensbedingungen z. B. durch Dürre und Wasserknappheit zu berücksichtigen. Aus dieser Perspektive ist mithin das Vorsorgeprinzip (*Precautionary Principle*) einer Vermeidung der Effekte der Tipping-Points ebenfalls geboten. Egalitaristische Positionen heben dagegen auf das Recht gleicher Pro-Kopf-Emissionen ab (WBGU 2001, 8; SRU 2002 tz 540; Meyer 2000). Hinsichtlich der Nutzung des globalen kollektiven Guts der Atmosphäre sowie der Biosphäre dürften keine Parteien mit Verweis auf Traditionen und bestehende Wohlfahrtslevels privilegiert werden. Daraus erwachsen Anrechte auf die Entwicklung vergleichbarer Wohlfahrtsniveaus in eins mit Pflichten der bisher Privilegierten zur Selbstbeschränkung, aber auch mit Pflichten der bisher Benachteiligten, eine angemessene Bevölkerungspolitik zu betreiben. Insofern begünstigt der Egalitarismus nicht per se Länder mit hoher Bevölkerung und niedrigen pro-Kopf-Emissionen. Freilich sind angesichts der Abstraktheit von Gleichheitsgrundsätzen die jeweiligen Verteilungen in Relation zur Bedeutung der zur Verteilung gelangenden Güter zu bestimmen. Diese Bestimmung verlangt Interpretationen durch die jeweiligen politischen Gemeinschaften (Walzer 1994); ein daraus resultierender Relativismus findet jedoch seine Grenzen, wenn es wieder um die globalen Gefahren angesichts der Tipping-Points geht.

In *universalistisch-deontologischer* Sicht bestehen vollkommene Pflichten, die auf der Anerkennung eines moralischen Selbstwerts entweder aller Naturwesen bzw. der Schöpfung (Physiozentrik) oder aber des Selbstwerts des Menschen als autonomem Wesen (Anthropozentrik) basieren. Verrechenbarkeit, Substituierbarkeit, Relativierungen, Diskontierungen und andere Differenzierungen entlang der Unterscheidung Gegenwart-Zukunft sind hierbei nicht möglich. Dem entspricht das Konzept einer starken Nachhaltigkeit (s. Kap. II. 18), der gemäß Naturkapitalien wie Atmosphäre und Biosphäre (einschließlich der Biodiversität) im Rahmen ihrer Regenerationsfähigkeit zu erhalten sind, sei es als Selbstwert oder als unabdingbare Instanz, zu der sich Menschen ungeachtet ihrer räumlichen und zeitlichen Situierung autonom in ein Verhältnis setzen können müssen (Ott/Döring 2007; Ott 2003, 2011).

Funktionalistische Betrachtungen der Naturgüter (einschließlich der Eröffnung von Spielräumen der Substitution bei gleicher Funktionserfüllung) sind auszuschließen, weil die Unterstellung einschlägiger Funktionen – bis hin zur paternalistischen Antizipation möglicher Präferenzen zukünftiger Generationen im Lichte des Horizonts der Gegenwart – eine Einschränkung der Autonomie darstellt. Damit findet sich hier – zumindest in der anthropozentrischen Variante (vgl. Eckhard 2012) – zwar einerseits eine voraussetzungsarme und damit starke Rechtfertigungsprämisse. Andererseits besteht jedoch die Notwendigkeit, in konkreten Feldern der Gestaltung praktischer Weltbezüge wie des Umgangs mit dem Klimawandel immer bestimmte Strategien auf Kosten anderer Strategien (*Pfadabhängigkeit* etc.) zu wählen und begrenzte Ressourcen unter entsprechenden Opportunitätskosten einzusetzen. Berücksichtigt man dies, thematisieren deontologische Rechtfertigungen allenfalls notwendige Bedingungen, die in ihrer Abstraktheit in unterschiedlicher Weise an die anderen Rechtfertigungsstrategien anzuschließen sind (für die Utilitaristen mit Blick auf die implizite Präferenz des Wählenkönnens (vgl. Birnbacher 1988, 77), für Gerechtigkeitstheoretiker in Ansehung der »indirekten Pflicht« (Kant: GMS, AA 399) einer Gewährleistung hinreichender Wohlfahrt, die uns allererst moralitätsfähig macht). Aus universalistisch-deontologischer Sicht lassen sich freilich durchaus operative Strategien der Gestaltung von Wegen zur Vermeidung der größten Gefahren ableiten. Hierzu zählt insbesondere das Prinzip einer gleichen und fairen Beteiligung an den Aushandlungsprozessen sowie das der nonpaternalistischen Berücksichtigung von Zukunftspräferenzen im Sinne des Erhalts eines selbstbestimmten Lebens ohne Vernichtungsdruck.

Klugheitsethiken konzentrieren sich angesichts von Faktoren wie Unsicherheit, Fallibilität oder Gefahren, die durch unser Gefahrenmanagement allererst oder zusätzlich entstehen können, sowie angesichts der Schwierigkeit, mit unterschiedlichen oder unbekannten Wertorientierungen und Präferenzen zukünftiger Generationen umgehen zu müssen – und dies unter Unkenntnis künftiger Mittel/Technologien – auf einen weitest möglichen Erhalt des Spielraums des Handelnkönnens unter Vermeidung derjenigen Extremoptionen, die diesen Erhalt gefährden (vgl. Hubig 2003, 2007). Über die auch hier vorfindliche Orientierung am Ausschluss einschlägiger Makrorisiken hinaus finden sich weitergehende (formale) Empfehlungen für die konkrete, situationsabhängige Gestaltung des Handelns: Handlungen zu unterlassen, die, wie z. B. das Geo-Engineering, aufgrund irreversibler gravierender Folgen in ihrer Fehlerunfreundlichkeit unserer Fallibilität nicht gerecht werden (Selbstbescheidung), Mut, unter Krisendruck auch unter Irrtumshypothesen solche Optionen zu wählen, die die größtmögliche Erfolgswahrscheinlichkeit für die Gefahrenvermeidung bergen (Probabiliorismus), oder Traditionen (*Grandfathering*) nur so weit zu folgen, wie die Bedingungen ihrer bisherigen Erfolgsträchtigkeit gegeben sind.

Umsetzung in Klimapolitik, Wirtschaft und individuellem Handeln

Eine unter allen Rechtfertigungsstrategien übereinstimmend geforderte energische Klimapolitik kann nur erfolgreich sein, wenn sie die Systemfunktionalitäten des Wirtschaftens nutzt und durch deren Nachfrageseite, den individuellen Konsum, entsprechend mitgetragen wird. Für die Klimapolitik hat das am Londoner Commons Institute entwickelte Grundkonzept der *contraction and convergence* die höchste Resonanz erzielt (vgl. Meyer 2000). Im Rahmen der qua *contraction* festgelegten Leitplanken einer Reduktion der Treibhausgase sind Operationalisierungen zu entwickeln, die eine Entwicklung hin zur *convergence*, d.h einer globalen Angleichung der Emissionsraten, fördern und somit motivational das Ziel einer Gefahrenvermeidung mit dem der Armutsbekämpfung verbinden. Anschluss an das ökonomische System findet die Umsetzung dieses Leitbildes über den Emissionszertifikatehandel, wodurch Energiebereitstellung und Energienutzung vom Anstieg der Treibhausgasemissionen entkoppelt werden. Hierdurch werden zudem finanzielle Transferleistungen der Industrieländer an die Entwicklungsstaaten, die auch zur Finanzierung der Anpassungsleitungen eingesetzt werden können, sowie Technologietransfer gefördert, und zentrale Allokationsprobleme, die aus einem reinen Egalitarismus resultieren, erscheinen lösbar. Insbesondere berücksichtigt dies Spezifika geographischer, klimatischer und kultureller Gegebenheiten in verschiedenen Regionen, vermeidet falsche Anreize, die etwa zum weiteren Wachstum der Bevölkerung oder zur zunehmenden Beanspruchung komparativ gerechtfertigter Anrechte auf ›schmutzige Entwicklungspfade‹ motivieren, und erschwert das Agieren korrupter Eliten – wenn alternativ die Gelder direkt an staatliche Institutionen fließen würden. Denn dieser CDM (*Clean Development Mechanism*), den das Kyoto-Protokoll vorsieht, adressiert Unternehmen, die einen Anreiz erhalten, mit CDM-Projekten in Entwicklungsländern ihren Reduktionsverpflichtungen nachzukommen oder mit den Minderungszertifikaten (CER) auf dem CDM-Markt zu handeln. Freilich ist dieses Instrument insofern nicht hinreichend, als negative Auswirkungen der Biomassenutzung auf den Wasserhaushalt sowie deren Konkurrenz mit der Nahrungsmittelproduktion nicht geregelt werden (vgl. Misereor 2007). Wenigstens aber wird eine international nur schwer zu erzwingende Kooperation durch ein ökonomisches Regulativ begünstigt, allerdings nur insoweit, als die Nachfrageseite entsprechend sensibilisiert ist. Dies betrifft insbesondere das individuelle Konsumverhalten in den Industrienationen, das sich – und hier ist entsprechende Aufklärung erforderlich – ohne Qualitätseinbußen schrittweise zu nachhaltigem Konsum entwickeln kann. Gleiches gilt für die Entwicklung des Bevölkerungswachstums in den Entwicklungs- und Schwellenstaaten, wobei Regulierungserfolgen durch Bevölkerungspolitik abhängig sind von einer individuellen Anerkennungsbasis beim Reproduktionsverhalten.

Solcherlei eher klugheitsethisch inspirierte Lösungsstrategien dürfen jedoch nicht dazu führen, dass diese auf das Spektrum ökonomischer Mechanismen verengt werden und Hilfspflichten seitens der Industrienationen nicht zum Tragen kommen. Zwar kann ein Verursacherprinzip, rückprojiziert auf die Vergangenheit, mangels nicht unterstellbarer Absicht und nicht unterstellbarem Wissen schwerlich als Rechtfertigungsinstanz für Ausgleichsmaßnahmen herhalten, sehr wohl aber der gegenwärtige Zustand partikularer Nutzenmaximierung auf Kosten anderer oder der Gesamtheit mit Blick auf das *common good* Atmosphäre (Tremmel 2011; Uzawa 2005).

Andererseits ist zu berücksichtigen, dass wirtschaftskraftbasierte technologische Entwicklungen in den Industriestaaten nur dann ein Potenzial für die Erreichung der convergence-Ziele eröffnen, wenn ihnen nicht durch die Auswirkungen ökonomischer Restriktionen die Voraussetzung entzogen wird. Insgesamt geht es also um die Gestaltung von Übergangsprozessen jenseits eines falschen Faszinosums schneller Lösungen. Fragwürdige schnelle Lösungen sind u. a. Prohibitionen, sofern diese nicht situationsadäquat entworfen und an das in unterschiedlichen Regionen, Technologiefeldern und Branchen divergierende Entwicklungspotenzial angepasst werden. Ebenso fragwürdig erscheint die vermeintlich rasche Problembehebung in Gestalt globaler technischer Eingriffe als *Geoengineering* (vgl. Copenhagen Consensus 2009). Die hier vorgeschlagenen Maßnahmen der Meeresdüngung, der Installation reflektierender Spiegel im Weltall, der Anregung der Wolkenbildung oder der Einbringung von Sulfatverbindungen in die Stratosphäre sind kaum oder gänzlich irreversibel und entsprechen angesichts unabschätzbarer gravierender Folgen nicht dem Fallibilismus-Vorbehalt, der unser Handeln leiten sollte. Terrestrische C-Bindung im Zuge von Aufforstung, CO_2-Deponierung etc. wirken zwar nur allmählich, entsprechen aber in ihrer Disponibilität Entwicklungspfaden, die den Übergang erleichtern. Sofern Entwicklungen durch die Industrienationen motivational unterstützt werden, führt eine entsprechende Solidarität ungeachtet der umstrittenen Begründung ihrer Kriterien zu Effekten, die aus unterschiedlichster ethischer Perspektive begrüßt werden können.

Geboten ist also eine Pragmatik, die einen relativ großen Freiraum der Umsetzung im Rahmen der durch das Vorsorgeprinzip geforderten Gefahrenabwehr hinsichtlich der *Tipping-Points* nutzt und die die Begünstigung kurzfristig orientierter Präferenzen, die partikularen und egoistischen Absichten folgen – repräsentiert in den verschiedenen lobbyistischen Interventionen z. B. der Automobilindustrie –, unterbindet. Ferner gilt es, durch weitest gehende Beteiligung der Betroffenen am Verhandlungsgeschehen die unterschiedlichen Erfahrungsbasen einzubringen und einer reinen Machtpolitik vorzubeugen, deren negative Konsequenzen letztlich auch auf die Machtträger zurückfallen. Als Vermittlungsinstanzen zwischen den individuellen Handlungsoptionen einerseits und nationaler und internationaler Klimapolitik andererseits fällt hierbei den NGOs eine wichtige Rolle zu. Denn letztere sind imstande, in ihrer Anwaltsfunktion die internationalen Diskurse insofern übersichtlicher zu machen, als sie einerseits zwar im Lichte unterschiedlicher Interessen jeweils verdrängtes Expertenwissen wenigstens zur Diskussion stellen, andererseits individuelle Interessen aber auch so weit bündeln können, dass ein Abwägen möglich wird. Ihr Einfluss auf die Entwicklung lokaler, regionaler und nationaler Agenden ist sichtbar und gibt Anlass zu Hoffnung angesichts einer gewissen internationalen Unbeweglichkeit der Klimapolitik.

Literatur

Betz, Gregor: Der Umgang mit Zukunftswissen in der Klimapolitikberatung. Eine Fallstudie zum Stern-Review. In: *Philosophia naturalis* 45/1 (2008), 91–125.

Birnbacher, Dieter: *Verantwortung für zukünftige Generationen*. Stuttgart 1988.

–: Der Klimawandel und seine Folgen – eine Herausforderung für die Angewandte Ethik. Einleitung. In: *Jahrbuch für Wissenschaft und Ethik*, Bd. 16. Hg. von Ludger Honnefelder/Dieter Sturma. Berlin 2011, 89–94.

Copenhagen Consensus: Top economists recommend climate engineering. Press Release. 2009. In: http://fixetheclimate.com/uploads/tx_teplavoila/Press_Release_02.pdf (10.07.2013).

Doran, Peter D./Kendall Zimmermann, Meggie: Examining the scientific consensus on climate change. In: *Eos* 90/3 (2009), 22–23.

Eckhard, Felix (Hg.): *Klimagerechtigkeit. Ethische, ökonomische, rechtliche und transdisziplinäre Zugänge*. Marburg 2012.

Gesang, Bernward: *Klimaethik*. Frankfurt a. M. 2011.

Global Carbon Project: Carbon budget. 2010. In: http://www.globalcarbonproject.org/carbonbudget/10/hl-compact.htm (10.07.2013).

Hampicke, Ulrich: Neoklassik und Zeitpräferenz. Der Diskontierungsnebel. In: Frank Beckenbach (Hg.): *Die ökologische Herausforderung für die ökonomische Theorie*. Marburg 1991, 127–150.

Hubig, Christoph: Interdisziplinarität und Abduktionenwirrwarr. In: Niels Gottschalk-Mazouz/Nadja Mazouz (Hg.): *Nachhaltigkeit und globaler Wandel. Integrative Forschung zwischen Normativität und Unsicherheit*. Frankfurt a. M. 2003, 319–340.

–: *Die Kunst des Möglichen II. Ethik der Technik als provisorische Moral*. Bielefeld 2007.

IPCC: *Climate Change 2007: The Physical Science Basis. Summary for Policymakers. Contribution of Working Group I to the Fourth Assessment Report of the Intergovernmental Panel of Climate Change*. Cambridge, Mass. 2007.

Kant, Immanuel: *Grundlegung zur Metaphysik der Sitten*. Hg. von Karl Vorländer. Hamburg 1965 [=GMS].

Krebs, Angelika: Wieviel Natur schulden wir der Zukunft? In: Jürgen Mittelstraß (Hg.): *Die Zukunft des Wissens*. Berlin 2000, 313–334.

Meyer, Aubrey: *Contraction and Convergence. The Global Solution to Climate Change* (Schumacher Briefings). Bristol 2000.

Misereor: »Bioenergie« im Spannungsfeld von Klimawandel und Armutsbekämpfung. 2007. In: http://www.samos-ev.de/Misereor_zu_Bioenergie.pdf (2.12.2013).

Nordhaus, William D./Boyer, Joseph: *Warning the World: Economic Models of Climate Change*. Cambridge, Mass. 2000.

Ott, Konrad: Ethische Aspekte des Klimawandels. In: Niels Gottschalk-Mazouz/Nadja Mazouz (Hg.): *Nachhaltigkeit und globaler Wandel. Integrative Forschung zwischen Normativität und Unsicherheit*. Frankfurt a. M. 2003, 169–201.

–: Domains of climate ethics. In: *Jahrbuch für Wissenschaft und Ethik*. Bd. 16 (2011), 95–114.

- /Döring, Ralf: *Theorie und Praxis starker Nachhaltigkeit*. Marburg 2007.
- /Klepper, Gernot/Lingner, Stephan/Schäfer, Achim/Scheffran, Jürgen/Sprinz, Detlef: *Reasoning goals of climate protection. Specification of art. 2 UNFCCC. Final Report FKZ 202 41 252*. Bad Neuenahr-Ahrweiler 2004.
- SRU: *Der Rat der Sachverständigen für Umweltfragen: Umweltgutachten 2002. Für eine neue Vorreiterrolle*. Stuttgart 2002.
- Stern, Nicholas: *The Economics of Climate Change. The Stern Review*. Cambridge, Mass. 2007.
- Tremmel, Jörg: Klimawandel und Gerechtigkeit. In: *Jahrbuch für Wissenschaft und Ethik*. Bd. 16 (2011), 115–139.
- UNESCO/COMEST: *The Ethical Implication of Global Climate Change, Report by the World Commission on the Ethics of Scientific Knowledge and Technology (COMEST)*. Paris 2010.
- UNFCCC: United Nations Framework Convention on Human Rights. 1992. In: http://unfccc.int/ressource/docs/convkp/converger.pdf (01.07.2013).
- Uzawa, Hirofumi: *Economic Analysis of Social Common Capital*. Cambridge. Mass. 2005.
- Walzer, Michael: *Sphären der Gerechtigkeit*. Frankfurt a. M. 1994.
- WBGU: *Wissenschaftlicher Beirat für Globale Umweltveränderungen: Die Chance von Johannesburg – Eckpunkte einer Verhandlungsstrategie*. 2001. In: http://www.wbgu.de/fileadmin/templates/dateien/veroeffentlichungen/politikpapiere/pp 2001-pp 1/wbgu_pp2001.pdf (2.12.2013).

Christoph Hubig

25 Klonen

Als ›Klon‹ – abgeleitet von altgriechisch κλών: Zweig, Schössling – bezeichnete man ursprünglich eine Pflanze, die aus einem Zweig gezogen wurde. Spätestens seit der Geburt des Schafes ›Dolly‹ im Jahr 1996 ist der Begriff jedoch v. a. mit biotechnologischen Entwicklungen in der Tierzucht und in der Humanbiologie und Medizin verbunden – und hat teils heftige Kontroversen ausgelöst. Das Thema Klonierung erzeugt Hoffnungen und Ängste, die weit über fachwissenschaftliche Fragestellungen hinausreichen und neben naturwissenschaftlichen auch gesellschaftliche sowie politische Überlegungen erfordern. Der Beitrag skizziert, was, wie und mit welchen Zielen aktuell geklont wird und nach aktuellem Stand der Debatte künftig geklont werden könnte. Anschließend werden die Hauptlinien der ethischen Debatte nachgezeichnet, wobei den Überlegungen der Befürworter und der Gegner der jeweiligen Forschungswege und Forschungsziele gleichermaßen Beachtung geschenkt wird. In ihnen kommen nicht allein grundlegend verschiedene Vorstellungen darüber zum Tragen, welche Eingriffe in natürliche Prozesse dem Menschen per se erlaubt sind, es werden auch unterschiedliche künftige Entwicklungen prognostiziert. Ein ethischer Konsens (s. Kap. II. 13) in der Debatte scheint derzeit ebenso unwahrscheinlich, wie eine sichere Vorhersage künftiger Entwicklungen. Die Debatte ist gleichwohl bedeutsam, insofern die Kontrahenten keinesfalls bloße Beobachter, sondern gerade durch die von ihnen geübte Kritik und die gestellten Fragen zugleich auch Mitgestalter der künftigen Entwicklungen im Bereich der Klonierungsforschung und Klonierungspraxis sind.

Was ist und zu welchen Zwecken erfolgt Klonierung?

Klonierung bezeichnet die Erzeugung einer genetisch identischen Kopie einer Zelle, einer DNA-Sequenz oder des gesamten Genoms eines Organismus (vgl. Moore et al. 2007). In der Natur (s. Kap. II. 19) findet Klonierung z. B. bei der Entstehung eineiiger Zwillinge statt, außerdem bei der asexuellen Reproduktion einiger Bakterien, Tiere (s. Kap. III. 43) und Pflanzen. Biotechnisch sind derzeit im Prinzip drei Wege gangbar:

Klonierung durch Nukleartransfer, d. h., durch Einbringen des Kerns (*nucleus*) einer somatischen

Zelle, d. h. einer Körper-, nicht Keimbahnzelle, in eine zuvor entkernte und damit bis auf die Mitochondrien von eigener DNA bereinigte Eizelle (Somatic Cell Nucleus Transfer, SCNT);

(1) durch Teilung eines Embryos in zwei oder mehr sich im Fortgang getrennt entwickelnde Individuen (das sog. Embryonensplitting);

(2) durch Parthenogenese, bei der eine unbefruchtete Eizelle so stimuliert wird, dass sie sich teilt und weiterentwickelt, was in der Natur in Form der asexuellen Reproduktion z. B. bei einigen Fischen und Vögeln bekannt ist.

In der ethischen Debatte spielen die Klonierung mittels Embryonalteilung und Parthenogenese eine eher untergeordnete Rolle. Erstere wird allenfalls im Kontext der In-vitro-Fertilisation (s. Kap. III. 5) diskutiert, Letztere fast vollständig vernachlässigt. Eine der wenigen Ausnahmen bildet die Stellungnahme des Schweizer Nationalen Ethikrats (2006). Im Folgenden wird daher v. a. Bezug auf die Klonierung mittels Nukleartransfer (SCNT) genommen.

Innerhalb der Molekularbiologie und Molekularmedizin können mit dem Einsatz dieser Technik verschiedene Zwecke verfolgt werden: Zellen können zu Forschungszwecken (z. B. in der Grundlagenforschung oder für die Überprüfung der Sicherheit medizinischer Produkte), in therapeutischer (z. B. zum Zweck der Gewinnung und Transplantation von Körpergewebe) und schließlich auch in reproduktiver Absicht, d. h. zum Zweck der Fortpflanzung, geklont werden. Im Prinzip finden dabei dieselben Prozesse statt: Die mit einem neuen, zuvor einer somatischen Zelle entnommenen, Zellkern versehene Eizelle wird durch chemische oder elektronische Stimulation dazu gebracht, sich zu teilen und einen Präimplantationsembryo zu formen. Dessen genetische Ausstattung entspricht weitestgehend, allerdings nicht vollständig, der der eingebrachten Zelle. Da die Eizelle in Form von Mitochondrien auch nach der Entkernung noch ca. 1 % eigene DNA enthält, ist eine vollständige Kopie der genetischen Ausstattung des zellspendenden Organismus nur möglich, wenn der somatische Zellkern und die Eizelle von derselben Spenderin stammen.

Im Falle des Forschungs- oder therapeutischen Klonens wird der Entwicklungsprozess des Embryos abgebrochen, der Embryo zerstört und die so gewonnenen Embryonalen Stammzellen (ES-Zellen) (s. Kap. III. 39) zu Untersuchungs- oder Transplantationszwecken genutzt. Dies geschieht im Blastozystenstadium, zu einem Zeitpunkt also, in dem sich die einzelnen Zellen des Embryos noch nicht ausdifferenziert haben und weit vor Einsetzen der Individuation oder gar Empfindungsfähigkeit des sich entwickelnden Organismus (vgl. Moore et al. 2007). Bei der Klonierung in reproduktiver Absicht wird der Embryo zur Ausreifung und Geburt gebracht. Dies ist, zumindest nach derzeitigem Stand der Wissenschaft, nur möglich, wenn der Embryo in die Gebärmutter einer Leihmutter eingebracht und ausgetragen wird.

Das reproduktive Klonen von Tieren ist auch nach der Geburt von Dolly ein überaus schwieriges und mit vielen Risiken behaftetes Unterfangen. Zwar ist das Klonen mittels SCNT zwischenzeitlich bei vielen Tieren, z. B. bei Rindern, Ziegen, Hunden und Pferden, gelungen, die Zahl der Aborte, Totgeburten und mit schweren Entwicklungsstörungen, z. B. dem *Large Offspring Syndrom* (LOS), geborenen Tieren jedoch nach wie vor überaus hoch (vgl. Camenzind 2010, 10–12).

Ethische Diskussion

Das Klonen von Tieren gilt daher als moralisch nicht unproblematisch, und eine Reihe von Autoren spricht sich im Sinne des Tierschutzes dagegen aus, die entsprechende Forschung und Praxis überhaupt, oder doch zumindest ohne größere Not, weiter zu betreiben (vgl. ebd., 23–38). Hauptgegenstand der Kontroverse ist allerdings das Klonen auf der Basis menschlicher Zellen, wobei gelegentlich der Unterschied zwischen Forschungs- und therapeutischem Klonen auf der einen und reproduktivem Klonen auf der anderen Seite verwischt wird. Häufig werden beide zusammengenommen abgelehnt. Die gegen das Klonen vorgebrachten Argumente sind in zwei Kategorien zu unterteilen: Argumente, die (1) auf eine als problematisch gewertete Zerstörung und/oder Manipulation von menschlichen Embryonen verweisen, und (2) sog. Dammbruch-Argumente, die von einer negativen Fortentwicklung auch von derzeit weitgehend harmlosen oder positiven Forschungsbemühungen ausgehen. Argumenten des ersten Typs zufolge ist Klonierung per se moralisch falsch; Argumente des zweiten Typs lehnen die Forschung aufgrund negativer prognostischer Vorannahmen ab.

Zerstörung menschlicher Embryonen: Die Erzeugung von menschlichen Klonen ist, zu welchem Zweck auch immer betrieben, mindestens derzeit mit der Zerstörung menschlicher Embryonen verbunden. Viele Forschungskritiker argumentieren, dass der menschliche Embryo aufgrund seiner Zugehörigkeit zur menschlichen Spezies, in Anbetracht der Kontinuität der dabei ablaufenden Prozesse, seiner durchgängigen Identität mit sich selbst und/oder seines Potenzials, sich zu einem wahrnehmungs- und autonomiefähigen Menschen zu entwickeln, grundsätzlich ab der Kernverschmelzung zu schützen ist. Diesem Schutzanspruch werde in der Klonforschung nicht genügt, diese sei daher grundsätzlich zu verbieten. Forschungsbefürworter halten dem entgegen, dass frühe Embryonen keineswegs immer und uneingeschränkt als schützenswert zu erachten seien, da ein grundlegender Unterschied bestehe zwischen den berechtigten Schutzansprüchen von bereits in ihrer Wahrnehmungs- und Autonomiefähigkeit entwickelten Menschen und Embryonen in einem Stadium, in dem sie allein die Anlagen zur Weiterentwicklung dieser Fähigkeiten besitzen (vgl. Damschen 2002).

Entscheidend für die Schutzwürdigkeit eines frühen Embryos sei nicht dessen prinzipielle Potenzialität, sondern, ob diese auch in eine Aktualität überführt werden wird. Soll der Embryo sich weiterentwickeln und geboren werden, ist ein früh einsetzender, im späteren Interesse des sich entwickelnden Menschen liegender Schutz antizipativ gerechtfertigt (vgl. Hare 1993, 95). Bei dem Klonen zu Forschungs- oder Therapiezwecken wird die Entwicklung jedoch vorher abgebrochen. Der frühe Embryo, geklont oder nicht, als solcher hat keine Interessen, auch kein Interesse daran, sich weiterzuentwickeln. Schon heute oder auch in Zukunft geborene Menschen haben Interessen. Zu diesen zählt auch das prinzipiell berechtigte Interesse an der Entwicklung neuer medizinischer Therapien, Diagnosemethoden und neuen Erkenntnissen im Bereich der entwicklungsbiologischen Grundlagenforschung. Die Realisation dieser Interessen, so die Forschungsbefürworter, hängt ggf. von der Zulassung der Klonforschung ab (vgl. Hug/Hermerén 2011, 3–112).

Bestimmung des Genoms als Verletzung menschlicher Würde und Autonomie: Das Klonen in reproduktiver Absicht wird auch von vielen, die die für einen uneingeschränkten Embryonenschutz vorgebrachten Argumente als unzureichend abweisen, abgelehnt. Eines der Kernargumente ist hier, dass geklonte Menschen absichtlich hergestellte Kopien und damit in ihrer genetischen Ausstattung gezielt von anderen Menschen gestaltet wären. Die dem Klonen implizite massive Asymmetrie der Entscheidungskompetenzen über das genetische Sein, verletze die Grundlage individueller Selbstbestimmung und damit das moralische fundamentale Gleichheitsverständnis im Sinne des Autonomieprinzips (vgl. Habermas 2001; Nationaler Ethikrat 2004, 42 f.). In diesem Sinne wird oft auch auf eine Verletzung des Instrumentalisierungsverbots verwiesen.

Die Relevanz dieses Arguments wird aus mindestens zwei Gründen bezweifelt: Zum einen sei die genetische Grundausstattung immer schon, wenn auch nicht in demselben Maße wie bei einem geklonten Menschen, durch die Eltern vorgegeben, ohne dass es hierdurch zu moralisch problematischen Asymmetrien komme, zum anderen sei zu bedenken, dass die genetische Ausstattung nur eines von mehreren Elementen sei, die die Individualität eines Menschen bestimmen. Die Individualität erleide keinen Schaden im engeren Sinne. Auch die Autonomiefähigkeit werde keineswegs, wie behauptet, eingeschränkt, denn diese hänge weniger von den Entstehungsbedingungen ab, als von den konkreten Entscheidungs- und Handlungsmöglichkeiten, die einem Menschen gegeben sind. Diese könnten, bei entsprechenden genetischen Anlagen, durchaus ausgeprägter sein als bei nicht geklonten Personen (s. Kap. II. 21). Entscheidend sei daher, dass ihnen dieselben Entwicklungs- und Selbstbestimmungsrechte gewährt werden, wie gezeugten Personen (vgl. Friele 2008, 92–93).

Medizinische Risiken: Forderungen nach einem Verbot des reproduktiven Klonens von Menschen werden auch mit Verweis auf die damit verbundenen Risiken formuliert. Die bei der Klonierung von Tieren regelmäßig auftretenden Schwierigkeiten und Schädigungen lassen auch beim Menschen hohe Komplikationsraten erwarten. Da in der Regel andere, deutlich sicherere, Reproduktionsmethoden zur Verfügung stehen, gilt das Risiko-Chancen-Verhältnis als prohibitiv schlecht. Dieses Argument könnte bei einer Weiterentwicklung der Technologie hinfällig werden. Klonierung von Menschen wäre hier also nicht grundsätzlich, sondern nur bedingt ausgeschlossen (vgl. Harris 2004, Kap. 4; Devolder 2013).

Dammbruchargumente: Befürchtungen, dass eine Zulassung des Klonens zu Forschungs- und therapeutischen Zwecken auf absehbare Zeit zu der Durchführung von Klonverfahren zu reproduktiven Zwecken führt, werden v. a. in Form sog. Schiefen-Ebenen- bzw. Dammbruch-Argumente formuliert. Viele Vertreter dieser Argumentation stimmen mit den Forschungsbefürwortern darin überein, dass die mit dem Klonen zu Forschung- und Therapiezwecken verbundenen Chancen relevant und wichtig sind. Sie verweisen allerdings darauf, dass die verwendeten Techniken weitgehend identisch sind und gehen weiter davon aus, dass nur schwer zu kontrollieren sei, ob ein geklonter Embryo zur Ausreifung gebracht wird. Der Schritt von der Klonierung zu therapeutischen oder Forschungszwecken hin zum reproduktiven Klonen sei zu gering, um zu verhindern, dass er nicht irgendwann unternommen werde (vgl. Nationaler Ethikrat 2004, 97–99). Tatsächlich wurde trotz weltweiter ethischer Mahnungen und Verbote von einzelnen Medizinern bereits behauptet, schon bald ein menschliches Baby klonen zu wollen. Die Kritiker von Dammbrucharguments wenden gleichwohl ein, dass es sich hierbei um die Intentionen Einzelner handelt, die keinen Hinweis darauf geben, dass sich die Haltung gegenüber dem reproduktiven Klonen durch eine Zulassung des Klonens zu therapeutischen oder Forschungszwecken ändern werde. Da ein grundsätzlicher Unterschied zwischen implantierten Embryonen und Embryonen in der Petrischale bestehe, sei sicher feststellbar, welche Absicht mit der Klonierung verfolgt wird. Entsprechende Gesetze können also formuliert, Zuwiderhandlungen unter Strafe gestellt werden. Eine Kontrolle der Forschung sei daher denkbar (vgl. Birnbacher/Wagner 2003).

Die Möglichkeit eines solchen ›Dammbruchs‹, so die Kritiker des Arguments, hänge vielmehr von einer Reihe weiterer Faktoren ab, v. a. davon, ob die Ablehnung des reproduktiven Klonens grundsätzlicher Natur ist oder von der medizinischen Sicherheit des Verfahrens abhängt. Ist letzteres der Fall, so werden im Zweifelsfall nicht die Fortentwicklung der Klonierungstechniken im Bereich von Therapie und Forschung den Ausschlag für eine Neubewertung geben, sondern v. a. auch die Fortschritte, die im Bereich des reproduktiven Klonens von Nutz- und anderen höheren Tieren gemacht werden. Ist die Ablehnung vorrangig durch Befürchtungen hinsichtlich der Autonomie geklonter Menschen begründet, hängt eine Verschiebung der Bewertungsperspektive z. B. auch davon ab, welche Bedeutung dem Genom für die individuelle Entwicklung des Menschen künftig zugeschrieben wird. Nicht zuletzt könnte eine Verschiebung der Bewertungsperspektive erfolgen, wenn eine allgemeine Zunahme nicht anderweitig therapierbarer reproduktiver Schwierigkeiten zu verzeichnen wäre. Ob diese Faktoren bei der Bewertung des reproduktiven Klonens wirksam werden, ist von der Zulassung der Klonierung zu therapeutischen und zu Forschungszwecken letztlich unabhängig. Letztere sei per se wünschenswert, da mit ihr die Chance verbunden ist, bestehende Mängel in der Transplantationsmedizin (s. Kap. III. 44) und auch in vielen anderen Bereichen der medizinischen Forschung und Diagnostik zu verringern oder sogar ganz zu beseitigen (vgl. Devolder/Savulescu 2006).

Eizell-Problematik: In diesem Zusammenhang wird allerdings ein weiterer Aspekt für die Diskussion zwischen Befürwortern und Gegnern der Klonforschung relevant: für eine Klonierung werden entweder menschliche Eizellen benötigt oder aber ein Ersatz in Form z. B. tierischer Eizellen. Letzteres gilt in zweifacher Hinsicht als problematisch. Zum einen bestehen Bedenken, dass es durch die bereits erwähnte mitochondriale DNA der Eizelle zu Verunreinigungen kommt, so dass mit erhöhten Komplikationsraten und ggf., wenn es um die Erzeugung von Transplantaten geht, zu medizinisch nicht hinreichend sicheren Endergebnissen kommt. Zum anderen werden hier strenggenommen Mensch-Tier-Hybriden (s. Kap. III. 9) gebildet, was auch jenseits von Sicherheitsbedenken vielfach als ethisch bedenklich oder grundsätzlich als mit der Würde von Mensch und Tier unvereinbar erachtet wird (vgl. Baylis 2008).

Die Entnahme von menschlichen Eizellen wiederum gilt aufgrund der mit der hormonellen Stimulation der Eierstöcke und der operativen Entnahme von Eizellen verbundenen Risiken und Unannehmlichkeiten als ethisch problematisch. Die Risiken einer Eizellentnahme sind zwar nicht so hoch wie z. B. die der Spende von Knochenmark oder Organen, sie sind aber auch nicht so geringfügig wie z. B. bei einer Blutspende. Es ist umstritten, ob Frauen diese Risiken selbst unter der Voraussetzung adäquat aufgeklärter Einwilligung zugemutet werden dürfen, ob es also überhaupt möglich ist, auf legitime Weise hinreichend viele Eizellen für die Forschung zu gewinnen (vgl. Spar 2007). Es besteht ein breiter Konsens darüber, dass v. a. die Ausbeutung der reproduktiven Fähigkeiten von Frauen in sozialen Schieflagen inakzeptabel ist – auch dann, wenn es um wichtige medizinische Chancen geht. Denkbar wäre aber auch, Eizellspenden Verstorbener oder künstlich, z. B. mittels induzierter pluripotenter Stammzellen (iPS-Zellen) erzeugte Eizellen, für die Forschung zu nutzen (vgl. Mertens/Pennings 2007, 631).

Soziale Gerechtigkeit: Fragen sozialer Gerechtigkeit (s. Kap. II. 8) werden in der Debatte noch aus einem weiteren Grunde aufgegriffen: Ziel des therapeutischen Klonens ist die Gewinnung individuell hochgradig passender Transplantate. Kritiker gehen davon aus, dass eine solche personalisierte Medizin zu hohe Kosten verursachen wird, als dass alle Bedürftigen gleichermaßen in ihren Genuss kommen könnten. Es stehe daher zu befürchten, dass es zu einer ungerechten Verteilung knapper medizinischer Ressourcen komme. Die Befürworter halten dem entgegen, dass zum einen auch derzeitige Therapien mit hohen Kosten verbunden sind, dies aber als den medizinischen Zwecken durchaus angemessen erachtet wird. Zum anderen, dass auch in der Vergangenheit einstmals für Viele prohibitiv hohe Gesundheitskosten im Laufe der weiteren Entwicklung erschwinglich geworden sind. Auch die Kosten für die personalisierte Medizin, so die Argumentation der Befürworter, werden auf absehbare Zeit hinreichend sinken, um die fraglichen Therapien in den Bereich des Routineeinsatzes überführen zu können. Vor allem aber ist das Forschungsklonen, das nicht auf die Erzeugung von individualisierten Transplanten, sondern die Entwicklung besserer Forschungsmodelle zielt, von dem Vorwurf sozialer Benachteiligung am ehesten auszunehmen (vgl. Devolder/Savulescu 2006).

Aktuelle Problemstellung

Zum gegenwärtigen Zeitpunkt ist die Erzeugung eines menschlichen Klons in Deutschland nach Maßgabe des Embryonenschutzgesetzes (ESchG) von 1991 verboten. Das Gesetz enthält jedoch keine Bestimmungen für die Forschung an embryonalen Stammzellen, die unter anderen gesetzlichen Bedingungen im Ausland verfügbar geworden sind. Seit der Regelung des Imports und der Verwendung menschlicher embryonaler Stammzellen zu Forschungszwecken durch das Stammzellgesetz (StZG) im Jahr 2002, ist es Forschern in Deutschland möglich, im Bereich des Forschungs- und therapeutischen Klonens tätig zu werden. Voraussetzung ist, dass die fraglichen Zellen unter den im StZG festgelegten Bedingungen gewonnen wurden. Diese beinhalten u. a., dass nur solche Zellen verwendet werden, die vor einem vor Verabschiedung des Gesetzes liegenden Stichtag gewonnen wurden. Auf diese Weise sollte verhindert werden, dass die Forschung Anreize zur Vernichtung von weiteren Embryonen (s. Kap. III. 12) gibt. Da Forscher in Deutschland durch die Begrenzung auf vor dem Stichtag gewonnene embryonale Stammzellen vielfach von internationalen Kooperationen ausgeschlossen waren und v. a. in ihrer Arbeit auf die Nutzung zwischenzeitlich verfügbar gewordener qualitativ hochwertigerer Stammzelllinien verzichten mussten, wurde der Stichtag in einer Teilrevision des StZG auf einen neuen Termin, den 1. Mai 2007, verschoben. Kritiker gehen davon aus, dass diese Terminverschiebung sich wiederholen wird, so dass die Stichtagsregelung insgesamt keine zufriedenstellende Lösung darstellt (vgl. Stellungnahme Nationaler Ethikrat 2007, 55).

Spezifische Klonierungs-Gesetze gibt es in Deutschland nicht. Und auch auf europäischer und internationaler Ebene existieren derzeit keine verbindlichen Regelungen zur Anwendung von Klonierungstechniken im Bereich von Humanbiologie und Humanmedizin. Verschiedene Stellungnahmen und Regelungen von zwar nicht rechtsverbindlichem, sondern allein empfehlendem Charakter rufen die Staaten jedoch vielfach zu der Formulierung von Klonverboten auf. Das Europäische Parlament etwa hielt in einer Entschließung zum Klonen von Menschen aus dem Jahr 2000 fest, »dass das Klonen von Menschen verboten sein muss« und bekräftigte in einer nachfolgenden Entschließung im Jahr 2000 die Auffassung, »dass das ›therapeutische Klonen‹, das die Produktion menschlicher Embryonen allein zu Forschungszwecken impliziert, ein grundlegendes ethisches Dilemma (s. Kap.II. 4) aufwirft, eine nicht wieder rückgängig zu machende Grenzüberschreitung der Forschungsnormen darstellt und der öffentlich vertretenen Politik der Europäischen Union widerspricht«. Auch die Allgemeine Erklärung über das menschliche Genom und Menschenrechte der UNESCO vom 11. November 1997 etwa hält in Art. 11 empfehlend fest, dass »Praktiken, die der Menschenwürde widersprechen, wie reproduktives Klonen von Menschen nicht erlaubt« seien (s. Kap. II. 17). Die Vollversammlung der Vereinten Nationen schließlich verabschiedete im März 2005 eine Erklärung zum Klonen von Menschen (Resolution 59/280), in der der Aufruf an alle UN-Mitgliedsstaaten erging, einem vollständigen Verbot des Klonens von Menschen zuzustimmen, einschließlich eines Verbots des Forschungs- bzw. therapeutischen Klonens.

Die Ergebnisse der Abstimmungen in den verschiedenen Gremien und die Kommentare zu den jeweiligen Empfehlungen spiegeln die oben ausgeführte ethische Diskussion wider: Während die eine Seite die unzureichende Differenzierung zwischen reproduktivem und therapeutischem einerseits bzw. Forschungsklonens andererseits bemängelt, sieht die andere Seite in der Formulierung vollständiger Verbote den einzig gangbaren Weg, um den Schutz der menschlichen Würde zu gewährleisten und Missbrauch von vorneherein auszuschließen. Es bleibt abzuwarten, ob durch die Fortsetzung der Debatte oder ggf. auch durch neue Forschungsergebnisse letztlich ein Konsens hergestellt werden kann, der sowohl die Forschungsbefürworter als auch die Forschungsgegner zufriedenstellt.

Literatur

Baylis, Françoise: Animal eggs for stem cell research: a path not worth taking. In: *The American Journal of Bioethics* 8/12 (2008), 18–32.

Birnbacher, Dieter/Wagner, Bernd: Risiko. In: Marcus Düwell/Klaus Steigleder (Hg.): *Bioethik. Eine Einführung.* Frankfurt a. M. 2003, 435–447.

Camenzind, Samuel: *Das Klonen von Tieren – eine ethische Auslegeordnung. Gutachten im Auftrag der Eidgenössischen Ethikkommission für die Biotechnologie im Außerhumanbereich (EKAH).* Zürich 2010.

Damschen, Gregor/Schönecker, Dieter (Hg.): *Der moralische Status menschlicher Embryonen.* Berlin 2002.

Deutsche Unesco Kommission e. V. Allgemeine Erklärung über das menschliche Genom und Menschenrechte. In: http://www.unesco.de/445.html (6. 8. 2013).

Devolder, Katrien: Were it physically safe, human reproductive cloning may be permissible. In: McGee Glen/Arp Robert (Hg.): *Contemporary Debates in Bioethics.* Hoboken 2013, 79–89.

–/Savulescu, Julian: The moral imperative to conduct cloning and stem cell research. In: *Cambridge Quarterly of Healthcare Ethics* 15/1 (2006), 7–21.

Entschließung des Europäischen Parlaments zum Klonen von Menschen. In:http://www.europarl.europa.eu/sides/getDoc.do?type=MOTION&reference=B5-2000-0753&format=XML&language=DE (6. 8. 2013).

Friele, Minou: *Rechtsethik der Embryonenforschung.* Münster 2008.

Habermas, Jürgen: *Die Zukunft der menschlichen Natur.* Frankfurt a. M. 2001.

Hare, Richard M.: A kantian approach to abortion. In: Ders.: *Essays on Bioethics.* Oxford 1993, 168–84.

Harris, John: *On Cloning.* London 2004.

Heyer, Martin/Hans-Georg Dederer: Präimplantationsdiagnostik, Embryonenforschung, Klonen. Ein vergleichender Überblick zur Rechtslage in ausgewählten Ländern. Ethik in den Biowissenschaften – Sachstandsberichte des DRZE, Bd. 3. Hg. von Ludger Honnefelder/Dirk Lanzerath. Freiburg 2007.

Hug, Kristina/Hermerén, Göran (Hg.): *Translational Stem Cell Research. Issues Beyond the Debate on the Moral Status of the Human Embryo.* New York 2011.

Mertes, Heidi/Pennings, Guido: Oocyte donation for stem cell research. In: *Oxford Journals Medicine Human Reproduction* 22/3 (2007), 629–634.

Moore, Keith/Persaud, Trivedi V. N./Viebahn, Christoph (Hg.): *Embryologie: Entwicklungsstadien – Frühentwicklung – Organogenese – Klinik.* Elsevier 2007.

Nationaler Ethikrat: *Klonen zu Fortpflanzungszwecken und Klonen zu bio-medizinischen Forschungszwecken, Stellungnahme.* Berlin 2004.

Nationaler Ethikrat: *Zur Frage einer Änderung des Stammzellgesetzes, Stellungnahme.* Berlin 2007.

Schweizer Nationaler Ethikrat: *Bericht zur ethischen Diskussion über Forschung an Embryonen und Föten, Stellungnahme Nr. 11/2006 Forschung an menschlichen Embryonen und Föten,* 35–39.

Spar, Debora: The egg trade — Making sense of the market for human oocytes. In: *The New England Journal of Medicine* 356 (2007), 1289–1291.

Minou Friele

26 Landschaft

Begriff und Bedeutung

Der Begriff der Landschaft bezieht sich auf konturierte Gegenden oder Gebiete der Erdoberfläche. Seiner Verwendungsweise liegen Reflexionsverhältnisse einer wahrnehmenden Person zugrunde. Beim Blick auf die Landschaft bzw. in die Landschaft nehmen Personen gegenüber ihrer Umgebung einen Standpunkt ein, von dem die Klassifikationen und Interpretationen der jeweiligen Gegebenheiten ihren Ausgang nehmen.

Einheit und Grenze einer Landschaft lassen sich nicht unmittelbar an erdgeschichtlichen Prozessen ablesen. Vielmehr sind Landschaften gleichermaßen in natur- und kulturgeschichtliche Vorgänge eingebunden. Ihre jeweilige Gestalt gewinnen sie im Rahmen von durch konkrete Naturerfahrungen vermittelten Aneignungen, in denen Landschaften eine spezifische Kontur zugeschrieben wird. Dementsprechend hat die Erfassung und Beschreibung von Landschaften auf natürliche wie auf kulturelle Bestimmungen zurückzugreifen.

Die Natur (s. Kap. II. 19) ist als Landschaft der konkrete Bezugspunkt von normativen und ästhetischen Bewertungen. Die kulturelle Vermittlung der Verwendungsweisen des Ausdrucks ›Landschaft‹ zeigt sich in der Wortzusammensetzung. Das Wort ›Land‹ wird mit einer Endung versehen, die einen kulturellen bzw. sozialen Kontext anzeigt. Vergleichbare Zusammensetzungen finden sich auch in anderen indogermanischen Sprachen – z. B. *landscape*, *paysage* oder *paessagio*.

Die Extension des Begriffs der Landschaft reicht von den kulturell vollständig überformten Stadtlandschaften und landwirtschaftlichen Flächen, über Küsten- und Gebirgslandschaften bis zu verschiedenen Formen von Wildnisgebieten. Welche Ausschnitte in den Klassifikationen hervorgehoben werden, hängt nicht nur von kulturellen oder sozialen Konventionen ab, sondern immer auch von der angemessenen Bezugnahme auf die Beschaffenheit des jeweiligen Gebietes. Beispielsweise hat die rechtfertigungsfähige Verwendung des Prädikats ›zerklüftet‹ die richtige Wahrnehmung der Form und des Zustands einer Gebirgslandschaft zur Voraussetzung.

Landschaften sind sowohl natürlichen Kräften wie menschlichen Eingriffen ausgesetzt. In ihnen wirken sich Klimawandel, Plattentektonik, Magmatismus, Verwitterung und Erosion aus. Im Einzelnen konstituieren sich Landschaften aus natürlichen Elementen, wie Erdboden, Wasser, Felsen oder Vegetation sowie zunehmend aus künstlichen Elementen wie Bauwerken, Verkehrswegen oder technisch manipulierten Wasserläufen. Die natürliche Umwelt wird von Menschen seit Anbeginn ihrer Kulturgeschichte umgestaltet. Mit Ackerbau und Ansiedlungen kommt es durch technisch gestützte Landnutzungen zu einer sich intensivierenden Veränderung der Erdoberfläche. In den vergangenen Jahrhunderten haben die auf der Erdoberfläche beobachtbaren Spuren, die auf menschliche Eingriffe in die Natur zurückgehen, drastisch zugenommen.

Mit dem Begriff der Landschaft verbinden sich ästhetische und praktische Naturverhältnisse, in denen der Umgang mit der Umgebung – im Sinne von Gestaltung, Nutzung oder Schutz – bewertet und organisiert wird. Der wissenschaftliche und praktische Umgang formiert die spezifische Wahrnehmung einer Landschaft. So nähern sich etwa Geologie, Geographie, Biologie, Ökologie, Philosophie, Geschichtswissenschaft, Kunstgeschichte, Soziologie, Ingenieurwissenschaften oder Agrarwissenschaften einer Landschaft mit jeweils eigenen Klassifikationen und Beschreibungsvokabularen.

Kultur- und ideengeschichtlicher Hintergrund

Kontextabhängige Landschaftserfahrung. Personen reagieren auf ihre jeweilige Umgebung mit kulturell geprägten Auffassungen und Verhaltensweisen. Dieser Sachverhalt zeigt sich etwa am Grand Canyon, der bei Personen zu verschiedenen Zeiten sehr verschiedene Verhaltensweisen hervorruft. Von den ästhetischen Einstellungen, welche die ersten menschlichen Bewohner gegenüber dem Canyon eingenommen haben, gibt es keine Überlieferungen. Die wenigen Funde und Berichte der Nachkommen legen die Vermutung nahe, dass ihre Umgangsweisen mit natürlichen Landschaften prämodern verfasst gewesen sind. Während die ersten europäischen Eroberer die Schluchten noch als angsteinflößende Abgründe und unüberwindliche Hindernisse wahrgenommen haben, ist der Grand Canyon in den vergangenen 200 Jahren ein großer touristischer Anziehungspunkt geworden. Was einst als Chaos und Schrecken gegolten hat, erscheint nunmehr als Ausdruck der Schönheit der Natur. Die auf Landschaften übertragenen Bedeutungen berühren auch die Bereiche religiöser Erfahrungen. Das gilt besonders für exponierte Berge wie den Kailash in Tibet oder den Fuji in Japan.

Der *Begriff* der Landschaft ist ein kulturgeschichtlich neues Phänomen. Die Deutung und Charakterisierung von Umgebungen oder Gegenden setzt reflektierte Distanz, ästhetische Aufmerksamkeit, Beobachtungs- und Auffassungsgabe sowie semantische Differenzierungen voraus. Dementsprechend gewinnt der Begriff der Landschaft erst im Rahmen der Herausbildung eines modernen Kultur- und Weltverständnisses seine konturierte semantische Gestalt (vgl. Simmel 1957, 142 ff.; Ritter 1974, 141 ff.).

Petrarcas Besteigung des Mont Ventoux. Francesco Petrarcas stilisierter Bericht über die Besteigung des Mont Ventoux aus dem Jahr 1336 wird oft als Anzeichen für ein neues Natur- und Landschaftsverständnis gedeutet. Es ist ein unentschiedenes Dokument, in dem sich gleichermaßen prämoderne und moderne Vorstellungen finden (vgl. Blumenberg 1973, 142 ff.). Seine innovativen Deutungen knüpfen durchgängig an traditionelle Bestimmungen an. Ausgehend von einem humanistischen Subjektivitätsgedanken entwickelt Petrarca eine neue Konstellation von Selbst- und Naturverhältnissen. Schon in dem Entschluss, den Mont Ventoux zu besteigen, zeigen sich erkennbar Spuren von Neugierde und Erkenntnisinteresse, die ein Charakteristikum für den Übergang zur Neuzeit sind, denn die wilde Landschaft gilt im mittelalterlichen Weltbild noch als Ort von Schrecken, Finsternis und Bösem (vgl. Nicolson 1997, 34 ff.).

Auf dem Gipfel fühlt sich Petrarca zunächst durch Wind und freies Blickfeld wie betäubt. Der Blick in die Weite der Landschaft gerät dann aber zu einer Reise in die Kulturlandschaft. Er stellt Vergleiche zur Antike an – Athos und Olymp – und schaut in Richtung Italien, seiner kulturellen Heimat. Der Anblick der Alpen erinnert ihn daran, dass Hannibal dort unter winterlichen Bedingungen gegen Rom gezogen sei. Auch von den Pyrenäen und Spanien ist die Rede, obwohl er selbst einräumt, dass so weit der Blick nicht reiche. Die staatliche und kulturgeschichtliche Topographie sowie ihr Bezug zum eigenen Leben stehen auf dem Gipfel im Mittelpunkt des Interesses, nicht etwa neue Formen der Landschaftserfahrung.

Das Gipfelerlebnis erfährt eine dramatische Wende durch die vorgeblich zufällige Lektüre einer Passage aus den *Bekenntnissen* von Augustinus, in der dieser beklagt, dass Menschen die Gipfel der Berge, die ungeheuren Fluten des Meeres, die weiten Flüsse und Küsten sowie Bahnen der Gestirne bestaunten, aber nicht auf sich selbst Acht hätten. Petrarca berichtet, ihm sei mit einem Schlage klar geworden, dass nichts bewundernswerter sei als die menschliche Seele. Stumm habe er den Gipfel verlassen (Petrarca 1980, 96).

Für Petrarca ist die wilde Landschaft zwar nicht mehr der Ort des Bösen, aber die Ursache dafür, sich von dem ethisch Wesentlichen ablenken zu lassen. Die Sorge um die authentische Selbsterkenntnis verhindert, dass er von der Weitläufigkeit der Landschaften oder der Schönheit der Natur ergriffen wird. Die Landschaft ist nicht Gegenstand der Betrachtung, sondern Anlass zur Reflexion über das menschliche Schicksal. Konfrontation mit der Natur und Selbstbewusstsein gehen bei Petrarca Hand in Hand.

Petrarcas Bericht fehlt der konkrete naturästhetische Blick auf die Landschaft als solche. Deshalb ist des Öfteren bezweifelt worden, dass der Aufstieg tatsächlich stattgefunden habe. Gleichwohl macht Petrarca bereits wesentliche Bestimmungen moderner Landschaftserfahrung kenntlich: Subjektivität, Selbstbewusstsein, Distanz, Reflexion, Perspektive, Kultur und Natur.

»Totaleindruck einer Gegend«. Das Kennzeichen moderner Landschaftserfahrung ist die methodische Erfassung von nahen oder fernen Gegenden, bei der sowohl naturwissenschaftlicher Forschung als auch ästhetischen Darstellungsmitteln eine wichtige Rolle zukommt. Zu einem Zeitpunkt, an dem sich die methodische Dominanz der modernen Naturwissenschaften bereits abzuzeichnen beginnt, unternimmt Alexander von Humboldt einen systematisch wie praktisch ambitionierten Versuch, naturwissenschaftlich gesicherte Beobachtungen mit umfassenden naturästhetischen Reflexionen zu verbinden.

Der Zusammenhang von naturwissenschaftlicher und ästhetischer Aneignung in der Landschaftserfahrung wird von Humboldt auf der Grundlage seiner umfänglichen wie weitläufigen Expeditionen, insbesondere in Süd- und Mittelamerika, konzeptionell herausgearbeitet. Er prägt für Landschaftsvorstellungen den Begriff des Totaleindrucks einer Gegend, der einen Ausschnitt der Natur in einer bestimmten Perspektive umfasst:

»Was der Maler mit den Ausdrücken schweizer Natur, italienischer Himmel bezeichnet, gründet sich auf das dunkle Gefühl dieses lokalen Naturcharakters. Luftbläue, Beleuchtung, Duft, der auf der Ferne ruht, Gestalt der Tiere, Saftfülle der Kräuter, Glanz des Laubes, Umriss der Berge, alle diese Elemente bestimmen den Totaleindruck einer Gegend« (Humboldt: *Ansichten zur Natur*, 181).

Humboldts Ausdruck »Totaleindruck einer Gegend« zielt auf die ästhetische Konstruktion einer spezifischen Einheit für eine Vielheit von Erscheinungsformen der Natur. Die naturwissenschaftlich erzeugte Datenmenge soll dem Ansatz nach in eine Gesamtdarstellung münden, die naturwissenschaftliche und ästhetische Perspektiven integriert. Der Landschaftsbegriff ist das Kernstück seines Projekts, einen theoretischen und praktischen Ausgleich zwischen Naturgeschichte, Kulturgeschichte und Naturwissenschaft herzustellen.

Landschaftsmalerei. Bei der Herausbildung moderner Landschaftsauffassungen erfüllt die abendländische Landschaftsmalerei (vgl. Büttner 2006) eine bedeutende Rolle. Sie stellt modellhaft Organisation, Ordnung und Schönheit einer Umgebung dar und macht die Landschaft als *solche* in der Form von Abbildungen, Repräsentationen und Stimmungen kenntlich. Ästhetisch vollzieht die Landschaftsmalerei zunächst einen durchgreifenden Perspektivenwechsel bei der Erfassung der Wirklichkeit, indem sie den landschaftlichen Hintergrund in den thematischen Vordergrund rückt. Der weite Blick auf die Landschaft erfolgt der Konstruktion nach von einem Ort im Raum, der außerhalb des Bildes liegt.

Im 16. Jahrhundert leisten insbesondere Joachim Patinir, Pieter Bruegel der Ältere und Paul Bril wichtige Beiträge zur Etablierung der Landschaftsmalerei als einer eigenen Gattung, die schon im 17. Jahrhundert eine erste Blütezeit verzeichnen kann. Dabei entstehen vielfältige Wechselbeziehungen zwischen Naturauffassung, naturwissenschaftlicher Beobachtung, kultureller Projektion und handwerklicher Technik.

In der Zeit der Aufklärung kommt es zu technischen Verfeinerungen der Naturdarstellung, die mit der Erschließung in Europa noch unbekannter Gegenden einhergeht. Expeditionen dokumentieren ihre Entdeckungen in den unterschiedlichsten Formaten. Auf diese Weise leistet die Landschaftsmalerei auch einen Beitrag zur naturwissenschaftlichen Forschung.

Die sich zum Ende des 18. Jahrhunderts herausbildende romantische Malerei entwirft Landschaftsdarstellungen, die auf Stimmungen sowie auf den Zusammenhang von Innerlichkeit und Naturschönem abzielen. Carl Gustav Carus spricht in einer der ersten Abhandlungen über Landschaftsmalerei davon, dass Natur in Stimmungen umgewandelt werden solle und die Aufgabe der Kunst »im Aussprechen des Gemütslebens durch Darstellung eines Momentes aus dem gesammten Naturleben der Erde« (Carus 1972, 62) bestehe. In vermittelter Form sind die romantischen Stimmungen bis heute ein Element abendländischer Landschaftserfahrung geblieben.

Die romantische Landschaftsmalerei verwendet die Darstellung von Personen im Wesentlichen nur noch als Kontrastelement für erhabene Verhältnisse, die den Einzelnen in der Natur als verschwindende Größe erscheinen lassen – als kleine Figuren in einer weiten Landschaft, die zusätzlich noch mit Spuren kulturellen Verfalls, wie etwa Ruinen, Wegen ins Leere oder Friedhöfen, versehen wird.

In der zweiten Hälfte des 19. Jahrhunderts entwickelt sich eine moderne Landschaftsmalerei mit einem eigenen ästhetischen Ansatz, der sich konsequent von Abbildungen und Repräsentationen im herkömmlichen Sinne abwendet. Etwa verzichtet Paul Cézanne auf perspektivische Anordnungen des Raums und lässt ästhetische Landschaftsformen durch farbliche Konturierungen vor dem Auge des Betrachters neu entstehen. Im 20. Jahrhundert kommen beim ästhetischen Umgang mit Landschaften v. a. die menschlichen Umweltzerstörungen formal wie thematisch zum Ausdruck.

Eine neue Form der ästhetischen Reaktion auf die Landschaft und ihre Bedrohung durch Ausbeutung und Zerstörung ist die *land art*, die einen nicht-invasiven Zugang zur Natur sucht. In Anlehnung an die Anfänge der menschlichen Kulturgeschichte werden Zeichen oder Spuren in der Landschaft hinterlassen, die als künstliche Formen identifizierbar sind, aber aufgrund der spezifischen Anordnung und verwendeten Materialien – wie Steinen, Ästen oder Kreide – sich oft bruchlos der Umgebung anpassen. Das Muster und die Beschaffenheit einer Landschaft werden partiell in ein ästhetisches Objekt transformiert. Die *land art* eröffnet durch ihre besondere Form der Repräsentation von künstlichen Ordnungen in einer weitgehend unberührten Umgebung neue Räume für eine mit der Natur interagierende ästhetische Erfahrung und Praxis (vgl. Long 2009). In dem ästhetischen Umgang mit Landschaften kommt insgesamt das komplizierte Verhältnis des Menschen in der Natur und zur Natur zum Ausdruck, das seit dem 19. Jahrhundert von der technischen und industriellen Umgestaltung der Lebenswelt belastet wird.

Systematische Perspektiven

In Landschaftsauffassungen stellen sich eigengeartete Konstellationen von Natürlichem und Kulturellem ein. Die Landschaft zeigt sich als ein Naturverhältnis, das durch eine variable Konstellation von Naturwissenschaften, Naturästhetik und Naturethik bestimmt wird. Mit dieser Konstellation geht eine Vorstellungsart einher. Von einer Landschaft kann nur unter den Bedingungen von Perspektiven und Subjekten gesprochen werden. Sie entfaltet sich bzw. erscheint, wenn Personen sich wahrnehmend und bewertend von der Natur distanzieren und sich zugleich auf sie beziehen.

Landschaft ist der Bezugspunkt von verschiedenen Gestalten menschlicher Naturverhältnisse. Zu ihnen gehören die Wahrnehmung von nicht-menschlichen Ordnungen, das Wissen über nicht-menschliche Ordnungen, die Interpretation von nicht-menschlichen Ordnungen sowie Eingriffe in nicht-menschliche Ordnungen. Zu den Bedingungen der Wahrnehmung oder Erfahrung einer Landschaft gehören wechselnde Perspektiven und Bewegungen im Raum. Im Einzelnen hängt die Wahrnehmung von den Sichtverhältnissen, wie etwa der Höhe des Standorts, sowie von der Art der Bewegung ab – insbesondere von der Geschwindigkeit, mit der ein Beobachter sich durch die Landschaft bewegt.

Eine große Schwierigkeit besteht darin, Grenzen und diachrone Identität einer Landschaft zu erfassen. In ontologischer und erkenntnistheoretischer Hinsicht erweist sich der Begriff der Landschaft als unterbestimmt. Dieser Sachverhalt hängt damit zusammen, dass Landschaft ersichtlich keine natürliche Art, aber auch nicht bloßes Resultat von Konstruktionen und Konventionen ist. Landschaften ändern sich, und es wird an irgendeiner Zeitstelle zu klären sein, ob es sich noch um dieselbe Landschaft oder eine neue Landschaft handelt. Für die Beantwortung dieser Frage müssen spezifische Eigenschaften nach Maßgabe ihrer konstitutiven bzw. identitätsstiftenden Rolle ausdifferenziert werden. Die Veränderung von Oberflächenstrukturen dürfte in diesem Zusammenhang anders zu bewerten sein als die Veränderung der Vegetation.

Landschaft ist eine Interaktion zwischen Natur und menschlicher Lebensform. Insofern kann sie nicht mit Natur, Umwelt oder Raum gleichgesetzt werden. Georg Simmel hat dementsprechend Natur und Landschaft semantisch ausdrücklich voneinander abgesetzt: »Ein Stück Boden mit dem, was darauf ist, als Landschaft ansehen, heißt einen Ausschnitt aus der Natur nun seinerseits als Einheit betrachten – was sich dem Begriff der Natur ganz entfremdet« (Simmel 1957, 142). Eine Landschaft kann in ihren Zuständen und Prozessen naturwissenschaftlich beschrieben werden. Diese Beschreibungen erschließen aber nicht die kulturelle Funktion der Landschaft. Eine Theorie der Landschaft ist entsprechend auf multiperspektivische und interdisziplinäre Zugangsweisen angewiesen.

Mit Landschaftsvorstellungen werden Konturen in die unendliche Vielzahl von Zuständen und Prozessen der Natur eingeschrieben. Kulturell sind Landschaften Konventionen, die auf natürliche Bedingungen reagieren. Wer sich mit spezifischen landschaftlichen Erscheinungsformen auseinandersetzt, greift auf menschliche Vorstellungen, Traditionen und kulturelle Überformungen zurück, die sich an der natürlichen Beschaffenheit einer als einheitlich wahrgenommenen Umgebung orientieren. Was die jeweiligen Personen wahrnehmen und wie sie sich in der Landschaft bewegen können, entscheidet letztlich darüber, welche Bedeutung sie ihr zuschreiben.

Die Erde ist ständigen Veränderungen unterworfen, die sich v. a. auch an ihrer Oberfläche zeigen. Eine Landschaft ist erdgeschichtlich immer nur eine Momentaufnahme bzw. ein zeitlich stillgestellter Prozess. In den jeweiligen Landschaften kommt es zu spezifischen Konstellationen von natürlichen Formungen sowie unbeabsichtigten und beabsichtigen Gestaltungen. An Landschaften sind in der Regel sowohl natürliche wie kulturelle Veränderungen zu beobachten. Dabei sind auch die kulturellen Sichtweisen und Gestaltungen einem stetigen Wandel unterworfen, der im Vergleich zu erdgeschichtlichen Vorgängen allerdings deutlich schneller verläuft.

Gegenwärtige Problemstellungen

Seit dem 19. Jahrhundert wächst im westlichen Abendland das Bewusstsein für den Landschaftsschutz. Die UNESCO hat in den 1970er Jahren neben dem Weltkulturerbe auch die Institution des »Naturerbes der Welt« eingerichtet, die erdgeschichtlich, ökologisch oder ästhetisch wertvolle Landschaften aufführt. Das sich gesellschaftlich verbreitende Interesse an Naturerfahrung ist mittlerweile aber auch eine weitere Quelle der Zerstörung von Landschaften – wie sich insbesondere am Phänomen des Tourismus zeigt. Es ist das ungelöste Problem des Naturschutzes im Allgemeinen und des Landschaftsschutzes im Besonderen, wie berechtigte menschliche Interessen und Eigenwert der Natur auf nachhaltige Weise miteinander in Einklang gebracht werden können. Der Begriff der Landschaft verfügt in diesem Zusammenhang als auf Naturformen bezogene kulturelle Bestimmung über hohes Vermittlungspotenzial.

Bei der normativen Bewertung von Landschaften werden gemeinhin ästhetische, ethische und ökologische Kriterien herangezogen. Dabei steht der Gedanke des Natur- bzw. Landschaftsschutzes im Mittelpunkt. Ziele sind die Bereitstellung von Rückzugsgebieten, die Erhaltung von Landschaften sowie die Erfassung von intrinsischen oder kulturellen Werten. Die Motive für die normative Neuausrichtung sind gesellschaftskritisch vermittelt. An modernen Lebensweisen werden Kurzsichtigkeit und Rücksichtslosigkeit beim Umgang mit natürlichen Ressourcen aufgedeckt, die mit Hilfe von neuen Natur- oder Landschaftserfahrungen kenntlich gemacht und ggf. revidiert werden sollen. Über Landschaftsanalysen erschließt sich nicht zuletzt auch ein Verständnis schädlicher Umweltveränderungen, zu deren gravierenden Faktoren v. a. Landnutzung, Forstwirtschaft und Landschaftsplanung gehören.

Die ungeklärte Identitätsproblematik wirkt sich für die Belange des Natur- und Landschaftsschutzes nachteilig aus. Im Rahmen von normativen Regelungen gelingt es nur schwer, genaue Festlegungen darüber zu treffen, welche Naturvorgänge oder welche Zustände einer Landschaft konkret als schutzwürdig auszuweisen sind.

In diesem Zusammenhang gewinnt die Idee der Wildnis sowohl in konzeptioneller wie in praktischer Hinsicht zunehmend an Bedeutung. Dabei kann zwischen einem einfachen und einem komplexen Ansatz unterschieden werden: Für den einfachen Ansatz ist Wildnis eine unberührte *oder* verlassene Gegend, während für den komplexen Ansatz Wildnis eine ausgegrenzte *und* konturierte Gegend ist. Im Unterschied zum einfachen Ansatz behandelt der komplexe Ansatz Wildnis als kulturelles Phänomen bzw. als kulturelle Aufgabe.

Die Einrichtung von Wildnisgebieten bietet die Möglichkeit, menschenunabhängige Ordnungen und Entwicklungen wieder zuzulassen. Mit der Ausweitung von Wildnisgebieten dürften sich neue wissenschaftliche und kulturelle Perspektiven für den Naturumgang ergeben. Ohne auf erkenntnistheoretisch nicht mehr haltbare Vorstellungen von Natürlichkeit zurückgreifen zu müssen, könnte der geplante Rückzug aus Gebieten Räume für Entwicklungen eröffnen, die nicht permanent menschlichen Eingriffen oder Störungen ausgesetzt sind. Damit würde sich ein epistemischer Gewinn verbinden, mit dem Fragen nach dem gesellschaftlichen Nutzen jedoch noch nicht zu beantworten sind.

Eine aussichtsreiche normative Perspektive bietet der landschaftsökologische Ansatz, der die räumliche Zugangsweise der Geographie mit der funktionalen Zugangsweise der Ökologie verbindet, und sich aufgrund dessen den konkreten Wechselbeziehungen zwischen räumlichen Mustern und ökologischen Prozessen zuwenden kann. Auf diese Weise wird nicht zuletzt dem Sachverhalt Rechnung getragen, dass sich in Landschaften immer mehrere miteinander interagierende Ökosysteme finden. Die praktische Aufgabe besteht darin, die jeweiligen Abhängigkeiten und Wechselwirkungen, die zwischen den verschiedenen Ökosystemen in einer Landschaft herrschen, zu identifizieren und einer normativen Bewertung zuzuführen.

Die neuen Wege, die sich aus der Landschaftserfahrung für den Naturschutz ergeben bzw. noch ergeben können, dürften konzeptionell wie praktisch noch nicht hinreichend erschlossen sein. Der Begriff der Landschaft bietet sowohl in deskriptiver wie in normativer Hinsicht Möglichkeiten, lokal eingegrenzte Einheiten zu etablieren, die für den Naturschutz wie für kulturelle Ziele fruchtbar gemacht werden könnten. Bislang hat sich aber auch noch kein klares Bild abgezeichnet, in welchem Maße Landschaftserfahrung Ausdruck menschlichen Selbst- und Naturverständnisses sein kann.

Literatur

Blumenberg, Hans: *Der Prozeß der theoretischen Neugierde.* Frankfurt a. M. 1973.
Büttner, Nils: *Geschichte der Landschaftsmalerei.* München 2006.
Carus, Carl Gustav: *Briefe über Landschaftsmalerei.* Heidelberg 1972.
Humboldt, Alexander von: *Ansichten der Natur.* Darmstadt 2008 [=Ansichten der Natur].
Kirchhoff, Thomas/Trepl, Ludwig (Hg.): *Vieldeutige Natur. Landschaft, Wildnis und Ökosystem als kulturgeschichtliche Phänomene.* Bielefeld 2009.
Long, Richard: *Heaven and Earth.* London 2009.
Nicolson, Marjorie Hope: *Mountain Gloom and Mountain Glory: The Development of the Aesthetics of the Infinite.* Washington 1997.
Petrarca, Francesco: Brief an Francesco Dionigi. In: Ders.: *Dichtungen, Briefe, Schriften.* Frankfurt a. M. 1980.
Ritter, Joachim: Landschaft. Zur Funktion des Ästhetischen in der modernen Gesellschaft. In: Ders.: *Subjektivität.* Frankfurt a. M. 1974.
Simmel, Georg: Philosophie der Landschaft. In: Ders.: *Brücke und Tor.* Stuttgart 1957.
Trepl, Ludwig: *Die Idee der Landschaft. Eine Kulturgeschichte von der Aufklärung bis zur Ökologiebewegung.* Bielefeld 2012.

Dieter Sturma

27 Leihmutterschaft

Eine Leihmutter trägt für eine Person (s. Kap. II. 21) oder ein Paar mit Kinderwunsch (Wunscheltern) ein oder mehrere Kinder aus mit der Absicht, diese nach der Geburt den Wunscheltern zu übergeben. Leihmutterschaft oder auch Ersatzmutterschaft wird von Wunscheltern in Betracht gezogen, wenn sie entweder physisch nicht in der Lage sind, ein Kind auszutragen etwa aufgrund von Unfruchtbarkeit, Krankheit oder im Falle männlicher homosexueller Paare, oder wenn sie sich den Mühen einer Schwangerschaft nicht unterziehen wollen (sog. *lifestyle*-Leihmutterschaft). Je nach Keimzellen, die zur Zeugung verwendet werden, wird zwischen *traditioneller* und *austragender* Leihmutterschaft unterschieden. Bei der traditionellen Leihmutterschaft wird die Leihmutter mit dem Sperma des sozialen Vaters künstlich befruchtet; die Tragemutter ist also zugleich die genetische Mutter des Kindes. Bei der austragenden Leihmutterschaft wird der Leihmutter ein künstlich befruchteter Embryo eingepflanzt, mit dem sie genetisch nicht verwandt ist.

Die traditionelle Leihmutterschaft wird schon lange praktiziert und bedarf keiner moderner reproduktionsmedizinischer Maßnahmen. Dies verdeutlicht u. a. die biblische Erzählung der Magd Bilha, die von Jakob zum Geschlechtsakt gezwungen wird und sein Kind austragen muss, um seiner unfruchtbaren Frau Rahel zu Nachwuchs zu verhelfen (Gen 30, 1–8). Die austragende Leihmutterschaft hingegen ist nur dank vorgängiger In-vitro-Fertilisation (s. Kap. III. 5) möglich. Die Keimzellen, die für die Zeugung des Embryos zum Einsatz kommen, stammen entweder von den Wunscheltern oder von Spendern. Ein von einer Leihmutter ausgetragenes Kind kann somit bis zu fünf Elternteile haben: zwei genetische und zwei soziale Elternteile sowie die austragende Leihmutter. Die austragende Leihmutterschaft stellt damit den familienrechtlichen Grundsatz »Pater semper incertus est, mater semper certa est« in Frage, der besagt, dass eine Frau stets ihr genetisch eigenes Kind gebärt, während unklar bleiben kann, wer dessen Vater ist. Eine austragende Leihmutter ist *per definitionem* weder die genetische noch die soziale Mutter des geborenen Kindes. Diese Aufsplittung der verschiedenen Aspekte der Mutterschaft (›gespaltene Mutterschaft‹) ist für einige bereits Anlass, die Leihmutterschaft als moralisch fragwürdig zurückzuweisen.

Die rechtliche Zulässigkeit der Leihmutterschaft variiert von Staat zu Staat, und die Rechtslage ändert sich laufend: Einige Länder wie z. B. Dänemark, Italien, Schweden, Deutschland, Österreich und die Schweiz verbieten dieses Verfahren; andere Länder binden die legale Leihmutterschaft an gesetzliche Vorgaben (z. B. die Ukraine, Großbritannien, Israel oder Georgien) oder lassen sie ohne staatliche Regulierung zu (vgl. Hörnle 2013). Über die Frage, welche gesetzlichen Richtlinien aus Sicht der Ethik zu favorisieren sind, herrscht nach wie vor Uneinigkeit (vgl. Tong 2003, 373 ff.). Das oberste Ziel rechtlicher Regulierungen sind der Schutz der Leihmutter und des Kindeswohls sowie die Vermeidung von Konflikten um das Sorgerecht. Als Präzedenzfall eines entsprechenden Sorgerechtsstreites, der auch in der Ethik breit diskutiert worden ist, gilt der langjährige Rechtsstreit um das 1986 von einer Leihmutter geborene ›Baby M‹.

Abgesehen von rechtsethischen Debatten wirft die Praxis der Leihmutterschaft eine Reihe von weiteren ethischen Fragen auf: Im weiteren Sinn betreffen diese Fragen die moralische Bewertung der reproduktionsmedizinischen Maßnahmen, die im Zusammenhang einer Leihmutterschaft notwendig sind, wie die In-vitro-Fertilisation oder die Eizellspende (s. Kap. III. 5). Im engeren Sinn wird diskutiert, ob Leihmütter ausgebeutet, instrumentalisiert oder in ihrer Würde verletzt werden, und ob das Kindeswohl respektive die Kindeswürde in Leihmutterschaftsarrangements respektiert werden kann.

Ausbeutung der Leihmutter

Die meisten Leihmütter, die gegenwärtig ihre Dienste anbieten, werden für ihre Dienste bezahlt (›kommerzialisierte Leihmutterschaft‹). Der Umstand, dass in der Presse vor allem über Leihmütter aus Schwellen- oder Entwicklungsländern berichtet wird, die via Agenturen anonym gebucht werden, nährt den Eindruck, bei der Leihmutterschaft handle es sich grundsätzlich um eine moralisch verwerfliche Form der Ausbeutung von Personen in materieller Not (vgl. Anderson 1990 und kritisch Hörnle 2013, IV). Doch einerseits ist über die realen Daten zur Verbreitung der Leihmutterschaft sowie zur Herkunft von Wunscheltern und Tragemüttern so gut wie nichts bekannt. Man geht von einer hohen Dunkelziffer aus, weil Leihmutterschaft auch in Ländern nachgefragt wird, in denen diese Praxis verboten ist, und weil nicht alle Wunscheltern offenlegen, wie sie zu ihrem Kind gekommen sind. Es darf also auch bei kommerzialisierten Leihmutterschaften nicht vorschnell davon ausgegangen werden, dass Leihmütter stets aus finanziellen Gründen agieren, ganz abgesehen davon, dass es auch altruistische Ersatzmutterschaften gibt. Andererseits liegt selbst dann, wenn eine Frau sich allein aus materiellen Gründen als Leihmutter anbietet, kein hinreichendes Kriterium für eine Ausbeutung vor (vgl. Schaber 2010, 144 f.). Eine weitere Schwierigkeit ergibt sich mit Bezug auf die Höhe der Entschädigung: Fällt diese zu niedrig aus, liegt der Verdacht einer Ausbeutung offenbar näher. Fällt sie jedoch sehr hoch aus, so dass die Leihmutter ein weitaus größeres Interesse am Zustandekommen eines entsprechenden Arrangements hat, kann genau dies die Ausbeutung erst ermöglichen. Eine sehr hohe Prämie könnte überdies das Kind zum Handelsgut degradieren, insofern als die Prämie als Kaufpreis für das Kind verstanden würde.

Würdeverletzung und Instrumentalisierung der Leihmutter

Zielführender scheint die Frage, ob eine Leihmutter von den Wunscheltern notwendig instrumentalisiert wird. Auch hier gilt, dass eine Antwort auf diese Frage vom zugrunde gelegten Konzept der Instrumentalisierung abhängt (s. Kap. II. 17). Immanuel Kants ›Selbstzweckformel‹ verlangt, dass man andere wie auch sich selbst nie bloß als Mittel, sondern immer auch als Zweck behandeln soll (Kant 2000, 429). Dabei besteht ein innerer Zusammenhang zur Achtung der Menschenwürde: Wer das Instrumentalisierungsverbot verletzt, verstößt gegen die unantastbare Würde des Menschen (Schaber 2010). Nun benutzen Personen einander zumindest in kommerzialisierten Leihmutterschaftsverhältnissen offenkundig als Mittel zum Zweck: Ein Paar oder eine Einzelperson nutzen die Dienste einer Leihmutter, um sich den Kinderwunsch zu erfüllen, und die Leihmutter benutzt die Wunscheltern für finanzielle Vorteile. Dieses gegenseitige ›Instrumentalisieren‹ hat offenbar so lange nichts moralisch Anstößiges, als es (1) die Autonomie der betroffenen Personen wahrt und (2) die Beteiligten einander immer auch als Zwecke achten.

(1) Einige Autoren argumentieren, v. a. Erstgebärende könnten sich prinzipiell nicht autonom für eine Leihmutterschaft entscheiden, weil es unmöglich sei, das Gefühl einer Schwangerschaft und insbesondere die Gefühle, die sich zum Ungeborenen entspinnen könnten, zu antizipieren (Ber 2000, 159). Insofern involviere jede Leihmutterschaft, insbesondere bei Erstgebärenden, eine Täuschung. Doch einerseits könnte diesem Problem begegnet werden, indem nur Mütter als Leihmütter zugelassen würden. Andererseits wissen wir hinsichtlich vieler Projekte (und namentlich unseres eigenen Nachwuchses) nicht im Vornherein, welche Bindung wir im Laufe der Zeit zu ihnen entwickeln werden und ob wir dereinst in der Lage sein werden, sie ohne Verlustgefühle wieder loszulassen. Das scheint jedoch in den wenigsten Fällen ein Argument dafür zu sein, dass ein entsprechendes Abkommen über eine spätere Transaktion des Gutes moralisch verwerflich wäre. Für Bedingung (1) wirkt sich dagegen problematisch aus, dass viele Leihmütter autonomieeinschränkende Verträge unterzeichnen müssen, die ihnen untersagen, im Laufe der Schwangerschaft selbstbestimmt über Eingriffe in ihren Körper zu entscheiden (z. B. hinsichtlich einer Fruchtwasserpunktion, einer Abtreibung oder der Entfernung von Föten bei Mehrlingsschwangerschaften; vgl. Tong 2003, 371). Die Autonomiebedingung verlangt dagegen, dass die Leihmutter jederzeit mitentscheiden können muss, welche Eingriffe an ihr und intrauterin am Fötus vorgenommen werden (vgl. Van Zyl/Van Niekerk 2000, 407).

(2) Die Bedingung, dass die Beteiligten sich immer gegenseitig auch als Zwecke achten müssen, entspricht dem zweiten Teil der Kantschen Zweckformel und verlangt, dass dem Gegenüber ein unbedingter und unvergleichbarer Wert zugestanden wird, was für Kant gleichbedeutend ist mit der Idee, dass die Würde des Gegenübers geachtet wird. Die Würde eines Menschen hat gemäß Kant also keinen Preis: Sie kann nicht gegen andere Güter abgewogen oder zugunsten eines anderen Werts geopfert werden. Als paradigmatischer Fall einer Menschenwürdeverletzung wird oft die Sklaverei genannt: Ein Mensch hat als Sklave einen Preis, er wird verdinglicht und zur austauschbaren Ware. Ob die Praxis der Leihmutterschaft Frauen in diesem Sinne verdinglicht, wird kontrovers beurteilt. Als besonders problematisch wird der Umstand gewertet, dass die körperliche Integrität der Leihmutter durch die Dienstleistung, die sie erbringt, tangiert ist. Wie bei anderen Handlungszusammenhängen, in die eine Person in körperlich intimer Weise involviert ist – etwa bei Organspenden oder bei der Prostitution – wird der Verdacht, die betreffende Person könnte instrumentalisiert werden, besonders häufig geäußert (vgl. Van Zyl/Van Niekerk 1995, 346).

Samuel Kerstein hat mit Blick auf eine moralische

Bewertung der kommerzialisierten Lebendorganspende die These vertreten, dass die Frage nach einer Würdeverletzung sich nicht prinzipiell, sondern nur unter Bezugnahme auf den Kontext, innerhalb dessen sich der Organverkauf abspielt, beantworten lasse (vgl. McLachlan 1997, 346). Verkaufe eine Person ihre Organe allein aus Gründen der Armut, nähre dies den Verdacht, sie stehe als ganze Person zum Verkauf. Bei einer altruistischen Lebendorganspende dagegen verhält sich die Sache Kerstein zufolge anders: Weil die Organspenderin sich jederzeit auch anders entscheiden könnte und dies dem Organempfänger bewusst ist, ist sein Blick auf die Spenderin jener auf eine gleichwertige Partnerin, während im ersten Fall der Blick einer abhängigen Person gilt, die nicht frei über ihren eigenen Körper verfügen kann, sondern diesen ›einzusetzen‹ gezwungen ist (vgl. Kerstein 2009, 161).

Übertragen auf die moralische Bewertung der Leihmutterschaft scheint es also einen Unterschied zu machen, ob die Leihmutter (1) ihre Selbstverfügungsrechte in vollem Umfang geltend machen kann, und ob sie (2) aus einer finanziellen Not heraus agiert, die so groß ist, dass sie den Wuscheltern als ›käuflich‹ erscheint: als eine Person, die für einen Preis zu haben ist. Dabei spielt mitunter auch eine Rolle, wie die Leihmutter ihre eigene Tätigkeit bewertet. Liberale Stimmen warnen vor konservativen Idealen der Schwangerschaft als Einheit von Mutter und Kind und betonen dem gegenüber die individuelle Freiheit jeder Frau, ihre reproduktiven Fähigkeiten autonom zu deuten und einzusetzen (vgl. McLachlan 1997; Andrews 1988).

Leihmutterschaft als Beziehung

Wenn Kerstein recht hat mit seiner These, dass die Frage, ob jemand instrumentalisiert wird, in vielen Fällen letztlich vom Kontext abhängt, genauer: davon, wie jene, die eine Dienstleistung nachfragen, die dienstleistende Person sehen und behandeln, dann stellt sich die Frage, wie eine Leihmutter von den Wuscheltern behandelt werden sollte, damit die Leihmutterschaft als moralisch erlaubt gelten kann. Einige Autoren haben in jüngerer Zeit in diesem Sinn vorgeschlagen, Leihmutterschaften nicht länger als Dienstleistungsverhältnisse, sondern als persönliche Beziehungen zu interpretieren und auszugestalten (vgl. Van den Akker 2007; Bleisch 2013; Wiesemann 2006). Ein solches Verständnis von Leihmutterschaft zieht eine Reihe von Maßnahmen zur Ausgestaltung einer entsprechenden Übereinkunft nach sich:

(1) Eine Leihmutter wird von den Wuscheltern nicht allein aufgrund des Umstands geschätzt, dass sie in der Lage ist, ihr Wunschkind auszutragen, sondern auch als Person, während die Leihmutter das Kind nicht allein aus materiellen, sondern auch aus altruistischen Motiven austrägt.

(2) Die Ersatzmutter wird nicht anonym via Agentur gebucht, sondern die an einer Leihmutterschaft Beteiligten kennen sich persönlich und halten den Kontakt während der Schwangerschaft sowie nach der Geburt, sofern dies alle Beteiligten wünschen. Eine empirische Studie von Ellie Teman zeigt, dass Leihmütter unter dem Kontaktabbruch von den Wuscheltern oft mehr leiden, als unter der Trennung vom geborenen Kind, was mitunter so verstanden werden kann, dass sie nicht notwendig eine enge Beziehung zum Kind wünschen, aber in ihrer Rolle als Leihmutter von den Wuscheltern bleibend anerkannt sein möchten (Teman 2010, 205 ff.).

(3) Das Kind wird der Leihmutter nach der Geburt nicht sofort weggenommen, sondern ihre Bedürfnisse und Wünsche werden ebenso geachtet wie jene der Wuscheltern. Der Respekt vor der Würde der Leihmutter gebietet, diese Frau nicht allein als ›Gebärmutter‹ zu sehen, die nach getaner Arbeit die ›Frucht‹ ihres Körpers abzugeben hat. Vielmehr muss sie auch als eine Mutter gesehen werden, die zum Neugeborenen möglicherweise eine Beziehung aufgebaut hat. Ob es aus moralischer Sicht gefordert ist, die gebärende Leihmutter auch als rechtliche Mutter zu anerkennen, die auf ihre Rechte – ähnlich wie bei einer Freigabe eines Kindes zur Adoption – offiziell verzichten muss, wird kontrovers diskutiert.

Kindeswürde

Leihmutterschaft wird nicht nur mit Blick auf die Würde der Leihmutter, sondern auch mit Blick auf die Würde des Kindes kontrovers beurteilt. Gelegentlich wird behauptet, das Kind werde in einem Leihmutterschaftsverhältnis zur Ware degradiert (vgl. Anderson 2000, 20 ff.). Dieser Vorwurf wird ausschließlich mit Blick auf die kommerzialisierte Leihmutterschaft erhoben, in der die Tragemutter für ihre Dienste entlohnt wird. Es stellt sich in diesem Zusammenhang die Frage, unter welchen Umständen ein Entgelt als menschenwürdeverletzend verstanden werden kann. Tatsächlich wird es nicht möglich sein, dies in einem monetären Schwellenwert auszudrücken, denn einerseits erfolgen Leihmutterschaften oft transnational, was einen Zahlenvergleich erschwert. Andererseits muss selbst eine erhebliche Summe nicht als Kaufpreis für das Kind verstanden werden, denn die Leihmutter hat eine Reihe von Unkosten zu decken, und sie muss kompensiert werden für den Erwerbsausfall während zumindest eines Teils der Schwangerschaft. Ein angemessenes Entgelt ist deshalb nicht als Kaufpreis des Kindes, sondern als Zeichen der Würdigung der Aufwendungen und Risiken, die eine Leihmutter auf sich nimmt, zu werten (vgl. Fabre 2006, 213). Moralisch bedenklich scheinen ausschließlich Zahlungen, die nicht als Kompensation für Aufwendungen verstanden werden können, sondern teilweise als Kaufpreis für das Kind. In Großbritannien darf deshalb z. B. über die bloße Aufwandsentschädigung hinaus kein Entgelt bezahlt werden (Hörnle 2013). Moralisch klarerweise verwerflich sind Sonderprämien für gewisse Eigenschaften von Kindern wie etwa Geschlecht oder Augenfarbe (Hörnle 2013, Abs. III).

Kindeswohl

Abgesehen von der Frage, ob das Kind in einer Leihmutterschaft zur Ware degradiert wird, wurde das Wohl des Kindes in der bioethischen Diskussion um Leihmutterschaften lange Zeit außer Acht gelassen (vgl. Tong 2003, 369). Eine Ausnahme bilden die Richtlinien des Wissenschaftlichen Beirats der Bundesärztekammer zur Durchführung der assistierten Reproduktion von 1998, in denen bezweifelt wird, ob das Kindeswohl im Hinblick auf die sog. ›gespaltene Mutterschaft‹ respektiert werden kann (WBR BÄK 1998). Im deutschen Embryonenschutzgesetz wird das Verbot der ›gespaltenen Mutterschaft‹ denn auch z. T. mit einer Verletzung des Kindeswohls begründet (vgl. Hörnle 2013). Befürchtet werden in Bezug auf die gespaltene Mutterschaft u. a. Probleme bei der Identitätsfindung des Kindes sowie Sorgerechtsstreite.

Mit Blick auf die Problematik der Identitätsfindung ist gegenüber dem Kind volle Transparenz hinsichtlich seiner Herkunft – genetisch, wie auch ›biologisch‹, also auch hinsichtlich der Identität seiner Leihmutter – zu fordern. In Anlehnung an Art. 7 der UN-KRK (Kinderrechtskonvention) wird in den Ländern, welche die Konvention ratifiziert haben, verlangt, dass das Kind bei Volljährigkeit über die genetische Identität seiner Eltern Aufklärung erhalten kann. Anonyme Keimzellspenden sind gemäß diesem Artikel verboten. Angesichts der Tatsache, dass die vorgeburtliche Prägung des Menschen im Mutterleib nicht unerheblich sein dürfte, sollte die Identität der Leihmutter dem betreffenden Kind ebenso offengelegt werden (so auch Wiesemann 2006, 147).

Abgesehen von diesen grundsätzlichen Bedenken hinsichtlich der Auswirkungen der gespaltenen Mutterschaft wurde insbesondere eine negative Einstellung der Leihmutter gegenüber dem Kind befürchtet, die sich während der Schwangerschaft gegen eine emotionale Bindung zum Kind wehrt, damit der spätere Abschied möglichst leicht falle (vgl. Ragoné 1994). Entwicklungspsychologischen Studien zufolge gedeihen Babys besser, wenn sie bereits im Mutterleib und kurz nach der Geburt die emotionale Zuwendung – pränatales und perinatales Bonding – ihrer ›leiblichen‹, d. h. in diesem Fall austragenden, Mutter erfahren (vgl. Kennell/McGrath 2005). Gegen eine solche Argumentation wird zuweilen ins Feld geführt, dass Adoptivkinder dieses ›Bonding‹ vermutlich oft auch nicht erleben, dass jedoch nicht behauptet werden könne, alle Adoptivkinder würden frühkindlich Schaden nehmen. Wie auch immer man den Einfluss des ›Bondings‹ bewerten will, unterscheiden sich die beiden Fälle ›Adoption‹ und ›Leihmutterschaft‹ allerdings in einem wichtigen Punkt: Im Falle einer Adoption wird in der Regel das ungewollt entstandene Leben vor einem drohenden Schwangerschaftsabbruch geschützt. Im Fall der Leihmutterschaft hingegen geht es um die Zeugung eines Kindes, das ohne Leihmutter gar nicht entstehen würde (vgl. Tieu 2009, 172; Ber 2000, 161). Die Schwangerschaft lässt sich deshalb in letzterem Fall durchaus so gestalten, dass das Kind optimale Startchancen erhält, etwa indem die Leihmutter pränatal eine Beziehung zum Kind aufbauen kann im Wissen darum, dass dieser Kontakt nicht abrupt enden muss.

Literatur

Anderson, Elizabeth S.: Is women's labor a commodity? In: *Philosophy and Public Affairs* 19/1 (1990), 71–92.

–: Why commercial surrogate motherhood unethically commodifies women and children: reply to McLachlan and Swales. In: *Health Care Analysis* 8/1 (2000), 19–26.

Andrews, Lori B.: Surrogate motherhood. The challenge for feminists. In: *The Journal of Law, Medicine & Ethics* 16/1–2 (1988), 72–80.

Ber, Rosalie: Ethical issues in gestational surrogacy. In: *Theoretical Medicine and Bioethics* 21/2 (2000), 153–169.

Bleisch, Barbara: Leihmutterschaft als persönliche Beziehung. In: *Jahrbuch für Wissenschaft und Ethik*, Bd. 17. Hg. von Ludger Honnefelder/Dieter Sturma. Berlin 2013, 5–28.

Fabre, Cecile: *Whose Body is it anyway?* Oxford 2006.
Hörnle, Tatjana: Menschenwürde und Ersatzmutterschaft. In: Jan C. Joerden/Eric Hilgendorf/Felix Thiele (Hg.): *Menschenwürde und Medizin. Ein interdisziplinäres Handbuch.* Berlin 2013, 743–754.
Kant, Immanuel: *Grundlegung zur Metaphysik der Sitten.* Akademie Textausgabe. Bd. IV. Berlin/New York 2000.
Kennell, John/McGrath, Susan: Starting the process of mother-infant bonding. In: *Acta Paediatrica* 94/6 (2005), 775–777.
Kerstein, Samuel J.: Kantian condemnation of commerce in organs. In: *Kennedy Institute of Ethics Journal* 19/2 (2009), 147–169.
McLachlan, Hugh V.: Defending commercial surrogate motherhood against Van Niekerk and Van Zyl. In: *Journal of Medical Ethics* 23/6 (1997), 344–348.
Ragoné, Helena: *Surrogate motherhood. Conception in the Heart.* Boulder CO 1994.
Schaber, Peter: *Instrumentalisierung und Würde.* Paderborn 2010.
Teman, Elly: *Birthing a Mother. The Surrogate Body and the Pregnant Self.* Berkeley 2010.
Tieu, Mathew M.: Altruistic surrogacy. The necessary objectification of surrogate mothers. In: *Journal of Medical Ethics* 35/3 (2009), 171–175.
Tong, Rosemarie: Surrogate motherhood. In: R. G. Frey/Christopher Heath Wellman (Hg.): *A Companion to Applied Ethics.* Oxford 2003, 369–381.
Van den Akker, Olga: Psychosocial aspects of surrogate motherhood. In: *Human Reproduction Update* 13/1 (2007), 53–62.
Van Zyl, Liezl/Van Niekerk, Anton: The ethics of surrogacy. Women's reproductive labour. In: *Journal of Medical Ethics* 21/6 (1995), 345–349.
–/–: Interpretations, perspectives and intentions in surrogate motherhood. In: *Journal of Medical Ethics* 26/5 (2000), 404–409.
Wiesemann, Claudia: *Von der Verantwortung, ein Kind zu bekommen. Eine Ethik der Elternschaft.* München 2006.
Wissenschaftlicher Beirat (WBR) der Bundesärztekammer (BÄK): Richtlinien zur Durchführung der assistierten Reproduktion. In: *Deutsches Ärzteblatt* 95/49 (1998), A-3166–A-3171.

Barbara Bleisch

28 Nanotechnologie

Der Begriff der Nanotechnologie – abgeleitet von altgriechisch νάννος: Zwerg – wird seit ca. fünfzehn Jahren als Oberbegriff für eine Reihe avancierter Wissenschafts- und Technikrichtungen verwendet, die gezielte technische Analyse und Gestaltung in der Nanometer-Dimension (nm) erlauben (1 nm ist ein Milliardstel Meter). Eine allgemein anerkannte Definition gibt es bislang nicht. Üblicherweise wird von Nanotechnologie gesprochen, wenn sich das technische Operieren auf Objekte mit einer Ausdehnung zwischen 1 und 100 nm in zumindest einer Raumdimension erstreckt. Dies ist häufig mit der Erwartung verbunden, dass sich dort neue Effekte und Eigenschaften zeigen und technisch nutzbar gemacht werden können (Schmid et al. 2006). Nanotechnologie ist stark geprägt durch Interdisziplinarität, da wissenschaftliche Disziplinen wie Physik, Chemie, Biologie, Technikwissenschaften und Medizin im Nanometerbereich zu überlappen beginnen. Technisch ermöglicht wurde Nanotechnologie v. a. durch neuartige physikalische Analyse- und Manipulationstechniken wie die Rastersonden- und Rasterkraftmikroskopie ab den 1980er Jahren.

In erkenntnistheoretischer Hinsicht sind in der Nanotechnologie vielfach Formen eines physikalistischen Reduktionismus zu finden, nach dem meso- und makroskopische Effekte durch die atomare und molekulare Ebene kausal determiniert werden. Das implizite Versprechen der Nanotechnologie ist, durch das Operieren auf dieser Ebene die Wurzel dieser kausalen Determinierungen unter technischen Zugriff zu bekommen (kritisch dazu Schmid et al. 2006, Kap. 2). Seinen rhetorischen Ausdruck fand diese Haltung im Titel des US-amerikanischen Förderprogramms zur Nanotechnologie *Shaping the World Atom by Atom* (NNI 1999).

Von Beginn an waren die Erwartungen an Nanotechnologie extrem hoch, sowohl in Bezug auf wirtschaftliche Wertschöpfung als auch zur Lösung großer Menschheitsprobleme in den Bereichen Entwicklung, Gesundheit und Umwelt. Schnell war von einer Dritten Industriellen Revolution und der Nanotechnologie als Schlüsseltechnologie des 21. Jahrhunderts die Rede. Die hohen Erwartungen und Versprechungen, aber auch weitreichende Befürchtungen (Joy 2000; Dupuy/Grinbaum 2006) haben rasch die wenigstens potenziell sehr hohe Tragweite der Nanotechnologie für die gesellschaftliche Entwicklung der nächsten Jahrzehnte und die Zukunft des Menschen erkennen lassen. Ebenso rasch hat daher die Nanotechnologie das Interesse der Philosophie, der Sozialwissenschaften, der Technikfolgenabschätzung und der Ethik gefunden (vgl. Allhoff et al. 2007; Grunwald 2008; Jotterand 2008; ten Have 2007).

Forschungsfelder

Nach üblicher Einschätzung sind die Felder mit den weitestreichenden Innovationspotentialen der Nanotechnologie: Nanomaterialien und Werkstoffe, Informations- und Kommunikationstechnologien sowie Nanobiotechnologie und Medizin (Paschen et al. 2004; Schmid et al. 2006, Kap. 3).

Nanomaterialien und Werkstoffe: Die Verkleinerung von Materialstrukturen in den Nanometerbereich hinein führt häufig zu neuen Eigenschaften von Werkstoffen, die makroskopisch beim gleichen Material nicht auftreten (vgl. Schmid et al. 2006, Kap. 3.1). Deutlich höhere Härte, Bruchfestigkeit bei niedrigen und Superplastizität bei hohen Temperaturen, hohe chemische Selektivität der Oberflächenstrukturen und eine deutlich vergrößerte Oberflächenenergie lassen sich technisch nutzen. Durch den kontrollierten Aufbau von Materialstrukturen aus atomaren und molekularen Bausteinen lassen sich gewünschte Eigenschaften gezielt einstellen, z. B. in der Oberflächenbehandlung, da hier relativ dünne Schichten über wichtige Oberflächeneigenschaften entscheiden. Quasi selbstreinigende Oberflächen mit gleichzeitig hydro- und oleophoben Eigenschaften, in der Farbe veränderbare sowie selbstheilende Lacke sind Beispiele. In Lebensmitteln können Nanopartikel Verfallsprozesse entdecken helfen sowie die Haltbarkeit oder andere Eigenschaften wie etwa das Fließverhalten zäher Flüssigkeiten, z. B. Ketchup, verbessern. Bei Land- und Luftfahrzeugen können herkömmliche Strukturwerkstoffe zum Teil durch festere und gleichzeitig leichtere Materialien ersetzt werden. In der Chemischen Industrie werden Nanomaterialien als Katalysatoren erschlossen, z. B. Gold-Nanopartikel. Oberflächenaktive Membranen können nanotechnologisch zur Abwasseraufbereitung, Schadstoffbeseitigung und Nebenproduktabtrennung optimiert werden. Nanomaterialien können zur Erhöhung der Leistungsfähigkeit von Batterien, von Mini-Akkus und elektrochemischen Kondensatoren genutzt werden. Diese Entwicklungen sollen zur Ressourcenschonung, Abfallvermeidung, verbesserter Energieeffizienz oder zur Entfernung umweltbelastender Stoffe aus der Umwelt beitragen.

Informations- und Kommunikationstechnologien: Informationsspeicherung und -verarbeitung sind seit Jahrzehnten geprägt durch fortschreitende Miniaturisierung. Auf die Nanotechnologie werden Hoffnungen gesetzt, hier weitere Entwicklungsschübe zu ermöglichen (Schmid et al. 2006, Kap. 3.2). Die technisch beherrschte Größenordnung von Logik- und Speicherbausteinen verschiebt sich zunehmend in die Nanometerdimension. Photonische Kristalle weisen ein Einsatzpotenzial für rein optische Schaltkreise auf, etwa als Grundlage für eine zukünftig möglicherweise nur auf Licht basierende Informationsverarbeitung. In der molekularen Elektronik lassen sich mit Hilfe der Nanotechnologie elektronische Bauelemente mit neuen Eigenschaften auf atomarer Ebene zusammensetzen mit Vorteilen u. a. in einer potenziell hohen Packungsdichte. Neue Konzepte für Komponenten beruhen v. a. auf der Nutzung quantenmechanischer Effekte für die Realisierung kleinerer oder schnellerer Bauelemente, z. B. beim sog. Quanten-Computing. Angesichts der Bedeutung der Informations- und Kommunikationstechnologien für die Wirtschaft, für die Wissensgesellschaft und im privaten Bereich sind hier erhebliche Potenziale plausibel.

Nanobiotechnologie und Nanomedizin: Grundlegende Lebensprozesse spielen sich im Nanomaßstab ab. Wesentliche Bausteine von Zellen haben gerade diese Größenordnung, wie z. B. Proteine und die DNA. Durch Nanobiotechnologie werden biologische Prozesse nanotechnisch analysier- und teilweise kontrollierbar (Schmid et al. 2006, Kap. 3.3). Hier werden Sprache und Konzepte aus Maschinenbau, Elektrotechnik und Informatik auf Bestandteile lebender Systeme bezogen (Grunwald 2012, Kap. 8). Es wird von Nanomaschinen in zellulären und subzellulären Prozessen gesprochen, wenn z. B. funktionelle Biomoleküle als Bestandteile von Lichtsammel- und Umwandlungsanlagen, Signalwandler, Katalysatoren, Pumpen oder Motoren interpretiert werden. An der Vernetzung natürlicher biologischer Prozesse mit technischen Prozessen wird intensiv gearbeitet. Der technische Nachbau natürlicher Lebensvorgänge wie z. B. der Photosynthese rückt in den Bereich realistischer Zielsetzungen, bis hin zu Überlegungen zu technisch hergestelltem Leben in Teilen der Synthetischen Biologie. Vielfältige medizinische (Freitas 1999) und biotechnologische Anwendungen zeichnen sich ab. Mit Hilfe nanotechnologiebasierter Diagnoseverfahren sollen Krankheiten oder Dispositionen für Krankheiten früher erkannt werden. Die Anwendung nanopartikulärer Dosiersysteme (*drug delivery*) könnte zu erheblichen Fortschritten bei der medikamentösen Behandlung und zur Vermeidung unerwünschter Nebenwirkungen führen. Die Biokompatibilität künstlicher Implantate kann durch neue Materialeigenschaften verbessert werden. Ein spezielles und praktisch wie auch ethisch besonders interessantes Teilgebiet liegt in der Herstellung direkter Kontakte zwischen Technik und dem menschlichen Nervensystem, z. B. für die Prothetik. Mikroimplantate könnten die Funktionsfähigkeit von Gehör und Sehsinn wieder herstellen (s. Kap. III. 29). Darüber hinaus werden auch teils utopische Hoffnungen gehegt, z. B. Alterungsprozesse deutlich zu verlangsamen.

Das Entstehen der Ethik zur Nanotechnologie

Heterogene Motive haben zur Entstehung der Ethik zur Nanotechnologie beigetragen. Die Frage, was genau an der Nanotechnologie ethisch relevant sei und welche ethischen Fragen neu seien, wurde kaum gestellt, und systematische Antworten finden sich praktisch nicht (vgl. Grunwald 2012). Vielfach werden zwar zutreffend, aber dennoch in Bezug auf die Erwartungen an ethische Reflexion unspezifisch, die vermutete hohe Eindringtiefe und das gesellschaftliche Veränderungspotenzial der Nanotechnologie als Grund für die Notwendigkeit ethischer Befassung genannt.

Historisch hat die Befassung mit ethischen und gesellschaftlichen Fragen der Nanotechnologie im Kontext der amerikanischen Förderinitiative zur Nanotechnologie ihren Anfang genommen (NNI 1999). Ihre v. a. in der amerikanischen Debatte entstandenen Argumentationsmuster lauten zusammengefasst: »Without an attention to ethics, it would not be possible to ensure efficient and harmonious development, to cooperate between people and organisations, to make the best investment choices, to prevent harm to other people, and to diminish undesirable economic implications« (Roco 2007, xi). Die sich vergrößernde Lücke zwischen dem raschen nanotechnologischen Fortschritt und seiner ungenügenden und bloß hinterher laufenden ethischen Reflexion könne unerwünschte Entwicklungen verursachen: »We believe that there is danger of derailing NT [nanotechnology] if serious study of NT's ethical, environmental, economic, legal and social implications [...] does not reach the speed of progress in the science« (Mnyusiwalla et al. 2003, R 9). Ethik und Folgenforschung werden hier instrumentell gesehen, um nanobasierte Innovationen in modernen Gesellschaften einführen zu können und öffentlichen Widerstand zu vermeiden.

Die Diskussion von möglichen apokalyptischen Seiten der Nanotechnologie (Joy 2000) brachte ebenfalls Forderungen nach Ethik mit sich. Sie zielt nicht auf konkrete Nanotechnologie und darauf aufbauende Produkte, sondern auf das mit Nanotechnologie generell verbundene physikalistische Denken. Der vermeintliche Triumph des Homo Faber, der sich anschicke, die Welt ›Atom für Atom‹ zu gestalten, müsse zwangsläufig zu einer ›ultimativen Katastrophe‹ führen (Dupuy/Grinbaum 2006) – Aufgabe der Ethik sei, diese Apokalypse zu verhindern.

Begleitet wurde die aufkommende ethische Debatte zur Nanotechnologie von Forderungen nach einer *Nano-Ethik* als einer eigenständigen Teildisziplin der Angewandten Ethik (Allhoff et al. 2007). Allerdings wäre die Ausrichtung einer Teildisziplin der Ethik an einem Technologiegebiet oder an einer räumlichen Größenordnung nicht plausibel, sondern es müssten zentrale ethische Fragen sein, die eine neue Subdisziplin der Ethik konstituieren könnten. Es hat sich jedoch gezeigt, dass die ethischen Fragen der Nanotechnologie den etablierten Feldern der Ethik wie Bioethik, Medizinethik oder Technikethik zugerechnet werden können und dass kein Raum für eine eigenständige »Nano-Ethik« verbleibt (Grunwald 2012, Kap. 4.2).

Die aktuelle Situation ist – jenseits der Debatte um spekulative Ethik – durch verstärkte Hinwendung zu konkreten Anwendungen der Nanotechnologie gekennzeichnet. Dabei scheint der Begriff ›Nanotechnologie‹ seine Integrationskraft zur Überdeckung doch recht heterogener ethischer Reflexionen allmählich zu verlieren (Grunwald 2012, Kap. 11.3). Stattdessen verlagern sich die Debatten zurück in die klassischen Felder ethischer Reflexion, in denen Nanotechnologie Neuerungen ermöglicht, also z. B. in Bioethik oder Informationsethik.

Ethische Reflexionsfelder

In der ethischen Debatte zur Nanotechnologie hat sich innerhalb weniger Jahre ein stabiler *Kanon* von Themen herausgebildet (Grunwald 2008; ten Have 2007; Jotterand 2008).

Risiken von Nanopartikeln: Synthetische Nanopartikel können durch Emissionen während der Herstellung oder beim alltäglichen Gebrauch von Produkten in die Umwelt oder in den menschlichen

Körper gelangen. Ihre Ausbreitung und mögliche Auswirkungen auf Gesundheit und Umwelt, insbesondere Langzeitfolgen, sind bisher nur unzureichend bekannt. Besonders umstritten ist der Einsatz von Nanopartikeln in Kosmetika und in Lebensmitteln, zumal es dafür bislang keine Kennzeichnungspflicht gibt. Die nanotoxikologische Forschung gestaltet sich aufgrund der schlechten Detektierbarkeit und der Vielzahl unterschiedlicher Nanopartikel außerordentlich mühsam (Schmid et al. 2006, Kap. 4). Ethisch relevant ist die Frage, was aus diesem Wissensdefizit folgt und welche normativen Kriterien den Umgang mit hoher Unsicherheit anleiten sollen. Es geht um die Beurteilung der normativen Aspekte der Situation, z. B. das Verhältnis von Wissen und Nichtwissen), um die Klärung der Vergleichbarkeit mit anderen Risikotypen unter Aufdeckung der dabei eingehenden normativen Voraussetzungen sowie um die Analyse der normativen Grundlagen praktischer Konsequenzen. Fragen der Akzeptabilität von Risiken, der Vergleichbarkeiten von Risiken, der Abwägungsfähigkeit von Risiken mit Chancen und der Rationalität von Handeln unter Unsicherheit, letztlich also die ganze Problematik der Risikoethik, insbesondere des Vorsorgeprinzips, sind hier einschlägig (s. Kap. III. 24); Grunwald 2012, Kap. 6).

Privatheit: Im Zuge der weiteren Miniaturisierung von Sensor- und Speichertechnologien in den Nanometer-Bereich hinein vergrößern sich die Möglichkeiten der vom Opfer unbemerkten Datenerhebung drastisch. Besonders sensibel in Bezug auf Privatsphäre ist der Gesundheitsbereich. Die Entwicklung kleiner Diagnoseeinheiten – *Lab on a Chip* – kann es ermöglichen, umfassende persönliche Diagnosen und Prognosen auf der Basis persönlicher Gesundheitsdaten zu erstellen. Außerdem könnten Miniaturisierung und Vernetzung der Überwachungsgeräte vorhandene Kontrollmöglichkeiten und Datenschutzregelungen erheblich erschweren oder ganz obsolet machen. Zwar sind diese Fragen nicht spezifisch durch Nanotechnologie aufgeworfen, jedoch kann Nanotechnologie den technischen Fortschritt beschleunigen und die Dringlichkeit der Folgenreflexion erhöhen (s. Kap. III. 3).

Verteilungsgerechtigkeit: Probleme der Verteilungsgerechtigkeit stellen sich grundsätzlich in jedem Feld technischer Innovation, da der technische Fortschritt bereits vorhandene Ungleichverteilungen tendenziell vertieft. Entgegen anfänglichen Hoffnungen, dass Nanotechnologie gerade für Entwicklungsländer große Chancen bringe, sind die Befürchtungen gewachsen und werden durch die faktische Entwicklung gestützt, dass ihre Vorteile ganz überwiegend industrialisierten Ländern zukommen (ten Have 2007). Bereits früh wurden aus ethischer Sicht Forderungen erhoben, Belange der Entwicklungsländer direkt in der Ausgestaltung und Förderung der Nanotechnologie zu berücksichtigen (Mnysiwalla et al. 2003).

Medizinischer Einsatz: Durch den Einsatz der Nanotechnologie werden vielfältige Verbesserungen bei medizinischer Diagnose und Therapie erwartet (Freitas 1999). Diese Erwartungen führen in einer ethischen Beurteilung zu einer positiven Sollensaussage, verbunden mit der Verpflichtung der Beachtung von medizinischen Sorgfaltspflichten und möglicher Risiken, wie dies im medizinischen Bereich durch entsprechende Zulassungsverfahren für Medikamente und medizinische Technik eingespielt ist (vgl. ETPN 2005). Auch wird an der Herstellung direkter Kontakte zwischen Technik und dem menschlichen Nervensystem gearbeitet, v. a. im Hinblick auf Prothesen und Implantate. Der technische Zugang zum Nervensystem ist wegen möglicher Manipulations- und Kontrollmöglichkeiten von Menschen besonders sensibel. Der Rahmen üblicher medizinethischer Fragen wird jedoch erst dann überschritten, wenn das *Human Enhancement* oder eine möglicherweise erhebliche Verlängerung der menschlichen Lebenszeit durch Nanotechnologie in den Blick genommen wird. Nano-Maschinen im menschlichen Körper könnten zukünftig darüber wachen, dass ein optimaler Gesundheitszustand permanent aufrechterhalten und damit – so die Vision – ein nahezu unbegrenztes Leben möglich würde. Diese Vision hat – unbeschadet ihrer spekulativen Natur – bereits zu Gedanken aus ethischer Sicht Anlass gegeben (Moor/Weckert 2004).

Militärische Nutzung: Nanotechnologie ist rasch ins Blickfeld der Militärs geraten (Altmann 2006). Durch die Entwicklung nanoskaliger Pulver für den Einsatz in Treibmitteln und Sprengstoffen könnten sich Energieausbeute und Explosionsgeschwindigkeit erheblich erhöhen lassen. In der militärischen Aufklärung gibt es eine Vielzahl von möglichen Anwendungen, die auf der Nutzung von nanotechnologischen Komponenten für Sensoren, Sensorsysteme und Sensornetze basieren. Nanotechnologische Entwicklungen werden vermutlich erhebliche Auswirkungen für das militärische Personal haben, u. a. auf der Ebene der persönlichen Ausstattung und im Rahmen eines *Human Enhancement* für soldatische Zwecke, z. B. in Form neuer Mensch/Maschine-Schnittstellen oder in Form eines fokussierten

Enhancements spezieller Soldaten für spezielle Zwecke. Durch Nanobiotechnologie könnten mittels künstlicher oder technisch umgebauter Viren möglicherweise biologische Waffen hergestellt werden.

Überschreiten der Grenze zwischen Leben und Technik: Die klassische Grenze zwischen dem Technischen und dem Lebendigen wird in der Nanobiotechnologie zunehmend verwischt bzw. überschritten. Risikodiskussionen und ethische Debatten mit strukturellen Ähnlichkeiten zu der Diskussion um gentechnisch veränderte Organismen haben bereits eingesetzt, so z. B. zur Freisetzungsproblematik technisch veränderter oder neu erzeugter Organismen. Auch Missbrauchsgefahren werden thematisiert wie z. B. das technische Verändern von Viren durch Terroristen. Darüber hinaus werden philosophische Themen wie das Verhältnis von Leben und Technik, die mögliche Technisierung unserer Vorstellungen von Natur (s. Kap. II. 19) und Leben, Konsequenzen für den Lebensbegriff und mögliche Folgen für Achtung vor der »Würde« des Lebens diskutiert (Grunwald 2012, Kap. 7).

Technische Verbesserung des Menschen: Ermöglicht v. a. durch Nanotechnologie sind seit etwa zehn Jahren der menschliche Körper und seine Psyche in die Dimension des technisch Gestaltbaren geraten. Die Diagnose der *converging technologies*, das Zusammenwachsen von Nano- und Biotechnologie, Informatik und Hirnforschung, wurde mit der Zielstellung »improving human performance« verbunden (Roco/Bainbridge 2002). Die *Verbesserung* soll sich z. B. auf sensorische oder motorische Fähigkeiten erstrecken, aber auch auf kognitive Fähigkeiten. Die technische Verbesserung des Menschen – wenn sie denn möglich wäre – stellte jedenfalls eine Reihe neuartiger ethischer Fragen (s. Kap. III. 13; Schöne-Seifert et al. 2009; Grunwald 2012, Kap. 9). Angesichts der damit verbundenen moralischen Fragen und ihrer Konfliktträchtigkeit zeichnet sich hier ein neues Feld ethischer Überlegungen ab, welches nicht einfach Folge der nanotechnischen Entwicklung im engeren Sinne ist, durch auf der Nanotechnologie aufbauende Visionen zumindest denkmöglich geworden ist.

Explorative Philosophie statt spekulativer Ethik

Ein großer Teil der ethischen Literatur zur Nanotechnologie erstreckt sich auf nicht sehr konkrete, teils futuristische und in ihrer Machbarkeit zweifelhafte Entwicklungen, v. a. im Kontext der ›Converging Technologies‹ (Roco/Bainbridge 2002). Dies hat zu massiver Kritik an der sogenannten ›spekulativen Nano-Ethik‹ geführt (Nordmann 2007). Diese befasse sich mit bloßen Spekulationen und verkenne, dass aus rein Spekulativem nichts Belastbares folgen könne. Ethik zur Nanotechnologie verschwende so ihre Ressourcen und könne sich um die real anstehenden Fragen nicht hinreichend kümmern.

Ethische Reflexion ist jedoch je nach Problemstellung und nach Validität verfügbaren Folgenwissens zu differenzieren (Grunwald 2012, Kap. 10) und dient unterschiedlichen Zwecken. Ist die ethische Verantwortbarkeit des Einsatzes von Nanopartikeln in Lebensmitteln eine konkrete Frage im Rahmen von Überlegungen zu Regulierung, Kennzeichnungspflicht, Selbstverpflichtung von Unternehmen oder individueller Verantwortung, so dienen frühe philosophische Überlegungen zur synthetischen Biologie oder zur technischen Verbesserung des Menschen der begrifflichen Verständigung und hermeneutischen Aufklärung dessen, worum es jeweils in normativer Hinsicht geht und welche ethischen Argumentationsmuster einschlägig sind, ohne dass konkret etwas zur Vorbereitung von rechtlichen oder politischen Regelungen ethisch zu beurteilen wäre.

Nun ist es ohne weiteres möglich, sinnvolle Zwecke auch für eine eher spekulative philosophische Reflexion zu bestimmen, so in der philosophischen Tradition der Gedankenexperimente. Eine solche hätte einen stärker orientierenden, nicht aber einen direkt handlungsleitenden Charakter. Dabei dominieren begriffliche, präethische, heuristische und hermeneutische Fragen. Die Aufgabe ist zu klären, worum es in den betrachteten spekulativen Entwicklungen überhaupt gehen kann, was auf dem Spiel stehen könnte, ob und welche Rechte möglicherweise beeinträchtigt werden könnten, wie Menschen-, Natur- und Technikbilder sich verändern könnten, welche ethischen und anthropologischen Fragen überhaupt involviert sind und welche Gesellschaftsentwürfe mitschwingen. Daher sollte nicht von einer ›spekulativen Nano-Ethik‹ gesprochen werden, sondern die entsprechenden Reflexionsformen stellen Elemente einer explorativen Philosophie dar (Grunwald 2012, Kap. 10).

Literatur

Allhoff, Fritz/Lin, Patrick/Moor, John/Weckert, John (Hg.): *Nanoethics. The Ethical and Social Implications of Nanotechnology*. New Jersey 2007.
Altmann, Jürgen: *Military Nanotechnology: Potential Application and Preventive Arms Control*. London 2006.
Dupuy, Jean-Pierre/Grinbaum, Alexej: Living with Uncertainty: Toward the ongoing normative assessment of nanotechnology. In: Joachim Schummer/Davis Baird (Hg.): *Nanotechnology Challenges: Implications for Philosophy, Ethics and Society*. Singapore 2006, 287–314.
ETPN – European Technology Platform Nanomedicine: *Vision Paper and Basis for a Strategic Research Agenda for NanoMedicine*. Brussels 2005.
Freitas, Robert A. Jr.: *Nanomedicine*. Vol. I: *Basic Capabilities*. Georgetown, Texas 1999.
Grunwald, Armin: Ethics of nanotechnology. State of the art and challenges ahead. In: Günter Schmid (Hg.): *Nanotechnology*. Bd. 1: *Principles and Fundamentals*. Weinheim 2008, 245–286.
–: *Responsible Nanobiotechnology. Philosophy and Ethics*. Singapore 2012.
Jotterand, Fabrice (Hg.): *Emerging Conceptual, Ethical and Policy Issues in Bionanotechnology*. Berlin 2008.
Joy, Bill: Why the future doesn't need us. In: *Wired* 8.04 (2000). http://www.wired.com/wired/archive/8.04/joy.html (12.12.2013).
Mnyusiwalla, Anisa/Daar, Abdallah S./Singer, Peter A.: Mind the gap. Science and ethics in nanotechnology. In: *Nanotechnology* 14 (2003), R 9–R 13.
Moor, John/Weckert, John: Nanoethics: assessing the nanoscale from an ethical point of view. In: Davis Baird/Alfred Nordmann/Joachim Schummer (Hg.): *Discovering the Nanoscale*. Amsterdam 2004, 301–310.
NNI – National Nanotechnology Initiative: *Shaping the World Atom by Atom*. Washington 1999.
Nordmann, Alfred: If and then: A critique of speculative nanoethics. In: *Nanoethics* 1 (2007), 31–46.
–: Nanotechnologie. In: Armin Grundwald (Hg.): *Handbuch Technikethik*. Stuttgart/Weimar 2013, 338–342.
Paschen, Herbert/Coenen, Christopher/Fleischer, Torsten/Grünwald, Reinhard/Oertel, Dagmar/Revermann, Christoph: *Nanotechnologie. Forschung und Anwendungen*. Berlin 2004.
Roco, Mihail: Foreword: Ethical choices in nanotechnology development. In: Fritz Allhoff/Patrick Lin/John Moor/John Weckert (Hg.): *Nanoethics. The Ethical and Social Implications of Nanotechnology*. New Jersey 2007, 5–6.
–/Bainbridge, William (Hg.): *Converging Technologies for Improving Human Performance*. Arlington 2002.
Schmid, Günter/Ernst, Holger/Grünwald, Werner/Grunwald, Armin/Brune, Harald/Hofmann, Heinrich/Krug, Harald/Janich, Peter/Mayor, Macel/Rathgeber, Wolfgang/Simon, Ulrich/Vogel, Viola/Wyrwa, Daniel: *Nanotechnology – Perspectives and Assessment*. Berlin 2006.
Schöne-Seifert, Bettina/Ach, Johann S., Talbot, Davinia/Opolka Uwe (Hg.): *Neuro-Enhancement. Ethik vor neuen Herausforderungen*. Paderborn 2009
ten Have, Henk (Hg.): *Nanotechnologies, Ethics and Politics*. Paris 2007.

Armin Grunwald

29 Neuromedizin und Neurowissenschaften

Die Neurowissenschaften bearbeiten ein weit ausgreifendes interdisziplinäres Forschungsgebiet, dessen allgemeines Interesse die Untersuchung der Struktur und Funktionsweise von Nervensystemen ist. Die Neuromedizin lässt sich systematisch als dasjenige Teilgebiet der Neurowissenschaften auffassen, in dem Kenntnisse und Verfahren generiert werden, die der Diagnose, Therapie und Prävention von Störungen bzw. Erkrankungen des menschlichen Nervensystems dienen. Wenngleich die Neurowissenschaften nicht auf die Betrachtung des Menschen beschränkt sind – beispielsweise erforscht die vergleichende Neuroanatomie die Organisationsprinzipien der verschiedenen Typen von Nervensystemen, die sich im Tierreich ausgebildet haben – und obwohl die Neuromedizin sich auch mit Funktionsstörungen des peripheren Nervensystems sowie des Rückenmarks befasst, ist es vorwiegend das menschliche Gehirn, aus dessen Erforschung und Behandlung sich Fragen von besonderer Relevanz für die Bioethik ergeben. Im Zuge der Entwicklung von Technologien, die neue Möglichkeiten sowohl für Einblicke als auch für Eingriffe in Hirnvorgänge eröffnen, hat sich der ethische Reflexionsbedarf derart erhöht, dass sich die sog. ›Neuroethik‹ seit etwa einem Jahrzehnt zusehends als eigenständiger Teilbereich der Bioethik etabliert.

Gesellschaftliche Relevanz

Spätestens seitdem die 1990er Jahre vom damaligen US-Präsidenten George H. W. Bush zur *Decade of the Brain* ausgerufen worden waren, genießen die Neurowissenschaften ein herausgehobenes Maß an öffentlicher Aufmerksamkeit und Förderung. Dies zeigt sich an der ungewöhnlich breiten medialen Berichterstattung über neurowissenschaftliche Forschungsergebnisse ebenso wie an der Konjunktur neuer ›Neuro‹-Disziplinen wie Neuro-Pädagogik, Neuro-Marketing oder Neuro-Theologie und an hoch dotierten jüngsten Förderprogrammen wie am europäischen *Human Brain Project* oder dessen US-amerikanischen Pendant, der *BRAIN Initiative*. Auf der theoretischen Ebene wird der Boom der Neurowissenschaften gerne mit dem besonderen Beitrag begründet, den diese zur Klärung des menschlichen Selbstverständnisses leisten könnten.

Im Hintergrund steht dabei die Überlegung, dass der Mensch sich von anderen Lebewesen v. a. durch seine speziellen Geistesgaben unterscheide, die sich dank der Neurowissenschaften ganz neu, nämlich als Hirnfunktionen verstehen ließen. In praktischer Hinsicht wird v. a. die Neuromedizin als besonders förderungswürdig dargestellt, weil Störungen des Gehirns, zu denen aus neurowissenschaftlicher Sicht auch alle psychiatrischen Erkrankungen zählen, sowohl große Kosten als auch erhebliches Leid verursachen. So beziffert z. B. eine groß angelegte Studie die durch Erkrankungen des Gehirns entstehenden Gesamtkosten für Europa auf jährlich 798 Milliarden Euro, wobei der hiervon auf direkte Gesundheitsausgaben entfallende Anteil von 296 Milliarden Euro annähernd ein Viertel der gesamten krankheitsbezogenen Aufwendungen im europäischen Gesundheitswesen ausmacht (Gustavsson et al. 2011). Gemeinhin wird erwartet, dass die ökonomische Belastung durch Störungen des Gehirns wegen der steigenden Prävalenz psychiatrischer Probleme und wegen der in Folge des Wandels der Altersstruktur zunehmenden Bedeutung neurodegenerativer Erkrankungen weiter anwachsen wird (s. Kap. III. 10).

Sowohl die Neurowissenschaften im Allgemeinen als auch die Neuromedizin im Besonderen zeichnen sich durch eine starke Technologieorientierung aus. Daher werden im Folgenden die wichtigsten Schlüsseltechnologien mit den zugehörigen Forschungsgebieten und den jeweils einschlägigen ethischen Fragestellungen vorgestellt.

Bildgebende Verfahren

Ein maßgeblicher Faktor für den Zuwachs an gesellschaftlicher Relevanz, den die Neurowissenschaften in den letzten Jahrzehnten erfahren haben, liegt in der Entwicklung neuer Techniken der strukturellen und funktionellen Bildgebung. Der wohl wichtigste Meilenstein war dabei die in den frühen 1970er Jahren entwickelte Technologie der Magnetresonanztomographie (MRT), die sich ab Mitte der 1980er Jahre rasch als diagnostisches Instrument etablierte, da sie gegenüber konventionellen Röntgenverfahren eine erheblich kontrastreichere Darstellung von Nerven- und Hirngewebe ermöglicht, ohne dass dabei Gesundheitsrisiken durch ionisierende Strahlung aufträten. In den 1990er Jahren folgte die Einführung der funktionellen Magnetresonanztomographie (fMRT), mit der sich Durchblutungsveränderungen innerhalb des Gehirns sichtbar machen lassen, von denen dann auf damit korrelierte Veränderungen neuronaler Aktivität geschlossen wird. Die fMRT zeichnet sich durch eine relativ gute räumliche Auflösung aus, besitzt dafür jedoch eine schlechtere zeitliche Auflösung als bildgebende Verfahren, welche wie die Elektroenzephalographie (EEG) unmittelbar die elektrische Aktivität von Nervenzellverbänden in Form von Summenpotentialen an der Kopfhaut ableiten oder wie die Magnetoenzephalographie (MEG) die von neuroelektrischer Aktivität induzierten magnetischen Feldänderungen detektieren. Die Techniken der funktionellen Bildgebung des Gehirns werden ergänzt durch nuklearmedizinische Verfahren, bei denen Stoffwechselvorgänge anhand der Verteilung von Radionukliden im Hirngewebe abgebildet werden. So werden bei der Mitte der 1970er Jahre entwickelten Positronen-Emissions-Tomographie (PET) Radiopharmaka verabreicht, bei deren Zerfall Positronen entstehen (β^+-Zerfall), während bei der Einzelphotonen-Emissionscomputertomographie (SPECT – *Single Photon Emission Computed Tomography*) γ-Strahler eingesetzt werden. Da jedes einzelne bildgebende Verfahren Stärken und Schwächen aufweist, liefern Kombinationen verschiedener Techniken für viele Anwendungen die besten Ergebnisse. Insbesondere die Verbindung struktureller mit funktionellen Bildgebungsverfahren, wie etwa in der Kombination aus Computertomographie und SPECT-Scan oder in technisch besonders aufwändigen MR/PET-Hybridsystemen, hat den großen Vorteil, die Zuordnung der beobachteten Stoffwechselprozesse zu neuroanatomischen Strukturen zu ermöglichen.

Eines der praxisnaheren ethischen Probleme der neurowissenschaftlichen Bildgebung betrifft den Umgang mit Zufallsfunden. Während des letzten Jahrzehnts trat im Zuge des Booms an MRT-Studien in der neurowissenschaftlichen Grundlagenforschung das Problem auf, dass bei einem erheblichen Anteil der Probanden strukturelle Anomalien mit möglicher pathologischer Bedeutung wie Tumore oder Hirn-Aneurysmata (Gefäßaussackungen, die im Falle eines Risses Hirnblutungen nach sich ziehen) auffällig wurden. Je nach der betrachteten Probandengruppe, dem verwendeten Scan-Protokoll und der zugrunde gelegten Definition von Zufallsfunden treten diese bei 13–84 % der MRT-Scans auf (Wolf 2011, 625). Erschwerend hinzu kommt, dass die Mitarbeiter an MRT-Studien, denen die Interpretation der Scans obliegt, in der Regel nicht die erforderlichen diagnostischen Kenntnisse haben, um Auffälligkeiten sicher identifizieren und deren klinische Relevanz einschätzen zu können. International kursieren verschiedene Vorschläge für Richtlinien dazu, wie ein ethisch verantwortungsvoller Umgang mit Zufallsfunden im Rahmen neurowissenschaftlicher Bildgebungsstudien aussehen könnte; eine deutsche Richtlinieninitiative haben Heinemann et al. gestartet (Heinemann et al. 2009). Unumstritten ist dabei die Forderung, dass Probanden vor der Teilnahme an einer solchen Studie über die Möglichkeit des Auftretens von Zufallsfunden aufgeklärt werden sollten. Kontrovers beurteilt wird dagegen z. B. die Frage, ob im Rahmen von Forschungsstudien aufgenommene Abbildungen des Gehirns grundsätzlich auch einem Neuroradiologen oder Nuklearmediziner zur diagnostischen Beurteilung etwaiger Auffälligkeiten vorgelegt werden sollten, was die Kosten von Bildgebungsstudien erheblich in die Höhe treiben würde.

Viele andere philosophische Debatten zur neurowissenschaftlichen Bildgebung betreffen weniger praktische Fragen, als vielmehr die Geltung sehr grundlegender Ansichten zur menschlichen Existenz, die manche Neurowissenschaftler aus ihren Studien abzuleiten geneigt sind. So wurde vor einigen Jahren in Deutschland nicht nur in Fachzeitschriften, sondern auch in den Feuilletons großer Zeitungen darüber gestritten, ob bestimmte neurowissenschaftliche Experimente den Schluss zulassen, dass die menschliche Willensfreiheit nur eine Illusion sei (Geyer 2004). Auch wenn diese Kontroverse eher um Fragen der Wissenschaftstheorie und der Philosophie des Geistes als um ethische Fragen kreist, ergeben sich aus ihr weitreichende normative Konsequenzen, die etwa die Haltbarkeit des strafrechtlichen Schuldbegriffs angesichts eines vermeintlich neurowissenschaftlich fundierten Determinismus betreffen. Die Debatte darüber, ob und inwieweit es in absehbarer Zukunft möglich sein könnte, anhand von Messungen der Gehirnaktivität auf mentale Zustände zu schließen, ähnelt der Auseinandersetzung um die Willensfreiheit insofern, als auch hier den beteiligten Neurowissenschaftlern von philosophischer Seite vorgeworfen wird, auf dünner experimenteller Grundlage zu extrem provokanten und dabei schlecht durchdachten Thesen zu gelangen. So spielen Neurowissenschaftler, die Experimente zur Dekodierung mentaler Zustände anstellen, gerne mit der Metapher des Gedankenlesens, auch wenn sie zugeben, dass eine »universelle Gedankenlesemaschine« nicht so bald realisiert werden könne (vgl. Haynes 2011, 6). Kritiker nehmen u. a. deshalb Anstoß an den von manchen Neurowissenschaftlern angestellten Extrapolationen von heutigen auf zukünftige technische Möglichkeiten, weil sie dahinter weniger einen unschuldigen Hang zur Übertreibung, als vielmehr cleveres Kalkül im Buhlen um öffentliche Aufmerksamkeit und Fördermittel vermuten. Am Beispiel des Auslesens mentaler Zustände zeigt sich nämlich, wie schnell Grundlagenforschung zu kommerziellen Anwendungen führen kann. So gibt es neben ersten Anwendungen im Bereich des Neuromarketings schon heute mehrere Systeme zur fMRT-gestützen Lügendetektion, auch wenn insbesondere die Übertragbarkeit der in Laborexperimenten erwiesenen relativ hohen Zuverlässigkeit dieser Verfahren auf Situationen des täglichen Lebens sehr fragwürdig erscheint (Simpson 2008).

Bildgebende Verfahren sind auch deshalb von herausragender Bedeutung für die junge Disziplin der Neuroethik, weil sie die Schlüsseltechnologien für die Erforschung der ›Neurowissenschaft der Ethik‹ stellen, die laut einem programmatischen Artikel von Adina Roskies (2002) das zweite Standbein der Neuroethik neben der Beschäftigung mit der Ethik der Neurowissenschaft repräsentiert. Das ehrgeizige Ziel dieses Forschungszweigs soll darin liegen, die neurobiologischen Grundlagen moralischer Phänomene aufzuklären. Mit bildgebenden Verfahren hofft man etwa, die alte philosophische Frage nach dem Verhältnis von Kognition und Emotion in der moralischen Urteilsbildung einer empirischen Beantwortung zuzuführen (Suhler/Churchland 2011, 36 ff.). Weiterhin sucht man nach neuroanatomischen und neurophysiologischen Auffälligkeiten, die die Disposition mancher Menschen zu unmoralischen Handlungen erklären könnten. Zu diesem Zweck wurden u. a. MRT-Reihenuntersuchungen an inhaftierten Psychopathen durchgeführt (ebd., 44 ff.). Der philosophische Standardeinwand gegen derartige Forschungsprojekte lautet, dass in diese immer bereits ein Vorverständnis dessen investiert werden müsse, was ein Phänomen jeweils als moralisches kennzeichnet, das seinerseits nicht empirisch begründet werden könne.

Die durch die bildgebenden Verfahren vermittelte Möglichkeit, dem menschlichen Geist scheinbar direkt bei der Arbeit zuzusehen, ist ausschlaggebend für den von manchen Neurowissenschaftlern erhobenen Anspruch, als Vertreter einer neuen wissenschaftlichen Leitdisziplin aufzutreten. Dieser Anspruch zeigt sich nicht nur in den geschilderten Bestrebungen, Grundlagenprobleme der Ethik oder Rechtswissenschaft lösen zu wollen, sondern wird auch in zahlreichen Neologismen augenfällig, in denen das Präfix ›Neuro-‹ neuerdings traditionellen Disziplinenbezeichnungen vorangestellt wird wie z. B. Neuro-Linguistik, Neuro-Ökonomie, Neuro-Pädagogik bzw. Neuro-Didaktik und sogar Neuro-Theologie. Die usurpatorischen Tendenzen der Neurowissenschaften werden von Seiten der Philosophie einer grundsätzlichen Kritik unterzogen (Bennett/Hacker 2003; s. a. die Beiträge in Sturma 2006). Allerdings gibt es durchaus auch naturalistisch bzw. reduktionistisch gesinnte ›Neuro-Philosophen‹, die die hochfliegenden Ambitionen der Neurowissenschaften teilen, z. B. Daniel Dennett und John Searle in Bennett et al. 2007.

Elektrische Stimulationsverfahren

Der interdisziplinäre Schulterschluss zwischen klinisch arbeitenden Neuromedizinern und technisch orientierten Computer- sowie Ingenieurwissenschaftlern hat neben neuen Einblicken in das Nervensystem auch eine Fülle neuartiger Möglichkeiten zur Intervention in neuronale Prozesse geschaffen. Die gezielte Korrektur von fehlerhaften Aktivitäten in neuronalen Netzwerken mit technischen Mitteln wird als Neuromodulation bezeichnet (Krames et al. 2009). Die meisten Technologien in diesem Bereich beeinflussen neuronale Aktivität über elektrische oder chemische Wirkmechanismen. Interventionen mit Neuropharmaka werden jedoch nur dann als neuromodulatorisch aufgefasst, wenn diese nicht systemisch verabreicht, sondern z. B. mit Hilfe implantierter Arzneimittelpumpen bedarfsorientiert am therapeutischen Zielort abgegeben werden (ebd., 4). Zur elektrischen Modulation neuronaler Aktivität stehen heute eine ganze Reihe verschiedener Stimulationsverfahren zur Verfügung. Am peripheren Nervensystem setzen z. B. diverse Anwendungen der funktionellen Elektrostimulation (FES) an, die ausgefallene oder beeinträchtigte Muskelfunktionen durch Reizung geeigneter Nerven kompensiert. Chronische Schmerzzustände, deren Behandlung eines der wichtigsten Anwendungsgebiete neuromodulatorischer Technologien darstellt, können je nach den pathophysiologischen Gegebenheiten mit Stimulationsverfahren therapiert werden, die entweder auf periphere Nerven, das Rückenmark (SCS – *Spinal Cord Stimulation*) oder das Gehirn (z. B. MCS – *Motor Cortex Stimulation*) einwirken.

Neuromodulation wird häufig zur Behandlung chronischer Erkrankungen eingesetzt, so dass viele Stimulationsverfahren zur dauerhaften Anwendung bestimmt sind. In der Praxis bedeutet dies, dass die erforderlichen Geräte (z. B. Elektroden, Impulsgeneratoren, Batterien) permanent in den Körper des Patienten implantiert werden. Dies gilt u. a. für Verfahren wie die gleich noch genauer zu besprechende Tiefe Hirnstimulation, die Vagusnervstimulation (VNS), die u. a. zur Behandlung der Epilepsie und der Majoren Depression eingesetzt wird, oder den sog. Blasenschrittmacher zur Kompensation eines Verlusts der Kontrolle über die Blasenentleerung. Für den Einsatz vieler Neurotechnologien ist also mindestens ein chirurgischer Eingriff erforderlich. Neben neueren Stimulator-Systemen mit Akkuzellen, die sich durch transkutane Induktion wieder aufladen lassen, sind immer noch Systeme gebräuchlich, bei denen die Batterien regelmäßig im Zuge kleiner chirurgischer Eingriffe gewechselt werden müssen. Demgegenüber werden Stimulationsverfahren, die keine Operationsrisiken mit sich bringen, häufig als ›nicht-invasiv‹ bezeichnet (vgl. Pascual-Leone et al. 2011), wobei dies nicht dahingehend missverstanden werden sollte, dass die betreffenden Technologien deshalb auch unschädlich sein müssten.

Da die verfügbaren transkraniellen, d. h. durch den Schädelknochen hindurch wirkenden, Verfahren zur Stimulation des Gehirns bei richtiger Anwendung tatsächlich relativ gut verträglich erscheinen (Heinrichs 2012), werden sie außer im klinischen Bereich häufig auch in der neurowissenschaftlichen Forschung am gesunden Probanden eingesetzt. Von besonderer Bedeutung ist in diesem Zusammenhang die transkranielle Magnetstimulation (TMS), weil sie die Möglichkeit bietet, durch vorübergehende Deaktivierung umgrenzter Regionen der Großhirnrinde die funktionellen Rollen dieser Gehirnareale aufzuklären. Bei dieser Mitte der 1980er Jahre eingeführten Technik wird in einer nahe am Kopf platzierten Spule ein starkes gepulstes Magnetfeld erzeugt, das einen Stromfluss in den äußeren Schichten des Gehirns induziert. Je nach den Stimulationsparametern erhöht TMS entweder die Erregbarkeit des betroffenen Nervengewebes oder senkt sie herab, wobei der hemmende Effekt so stark sein kann, dass man von einer temporären Ausschaltung der Region (eine sog. virtuelle Läsion) spricht. Über welchen physiologischen Mechanismus die TMS ihre jeweilige Wirkung entfaltet, ist ebenso wie für alle anderen neuromodulatorischen Stimulationstechniken im Detail noch ungeklärt. Einen weit geringeren technisch-apparativen Aufwand als die TMS erfordert die transkranielle Gleichstromstimulation (tDCS – *transcranial Direct Current Stimulation*), bei der über auf der Kopfhaut angebrachte Elektroden ein schwacher Strom auf schädelnahe Gehirnareale einwirkt. Auch hier gilt, dass die Erregungsschwelle der stimulierten Neurone in Abhängigkeit von der gewählten Polarität und Elektrodenposition entweder erhöht oder herabgesenkt wird. Obwohl die tDCS bereits seit Beginn des 19. Jahrhunderts bekannt und weit einfacher anzuwenden ist als die TMS, liegen zu ihren Wirkungen erheblich weniger qualitativ hochwertige Studien vor. Erst in jüngerer Zeit erfahren tDCS und einige weitere nicht-invasive Stimulationsverfahren verstärkte Aufmerksamkeit (Fox 2011). Insbesondere in ihrer repetitiven Anwendungsform (rTMS), bei der rasch und regelmäßig aufeinander folgende Magnetpulse generiert werden, wird TMS gegenwärtig für zahlreiche neuropsychiatrische Indikationen in klinischen Studien erprobt (Pascual-Leone 2011, 422).

Während der unmittelbare Stimulationseffekt der nicht-invasiven Verfahren auf die äußeren Strukturen des Gehirns eingeschränkt ist, steht seit Ende der 1980er Jahre mit der Tiefen Hirnstimulation (DBS – *Deep Brain Stimulation*) eine neuromodulatorische Technik zur Verfügung, mit der tief im Gehirn liegende Strukturen über implantierte Elektroden dauerhaft elektrisch stimuliert werden können. Die Elektroden werden im Rahmen eines stereotaktischen Eingriffs in das Gehirn eingeführt, wobei der Weg der Elektroden zum Zielort mithilfe bildgebender Verfahren vorab genau geplant und während der Operation fortlaufend überprüft wird. Von den Elektroden werden Kabel unter der Haut verlegt, die zum Impulsgeber führen, der im Brust- oder Bauchraum implantiert wird. DBS wurde zunächst an Patienten mit schweren neurologischen Bewegungsstörungen erprobt, die mit üblichen Mitteln nicht therapierbar waren, und ist inzwischen für die Behandlung von Morbus Parkinson, Essentiellem Tremor und Dystonie in vielen Ländern zugelassen. Seit Ende der 1990er Jahre wird außerdem untersucht, ob DBS sich bei der Therapie psychiatrischer Erkrankungen bewähren könnte. Die bisherigen Forschungsergebnisse etwa zu schweren Zwangsstörungen und Depressionen sind ermutigend, auch wenn die Studien in diesem Bereich noch zu klein sind, um verlässliche Aussagen zur Sicherheit und Wirksamkeit des Verfahrens zu gestatten (Mathews et al. 2011). Qualitativ hochwertigen Studien mit größerer Probandenzahl stehen neben den erheblichen Risiken der DBS auch die vergleichsweise hohen Kosten entgegen, die sich nicht nur aus dem neurochirurgischen Eingriff selbst und den erforderlichen Gerätschaften, sondern auch aus der aufwändigen Nachsorge ergeben: Die Stimulationsparameter werden bei jedem Patienten individuell angepasst und über einen längeren Zeitraum immer weiter optimiert.

Von allen neurotechnologischen Interventionsformen dürfte die Tiefe Hirnstimulation diejenige sein, die von Seiten der Bioethik bislang die größte Aufmerksamkeit erfahren hat. Dies mag zum Teil an der rasch wachsenden klinischen Bedeutung der DBS liegen. Neben Hoffnungen weckt das Verfahren aber auch Befürchtungen, die teilweise in dem Unbehagen gründen, das bei vielen Menschen die Vorstellung von permanent in das Gehirn implantierten Elektroden auslöst. Dieses Unbehagen wächst noch, wenn diese Elektroden Einfluss auf das Verhalten und damit auf die Psyche der Betroffenen nehmen sollen, wie es bei psychiatrischen Indikationen ganz offensichtlich beabsichtigt ist. Aus diesem Grund beschäftigen sich besonders viele ethische Stellungnahmen mit den experimentellen Anwendungen der DBS in der Psychiatrie, auch wenn diese quantitativ einen weit geringeren Stellenwert haben als die neurologischen Indikationen.

Die zentralen Bedenken bezüglich therapeutischer Eingriffe mit DBS und anderen Neurotechnologien betreffen zum einen Fragen der Patientenautonomie und zum anderen Fragen der personalen Identität. Die pauschale Befürchtung, Personen (s. Kap. II. 21) könnten unter dem Einfluss der DBS ihre Autonomie einbüßen und zu ferngesteuerten Marionetten werden, erscheint angesichts der wenig spezifischen Manipulationsmöglichkeiten durch die Stimulation als unbegründet. Bedenkenswert sind demgegenüber autonomiebezogene Fragen dazu, wer unter welchen Bedingungen Kontrolle über die Stimulationsparameter ausüben sollte. So ist einer der am häufigsten genutzten Zielorte der DBS bei psychiatrischen Indikationen der *Nucleus accumbens*, ein Gehirnareal, das eine Schaltstelle des sog. Belohnungssystems darstellt. Bei der Stimulation dieses Areals können Nebenwirkungen auf die Stimmung des Patienten auftreten, die je nach der gewählten Stromspannung an den Elektroden von spontaner Euphorie bis zu Hypomanie reichen können. Da die erhöhte Stimmung vom Patienten selbst zuweilen auch dann noch als angenehm erlebt wird, wenn diese seiner Umgebung bereits als ›unangebracht‹ oder ›krankhaft‹ erscheint, können sich schwer entscheidbare Konflikte zwischen Patient und Arzt bezüglich der Wahl der optimalen Einstellungen des Stimulators ergeben (Synofzik et al. 2012).

Sorgen um die personale Identität von Patienten beziehen sich auf den Einfluss, den die DBS auf deren Psyche ausüben könnte. So hat man bei der Behandlung des Morbus Parkinson festgestellt, dass es auch dann, wenn die Stimulation den gewünschten therapeutischen Effekt zeigt, erstaunlich häufig zu Beziehungsproblemen und anderen Anpassungsschwierigkeiten im sozialen Umfeld der Patienten kommt (Schüpbach et al. 2006). Dies kann man als Hinweis auf psychische Veränderungen werten, die offenbar auch dann auftreten können, wenn die DBS ihre therapeutische Wirkung nicht im psychischen Bereich entfalten soll. Allerdings ist es überaus schwierig, Veränderungen, die sich unter dem Einfluss der DBS einstellen mögen, als unmittelbare Wirkung der Stimulation zu erkennen. So kann es etwa einen Lebensgefährten durchaus befremden und überfordern, wenn ein erfolgreich mit DBS behandelter Parkinson-Patient verstärktes Interesse an neuen Beziehungen und Erfahrungen zeigt. Es mag jedoch sein, dass die neu erwachte Lebenslust keine mysteriöse Begleiterscheinung der Stimulation, sondern einfach eine Folge der überwundenen motorischen Beeinträchtigungen ist, dass also jede andere erfolgreiche Therapie den gleichen Sinneswandel bewirkt haben würde.

Die Einschätzung der psychischen Auswirkungen von DBS und anderen neuromodulatorischen Interventionen wird zusätzlich dadurch erschwert, dass diese von der Philosophie einerseits und den Neurowissenschaften bzw. der Psychologie und Psychiatrie andererseits mit unterschiedlichen Mitteln beschrieben werden. Von Seiten der empirischen Wissenschaften werden problematische Wirkungen in einzelnen kognitiven oder emotionalen Eigenschaften untersucht oder es werden Persönlichkeitsveränderungen festgestellt. Die Rede über Persönlichkeitsveränderungen kommt der über personale Identität noch am nächsten, insofern beide Begriffe dazu geeignet scheinen, der Auffassung Ausdruck zu verleihen, jemand sei in einem bedeutsamen Sinn zu einem anderen geworden. Dennoch sind die beiden Begriffe sowohl in deskriptiver als auch in präskriptiver Hinsicht unterschiedlich strukturiert: Ein Eingriff in das Gehirn mag die Persönlichkeit eines Patienten mehr oder weniger stark ändern, während seine personale Identität nicht graduell betroffen sein kann, sie bleibt entweder erhalten oder wechselt. In evaluativer Hinsicht können Persönlichkeitsveränderungen positiv oder negativ zu bewerten sein. Sie kommen nicht nur als unerwünschte Nebenwirkungen in Betracht, vielmehr lassen sich bestimmte psychiatrische Interventionen sogar als gezielte Korrektur problematischer Persönlichkeitseigenschaften verstehen (Synofzik/Schlaepfer 2008, 1514). Demgegenüber wird die personale Identität in der Regel als etwas dargestellt, was unbedingt erhalten bleiben muss. Es erscheint ausschließlich als Bedrohung, wenn ein Eingriff in das Gehirn Folgen für die personale Identität haben könnte. Dies gilt jedenfalls für ein am logischen Begriff der Identität orientiertes *numerisches* Verständnis personaler Identität, denn diesem Verständnis zufolge bedeutet jeder Eingriff in die personale Identität, dass eine Person zu existieren aufhört (Schermer 2011, 2). Alternativ kann personale Identität auch *qualitativ* verstanden werden, wodurch der Identitätsbegriff in größere Nähe zum psychologischen Persönlichkeitsbegriff rückt, weil er dann für graduelle und positive Veränderungen Raum bietet. Welche Qualitäten maßgeblich sind für Veränderungen bzw. die Wahrung der personalen Identität wird gegenwärtig häufig unter Rückgriff auf narrative Theorien bestimmt (vgl. Schechtman 2010; Merkel et al. 2007, Kap. 5.4), so dass nicht selten abkürzend zwischen numerischer und narrativer Identität unterschieden wird.

Neuroprothesen

Neuroprothesen sollen ausgefallene oder gestörte Funktionen des Nervensystems wiederherstellen, wobei gegenwärtig die meisten Anwendungen sensorische oder motorische Funktionen betreffen. Die am weitesten verbreitete sensorische Neuroprothese ist das Cochlea-Implantat (CI) zur partiellen Wiederherstellung des Hörsinnes. Um Cochlea-Implantate hat sich eine besondere ethische Kontroverse entsponnen, weil ein Teil der Gemeinschaft der Gehörlosen gegen deren Nutzung opponiert. Sie verstehen sich nicht als Behinderte, sondern als Angehörige einer kulturellen Minderheit. Folglich sorgen sie sich darum, dass wichtige Elemente der Gehörlosenkultur wie die Nutzung der Gebärdensprache verlorengehen könnten, wenn immer mehr taube Kinder Cochlea-Implantate erhalten. Insofern von Seiten der nicht-gehörlosen Mehrheit häufig erheblicher Druck auf Eltern ausgeübt wird, die sich gegen den Einsatz von Cochlea-Implantaten bei ihren Kindern entscheiden, geht es hier auch um die ethischen Fragen nach der angemessenen Definition des Kindeswohls und der Reichweite elterlicher Entscheidungsbefugnisse (Sparrow 2005).

Sehprothesen wie Subretinale oder Epiretinale

Implantate befinden sich in der Entwicklung, können die funktionellen Defizite sehbehinderter oder blinder Personen bislang jedoch nicht so wirksam kompensieren, wie auditorische Implantate dies für gehörlose Personen vermögen. Im Bereich der motorischen Neuroprothesen werden unterschiedlich ambitionierte technische Konzepte verfolgt, um Personen mit Lähmungen oder anderen motorischen Beeinträchtigungen Handlungs- oder Kommunikationsmöglichkeiten zu erschließen (Karim/Bierbaumer 2012). So nutzen die einfacheren Greif- und Gehhilfen FES, um Muskeln zur Kontraktion anzuregen, wobei in der Regel verbliebene Bewegungsmöglichkeiten des Patienten herangezogen werden, um die erforderliche Kontrolle über die Stimulator-Systeme auszuüben. Die technisch anspruchsvolleren Systeme sehen die Steuerung der Neuroprothesen mithilfe sog. Gehirn-Computer-Schnittstellen (BCI – *Brain Computer Interface*; gelegentlich auch *Brain Machine Interface* oder *Human Machine Interface* genannt) vor. Die Grundidee von BCIs ist, Prothesen durch Gehirnaktivität, also gewissermaßen durch ›Gedanken‹, zu kontrollieren. Patienten üben hierzu z. B. ein, Steuerungsbefehle zu geben, indem sie sich bestimmte Bewegungen vorstellen. Die korrelierte neuronale Aktivität kann mit verschiedenen Verfahren registriert werden, wobei in der Praxis bislang vorwiegend nicht-invasive Techniken wie EEG oder MEG zur Anwendung kommen. Auf diese Weise können z. B. vollständig gelähmte Personen über virtuelle Tastaturen mit ihrer Umgebung kommunizieren oder auch einen bionischen Kunstarm steuern.

Invasive Techniken wie die Elektrokortikographie (ECoG), bei denen ein Netz aus Elektroden direkt auf die Oberfläche des Gehirns gelegt wird, ermöglichen zwar eine differenziertere Analyse neuronaler Aktivität und versprechen somit genauere Kontrollmöglichkeiten für Neuroprothesen, lassen sich bislang jedoch nicht vollständig oder jedenfalls nicht dauerhaft implantieren – was wegen der Infektionsgefahr bei längerfristigem Gebrauch unerlässlich ist. Die meisten der bislang angesprochenen Technologien der Neuromodulation und Neuroprothetik versuchen entweder neuronale Aktivität zu verändern oder ihr relevante Informationen zu entnehmen. Zukünftig dürfte verstärkt an neurobionischen Implantaten mit geschlossenen Regelkreisen gearbeitet werden, die neuronale Aktivität aufzeichnen, analysieren und anschließend direkt technische Maßnahmen initiieren (also etwa Aktivierung eines Stimulators oder einer implantierten Arzneimittelpumpe), die auf neuronale Prozesse modulierend zurückwirken (vgl. Rouse et al. 2011).

In der ethischen Debatte über Neuroprothesen und *Brain-Computer-Interfaces* nehmen Überlegungen zu möglichen Enhancement-Anwendungen dieser Technologien breiten Raum ein (s. Kap. III. 13). Es geht hier um Anwendungen jenseits von therapeutischen oder präventiven Indikationen, mit denen eine Verbesserung menschlicher Eigenschaften über das natürliche oder normale Maß hinaus realisiert werden soll. Da BCIs für die Möglichkeit einer direkten Verbindung zwischen technischen Geräten und menschlichem Nervensystem stehen, laden sie zu besonders weit reichenden und radikalen Enhancement-Szenarien ein. Die Vorstellung von Mensch-Maschine-Hybridwesen (sog. Cyborgs) ist aus dem Bereich der Sciencefiction-Literatur herausgetreten und hat Eingang in konkrete Forschungsprogramme gefunden, die das Zusammenwachsen von Mensch und Technik dank des Zusammenwirkens von Kognitions- bzw. Neurowissenschaften mit Informations-, Nano- und Biotechnologien in Aussicht stellen (Schermer 2009; s. Kap. II. 24). Insbesondere das US-Militär unterhält Projekte, in denen es etwa um die Entwicklung von BCIs zur Steuerung von Kampfjets durch Gedankenkraft, von sensorischen Neuroprothesen zur Realisierung von Infrarotsicht oder von Helmen mit Sensoren geht, die Informationen über den mentalen Zustand eines Soldaten erfassen und an die Einsatzleitung weitergeben (Moreno 2006); für eine ausführliche Besprechung der ethischen Probleme, die mit der Entwicklung und Nutzung von Enhancement-Technologien zusammenhängen s. Kapitel III. 13.

Zell- und genbasierte Therapien

Neben den dargestellten Neurotechnologien werden in der Neuromedizin gegenwärtig auch zellbasierte und genbasierte Therapieoptionen entwickelt. Zelltherapien werden v. a. zur Behandlung neurodegenerativer Erkrankungen in Erwägung gezogen (Merkel et al. 2007, Kap. 2). Ihr Grundgedanke ist durch den Verlust von Nervengewebe bedingte Funktionseinbußen mit dem Implantieren von Nervenzellen aufzuhalten oder sogar rückgängig zu machen. Ende der 1980er Jahre wurde das Konzept der Neurotransplantation erstmals an Parkinson-Patienten erprobt, wobei die hierfür genutzten Nervenzellen aus den Gehirnen abgetriebener menschlicher Föten gewonnen wurden. Im Gegensatz zur *Deep Brain Stimula-*

tion, deren erste Anwendungen zur Behandlung des Morbus Parkinson ungefähr in die gleiche Zeit fallen, hat sich das Verfahren bislang nicht in der klinischen Praxis etablieren können. Dies dürfte v. a. an der Irreversibilität und mangelnden Anpassbarkeit der Neurotransplantation liegen. Während im Fall der DBS beim Auftreten von Problemen in einem ersten Schritt Stimulationsparameter modifiziert, zudem die Stimulation jederzeit unterbrochen und schließlich die Elektroden erforderlichenfalls wieder aus dem Körper entfernt werden können, bietet die Neurotransplantation nach dem Einbringen der Nervenzellen in das Gehirn kaum mehr Möglichkeiten zur Beeinflussung des Verlaufs der Therapie oder gar für ihren Abbruch. Auch wenn insbesondere die Möglichkeit zur Reprogrammierung adulter Stammzellen (s. Kap. III. 39) neue und ethisch weniger fragwürdige Ansätze zur Gewinnung autologen Nervenzellmaterials eröffnet, ist der zukünftige therapeutische Stellenwert zellbasierter neuroregenerativer Verfahren noch kaum absehbar (Barker 2012).

Anstatt auf der zellulären, setzen gentherapeutische Strategien auf der molekularen Ebene an. Genbasierte Verfahren der Neuromodulation nutzen virale Vektoren, um Gene in Nervenzellen einzuschleusen, die Einfluss auf die Proteinsynthese und damit auf die neurophysiologischen Eigenschaften der Zielzellen nehmen. Eine ganze Reihe von Therapieansätzen für Krankheiten wie Parkinson, Epilepsie oder chronische Schmerzzustände, die sowohl *in vivo*- als auch *in vitro*-Verfahren und unterschiedliche Vektoren zur Genübertragung nutzen, werden derzeit in Tierexperimenten und teilweise auch bereits in klinischen Studien am Patienten erprobt (Federici et al. 2009).

Von den besonderen ethischen Problemen von Gentherapien abgesehen, denen Kapitel III. 17 gewidmet ist, werfen zell- und genbasierte Therapieverfahren im Wesentlichen die gleichen ethischen Fragen auf wie neurotechnische Interventionen. Bevor DBS ihr diesbezüglich den Rang ablief, wurden Bedenken bezüglich der personalen Identität häufig am Beispiel der Neurotransplantation erläutert (vgl. Northoff 1996). Wird für die Neurotransplantation das Hirngewebe abgetriebener Föten verwendet, ergeben sich Fragen nach der Zulässigkeit einer solchen Nutzung, die zum einen auf den moralischen Status menschlicher Embryonen bzw. Föten verweisen (vgl. Kap. III. 12), zum anderen die generelle Problematik der Rechtfertigung von Schwangerschaftsabbrüchen betreffen (s. Kap. III. 37).

Literatur

Barker, Roger A.: The future of stem cells in neurodegenerative disorders of the central nervous system. In: *Canadian Medical Association Journal* 184/6 (2012), 631–632.
Bennett, Maxwell R./Hacker, Peter M. S.: *Philosophical Foundations of Neuroscience*. Oxford 2003.
Bennett, Maxwell R./Dennett, Daniel/Hacker, Peter M. S./Searle, John: *Neuroscience and Philosophy. Brain, Mind, and Language*. New York 2007.
Federici, Thais/Riley, Jonathan/Boulis, Nicholas: Gene-based neuromodulation. In: Elliot S. Krames/P. Hunter Peckham/Ali R. Rezai (Hg.): *Neuromodulation*. London/Burlington, Mass./San Diego 2009, 131–141.
Fox, Douglas: Brain-buzz. In: *Nature* 472/7342 (2011), 156–158.
Geyer, Christian (Hg.): *Hirnforschung und Willensfreiheit: Zur Deutung der neuesten Experimente*. Frankfurt a. M. 2004.
Gustavsson, Anders et alia; on behalf of the CDBE2010 study group: Cost of disorders of the brain in Europe 2010. In: *European Neuropsychopharmacology* 21/10 (2011), 718–779.
Haynes, John-Dylan: Brain reading: decoding mental states from brain activity in humans. In: Judy Illes/Barbara J. Sahakian (Hg.): *Oxford Handbook of Neuroethics*. Oxford/New York 2011, 3–13.
Heinemann, Thomas/Hoppe, Christian/Weber, Bernd/Elger, Christian E.: Ethically appropriate handling of incidental findings in human neuroimaging research. In: *Clinical Neuroradiology* 19/3 (2009), 242–243.
Heinrichs, Jan-Hendrik: The promises and perils of non-invasive brain stimulation. In: *International Journal of Law and Psychiatry* 35/2 (2012), 121–129.
Karim, Ahmed A./Bierbaumer, Niels: Motorische Neuroprothesen. In: Alfons Schnitzler/Joseph Claßen (Hg.): *Interventionelle Neurophysiologie: Grundlagen und therapeutische Anwendungen*. Stuttgart 2012, 291–297.
Krames, Elliot S./Peckham, P. Hunter/Rezai, Ali R./Aboelsaad, Farag: What is neuromodulation? In: Elliot S. Krames/P. Hunter Peckham/Ali R. Rezai (Hg.): *Neuromodulation*. London/Burlington, Mass./San Diego 2009, 3–8.
Mathews, Debra J. H./Rabins, Peter V./Greenberg, Benjamin D.: Deep brain stimulation for treatment-resistant neuropsychiatric disorders. In: Judy Illes/Barbara J. Sahakian (Hg.): *Oxford Handbook of Neuroethics*. Oxford/New York 2011, 441–453.
Merkel, Reinhard/Boer, Gerard/Fegert, Jörg/Galert, Thorsten/Hartmann, Dirk/Nuttin, Bart/Rosahl, Steffen: *Intervening in the Brain. Changing Psyche and Society*. Berlin/Heidelberg 2007.
Moreno, Jonathan: *Mind Wars: Brain Research and National Defense*. Chicago 2006.
Pascual-Leone, Alvaro/Fregni, Felipe/Steven-Wheeler, Megan S./Forrow, Lachlan: Non-invasive brain stimulation as a therapeutic and investigative tool: an ethical appraisal. In: Judy Illes/Barbara J. Sahakian (Hg.): *Oxford Handbook of Neuroethics*. Oxford/New York 2011, 417–439.
Northoff, Georg: Do brain tissue transplants alter personal identity? Inadequacies of some »standard« arguments. In: *Journal of Medical Ethics* 22/3 (1996), 174–180.

Roskies, Adina: Neuroethics for the new millenium. In: *Neuron* 35/1 (2002), 21–23.

Rouse, Adam/Stanslaski, Scott/Cong, Peng/Jensen, Randy/Afshar, Pedram/Ullestad, Dave/Moran, Dan/Denison, Tim: A chronic generalized bi-directional brain-machine interface. In: *Journal of Neural Engineering* 8/3 (2011), doi:10.1088/1741-2560/8/3/036018.

Schechtman, Marya: Philosophical reflections on narrative and deep brain stimulation. In: *Journal of Clinical Ethics* 21/2 (2010), 133–139.

Schermer, Maartje: The mind and the machine. On the conceptual and moral implications of brain-machine interaction. In: *Nanoethics* 3/3 (2009), 217–230.

–: Ethical issues in deep brain stimulation. In: *Frontiers in Integrative Neuroscience* 5/17 (2011), 1–5.

Schüpbach, Michael/Gargiulo, Marcela/Welter, Marie-Laure/Mallet, Luc/Béhar, Cécile/Houeto, Jean-Luc/Maltête, David/Mesnage, Valérie/Agid, Yves: Neurosurgery in Parkinson disease: a distressed mind in a repaired body? In: *Neurology* 66/12 (2006), 1811–1816.

Simpson, Joseph R.: Functional MRI lie detection: too good to be true? In: *Journal of the American Academy of Psychiatry and the Law* 36/4 (2008), 491–498.

Sparrow, Robert: Defending deaf culture: the case of cochlear implants. In: *Journal of Political Philosophy* 13/2 (2005), 135–152.

Sturma, Dieter (Hg.): *Philosophie und Neurowissenschaften*. Frankfurt a. M. 2006.

Suhler, Christopher/Churchland, Patricia Smith: The neurobiological basis of morality. In: Judy Illes/Barbara J. Sahakian (Hg.): *Oxford Handbook of Neuroethics*. Oxford/New York 2011, 33–58.

Synofzik, Matthis/Schlaepfer, Thomas E.: Stimulating personality: ethical criteria for deep brain stimulation in psychiatric patients and for enhancement purposes. In: *Biotechnology Journal* 3 (2008), 1511–1520.

–/–/Fins, Joseph J.: How happy is too happy? Euphoria, neuroethics, and deep brain stimulation of the nucleus accumbens. In: *AJOB Neuroscience* 3/1 (2012), 30–36.

Wolf, Susan M.: Incidental findings in neuroscience research: a fundamental challenge to the structure of bioethics and health law. In: Judy Illes/Barbara J. Sahakian (Hg.): *Oxford Handbook of Neuroethics*. Oxford/New York 2011, 623–634.

Thorsten Galert

30 Ökologie und Naturschutz

Ökologie

Die Ökologie ist ein Teilbereich der Biologie als derjenigen Wissenschaft, deren Gegenstände Lebewesen sind. Entstanden ist sie im 19. Jahrhundert. Der Ausdruck ›Ökologie‹ – abgeleitet von altgriechisch οἶκος: Wohnhaus – findet sich erstmalig bei dem Darwinisten Ernst Haeckel (1866). Haeckel verwendet ihn zur Bezeichnung der Beziehungen zwischen einem Organismus und seiner Umwelt. Diese Perspektive wird später von Jakob Johann von Uexküll (1928) zur Theorie der artspezifischen Umwelten weiterentwickelt. Ein anderer Zweig der Ökologie beschäftigt sich mit dem Verhältnis zwischen Populationen innerhalb von Nahrungsnetzen und bei sich ändernden Umweltbedingungen (Populationsökologie). Ein frühes Beispiel für einen praktischen Bezug der Ökologie sind die Analysen von Karl August Möbius zur Übernutzung der Austernbestände der Nordsee (1877), in deren Kontext der Begriff der Biozönose geprägt wurde.

Zu Beginn des 20. Jahrhunderts finden sich v. a. in den USA erste Ansätze, systemische Beziehungen zwischen einzelnen Komponenten größerer zusammenhängender Lebensgemeinschaften zu modellieren (Golley 1993). Diese systemische Modellierung von Nahrungsnetzen, Trophiestufen, Energieflüssen, Artenzusammensetzung, abiotische Standortbedingungen usw. führt zur Entstehung des Konzepts eines ›Öko-Systems‹ (Trepl 1994, Kap. IX; Haber 2004).

Man kann den Ausdruck ›Ökosystem‹ verwenden, um die Modellierung einzelner Komponenten und Parameter einer Biogeozönose, die unter einer bestimmten wissenschaftlichen Fragestellung erfolgt, zu bezeichnen. Diese Auffassung verbindet den elementaren Realismus der Biologie mit der konstruktivistischen Perspektive hinsichtlich all dessen, was Ökologen tun, wenn sie in der realen belebten Natur (s. Kap. II. 19) die Grenzen ›ihres‹ Ökosystems festlegen, bestimmte Parameter und Zeitskalen auswählen, Daten sammeln und auswerten usw. Im Prinzip kann auch ein verwesender Kadaver oder ein temporäres Feuchtbiotop als Ökosystem analysiert werden. Daher bietet es sich an, den Begriff der Biogeozönose (Lebensgemeinschaft an bestimmten Standorten) als Realbegriff und den Begriff des Ökosystems als epistemisch-konstruktivistischen Begriff zu verwenden.

Die Bezeichnung ›Landschaftsökologie‹ hat sich eingebürgert für ökosystemare Betrachtungen auf größeren räumlichen und längeren zeitlichen Skalen. Der dabei gewählte Begriff der Landschaft (s. Kap. III. 26) bezieht sich auf größere Naturräume, die häufig in der Umgangssprache mit Namen belegt worden sind (etwa Inseln, Berge, Flüsse) und durch typologische Bezeichnungen wie ›aquatisch‹, ›boreal‹, ›arid‹, ›subtropisch‹, ›montan‹, ›mesotroph‹ usw. näher spezifiziert werden. Die Landschaftsökologie kann natürlich in vielen Fällen nicht mehr vom Einfluss siedelnder und arbeitender Menschen abstrahieren, die auf unterschiedliche Weise und mit unterschiedlichen Folgen in Biogeozönosen eingreifen. Diese Eingriffe (Interferenz) können ihrerseits systemar modelliert werden, woraus sich bedingte Prognosen gewinnen lassen, wie sich Biogeozönosen und Naturräume bei der Fortsetzung, Ausweitung und Intensivierung von Interferenzmustern entwickeln werden. Wie diese Eingriffe und Entwicklungen moralisch oder politisch zu bewerten sind, kann die Ökologie als solche jedoch nicht sagen; sie kann und soll allerdings auf Konsequenzen aufmerksam machen und darf Bewertungen und Entscheidungsbedarf anmahnen.

Gesondert zu erwähnen ist die Renaturierungsökologie, die sich mit den Möglichkeiten beschäftigt, Gebiete mit einer als zu hoch beurteilten Überformung durch den Menschen (begradigte Bäche, entwässerte Moore) in einen wie immer definierten naturnäheren Zustand zu überführen, was häufig als ›ökologische Aufwertung‹ bezeichnet wird. Die Praxis der Renaturierung (Zerbe/Wiegleb 2009) zehrt von der naturethischen Idee, an und in der Natur eine Art ›Wiedergutmachung‹ zu leisten. Diese Idee kann allerdings naturethisch unterschiedlich interpretiert werden (Ott 2009). Im Sinne eines aufgeklärten Anthropozentrismus kann sie als praktische Aufgabe zur Korrektur vergangener Fehler aufgefasst werden; im Sinne eines ethischen Ökozentrismus als moralische Verpflichtung, die wir natürlichen Systemen um ihrer selbst willen moralisch schuldig sind. Sie kann auch als eine in sich befriedigende und sinnvolle Praxis und als Moment guten Lebens aufgefasst werden.

Innerökologisch ist strittig, ob die Vielzahl von Arten in einer Biogeozönose zu deren Stabilität beiträgt (sog. Diversität-Stabilitäts-Hypothese). Der mehrdeutige Begriff der Stabilität wurde in der neueren Ökologie durch den der Resilienz ersetzt, der sich auf die Reaktion eines Ökosystems auf unterschiedliche Impacts (›Störungen‹, ›Stress‹, ›Schock‹) bezieht. Die langjährige Debatte um diese Hypothese hat zu einer differenzierten Einschätzung der Beziehung von Artenbestand, Nischen und ökosystemarer Resilienz in unterschiedlichen Biogeozönosen und des Weiteren zur differenzierten Einschätzung von funktionalen Rollen von einzelnen Arten oder Sippen geführt (Schulze/Mooney 1994; Pickett et al. 1997). Die spektakulären Spezies auf hohen Trophiestufen (Wale, Tiger usw.), die bei Naturschutzforderungen häufig im Blickpunkt stehen, sind für die Resilienz von Biogeozönosen häufig weniger wichtig als unscheinbare Arten (etwa Bodenorganismen, Bestäuber, Plankton und dergleichen).

In der Ökologie werden verschiedene Konzepte verwendet, die sich als sog. »Hybrid-Konzepte« (Potthast 2007) bezeichnen lassen, da sie einerseits noch einen deskriptiven Sinn haben, aber andererseits bereits axiologische oder normative Botschaften implizit transportieren. Diese Hybridkonzepte stellen Verbindungen her zwischen Ökologie einerseits sowie Umwelt- und Naturschutz andererseits. Daher kann der unreflektierte Gebrauch von Hybridkonzepten zu Vermischungen zwischen Ökologie und Naturschutzforderungen bzw. zwischen Sein und Sollen und zu naturalistischen Fehlschlüssen führen. Unter einem naturalistischen Fehlschluss versteht man eine Ableitung eines Werturteils (s. Kap.II. 27) oder einer Soll-Aussage aus rein naturwissenschaftlichen Voraussetzungen (Engels 1993). So kann z. B. das Aussterben einer Spezies konstatiert werden; ob dies jedoch zu bedauern oder zu begrüßen ist, ist eine Wertfrage, deren Beantwortung sich aus der Tatsachenfeststellung allein nicht ergibt. Im Prinzip ist es sogar möglich, das Aussterben eines Krankheitserregers (Pockenvirus) zu begrüßen.

Konzepte wie »potentiell natürliche Vegetation« (Tüxen 1956; Härdtle 1995), »Integrität« (Westra 1994), »Gleichgewicht« oder »Gesundheit« (*ecosystem health*, vgl. Callicott 1995) sind typische Hybridkonzepte. Derartige Hybridkonzepte haben in dem Bereich von Ökologie, Naturschutzbiologie (*conservation biology*), Renaturierungsökologie, naturschutzfachlicher Bewertung und Naturethik vielfach zu intellektueller Konfusion geführt. Ein derzeit besonders prominentes Hybridkonzept ist die ›Biodiversität‹ (s. Kap. III. 8). Dieses Konzept bezieht sich einerseits auf genetische Variabilität, Artenvielfalt und die Eigentümlichkeiten unterschiedlicher Ökosystemtypen (Wälder, Moore, Küsten, Gebirge, Savannen usw.), transportiert aber andererseits auch Vorstellungen des Schützenswerten (vgl. Potthast 2007). Die Zieltrias der *Convention on Biological Di-*

versity (CD), nämlich (1) Schutz der Komponenten von Biodiversität, (2) deren nachhaltige Nutzung und (3) einen gerechten Vorteilsausgleich, lassen sich nicht rein naturwissenschaftlich begründen, wenngleich deskriptive Annahmen natürlich in komplexe Begründungen eingehen können.

Auch angesichts historischer Versuche, aus dem biologischen Darwinismus eine wissenschaftliche Ethik zu gewinnen (›Sozialdarwinismus‹, vgl. Vogt 1997), ist für einen kritisch-reflexiven Umgang mit Hybridkonzepten zu plädieren. Hierbei ist an Max Weber zu erinnern, der mit Blick auf unterschiedliche Wissenschaften (Historie, Soziologie, Ökonomik, Medizin) dafür plädierte, die ›haarfeine Linie‹ (Weber) zwischen Seinsaussagen einerseits, Werturteilen bzw. Sollensforderungen andererseits immer im Auge zu behalten. Sofern dies geschieht, ist es für Weber auch in wissenschaftlichen Kontexten zulässig, Werturteile, die klar als solche gekennzeichnet sind, mitsamt ihren Prämissen zur Diskussion zu stellen (Ott 1997, Kap. 3).

In diesem Sinne impliziert der Übergang von Ökologie zur naturschutzfachlichen Bewertung immer die Überschreitung einer disziplinären Grenzlinie. Wenn z. B. Seltenheit, Gefährdung, Standortgemäßheit und Naturnähe als normative Kriterien festgelegt werden (Usher/Erz 1986), kann man einzelne Natursegmente hinsichtlich ihrer Schutzwürdigkeit bewerten. Möglich ist auch, den ›Wert‹ eines Naturgebildes durch eine Verbindung aus Typusebene und Objektebene zu bewerten (Plachter 1994), wobei auf der Typusebene die Schutzwürdigkeit bestimmter Ökosysteme (etwa Hochmoore) vorausgesetzt wird, während auf der Objektebene über die ›Ausprägung‹ eines Typus in einem speziellen Fall befunden wird. Diese Bewertungskonzepte führen häufig zu Formeln, die die Generierung von Zahlenwerten ermöglichen und der naturschutzfachlichen Bewertung dadurch den Anschein der Objektivität verleihen. Letztlich beruht jede naturschutzfachliche Bewertung jedoch auf normativen Kriterien.

Entstehung und Umsetzung der Naturschutzidee

Der Naturschutz entstand in Deutschland in der zweiten Hälfte des 19. Jahrhunderts als Reaktion auf die Rationalisierung der Landnutzung. Zum ersten Mal fasste der Gedanke Fuß, dass nicht nur Menschen vor den übermächtigen Kräften der Natur, sondern auch Naturwesen vor dem immer intensiveren Zugriff moderner Industriegesellschaften geschützt werden sollten. Der frühe Naturschutz entsprang einer Erfahrung der Diskrepanz zwischen goetheanischer und romantischer Naturwahrnehmung und realer Landschaftsveränderung. Durch Flurbereinigungen, Flussbegradigungen, Trockenlegung von Mooren, Anpflanzung von homogenen Nadelwäldern, Eisenbahntrassen, Staudämmen in den Mittelgebirgen, Tourismus usw. wurde die vorindustrielle Landschaft gerade der ländlichen Regionen transformiert (Blackbourn 2007). Der frühe deutsche Naturschutz reagierte darauf mit Klagen gegen die Verschandelung der Landschaft, die einseitig materielle Gesinnung und mit Forderungen nach Heimat-, Natur- und Landschaftsschutz (Ott et al. 1999). Bereits in den Jahren vor dem Ersten Weltkrieg existierten im Deutschen Reich etliche umwelt- und naturschützerisch bzw. lebensreformerisch eingestellte Bewegungen wie die Heimatschutz-, die Gartenstadt-, die Sozialhygiene-, die Dauerwald-, die Wandervogel- und die Lebensreformbewegung. Der staatliche Naturschutz etablierte sich als Naturdenkmalpflege, die allerdings eher museale Züge trug. Wesentliche Beiträge zu einer stärker integrativen Form des Naturschutzes entstanden in der Weimarer Republik durch die Verbindung aus entstehender Ökologie und Landespflege. Aufgrund der Verstrickungen des Naturschutzes in die nationalsozialistische Doktrin von ›Blut und Boden‹, die u. a. der ›Germanisierung‹ von eroberten Landschaften in Osteuropa während des Zweiten Weltkrieges ein ideologisches Fundament verlieh, gab sich der westdeutsche Naturschutz in der Nachkriegszeit betont ›unideologisch‹ und naturwissenschaftlich. Naturschutz wurde sogar fälschlicherweise als ›angewandte Ökologie‹ bezeichnet. In der DDR entwickelte man das Konzept einer sozialistischen Landeskultur, das allerdings nur teilweise implementiert wurde. Durch die Kollektivierung der Landwirtschaft und durch ›Großmeliorationen‹ wurden homogene Nutzlandschaften geschaffen, wenngleich in einigen eher peripheren Gebieten die Naturschutzpotentiale bedeutsam blieben.

Der Naturschutz war in praktischer Hinsicht keineswegs erfolglos. Nach der ›Wende‹ und kurz vor der Auflösung der DDR wurden durch das Nationalparkprogramm größere Gebiete Ostdeutschlands unter Schutz gestellt. Auch im Westen kam es zur Ausweisung neuer Nationalparks und Biosphärenreservate. Durch die Umsetzung der Flora-Fauna-Habitat-Richtlinie der EU wurden nach der staatlichen Vereinigung weitere Gebiete unter Naturschutz gestellt. Das System der Schutzgebiete erfuhr in den letzten 25 Jahren eine kontinuierliche Erweiterung. Im Jahr 2007 wurde eine nationale Biodiversitätsstrategie des Bundes verabschiedet, die sich derzeit in der Umsetzung befindet. Die Umweltauswirkungen der Landwirtschaft und die Flächenumwandlung blieben allerdings landesweit auf konstant hohem Niveau. Allerdings ist seit längerem bekannt, welche ökonomischen und politischen Maßnahmen zu ergreifen wären, um ein höheres Niveau an Naturschutz auch in der Landwirtschaft (Hampicke 2013) und in der Forstwirtschaft (Ott/Egan-Krieger 2012) zu erreichen. Die Potentiale des Naturschutzes sind in Mitteleuropa bei Weitem noch nicht ausgeschöpft. Welches Ausmaß an Naturschutz als angemessen oder als zufriedenstellend gelten kann, bemisst sich freilich nicht allein an ökologischen Kenntnissen, sondern ebenso an den Wertvorstellungen und den naturethischen Überzeugungen der Bürgerschaft. Wertvorstellungen und Überzeugungen sind dabei ihrerseits nichts statisch Gegebenes, sondern können durch ethische Diskurse und naturschutzpolitische Deliberationen modifiziert werden.

Was die theoretischen Konzepte zur Landnutzung anbetrifft, so entsprach dem erwähnten wissenschaftlichen Verständnis des Naturschutzes die nach dem Bericht des Club of Rome über die »Grenzen des Wachstums« (Meadows 1972) vielfach vertretenen Idee, die Ökologie als eine Wissenschaft zu etablieren, die wissenschaftliche Aussagen über ›absolute ökologische Grenzen‹ formulieren sollte. Diese vermeintlich rein ökologisch ermittelten ›natürlichen‹ Grenzen beruhen jedoch stets auf normativen Festlegungen, die ihrerseits auf Annahmen über Vermeidungsziele, Risikominderung, Vorsorge etc. basieren. Dies gilt auch für die neueste Version dieses Ansatzes, die sog. »planetary boundaries« (Rockström et al. 2009). Insofern war und ist es keineswegs verfehlt, Grenzen des Naturverbrauchs zu thematisieren, doch diese Thematisierung führte häufig zu einem pseudo-ökologischen Objektivismus, der die axiologische, moralische und politische Dimension des Umwelt- und Naturschutzes ausblendete. Dies geschieht z. B., wenn populationsökologische Konzepte der Tragfähigkeit (*carrying capacity*) unkritisch auf menschliche Siedlungsräume übertragen werden.

Der Vorwurf der objektivistischen Verzerrung trifft jedoch nicht auf das schon in den 1980er Jahren von Wolfgang Haber entwickelte Konzept der differenzierten Landnutzung zu, das sich der wertenden Dimension stets bewusst bleibt. In dieses Konzept gehen Wertideen von Kulturlandschaft und Nachhaltigkeit ein. Das Konzept unterscheidet Flächen mit absolutem Vorrang für den Naturschutz (Nationalparke, Naturschutzgebiete, Bannwälder), Flächen mit einem bedingten Vorrang für den Naturschutz (Vertragsnaturschutz zur Offenhaltung der Landschaft), Areale der Integration von Schutz und Nutzung (Biosphärenreservate, Naturparke), Vorrangflächen für Agrar- und Forstproduktion sowie Siedlungsflächen. Im Rahmen dieses Konzeptes lassen sich mehrere Leitlinien des Naturschutzes unterscheiden: Schutz des Landschaftsbildes und der Erholung, Arten- und Biotopschutz, pflegender Naturschutz zur Erhaltung historischer Landschaftselemente sowie Prozessschutz zur Entwicklung sekundär-relativer Wildnisgebiete (Kernzonen von Nationalparken, Bannwälder und dergleichen). Auch hier gilt, dass über die Zuordnung von Gebieten zu Flächenkategorien, über den Schutzstatus einzelner Naturgebilde und über das Ausmaß der Flächen diskursiv befunden werden muss. Derartige Naturschutzdiskurse und Naturschutzdebatten greifen notwendigerweise auf Gründe zurück, die in der Naturethik reflektiert werden.

Die ethischen Grundlagen des Naturschutzes

Die Naturethik – synonym auch Umweltethik – beschäftigt sich auf einer von raumkonkreten Naturschutzfragen ›abgehobenen‹ Ebene mit der allgemeinen Frage, in welchen Hinsichten die außermenschliche Natur wertvoll und schützenswert sein kann. Vom staatlichen und verbandlichen Naturschutz unterscheidet sich die Naturethik dadurch, dass sie Werte und Sollensforderungen nicht einfach aufstellt und propagiert, sondern naturschützerische Intuitionen kritisch reflektiert, Forderungen auf ihre Berechtigung und Geltungsansprüche auf ihre Begründbarkeit hin untersucht (Krebs 1999; Ott 2010). Üblich geworden ist die folgende Einteilung der Werte der Natur (Muraca 2011): (1) funktionale Werte, (2) eudaimonistische bzw. kulturelle Werte und (3) Selbstwerte der Natur. Während (1) und (2) zur Wertlehre (Axiologie) der Naturethik gehören, zählt die Frage nach dem Selbstwert von Naturwesen zur Pflichtenlehre (Deontologie). Die Deontologie befasst sich auch mit der Frage, welche Naturausstattung wir zukünftigen Generationen hinterlassen sollen und wieviel Rücksicht eine Gesellschaft heutigen naturverbundenen Mitbürgern schuldig ist.

Generell anerkannt wird die Differenzierung zwischen *Pflichten gegenüber* und *Pflichten in Ansehung von*. Diese *Pflichten in Ansehung von* beziehen sich auf Schutzgüter unterschiedlichen Rangs, jene *Pflichten gegenüber* hingegen auf Menschen oder auf Naturwesen, die um ihrer selbst willen moralisch zu berücksichtigen sind, d. h. denen moralischer Selbstwert zuerkannt wird (s. Kap. III. 43). Die Naturethik kann daher auf zwei Weisen einen Schutzstatus für Naturwesen anerkennen: entweder (1) als Schutzgut oder (2) als *moral patients*, d. h. als schutzbefohlene Wesen, die von *moral agents* um ihrer selbst willen moralisch zu berücksichtigen sind. In diesem Sinne kann man z. B. begründen, warum wir Pflichten *gegenüber* zukünftigen Generationen *hinsichtlich* der Ozonschicht, des Süßwassers und der Erdklimas haben. Der Grand Canyon ist nach naturethischer *opinio communis* ein hohes Schutzgut; die Hauskatze hingegen ein *moral patient*. Es könnte durchaus sein, dass wir höhere Anstrengungen zur Erhaltung eines Schutzgutes für gerechtfertigter halten als zur Rettung eines *moral patients*. Den Naturwesen selbst dürfte es gleichgültig sein, warum wir sie in welche Schutzkategorie einordnen; moralische Personen (s. Kap. II. 21) sind einander die entsprechenden ›guten‹ Gründe in Ansehung der präsumptiv schützenswerten Natur schuldig. Wir haben bei allen Sollfragen ein generelles Recht auf Rechtfertigung (Forst 2007) in dem Sinne, dass wir voneinander Gründe fordern dürfen und einander Gründe zu geben verpflichtet sind. Dies gilt auch im Naturschutz.

Die *funktionalen* Werte der Natur lassen sich differenzieren in (1) *elementare*, (2) *systemare* und (3) *instrumentelle* Werte (Muraca 2011). Elementare Werte beziehen sich auf grundlegende Angewiesenheiten, die nicht oder nur mit großem Aufwand technisch substituierbar sind. Beispiele hierfür wären die Fotosynthese von Pflanzen oder der planetarische Wasserkreislauf. Systemare Werte beziehen sich auf die Fähigkeit lebendiger Systeme, andere Werte hervorzubringen. Diese Werte haben etwas mit der Fruchtbarkeit, der ökologischen Produktivität und der Reproduktivität von Organismen zu tun (Rolston 1988). Instrumentell wertvoll ist Natur als nutzbare Ressource, die bestimmte Nahrungsmittel, Baustoffe, Medizinalpflanzen usw. liefert. Die instrumentellen Werte der Natur sind vielfach mit menschlicher Arbeit vermittelt, können aber nicht durch Arbeit oder Technik substituiert werden: Mähdrescher sind in der Wüste nutzlos und die größte Fangflotte stiftet keinen Nutzen mehr, wenn die Meere leergefischt sind. Die Anerkennung der funktionalen Werte der Natur stimmt insofern skeptisch gegen den Glauben, Natur sei weitgehend durch Technik substituierbar. Dieser Irrglauben wird allerdings vielen ökonomischen Modellen zugrunde gelegt, sofern die Substitutionselastizität axiomatisch als unbegrenzt gesetzt wird.

Die *eudaimonistischen* Werte beziehen sich auf das gute, sinnerfüllte und erfahrungsreiche menschliche Leben. Seit der Goethezeit (Korff 1962) wurde immer wieder geltend gemacht, dass Formen des Naturgenusses zum guten Leben beitragen. Hier stellt sich nicht so sehr die Frage, ob wirklicher Naturgenuss durch artifizielle Natur (Bildbände, Filme, Dia-Shows usw.) substituierbar sein könnte, sondern ob wir uns mit artifiziellen Simulacra von Natur einverstanden erklären sollten. Die philosophische Methode, sich der Eigenart und Bedeutsamkeit von Naturgenuss zu vergewissern, ist die Phänomenologie der Natur (Böhme 1997). Die Erfahrungen von Naturgenuss konfligieren freilich mit negativen Naturerfahrungen, nämlich des Ekels, der Beängstigung, der Behelligung (etwa durch Moskitos) der bedrohlichen Fremdheit und des Ausgesetztseins, aufgrund derer viele Menschen die nicht hinreichend ›gezähmte‹ Natur meiden. Daher widerstreiten ›biophile‹ und ›biophobe‹ Grundhaltungen im Umgang mit Natur teilweise sogar in den Individuen selbst. Im Folgenden werden biophile Formen des Naturgenusses skizziert.

Eine paradigmatische Form des Naturgenusses ist die ästhetische Erfahrung des Naturschönen. Martin Seel hat ein überzeugendes Argument entwickelt, warum die Erfahrung des Naturschönen eine Form menschlichen Glücks und die Schonung und Erhaltung von Natur eine berechtigte moralische Forderung ist (Seel 1991). Zum Naturgenuss zählt auch die Erfahrung der Erholung und der Gesundung, ja der leiblich verspürten ›Verjüngung‹ in und durch Natur. Daher besteht ein Konnex zwischen Natur und Gesundheit, der umgangssprachlich durch die Rede von den ›Heilkräften der Natur‹ postuliert wird. Während einzelne Medizinalpflanzen eher den instrumentellen Werten der Natur zuzurechnen sind, sind Erfahrungen der umfassenden leiblich-geistigen Erholung und Stärkung durch Aufenthalt in naturnahen Gebieten eher den eudaimonistischen Werten zuzurechnen.

Ohne die politische Geschichte des Heimatschutzes zu ignorieren, können auch Gefühle in Ansehung lebensweltlich vertrauter, d. h. heimatlicher Umgebungen als Naturgenuss anerkannt werden. Ein Versuch, die Heimatnatur in eine übergreifende Konzeption von Beheimatungen zu integrieren, die den Gefahren einer partikularistischen Heimattümelei vorbeugt, wurde vom Autor an anderer Stelle entwickelt (Ott 2007).

Gerade in dichtbesiedelten und urbanisierten Gebieten scheint die Erfahrung der Differenz zwischen Natur und Zivilisation an Bedeutung zu gewinnen. Das Differenz-Argument besagt, dass in westlich geprägten Hochzivilisationen der Schutz all jener Naturformationen nahegelegt ist, die das Andere dieser Zivilisation realsymbolisch repräsentieren, selbst wenn sie bei genauer Betrachtung nicht frei von Eingriffen sind (wie Hutewälder). Erholung vom Alltagsstress können wir auch in gepflegten Anlagen finden, aber Differenzerfahrungen verlangen nach Natur in einer anderen Qualität, wie wir sie etwa in großen Waldgebieten, auf hoher See, in Mooren, im Hochgebirge und in Steppen finden. Die durchaus ambivalente Erfahrung der Differenz ist in Gebieten besonders intensiv, in denen man als Mensch im Grunde nichts verloren hat. Intensive Formen des Naturgenusses nähern sich einer Sphäre, die vielfach mit dem Ausdruck ›spirituell‹ überschrieben wurde. So können intensive naturästhetische Erfahrungen ein Gefühl wachrufen, warum Natur zugleich schön und mehr als nur schön sei (»transästhetische Erfahrung«, Ott 2011).

Eine evolutionär ansetzende Erklärung für die menschliche Befähigung zum Naturgenuss ist die sog. Biophilie-Hypothese (Wilson 1984; Kellert 2008). Die phänomenologisch beschreibbaren Weisen des Naturgenusses lassen sich insofern zu Formen der Naturspiritualität ›erhöhen‹ und mit wissenschaftlichen Erklärungen über anthropologische Dispositionen ›untermauern‹. Vertreter der Biophilie-Hypothese betonen, dass die allgemeine Disposition zur Biophilie der kulturellen Ausformung bedarf. Wie ›biophil‹ eine Kultur ist oder sein kann, ist daher von Anerkennungsverhältnissen und von Naturbildung abhängig. Wir können uns daher auch hochmoderne und zugleich biophile Gesellschaften widerspruchsfrei denken und für sie eintreten.

Insofern kann auch eine ›tiefe‹ anthropozentrische Ethik, die Selbstwert für Naturwesen ablehnt, eine anspruchsvolle Naturschutzpolitik fordern, die auf der Anerkennung vieler Naturgebilde als Schutzgüter beruht. Dieser Auffassung gemäß lassen sich die Güter des Naturschutzes mit anderen Gütern wie etwa gotischen Kathedralen, Kunstwerken, mittelalterlichen Handschriften und kostbarem Porzellan vergleichen. Die Aufwendungen für den Naturschutz sollten verglichen werden mit den Subventionen etwa für die Oper und den übrigen Kunstbetrieb. Eine solche Ethik wird die Schutzgüter der Natur nicht leichtfertig zur Abwägung freigeben, sondern den Schutzstatus auch mit rechtlichen Mitteln sichern.

Was den direkten Schutzstatus anbetrifft, so ist vorgängig zwischen Würde und Selbstwert zu unterscheiden. Für Kantianer kommt Würde nur Wesen zu, die befähigt sind, ihr Verhalten an moralischen Gründen zu orientieren. Dies sind trotz aller Phänomene altruistischen Verhaltens im Tierreich letztlich wohl nur Menschen. Selbstwert impliziert nur, dass wir gegenüber einem Wesen mindestens eine direkte moralische Verpflichtung haben (etwa es nicht zu quälen). Diese Unterscheidung erlaubt es, Würde im Unterschied zu Selbstwert nicht zu gradieren, wenn wir dies auch angesichts der *human marginal cases* (stark demente Personen, Komatöse) für eine plausible Grundlage unserer moralischen Praxis erachten.

Was den möglichen moralischen Selbstwert von Naturwesen anbetrifft (sog. Inklusionsproblem), so unterscheidet man hinsichtlich der nicht-anthropozentrischen, d. h. physiozentrischen Positionen zwischen Sentientismus, Zoozentrik, Biozentrik, Ökozentrik und Holismus. Jede der genannten Positionen vertritt ein anderes Kriterium direkter moralischer Berücksichtigungswürdigkeit. Der Sentientismus erkennt allen empfindungsfähigen, die Zoozentrik allen ›gewahrenden‹ (prähensiven), die Biozentrik allen lebendigen und der Holismus allen existierenden Naturwesen einen moralischen Selbstwert zu. Aus holistischer Sicht ist nur das Kriterium ›Existenz‹ vertretbar, da alle anderen Kriterien willkürlich gewählt sein könnten (Gorke 2003). Die Ökozentrik ist insofern ein Sonderfall, als sie Ökosystemen – besser: Biogeozönosen – *als solchen* moralischen Selbstwert zuerkennt, was zu schwerwiegenden epistemischen und moralischen Problemen führt. Die Biozentrik versteht Leben als ein ehrfurchtgebietendes Mysterium (Schweitzer 1923) oder entwirft ein komplexes Weltbild, dessen Komponenten zur Grundeinstellung des moralische Respekts gegenüber allen Lebewesen nötigen (Taylor 1986).

Neuere Ansätze erklären die Fähigkeit, »representational goals« zu bilden, als moralisch relevante Eigenschaft an (Agar 2001). Die Zoozentrik geht davon aus, dass das Phänomen des Bewusstseins, mit dem wir Menschen präreflexiv vertraut sind und das wir per Analogie allen Lebewesen zusprechen, die über ein im Gehirn zentralisiertes Nervensystem verfügen, möglicherweise nur *eine* organische Weise ist, Welthaftigkeit zu gewahren. Daher zieht sie – auch aus Gründen moralisch relevanter epistemischer Unsicherheit – die sog. niederen Tiere (Libellen, Ameisen, Spinnen, Käfer usw.) mit in Betracht. Dies zieht das Problem nach sich, ob nicht vielleicht auch Pflanzen auf ihre Art gewahren und kommunizieren können (Marder 2008).

Der Sentientismus wiederum geht von der schwer zu bestreitenden Fähigkeit höherer Tiere aus, bewusst emotional getönte Zustände wie Schmerz und Lust, Leid und Freude, Neugier und Angst, womöglich sogar Trauer zu empfinden (DeGrazia 1996). Einigen Tieren, die zu beeindruckenden kognitiven Leistungen und zu sozialen bzw. kommunikativen Interaktionen befähigt sind (Menschenaffen, Meeressäuger) könnte man eventuell sogar den Status von Personen und damit ein Recht auf Leben zuerkennen. Bei der Lösung des Inklusionsproblems spielt die Debatte um moralisch relevante Eigenschaften die zentrale Rolle (Ott 2008). Die in der Naturethik mehrheitlich vertretene Lösung des Inklusionsproblems ist ein weit gefasster Sentientismus, der das Anliegen der Zoozentrik integriert. Einem Naturwesen X kommt danach genau dann moralischer Selbstwert zu, wenn X etwas von den Handlungen verspürt (›mitbekommt‹), die ihm gegenüber ausgeführt werden. Etwas, das einem Organismus widerfährt oder zugefügt wird, muss für den Organismus selbst einen Unterschied hinsichtlich dessen eigenes ›Wohl und/oder Wehe‹ machen. Dies setzt ein gewisses Maß an sinnlicher Weltoffenheit voraus. Welche Lebewesen hierüber verfügen, ist eine empirische Frage. Es spricht vieles dafür, dass zumindest alle Wirbeltiere hierzu zählen. Auch bei etlichen Invertebraten sprechen Gründe für die Vermutung eines eigenen Gewahrens, so dass der Umgang mit sehr vielen Tieren moralischen Kriterien unterläge.

Ob Moralbegriffe graduelle Abstufungen erlauben, ist umstritten. Häufig wird geltend gemacht, dass die Begriffe der Würde, der Personalität und des Selbstwertes Begriffe sind, die aufgrund ihrer Logik nur zu- oder abgesprochen, nicht aber gradiert werden dürfen. So stufen wir die Menschenwürde nicht nach Intelligenzquotienten ab. Die Nichtabstufbarkeit sichert eine grundsätzliche Egalität aller Wesen, denen Würde, Personalität oder Selbstwert zuerkannt wird. Auch bei Konflikten und Dilemmata gilt dann eine Berücksichtigung »no less than equal« (DeGrazia 1996).

Allerdings ist unsere Praxis des Umgangs mit Tieren gradualistisch. Die Domestikation etwa scheint mit einer grundsätzlichen Egalität der domestizierenden und der domestizierten Wesen kaum vereinbar. Bei fiktiven Rettungsdilemmata entscheiden wir gradualistisch, d. h. wir retten das eine Baby und nicht die fünf Welpen oder die 20 Kanarienvögel. Auch im wirklichen Leben vertreten wir die Auffassung, dass Rettungsschwimmer zur Rettung aller Menschen ohne Ansehung ihrer Eigenschaften verpflichtet sind, nicht aber dazu, einem in der starken Brandung abgetriebenen Hund hinterherzuschwimmen. Wir müssen, so die verbreitete moralische Intuition, auch nicht unbedingt ein erfrierendes wildlebendes Kaninchen retten und brauchen Beutetieren nicht zur Hilfe eilen. Zuletzt kann der gradualistische Sentientismus auch dem Umstand Rechnung tragen, dass die Lebenserwartungen und Lebensaussichten speziesrelativ sind: Eine Maus lebt nur wenige Jahre. Auch unterschiedliche Fortpflanzungsstrategien der jeweiligen Spezies (Verhältnis von Geburten- und Sterberaten) dürften womöglich eine Rolle spielen (Frösche und Wale). Man kann daher versuchen, Egalitarismus und Gradualismus durch einen Grundsatz zu vermitteln, der die gleiche Berücksichtigungswürdigkeit von empfindungsfähigen Lebewesen *als solchen* fordert. Danach sind Schimpansen *als* Schimpansen, Fledermäuse *als* Fledermäuse und Heringe *als* Heringe zu berücksichtigen. Hier öffnet sich eine artspezifische Kasuistik, in der sich Verhaltenszoologie und Tierethik konkret vermitteln könnten. Was etwa sind tiergerechte Haltungsbedingungen von unterschiedlichen Fischspezies in Aquakulturen?

Wenn man den gradualistischen Sentientismus als befriedigende Lösung des Inklusionsproblems zugrunde legt, besteht die Aufgabe darin, diese Position, die sich darum bemüht, allen empfindungsfähigen Lebewesen in ihrer jeweiligen artspezifischen Lebensform gerecht zu werden, konzeptionell und kasuistisch zu entfalten. Zu deren Forderungen würde die Anerkennung einer kollektiven Verpflichtung gegenüber empfindungsfähigen Lebewesen in Ansehung ihrer natürlichen Lebensräume (Habitate) zählen, was bedeuten würde, dass wir Menschen nicht nur verpflichtet wären, die Schutzgüter zu bewahren, die uns selbst am Herzen liegen, sondern darüber hinaus, die Lebensräume der Erde zu teilen. Die Erfüllung dieser Pflicht fällt uns freilich leichter, wenn wir uns an dem Anblick anderer Lebewesen auch erfreuen.

In diesem skizzierten Sinne ist eine Naturethik den geistigen Errungenschaften von Aufklärung und Moderne keineswegs zuwider. Innerhalb einer Diskurstheorie praktischer Vernunft (›Diskursethik‹) können auf dem Gebiet der Naturethik gute Gründe formuliert werden, die in praktischer Hinsicht zur Rechtfertigung eines anspruchsvollen Umwelt-, Klima-, Tier- und Naturschutzes dienen können. Die Naturethik betreibt keine ›Wiederverzauberung‹ der Natur, sondern löst den instrumentalistischen Bann, den eine vereinseitigte Moderne über unseren menschlichen Naturumgang verhängt hat.

Literatur

Agar, Nicholas: *Life's Intrinsic Value*. New York 2001.
Blackbourn, David: *Die Eroberung der Natur*. München 2007.
Böhme, Gernot: Phänomenologie der Natur – ein Projekt. In: Ders./Gregor Schiemann (Hg.): *Phänomenologie der Natur*. Frankfurt a. M. 1997, 11–43.
Callicott, Baird: The value of ecosystem health. In: *Environmental Values* 4/4 (1995) 345–361.
DeGrazia, David: *Taking Animals Seriously*. Cambridge 1996.
Engels, Eve-Marie: Georg Edward Moores Argument der ›naturalistic fallacy‹ in seiner Relevanz für das Verhältnis von philosophischer Ethik und empirischen Wissenschaften. In: Lutz Eckensberger/Ulrich Gähde (Hg.): *Ethische Norm und empirische Hypothese*. Frankfurt a. M. 1993, 92–132.
Forst, Rainer: *Das Recht auf Rechtfertigung*. Frankfurt a. M. 2007.
Golley, Frank B.: *A History of the Ecosystem Concept in Ecology*. New Haven/London 1993.
Gorke, Martin: *The Death of Our Planet's Species*. Washington 2003.
Haber, Wolfgang: The ecosystem – power of a metaphysical construct. In: *Landschaftsökologie Weihenstephan* 13 (2004), 25–48.
Haeckel, Ernst: *Generelle Morphologie der Organismen*. 2 Bde. Berlin 1866.
Hampicke, Ulrich: *Kulturlandschaft und Naturschutz*. Wiesbaden 2013.
Härdtle, Wolfgang: On the theoretical concept of the potential natural vegetation and proposals for an up-to-date modification. In: *Folia Geobotanica*. Bd. 30. (1995), 263–276.
Kellert, Stephen: Biophilia. In: Sven Erik Jorgensen/Brian Fath (Hg.): *Encyclopedia of Ecology*. Amsterdam 2008, 462–466.
Korff, Hermann A.: *Geist der Goethezeit*. Leipzig 1962.
Krebs, Angelika: *Ethics of Nature*. Berlin 1999.
Marder, Michael: *Plant-Thinking. A Philosophy of Vegetal Life*. Columbia University Press 2008.
Meadows, Dennis: *Die Grenzen des Wachstums*. Stuttgart 1972
Möbius, Karl August: *Die Auster und die Austernwirtschaft*. Berlin 1877.
Muraca, Barbara: The map of moral significance. In: *Environmental Values* 20/3 (2011), 375–396.
Ott, Konrad: *Ipso Facto*. Frankfurt a. M. 1997.
–: ›Heimat‹-Argumente als Naturschutzbegründungen in Vergangenheit und Gegenwart. In: Reinhard Piechocki/Norbert Wiersbinski (Hg.): *Heimat und Naturschutz*. Bonn-Bad Godesberg 2007, 43–65.
–: A modest proposal of how to proceed in order to solve the problem of inherent moral value in nature. In: Laura Westra/Klaus Bosselmann/Richard Westra (Hg.): *Reconciling Human Existence with Ecological Integrity*. London 2008, 39–60.
–: Zur ethischen Dimension von Renaturierungsökologie und Ökosystemrenaturierung. In: Zerbe/Wiegleb 2009, 423–439.
–: *Umweltethik zur Einführung*. Hamburg 2010.
–: Beyond beauty. In: Kerstin Knopf (Hg.): *North America in the 21. Century. Festschrift Hartmut Lutz*. Trier 2011, 119–130.
–/Egan-Krieger, Tanja von: Normative Grundlagen nachhaltiger Waldbewirtschaftung. In: *Eberswalder Forstliche Schriftenreihe* 50 (2012), 7–38.
–/Potthast, Thomas/Gorke, Martin/Nevers, Patricia: Über die Anfänge des Naturschutzgedankens in Deutschland und den USA im 19. Jahrhundert. In: *Jahrbuch für Europäische Verwaltungsgeschichte* 11 (1999), 1–56.
Pickett, Steward.T.A/Ostfeld, Richard S./Shachak, Moshe/Likens, Gene E. (Hg.): *The Ecological Basis of Conservation*. New York 1997.
Plachter, Harald: Methodische Rahmenbedingungen für synoptische Bewertungsverfahren im Naturschutz. In: *Zeitschrift für Ökologie und Naturschutz* 3 (1994), 87–106.
Potthast, Thomas: Biodiversität, Ökologie, Evolution – Epistemisch-moralische Hybride und Biologietheorie. In: Ders. (Hg.): *Biodiversität – Schlüsselbegriff des Naturschutzes im 21. Jahrhundert?* Bonn-Bad Godesberg 2007, 57–88.
Rockström, Johan/Steffen, Will/Noone, Kevin/Persson, Åsa/Chapin, Stuart/Lambin, Eric. F./Lenton, Timothy M./Scheffer, Marten/Folke, Carl/Schellnhuber, Hans J./Nykvist, Björn/Wit, Cynthia A. de/Hughes, Terry/Leeuw, Sander van der/Rodhe, Henning/Sörlin, Sverker/Snyder, Peter K./Costanza, Robert/Svedin, Uno/Falkenmark, Malin/Karlberg, Louise/Corell, Robert W./Fabry, Victoria J./Hansen, James/Walker, Brian/Liverman, Diana/Richardson, Katherine/Crutzen, Paul/Foley, Jonathan A.: A safe operating space for humanity. In: *Nature* 461 (2009), 472–475.
Rolston, Holmes: *Environmental Ethics*. Philadelphia 1988.
Schulze, Ernst-Detlef/Mooney, Harold A. (Hg.): *Biodiversity and Ecosystem Function*. Berlin 1994.
Schweitzer, Albert: *Kultur und Ethik*. München 1923.
Seel, Martin: *Eine Ästhetik der Natur*. Frankfurt a. M. 1991.
Taylor, Paul: *Respect for Nature*. Princeton 1986.
Trepl, Ludwig: *Geschichte der Ökologie*. Weinheim ²1994.
Tüxen, Reinhold: Die heutige potentielle natürliche Vegetation als Gegenstand der Vegetationskartierung. In: *Angewandte Pflanzensoziologie* 13 (1956), 4–42.
Uexküll, Jakob von: *Theoretische Biologie*. Berlin 1928.
Usher, Michael B./Erz, Wolfgang (Hg.): *Erfassen und Bewerten im Naturschutz*. Wiesbaden 1986.
Vogt, Marcus: *Sozialdarwinismus*. Freiburg/Basel/Wien 1997.

Westra, Laura: *The Principle of Integrity*. Lanham 1994.
Wilson, Edward O.: *Biophilia*. Cambridge/Mass./London 1984.
Zerbe, Stefan/Wiegleb, Gerhard (Hg.): *Renaturierung von Ökosystemen in Mitteleuropa*. Heidelberg 2009.

Konrad Ott

31 Palliativmedizin

Der Begriff ›Palliativmedizin‹ ist abgeleitet vom lateinischen Wort *pallium*: Mantel. Nach der einschlägigen Definition der World Health Organization ist Palliativmedizin:

> »ein Ansatz zur Verbesserung der Lebensqualität von Patienten und ihren Familien, die mit den Problemen konfrontiert sind, die mit einer lebensbedrohlichen Erkrankung einhergehen, und zwar durch Vorbeugen und Lindern von Leiden, durch frühzeitiges Erkennen, gewissenhafte Einschätzung und Behandlung von Schmerzen sowie anderen belastenden Beschwerden körperlicher, psychosozialer und spiritueller Art« (World Health Organization 2002).

Historische Entwicklung und Kennzeichen von Hospiz und Palliativmedizin

Hospize – abgeleitet von lateinisch *hospitium*: Herberge, gastfreundliches Haus – sind heute Einrichtungen, in denen Menschen mit nicht heilbaren Erkrankungen in ihrer letzten Lebensphase betreut und versorgt werden. Als Vorläufer von modernen Hospizen werden in der Literatur gelegentlich Hospize des Mittelalters bezeichnet. Diese hatten als Pilgerherbergen allerdings eine andere Funktion. Hospize mit der vorrangigen Zielsetzung, Sterbende zu betreuen, wurden in der zweiten Hälfte des 19. Jahrhunderts gegründet. Beispiele sind das Our Lady Hospice for the Dying, das 1879 in Dublin eröffnet wurde oder das 1892 in London eröffnete Hostel of God. Ein Ausgangsort für die moderne Hospiz- und Palliativmedizin ist das 1902 in Hackney, London gegründete St. Josephs Hospice. Hier arbeitete Dame Cicely Saunders (1918–2005), die 1967 das St. Christophers Hospice in London gründete. Dieses Hospiz dient noch heute vielen Hospizeinrichtungen als Vorbild. In Deutschland wurde 1986 das erste stationäre Hospiz in Aachen (Haus Hörn) gegründet. Bereits drei Jahre zuvor, 1983, wurde die erste Palliativstation am Universitätsklinikum Köln eröffnet (vgl. Stolberg 2011).

Kriterien für die Aufnahme von Patienten in ein Hospiz sind das Vorliegen einer fortgeschrittenen, nicht heilbaren und in einem absehbaren Zeitraum zum Tod führenden Erkrankung sowie das Einverständnis zwischen Patient und Behandlungsteam, dass palliativmedizinische Maßnahmen durchgeführt werden sollen. Die interdisziplinäre Betreuung und Behandlung des unheilbar erkrankten bzw. sterbenden Menschen ist eines der Kennzeichen von Hospizen. Mitarbeiter der Pflege, Psychologen, Theologen, Sozialarbeiter, Ärzte und weitere Berufsgruppen betreuen die Hospizbewohner. Die Kernkompetenzen des Hospizes umfassen u. a. die Linderung von Symptomen (z. B. Schmerz, Atemnot), die Kommunikation mit Bewohnern und deren Angehörigen sowie die psychische, soziale und spirituelle Begleitung der Sterbenden.

Während Hospiz- und Palliativversorgung zumeist als Einheit im Sinne der Versorgung von Menschen mit nicht heilbaren, lebensbegrenzenden Erkrankungen verstanden werden, bestehen auch Unterschiede zwischen beiden Ansätzen. Im Gegensatz zu palliativmedizinischen Einrichtungen werden Hospize häufig von Vertretern nicht-ärztlicher Gesundheitsberufe geleitet. Darüber hinaus ist das Ziel stationär palliativmedizinischer Versorgung in der Regel die Symptomkontrolle und wenn möglich die Entlassung des Patienten. Dagegen werden die Bewohner des Hospizes in der Regel bis zu ihrem Tod versorgt und betreut.

In Deutschland wird üblicherweise zwischen einer *allgemeinen* und einer *spezialisierten* Palliativversorgung unterschieden. Die allgemeine Palliativversorgung erfolgt zumeist ambulant durch den Hausarzt in Zusammenarbeit mit dem Pflegedienst und Vertretern anderer Berufsgruppen. Eine spezialisierte Palliativversorgung erfolgt häufig im Rahmen stationärer Hospize bzw. auf Palliativstationen durch entsprechend ausgebildete multidisziplinäre *palliative care teams*. Seit 2007 wurden mit entsprechender Änderung des Sozialgesetzbuches V die gesetzlichen Voraussetzungen für eine spezialisierte ambulante Palliativversorgung geschaffen. In Deutschland gibt es, im Unterschied zu anderen Ländern, wie z. B. Großbritannien, keinen Facharzt für Palliativmedizin, sondern eine Zusatzbezeichnung, die von Fachärzten unterschiedlicher Fachrichtungen erworben werden kann.

Die Vertreter der Hospiz- bzw. palliativmedizinischen Bewegung haben sich zu Fachgesellschaften bzw. Interessenvertretungen zusammengeschlossen. Beispiele auf nationaler Ebene sind die Deutsche Gesellschaft für Palliativmedizin (DGP, seit 1994) sowie der Deutsche Hospiz- und PalliativVerband e. V. (DHPV), der bereits 1992 (damals Bundesarbeitsgemeinschaft Hospiz) gegründet wurde. Auf internationaler Ebene bestehen u. a. die European Association for Palliative Care (EAPC, seit 1990) sowie die International Association for Hospice and Palliative Care (seit 1997).

Palliativmedizin. Normative Prämissen und ethisch relevante Aspekte

Im Vergleich zu anderen medizinischen Fachgebieten sind ethische Themen in der palliativmedizinischen Aus- und Weiterbildung stark vertreten (Deutsche Gesellschaft für Palliativmedizin 2012). Insbesondere ethische Aspekte ärztlicher Handlungen am Lebensende mit möglicherweise lebensverkürzenden Effekten stellen einen inhaltlichen Schwerpunkt dar. Handlungen mit dem Ziel der Lebensverkürzung (s. Kap. III. 40 und II. 25) werden von Vertretern der Palliativmedizin abgelehnt. So heißt es in der Präambel der Satzung der Deutschen Gesellschaft für Palliativmedizin: »Die Palliativmedizin bejaht das Leben und sieht im Sterben einen natürlichen Prozess. Das Leben soll nicht künstlich verlängert und der Sterbeprozess nicht beschleunigt werden« (Deutsche Gesellschaft für Palliativmedizin 2010). In den von der European Association for Palliative Care veröffentlichten Empfehlungen zu Standards und Normen in der Palliativmedizin heißt es entsprechend: »Palliative care affirms life and regards dying as a normal process; it neither hastens nor postones death« (European Association for Palliative Care 2009, 280–281). Auch in palliativmedizinischen Lehrbüchern wird die Tötung auf Verlangen und die ärztlich assistierte Selbsttötung abgelehnt: »Die Tötung von Patienten und die entwürdigende Behandlung von Menschen am Lebensende entsprechen nicht dem ärztlichen und pflegerischen Ethos« (Schnell/Schulz 2012, 228). In Übereinstimmung mit dieser normativen Positionierung der Palliativmedizin wird das Recht auf Patientenselbstbestimmung am Lebensende eingegrenzt. Demnach umfasst das Recht auf Selbstbestimmung nicht die Beendigung des eigenen Lebens. Weitere von Vertretern der Palliativmedizin gegen die Tötung auf Verlangen bzw. die ärztlich assistierte Selbsttötung vorgebrachte Argumente zielen auf einen möglichen Vertrauensverlust von Patienten in Ärzte, wenn diese an den vorstehenden Maßnahmen partizipieren sowie das ›Argument der schiefen Ebene‹ (vgl. Sahm 2006; Randall/Downie 1999; s. Kap. II. 1).

Die Forderung nach Wahrhaftigkeit bei der Aufklärung von Patienten mit lebensbegrenzenden Erkrankungen über ihre Diagnose, die Therapieoptionen und Prognose wird von vielen Vertretern der

Palliativmedizin geteilt. Das Recht auf gesundheitsbezogene Informationen als Grundlage für die individuelle Planung und Gestaltung der letzten Lebensphase wird als eine wichtige Begründung für diese Forderung genannt. Darüber hinaus bildet die Aufrichtigkeit gegenüber Patienten auch in schwierigen Situationen eine Voraussetzung für eine angemessene, vertrauensvolle Arzt-Patient-Beziehung (vgl. Randall/Downie 1999; s. Kap. III. 4). Die Befürchtung dauerhafte Belastungen oder gar Schädigungen durch das Überbringen schlechter Nachrichten (breaking bad news) lässt sich für die Mehrheit von Patienten nicht empirisch belegen. Die Art und Weise, wie Patienten mit lebensbegrenzenden Erkrankungen aufgeklärt werden, hat Einfluss darauf, ob das Gespräch eine Hilfe oder zusätzliche Belastung für den Patienten darstellt. Vor diesem Hintergrund bilden Lehr- und Fortbildungsmodule zur professionellen Umsetzung einer patienten-orientierten Aufklärung einen praktischen Schwerpunkt in der palliativmedizinischen Aus- und Weiterbildung (vgl. Husebö/Klaschik 2009).

Die Versorgung von sterbenden Menschen im palliativmedizinischen Kontext geht weit über die sonst in der modernen Medizin häufig anzutreffende Fokussierung auf biologisch-technische Aspekte hinaus. Entsprechend der oben genannten Definition der World Health Organization (WHO) sollen durch palliativmedizinische Interventionen neben medizinischen und pflegerischen Aspekten auch psychosoziale und spirituelle Angelegenheiten berücksichtigt werden. Dies spiegelt sich auch in der Zusammensetzung der interdisziplinären *palliative care teams* wider, in denen neben Ärzten und Pflegenden auch Psychologen, Seelsorger sowie Vertreter weiterer Gesundheitsprofessionen vertreten sind. Die multidisziplinäre Zusammensetzung ist Voraussetzung für die Kostenerstattung (vgl. palliativmedizinische Komplexbehandlung im Rahmen des stationären Fallpauschalen (DRG)-Systems).

Ebenfalls in Übereinstimmung mit der Definition von Palliativmedizin der WHO erstreckt sich ein Teil der palliativmedizinischen Versorgung auf die Angehörigen des Patienten. Darüber hinaus wird die Einbeziehung von Angehörigen in die Entscheidungsfindung grundsätzlich befürwortet (European Association for Palliative Care 2009). Aus medizinethischer Perspektive scheint bezüglich der Einbeziehung von Angehörigen in medizinische Entscheidungen zunächst relevant, dass Angehörige wichtige werterelevante Informationen übermitteln können, wenn der Patient hierzu nicht mehr in der Lage ist. Allerdings ist gleichzeitig hervorzuheben, dass aus ethischer und rechtlicher Perspektive Entscheidungen entweder vom Patient selbst oder aber von dessen rechtlichen Vertreter unter Berücksichtigung der Präferenzen und Werthaltungen des Patienten getroffen werden. Mit Blick auf den Anspruch der Palliativmedizin auch die Bedürfnisse von Angehörigen zu berücksichtigen, muss aus ethischer Perspektive weiterhin gefragt werden, auf welcher Grundlage Prioritäten bei knappen Ressourcen oder auch bei Konflikten zwischen den Bedürfnissen von Patienten und Angehörigen gesetzt werden. Schließlich muss hinsichtlich des multiprofessionellen Ansatzes in der Palliativmedizin auch kritisch hinterfragt werden, wer welche Verantwortung für welche Entscheidung auf Seiten des Behandlungsteams übernimmt.

Aus allokationsethischer Perspektive wirft die Diskussion über eine angemessene Finanzierung der Palliativmedizin die Frage auf, welchen Stellenwert eine symptomorientierte, lindernde Medizin für sterbende Menschen im Vergleich zur sog. kurativen Medizin in der Gesellschaft haben soll und welche Gründe für die jeweilige Prioritätensetzung angegeben werden können. In diesem Zusammenhang sind aus medizinethischer Perspektive auch die Angemessenheit der Gegenüberstellung der sog. ›kurativen‹ und ›palliativen Medizin‹ und die mit den Begriffen verknüpften ethisch relevanten Assoziationen zu hinterfragen. Einerseits werden durch die Gegenüberstellung von palliativer und kurativer Medizin wichtige Unterschiede hinsichtlich der Zielsetzung verschiedener Ansätze in der Medizin herausgestellt. Andererseits legen die Begriffe Zielsetzungen nahe, die sich nicht immer mit den empirisch nachweisbaren Effekten der jeweils durchgeführten Interventionen decken. So wird mit palliativmedizinischen Maßnahmen häufig eine mögliche Lebenszeitverkürzung assoziiert, die zwar nicht intendiert, aber in Kauf genommen wird. Die Daten empirischer Untersuchungen belegen allerdings, dass die Anwendung palliativmedizinischer Maßnahmen im Vergleich zur Standardtherapie lebenszeitverlängernde Auswirkungen haben kann (vgl. Temel et al. 2010). Informationen über solche, mit den Ansätzen der sog. palliativen bzw. kurativen Medizin in der Regel nicht assoziierten Effekte, können aus Patientenperspektive relevant für Therapieentscheidungen und die Gestaltung der letzten Lebensphase sein.

Aktuelle Forschungsfragen

Die Palliativmedizin fußt auf der normativen Prämisse, dass die Lebenszeit nicht absichtlich verkürzt werden darf. Die insbesondere zu Beginn der Hospiz- und Palliativbewegung in Deutschland bestehenden Vorbehalte gegen die Idee einer »Sterbeklinik« (Stolberg 2011, 240) mögen ein Einflussfaktor für die strikte Ablehnung jeglicher lebensverkürzender Maßnahmen durch Vertreter von Hospiz- und Palliativverbänden sein. Angesichts guter ethischer Gründe für andere normative Positionen bei der ethischen Bewertung der Tötung auf Verlangen oder der ärztlich assistierten Selbsttötung und mit Blick auf den gesellschaftlich und rechtlich anerkannten hohen Stellenwert der Patientenselbstbestimmung, erscheint eine undifferenzierte Ablehnung lebenszeitverkürzender Handlungen durch palliativmedizinische Fachgesellschaften ethisch problematisch. Die auch innerhalb der Palliativmedizin zunehmend kritische normative Reflexion über die ärztliche Handlungspraxis am Lebensende wurde zuletzt auch durch empirische Untersuchungen zu ethisch relevanten Aspekten angestoßen. Beispiele hierfür sind interdisziplinäre Studien zum Sterbewunsch von Patienten in der letzten Lebensphase (vgl. Monforte-Royo et al. 2012) wie auch die empirische Forschung zur ärztlichen Handlungspraxis am Lebensende in der Palliativmedizin (vgl. Schildmann et al. 2010).

Sozialempirische und medizinische Forschungsprojekte mit Patienten in der letzten Lebensphase sind mit forschungsethischen Herausforderungen verbunden, die in Forschungsvorhaben zu normativen Aspekten der Palliativmedizin bearbeitet werden. Dabei spielt neben der Abwägung von Nutzen und Schaden bei Einbeziehung von Patienten in der letzten Lebensphase in palliativmedizinische Forschungsprojekte auch das Argument der besonderen Vulnerabilität dieser Patientengruppe eine wichtige Rolle in der Diskussion. In diesem Zusammenhang wurde einerseits auf das besondere Schutzbedürfnis von Patienten in der letzten Lebensphase verwiesen. Andererseits wird vor einer paternalistischen Bevormundung dieser Patienten, z. B. durch den grundsätzlichen Ausschluss von der Teilnahme an Forschungsprojekten, gewarnt.

Schließlich wirft auch die weltweite Verbreitung der Palliativmedizin ethisch relevante Fragen auf. Vergleichbar der aktuellen Diskussion um interkulturelle Aspekte in der Medizinethik, stellt die Reflexion auf unterschiedliche Werthaltungen in verschiedenen Kulturen eine weitere ethisch relevante Aufgabenstellung für die Palliativmedizin dar. Die Implementierung der Palliativmedizin in anderen Kulturkreisen, aber auch die Behandlung von sterbenden Menschen mit Migrationshintergrund in westlich orientierten Gesundheitssystemen geht einher mit Auseinandersetzungen über die jeweils vorherrschenden normativen Vorstellungen vom guten Leben und Sterben.

Literatur

Deutsche Gesellschaft für Palliativmedizin: Curricula Palliative Care Stand 12/2012. 2012. In: http://www.dgpalliativmedizin.de/images/stories/DGP_Übersicht_Curricula.pdf (25.6.2013).

–: Satzung der Deutschen Gesellschaft für Palliativmedizin e. V. 2010. In: http://www.dgpalliativmedizin.de/images/stories/DGP-Satzung_2010.pdf (25.6.2013).

European Association for Palliative Care: White Paper on standards and norms for hospice and palliative care in Europe: part 1. 2009. In: http://www.eapcnet.eu/LinkClick.aspx?fileticket=f63pXXzVNEY%3d&tabid=735 (25.6.2013).

Gysel, Marjolein/Evans, Catherine/Lewis, Penney/Speck, Peter/Benalia, Hamid/Preston, Nancy/Grande, Gunn/Short, Vicky/Owen-Jones, Eleanor/Todd, Chris/Higginson, Irene: MORE. Care research methods guidance development: Recommendations for ethical issues in palliative and end-of-life care research. 2013. In: http://pmj.sagepub.com/content/early/2013/05/20/0269216313488018.full.pdf+html (25.6.2013).

Husebö, Stein/Klaschik, Eberhard: *Palliativmedizin*. Heidelberg 2009.

Monforte-Royo, Cristina/Villavicencio-Chávez, Christian/Tomás-Sábado, Joaquin/Mahtani-Chugani, Vinita/Balaguer, Albert: What lies behind the wish to hasten death? A systematic review and meta-ethnography from the perspective of patients. 2012. In: http://www.ncbi.nlm.nih.gov/pmc/articles/PMC3351420/ (10.02.2015).

Randall, Fiona/Downie, Robin S.: *Palliative Care Ethics: A Companion for All Specialties*. Oxford 1999.

Sahm, Stephan: *Sterbebegleitung und Patientenverfügung. Ärztliches Handeln an den Grenzen von Ethik und Recht*. Frankfurt a. M. 2006.

Schildmann, Jan/Hoetzel, Julia/Mueller-Busch, Christof/Vollmann, Jochen: End-of-life practices in palliative care: a cross sectional survey of physician members of the German Society for Palliative Medicine. In: *Palliative Medicine* 24/8 (2010), 820–827.

Schnell, Martin W./Schulz, Christian: *Basiswissen Palliativmedizin*. Heidelberg 2012.

Stolberg, Michael: *Die Geschichte der Palliativmedizin. Medizinische Sterbebegleitung von 1500 bis heute*. Frankfurt a. M. 2011.

Temel, Jennifer/Greer, Joseph A./Muzikansky, Alona/Gallagher, Emily R./Admane, Sonal/Jackson, Vicky A./Dahlin, Constance M./Blinderman, Craig D./Jacobsen, Juliette/Pirl, Willam F./Billings, Andrew/Lynch, Thomas J.:

Early palliative care for patients with metastatic non-small-cell lung cancer. In: *New England Journal of Medicine* 363 (2010), 733–742.

World Health Organization: Definition of palliative care. 2002. In: http://www.who.int/cancer/palliative/definition/en/ (25. 06. 2013).

Jan Schildmann und Jochen Vollmann

32 Patentierung

Einleitung und Abgrenzungen

Dass das Eigentum an beweglichen wie an unbeweglichen Sachen rechtlichen Schutz genießt, war bereits in der Antike anerkannt. Dem Eigentümer von Gebrauchsgegenständen, Nutztieren, aber auch von Grund und Boden oder Häusern ist schon früh die Berechtigung verliehen worden, mit diesem Eigentum prinzipiell nach Belieben zu verfahren. Erst später setzte sich hingegen die Erkenntnis durch, dass auch immaterielle Güter existieren können, die eines entsprechenden Schutzregimes bedürfen. Üblicherweise wird darauf hingewiesen, dass v. a. der immense technische Fortschritt im Zeitalter der Industrialisierung dazu geführt habe, dass Immaterialgüterrechte im geschriebenen Recht kodifiziert wurden. Tatsächlich blickt aber zumindest das Patentrecht auf eine längere Tradition zurück: Das venezianische Patentgesetz vom 19. März 1474 stellt nach aktuellem Stand der rechtshistorischen Forschung die erste einschlägige Rechtssetzung dar, die zu einer Patenterteilung im modernen Sinne geführt hat.

Das Patenrecht stellt den Kernbereich der Rechte des geistigen Eigentums dar. Es tritt damit neben andere artverwandte und sich teils überschneidende Konzepte wie beispielsweise das Urheberrecht, das Gebrauchsmusterrecht, das Markenrecht, das Namensrecht, den Sortenschutz, oder auch den Halbleiterschutz.

Das Patentrecht ist Gegenstand zahlreicher inter- und supranationaler Vorgaben sowie einzelstaatlicher Gesetze. Im Völkerrecht widmet sich zunächst das »Agreement on Trade-Related Aspects of Intellectual Property Rights« (TRIPS-Abkommen) der Materie. Das TRIPS ist Teil des Rechts der Welthandelsorganisation (WTO) und muss daher von jedem WTO-Mitgliedsstaat verbindlich anerkannt werden. Auf europäischer Ebene ist v. a. das Europäische Patentübereinkommen (EPÜ) zu nennen. Das am 5. Oktober 1973 in München unterzeichnete und am 7. Oktober 1977 in Kraft getretene EPÜ stellt, anders als der Name vermuten lassen könnte, kein Regelungsinstrument der Europäischen Union, sondern ein zwischenstaatliches Übereinkommen dar, dem aktuell 38 Vertragsstaaten angehören. Das EPÜ führte u. a. zur Errichtung der Europäischen Patentorganisation als zwischenstaatlicher Einrichtung; Patente nach dem EPÜ werden durch das Europäische

32 Patentierung

Patentamt erteilt und als ›europäische Patente‹ bezeichnet.

Ende 2012 hat zudem nach einer Beratungsphase von mehr als 30 Jahren die Europäische Union entschieden, das sog. EU-Patent einzuführen. Dieses Einheitspatent geht somit auf einen originären Rechtsakt der EU zurück und bringt v. a. den Vorteil, dass es mittels eines einzigen Antrags erworben werden kann. Ein durch das EPA erteiltes europäisches Patent muss hingegen in jedem Mitgliedsstaat, in dem das Patent Wirkung entfalten soll, einzeln validiert werden. Das neue EU-Patent soll somit zu Zeit- und Kostenersparnissen führen. Das EU-Patent wird voraussichtlich in Kürze in Kraft treten.

Für bestimmte Technikbereiche gibt es zudem sektorale Harmonisierungsvorgaben der EU, die sich schon vor der Einführung des EU-Patentes auf die Patenterteilungspraxis der Mitgliedsstaaten ausgewirkt haben. Dies gilt namentlich für die sog. Biopatentrichtlinie (Richtlinie 98/44/EG). Dieser europäische Rechtsakt reagierte auf die Erkenntnis, dass in den Rechtsvorschriften und Praktiken der verschiedenen Mitgliedsstaaten auf dem Gebiet des Schutzes biotechnologischer Erfindungen Unterschiede bestanden, die zu Handelsschranken führen und so das Funktionieren des Binnenmarkts behindern konnten (so die Begründungserwägung Nr. 5).

Die beschriebenen Regelungskomplexe ergänzen und durchdringen einander in mannigfacher Weise: So ist die EU selbst zwar nicht Mitglied der WTO, jedoch sind alle EU-Mitgliedsstaaten auch Mitglieder der WTO. Das TRIPS prägt somit schon auf diesem Wege das nationale Patentrecht, doch dessen ungeachtet erkennt auch die EU die Leitfunktion des TRIPS grundsätzlich an. Das EPÜ wiederum wird regelmäßig an die aktuellen Entwicklungen des EU-Rechts angepasst. Umgekehrt hat sich die EU bei der Einführung des EU-Patentes dafür entschieden, auf die bereits etablierten Organe der EPO zurückzugreifen, so dass das künftige EU-Patent durch das Europäische Patentamt erteilt werden wird. Die nationalen Regelungen – wie z. B. das deutsche Patentgesetz (PatG) – reflektieren all diese Entwicklungen je nach Art und Umfang der Umsetzungs- bzw. Befolgungspflicht mittelbar oder unmittelbar. Die folgenden Ausführungen werden im Interesse der Übersichtlichkeit ausschließlich auf die Vorgaben des nationalen Patentgesetzes Bezug nehmen.

Ratio des Patentschutzes

Zur Begründung der Notwendigkeit eines gesetzlichen Erfindungsschutzes wird auf verschiedene Ansätze rekurriert, wobei aber die v. a. in der älteren Literatur vertretenen naturrechtsbasierten Erklärungsversuche keine nennenswerte Rolle mehr spielen. Stattdessen wird nunmehr v. a. darauf verwiesen, dass für den Erfinder ein ökonomischer Anreiz bestehen müsse, damit dieser die Mühen der erfinderischen Tätigkeit auf sich nimmt. Zugleich müsse die Möglichkeit eines *return on investment* bestehen. Neben dieser Anreiz- und der Belohnungstheorie wird zusätzlich vorgebracht, dass die Patentierung zu einer Verbreiterung des der Allgemeinheit zur Verfügung stehenden Wissens führe (sog. Offenbarungstheorie).

Gerade in der jüngeren Patentrechtsdiskussion wird die Tragfähigkeit dieser Begründungsansätze zunehmend in Frage gestellt. Verwiesen wird in diesem Zusammenhang auf die systemwidrige und innovationshemmende Nutzung von Patenten zu Blockadezwecken bzw. zur bloßen Claim-Sicherung sowie auf die faktischen Konsequenzen einer ungerechtfertigten privaten Monopolbildung. Während diese Kritikpunkte bei einzelnen Teilerscheinungen des Patentwesens – etwa beim sog. absoluten Stoffschutz – durchaus diskussionswürdig sind, ist schon aufgrund der beschriebenen internationalen Verflechtung der Materie nicht zu erwarten, dass es kurz- oder mittelfristig zu einer grundlegenden Abkehr von den überkommenen Prinzipien des Patentrechts kommen wird.

Voraussetzungen einer Patenterteilung

Die drei zentralen Voraussetzungen für die Erteilung eines Patents ergeben sich unmittelbar aus § 1 Abs. 1 PatG: »Patente werden für Erfindungen auf allen Gebieten der Technik erteilt, sofern sie neu sind, auf einer erfinderischen Tätigkeit beruhen und gewerblich anwendbar sind.«

Bereits das Kriterium der Neuheit führt außerhalb der mit der Materie befassten Fachkreise zu gewissen Irritationen, als deren Kulminationspunkt sich die Patentierung von biologischen Substanzen erweist. Zahllose Patente beziehen sich auf Gene, Gensequenzen, oder auf sonstige Stoffe, die der natürlichen Umgebung entnommen worden sind. Das patentrechtliche Verständnis des Neuheitsbegriffs weicht jedoch vom umgangssprachlichen Begriffsverständnis ab. Dies verdeutlicht bereits § 3 Abs. 1 PatG, der bestimmt:

> »Eine Erfindung gilt als neu, wenn sie nicht zum Stand der Technik gehört. Der Stand der Technik umfasst alle Kenntnisse, die vor dem für den Zeitrang der Anmeldung maßgeblichen Tag durch schriftliche oder mündliche Beschreibung, durch Benutzung oder in sonstiger Weise der Öffentlichkeit zugänglich gemacht worden sind.«

Somit kann beispielsweise ein medizinisch wirksamer Stoff, der seit Jahrhunderten Teil des indigenen Wissens eines Indianerstammes im Amazonasbecken ist, gleichwohl ›neu‹ im patentrechtlichen Sinne sein.

Die erfinderische Tätigkeit wird auch als ›Erfindungshöhe‹ bezeichnet. Dieses Kriterium verlangt, dass die Handlungen, die zur Erfindung geführt haben, über das gewöhnliche fachmännische Können hinausreichen müssen. § 4 Satz 1 PatG umschreibt diese Anforderung wie folgt: »Eine Erfindung gilt als auf einer erfinderischen Tätigkeit beruhend, wenn sie sich für den Fachmann nicht in naheliegender Weise aus dem Stand der Technik ergibt.«

Die geringsten Anforderungen ergeben sich schließlich aus dem Kriterium der gewerblichen Anwendbarkeit. Nach § 5 PatG gilt insoweit: »Eine Erfindung gilt als gewerblich anwendbar, wenn ihr Gegenstand auf irgendeinem gewerblichen Gebiet einschließlich der Landwirtschaft hergestellt oder benutzt werden kann.«

Grenzen der Patenterteilung

Wesentliche Grenzen einer Patenterteilung ergeben sich v. a. in verschiedenen Anwendungsbereichen der modernen Lebenswissenschaften. Für Bestandteile des menschlichen Körpers bewirkt zunächst § 1a PatG eine zentrale Klarstellung: Nach § 1a Abs. 1 PatG gilt, dass der menschliche Körper in den einzelnen Phasen seiner Entstehung und Entwicklung, einschließlich der Keimzellen, sowie die bloße Entdeckung eines seiner Bestandteile, einschließlich der Sequenz oder Teilsequenz eines Gens, keine patentierbaren Erfindungen sein können. Umgekehrt stellt § 1a Abs. 2 PatG fest, dass ein isolierter Bestandteil des menschlichen Körpers oder ein auf andere Weise durch ein technisches Verfahren gewonnener Bestandteil, einschließlich der Sequenz oder Teilsequenz eines Gens, selbst dann eine patentierbare Erfindung sein kann, wenn der Aufbau dieses Bestandteils mit dem Aufbau eines natürlichen Bestandteils identisch ist. Die Bestimmung differenziert damit – in unmittelbarer Umsetzung der Richtlinie 98/44/EG – zwischen natürlichen und naturidentischen Bestandteilen des menschlichen Körpers. Von einer Patentierung ausgeschlossen sind Bestandteile in situ; isolierte und oder reproduzierte Bestandteile unterfallen hingegen nicht von Vornherein dieser Beschränkung, weil das Verfahren der Isolierung und Reproduzierung eine relevante technische Lehre enthalten kann.

Von erheblicher rechtspolitischer Bedeutung sind insbesondere die Patentierungsschranken des § 2 PatG. § 2 Abs. 1 PatG enthält zunächst eine Generalklausel: »Für Erfindungen, deren gewerbliche Verwertung gegen die öffentliche Ordnung oder die guten Sitten verstoßen würde, werden keine Patente erteilt; ein solcher Verstoß kann nicht allein aus der Tatsache hergeleitet werden, dass die Verwertung durch Gesetz oder Verwaltungsvorschrift verboten ist.« Diese Vorgabe findet sich nahezu wortgleich im TRIPS-Abkommen, im EPÜ und in der Richtlinie 98/44/EG; es handelt sich bei dieser auch ›morality clause‹ oder ›ordre public-Klausel‹ genannten Vorgabe somit um einen anerkannten Kernbestand des internationalen Patentrechts.

Von besonderem Interesse ist in diesem Zusammenhang, dass die Patentierungsschranke nicht schon dann greift, wenn der Erfindungsprozess allgemein ethische Bedenken hervorruft. Vielmehr ist es erforderlich, dass die gewerbliche Verwertung der Erfindung gegen die öffentliche Ordnung oder die guten Sitten verstoßen würde. Nach allgemeinem Verständnis ist diese Voraussetzung nur dann zu bejahen, wenn jede in Betracht kommende gewerbliche Verwertung einen derartigen Verstoß begründet. Im Umkehrschluss bedeutet dies, dass ein Verstoß gegen die ›Moralklausel‹ ausscheidet, sobald auch nur eine unbedenkliche gewerbliche Verwertung gegeben ist.

Während die allgemeine Schranke des § 2 Abs. 1 PatG einen internationalen Konsens widerspiegelt, ist dies bei § 2 Abs. 2 PatG nicht mehr der Fall. Die Vorschrift setzt eine Vorgabe der Richtlinie 98/44/EG um, die jedoch im internationalen Vergleich keine Vorbilder oder Parallelen kennt. Gemäß § 2 Abs. 2 PatG werden Patente insbesondere nicht erteilt für (1) Verfahren zum Klonen von menschlichen Lebewesen; (2) Verfahren zur Veränderung der genetischen Identität der Keimbahn des menschlichen Lebewesens; (3) die Verwendung von menschlichen Embryonen zu industriellen oder kommerziellen Zwecken; (4) Verfahren zur Veränderung der genetischen Identität von Tieren, die geeignet sind,

Leiden dieser Tiere ohne wesentlichen medizinischen Nutzen für den Menschen oder das Tier zu verursachen, sowie die mit Hilfe solcher Verfahren erzeugten Tiere. Bei der Anwendung der Nummern 1 bis 3 sind insoweit die entsprechenden Vorschriften des Embryonenschutzgesetzes maßgeblich.

Wirkungen einer Patenterteilung

In der Auseinandersetzung um Sinn und Grenzen der geltenden Patenrechtsordnung werden regelmäßig Argumentationsstränge offenbar, die die Wirkungen eines Patents verzerrt wiedergeben. Tatsächlich sind die Wirkungen eines Patents eher beschränkter Natur. Gemäß § 9 PatG hat das Patent die Wirkung, dass es ausschließlich den Patentinhaber dazu befugt, die patentierte Erfindung nach Maßgabe des geltenden Rechts zu nutzen. Ohne seine Zustimmung verbietet es jedem Dritten »(1) ein Erzeugnis, das Gegenstand des Patents ist, herzustellen, anzubieten, in Verkehr zu bringen oder zu gebrauchen oder zu den genannten Zwecken entweder einzuführen oder zu besitzen«. Darüber hinaus verbietet es »(2) ein Verfahren, das Gegenstand des Patents ist, anzuwenden oder, wenn der Dritte weiß oder es auf Grund der Umstände offensichtlich ist, dass die Anwendung des Verfahrens ohne Zustimmung des Patentinhabers verboten ist, zur Anwendung im Geltungsbereich dieses Gesetzes anzubieten«. Schließlich ist es jedem Dritten ohne seine Zustimmung verboten, »(3) das durch ein Verfahren, das Gegenstand des Patents ist, unmittelbar hergestellte Erzeugnis anzubieten, in Verkehr zu bringen oder zu gebrauchen oder zu den genannten Zwecken entweder einzuführen oder zu besitzen«.

Aus der so umschriebenen Wirkweise ergibt sich im Umkehrschluss auch, welche Wirkungen das Patent nicht zu entfalten vermag. Ein Patent verleiht dem Inhaber somit nicht das Recht, die Erfindung anzuwenden, die Erfindung in Verkehr zu bringen, die Erfindung zu Produktionszwecken zu nutzen oder Handlungen vorzunehmen, um das Patent zu erweitern. Verdeutlichen lässt sich diese Differenzierung anhand eines völlig neuartigen Universalklebers, der bei missbräuchlicher Verwendung ›geschnüffelt‹ werden kann und hierbei ein extremes Suchtpotential aufweist. Bei Vorliegen der allgemeinen Patenterteilungsvoraussetzungen wird der Erfinder für dieses Produkt Patentschutz erlangen; auch die ›Moralklausel‹ steht dem nicht entgegen, weil es zweifellos zahlreiche unbedenkliche gewerbliche Einsatzbereiche gibt. Aufgrund des erteilten Patents besteht nun aber für den Erfinder nicht die Möglichkeit, den Klebstoff unkontrolliert zu produzieren oder gar zu vermarkten. Hierfür bedarf es weiterer spezialgesetzlicher Genehmigungen, die vom Umweltschutz über Aspekte des Arbeitnehmerschutzes oder der Verbrauchersicherheit reichen.

Aktuelle Diskussion

Das Recht des geistigen Eigentums sieht sich derzeit in verschiedenen Kontexten teils erheblicher Kritik ausgesetzt. In Deutschland hat es sich bekanntlich insbesondere die Piratenpartei zum Ziel gesetzt, urheberrechtliche Beschränkungen v. a. im Kontext des Internets zu beseitigen. Im Bereich des Patentrechts fokussieren sich die Auseinandersetzungen hingegen auf Fragen der Patentierung lebenswissenschaftlicher Erfindungen. Hier hat insbesondere die Debatte um das sog. Brüstle-Patent über die Fachöffentlichkeit hinaus breite Aufmerksamkeit erfahren. Das betreffende Patent bezog sich auf die Gewinnung und Nutzung von Nervenzellen aus humanen embryonalen Stammzellen und beschäftigte nach einem Einspruch durch Greenpeace zunächst das Bundespatentgericht und den Bundesgerichtshof und schließlich den Europäischen Gerichtshof (EuGH). Der EuGH hatte insbesondere über die Frage zu entscheiden, ob das betreffende Verfahren eine Verwendung von menschlichen Embryonen zu industriellen oder kommerziellen Zwecken darstellt oder nicht – es ging also um die Interpretation des Art. 6 Abs. 2 der Biopatentrichtlinie 98/44/EG, der, wie bereits dargelegt, durch § 2 Abs. 2 Nr. 3 PatG in deutsches Recht transformiert worden ist.

Eine ausführliche Darstellung der Erwägungen des Gerichts sowie der hierauf bezogenen Kritik im Schrifttum würde den Rahmen des vorliegenden Beitrags sprengen. Zusammenfassend lässt sich jedoch nach ganz überwiegender Anschauung attestieren, dass der EuGH mit seiner autonomen und weiten Interpretation des Embryobegriffs den bislang zugunsten der Mitgliedsstaaten anerkannten Rechtssetzungsspielraum in bioethischen Konfliktlagen weitgehend konsumiert. Auch führte die Entscheidung zu Irritationen, weil sich der EuGH in verschiedenen Detailfragen über auch völkerrechtlich etablierte Standards des Patentrechts hinwegsetzt und so einen Konflikt mit der WTO heraufbeschwört. Im biopolitischen Kontext ist die Entscheidung gleichwohl von verschiedenen Akteuren begrüßt worden, weil sich so unter Umständen die Möglichkeit ergibt, die als kritikwürdig empfundene Forschung mit humanen embryonalen Stammzellen über den Umweg der Patentierung oder der – nunmehr nochmals deutlich restriktiveren – europäischen Forschungsförderung zu erschweren. Der durch das Brüstle-Patent entfachte Diskurs steht so als Paradigma einer zunehmenden Instrumentalisierung des ungeachtet der ›Moralklausel‹ eher wertneutralen Patentrechts.

Literatur

Benkard, Georg: *Patentgesetz, Gebrauchsmustergesetz*. München 2006.
Busse, Rudolf/Keukenschrijver, Alfred (Hg.): *Patentgesetz*. Berlin 2012.
Cottier, Thomas/Véron, Pierre: *Concise International and European IP Law*. Alphen aan den Rijn 2011.
Kendziur, Daniel/Klein, Fabian: EuGH: Keine Patentierung bei Verwendung embryonaler Stammzellen. In: *Gewerblicher Rechtsschutz und Urheberrecht, Praxis im Immaterialgüter- und Wettbewerbsrecht* 2011, 494.
Laimböck, Lena/Dederer, Hans-Georg: »Embryos« im Biopatentrecht. Anmerkungen zu den Schlussanträgen von GA Yves Bot v. 10. März 2011, Rs. C-34/10 – Brüstle. Zugleich eine Kritik des Kriteriums der »Totipotenz«. In: *Gewerblicher Rechtsschutz und Urheberrecht, Internationaler Teil* (2011), 661.
Mes, Peter: *Patentgesetz: Gebrauchsmustergesetz*. München 2011.
Schulte, Rainer: *Patentgesetz mit Europäischem Patentübereinkommen*. Köln 2013.
Spranger, Tade: Case Annotation, Case C-34/10, Oliver Brüstle v. Greenpeace e. V. In: *Common Market Law Review* 49/3 (2012), 1197–1209.
Starck, Christian: Anmerkung zur Entscheidung des EuGH vom 18. 10. 2011 (C-34/10; GRUR 2011, 1104) – Zur Frage des Patentierungsverbots für die Verwendung menschlicher Embryonen. In: *JuristenZeitung* (2012), 145–147.
Straus, Joseph: Zur Patentierung humaner embryonaler Stammzellen in Europa. In: *Gewerblicher Rechtsschutz und Urheberrecht, Internationaler Teil* (2010), 911–923.
Taupitz, Jochen: Menschenwürde von Embryonen – europäisch- patentrechtlich betrachtet. Besprechung zu EuGH, Urt. v. 18. 10. 2011 – C-34/10 – Brüstle/Greenpeace. In: *Gewerblicher Rechtsschutz und Urheberrecht* (2012), 1.
Wolfram, Markus: Aktuelle Entwicklungen zur Patentierung von Lebewesen und Naturgesetzen. In: *Gewerblicher Rechtsschutz und Urheberrecht, Praxis im Immaterialgüter- und Wettbewerbsrecht* (2012), 502–504.

Tade Matthias Spranger

33 Patientenverfügungen

Mit den Fortschritten der Medizin wächst auch die Sorge vieler Menschen, in einer Zeit schwerer Krankheit ärztlichen Entscheidungen ausgeliefert zu sein. Aus dem Wunsch, Einfluss auf zukünftige medizinische Behandlungen zu nehmen und insbesondere Maßnahmen wie maschinelle Beatmung, künstliche Ernährung und Reanimation in bestimmten Situationen abzulehnen, entstanden Patientenverfügungen. Diese enthalten Vorgaben für Situationen, in denen der Patient nicht mehr in der Lage ist, in medizinische Behandlungen einzuwilligen oder diese abzulehnen.

Patientenverfügungen fanden in den 1970er und 80er Jahren zunächst in den USA und später auch in anderen Ländern Verbreitung. Ihre Bedeutung und Verbindlichkeit ist jedoch bis heute Gegenstand kontroverser bioethischer und biopolitischer Debatten.

Hintergrund

Die Entdeckung von Antibiotika und Chemotherapie, die Entwicklung von medizinischen Techniken und operativen Verfahren wie der mechanischen Beatmung, der künstlichen Ernährung und Flüssigkeitszufuhr oder der Organtransplantation haben die Möglichkeiten der Medizin, menschliches Leben auch unter schwersten Bedingungen aufrechtzuerhalten, enorm gesteigert. Doch nicht immer sind diese Fortschritte zum Vorteil der Patienten. Bei manchen führen sie auch zu einer Verlängerung des Leidens und Sterbens. Für Ärzte ist es eine schwierige Gratwanderung zwischen dem medizinisch und technisch Machbaren und dem menschlich und ärztlich Vertretbaren.

Bis vor wenigen Jahrzehnten orientierten sich Ärzte bei ihren ethischen Entscheidungen vorrangig an den Prinzipien der Benefizienz und der Non-Malefizienz. Respekt vor der Autonomie spielte demgegenüber eine deutlich untergeordnete Rolle (Beauchamp/Childress 2009). In traditionellen ärztlichen Kodizes wie dem »Hippokratischen Eid« oder dem »Genfer Gelöbnis« des Weltärztebundes von 1948 fehlt jeglicher Hinweis auf den Willen des Patienten. Dies hat sich grundlegend verändert: Eng verbunden mit dem gesellschaftlichen Wertewandel hin zu mehr Individualität und Eigenverantwortung hat das Selbstbestimmungsrecht des Patienten in der zweiten Hälfte des 20. Jahrhunderts deutlich an Bedeutung gewonnen. Richterliche Entscheidungen und die neuere Medizinethik betonen den Vorrang des Patientenwillens gegenüber dem, was Ärzte als das Wohl des Patienten ansehen. Die informierte Einwilligung (s. Kap. II. 10) ist als normativer Standard in der Medizin weitgehend anerkannt (Faden/Beauchamp 1986). Patientenverfügungen sind Ausdruck und Folge dieser Entwicklung. Sie sollen dem Patienten ermöglichen, sein Selbstbestimmungsrecht auch in Situationen wahrzunehmen, in denen er selbst nicht mehr kommunikations- und entscheidungsfähig ist.

Patientenverfügungen in Deutschland

In Deutschland wurde das erste Formular einer Patientenverfügung 1978 von dem Juristen Wilhelm Uhlenbruck veröffentlicht (Uhlenbruck 1978). In der Folge wurden weitere Formulare von verschiedenen Organisationen wie Selbsthilfegruppen, Seniorenverbänden, Hospizvereinen, Pharmafirmen, Kirchen oder Ministerien herausgegeben. Heute gibt es über 250 Formulare, die von einfachen Textvorlagen über sog. Ankreuzformulare bis hin zu Broschüren mit Textbausteinen reichen. Viele dieser Formulare können kostenlos aus dem Internet heruntergeladen werden.

Die Ärzteschaft stand Patientenverfügungen bis Mitte der 1990er Jahre eher skeptisch gegenüber. Im Vorwort zu den *Richtlinien der Bundesärztekammer für die ärztliche Sterbebegleitung* von 1993 werden sie als juristisch einfache Problemlösungen bezeichnet, die für den Arzt jedoch keine nennenswerte Erleichterung darstellen (Hoppe 1993). Diese ablehnende Haltung hat sich in den letzten Jahren grundlegend gewandelt. In den aktuellen *Grundsätzen der Bundesärztekammer zur ärztlichen Sterbebegleitung* werden Patientenverfügungen als wesentliche Hilfe für das Handeln des Arztes gewürdigt. Sie werden als verbindlich angesehen, sofern sie sich auf die konkrete Behandlungssituation beziehen und keine Umstände erkennbar sind, dass der Patient sie nicht mehr gelten lassen würde (Bundesärztekammer 2011).

Im Juni 2009 wurde vom Deutschen Bundestag eine Änderung des Betreuungsrechts beschlossen, mit der die Verbindlichkeit von Patientenverfügungen gesetzlich geregelt wurde. Der Gesetzesänderung ging eine breite öffentliche und politische Debatte voraus. Die unterschiedlichen und zum Teil widersprechenden Vorschläge, ob und wie eine gesetzliche Regelung aussehen sollte, und ob eine solche überhaupt erforderlich ist, spiegelten nicht nur verschiedene Anliegen, Hoffnungen und Ängste im Zusammenhang mit Patientenverfügungen wider, sie offenbaren auch unterschiedliche moralische Vorstellungen darüber, was ein ›Sterben in Würde‹ ausmacht (Verrel/Simon 2010). Die Debatte um Patientenverfügungen ist deshalb mit dem Gesetzesbeschluss nicht beendet.

Die gesetzliche Regelung der Patientenverfügung in Deutschland

Die seit September 2009 geltenden Regelungen im Betreuungsrecht sehen vor, dass eine Patientenverfügung, definiert als schriftlich dokumentierte Behandlungswünsche eines zum Zeitpunkt der Abfassung einwilligungsfähigen Volljährigen, im Fall der Einwilligungsunfähigkeit ihres Verfassers unabhängig von Art und Stadium der Erkrankung verbindlich ist. Sie gilt, bis sie vom Patienten widerrufen wird. Ein Widerruf ist jederzeit formlos möglich (BGB, § 1901 a Abs. 1). Liegt keine auf die aktuelle Behandlungssituation anwendbare Patientenverfügung vor, kommt es auf den mutmaßlichen Willen des Patienten an. Dieser ist aufgrund konkreter Anhaltspunkte zu eruieren. Hierzu zählen insbesondere frühere mündliche oder schriftliche Äußerungen, ethische oder religiöse Überzeugungen und sonstige persönliche Wertvorstellungen des Patienten (BGB, § 1901 a Abs. 2).

Ob eine ärztlich indizierte Maßnahme dem verfügten oder mutmaßlichen Willen des nicht einwilligungsfähigen Patienten entspricht, entscheidet dessen Vertreter – der vom Patienten selbst ernannte Bevollmächtigte oder der vom Gericht bestellte Betreuer – im Gespräch mit dem behandelnden Arzt. Bei diesem Gespräch soll nach Möglichkeit nahen Angehörigen und sonstigen Vertrauten des Patienten Gelegenheit zur Äußerung gegeben werden (BGB, § 1901 b).

Eine Genehmigung des Betreuungsgerichts ist sowohl bei schwerwiegenden medizinischen Eingriffen, z. B. Operationen, als auch bei Entscheidungen über Unterlassen oder Abbruch lebenserhaltender Maßnahmen, z. B. Beatmung, Ernährung, nur im Konfliktfall erforderlich, wenn zwischen Betreuer/Bevollmächtigtem und Arzt kein Einvernehmen über den Willen des Patienten erzielt werden kann (BGB, § 1904).

Die Möglichkeit in einer Vorsorgevollmacht einen Bevollmächtigten für Gesundheitsangelegenheiten zu benennen oder in einer Betreuungsverfügung

Vorschläge für den vom Gericht zu bestellenden Betreuer zu machen, bestand bereits vor der Gesetzesänderung von 2009. Hat der Patient einen Bevollmächtigten ernannt, ist eine gerichtliche Betreuerbestellung in der Regel nicht erforderlich (Verrel/Simon 2010).

Argumente für und gegen die Verbindlichkeit von Patientenverfügungen

Befürworter einer weitreichenden Verbindlichkeit von Patientenverfügungen berufen sich vor allem auf das Selbstbestimmungsrecht des Patienten. Dieses folgt aus dem Respekt vor der Autonomie des Patienten und ist in Deutschland auch verfassungsrechtlich geschützt (v. a. durch GG, Art. 2 Abs. 1). Der Patient hat demnach das Recht, eine von ihm nicht gewünschte Behandlung abzulehnen, auch wenn der Arzt diese Ablehnung für falsch oder unvernünftig hält. Das Selbstbestimmungsrecht wirkt über den Zeitpunkt der Einwilligungsfähigkeit hinaus: Ebenso wie die Einwilligung in einen operativen Eingriff ihre Gültigkeit behält, nachdem die Narkose eingeleitet worden ist, ist die einmal geäußerte Ablehnung einer konkreten Maßnahme auch dann weiter zu beachten, wenn der Patient infolge seiner Erkrankung oder aufgrund eines Unfalls die Einsichts- und Urteilsfähigkeit verliert. Die Befürworter der Patientenverfügung folgern daraus, dass konkrete und situationsbezogene Patientenverfügungen unabhängig von Art und Stadium der Erkrankung verbindlich sind (vgl. Arbeitsgruppe Patientenautonomie 2004; Nationaler Ethikrat 2005; Deutscher Juristentag 2006). Sie erhoffen sich von einer gesetzlichen Regelung eine Stärkung bzw. Sicherung des Selbstbestimmungsrechts des Patienten sowie Rechtssicherheit für jene, die die Patientenverfügung anwenden müssen (Ärzte, Pflegende, Patientenstellvertreter, Betreuungsrichter etc.).

Kritiker verweisen demgegenüber auf die möglichen Probleme und Gefahren im Zusammenhang mit der Patientenverfügung, wie etwa die mangelnde Vorhersehbarkeit der konkreten künftigen Behandlungssituation bei Abfassung der Patientenverfügung, die fehlende Kommunikation zwischen Arzt und Patient bei Anwendung der Patientenverfügung, die ein nochmaliges Überdenken einer möglicherweise in Unkenntnis oder aufgrund irrationaler Ängste getroffenen Entscheidung seitens des Patienten unmöglich macht, oder die Tatsache, dass sich Werte, Einstellungen und Entscheidungen in verschiedenen Lebensphasen wandeln können. Auch sehen sie in der Möglichkeit, lebenserhaltende Maßnahmen bei einem nicht einwilligungsfähigen Patienten ohne irreversiblen und tödlichen Krankheitsverlauf abzubrechen, eine Verletzung der Unverfügbarkeit menschlichen Lebens. Es wird befürchtet, dass die Patientenverfügung zum Türöffner der aktiven Sterbehilfe werden könnte (s. Kap. IV. 41). Die Kritiker fordern daher unter Berufung auf die Fürsorgepflicht des Arztes und die Verpflichtung des Staates zum Lebensschutz eine Begrenzung der Reichweite von Patientenverfügungen auf Situationen, in denen die Grunderkrankung des Patienten einen irreversiblen tödlichen Verlauf genommen hat (vgl. Enquete-Kommission 2004; Rat der Evangelischen Kirche 2007; Deutscher Caritasverband et al. 2009).

Vorausverfügter und natürlicher Wille

Ein besonderes Problem ergibt sich, wenn aktuelle Äußerungen von Lebenswillen dem früher erklärten Willen des Patienten zu widersprechen scheinen, wie es etwa bei einem Demenzpatienten der Fall ist, der offensichtlich Freude am Leben zeigt, in seiner Patientenverfügung aber lebenserhaltende Maßnahmen abgelehnt hat: Soll in Krisensituationen dem vorausverfügten oder dem aktuellen natürlichen Willen entsprochen werden?

In einer Stellungnahme zum Thema *Demenz und Selbstbestimmung* hat sich der Deutsche Ethikrat dafür ausgesprochen, bei der Prüfung der aktuellen Anwendbarkeit einer Patientenverfügung Äußerungen des Lebenswillens entscheidungsunfähiger Patienten einzubeziehen und in Fällen, in denen die Entscheidungsfähigkeit nicht sicher ausgeschlossen werden kann, lebensbejahenden Bekundungen den Vorrang vor einer anders lautenden Patientenverfügung zu geben (Deutscher Ethikrat 2012). Auf die Möglichkeit, in der Patientenverfügung auf den möglichen Konflikt zwischen vorausverfügtem und natürlichem Willen Bezug zu nehmen und die Entscheidungserheblichkeit späterer natürlicher Willensäußerungen ausdrücklich auszuschließen (*ulysses contract*), wie sie der Ethikrat in einer früheren Stellungnahme selbst vorgeschlagen hatte (Nationaler Ethikrat 2005), wird in der aktuellen Stellungnahme nicht mehr eingegangen. Kritiker, auch innerhalb des Ethikrates, sehen in der neuen Empfehlung eine Missachtung des Patientenwillens, die die personale Einheit des Menschen, auf der die Rede von der Selbstbestimmung beruht, unterhöhlt (Gerhardt 2012).

Patientenverfügung und personale Identität

Doch genau diese personale Einheit wird von manchen Autoren grundsätzlich in Frage gestellt. Sie sehen in Krankheitszuständen wie fortgeschrittener Demenz und Wachkoma eine so schwerwiegende Diskontinuität in der Persönlichkeit, dass eine verbindliche Befolgung vorausverfügter Entscheidungen einer ›Versklavung‹ der aktuellen Person durch die frühere Person gleichkäme (vgl. Enquete-Kommission 2004). Begründet wird diese Auffassung mit dem Verweis auf alltagsweltliche Erfahrungen, wie sie u. a. in Aussagen wie ›Er ist nicht mehr derselbe wie vor seiner Erkrankung‹ zum Ausdruck kommen, aber auch mit theoretischen Überlegungen zur Identität von Personen (s. Kap. II. 21).

Derek Parfit etwa hat die These aufgestellt, dass personale Identität weniger eine Frage der körperlich-zeitlichen Kontinuität ist, sondern mit der Kontinuität unserer Erinnerungen, Intentionen, Wünschen zusammenhängt (Parfit 1984). Wird ein bestimmtes Minimum an psychologischer Kontinuität unterschritten, ist die Identität der Person unterbrochen und es handelt sich nicht mehr um dieselbe Person. Angewandt auf Patientenverfügungen würde dies bedeuten, dass eine in gesunden Tagen erstellte Patientenverfügung im Falle einer krankheitsbedingten Persönlichkeitsveränderung bei einer anderen Person Anwendung fände.

In modifizierter Form wurde die These Parfits von Allen Buchanan und Dan Brock aufgegriffen. Auch sie betrachten psychologische Kontinuität als eine Voraussetzung für personale Identität (Brock/Buchanan 1989). Anders als Parfit, der von einer graduellen Veränderung der Identität ausgeht, vertreten Buchanan und Brock jedoch die Ansicht, dass eine Diskontinuität der personalen Identität nur dann gegeben ist, wenn die neurologischen Schäden so schwerwiegend sind, dass man überhaupt nicht mehr von einer Person sprechen kann. Solange diese Schwelle nicht überschritten ist, können Patientenverfügungen als repräsentativ für die Interessen derselben Person betrachtet werden. Aber auch wenn die Schwelle überschritten ist, behalten Patientenverfügungen ein gewisses Gewicht aufgrund der engen Beziehung zwischen den beiden Individuen, die aber als verschiedene anerkannt werden müssen.

Patientenverfügung und medizinischer Paternalismus

Inwiefern die genannten Probleme und Bedenken gesetzliche Einschränkungen der Verbindlichkeit von Patientenverfügungen rechtfertigen, hängt davon ab, welche Bedeutung eine Gesellschaft dem Selbstbestimmungsrecht des Patienten auf der einen und der ärztlichen bzw. staatlichen Fürsorge zum Schutz menschlichen Lebens auf der anderen Seite beimisst. Bei der Abwägung und Bewertung der verschiedenen Regelungsvorschläge können Unterscheidungen, wie sie im Rahmen der Paternalismus-Debatte in der Medizinethik (s. Kap. II. 20) gemacht wurden, hilfreich sein.

So wäre etwa die Begrenzung der Reichweite von Patientenverfügungen auf bestimmte, z. B. sterbensnahe Situationen eine harte Form des starken Paternalismus, da sie autonome Personen in der Wahrnehmung ihres Selbstbestimmungsrechts substantiell einschränken würde: Sie könnten ihre Ablehnung medizinischer Maßnahmen für bestimmte Situationen, z. B. Wachkoma, Demenz, nicht mehr verbindlich festlegen und liefen so Gefahr, in diesen Situationen gegen ihren Willen behandelt zu werden. Eine solche Form paternalistischen Handelns ist nach Einschätzung vieler Ethiker nicht zu rechtfertigen. Besondere Verfahrensvorkehrungen, z. B. ärztliche Aufklärung, rechtliche Beratung, Aktualisierungspflicht, als Voraussetzung für die Verbindlichkeit von Patientenverfügungen außerhalb z. B. sterbensnaher Situationen stellen milde Formen des starken Paternalismus (s. Kap. II. 20) dar. Sie schließen die Möglichkeit, medizinische Maßnahmen auch in anderen Situationen abzulehnen, nicht aus. Sie sind mit Blick auf die ärztliche bzw. staatliche Fürsorge ethisch zu rechtfertigen, es muss jedoch geprüft werden, ob sie angemessen sind.

Die Voraussetzung schließlich, dass die Abfassung einer Patientenverfügung die Einwilligungsfähigkeit ihres Verfassers voraussetzt, soll Patienten vor weitreichenden Konsequenzen nicht autonom getroffener Entscheidungen schützen. Sie ist Ausdruck eines schwachen Paternalismus, der nach Einschätzung vieler Ethiker nicht nur zulässig, sondern mitunter sogar geboten ist.

Literatur

Arbeitsgruppe »Patientenautonomie am Lebensende«: *Patientenautonomie am Lebensende. Ethische, rechtliche und medizinische Aspekte zur Bewertung von Patienten-*

verfügungen (Bericht vom 10. Juni 2004). In: http://www.bmj.de/SharedDocs/Downloads/DE/pdfs/Patientenautonomie_am_Lebensende.pdf?__blob=publicationFile (20. 6. 2013).

Beauchamp, Tom L./Childress James F.: *Principles of Biomedical Ethics*. New York ⁶2009.

Buchanan, Allen E./Brock Dan W. (Hg.): *Deciding for Others: The Ethics of Surrogate Decision Making*. Oxford 1989.

Bundesärztekammer: Grundsätze der Bundesärztekammer zur ärztlichen Sterbebegleitung. In: *Deutsches Ärzteblatt* 108/7 (2011), A 346-A 348.

Deutscher Caritasverband/Zentralkomitee der deutschen Katholiken/Kommissariat der deutschen Bischöfe: Gemeinsame Stellungnahme des Deutschen Caritasverbandes (DCV), des Zentralkomitees der deutschen Katholiken (ZdK) und des Kommissariats der deutschen Bischöfe – Katholisches Büro in Berlin – zu den Gesetzentwürfen Entwurf eines Dritten Gesetzes zur Änderung des Betreuungsrechts (BT-Drucks. 16/8442), Entwurf eines Gesetzes zur Klarstellung der Verbindlichkeit von Patientenverfügungen (Patientenverfügungsverbindlichkeitsgesetz-PVVG, BT-Drucks. 16/11493) und Entwurf eines Gesetzes zur Verankerung der Patientenverfügung im Betreuungsrecht (Patientenverfügungsgesetz – PatVerfG, BT-Drucks. 16/11360).

Deutscher Ethikrat: *Demenz und Selbstbestimmung. Stellungnahme*. Berlin 2012.

66. Deutscher Juristentag: *Beschlüsse der Abteilung Strafrecht. Patientenautonomie und Strafrecht bei der Sterbebegleitung*. In: http://www.djt.de/fileadmin/downloads/66/66_DJT_Beschluesse.pdf (20. 6. 2013), 7–14.

Enquete-Kommission Ethik und Recht der modernen Medizin (2004). Zwischenbericht Patientenverfügungen. In: http://dip21.bundestag.de/dip21/btd/15/037/1503700.pdf (20. 6. 2013).

Faden, Ruth R./Beauchamp, Tom L.: *A History and Theory of Informed Consent*. New York/Oxford 1986.

Gerhardt, Volker: Sondervotum. In: Deutscher Ethikrat: *Demenz und Selbstbestimmung. Stellungnahme*. Berlin 2012, 101–106.

Hoppe, Jörg-Dietrich: Vorwort zu den Richtlinien der Bundesärztekammer für die ärztliche Sterbebegleitung. In: *Deutsches Ärzteblatt* 90 (1993), B 1791.

Nationaler Ethikrat: *Patientenverfügung. Stellungnahme*. Berlin 2005.

Parfit, Derek: *Reason and Persons*. Oxford 1984.

Rat der Evangelischen Kirche in Deutschland: Eckpunkte des Rates der Evangelischen Kirche in Deutschland für eine gesetzliche Regelung von Patientenverfügungen. In: http://www.ekd.de/download/070706_eckpunkte_patientenverfuegung.pdf (20. 6. 2013).

Uhlenbruck, Wilhelm: Der Patienten-Brief. In: *Neue Juristische Wochenschrift* 31 (1978), 566–570.

Verrel, Thorsten/Simon, Alfred: *Patientenverfügungen. Rechtliche und ethische Aspekte*. Ethik in den Biowissenschaften – Sachstandsberichte des DRZE, Bd. 11. Hg. von Dieter Sturma/Dirk Lanzerath/Bert Heinrichs. Freiburg 2010.

Alfred Simon

34 Pflege

Die Pflegeethik stellt die Bedürftigkeit des Menschen – sei sie durch Krankheit oder durch Alter bedingt – in den Mittelpunkt. Sofern pflegebedürftige Menschen auch als behindert im Sinne des Sozialgesetzbuches gelten, rücken Pflegeethik und die Ethik der Heilpädagogik in eine Nachbarschaft zueinander (Dederich 2001).

Die spezifischen ethischen Diskussionen innerhalb der Pflege befassen sich mit der Frage, wie die Gewährleistung klassischer Werte wie Autonomie, Fürsorge und Gerechtigkeit für vulnerable Personen (s. Kap. II. 21) aussehen kann. Zentral ist die Auffassung, dass *Autonomie* durch Unterstützung, Fürsorge und Assistenz gelingen kann (Ackermann/Dederich 2012). Die Pflegeethik grenzt sich damit zum Teil gegen stark individualistische Positionen innerhalb der Medizinethik ab und kritisiert diese als verfehlt oder zumindest als einseitig (Schwerdt 1988; Budroni 2013).

Pflegebedürftigkeit in einem alltäglichen Sinne besteht, wenn die Selbstsorge – das Essen und Trinken, das Gehen und Laufen, das Wohlbefinden usw. – nachhaltig eingeschränkt oder unmöglich geworden ist. Pflege im Sinne einer unterstützenden Kompensation der beeinträchtigten Aspekte der Selbstsorge zielt auf einen Erhalt oder gar auf eine Verbesserung von Autonomie. Eine solche Unterstützung leisten sehr oft Angehörige. Es ist aus pflegerischer Sicht wichtig, nicht nur an die traditionelle Familie von Menschen zu denken, die miteinander verwandt sind (Gehring et al. 2008). Der Zerfall und Wandel der Primärfamilie bedeutet, dass eine Familie zunehmend postbiologisch und als Sorgezusammenhang zu verstehen ist (Schnell 2010). Dadurch wird die Anstrengung derer gewürdigt, die sich faktisch um Personen sorgen, auch wenn sie nicht mit diesen verwandt sind.

Akademisierung der Pflege

Die heutige Beachtung der Pflege als Phänomen, Tätigkeit und Profession wäre in Deutschland nicht möglich ohne die Akademisierung der Pflege. Die Entstehung einer Pflegewissenschaft in Lehre und Forschung an zahlreichen Hochschulen zeigte der Pflegepraxis die Notwendigkeit auf, die Pflege von Patienten auf valides Wissen zu stützen. Der Prozess der Akademisierung gesundheitsbezogener Dienstleistungen motivierte die Pflege weiterhin dazu, Berufsausbildung und Studium zusammenzudenken in dualen Studiengängen, die gleichermaßen beruflich und akademisch qualifizieren. Anfang der 1990er Jahre herrschte vereinzelt noch die Meinung vor, dass der Pflegeberuf von ›schulmüden Frauen‹ ergriffen werde. Die Akademisierung der Pflege, die mit der Bildung eigener, professionsbezogener Begriffe, Termini und Klassifikationen einhergeht (Abt-Zegelin/Schnell 2005), stellte den Pflegeberuf inzwischen schrittweise in den Kontext anderer Heilberufe, die Forschung und Lehre betreiben, und hat selbst eine, im Vergleich zu diesen, noch junge Geschichte.

Im Jahr 1895 habilitierte der Berliner Arzt Martin Mendelsohn mit einer Arbeit zum Themenfeld der Krankenpflege. In Deutschland setzte eine breite Akademisierung der Pflege als Wissenschaft, die quasi von Pflegenden selbst vorangetrieben worden ist, erst Jahrzehnte später ein. In der DDR fanden Pflegende bereits in den 60er Jahren durch den Studiengang der *Medizinpädagogik* einen Zugang zur Hochschule. In Westdeutschland wurden 1987 die erste Professur und 1991 der erste Studiengang für Pflegewissenschaft an der Fachhochschule in Osnabrück eingerichtet. Seither sind zahlreiche weitere Studiengänge entstanden, auch an Universitäten, die das Promotionsrecht für Pflegewissenschaftler ausüben dürfen (Bartholomeyczik 2000).

Die Pflegewissenschaft versteht sich heute nicht als Interessenvertretung der Berufsgruppe der Gesundheits- und Krankenpflege, sondern als Wissenschaft. Im Unterschied zur Medizin befasst sich Pflege nicht allein mit Krankheiten, sondern mit der Bewältigung des Krankseins und seiner Folgen. Pflege ist aus dem Geist der Selbstsorge, der Sorge um Andere und der Gestaltung gerechter Institutionen zu verstehen. Sie knüpft dabei z. T. an Philosophen wie Michel de Montaigne, Martin Heidegger, Emanuel Levinas und Michel Foucault an.

Nach einer anfänglichen Phase der monoprofessionellen Ausrichtung, durch die das Profil der jungen Wissenschaft von der Pflege geschärft werden sollte, versteht sich die Pflegewissenschaft inzwischen als eine Disziplin mit eigener Identität, die mit den Nachbarfächern hinsichtlich Patientenversorgung, Lehre und Forschung im Austausch befindlich ist (Abt-Zegelin/Schnell 2006; Schröder 2010; Dederich/Schnell 2011).

Pflegeforschung

Die Pflegeforschung als wichtiger Teil der Pflegewissenschaft befasst sich mit vulnerablen Einzelpersonen, d. h. pflegebedürftige Patienten, mit Interpersonalitäten, z. B. Familien, mit Systemen, z. B. Altersgruppen, sowie mit Versorgungskonzepten und der Situation der an ihnen beteiligten Berufsgruppen des Gesundheitswesens, z. B. Pflegende, Ärzte, Therapeuten. Sie ist Versorgungsforschung, also auf den Alltag der Pflege bezogen, klinische Forschung im Sinne der Testung pflegerischer Interventionen am Patienten und Grundlagenforschung, wenn auch nicht im biomedizinischen Sinne. Eine Reflexion auf entsprechende Forschungsmethoden begleitet die Forschungspraxis seit einigen Jahren (Brandenburg et al. 2007). Es gehört zur Historie der Pflegeforschung, etwa ab dem Jahr 2000 auf die Einrichtung eigener Ethikkommissionen gedrungen (Schnell/Dunger 2011) und auch an Grundsätzen für Forschungsethik nachhaltig mitgewirkt zu haben (Schnell/Heinritz 2006).

Pflege und Gerechtigkeit

Die Mitte der 1990er Jahre in Deutschland eingeführte *soziale Pflegeversicherung* sprach die Pflege zentral als Profession an. Die Pflegeversicherung findet sich im Sozialgesetzbuch (SGB) XI, und sie zählt damit zu den Grundstrukturen des Sozialstaates. Niemand soll bei Pflegebedürftigkeit ohne Unterstützung sein. Pflegerische Versorgung habe die Selbstbestimmung der pflegebedürftigen Person zu fördern und ihre Würde zu achten (SGB XI, § 2).

Die Verteilung von pflegerischen Dienstleistungen im Rahmen einer Pflichtversicherung erfordert, dass pflegerisches Handeln abrechenbar gemacht wird. Das Gesetz definiert alltägliche Verrichtungen wie die Körperpflege, die Nahrungsaufnahme, die Mobilität und die hauswirtschaftliche Versorgung als durch pflegerische Dienstleistungen zu unterstützende Bedürftigkeiten (SGB XI, §§ 14,15). Jede pflegerische Hilfestellung bei einer alltäglichen Verrichtung hat eine bestimmte Dauer (Anfang, Verlauf und Abschluss); der Inanspruchnahme jeder durch einen bestimmten Zeitkorridor definierten Pflegehandlung kann somit ein spezifischer Preis zugeschrieben werden.

Die kapitalförmige Institutionalisierung der Pflege droht allerdings komplexe Sprachspiele wie z. B. das Frühstücken in kontext- und damit sinnlose

Einzeltätigkeiten zu zerteilen. Aus dem Frühstück mit all seinen nicht nur auf die Nahrungsaufnahme bezogenen Handlungen, Stimmungen und sonstigen An- und Zumutungen wird »Nahrungsanreichung mit einem Löffel« für die Dauer von sechs Minuten. Die Dekontextualisierung macht das Löffelanreichen für den Geber und den Nehmer tendenziell sinnlos. Diese Umsetzung der mit der Pflegeversicherung intendierten Gerechtigkeit erzeugt somit gravierende Probleme (Schnell 2009).

Eine im Sinne des Sozialstaats gerechte Verteilung von Pflege ersetzt die Selbstsorge und die familiale Sorge unvermeidlich durch Dienstleistungen zwischen Anbietern und Kunden. Die damit erzeugten Probleme können vielfach umgangen werden. So erweitert eine Neufassung der Pflegebedürftigkeit die kategoriale Fassungskraft dieses Begriffs und hält ihn zudem flexibel. Weiterhin ermöglicht das personenbezogene Budget, das sich aus einer Kombination verschiedener Sozialgesetzbücher ergibt, eine Aushandlung der Pflegeleistung zwischen Pflegeperson und zu pflegender Person. Da ausgehandelt wird, was als Pflege gelten solle, und nicht mehr vordefinierte Kategorien an der Person des Anderen abgearbeitet werden, tritt ein deutlicher Sinnzuwachs für die Beteiligten ein, so dass das Pflegegeschehen als annähernd gerecht erfahren werden kann (Schnell 2008). Durch diese Vertiefung von Gerechtigkeit knüpft die berufliche Pflege an die *Cura sui* des Existenzvollzugs an. Die Pflege kann somit ihre Tätigkeit im Licht von Menschenwürde verstehen. Würde besagt, dass Anderen um ihrer selbst Willen Achtung und Schutz zu gewähren ist und nicht, weil sie in ein Raster oder in den Gesamtentwurf einer Gesellschaft passen (s. Kap. II. 17). Menschenwürde konkretisiert sich in drei Hinsichten: als Begegnung mit dem Anderen, in personalen Eigenschaften und als abstrakte Idee (Schnell 2005). Menschenwürde ist eine Aufgabe, die an die Pflege ergeht, sich selbst einzusetzen zugunsten des Anderen.

Pflege und Demenz

Eine besondere Herausforderung ist die Versorgung hochaltriger Menschen, die mit einer Demenz leben (s. Kap. III. 10). Geriatrietypische Multimorbiditäten treten bei hochaltrigen Menschen häufig auf. Der alte Mensch am Lebensende stellt für die Behandlung und Versorgung eine große Herausforderung dar, weil Demenzpflege, ärztliche Behandlung und palliativmedizinische Versorgung (s. Kap. III. 31) aufeinander abgestimmt werden müssen, ambulant und stationär. Die Pflege ist hier im optimalen Falle Teil einer interprofessionellen Teamkultur, die auf den Patienten und dessen Angehörige inklusiv eingeht (Schnell/Schulz 2012).

Hochaltrige Menschen benötigen Pflege und Begleitung, die nicht im Mittelpunkt der ärztlichen Kunst liegen. Aus dem *Altenbericht der Bundesregierung* geht hervor, dass der prozentuale Anteil hochaltriger Menschen, die jenseits des 85. Jahres noch erheblich lange leben, in der Mitte des Jahrhunderts über 10 % der Gesamtbevölkerung betragen wird. Etwa die Hälfte dieser Menschen wird zum Teil erheblich pflegebedürftig sein und mit dementiellen Veränderungen oder gar mit entsprechenden Erkrankungen leben. Es ist die Aufgabe der Pflege, diesen Menschen mit Wertschätzung und Achtung zu begegnen und sie nicht als unvollständige Personen zu betrachten.

Literatur

Abt-Zegelin, Angelika/Schnell, Martin W.: *Sprache und Pflege*. Bern 2005.
–: *Die Sprachen der Pflege. Interdisziplinäre Beiträge aus Pflegewissenschaft, Medizin, Linguistik und Philosophie*. Hannover 2006.
Ackermann, Karl-Ernst/Dederich, Markus (Hg.): *An Stelle des Anderen. Ein interdisziplinärer Diskurs über Stellvertretung und Behinderung*. Oberhausen 2012.
Bartholomeyczik, Sabine (2000): Gegenstand, Entwicklung und Fragestellungen pflegewissenschaftlicher Forschung. In: Beate Rennen-Allhoff/ Doris Schaeffer (Hg.): *Handbuch Pflegewissenschaft*. Weinheim/München 2000, 67–84.
Brandenburg, Hermann/Panfil, Eva-Maria/Mayer, Herbert: *Pflegewissenschaft*, 2 Bände. Bern 2007.
Budroni, Helmut: *Selbstbestimmung im Kontext Persönlicher Assistenz. Sichtweisen von Assistenznehmerinnen und Assistenten*. Bielefeld 2013.
Dederich, Markus: *Menschen mit Behinderung zwischen Ausschluss und Anerkennung*. Bad Heilbrunn 2001.
–/Schnell, Martin W.: *Anerkennung und Gerechtigkeit in Heilpädagogik, Pflegewissenschaft und Medizin*. Bielefeld 2011.
Gehring, Michaela/Kean, Susanne/Hackmann, Mathilde/Büscher, Andreas: *Familienbezogene Pflege*. Bern 2008.
Schnell, Martin W.: Zugänge zur Menschenwürde. In: Irmgard Rode/Heinz Kammeier/Matthias Leipert (Hg.): *Die Würde des Menschen ist antastbar?* Münster 2005, 34–52.
–/Heinritz, Charlotte: *Forschungsethik. Ein Grundlagenbuch für die Gesundheits- und Pflegewissenschaft*. Bern 2006.
–: Die Gabe und das personbezogene Budget. In: *Ethik als Schutzbereich*. Bern 2008.
–: Gerechtigkeit und Gesundheitsversorgung. In: Ulrich

Bauer/Büscher, Andreas (Hg.): *Soziale Ungleichheit und Pflege*. Wiesbaden 2009.
–: Selbstsorge im Zeichen der Anderen. In: Karl-Friedrich Wessel (Hg.): *Die Ordnung der Pflegewelt*. München 2010.
–/Dunger, Christine: Qualitätssicherung und Ethik in der Pflegeforschung – Geschichte, Stand und Entwicklung in Deutschland. In: Ulrich Körtner /Kopetzki, Christian/ Druml, Christiane (Hg.): *Ethik und Recht in der Humanforschung*. Wien/New York 2011.
–/Schulz, Christian: *Basiswissen Palliativmedizin*. Heidelberg ²2014.
Schröder, Gabriele: Interprofessionalität in der Umsetzung. In: *Pflegewissenschaft* 12/1 (2010), 18–20.
Schwerdt, Ruth: *Eine Ethik der Altenpflege*. Bern 1988.

Martin W. Schnell

35 Prädiktive Gentests

Begriffsbestimmung

Prädiktive Gentests stehen schon seit vielen Jahren im Mittelpunkt der ethischen Diskussion. Gentests sind Untersuchungen, die die Aufklärung der genetischen Struktur eines Organismus zum Ziel haben (Deutscher Ethikrat 2013, 14). Grundsätzlich kann dazu jedes Gewebe mit kernhaltigen Zellen, die DNA enthalten, verwendet werden, etwa Haut, Blut, Sperma, Haare, Knochen oder Speichel (Graw/Hennig 2010, 614 f.; Propping et al. 2006). Gentests werden zur Feststellung pathogener, d. h. krankheitsverursachender Genmutationen oder auch zur Identifikation genetischer Merkmale ohne Krankheitswert durchgeführt (sog. Lifestyle-Tests). ›Prädiktive Gentests‹ sind eine spezifische Klasse von genetischen Untersuchungen, nämlich solche,»die mit dem Ziel durchgeführt werden, genetische Strukturen zu identifizieren, die Aussagen über das Risiko, die Wahrscheinlichkeit oder die Sicherheit einer künftigen Erkrankung oder Behinderung zulassen« (Deutscher Bundestag 2002, 131). Sie werden dementsprechend zu einem Zeitpunkt durchgeführt, zu dem noch keine Krankheitssymptome aufgetreten sind.

Differenziert werden muss zwischen prädiktiven genetischen Untersuchungen im Säuglings-, Kindes- und Erwachsenenalter (postnatale prädiktive Gendiagnostik) auf der einen und solchen, die vorgeburtlich durchgeführt werden (pränatale prädiktive Gendiagnostik) auf der anderen Seite, etwa an Eizellen (Polkörperdiagnostik), an der befruchteten Eizelle (Präimplantationsdiagnostik; s. Kap. III. 5) oder dem Embryo (Pränataldiagnostik; s. Kap. III. 12).

Die pränatale prädiktive Gendiagnostik ist teilweise mit anderen ethischen Problemen verbunden, als die postnatale. So wird mit Blick auf die pränatale prädiktive Gendiagnostik insbesondere über den moralischen Status des Embryos bzw. sein Recht auf Leben (s. Kap. II. 15), die Zulässigkeit von Schwangerschaftsabbrüchen und die gesellschaftlichen Folgen pränataler Diagnostik diskutiert, während im Mittelpunkt der ethischen Debatte über postnatale prädiktive Gentests das Verhältnis von Gesundheit und Krankheit (s. Kap. II. 14), das Recht auf informationelle Selbstbestimmung, der Umgang mit genetischen Daten und Diskriminierungsprobleme stehen. Die mit der pränatalen prädiktiven Diagnostik verbundenen ethischen Herausforderungen werden in anderen Beiträgen dieses Handbuchs skizziert (s.

Kap. III. 12, II. 15, III. 27, III. 37). Im vorliegenden Beitrag werden indes ausschließlich die in Bezug auf die postnatale prädiktive Gendiagnostik diskutierten ethischen Problemfelder beleuchtet.

Zentrale ethische Diskussionsfelder postnataler prädiktiver Gendiagnostik

Die schwierige Abwägung von Chancen und Risiken prädiktiver Gentests: Prädiktive Gentests können unter Umständen lebensrettend sein oder zumindest schweres Leid ersparen, nämlich dann, wenn die Disposition für eine therapierbare Krankheit frühzeitig erkannt wird. Zudem können basierend auf genetischen Untersuchungen Therapien optimiert werden. So ist es z. B. für die Wahl der richtigen Behandlungsmethode sehr hilfreich, wenn genetisch bedingte Unverträglichkeiten auf bestimmte Arzneimittel (s. Kap. III. 2) bekannt sind und ein Patient dadurch bestmöglich und schnell therapiert werden kann (vgl. Merk/Schubert-Zsilavecz 2013). Gleichzeitig können die Ergebnisse prädiktiver genetischer Untersuchungen aber auch großes, v. a. psychisches Leid verursachen (vgl. Renz 2011; Brüninghaus 2011). Die Unsicherheit darüber, in absehbarer oder auch nicht absehbarer Zeit schwer zu erkranken oder möglicherweise in Folge des Ausbruchs einer Krankheit früh zu sterben, kann extrem belastend für Betroffene und deren Angehörige sein. Besonders belastend ist das Wissen über eine genetische Disposition dann, wenn keine geeigneten Therapiemaßnahmen zur Verfügung stehen, mit denen der Ausbruch der Krankheit verhindert werden kann.

Eine Abwägung von Chancen und Risiken der prädiktiven Gendiagnostik ist sehr schwierig, da auf Grundlage der Ergebnisse solcher Tests nur Aussagen über Dispositionen und dementsprechend nur Wahrscheinlichkeitsaussagen getroffen werden können. Wird eine pathogene Veränderung auf genetischer Ebene festgestellt, dann bedeutet dies keineswegs, dass der Betroffene erkranken muss. Dies ist nur bei den Mutationen der Fall, die sich auch auf den Phänotyp auswirken. Mittels eines prädiktiven Gentests werden zunächst nur Informationen über den Genotyp, d. h. über die genetische Konstitution eines Organismus bekannt. Zu einer Erkrankung kommt es erst dann, wenn sich eine genetische Veränderung auch auf den Phänotyp auswirkt bzw. phänotypisch in Erscheinung tritt, was in Abhängigkeit davon geschieht, welche anderen Merkmale der Organismus aufweist und welche Umweltbedingungen auf ihn treffen. Es gibt nur wenige Mutationen, die sich zwangsläufig auf den Phänotyp auswirken. Dazu zählt etwa eine Mutation des sog. Huntington Gens.

Die Huntington-Krankheit ist eine dominant vererbte neurologische Erkrankung, die mit schweren Bewegungsstörungen und kognitiven Beeinträchtigungen einhergeht, sich meist zwischen dem 40. und 60. Lebensjahr manifestiert und in der Regel einen frühen Tod (s. Kap. II. 25) bedingt (Deutscher Ethikrat 2013, 201; Deutsche Akademie der Naturforscher Leopoldina 2010, 50; 71). Wird mittels eines prädiktiven Gentests festgestellt, dass eine die Huntington-Krankheit verursachende genetische Mutation vorliegt, dann wird die getestete Person (s. Kap. II. 21) im mittleren Lebensalter zu 100 % mit dem Ausbruch der Krankheit rechnen müssen.

Anders ist dies etwa bei genetisch bedingtem Brustkrebs. Liegt bei einer Frau eine sog. BRCA-Mutation (Abk. für *Breast Cancer Gene*) vor, so ist die Wahrscheinlichkeit, an Brustkrebs zu erkranken für sie höher, als für die Frauen, bei denen diese Mutation nicht vorliegt (Deutscher Ethikrat 2013, 54 f.). Angestoßen durch den Fall einer bekannten Schauspielerin, wird in den Medien intensiv darüber diskutiert, wie mit Informationen über bestimmte Krankheitsdispositionen umzugehen ist. Sie hatte sich im Mai 2013, weil bei ihr das BRCA-Gen nachgewiesen wurde, vorsorglich aus beiden Brüsten Gewebe entfernen lassen. In der öffentlichen Debatte wird ihre Entscheidung divergent bewertet. Während die einen diesen Schritt als mutig aber notwendig betrachten, halten andere die präventive Handlung, bei der gesundes Gewebe entfernt wird, für falsch. Während bei Vorliegen der Huntington-Mutation eine Erkrankung im mittleren Lebensalter definitiv zu erwarten ist und nicht umgangen werden kann, weist das Vorliegen einer BRCA-Mutation ›nur‹ darauf hin, dass die Betroffene mit höherer Wahrscheinlichkeit – laut Angaben des Deutschen Ethikrats beträgt diese 63 % (Deutscher Ethikrat 2013, 54 f.) – im Laufe ihres Lebens an Brustkrebs, Eierstockkrebs oder anderen Krebsarten erkranken wird, wobei von einem hohen Lebensalter ausgegangen wird. Nun gibt es aber darüber hinaus sehr viele genetisch bedingte Krankheiten, deren Eintrittswahrscheinlichkeit mittels genetischer Untersuchungen wesentlich ungenauer vorhergesagt werden kann. Insgesamt sind mehr als 90 % aller Mutationen harmlos, d. h. es liegt zwar eine genetische Abweichung vor, es kommt aber zu keinerlei Auswirkungen auf den Phänotyp. Solche Überlegungen zeigen, dass die Anwendung prädiktiver genetischer Testverfahren mit Chancen und Risiken verbunden ist, die im Einzelfall oder vielmehr noch von jedem Einzelnen selbst in ein Verhältnis gesetzt werden müssen.

Das Recht auf informationelle Selbstbestimmung: Die in prädiktiven Gentests erhobenen Daten können mitunter sehr private Informationen über die getestete Person enthalten. Eine Verletzung des aus dem Allgemeinen Persönlichkeitsrecht abgeleiteten ›Rechts auf informationelle Selbstbestimmung‹ (Bundesverfassungsgericht 1983) ist deswegen zu befürchten. Geschützt werden soll mit diesem Recht die »Befugnis des Einzelnen, selbst zu entscheiden, wann und wem er zu welchem Zweck personenbezogene Daten offenbart« (Dreier 2004, Art. 2 I, Rn. 78 f.). Eine entsprechende Regelung findet sich u. a. in dem vom Europarat im Jahr 1997 verabschiedeten Übereinkommen über Menschenrechte und Biomedizin: »Everyone is entitled to know any information collected about his or her health. However, the wishes of individuals not to be so informed shall be observed« (Council of Europe 1997, Art. 10.2). Dieser Regelung folgend hat jeder Einzelne nicht nur ein ›Recht auf Wissen‹ sondern zugleich auch ein ›Recht auf Nichtwissen‹ (vgl. Chadwick/Levitt/Shickle 1997). Prädiktive Gentests stellen in diesem Zusammenhang insofern ein Problem dar, als sie eine Kollision der beiden Rechte bewirken können. Genetische Daten können grundsätzlich nicht nur Informationen über die getestete Person, sondern auch über biologische Verwandte enthalten. Wird z. B. jemand, dessen Großmutter oder Großvater bereits an Chorea Huntington erkrankt ist positiv getestet, so ist sicher, dass der entsprechende Elternteil ebenfalls Träger der Huntington-Mutation ist. Werden genetische Daten von einer Person erhoben, die von ihrem Recht auf Wissen Gebrauch machen möchte, so kann dies mit dem Recht auf Nichtwissen einer verwandten Person kollidieren, wenn diese zugleich ihr Recht auf Nichtwissen nutzen will. Probleme entstehen darüber hinaus auch dann, wenn eine Person von ihrem Recht auf Nichtwissen Gebrauch machen möchte, Ärzte aufgrund des Testergebnisses und der zur Verfügung stehenden Therapiemöglichkeiten aber dringenden Handlungsbedarf sehen.

Es ist weitgehend anerkannt, dass Ärzte sowohl dem Prinzip der Autonomie als auch dem Prinzip des Nichtschadens verpflichtet sind (Beauchamp/ Childress 2013). Wird der Patient von einem Arzt über einen Gendefekt in Kenntnis gesetzt, so verletzt er ihn in seiner Autonomie, wenn er zuvor bekannt gegeben hat von seinem Recht auf Nichtwissen Gebrauch machen zu wollen. Verschweigt er ein Testergebnis, obwohl dringender Therapiebedarf besteht, so fügt er ihm damit möglicherweise Schaden zu. In dem im April 2009 vom Deutschen Bundestag verabschiedeten *Gesetz über genetische Untersuchungen bei Menschen* (Gendiagnostikgesetz – GenDG) wird versucht, solche Konflikte mittels spezifischer Regelungen zur genetischen Beratung zu umgehen. § 10 GenDG legt fest, dass vor genetischen Untersuchungen durch einen besonders qualifizierten Arzt genetisch zu beraten ist, soweit die Person nicht im Einzelfall nach vorheriger schriftlicher Information über die Beratungsinhalte auf die genetische Beratung schriftlich verzichtet. Nach der Beratung muss dem Betroffenen eine angemessene Bedenkzeit bis zur Untersuchung eingeräumt werden (§ 10 Abs. 2).

Diskriminierung wegen genetischer Merkmale: Wird mittels einer genetischen Untersuchung festgestellt, dass die Disposition für eine schwere Erkrankung vorliegt, so kann sich dies insgesamt sehr negativ auf die Lebenssituation der betroffenen Person auswirken, wenn sie so behandelt wird, als wäre ein Ausbruch der Krankheit unausweichlich. Aus ethischer Perspektive wird in diesem Zusammenhang über die Gefahr einer Diskriminierung (s. Kap. II. 5) wegen genetischer Merkmale diskutiert. ›Diskriminierung‹ meint generell eine Benachteiligung einer Person oder einer ganzen Gruppe wegen bestimmter Merkmale, etwa »aus Gründen der Rasse oder wegen der ethnischen Herkunft, des Geschlechts, der Religion oder Weltanschauung, einer Behinderung, des Alters oder der sexuellen Identität« (Allgemeines Gleichbehandlungsgesetz, AGG, § 1; zum Begriff ›Diskriminierung‹ vgl. Heinrichs 2004, 99 f.).

Die Diskriminierung wegen genetischer Merkmale kann auf unterschiedlichen Ebenen stattfinden, insbesondere im Arbeits- und Versicherungssektor. Wird bekannt, dass eine Person Träger einer genetischen Mutation ist, die zu einer schweren Erkrankung führen könnte, so besteht die Gefahr, dass sie so behandelt wird, als wäre sie bereits erkrankt. Im Arbeitssektor kann sich dies in schlechteren Aufstiegschancen, generell in schlechteren Chancen auf dem Arbeitsmarkt und einem schwierigen Umgang mit Vorgesetzten und Kollegen äußern. Im Versicherungssektor sind Benachteiligungen zu befürchten, wenn die Konzerne hohe Kosten aufgrund der eventuell eintretenden Krankheit erwarten und Tarife entsprechend berechnen. Artikel 12 des »Übereinkommens über Menschenrechte und Biomedizin des Europarates« soll solchen Formen der Diskriminierung entgegenwirken, indem die Bindung an Gesundheitszwecke verlangt wird:

»Untersuchungen, die es ermöglichen, genetisch bedingte Krankheiten vorherzusagen oder bei einer Person entweder das Vorhandensein eines für eine Krankheit verantwortlichen Gens festzustellen oder eine genetische Prädisposition oder Anfälligkeit für eine Krankheit zu erkennen, dürfen nur für Gesundheitszwecke oder für gesundheitsbezogene wissenschaftliche Forschung und nur unter der Voraussetzung einer angemessenen genetischen Beratung vorgenommen werden.«

Spezifische Regelungen wurden in Deutschland auf nationaler Ebene entwickelt und nach langer Diskussion im GenDG verankert. Arbeitgeber dürfen von Beschäftigten weder vor noch nach Begründung des Beschäftigungsverhältnisses die Vornahme genetischer Untersuchungen oder Analysen verlangen (§ 19 Abs. 1). Darüber hinaus ist es Arbeitgebern nicht erlaubt, die Mitteilung von Ergebnissen bereits vorgenommener genetischer Untersuchungen oder Analysen zu verlangen bzw. solche Ergebnisse zu benutzen (§ 19 Abs. 2). Die Verwendung von genetischen Untersuchungen im Versicherungsbereich ist in § 18 GenDG geregelt. Versicherer dürfen von Versicherten weder vor noch nach Abschluss des Versicherungsvertrages die Vornahme genetischer Untersuchungen oder Analysen verlangen (§ 18 Abs. 1 Nr. 1). Auch die Mitteilung von Ergebnissen oder Daten aus bereits vorgenommenen genetischen Untersuchungen oder Analysen darf von Versicherern weder verlangt werden noch dürfen solche Ergebnisse oder Daten entgegengenommen und verwendet werden (§ 18 Abs. 1 Nr. 2). Dieses grundsätzliche Verbot gilt für Lebensversicherungen, die Berufsunfähigkeitsversicherung, Erwerbsunfähigkeitsversicherungen und Pflegerentenversicherungen allerdings nicht, wenn eine Leistung von mehr als 300.000 Euro oder mehr als 30.000 Euro Jahresrente vereinbart wird (§ 18 Abs. 2).

Prädiktive Gentests zu nicht-medizinischen Zwecken: Wie eingangs bereits angedeutet, können die in prädiktiven genetischen Untersuchungen erhobenen Daten nicht nur Informationen über pathogene genetische Merkmale enthalten, sondern auch Aufschluss über nicht krankheitsrelevante genetische Eigenschaften einer Person geben. So werden Tests durchgeführt, mit denen untersucht werden soll, ob eine Person aufgrund ihrer genetischen Ausstattung besonders anfällig für ein bestimmtes Suchtverhalten, etwa eine Nikotin-, Alkohol-, oder andere Drogenabhängigkeit ist oder auch für welche Fähigkeiten und Talente sie genetisch disponiert ist, z. B. in Bezug auf Musik, Sport, Intelligenz etc. Solche Untersuchungen werden als ›Lifestyle-Tests‹ bezeichnet, weil die Testergebnisse Informationen darüber liefern sollen, welche Lebensweise für die getestete Person optimal ist, so dass negative Eigenschaften und Fähigkeiten, die sich aufgrund der je individuellen genetischen Konstitution entwickeln könnten, gar nicht erst in Erscheinung treten.

Gemäß § 7 GenDG ist für prädiktive genetische Untersuchungen zu medizinischen Zwecken ein Facharztvorbehalt vorgeschrieben, d. h. sie dürfen ausschließlich von Ärztinnen bzw. Ärzten für Humangenetik durchgeführt werden. Anders ist dies bei prädiktiven Gentests, die keinen medizinischen Zweck verfolgen, obwohl bei diesen Untersuchungen die gleichen genetischen Proben und Daten verwendet werden, wie bei denen mit medizinischer Zwecksetzung (vgl. Vossenkuhl 2013, 127 f.). Die Gefährdung allgemeiner Persönlichkeitsrechte ist bei der nicht-medizinischen Zwecksetzung genauso groß wie bei der medizinischen, schließlich handelt es sich in beiden Fällen um höchst private Daten. Diese ›Regelungslücke‹ (vgl. ebd., 128 f.) birgt großes Gefahrenpotential. Lifestyle-Tests können aufgrund des fehlenden Arztvorbehalts prinzipiell von jedem beliebigem Unternehmen angeboten werden. Eine genetische Beratung, die für Tests mit medizinischer Zwecksetzung vorgeschrieben ist (§ 10 GenDG) und in der die Aussagekraft und Tragweite prädiktiver Gentests ausführlich erläutert wird, entfällt. Besonders problematisch ist, dass Untersuchungen, die eigentlich mit einem nicht-medizinischen Zweck durchgeführt wurden, immer auch medizinisch relevante Informationen offenlegen können.

Literatur

Beauchamp, Tom L./Childress, James F.: *Principles of Biomedical Ethics*. Oxford ⁷2013.

Brüninghaus, Anne: Prädiktives genetisches Wissen und individuelle Entscheidung. In: Sascha Dickel/Martina Franzen/Christoph Kehl (Hg.): *Herausforderung Biomedizin. Gesellschaftliche Deutung und soziale Praxis*. Bielefeld 2011, 317–332.

Bundesverfassungsgericht: Urteil des Ersten Senats vom 15. Dezember 1983. Az. 1 BvR 209, 269, 362, 420, 440, 484/83.

Chadwick, Ruth F./Levitt, Mairie/Shickle, Darren (Hg.): *The Right to Know and the Right Not to Know*. Avebury 1997.

Council of Europe: *Convention for the Protection of Human Rights and Dignity of the Human Being with Regard to the Application of Biology and Medicine: Convention on Human Rights and Biomedicine*. European Treaty Series No. 164. Oviedo 1997.

Damm, Reinhard: Prädiktive Gesundheitsinformationen in der modernen Medizin. In: *Datenschutz und Datensicherheit* 12 (2011), 859–866.

Deutsche Akademie der Naturforscher Leopoldina: Prädiktive genetische Diagnostik als Instrument der Krankheitsprävention. 2010. In: http://www.leopoldina.org/uploads/tx_leopublication/201011_natEmpf_praedikative-DE.pdf (11. 6. 2013).
Deutscher Bundestag: Enquetekommission »Recht und Ethik der modernen Medizin«. Schlussbericht. In: *Drucksache 14/9020* (2002).
Deutscher Ethikrat: Die Zukunft der genetischen Diagnostik: von der Forschung in die klinische Anwendung. Stellungnahme 2013. In: http://www.ethikrat.org/dateien/pdf/stellungnahme-zukunft-der-genetischen-diagnostik.pdf (11. 6. 2013).
Dreier, Horst (Hg.): *Grundgesetz Kommentar*. Bd. I, Art. 1–19. Tübingen ²2004.
Graw, Jochen/Hennig, Wolfgang: *Genetik*. Berlin/Heidelberg ⁵2010.
Heinrichs, Bert: What is discrimination and when is it morally wrong? In: *Jahrbuch für Wissenschaft und Ethik*, Bd. 12. Hg. von Dieter Sturma/Ludger Honnefelder. Berlin 2004, 97–114.
Merk, Daniel/Schubert-Zsilavecz, Manfred: Influence of genetic variability on drug actions. In: *Pharmakon* 1/1 (2013), 21–28.
Propping, Peter/Aretz, Stefan/Schumacher, Johannes: Medizinisch-naturwissenschaftliche Aspekte. In: *Prädiktive genetische Testverfahren. Naturwissenschaftliche, rechtliche und ethische Aspekte*. Ethik in den Biowissenschaften – Sachstandsberichte des DRZE, Bd. 2. Hg. von Ludger Honnefelder/Dirk Lanzerath. Freiburg 2006, 15–58.
Renz, Günter: Psychologische Aspekte genetischen Wissens. In: Thorsten Moos/Jörg Niewöhner/Klaus Tanner (Hg.): *Genetisches Wissen*. St. Ingbert 2011, 93–114.
Vossenkuhl, Cosima: *Genetische Untersuchungen zu nicht-medizinischen Zwecken*. Schriftenreihe Medizinrecht. Berlin/Heidelberg 2013.

Lisa Tambornino

36 Robotik

Die Vorsilbe ›Bio‹ verweist auf ›Lebendes‹ und ein Roboter wird gemeinhin nicht in diese Kategorie eingeordnet. Ein ›Leben‹ ist durch einen Anfang und ein Ende gekennzeichnet und einen ›Alterungsprozess‹, der nur im metaphorischen Sinne auf die ›Materialermüdung‹ einer Technik übertragen werden kann (Körtner 2010, 45). Im Vergleich zu anderer Technik wird über Roboter – und hier speziell über humanoide Roboter – verstärkt metaphorisch und insbesondere anthropomorphisierend geredet. So wird die ARMAR-Reihe humanoider Roboter des Karlsruher Instituts für Technologie z. B. als ›Familie‹ bezeichnet und es ist von ›Generationen‹ von Computerprogrammen die Rede. Roboter ›lernen‹, ›agieren‹ und haben einen Erfahrungsschatz (Aha/Asfour 2012). Zugespitzt wird diese anthropomorphisierende Rede in der Beschreibung von humanoiden Robotern als ›künstliche Menschen‹, die dann zu der Frage führt, ob man diesen bereits einen Personenstatus (s. Kap. II. 21) zuschreiben müsse (Walser 2010). Insofern sind mit der humanoiden Robotik besondere Folgen für unser »personales und kulturelles Selbstverständnis« verbunden, da sich der Mensch in der Robotik selbst zu begegnen scheint (Christaller et al. 2001, 111). Vor diesem Hintergrund wird Robotik nicht nur zu einem Gegenstand der bioethischen Reflexion, sondern z. B. auch zum Thema der Philosophie des Geistes, der Anthropologie, der Technikfolgenabschätzung und der gesellschaftlichen und politischen Diskussion (Bölker et al. 2010).

Begriffsgeschichte und Definition

Robotik stellt einen zentralen Begriff der Industrialisierung dar. Als Schlüsselelement der industriellen Fertigung gilt die Zerlegung von Fertigungsprozessen in einzelne Arbeitsschritte. Diese konnten dahingehend analysiert werden, ob sie technisch ausführbar sind. Der Effizienzgewinn wurde dadurch erreicht, dass menschliche Handwerker nur noch die Arbeitsschritte übernahmen, die nicht automatisiert werden konnten. Klassische Definitionen beschreiben Roboter als Universal-Werkzeug:

> »Ein Roboter ist ein frei und wieder programmierbarer, multifunktionaler Manipulator mit mindestens drei unabhängigen Achsen, um Materialien, Teile, Werkzeuge oder spezielle Geräte auf programmierten, variablen

Bahnen zu bewegen zur Erfüllung der verschiedensten Aufgaben« (Verein Deutscher Ingenieure 1990; VDI-Richtlinie 2860, weitgehend als ISO-Standard übernommen).

Der Begriff ›Roboter‹ wurde um 1920 von Karel Capek in dem Theaterstück *Rossums universelle Roboter* geprägt. Er ist vom tschechischen Wort *robota* für ›Arbeit‹ abgeleitet. Der Erfinder Rossum möchte Maschinensklaven für seine Familie bauen. Er brachte stattdessen seine Familie selbst in die Sklaverei. Mit dieser Ambivalenz befassen sich seither Science-Fiction-Literatur und -Filme. Hier findet man die am weitesten entwickelten Roboter, wie der ›Androide‹ Commander Data aus der Fernsehserie *Star Trek*, das Roboter-Kind David aus dem Film *A. I. – Künstliche Intelligenz* und der Roboter Marvin aus dem Roman *Per Anhalter durch die Galaxis*. Alle diese Roboter dürfen insbesondere in der Gesamtheit ihrer Fähigkeiten als heute technisch unerreicht und möglicherweise auch unerreichbar gelten. Dennoch prägen sie das Bild von Robotern in der Gesellschaft. Eine Tatsache, die den Roboterentwicklern gleichermaßen Nach- und Vorteil ist: Zum einen zeigen sich unbedarfte Zuschauer teilweise enttäuscht über die – im Vergleich bescheidene – Performanz, die Robotertechnik heute erreicht, zum anderen handelt es sich bei Robotik um eine der Technologien, die schon weit vor ihrer technischen Einführung in der Gesellschaft bekannt war, was mögliche Ressentiments verringern kann (Christaller et al. 2001, 218).

Die Ersetzbarkeit des Menschen – sei es bei einzelnen Handlungen oder ›als Ganzes‹ – kennzeichnet die technikethische und technikfolgenorientierte Befassung mit der Robotik, in der ein Roboter als Mittel zum Zweck analysiert wird (Decker 2013). Allan Turing hat die Ersetzbarkeit im Turing-Test mit Blick auf die Künstliche Intelligenz (KI) auf den Punkt gebracht, indem er die Unterscheidung von Reaktionen im Rahmen einer Dialogsituation zur Testaufgabe machte. Heutige ›Tests‹ wie z. B. die RoboCup-Wettbewerbe zielen ebenfalls auf die Ersetzbarkeit den Menschen in den Kategorien Fußballspielen, Rettung und ›Erledigungen zuhause‹.

Industrierobotik

Roboter sind in der Industrierobotik etabliert und werden als eine Erfolgsgeschichte der Industrialisierung angesehen. Vor dem Hintergrund, dass in den seltensten Fällen der gesamte Fertigungsprozess automatisiert werden kann, kommt es notwendigerweise zu einer Kombination von Handlungen, die von Menschen, und Arbeitsschritten, die von Robotern ausgeführt werden. Das kann einen *down skill*-Effekt nach sich ziehen: Die Nachfrage nach komplexeren Tätigkeiten reduziert sich, die nach einfacheren Tätigkeiten steigt. Andererseits entstehen mit der notwendigen technischen Überwachung der Roboter neue Tätigkeiten. Dies kann ein *up skill*-Effekt sein: Höherwertige Arbeit wird nachgefragt. Der ökonomische Nutzen geht normalerweise mit dem Nettoeffekt einher, dass insgesamt in einer Produktion weniger Personalkosten anfallen.

Aus technikethischer Sicht sind demnach zwei Fragen zu klären: (1) die Verteilungsgerechtigkeit in Bezug auf die Arbeit und (2) die Gefahr einer Instrumentalisierung der menschlichen Arbeiter im Fertigungsprozess.

(1) Für die Arbeitnehmer bestehen nach oben skizziertem Modell drei Möglichkeiten. Entweder sie sind in der Lage und erhalten das Angebot, sich für die höherwertige Tätigkeit zu qualifizieren, oder sie müssen, wieder das Angebot vorausgesetzt, mit einer minderwertigeren Arbeit vorlieb nehmen, die schlechter vergütet ist. Schließlich kann es dazu führen, dass sie kein Angebot mehr erhalten. Die technische Innovation bringt also Gewinner und Verlierer in Bezug auf den Status ex ante hervor, eine Verteilung, die nach utilitaristischen Überlegungen gerechtfertigt sein kann. Denn, so ein Argument, mit der Teilautomatisierung wird immerhin überhaupt noch Arbeit nachgefragt, während ansonsten möglicherweise rein manuelle Fertigungen in Niedriglohnländer ausgelagert werden (Christaller et al. 2001, 21). Aus prinzipienethischer Sicht kann es geboten sein, hier entsprechende Kompensationen anzubieten.

(2) Das Instrumentalisierungsverbot (s. Kap. II. 17) weist, abgeleitet aus dem Kategorischen Imperativ, darauf hin, dass es der Würde einer Person widerspricht, bloß als Mittel für einen ihr äußerlichen Zweck eingesetzt zu werden (Kant: GMS, 429). Andererseits kann eine nutzenethische Betrachtung Einschränkungen der Autonomie und Würde einzelner Personen zulassen, wenn das mit Hinweis auf übergeordnete und umfangreichere Nutzenerwägungen begründet werden kann. In einem konkreten Handlungskontext ergibt sich so ein Interpretationsspielraum, der allerdings nicht den grundlegenden Gedanken des Instrumentalisierungsverbots in Frage stellt, nämlich eine Umkehrung der Zweck-Mittel-Relation. Die ethische Beurteilung des

konkreten Handlungskontexts ist entscheidend. Wenn sich in einem Fertigungsprozess die Kombinationen aus menschlichen und robotischen Tätigkeiten so darstellen, dass der menschliche Arbeiter nur mehr die nicht rentabel robotisierbaren ›Übergangsarbeiten‹ ausführt, kann das durchaus einer nicht akzeptablen Instrumentalisierung gleichkommen.

Servicerobotik

Mit Servicerobotern sind alle Nicht-Produktionsroboter gemeint. Ihnen wird seit geraumer Zeit ein ähnliches Innovationspotential wie Industrierobotern zugeschrieben (Schraft/Schmierer 1998). Heute werden Roboter hauptsächlich in den Bereichen Verteidigung, Rettung und Sicherheit sowie Landwirtschaft – hier v. a. als Melk- und Ernteroboter – eingesetzt. In diesen Bereichen werden Serviceroboter von einem menschlichen Experten und unter dessen Aufsicht und/oder in einem geschützten Raum betrieben. Oft kann der Serviceroboter als eine Erweiterung der menschlichen Handlungsfähigkeit beschrieben werden. Mit Hilfe von Überwachungsrobotern kann z. B. ein größeres Gelände überwacht werden. Mit einem Melkroboter lassen sich im gleichen Zeitintervall mehr Kühe melken etc. Im Servicebereich ist es weniger ein *down-skill*, sondern das Substituieren von menschlichen Arbeitern. Die neuen Aufgabenbereiche (*up-skill*) betreffen Überwachung und die möglicherweise nötige Steuerung der Robotersysteme und könnten Schulungen zum ›Führen eines Serviceroboters‹ erforderlich machen.

Aus ethischer Perspektive sind daher analog zu den Industrierobotern die Verteilungsgerechtigkeit und auch das Instrumentalisierungsverbot zu berücksichtigen. Letzteres ist hier weniger virulent, da im Dienstleistungsbereich gemeinhin keine ähnlich kleinteilige Aufteilung der Handlungen wie bei der industriellen Produktion möglich ist. Dennoch ist eine kontextabhängige Analyse geboten. Zusätzlich rückt bei den Servicerobotern eine Verantwortlichkeit gegen ›unbeteiligte Dritte‹ in den Fokus. Die Umgebung lässt sich vielfach nicht komplett auf einen Serviceroboter einstellen. Ist z. B. ein zu überwachendes Gebiet oder auch der Einsatzbereich eines selbst fahrenden Traktors, der im ›Folgebetrieb‹ einem von einem Menschen gefahrenen Traktor folgt, nicht beliebig anpassbar. Unbeteiligte Dritte, z. B. Fahrradfahrer am Feldrand oder Passanten am Zaun eines Grundstücks, können den Anwendungsbereich des Serviceroboters betreten. Damit ist auch die Möglichkeit gegeben, dass diesen Personen ein Schaden durch den Roboter zugefügt wird, und es stellt sich die Frage, wer für die Verursachung dieses Schadens verantwortlich ist.

Die Verantwortungsethik als eine spezielle konsequentialistische Ethik widmet sich dem Adressatenproblem der Verantwortung und zeichnet es als wichtige Aufgabe aus, das Subjekt oder die Subjekte der Verantwortung zu bestimmen. »Die Arbeitsteiligkeit des Handelns löst die Folgenverantwortung nicht einfach auf, sondern verteilt sie auf die involvierten Individuen nach Maßgabe ihrer Bedeutung in dem betreffenden kollektiven Handlungszusammenhang« (Bayertz 1991, 190). Im Fall der Servicerobotik ist die Verteilung der Verantwortung zwischen dem Betreiber oder Halter des Serviceroboters und dem Roboterproduzenten aufgeteilt. Kann man hier davon ausgehen, dass diese Aufteilung beim Betrieb technischer Anlagen eingespielten Üblichkeiten folgt, so stellen sich in Anbetracht moderner Robotersysteme – insbesondere dann, wenn sie sich adaptiv an konkrete Aufgaben anpassen können – neue Fragen. Es mehren sich die Stimmen in den Rechtswissenschaften, dass sowohl zivilrechtliche als auch öffentlich-rechtliche Aspekte beim Betrieb von Servicerobotern zu berücksichtigen sind (Christaller et al. 2001; Matthias 2004; Beck 2010).

Diese Problematik verstärkt sich noch, wenn wir die zweite Kategorie von Servicerobotern in den Blick nehmen, die in privaten Umgebungen von Personen betrieben werden, die das nicht in einem beruflichen Sinne tun. Das heißt, ein Kunde kauft ein Produkt ›Serviceroboter‹, z. B. einen Staubsaugerroboter, und nimmt diesen in seiner privaten Wohnung in Betrieb. Zum Teil werden diese Serviceroboter unmittelbar *an* Menschen eingesetzt, z. B. bringen diese Roboter Getränke oder werden in die Pflege älterer oder kranker Menschen eingebunden, ob nun im privaten Umfeld, im Krankenhaus oder Pflegeheim. Die Akteurskonstellation ist dann im Vergleich zum vorherigen Fall erweitert: Einerseits gibt es eine professionelle Fachkraft, die den Roboter als Mittel zum Zweck in der Pflege einsetzt. Andererseits ist mit dem/der zu Pflegenden eine weitere Person im Handlungskontext, an der oder in deren Umfeld der Robotereinsatz stattfindet.

Bezogen auf die professionell Pflegenden stellen sich Fragen der Verteilungsgerechtigkeit wie oben bereits ausgeführt. Robotersysteme, die für Patienten und ältere Menschen einen Autarkiegewinn darstellen und dazu beitragen können, dass diese noch länger in der eigenen Wohnung und damit im gewohnten sozialen Umfeld leben können, sind nicht preiswert. Ob ein solidarisch getragenes Versicherungssystem die Kosten übernehmen kann und wird, ist ungeklärt. Es droht eine Ungerechtigkeit dahingehend, dass nur diejenigen Personen ein solches Robotersystem nutzen können, die auch in der Lage sind, es selbst zu finanzieren.

Humanoide Robotik und Grenzen der Ersetzbarkeit

Auch humanoide Roboter werden entwickelt, um möglichst gutes Mittel zum Zweck zu sein. Insbesondere unsere private Umgebung ist für die Nutzung durch Menschen optimiert, so dass sich der Roboter gerade dann gut fortbewegen, ›handeln‹ und orientieren kann, wenn er zwei Beine und Arme mit Händen hat, sowie einen ›Kopf‹, der Kameras und Mikrophone als visuelle und akustische Sensoren enthält. Die technische Entwicklung berücksichtigt dabei auch Erkenntnisse der Bionik. Das führt zum zweiten Grund, humanoide Roboter zu bauen, nämlich etwas über Menschen aus biologischer Sicht zu lernen. Mit Hilfe von dann notwendigerweise teilhumanoiden Robotern lassen sich die »biologischen Strukturen« besser verstehen (Pfeifer et al. 2007, 1093). Der dritte und älteste Grund ist der ›Menschheitstraum‹ künstliche Menschen zu bauen. Mit Rabbi Löws Golem und Mary Shelleys Frankenstein literarisch illustriert und oben genannten Beispielen aus Science-Fiction-Filmen bis heute fortgeführt, erlebte der Automatenbau eine erste Blütezeit im 17. Jahrhundert, als Jacques de Vaucanson humanoide Musiker und bionisch inspirierte Tiere baute, angeregt durch Julien Offrey de La Mettries Werk *Der Mensch eine Maschine* (*L'homme maschine*), das auch heute noch als visionär für die Robotikforschung angesehen wird (Irrgang 2005).

Die dem Menschen ›zum Verwechseln ähnliche‹ androiden und gynoiden Roboter von Hiroshi Ishiguro können als eine Fortführung dieser Tradition beschrieben werden, denn auch hier wird das Ziel verfolgt, etwas über den Menschen lernen zu können – jetzt allerdings nicht nur in biologischen, sondern in sozialen Zusammenhängen, wenn z. B. das Lachen als zwischenmenschliche Interaktion mit humanoiden Robotern untersucht wird (Becker-Asano et al. 2011). Androide Roboter dieser Art regen die Diskussion über das dieser Forschung zugrunde liegende Menschenbild besonders an (Bölker et al. 2010). In dieser Diskussion wird darauf hingewiesen, dass die menschliche Lebensform als ein vielschichtiges System beschrieben werden muss, das Bewusstsein und Handlungen sowie die Begründungen für dieselben in einen Zusammenhang bringt (Rammert/Schulz-Schaeffer 2002). Diese Zusammenhänge herzustellen, ist eine große Herausforderung für eine technische Ersetzbarkeit des Menschen. Hält man sie dennoch für grundsätzlich möglich, dann wird typischerweise auf ein reduktionistisches Bild des Menschen rekurriert, indem eine Beschreibungsform gewählt wird, die sich am technologisch Machbaren orientiert.

Die bioethische Reflexion muss hier durch die anthropologische Betrachtung ergänzt werden. Diese geht davon aus, dass Menschen über spezifische Eigenschaften und Fähigkeiten, wie Selbst- und Zeitwusstsein, Fähigkeit zur Reflexion und zur reaktiven Emotivität, praktische Vernunft, das Vermögen, Zwecke zu setzen und ähnliches verfügen, letztlich im ›Raum der Gründe‹ agieren können (Sturma 2003, 43), die sich kaum substituieren oder simulieren lassen. Damit ist eine grundlegende Kritik an der KI-Forschung verbunden, etwa dass der Kontext einer Handlung nicht adäquat berücksichtigt wird (Dreyfus 1972), was sich z. B. am zentralen Begriff des autonomen Handelns ausführen lässt (Gutmann et al. 2012). Schließlich ist mit der humanoiden Robotik die unter dem Begriff des *embodiment* diskutierte Rolle des Körpers verbunden, der in der bio-inspirierten Robotik das zentrale technische Element darstellt. In der Diskussion werden Bezüge zum Dualismus von Geist und Materie René Descartes' hergestellt, dessen Überlegungen wiederum de La Mettrie beeinflusst haben. Dabei wird versucht, den Dualismus monistisch zu überwinden und den Menschen vollständig aus der Dritten-Person-Perspektive zu erfassen. Die Differenz zwischen dem in der Dritten-Person-Perspektive objektivierbaren Körper und dem in der Ersten-Person-Perspektive und als historisches Phänomen in auslegenden Verfahren zugänglichen Leib bleibt weitgehend unbeachtet, wiewohl sich gerade in dieser Differenz Grenzen der Substituierbarkeit aufweisen lassen (Wiegerling 2012).

In diesem Zusammenhang sind auch Kombinationen aus Menschen und Robotern, sog. Cyborgs zu nennen. Die Ersetzbarkeit bezieht sich hierbei auf Körperteile und steht somit in enger Verbindung zur Prothetik. Künstliche Gliedmaßen (Hände, Füße, Arme, Beine) und Sinnesorgane (Hör- und Seh-Implantate), aber auch ein Herzschrittmacher können als Ersatzgeräte für Körperteile und/oder Körperfunktionen beschrieben werden. Während die medizinische Prothetik den Ersatz nicht mehr vorhandener Gliedmaßen mit dem Ziel einer Leistungsgleichheit verfolgt, ist bei Cyborgs auch ein Übertreffen menschlicher Fähigkeiten angestrebt (Warwick 2010; Beck 2010). Hier stellt sich die interessante Frage, ob ein weitgehend durch Implantate und Prothesen ersetzter Mensch noch ein Mensch ist. Zumindest wäre er kein Individuum im heutigen Sinne, denn Implantate und Prothesen können zwar individuell justiert werden, sind selbst aber nichts Individuelles. Gelten dann noch die gleichen ethischen Normen wie für den heutigen Menschen?

Schließlich hängt die Idee der menschlichen Würde nicht zuletzt auch an der Einmaligkeit eines Individuums. Bill Joy (2000) hat darauf hingewiesen, dass sich Menschen möglicherweise, befördert über die kongruierende Entwicklung von Robotik, Genetic engineering und Nanotechnologie (s. Kap. III. 28), komplett selbst durch Technik ersetzen könnten. Diese sog. Joy-Debatte hat die ethische Befassung mit Robotertechnologien beflügelt (Veruggio/Operto 2006; Capurro/Nagenborg 2009; Lin et al. 2012; Decker/Gutmann 2012), in der zunehmend auch die Bedingungen der Möglichkeit eines moralischen Handelns durch Roboter diskutiert werden. Ron Arkin (2007) spitzte das mit seinem Vorschlag zu, autonome Robotersysteme, die in der Lage sind zu töten, mit ethischen Regeln auszustatten. Dieser Vorschlag ist unmittelbar mit der Frage verbunden, nach welchen ethischen Regeln Menschen im Kriegsfalle töten (Wallach/Allen 2008; Beavers 2010); wobei die Frage, welche moralische Fundierung in Robotersysteme implementiert werden sollte zwar eine ethische, aber letztendlich keine bioethische Frage darstellt.

Literatur

Aha, Isabell/Asfour, Tamim: *Roboter der nächsten Generation. Abschlusskolloquium des SFBs »Humanoide Roboter« mit Ausblick in die Zukunft.* 2012. In: http://www.informatik.kit.edu/309_6235.php (28. 8. 2013).

Arkin, Ronald C.: *Governing Lethal Behavior: Embedding Ethics in a Hybrid Deliberative/Reactive Robot Architecture.* Technical Report GIT-GVU-07-1, 2007. http://www.cc.gatech.edu/ai/robot-lab/online-publications/formalizationv35.pdf (12. 12. 2013).

Bartenschläger, Hans-Peter: *Industrieroboftereinsatz. Stand und Entwicklungstendenzen.* Düsseldorf 1981.

Bayertz, Kurt: Wissenschaft, Technik und Verantwortung. Grundlagen der Wissenschafts- und Technikethik. In: Ders. (Hg.): *Praktische Philosophie. Grundorientierungen angewandter Ethik.* Hamburg 1991.

Beavers, Anthony: Editorial of the special issue: robot ethics an human ethics. In: *Ethics and Information Technology* 12/3 (2010), 207–208.

Beck, Susanne: Roboter, Cyborgs und das Recht – von der Fiktion zur Realität. In: Tade Matthias Spranger (Hg.): *Aktuelle Herausforderungen der Life Sciences.* Berlin 2010, 95–120.

Becker-Asano, Christian/Kanda, Takayuki/Ishi, Carlos/Ishiguro Hiroshi: Studying laughter in combination with two humanoid robots. In: *AI&Society* 26/3 (2011), 291–300.

Bölker, Michael/Gutmann, Mathias/Hesse, Wolfgang (Hg.): *Information und Menschenbild.* Heidelberg/Berlin 2010.

Capurro, Rafael/Nagenborg, Michael: *Ethics and Robotics.* Heidelberg 2009.

Christaller, Thomas/Decker, Michael/Gilsbach, Joachim Michael/Hirzinger, Gerd/Lauterbach, Karl W./Schweighofer, Erich/Schweitzer, Gerhard/Sturma, Dieter: *Robotik. Perspektiven für menschliches Handeln in der zukünftigen Gesellschaft.* Berlin/Heidelberg 2001.

Decker, Michael: Robotik. In: Armin Grunwald (Hg.): *Handbuch Technikethik.* Stuttgart/Weimar 2013, 354–358.

–/Gutmann, Mathias (Hg.): *Robo- and Informationethics. Some fundamentals.* Wien 2012.

Dreyfus, Hubert: *What Computers Can't Do: The Limits of Artificial Intelligence.* Cambridge, Mass. 1972.

Fischer, Martin/Lehrl, Walter: *Industrieroboter – Entwicklung und Anwendung im Kontext von Politik, Arbeit, Technik und Bildung.* Bremen ²1991.

Gutmann, Mathias/Rathgeber, Benjamin/Syed, Tareq: Action and autonomy: a hidden dilemma in artificial autonomous systems. In: Decker/Gutmann 2012, 231–257.

Irrgang, Bernhard: *Posthumanes Menschsein? Künstliche Intelligenz, Cyberspace, Roboter, Cyborgs und Designer-Menschen. Anthropologie des künstlichen Menschen im 21. Jahrhundert.* Stuttgart 2005.

Joy, Bill: *Why the Future Doesn't Need Us.* Wired 8. 04. http://www.wired.com/wired/archive/8.04/joy.html 2000 (28. 8. 2013).

Kant, Immanuel: Grundlegung zur Metaphysik der Sitten [1785]. In: Ders.: *Werke.* Akademieausgabe, Band IV. Berlin 1968 [=GMS].

Körtner, Ulrich: *Leib und Leben. Bioethische Erkundungen zur Leiblichkeit des Menschen.* Göttingen 2010.

Lin, Patrick/Abney, Keith/Bekey, George A. (Hg.): *Robot Ethics. The Ethical and Social Implications of Robotics.* Cambridge, Mass. 2012.

Malsch, Thomas/Dohse, Knuth/Juergens, Ulrich: *Industrieroboter im Automobilbau : auf dem Sprung zum »automatisierten Fordismus«.* Veröffentlichungsreihe des Internationalen Instituts für Vergleichende Gesellschaftsforschung (IIVG), Arbeitspolitik des Wissenschaftszentrums Berlin 84–217, Berlin 1984.

Matthias, Andreas: The responsibility gap: ascribing responsibility for actions of learning automata. In: *Ethics and Information Technology* 6/3 (2004), 175–183.

Pfeifer, Rolf/Lungarella, Max/Iida, Fumiya: Self-organization, embodiment, and biologically inspired robotics. In: *Science* 318/5853 (2007), 1088–1093.

Rammert, Werner/Schulz-Schaeffer, Ingo (Hg.): *Können Maschinen handeln? Soziologische Beiträge zum Verhältnis von Mensch und Technik.* Frankfurt a. M. 2002.

Schraft, Rolf Dieter/Schmierer, Gernot: *Serviceroboter. Produkte, Szenarien, Visionen.* Berlin/Heidelberg 1998.

Sturma, Dieter: Autonomie. Über Personen, künstliche Intelligenz und Robotik. In: Thomas Christaller/Josef Wehner (Hg.): *Autonome Maschinen.* Wiesbaden 2003, 38–55.

Urban, Gerd: Arbeitsschutz und Arbeitsgestaltung beim Einsatz von Industrierobotern. In: Gerd Peter (Hg.): *Arbeitsschutz, Gesundheit und neue Technologien.* Opladen 1988.

Verein Deutscher Ingenieure (VDI): *Montage- und Handhabungstechnik; Handhabungsfunktionen, Handhabungseinrichtungen; Begriffe, Definitionen, Symbole* (Richtlinie 2860). Düsseldorf 1990.

Veruggio, Gianmarco/Operto, Fiorella: Roboethics: a bottom-up interdisciplinary discourse in the field of applied ethics in robotics. In: *International Review of Information Ethics* 6/12 (2006).

Wallach, Wendell/Allen, Colin: *Moral Machines: Teaching Robots Right from Wrong.* Oxford 2008.

Walser, Charlotte: *Personen – Inwiefern wir sind, wofür wir uns halten.* Bern 2010.

Warwick, Kevin: Implications and consequences of robots with biological brains. In: *Ethics and Information Technology* 12/3 (2010), 223–234.

Wiegerling, Klaus: Zum Wandel des Verhältnisses von Leib und Lebenswelt in intelligenten Umgebungen. In: Peter Fischer/Andreas Luckner/Ulrike Ramming (Hg.): *Reflexion des Möglichen – Zu Christoph Hubigs Philosophie der Medialität.* Münster/Westf. 2012, 225–238.

Michael Decker

37 Schwangerschaftsabbruch

Bei einem Schwangerschaftsabbruch handelt es sich um eine künstlich herbeigeführte, frühzeitige Beendigung der Schwangerschaft. Nach Angaben des Statistischen Bundesamtes werden allein in Deutschland jährlich rund 100.000 Abtreibungen durchgeführt, allerdings mit abnehmender Tendenz. Über Schwangerschaftsabbrüche wird nicht nur in den Medien, der Politik und im hier dargestellten bioethischen Diskurs kontrovers diskutiert. Abtreibungen befeuern eine Debatte, die in den USA zur Waffengewalt geführt hat. Wenn es um die moralische Zulässigkeit von Schwangerschaftsabbrüchen geht, treffen unterschiedliche Überzeugungen aufeinander: Sog. ›Lebensschützer‹ propagieren ein uneingeschränktes Lebensrecht des ungeborenen Kindes (›pro life‹). Sie entstammen einem vergleichsweise konservativen Lager. Liberale Positionen kamen besonders mit der Bewegung für Frauenrechte in den 1970er Jahren auf und verweisen dagegen auf die reproduktive Autonomie der Schwangeren (›pro choice‹).

Behandelt man das Thema Abtreibung eingehender, gilt es grundsätzlich zwischen zwei – auch ethisch – unterschiedlichen Kategorien von Schwangerschaftsabbrüchen zu differenzieren: Beim Großteil der jährlich durchgeführten Abtreibungen handelt es sich um *nicht-selektive* Schwangerschaftsabbrüche. Hierbei soll die Geburt eines Kindes unabhängig von dessen spezifischen Eigenschaften verhindert werden. Im Fall der *selektiven Abtreibung* geht es hingegen um prinzipiell gewollte Schwangerschaften, die wegen eines spezifischen Merkmals des Embryos oder Fötus beendet werden. Dieser Form der Abtreibung geht eine pränataldiagnostische Untersuchung mit einem ›positiven‹ Befund wie z. B. eine Krankheit oder Behinderung voraus (s. Kap. III. 5). Pränataldiagnostische Tests sind zunehmend verfügbar und mittlerweile zum festen Bestandteil der Schwangerschaftsvorsorge geworden.

Da einige Untersuchungsergebnisse erst in einem späteren Stadium der Schwangerschaft vorliegen, kommt es in manchen Fällen nach einem positiven Befund zu sog. ›Spätabbrüchen‹ – Abtreibungen nach der 23. Schwangerschaftswoche, wenn das ungeborene Kind bereits *ex utero* lebensfähig wäre, wobei es allerdings unterschiedliche Definitionen gibt. Diese Spätabbrüche werden aufgrund des fortgeschrittenen Entwicklungsstadiums des ungeborenen Kindes von den betroffenen Frauen aber auch den behandelnden Ärzten als besonders belastend erfahren (Wewetzer/Wernstedt 2008).

Sowohl die Option für selektive als auch die für nicht-selektive Formen von Schwangerschaftsabbrüchen führen zu der ethisch schwierigen Abwägung zwischen dem Schutz des ungeborenen Lebens und der reproduktiven Autonomie der Mutter. Insbesondere das individualethische Problem der Gewichtung der Entscheidungskriterien bei selektiven Schwangerschaftsabbrüchen führt darüber hinaus zu der sozialethischen Frage, welche gesellschaftlichen Auswirkungen diese Form der Abtreibung von Föten mit spezifischen Behinderungen oder Krankheiten auf die Menschen hat, die von Geburt an mit diesen Merkmalen leben. Führt eine Praxis der selektiven Abtreibung zu Formen der Stigmatisierung und Diskriminierung in der Gesellschaft?

Die gesetzliche Regulierung

Die gesetzliche Regulierung von Schwangerschaftsabbrüchen erfolgt in Deutschland durch den Paragrafen 218 des Strafgesetzbuches. Dieser stellt Schwangerschaftsabbrüche unter Strafe, sieht aber zugleich einige Ausnahmen vor: Nach dem gegenwärtigen Recht sind Schwangerschaftsabbrüche innerhalb der ersten zwölf Schwangerschaftswochen zwar rechtswidrig, aber nach einer Pflichtberatung, die mindestens drei Tage vor dem Eingriff liegen muss, straffrei. Hierbei handelt es sich folglich um eine Fristenlösung gekoppelt mit einer Beratungspflicht.

Das Indikationsmodell sieht vor, dass Schwangerschaftsabbrüche beim Vorliegen einer medizinischen oder kriminologischen Indikation rechtmäßig sind. Eine medizinische Indikation ist dann gegeben, wenn es darum geht »eine Gefahr für das Leben oder die Gefahr einer schwerwiegenden Beeinträchtigung des körperlichen und seelischen Gesundheitszustandes der Schwangeren abzuwenden, und die Gefahr nicht auf andere für sie zumutbare Weise abgewendet werden kann« (§ 218a Abs. 2). Der Schwangerschaftsabbruch mit medizinischer Indikation ist bis zum Einsetzen der Geburtswehen rechtmäßig. Das bedeutet, dass die Entscheidung für einen selektiven Spätabbruch mit Bezug auf die psychische und körperliche Konstitution der Schwangeren begründet werden muss und nicht mit Verweis auf die Lebensqualität des zukünftigen Kindes. Die sog. ›embryopathische Indikation‹, welche demgegenüber auf das zukünftige Kind Bezug nahm, wurde 1995 gestrichen, da ihre diskriminierenden Implikationen kritisiert wurden.

Die kriminologische Indikation bildet eine weitere Ausnahme. Sie liegt dann vor, »wenn nach ärztlicher Erkenntnis an der Schwangeren eine rechtswidrige Tat« (§ 218a Abs. 3), d. h. eine Vergewaltigung, begangen wurde. In solchen Fällen ist eine Abtreibung innerhalb der ersten zwölf Wochen nach der Empfängnis rechtmäßig.

Darüber hinaus soll durch das »Gesetz zur Vermeidung und Bewältigung von Schwangerschaftskonflikten (Schwangerschaftskonfliktgesetz – SchKG)« Schwangeren, die sich in dem Konflikt sehen, eine ungewollte Schwangerschaft zuzulassen oder aber sich für einen Schwangerschaftsabbruch zu entscheiden, Hilfe angeboten werden. Hierbei soll sowohl die persönliche Situation der Schwangeren als auch der Schutz des ungeborenen Lebens berücksichtigt werden: »Die nach § 219 des Strafgesetzbuches notwendige Beratung ist ergebnisoffen zu führen. Sie geht von der Verantwortung der Frau aus. Die Beratung soll ermutigen und Verständnis wecken, nicht belehren oder bevormunden. Die Schwangerschaftskonfliktberatung dient dem Schutz des ungeborenen Lebens« (SchKG § 5).

Die aktuelle gesetzliche Regulierung, welche Schwangerschaftsabbrüche zwar für rechtswidrig, aber unter den genannten Umständen für straffrei erklärt, stellt insbesondere für Vertreter extremerer Positionen keinen zufriedenstellenden Kompromiss dar und so hält die Kontroverse über die Zulässigkeit von Schwangerschaftsabbrüchen an.

Zentrale Positionen in der ethischen Debatte

Den Kern der ethischen Diskussion um Abtreibung, insbesondere um nicht-selektive Schwangerschaftsabbrüche, bilden zwei zentrale Fragen. Erstens: Welcher moralische Status wird Ungeborenen zugestanden (s. Kap. III. 12)? Diese Frage beschäftigt sich mit den »grundsätzlichen moralischen Verpflichtungen, [die] wir gegenüber menschlichen Embryonen [und Föten] um ihrer selbst willen haben« (Schöne-Seifert 2007, 155). Und zweitens: Welche Position sollte die reproduktive Autonomie der Schwangeren bzw. des Paares gegenüber der Schutzwürdigkeit des ungeborenen Lebens einnehmen? Befürworter und Gegner von Schwangerschaftsabbrüchen nehmen in diesen Fragen unterschiedliche Gewichtungen vor. Dabei wird in der Diskussion klassischerweise zwischen drei paradigmatischen Positionen unterschieden (vgl. Steinbock 2008): Die *konservative Position* plädiert für das Primat des Rechts auf Leben des ungeborenen Kindes, während *liberale Positionen* sich für einen Vorrang der Autonomie aussprechen. *Moderate* Positionen bewegen sich zwischen den beiden extremen Polen und nehmen einen vermittelnden Standpunkt ein.

Vertreter von *konservativen Positionen* (Schockenhoff 2003), im anglo-amerikanischen Raum auch *Pro-Life*-Position genannt, gehen von einem vollen moralischen Status des Embryos oder Fötus aus. Folglich kommt ungeborenen Entitäten dieselbe Würde und Schutzwürdigkeit zu, wie bereits geborenen Menschen. Vertreter dieser Position plädieren für ein uneingeschränktes Lebensrecht von Embryonen und Föten und setzen damit einen Abbruch der Schwangerschaft mit der Tötung eines geborenen Menschen gleich. Das Recht auf Leben des ungeborenen Kindes wird somit höher gewichtet als das Recht der Schwangeren auf eine autonome Entscheidung in Fragen der Reproduktion. Die Konzeption, d. h. die Verschmelzung von Ei- und Samenzelle, gilt *Pro-Life*-Vertretern in diesem Zusammenhang als der entscheidende Zeitpunkt, von dem an menschlichen Wesen ein Recht auf Leben und damit eine absolute Schutzwürdigkeit zugesprochen wird. Ein mögliches Argument hierfür ist, dass es sich hierbei um den einzigen Zeitpunkt in der Embryonal- und Fetalentwicklung handelt, der nicht willkürlich gesetzt ist, da von der Konzeption an die volle genetische Ausstattung des zukünftigen Kindes vorhanden ist.

Häufig werden konservative Positionen religiös begründet, wie z. B. mit der Idee der Ebenbildlichkeit des Menschen zu Gott. Das Prinzip der Menschenwürde stellt für manche dabei eine säkularisierte Form dieses Arguments dar. Es werden insgesamt vier Argumente – einzeln oder in Kombination – für die Anerkennung des vollen moralischen Status ungeborener Entitäten vorgebracht, die sog. SKIP-Argumente (s. Kap. III. 12): Spezies-Argument, Kontinuums-Argument, Identitäts-Argument und Potentialitäts-Argument (vgl. Damschen/Schönecker 2003). Das Spezies-Argument basiert auf der Annahme, dass jedes Mitglied der Spezies Mensch schutzwürdig ist. Das Kontinuums-Argument beschreibt den Entwicklungsprozess eines Menschen als kontinuierlichen Prozess, bei dem sich keine moralisch relevanten Zäsuren ausmachen lassen, welche die Zuschreibung eines unterschiedlichen moralischen Status rechtfertigen könnten. Das Identitäts-Argument geht davon aus, dass zwischen Embryo bzw. Fötus und dem aus diesem hervorgehenden Menschen eine Identitätsbeziehung bestehe und sie deshalb auch moralisch gleich zu behandeln seien. Mit dem Potentialitäts-Argument wird auf das Potential der Zygote verwiesen, sich zu einem erwachsenen Menschen entwickeln zu können. Insbesondere das letzte Argument hat von verschiedenen Seiten Kritik erfahren. Beispielsweise sei unklar, warum ausgerechnet das Potential der Zygote ausschlaggebend für die moralische Schutzwürdigkeit sei und nicht das ihrer Komponenten.

Anhänger einer *liberalen Position*, des sog. *Pro-Choice*-Standpunktes (Hoerster 1991; Singer 1994), gehen davon aus, dass das ungeborene Leben nicht vom Zeitpunkt der Konzeption an einen vollen moralischen Status hat, sondern diesen erst zu einem deutlich späteren Entwicklungszeitpunkt erwirbt. Sie gewichten die Autonomie der Schwangeren höher als die Schutzwürdigkeit des ungeborenen Lebens, da diese nicht absolut ist. Vertreter der *Pro-Choice*-Position haben somit eine liberale Haltung zu Schwangerschaftsabbrüchen. Sie schreiben Lebewesen einen vollen moralischen Schutz erst dann zu, wenn diese spezifische Eigenschaften aufweisen. Folgende Fähigkeiten und Eigenschaften werden dabei u. a. für ausschlaggebend gehalten: Empfindungsfähigkeit, Selbstbewusstsein, Rationalität oder Handlungsfähigkeit. Radikal liberale Positionen werden z. B. von Präferenzutilitaristen wie etwa Peter Singer (1994) eingenommen. Dieser vertritt die These, dass subjektive Interessen für einen moralischen Status ausschlaggebend sind, welche wiederum eine grundsätzliche Empfindungsfähigkeit voraussetzen. Da Embryonen und Föten kein subjektives Interesse an ihrer eigenen Zukunft haben, sind nach Singer Verfahren wie der Schwangerschaftsabbruch zulässig. Er verbindet die Zuschreibung eines vollen moralischen Status mit dem Personenstatus (s. Kap. II. 21), welcher ein Recht auf Leben impliziert. Diesen Status haben Kinder, Erwachsene ohne kognitive Beeinträchtigungen und auch höher entwickelte Tiere wie Primaten.

Moderate Positionen (Boylan 2000; Siep 2004) gehen davon aus, dass der Schutz von ungeborenen Entitäten kontinuierlich zunimmt und nicht ab einem spezifischen Zeitpunkt abrupt zugeschrieben werden kann – das sog. gradualistische Argument. Dieser Ansatz der gestuften Schutzwürdigkeit gewichtet in den frühen Phasen der Schwangerschaft die Autonomie der Frau höher als das Lebensrecht des Ungeborenen. In den späteren Entwicklungsphasen erfolgt eine Verschiebung der Gewichtung: Das Lebensrecht des Ungeborenen hat Vorrang vor der Autonomie der Schwangeren. Damit ist die Frage nach dem moralischen Schutz von Embryonen und Föten »keine Frage eines ›alles oder nichts‹« (Ach 2012, 166). Moderate Ansätze nehmen eine mittlere Position zwischen den extremeren Standpunkten ein und entsprechen damit eher der allgemeinen Intuition hinsichtlich der Schutzwürdigkeit ungeborenen Lebens sowie der aktuellen gesetzlichen Regulierung. Unklar ist jedoch, wie die Gründe, die den Schutzanspruch in den spezifischen Stadien rechtfertigen, mit den Fähigkeiten, welche ungeborene Entitäten in den unterschiedlichen Phasen aufweisen, zusammenhängen, ohne dass diese Verbindung willkürlich werden würde.

Der genauere Blick auf die Kontroverse zwischen Befürwortern und Gegnern von Schwangerschaftsabbrüchen, zeigt, »dass noch nicht einmal über die angemessene Beschreibung des Konfliktes Einigkeit besteht« (ebd., 158). Vertreter einer konservativen Position deuten den Schwangerschaftskonflikt als interpersonellen Konflikt, d. h. als Konflikt, welcher sich zwischen zwei Lebewesen mit unterschiedlichen Interessen abspielt. Liberale vertreten hingegen häufig eine holistische Position: Sie sehen in Embryo und Schwangerer eine biologisch-psychosoziale Einheit und interpretieren den bestehenden Konflikt als intrapersonellen Konflikt (vgl. ebd., 159).

Besondere ethische Herausforderungen bei selektiven Schwangerschaftsabbrüchen

Wie bereits einleitend erwähnt, bilden spezifische unerwünschte Merkmale des zukünftigen Kindes den ausschlaggebenden Grund für eine Abtreibung im Fall von selektiven Schwangerschaftsabbrüchen. Gemeinhin handelt es sich bei den unerwünschten Merkmalen um Krankheiten oder Behinderungen, die mittels einer pränatal diagnostischen Untersuchung erkannt wurden. In Ländern wie z. B. China und Indien werden auch auf das Geschlecht bezogene, selektive Abtreibungen praktiziert, um die Geburt von weiblichen Säuglingen zu verhindern. Selektive Abtreibungen, die vorgenommen werden, um Krankheit und Behinderung zu verhindern, sind im europäischen Raum die verbreiteteste Form von selektiven Abtreibungen. Ein Großteil der Argumente in der Diskussion um selektive Schwangerschaftsabbrüche lässt sich auch in der aktuellen Debatte um das Verfahren der Präimplantationsdiagnostik (s. Kap. III. 5) wiederfinden, da dieses auch mit der Selektion und der Verwerfung von ungeborenen menschlichem Leben einhergeht.

Allgemein gesprochen, wirft das Problem der ethischen Zulässigkeit von selektiven Schwangerschaftsabbrüchen zwei unterschiedliche Fragenkomplexe auf: erstens die bereits thematisierte Frage nach der grundsätzlichen Legitimität von Schwangerschaftsabbrüchen vor dem Hintergrund der Abwägung zwischen Schutz des ungeborenem Lebens und reproduktiver Autonomie, und zweitens die Frage nach der Zulässigkeit einer Selektion gegen Behinderung und Krankheit. Da die Positionen rund um den ersten Fragenkomplex bereits kurz beleuchtet wurden, stehen nun die Argumente um den zweiten Fragenkomplex – den selektiven Aspekt – im Vordergrund. Diese Argumente werden überwiegend – allerdings im Fall der Contra-Argumente nicht ausschließlich – von Vertretern einer *Pro-Choice*-Position angeführt, die grundsätzlich eine liberale Haltung gegenüber Schwangerschaftsabbrüchen einnehmen.

In der Diskussion kommt insbesondere drei Argumenten eine zentrale Stellung zu: Der Verweis auf das Wohl zukünftiger Kinder, das Expressions- und Kränkungs-Argument und Argumente der schiefen Ebene.

Neben der reproduktiven Autonomie wird auf das *Wohl zukünftiger Kinder* als Argument für selektive Aborte verwiesen. Konstatiert wird, dass Menschen mit schweren Krankheiten oder Behinderungen in vielen Fällen ein kurzes Leben mit viel Leid hätten und, dass selektive Abtreibungen dieses Leid verhindern könnten. Kranke oder behinderte Menschen hätten in vielen Fällen häufiger starke Schmerzen, lange Aufenthalte in Krankenhäusern und größere Schwierigkeiten im Alltag (vgl. Glover 2006, 1). Die Grundannahme ist hierbei, dass es besser sei, Kinder auf die Welt zu bringen, die hohe Chancen haben, viel Wohlergehen zu erfahren, als Kinder zu bekommen, die mit großer Wahrscheinlichkeit ein kurzes und leidvolles Leben führen würden. Kritiker dieser Argumentationsfigur merken an, dass insbesondere das durch Krankheit oder Behinderung erfahrene Leid und die damit einhergehende Beeinträchtigung des Wohls subjektive Größen seien, die von ›außen‹ nicht beurteilt bzw. antizipiert werden könnten. Gerade im Bereich von Krankheit und Behinderung divergierten die Einschätzungen von Nicht-Betroffenen und die Selbsteinschätzung stark.

In der aktuellen Debatte gibt es Stimmen, die sich grundsätzlich der *Pro-Choice*-Position zuordnen lassen und daher Abtreibungen nicht kategorisch ablehnen, sondern dieses nur im Fall von selektiven Schwangerschaftsabbrüchen tun. Vertreter der Behindertenbewegung wie z. B. Adrienne Asch (2003) verweisen auf die Folgen selektiver Abtreibungen für Menschen, die mit der in Frage stehenden Krankheit oder Behinderung leben. In diesem Zusammenhang ist zwischen dem sog. *Expressions-Argument* und dem *Kränkungs-Argument* zu unterscheiden (vgl. Birnbacher 2006).

Das *Expressions-Argument* umfasst den Vorwurf, dass selektive Schwangerschaftsabbrüche mit einer Abwertung der Menschen einhergehen, die mit der spezifischen Behinderung oder Erkrankung leben, gegen die selektiert wird. Argumentiert wird, dass die Entscheidung für die Abtreibung aufgrund eines spezifischen Merkmals des ungeborenen Kindes impliziere, dass das Leben der Menschen unwert sei, die Träger dieses Merkmals sind. Kritiker des Expressions-Arguments wenden hingegen ein, dass man zwischen der Einstellung zu einer Person und der Haltung zu einem Merkmal – im gegebenen Fall die Behinderung oder Krankheit – differenzieren sollte. Die Tatsache, dass Eltern sich für ein Kind entscheiden, das nicht von einer Behinderung betroffen ist, impliziere in keiner Weise, dass sie eine negative Einstellung oder abwertende Haltung gegenüber den Menschen haben, welche mit der spezifischen Behinderung leben. Somit stehe eine selektive Abtreibung nicht notwendigerweise mit einem Urteil über den Lebenswert all jener Menschen, die Träger des spezifischen Merkmals sind, in Verbindung. Im Vordergrund stehe hingegen der Wunsch der Eltern nach einem gesunden Kind.

Das *Kränkungs-Argument* konzentriert sich auf die Gefühle der Personen, die mit dem in Frage stehenden Merkmal leben, und bildet damit das »empirisch-folgen-orientierte Pendant zum Expressionsargument« (ebd., 330). Im Vordergrund steht das Kränkungspotential der Selektion. Es geht um Ängste und Kränkungen behinderter und kranker Menschen, die eine verbreitete Anwendung selektiver Schwangerschaftsabbrüche hervorrufen könnte. Die eigentlichen Intentionen der Eltern, die sich für eine selektive Abtreibung entscheiden, spielen bei diesem Argument keine Rolle. Insbesondere Spätabtreibungen haben ein vergleichsweise hohes Kränkungspotential, da sich der selektive Eingriff auf einen bereits lebensfähigen Fötus bezieht. Die grundsätzliche Tragweite des Kränkungs-Argumentes kann nur mit Hilfe von empirischen Indikatoren zu Kränkungen und Verunsicherungen der Merkmalsträger ermittelt werden.

Eine weitere Sorge von Kritikern selektiver Schwangerschaftsabbrüche besteht darin, dass die verbreitete Anwendung dieses Verfahrens einen ersten Schritt auf einer ›schiefen Ebene‹ (*slippery slope*) darstellen könne, die unausweichlich zu einer ethisch inakzeptablen Anwendung der Methode führe (s. Kap. II. 1; Guckes 1997). So könne es durch die zunehmende Verfügbarkeit und Verbreitung von pränatalen Untersuchungen und selektiven Abbrüchen zu einer schleichenden Ausweitung der Indikationsstellung kommen, die selektive Abtreibungen in immer mehr Fällen und für immer mehr Merkmale für zulässig erklärt. Befürchtet werden ›vorgeburtliche Qualitätskontrollen‹ und der wachsende Druck auf werdende Mütter, diese in Anspruch nehmen zu müssen. Selektive Abtreibungen würden einer Eugenik, wie es sie zu Zeiten des Nationalsozialismus gegeben hat, Tür und Tor öffnen und schließlich das Lebensrecht von behinderten und kranken Menschen in Frage stellen.

Die Überzeugungskraft von Argumenten solcher Art hängt offenkundig davon ab, für wie wahrscheinlich man den Eintritt der prognostizierten Folgen tatsächlich hält.

Aktuelle Forschungsfragen

Mit Blick in die Zukunft wird die Frage nach dem moralischen Status ungeborenen Lebens vermutlich stets unterschiedliche Reaktionen provozieren. Damit wird auch die Problematik einer angemessenen Gewichtung der reproduktiven Autonomie der Schwangeren gegenüber der Schutzwürdigkeit des ungeborenen Lebens ein Streitpunkt bleiben. Auch wenn man dem ungeborenen Leben keinen vollen moralischen Schutz zuspricht und damit eine eher liberale Haltung in Bezug auf Schwangerschaftsabbrüche einnimmt, bleibt dennoch, wie gezeigt wurde, die Frage nach der moralischen Legitimität von selektiven Schwangerschaftsabbrüchen. Wie der kürzlich in Deutschland eingeführte ›Praena-Test‹ – ein nicht-invasiver pränataler Test zur Feststellung einer Trisomie 21 – verdeutlicht, werden unterschiedliche niedrigschwellige diagnostische Verfahren zunehmend verfügbar sein. Diese werden sich möglicherweise schnell zum festen Bestandteil der Schwangerschaftsvorsorge etablieren und damit eine wachsende Anzahl von Schwangeren mit der Frage nach einer selektiven Abtreibung konfrontieren. Entwicklungen solcher Art erfordern verstärkt eine Orientierungshilfe durch die Ethik und einen besonders behutsamen Umgang mit potentiellen sozialen Gefahren wie z. B. die Diskriminierung geborener Merkmalsträger.

Dennoch dürfen auch nicht die Vorteile der zur Diskussion stehenden Verfahren außer Acht gelassen werden, wie z. B. eine erweiterte reproduktive Autonomie seitens der Eltern oder die Verhinderung von schwerem Leid zukünftiger Kinder.

Literatur

Ach, Johann S.: Schwangerschaftsabbruch. Einführung. In: Urban Wiesing (Hg.): *Ethik in der Medizin. Ein Studienbuch.* Stuttgart ⁴2012, 157–167.
Asch, Adrienne: Disability equality and prenatal testing: contradictory or compatible? (Symposium, Genes and Disability: Defining Health and the Goals of Medicine). In: *Florida State University Law Review* 30 (2003), 315–341.
Birnbacher, Dieter: Selektion von Nachkommen. In: Ders.: *Bioethik zwischen Natur und Interesse.* Frankfurt a. M. 2006, 315–335.
Boylan, Michael: The abortion debate in the twenty-first century. In: Ders. (Hg.): *Medical Ethics.* Upper Saddle River 2000, 289–305.
Damschen, Gregor/Schönecker, Dieter: *Der moralische Status menschlicher Embryonen. Pro und contra Spezies-, Kontinuums, Identitäts- und Potentialitätsargument.* Berlin 2003.
Glover, Jonathan: *Choosing Children. Genes, Disability and Design.* Oxford 2006.
Guckes, Barbara: *Das Argument der schiefen Ebene. Schwangerschaftsabbruch, die Tötung Neugeborener und Sterbehilfe in der medizinethischen Diskussion.* Stuttgart 1997.
Hoerster, Norbert: *Abtreibung im säkularen Staat.* Frankfurt a. M. 1991.
Schockenhoff, Eberhard: Pro Spezies-Argument: Zum moralischen und ontologischen Status des Embryos. In: Damschen/ Schönecker 2003, 11–33.
Schöne-Seifert, Bettina: *Grundlagen der Medizinethik.* Stuttgart 2007.
Siep, Ludwig: *Konkrete Ethik. Grundlagen der Natur- und Kulturethik.* Frankfurt a. M. 2004.
Singer, Peter: *Praktische Ethik.* Stuttgart ²1994 (engl. 1979).
Steinbock, Bonnie: Abortion. In: Mary Crowley (Hg.): *From Birth to Death and Bench to Clinic. The Hastings Center Bioethics Briefing Book for Journalists, Policymakers, and Campaigns.* Garrison, NY 2008, 1–4.
Wewetzer, Christa/Wernstedt, Thela (Hg.): *Spätabbruch der Schwangerschaft. Praktische, ethische und rechtliche Aspekte eines moralischen Konflikts.* Frankfurt a. M. 2008.

Barbara Stroop

38 Sexualität

Der Begriff ›Sexualität‹ – abgeleitet vom lateinischen Wort *sexus*: Geschlecht – bezeichnet Wünsche, mentale Vorstellungen, Empfindungen und Handlungen des Menschen, welche der leiblichen Befriedigung und erotischen Lust dienen. Dabei ist ›Sexualität‹ ein so umfassender Begriff, dass es theoretisch strittig ist, ob zu der Definition zwingend körperliche Interaktion mit anderen Menschen oder der Umwelt gehört, sie rein mental erfolgen kann oder nur moralisch akzeptierte Handlungen beinhaltet (Christina 1997; Soble/Power 2007). Die ethische Auseinandersetzung ist äußerst interdisziplinär und bedarf gezielter Rückgriffe auf Psychologie, Medizin, Biologie, Kulturgeschichte, Religion und Philosophie.

Sexualität wird spätestens seit Sigmund Freuds Triebtheorie (Freud 1994) als eine wesentliche anthropologische Eigenschaft verstanden, mit jedoch enorm individueller Variabilität in Bedürfnis und Ausleben. Neben der wichtigen Rolle, die das Sexualitätserleben laut Psychoanalyse für die Entwicklung der eigenen Identität hat, gilt Sexualität nach der sog. Sublimierungsthese Freuds (ebd.) auch als wichtige Quelle für Kreativität des Menschen und für dessen kulturschaffende Impulse überhaupt. Ihre zentrale Rolle für das menschliche Selbstverständnis und die soziale Interaktion manifestiert sich z. B. an der Relevanz von Kontrolle und Interpretation von Sexualität für alle Kulturen. Im sozialen Zusammenleben kommt Sexualität und der mit ihr verbundenen Intimität für Aufbau und Bestehen geglückter Partnerschaften eine wichtige Bindungs- und Vertrauensrolle zu. Neuere evolutionsbiologische Ansätze sprechen von Sexualität auch als eine Form der Kommunikation. In diesem Sinne werden Rückschlüsse vom sexuellen Verhalten bei Tieren auf den Menschen gezogen, allerdings umfasst nur menschliche Sexualität die o. g. weitere Definition, welche auch Wünschen, Empfindungen und komplexere Handlungen umfasst.

Mit sexueller Orientierung wird das auf bestimmte Personen (s. Kap. II.21) gerichtete sexuelle Interesse beschrieben, das über die jeweilige Geschlechtsidentität (s. Kap. III.15) definiert wird. Dabei lässt sich heterosexuelle, d. h. zwischen unterschiedlichen Geschlechtern, homosexuelle, d. h. gleichgeschlechtlich, bisexuelle, d. h. verschiedene Formen der sexuellen Partnerschaft umfassend, und asexuelle Orientierung unterscheiden. Asexualität meint ein, evtl. nur auf Lebensphasen begrenztes,

Desinteresse an sexuellen Aktivitäten. Sie ist von moralisch geforderter Keuschheit, wie sie z. B. in vielen religiösen Kontexten praktiziert wird, zu unterscheiden. Dass zum empirisch fundierten Verständnis menschlicher Sexualität eine breite Variabilität sexueller Orientierungen und Handlungen gehört, wurde u. a. durch die sozialempirischen Studien des US-amerikanischen Sexualforschers Alfred Kinsey in den 1950er Jahren deutlich und ist später von Vertreter/innen der sexuellen Revolution verteidigt worden. Die Popularität von Kinseys Studien auch in Deutschland wurde u. a. von dem Soziologen Helmut Schelsky (1955) als schädliche Einebnung des Unterschieds zwischen Norm und Faktizität im Geschlechtsverhalten kritisiert, wobei er an einer sozialen Ablehnung der Homosexualität, da sie abnormal sei, festhielt.

Die Diskussion um ›Natürlichkeit‹ spielt in vielen moralischen Theorien zur Sexualität weiterhin eine wichtige, wenngleich kontroverse Rolle (s. Kap. II. 19). Dies umfasst die Debatte darüber, welche sozial-empirischen oder biologischen Untersuchungen tatsächlich Evidenzen für biologisch fundierte oder normale, i. S. v. häufiger, Sexualität bieten, sowie die Diskussion um soziale Konstruktion jeglicher Sexualität bis hin zum Sein-Sollens-Fehlschluss. Judeo-christlich-islamische und klassische säkulare kulturphilosophische Theorien gehen von der These von der untrennbaren Verknüpfung von Sexualität und Fortpflanzung sowie der Liebe bzw. deren Institutionalisierung in der Ehe als moralische Voraussetzung für Sexualität aus. Hier werden naturphilosophische oder, ab dem 20. Jahrhundert, evolutionsbiologische Argumente vorgebracht, um Sexualität auf die Funktion von Trieb und Motivation zur Sicherstellung reproduktiven Verhaltens festzulegen. Entsprechend wird nur in reproduktionsorientierter Sexualität moralisch legitimes Verhalten gesehen. Andere Gründe, z. B. reine Lustbefriedigung, oder Orientierungen, z. B. Homo- oder Bisexualität, werden als widernatürlich und unmoralisch abgelehnt. Trotz säkularer und liberaler Kritik sind solche Sichtweisen auch in pluralen Gesellschaften noch weit verbreitet.

Dass diese divergenten Sichtweisen durchaus diffizile medizinethische Fragen aufwerfen, zeigt sich an der in den letzten Jahren eingeführten Medizinpraxis der Rekonstruktion zerstörter Hymen bei Frauen in streng religiösen Lebensgemeinschaften vor deren Eheschließung. Ziel ist es, den Anschein von Jungfräulichkeit zu wahren. Aus ethischer Sicht stellen sich dabei Fragen der medizinischen ›Komplizenschaft‹ mit solchen traditionalistischen Vorstellungen oder nach dem Respekt vor kultureller Differenz.

Während in religiösen und traditionellen Vorstellungen die Sexualmoral zum Kernbereich von Moralität gehört, zeichnen sich liberale, moderne Ethiken meist dadurch aus, dass sie gerade Sexualität als moralfreien Gegenstand definieren oder zumindest ein wesentlich breiteres Spektrum an sexuellen Orientierungen und Handlungen als moralisch legitim betrachten. Die gesamtgesellschaftliche Akzeptanz einer Bandbreite sexuellen Verhaltens hat dabei seit der zweiten Hälfte des 20. Jahrhunderts zugenommen. Die liberale Sichtweise wurde durch die sog. ›sexuelle Revolution‹ der 1968er Jahre populär, wobei der Begriff selbst bereits von dem Psychologen Wilhelm Reich in den 1930er Jahren geprägt wurde. Diese Bewegung stand einerseits im Zeichen allgemeiner Liberalisierung und Enttabuisierung, wurde andererseits aber auch praktisch durch die Entwicklung und Verbreitung von Verhütungsmitteln wie der Antibabypille und damit der faktischen Möglichkeit zur Entkopplung von Sexualität und Reproduktion begünstigt (s. Kap. III. 5). Sie zeichnete sich nicht nur durch größere und in der individuellen Entwicklung frühere sexuelle Experimentierfreudigkeit aus, sondern v. a. durch die grundsätzlich positive Bewertung von Sexualität. Dies stand im Gegensatz zu vorigen Generationen, die v. a. Schuldbewusstsein mit ihr assoziierten (Sigusch 2005). Laut Volkmar Sigusch besteht zu Beginn des 21. Jahrhunderts wieder ein Trend in Richtung konservativer Wertvorstellung bezüglich Partnerschaft, aber auch eine Banalisierung der Sexualität mit gleichzeitiger Entwicklung von sog. Neosexualitäten. Als Ursachen werden für Ersteres die ökonomische Krise und AIDS und für Zweiteres die Medialisierung von Körpern und Sexualität gesehen.

Die zahlreichen bioethischen Themen zur Sexualität lassen sich weitgehend den folgenden drei Bereichen zuordnen.

Sexualität, Autonomie und Freiwilligkeit

Aus angewandt-ethischer Sicht existiert ein zentrales Problem im Verhältnis von Sexualität zur eigenen Autonomie sowie zur Freiwilligkeit und Autonomie des Gegenübers. Seit Platon ziehen sich zwei Diskussionsebenen durch die abendländische Philosophie: Erstens geht es um das grundlegendes Verhältnis zwischen sexuellem Begehren und sexuell-körperlichen Handlungen zur eigenen Vernunftfähigkeit und Autonomie, und zweitens darum, wie sexuelles Begehren und sexuelles Verhalten sich auf die moralische Rücksicht gegenüber anderen Personen auswirkt. Das Spektrum an Antworten auf die erste Frage ist, wie David West (2005) in philosophiegeschichtlicher Analyse aufzeigte, sehr vielfältig: Es reicht von eher platonischen Konzepten asketischer Vernunft und damit moralischer Verdammung der Sexualität über die Humanisierung des Eros und radikal libertärer Einstellungen in der Aufklärung (insbesondere bei Marquis de Sade) bis zur anthropologischen und phänomenologischen Integration der Sexualität als Teil der menschlichen Vernunft- und Handlungsfähigkeit.

Auf die zweite Frage wird insbesondere im Anschluss an die Kantsche Tradition im philosophischen Feminismus zwischen Verdinglichung und Instrumentalisierung durch sexuelle Akte und während ihnen unterschieden (Nussbaum 2002). Laut Immanuel Kant (1924) liegt in der reinen ›Geschlechtsneigung‹ eine Erniedrigung des Gegenübers vor, weil dieses auf einen Gegenstand zur Befriedigung des eigenen sexuellen ›Appetits‹ reduziert wird. Diese unmoralische Instrumentalisierung ließe sich nur durch den Kontext der Ehe und damit der wechselseitigen Anerkennung von Rechten und Verpflichtungen rechtfertigen. Wie Martha Nussbaum herausstellt (Nussbaum 2002), geht Kant von einer mit Sexualität prinzipiell verbundenen Missachtung der Persönlichkeit des Gegenübers aus. Dies wird in neueren philosophischen Theorien kaum noch angenommen. Vielmehr erfolgt die Missachtung im Kontext von Sexualität ausschließlich über existierende soziale Hierarchien, z. B. gerade zwischen den Geschlechtern. Daher bedarf es aus ethischer Sicht der Reflexion der jeweiligen Machtverhältnisse. Allerdings besteht laut Nussbaum weiterhin die Frage, ob im Kontext erlebter Sexualität eine Form der Verdinglichung unvermeidbar sei, wie sie z. B. mit Passivität, Verlust von Selbstkontrolle, starker Emotionalität und damit Irrationalität assoziiert werden kann. Besonders in phänomenologischer Hinsicht sind Erfahrungen zumindest kurzzeitiger Selbst- oder auch Fremdverdinglichung in Verbindung mit Sexualität beschrieben worden. Daher sei eine kontextuelle Verdinglichung, bei der der Sexualpartner situationsbedingt als handlungsunfähig, entpersonalisiert oder passiv betrachtet wird, dann moralisch akzeptabel, wenn sie in grundsätzlicher gegenseitiger Übereinkunft zwischen den Sexualpartnern geschieht (O'Neill 1985).

Prostitution und Pornographie würden nach Nussbaum (2002) jedoch zu Recht dann als diskriminierend, weil instrumentalisierend kritisiert, wenn, z. B. Frauen dauerhaft ihre Autonomie in Abrede gestellt und eine soziale Praxis frauenfeindlicher Sichtweisen verstärkt würde. Neuere Forschungen zur sozialen Handlungsfähigkeit und praktischen Selbstbestimmung von Sexarbeiter/innen stellen diese grundsätzliche Einschätzung dort in Frage, wo Zwang oder Missbrauch ausgeschlossen werden können. Eine eindeutige moralische Verurteilung erfolgt hingegen bei Vergewaltigung und sexuellem Missbrauch, da hier explizit Zwang und Gewalt angewendet werden.

Die Frage von Autonomie und Selbstbestimmung wird insbesondere im Kontext pädosexueller Handlungen kontrovers debattiert. Als pädosexuell werden diejenigen Menschen bezeichnet, die sexuell mit Minderjährigen interagieren. Der etwas ältere Begriff der ›Pädophilie‹ wird von den – inzwischen erwachsenen – ›Kinder‹-Betroffenen als verharmlosend abgelehnt. Die moralische und rechtliche Verurteilung der Pädosexualität besteht in vielen Kulturen und Rechtssystemen, allerdings in kulturell variabler Hinsicht, ab wann ein Kind als ›alt‹ genug für seine sexuelle Selbstbestimmung betrachtet wird. Die ethische Herausforderung besteht im jeweiligen Autonomiebegriff bzw. der Definition von Selbstbestimmungsrechten bei Kindern. Daher werden in der ethisch-rechtlichen Argumentation auch weitere ethische Prinzipien für die Bewertung herangezogen. Vulnerabilität, Abhängigkeit sowie langfristige Schäden in der psychologischen Entwicklung der Kinder können das entsprechende Schutzgebot begründen (Oehmichen 2004). Lange dominierten in der öffentlichen Debatte Fragen der moralischen und juristischen Bestrafung, wohingegen neuerdings die Früherkennung von sozial nicht zu tolerierenden sexuellen Neigungen mittels neurobiologischer oder genetischer Prädiktoren anvisiert wird. Dabei stellen sich u. a. ethische Fragen hinsichtlich der Zuverlässigkeit solcher prädiktiver Methoden und der therapeutischen und sozialen Implikationen, deren bioethische Beforschung noch weitgehend aussteht.

Sexualität, Pathologisierung und Diskriminierung

Bioethisch ist die umfangreiche Geschichte der Medikalisierung und Pathologisierung bestimmter Sexualitäten von besonderer Bedeutung. Michel Foucault (1983) hat insbesondere die mit dem Aufkommen der Humanwissenschaften verbundenen Methoden der Vermessung und Klassifizierung von Sexualität und einhergehenden Machtmechanismen hervorgehoben. Anstelle einer oft unterstellten Unterdrückung von Sexualität werde mittels wissenschaftlicher und klinischer Methoden der Klassifizierung und Therapie, inkl. der Psychoanalyse, Sexualität diskursiviert und immer neue ›Perversionen‹ aufgespürt, als Normabweichung definiert und zum Gegenstand sozialer Kontrolle gemacht.

Medizingeschichtlich zählen hierzu viele Beispiele wie: Onanie, Frigidität, Hysterie, Exhibitionismus, Sodomie oder Sado-Masochismus. Aufgrund der umfänglichen sozialen, politischen und rechtlichen Implikationen soll exemplarisch die Pathologisierung von Homosexualität angeführt werden. Diese wurde an der Wende zum 20. Jahrhundert von deutschen Psychiatern wie Richard von Krafft-Ebing und Magnus Hirschfeld und dem amerikanischen Sexualforscher Ellis Havelock erfolgreich eingeleitet. Sie wird in der Geschichte der Homosexualität durchaus ambivalent bewertet, da sie einerseits mit einer Entkriminalisierung einhergeht, zugleich aber zu neuen Formen der Stigmatisierung von Betroffenen führte und diese einer Vielzahl von chirurgischen, pharmakologischen oder verhaltenstherapeutischen Maßnahmen aussetzte (Bland/Doan 1998). Wie die US-amerikanische politische Geschichte zeigte, wurde soziale und politische Anerkennung von Homosexualität erst in den 1980er und 90er Jahren durch ökonomische Integration und Assimilation in den bürgerlichen Mainstream möglich (Seidmann/Meeks 2008). Dieser Prozess wirft, ähnlich wie die Multikulturalismusdebatte, ethische Fragen nach Akzeptanz von Differenz auf.

Der Konnex von Homosexualität und der HIV/AIDS-Epidemie kann als paradigmatische Fallstudie der Public Health-Ethik betrachtet werden (s. Kap. III. 21). Durch die HIV-Epidemie in den 1980er Jahren wurde deutlich, dass sexuelle Revolution und Liberalisierung noch lange nicht zur breiten gesellschaftlichen Akzeptanz von Homosexualität geführt hatten. Konservative Politiker und Kirchenvertreter nutzten die HIV-Epidemie als Legitimierung für soziale Ausgrenzung und Diffamierung von homosexuellen Personen z. B. am Arbeitsplatz und zur problematischen Unterscheidung von ›unschuldigen‹ und ›selbstverschuldeten‹ Kranken (Murphy 1994). Zugleich war die sozialpolitische Bereitschaft gering, finanzielle und soziale Ressourcen zur therapeutischen und pflegerischen Versorgung der Patienten aufzuwenden. Erst die in der Patientengeschichte bis dahin einmalige politische Mobilisierung durch AIDS- und Homosexuellenaktivisten führte schließlich zu einem Wandel in sozialer und medizinischer Hinsicht. Betroffene initiierten eine enge wissenschaftliche Koalition mit Forschern, die letztlich zu einem ersten erfolgreichen Ansatz der HIV-Therapie führte (Epstein 1996). Der ›AIDS‹-Fall zeigt somit auch, dass gesundheitspolitische Paradigmen der Versorgung und Verteilung äußerst anfällig für soziale Ungleichheit und soziale Diskriminierung sind, gerade entlang von Gender (s. Kap. III. 15) und sexueller Orientierung, aber natürlich auch anderer sozialer Kategorien wie Alter, Ethnizität oder soziale Klasse.

Sexualität, Medizin und Fragen des Guten Lebens

Mit der oft vorausgesetzten grundlegenden anthropologischen Bedeutung von Sexualität stellen sich im Zuge neuer Möglichkeiten durch Implantate, Enhancement oder Pharmakologie auch wichtige Fragen nach dem Guten Leben. Wie wichtig ist sexuelle Erfüllung im Leben und inwiefern kann bzw. muss Medizin dazu beitragen? Hierzu gehören ethische Fragen nach der Rechtfertigung der Behandlung von Sexualitätsfunktionsstörungen, z. B. einer alterskorrelierten erektilen Dysfunktion durch Viagra (Werner 2002; Sigusch 2007), deren Krankheitswert, den Implikationen für ein solidarfinanziertes Gesundheitswesen sowie der Rolle von Erwartungen und Standards sexueller Funktionsfähigkeit.

Zusammenfassend lässt sich festhalten, dass Sexualität ein normativ höchst aufgeladener Begriff ist, der auch als ›moralisch dichter‹ Begriff fungiert. Durch die meist impliziten Annahmen darüber, welche Formen von Sexualität als gesund und normal gelten, werden weitreichende Bewertungen vorgenommen, die es kritisch zu reflektieren gilt. In liberalen säkularen Kontexten nehmen Medizin und Naturwissenschaften eine zentrale Rolle bei der Bewertung von sexuellem Verhalten ein, die in religiösen und traditionellen Gemeinschaften explizit moralisch formuliert und begründet wird.

Literatur

Bland, Lucy/Doan, Laura (Hg.): *Sexology in Culture: Labelling Bodies and Desires.* Chicago 1998.
Carse, Alisa L.: Pornographie und Bürgerrechte. In: Philipp Balzer/Klaus-Peter Rippe (Hg.) *Philosophie und Sex. Zeitgenössische Beiträge.* München 2000, 167–209.
Christina, Greta: Are we having sex now or what? In: Alan Soble/Nicholas Power (Hg.): *The Philosophy of Sex. Contemporary Readings.* Maryland ³1997, 2–8.
Epstein, Steven: *Impure Science; AIDS, Activism, and the Politics of Knowledge.* Berkeley 1996.
Foucault, Michel: *Der Wille zum Wissen. Sexualität und Wahrheit,* Bd. 1. Frankfurt a. M. 1983.
Freud, Sigmund: *Das Unbehagen in der Kultur und andere kulturtheoretische Schriften.* Frankfurt a. M. 1994.
Kant, Immanuel: *Eine Vorlesung über Ethik.* Berlin 1924.
Kinsey, Alfred: *Das sexuelle Verhalten des Mannes.* Frankfurt a. M. 1966.
–: *Das sexuelle Verhalten der Frau.* Frankfurt a. M. 1964.
Murphy, Timothy: *Ethics in an Epidemic: AIDS, Morality, and Culture.* Berkeley 1994.
Nussbaum, Martha C.: Verdinglichung. In: *Konstruktion der Liebe, des Begehrens und der Fürsorge. Drei philosophische Aufsätze.* Stuttgart 2002, 90–162.
Oehmichen, Martin: *Gewalt gegen Frauen und Kinder. Bestandsaufnahme – Diagnose – Prävention.* Lübeck 2004.
O'Neill, Onora: Between consenting adults. In: *Philosophy and Public Affairs* 14/3 (1985), 252–277.
Schelsky, Helmut: *Soziologie der Sexualität.* Hamburg 1955.
Seidmann, Steven/Meeks, Chet: Politik der Befreiung, Kulturen der Anpassung: Die Suche nach Authentizität in der amerikanischen Homosexuellenbewegung. In: Nico Pethes/Silke Schicktanz: *Sexualität als Experiment.* Frankfurt a. M./New York 2008, 91–112.
Sigusch, Volkmar: *Neosexualitäten. Über den kulturellen Wandel von Liebe und Perversion.* Frankfurt a. M./New York 2005.
– (Hg.): *Sexuelle Störungen und ihre Behandlung.* Stuttgart/New York ⁴2007.
Soble, Alan/Power, Nicholas (Hg.): *The Philosophy of Sex. Contemporary Readings.* Maryland ⁵2007.
Werner, Micha: Viagra – rechtliche und ethische Fragen. In: *Ärzteblatt Baden-Württemberg* (Sonderseiten Ethik in der Medizin) 81/10 (2002), 1–4.
West, David: *Reason and Sexuality in Western Thought.* London 2005.

Silke Schicktanz

39 Stammzellen

Medizinischer Sachstand

Stammzellen sind eine besondere Art von Zellen im Organismus höherer Lebewesen. Sie sind nicht nur in der Lage, sich zu teilen und zu vermehren, sondern können sich auch in Zellen verschiedener Art differenzieren. So hat der Mensch in vielen Organen seines Körpers Stammzellen, die sich in die unterschiedlichen Zelltypen dieses Organs oder eines bestimmten Gewebes differenzieren können. Die größten Fähigkeiten der Vermehrung und Differenzierung besitzen Zellen des frühen, etwa 5 Tage alten Embryos (Blastozyste), aus denen alle Organe und Gewebearten des menschlichen Körpers heranwachsen. Diese Fähigkeiten gehen im Verlauf der embryonalen Entwicklung zunehmend verloren. Sie lassen sich heute aber weitgehend durch Eingriffe in das Genom von bereits ›spezialisierten‹ Zellen des menschlichen Körpers wieder herstellen (vgl. Ishii et al. 2013; Pai-Jiun et al. 2012). Man kann sie sozusagen auf die ursprünglichen Fähigkeiten ›zurückprogrammieren‹ und erhält sog. induziert pluripotente Stammzellen. Für die Erforschung dieses Verfahrens hat Shinya Yamanaka im Jahr 2012 den Nobelpreis für Medizin verliehen bekommen.

Je nach den Fähigkeiten von Zellen, sich in unterschiedliche Zelltypen zu differenzieren, unterscheidet man zwischen Multipotenz, Pluripotenz und Totipotenz (vgl. Heinemann/Kersten 2007, Pai-Jiun et al. 2012). ›Totipotenz‹, d. h. die Fähigkeit, sich im Mutterleib zu einem vollständigen menschlichen Individuum zu entwickeln, besitzen nur die befruchtete Eizelle und Blastomeren bis zum 4-Zellstadium. Embryonale Stammzellen (hESC=human embryonic stem-cells), die aus der inneren Zellmasse einer Blastozyste stammen, d. h. eines Embryos im Stadium von etwa hundert Zellen, sind nicht totipotent, sondern pluripotent, d. h. fähig, sich in alle Körperzellen sowie in Keimzellen zu differenzieren. ›Pluripotenz‹ besitzen auch die reprogrammierten oder induziert pluripotenten Zellen (hiPSC=human induced pluripotent stem-cells). Mit ›Multipotenz‹ bezeichnet man die Fähigkeit, sich zu verschiedenen Zelltypen eines bestimmten Organs oder Gewebes zu entwickeln. Dazu sind auch einige Zellen des entwickelten menschlichen Körpers, nämlich ›adulte‹ oder somatische Stammzellen, in der Lage. Einige Arten der adulten Stammzellen lassen sich auch zu

Stammzellen anderer als ihrer ursprünglichen Standorte entwickeln (›transdifferenzieren‹).

Außer aus der frühen Blastozyste kann man annähernd pluripotente Zellen evtl. auch noch aus dem späteren Embryo bzw. dem Fötus (s. Kap. III. 12) gewinnen, etwa aus Zellen der Keimbahn (*germline cells*), sog. primordiale Keimzellen. Auch durch Klonen, z. B. das sog. therapeutische Klonen oder Forschungsklonen, lassen sich Blastozysten herstellen, denen man embryonale Stammzellen entnehmen kann (s. Kap. III. 25). Ein anderer Weg ist die Übertragung eines einer Zelle entnommenen Kerns in eine entkernte Eizelle (*somatic cell nuclear transfer*), das sog. ›Dolly-Verfahren‹, genannt nach der erstmaligen Klonierung eines Schafes.

Das medizinische Ziel der Forschung mit solchen Zellen ist zum einen, mittels Transplantation oder Injektion von aus Stammzellen differenzierten Zellen Gewebe zu erneuern, in dem es zu krankhaften oder degenerativen Funktionsverlusten gekommen ist. Das wird mit adulten Stammzellen des blutbildenden Systems schon seit längerem erfolgreich praktiziert. Im Bereich der embryonalen Stammzellen scheint heute ein Einsatz am ehesten bei Erkrankungen wie der Degeneration der Makula des Auges und Verletzungen des Rückenmarks erreichbar – jedenfalls gibt es auf diesen Gebieten die ersten klinischen Versuche. Es sind aber eine Reihe anderer Anwendungsbereiche sichtbar geworden, v. a. die Krankheitsursachenforschung und die Testung von Wirkstoffen für die Arzneimittelentwicklung an menschlichem Gewebe (vgl. Pai-Jiun et al. 2012). Krankheitsursachenforschung ist prinzipiell auf zwei Wegen möglich: einmal durch Untersuchung von embryonalen Stammzellen aus frühen Embryonen (Blastozysten), die nach künstlicher Befruchtung wegen genetischer Mängel nicht implantiert wurden, was in Deutschland allerdings verboten ist. Zum anderen durch die Reprogrammierung der Körperzellen Kranker zu iPS-Zellen und der Untersuchung ihrer Entwicklung.

Ethische Problematik

Die ethische Problematik der Gewinnung, Erforschung und therapeutischen Anwendung von Stammzellen ist je nach ihrer Herkunft sehr verschieden. Zellen, die aus freiwillig gespendetem Körpermaterial einwilligungsfähiger Menschen stammen, wie adulte Stammzellen oder iPS-Zellen, sind kaum Gegenstand ethischer Diskussionen. Weltweit umstritten ist dagegen der Umgang mit embryonalen Stammzellen, und zwar wegen ihrer Herkunft aus menschlichen Embryonen, jedenfalls solange diese dabei zerstört werden (vgl. Nationaler Ethikrat 2001). Verfahren der Entnahme ohne Zerstörung oder schwere Schädigung werden zwar erforscht, sind aber in absehbarer Zeit nicht zu erwarten. Es ist in der Öffentlichkeit oft nicht bewusst, dass die Forschung an embryonalen Stammzellen selber nichts mit der Schädigung oder dem Gebrauch von Embryonen zu tun hat und in dieser Hinsicht auch nicht problematisch ist. Problematisch, jedenfalls von bestimmten ethischen Positionen aus, ist ihre Gewinnung. Da aus den der Blastozyste entnommenen Ursprungszellen Zelllinien gezüchtet werden, die sehr langlebig sind, kann die Handlung der Zerstörung einer Blastozyste lange zurück liegen und an einem dem Forscher u. U. unbekannten Ort in Ländern verschiedener Rechtsordnungen erfolgt sein. Für diejenigen, die eine solche Zerstörung für ethisch verboten halten, besteht das ethische Problem der Stammzellforschung also in einer Art der Mitschuld durch indirekte Mitverursachung vergangener Handlungen.

Ethische Probleme der Gewinnung embryonaler Stammzellen: Die häufigste Form der Gewinnung embryonaler Stammzellen ist die Entnahme und Kultivierung von Zellen aus der inneren Zellmasse der Blastozyste. Wenn bei einer künstlichen Befruchtung (s. Kap. II. 5) eine befruchtete und bis zu diesem Stadium entwickelte Eizelle der Mutter nicht implantiert wird, kann sie, je nach gesetzlicher Lage eines Landes, der Forschung zur Verfügung gestellt werden. Die entnommenen Zellen müssen freilich isoliert und in Kultur genommen werden, so dass die Auffassung vertreten wird, embryonale Stammzellen existierten in der Weise, wie sie der Forschung zugrunde liegen, in der Natur nicht. Embryonale Stammzellen können auch aus entwicklungsfähigen Blastozysten gewonnen werden, die durch Klontechniken hergestellt wurden. Da die Embryonen in beiden Fällen als ›totipotent‹ gelten, also zur Entwicklung eines vollständigen Menschen fähig, ist die Gewinnung von embryonalen Stammzellen in einigen Ländern, darunter in Deutschland, gesetzlich verboten. Um das Stadium der Totipotenz zu umgehen, wird beim Zellkerntransfer an Verfahren der künstlichen Einschränkung der Entwicklungsfähigkeit des Embryos gearbeitet (sog. *altered nuclear transfer*) (vgl. Ach et al. 2006).

Gegen beide Formen der Gewinnung embryonaler Stammzellen, der Entnahme aus nicht-implantierbaren Embryonen der künstlichen Befruchtung wie auch der Herstellung durch Klonierung, richten sich Bedenken aus ethischen Positionen des Lebensschutzes und des Schutzes der Menschenwürde. Beim Klonieren gibt es darüber hinaus Befürchtungen hinsichtlich einer ›schiefen Ebene‹ (*slippery slope*, Dammbruch; s. Kap. III. 1) hin zu einem Verfahren der Herstellung von Menschen mit Erbanlagen, die mit denen eines bereits entwickelten nahezu identisch sind (reproduktives Klonen). Die erste Art der Bedenken hat mit dem Status des frühen Embryo und seiner entsprechenden Schutzansprüche zu tun, die letztere mit den Gefahren der gezielten Herstellung von Menschen mit bestimmten, von anderen Menschen gewünschten Erbanlagen.

Status und Praxis: Die ethische Debatte über den Status des menschlichen Embryos ist in der philosophischen, theologischen und juristischen Wissenschaft, aber auch in der öffentlichen und politischen Diskussion, sehr differenziert und komplex geworden (vgl. The President's Council on Bioethics 2005). Es ist aber bereits umstritten, inwieweit man über den Status überhaupt unabhängig von den in bestimmten Kulturen und Gesellschaften bestehenden Normen und Sichtweisen der Entwicklung menschlichen Lebens entscheiden kann. Für die eine Seite in dieser Debatte sind naturwissenschaftlich feststellbare Fakten dem normativen Disput und den unterschiedlichen Wertungen entzogen und daher die einzig verlässliche Basis für neutrale gesellschaftliche Normierungen. Für die andere Seite gilt, dass aus rein deskriptiven Prämissen, also Tatsachen- und Gesetzesaussagen der Naturwissenschaften, nach der weithin akzeptierten Kritik des ›naturalistischen Fehlschlusses‹, d. h. eines Schluss vom Sein auf das Sollen (s. Kap. III. 28), keine normativen Schlussfolgerungen gezogen werden können. Daher müssen Normen entwicklungsbiologischen Fakten zwar plausibel zugeordnet werden; bei einer solchen Zuordnung muss man aber von beiden Seiten ausgehen, von der normativen wie der deskriptiven. Wenn sich etwa in einer Rechtskultur oder auch in religiösen Traditionen eine Auffassung der unterschiedlichen normativen Gewichtung der menschlichen Entwicklungsstadien etabliert hat, dann kann diese gerechtfertigt werden, solange sie plausibel und sinnvoll den Entwicklungsstadien des Embryos bzw. Fötus zugeordnet werden kann. Eine normative Praxis dieser Art stellt etwa auch die deutsche Rechtsordnung dar. Wenn sie in den Bestimmungen zum Schwangerschaftsabbruch (StGB, § 218 ff.; s. Kap. III. 37) de facto ein stufenweises Anwachsen der Schutzansprüche enthält, dann kann man davon – nach dieser Argumentation – auf einen graduellen ›Status‹ des Embryos schließen und entsprechend für die nicht-implantierte Blastozyste einen nur schwachen Schutzanspruch rechtfertigen (vgl. Dreier 2003).

Graduelle und absolute Status-Konzepte: Die moralische Beurteilung der Stufen der menschlichen Entwicklung hat für diese beiden Betrachtungsweisen unterschiedliches Gewicht. Unabhängig von den Überlegungen zum Verhältnis von normativer Praxis und moralischem Status gibt es aber auch innerhalb der ›Statusdebatte‹ zwei grundsätzlich verschiedene Einstellungen zur Bedeutung der Entwicklung und ihrer Stufen. Für ›Gradualisten‹ ist diese Entwicklung von entscheidender Bedeutung für den Status und die daraus folgenden Schutzansprüche. Für die ›absolute‹ Gegenposition ist die Entwicklung dagegen moralisch unbedeutend. Dennoch kann man den Beginn des moralischen Status, der selber keiner Abstufung unterliegt, in unterschiedliche Zeitpunkte der Entwicklung legen: entweder beginnt er vollständig bei der Befruchtung, oder beim Abschluss der Bildung des neuen Genoms aus den beiden elterlichen Genomen – wie im deutschen Embryonenschutzgesetz –, beim Beginn der Schmerzempfindlichkeit, wie für sog. ›Pathozentriker‹, oder bei der Geburt. Für den Gradualisten werden aus Entwicklungsstufen dagegen unterschiedliche Schutzansprüche gerechtfertigt. Die dafür namhaft gemachten Stufen sind das Ende der Fähigkeit zur Mehrlingsbildung, die Implantation bzw. – bei natürlicher, nicht-unterstützter Befruchtung – die Nidation, die Schmerzempfindlichkeit, die Lebensfähigkeit außerhalb des mütterlichen Organismus und natürlich die Geburt.

Diese Debatte ist mit sehr ausgefeilten Argumenten geführt worden, den sog. SKIP-Argumenten (vgl. Damschen/Schönecker 2005). Als Kriterien für den moralischen Status des Embryos werden dabei die Spezies-Zugehörigkeit (S), die Kontinuität der Entwicklung (K), die Identität des in dieser Entwicklung befindlichen Individuums (I, Identität als zeitliche, ›diachrone‹) und schließlich die Entwicklungspotentiale (P, Potentialität) verwandt. Das Gewicht dieser Argumente für absoluten oder graduellen Schutz wird unterschiedlich eingeschätzt. Die Frage, ob Menschenwürde und Schutzrechte zusammenfallen, kann ebenfalls unterschiedlich beantwortet werden.

Entsprechend unterschiedlich gehen auch die Gesetzgebungen verschiedener Länder – etwa Großbritanniens und Deutschlands – mit der Regelung des Embryonenschutzes um. Dabei kann zwischen Recht und Ethik natürlich eine Differenz bestehen. Man kann es etwa für schlicht unmöglich halten, dass der Staat jeder befruchteten Eizelle die Schutzansprüche eines Staatsbürgers garantiert. Das v. a. dann, wenn der Staat auch das Recht auf reproduktive Freiheit schützen muss, das sowohl die Verhinderung der Nidation (Nidationshemmer), in einigen Rechtsordnungen auch die Auswahl zwischen verschiedenen befruchteten Eizellen zulässt. Die faktische Folge des Rechts, befruchtete Eizellen nicht implantieren zu lassen, ist die ›Entsorgung‹ einer großen Menge davon in Reproduktionskliniken, die zur Stammzellentnahme gespendet werden können.

Ethische Güterkonflikte und gesetzliche Regelungen: In den Debatten um die Verwendung von Embryonen für die Stammzellforschung konkurrieren mit dem Lebensschutz der frühen Embryonen andere hochrangige Güter, für einige auch die Menschenwürde (s. Kap. II. 17) zahlreicher kranker Menschen. Allerdings bestehen auch diese Güter vorläufig nur als Möglichkeit, denn zu etablierten Therapien ist es bisher nicht gekommen. Trotzdem werden bereits schwierige ethische und juristische Abwägungsprobleme erörtert: Darf man das Leben mikroskopisch kleiner Organismen, von denen bei der natürlichen Nidation nur ein sehr kleiner Teil überlebt und die angesichts einer erlaubten Beseitigung in Reproduktionskliniken keine Entwicklungschancen mehr haben, den zukünftigen Möglichkeiten der Heilung schwerer Krankheiten geborener Menschen sozusagen ›opfern‹? Die einen lehnen auf Grund der Unabwägbarkeit der Menschenwürde solche Abwägungen ab – und sprechen manchmal polemisch von ›Vampirmedizin‹. Für die anderen geht es hier um ganz unterschiedliche Schutzansprüche, die solche Abwägungen rechtfertigen.

Gesetzgeber in demokratischen Ländern gehen zwar je nach der Zahl und dem Einfluss der Menschen, die den unterschiedlichen ethischen, rechtlichen und manchmal auch religiösen Positionen angehören – Teile des Judentums, des Islam oder des Buddhismus vertreten eine graduelle Auffassung – unterschiedlich mit den rechtlichen Konsequenzen um. Eine völlig eindeutige und ›abwägungsresistente‹ Lösung kommt aber kaum vor. Als Beispiel kann das deutsche Stammzellgesetz (StZG) dienen (vgl. Berlin-Brandenburgische Akademie der Wissenschaften 2009): Es verbietet die Gewinnung embryonaler Stammzellen durch die Zerstörung von Embryonen im Geltungsbereich der deutschen Gesetze. Aber es lässt unter gewissen Bedingungen den Import humaner embryonaler Stammzellen zu. Diese Bedingungen sollen zum einen ausschließen, dass für den deutschen ›Bedarf‹ Embryonen zerstört werden – die Stammzelllinien, die importiert werden, müssen vor der Gesetzgebung schon existiert haben. Diese Grenze ist zwar bereits bei der ersten Novellierung des Gesetzes nach fünf Jahren verschoben worden, lag aber erneut vor dem Geltungsbeginn der Novelle. Zum anderen darf die Entnahme in einem Land, in dem sie erlaubt ist, nur von ›überzähligen‹ Embryonen ohne Chance der Einpflanzung erfolgen. Der Grund dafür darf nicht in einer Schädigung der Embryonen liegen. Ferner muss die informierte Einwilligung (s. Kap. II. 10) der Eltern vorliegen, die ohne finanzielle oder andere Anreize erfolgt sein muss.

Offenbar wollte dieses Gesetz der Forschungsfreiheit und den Chancen der Prävention, Diagnostik und Therapie in Deutschland ein ›Fenster‹ offenhalten, ohne den Lebensschutz auch nur indirekt durch nachträgliche Billigung in einem anderen Land zu schwächen. Diese nachträgliche Billigung sollte v. a. nicht einer Art ›eugenischer Indikation‹, also einer Verwerfung aufgrund möglicher zukünftiger Behinderung (s. Kap. II. 2) gelten. Ferner sollte jede Art von Kommerzialisierung (s. Kap. II. 12) verhindert werden. Auf der Grundlage des Gesetzes hat sich auch in Deutschland eine recht ausgebreitete Forschung an embryonalen Stammzellen entwickelt.

Der Verhinderung der Kommerzialisierung, also einer Art Handel mit menschlichen Embryonen, soll auch das Verbot der Patentierung (s. Kap. III. 32) von Verfahren unter der Verwendung embryonaler Stammzellen dienen, das vom Europäischen Gerichtshof (EuGH) und im Anschluss daran auch vom deutschen Bundesgerichtshof (BGH) erlassen wurde. Dabei wurde trotz der Unterschiede in den europäischen Gesetzgebungen ein umfassender Embryonenbegriff verwandt. Als menschlicher Embryo gilt demnach jede Zelle oder jeder Zellverband, der zu Entwicklungen fähig ist, die denen eines durch natürliche Befruchtung zustande gekommenen menschlichen Embryos entsprechen. Zum Verfahren, das zum Patentschutz angemeldet wird, zählte der Gerichtshof auch die Gewinnung der embryonalen Stammzellen aus nicht-implantierten Embryonen, obgleich dieser Vorgang bei der Verwendung von Stammzelllinien weit in der Vergangenheit liegen kann und im Ursprungsland erlaubt war. Das Urteil betraf aber ausdrücklich nicht die Forschung, sondern die kommerzielle Verwendung der Erfindung. Das stellt allerdings in einer marktwirtschaftlich organisierten Medikamentenforschung und einer zumindest zum Teil marktwirtschaftlich orientierten Medizin ein erhebliches Hindernis für die Verwendung der Forschungsergebnisse dar. Auch diese rechtlichen und wirtschaftlichen Konsequenzen muss die angewandte Ethik berücksichtigen.

Von anderer Art als die bisherigen ethischen Fragen der Forschung sind die Probleme, die bei möglichen Therapien auftreten können. Dazu zählen v. a. die Gefahren der unkontrollierten Vermehrung transplantierter Stammzellen, v. a. undifferenzierter, die zur Bildung von Krebs führen kann; ferner auch Probleme der Immunreaktion, d. h. der Abstoßung von Implantaten. Bevor sie nicht wissenschaftlich gelöst sind, sind Therapien ethisch unverantwortlich und würden rechtlich nicht genehmigt werden können. Bei der klinischen Erprobung von Therapien werden ohnehin Ethikkommissionen mitwirken, die Nutzen und Risiken sowie Aufklärung und Einwilligung der Probanden prüfen.

Pluripotente Stammzellen: Ethische Probleme bei der Verwendung pluripotenter Stammzellen hängen mit ihrer Herkunft zusammen. Primordiale Keimzellen kann man etwa aus abgetriebenen Föten gewinnen. Damit ist erneut der Schutz ungeborenen Lebens betroffen: die Verwendung der Keimzellen zur Stammzellgewinnung darf keinen Anreiz für einen Schwangerschaftsabbruch darstellen.

Von diesen Problemen unbelastet scheinen nur die induziert pluripotenten Stammzellen zu sein, die durch genetische Modifikation (›Reprogrammierung‹) ausgereifter Körperzellen, wie z. B. Hautzellen, in einen embryonalen Zustand zurückversetzt wurden. Durch Differenzierung von iPS-Zellen könnte man auch Gameten gewinnen (vgl. Pai-Jiun et al. 2012), die vereinigt werden und nach Implantation zur Entwicklung eines Kindes führen können. Es gibt weitere technische Verfahren (sog. Tetraploidkomplementierung), die im Tiermodell bereits zur Entwicklung eines vollständigen Lebewesens geführt haben. Wenn man solche Handlungen bzw. Techniken zu den Bedingungen rechnet, bei deren ›Vorliegen‹ sich eine Zelle zu einem Individuum entwickeln kann – die gesetzliche Totipotenz-Definition spricht vom »Vorliegen der dafür erforderlichen weiteren Voraussetzungen« (StZG, § 3 Abs. 4) für die Entwicklung zu einem Individuum – würden sogar iPS-Zellen ›totipotent‹ genannt werden müssen (vgl. Heinemann/Kersten 2007). Die Anwendung derartiger Techniken beim Menschen ist aber zumindest in Deutschland rechtlich verboten und wird auch von den meisten ethischen Positionen abgelehnt. Damit ist freilich nicht gesagt, dass man für alle Zukunft gute Gründe haben wird, einem Menschen die Fortpflanzung zu untersagen, aus dessen Körperzellen sich Gameten entwickeln lassen, die vereinigt und einer ›Leihmutter‹ (s. Kap. III. 27) eingepflanzt werden könnten.

Sieht man von diesen Möglichkeiten ab, dann verbleiben nur wenige ethische Probleme bei der Herstellung und Verwendung von iPS-Zellen. Zweifellos müssen sie unter informierter Einwilligung einem Spender entnommen werden. Die Entnahme darf auch nicht zu einer schweren Schädigung des Spenders führen. Wieweit sich die Einwilligung auf die zukünftige Verwendung erstrecken muss und evtl. sogar eine ›Gewinnbeteiligung‹ vorzusehen ist, bleibt ein kontroverser Punkt bei allen Spenden von Körpermaterial.

Ein ethisches Problem, das sich bei der kurzfristig am ehesten realisierbaren Verwendung dieser Zellen zur Züchtung menschlichen Gewebes für die Wirkstoff- und Toxizitätsprüfung ergibt, betrifft das Verhältnis von Mensch und Tier (s. Kap. III. 43). Wenn solche Prüfungen an menschlichem Gewebe, statt an Tieren, durchgeführt werden, können evtl. Tierversuche, gerade auch mit höheren Tieren, überflüssig werden. Manche Ethiker sehen in einer Rechtfertigung dieses Ersatzes von Tieren durch menschliches Gewebe eine unzulässige Abwägung zwischen der Würde des Menschen und dem Leiden der Tiere. Indessen wird man einer Gewebekultur als solcher keine Würde zusprechen und die Würde des freiwilligen Spenders der Ursprungszelle ist ebenfalls nicht verletzt. Eine regelrechte Abwägung der Schutzansprüche von Menschen und Tieren gegeneinander findet also nicht statt.

Adulte Stammzellen: Auch bei adulten Stammzellen, die aus freiwilligen Spenden einwilligungsfähiger Menschen stammen, gibt es keine Probleme des Embryonenschutzes oder der Klonierung. Adulte Stammzellen sind allerdings auch nicht pluripotent, sondern nach dem derzeitigen Stand der Forschung allenfalls ›multipotent‹, d. h. in verschiedene Zelltypen einer bestimmten Linie differenzierbar – einige auch in wenige andere Typen –, aber nicht wie die pluripotenten Zellen in alle Zellarten des Körpers. Sie sind auch nicht im selben Maße zu vermehren, wie embryonale Zellen. Dennoch gibt es Bereiche, in denen sie bereits erfolgreich eingesetzt werden, wie das blutbildende System, sowie andere Bereiche, bei denen ein solcher Einsatz nach der bisherigen Forschung denkbar erscheint (Pai-Jiun et al. 2012).

Bei den adulten Stammzellen muss, wie bei den iPS-Zellen, sichergestellt werden, dass die Spende freiwillig ist. Auch hier wird man mögliche finanzielle Gewinne der Spender kritisch als Beginn eines Handels mit Körperteilen beurteilen. Ethische Probleme können auch mit der Zellspende durch nicht-einwilligungsfähige Personen (s. Kap. II. 21) verbunden sein. Stammen sie nicht von unproblematischen Entnahmeorten, wie der Haut, sondern z. B. aus dem Knochenmark, so müssen sie schon mit erheblichem persönlichem Nutzen für den Spender verbunden sein, um ethisch vertretbar zu bleiben.

Ethisch problematisch ist allerdings die Weise, wie von Gegnern der embryonalen Stammzellforschung die Forschung mit adulten Stammzellen propagiert und unterstützt wird. Viele Kliniken weltweit bieten ungeprüfte Therapien mit adulten Stammzellen an, oft mit erheblichem Schaden für die Patienten. Sie werden dabei oft von Vertretern bestimmter Weltanschauungen unterstützt. Darin liegt zum einen eine Verletzung der gebotenen Unterscheidung zwischen wissenschaftlicher Forschung und ethischer Beurteilung – wie medizinisch brauchbar Zellen sind, hat nichts mit der ethischen Einstellung zu ihrer Herstellung und Verwendung zu tun. Zum anderen sind Patienten mit falschen Versprechungen zu unverantwortbaren Therapien gebracht worden. Unverantwortliche, sogar betrügerische Versprechungen bezüglich wissenschaftlicher Resultate und möglicher Therapien sind allerdings auch von Forschern an embryonalen Stammzellen gemacht worden. Der Wettbewerb um die Fördergelder und der Streit zwischen angeblich ›christlicher‹ und ›liberaler‹ Forschungspolitik haben hier zu erheblichen wissenschafts- und medizinethischen Problemen geführt.

Fötale Stammzellen: Eine weitere Möglichkeit, multipotente Stammzellen zu gewinnen bietet die Entnahme aus fötalem Gewebe oder Blut, v. a. Nabelschnurblut, das zum fötalen Blutkreislauf gehört. Auf die Probleme der Entnahme von fötalen Stammzellen, z. B. primordialen Keimzellen, nach Schwangerschaftsabbruch wurde bereits hingewiesen. Entnahmen aus der Nabelschnur sind von diesen Problemen frei. Abgesehen von unredlichen Geschäften mit kommerziellen Nabelschnurbanken scheint dies ein Weg zu sein, für spätere Krankheiten des Neugeborenen vorzusorgen. Solange das Kind nicht geschädigt wird und die Eltern informiert zustimmen, ist bei dieser ›Quelle‹ ein ethisches Problem nicht sichtbar.

Ethische Vertretbarkeit der Stammzellenforschung in Deutschland: Der Umgang mit der Stammzellforschung, v. a. der embryonalen, ist in verschiedenen Ländern sehr unterschiedlich geregelt. Umstritten ist er v. a. in Ländern, die von der christlichen Kultur geprägt sind. Dabei sind die Regeln in katholischen Ländern und solchen mit starken protestantischen Freikirchen (verschiedene Staaten der USA) eher restriktiv, in staatskirchlich-protestantischen Ländern (UK, Skandinavien) eher locker. In Deutschland ist die gesetzliche Lage eher restriktiv, nicht nur wegen des relativ starken politischen Einflusses der Kirchen – bei weitreichender Übereinstimmung der katholischen und protestantischen Kirchenorganisationen in diesen Fragen –, sondern auch wegen der Erfahrungen mit einer totalitären Medizin im NS-Staat.

Die Gewinnung embryonaler Stammzellen im Geltungsbereich des Grundgesetzes ist untersagt, der Import unter strengen Bedingungen erlaubt. Er muss von der obersten Bundesbehörde in diesem Bereich, dem Robert-Koch-Institut, genehmigt werden. Dazu muss der Rat einer unabhängigen Zentralen Ethik-Kommission für Stammzellforschung (ZES) eingeholt werden (vgl. Berlin-Brandenburgische Akademie der Wissenschaften 2009). Unabhängig sind die Mitglieder, die Beurteilungskriterien sind dagegen im Gesetz recht genau festgelegt. Import von hES-Zellen ist unter den schon oben erläuterten Bedingungen der Gewinnung im Ursprungsland nur erlaubt, wenn sie »hochrangigen Forschungszielen im Rahmen der Grundlagenforschung oder für die Erweiterung medizinischer Kenntnisse bei der Entwicklung diagnostischer, präventiver oder therapeutischer Verfahren zur Anwendung beim Menschen dienen« (StZG, § 5). Außerdem muss nachvollziehbar dargelegt werden, dass für diese Forschungen keine anderen als embryonale Zellen in Frage kommen und die nötigen Vorklärungen, v. a. im Tiermodell, erbracht worden sind. Die Ethik-Kommission hat festzustellen, ob im Rahmen dieser Bedingungen das Projekt ›ethisch vertretbar‹ ist. Das ist keine rein wissenschaftliche Frage, weil es nicht nur um das wissenschaftliche Niveau und die sinnvolle Fragestellung geht, sondern auch um die Bedeutung der Forschungsziele – marginale Ziele rechtfertigen den Import und die Verwendung embryonaler Zellen nicht. Auch bei der ›Alternativlosigkeit‹ kann es nicht nur darum gehen, dass der Forscher eben etwas über embryonale Stammzellen erfahren möchte. Das Projekt muss insgesamt für die Grundlagenforschung und die medizinische Forschung große Bedeutung haben.

Ob dieser Abwägungsspielraum ausreicht, neben der juristischen eine eigene ethische Überprüfung zu rechtfertigen, ist umstritten. Ebenso umstritten ist die Frage, ob das Gesetz nicht insgesamt ein Ausdruck von Doppelmoral ist: Man profitiert von Handlungen in anderen Ländern, die man für ethisch und rechtlich verwerflich hält. In Nachbarländern wie der Schweiz hat man aus diesen Überlegungen die Gewinnung von Zellen aus Embryonen der Reproduktionsmedizin, die nicht mehr implantierbar sind und daher keine Überlebenschance mehr haben, zu Forschungszwecken erlaubt.

Die ethisch grundlegenden Fragen, über die derzeit weltweit keine Einigung zu erzielen sind, betreffen die Fragen des Status und der Schutzansprüche des Embryos. Bei einer graduellen Position, wie sie etwa der Gesetzgebung in Großbritannien zugrunde liegt, können andere Zeitpunkte als Beginn des individuellen Lebensschutzes angesetzt werden als die Befruchtung oder der Abschluss der ›Befruchtungskaskade‹. In der dortigen Gesetzgebung beginnt dieser individuelle Schutzanspruch nach 14 Tagen, also zum Zeitpunkt der erfolgten Nidation oder Implantation. Dieser Zeitpunkt kann sogar unter tutioristischen Gesichtspunkten der Sicherung gegen mögliche Dammbrüche als vorzugswürdig erscheinen. Zumindest bei der Implantation ist er durch eine zurechenbare menschliche Handlung bestimmt, nicht durch natürliche Entwicklungsprozesse mit fließenden Übergängen.

Der Streit um den moralischen Status geht aber letztlich auch auf Grundlagenfragen der Ethik zurück: Muss es für ethische Pflichten unbedingte Grenzziehungen – sozusagen säkularisierte Tabus – geben oder sind die Folgen der Handlungen für das Wohlergehen lebender Menschen entscheidend? Kann es auch im Rahmen einer an erreichbaren Gütern und zu vermeidenden Schäden orientierten Ethik strikte Rechte und unabwägbare Würde geben? Auch die Bedeutung von Tugenden der Ehrfurcht vor dem Leben und der Barmherzigkeit gegenüber kranken und leidenden Menschen spielt eine Rolle.

Der Streit um die Forschung mit embryonalen Stammzellen spiegelt insofern die Rückbezogenheit der Bioethik auf Grundlagenfragen der allgemeinen Ethik. Obwohl er nicht die Forschung an den Stammzellen im Labor selber betrifft, sondern deren Herkunft, ist er von besonderer Radikalität und oft auch Emotionalität. Das liegt daran, dass der Embryonenschutz hier in Spannung gerät zu möglicherweise grundsätzlich neuen Möglichkeiten, bisher unheilbare schwere Massenkrankheiten oder enorme Hinderungen der Lebensqualität (Demenz, Blindheit, schwerste Lähmungen) zu therapieren. Stammzellen haben zudem wichtige Eigenschaften mit Krebszellen gemeinsam, vor allem die Fähigkeit der schnellen Selbstreproduktion ohne funktionale Differenzierung, so dass von ihrer Erforschung auch Fortschritte auf dem Gebiet der Krebstherapie erwartet werden

können. Das rechtfertigt nicht die Aufgabe von Prinzipien des Würde- und Lebensschutzes. Aber es macht verständlich, dass man sich zu diesem Schutz gegenüber Frühembryonen, die nicht mehr implantiert werden, nicht in vollem Umfang verpflichtet sehen kann. Es mag sein, dass die Methode der Reprogrammierung adulter Körperzellen den moralischen Glücksfall darstellt, der diese Spannung entschärft – damit vielleicht aber auch einen kollektiven moralischen Lernprozess abbricht.

Literatur

Ach, Johann S./Schöne-Seifert, Bettina/Siep, Ludwig: Totipotenz und Pluralität. Zum moralischen Status von Embryonen bei unterschiedlichen Varianten der Gewinnung embryonaler Stammzellen. In: *Jahrbuch für Wissenschaft und Ethik*, Bd. 11. Hg. von Ludger Honnefelder/Dieter Sturma. Berlin 2006, 261–321.

Berlin-Brandenburgische Akademie der Wissenschaften (Hg.): *Neue Wege der Stammzellforschung. Reprogrammierung differenzierter Körperzellen.* Berlin 2009.

Damschen, Gregor/Schönecker, Dieter (Hg.): *Der moralische Status menschlicher Embryonen.* Berlin/New York 2005.

Dreier, Horst: Stufen des vorgeburtlichen Lebensschutzes. In: *Zeitschrift für Rechtspolitik* 35 (2002), 377–383.

Forschung mit humanen embryonalen Stammzellen. *Bundesgesundheitsblatt* 51/9 (2008).

Heinemann, Thomas/Kersten, Jens: *Stammzellforschung. Naturwissenschaftliche, rechtliche und ethische Aspekte.* Ethik in den Biowissenschaften – Sachstandsberichte des DRZE. Hg. von Dieter Sturma/Dirk Lanzerath/Bert Heinrichs. Freiburg i. Br. 2007.

Ho, Pai-Jiun/Yen, Men-Luh/Yet, Shaw-Fang/Yen, B. Linju: Current applications of human pluripotent stem cells: possibilities and challenges. In: *Cell Transplantation* 21 (2012), 801–814.

Honnefelder, Ludger/Lanzerath, Dirk (Hg.): *Klonen in biomedizinischer Forschung und Reproduktion.* Bonn 2003.

Ishii, Tetsuya/Pera, Renee A. R./Greely, Henry T.: Ethical and legal issues arising in research on inducing human germ cells from pluripotent stem cells. In: *Cell Stem Cell* 13 (2013), 145–148.

Löser, Peter/Wobus, Anna: Aktuelle Entwicklungen in der Forschung mit humanen embryonalen Stammzellen. In: *Naturwissenschaftliche Rundschau* 60 (2007), 229–237.

Nationaler Ethikrat: *Zum Import menschlicher embryonaler Stammzellen. Stellungnahme.* Berlin 2001.

Stammzellgesetz: Gesetz zur Sicherstellung des Embryonenschutzes im Zusammenhang mit Einfuhr und Verwendung menschlicher embryonaler Stammzellen (StZG) vom 28. 6. 2002 (Bundesgesetzblatt 2002 I/42, 2277), zuletzt geändert am 25. 11. 2003 (Bundesgesetzblatt 2003 I/56, 2304).

The President's Council on Bioethics: *Alternative Sources of Pluripotent Stem Cells. A White Paper.* Washington, DC 2005.

Ludwig Siep

40 Sterbehilfe

Sterbehilfe bezeichnet Handlungen und Maßnahmen, die zum Tod oder der Beschleunigung des Sterbeprozesses eines schwer kranken oder leidenden Menschen führen und in dessen Interesse vollzogen werden – vorwiegend in der Absicht, sein Leiden zu beenden oder abzukürzen. Sterbehilfe sollte von der Sterbebegleitung und von der Beihilfe zur Selbsttötung abgegrenzt werden. Sterbebegleitung meint die Versorgung Sterbender durch pflegerische und ärztliche, insbesondere schmerzlindernde Maßnahmen sowie allgemein menschliche Zuwendung mit dem Ziel, das Sterben erträglich zu gestalten (s. Kap. III. 31). Die Beihilfe zur Selbsttötung umfasst Hilfeleistungen, die es dem Sterbewilligen ermöglichen, sich selbst zu töten.

Sterbehilfe im internationalen Vergleich

Der Lebensschutz hat in der kulturellen Tradition und der rechtlichen Verfasstheit der modernen Gesellschaften sowie dem ärztlichen Ethos eine zentrale Stellung, so dass verständlich ist, dass das Thema Sterbehilfe kontrovers diskutiert wird und jenseits der bioethischen Fachdebatte nicht selten auch zu heftigen Protesten führt (Birnbacher 2000). Für Deutschland gibt es Hinweise darauf, dass in der Bevölkerung und weit weniger ausgeprägt in der Ärzteschaft selbst die aktive Sterbehilfe nicht grundsätzlich abgelehnt wird (Institut für Demoskopie Allensbach 2008, 2010). Über die Zahl der in Deutschland durchgeführten Fälle von Sterbehilfe gibt es keine gesicherten Erkenntnisse. In anderen Ländern, z. B. den Niederlanden, wo passive und aktive Sterbehilfe unter bestimmten Umständen rechtlich erlaubt sind, finden regelmäßige empirische Erhebungen statt, die als Anhaltspunkt dienen können: Zwischen 1990 und 2010 schwankte der Anteil von geleisteter Sterbehilfe an allen Todesfällen zwischen 1,7 und 2,8 % (Onwuteaka-Philipsen et al. 2012, 2).

Der Suizid und die Beihilfe zum Suizid sind in Deutschland straffrei, mit der Einschränkung, dass im Fall eines ärztlich assistierten Suizids geprüft wird, ob der Arzt seine Garantenstellung verletzt und sich damit unter Umständen der unterlassenen Hilfeleistung schuldig gemacht hat. Die Sterbehilfe selbst ist nicht explizit rechtlich geregelt, fällt aber unter die Fremdtötungsparagraphen (Mord, Totschlag, Tötung auf Verlangen) des Strafgesetzbuchs.

Es hat sich in der Rechtsprechung deutscher Gerichte die Auffassung durchgesetzt, dass die aktive Sterbehilfe rechtswidrig, die passive Sterbehilfe unter Umständen rechtskonform ist.

International ist die Sterbehilfe sehr unterschiedlich geregelt. Staaten wie die Niederlande, in denen die aktive Sterbehilfe legalisiert ist, stehen neben solchen, etwa Großbritannien und Italien, in denen selbst die Beihilfe zum Suizid dem Gesetz nach bestraft werden kann (Deutsches Referenzzentrum für Ethik in den Biowissenschaften 2012; Grimm/Hillebrand 2009).

Die moralische Bewertung der Selbsttötung

Die moralische Problematik der Sterbehilfe ist eng mit der moralischen Bewertung der Selbsttötung verbunden. Bittet ein Patient um Sterbehilfe, so handelt es sich um einen selbstgewählten Tod, denn es ist letztendlich der Patient, der durch die Äußerung seines Wunsches den eigenen Tod herbeiführt.

Im Unterschied zur Selbst-Tötung ist die Sterbehilfe, zumindest die aktive Sterbehilfe, jedoch eine Fremd-Tötung, da der Patient seinen Tod nur indirekt über einen Dritten herbeiführt. Für die Bewertung der Sterbehilfe sind neben medizinischen auch (standes-)politische und gesellschaftliche Faktoren von Bedeutung. Um diese komplexe Gemengelage zu entwirren, bietet es sich an, zunächst die moralische Problematik der Selbsttötung gesondert zu betrachten.

Historisch war in der römischen Antike die Selbsttötung moralisch weithin akzeptiert, in der nachrömischen Zeit wurde ein ›Recht auf den eigenen Tod‹ durch die Rechtsordnungen nicht anerkannt und in vielen Fällen war die Selbsttötung sogar ausdrücklich verboten. Mit Einsetzen der Aufklärung entfielen die entsprechenden Strafrechtsnormen aber nach und nach aus den Gesetzbüchern. Das moralische Verbot der Selbsttötung bleibt in der europäischen Tradition weitgehend bis in unsere Zeit bestehen. Die moralische Verurteilung der Selbsttötung lässt sich auch im allgemeinen Sprachgebrauch aufzeigen: Die moralisch negative Bewertung der Handlung des sich selbst Tötens ist im Wort ›Selbst*mord*‹ bereits enthalten, wohingegen ›Selbsttötung‹ moralisch neutral ist (Daube 1972). In einer Debatte, in der es um die moralische Bewertung der Handlung des sich selbst Tötens geht, sollte man daher nicht den Begriff ›Selbstmord‹ verwenden, der ein mögliches Ergebnis der

Debatte – die moralische Verurteilung – bereits als gegeben voraussetzt.

Die Hauptargumente für eine grundsätzliche moralische oder rechtliche Verurteilung der Selbsttötung gehen durchgängig davon aus, dass der Mensch nicht selbst über sein Leben verfügen dürfe, etwa deshalb nicht, weil er selbst nicht Urheber seines Lebens sei. Zurückgeführt wird diese Behauptung in der Regel darauf, dass Gott oder eine andere dem Menschen übergeordnete Instanz, etwa die Natur (s. Kap. II. 19), das Leben gegeben habe und allein es auch wieder nehmen dürfe. In dieser Sicht ist das Leben heilig und die Selbsttötung eine Anmaßung gegenüber dem ›Herrn über Leben und Tod‹. In pluralistischen Gesellschaften können solche meist auf religiösen Glaubenssätzen aufbauenden Argumentationen allerdings keine allgemeine Geltung beanspruchen (Kuhse 1987; Schuster 1998).

Ein generelles Verbot der Selbsttötung ist ohne begriffliche Erschleichungen oder die Voraussetzung nicht allgemein akzeptierter weltanschaulicher Annahmen nur schwer zu begründen. Allerdings ist es naheliegend, dass die Selbsttötung nicht grundsätzlich moralisch erlaubt ist, sondern nur in Ausnahmefällen, weil in vielen Fällen der Selbsttötung dieselbe nicht im wohlverstandenen Eigeninteresse des Betroffenen liegt, durch krankhafte Fehleinschätzungen motiviert ist oder aus situationsabhängigen Affekten entsteht (Bloch/Heyd 2009). So dürfte die Selbsttötung eines Jugendlichen aus enttäuschter Liebe nicht im wohlverstandenen Eigeninteresse des Jugendlichen liegen. Darüber hinaus wird derjenige, der eine Selbsttötung in Erwägung zieht, in vielen Fällen durch moralische Verpflichtungen gegenüber Dritten, etwa seiner Familie, in einer Weise gebunden sein, die eine Selbsttötung moralisch zweifelhaft erscheinen lässt. Allerdings lässt sich argumentieren, dass es darüber hinaus Situationen geben kann, in denen für einen Menschen die vorrangige Berücksichtigung der Bedürfnisse anderer nicht mehr ›zumutbar‹ ist, etwa wenn er seinen Zustand als unerträgliches Leiden empfindet.

Akzeptiert man diese Argumentation, so bleibt aber ein Abwägungsproblem zu lösen: Wann wiegen die Bedürfnisse desjenigen, der sterben möchte, so schwer, dass die Bedürfnisse anderer Menschen und moralische Verpflichtungen gegenüber Dritten überwogen werden? Das Rechtfertigungsbemühen des Sterbewilligen wird sich *immer* darauf beziehen, dass er sein Leben unter den gegebenen Umständen als nicht mehr lebenswert betrachtet. Wie aber lässt sich feststellen, ob ein Leben nicht mehr lebenswert ist (Harris 1998; Quante 2010, s. Kap. II. 16)? Die Debatte hierüber wird kontrovers geführt und ist darüber hinaus – zumindest in Deutschland – historisch belastet. Die Ermordung von Behinderten in der Zeit des Nationalsozialismus rechtfertigte sich gerade mit dem Argument, dass man es mit »lebensunwertem Leben« zu tun habe, dessen Beseitigung angeblich in Verantwortung gegenüber dem Kollektiv (›der Rasse‹) moralisch geboten sei (Frewer/Eickhoff 2000). Es macht aber für die moralische Beurteilung einen fundamentalen Unterschied, ob die Einschätzung als lebensunwert vom Betroffenen selbst getroffen wird oder von anderen – und entsprechend fundamental ist der Unterschied zwischen dem Wunsch, sterben zu dürfen, und der Erzwingung eines Todes durch andere. Der Versuch, die Debatte über die Selbsttötung bzw. die aktive Sterbehilfe mit einem Verweis auf die Verbrechen der Nationalsozialisten zu beenden, ist daher nicht gerechtfertigt.

Unter den Wertvorstellungen des liberalen Rechtsstaats wird man zunächst einen möglichst breiten Raum für die Entscheidung des Individuums schaffen. Dies könnte im Extrem bedeuten, dass immer nur der Betroffene selbst entscheiden darf, ob er sein Leben, das er für nicht mehr lebenswert hält, beendet oder nicht. Dies hätte aber zur Folge, dass Dritte in Fällen wie dem oben beschriebenen eines Jugendlichen, der sein Leben wegen Liebeskummers für nicht länger lebenswert hält, kein moralisches Recht hätten, diese Entscheidung zu bestreiten. Dieses Problem lässt sich lösen, indem man fordert, dass zwar nur der Betroffene eine Entscheidung über seinen Todeswunsch treffen darf, Dritte aber das moralische Recht haben, diese Entscheidung zu hinterfragen und gegebenenfalls nicht zu respektieren und die Selbsttötung abzuwenden. Auch diese Begrenzung der Entscheidungshoheit ist nicht unproblematisch. Zwar dürfte sich plausibel machen lassen, dass in der Tat Entscheidungen bestimmten moralischen Vorgaben genügen sollten. Daraus folgt dann, dass nicht jede Entscheidung eines Individuums, in bestimmter Weise zu handeln, respektiert oder gar unterstützt werden muss. Aber gerade im Fall der Sterbehilfe werden auch Fälle diskutiert, in denen das Individuum nicht mehr über die geforderte Entscheidungsfähigkeit verfügt, wie z. B. dauerhaft komatöse Patienten, oder niemals über sie verfügen wird, wie z. B. zerebral schwerstgeschädigte Neugeborene. Auch in diesen Fällen wird von manchen Autoren gefordert, dass Sterbehilfe geleistet werden solle (Kuhse/Singer 1985; Merkel 2001). Dies würde aber bedeuten, dass Dritten *allein* ein Urteil über die Fortsetzung oder Beendigung des Lebens eines Individuums zuzubilligen sei. Entschärfend wirkt hier nur der Hinweis, dass in diesen Fällen ja »über *niemandes* Kopf hinweg« entschieden wird, da es sich um Individuen handelt, die keine eigenständige Entscheidung über ihr Leben fällen können.

Ohne die Zulässigkeit solchen Handelns an dieser Stelle entscheiden zu wollen, bleibt doch festzuhalten, dass zumindest in Fällen wie demjenigen eines Jugendlichen mit Liebeskummer weitgehende Einigkeit darüber besteht, dass Dritte darüber entscheiden dürfen, ob dieses Leben lebenswert ist oder nicht. Damit ist es angeraten, eine intensive Debatte über die Kriterien für die Bewertung von Leben und die Grenzen der Zumutbarkeit eines Weiterlebens auch im Rahmen der Sterbehilfeproblematik zu führen (Hoerster 1998). Weiterhin ist festzuhalten, dass die gängigen religiös fundierten Argumente gegen die Zulässigkeit der Selbsttötung keine überzeugende Grundlage für eine generelle moralische Ächtung der Selbsttötung liefern. Demnach ergibt sich aus diesen allgemeinen Überlegungen zur Selbsttötung auch keine Entscheidungsgrundlage für die Fälle, in denen sich das Problem der Sterbehilfe im medizinischen Kontext häufig stellt, nämlich bei schwer kranken Patienten mit ungünstiger Prognose, bei denen aber nicht unmittelbar mit dem Versterben zu rechnen ist.

Aktive, passive, indirekte Sterbehilfe

Allgemein werden die Begriffe der aktiven, passiven und indirekten Sterbehilfe wie folgt verwendet: Unter ›aktiver Sterbehilfe‹ wird die gezielte Herbeiführung des Todes eines schwer kranken oder leidenden Menschen auf dessen Wunsch hin verstanden. In der Literatur herrscht Uneinigkeit darüber vor, ob ein Fall von aktiver Sterbehilfe nur dann vorliegen kann, wenn der Sterbeprozess bereits eingesetzt hat, oder ob es sich auch um aktive Sterbehilfe handeln kann, wenn der Sterbeprozess noch nicht begonnen hat. Im letzten Fall verschwimmt die Abgrenzung von ›aktiver Sterbehilfe‹ und ›Tötung auf Verlangen‹. Von ›passiver Sterbehilfe‹ wird gesprochen, wenn der Sterbeprozess bereits eingesetzt hat und dieser durch das Handeln Dritter nicht aufgehalten – oder sogar beschleunigt – wird, obwohl ihnen entsprechende Interventionsmöglichkeiten zur Verfügung stünden. Bei der ›indirekten Sterbehilfe‹ oder auch ›indirekten passiven Sterbehilfe‹ handelt es sich um einen Sonderfall der passiven Sterbehilfe, der vorliegt, wenn der primäre Zweck des ärztlichen Handelns nicht die Herbeiführung des Todes des Patienten ist, sondern z. B. die Beseitigung schwerster Schmerzen, dabei aber der Tod des Patienten als wahrscheinliche, aber nicht primär beabsichtigte Nebenfolge in Kauf genommen wird.

Die passive Sterbehilfe wird in der Regel als unter bestimmten Bedingungen moralisch akzeptabel angesehen und ist in Deutschland und vielen anderen Ländern rechtlich zulässig. Voraussetzung ist, dass der Sterbeprozess des Patienten bereits eingesetzt hat. Auf der Feststellbarkeit dieses Zeitpunktes basiert die moralische und rechtliche Bewertung und damit zugleich die praktische Anwendbarkeit des Begriffs der passiven Sterbehilfe: So ist etwa die aufgrund des im Vorfeld dokumentierten Patientenwunschs unterlassene Wiederbelebung nach Einsetzen des Sterbeprozesses ein Fall von straffreier passiver Sterbehilfe, vor Einsetzen des Sterbeprozesses dagegen möglicherweise unterlassene Hilfeleistung, wenn nicht gar ein Fall von strafbarer aktiver Sterbehilfe. Die Rechtsprechung zur Sterbehilfe macht von der Unterscheidung zwischen ärztlichen Handlungen vor und nach Einsetzen des Sterbeprozesses ausgiebig Gebrauch, obwohl die Schwierigkeit, den Beginn des Sterbeprozesses zu bestimmen, bekannt ist. Aus der Sicht einiger Autoren könnte diese begriffliche Unschärfe sogar ein rechtspolitischer Vorteil sein, lässt sie doch dem behandelnden Arzt im Einzelfall, bzw. dem Richter in der Begutachtung des ärztlichen Handelns beträchtlichen Ermessensspielraum. Aus Sicht des Ethikers, für den die Analyse einer Handlung nur so präzise und eindeutig ausfallen kann, wie die dabei verwendete Terminologie, bleibt die Situation aber so lange unbefriedigend, wie der Begriff des ›Sterbeprozesses‹ nicht geklärt ist.

Der Sonderfall der indirekten Sterbehilfe liegt vor, wenn der Tod eines Patienten die unbeabsichtigte Folge ärztlichen Handelns ist. Hinter der Unterscheidung von beabsichtigter Folge einer Handlung und unbeabsichtigter Nebenwirkung steht das Prinzip der Doppelwirkung (s. Kap. II. 22). Für die indirekte Sterbehilfe heißt dies, dass der Arzt, dessen Absicht es ist, die Schmerzen eines sterbenden Patienten mit einem Medikament zu lindern, von dem er weiß, dass es den Tod des Patienten beschleunigen kann, moralisch gerechtfertigt handelt. Auch wenn die Unterscheidung zwischen absichtlicher Herbeiführung des Todes und Inkaufnahme des Todes als Nebenfolge der Schmerzlinderung theoretisch plausibel ist, wirft sie doch kaum zu überwindende Probleme in der Praxis der Rechtsprechung auf: Es ist schon schwierig genug, überzeugend zu rekonstruieren, welche Absicht ein Beklagter mit einer Handlung in einer bestimmten zeitlich zurückliegenden Situation gehabt hat. Ergibt die Rekonstruktion und Interpretation einer Handlung nun gar, dass der Akteur mehrere Absichten gehabt hat, dürfte es für den Richter fast unmöglich sein, die verschiedenen Absichten in überzeugender Weise als Haupt- und Neben-Absichten des Akteurs zu klassifizieren. Dies würde aber bedeuten, dass es vor Gericht v. a. darauf ankommt, wie der Arzt seine Sterbehilfe-Handlung darstellt.

Zweifel an der Praktikabilität der Unterscheidung von aktiver, passiver und indirekter Sterbehilfe sind also berechtigt. Aus diesem Grund wird immer wieder vorgeschlagen, diese Begriffe aufzugeben und durch andere, vermeintlich klarere Begriffe zu ersetzen. So hat etwa der Nationale Ethikrat Deutschlands in einer Stellungnahme dafür plädiert, statt von aktiver und passiver Sterbehilfe von ›Sterbenlassen‹, ›Beihilfe zur Selbsttötung‹ und ›Tötung auf Verlangen‹ zu sprechen (Nationaler Ethikrat 2006). Zwar können mit dieser Terminologie einige unerwünschte Konnotationen vermieden werden, die Kernfragen der Sterbehilfe-Debatte werden dadurch aber nicht gelöst: Zum einen lässt sich auch die Bedeutung von ›Sterbenlassen‹ nur dann verständlich machen, wenn klar ist, wie man das Einsetzen des Sterbeprozesses bestimmt. Zum anderen bleibt die eigentlich moralisch relevante Frage unbeantwortet: Wenn die Selbsttötung und auch die Beihilfe dazu unter bestimmten Bedingungen moralisch akzeptabel und rechtlich zumindest geduldet ist, warum sollte dann die Mitwirkung eines Arztes bei der Selbsttötung bzw. die von ihm vorgenommene Tötung auf Verlangen oder geleistete aktive Sterbehilfe moralisch und rechtlich verboten sein?

Tun und Unterlassen

Von Gegnern der aktiven Sterbehilfe wird häufig auf die Unterscheidung von *Tun* und *Unterlassen* verwiesen (Birnbacher 1995), wonach Sterbehilfe immer dann moralisch verwerflich ist, wenn sie auf einem ›Tun‹ des Arztes beruht. Lediglich die Unterlassung lebensverlängernder Handlungen könne moralisch akzeptabel sein. Demnach würde sich ein Arzt auch dann, wenn der Sterbeprozess bereits eingesetzt hat, moralisch schuldig machen, wenn er nicht lediglich zulässt, dass der Tod eintritt, sondern diesen Prozess durch sein Handeln noch beschleunigt.

Die Unterscheidung von Tun und Unterlassen scheint intuitiv plausibel: Wenn eine Person A auf eine zweite Person B schießt, so tut A etwas. Wenn die Person C der angeschossenen Person B nicht zu Hilfe eilt, so unterlässt C etwas. Aus handlungstheoretischer und moralischer Sicht ist diese Unterscheidung jedoch problematisch, wie sich an einigen Beispielen zeigen lässt:

(1) A wird ein großes Erbe bekommen, wenn seinem Verwandten B etwas zustößt. Als B ein Bad nimmt, ergreift A die Gelegenheit und ertränkt ihn.

(2) A steht im selben Verhältnis zu B wie in (1). A kommt ins Bad und sieht wie B ausrutscht und bewusstlos kopfüber ins Bad fällt. A kommt dem B nicht zu Hilfe. B ertrinkt (Rachels 1975).

In Beispiel (2) unterlässt A es – im Sinne einer fehlenden Körperbewegung –, dem B zu Hilfe zu kommen, während A in Beispiel (1) aktiv Körperbewegungen durchführt. Doch wird man die Handlungen von A sowohl in (1) als auch in (2) so deuten, dass A seiner moralischen Verpflichtung nicht nachgekommen ist – in (1) der Pflicht, nicht zu töten, und in (2) der Pflicht zu helfen. Die körperliche Tätigkeit oder Untätigkeit allein, so zeigen diese beiden Beispiele, ist also nicht ausreichend, um eine moralische Differenz in der Bewertung von Handlungen zu begründen: Moralische ebenso wie unmoralische Handlungen können also das Ausführen von Körperbewegungen beinhalten, je nach Situation aber eben gerade auch das Unterlassen bestimmter Körperbewegungen. Diese Entkopplung der ethischen Bewertung einer Handlung vom Ausführen bzw. Unterlassen bestimmter Körperbewegungen lässt sich anhand eines weiteren Beispiels weiter erläutern (Foot 1967):

(3) Es können mehrere Patienten P_1–P_N gerettet werden, die ansonsten mit Sicherheit sterben würden, wenn wir einen weiteren Patienten P_M töten, um z. B. seine Organe zu entnehmen.

(4) Mit der vorhandenen Menge eines Medikamentes können wir entweder einen Patienten P_1 retten, oder aber fünf andere Patienten P_2–P_6, die nur ein Fünftel der Menge des Medikamentes benötigen wie P_1.

In (3) gibt es einen Konflikt zwischen der Pflicht, den Patienten P_1–P_N zu helfen, und der Pflicht, den Patienten P_M nicht zu töten. In (4) besteht der Konflikt zwischen der Pflicht, den Patienten P_2–P_6 zu helfen, und der Pflicht, dem Patienten P_1 zu helfen. In der Regel wird man das Beispiel (3) so bewerten, dass die Pflicht, nicht zu töten, höher zu bewerten ist, als die Pflicht zu helfen, so dass man im Ergebnis den Patienten P_M nicht töten darf, d. h. die Tötung unterlassen wird. In Beispiel (4) geht es nicht um unterschiedliche Pflichten, sondern um eine Pflicht – die

Pflicht zu helfen. Zunächst scheint die Bewertung einfach, da es doch – unter sonst gleichen Bedingungen – intuitiv moralischer erscheint, fünf Menschen zu retten, anstatt nur einen, dessen Rettung folgerichtig zu unterlassen wäre. Problematisch kann aber sein, wenn dieser eine Patient ein besonderer Patient ist: Man stelle sich etwa vor, es handele sich um einen bedeutenden Diplomaten, von dessen Überleben der Frieden abhängt, und fünf Passanten, die mit ihm bei einem Attentat schwer verletzt worden sind.

Um eine ethische Bewertung ärztlicher Sterbehilfe-Handlungen zu ermöglichen, wird es nötig sein, eine Kasuistik zu entwickeln, die es erlaubt, die verschiedenen Rechte des Patienten – zuvorderst das Recht auf Selbstbestimmung – und die Pflichten des Arztes – das Hilfegebot, das Gebot, nicht zu schaden etc. – gegeneinander abzuwägen. Auf der Grundlage einer solchen Kasuistik könnte man durchaus zu dem Schluss gelangen, dass eine moralisch verbotene Unterlassung vorliegt, wenn ein Arzt es unterlassen hat, das Selbstbestimmungsrecht des Patienten zu respektieren, indem er Wiederbelebungsmaßnahmen durchgeführt hat. Im Gegensatz zur eingangs dieses Abschnitts erwähnten Auffassung ist es aber wenig plausibel, allein auf der Grundlage von Körperbewegungen Sterbehilfe-Handlungen in moralisch akzeptable Unterlassungen und moralisch verwerfliches Tun einzuteilen.

Freiwillige, nicht-freiwillige, unfreiwillige Sterbehilfe

Als ›freiwillige Sterbehilfe‹ werden Fälle bezeichnet, in denen ein Individuum den Wunsch hat zu sterben, diesen Wunsch aber nicht selbst in die Tat umsetzten kann und daher Dritte um Hilfe bittet. Einige Autoren rechnen zur freiwilligen Sterbehilfe auch solche Fälle, in denen der Patient zum Zeitpunkt der Sterbehilfe zwar nicht mehr einwilligungsfähig ist, aber zu einem früheren Zeitpunkt unmissverständlich klar gemacht hat, etwa durch eine Patientenverfügung (s. Kap. III. 33), dass er in der nun eingetretenen Situation Sterbehilfe wünscht. Diese Interpretation von ›freiwilliger‹ Sterbehilfe ist umstritten. Ebenfalls kontrovers diskutiert wird, ob und wenn ja unter welchen Bedingungen Patienten, die unter psychischen Erkrankungen leiden, überhaupt die Fähigkeit haben, aus freiem Willen um Sterbehilfe zu bitten.

Davon abzugrenzen sind Fälle der sog. ›nicht-freiwilligen Sterbehilfe‹, in denen der Patient sein Einverständnis nicht geben kann und auch zu einem früheren Zeitpunkt nicht gegeben hat. In diese Gruppe fallen etwa schwerstgeschädigte Neugeborene oder durch Unfall oder Krankheit dauerhaft nicht einwilligungsfähig gewordene Patienten. Um ›unfreiwillige Sterbehilfe‹ handelt es sich, wenn Sterbehilfe geleistet wird, obwohl der einwilligungsfähige Patient nicht um sein Einverständnis gefragt worden ist, bzw. die Sterbehilfe ausgeführt wird, obwohl er sein Einverständnis verweigert hat.

Im Fall der unfreiwilligen Sterbehilfe bereitet die moralische Bewertung keine Probleme. Hier handelt es sich *nicht* um eine selbstbestimmte Entscheidung des Patienten, so dass sein Recht auf Selbstbestimmung eklatant verletzt ist. Aus moralischer Sicht komplizierter ist die Unterscheidung von ›freiwilliger‹ und ›nicht-freiwilliger‹ Sterbehilfe. Macht man die Selbstbestimmtheit der Patientenentscheidung zum leitenden moralischen Kriterium, bedeutet dies, dass nur freiwillige Sterbehilfe moralisch akzeptabel sein kann. Moralisch problematischer sind aber die durchaus häufigen Fälle, in denen ein Patient sich nicht mehr selbstbestimmt entscheiden kann und früher keine klaren Angaben bezüglich seiner Therapiewünsche gemacht hat. Es ist in der medizinethischen Debatte umstritten, ob in diesen Fällen unter Verweis auf den ›mutmaßlichen Willen‹ des Patienten eine Entscheidung herbeigeführt werden darf. Ohne dies hier näher diskutieren zu können, scheint es plausibel anzunehmen, dass Fälle von nicht-freiwilliger *passiver* Sterbehilfe moralisch akzeptabel sein können, wohingegen dies für Fälle von nicht-freiwilliger *aktiver* Sterbehilfe problematisch erscheint.

Gesellschaftliche Folgen

Manche Kritiker halten die Sterbehilfe zwar unter gewissen Umständen für moralisch akzeptabel. Sie befürchten aber, dass die Legalisierung insbesondere der aktiven Sterbehilfe zu einer moralisch inakzeptablen Entsolidarisierung v. a. mit vulnerablen Personengruppen (s. Kap. II. 21) führen würde. Solche Argumente, die gewöhnlich die Form von Schiefe-Ebene- oder Dammbruch-Argumenten annehmen, beruhen offensichtlich auf empirischen Vermutungen darüber, wie eine Gesellschaft zukünftig mit der Sterbehilfe umgehen wird (Kamp 1998; s. Kap. II. 1). Dabei liegt ihnen jedoch – meist implizit – die Annahme zugrunde, dass die befürchteten negativen Folgen auf jeden Fall eintreten würden und auch durch Gesetze nicht verhindert werden könnten. In der Sterbehilfe-Debatte wird die Prognose, dass die Einführung der aktiven Sterbehilfe zwangsläufig zu Missbrauch führen werde, häufig auf die historischen Erfahrungen aus der Nazi-Zeit gestützt (Kutzer 2003). Als moralische Warnung ist der Blick in die Geschichte sinnvoll; das geistige Klima jener Zeit mit aktuellen Initiativen in den USA und einigen Ländern der EU zur Sterbehilfe gleichzusetzen, scheint aber problematisch. Dennoch ist die Möglichkeit eines Missbrauchs nicht ausgeschlossen. Um problematische Entwicklungen frühzeitig erkennen zu können, werden in vielen Ländern die Auswirkungen der Sterbehilfe-Gesetzgebung empirisch untersucht, wobei die Interpretation der Ergebnisse umstritten ist (Battin 2007; Onwuteaka-Philipsen et al. 2012).

Zuweilen wird kritisch angemerkt, dass der Wunsch nach Sterbehilfe Ausdruck eines in unserer Zeit vorherrschenden, übertriebenen Individualismus sei. Demnach wird der Sinn bzw. die Sinnlosigkeit der eigenen Existenz an die individuellen Entfaltungsmöglichkeiten geknüpft. Nimmt zum Ende des Lebens hin die Leistungsfähigkeit ab, gehen dem Individuum, so die Argumentation, die Möglichkeiten verloren, der eigenen Existenz aus eigener Kraft Sinn zu geben. Kommt dazu der ebenfalls eng an den Individualismus geknüpfte Wunsch, den eigenen Lebensweg zu kontrollieren, liegt es nahe, sich nicht dem ›natürlichen‹ Lauf der Dinge anzuvertrauen, sondern auch den eigenen Tod zu planen. Inwieweit der damit verbundenen Tendenz zur Vereinsamung der Sterbenden (Elias 1982) durch eine stärkere Betonung der Sinnhaftigkeit, die sich aus dem sozialen, vor allem dem familiären Miteinander ergeben kann, entgegen gewirkt werden sollte, und ob sich daraus ein moralisches Argument gegen die Sterbehilfe gewinnen lässt, muss hier offen bleiben.

Ärztliches Ethos und Sterbehilfe

Unter der Voraussetzung, dass die passive oder gar die aktive Sterbehilfe legal durchgeführt werden kann, stellt sich die Frage, wer mit den entsprechenden Handlungen bzw. Unterlassungen betraut werden soll. Im Brennpunkt der Kritik stehen insbesondere Sterbehilfe-Organisationen, die Sterbewilligen ohne die Mitwirkung eines Arztes in den Tod helfen (Münk 2009). Tatsächlich scheint einiges dafür zu sprechen, dem Arzt die Durchführung der Sterbehilfe zu übertragen, weil er, insbesondere wenn er einen Patienten über längere Zeit behandelt hat, am ehesten beurteilen kann, ob die moralischen und rechtlichen Voraussetzungen für die Sterbehilfe bei diesem Patienten erfüllt sind. Die ärztlichen Standesverbände schließen sich dieser Auffassung für die passive Sterbehilfe weitgehend an, wehren sich aber – zumindest in Deutschland – vehement gegen das Ansinnen, sich an einer geregelten Einführung der aktiven Sterbehilfe zu beteiligen (Hoppe 2009). Dabei ist von den Ärzteverbänden erkannt worden, dass die kritiklose Anwendung der technischen Möglichkeiten der modernen Medizin zur Verlängerung des Sterbeprozesses und damit unter Umständen zur unnötigen Verlängerung der Qualen eines Sterbenden führen kann.

Dementsprechend haben die zuständigen ärztlichen Gremien nach und nach an die veränderte Situation angepasste Leitlinien für das ärztliche Handeln entwickelt: Demnach solle eine Lebensverlängerung ohne Rücksicht auf die Wünsche des Patienten auch nach Auffassung der Bundesärztekammer nicht im Vordergrund der ärztlichen Behandlung stehen. Die Mitwirkung bei der Selbsttötung sei aber keine ärztliche Aufgabe (Bundesärztekammer 2011). Nach dieser Auffassung wäre es also selbst dann, wenn die aktive Sterbehilfe aus moralischer Sicht akzeptabel sein sollte, aus ebenfalls moralischen Gründen nicht akzeptabel, wenn *ein Arzt* die Sterbehilfe ausführte. Die Begründung hierfür soll in der ärztlichen Standesmoral liegen (s. Kap. III. 3). Allerdings ist das ärztliche Ethos kein in alle Ewigkeit fixiertes Set von Handlungsmaximen. Die Standesmoral verändert sich, wenn auch langsam, ebenso wie gesamtgesellschaftliche Moralvorstellungen einem stetigem Wandel unterliegen. Wenn es das einzig wahre ärztliche Ethos, das die (aktive) Sterbehilfe verbietet, gäbe, würde dies im Übrigen auch bedeuten, dass die Ärzte, die sich in den Niederlanden und anderen Ländern an der aktiven Sterbehilfe beteiligen, diesem Ethos massiv zuwiderhandeln würden. Niemand kann einen Arzt zwingen, Sterbehilfe zu leisten. Aus einem möglichen moralischen Recht auf den eigenen Tod folgt also nicht ohne weiteres für jemand Drittes, etwa einen behandelnden Arzt, eine Pflicht zur Tötung. Allerdings sollten sich auch die Ärzteverbände weiter mit der Frage auseinandersetzen, wie sie dem Wohl des Patienten am besten dienen können. Sicher ist es im Normalfall so, dass ein Patient ein überragendes Interesse an der Erhaltung seines Lebens hat. Für diesen Normalfall ist es also durchaus angemessen, wenn die ärztliche Standesmoral die Erhaltung des Lebens als Leitziel ärztlichen Handelns ansieht. Der Sterbende und auch der

Schwerstkranke stellen aber keinen Normalfall dar. Es lässt sich durchaus argumentieren, dass in diesen Fällen dem Wohl dieser Patienten gerade nicht durch die Erhaltung des Lebens gedient wird.

Palliative Versorgung und Sterbehilfe

Es hat sich die Auffassung durchgesetzt, dass eine moderne palliativmedizinische Versorgung es auch schwerstkranken Patienten ermöglicht, in erträglicher und v. a. weitgehend schmerzfreier Weise zu sterben. Aus diesem Umstand wird zuweilen gefolgert, dass Sterbehilfe damit überflüssig würde. Wenngleich viele Sterbehilfegesuche auf die Angst vor unerträglichen physischen Schmerzen zurückzuführen sein dürften, wird es aber auch den Fall geben, dass ein Patient aufgrund der psychischen Zumutungen, die seine Krankheit mit sich bringt, sterben möchte. Etwa weil ihm aufgrund des drohenden Verlusts seiner intellektuellen Fähigkeiten sein Leben nicht mehr lebenswert erscheint. Gegen solche Motive kann die Palliativmedizin nur bedingt helfen, so dass die palliative Versorgung Sterbender und die Sterbehilfe sich unter Umständen ergänzen können (s. Kap. III. 31).

Literatur

Battin, Margret P./van der Heide, Agnes/Ganzini, Linda/van der Wal, Gerrit/Onwuteaka-Philipsen, Bregje D.: Legal physician-assisted dying in Oregon and the Netherlands: evidence concerning the impact on patients in »vulnerable« groups. In: *Journal of Medical Ethics* 33 (2007), 591–597. doi: 10.1136/jme. 2007.022335.
Birnbacher, Dieter: *Tun und Unterlassen*. Stuttgart 1995.
–: *Bioethik als Tabu? Toleranz und ihre Grenzen*. Münster 2000.
Bloch, Sidney/Heyd, David: Suicide. In: Sidney Bloch/Stephen Green (Hg): *Psychiatric Ethics*. Oxford [4]2009, 229–250.
Bundesärztekammer: Grundsätze der Bundesärztekammer zur ärztlichen Sterbebegleitung. In: *Deutsches Ärzteblatt* 108/7 (2011), A 346–48.
Daube, David: The linguistics of suicide. In: *Philosophy & Public Affairs* 1/4 (1972), 387–437.
Deutsches Referenzzentrum für Ethik in den Biowissenschaften: *Im Blickpunkt Sterbehilfe* (Stand Oktober 2012). In: http://www.drze.de/im-blickpunkt/sterbehilfe (13. 8. 2013).
Elias, Norbert: *Über die Einsamkeit der Sterbenden*. Frankfurt a. M. 1982.
Frewer, Andreas/Eickhoff, Clemens: ›Euthanasie‹ und die aktuelle Sterbehilfe-Debatte. Die historischen Hintergründe medizinischer Ethik. Frankfurt a. M. 2000.
Foot, Philippa: The problem of abortion and the doctrine of the double effect. In: *Oxford Review* 5 (1967), 5–15. Wiederabgedruckt in: Bonnie Steinbock/Alastair Norcross (Hg.): *Killing and Letting Die*. New York [2]1995, 266–279.
Grimm, Carlo/Hillebrand, Ingo: *Sterbehilfe. Rechtliche und ethische Aspekte*. Ethik in den Biowissenschaften – Sachstandsberichte des DRZE, Bd. 8. Hg. von Dieter Sturma/Dirk Lanzerath/Bert Heinrichs. Freiburg 2009.
Harris, John: Life and death. In: *Routledge Encyclopedia of Philosophy*, Bd. 5. London 1998, 625–630.
Hoerster, Norbert: *Sterbehilfe im säkularen Staat*. Frankfurt a. M. 1998.
Hoppe, Jörg-Dietrich/Hübner, Marlis: Der ärztlich assistierte Suizid aus medizin-ethischer und aus juristischer Perspektive. In: *Zeitschrift für medizinische Ethik* 55/3 (2009), 303–317.
Institut für Demoskopie Allensbach: *Einstellungen zur aktiven und passiven Sterbehilfe*. Allensbacher Berichte 2008/Nr. 14.
–: Ärztlich begleiteter Suizid und aktive Sterbehilfe. Repräsentativumfrage, Juli 2010. In: http://www.bundesaerztekammer.de/downloads/Sterbehilfe.pdf (14. 8. 2013).
Kamp, Georg: Dammbruchargument. In: Wilhelm Korff/Lutwin Beck/Paul Mikat (Hg.): *Lexikon der Bioethik*, Bd. 1. Gütersloh 1998, 453–455.
Kuhse, Helga: *The Sanctity-of-Life-Doctrine in Medicine – A Critique*. Oxford 1987. Deutsch: *Die »Heiligkeit des Lebens« in der Medizin: eine philosophische Kritik*. Erlangen 1994.
–/Singer, Peter: *Should the Baby Live? The Problem of Handicapped Infants*. Oxford 1985 (Deutsch: *Muß dieses Kind am Leben bleiben? Das Problem schwerstgeschädigter Neugeborener*. Erlangen 1993).
Kutzer, Klaus: Die Auseinandersetzung mit der aktiven Sterbehilfe. Ein spezifisches Problem der Deutschen? In: *Zeitschrift für Rechtspolitik* 6 (2003), 209–212.
Merkel, Reinhard: *Früheuthanasie*. Baden-Baden 2001.
Münk, Hans: Suizidbeihilfe in der Schweiz. In: *Zeitschrift für medizinische Ethik* 55/4 (2009), 371–388.
Nationaler Ethikrat: *Selbstbestimmung und Fürsorge am Lebensende*. Berlin 2006.
Onwuteaka-Philipsen, Bregje D./Brinkman-Stoppelenburg, Arianne/Penning, Corine/de Jong-Krul, Gwen J. F./van Delden, Johannes J. M./van der Heide, Agnes: Trends in end-of-life practices before and after the enactment of the euthanasia law in the Netherlands from 1990 to 2010: a repeated cross-sectional survey. In: Lancet 380/9845 (2012), 908–15. doi: 10.1016/S 0140–6736(12)-61034–4. Epub 2012 Jul 11.
Quante, Michael: *Menschenwürde und personale Autonomie: Demokratische Werte im Kontext der Lebenswissenschaften*. Hamburg 2010.
Rachels, James: Active and passive euthanasia. In: *The New England Journal of Medicine* 292 (1975), 78–80 (Deutsch in: Sass, Hans-Martin: *Medizin und Ethik*. Stuttgart 1989, 254–264).
Schuster, Josef: Sterbehilfe, Ethisch. In: Wilhelm Korff/Lutwin Beck/Paul Mikat (Hg.): *Lexikon der Bioethik*, Bd. 3. Gütersloh 1998, 451–454.

Felix Thiele

41 Sucht und Abhängigkeit

Die Suche nach einer allgemein anerkannten Definition von ›Sucht‹ – abgeleitet vom mittelhochdeutschen Wort *suht*: Krankheit bzw. siechen –, die neben Merkmalen des Gebrauchs und der Entstehung auch individuelle und gesellschaftliche Folgen miteinbezieht, erweist sich als schwierig. Eine Hauptkonfliktlinie dieser sehr uneinheitlichen Diskussion verläuft zwischen der neuromedizinischen Auffassung von Sucht als krankhafter Veränderung des Gehirns und der Einordnung süchtiger Verhaltensweisen in voluntative, wenn auch zuweilen selbstzerstörerische Entscheidungsprozesse.

Sucht als Krankheit

Das heute dominierende medizinische Suchtkonzept hat seine Wurzeln im späten 18. bzw. frühen 19. Jahrhundert und entstand im Zuge einer zunehmenden Hinwendung der medizinischen Wissenschaften zur Behandlung sozialer Probleme und der Psychiatrisierung sozial auffälligen Verhaltens. Zuvor wurden bestimmte Folgen des Konsums v. a. von Alkohol und Opium als ›krank‹ verstanden, damals fand jedoch die Abhängigkeit von der Substanz selbst Eingang in die medizinische Lehre (Wiesemann 2000). Die juristische Anerkennung von Sucht als Krankheit wurde in Deutschland mit einer Entscheidung des Bundessozialgerichts am 18. Juni 1968 grundgelegt. In dem Urteil wurde der Verlust der Selbstkontrolle, also das Nicht-mehr-aufhören-Können, bedingt durch die Abhängigkeit vom Suchtmittel als an sich krankhaft bewertet. Die Dominanz der biomedizinischen Auffassung von Sucht liegt nicht zuletzt in der damit einhergehenden versicherungsrechtlichen Bewertung begründet. Fast alle Leistungen des deutschen Suchthilfesystems fußen auf der durch das Bundessozialgericht ausgesprochenen Interpretation von Sucht als Krankheit (Bauer 2014).

Eine pragmatische, diagnostisch operationalisierbare Definition von Sucht bieten die deskriptiven Ansätze in den medizinischen Diagnosemanualen *International Statistical Classification of Diseases and Related Health Problems* 10 (ICD-10) und *Diagnostic and Statistical Manual of Mental Disorders* 5 (DSM-5). Diese klassifizieren den fortgesetzten zwanghaften Konsum psychotroper Substanzen als Krankheit. Suchtbezogenes Verhalten geschieht demnach zumeist unter Inkaufnahme gesundheitlicher, finanzieller und sozialer Schädigung, sowohl des betroffenen Akteurs selbst als auch anderer. Weitere Kennzeichen von Sucht sind: starkes Verlangen nach der Substanz, Schwierigkeiten der Konsumkontrolle und Toleranzentwicklung, d. h. die Notwendigkeit die Dosis zu erhöhen, um einen vergleichbaren Zustand zu erreichen. Nicht-substanzgebundene Süchte sind nach dem ICD-10 bisher nicht klassifiziert.

Der seit 2013 geltende DSM-5 enthält gegenüber dem DSM-IV in Bezug auf die Diagnostik und Systematik von »Sucht und zugehörigen Störungen« einige Neuerungen. Neben den substanzbezogenen werden seit 2013 auch verhaltensgebundene »Gebrauchsstörungen« – so lautet die ebenfalls neue Begrifflichkeit – aufgeführt. Die Einordnung von »Gestörtem Glückspielen« als Sucht trägt einer Fülle von Studien Rechnung, die die Gemeinsamkeiten dieses Phänomens mit substanzbezogenen Süchten belegen (u. a. Petry 2006). Zusätzlich wird unter Vorbehalt noch die Diagnose »Internet Gaming Disorder« aufgeführt, mit Hinblick auf eine dauerhafte Aufnahme in die Kategorie, falls sich die Datenlage erhärtet (Rumpf et al. 2011). Exzessives Sexualverhalten, pathologisches Kaufen und exzessives Essverhalten werden nach dem DSM-5 nicht unter Sucht aufgeführt, weil hierfür objektivierbare Kriterien fehlen – dieses Verhalten kann jedoch in Einzelfällen Suchtcharakter annehmen.

Im ICD-10 wird statt ›Sucht‹ dem Begriff »Abhängigkeitssyndrom« der Vorzug gegeben. ›Abhängigkeit‹ im Sinne von zwanghaftem Bedürfnis wurde 1964 als alternative Sprachregelung in den offiziellen Sprachgebrauch der World Health Organisation (WHO) eingeführt und sollte den Charakter des »Abhängigkeitssyndroms« als Krankheit betonen, um der Stigmatisierung Betroffener entgegenzuwirken. ›Sucht‹ als dem historisch gewachsenen Begriff sind Bedeutungsinhalte beigeordnet, die auf die Verhältnisse zwischen Gesellschaft, sozialem Umfeld, Substanz und Verhalten des Individuums verweisen. Diese historisch gewachsenen Bilder und umgangssprachlichen Assoziationen sollten für das als Krankheit klassifizierte Syndrom keine Rolle spielen (Wolf 2003). Der Begriff der ›Abhängigkeit‹ verweist zudem auf die Tatsache, dass das Absetzen des Suchtmittels mit Entzugserscheinungen verbunden ist, und dass bei fortgesetztem Konsum eine kontinuierliche Dosiserhöhung nötig ist, um einen vergleichbaren Effekt zu erzielen. ›Abhängigkeit‹ grenzt indes Patienten nicht klar ab, die z. B. aufgrund starker Schmerzen, nach indizierter Medikation unter Entzugserscheinungen leiden, ohne jedoch sonst von der psychischen Dimension des Syndroms betroffen zu sein. Die Amerikanische Psychiatrische Gesellschaft kehrt daher mit dem seit 2013 geltenden DSM-5 wieder zum Suchtbegriff zurück, fügt diesem jedoch die Merkmale Toleranzentwicklung und Entzugserscheinungen hinzu (Rumpf 2011).

Ätiologie der Suchterkrankung

Sucht entsteht nach medizinischer Auffassung im Rahmen eines ›pathologischen‹ Lernprozesses bzw. durch die Anpassung des Gehirns an den Suchtstoff mit fatalen Folgen. Diese bestehen v. a. in der Manipulation von bestimmten Gehirnarealen, was letztlich dazu führt, dass der Betroffene nicht mehr in der Lage ist, sich dem Verlangen nach dem Suchtstoff zu widersetzen und nicht zu konsumieren. Im Zentrum dieses Prozesses steht das dopaminerge Belohnungssystem des Gehirns (mesolymbisches System). In der Sucht wird das eigentlich auf die Motivation von Anstrengungen zugunsten lebenserhaltender Maßnahmen ausgerichtete Belohnungssystem vom Suchtstoff vereinnahmt. Drogen beeinflussen die Erregungsübertragung im Gehirn und aktivieren das Belohnungssystem stärker als ›natürliche Belohnungen‹ wie Nahrung oder Sex. Mit dem Drogenkonsum assoziierte Reize werden dadurch hoch bewertet, während andere, geringer stimulierende Ziele im Selektionsschema zurücktreten.

Drogenkonsum kann daher nicht bloß als ein hedonistischen Zielen unterworfenes Verhalten verstanden werden. Verhaltensmodulierende Reize werden vielmehr einer pathologischen Selektion unterworfen und erzeugen bei Suchtkranken – teilweise auch nach langer Abstinenz – ein unwiderstehliches Verlangen, dem diese auch entgegen dem Vorsatz zur Abstinenz folgen und konsumieren. Dieses auch als ›Suchtdruck‹ oder ›Craving‹ bezeichnete Phänomen ist aus neurologischer Sicht Ausdruck des durch die Droge bewirkten Lernprozesses. Mit der Drogenwirkung werden Signale, wie etwa eine bestimmte Umgebung, Gerüche, Geräusche etc., verknüpft, die dann später das *craving*, also das starke Verlangen zum Konsum, auslösen können. Neben diesem sind mit schwächeren neuronalen Reizen verbundene Ziele (Erhalt der Gesundheit, familiäre Bindungen und berufliche Ziele) unterrepräsentiert. Zum Drogenkonsum notwendige Vorgänge (Beschaffung, Aufbereitung) sind zudem, ähnlich wie Strategien zur Gewinnung von Nahrung, so stark überlernt, dass deren Umsetzung häufig keinen oder nur wenig impulsschwächenden Aufschub des Konsums des verlangten Suchtstoffs erfordert. Sucht ist nach dieser Auffassung das Ergebnis einer pathologischen Usurpation neuraler Lern- und Erinnerungsmechanismen.

Der Übergang von einem kontrollierbaren Konsum zu zwanghaftem Verhalten wird auch *point of no return* genannt. Ist dieser Punkt überschritten, bewirken dauerhafte Veränderungen im Gehirn Verhaltensmodulationen des Suchtkranken auch gegen dessen Vorsatz. Dabei verändert sich auch die Anzahl von Rezeptoren durch den Konsum. Um einen vergleichbaren Erregungszustand des Belohnungssystems zu erzielen, sind demnach immer mehr Botenstoffe der Droge nötig, wobei das anregende Potenzial der anderen Botenstoffe verringert wird (Hyman 2005). Vergleichbare Prozesse können jedoch auch durch bestimmte handlungsgebundene Zustände, wie etwa das Glücksspiel erreicht werden (Koob et al. 2008).

Das neuromedizinische Modell erklärt Sucht als krankmachende Anpassung des Gehirns an einen Suchtstoff. Der Einstieg in die Sucht, d. h. die wiederholte Ausübung von Handlungen, die den Suchtstoff in das Gehirn einbringen, bleibt zunächst jedoch ungeklärt. Vor allem in der Jugend gehört das Experimentieren mit dem Rausch oftmals zur Initiation. Die Konsumenten überschreiten den *point of no return* jedoch nicht zwingend. Die Frage, wovon es abhängt, ob kontrollierter Konsum zur Abhängigkeit wird, wird innerhalb unterschiedlicher Ansätze mit der Persönlichkeit des Konsumenten bzw. mit dessen individuellen Voraussetzungen in Verbindung gebracht. Selbst der Konsum körperlich stark abhängig machender Substanzen führt nicht in jedem Fall in die Suchtspirale. Studien zur genetischen Prädisposition für die Entwicklung von Sucht – ein Großteil dieser Studien bezieht sich auf Alkoholsucht – weisen deutlich auf die Bedeutung erblicher Faktoren hin. Erblich vorbelastete Konsumenten entwickeln demnach wesentlich schneller einen abhängigen Konsum. Es zeigte sich jedoch auch, dass neben genetischen auch andere Faktoren eine bedeutsame Rolle spielen. Das erwies z. B. die Forschung an eineiigen Zwillingen, bei denen viele, aber nicht alle ein ähnliches Suchtverhalten aufweisen (Maier 1996). Verschiedene Gene bzw. Genkonstellationen werden mit der Entstehung von Sucht assoziiert, für ebenso maßgeblich wie das polygenetische Geschehen gelten jedoch bei der Entwicklung einer Sucht individuelle Umgebungsfaktoren (Mann et al. 2009).

Lernpsychologische Modelle beschreiben Sucht

als Verhalten, das in sozialen Situationen erworben und durch gesellschaftliche bzw. subkulturelle Normen sowie durch positive Erfahrungen mit der Droge im Anfangsstadium verstärkt wird (Günther et al. 1997). Diese Sichtweise stützt sich, ebenso wie die neurologische Beurteilung von Sucht, auf einen Lernprozess, in dessen Zentrum jedoch im Unterschied zu diesem nicht ausschließlich eine Verstärkung durch die Substanz selbst steht, sondern auch durch äußere Faktoren steht (z. B. konsumierende Familienmitglieder, Vorbilder in der Peergroup, Initiationsrituale). Vor allem Heranwachsende mit schwacher emotionaler Selbstregulation nutzen Drogen zur Selbstmedikation, um unangenehme Gefühle zu dämpfen (Tschann et al. 1994). Studien zeigen den Zusammenhang emotionaler Belastungsdispositionen mit dem abhängigen Konsum bestimmter Suchtstoffe (vgl. Wilens 2004; Khantzian 1985).

Auch die Psychoanalyse versteht Sucht, oder vielmehr die Fixierung auf den Rausch, als Selbstheilungsversuch. Diesem Verhalten liegt demnach eine Regression auf die – als zuvor aversiv erfahrene – Mutter-Kind-Beziehung zugrunde, die zwischen dem ›Selbst‹ und seiner Umwelt in einer Art Abhängigkeits-Autonomie-Konflikt erlebt wird. Der durch Drogeneinnahme induzierte Rauschzustand ermöglicht dem Betroffenen eine positive Selbsterfahrung, in der er sich als verklärt erlebt. Sucht ist im Sinne der Psychoanalyse ein sekundäres Problem, das auf tiefer liegende, primäre Probleme verweist (Tress 1985). Die Suche nach einer ›Suchtpersönlichkeit‹ hat lange die inhaltliche Diskussion um die Pathogenese der Sucht bestimmt. Bestimmte Eigenschaften, wie u. a. mangelnde Impulskontrolle, emotionale Labilität, Ängstlichkeit, werden demnach mit der Suchtkrankheit verknüpft. Unklar ist jedoch, ob diese Eigenschaften die Entstehung einer Sucht begünstigen, oder ob diese durch die Sucht entstehen. Das Konzept der ›Suchtpersönlichkeit‹ wurde nach und nach aufgegeben. Suchtmedizinisch gefragt wird stattdessen nach bestimmten Persönlichkeitsakzentuierungen. Diese gelten jedoch nicht als Prädiktoren einer Suchterkrankung, sondern werden nunmehr als therapeutische relevante Faktoren verstanden (Dahlke 2004).

Kritik am Krankheitsmodell der Sucht

Die Bewertung von Sucht als einer Krankheit, die den Willen einschränkt oder sogar aufhebt, wirft einige ethische Fragen auf. Diese betreffen die Angemessenheit des Krankheitsbegriffs, aber auch die Verantwortung (s. Kap. II. 26) Suchtkranker für ihr Handeln sowie den gesellschaftlichen und professionellen Umgang mit dem Phänomen Sucht.

Fraglich ist z. B., ob die Beobachtung dauerhafter neuronaler Veränderungen, bedingt durch den Suchtstoff, ein hinreichendes Kriterium für eine Krankheit ist. Bennett Foddy und Julian Savulescu machen geltend, dass jegliches auf Lustgewinn bezogenes Verhalten zu vergleichbaren Veränderungen führt und der Unterschied zwischen süchtig machenden und anderen Substanzen nur in der dafür benötigten Menge besteht. Auch die große Häufigkeit von Spontanheilungen – etwa 25 % der Betroffenen hören ohne Behandlung auf zu konsumieren – spricht gegen eine Krankheit des Gehirns, es sei denn, man geht davon aus, dass sich die durch die Substanz veränderten Gehirnstrukturen in all diesen Fällen spontan zurückbilden. Die Tatsache, dass dies in der medizinischen Suchtforschung weitgehend unbeachtet bleibt, erklärt sich ihrer Meinung nach aus der Wirkmacht der gesellschaftlichen Tabuisierung hedonistischer Verhaltensweisen einschließlich deren Priorisierung von Gütern (s. Kap. II. 9) wie Gesundheit und Vermögen (Foddy/Savulescu 2010).

Wesentliches Krankheitsmerkmal (s. Kap. II. 14) des Suchtphänomens ist nach ICD-10 und DSM-5 der fortgesetzte Konsum ungeachtet damit verbundener schwerwiegender Nachteile und entgegen dem Vorsatz des Betroffenen. Die dem Krankheitsmodell implizite Annahme, eine suchtkranke Person (s. Kap. II. 21) handele im Kontext des Konsums gegen oder ohne ihren Willen bzw. unter Zwang, wird aus philosophischer sowie aus psychologischer und soziologischer Sicht in Frage gestellt. Entscheidend ist die Beantwortung dieser Frage für die Bewertung der Verantwortung Süchtiger für ihr Verhalten.

Harry Frankfurts hierarchisches Modell der Willensfreiheit hat das Verhalten Süchtiger, die entgegen ihrem Vorsatz konsumieren, zum Gegenstand. Dieses im Kontext von Suchttheorien häufig zitierte Modell hat Frankfurt zur Erläuterung seiner Auffassung von prozeduraler Autonomie geschaffen. Handlungswirksame Wünsche einer ersten Stufe, z. B. der Wunsch nach einer Zigarette, werden demnach von Wünschen einer zweiten Stufe ob ihrer Erwünschtheit bewertet. Ein Drogensüchtiger verfügt nach Frankfurt dann nicht über Willensfreiheit, wenn entgegen seinem auf zweiter Stufe bestehenden Wunsch, den Drang nach der Droge nicht mehr zu verspüren und seine Sucht zu beenden, doch der Wunsch der ersten Stufe handlungswirksam wird und er konsumiert. Nach Frankfurt ist nur ein Süchtiger, der sein Verhalten auch auf zweiter Stufe bejaht für sein Verhalten verantwortlich (Frankfurt 1971, 1988).

George Ainslie richtet seine Aufmerksamkeit auf die Oszillation der Wünsche im Kontext süchtiger Verhaltensweisen. Diese folgen demnach unter dem Einfluss des *cravings* einer hyperbolischen Diskontierung, also Abwertung, künftiger Güter. Auch wenn ein Süchtiger die Möglichkeit eines suchtfreien Lebens und die damit verbundene Vermeidung zahlreicher Probleme grundsätzlich höher bewertet als den kurzen Genuss durch den Suchtstoff, wird diese Wertschätzung immer dann von einer noch höheren Bewertung des unmittelbaren Konsums relativiert, wenn sich die Gelegenheit zum Konsum ergibt. Nach Ainslie unterscheiden sich bei dieser Art der Präferenzbildung Süchtige jedoch nicht grundsätzlich von Nicht-Süchtigen. Die unmittelbare Versuchung wiegt häufig schwerer als ein mittel- oder langfristiges Ziel, was jedem klar ist, der schon einmal eine Diät gemacht hat. Was Süchtige in diesem Zusammenhang auszeichnet, ist die Intensität der Hochschätzung des unmittelbar bevorstehenden Konsums. Ainslie wertet diesen graduellen Unterschied jedoch nicht als Krankheit, sondern als Willensschwäche (Ainslie 2000; vgl. Levy 2006).

Gene Heyman sieht Sucht ebenfalls als gewähltes Verhalten, das jedoch durch eine zeitweilig verengte Wahrnehmung der Alternativen begünstigt wird. Neurologische Korrelate der Sucht, die auch für die Toleranzentwicklung gegenüber dem Suchtstoff verantwortlich sind, können die Wertschätzung des Suchtstoffs demnach quantitativ beeinflussen. Die Beteiligung hirnorganischer Veränderungen bei diesen Prozessen sowie die Beobachtung bestimmter genetischer Konstellationen bei Suchtkranken beweist nach Heyman jedoch nicht die These von einer Krankheit des Willens. Nach Auffassung Heymans begründet auch die selbstzerstörerische Auswirkung süchtiger Verhaltensweisen keine Klassifikation als Krankheit. Diese sind vielmehr Ausdruck einer zeitlich eingeschränkten ökonomischen Bewertung, die künftige Zustände außer Acht lässt. Nach Auffassung Heymans können soziale Verbindlichkeiten wie z. B. Heirat oder die Einbindung in Gruppen wie die Anonymen Alkoholiker Süchtige darin unterstützen, ihren Bewertungshorizont zu erweitern (Heyman 2009; vgl. Szasz 1974; Schaler 2000).

Nach Auffassung George Loewensteins ist süchtiges Verlangen ähnlich zu verstehen wie ›viszerale‹ Motivation, also Triebe, Emotionen oder körperliche Empfindungen. Süchtige unterscheiden sich demnach von Nicht-Süchtigen durch die erworbene Empfänglichkeit für die motivationale Kraft ›visceraler Faktoren‹, die u. a. darin besteht, ihren Blick auf den Suchtstoff hin zu verengen. Die Einschätzung der Kraft viszeraler Motivation entzieht sich, sofern sie nicht aktuell verspürt wird, der rationalen Einschätzung des Betroffenen und wird daher leicht unterschätzt (Loewenstein 1999; vgl. Elster 1999). Ob eine suchtbezogene Handlung dann zwanghaft ist oder aber eine Folge von Willensschwäche, macht Gary Watson an prozeduralen Bedingungen fest: Zwang bemisst sich an der Macht des süchtigen Verlangens, während sich Willensschwäche an der grundsätzlich vorhandenen Fähigkeit, jenes Verlangen zurückzustellen, ablesen lässt (Watson 1999b; vgl. Mele 1996; Elster 1999). Ein operationalisierbares Kriterium zur Entscheidung, ob eine suchtbezogene Handlung zwanghaft ist oder der Ausdruck von Willensschwäche, ist aus diesem Ansatz jedoch nicht ableitbar (Yaffe 2001).

Watson betont den normativen Gehalt der Frage nach der Unterscheidung zwanghafter und freiwilliger Verhaltensweisen im Kontext der Sucht. Zwangslagen, in die der Betroffene sich willentlich gebracht hat, werden in der Regel nur dann moralisch entschuldigt, wenn die Gründe dafür mit einem hohen Wert belegt sind. In der Praxis kommt eine Bewertung von Autonomie im Kontext von Sucht daher nicht ohne einen substantiven, also an Inhalten orientierten, Autonomiebegriff aus (Watson 1999a). Gegen einen solchen, also an gesellschaftlich akzeptierten Inhalten orientierten Autonomiebegriff, richtet sich die Argumentation von Bennett Foddy und Julian Savulescu. Die Dekonstruktion des biomedizinischen Suchtkonzepts als wissenschaftlicher Platzhalter eines Tabus hedonistischer Verhaltensweisen führt diese zu einem Minimalkonzept von Sucht, dem zufolge es nicht auszuschließen ist, dass süchtige Verhaltensweisen einem prozeduralen Verständnis von Autonomie genügen. Das häufig beschworene Bild des unter seiner Situation leidenden Süchtigen trifft nach Auffassung der beiden Autoren keineswegs notwendig auf alle Süchtigen zu. Entsprechende Selbstdarstellungen seien vor dem Hintergrund des gesellschaftlichen Tabus und damit verbundenen Ängsten vor Ausgrenzung zu bewerten (Foddy/Savulescu 2010).

Ethische Implikationen des Krankheitsmodells

Die Klassifizierung von Sucht als Krankheit begründet den Anspruch Betroffener auf Behandlung und damit einhergehend die Finanzierung von Hilfe. Zudem schützt die Einordnung von Sucht als Krankheit Betroffene vor Stigmatisierung.

Ein Suchtmodell, das Verhalten im süchtigen Kontext als pathologischen neuralen Prozessen unterworfen und zwanghaft charakterisiert, ist jedoch auch mit einigen Nachteilen, nicht nur für die Betroffenen, verbunden. Eine Deutung intentionalen Verhaltens wie durch das neuromedizinische Modell kann die Bedeutung personaler Akteurschaft Betroffener und damit womöglich deren menschliche Würde untergraben (Bauer 2014). Der durch das neuromedizinische Krankheitsmodell begründete Ausschluss voluntativer Anteile an süchtigen Verhaltensweisen führt zudem zur Überantwortung einer Heilung an die Medizin bzw. den behandelnden Arzt und entzieht so der Entwicklung eigenverantwortlicher Kompetenz im Umgang mit Drogen die Grundlage. Paternalistischen Verhaltensweisen im Umgang mit Suchtkranken wird auf diese Weise Vorschub geleistet (Wallroth 2007).

Gegenüber der neuromedizinischen Auffassung von Sucht als Krankheit besteht ein widersprüchlicher gesellschaftlicher Umgang mit dem Phänomen. So ist Sucht die einzige Erkrankung, deren Symptome durch das Gesetz sanktioniert werden. Dies ist jedoch sowohl sinnlos also auch ungerecht, wenn Süchtige einem krankhaften Zwang unterliegen (Heyman 2009). Die Frage, ob Sucht eine Krankheit ist oder aber der Ausdruck von Willensschwäche, scheint in der gesellschaftlichen Praxis noch unentschieden. Um den mit dem Krankheitsmodell intendierten Schutz Betroffener in diesem Zusammenhang plausibel zu machen, ist es wichtig, deren Schuldfähigkeit sukzessive einzuschränken. Robert Bauer zeigt zudem, dass eine Bewertung von Sucht als Krankheit die Miteinbeziehung von Schuld eines Betroffenen am Rückfall nicht ausschließt. Schuldzuschreibung muss jedoch im Einzelfall immer in Hinsicht auf ihre therapeutische Nützlichkeit einer prinzipienbasierten Abwägung unterzogen werden (Bauer 2014). Ein Problem dieses schwer überschaubaren Diskurses liegt jedoch in der unzureichenden Differenzierung gradueller Abstufungen von Sucht. Argumentationen setzen hier häufig beliebig an und greifen in der Folge nicht ineinander.

Literatur

Ainslie, George: A research-based theory of addictive motivation. In: *Law and Philosophy* 19 (2000), 77–115.
Bauer, Robert: *Sucht zwischen Krankheit und Willensschwäche*. Tübingen 2014.
Dahlke, Björn: Persönlichkeit als Risikofaktor? Zum Einfluss der Persönlichkeit auf das Suchtverhalten bei Personen mit Alkoholabhängigkeit. 2004. In: edoc.hu-berlin. de/dissertationen/dahlke-bjoern-2004-12-09/HTML/-front.html (02. 04. 2014).
Elster, Jon: *Strong Feelings: Emotion, Addiction, and Human Behavior*. Cambridge, Mass. 1999.
Foddy, Bennett/Savulescu, Julian: A Liberal Account of Addiction. In: *Philosophy, Psychiatry & Psychology* 178/1 (2010), 1–22.
Frankfurt, Harry: Freedom of the will and the concept of a person. In: *Journal of Philosophy* 68 (1971), 5–20.
–: *The Importance of What We Care About*. New York 1988.
Günther, Verena/Gritsch, Sabine: Lerntheoretische Aspekte der Sucht. In: Elmar Fleisch/Reinhard Haller/Wolfgang Heckmann (Hg.): *Suchtkrankenhilfe lehren*. Weinheim 1997, 163–176.
Heyman, Gene M.: *Addiction: A Disorder of Choice*. Cambridge, Mass. 2009.
Hyman, Steven E.: Addiction: a disease of learning and memory. In: *The American Journal of Psychiatry* 162 (2005), 1414–1422.
Khantzian, Edward J.: The Self-Medication Hypothesis of Addictive Disorders: Focus on Heroin and Cocaine Dependence. In: *The American Journal of Psychiatry* 142 (1985), 1259–1264.
Koob, George F./Le Moal, Michel: Addiction and the brain antireward system. In: *Annual Review of Psychology* 59 (2008), 29–53.
Levy, Neil: Autonomy and addiction. In: *Canadian Journal of Philosophy* 36/3 (2006), 427–448.
Loewenstein, George: A visceral account of addiction. In: Jon Elster/Ole-Jørgen Skog (Hg.): *Getting Hooked: Rationality and Addiction*. Cambridge 1999, 235–264.
Maier, Wolfgang: Genetik von Alkoholabusus und Alkoholabhängigkeit. In: Karl Mann/Gerhard Buchkremer (Hg.): *Sucht. Grundlagen, Diagnostik, Therapie*. Stuttgart/Jena/New York 1996.
Mann, Karl/Gann, Horst/Günthner, Arthur: Suchterkrankungen. In: Mathias Berger (Hg.): *Psychische Erkrankungen: Klinik und Therapie*. München [3]2009, 346–409.
Mele, Alfred: Addiction and self-control. In: *Behavior and Philosophy* 24 (1996), 99–117.
Petry, Nancy M.: Should the scope of addictive behaviors be broadened to include pathological gambling? In: *Addiction* 101 (2006), 152–160.
Rumpf, Hans-Jürgen/Kiefer, Falk: DSM-5: Die Aufhebung der Unterscheidung von Abhängigkeit und Missbrauch und die Öffnung für Verhaltenssüchte. In: *Sucht* 57/1 (2011), 45–48.
Schaler, Jeffrey A.: *Addiction is a Choice*. Chicago 2000.
Szasz, Thomas S.: *Ceremonial Chemistry: The Ritual Persecution of Drugs, Addicts, and Pushers*. Garden City, New York, 1974.
Tress, Wolfgang: Zur Psychoanalyse der Sucht. Eine Studie

am objektpsychologischen Modell. In: *Forum der Psychoanalyse* 1/2 (1985), 81–92.

Tschann, Jeanne M./Adler, Nancy E./Irwin, Charles E./Millstein, Susan G./Turner, Rebecca A./Kegeles, Susan M.: Initiation of substance use in early adolescence: the roles of pubertal timing and emotional distress. In: *Health Psychology* 13/4 (1994), 326–333.

Wallroth, Martin: Vom Sinn der Sucht. Philosophische Aspekte. In: Michael Klein (Hg.): *Kinder und Suchtgefahren*. Stuttgart 2007, 27–39.

Watson, Gary: Excusing addiction. In: *Law and Philosophy* 18/6 (1999a), 589–619.

–: Disordered appetites: addiction, compulsion and dependence. In: Jon Elster (Hg.): *Addiction: Entries and Exits*. New York 1999b.

Wiesemann, Claudia: *Die heimliche Krankheit. Zur Geschichte des Suchtbegriffs*. Stuttgart-Bad Cannstatt 2000.

Wilens, Timothy E.: Attention-deficit/hyperactivity disorder and the substance use disorders: the nature of the relationship, subtypes at risk, and treatment issues. In: *Psychiatric Clinics of North America* 27 (2004), 283–301.

Wolf, Julia: *Auf dem Weg zu einer Ethik der Sucht – Neurowissenschaftliche Theorien zur Sucht und deren ethische Implikationen am Beispiel der Alkohol- und Heroinsucht*. 2003. In: http://nbn-resolving.de/urn:nbn:de:bsz:21-opus-7287 (02.12.2013).

Yaffe, Gideon: Recent Work on Addiction and Responsible Agency. 2001. In: http://digitalcommons.law.yale.edu/fss_papers/3722 (10.12.2013).

Theresia Volhard

42 Synthetische Biologie

Das Gebiet der synthetischen Biologie umfasst ein breites Forschungs- und Anwendungsfeld, das sich v. a. durch eine *neuartige Transdisziplinarität* zwischen *biowissenschaftlichen* und *ingenieurswissenschaftlichen* Fächern auszeichnet. Das Ziel dieser kooperativen Arbeiten – insofern sich dies überhaupt in allgemeiner Form bestimmen lässt – liegt darin, Zellkompartimente, Zellen oder Zellverbände mit technisch oder medizinisch nutzbaren Eigenschaften zu konstruieren, die natürlichen Organismen nicht oder nicht in dieser Form eigen sind. Die synthetischen Erzeugnisse sollen sich nicht spontan verhalten, sondern ausschließlich so, wie die Konstrukteure dies vorgesehen haben (Serrano 2007; Schmidt 2012; SATW 2011; DFG et al. 2009; Baldwin et al. 2012; ETC 2007). Je nach Grad von biotechnischer Konstruktion und Umwandlung heben sich diese biologischen Systeme erheblich von ihren natürlichen Ursprungsformen ab. Manche dieser Systeme lassen sich weder eindeutig der Kategorie eines natürlich gewachsenen Organismus noch der einer technisch geschaffenen Maschine zuordnen, so dass sich ein Teil der so entstandenen Biokonstrukte an der *Grenze zwischen Lebensform und Artefakt* bewegt.

Die Ansätze in der synthetischen Biologie haben derzeit einen überwiegend experimentellen Charakter. Für Forschung und Entwicklung auf dem Feld der synthetischen Biologie ist nicht nur eine breite Zusammenarbeit von Disziplinen wie etwa der Molekularbiologie, der Biotechnologie, der organischen Chemie, der Nanobiologie sowie Zweigen der Ingenieurwissenschaften und der Informationstechnologie festzustellen, sondern aufgrund des kommerziellen Anwendungsbezugs entstehen zudem vermehrt strategische Partnerschaften zwischen öffentlich geförderter Forschung und privaten Unternehmen (*public-private-partnership*) (Koopman 2012; Gaisser/Reiss 2009; Schmidt 2012).

Methoden, Modelle und Ziele

In der heterogenen und sich ständig verändernden Forschungslandschaft auf dem Gebiet der synthetischen Biologie werden aufgrund der Vielfalt an Zielsetzungen sowie bedingt durch die unterschiedlichen Herangehensweisen einzelner Disziplinen und Fächer sehr verschiedene Strategien verfolgt, die im

Wesentlichen unter folgenden Rubriken zusammengefasst werden können:

(1) Konstruktion von biologischen Systemen aus künstlichen molekularen Einheiten (*bottom-up*-Ansatz), um stufenweise lebensfähige Protozellen herzustellen;

(2) Minimierung eines biologischen Systems auf die notwendigen Komponenten (*top-down*-Ansatz), um somit eine ›Hülle‹ (ein sog. ›Chassis‹ in Gestalt eines Minimalgenoms) zur Verfügung zu stellen, welche durch austauschbare Bauelemente (›Bio Bricks‹) mit variablen Funktionen ausgestattet werden kann;

(3) Integration von neuartigen, frei kombinierbaren Systemen in lebende Zellen, die von dieser unabhängig arbeiten und im Hintergrund zur Informationsspeicherung und -verarbeitung dienen (orthogonale Biosysteme);

(4) Entwicklung von Nanomaschinen nach dem Vorbild lebendiger Strukturen etwa durch Nachahmung der motorähnlichen Funktion bakterieller Flagellen (bionische Bionanotechnologie);

(5) Konstruktion von biologischen Systemen, die nicht auf den 20 natürlichen DNA-RNA-Aminosäuremolekülen basieren, sondern bei denen diese Informationsträger durch synthetische Nukleinsäure-Analoga (Xenonukleinsäuren) ersetzt sind und so den genetischen Code erweitern könnten (Xenobiologie);

(6) Eingliederung künstlicher genetischer Netzwerke als molekulare Schalter in ein natürliches System, um zeit- und ortsabhängig bestimmte physiologische Prozesse wie etwa Schwankungen in der Metabolitkonzentration zu registrieren und diese anzugleichen (genetische Schaltkreise);

(7) Nutzung der informationsverarbeitenden Eigenschaften der DNA, um Rechensysteme zu schaffen, die nicht nur parallel arbeiten, sondern die auch die Sensitivität der biochemischen Codierung nutzen, um etwa durch einen bestimmten Input einer organismischen Umgebung ein therapeutisch wirksames Protein zu errechnen (DNA-Computing);

(8) Entwicklung elektronisch programmierbarer biochemischer Zellen auf der Basis von synthetischen polyelektrolytischen Polymeren als Schnittstelle zwischen mikroelektronischer und molekularer Informationsverarbeitung.

Aufgrund der Neuartigkeit und der Dynamik des Forschungsfelds ist noch nicht einvernehmlich geklärt, welche Felder im Einzelnen der synthetischen Biologie zugeordnet werden sollen. So findet man etwa in der synthetisch arbeitenden Neurobiologie an der Grenze zwischen Bioinformatik und Neurowissenschaft biofaktische Systeme, die maschinelle und organismische Eigenschaften aufweisen. Für viele Beteiligte gilt allerdings diese Form der Entwicklung von Schnittstellen zwischen technischen und neuralen Systemen, um kognitive Prozesse besser zu verstehen, neue psychiatrische Therapieformen zu entwickeln, aber auch um neurale Prozesse aktiv von außen zu kontrollieren – etwa in Form ferngesteuerter Hybrid-Insekten (s. Kap. III.9) – nicht zum Bereich der synthetischen Biologie gehörig (Bozkurt et al. 2009; Kodandaramaiah et al. 2013). Jedoch ergeben sich sowohl aus naturphilosophischer als auch ethischer Perspektive äquivalente Fragestellungen (vgl. Baldwin et al. 2012, 61–130; Schmidt 2012; DFG et al. 2009, 8–26; BBAW 2012, 7; ETC 2007, 13–23).

Praktische Eignung und Anwendung der mit den unterschiedlichen Verfahren der synthetischen Biologie neu entworfenen Biostrukturen können sehr vielfältig sein. Sie reichen von Bioschaltkreisen und Biosensoren über Reaktoren für komplexe Substanzen wie synthetische Bio-Kraftstoffe oder Substitutionstherapeutika bis hin zu Schnittstellen zwischen neuralen Strukturen und informationstechnischen Einheiten (National Research Council 2011; Clomburg/Gonzalez 2010; Schmidt 2012). Besonders hervorgehoben werden die Potentiale für die Entwicklung von verbesserten Diagnostika, neuen Impfstoffen oder synthetischen Viren, die als Vektoren für gentherapeutische Verfahren geeignet wären. Ansätze für die Wirkstoffproduktion gibt es etwa bei der Herstellung von der üblicherweise aus dem Einjährigen Beifuß (*Artemisia annua*) gewonnenen Substanz Artemisinin, die zur Behandlung von Malaria dient, aber auch als Mittel gegen Krebs diskutiert wird. Ihre Vorstufe, die Artemisininsäure lässt sich inzwischen über transgene Hefen und ein photochemisches Verfahren synthetisieren. Die dabei verwendeten Mikroorganismen werden durch »metabolic engineering« zu zellulären Biofabriken umprogrammiert (Paddon et al. 2013). Im Rahmen eines Non-Profit-Projektes wird der Wirkstoff erstmals in großen Mengen industriell hergestellt.

Die ethischen Herausforderungen

Wie aus ethischer Perspektive mit den Arbeitsweisen und den Produkten der synthetischen Biologie umgegangen werden soll, hängt nicht nur von *Risikoabwägungen* im Blick auf mögliche gesundheitliche, ökologische oder soziale Gefährdungen ab, die von diesen neuen biotechnischen Produkten und den synthetischen Herstellungsverfahren ausgehen mögen, sondern auch davon, welchen *Status* man den zellulären Systemen oder Organismen in Anbetracht ihres synthetischen Zustandekommens zuerkennt. Denn *Lebendigkeit* und *Natürlichkeit* sind zentrale Aspekte, auf die häufig zur Begründung verschiedener Stufen *moralischer Anerkennung* gegenüber nicht-menschlichen Wesen Bezug genommen wird (Siep 2004, 243–254). Wenn die synthetische Biologie mit dem Anspruch auftritt, Leben ›synthetisch‹ in Form von Neubildung oder Nachbildung zu erschaffen, dann wird eine ethische Debatte auch auf unser Verständnis von Leben in Abgrenzung zu Artefakten wie etwa Maschinen Bezug nehmen müssen, um Fragen nach *Wert und Gefährdung des Lebendigen* aufzugreifen. Mit dieser Reflexion der normativen Relevanz des Lebendigseins sind mittelbar auch Fragen aufgeworfen, die das *Verhältnis des Menschen zu sich selbst* und die Normativität seiner eigenen lebendigen Natur (s. Kap. II. 19) angehen (Boldt et al. 2009, Kap. 6; Schmidt 2009). Dies betrifft sowohl seine Verantwortung als Konstrukteur als auch die Frage, wie viel Künstlichkeit der Natur – inklusive seiner eigenen – der Mensch sich zumuten möchte.

Ob damit für die Ethik tatsächlich neuartige Fragen gestellt werden, wird allerdings in der Debatte auch bestritten. Es gebe keinen Bedarf für spezifische Aspekte einer Ethik der synthetischen Biologie – so der Einwand –, da alle genannten Fragen als Facetten und kleinere Verschiebungen bekannter Probleme angesehen werden könnten (Parens et al. 2008). Verwiesen wird etwa auf die Debatten um den Umgang mit transgenen Organismen (s. Kap. III. 16), Chimären und Hybriden (s. Kap. III. 9), aber auch auf die Erfahrungen im Bereich der Stammzellforschung (s. Kap. III. 39), der assistierten Reproduktion (s. Kap. III. 5) bis hin zur Prothetik und zum genetischen Enhancement (s. Kap. III. 13). Unstrittig ist jedoch – unabhängig davon, ob man die Fragen als grundsätzlich neu oder nur als neue Varianten von bereits Bekanntem gewichtet –, dass sie aufgrund der zahlreichen Verschränkungen unterschiedlicher Methoden und Ziele einer eigenen ethischen Aufarbeitung sowie der Einbettung in einen öffentlichen Diskurs bedürfen.

Biosynthetischer Grenzgang zwischen Lebendigkeit und Künstlichkeit

In der naturphilosophischen Tradition des Aristoteles ist das *Lebendige* durch *Eigenbewegung und Eigenentwicklung* (*Autopoiesis*) gekennzeichnet (Aristoteles: Phys II, 1, 192 b 14). Diese Eigenschaften sind verbunden mit Vermögen wie Verstoffwechslung, Reproduktion und Regeneration. Die organismische Form kann dann näherhin als eine Form beschrieben werden, die sich transgenerational aus sich heraus bildet und daher als regenerative Funktionsträgerin durch einen natürlichen *Strebeprozess* gekennzeichnet ist, durch den sich eine *Entwicklungskontinuität* innerhalb der Ontogenese gemäß seiner Artnatur einstellt. Demgegenüber folgt das Artefaktische einer solchen inneren Logik nicht. *Maschinen* werden nämlich nicht von innen, sondern *von außen* bewegt und in Form gebracht; das Ziel wird von außen, vom Herstellenden vorgegeben und kann jederzeit von außen revidiert werden. Das Artefakt *regeneriert sich* auch nicht, sondern *wird generiert* und *repariert*. Diese Grundgedanken der autopoietischen Organismusbeschreibung als einer persistierenden Existenz des Lebendigen wirken auch in modernen Theorien des Lebendigen fort, die auf die unmittelbar teleologischen und essentialistischen Momente der aristotelischen Deutung verzichten und sie durch teleonomische Interpretationen ersetzen. Diese nehmen den selbstbewegenden und selbstreferentiellen Charakter des Lebendigen auf, um sich gegenüber den technomorphen Traditionen des Substanzdualismus (Descartes) und des materialistischen Monismus (La Mettrie) abzusetzen, in denen lebendige Körper lediglich als komplexe Maschinen betrachtet werden. Wenngleich moderne Autopoiesis-Theorien auch ihren Anfang bei einfachen, eher artefaktischen Regelkreisen haben, betonen sie den Selbsterhalt und die Selbstherstellung lebendiger Systeme. *Lebende Systeme* sind das *Produkt ihrer eigenen Organisation*, so dass es keine Trennung zwischen Erzeuger und Erzeugnis gibt wie bei Artefakten, die den Zwecken ihrer Urheber und Nutzer folgen. Sein und Tätigkeit autopoietischer Systeme lassen sich nicht auseinanderdividieren, vielmehr macht deren Einheit gerade ihr Organisationsprinzip aus. Die Innenperspektive des Lebendigen gewinnt durch diese *Selbstreferentialität* Momente eines *Selbst* – abgeleitet vom altgriechischen αὐτός – mit basalen Eigenschaften eines Subjekts, ohne dass damit ein Organismus in einem anspruchsvollen Sinn über Selbstbewusstsein verfügen müsste (Maturana/Varela 1980; Taylor 1966; Schark 2005; Rehmann-Sutter 1995).

Manche realen oder erwartbaren Erzeugnisse der synthetischen Biologie stellen die traditionellen Verständnisse der Unterscheidung zwischen lebenden Systemen und Subjekten einerseits sowie Artefakten und Objekten andererseits in Frage, insofern diese nicht ›von sich aus‹ werden bzw. *entstehen*, sondern in erster Linie technisch *hergestellt* und alleine den Intentionen ihrer Konstrukteure unterstellt sind. Allerdings wird die Grenze zwischen diesen Kategorien in einem schwächeren Sinn bereits durch die herkömmliche Tier- und Pflanzenzucht verschoben. Auch in diesen Praxen ›schafft‹ und ›erzeugt‹ der Mensch bereits Organismen nach seinen Funktionsmaßstäben. Ausgehend von seiner evolutiv entwickelten natürlichen und arttypischen Funktion wird ein Organismus an eine vom Menschen bestimmte Funktion angepasst. Die natürliche Ausgangsform mit ihren autopoietischen Eigenschaften bleibt jedoch dabei erkennbar. *Gentechnik* hat es dann in einem weiteren Schritt ermöglicht, durch Gentransfer – auch über Arten hinweg – diese Umwandlung deutlich zu verstärken und Organismen noch mehr in Produktions- und Funktionsverhältnisse des Menschen einzubinden. Dies ist etwa bei Bakterien, die menschliches Insulin produzieren, oder bei pestizidresistenten Nutzpflanzen, die artfremde Gene integriert haben, der Fall. Konnte die traditionelle Züchtung nur die vorhandenen genetischen Dispositionen einer Art fördern oder zurückdrängen, ermöglicht Gentechnik die Übertragung artfremder genetischer Dispositionen. Mit den Verfahren der *synthetischen Biologie*, die wieder mehr auf die Systembedingungen von Zelle und Organismus schaut als auf die rein genetischen Funktionsverhältnisse, werden nicht nur neue DNA-Fragmente geschaffen und rekombiniert, sondern sie beginnen die lebendige *Welt der Organismen* und die *künstliche Welt der Artefakte* (Werkzeuge, Maschinen) *miteinander zu verschmelzen*. Im Ergebnis führen diese Verfahren entweder dazu, dass ein Organismus oder ein Bestandteil eines Organismus (etwa Gewebe oder Zelle) artefaktischer wird und sich damit hinsichtlich seiner zentralen Eigenschaften vom Autopoietischen zum Poietischen deutlich verschiebt, oder sie machen sich umgekehrt die autopoietischen Eigenschaften eines Organismus zu Nutze, wenn Teile von ihm in ein Artefakt integriert werden.

Das ›Synthetische‹ in der synthetischen Biologie

Wenngleich die synthetische Biologie ein junges Gebiet ist und auf molekularbiologischen Methoden aufbaut, gehen *Begrifflichkeit* und die *Intention, Leben zu synthetisieren*, um Lebensprozesse besser zu verstehen und für den Menschen dienliche Erzeugnisse zu produzieren, historisch weiter zurück. Die Biologie zu Beginn des 20. Jahrhunderts trägt bereits deutlich ›synthetische‹ Züge. So hat James Huneker (1920) die zeitgenössischen Arbeiten des Biologen Hugo de Vries als »creating life« qualifiziert und der französische Mediziner Stéphane Leduce publiziert in dieser Zeit den Band *La Biologie Synthétique* (1912), der seine Forschungsarbeiten dokumentiert. John Butler Burke beschreibt im Buch *The Origin of Life* (1906) seine experimentellen Bemühungen, Leben aus nicht-Lebendigem zu schaffen. Ein Jahrhundert später knüpfen die Organisatoren der ersten Konferenzen zur modernen synthetischen Biologie bei ihrer Suche nach einer Beschreibung des Forschungsgebiets jedoch weniger an diese historischen Wurzeln an. Vielmehr inspiriert sie begrifflich die wesentlich ältere ›synthetische Chemie‹. Es waren allerdings für das neue Gebiet auch Bezeichnungen wie »intentional biology« oder »natural engineering« im Gespräch (Campos 2009).

Die genaue Bedeutung von ›synthetisch‹ im Ausdruck ›synthetische Biologie‹ ist jedoch auch in der aktuellen Debatte nicht klar. Es wird suggeriert, chemische Komponenten könnten zu Produkten neu kombiniert werden, die den Kriterien von Lebendigsein entsprechen, so dass man wirklich von *synthetisiertem Leben* etwa in Form eines neuen Mikroorganismus sprechen könnte. Faktisch stellen sich die derzeitigen Ansätze der synthetischen Biologie jedoch eher als heterogene Kumulationen von Manipulationen und Synthetisierungen einzelner Lebensprozesse dar. Während bei der Gentechnik die genetische Modifikation des natürlich gewordenen Organismus im Mittelpunkt steht, liegt das Credo der synthetischen Biologie darin, in der Natur so nicht existierende biotische oder biotechnische Systeme zu erschaffen, die erheblich von ihrem natürlichen Vorbild abweichen sowie gleichzeitig klare Kennzeichen des Artifiziellen und klare Kennzeichen des Lebendigen in sich vereinen. Damit ändert sich möglicherweise der Blick auf die Lebendigkeit von Organismen insgesamt und damit die Kriterien, mit deren Hilfe wir Leben beschreiben. Denn alle Beschreibungen des Lebendigen sind in hohem Umfang von dem experimentellen System abhängig, von dem aus wir es betrachten (Rheinberger 2006). Jedes experimentelle Handeln inkludiert und exkludiert notwendigerweise Faktoren, die eine Sicht auf das Lebendige je neu konstituieren.

Die Wechselwirkungen zu verstehen zwischen der Information im Genom eines Organismus (Genotyp) einerseits sowie seinem tatsächlichen Erscheinungsbild und der mit diesem verbundenen Funktionalität (Phänotyp) im Kontext variierender Umwelteinflüsse andererseits, ist – mehr noch als in der genetischen Forschung – die Herausforderung, vor der die synthetische Biologie als Methode der Lebenssynthese steht, wenn es sich bei ihr nicht nur um Rekombinationen des Vorhandenen handeln soll. Erst wenn dieses Wechselspiel im Prozess von Selbsterhaltung und Selbstproduktion technisch reproduziert werden kann, lässt sich in vollem Umfang von ›synthetischem‹ Leben sprechen.

Gleichwohl wird auch die Position vertreten, synthetische Biologie sei tatsächlich nichts anderes als hochdifferenzierte Bio- oder Gentechnik (DFG et al. 2009, 41–42). ›Synthetisch‹ ist auf jeden Fall die Kompilation der Methoden und Disziplinen, die zum Einsatz kommen. In der Regel verbinden sich mit dem Begriff jedoch weitergehende Ambitionen. Die derzeitige methodische Nähe zur Gentechnik darf nicht darüber hinwegtäuschen, dass es langfristig nicht nur darum geht, basale biochemische Lebensprozesse zu verstehen und umzuwandeln, sondern ganz wesentlich darum, Lebensformen in Ablösung von natürlich entstandenen Organismen zu *entwerfen* und *herzustellen*. Damit wird schrittweise singuläre Manipulation durch umfassende synthetische Kreation abgelöst, insbesondere dann, wenn Nukleinsäure-Analoga eingesetzt werden. Dies kann ab einem bestimmten Punkt durchaus als *qualitativer Sprung* angesehen werden, wenngleich Zellen und biologische Systeme den Anschluss an die Natürlichkeit ihres Ursprungs bewahren (Boldt et al. 2009, 37; Schmidt 2009). Man versucht dem derzeit mit einer Minimalzelle nahezukommen, die eine minimal notwendige Anzahl von unter 200 Genen besitzt (Glass et al. 2005). Diese könnte ein Basismodell für komplexere synthetische Lebensformen darstellen. 2006 wurde im Labor das genetisch minimierte Bakterium *Mycoplasma laboratorium* hergestellt und zum Patent angemeldet (U. S. Patent and Trademark Office: Patent application 20070122826). Die Phase der Fortentwicklung von Lebewesen geht damit über in die Phase ihrer Nachbildung und Neuentwicklung.

Welche Schwierigkeiten bestehen, den Status dieses heterogenen Forschungsgebiets einzuschätzen, wird besonders deutlich, wenn man die Metaphern und Analogien betrachtet, die in die Sprachspiele der synthetischen Biologie eingeführt worden sind. So ist etwa die Rede von »living machines« und »artificial cells« oder »Biofakten« (Karafyllis 2003). Sie alle drücken die *kategorialen Übergänge* und *Überschneidungen* zwischen Natürlichkeit und Künstlichkeit, Organismus und Maschine oder lebendiger und nicht-lebendiger Materie aus. Einerseits betonen diese Wortschöpfungen den Einzug von Methoden aus Technik und Ingenieurwissenschaften, auch wenn die meisten Systeme qualitativ in der Sphäre des Natürlichen und Organismischen verbleiben; andererseits wird *normativ suggeriert*, es handle sich bei den Produkten der synthetischen Biologie um benutzbare Maschinen, die rein zweckdienlich seien, so dass die mögliche Frage nach einem *inhärenten moralischen Status*, den wir bei lebendigen Organismen zu prüfen pflegen, gar nicht erst gestellt werden müsste.

Mit der »scheinbar harmlosen Metapher« der »lebendigen Maschine« (Boldt et al. 2009, 59) wird ein neuer Gegenstandsbereich geschaffen, für den ein an die Maschinenwelt angelehnter normativer Umgang vorgezeichnet ist. Metaphern und Analogien führen stets semantische und normative Grundannahmen mit, die bei einer Übertragung auf neue Gegenstandsbereiche der Überprüfung bedürfen (Lanzerath 2002, 563–564). Dies gilt für den ontologischen Status genauso wie für den moralischen. Was auf der Ebene von Zellen, Geweben und Mikroorganismen noch als unproblematisch erscheint, mag sich ändern, wenn Teile davon innerhalb höherer Organismen platziert werden. Gleichzeitig kann nicht ausgeschlossen werden, dass das mechanistische Biologieverständnis und die technomorphen Lebensbeschreibungen des 17. Jahrhunderts in einer neuen Variante unsere Einstellung zum Lebendigen grundlegend verändern oder dies zumindest normativ suggerieren.

Menschliches Selbstverhältnis und Umgang mit synthetischen Organismen

Wenngleich vieles auf dem neuen multi-disziplinären Feld der synthetischen Biologie als bereits bekannt aus Gen- und Biotechnik erscheint und auch so diskutiert wird, deuten sich doch die beschriebenen *qualitativen Neuerungen* durch die aktive Veränderung des Organismischen an, die einen *Übergang vom Entstandenen zum Hergestellten* markieren. Der Übergang kennzeichnet nicht nur eine naturphilosophische, sondern auch eine normative Grenze zwischen Lebendigkeit und Künstlichkeit im Blick auf den Umgang mit derartigen neuen biofaktischen Systemen. Zudem ist anthropologisch damit auch die Frage aufgeworfen, wie dieses neue Können in das menschliche Selbstverhältnis integriert werden kann und ob sich der *Homo faber* der Moderne auch in der Aneignung der lebendigen Natur zu einem *Homo creator* (Boldt et al. 2009, 63) wandelt, indem er neue organismusanaloge Wesen schafft.

Fordern wir etwa in der durchaus auf menschliche Zwecke ausgerichteten Nutztierhaltung einen ›artgerechten‹ Umgang, erscheint diese Redeweise bei biotechnischen Systemen nicht unmittelbar sinnvoll. Stellt der Mensch Organismen nach Kriterien des Ingenieurs her, werden die Ansprüche des Züchtens – als Abwandlung des Natürlichen – in Ansprüche des technischen Entwickelns – als Erschaffung von Kunstprodukten – überführt.

Die für die Beurteilung solcher Ansprüche maßgebliche Instanz scheint dann nur noch reine *Technikfolgenabschätzung* zu sein, während sie sich dem Zugriff einer reflektierenden *Naturethik* entziehen. Dies mag auf der Ebene von Mikroorganismen ein noch triviales systematisches Problem darstellen. In dem Moment, wo aber die Synthese auf der Ebene von höheren Organismen oder unter Integration von neuralen Substraten erfolgt, ergeben sich weiterreichende gesellschaftliche Folgen, an die sich verschiedene ethische Fragen anschließen. Schon jetzt gehorchen – außerhalb dessen, was man als synthetische Biologie bezeichnet – hochgradig instrumentalisierte Tiere im hohen Maß menschlichen Zwecken. Doch weitet sich diese instrumentelle Inanspruchnahme anderer Lebewesen derzeit erheblich aus, etwa in Form direkter neuraler Fernsteuerung. So beabsichtigt das militärische Forschungsprogramm »Hybrid Insect Micro-Electro-Mechanical Systems (HI-MEMS)«, auch »cybug program« genannt, Insekten über bioelektronische Schnittstellen ferngesteuert für Aufklärungsaufgaben einzusetzen (Bozkurt et al. 2009). Mit cyborgartigen Neoorganismen wie chipbesetzten Käfern oder aber auch mit Elektroden versehenen Ratten zur Suche nach Verschütteten (Talwar 2002) werden Lebewesen erschaffen, für die jegliche praktische Erfahrung fehlt, wie mit ihnen umgegangen werden soll. Welche ethischen Fragen durch die Kombination von bioelektronischer Sensorik und Navigationstechnologie auf die Ethikdebatte langfristig zukommen mögen, ist derzeit kaum absehbar.

Die Fragen nach dem Status der Objekte der synthetischen Biologie sind daher nicht nur von einem theoretischen naturphilosophischen Interesse. Vielmehr haben die Fragen nach ihrem Status auch eine praktische und normative Bedeutung, weil die *Qualität der Lebendigkeit* in Gestalt von Spontaneität und Selbstgerichtetheit in der Ethik auch *mit bestimmten normativen Vorstellungen verknüpft* ist und sogar eine bestimmte Form von *anzuerkennender Schutzwürdigkeit impliziert*, insbesondere dann, wenn Lebendigkeit noch mit Formen von Schmerzempfinden oder Bewusstsein vergesellschaftet ist (s. Kap. II. 15). Daraus ergeben sich normative Fragen sowohl hinsichtlich der Berechenbarkeit und Sicherheit der geschaffenen Organismen unter gesundheitlichen, sozialen und ökologischen Aspekten, als auch hinsichtlich möglicher inhärenter Schutzansprüche, die nicht einfach übergangen werden können, nur weil synthetisierte Lebensformen auch Maschinenmerkmale (s. Kap. III. 36) aufweisen.

Verträglichkeitsforderungen und Risikoabschätzungen

Die gesellschaftliche Akzeptabilität der Einführung von Biostrukturen, Organismen und Produkten aus der synthetischen Biologie wird nicht nur davon abhängen, wie hochrangig und überzeugend die mit ihnen verfolgten *Zwecke* sind, sondern auch davon, ob die hierfür erforderlichen *Mittel* bestimmten *kulturellen Verträglichkeitsforderungen* entsprechen. Diese gehen weit über Fragen nach den vielfach diskutierten ökologischen und gesundheitlichen Risiken hinaus. In der synthetischen Biologie steckt langfristig nicht nur das Potential, die Produktionskultur, sondern auch unsere Biosphäre und ihre Diversität (Lanzerath 2014) nachhaltig zu verändern. Herstellung und Verwendung synthetischer Organismen würden Teil einer neuartigen Kultur und Lebensform. Betrachtet man lebensqualitäterhaltende Umweltbedingungen, die Gesundheit der Menschen, eine Beheimatung in einer intakten ökonomischen, sozialen und kulturellen Welt als schützenswerte Güter, dann stellen sich an die Verfahren der synthetischen Biologie und ihre Produkte ethisch relevante Verträglichkeitsforderungen sehr unterschiedlicher Art, wie etwa Forderungen nach Gesundheits-, Umwelt-, Kultur- und Sozialverträglichkeit. So zeigt das Beispiel der oben beschriebenen Synthese des Wirkstoffs Artemisinin gegen Malaria, dass eine effiziente Wirkstoffproduktion wünschenswert und konsensfähig ist, aber gleichzeitig bedacht werden muss, dass durch den biotechnischen Syntheseweg lokale Einkommensquellen in Entwicklungsländern vernichtet werden, wenn Artemisinin nicht mehr aus der Ursprungspflanze gewonnen wird und diese nur noch in geringem Maße konventionell angebaut werden muss. Bevor also Produkte der synthetischen Biologie Marktreife erlangen, wird ihre Akzeptabilität anhand derartiger Verträglichkeitsforderungen zu überprüfen sein, die durchaus miteinander in Konflikt geraten können. Die Gentechnikdebatte hat gezeigt, wie hoch die normativen Ansprüche bezüglich der Manipulation von Lebewesen in unserer Gesellschaften sein können und dass bei fehlender Überzeugungskraft die Einführung neuer Techniken fehlschlägt (s. Kap. III. 16).

Die Neuerung, lebende Organismen nicht nur verändern, sondern auch in immer größerem Umfang synthetisieren zu können, belebt die im Rahmen der ethischen Debatte um die Gentechnik bereits früher geführte Diskussion um die Beherrschbarkeit biotechnischer Risiken erneut. Die Frage, die in der Risikodebatte der Gentechnik im Mittelpunkt steht, nämlich wie sich ein transferiertes Gen in einem neuen genetischen und ökologischen Umfeld verhält, wird in der synthetischen Biologie ergänzt durch die Frage, wie sich ein weitgehend synthetisiertes biologisches System in bestimmten Kontexten verhält und v. a.: ob es nachhaltig beherrschbar ist. Vielfach wird behauptet, dass die Konstruktion von Minimalzellen mit synthetisch hergestellten oder genetisch verkleinerten Genomen mit der Absicht, eine kleinste lebensfähige Einheit zu gewinnen, keinerlei Risiken berge, denn derartige Zellen seien ausschließlich unter definierten Laborbedingungen lebensfähig, da sie nur eingeschränkte Fähigkeiten besäßen, sich an natürlichen Standorten zu vermehren (DFG et al. 2009, 8). Dennoch werden sich mit der synthetischen Biologie neue Desiderate an die Risikoforschung stellen.

Zur *Freisetzung* von gentechnisch veränderten Organismen gibt es inzwischen zahlreiche Studien und eine Reihe von Richtlinien und Kontrollinstanzen. Gleichwohl vermochten die Ziele der grünen Gentechnik in vielen Ländern gesellschaftlich bislang nicht in dem Maße zu überzeugen, wie dies etwa bei der gentechnischen Anwendung in der medizinischen Forschung und Praxis der Fall ist. Daher sind in einigen Gesellschaften viele Menschen nicht bereit, hierfür auch nur minimale Risiken einzugehen.

Im Bereich der konventionellen Gentechnik werden bei der Bewertung von Risiken für Natur und Mensch die Verhaltensweisen von Ursprungsorganismen einerseits und möglichen Empfänger- oder Wirtsorganismen andererseits analysiert. Aufgrund von vertrauten Verhaltensweisen schließt man darauf, wie ein neuer Organismus mit seiner Umwelt interagieren mag. Die Anwendung dieses *familiarity principle* wird aber in dem Moment fragwürdig, wenn aus der Synthese etwas so Neuartiges entsteht, dass es keine vertrauten Verhaltensweisen mehr gibt und alle Risiken nur angenommene Risiken sind. Dies kann sowohl dazu führen, dass tatsächliche Risiken übersehen werden, als auch dazu, dass mögliche Risiken überbewertet werden, was zu überprotektiven Maßnahmen führen kann. Bei fehlender Vertrautheit mit den untersuchten Organismen stößt die herkömmliche Risikobewertung also an ihre Grenzen. Um sich nicht auf die Annahme verlassen zu müssen, dass künstliche Organismen keine lange Überlebenschance in der Natur haben, wird inzwischen an der Einschleusung von Genen gearbeitet, die dazu führen sollen, dass ein solcher Organismus sich selbst unter bestimmten Umständen zerstört. Es ist offensichtlich anzuraten, Testverfahren zu entwickeln, die zu neuen Risikobewertungen bei derart innovativen biologischen Strukturen führen, um auch dem etablierten *precautionary principle* Rechnung zu tragen.

Neben den ungewünschten Nebeneffekten von Anwendungen der synthetischen Biologie gilt es in der Risikoeinschätzung auch, die Möglichkeit *beabsichtigter Schädigungen* zu berücksichtigen. Gerade der modulare Charakter, der von technischen Systemen auf die neuen Biosysteme übertragen wird, birgt die Gefahr des Missbrauchs etwa in Form von *Bioterrorismus*, was in die Diskussion des *dual use* hineinführt. Wenn erst einmal Minimal-Organismen als Chassis zur Verfügung stehen, scheint der Weg nicht mehr weit zur gezielten Synthese pathogener Systeme aus unlauteren Motiven. Selbst von ausgestorbenen Viren – so konnte gezeigt werden – lässt sich RNA isolieren und entsprechend verwenden (ETC 2007, 23–25). Erforderliche Informationen über RNA, DNA und pathogene Organismen lassen sich leicht über Datenbanken ermitteln. Auch in privaten Laboren könnten entsprechende Organismen mit überschaubarem Aufwand hergestellt werden. Jede Form von Orthogonalität, Modularisierung und Vereinheitlichung vereinfacht auch den Missbrauch. Ein Journalist der Tageszeitung *The Guardian* hat 2006 demonstrieren können, wie leicht man auch als Privatperson ein Fragment synthetischer DNA des Pockenvirus *Variola major* über das Internet geliefert bekommt (ETC 2007, 24–25). Internationale Konventionen wie die Biological and Toxin Weapons Convention (BTWC) oder die EG-Dual-Use-Verordnung 1334/2000, die auch eine *Exportkontrolle* einbeziehen, sind hier wichtige Instrumente zur Regulation. Gleichwohl bedürfen sie erweiterter Vorschriften, um geeignete Kontrollmechanismen für dieses Neuland zu etablieren.

Aufgrund der Erfahrungen innerhalb der Debatte um eine geeignete Technikfolgenabschätzung für den Bereich der Gentechnik, wird seitens DFG, acatech und Leopoldina vorgeschlagen, dass *Expertenkommissionen* – wie etwa in Deutschland die Zentrale Kommission für die Biologische Sicherheit (ZKBS) – ein wissenschaftliches Monitoring durchführen, um Forschungsprojekte im Rahmen der Synthetischen Biologie entsprechend zu begleiten. Ferner sollen sowohl für Freisetzungen als auch für die Handhabung in geschlossenen Systemen von synthetisch hergestellten Organismen, für die es keine Referenzorganismen in der Natur gibt, Richtlinien mit klaren Kriterien für eine Risikoabschätzung festgesetzt werden. Darüber hinaus wird eine Kontaktstelle »mit einer standardisierten Datenbank zur Überprüfung der DNA-Sequenzen« vorgeschlagen, »an die sich Unternehmen bei fragwürdigen Bestellungen wenden können« (DFG et al. 2009, 11, 32–38). Diese Vorschläge gehen davon aus, dass die basalen Sicherheitsfragen im Wesentlichen analog zu den in Umgang mit gentechnisch veränderten Organismen auftretenden zu behandeln seien. Genau dies ist aber umstritten. Angesichts der Vielfalt der beteiligten Disziplinen und der Tendenz in der europäischen Forschungsförderung, dass nicht nur die klinische Forschung mit einer ethisch-sozialen Bewertungen verknüpft werden soll (HORIZON2020), sondern auch andere biologische und biotechnische Forschung, scheint eine Risikobewertung durch die ZKBS nicht ausreichend. Vielmehr ist denkbar, sie durch eine interdisziplinär deutlich breiter aufgestellte Kommission etwa nach dem Vorbild der Zentralen Ethik-Kommission für Stammzellenforschung (ZES) zu ergänzen.

Weil durch die synthetische Biologie neue Bio-Strukturen und Bio-Systeme entstehen können, deren Eigenschaften und Status sich noch nicht zuverlässig einschätzen lassen, und da die vielen beteiligten Disziplinen ein großes experimentelles Schnittfeld mit vielen Unsicherheiten und Unbekannten bilden, gewinnt eine frühzeitige ethische Begleitung der Entwicklungsschritte in diesem Forschungsgebiet an Bedeutung. Die Zukunft der synthetischen Biologie wird daher nicht nur von der Fortentwicklung ihrer Methoden abhängen, sondern auch von einer gelungenen Integration der weiteren Forschungsprozesse in eine gesellschaftliche Debatte über ihre Vorzüge, Nachteile, Chancen und Risiken.

Literatur

Aristoteles: *Aristoteles' Physik. Vorlesung über Natur* [Phys]. Bd. 1. Hg. von Hans Günther Zekl. Hamburg 1987.

Baldwin, Geoff/Bayer, Travis/Dickinson, Robert/Ellis, Tom/Freemont, Paul S./Kitney, Richard I./Polizzi, Karen/Stan, Guy-Bart (Hg.): *Synthetic Biology. A Primer.* London 2012.

Boldt, Joachim/Müller, Oliver/Maio, Giovanni: *Synthetische Biologie. Eine ethisch-philosophische Analyse.* Bern 2009.

Bozkurt, Alper/Gilmour, Robert F., Jr./Sinha, Ayesa/Stern, David/Lal, Amit: Insect–machine interface based neurocybernetics biomedical engineering. In: *IEEE Transactions on Biomedical Engineering* 56/6 (2009), 1727–1733.

Campos, Luis: That was the synthetic biology that was. In: Markus Schmidt/Alexander Kelle/Agomoni Ganguli-Mitra/Huib de Vriend (Hg.): *Synthetic Biology. The Technoscience and its Societal Consequences.* Berlin 2009, 5–21.

Clomburg, James M./Gonzalez, Ramon: Biofuel production in escherichia coli: the role of metabolic engineering and synthetic biology. In: *Applied Microbiology and Biotechnology* 86/2 (2010), 419–434.

Deutsche Forschungsgemeinschaft (DFG), acatech – Deutsche Akademie der Technikwissenschaften, Deutsche Akademie der Naturforscher Leopoldina (Hg.): *Synthetische Biologie. Stellungnahme, Standpunkte.* Weinheim 2009.

ETC Group (Hg.): *Extreme Genetic Engineering. An Introduction to Synthetic Biology.* Ottawa 2007.

Gaisser, Sibylle/Reiss, Thomas: Shaping the science–industry–policy interface in synthetic biology. In: *Systems and Synthetic Biology* 3/1–4 (2009), 109–114.

Glass, John I./Assad-Garcia, Nacyra/Alperovich, Nina/Yooseph, Shibu/Lewis, Matthew R./Maruf, Mahir/Hutchison, Clyde A. III/Smith, Hamilton O./Venter, Craig: Essential genes of a minimal bacterium. In: *Proceedings of the National Academy of Sciences of the United States of America* 103/2 (2005) 425–430 doi: 10.1073/pnas.0510013103.

Interdisziplinäre Arbeitsgruppe »Gentechnologiebericht«, Berlin-Brandenburgische Akademie der Wissenschaften (BBAW) (Hg.): *Synthetische Biologie. Entwicklung einer neuen Ingenieurbiologie?* Dornburg 2012.

Karafyllis, Nicole C. (Hg.): *Biofakte. Versuch über den Menschen zwischen Artefakt und Lebewesen.* Paderborn 2003.

Kodandaramaiah, Suhasa B./Boyden, Edward S./Forest, Craig R.: In vivo robotics: the automation of neuroscience and other intact-system biological fields. In: *Annals of the New York Academy of Sciences* 1305/1 (2013), 63–71.

Koopman, Frank/Beekwilder, Jules/Crimi, Barbara/Houwelingen, Adele van/Hall, Robert D./Bosch, Dirk/Maris,

Antonius J. A. van/Pronk, Jack T./Daran, Jean-Marc: De novo production of the flavonoid naringenin in engineered saccharomyces cerevisiae. In: *Microbial Cell Factories* 11:155, doi:10.1186/1475-2859-11-155 (2012).

Lanzerath, Dirk: Grenzen des Wissens der molekularen Lebenswissenschaften: Über den Einfluß der Genomforschung auf Natur- und Selbstverständnis. In: Wolfram Hogrebe (Hg.): *Grenzen und Grenzüberschreitungen*. Bonn 2002, 557–566.

Lanzerath, Dirk: Biodiversity as an ethical concept. In: Dirk Lanzerath/Minou Friele (Hg.): *Concepts and Values in Biodiversity*. New York 2014.

Maturana, Humberto/Varela, Francisco: *Autopoiesis and Cognition. The Realization of the Living* [1973]. Dordrecht 1980.

National Research Council: *The Science and Applications of Synthetic and Systems Biology: Workshop Summary*. Washington, DC 2011.

Paddon, C. J./Westfall, P. J./Pitera, D. J./Benjamin, K./Fisher, K./McPhee, D./Leavell, M. D./Tai, A./Main, A./Eng, D./Polichuk, D. R./Teoh, K. H./Reed, D. W./Treynor, T./Lenihan, J./Fleck, M./Bajad, S./Dang, G./Dengrove, D./Diola, D./Dorin, G./Ellens, K. W./Fickes, S./Galazzo, J./Gaucher, S. P./Geistlinger, T./Henry, R./Hepp, M./Horning, T./Iqbal, T./Jiang, H./Kizer, L./Lieu, B./Melis, D./Moss, N./Regentin, R./Secrest, S./Tsuruta, H./Vazquez, R./Westblade, L. F./Xu L./Yu, M./Zhang, Y./Zhao, L./Lievense, J./Covello, P. S./Keasling, J. D./Reiling, K. K./Renninger, N. S./Newman, J. D.: High-level semi-synthetic production of the potent antimalarial artemisinin. In: *Nature* 496 (2013), 528–532.

Parens, Erik/Johnston, Josephine/Moses, Jacob: Ethics. Do we need »synthetic bioethics«? In: *Science* 321/5895 (2008), 1449, doi: 10.1126/science.1163821.

Rehmann-Sutter, Christoph: *Leben beschreiben: über Handlungszusammenhänge in der Biologie*. Würzburg 1995.

Rheinberger, Hans-Jörg: *Experimentalsysteme und epistemische Dinge. Eine Geschichte der Proteinsynthese im Reagenzglas*. Frankfurt a. M. 2006.

Schark, Marianne: *Lebewesen versus Dinge*. Berlin 2005.

Schmidt, Markus (Hg.): *Synthetic Biology. Industrial and Environmental Applications*. Weinheim 2012.

–/Kelle, Alexander/Ganguli-Mitra, Agomoni/Vriend, Huib (Hg.): *Synthetic Biology. The Technoscience and Its Societal Consequences*. Heidelberg 2009.

Schweizerische Akademie der technischen Wissenschaften (SATW) (Hg.): *Synthetische Biologie: Eine neue Ingenieurwissenschaft entsteht*. Zürich 2011.

Serrano, Luis: Synthetic biology: promises and challenges. In: *Molecular Systems Biology* 3/158 (2007), 1–5 doi: 10.1038/msb4100202.

Siep, Ludwig: *Konkrete Ethik. Grundlagen der Kultur- und Naturethik*. Frankfurt a. M. 2004.

Talwar, Sanjiv K./Xu, Shaohua/Hawley, Emerson S./Weiss, Shennan A./Moxon, Karen A./Chapin, John K. (2002): Behavioural neuroscience: rat navigation guided by remote control. In: *Nature* 417, 37–38, doi:10.1038/417037a.

Taylor, Richard: *Action and Purpose*. Englewood Cliffs, N. J. 1966.

Dirk Lanzerath

43 Tiere

Thema und Relevanz

Versteht man ›Bioethik‹ im weiten Sinn, wonach sich der Ausdruck allgemein auf den angemessenen Umgang mit dem Lebendigen oder der Natur (s. Kap. II. 19) bezieht, dann entspricht die Frage nach der Rolle der Tiere in der Bioethik ungefähr der Frage nach einer angemessenen Tierethik als Teil der Bioethik. Häufiger wird der Zusammenhang von Tieren und Bioethik so verstanden, dass Tiere als Teil des Bereichs des Lebendigen zum einen selbst Gegenstand der Biowissenschaften sind, zum anderen im Rahmen der neuen Biotechnologien auf vielerlei Weise genutzt und manipuliert werden (Tierversuche, Erzeugung transgener Tiere, Xenotransplantation usw.). Das Problem der Tiere im Kontext der Bioethik betrifft dann die Frage, unter welchen ethischen Anforderungen die vielfältigen biowissenschaftlichen Praktiken stehen, in die Tiere auf die eine oder andere Weise involviert sind. Diese Frage ist enger als die nach einer Tierethik allgemein, zu deren Thema z. B. auch die Frage nach dem richtigen Umgang mit frei lebenden Tieren gehören würde. In einem anderen Sinn ist die Frage allerdings weiter. Denn wo es um gentechnische Veränderungen von Tieren geht, die nicht mit Leiden verbunden sind, ergeben sich Fragen der Identität oder Integrität von Spezies, Fragen, die weniger der Tierethik als der ökologischen Ethik oder allgemeinen Naturethik zugehören, wenn sie denn überhaupt im engeren Sinn ethische sind.

Tierethik als Teilbereich der Bioethik

Im Unterschied zu anderen Teilen des Lebendigen besitzen Tiere nicht nur eine je spezifische Natur, sondern sie zeichnen sich außerdem dadurch aus, dass sie empfindungs- und leidensfähig sind. Über dieses empirische Faktum besteht heute, anders als zu René Descartes' Zeiten, praktisch kein Dissens. Es besteht auch kein Dissens darüber, dass aufgrund dieses Faktums Tiere grundsätzlich moralisch zählen. Sowohl im nationalen als auch im internationalen Recht ist inzwischen der ethische Tierschutz etabliert, der gebietet, dass Tiere als fühlende Wesen um ihrer selbst willen zu berücksichtigen sind und den Erfordernissen ihres Wohlergehens in vollem Umfang Rechnung zu tragen ist (EU-Tierschutzprotokoll 1997). Strittig ist aber die auch für die Anwendung entscheidende Frage, welches Gewicht dem beizumessen ist.

Welches die moralischen Rücksichten auf Tiere sind, deren Beachtung von den Biowissenschaften und der Biotechnik gefordert ist, und welches Gewicht diese Forderung insbesondere im Konfliktfall haben sollte, lässt sich nur klären, wenn man vorab die eingangs genannte allgemein verstandene bioethische Frage bearbeitet. Dabei findet sich im Bereich der Tierethik eine sehr viel größere Vielfalt an Theorien als in anderen Bereichen der Bioethik, in welchen oft entweder der Utilitarismus vorausgesetzt oder aber im Sinn integrativer Ansätze auf eine übergeordnete Theorie verzichtet wird und man Entscheidungen mithilfe allgemein akzeptierter Prinzipien mittlerer Ebene zu erreichen versucht. Angesichts der enorm angewachsenen und weit verzweigten tierethischen Debatte kann hier die Darstellung nur in Grundzügen und soweit für das Thema ›Tiere in der Bioethik‹ nötig erfolgen.

Zunächst gibt es zwei ethische Positionen, die hinter dem Entwicklungsstand des alltäglichen Moralbewusstseins und der Stellung der Tiere im Recht zurückbleiben, die aber andererseits als Modelle für die Ethik so wichtig sind, dass sie in der Tierethikdebatte aufgenommen und modifiziert wurden: kantische Theorien einerseits und kontraktualistische Theorien andererseits. Auf der anderen Seite gibt es zwei Positionen, welche die Tiere direkt berücksichtigen können: Utilitarismus und Mitleidsmoral. Der Kürze halber wird im Folgenden von jeder Seite nur eine Theorie skizziert.

Die heutige Tierethikdebatte wurde von Peter Singer in Gang gesetzt, der eine utilitaristische Position vertritt. Wie schon der Begründer des Utilitarismus, Jeremy Bentham, sagt, ist das Kriterium für die Zugehörigkeit zu den Objekten der Moral nicht die Frage, ob ein Wesen denken oder sprechen kann, sondern ob es leiden kann (Bentham 1970, 283). Nach Auffassung des Utilitarismus ist eine jeweilige Handlung danach zu beurteilen, wie sehr sie das Gesamtglück in der Welt maximiert. Singers Ansatz unterscheidet sich von der klassischen Theorie, weil er das unklare Kriterium der Glücksvermehrung durch die Ausrichtung auf die maximale Interessenbefriedigung ersetzt. Außerdem insistiert er auf rationaler Universalisierung als Bestandteil des Utilitarismus, wonach Wesen mit der gleichen Beschaffenheit gleich zu behandeln sind (Singer 1993, Kap. 2–3). In diesem egalitaristischen Prinzip gründet Singers Speziesismuskritik, das Argument, dass wir, was immer wir Tieren antun, auch bereit sein müssten, menschlichen Wesen derselben Entwicklungsstufe zuzufügen, oder umgekehrt, dass wir alles, was wir solchen menschlichen Wesen nicht antun würden, auch Tieren nicht antun dürfen. Die praktischen Konsequenzen des utilitaristischen Ansatzes sind nicht besonders restriktiv. Nach dieser Position kann das Wohl einiger Weniger geopfert werden, wenn dadurch eine erhebliche Steigerung der Interessenbefriedigung insgesamt erreicht wird. Die biotechnische Nutzung von Tieren ist also dann zulässig, wenn der Nutzen mit einiger Wahrscheinlichkeit das Leiden der Tiere übersteigt.

Dieser gegen unseren Nutzen verrechenbare Tierschutz gilt vielen in der Debatte als zu schwach und hat zur Konzeption der Tierrechte Anlass gegeben, die Tom Regan vertritt (1984). Wenn wir Tiere mit moralischen Rechten ausstatten, werden sie als Individuen verstanden, die eine Schranke für Verrechnungen darstellen und gegen Eingriffe in die Grundbedingungen ihres Wohls geschützt sind. Regan nimmt diese Zuschreibung von Rechten auf der Grundlage der Prämisse vor, dass Tiere Subjekte-eines-Lebens sind, womit gemeint ist, dass sie ein eigenes Leben im Modus von Erinnerungen, Absichten usw. leben. Daher kann man ihnen einen absoluten inhärenten Wert zuschreiben, der objektiv und gleich ist und nicht verletzt werden darf. (Diese Auffassung von einem absoluten Wert des individuellen Tiers ist vielfach als metaphysisch kritisiert worden.) Die praktischen Folgen sind entsprechend stark und schließen eine reine Instrumentalisierung von Tieren aus.

Bernard Rollin (1981) nimmt Immanuel Kants Begriff des Zwecks an sich auf, wonach Tiere ebenso wie Menschen aktiv ihr eigenes Leben selbstzweckhaft vollziehen und als solche wertvoll sind. Ähnlich wird in der deutschsprachigen Debatte teilweise Kants Begriff der Würde auf die Tiere übertragen. Dabei wird allerdings manchmal gleichzeitig mit der Ausdehnung eine Unterscheidung von zwei Bedeutungen des Würdebegriffs eingeführt, die Unterscheidung nämlich der nicht-verrechenbaren Würde bei Menschen (s. Kap. II. 17) und der verrechenbaren Würde bei Tieren (Balzer et al. 1999). Oder der Begriff wird, wie in der Schweizerischen Bundesverfassung, über die Tiere hinaus auf jede Kreatur ausgedehnt, womit die spezifische Stellung der Tiere ebenfalls nicht scharf erfasst wird und die Würde – anders als im Fall der Menschenrechte – keinen absoluten Schutz verleiht. Damit verschwimmt, was die praktischen Konsequenzen angeht, der Unterschied zur Position Singers. Gegen Singers Variante eines egalitaristischen Universalismus besteht der Einwand, sie vereinfache die moralische Problematik. So wird darauf hingewiesen, dass Moral nicht nur Rücksicht auf Wesen als Träger von Interessen bedeute, sondern dass wir gegenüber abhängigen Wesen Fürsorgepflichten haben, oder allgemeiner, dass ein wesentlicher Teil der Moral in der Anerkennung spezieller Verpflichtungen innerhalb von Nahbeziehungen bestehe, die enge Interaktionen und Kommunikation beinhalten (Becker 2008). Bei der Beurteilung einzelner Entscheidungssituationen können daher verschiedene Aspekte der Moral eine Rolle spielen, so dass ein Problem der Abwägung entsteht. Ein prominentes Beispiel dafür, das in die Bioethik im engeren Sinn gehört, ist die Frage der ethischen Zulässigkeit von Tierversuchen.

Inzwischen gibt es Moralkonzeptionen, die anders als die klassischen Theorien nicht nur *ein* Grundprinzip annehmen, sondern mit mehreren heterogenen Prinzipien oder Kriterien arbeiten. So bestehen nach Roger Scruton (2000) zwischen Menschen wechselseitige Rechte und Pflichten, während Moralität gegenüber Tieren die Beachtung ihrer Leidensfähigkeit bedeutet; Mary Anne Warren (1997) unterscheidet zwischen Rücksicht auf Leidensfähigkeit und speziellen Verpflichtungen. Dabei nimmt Scruton eine klare Abstufung zwischen den von ihm genannten Bereichen vor, während Warren die Kriterien, die sie nennt, je nach Stärke im Einzelfall gewichtet. Auch wenn multikriterielle Theorien mehr als integrative nach einer Gesamtbewertung suchen, fehlt doch bis heute eine allgemein anerkannte Gewichtung der Gesichtspunkte, die mit Bezug auf Tiere eine Rolle spielen können. Zunehmend aufmerksam wird man aber auf die Tatsache, dass schon der ethische Umgang mit Tieren als leidensfähigen Wesen komplex ist: Leidensfähigkeit wird nicht mehr nur im begrenzten Sinn der Fähigkeit zur Schmerzempfindung verstanden, sondern es wird betont, dass es um das subjektive Wohlbefinden der Tiere in allen seinen Aspekten gehe (positive Erfahrungen, Bewegungsmöglichkeit, Angstfreiheit, soziale Beziehungen vgl. Alzmann 2009; Wolf 2012, III 3).

Tiere als Gegenstand der Naturethik

Die Ausdehnung der Wertauffassung auf die Kreatur oder Natur insgesamt, wie sie die Schweizerische Bundesverfassung nahelegt, wirft die Frage nach der Grenze der Moral auf. Das utilitaristische Kriterium der Leidensfähigkeit, aber auch Regans Konzeption vom Subjekt-eines-Lebens oder Rollins Begriff eines Wesens, das als Selbstzweck seine eigenen Interessen verfolgt, ziehen eine klare Grenze und beschränken moralische Fragen auf solche der Behandlung von empfindungs- und leidensfähigen Wesen, von Wesen mit subjektiven Interessen, also von Menschen und Tieren (Rollin 2003). Gerade im Zusammenhang bioethischer Überlegungen wird die Grenze zwischen Tieren und der übrigen Natur jedoch häufig verschliffen. So wird z. B. gegen Biotechnologien, die das genetische Material von Tieren ändern, argumentiert, sie würden die Integrität oder Natürlichkeit des Tiers, genauer der Spezies, die wir für erhaltenswert halten, verletzen.

Vertreter der Auffassung, dass solche Praktiken anstößig im moralischen Sinn sind, gehen davon aus, dass wir eine Verpflichtung zum Erhalt von Arten und Ökosystemen haben. Diese Verpflichtung lässt sich, wie z. B. Martin Gorke argumentiert, nur verständlich machen, wenn wir auch solchen Entitäten einen Eigenwert zuschreiben, und da die Existenz einer solchen Verpflichtung eine wohlverankerte Überzeugung mit allgemeiner Akzeptanz darstelle, sei diese Wertannahme begründet. Andere Autoren räumen ein, dass das Konzept der Integrität Schwierigkeiten aufwirft, da ›Natürlichkeit‹ nicht biologisch definiert werden kann, wir vielmehr aufgrund unserer Bewertungen, unserer Idealvorstellungen von einem Wesen, Unterschiede hinsichtlich der Frage machen, wann eine Veränderung die Identität einer Spezies betrifft und wann nicht. Andererseits verweisen sie auf die breite Akzeptanz des Gesichtspunkts der Integrität, der im alltäglichen Diskurs neben Begriffen wie Autonomie und Würde ganz selbstverständlich verwendet werde und der in praktischen Kontexten hinreichend gut funktioniere. Anders als Gorke beanspruchen sie kein schlagendes Argument, halten aber doch die gemeinsamen moralischen Überzeugungen, die sich in intersubjektiven Kriterien der Anwendung äußern (Bovenkerk 2003, 357), für eine geeignete Grundlage der Ausdehnung des Bereichs der Objekte der Moral auf Spezies. Wieder andere bestreiten diese Gemeinsamkeit oder bezweifeln ihren Sinn: Spezies haben sich im Verlauf der Naturgeschichte fast alle nicht durchgehalten, und daher sei nicht einzusehen, wieso man das Bewirken oder Zulassen des Verschwindens einer Spezies für etwas Schlechtes halten müsse (Powell 2011, 603). Überzeugungen solchen Inhalts seien nicht genügend robust über Personen (s. Kap. II. 21) und Kulturen hinweg, um als Grundlage einer moralischen Konzeption dienen zu können.

Auch bei der Problematik der Schaffung neuer Spezies, etwa von Chimären (s. Kap. III. 9), beruft man sich im Alltag häufig auf die Unnatürlichkeit, ohne ein genaues Argument formulieren zu können. Offenbar gibt es hier das Phänomen, dass Menschen angesichts solcher biotechnischer Möglichkeiten Abwehr oder ein vages Unbehagen empfinden. Viele Wissenschaftler halten dies für gegenstandslos, auch wenn sie einräumen, dass es als politische Realität berücksichtigt werden muss (Greely 2011, 693).

Offenbar geht es in diesem Zusammenhang letztlich nicht um den Umgang mit Tierindividuen, sondern um die Bewahrung von Spezies. Was die Rücksicht auf individuelle Tiere angeht, ziehen andere Autoren hier eine klare Grenze zwischen ethischen Fragen im engeren Sinn und Fragen der Bewahrung des Natürlichen (Rollin 2003, 349). Die ethische Frage im engeren Sinn betrifft, sei sie in Begriffen der Leidensfähigkeit oder in Begriffen der subjektiv-zweckhaften Existenz der Tiere formuliert, demnach immer das Prinzip des Wohlbefindens, also die Frage, ob durch eine genetische Veränderung das Wohl eines Tiers beeinträchtigt wird. Das brauche aber nicht zwingend der Fall zu sein, vielmehr könne auch die gegenteilige Folge einer Verbesserung des Wohlbefindens eintreten. Autoren, die diese Sichtweise vertreten, argumentieren, dass Gesichtspunkte der Bewahrung der Spezies oder des ökologischen Gleichgewichts (s. Kap. III. 30) durchaus wichtig, aber nicht als ethische zu sehen sind, sondern unser eigenes Interesse betreffen. Das Büro für Technikfolgenabschätzung am Bundestag führt im Hinblick auf rechtliche Regelungen ebenfalls nur den Gesichtspunkt des Leidens und Todes individueller Tiere an, beschränkt also den justitiablen Bereich auf die Ethik gegenüber Individuen und lässt den Integritätsgesichtspunkt im Hinblick auf die Tiere weg.

Was die Intuition der Schutzwürdigkeit der Existenz und Integrität des Natürlichen angeht, so bleibt die Frage, wie sie einzuschätzen ist, strittig. Auf der einen Seite steht die Auffassung, die Berufung auf das Natürliche sei grundsätzlich kein Argument, da die gesamte Medizin, allgemeiner die Kultur, gerade die Natur überforme (Birnbacher 2006, 163). Auf der anderen Seite könnte man versuchen, zwischen bloß vorgeschobenen Appellen an die Natürlichkeit und einer sinnvollen Scheu vor einer grenzenlosen Manipulation des Vorgegebenen zu unterscheiden, etwa indem man in der Ehrfurcht vor den unverfügbaren Bedingungen der Existenz eine Voraussetzung für Lebenssinn sieht (Krebs 1999, 62–64).

Aktuelle Diskussionen

Tierversuche: Die nach wie vor wichtigste und umfangreichste Debatte mit Bezug auf die Rolle der Tiere in der Bioethik betrifft noch immer die Tierversuche, die der Prüfung oder Entwicklung von Medikamenten oder auch von medizinischen Verfahren, der Unbedenklichkeitsprüfung von Substanzen oder aber der Grundlagenforschung dienen. Darunter fallen ferner auch Versuche der Erzeugung veränderter Tiere, die in TG § 7 (1) 2. ausdrücklich mit angeführt werden.

Die übliche Auffassung der ethischen Problematik von Tierversuchen basiert sowohl auf empirischen als auch auf ethischen Prämissen (LaFollette 2011, 796 ff.). Die empirische Voraussetzung, dass Tierversuche einen Nutzen für den Menschen – und vielleicht auch andere Tiere – haben, wird selten grundsätzlich bestritten, wenngleich einige Autoren betonen, dass dieser Nutzen oft unbestimmt und indirekt ist, während ihm auf Seiten der Tiere ein bestimmtes Leiden entgegensteht. Die übliche ethische Vorstellung lautet, dass Tiere durchaus um ihrer selbst willen moralisch zählen, allerdings etwas weniger als Menschen. Daraus ergibt sich als Konzeptualisierung der ethischen Beurteilung von Tierversuchen die Rede von einem Dilemma oder einer nötigen Güterabwägung (s. Kap. II. 9) zwischen dem bestimmten Leiden der Tiere und dem möglichen Nutzen der Menschen.

So muss nach dem deutschem Tierschutzgesetz, verstärkt durch die Verfassungsklausel im Grundgesetz, der Nutzen jedes Tierversuchs begründet werden, indem gezeigt wird, dass er wesentliche Bedürfnisse von Mensch und Tier fördern wird. Gleichzeitig sind Tierversuche eingeschränkt durch die Forderung, Leben und Wohlbefinden der Tiere zu schützen. Die häufige Unvereinbarkeit der Förderung menschlicher Bedürfnisse und der moralischen Rücksicht auf tierliches Leiden (Schmerzen, Angst, Stress) wirft die Frage der Güterabwägung auf, die sich in diversen Klauseln verpackt findet. So darf man keinem Tier ohne vernünftigen Grund Schmerzen, Leiden oder Schäden zufügen (TG § 1). Im Kontext der Tierversuche ist der vernünftige Grund genauer spezifiziert dadurch, dass die dem Versuchstier zugefügten Leiden »ethisch vertretbar« sein müssen (TG § 7 (3)) Außerdem muss jeweils gezeigt werden, dass ein Tierversuch »unerlässlich«, also nicht durch andere Methoden ersetzbar ist (TG § 8, Abs. 3, Nr. 1 a). Wie vielfach herausgestellt, sind die für das Urteil einschlägigen Begriffe der ethischen

Vertretbarkeit, der Unerlässlichkeit und der Förderung von Bedürfnissen usw. unbestimmte Rechtsbegriffe, die keine eindeutigen und in der Praxis brauchbaren Kriterien der Abwägung vorgeben (Borchers/Luy 2009, 7f.).

Immerhin gibt es eine gewisse Einigkeit über einige grundsätzliche Aspekte. Als internationaler Minimalkonsens gilt inzwischen, dass die Anerkennung eines moralischen Status der Tiere die Anwendung der 3 R-Prinzipien zwingend macht. Hierbei handelt es sich um die Forderung, dass mit Bezug auf Tierversuche so weit wie möglich *replacement*, *reduction* und *refinement* zu praktizieren sind: dass Tierversuche wo immer möglich durch alternative Verfahren zu ersetzen sind, nicht mehr Tiere verwendet werden dürfen, als zur Klärung einer Frage nötig, und Versuche in der Weise zu verfeinern sind, dass die Belastung der Tiere möglichst gering gehalten wird (Borchers/Luy 2009, 10; ausführlich die Beiträge in Borchers/Luy 2009, Teil 2). Inzwischen gibt es eine neue EU-Richtlinie (2010/63/EU), die Rahmenbedingungen und Entscheidungsschritte präziser festzulegen versucht, aber nach wie vor Regelungsspielräume offen lässt (vgl. Lindl/Gross et al. 2012). Es existieren verschiedene Vorschläge von Kriterienkatalogen, die Stufen der Belastung von Tieren zu definieren versuchen, ausgehend von der Vorstellung, dass dem Wohlbefinden der Tiere Rechnung zu tragen ist, zu dessen Verletzung nicht nur Schmerzen, sondern auch Angst und Stress, Fehlen sozialer Beziehungen zu Artgenossen (also Probleme der Haltungsbedingungen – vgl. § 8 (4) TG) gehören (Alzmann 2009). Am häufigsten werden Belastungsstufen innerhalb der Experimente unterschieden, so in der in England üblichen Stufung *unclassified, mild, moderate, substantial* (Ryder 2006, 99). Anders als in anderen Zweigen der Tierethik-Debatte wird das Töten der Tiere am Versuchsende oder bei zu großen Schmerzen nicht als bedenklich diskutiert, sondern gerade empfohlen (TG § 9 (a) 6). Strittig bleibt, ab welcher Belastungsstufe Tierversuche in einer Abwägung unter ethischen Gesichtspunkten generell abzulehnen sind.

Das führt zurück zur Frage nach dem Sinn des Abwägungsmodells. Auch wenn dieses Modell im Alltag verbreitet ist, haben einige Autoren Bedenken dagegen. Auf der Basis eines utilitaristischen Ansatzes lässt dieses sich im Prinzip vertreten, allerdings auch hier mit einer eher schwachen Rechtfertigung vieler Experimente, wenn man die unbestimmte Wahrscheinlichkeit ihres Nutzens einbezieht. Zum Alltagsverständnis gehören aber auch nicht-utilitaristische Vorstellungen, wonach Wesen, die moralisch zählen, eine Grenze für Verletzungen des elementaren Wohlbefindens darstellen, so dass erklärt werden müsste, was diese Überzeugung im Fall der Tiere zu überbieten vermag.

Ein gängiges Argument lautet, dass wir zu Menschen in einer näheren Beziehung stehen als zu Tieren und daher Mitgliedern der eigenen Spezies gegenüber spezielle Verpflichtungen der Hilfe gegen Krankheiten haben (Brody 2008, 274). Dem stehen Überlegungen entgegen, die darauf verweisen, dass der Forscher keine spezielle Verpflichtung im üblichen Sinn gegenüber den unbestimmten Menschen hat, denen seine Ergebnisse vielleicht irgendwann einmal helfen könnten, dass er aber gerade spezielle Verpflichtungen gegenüber den Versuchstieren hat, weil sie in seiner Obhut sind und sich daraus Fürsorgepflichten ergeben (LaFollette 2011, 816). Weiter wird gegen das Abwägungsmodell angeführt, dass Tierversuche in Wirklichkeit keine moralischen Dilemmata enthalten, weil das Grundrecht, nicht in elementaren Aspekten des Wohlbefindens verletzt zu werden, von einer Abwägung ausgenommen ist (Francione 2008, 285f.).

Genetisch modifizierte Tiere: Mithilfe der neuen Biotechnologien können neuartige Formen von Lebewesen in verschiedenen Graden erzeugt werden. Man kann drei Stufen unterscheiden: Die Erzeugung transgener Tiere: es werden in die Gene einer Spezies einzelne Gene einer anderen Spezies übertragen, die Erzeugung von Hybriden: das Zusammenbringen der Samenzellen einer Spezies mit der Eizelle einer anderen, d. h. das, was man traditionell ›Kreuzung‹ genannt hat, und die Erzeugung von Chimären: die Mischung embryonaler Stammzellen eines Tiers mit denen eines Tiers einer anderen Spezies (s. Kap. IV. 9; Savulescu 2011, 641).

Die bioethischen Fragen, die diese Möglichkeiten aufwerfen, sind vielfältig und hängen von der Art des Gebrauchs der Technologien ab. Zu diesen Zielen gehört die Verbesserung von Tierarten, das *enhancement*, zum Zweck ihrer Nutzung in der Landwirtschaft oder in der Forschung oder in der Medizin (Xenotransplantation). Wie der letzte Fall zeigt, ist hier die Frage des Umgangs mit Tieren mit der Anwendung der Biotechnologie auf den Menschen und der Möglichkeit der Veränderung der menschlichen Spezies verschränkt. Das ist einer der Gründe, weshalb die moralischen Reaktionen hier häufig hohe Wellen schlagen. Doch während die Debatte über das *enhancement* beim Menschen inzwischen weit fortgeschritten ist (s. Kap. III. 13), findet sich diejenige über das *animal enhancement* noch eher in den Anfängen (Savulescu 2011, 654).

Sieht man von den bereits erwähnten, eher in der Minderheit befindlichen Autoren ab, die für einen absoluten Wert der natürlichen Integrität eintreten, dann gilt die gentechnische Veränderung oder Verbesserung von Tieren nicht als grundsätzlich unmoralisch. So wird darauf hingewiesen, dass es Domestizierung und Züchtung von Tieren schon früher gegeben hat und sie nicht als bedenklich angesehen wurden (Ferrari 2010, 26 f.; Greely 2011, 676). Als wichtige moralische Fragekomplexe werden diskutiert: Wie kann man sicher sein, dass genetisch manipulierte Tiere nicht leiden bzw. in ihrem Wohl eingeschränkt sind? Gibt es Einwände gegen die Erzeugung von Tieren, die der Produktivitätssteigerung in der Landwirtschaft dienen, wenn diese Tiere so gestaltet sind, dass sie keine Empfindungen haben und daher unter den Bedingungen der Massentierhaltung nicht leiden würden? Wie ist die Möglichkeit der Mischung der Gene von Menschen mit denen von anderen Tieren, welche bei vielen Menschen besondere Ängste hervorruft, moralisch zu bewerten?

Was die im engeren Sinn moralische Rücksicht auf das Wohlbefinden der Tierindividuen als Mit-Lebewesen betrifft, so wird gewöhnlich angenommen, dass das Tierschutzgesetz keine Schranke für gentechnische Eingriffe bei Tieren darstellt (Drucksache, 35), d. h. dass gentechnische Veränderungen an Tieren nicht als solche moralisch anstößig sind. Vielmehr sind sie es nach dieser üblichen Auffassung genau dann, wenn die erzeugten Tiere aufgrund ihrer Beschaffenheit leiden werden, oder genauer, wenn das Wohlbefinden der gentechnisch veränderten Tiere im Vergleich zu den nicht-geänderten Tieren vermindert ist (Ferrari 2010, 134). Das zu beurteilen, erfordert eine genaue Ausarbeitung einer Konzeption tierlichen Wohlbefindens, was die Forschung im Fall genetisch manipulierter Tiere vor besondere Schwierigkeiten stellt, weil es sich um neuartige Lebewesen handelt, deren Lebensweise und die sich daraus ergebenden Bedingungen ihres Wohlbefindens wir nicht kennen (Savulescu 2011, 654). In einigen Anwendungsfällen sind moralische Einwände naheliegend (Engels 1999, 305 ff.); so müssen Tiere, deren Organe zur Xenotransplantation vorgesehen sind, unter sterilen Bedingungen und in Isolation gehalten werden, die sicher kein Leben in befriedigenden Tätigkeiten und sozialen Kontexten ermöglichen, wie es Bedingung für das Wohlbefinden eines Tiers ist (Ferrari 2009, 277).

Strittig diskutiert wird die Frage, ob es moralisch unbedenklich ist, Tiere zur Ermöglichung der beliebigen Nutzung in der Nahrungsgewinnung (s. Kap. III. 16) gentechnisch so weit zu verändern, dass wir die Fähigkeiten des Empfindens bzw. Leidens ganz wegzüchten. Durch diese Erzeugung von sogenannten AML-Nutztieren (*animal microencephalic lumps*) ließe sich das heute nicht mehr aufgebbare moralische Argument, dass wir Tieren in der Intensivhaltung kein Leiden zufügen dürfen, umgehen. Offensichtlich ist die Erzeugung solcher Tiere keine bloße Science fiction. Unklar bleibt, ob die Mehrzahl der Menschen dauerhaft mit Ablehnung reagieren wird mit dem Hinweis, hier werde die Würde oder Integrität einer Spezies verletzt (Streiffer/Basl 2011, 840), oder ob sich nicht nach und nach die Sichtweise durchsetzen wird, dass wir es hier nicht mehr eigentlich mit Tieren, sondern bloß mit Zellklumpen, deren Status dem von Pflanzen gleichkommt, zu tun haben (Ferrari 2010, 136 ff.). Das bloß teilweise Abzüchten von Empfindungsfähigkeiten scheint hingegen moralisch problematisch, weil hier immer das Risiko besteht, dass das Tier durch Fehlen bestimmter Vermögen auf andere Weise an Minderungen seines Wohlbefindens leidet (Streiffer/Basl 2011, 833 ff.).

Die weitreichendste Debatte, die nicht nur die Moral, sondern das menschliche Selbstverständnis betrifft, ist diejenige, die sich mit der gentechnischen Möglichkeit des *human enhancement* durch Vermischung menschlicher und tierlicher Gene in der Erzeugung von Chimären befasst (s. Kap. III. 9). Hier ist die in 3. erwähnte allgemeine Kontroverse darüber einschlägig, ob der Integrität einer natürlichen Spezies ein besonderer Wert zukommt, was in der Wissenschaft mehrheitlich verneint, im Alltag hingegen vielleicht eher bejaht wird. Hinzu kommen aber besondere Ängste, was die menschliche Spezies betrifft. Auch wenn in diesem Bereich vieles Science fiction ist, so werden Fragen aufgeworfen wie die, welchen moralischen und rechtlichen Status Mensch-Tier-Mischwesen hätten, ob die Erzeugung solcher Wesen nicht ein Verstoß gegen die Menschenwürde darstellt oder die menschlichen kognitiven Fähigkeiten nicht besonders schützenswert seien. In der Wissenschaft vertreten manche Forscher die Auffassung, man könne auf diese Weise Tiere mit verbesserten kognitiven Fähigkeiten schaffen, die entsprechend auch einen höheren moralischen Status hätten (Ferrari 2010, 143 ff.). Naheliegend scheint die Auffassung, dass angesichts des Entsetzens über solche Möglichkeiten in der Öffentlichkeit abgewartet werden muss, bis diese Möglichkeiten nicht mehr bloße Spekulationen sind, und dann eine breite Debatte über die Anwendung der Technik geführt werden muss. Da man, wie schon Aristoteles bemerkt hat, von jeder Technik einen zweiseitigen Gebrauch machen kann (Savulescu 2011, 659 f.), wird empfohlen, dass sich der Wissenschaftler an die öffentliche ethische Meinung rückkoppeln sollte (Greely 2011, 691).

Klonen (s. Kap. III. 25) *und Wiederherstellung ausgestorbener Spezies:* Durch Klonen könnte man erstens einzelne Tiere, die einen besonders großen Nutzen etwa bei der Nahrungserzeugung aufweisen, reproduzieren, ferner gefährdete Arten in ihrer Zahl stärken und schließlich auch ausgestorbene Spezies wiederherstellen. Auch hier sind die Probleme, die diskutiert werden, nur teilweise ethischer Art. Für die erste Möglichkeit sind ethische Aspekte auch mit Bezug auf den Menschen zu beachten, was die Frage der Lebensmittelsicherheit betrifft (Ferrari 2010, 139). In allen drei Fällen wird hinsichtlich der einzelnen geklonten Tiere die Frage aufgeworfen, ob diese öfter krank sind und leiden als natürlich erzeugte Tiere (Ryder 2003, 372). Alle weiteren Fragen betreffen die Erhaltung oder Wiederherstellung von Spezies und führen daher wieder aus der ethischen Problematik heraus.

Literatur

Alzmann, Norbert: Zur Notwendigkeit einer umfassenden Kriterienauswahl für die Ermittlung der ethischen Vertretbarkeit von Tierversuchsvorhaben. In: Borchers/Luy 2009, 141–170.

Armstrong, Susan J./Botzler, Richard G. (Hg.): *The Animal Ethics Reader*. London/New York 2003.

Balzer, Philipp/Rippe, Klaus Peter/Schaber, Peter: *Menschenwürde vs. Würde der Kreatur. Begriffsbestimmung, Gentechnik, Ethikkommissionen*. Freiburg/München 1999.

Beauchamp, Tom L./Frey, Raymond G. (Hg.): *The Oxford Handbook of Animal Ethics*. Oxford 2011.

Becker, Lawrence C.: Der Vorrang menschlicher Interessen. In: Wolf 2008, 132–149.

Bentham, Jeremy: *Introduction to the Principles of Morals and Legislation*. London 1970.

Birnbacher, Dieter: *Bioethik zwischen Natur und Interesse*. Frankfurt a. M. 2006.

Borchers, Dagmar/Luy, Jörg (Hg.): *Der ethisch vertretbare Tierversuch. Kriterien und Grenzen*. Paderborn 2009.

Bovenkerk, Bernice/Brom, Frans W. A./van den Bergh, Babs J.: Brave new birds: the use of ›animal integrity‹ in animal ethics. In: Armstrong/Botzler 2003, 351–358.

Brody, Baruch A.: Zur Verteidigung der Forschung an Tieren. In: Wolf 2008, 269–276.

Drucksache 14/3144. Deutscher Bundestag – 14. Wahlperiode.

Engels, Eve-Marie: Ethische Problemstellungen der Biowissenschaften und Medizin am Beispiel der Xenotransplantation. In: Dies. (Hg.): *Biologie und Ethik*. Stuttgart 1999, 283–328.

Ferrari, Arianna: Gentechnisch veränderte Tiere: ein Sonderfall? In: Borchers/Luy 2009, 265–295.

–/Coenen, Christopher/Grundwald, Armin/Sauter, Arnold: *Animal Enhancement. Neue technische Möglichkeiten und ethische Fragen*. Bern 2010.

Francione, Gary L.: Xenotransplantationen und Tierrechte. In: Wolf 2008, 282–288.

Gorke, Martin: *Artensterben. Von der ökologischen Theorie zum Eigenwert der Natur*. Stuttgart 1999.

Greely, Henry T.: Human/Nonhuman Chimeras: Assessing the issues. In: Beauchamp/Frey 2011, 671–698.

Krebs, Angelika: *Ethics of Nature*. Berlin 1999.

LaFollette, Hugh: Animal experimentation in biomedical research. In: Beauchamp/Frey 2011, 796–825.

Lindl, Toni/Gross, Ulrike/Ruhdel, Irmela/Aulock, Sonja von/Völkel, Manfred: Zur Feststellung der ethischen Vertretbarkeit von Tierversuchsvorhaben. In: *TIERethik. Zeitschrift zur Mensch-Tier-Beziehung* 4/5 (2012), 16–51.

Powell, Russell: On the nature of species and the moral significance of their extinction. In: Beauchamp/Frey 2011, 603–627.

Regan, Tom: *The Case for Animal Rights*. London 1984.

Rollin, Bernard E.: *Animal Rights and Human Morality*. New York 1981.

–: On telos and genetic engineering. In: Armstrong/Botzler 2003, 342–350.

Ryder, Oliver A.: Cloning advances and challenges for conservation. In: Armstrong/Botzler 2003, 372–377.

Ryder, Richard D.: Speciesism in the laboratory. In: Peter Singer (Hg.): *In Defense of Animals. The Second Wave*. Oxford 2006, 87–103.

Savulescu, Julien: Genetically modified animals: should there be limits to engineering the animal kingdom? In: Beauchamp/Frey 2011, 641–670.

Scruton, Roger: *Animal Rights and Wrongs*. London ³2000.

Singer, Peter: *Practical Ethics*. Cambridge ²1993 (dt. ²1994).

Streiffer, Robert/Basl, John: Ethical issues in the application of biotechnology to animals in agriculture. In: Beauchamp/Frey 2011, 826–854.

Warren, Marry A.: *Moral Status. Obligations to Persons and Other Living Things*. Oxford 1997.

Wolf, Ursula (Hg.): *Texte zur Tierethik*. Stuttgart 2008.

–: *Ethik der Mensch-Tier-Beziehung*. Frankfurt a. M. 2012.

Ursula Wolf

44 Transplantationsmedizin

Die Transplantationsmedizin stellt denjenigen Bereich der Medizin dar, in dem es um die Übertragung von Zellen, Geweben und Organen eines Spenders auf einen Empfänger zu therapeutischen Zwecken geht. Dabei ergeben sich über die spezifisch medizinischen und die darüber hinausgehenden rechtlichen Fragen auch solche ethischer Natur. Dieselben betreffen, der Methodik ethischer Analyse folgend, zum einen die Prüfung der Legitimität der Zielsetzung des Transplantationsverfahrens, sodann die Untersuchung der Zulässigkeit der dazu eingesetzten Mittel und schließlich die Klärung der Tragbarkeit der vorhersehbaren Folgen. Diese dreifache ethische Analyse gilt zwar von der Übertragung von Zellen, Geweben und Organen in vergleichbarer Weise, doch betrifft sie in besonderem Maße die Transplantation von Organen, da hier die ethischen Fragen mit großer Klarheit und Intensität auf den Plan treten. So wird unter normativen Gesichtspunkten diskutiert, ob die Lebensrettungsmöglichkeit vermittels einer Organübertragung die Notwendigkeit entsprechender Organspenden legitimiert und wenn ja, ob es gar eine moralische Pflicht zur Hilfe in Form der Bereitschaft zur Organspende geben kann, die sich mit dem Erfordernis der Freiwilligkeit verträgt, und wie diese sicherzustellen ist. Gefragt wird auch, welche Rolle dem Arzt zukommt, dem nicht nur das Wohl seines Patienten, sondern im Falle der Lebendspende auch des Spenders obliegt.

Sodann geht es um die kollektivethischen Fragen, ob sich die Gesellschaft damit abfinden darf, dass eben nur so vielen transplantatbedürftigen Patienten geholfen werden kann, wie es die Anzahl der Organspenden erlaubt, oder ob weiter nach Abhilfe zu suchen ist; sodann, wie angesichts des fortdauernden Mangels mit dem Gebot der Gerechtigkeit umzugehen ist sowie welche Möglichkeiten einer Reduzierung des Spendemangels sich als ethisch legitim erweisen lassen und welche nicht. Des Weiteren wird gefragt, ob es ethisch vertretbar ist, dass infolge des Mangels an *postmortal* gespendeten Organen der Druck auf die *Lebendspende* zunimmt, bei der einem gesunden Menschen eine seinem eigenen Wohl nicht dienende und überdies risikobehaftete Schädigung zugefügt werden muss, um auf diese Weise einem transplantatbedürftigen Patienten zu helfen. Schließlich ist aus ethischer Sicht auch der Gedanke einer Einführung eines ›geregelten Marktes für Organspenden‹ zu analysieren sowie nicht zuletzt, wie sich der Vorschlag einer Verwendung von Tierorganen (sog. Xenotransplantation) ausnimmt. Der Beitrag der Philosophischen Ethik zu diesem interdisziplinären Themenbereich besteht – ihrem Selbstverständnis als kritische Reflexionsdisziplin entsprechend – nicht in der Erstellung abschließender Antworten und Rezepte, sondern in der Identifikation der normativen Implikationen der zur Diskussion stehenden Handlungsmöglichkeiten sowie in der kritischen Sichtung und argumentativen Prüfung der Moralität beanspruchenden Pro- und Contra-Argumente. Ziel ist es, auch in Bezug auf die Organ- bzw. Zell- oder Gewebetransplantation zur sachlichen und ethischen Bewertungs- und Entscheidungsfähigkeit des Einzelnen wie der Gesellschaft als Ganzer beizutragen.

Legitimität der Zielsetzung der Organtransplantation

Die Übertragung von Fremdorganen zwecks Lebensrettung und Leidensminderung eines schwerkranken Patienten stellt ein klinisch seit Jahrzehnten wohl etabliertes Verfahren dar. In ethischer Hinsicht maßgeblich hierfür sind die international anerkannten Normen des Lebensschutzes, der Hilfsverpflichtung (*bonum facere*) und der Schadensvermeidung (*nil nocere*), aber auch der Gerechtigkeit, zusammen mit der Norm des Respekts vor dem autonomiebasierten Selbstbestimmungsrecht des Menschen. Die Legitimität der Zielsetzung des Verfahrens der Organtransplantation steht insoweit außer Frage. Ihre Verwirklichung hingegen kann dann ethisch problematisch werden, wenn es entweder weniger belastende, aber gleich wirksame Alternativen gibt, oder wenn die zur Erreichung der genannten Ziele erforderlichen Mittel sich als nicht rechtfertigungsfähig erweisen oder die vorhersehbaren Folgen nicht verantwortbar erscheinen.

Zulässigkeit der Mittel der Organtransplantation

Voraussetzungen postmortaler Organgewinnung: Conditio sine qua non ist die gesicherte Feststellung des Todes des Spenders auf der Grundlage eines medizinisch-wissenschaftlich anerkannten Todeskriteriums (s. Kap. II. 25). In der westlichen Welt gilt seit mehr als vier Jahrzehnten der irreversible vollständige Funktionsausfall des gesamten Gehirns (›Hirntod‹) als ein solches vom Gesetzgeber gefordertes wissenschaftlich gesichertes Todeskriterium. Aus Sicht der Philosophie wird daran ein Vierfaches diskutiert: (1) die Logik des Bezugs zur postmortalen Organentnahme, (2) der wissenschaftstheoretische Status des Terminus ›Hirntod‹, (3) die anthropologische Deutung des Letzteren sowie (4) die ethischen Implikationen desselben. Was Ersteres angeht, so ist die postmortale Organentnahme notwendig an die Hirntodfeststellung gebunden, diese jedoch nicht an jene. Die Feststellbarkeit des vollständigen Funktionsausfalls des gesamten Gehirns stellt vielmehr eine Folge grundlegender neuroanatomischer und intensivmedizinischer Erkenntnisse der vergangenen 50 Jahre dar, die unabhängig von der Frage einer Organentnahme eine evidenzbasierte gesicherte Todesfeststellung begründen. Sodann wird darauf verwiesen, dass das Hirntodkonzept keine Todes*definition* darstellt, sondern ein *Kriterium* für die Feststellung des vorhergegangenen Eingetretenseins des Todes des Menschen. Anthropologisch stellt der Tod ein Phänomen dar, das historisch, gesellschaftlich, kulturell und nicht zuletzt religiös überformt ist. Der Tod des Menschen ist – wie der Mensch selbst – ein ganzheitliches Phänomen. Das Hirntodkonzept besagt nicht, was der Tod ist, wohl aber, welches das medizinisch-wissenschaftlich gesicherte *Kriterium* für das Ende des menschlichen Lebens in seiner ganzheitlichen Struktur ist. Betrachtet man den Menschen nicht dualistisch als eine Art ›Körper-Geist-Kompositum‹, sondern als Einheitsphänomen, so gilt die Voraussetzung eben dieser Einheit mit dem irreversiblen Ausfall des gesamten Gehirns als unwiederbringlich entfallen, ungeachtet der kontra-empirischen Phänomenalität dieses Sachverhalts.

Dem steht der Einwand gegenüber, eine Gleichsetzung des ›Hirntodes‹ mit dem Tod beruhe auf einer Reduktion des Menschen auf sein Hirn (›Zerebralisierung‹), welches schließlich nur *ein* Organ unter mehreren sei. Auf der anderen Seite wird die biologistische Vorstellung vom Leben des Menschen ›bis zum Untergang der letzten Zelle‹ vorgetragen. In der Diskussion wird darauf hingewiesen, dass sich das hier auftretende Dilemma zwischen ›zerebralem‹ und ›biologischem‹ Menschenbild dann vermeiden lasse, wenn man sich die bereits genannte Auffassung vom Menschen als einer leiblich-geistigen Einheit in Erinnerung ruft und den Tod als endgültiges Zerbrechen dieser Einheit begreift. Als ethisch bedeutsam am Hirntodkonzept gilt, dass die Ärzteschaft damit ein sicheres Kriterium dafür an der Hand hat, dass bei Nachweis seines Vorliegens Aufgabe und Amt des Arztes beendet sind und weiteres ärztliches Handeln – außer im Falle zu Lebzeiten erfolgter Zustimmung des Verstorbenen oder seiner Angehörigen zu einer Organentnahme – unärztlich und unethisch wäre.

Freiwilligkeit als conditio qua: Die Gewinnung menschlicher Organe zu Transplantationszwecken vom lebenden wie vom toten Spender hat dessen vorherige aufgeklärte Einwilligung (*informed consent*; s. Kap. II. 10) zur Voraussetzung. Im Einzelnen wird zwischen ›Information‹, ›Aufklärung‹ und ›Einwilligung‹ unterschieden: Unter ›Information‹ fällt alles das, was zum Hintergrundwissen, nicht jedoch zum Entscheidungswissen in Bezug auf den geplanten ärztlichen Eingriff gehört; Kennzeichen der Information ist deren Entscheidungsoffenheit. Die Information über die Hintergründe muss ärztlicherseits dem Patienten angeboten, jedoch vom Patienten nicht zur Kenntnis genommen werden; vielmehr kann dieser wählen, ob und was er wissen möchte. Das gilt auch vom Aufklärungswissen. Aus ethischer Sicht kann es keine ›Zwangsaufklärung‹ geben. Wovon der Patient hingegen nicht Abstand nehmen kann, ist die Einwilligung: Sie bildet die Voraussetzung für die Legitimität und Legalität ärztlicher Intervention. Die Freiwilligkeit der Entscheidung des Spenders allen Engpässen zum Trotz von Zwängen freizuhalten, gilt ethisch als Erfordernis von höchster Priorität. Anthropologische Grundlage ist die Vorstellung vom Menschen als eines seitens Dritter unverfügbaren selbstbestimmten Wesens; die ethische Basis hierfür bildet das autonomiegegründete Selbstbestimmungsrecht des Individuums, ›Autonomie‹ verstanden als Fundamentalverfasstheit des Menschen, ›Selbstbestimmung‹ als Manifestation derselben. Hieraus erhellt, dass jedweder extern begründete Anspruch Dritter auf die Organe eines Menschen selbst zum Zweck der Lebensrettung mit der prinzipiellen Unverfügbarkeit des Menschen in einen unauflöslichen Konflikt geraten würde.

Eng verbunden mit dem Erfordernis der Freiwilligkeit ist deren Nachweis. Dieselbe wird im Falle der Totenspende in drei Alternativen diskutiert: als Zustimmungs-, als Widerspruchs- oder als sog. ›Erweiterte Zustimmungslösung‹. Zustimmungs- und Widerspruchslösung gemeinsam ist der Umstand, dass beim Tod eines Menschen eine durch seinen Spenderausweis schriftlich dokumentierte Entscheidung *pro* bzw. *contra* Organspende vorliegt, die eine wie auch immer geartete postmortale Fremdbestimmung ausschließen soll. Diese Gefahr droht bei der ›Erweiterten Zustimmungslösung‹; ethisch sind die Angehörigen deshalb auf einen ihnen bekannten

Willen des Verstorbenen *verpflichtet*, der befragte Angehörige hat aus ethischer Sicht *nicht* das Recht zu einer *eigenen* Entscheidung in der Sache.

Gewinnung lebendgespendeter Organe: Die inzwischen verstärkt geführte Diskussion um die Frage der Lebendspende von Organen ist Resultat beachtlicher Fortschritte der gegenwärtigen Transplantationsmedizin, v. a. im Bereich der Teilleberübertragung, und sie ist zugleich eine Folge des weiterhin bestehenden Mangels an postmortal gespendeten Organen. Hinzu kommen medizinische Vorzüge wie die kurze Ischämiezeit des Spendeorgans, die Elektivität des Transplantationszeitpunktes sowie in der Regel eine längere Funktionszeit. Einen zentralen ethischen Diskussionspunkt bildet die Frage, ob das Leid und die Todesgefahr eines organbedürftigen Patienten die Hinnahme des Risikos und der Schädigung des Lebendspenders rechtfertigen können. Voraussetzungen sind Zumutbarkeit, Verhältnismäßigkeit und Angemessenheit. ›Zumutbar‹ ist die Hilfe dann, aber auch nur dann, wenn der Einzelne überhaupt in der Lage ist zu helfen, denn niemand kann über sein Können hinaus verpflichtet werden. ›Verhältnismäßig‹ ist die Hilfsverpflichtung dann und nur dann, wenn zwischen dem Gewicht der Hilfe und der Schwere des eigenen Schadens eine vertretbare Relation besteht; unvertretbar ist ein Schaden für den Helfenden, der mindestens so groß, wenn nicht größer als die Hilfe ist. ›Angemessen‹ ist eine Hilfsverpflichtung dann, aber auch nur dann, wenn hierdurch keine Grundrechte und keine hochrangigen ethischen Normen wie Würde, Autonomie, Lebensschutz und Gerechtigkeit tangiert sind. Doch auch wenn alle drei Voraussetzungen gegeben sind, ist die Risikoeinschätzung nicht auf den potentiellen Spender beschränkt. So wird kritisch gefragt, ob die Schädigung des Spenders zum Zweck der Hilfe für den Empfänger mit dem ärztlichen Ethos des Niemals-Schadens vereinbar ist. Die Herausforderung des ärztlichen Ethos durch die Lebendspende besteht im Wesentlichen darin, dass der Arzt die Schädigung nicht an demjenigen vornimmt, der seiner Hilfe bedarf und dem er zu helfen versucht, sondern an jemandem, der von solcherart Schädigung und Gefährdung keinerlei medizinischen Vorteil und ggf. nur Nachteile hat. Hier genügt der Rekurs auf die Freiwilligkeit des Spenders nicht: Der Arzt wird, nach pflichtgemäßer Prüfung des Vorliegens der Freiwilligkeit und des Fehlens eines geeigneten Totenspendeorgans, eine Abwägung zwischen seiner Hilfsverpflichtung gegenüber seinem Patienten auf der einen und der Verantwortung gegenüber Leib und Leben des Spenders auf der anderen Seite vornehmen müssen. Hier liegt der Grund für die rechtliche *Subsidiarität* der Lebend- gegenüber der Totenspende nach TPG § 8 Abs. 1 Satz 1 Nr. 2. Eine Umkehrung des Subsidiaritätsprinzips zugunsten der Lebendspende hieße, eine günstige Schaden/Nutzen-Relation gegen eine deutlich ungünstigere zu tauschen; das jedoch wird als ethisch kaum begründungs- und verallgemeinerungsfähig betrachtet und als ein möglicher Verstoß gegen das ärztliche Ethos des *primum nil nocere* angesehen.

Besonderheiten der Lebendtransplantation: Im Unterschied zum üblichen therapeutischen Verfahren, für das die Dyade ›Arzt-Patient‹ charakteristisch ist, sind in ein Transplantationsverfahren stets drei Seiten involviert: der Patient, sein Arzt und der Organspender. Im Falle der Lebendspende ist um der Hilfe für den Organempfänger willen auch der Spender Patient, um dessen Wohl der Arzt besorgt sein muss. Der Spender, so erscheint es auf den ersten Blick, ist durch seine Autonomie, der Empfänger durch sein Leid und der Arzt durch sein Ethos des Helfens und Heilens in seinem Tun ethisch gerechtfertigt. Diskutiert wird gleichwohl, ob Autonomie und Selbstbestimmung des Menschen auch das Recht auf Selbstgefährdung und Selbstschädigung einschließen; sodann, ob die Not des organbedürftigen Patienten eine derartige Gefährdung und Schädigung eines Anderen rechtfertigt oder ob die Bedingung der Zumutbarkeit der Hilfe dem Recht des Leidenden auf Hilfe Grenzen setzt; schließlich, wie es um das ärztliche Ethos des Helfens und des Nichtschadens steht angesichts der mit der Lebendspende notwendig verbundenen Schädigung des Spenders, und ob der Arzt zur Hilfe und zum Nichtschaden nur seinem Patienten und nicht auch Dritten – hier: dem Spender – gegenüber verpflichtet ist.

Um Freiwilligkeit zu sichern und Handeltreiben auszuschließen hat der Gesetzgeber die Lebendspende auf Verwandte I. und II. Grades sowie auf einander ›persönlich Nahestehende‹ beschränkt. Da es jedoch zwischen Familienmitgliedern oder sonst wie einander Nahestehenden häufig an der für eine Organtransplantation erforderlichen medizinischen Kompatibilität zwischen Spender und Empfänger fehlt, wird diskutiert, ob sich vor diesem Hintergrund neben einer Zulassung der anonymen Lebendspende (›pooling‹) der Gedanke einer Ausweitung des Spender-/Empfänger-Kreises über den vom Gesetzgeber vorgeschriebenen Rahmen hinaus aus ethischer Sicht rechtfertigen lässt. Hierzu hat der 9. Senat des Bundessozialgerichts im Jahre 2003 eine

Entscheidung getroffen, die auch in ethischer Hinsicht besondere Aufmerksamkeit gefunden hat: Es komme nach § 8 Abs. 1 Satz 2 TPG darauf an, »ob das konkret entnommene Organ auf eine Person (s. Kap. II. 21) übertragen wird, die zu dem Spender in einer bestimmten Beziehung steht«. Zwar genüge »bloßes ›Kennen‹« nicht; vielmehr müssen »persönliche Elemente« im Spiel sein (Bundessozialgericht: Urteil vom 10. 12. 2003; Az: B 9 VS 1/01 R: 14). Da das Gesetz eine Lebendspende auch zwischen Verwandten zweiten Grades zulasse, bei denen in der Regel keine gemeinsame Lebensplanung unterstellt wird, könne eine solche Forderung auch nicht an die Art der Verbundenheit zwischen zwei Paaren angelegt werden, die für eine Überkreuzspende in Frage kommen. Aus ethischer Sicht entscheidend sei, sicherzustellen, dass die Verbindung zwischen Organspender und Organempfänger frei von ökonomischen und psychologischen Zwängen ist.

Vertretbarkeit der Folgen des Verfahrens der Organtransplantation

Gerechtigkeitsprobleme: In Deutschland warten derzeit (2013) mehr als 12.000 Patienten auf eine Transplantation, davon allein rund 10.000 – mit einer jährlichen Zuwachsrate von ca. 2500 – auf eine Spenderniere. Einem derartigen Bedarf stehen jährlich lediglich knapp 4000 Spenderorgane gegenüber. Statt die für die Organtransplantation bereitzustellenden Mittel, d. h. die postmortalen Spenderorgane, den medizinischen Erfordernissen und Bedürfnissen des Menschen, d. h. den transplantatbedürftigen Patienten, anzupassen, werden die Bedürfnisse der Menschen und der sie versorgenden Ärzte unter das Diktat begrenzter Mittel gezwungen. Folge: Es kommt unausweichlich zum Konflikt mit den zentralen ethischen Normen des Lebensschutzes und der Gerechtigkeit. Was diesen Konflikt besonders schwierig macht, ist, dass er sich nicht auf derselben Ebene abspielt: Die Gerechtigkeitsfrage entsteht bereits auf der abstrakten Makroebene, d. h. dort, wo *verteilt* wird, die ärztliche Hilfspflicht hingegen stets auf der konkreten Mikroebene des Einzelfalls, d. h. dort, wo *zugeteilt* wird. Hinzu kommt: Die Verteilungsebene ist mangeldominiert, die Zuteilungsebene resultatorientiert. Hinsichtlich der Schwierigkeit einer gerechten Organallokation unter den Bedingungen des Mangels an Spenden kommt hinzu, dass die sog. vermittlungspflichtigen Organe (Herz, Lunge, Leber, Niere, Pankreas und Darm) dem Patienten nicht von seinem ihn behandelndem Arzt zugeteilt, sondern durch Eurotransplant in Leiden/NL nach Maßgabe der dort geführten Warteliste über das betreffende Transplantationszentrum an den Patienten zugewiesen werden. Kriterien für die Aufnahme des Patienten auf die Warteliste sind die entsprechende medizinische Indikation, voraussichtlicher Erfolg (erwartbares Überleben des Empfängers, hinreichend lange Transplantatfunktion) und Dringlichkeit. Hindernisse für die Aufnahme in die Warteliste können neben der Nichterfüllung einzelner oder mehrerer dieser Kriterien mangelnde Compliance des Patienten (Alkoholmissbrauch, Drogen, Unregelmäßigkeiten der Medikamenteneinnahme), maligne Erkrankungen oder schwerwiegende Herz- und Gefäßerkrankungen sein. *Keine* Rolle spielen sozialer Status, finanzielle Situation, Versicherungsstatus u. Ä.

Ein ›Markt für Organe‹? Sehr kritisch diskutiert wird der Gedanke, den Mangel an Organen v. a. im Bereich der Lebendspende durch einen Übergang zum Marktmodell zu beheben. Nun dient das Verbot des Handels mit Geweben und Organen wichtigen ethischen Normen sowie zentralen Rechtsgütern: dem Respekt vor Unverfügbarkeit und Freiwilligkeit des Individuums sowie dem Schutz vor Ausbeutung in wirtschaftlicher oder sozialer Notlage. Ein freier, d. h. ungeregelter Markt für Organe würde nach allgemein vertretener Auffassung überdies schon daran scheitern, dass er unvermeidbar in einen Dauerkonflikt mit der Norm der Gerechtigkeit führen würde: Nicht wer ein Organ am dringendsten benötigt, sondern wer das Meiste zu zahlen imstande ist, würde ein auf dem Markt angebotenes Organ erhalten. Ärzte, die auf das Wohl ihrer Patienten ohne Blick auf deren Zahlungsfähigkeit verpflichtet sind, würden in ein Geschehen hineingezogen, in welchem lebenswichtige Organe nicht nach medizinischen, sondern nach ökonomischen Prioritäten verteilt werden.

Um Letzteres zu verhindern wird seit geraumer Zeit verstärkt diskutiert, ob sich ein derartiger Markt in geregelte Bahnen lenken ließe. Im Unterschied zu einem freien Markt für Organe, so das leitende Argument, würde ein *geregelter* Markt trotz der auch in ihm herrschenden marktwirtschaftlichen Mechanismen, rechtlichen Regelungen, ethischen Grenzziehungen und strikter Überwachung (Festpreise, Organallokation unabhängig von der Zahlungsfähigkeit des Empfängers, Verfahrenstransparenz) unterworfen sein. Nicht Einzelpersonen, sondern ausschließlich Versicherungen oder der Staat dürften den Organankauf übernehmen bzw. organisieren, damit angemessene Festpreise gezahlt, die Organe rein nach medizinischen Kriterien und nicht nach Zahlungsfähigkeit zugeteilt und insgesamt Transparenz in das Verfahren gebracht werden kann. Argumentiert wird sowohl mit der Verbesserung des Organangebots und damit der Hilfe für Schwerkranke als auch mit dem Recht auf Vertragsfreiheit.

Damit wird der Versuch unternommen, das Marktmodell, welches strukturell durch den Ausgleich von Angebot und Nachfrage gekennzeichnet ist, auf das Gut ›Organaustausch‹ abzubilden. Dem wird der Zweifel entgegengehalten, dass das Ziel der Vermehrung des Organangebots auch mit Hilfe eines geregelten Marktes nicht wirklich erreichbar sowie die Gefahr der Ausbeutung bzw. Selbstausbeutung nicht gebannt sei und dass immer weniger Menschen freiwillig spenden, wenn stattdessen materielle Vorteile zu erzielen sind. Grundlegend wird gefragt, ob menschliche Organe eine Art ›Gegenstände mit Warencharakter‹ darstellen können, mit denen sich Handel treiben ließe. Die Antwort hänge davon ab, wie man das Verhältnis des Individuums zu ›seinen‹ Organen begreife: ob der Mensch sich selbst gehört und wenn ja, ob er an seinem Körper bzw. an Teilen desselben ein eigentumsbasiertes Verfügungsrecht besitzt. Folge: Der Körper bzw. seine Teile besitzen keinen *intrinsischen Wert*, sondern erhalten einen *externen Preis*, die Gesamtheit dessen nämlich, was derzeit bei Verkauf auf dem Markt erzielbar ist. Dem steht entgegen, was Organe auszeichnet: notwendiger Bestandteil eines zu einer übergeordneten Einheit gehörenden Funktionszusammenhangs zu sein. Der Körper gilt insoweit nicht einfach als ›Ort‹ oder ›Behältnis‹ für die Organe des Menschen, sondern als das von der Natur (s. Kap. II. 19) vorgesehene Zusammenwirken derselben, welches von einem *Subjekt* getragen wird. Insofern gehören die Organe dem Menschen nicht, sondern sie gehören *zu* ihm.

Vereinbarkeit von Entscheidungsfreiheit und Markt? Aus ethischer Sicht ebenfalls höchst kritisch gesehen wird die Schwierigkeit der Sicherung der Freiwilligkeit, da trotz der genannten Risiken und Belastungen einer Organentnahme bei einem Organverkauf wirtschaftliche Not im Spiel sei. Auch ein geregeltes Marktmodell bedrohe insoweit seine eigenen Bedingungen: die Freiheit der Entscheidung der am Markt Beteiligten. Hinzu komme, dass empirische Studien belegen, dass Organverkäufe überwiegend keine nachhaltige Verbesserung der Lebensumstände der Verkäufer mit sich bringen. Aus ethischer Sicht jedenfalls stelle die Ausnutzung einer wirtschaftlichen oder sozialen Notlage einen Verstoß gegen die Norm der Gerechtigkeit und ggf. gegen den Respekt vor der Menschenwürde dar. Auch wird darauf aufmerksam gemacht, dass die Freiheit der Selbstinstrumentalisierung des Einzelnen ihre Grenze an der Pflicht des Staates zur Erhaltung der Vertrauenswürdigkeit gesellschaftlich allgemein akzeptierter Verfahren wie desjenigen der Transplantationsmedizin habe. Gefragt wird gleichwohl, ob ein Verbot nicht eine Art ›staatlichen Paternalismus‹ zwecks Schutzes des mündigen Bürgers vor sich selbst darstellt. Dem wird entgegengehalten, dass die Organspende nicht nur einen individuellen Vorgang, sondern ein in der Gesellschaft verankertes, von ihr zu tragendes und zu verantwortendes öffentliches Geschehen darstelle, welches, wie andere Abläufe dieser Art auch, individueller Selbstentfaltung gewisse Grenzen setze.

Ausgleich statt Entgelt? Einigkeit herrscht dagegen darüber, dass rechtsförmige Lebendspenden auch aus ethischen Gründen vom Gesetzgeber eine bessere versicherungsrechtliche Absicherung und Abdeckung der mit der Organspende verbundenen und einzig durch sie entstehenden Kosten erhalten müssen (Ausgleich von Einkommensausfällen, Kompensation ggf. verminderter Erwerbsfähigkeit, Absicherung von Folgeschäden). In der Diskussion wird insoweit zwischen ethisch unzulässigem ›Entgelt‹ und ethisch unter engen Bedingungen gebotenem ›Ausgleich‹ unterschieden. Während Anreizmodelle und Entgeltzahlungen propagiert werden, damit sich jemand zugunsten eines Organverkaufs *entscheidet*, wird ein Kostenausgleich angeboten, damit dem Organspender infolge der gesundheitlichen Selbstschädigung nicht auch noch nicht unerhebliche und langfristige Nachteile wie erhöhte Kranken- und Lebensversicherungskosten bis hin zur spendebedingten Invalidität *entstehen*. Ähnliches gelte für Schmerzensgeldzahlungen: Vorher in Aussicht gestellt, könnten sie die Freiwilligkeit der Spende beeinflussen; im Nachhinein bei besonders belastendem Explantationsverlauf zugesprochen, erscheinen sie hingegen berechtigt. Entscheidend sei der Schutz vor Unfreiwilligkeit und Ausbeutung. Jedwede Form einer Vermarktung erscheine nur unter eben derjenigen Bedingung möglich, die sie zugleich bedroht: der Freiheit des Individuums von Fremdbestimmung.

Aktuelle Forschungsfragen

Angesichts des fortdauernden Mangels an Organspenden sehen sich Medizin und Wissenschaft verstärkt veranlasst, nach Ersatz- und Ergänzungstherapien zu suchen. Deren wichtigste sind neben der weiteren Entwicklung künstlicher Organe die Möglichkeiten bioartifizieller Organogenese auf der Grundlage von Forschungen im Bereich der regenerativen Medizin (embryonale Stammzellforschung, s. Kap. III. 39) sowie die Hoffnung auf Gewinnung von transplantierbaren Organen aus Tieren für eine sog. ›Xenotransplantation‹. Beide Verfahren werfen nicht nur komplizierte wissenschaftliche, sondern auch schwierige ethische Fragen auf. So wird gefragt, wie sich die Pflichten gegenüber *toten* Menschen zu den Pflichten gegenüber frühembryonalem menschlichen *Leben*, aber auch gegenüber dem *Schutz der Tiere* verhalten und ob diese nicht jene übersteigen (s. Kap. III. 43). Tiere können naturgemäß nicht befragt werden, sie sind genauso genommen keine Spender, sondern vom Menschen ungefragt genutzte Organ*quellen*. Da es jedoch noch unbestimmte Zeit bis zu einer möglichen, jedenfalls erhofften klinischen Einführung biotechnologisch generierter und/ oder xenogener Organe dauern dürfte, bleibt die humane Organspende, v. a. die *post mortem* erfolgende, auf absehbare Zeit das Verfahren der Wahl der Lebensrettung und Leidverringerung. Diesbezüglich bleibt die Frage, ob man nicht einen Konflikt zwischen dem Festhalten an der ethischen Norm der absoluten Freiwilligkeit der Spende einerseits und der ethischen Norm der Pflicht zur Lebensrettung und Leidverringerung andererseits konstatieren und angesichts des fortdauernden Mangels an Organspenden eine ethische Pflicht zumindest zur Entscheidung *pro* oder *contra* postmortale Organspendebereitschaft reklamieren muss.

Der Gesetzgeber hat inzwischen die Versicherungen verpflichtet, in regelmäßigen Abständen die Versicherten ergebnisoffen zu informieren und zu einer Dokumentation ihrer Erklärung zur postmortalen Organ- und Gewebespende aufzufordern (sog. ›Entscheidungslösung‹). Gleichwohl wird darauf hingewiesen, dass der Respekt vor der Freiheit des Einzelnen auch sein Nichtentscheidungsrecht einschließt. Als Haupthindernisse einer Behebung des Organspendemangels gelten weiterhin die in der Bevölkerung vorhandenen Unsicherheiten, Fehlinformationen und Ängste gegenüber dem Verfahren der postmortalen Organentnahme und nicht zuletzt eine fehlende Auseinandersetzung der Menschen mit der eigenen Endlichkeit.

Literatur

Ach, Johann Sebastian/Quante, Michael (Hg.): *Hirntod und Organverpflanzung. Ethische, medizinische, psychologische und rechtliche Aspekte der Transplantationsmedizin.* Stuttgart-Bad Cannstatt ³1999.

Angstwurm, Heinz: Der Hirntod als sicheres Todeszeichen. In: Marcus Düwell/Klaus Steigleder (Hg.): *Bioethik. Eine Einführung.* Frankfurt a. M. 2003.

Becchi, Paolo/Bondolfi, Alberto/Kostka, Ulrike (Hg.): *Die Zukunft der Transplantation von Zellen, Geweben und Organen.* Basel 2007.

Beckmann, Jan P.: Ein »Markt für Organe«? Zur Frage einer Kommerzialisierung menschlicher Organe zwecks Reduzierung des Organspendemangels aus ethischer Sicht. In: *Zeitschrift für medizinische Ethik* 58/2 (2012), 149–161.

Beckmann, Jan P./Brem, Gottfried/Eigler, Friedrich-Wilhelm/Günzburg, Walter H./Hammer, Claus/Müller-Ruchholtz, Wolfgang/Neumann-Held, Eva M./Schreiber, Hans-Ludwig: *Xenotransplantation von Zellen, Geweben oder Organen. Wissenschaftliche Entwicklungen und ethisch-rechtliche Implikationen.* Berlin/New York 2000.

Beckmann, Jan P./Kirste, Günter/Schreiber, Hans-Ludwig: *Organtransplantation. Medizinische, rechtliche und ethische Aspekte.* Ethik in den Biowissenschaften – Sachstandsberichte des DRZE, Bd. 7. Hg. von Dieter Sturma/ Dirk Lanzerath. Freiburg 2008.

Birnbacher, Dieter: Einige Gründe, das Hirntod-Kriterium zu akzeptieren. In: Johannes Hoff/Jürgen in der Schmitten (Hg.): *Wann ist der Mensch tot? Organverpflanzung und Hirntodkriterium.* Reinbek 1994, 28–40.

Birnbacher, Dieter/Angstwurm, Heinz/Eigler, Friedrich-Wilhelm/Wuermeling, Hans-Bernhard: Der vollständige und endgültige Ausfall der Hirntätigkeit als Todeszeichen des Menschen. Anthropologischer Hintergrund. In: *Deutsches Ärzteblatt* 90/44 (1993), 2926–2929.

Bondolfi, Alfredo/Kostka, Ulrike/Seelmann, Kurt (Hg.): *Hirntod und Organspende.* Basel 2003.

Bundesärztekammer (2001/2006): Richtlinien zur Organtransplantation gem. § 16 TPG. In: *Deutsches Ärzteblatt* 98 (2001), A 2207; 103/48 (2006), A 3282–3290.

Bundessozialgericht (2003): Urteil vom 10. 12. 2003; Az: B 9 VS 1/01 R.

Deutscher Bundestag (2007): Gesetz über die Spende, Entnahme und Übertragung von Organen und Geweben (Transplantationsgesetz – TPG) in der Fassung der Bekanntmachung vom 4. 9. 2007 (BGBl. I S. 2206), zuletzt geändert durch Art. 1 des Gesetzes zur Änderung des Transplantationsgesetzes (TPGÄndG) vom 21. 7. 2012 (BGBl. I S. 1601).

Eurotransplant (1996 ff.): Annual Reports der Eurotransplant International Foundation. In: http://www.eurotransplant.org/cms/index.php?page=annual_reports (29. 8. 2013).

Gutmann, Thomas/Schroth, Ulrich: *Organlebendspende in Europa. Rechtliche Regelungsmodelle, ethische Diskussion und praktische Dynamik.* Berlin 2002.

Harvard Medical Committee: Report of the ad hoc Committee of the Harvard Medical School to examine the de-

finition of brain death. In: *Journal of the American Medical Association* 205/6 (1968), 337–340.
Kirchen: *Organtransplantation. Gemeinsame Erklärung der Deutschen Bischofskonferenz und des Rates der Evangelischen Kirche in Deutschland*. Bonn/Hannover 1990.
Lachmann, Rolf/Meuter, Norbert (Hg.): *Zur Gerechtigkeit der Organverteilung: Ein Problem der Transplantationsmedizin aus interdisziplinärer Sicht*. Stuttgart 1997.
Oduncu, Fuat S./Schroth, Ulrich/Vossenkuhl, Wilhelm (Hg.): *Transplantation. Organgewinnung und -allokation*. Göttingen 2003.
Schreiber, Hans-Ludwig: Regeln für die Organgewinnung und Organvermittlung. In: *Jahrbuch für Wissenschaft und Ethik*, Bd. 5. Hg. von Ludger Honnefelder/Christian Streffer. Berlin 2000, 141–150.
Taupitz, Jochen (Hg.): *Kommerzialisierung des menschlichen Körpers*. Berlin 2007.

Jan P. Beckmann

45 Vulnerabilität

Begriffliche und konzeptuelle Erwägungen

Der Begriff ›Vulnerabilität‹ bezeichnet in der Bioethik üblicherweise eine fehlende oder reduzierte Fähigkeit, sich selbst und die eigenen Interessen vor Schaden und Unrecht anderer zu bewahren. Obgleich der Ausdruck weitverbreitet ist und oft genutzt wird, bleibt er theoretisch unzureichend bestimmt (Hurst 2008; Rogers et al. 2012). Derzeit gibt es wenig Übereinstimmung bezüglich Definition oder Reichweite des Ausdrucks. Obwohl das Konzept in verschiedenen Richtlinien und in der bioethischen Literatur vielfach präsent ist, gibt es keinen Konsens hinsichtlich der Gründe von Verletzlichkeit bzw. Vulnerabilität oder der Rechtfertigung bestimmter Pflichten gegenüber vulnerablen Gruppen (Ganguli Mitra/Biller-Andorno 2011).

Eine der Ursachen der Kontroverse in der Literatur betrifft die Reichweite des Begriffs. Es ist unklar, ob Vulnerabilität am besten als Klammerbegriff für verschiedene Eigenschaften zu sehen ist, die spezielle Aufmerksamkeit und Pflichten fordern, bzw. als Signalwort für eine besondere Schutzbedürftigkeit (Macklin 2003); oder ob sie nicht doch eher als grundlegendes Konzept der Bioethik, wie Autonomie oder Würde (s. Kap. II.17), gelten sollte (Rendtorff 2002). Der letzteren Interpretation zufolge wäre Vulnerabilität zu verstehen als eine allgemeinmenschliche Empfänglichkeit für Leid und Verwundung (Fineman 2008); eine Verletzlichkeit, die in unserer Körperlichkeit begründet ist und der wir nicht entkommen können (MacIntyre 1999). Doch wenn wir Vulnerabilität als ein inhärentes Charakteristikum unseres verkörperten und sozialen Selbst verwenden, stellt sich immer noch die Frage, wie wir diejenigen unter uns schützen und fördern können, die vergleichsweise fragiler und anfälliger sind für Schaden und Unrecht. In der aktuellen bioethischen Literatur gibt es bislang keinen Konsens, wie ein universales Verständnis der menschlichen Vulnerabilität zu vereinbaren ist mit dem Anspruch auf besondere Schutzrechte für bestimmte Gruppen (Meek Lang et al. 2013).

Eine zweite Uneinigkeit besteht mit Blick auf die Ursachen von Vulnerabilität. Es gibt zwei grundsätzliche Ansätze, wie man das Konzept der Vulnerabilität verstehen kann: autonomie-basiert und kontext-basiert. Während beide Ansätze häufig anzutreffen sind, mangelt es vielfach an Klarheit und Deutlichkeit, in welchem Sinne der Begriff jeweils verwendet wird. Beim autonomie-basierten Ansatz liegt die Vulnerabilität in einer reduzierten Fähigkeit begründet, autonom zu entscheiden und zu handeln. Die mangelnde Fähigkeit zur Selbstbestimmung kompromittiert die üblicherweise erforderliche informierte Einwilligung (s. Kap. II. 10) als adäquaten Mechanismus des Selbstschutzes. Die Ursprünge einer solchermaßen verstandenen Vulnerabilität können sowohl intern (z. B. geistige Kapazität) als auch extern (z. B. Freiheit) sein. Im Sinne einer autonomie-basierten Definition werden üblicherweise Kinder, Gefangene, Patienten in Notsituationen oder im Zustand der Bewusstlosigkeit als vulnerabel erachtet, sobald die Einwilligung inadäquat, irrelevant oder unmöglich ist. Der zweite Ansatz, bei weitem der umstrittenere, beruht auf der Idee, dass auch Individuen, die entscheidungsfähig und zu selbstbestimmtem Handeln in der Lage sind, innerhalb von Kontexten und unter Umständen agieren, die sie in unzulässiger Weise beeinflussen oder dazu führen, dass sie ausgebeutet, belastet oder geschädigt werden, wie dies bei Personen (s. Kap. II. 21) der Fall sein kann, die in Armut leben, denen der Zugang zur Bildung verweigert wird, oder die unter einem Machtungleichgewicht oder anderen Ungerechtigkeiten zu leiden haben.

Diese beiden Ansätze schließen sich nicht gegenseitig aus: Individuen können aus der Sicht beider Definitionen als vulnerabel gelten oder auch in eine Grauzone fallen, in der, obwohl sie formal oder rechtlich als autonom betrachtet werden, die Gültigkeit ihrer Einwilligung, die Möglichkeit frei zu wählen, und die Fähigkeit zu selbstbestimmtem Handeln in Zweifel gezogen werden könnte. Es gibt auch Definitionen, die beide Ansätze integrieren. Mit Blick auf den Gesundheitsbereich wurden vulnerable Populationen z. B. als Gruppen definiert, welche aufgrund intrinsischer *und* extrinsischer Faktoren erschwerten Zugang zu bestmöglicher Gesundheit und Lebensqualität haben (Danis/Patrick 2002). Dennoch hat ein Mangel an Klarheit in der Verwendung des Begriffs von Anfang an – seit seiner Anwendung im Belmont-Report (National Commission 1979), einem der frühen prominenten bioethischen Dokumente – zu viel Verwirrung und problematischen Auswirkungen im Laufe der Jahre geführt.

Eine dritte Problematik der Verwendung des Begriffs ›vulnerabel‹ betrifft die Tatsache, dass Vulnerabilität regelmäßig in Verbindung gebracht wird mit Begriffen wie Schaden, Unrecht, Ausbeutung, Ungerechtigkeit, wobei es jedoch kaum theoretische Ausführungen zum Zusammenhang zwischen den Begriffen und deren Rechtfertigungen gibt. So wird Vulnerabilität oft als ein erhöhtes Risiko definiert, ausgebeutet zu werden – ein Ansatz, der in vielen Richtlinien der Forschungsethik aufgegriffen wird. Zugleich wird Ausbeutung in zirkulärer Weise als unfaires Ausnutzen von Vulnerabilität definiert (Carse/Little 2008).

Eine zusätzliche Spannung entsteht schließlich dadurch, dass der Begriff nicht nur zur Beschreibung von Individuen, sondern auch von Gruppen oder ganzen Populationen verwendet wird (National Commission 1979; Macklin 2003; World Medical Association 2008). Obwohl es sicherlich zutrifft, dass auch große Gruppen von Personen gesamthaft als vulnerabel angesehen werden können aufgrund eines bestimmten gemeinsamen Merkmals, führte dieser Ansatz doch zu problematischen Implikationen in Richtlinien und Empfehlungen, v. a. in den früheren Dokumenten. Denn einerseits bedeutet eine enge, spezifische Kategorisierung und Kennzeichnung, dass diejenigen, die nicht in diese Kategorien fallen – z. B. die der Armen, Analphabeten, oder unheilbar Kranken – von entsprechenden Interventionen und Schutzmechanismen übersehen werden. Andererseits können übermäßig breite Kategorisierungen in unangemessener Weise restriktiv wirken, indem durch sie z. B. in protektionistischer Weise bestimmte Personen von der Teilnahme an Forschungsprojekten ausgeschlossen werden, was die Autonomie der betroffenen Individuen verletzt. Diese Probleme der Kategorisierung haben sich für die Mitglieder verschiedener Gruppen und Subpopulationen schädlich auf Gesundheit und Wohlbefinden ausgewirkt. Eines der inzwischen vielfach diskutierten Beispiele ist die Gruppe schwangerer Frauen, die herkömmlich in früheren Richtlinien als vulnerabel bezeichnet wurde. Nicht nur wurde damit die Autonomie schwangerer Frauen missachtet; sie wurden in der Konsequenz über Jahrzehnte hinweg aus Forschungsprojekten und damit auch vom wissenschaftlichen Fortschritt ausgeschlossen (Wild/Biller-Andorno 2006).

Diese Spannung ist unvermeidbar, wenn Vulnerabilität im Sinne eines Indikators für besondere Schutzbedürftigkeit verwendet wird. Wir müssen auf der einen Seite unseren Verpflichtungen zur Fürsorge gegenüber denjenigen nachkommen, die als vulnerabel erachtet werden, und auf der anderen Seite aber die individuelle Autonomie respektieren, die Fähigkeit zur Selbstbestimmung stärken bzw. die

Rahmenbedingungen für die Ausübung von Autonomie schaffen oder verbessern. Angesichts dieser Problematik ist Vulnerabilität als sowohl ›zu breit als auch zu eng‹ beschrieben (Levine et al. 2004) und die Aussagekraft und der Nutzen des Begriffs in der Bioethik hinterfragt worden. Kritiker erkennen dem Begriff eine gewisse Plausibilität zu, dennoch plädieren sie angesichts der konzeptionellen Schwierigkeiten dafür, ihn eher zu vermeiden (Kemp et al. 2000).

Dennoch hat der Begriff im akademischen Diskurs eine lebhafte Rezeption gefunden. Viele haben versucht, das Konzept der Vulnerabilität nicht nur als ein unvermeidbares Charakteristikum des Menschseins darzustellen, sondern darüber hinaus Wege aufzuzeigen, wie Vulnerabilitäten erkannt werden können, besonders wenn sie spezifische Pflichten gegenüber anderen nach sich ziehen. In der bioethischen Debatte wird dabei auf verschiedene philosophische Ansätze Bezug genommen, so etwa auf Goodins konsequentialistischen Ansatz, der Vulnerabilität als Empfänglichkeit für Schaden definiert. Dabei ist Goodins Verständnis von Vulnerabilität relational: Individuen können durch Handlungen anderer verletzt werden, was wiederum den Schutz vulnerabler Personen als moralische Pflicht begründet. Wir haben also eine Verpflichtung, diejenigen zu schützen, die durch unsere Handlungen verletzt werden können (Goodin 1985).

In letzter Zeit wurde eine Taxonomie vorgeschlagen, die von drei verschiedenen Arten der Vulnerabilität – inhärent, situativ und pathogen – ausgeht. Dabei liegt der Fokus nicht nur auf dem Schutz vulnerabler Personen, sondern insbesondere auch auf der Förderung von Handlungsfähigkeit (*agency*). Inhärente Vulnerabilität meint die allgemeine Eigenschaft des Menschen, deren Ausprägung sich aber je nach Alter, Geschlecht, Gesundheitsstatus, Resilienz und sozialer Unterstützung unterscheiden kann. Situative Vulnerabilität hängt von persönlichen, sozialen, wirtschaftlichen, politischen und ökologischen Kontexten ab und kann ebenfalls in Ausmaß und Dauerhaftigkeit variieren. Die dritte Art, die pathogene Vulnerabilität, hat ihren Ursprung in ›moralisch dysfunktionalen zwischenmenschlichen und sozialen Beziehungen‹ und ist durch Respektlosigkeit, Vorurteil, Unterdrückung, Verfolgung usw. gekennzeichnet (Rogers et al. 2012). Dieser Ansatz ist im Rahmen eines zunehmenden Interesses in der bioethischen Literatur zu verorten, das Konzept der Vulnerabilität in angemessener Weise theoretisch zu fassen und somit einen wichtigen Beitrag nicht nur in akademischer Hinsicht, sondern auch mit Blick auf die praktische Anwendung in Richtlinien und Entscheidungen in verschiedenen Bereichen – der Forschungsethik, der klinischen Ethik und der Ethik des öffentlichen Gesundheitswesens – zu leisten.

Vulnerabilität in der Forschungsethik

Das bioethische Konzept der Vulnerabilität kam zuerst in der forschungsethischen Debatte auf und wird auch in diesem Zusammenhang bis heute am intensivsten diskutiert. Die Forschung am Menschen (s. Kap. III. 14) bietet sich als ein passendes Gebiet an, um die Problematik der Vulnerabilität zu erörtern: Einerseits soll allen Teilnehmern an Forschungsprojekten ein angemessener Schutz gewährt werden, wenn sie sich schon einverstanden erklären, die Risiken und Belastungen einer Studie auf sich zu nehmen, und andererseits gilt es, einigen der Teilnehmer zusätzlichen Schutz zu gewähren, da sie in mehrfacher oder besonderer Weise vulnerabel sind. Gerade in der Literatur zur Forschungsethik mangelt es der Definition der Vulnerabilität an Klarheit: Vulnerable Gruppen wurden in vielfältiger Weise definiert. Hierzu zählen diejenigen, die unfähig sind, frei oder in adäquater Weise Entscheidungen zu treffen; solche, die in unfairer Weise dazu gebracht werden, die mit der Forschung verbundenen Risiken und Belastungen auf sich zu nehmen; diejenigen, denen es an Macht oder Ressourcen fehlt, ihre Teilnahme zu verweigern; und schließlich jene, die systematisch von Forschungsprojekten ausgeschlossen werden, was bedeutet, dass sie in ihrer Gesundheitsversorgung nicht oder weniger vom Forschungsfortschritt profitieren können.

In Reaktion auf das Problem der Kategorisierung der Studienteilnehmenden mit Blick auf ihre Vulnerabilität wurde ein analytischer Ansatz vorgeschlagen, der verschiedene Gründe für Vulnerabilität aufführt, darunter Aspekte wie akute Erkrankung, Autoritätshörigkeit und Einwilligungsfähigkeit (Kipnis 2003). Um dem Problem zu begegnen, Gruppen in dichotomer Weise als vulnerabel oder nicht zu kennzeichnen, wurde ein Schichtmodell der Vulnerabilität vorgeschlagen, wobei Individuen verschiedene ›Vulnerabilitäts-Schichten‹ unterschiedlichen Ursprungs besitzen. Das Konzept ist relational insofern, als Vulnerabilität nur erkannt und verstanden werden kann, wenn man den jeweiligen Kontext und damit das relevante Beziehungsgeflecht berücksichtigt. Es ist zugleich auch dynamisch, weil eine Schicht der Vulnerabilität nicht permanent existieren muss, sondern auch nur zu gewissen Zeitpunkten vorhanden sein kann (Luna 2009).

Jedes der vorgeschlagenen Konzepte ist bislang in der forschungsethischen Literatur umstritten geblieben. Dennoch scheint es einen Trend zu geben, Vulnerabilität nicht mehr allgemein als eine Eigenschaft des Menschen zu verstehen, sondern ein vertieftes Verständnis des Kontexts, der Umgebung und des Forschungsprojektes sowie der Forschungsagenda zu fordern, um die Verletzlichkeit und damit Schutzbedürftigkeit von Studienteilnehmern einschätzen zu können (Levine et al. 2004; Ganguli Mitra/Biller-Andorno 2011).

Vulnerabilität in der klinischen Ethik

In vielerlei Hinsicht zeigen sich bei Verwendung des Konzepts der Vulnerabilität in der klinischen Ethik ähnliche Spannungen wie in der Forschungsethik. Einerseits sind wir als Patienten vulnerabel und angewiesen auf die Entscheidungen und das Handeln von medizinischem Fachpersonal. Zugleich sind manche Patienten aufgrund ihres fragilen Gesundheitszustands, eines medizinischen Notfalls oder der Unfähigkeit, Informationen aufzunehmen und im Rahmen eines Entscheidungsprozesses zu verarbeiten, in verschiedenen medizinischen Situationen besonders verletzlich. Traditionellerweise werden unter vulnerablen Patienten folgende Gruppen verstanden: Kinder, einwilligungsunfähige Personen, institutionalisierte Patienten, jene, welche diskriminiert werden oder Vorurteilen und Misshandlungen ausgesetzt sind, sowie jene, die einen schlechten Zugang zur Gesundheitsversorgung haben.

Am häufigsten wird Vulnerabilität jedoch verbunden mit der Unfähigkeit zur informierten Einwilligung. Die meisten unter uns müssen Medizinern vertrauen und diese wiederum gehen in der Regel davon aus, dass wir in der Lage sind, unsere Interessen durch eine Einverständniserklärung oder deren Verweigerung zu wahren. Dieser weitverbreitete Ansatz kann jedoch dazu führen, dass verschiedene Quellen von Vulnerabilität übersehen werden, wie Machtasymmetrien, ein Mangel an Bildung oder andere situativ bedingte Vulnerabilitäten, wie sie ausführlich in der Literatur zur Forschungsethik beschrieben werden.

Vulnerabilität in der Ethik des öffentlichen Gesundheitswesens

Schließlich begegnen wir Vulnerabilität und verwandten Begriffen zunehmend im Zusammenhang mit der öffentlichen Gesundheit (s. Kap. III. 20), in nationalen wie auch in internationalen oder globalen Kontexten. Auch hier wird das Konzept der Vulnerabilität auf verschiedenste Weise verwendet. Ein Ansatz bezieht sich auf vulnerable Personen und Gruppen, die bereits erkrankt und dem Risiko ausgesetzt sind, dass sich ihr Gesundheitsstatus weiterhin verschlechtert (Rogers et al. 2012). Vulnerabilität wird zunehmend auch als Bezeichnung für diejenigen benutzt, die allgemein benachteiligt oder ungerecht behandelt werden im Gegensatz zum Rest der Bevölkerung und damit ein erhöhtes Risiko schlechter Gesundheit mit erhöhter Morbidität und Mortalität aufgrund sozioökonomischer oder anderer Beeinträchtigungen haben. Die Quellen der Vulnerabilität überschneiden sich bei diesem Ansatz oft mit den sozialen Determinanten der Gesundheit, und Fragen der sozialen Gerechtigkeit rücken in den Vordergrund (Powers/Faden 2006). In Entwicklungsländern z. B. gelten Menschen oft aufgrund ihrer äußeren sozialen Umstände als vulnerabel (Heinrichs 2010).

Wie in der forschungsethischen Literatur wird Vulnerabilität auch im Bereich der öffentlichen Gesundheit oft in Zusammenhang gebracht mit den größeren Fragen der Bioethik, einschließlich der sozialen und globalen Gerechtigkeit und den damit verbundenen moralischen Verpflichtungen, der Debatte um persönliche Wahlfreiheit versus soziale Determinanten und die Rolle der persönlichen gegenüber der gesellschaftlichen Verantwortung für problematisches Gesundheitsverhalten und negative gesundheitliche Folgen.

Aktuelle Diskussion

Der Diskurs über Vulnerabilität hat sich in den letzten Jahren in signifikanter Weise weiterentwickelt. Besonders in der kontinentaleuropäischen Bioethik wurde Vulnerabilität zunächst primär als grundlegende Beschreibung der *conditio humana* aufgefasst: Wir sind alle in gewisser Hinsicht verletzlich und müssen dies als Teil des Menschseins akzeptieren. Obgleich diese Perspektive sicherlich zutreffend ist, führt sie jedoch nicht weiter, wenn es um die Frage geht, welche Personen oder Gruppen in einer Weise vulnerabel sind, die besondere Schutzmaßnahmen geboten erscheinen lässt.

In der aktuellen Debatte wird die grundsätzliche Verletzlichkeit des Menschen und das Angewiesensein auf Andere nicht in Frage gestellt, aber betont, dass es zudem spezifische, kontextabhängige Vulnerabilitäten gibt, die dazu führen, dass wir uns in Grad und Ausprägung unserer Vulnerabilität unterscheiden. Dieser Blick auf konkrete Verletzlichkeiten und ihre Ursachen sowie das Zusammenspiel mit sozialen und Umweltfaktoren erlaubt einen handlungsorientierten Ansatz, der verstehen will, wie vorhandene Verletzlichkeiten reduziert und die betreffenden Menschen im Sinne eines *Empowerment* gestärkt werden können. Damit entsteht zugleich eine Bewegung weg von einer pauschalen Klassifizierung großer gesellschaftlicher Gruppen – ›die Frauen‹, ›die Armen‹ etc. – als vulnerabel, welche häufig von einem ebenso pauschalen Protektionismus begleitet war.

Ein differenzierteres Verständnis hingegen nimmt viele Vulnerabilitäten als dynamisch und damit Veränderungen zugänglich wahr; es können häufig Ursachen benannt werden – z. B. Mangel an Bildung, Diskriminierung, aber auch nicht-gesellschaftliche Aspekte wie klimatische Faktoren –, die unter Beteiligung der Betroffenen angegangen werden können. Die Frage nach ursächlichen Faktoren wirft zudem vielfach die Frage nach Verantwortlichkeiten für die Entstehung bestimmter Vulnerabilitäten – etwa gesundheitliche Beeinträchtigung durch Mangel an sauberem Trinkwasser oder Verletzungen durch unzureichende Sicherheitsstandards am Arbeitsplatz – auf. Wenn auch eine Beseitigung der Ursachen, wie etwa im Fall ungünstiger klimatischer Bedingungen, nicht immer möglich ist, so kann doch über ausgleichende Maßnahmen nachgedacht werden, die auf eine Reduktion der resultierenden Vulnerabilitäten zielen. Neben dem Versuch, aktuelle Missstände zu beseitigen, kann ein zunehmendes Verständnis protektiver Faktoren dazu beitragen, der Entstehung mancher Vulnerabilitäten schon im Vorfeld vorzubeugen.

Literatur

Carse, Alisa/Little, Margaret Olivia: Exploitation and the enterprise of medical research. In: Jennifer S. Hawkins/Ezekiel J. Emanuel (Hg): *Exploitation and Developing Countries: The Ethics of Clinical Research*. Princeton, NJ 2008, 207–245.
Danis, Marion/Patrick, Donald L.: Health policy, vulnerability, and vulnerable populations. In: Marion Danis/Carolyn Clancy/Larry R. Churchill (Hg.): *Ethical Dimensions of Health Policy*. New York 2002, 310–334.
Fineman, Martha Albertson: The vulnerable subject: anchoring equality in the human condition. In: *Journal of Law and Feminism* 1/20 (2008), 1–23.
Ganguli Mitra, Agomoni/Biller-Andorno, Nikola: Vulnerability in health care and research ethics. In: Ruth Chadwick/Henk ten Have/Eric M. Meslin (Hg.): *The SAGE Handbook of Health Care Ethics*. London 2011, 239–250.
Goodin, Robert: *Protecting the Vulnerable*. Chicago 1985.
Heinrichs, Bert: Der Begriff der Vulnerabilität in der Ethik der Forschung am Menschen. In: Hans-Jörg Ehni/Urban Wiesing (Hg.): *Die Deklaration von Helsinki: Revisionen und Kontroversen*. Köln 2010, 66–76.
Hurst, Samia A.: Vulnerability in research and health care; describing the elephant in the room? In: *Bioethics* 22/4 (2008), 191–202.
Kemp, Peter/Rendtorff, Jacob/Johansen, Niels Mattsson: Four ethical principles. In: *Bioethics and Biolaw*. Vol. II. Copenhagen 2000, 71.
Kipnis, Kenneth: Seven vulnerabilities in the pediatric research subject. In: *Theoretical Medicine and Bioethics* 24/2 (2003), 107–20.
Levine, Carol/Faden, Ruth/Grady, Christine/Hammerschmidt, Dale/Eckenwiler, Lisa/Sugarman, Jeremy: The limitations of ›vulnerability‹ as a protection for human research participants. In: *American Journal of Bioethics* 4/3 (2004), 44–49.
Luna, Florencia: Elucidating the concept of vulnerability: layers not labels. In: *International Journal of Feminist Approaches to Bioethics* 2/1 (2009), 121–139.
MacIntyre, Alasdair: *Dependent Rational Animals: Why Human Beings Need the Virtues*. Chicago 1999.
Macklin, Ruth: Bioethics, vulnerability and protection. In: *Bioethics* 17 (2003), 472–486.
Meek Lang, Margaret/Rogers, Wendy/Dodds, Susan: Vulnerability in research ethics. In: *Bioethics* 27/6 (2013), 333–340.
National Commission for the Protection of Human Subjects of Biomedical and Behavioral Research: *Belmont Report: Ethical Principles and Guidelines for Research Involving Human Subjects*. U.S. Government Department of Health, Education and Welfare. 1979.
Powers, Madison/Faden, Ruth: *Social Justice: The Moral Foundations of Public Health and Health Policy*. New York 2006.
Rendtorff, Jacob Dahl: Basic ethical principles in european bioethics and biolaw: autonomy, dignity, integrity and vulnerability – towards a foundation of bioethics and biolaw. In: *Medicine, Health Care and Philosophy* 5/3 (2002), 235–244.
Rogers, Wendy/Mackenzie, Catriona/Dodds, Susan: Why bioethics needs a concept of vulnerability. In: *International Journal of Feminist Approaches to Bioethics* 5/2, Special Issue on Vulnerability (2012), 11–38.
Wild, Verina/Biller-Andorno, Nikola: Anforderungen an die Forschung mit besonders verletzbaren Personen – zur Forschung mit schwangeren Frauen. In: *Bioethica Forum* 49 (2006), 27–30.
World Medical Association: Declaration of Helsinki – Ethical Principles for Medical Research Involving Human Subjects. 2008. In: http://www.wma.net/en/30publications/10policies/b3/17c.pdf (31.08.2013).

Agomoni Ganguli Mitra, Caroline Clarinval und Nikola Biller-Andorno

46 Wunscherfüllende Medizin

Der Begriff ›wunscherfüllende Medizin‹ ist ein aktueller Begriff, der eine Orientierung der Medizin beschreibt, die qualitativ nicht vollkommen neu ist, aber in der Dimension doch eine neue Qualität erhalten hat. Begrifflich versteht man unter ›wunscherfüllende Medizin‹ eine Verwendung medizinischer Methoden zur Erfüllung individueller Wünsche, die nicht primär im Zusammenhang mit einem Krankheitsgeschehen steht. Zentrales Differenzierungskriterium der wunscherfüllenden Medizin ist somit nicht eine spezifische Mittelanwendung, sondern die offen deklarierte Zielsetzung. Die wunscherfüllende Medizin steht somit in einem gewissen Kontrast zur ›klassischen‹ Medizin, was nicht heißen kann, dass sie eine grundlegend neue Kategorie darstellt. Gleichwohl hat die wunscherfüllende Medizin in den letzten Jahrzehnten eine solche Dynamik erfahren, dass man heute berechtigterweise von einem Trend zur wunscherfüllenden Medizin sprechen kann (Kettner 2009).

In ihrem ›klassischen‹ Selbstverständnis kommt der Medizin deshalb ein besonderer normativer Status zu, weil sie eine Antwort auf die Not des Patienten gibt. Sie versteht ihre Maßnahmen als Kompensationsbestrebungen, deren besonderer Wert sich vom Ziel der Leidenslinderung oder Not-Linderung ableitet. Für das ärztliche Handeln ergibt sich hieraus ein gewisser Verpflichtungscharakter: Ein Arzt kann es sich in der Konfrontation mit der Not eines Patienten nicht nach Belieben aussuchen, ob er hilft oder nicht hilft. Es gehört zur sozialen Erwartung an einen Arzt, dass er dort, wo er grundsätzlich die Mittel zur Hilfe in der Hand hat, diese Mittel auch einsetzt (s. Kap. III. 3). Anders bei der wunscherfüllenden Medizin. Sie reagiert auf die Wünsche, die der Patient anmeldet. Hier handelt der Arzt nicht aus einer Hilfspflicht heraus, sondern bietet grundsätzlich verzichtbare Dienstleistungen zum Verkauf.

Aus der veränderten Zielstellung der wunscherfüllenden Medizin folgt nicht nur ein neues Verständnis ärztlicher Leistungen mit weit reichenden normativen Konsequenzen, sondern es ergibt sich auch ein verändertes Bild des Adressaten dieser Leistungen. An die Stelle des Patienten tritt der Konsument, der Kunde, der nicht primär leidet, sondern auf eine Optimierung seiner natürlichen Merkmale ausgerichtet ist, weil er sich von einer solchen Optimierung bestimmte private oder berufliche Vorteile verspricht. Insofern ist ein weiteres Charakteristikum der wunscherfüllenden Medizin ihre Marktorientierung. Innerhalb dieser Sparte der Medizin werden Produkte verkauft; das ganze Feld breitet sich jenseits der gesetzlichen Erstattungsprinzipien aus (s. Kap. II. 12).

Anwendungsfelder der wunscherfüllenden Medizin

Es gibt mittlerweile eine Vielzahl von Interventionen in der Medizin, die in den Bereich der wunscherfüllenden Medizin fallen. So lassen sich auch alle Maßnahmen des Enhancements (s. Kap. III. 13) als eine Untergruppe der wunscherfüllenden Medizin klassifizieren. Unterschieden nach deren Zielsetzungen kann man folgende Kategorien der wunscherfüllenden Medizin ausmachen:

(1) Eine wichtige Rolle spielt das Ziel der Modifikation der *Erscheinungsform* des Menschen. Das umfasst alle den Körper modifizierenden Eingriffe ohne Krankheitsbezug, Körpermodifikationen also, die sich allein auf das äußere Erscheinungsbild auswirken. Traditionell gehört hierzu die ästhetische Medizin, die in den letzten Jahren immer stärker nachgefragt wird und zu bislang kaum bekannten Spezialisierungen wie der ästhetischen Chirurgie bei Minderjährigen oder im Intimbereich geführt hat. Aber auch andere Bereiche der Medizin wenden immer mehr ästhetische Eingriffe an, wie die Dermatologie, die Gynäkologie und vor allem die Zahnmedizin. Ein Sonderbereich der Maßnahmen, die auf die Veränderung der äußeren Erscheinungsform abzielen, ist die Wachstumshormonsubstitution bei gesunden kleinwüchsigen Minderjährigen, um deren Körperlänge nach Wunsch zu steigern.

(2) In eine zweite Kategorie fallen Maßnahmen, die auf die *Leistungsfähigkeit* abzielen, sowohl die körperliche wie die geistige. Zu nennen wären hier Doping im Sport (s. Kap. III. 11) für die Steigerung der körperlichen und kognitives Enhancement für die Steigerung der geistigen Leistungen des Menschen. Die häufigsten Verfahren sind hier die medikamentösen Einflussmöglichkeiten, aber in Zukunft werden auch Methoden der Stimulation des Gehirns und der Brain-Machine-Interfaces zur Leistungssteigerung hinzukommen (s. Kap. III. 29).

(3) Eine dritte Kategorie umfasst Maßnahmen, die auf den *emotionalen Bereich* Einfluss nehmen. Hierzu zählen alle stimmungsaufhellenden Methoden. Ob auch die Methoden, die eine Sedierung bei fehlender medizinischer Indikation bezwecken, in

diese Kategorie gehören, bleibt strittig, weil man z. B. bezüglich der ›palliativen Sedierung‹ immer noch argumentieren könnte, dass es um die Behebung eines Leidenszustandes geht (s. Kap. III. 31). Dagegen ließe sich jedoch einwenden, dass die Sedierung nicht die indizierte Methode gegen die Todesangst als existentielle Erfahrung ist.

(4) In eine vierte Kategorie fallen all die Maßnahmen, die die *gesamte menschliche Existenz* zum Angriffspunkt nehmen. Hierzu gehören alle Maßnahmen, die die Manipulation der Anfangsbedingungen des Menschen anpeilen, wie z. B. die Methoden der Auswahl der Gameten oder der Embryonen (s. Kap. III. 5). So wird die Präimplantationsdiagnostik ja nicht vorgenommen, weil eine medizinische Indikation bestünde oder weil ein Leidenszustand behandelt werden sollte, sondern allein deshalb, weil ein Wunsch der Eltern nach einem Kind ohne Gendefekt besteht. Bei der Ei- und Samenspende könnte man zwar die Methode selbst als medizinisch indiziertes Verfahren zur Bekämpfung einer nicht anders behandelbaren Sterilität ansehen, aber die Auswahl der Gameten nach selbst zu bestimmenden Kriterien fällt nicht in die medizinische Indikation, sondern ist eindeutig Bestandteil der wunscherfüllenden Medizin. Eine medizinische Indikation lässt sich auch bei den reproduktionsmedizinischen Methoden im Postmenopausenalter nicht festmachen, so dass z. B. auch die Eizellspende bei Frauen nach der Menopause als Methode der wunscherfüllenden Medizin angesehen werden muss. Aber nicht nur der Lebensanfang, sondern auch das Lebensende ist Ansatzpunkt wunscherfüllender Maßnahmen. Man denke hier an die – noch experimentellen – Ansätze zur Verlängerung der Lebensspanne oder an die Ansätze der Anti-Aging-Medizin, sofern sie nicht präventiven Charakter haben.

(5) Eine fünfte Kategorie würde all die Maßnahmen umfassen, die auf eine je *partikulare Präferenz des Einzelnen* ausgerichtet sind. Man denke hier an Beispiele wie den Kaiserschnitt auf Wunsch oder alle Methoden der Kontrazeption, die, vom Präventionsaspekt abgesehen, nicht medizinisch indiziert sind.

Wunscherfüllende Medizin und medizinische Indikation

Ein kennzeichnendes und für ihre Einordnung wichtiges Merkmal der wunscherfüllenden Medizin ist ihr veränderter Umgang mit der medizinischen Indikation. Die medizinische Indikation stellt für die ›klassische‹ Medizin ein Zentralstück ärztlicher Entscheidungsvorgänge dar; sie ist zu verstehen als ein begründeter Hinweis auf eine bestehende Notwendigkeit zur medizinischen Intervention. Die medizinische Indikation sagt also etwas über die Angezeigtheit ärztlichen Handelns aus. Grundlage dafür, eine Indikation stellen zu können, sind drei Aspekte. Erstens ist mit der Indikation immer eine medizinisch-fachliche Ebene angesprochen. Zu dieser fachlichen Ebene gehört die ärztliche Evaluierung der zu erwartenden Risiken vor dem Hintergrund bestehender Handlungsorientierungen in Form von Leitlinien oder anderen kodifizierten Behandlungsstandards. Zur Vermeidung purer Beliebigkeit oder gar Scharlatanerie ist die Indikation also gebunden an objektive Parameter, an den Sachstand der Wissenschaft, an den innerfachlichen Standard. Diese Rückbindung an Standards wird selbstverständlich auch in der wunscherfüllenden Medizin nicht aufgegeben. Vielmehr ist es auch bei Maßnahmen der wunscherfüllenden Medizin wichtig, dass zum Schutz des Klienten Behandlungsstandards eingehalten werden.

Die zweite Säule der medizinischen Indikation besteht in der Rückbindung der objektiven Befunde und geltenden Standards an allgemein anerkannte Zielsetzungen medizinischen Handelns. Zu den etablierten Zielen der Medizin, die jedoch einem ständigen Wandel unterliegen, zählt z. B. die Behandlung und Vorbeugung von Krankheiten und die Leidens- und Schmerzlinderung. Charakteristikum der wunscherfüllenden Medizin ist es, den Rekurs auf etablierte Ziele der Medizin für verzichtbar zu erklären, es sei denn, man würde argumentieren, dass das Unerfülltbleiben von Wünschen auch einen Leidenszustand generiert.

Weil beim Vorgang der Indikationsstellung drittens die Individualität des Patienten berücksichtigt werden muss, handelt es sich bei ihr unweigerlich um eine singuläre Entscheidungsfindung. Die Indikationsstellung ist also grundsätzlich nicht vollends standardisierbar, sondern sie ist ein kreativer Prozess, bei dem es um das Zusammenführen von standardisiertem Wissen und einzelfallbezogenen Erwägungs- und Ermessensprozessen geht. Zu diesen Erwägungsprozessen gehört die Berücksichtigung der individuellen sozialen und lebensgeschichtlichen Situation des Patienten mit all den daran anknüpfenden Annahmen über die möglichen Wirkungen und Nebenwirkungen einer Maßnahme. Das Besondere an der wunscherfüllenden Medizin liegt nun darin, dass sie zwar die etablierten Ziele unberücksichtigt lässt, aber in diesem dritten Punkt weiterhin medizinischen Entscheidungsgewohnheiten folgt, d. h., dass auch und gerade innerhalb der wunscherfüllenden Medizin das individuelle Risikoprofil entscheidungsleitend bleibt.

Diese Überlegungen zeigen, dass auch bei der wunscherfüllenden Medizin der Prozess der Indikationsstellung nicht wegfällt. Jeder verantwortungsvolle Arzt wird nämlich auch bei der Vornahme wunscherfüllender Maßnahmen immer im Vorfeld abklären, mit welchen konkreten Risiken die Maßnahme für den Patienten bzw. Klienten verbunden ist; und der Arzt wird durchaus mit einkalkulieren, ob mit der Maßnahme das erreicht werden kann, was sich der Patient bzw. Klient erhofft. Dennoch hat die Preisgabe der Orientierung an den ›klassischen‹ Zielen der Medizin wichtige normative Konsequenzen. So fällt die Differenzierung zwischen notwendigen und nicht notwendigen Maßnahmen fort, die sich im ›klassischen‹ Medizinverständnis aus der medizinischen Indikationsstellung ergibt. Die wunscherfüllende Medizin ist gerade dadurch charakterisiert, dass sie es mit ›nicht notwendigen‹ Maßnahmen zu tun hat. Die klassische medizinische Indikation hat zweitens eine soziale Funktion, weil an die Indikation oft die Frage nach der Übernahme der Kosten durch die Solidargemeinschaft geknüpft ist. Entsprechend ist die wunscherfüllende Medizin dadurch gekennzeichnet, dass ihre Maßnahmen gerade nicht von der Solidargemeinschaft übernommen werden. Und drittens hat die Indikation im klassischen Sinn auch eine personale Funktion, weil sie zur Stiftung eines Vertrauensverhältnisses zum Arzt beiträgt.

Die Annahme, dass ein Arzt nur nach medizinischer Indikation handelt, entlastet den Patienten, weil er darauf vertrauen darf, dass der Arzt ihm nur indizierte, d. h. angemessene Maßnahmen empfiehlt. Durch die Ausrichtung auf die ›klassischen‹ Ziele der Medizin gewinnt die Indikation eine Filterfunktion, weil der Arzt gehalten ist, dem Patienten nur die Interventionen anzubieten, die nach medizinischem Standard und nach Berücksichtigung der konkreten Patientengeschichte im Hinblick auf diese Ziele sinnvoll erscheinen. Dieser Filter fällt fort, wenn die Klienten der wunscherfüllenden Medizin Gelegenheit haben, unabhängig von den medizinischen Indikationsregeln persönliche Wünsche zu äußern. Weil es im Bereich des Möglichen liegt, dass ein wunscherfüllender Arzt Maßnahmen empfiehlt, die nicht im klassischen Sinn indiziert sind, ist sein Gegenüber verstärkt zur kritischen Kontrolle ärztlicher Angebote aufgerufen.

Weil es sich bei der wunscherfüllenden Medizin offenbar nicht um ›eine Medizin ohne Indikation‹ handelt, sondern vielmehr um eine Medizin mit erweiterter Zielstellung, ist es sinnvoll, sich im nächsten Schritt mit konkurrierenden Vorstellungen zu den Zielen der Medizin zu beschäftigen.

Wunscherfüllende Medizin und die Ziele der Medizin

Wenn wir die wunscherfüllende Medizin als eine Sparte der Medizin betrachten, die für sich das Ziel der Wunscherfüllung als zentrale Legitimation heranzieht, so stellt sich die Frage, ob es vom Verständnis der Medizin her grundsätzlich möglich ist, die Erfüllung von Wünschen als ein neues Ziel der Medizin zu verankern. Offenbar kann diese Frage ohne eine grundsätzliche Reflexion darauf, was Medizin überhaupt ist, nicht geklärt werden. So müsste man grundsätzlich fragen, ob die Medizin ihre Zielsetzungen von innen heraus definieren kann oder ob sie diese von außen erhält. Wenn man z. B. die Medizin – in Anknüpfung an die aristotelische Tätigkeitsform der *poiesis* – als produzierende Kunst betrachtet, dann wäre die Medizin ein Mittel, und die Ziele, zu denen das Mittel eingesetzt werden dürfte, müssten von außen definiert werden. Nach diesem Konzept wäre es leichter möglich, die Erfüllung von Wünschen als Bestandteil der Medizin zu deklarieren. Wenn man Medizin jedoch als eine Praxis versteht, dann ergäbe sich die Zielsetzung der Medizin aus der Praxis selbst und nicht von außen. Vertreter dieses Konzepts sehen die Medizin eher auf die ›klassischen‹ Ziele beschränkt. Die bereits in der Antike angelegte Gegenüberstellung zweier Medizinverständnisse lebt auch heute noch fort. Wenn z. B. Edmund Pellegrino von einer internen Moralität der Medizin spricht, so rekurriert er genau auf die Vorstellung der Medizin als Praxis, während sein Gegenspieler Robert Veatch mit seinem Modell der sozial konstruierten Moralität der Medizin den Poiesis-Charakter der Medizin unterstreicht. Die Hypothese der internen Moralität besagt, dass die Medizin nicht moralisch neutral ist, sondern dass die in der Medizin tätigen Ärzte allein von ihrem Arztsein her sich einer bestimmten Moralität unterwerfen (Pellegrino 1999). Veatch hingegen bestreitet kategorisch eine solche interne Moralität und unterstreicht die Kontingenz solcher Konzepte. Er sieht Medizin lediglich als ein Mittel an, um die zeit- und kulturspezifischen Ziele des Menschen zu erreichen (Veatch 2001).

Daran zeigt sich, dass selbst wenn man die Maßnahmen der wunscherfüllenden Medizin nicht zu den klassischen Aufgaben der Medizin zählt, damit noch nicht erwiesen ist, dass die Durchführung dieser Maßnahmen deswegen per se illegitim wäre. Wie Erik Parens treffend beschrieben hat, könnten statt »doctors« ja »schmocters« die entsprechenden Aufgaben übernehmen (Parens 1998, 11). Diese Überlegungen verdeutlichen, dass es wenig überzeugend ist, die wunscherfüllende Medizin allein deswegen zu kritisieren, weil sie die ›klassischen‹ Ziele der Medizin nicht für handlungsleitend hält. Daher ist es wichtig, weitere Gesichtspunkte bei der ethischen Bewertung der wunscherfüllenden Medizin zu verfolgen.

Autonomie und Konformitätsdruck

Wer überzeugt ist, jeder Mensch solle nach seiner Façon leben und niemand dürfe sich in seine Belange einmischen, wird den Methoden der wunscherfüllenden Medizin entschieden zustimmen und ihre Legitimität allein davon abhängig machen, ob solche Entschlüsse wohlinformiert gefällt werden und ob damit alle relevanten Kriterien der autonomen Willensbildung erfüllt sind. Studien belegen allerdings, dass viele Menschen, die ästhetische Eingriffe wünschen, dies nicht allein aus freiem Willen tun, sondern sich damit vielmehr »dem Diktat internalisierter Schönheitsstandards« (Herrmann 2006), sprich einem gesellschaftlichen Normierungsdruck unterwerfen. Viele Menschen ›wünschen‹ sich ästhetische Eingriffe nicht aus eigener Vorliebe für ihr ›neues‹ Aussehen, sondern weil sie einem gewissen soziokulturellen Normierungsdruck nicht standhalten können. Solche Patienten sind also nicht die starken autonomen Menschen, auf die sich viele Vertreter der ästhetischen Medizin in der Begründung ihres Tuns gern beziehen, sondern oft eher schwache Menschen, die sich in ihrem Wunsch nach ästhetischen Eingriffen dem gesellschaftlichen Konformitätsdruck beugen. Ob in diesem Zusammenhang – zumindest in ethischer Hinsicht – überhaupt noch von Autonomie gesprochen werden kann, ist zumindest diskussionswürdig.

Noch weit mehr gilt dies für ästhetische Interventionen, die an Minderjährigen vorgenommen werden, wie dies in zunehmendem Maße geschieht. Hier kann von einer autonomen Entscheidung der Patienten erst recht nicht gesprochen werden. Eltern, die für ihre Kinder in solche Maßnahmen einwilligen, werden weder dem bestmöglichen Interesse des Kindes noch dessen späterer Autonomie gerecht, weil sie damit nur »den Wettkampf um gewollte Aufmerksamkeit durch körperliche Erscheinung« (Wiesing 2006) unterstützen. Gerade Minderjährige als grundsätzlich vulnerable Personen (s. Kap. III. 45) unterliegen einem Konformitätsdruck unter Gleichaltrigen, der durch ästhetische Interventionen nicht gemindert, sondern eher noch verschärft wird. Es bleiben also kritische Nachfragen bezogen auf das Argument der Autonomie. Und dennoch kann aus den genannten Beispielen einer zu relativierenden Selbstbestimmtheit nicht geschlossen werden, dass Maßnahmen der wunscherfüllenden Medizin grundsätzlich problematisch wären, denn immer wird es Fälle geben, in denen die Entscheidung zu ihrer Inanspruchnahme völlig selbstbestimmt getroffen wurde. In solchen Fällen muss man die wunscherfüllende Medizin als legitim und moralisch vertretbar ansehen.

Fehlender Krankheitsbezug

Medizin als soziale Praxis hat ihre Rolle von Epoche zu Epoche und je nach den gerade an sie gestellten Erwartungen stetig verändert. Daher sind Ansätze, welche die wunscherfüllende Medizin mit Verweis auf das Fehlen eines zugrunde liegenden Krankheitsbezugs ablehnen, wenig überzeugend. Zum einen ist der Krankheitsbegriff alles andere als eindeutig und klar bestimmbar, denn auch dieser wird durch subjektive Erfahrungsmomente, soziale Erwartungen und den jeweils herrschenden Zeitgeist entscheidend bestimmt (s. Kap. II. 14). Doch selbst wenn das Vorliegen eines Krankheitsbezugs eindeutig ausgeschlossen werden könnte, bliebe die Frage, warum der Medizin eine Ausrichtung an der Wunscherfüllung strikt verwehrt werden sollte. Unzählig sind die Beispiele, dass Medizin schon immer auch den Gesunden im Blick hatte. Man denke nur an die Renaissance, die ein ganzes Repertoire an ›medizinischer‹ Literatur zur Verschönerung oder Verlängerung des Lebens hervorgebracht hat. Oder man denke an die Methoden der Kontrazeption, die zwar von der Medizin empfohlen und durch sie verschrieben werden, sich aber nicht auf eine Krankheit, sondern – vom präventiven Gebrauch abgesehen – auf einen Lebensplan beziehen. Man wird der ethischen Problematik der wunscherfüllenden Medizin mit einer Dichotomisierung von legitimer heilender Medizin und problematischer wunscherfüllender Medizin nicht gerecht, weil viele Fragen, die die wunscherfüllende Medizin mit sich bringt, tiefer gehen.

Die Frage nach dem guten Leben

In einer Zeit, die von Effizienzdenken geprägt ist, kommt man leicht zu dem Schluss, nicht nur im Beruf, sondern auch im Privatleben sei das schnell und mühelos Erreichte stets besser als das weniger schnell und unter Anstrengung Erreichte. Die wunscherfüllende Medizin wird in den Dienst dieses Effizienzdenkens gestellt, wenn sie genutzt wird, um Ziele möglichst ohne Anstrengung zu erreichen. Hier muss man jedoch fragen, ob der Mensch nicht sogar angewiesen ist auf Hürden, auf Umwege, auf Widerstände, um reifen zu können (Boldt/Maio 2009). Demnach könnten Maßnahmen der wunscherfüllenden Medizin dem guten Leben sogar abträglich sein, weil sie ihren Abnehmern zu müheloser Effizienzsteigerung verhelfen und ihnen so die Möglichkeit rauben mögen, durch Anstrengung etwas hinzuzulernen und sich selbst als Produzent einer Leistung wahrzunehmen.

In der langen Tradition der philosophischen Beschäftigung mit dem Glücksbegriff wird bloße Leistungssteigerung nicht als hinreichende Bedingung für eine Steigerung des Glücks anerkannt und auch die Gleichsetzung von Glück mit Glücksempfinden bzw. ›guter Stimmung‹ wird gemeinhin abgelehnt. Entsprechend verfehlt müssten vor dem Hintergrund der gängigen Glücksdefinitionen etwaige Bestrebungen einer wunscherfüllenden Medizin erscheinen, Glück durch die pharmakologische Herbeiführung eines Glücksgefühls zu verwirklichen.

So berechtigt diese Kritikpunkte sein können, sie haben alle eine schwerwiegende Begrenzung. Medizin muss die Deutungshoheit über das gute Leben dem Patienten überlassen. Sie darf sich nicht einer eigenen Konzeption von gutem Leben verschreiben, weil sie damit Gefahr liefe, den Patienten zu bevormunden. Der Medizin steht es also nicht zu, sich ein Urteil darüber zu erlauben, was für den Patienten, der sich eine Maßnahme wünscht, gut ist oder nicht, so dass jeglicher Paternalismus in diesen Fragen hoch problematisch ist (s. Kap. II. 20). Was man von der Medizin einzig verlangen kann, ist, dass sie verantwortungsvoll mit ihren Versprechungen umgeht. Die wunscherfüllende Medizin nähme demnach dann problematische Züge an, wenn sie mit ihren Maßnahmen etwas verspräche, was sie nicht halten kann. Ab dem Moment, da die Medizin tatsächlich versprechen würde, mit ihren Maßnahmen Glück zu evozieren, wäre sie zu kritisieren, weil sie dem Patienten etwas vorgaukelte, was sich mit den Maßnahmen als solchen nicht wirklich einlösen lässt. Man denke hier nur an die Reklame, die sich an mancher Zahnarztpraxis findet, die da lautet: ›Ein glückliches Lächeln – mit Zahnästhetik‹ – ein Paradebeispiel dafür, wie die Anwendung wunscherfüllender Maßnahmen am Ende zu unseriösem Kommerz verkommen kann.

Wunscherfüllende Medizin und Kommerzialisierung

Die Wunscherfüllung als Zielpunkt bringt es mit sich, dass eine so ausgerichtete Medizin grundsätzlich grenzenlos ist. Während die ›klassische‹ Medizin ihre Grenze in der Regel im Krankheitsbegriff fand, ist die wunscherfüllende Medizin dadurch charakterisiert, dass eine vernünftige Grenze gar nicht mehr gezogen werden kann. Diese Grenzenlosigkeit aber macht sie zugleich anfällig für eine gleichfalls unbegrenzte Anzahl von Produkten, die sie entsprechend vermarkten kann. Es droht sich eine Dynamik zu entwickeln, in der die Medizin nicht mehr lediglich auf eine gesellschaftliche Nachfrage reagiert, sondern mit offensivem Marketing eine breite Angebotspalette zu entwickeln beginnt. Die Gefahr liegt darin, dass eine zunehmend marktorientierte Medizin Wünsche nicht mehr lediglich erfüllen sondern aktiv neue Wünsche wecken und damit die Menschen durchaus auch steuern könnte.

Nun lässt sich einwenden, dass Manipulationen durch eine suggestive Werbung ja auch im sonstigen Leben nicht immer für problematisch gehalten werden. Warum sollte man das im Umgang mit der wunscherfüllenden Medizin anders handhaben? Man könnte argumentieren, dass Ärzte dann eben ähnlich wie Apotheker handeln, die ihren Beratungsauftrag in Krankheitsfragen durchaus mit dem Verkauf von mehr oder weniger verzichtbaren Produkten verbinden. Gegen derartige Überlegungen gilt es aber auch zu bedenken, dass es für Patienten durchaus verstörend sein kann, wenn die Person, auf deren Unparteilichkeit sie im Krankheitsfall bauen sollen, sich im gleichen Atemzug als Verkäufer von verzichtbaren Dienstleistungen gegen bares Geld zu erkennen gibt. Diese doppelte Zielsetzung – Hilfsbereitschaft und privatwirtschaftliche Gewinnabsicht – in einer Person vereinigt zu sehen, kann durchaus eine moralische Dissonanz evozieren. Somit könnte die kommerzielle Ausrichtung der wunscherfüllenden Medizin à la longue zu einer Vertrauenserosion des Berufsstandes führen (s. Kap. II. 12).

Die Frage der Komplizenschaft

Ein weiterer möglicher Kritikpunkt an der wunscherfüllenden Medizin ergibt sich aus der Überlegung, dass ab dem Moment, da ein Arzt Dienstleistungen anbietet und sogar mehr oder weniger direkt Werbung für diese betreibt, er sich mitverantwortlich macht für die Folgen, die aus der Anwendung seiner Techniken resultieren. So ließe sich sagen, dass der moderne Wunscherfüller mit dafür verantwortlich ist, dass nicht nur junge, sondern eben zunehmend auch alte Menschen glauben, ihre Körperform verändern zu müssen, um Anerkennung zu finden. Freilich kann hier nur von ›mit‹-verantwortlich gesprochen werden, da für das Zustandekommen solcher Wünsche soziale Erwartungen eine große Rolle spielen. Die Medizin trägt jedoch Verantwortung dafür, dass die sozialen Erwartungen zu spezifischen Wünschen führen, die nicht von ungefähr an die Medizin herangetragen werden, weil die wunscherfüllende Medizin – meist aus ökonomischen Interessen – medizinische Maßnahmen als vermeintliche Lösung für soziale Probleme anbietet.

Diese Komplizenschaft der modernen Medizin mit den Ideologien der modernen Leistungs- und Konsumgesellschaft ist umso problematischer, als die äußere Erscheinung (Jugendlichkeit) oder die Leistungsfähigkeit für viele moderne Menschen gerade deswegen einen so hohen Stellenwert einnimmt, weil sie fürchten, aus dem Netz der sozial Anerkannten herauszufallen. Statt die Menschen mit dem tiefer liegenden Problem ihrer verdeckten Ängste zu konfrontieren, könnte die wunscherfüllende Medizin Gefahr laufen, die Internalisierung sozialer Erwartungen durch ihre willfährigen Angebote eher noch zu verstärken.

Authentizität und Selbstentfremdung

Die Möglichkeiten der wunscherfüllenden Medizin können als Befreiung von den Zwängen der menschlichen Natur und als Triumph technischen Einfallsreichtums betrachtet werden. Man kann in ihnen aber auch die Vorboten einer Zukunft erkennen, in welcher der Mensch im Gegenteil zum Sklaven seiner eigenen Technik wird, einer Technik, die ihn von sich selbst entfremdet (Boldt/Maio 2009). Dieser mögliche Entfremdungscharakter lässt sich gut anhand der Anwendung leistungssteigernder Medikamente illustrieren. Der Mensch möchte seine Freiheit so ausüben, dass er sich als Autor seiner Handlungen empfindet. Er möchte selbst den Entwurf seines Lebens schreiben und sich als dessen eigentlicher Verfasser betrachten. Wie aber ist es möglich, sich als Autor einer Handlung zu verstehen, wenn diese als Resultat einer Medikamenteneinnahme verstanden werden muss? Wie kann man Autor sein wollen und sich gleichzeitig durch die Einnahme von Pillen selbst instrumentalisieren, sich zum Objekt eines pharmazeutischen Vorgangs machen? Was stammt letztlich noch von mir, wenn ich etwas leiste, das ein Produkt einer Medikamentenwirkung ist (s. Kap. III. 11; III. 13)? Diese Fragen zeigen auf, dass eine Gleichsetzung von wunscherfüllender Medizin mit Emanzipation und Selbstverwirklichung nicht zwingend richtig ist, weil ihr der Aspekt der Authentizität entgegensteht.

Rahmenbedingungen einer vertretbaren Anwendung wunscherfüllender Medizin

Im medizinischen Alltag nimmt die Orientierung an den Wünschen der Patienten, die immer mehr als Kunden und Konsumenten betrachtet werden, zu. Ob die Hinwendung zur reinen Wunscherfüllung eine segensreiche oder problematische Entwicklung der Medizin ist, hängt davon ab, wie mit diesen Maßnahmen umgegangen wird. Sie unter Verweis darauf, dass sie sich nicht auf Krankheitssymptome beziehen, kategorisch für problematisch zu erklären, wird wenig überzeugen, weil die Problematik der wunscherfüllenden Medizin nicht primär im Fehlen eines Krankheitswertes zu suchen ist. Vielmehr stellt sich zentral die Frage, inwiefern die Medizin als Praxis, die sich von ihrer Kernidentität her der Hilfe verschreibt, dieser ihrer Identität gerecht wird, wenn sie so bereitwillig dem Trend der Wunscherfüllung folgt und jeden Wunsch erfüllt, ganz gleich, von welchen Motiven und Grundannahmen er geleitet ist. Die wunscherfüllende Medizin wirft die Frage nach der Authentizität von Kundenwünschen auf und muss hinterfragen, inwiefern ihre Methoden tatsächlich das einhalten können, was sich viele ihrer Kunden von ihnen versprechen, nämlich nicht weniger als ein besseres Leben. Aus den Überlegungen lässt sich schlussfolgern, dass jede pauschale Bewertung der wunscherfüllenden Medizin der Komplexität dieser Ausrichtung nicht gerecht werden würde. Je nachdem, wie besonnen mit ihr umgegangen wird, kann die wunscherfüllende Medizin, wenn sie sich den Marktkategorien beugt, durchaus eine Erosion des Vertrauens in die Medizin implizieren. Daher kommt einer reflektierten Anwendung und einer sorgfältigen Berücksichtigung von Kontraindikationen eine besondere Bedeutung zu, weil gerade durch diese Berücksichtigung die Gefahr einer weitgehenden Kommerzialisierung der wunscherfüllenden Medizin gebannt werden kann.

Literatur

Boldt, Joachim/Maio, Giovanni: Neuroenhancement. Vom technizistischen Missverständnis geistiger Leistungsfähigkeit. In: Oliver Müller/Jens Clausen/Giovanni Maio (Hg.): *Das technisierte Gehirn. Neurotechnologien als Herausforderung für Ethik und Anthropologie.* Paderborn 2009, 381–95.

Herrmann, Beate: Schönheitsideal und medizinische Körpermanipulation. In: *Ethik in der Medizin* 18/1 (2006), 71–80.

Kettner, Matthias: *Wunscherfüllende Medizin. Ärztliche Behandlung im Dienst von Selbstverwirklichung und Lebensplanung.* Frankfurt a. M. 2009.

Parens, Erik: Is better always good? The enhancement project. In: Ders (Hg.): *Enhancing Human Traits. Ethical and Social Implications.* Washington, D. C. 1998, 1–28.

Pellegrino, Edmund D.: The goals and ends of medicine: How are they to be defined? In: Mark J. Hanson/Daniel Callahan (Hg): *The Goals of Medicine. The Forgotten Issue in Health Care Reform.* Washington D. C. 1999, 55–68.

Veatch, Robert M.: Impossibility of a morality internal to medicine. In: *Journal of Medicine and Philosophy* 26/6 (2001), 621–642.

Wiesing, Urban: Die ästhetische Chirurgie. Eine Skizze der ethischen Probleme. In: *Zeitschrift für medizinische Ethik* 52/2 (2006), 139–54.

Giovanni Maio

IV. Schnittstellen zu anderen Disziplinen und gesellschaftlichen Bereichen

1 Bioethik in der Lehre

Bioethik als lehrbarer Themen- und Wissensbereich

›Bioethik‹ bezeichnet zugleich ein akademisches Themenfeld und eine gesellschaftliche Diskussion (Callahan 1973; Jonsen 1998; Ach/Runtenberg 2002; Düwell/Steigleder 2003). Hier wie dort geht es um ethische Fragen, die mit dem Leben, seinem Wert und seiner Qualität zu tun haben (s. Kap. II. 15, II. 16). Als akademisches Themenfeld hat sich Bioethik in interdisziplinären Aktivitäten sowie in verschiedenen etablierten akademischen Disziplinen artikuliert. Sie war von Anfang an zugleich ein Forschungsgebiet wie auch ein Gegenstand der Lehre. Allerdings ist strittig, ob der Begriff überhaupt notwendig und sinnvoll ist, ob sich Bioethik von Medizinethik unterscheidet, diese umfasst oder transformiert und ob es neben dem Bereich des menschlichen Lebens gerade auch darum gehen soll, ethische Fragen, die mit pflanzlichem und tierischem Leben zu tun haben, gleichermaßen behandeln zu können.

Neben der Frage, ob Bioethik ein einheitliches Themenfeld konstituiert und was dieses Themenfeld beinhalten soll, wird die Frage erörtert, ob es sich um eine Disziplin handelt. Sie wurde von Daniel Callahan aufgeworfen (Callahan 1973) und von Albert Jonsen wie folgt beantwortet:

> »We return to the question, ›is bioethics a discipline?‹ In the simplest sense, it certainly is: a discipline is a body of material that can be taught, and bioethics is and has been a teachable and taught subject since the mid-1970s. In the strictest sense, it is not a discipline. A discipline is a coherent body of principles and methods appropriate to the analysis of some particular subject matter« (Jonsen 1998, 345).

Wie bei Jonsen, so ist auch allgemein die Frage nach der Eigenständigkeit der Bioethik unabhängig von ihrer grundsätzlichen Lehrbarkeit beantwortet worden. In diesem Sinne ist Bioethik ein Gegenstand der Lehre, tritt aber zumindest häufig im Rahmen anderer Wissenszusammenhänge und Disziplinen auf.

Ein vollständiger Überblick über die weltweit entwickelten Studiengänge und Lehrangebote liegt derzeit nicht vor. Die Berichte, die hier zusammengetragen und zugrunde gelegt werden, ergeben insgesamt deshalb nur ein fragmentarisches Bild. Dabei wird davon ausgegangen, dass zeitgenössische Medizinethik auch dann berücksichtigt werden muss, wenn der Titel ›Bioethik‹ oder ›biomedizinische Ethik‹ nicht verwendet wird und dass auch unter den Labeln ›angewandte Ethik‹ oder ›Forschungsethik‹ (vgl. etwa die Angaben zu Norwegen in COMEST 2004, 27 f.) große Lehranteile auf den Bereich entfallen, der als ›Bioethik‹ qualifiziert wird und qualifiziert werden kann. In einigen Teilen der Welt gibt es explizit Studiengänge, die den Titel ›Bioethik‹ tragen (zu Kanada, USA, UK, Australien, Brasilien, Mexiko, Kolumbien sowie zu Straßburg und Rom vgl. Godard/Moubé 2013, 58–60). Indes stehen sie in unterschiedlichen Zusammenhängen zu klassischen Fakultäten und Disziplinen, die sich auch auf die Lehrinhalte und Lehrmethoden der Bioethik auswirken. Es bleibt jedenfalls festzuhalten, dass Bioethik in keinem Bereich und in keinem Land als akademische Disziplin unabhängig von den traditionellen Disziplinen geworden ist.

Ausländische und internationale Entwicklungen

Eine Reihe von Studien und Berichten zeigt, dass es in den USA ausgehend von den 1960er Jahren einen schnellen Ausbau von Medizinethiklehrangeboten gab (Coutts 1991; Veatch 1978; Arnold et al. 2004). Vor allem an den Medical Schools wurde Medizinethik von einem Element einiger klinischer Fächer zu einem festen Bestandteil des Lehrangebots mit der zunehmenden Tendenz zur Formalisierung und Methodenreflexion. Dieser Ausbau des Angebots kann selbst als ein Indiz für den Wandel einer traditionellen Arztethik hin zu einer problemorientierten biomedizinischen Ethik gedeutet werden. Die Entwicklung der Lehrangebote zeigt indes auch, dass es von den alternativen Bioethikbegriffen (vgl. Reich 1994; 1995) nicht das umweltethisch orientierte Konzept von Rensselaer Van Potter war, das den Institutionalisierungsprozess prägte, sondern das um die Humanmedizin fokussierte Bioethikverständnis von

André Hellegher. Neben dem Kennedy Institute of Ethics an der Georgetown University, wo Hellegher lehrte, war es das durch Callahan gegründete Hastings-Center im Staat New York, das überregionale Impulse für den Ausbau der Forschung und Lehre und die methodische Selbstreflexion der Bioethik gab. Beide Zentren stehen für den Anspruch auf Interdisziplinarität, für die Beteiligung von Medizinern, naturwissenschaftlichen Forschern, Philosophen, Juristen, Theologen und Sozial- und Kulturwissenschaftlern. Die Geschichte beider Zentren zeigt allerdings auch die Schwierigkeit, dem Anspruch auf Interdisziplinarität dauerhaft gerecht zu werden und durch die richtige Balance zwischen den Disziplinen ein Feld wie die Bioethik zu definieren.

Im *Vereinigten Königreich* wurde 1984 durch den General Medical Council eine Expertengruppe eingerichtet, die sich mit der Medizinethik in der Lehre befasste und in ihrem Abschlussbericht 1987 für eine Förderung der Medizinethik an Medical Schools eintrat. Auch für Kontinentaleuropa wurde das in der Folge dieser Überlegungen entwickelte *core curriculum* zu einer wichtigen Referenzgröße (Hope et al. 2003; Töpfer/Wiesing 2001). Großbritannien gehört zudem zu den führenden Nationen bei der Etablierung von Ethikmodulen und Lehrgängen in der Ausbildung von Krankenschwestern und Krankenpflegern (vgl. Arnold et al. 2004, 301). Medizinethik spielt hier, wie auch in anderen Ländern, eine wichtige Rolle bei der Akademisierung der Pflegeberufe und der Pflegewissenschaften. Für die ärztliche Ausbildung wird in den letzten Jahren diskutiert, inwiefern die Vermittlung von rechtlichen Rahmenbedingungen, wie sie in den Richtlinien gefordert wird, für das Kernanliegen der Medizinethikausbildung wichtig und nützlich ist und wie dies mit einer Reflexion des professionellen Selbstverständnisses und der professionellen Identität zusammenhängt (Teaching medical ethics and law 1998). Seit vielen Jahren gibt es im Vereinigten Königreich auch Lehrangebote für Mitglieder regionaler und lokaler medizinischer Forschungsethikkommissionen. Teilweise ist das Durchlaufen von entsprechenden Kursen Voraussetzung für die Mitgliedschaft und Mitwirkung.

Wie die verschiedenen Stellungnahmen des Nationalen Rates für Ethik in den Lebens- und Gesundheitswissenschaften in *Frankreich* (vgl. besonders CCNE 2004) spiegeln, sind der adäquate Stil, die geeignete Methode und die konkreten Inhalte der Vermittlung von Medizinethik und Bioethik ein langfristiger Gegenstand der öffentlichen Reflexion in Frankreich. Die bioethische Wende in Frankreich beinhaltet dabei v. a. eine kritische Auseinandersetzung mit der Vermittlung einer *déontologie* an Ärzte und andere Gesundheitsberufe. War diese *déontologie* als satzungsmäßiges Regelsystem zur Formulierung eines Berufsethos (s. Kap. II. 7) traditionell der Ort der Medizinethik, so stellt sich auch Frankreich mehr und mehr der Herausforderung durch technologisch und sozial induzierte Probleme in der Medizinethik und dem internationalen Diskurs. Als Instrument und Ort der Vernetzung akademischer Medizin und klinischer Behandlung und Forschung bietet Frankreich zunächst in Paris, dann auch in Marseille und Lyon und an anderen Orten sog. *espaces éthiques* an, Foren, die zugleich der Lehre wie dem Diskurs bioethischer Fragen im Gesundheitssektor dienen sollen. In den Schulen stellen ausgeprägte Lehrangebote zur Bioethik kein Regelangebot dar, sondern sind eher Inhalt seltener Pilotprojekte (vgl. Lavabre 2013). Im Rahmen der öffentlichen Jahreskonferenz des nationalen Ethikrates (CCNE) erhalten Schüler und Studierende Gelegenheit, öffentlich und vor dem nationalen Komitee und Vertretern der Regierung ihre Einschätzung zu aktuellen Themen vorzutragen. Da solche Interventionen mit Unterstützung des Komitees und der jeweiligen Dozenten gründlich vorbereitet werden können, ist ein kontroverser und wohlinformierter Diskurs möglich.

Seit 1985 besteht die European Association of Centres of Medical Ethics (EACME) als Netzwerk von Zentren für biomedizinische Ethik bzw. Medizinethik in *Europa*. Der Zusammenschluss definiert Zentren als lokale Institutionen, die sich gleichzeitig um Forschung und Lehre bemühen. EACME verfolgt das Ziel, durch Informationsaustausch, Unterstützung von Studierenden, Dozenten und Forschern die medizinische Ethik zu befördern. Die wachsende Zahl von Mitgliedern aus allen Regionen Europas verdeutlicht die stetige Zunahme auch von Lehrangeboten im Bereich der Bio- und Medizinethik in allen Teilen Europas (zur Situation in Russland vgl. Apressyan 2006; über Kroatien informiert Gosić 2005 sowie COMEST 2004, 24–26). Seit langem etabliert sind qualifizierte Fortbildungsangebote für Bioethik an den Universitäten Leuven, Padua und Zürich.

Ungeachtet der vielen europäischen Ansätze wird man zwischen der nordamerikanischen Situation und der europäischen Situation nach wie vor Differenzen festhalten müssen. Eine Studie, die das Deutsche Referenzzentrum für Ethik in den Biowissenschaften (DRZE) im Auftrag der Europäischen Kommission durchführte, macht v. a. auf Unterschiede hinsichtlich der Quantität und der Verfügbarkeit von Lehrmaterialien aufmerksam. In Europa gibt es sehr viel weniger Lehrmaterialien als in den USA, insbesondere mangelt es an Materialien, die über das World Wide Web zugänglich sind. Die europäischen Materialien kommen selten aus dem osteuropäischen Bereich, die größte Gruppe bilden vielmehr britische, skandinavische und deutsche Unterlagen. Der Vergleich zwischen den US-amerikanischen und den europäischen Materialien zeigt auch qualitative Unterschiede hinsichtlich der thematischen Fokussierung und der didaktischen Aufbereitung zu Gunsten der amerikanischen Materialien (DRZE 2003).

Auf *internationaler Ebene* hat v. a. die UNESCO in ihrem Bestreben um die Forschungsethik und die Bioethik einen großen Schwerpunkt auf ihr Ethik-Unterrichtsprogramm gelegt. Die »Universal Declaration on Bioethics and Human Rights« besagt in ihrem Artikel 23, dass Bioethik-Unterricht auf allen Ebenen gestärkt werden soll und dass die Verbreitung von Wissen über entsprechende Programme Unterstützung verdient. Die UNESCO nimmt zur Kenntnis, dass Ethik in verschiedenen Ausbildungsprogrammen einen wichtigen Teil bildet und dass Bioethik verstärkt nicht nur in den medizinischen Wissenschaften, sondern auch in den Rechtswissenschaften, in den Sozialwissenschaften, in den Politikwissenschaften, in der Philosophie und anderen Fächern vorkommt. Ziel der UNESCO ist es v. a., in den Schwellenländern und in den Entwicklungsländern Angebote und Strukturen für Ausbildung zu schaffen und die Zahl der qualifizierten Dozentinnen und Dozenten zu erhöhen (COMEST 2004; vgl. auch Sandor 2007).

Trotz der Anstrengungen der UNESCO ist gerade außerhalb von Nordamerika die Situation schwer einzuschätzen. Für den Bereich Lateinamerika ist es die Pan-American Health Organisation (PAHO), die sich als Motor versteht (zu Lateinamerika insgesamt vgl. Guillén 2010; speziell zur Bioethiklehre in Brasilien vgl. De Paul de Barchifontaine 2013). Berichte liegen auch zu Nordafrika und zu Zentralafrika vor (zu den Magreb-Staaten vgl. Ossoukine 2013; zu den afrikanischen Staaten mit frankophoner Kolonialgeschichte und zur Bedeutung der klinischen Forschung am Menschen (s. Kap. III.14) für das Erfordernis und die Entwicklung bioethischer Lehrprogramme vgl. Ravez 2013). Die UNESCO-Kommission COMEST stellt in ihrem Bericht über den Ethikunterricht Studienprogramme in China vor (COMEST 2004, 19–22). Einer vertieften Reflexion der Methoden und Inhalte der Bioethik in der Lehre dient eine Kongressserie, die Cambridge University Press veranstaltet. Eine Reflexion über die Rückwirkung von bioethischen Lehrprogrammen auf die unterschiedlichen Gesellschaften ist weiter ein Desiderat. Es gibt aber viele Indizien, dass die Entstehung der Bioethik und auch ihre Lehre ein Schritt im Zuge der Öffnung einer Gesellschaft sein kann.

Studienprogramme in Deutschland

Obschon die gesellschaftlichen Veränderungen, die zur Entstehung der Bioethik und zum Wandel der Medizinethik v. a. in den USA geführt haben, auch in Deutschland in ähnlicher Weise zu beobachten waren, bezogen sich die sozialen Protestbewegungen in Deutschland nur selten auf Probleme der Medizin und des Gesundheitswesens. Das wichtige und politisch bedeutsame Thema der Umwelt wurde nicht unter dem Titel der Bioethik verhandelt. Lange wurde Bioethik in Deutschland nicht als ein Bereich der Ethik, sondern als eine bestimmte Position begriffen und als forschungsunkritisch oder als utilitaristisch geprägt betrachtet. Entsprechend waren auch frühe Lehrangebote, die man der Bioethik zuordnen könnte, zunächst unter anderen Titeln in den Veranstaltungsplänen der medizinischen, theologischen und philosophischen Fakultäten zu finden (Fuchs 2011).

Medizinethik gehört nach der neuen Approbationsordnung von 2002 in den Fächerkanon des *Medizinstudiums*. Es liegt in der Verantwortung der medizinischen Fakultäten, wie diese Vorgabe umgesetzt wird. Traditionell verfügten die medizinischen Fakultäten in Deutschland über Institute für Medizingeschichte. Diese wurden vielfach in ›Institut für Geschichte und Ethik der Medizin‹ oder in ›Institut für Theorie, Geschichte und Ethik der Medizin‹ umbenannt. Die Verteilung zwischen Theorie, Geschichte und Ethik der Medizin differiert zwischen den verschiedenen Fakultäten. Entsprechend hat man von einem Lübecker (Engelhardt 2004) oder einem Ulmer Modell (Sponholz et al. 2004) gesprochen und Erfahrungen und Ansätze in Göttingen (Lenk et al. 2004), Hannover (Neitzke 2004), Halle-Wittenberg (Neumann 2004), Marburg (Richter 2004) und Tübingen (Wiesing 2004) dargestellt. Vor der erneuerten Approbationsordnung und auch seither hat es neben den Initiativen aus den Instituten für Geschichte der Medizin auch Bemühungen anderer Fächer, etwa der klinischen Fächer mit besonderen ethischen Problemsituationen (Gynäkologie, Hepp/

Wilmanns 2004) gegeben, ethische Fragen zu diskutieren und entsprechende Lehrinhalte zu vermitteln.

Aufgrund der Vorgaben der Approbationsordnung ist die Medizin und das Medizinstudium in Studierendenzahlen und Kursen das umfangreichste Feld für Vorlesungen und Seminare zur Bioethik. Ob diese Angebote ausreichen, den in der Medizin Tätigen eine adäquate ethische Urteilsfähigkeit zu vermitteln, ist Gegenstand aktueller Debatten. »Der durchschnittliche Umfang von ca. 29 Unterrichtseinheiten zur Geschichte, Theorie und Ethik der Medizin während des gesamten Studiums ist« nach Auffassung von Monika Bobbert

> »sicherlich nicht ausreichend, um die in der Approbationsordnung und in den Lehrzielen der Fachgesellschaften genannten anspruchsvollen Lehrziele zu erreichen. Die Kluft zwischen den mehrdimensionalen, d. h. kognitiven, emotionalen, handlungs- bzw. lösungsorientierten Lehrzielen und den erreichbaren Vermittlungsergebnissen bedürfte einer neuen, realistischeren Lehrzieldiskussion oder einer Ausweitung des Ethikunterrichts. Darüber hinausgehende Wahlveranstaltung werden nur von einem kleinen Teil der Medizin Studierenden wahrgenommen« (Bobbert 2012, 2013).

Ähnliche Hinweise zur fehlenden Annahme der Angebote und zur mangelnden Akzeptanz und zur fehlenden Integration in den übrigen Fächerkanon findet man auch für andere Länder und Kulturen (zu Algerien etwa vgl. Ossoukine 2013, 81, der von einer »[p]rédominance d'attitude ›scientiste‹« besonders bei den Medizinstudierenden spricht).

Man muss darauf hinweisen, dass die heftigsten Kontroversen um die Bio- und Medizinethik nicht ihre grundsätzliche Berechtigung und Notwendigkeit betreffen und auch nur indirekt die Inhalte und Lehrmethoden. Vielmehr entzündet sich der Streit weltweit an der Frage, wer als Dozent in diesem Bereich eingesetzt werden soll. Dabei betont der Vorschlag, Kliniker mit bioethischen Zusatzqualifikationen einzusetzen die Praxisorientierung und das erforderliche Sach- und Problembewusstsein. Der Vorschlag dagegen, Philosophen oder Vertreter anderer normativer Wissenschaften mit der Lehre der Medizinethik zu betrauen, setzt den Akzent auf die theoretische Expertise. Vermittlungsvorschläge bestehen zumeist nur in Vorlesungsreihen, die Kliniker und philosophische Ethiker gemeinsam durchführen. Mehr und mehr gibt es allerdings auch in Deutschland Medizinethiker, die nicht nur eine bioethische Zusatzqualifikation erworben haben, sondern ein vollständiges Studium in Philosophie nachweisen und danach in der Qualifikationsphase für eine Professur genügend Kenntnis der Medizin und Insiderwissen der medizinischen Fakultäten erwerben, um hier auf Akzeptanz zu treffen. Inwiefern es zukünftig gelingen wird, Medizinethik von einem Wahlfach zu einem Kernfach der Medizin als einer praktischen Wissenschaft aufzuwerten, das hängt auch vom Selbstverständnis der Medizin ab, ob sie sich als eine angewandte Naturwissenschaft versteht oder eben als eine praktische Wissenschaft, in der es auf Kommunikation und Verständigung ankommt.

Außer in der Medizin gibt es auch in den Naturwissenschaften, insbesondere der *Biologie* und der *Pharmazie* sowie in neueingerichteten grundständischen und Aufbaustudiengängen zur *Biotechnologie, molekularen Biomedizin, Neurowissenschaften* (s. Kap. III. 29) etc. Angebote zur Bioethik und Forschungsethik (z. B. das Modul ›Research Ethics‹ im Master of Science in Neurosciences der Universität Bonn oder das Wahlmodul Schlüsselkompetenz ›Bioethik‹ an der Fakultät für Biologie und Psychologie der Universität Göttingen). Auch für Qualifikationsstudiengänge zu nicht-medizinischen Gesundheitsberufen wie *Heilpädagogik* und *Pflegewissenschaften* entstehen Lehrgänge und Module zur Ethik. Bioethik stellt zudem ein häufig wiederkehrendes Thema in der Philosophie (praktische Philosophie, angewandte Ethik) sowie den Theologien (Moraltheologie, Ethik, Sozialethik), den Rechtswissenschaften (öffentliches Recht, Zivilrecht, Strafrecht) sowie der Soziologie und der Politikwissenschaft dar.

An einigen Fakultäten sind spezielle Studiengänge entstanden, in denen der wissenschaftliche Nachwuchs für die medizinische Forschung herangebildet werden soll, z. B. MD/PHD-Programm der Medizinischen Hochschule Hannover, Universität Bonn Course on Molecular Biomedicine, Bachelor Studiengang Molekulare Medizin der Universität Göttingen. Diese Studiengänge weisen spezielle Lehrangebote zur Bioethik und zur Forschungsethik auf, die durch lokal oder überregional arbeitende Zentren für Bioethik angeboten und konzipiert wurden. Neben diesen integrierten Ethikmodulen gibt es in einigen Fällen ganze Studiengänge mit bioethischen Schwerpunkten (Masterstudiengang ›Umweltethik‹ an der Katholisch-Theologischen Fakultät der Universität Augsburg; Masterstudiengang ›Angewandte Ethik‹ des Ethikzentrums der Universität Jena). Zudem richten Zentren und Institute der Universitäten auch Fort- und Weiterbildungsangebote ein (z. B. Weiterbildungsstudiengang ›Angewandte Ethik‹ Münster; Weiterbildungsangebot ›Medizinische Ethik‹ der FernUniversität Hagen).

In den Schulen gilt Bioethik als ein Ansatzpunkt

Fächer verbindenden Lernens. Neben Modellen für fachübergreifenden Projektunterricht zu bioethischen Themen gibt es Module und Lehreinheiten für die Fächer Biologie, Philosophie, praktische Philosophie, Ethik und Religion.

Curricula, Methoden, Kontexte

Ein Abgleich der Curricula zur Bioethik hat in Deutschland bislang nicht stattgefunden. Themen richten sich nach den Handlungsbereichen, mit denen die Studierenden künftig konfrontiert sein werden, sei es die ärztliche und medizinische Praxis, die Pflege, sei es die Forschung, der Tierschutz oder der Umweltschutz. Hinsichtlich der Lernziele werden teilweise die moralische Sensibilität, teilweise die diskursive Fähigkeit, teilweise aber auch die Kenntnis von Prinzipien und Codices akzentuiert.

An einigen Universitätsstandorten in den Vereinigten Staaten von Amerika, in Australien, im Vereinigten Königreich und in den Niederlanden hat die Ethik für Medizinstudenten ihren Ort in den Abteilungen, Zentren und Programmen der Medical Humanities. Diese umfassen nicht nur Kulturwissenschaften, sondern befördern die Befassung und zum Teil die kreative Auseinandersetzung von Medizinstudenten mit Literatur, bildender Kunst, Film und anderen Formen des künstlerischen Ausdrucks. Inwiefern es gelingt, die Perspektiven von Studenten so zu erweitern, dass dies ihrer Befähigung zum Arztberuf zu Gute kommt, wird unterschiedlich beurteilt (Downie/Macnaughton 2007).

Für die weltweite Verbreitung der Bioethik in der Lehre ist besonders die Einsicht der medizinischen Fächer maßgeblich, dass die Praxis der Medizin ein reflektiertes und geschultes ethisches Urteilsvermögen benötigt und dass hierzu in den medizinischen Studiengängen gezielte Lehrprogramme erforderlich sind (zu den daraus resultierenden Einstellungen und Fähigkeiten von Medizinstudierenden vgl. Macpherson/Veatch 2010). Darüber hinaus wurden aber auch in anderen Disziplinen der Lebenswissenschaften und der Gesundheitsberufe in den vergangenen Jahrzehnten curriculare Elemente, Lehrmaterialien und Lehrgänge entwickelt, die für bestimmte Tätigkeitsfelder die Kenntnis von Richtlinien, Prinzipien, Regeln, Kriterien sowie eine bestimmte Urteilsfähigkeit in praktischen Fragen vermitteln sollen. Teilweise wurde die Teilnahme an entsprechenden Lehrangeboten verpflichtend gemacht. So kann man vielfach nur dann Mitglied einer medizinischen Forschungsethikkommission zur Beurteilung von Forschungsprotokollen werden, wenn man entsprechende Qualifikationen nachweisen kann. Ähnliches gilt auch für die Mitwirkung an klinischen Forschungsvorhaben durch Prüfärzte, Monitore und Studienleiter. Ethik ist zwar ein verbreitetes Element entsprechender Lehrangebote, sie steht aber nicht im Zentrum und wird meist den Soft Skills zugerechnet.

Obschon es eine Reihe von Beiträgen gibt, die sich historisch und systematisch mit der Bioethik als Disziplin beschäftigen (Callahan 1973; Jonsen 1998; Düwell/Steigleder 2003), ist die Rolle der Lehre für den akademischen Status der Bioethik kaum reflektiert. Insbesondere die Frage, ob und welche der Konzeptionen primär durch methodische Erfordernisse der Lehre geprägt sind – etwa die Kasuistik durch die Methode der Fallanalyse oder die narrative Ethik durch didaktische Instrumente wie Film- und Literaturdiskussion – wurde bislang nicht erörtert. Auch der Umstand, dass der Bedarf an Bioethikunterricht v. a. in medizinisch-praktischen und naturwissenschaftlichen Disziplinen besteht, während die Mutterwissenschaft der Ethik, die Philosophie, für ihre Studierenden im quantitativen Vergleich nur wenige Angebote an Bioethikseminaren macht, ist für den Status der Bioethik als wissenschaftlicher Disziplin bislang noch kein Gegenstand systematischer Reflexion.

Literatur

Ach, Johann/Runtenberg, Christa: *Bioethik: Disziplin und Diskurs. Zur Selbstaufklärung angewandter Ethik*. Frankfurt a. M. 2002.

Apressyan, Ruben: Ethical issues and the role of academies. In: Pieter J. D. Drenth/Ludger Honnefelder/Johannes J. F. Schroots/Beat Sitter-Liver (Hg.): *In Search of Common Values in the European Research Area*. Amsterdam 2006, 99–106.

Arnold, Robert/Forrow, Lachlan/Aroska, Mila/Davis, Anne/Drought, Theresa/Leder, Drew/Purtilo, Ruth: Bioethics education. In: Stephen G. Post (Hg.): *Encyclopedia of Bioethics*. New York ³2004, 292–307.

Bobbert, Monika: Ethik im Medizinstudium und Ethikberatung in der Klinik. In: Michael Anderheiden/Wolfgang Uwe Eckart (Hg.): *Handbuch Sterben und Menschenwürde*, Bd. 3. Berlin 2012, 2003–2027.

Callahan, Daniel: Bioethics as a discipline. In: *Hastings Center Studies* 1 (1973), 66–73.

CCNE (Comité consultative national d'éthique): *Avis 84. Avis sur la formation à l'éthique médicale*. Paris 2004.

COMEST: *The Teaching of Ethics: Report; United Nations. Educational, Scientific and Cultural Organization (UNESCO). Working Group on the Teaching of Ethics*. Paris 2004.

Coutts, Mary Carrington: Scope note 16: teaching ethics in the health care setting. In: *Kennedy Institute of Ethics Journal* 16 (1991), 171–185; 263–273.

De Paul de Barchifontaine, Christian: Le rôle des techniques de communication dans la diffusion des programmes liés à la Bioéthique au Brésil. In: Christian Byk (Hg.): *Journal international de bioéthique. International Journal of Bioethics. L'enseignement de la bioéthique. Teaching Bioethics* 24/2–3 (2013), 105–114.

Downie, R. S./Macnaughton, Jane: *Bioethics and the Humanities: Attitudes and Perceptions.* Abingdon/New York 2007.

DRZE. Deutsches Referenzzentrum für Ethik in den Biowissenschaften: *Study on national, international and professional training material for ethics in research.* Bonn 2003.

Düwell, Marcus/Steigleder, Klaus: Bioethik – Zu Geschichte, Bedeutung und Aufgaben. In: Marcus Düwell/Klaus Steigleder: *Bioethik. Eine Einführung.* Frankfurt a. M. 2003, 12–37.

Engelhardt, Dietrich von: Medizinische Ethik in der medizinischen Ausbildung. Das Lübecker Modell. In: *Zeitschrift für medizinische Ethik* 50 (2004), 51–56.

Fuchs, Michael: Bioethics in Germany. Historical background, mayor debates, philosophical features. In: *The Turkish-Annual of the Studies on Medical Ethics and Law* 2009–2010, Vol. 2–3. Istanbul 2011, 117–139; 118–121.

Godard, Béatrice/Moubé, Zéphirin: Construire et enseigner la bioéthique dans les pays francophones: au carrefour des disciplines et des pratiques. In: Christian Byk (Hg.): *Journal international de bioéthique. International Journal of Bioethics. L'enseignement de la bioéthique. Teaching Bioethics* 24/2–3 (2013), 55–72.

Gosić, Nada: Bioethical Education in Croatia. In: Sören Hoffmann/Ante Čović (Hg.): *Bioethik und kulturelle Pluralität. Bioethics and Cultural Plurality. Die südosteuropäische Perspektive. The Southeast European Perspective.* Sankt Augustin 2005, 214–225.

Guillén, Diego Grácia: The historical setting of latin american bioethics. In: Leo Pessini/Christian de Paul de Barchifontaine/Fernando Lolas Stepke (Hg.): *Ibero-American Bioethics. History and Perspectives.* Dordrecht/Heidelberg/London/New York 2010, 3–19.

Hepp, Hermann/Wilmanns, Juliane C.: Medizinethik im Medizinstudium. Ein Erfahrungsbericht. In: *Zeitschrift für Medizin und Ethik* 50 (2004), 35–39.

Hope, Tony/Savulescu, Julian/Hendrick, Judith: *Medical Ethics and Law. The Core Curriculum.* Edinburgh u. a. 2003.

Jonsen, Albert: *The Birth of Bioethics.* New York/Oxford 1998, 345.

Lavabre, Isabelle: Enseigner la bioéthique dans le secondaire en France. In: *Journal international de bioéthique. International Journal of Bioethics. L'enseignement de la bioéthique. Teaching Bioethics* 24/2–3 (2013), 87–104.

Lenk, Christian/Biller-Andorno, Nikola/Merkel, Tina/Wiesemann, Claudia: Medizin als kulturelle und moralische Praxis. Zu den Aufgaben des Medizinethikunterrichts im Medizinstudium. In: *Zeitschrift für medizinische Ethik* 50 (2004), 3–10.

Macpherson, Cheryl/Veatch, Robert: Medical student attitudes about bioethics. In: *Cambridge Quarterly of Healthcare Ethics* 19 (2010), 488–496.

Neitzke, Gerald: Ethik im Medizinstudium. Erfahrungen und innovative Entwicklungen an der Medizinischen Hochschule Hannover. In: *Zeitschrift für medizinische Ethik* 50 (2004), 61–70.

Neumann, Josef N.: Medizinethik für Studierende der Medizin an der Martin-Luther-Universität Halle-Wittenberg. In: *Zeitschrift für medizinische Ethik* 50 (2004), 71–76.

Ossoukine, Abdelhafid: L'enseignement de la bioéthique: l'expérience maghrébine. In: *Journal international de bioéthique. International Journal of Bioethics. L'enseignement de la bioéthique. Teaching Bioethics* 24/2–3 (2013), 77–86.

Ravez, Laurent: La bioéthique en Afrique francophone: Quelques expériences concrètes. In: *Journal international de bioéthique. International Journal of Bioethics. L'enseignement de la bioéthique. Teaching Bioethics* 24/2–3 (2013), 73–76.

Reich, Warren Thomas: The word «bioethics»: its birth and the legacies of those who shaped it. In: *Kennedy Institute of Ethics Journal* 4 (1994), 319–335.

–: The word «bioethics»: the struggle over its earliest meanings. In: *Kennedy Institute of Ethics Journal* 5 (1995), 19–34.

Richter, Gerd: Medizinethik im Studium. Bericht aus der Philipps-Universität Marburg. In: *Zeitschrift für medizinische Ethik* 50 (2004), 77–81.

Sandor, Judit: New dimensions of bioethics in the universal declaration on bioethics and human rights: response to Roberto Andorno. In: Chris Gastmans/Kris Dierickx/Herman Nys/Paul Schotsmans: *New Pathways for European Bioethics.* Antwerpen/Oxford 2007, 139–159.

Sponholz, Gerlinde/Baitsch, Helmut/Allert, Gebhard: Das Ulmer Modell der diskursiven Fallstudie. Entwicklungen und Perspektiven der Lehre in Ethik in der Medizin. In: *Zeitschrift für medizinische Ethik* 50 (2004), 82–87.

Teaching medical ethics and law within medical education: a model for the UK core curriculum. Consensus statement by teachers of medical ethics and law in UK medical schools. In: *Journal of Medical Ethics* 24/3 (1998), 188–192.

Töpfer, Frank/Wiesing, Urban: Das britische core curriculum in Medizinethik und Medizinrecht – ein Vorbild für Deutschland? In: *Zeitschrift für medizinische Ethik* 47/4 (2001), 421–432.

Veatch, Robert M.: Medical Ethics Education. In: Warren T. Reich (Hg.): *Encyclopedia of Bioethics.* New York 1978, 870–876.

Wiesing, Urban: Die Lehre im Querschnittsfach »Geschichte, Theorie und Ethik der Medizin« an der Medizinischen Fakultät der Eberhard Karls Universität Tübingen. In: *Zeitschrift für medizinische Ethik* 50 (2004), 88–91.

Michael Fuchs

2 Biopolitik

Der deutsche Terminus ›Biopolitik‹ ruft drei deutlich unterschiedliche Bedeutungen und auch Kontexte auf. Er kann (1) ohne viel theoretischen Unterbau ein parlamentarisch-administratives Politikfeld deskriptiv bezeichnen, dies namentlich als Übersetzung für das Engl./Amerik. *biopolitics*. Daneben und in der Hauptsache ist Biopolitik ein analytisch-kritischer Diagnosebegriff, der darauf abzielt, die historischen Entstehungsbedingungen des Lebenskonzepts sowie die Inwertsetzung und die modernen Soziotechniken von (biologisch bestimmtem) ›Leben‹ zu problematisieren. Zu unterscheiden sind hier (2) Positionen, die den Kollektivsingular ›Leben‹ und seine stofflichen Äquivalente als historisches Konstrukt grundsätzlich in Frage stellen, sowie (3) Positionen, die am Lebensbegriff festhalten, jedoch eine historische Verkennung des Sinns von (und des modernen Umgangs mit) ›Leben‹ kritisieren. In den Bedeutungen (2) und (3) geht der Terminus Biopolitik auf die französische Prägung *bio-politique* des Historikers Michel Foucault zurück. Während *biopolitics* sich ohne gesonderte Problematisierung auf *bioethics* beziehen oder diese ergänzend in sich fassen, rücken an Foucault orientierte Analyseperspektiven die Bioethik – als Ganzes: als Diskurs, als Zeitphänomen – in ein kritisches Licht.

Zur Genese des Terminus

Die Begriffsgeschichte zeigt, dass die Idee einer *biologisch* gegründeten und in ihren Zielstellungen auch auszurichtenden politischen Steuerung bzw. Steuerungswissenschaft mehrmals und wohl auch unabhängig voneinander programmatisch in Kurs kam. Erste Vorkommen finden sich bereits um 1900. So verfasst Wilhelm Schallmayer, Mediziner und 1903 erster Preisträger der zur Jahrhundertwende ausgeschriebenen Preisfrage ›Was lernen wir aus den Prinzipien der Descendenztheorie für die innerpolitische Entwicklung und Gesetzgebung der Staaten?‹, in seiner 1905 erschienen Schrift *Nationalbiologie* ein ganzes Kapitel über ›Biologische Politik‹ (vgl. Gehring 2009, 53). Ähnlich fordert zugunsten eines Studiums des ›Staates als Lebensform‹ der Politikwissenschaftler Rudolf Kjellén 1920 eine *Biopolitik* als gesonderte Disziplin (vgl. Lemke 2007, 20 f.). Breite Vorkommen des Ausdrucks – wie auch der ebenfalls schon 1905 nachweisbaren Rede von ›Züchtungspolitik‹ – findet man in den Propagandadiskursen der NS-Zeit (vgl. Rölli 2013). Nicht eine völkisch-rassische Ideologie, sondern technizistische Imperative stehen im Mittelpunkt, als sich in den 1960er Jahren in den USA auf behavioristischer Grundlage *biopolitics* als politikwissenschaftlicher Diskussionszweig etabliert (vgl. Somit/Peterson 1998; Lemke 2007, 27 ff.; zum Institutionalisierungsschub im Zusammenhang der Öko-Krise der 1980er Jahre, *biopolitics* hier als »Rettung der Erde«, vgl. Rölli 2013). Thematische Überschneidungen zur deutschen bioethischen Debatte pflegte die 2002 bis 2005 erschienene deutschsprachige *Zeitschrift für Biopolitik* (vgl. Mietzsch 2004; 2005).

Drei Argumentationsfelder

(1) Für die politikfeldbezogene Rede von Biopolitik lassen sich historisch rückblickend naturalistische Politikbegründungen von eher soziotechnischen, ›politizistischen‹ Ansätzen unterscheiden (vgl. Lemke 2007, 11), wobei jeweils politische Steuerungsperspektiven zählten. Inzwischen jedoch wird der Ausdruck mit dem Behaupten von »Positionen« in öffentlichen Debatten verbunden (Geyer 2001) publizistisch ubiquitär verwendet und entsprechend überdehnt. So können sich auch rechtsrelevante Interventionen der Bioethik als Beiträge zur Biopolitik verstehen, z. B. im weiten Sinne einer »Politik als Zivilisierung des Lebens« (Gerhardt 2001, 126, vgl. 130: »Alle Politik ist Biopolitik«). Markantes Kennzeichen des politikpragmatischen Wortsinns bleibt der auf Entscheidungsmaximen ausgerichtete, dabei mehr oder weniger ahistorische Blickwinkel, demgemäß Bioforschung und Biotechniken primär instrumentell zu sehen wie auch zu diskutieren sind.

(2) Demgegenüber hat Foucault in seinem Buch *Der Wille zum Wissen* (1976/1983) seine doppelte Wortprägung einer Bio-Politik (*bio-politique*) und eines darin sich manifestierenden Epochenschemas der Bio-Macht (*bio-pouvoir*) mit einer dezidiert historischen These verbunden: Im Laufe des 18. Jahrhunderts werden in Europa nicht nur Arbeit und Ausbildung, sondern auch Gesundheit und Fortpflanzung durch politische Imperative der Disziplinierung und Regulierung neu gestaltet. ›Das‹ Leben gewinnt damit Realität – Leben nämlich nicht als erzählter Verlauf, sondern als stofflich-produktive Ressource, als gestaltbares, dem Kollektivkörper innewohnendes und werthaltiges biologisches Substrat. Zur Epochenschwelle um 1800 hat sich der Ansatzpunkt politischer Herrschaft gleichsam umgekehrt:

»Anstelle der Drohung mit dem Mord ist es nun die Verantwortung für das Leben, die der Macht Zugang zum Körper verschafft. Kann man als ›Bio-Geschichte‹ jene Pressionen bezeichnen, unter denen sich die Bewegungen des Lebens und die Prozesse der Geschichte überlagern, so müßte man von ›Bio-Politik‹ sprechen, um den Eintritt des Lebens und seiner Mechanismen in den Bereich der bewußten Kalküle und die Verwandlung des Macht-Wissens in einen Transformationsagenten des menschlichen Lebens zu bezeichnen« (Foucault 1983, 170; vgl. auch Foucault 1999, 276 ff.).

Als »ersten großen Theoretiker dessen [...], was man die Biopolitik, die Bio-Macht nennen könnte« nennt Foucault den Autor der 1780 erschienenen *Recherches sur la population*, den Demographen und Bevölkerungspolitiker Jean-Baptiste Moheau (Foucault 2004, 42).

Ist Bio-Politik also zunächst »die sorgfältige Verwaltung der Körper und die rechnerische Planung des Lebens« (Foucault 1983, 167), so zeigt die Akribie biomedizinischer und biotechnischer Verwissenschaftlichungsversuche, welche Wachstums-, Regenerations- und Vererbungsprozesse gelten und was zugleich weitreichend auf dem Spiel steht: Die kontrollierte Nutzung der selbstreproduktiven Stofflichkeit eines ›Lebens‹ im Lebendigen. Zum ersten Mal in der Geschichte, so Foucault, »reflektiert sich das Biologische im Politischen« (ebd., 170), der Sex und die physiologische Abstammung – später die Genetik – befrachten sich mit statusrelevanter Bedeutung, sie werden zum »Blut« der Bourgeoise (ebd., 150). Konkret prägt sich der biopolitische Einschnitt des 19. Jahrhunderts aus in der Formierung der Familien- und Sexualpolitik, in der biomedizinischen Neufassung der Geschlechter und der Abstammung, in Programmen der Perversionsbekämpfung und der Eugenik wie auch in einer neuen Psychologie (auf der Basis eines umfassend ›sexualisierten‹ (Selbst-)Verständnisses des modernen Subjekts).

Die Termini ›Bio-Politik‹ und ›Bio-Macht‹ werden von Foucault selbst zuweilen synonym und oft schlagwortartig verwendet, sind aber unterscheidbar (vgl. Gehring 2006, 9 ff.). ›Bio-Macht‹ bezeichnet eine abstrakte, epochenprägende Machtform – bei Foucault neben vergleichbaren Formen anderer Epochen, etwa ›Pastoralmacht‹, ›Juridische Macht‹, ›Disziplinarmacht‹ etc. Bio-Politik hingegen betrifft die Ebene konkret zu beschreibender Machttechniken, etwa die Auswertung von Geburten- und Sterberegistern, die medizinische Feststellung der Geschlechtsidentität – in ähnlicher Weise hat Foucault Formen der Verbotspolitik, Disziplinartechniken, ›Selbsttechniken‹ etc. untersucht.

(3) Jeweils eigenständige Bedeutung hat der Begriff ›Biopolitik‹ in den Arbeiten von Giorgio Agamben, bei Michael Hardt und Antonio Negri sowie in einem sozialwissenschaftlich-ethnographischen, durch die Namen Paul Rabinow und Nikolas Rose markierten Diskussionsfeld gewonnen. Gemeinsam ist den genannten Autoren, dass sie zwar programmatisch an Foucault anschließen, Begriff und Faktum des ›Lebens‹ jedoch ins Feld führen als ambivalente, ethisch-politisch auch positive Größe. Der Sinn von Biopolitik und Biopolitik-Kritik wird damit verschoben. Leben ist nicht Konstrukt, sondern lediglich modernetypisch überformt, und gegen Biopolitik wie auch Biotechniken ist Einrede im Namen des Lebens möglich – oder sogar geboten. Agamben greift zu diesem Zweck auf die Antike zurück, unterscheidet *bíos* und *zoē* als zwei Formen von Leben und arbeitet eine rechtsgeschichtliche Figur heraus, diejenige des *homo sacer*, des heiligen und zugleich der Verbannung anheimfallenden Menschen, dem nichts bleibt als das ›nackte Leben‹, eine Verfallsform des *bíos*. Agamben projiziert das auf die Moderne: Heute sind potenziell alle Bürger *homines sacri* geworden – was die Konzentrationslager des 20. Jahrhunderts belegen, wie überhaupt das Lager das »biopolitische Paradigma der Moderne« sei (Agamben 2002, 125 ff.).

Hardt und Negri verbinden in ihren Büchern *Empire* (2002) und *Krieg und Demokratie im Empire* (2004) Foucaults Diagnose u. a. mit dem von Gilles Deleuze geprägten Stichwort ›Kontrollmacht‹, v. a. aber mit einem Plädoyer dafür, dass Biopolitik – auch gegen verfestigte Machtstrukturen – widerständigen Positionen Raum geben und neue ›kooperative Formen‹ hervorbringen kann. Einen gegenwarts- oder sogar zukunftsbezogenen Blickwinkel wählen auch die kritischen Laborstudien von Rabinow (vgl. Rabinow 2004) und namentlich die soziologischen Analysen von Rose, der »Biopolitik« und auch sog. *biological ethopolitics* – nämlich durch biopolitisch stimulierte Hoffnungen mögliche Verhaltensformung (vgl. Rose 2007, 27) – mit Foucault kritisch sieht, aber doch als demokratisches Gestaltungsfeld betrachtet. Bei Rose ist auch Ethik explizit Thema. Die Effekte von *bioethics* werden studiert und aufbereitet zugunsten einer ›innovativen‹ oder auch ›somatischen‹ Ethik, die u. a. unter den Titeln *biological citizenship* und *genetic responsibility* (vgl. Rose 2007, 39 f., 255) aktive Beteiligungsformen ins Zentrum rückt. Im biologischen Reduktionismus liege, so Rose, vielleicht auch eine Chance, weswegen er generell für »einen gewissen Optimismus« (ebd., 255) plädiert. Biotechniken hätten keineswegs nur neue politische Zwänge geschaffen, sie eröffneten vielmehr Wahlmöglichkeiten, Nachfrageoptionen, Entscheidungschancen, freilich auch neue Ökonomien der Hoffnung und Enttäuschung.

Aktuelle Diskussion

Von Foucault her gesehen, lassen sich Theorien wie die von Agamben oder Hardt/Negri wohl nur um den Preis eines erneuten Vitalismus halten, Zweifel an der Bewertung der historischen Quellenlage bzw. an sozialphilosophischen Vorannahmen kommen hinzu. Wo Autoren nicht bereits aus historischer Distanz (vgl. Rölli 2011) oder aber mit ethnographischem Abstand (vgl. Rajan 2006) auf die dichten Ko-Konstitutionsverhältnisse von Bioforschung, Biotechniken und Bio-Alltagstechniken zugreifen können, haben Untersuchungen, die biopolitische Fragestellungen ins Auge fassen, zwar punktuell hohen Diagnosewert, bleiben aber methodologisch gesehen fragil. So hat das Wort ›Biopolitik‹ – wo es nicht ohnehin nur ein blasses Etikett ist – keineswegs automatisch klare Konturen. Auch unter anspruchsvollem Vorzeichen wirkt es vielfach bedenklich großkalibrig und interpretatorisch flexibel, nicht aber als das, was es sein sollte: ein materialnahes und immer neu materialhaltig zu begründendes Konzept.

Literatur

Agamben, Giorgio: *Homo sacer. Die souveräne Macht und das nackte Leben* [1995]. Frankfurt a. M. 2002.
Foucault, Michel: *Die Ordnung der Dinge. Eine Archäologie der Humanwissenschaften*. Frankfurt a. M. 1974 (frz. 1966).
–: *Der Wille zum Wissen. Sexualität und Wahrheit 1*. Frankfurt a. M. 1983 (frz. 1976).
–: *Verteidigung der Gesellschaft. Vorlesungen am Collège de France*. Frankfurt a. M. 1999 (frz. 1975–1976).
–: *Geschichte der Gouvernementalität II: Die Geburt der Biopolitik. Vorlesung am Collège de France* [1978–1979]. Frankfurt a. M. 2004.
Gehring, Petra: *Was ist Biomacht? Vom zweifelhaften Mehrwert des Lebens*. Frankfurt a. M. 2006.
–: Biologische Politik um 1900: Reform? Therapie? Experiment? In: Birgit Griesecke/Markus Krause/Nicolas Pethes/Katja Sabisch (Hg.): *Kulturgeschichte des Menschenversuchs im 20. Jahrhundert*. Frankfurt a. M. 2009, 48–77.
Gerhardt, Volker: *Der Mensch wird geboren. Kleine Apologie der Humanität*. München 2001.
Geyer, Christian (Hg.): *Biopolitik. Die Positionen*. Frankfurt a. M. 2001.
Hardt, Michael/ Negri, Antonio: *Empire. Die neue Weltordnung*. Frankfurt a. M./New York 2002.
–: *Krieg und Demokratie im Empire*. Frankfurt a. M./New York 2004.
Lemke, Thomas: *Biopolitik zur Einführung*. Hamburg 2007.
Mietzsch, Andreas (Hg.): *Kursbuch Biopolitik. Höhepunkte aus der Zeitschrift für Biopolitik*. Berlin (2004 + 2005).
Rabinow, Paul: *Anthropologie der Vernunft*. Frankfurt a. M. 2004.
Rajan, Kaushik Sunder: *Biocapitalism. The Constitution of Postgenomic Life*. Durham 2006.
Rölli, Marc: *Kritik der Anthropologischen Vernunft*. Berlin 2011.
–: Biopolitik-Analyse. Entwurf einer Forschungsperspektive. In: Stephan Schaede (Hg.): *Das Leben III*. Tübingen 2013.
Rose, Nikolas: *The Politics of Life Itself: Biomedicine, Power, and Subjectivity in the Twenty-First Century*. Princeton 2007.
Somit, Albert/Steven A. Peterson: Biopolitics after three decades – a balance sheet. In: *British Journal of Political Science* 28 (1998), 559–571.

Petra Gehring

3 Biorecht

Abgrenzung zu Medizin- und Gesundheitsrecht

Der Begriff des Biorechts kann nur in Abgrenzung zu verwandten und teils synonym verwendeten Termini verstanden und behandelt werden. Die Terminologie ist vergleichsweise neuer Prägung und weist beachtliche Schnittmengen mit den Gebieten des Medizin- und des Gesundheitsrechts auf, geht aber bei näherer Betrachtung weit über diese hinaus. In der akademischen Befassung wird oftmals nicht klar zwischen Bio-, Medizin- und Gesundheitsrecht differenziert; auch ist der Begriff des Biorechts im rechtlichen Diskurs bislang eher punktuell anzutreffen. Jede Annäherung an den Begriff des Biorechts muss vor diesem Hintergrund in Abgrenzung zum Medizin- und zum Gesundheitsrecht erfolgen.

Das ›klassische‹ Medizinrecht hat sich erst vor wenigen Jahrzehnten als selbständiger Untersuchungsgegenstand rechtswissenschaftlicher Forschung etabliert und umfasst alle auf die Ausübung der Heilkunde bezogenen Regelungen. Es ist ungeachtet seines teildisziplinübergreifenden Charakters immer noch vornehmlich zivil- oder strafrechtlicher Prägung. Die zivilrechtliche Seite fokussiert sich dabei auf Aspekte des Arztrechts – wie etwa der vertraglichen Ausgestaltung des Arzt-Patienten-Verhältnisses und nicht zuletzt auch der Frage eines adäquaten Umgangs mit Störungen dieses Verhältnisses –, des Arzneimittelrechts, des Medizinprodukterechts oder des Transfusionswesens.

Die strafrechtliche Betrachtung bezieht sich auf alle Aspekte, in denen staatliche Sanktionsmechanismen die zentrale Rolle spielen. Erfasst werden somit z. B. Aspekte der Körperverletzungstatbestände bei ärztlicher Fehlbehandlung, des Organhandels, aber auch des rechtswidrigen Umgangs mit Embryonen oder humanen embryonalen Stammzellen (s. Kap. III. 12). Das öffentliche Recht, das in den vorgenannten Bereichen v. a. über die im Grundgesetz inkorporierten Grundrechte die zentralen Parameter der staatlichen Entscheidungsfindung bereitstellt, hat hingegen vergleichsweise wenige originäre Impulse im Medizinrecht gesetzt.

Das – mitunter auch als bloßes Synonym zum Medizinrecht verstandene – Gesundheitsrecht nimmt hingegen all jene Aspekte in den Blick, die die Gesundheit im weiteren Sinne betreffen. Im Kern befasst sich das Gesundheitsrecht folglich mit dem Recht der gesetzlichen wie der privaten Krankenversicherung, darüber hinaus aber auch mit polizei- und ordnungsrechtlichen Fragen, die etwa im Umfeld des Infektionsschutzwesens und des Hygienerechts erwachsen können.

Recht und Bioethik

Gänzlich anders sind die Genese und die Bezugspunkte des Biorechts-Begriffs gelagert, deren Entwicklungslinien differieren. Auf internationaler Ebene wird die Begrifflichkeit seit ca. fünfzehn Jahren, in Deutschland seit etwa zehn Jahren bemüht – nicht zuletzt mit der dezidierten Zielsetzung einer Abgrenzung gegenüber dem tradierten Medizin- und Gesundheitsrecht. Besonders einflussreich für die Prägung des Begriffs ›Biorecht‹ ist zudem auch die erfolgreiche wissenschaftliche Manifestation einer philosophischen Teildisziplin in Gestalt der Bioethik gewesen.

Die USA, die als Herkunftsland der modernen Bioethik gelten, gliederten bioethische Belange im juristischen Kontext zunächst in der Kategorie ›Medicine and Law‹ oder ›Health Law‹ ein. Im Laufe der Zeit hat man allerdings auch in den USA bald von einer allzu starren Kategorisierung Abstand genommen und war vielmehr bemüht, die Bioethik auch innerhalb der juristischen Disziplin als eigenständigen Bereich zu etablieren.

Sowohl in theoretischen Abhandlungen als auch in der alltäglichen Praxis fand insoweit zunächst der Begriff ›Law and Bioethics‹ Verwendung (Shapiro et al. 1981; Sass 1991, 253 f.; Capron/Michel 1993, 25 f.). Ausschlaggebend für das Begriffspaar war wohl zum einen das Bemühen, die spezifischen rechtlichen Implikationen bioethischer Problemkonstellationen herauszuarbeiten und hiermit zugleich einem vermeintlichen Übergriff der bioethischen Debatte auf originäre Rechtsfragen entgegenzuwirken oder zumindest vorzubeugen. Zum anderen war es aber auch das erklärte Ziel der ›Law and Bioethics‹-Perspektive, die Rechtswissenschaften auf die Notwendigkeit einer interdisziplinären Zusammenschau mit bioethischen Fragestellungen aufmerksam zu machen. Diese Zielsetzung mutet indes isoliert betrachtet ein wenig überraschend an, da der wechselseitige Verweis rechtlicher und anderer Fragestellungen aufeinander kein Alleinstellungsmerkmal dieses Themenfeldes darstellt. Interdisziplinäre Verflechtungen sind vielmehr prägend für den ganz überwiegenden Teil des positiven Rechts und lassen sich so zwangslos etwa auch im Familienrecht, im Steuerrecht oder im Kulturgüterschutzrecht finden.

Das Spezifikum der interdisziplinären Herangehensweise durch die ›Law and Bioethics‹-Sichtweise ist somit eher auf einer anderen Ebene zu suchen: In den westlichen Industriestaaten hegen große Teile der Bevölkerung seit jeher eine grundsätzliche Skepsis gegenüber den verschiedenen Erscheinungsformen moderner Lebenswissenschaften. Regulierungsbestrebungen der Legislative bezüglich der entsprechenden Verfahren werden zumeist ein besonderes Interesse der Bürger und eine meist kritische mediale Aufmerksamkeit zuteil. Vor diesem Hintergrund bedarf die rechtliche Befassung auch einer umfangreichen Berücksichtigung der ethischen Aspekte, damit die innerhalb der Gesellschaft vorherrschenden Stimmungen und Trends aufgegriffen werden können und der bereits geäußerten respektive vorhersehbaren Ablehnung proaktiv begegnet werden kann. Von der zusätzlichen Einbindung der ethischen Dimension ist so eine deeskalierende und befriedende Wirkung zu erhoffen, die darüber hinaus die Chancen für eine umfassende Anerkennung der zu verabschiedenden Normen steigert.

Abgesehen davon ist außerdem zu konstatieren, dass der technische Fortschritt im Bereich der Bio- und Gentechnologie Problemstellungen generiert, die der isolierten Anwendbarkeit des geltenden Rechts Grenzen aufzeigen. Das Aufspüren dieser Grenzen gilt Alexander Capron und Vicki Michel gemäß als zentrale Aufgabe von ›Recht und Bioethik‹, besonders hinsichtlich der strukturellen Konzeptionen und Relationen im Gesundheitssektor. Um dieser Aufgabe gerecht werden zu können, sind zugleich die medizinische Tradition, wie auch philosophisch, theologisch und anthropologisch fundierte Erkenntnisse aufzugreifen (Capron/Michel 1993, 25 f.). In der Tat hat sich gezeigt, dass insbesondere überkommene einzelstaatliche Rechtskategorien für die Beurteilung biomedizinischer Problemstellungen ungeeignet sind.

Die Debatte zum Themenkomplex ›Law and Bioethics‹ verdeutlicht damit einerseits bestehende grundlegende Grenzen zwischen beiden Bereichen, deckt andererseits aber auch spezifische Schnittstellen auf. Objektiv verbindliche Rechtssätze werden nach Maßgabe ethischer Maximen überprüft oder diesen gegenübergestellt. In der ethisch geleiteten Norminterpretation wird diese Vorgehensweise besonders gut sichtbar, ist aber auch bei der Ausarbeitung ethisch konsensfähiger Normen (s. Kap. II. 13) für den Kontext der modernen Bio- und Gentechnologie – im Stadium *de lege ferenda* – klar erkennbar.

Über Bioethikrecht zum Biorecht

Die zunehmende Befassung der rechtswissenschaftlichen Teildisziplinen mit verschiedensten Aspekten lebenswissenschaftlicher Forschung führte sodann in den Folgejahren zu einer diskursiven Verdichtung und hiermit einhergehend zu einer erneuten Fokussierung auf die rechtlichen Kernfragen. Vereinzelt gebliebene Ansätze versuchten, diese Entwicklung unter dem neuen Begriff des Bioethikrechts (›Bioethics law‹) abzubilden (Lenoir 1999, 537 f.). Als letztlich untaugliche Dichotomie konnte sich dieser Ansatz jedoch nicht durchsetzen, so dass schließlich der Terminus des ›bio-law‹ (Nielsen 1998, 39 f.; Andorno 2007, 12 f.) respektive des ›bio-droit‹ (Neirinck 1994) oder auch des ›Bioderecho‹ (Hooft 1994, 784 f.) aufkam. Mit einigen Jahren Verzögerung findet sich schließlich auch in der deutschen Literatur der korrespondierende Begriff des Biorechts (Amelung et al. 2003; Schreiber 2009).

Diese neue Wortschöpfung hat augenscheinlich zwei Folgen: Durch den Wegfall einer begrifflichen Repräsentation der Ethik können zum einen weitere rechtliche Themengebiete der Kategorie des Biorechts zugeordnet werden. So lässt sich etwa das Medizinrecht vollständig – und nicht bloß in seinen ethisch strittigen Teilen – als dem Biorecht zugehörig ausweisen. Zum anderen zeigt die begriffliche Veränderung von ›Recht und Bioethik‹ hin zu ›Biorecht‹ eine Rückbesinnung auf die eigentlich rechtliche Dimension der relevanten Problemstellungen an: Schließlich begründet ein *expressis verbis* enthaltener Verweis auf die Ethik innerhalb eines Begriffs auch dessen zumindest partielle Definition durch die Philosophie.

Ein anderer Blickwinkel mag hier sicher auch die Interpretation nahelegen, dass der Verkürzung des Begriffs und der wörtlichen Eliminierung der ›Ethik‹ eine absichtliche Verdrängung der bioethischen Wurzeln der Materie und ihrer genuinen Verknüpfung mit der philosophischen Ethik zu Grunde liegt. Als Analogon kann hier die Debatte über das vormals als »Bioethikkonvention« titulierte Übereinkommen des Europarates angeführt werden, das mit dem Ziel einer deutlicheren Herausstellung seines Rechtscharakters offiziell in »Europarats-Übereinkommen zum Schutz der Menschenrechte und der Menschenwürde im Hinblick auf die Anwendung von Biologie und Medizin: Übereinkommen über Menschenrechte und Biomedizin vom 4. April 1997« umbenannt wurde.

Paolo Zatti ist darüberhinausgehend sogar der

Ansicht, dass die Wortneuschöpfung ›bio-law‹ keinen bloßen Transit von der ethischen zur rechtlichen Ebene darstellt. Er vermutet dahinter vielmehr den von rechtspraktischen Erwägungen geleiteten Willen zur Überführung eines heterogenen Bereichs – der wissenschaftliche, soziale, institutionelle, kommunikative und konsensbildende Erfahrungen und Umstände umfasst – mit Hilfe von normativer Regulation in Interventionsformen von rechtsverbindlichem Charakter (Zatti 1998, 53 f.). So verstanden, würde außerrechtlichen Sachverhalten durch das Biorecht eine Rechtsform aufgezwängt, die nicht nur auf moralische Gebote, sondern auf eine allgemein sanktionsbewehrte Befolgenspflicht verweisen würde. Auch wenn Zattis Vermutung die Absicht von einigen Verfechtern des ›bio-law‹-Begriffs korrekt erfasst, führt das Interesse an einer verbesserten Rechtsverbindlichkeit nicht notwendig zu einer Umformung des Rechts; vielmehr ist auch eine Eingliederung außerrechtlicher Gerechtigkeitskriterien (s. Kap. II. 8) in die Systematik des Rechts vorstellbar.

Ursächlich für die maßgeblich von Rechtswissenschaftlern geprägte Neuschöpfung des Begriffs ›Biorecht‹ ist wohl ihr zuvor bereits geschildertes Interesse an einer weiterführenden Verrechtlichung des bioethischen Diskurses gewesen. Dies ist gerade für den Rechtsanwender von Nutzen, der seine Entscheidungsfindung nunmehr ohne Umwege und durch die klare Anwendung der juristischen Methodik auf positiv verankertem Recht fundieren kann. Im Ergebnis entsteht hier ein Zustand wenigstens relativer Rechtssicherheit. Mit dem Begriff ›Biorecht‹ wird daher ein Bereich normativer Behandlung bioethischer Problemkonstellationen benannt, der ausschließlich der juristischen Methodik verpflichtet ist.

Literatur

Amelung, Knut/Beulke, Werner/Lilie, Hans/Rosenau, Henning/Rüping, Hinrich/Wolfslast, Gabriele: *Strafrecht – Biorecht – Rechtsphilosophie. Festschrift für Hans-Ludwig-Schreiber zum 70. Geburtstag am 10. Mai 2003.* Heidelberg 2005.
Andorno, Roberto: First steps in the development of an international biolaw. In: Chris Gastmanns/Paul Schotsmans (Hg.): *New Pathways for European Bioethics.* Antwerpen 2007, 121–138.
Betta, Michela: Antiquiertheit des Rechts – Transformation des Rechts. Nach den universellen Menschenrechten nun die Biorechte? In: *Kritische Vierteljahrsschrift für Gesetzgebung und Rechtswissenschaft* 80/1 (1997), 66–79.
Byrd, B. Sharon/Hruschka, Joachim/Joerden, Jan C. (Hg.): *Medizinethik und -recht.* Berlin 2007.
Capron, Alexander M./Michel, Vicki: Law and bioethics. In: *Loyola of Los Angeles Law Review* 27 (1993), 25–40.
Hooft, Pedro F.: Bioetica, biopolitica y bioderecho. In: *Jurisprudencia argentina* (1994), 784–787.
Kingreen, Thorsten: Medizinrecht und Gesundheitsrecht. In: *Medizin und Haftung Festschrift für Erwin Deutsch zum 80. Geburtstag.* Heidelberg 2009, 283–296.
Lenoir, Noelle: Universal declaration on the human genome and human rights: the first legal and ethical framework at the global level. In: *Columia Human Richts Law Review* 30/1 (1999), 537–587.
Nielsen, Linda: From bioethics to biolaw. In: Cosimo M. Mazzoni (Hg.): *A Legal Framework for Bioethics.* The Hague 1998, 39–52.
Neirinck, Claire (Hg.): *De la bioéthique au bio-droit, ibrairie générale de droit et de jurisprudence.* Paris 1994.
Sass, Hans-Martin: UNESCO conference on human rights and bioethics. In: *Kennedy Institute of Ethics Journal* 1/3 (1991), 253–256.
Schreiber, Hans-Ludwig: Biomedizin und Biorecht – neue Formeln für Arztrecht und Medizinrecht? In: Hans Lilie/Erwin Bernat/Henning Rosenau (Hg.): *Standardisierung in der Medizin als Rechtsproblem.* Baden-Baden 2009, 11–19.
Shapiro, Michael H./Spece Jr, Roy G./Dresser, Rebecca/Clayton, Ellen W.: *Bioethics and Law.* Eagen 1981.
Spickhoff, Andreas: *Medizinrecht.* München 2011.
Spranger, Tade M.: *Recht und Bioethik.* Tübingen 2010.
Quaas, Michael/Zuck, Rüdiger: *Medizinrecht.* München 2008.
Zatti, Paolo: Towards a law for bioethics. In: Cosimo M. Mazzoni (Hg.): *A Legal Framework for Bioethics.* The Hague 1998, 53–63.

Tade Matthias Spranger

4 Ethikkommissionen in der Forschung

Entstehung

Medizinische Ethikkommissionen (*Research Ethics Committees*) sind multidisziplinär zusammengesetzte, unabhängige Gremien, die Projekte medizinischer Forschung am Menschen, mit personenbezogenen Daten und mit menschlichem Gewebe aus Sammlungen unter den Kriterien *Autonomy*, *Beneficene* und *Justice* beurteilen (National Commission for the Protection of Human Subjects of Biomedical and Behavioral Research 1979). Als entscheidender Anstoß für ihre Einrichtung gilt die 1966 von Henry Beecher publizierte Auffassung, dass von 100 in einem renommierten Fachjournal veröffentlichten Forschungsprojekten am Menschen 22 als ethisch fragwürdig zu klassifizieren seien (Beecher 1966). Nationale Forschungsförderer knüpften umgehend die Bewilligung von Mitteln für medizinische Forschungsprojekte an ihre Prüfung und Billigung durch einen Ausschuss bei der beantragenden Forschungseinrichtung – Institute of Health, USA, 1968 (Federal Register 1978), DFG 1973. Die revidierte Deklaration von Helsinki des Weltärztebundes verlangte 1975 die Vorlage der Versuchsprotokolle bei einem besonders berufenen, unabhängigen Ausschuss zur »Beratung, Stellungnahme und Orientierung« (World Medical Association 1976). Der Deutsche Ärztetag folgte 1985 mit einer Bestimmung in der Musterberufsordnung (Kanzow 1990), die Ärzten die Anrufung einer Ethikkommission bei einer Ärztekammer oder bei einer Medizinischen Fakultät zur Beratung eines Forschungsprojektes aufgab. Die Universitäten bestimmten in ihrem Hausrecht, dass ihnen angehörende ärztliche Forscher bei der Ethikkommission der Medizinischen Fakultät diese Beurteilung zu veranlassen hatten. Diese Bestimmungen begrenzten die Zahl zur Beratung zugelassener Gremien auf Kommissionen in öffentlich-rechtlicher Trägerschaft. Hinzu kamen Ethikkommissionen bei den Landesbehörden einiger Bundesländer mit der ausschließlichen Zuständigkeit für die klinische Prüfung von Arzneimitteln und Medizinprodukten (Arzneimittelgesetz, AMG und Medizinproduktegesetz, MPG).

Die Bildung und Verfahrensweise der Ethikkommissionen wird durch das Landesrecht festgelegt. In der Bundesrepublik Deutschland unterliegen nur etwa 53 % aller medizinischen Forschungsvorhaben den Bestimmungen des AMG und des MPG. Die Ethikkommissionen nehmen somit erhebliche Aufgaben auch außerhalb der Arzneimittelforschung wahr.

Landesrechtliche Grundlagen

Landesrechtliche Regelungen finden sich in den Heilberufsgesetzen (z. B. Heilberufsgesetz NRW) oder in besonderen Gesetzen (z. B. Gesetz zur Errichtung einer Ethikkommission des Landes Berlin). Die Ethikkommissionen sind als unselbständige Einrichtung einer Landesärztekammer oder einer Landesbehörde einzurichten. Die Kommissionen der Medizinischen Fakultäten treten für ihren Bereich an die Stelle dieser Ethikkommissionen. Die Zuständigkeiten werden im Wesentlichen mit der Wahrnehmung bundes- und landesrechtlich insbesondere durch AMG, MPG, und sonstige Vorschriften überwiesener Aufgaben bestimmt. Die Berufsordnungen der Landesärztekammern weisen den Kommissionen entsprechend der »(Muster)-Berufsordnung für die in Deutschland tätigen Ärztinnen und Ärzte« das Gesamtgebiet der medizinischen Forschung zu (Bundesärztekammer 2011).

Die Zusammensetzung wird unter Wahrung des Grundsatzes der Interdisziplinarität mit unterschiedlicher Regelungstiefe festgelegt. Dies gilt für die Zahl der Mitglieder ebenso wie für die Beteiligung von Ärzten, Juristen, Ethikern und Patientenvertretern. Bei zu beratenden Projekten, für die spezielle Bestimmungen gelten (z. B. AMG, MPG), kann die Beteiligung Sachverständiger (Pharmakologe, Apotheker) vorgeschrieben sein. Ohne nähere Konkretisierung wird von den Mitgliedern Fachkompetenz gefordert. Die Träger haben wesentliche Punkte wie Aufgaben und Zuständigkeiten, Voraussetzungen für die Tätigkeit, Zusammensetzung, Anforderung an die Sachkunde, die Unabhängigkeit und die Pflichten der Mitglieder, Verfahren, Aufgaben des Vorsitzenden, Geschäftsführung, Kosten des Verfahrens, die bedarfsweise Beteiligung externer Gutachter sowie den Umgang mit Voten anderer öffentlich-rechtlicher Ethikkommissionen und die Entschädigung der Mitglieder in einer Satzung zu regeln. Die vom Arbeitskreis Medizinischer Ethikkommissionen verabschiedete »Mustersatzung für Ethikkommissionen« hat hier Anregungen vermittelt (Arbeitskreis Medizinscher Ethikkommissionen 2004).

Die Satzungen bedürfen der Genehmigung der

Gesundheitsministerien für Kommissionen bei Landesärztekammern, der Wissenschaftsministerien für die universitären Kommissionen. Die Unabhängigkeit der Entscheidung wird durch die Landesgesetze garantiert. Entsprechend landesrechtlichen Bestimmungen besteht die Verpflichtung zur Vertraulichkeit. Bestimmungen über eine Haftpflichtversicherung zur Erfüllung von Ansprüchen gegen die Ethikkommissionen vervollständigen den Katalog.

Aufgabenfelder der Ethikkommissionen

Der Begriff ›Biomedizinische Forschung‹, ist nicht widerspruchsfrei definiert. Der Arbeitskreis hat mit dem Ziel einer gewissen Klarstellung Forschung definiert als »jede die somatische oder psychische Integrität des Menschen berührende Maßnahme mit dem Ziel, über den Einzelfall hinaus präventive, diagnostische, therapeutische oder pathophysiologische Erkenntnisse zu gewinnen« (Doppelfeld 1990). Diese Beschreibung umfasst die Grundlagenforschung ebenso wie die Forschung im Zusammenhang mit der Krankenversorgung, die klinische Prüfung von Arzneimitteln und von Medizinprodukten. Das Aufgabenfeld erweitert sich zunehmend um die Bereiche ›Daten‹ und ›körpereigenes entnommenes Gewebe‹. Für Forschung mit Gewebe aus Sammlungen, das mit Zustimmung des betroffenen Menschen ausschließlich oder überwiegend zu diagnostischen Zwecken entnommen wurde, ist das Einverständnis des Gewebsspenders einzuholen. Die Kommissionen prüfen, ob diese Forderung erfüllbar ist. Für den Umgang mit Resultaten genetischer Analysen an entnommenem Gewebe hat der Arbeitskreis eine Empfehlung verabschiedet (Arbeitskreis Medizinischer Ethikkommissionen 2011).

Ethikkommissionen prüfen die wissenschaftliche Qualität, die rechtliche Zulässigkeit und die ethische Vertretbarkeit an. In einigen Ländern Europas sind Ethikkommissionen auf die Beratung ethischer Aspekt beschränkt, wissenschaftliche Qualität und rechtliche Zulässigkeit werden durch sie bindende Atteste anderer Institutionen bestätigt.

Wissenschaftliche Qualität

Es bleibt den Ethikkommissionen überlassen, wie sie sich Aufschluss über die wissenschaftliche Qualität, Grundbedingung für die ethische Vertretbarkeit eines Vorhabens, verschaffen. Dies kann durch das Urteil eines fachlich kompetenten, an dem Projekt weder unmittelbar noch mittelbar beteiligten Mitglieds des Gremiums erfolgen. Bei Bedarf sind externe Gutachter zu beteiligen oder externe Expertisen einzuholen. Hiermit wird sichergestellt, dass in allen Fällen fachwissenschaftliche Beurteilungen erfolgen. Arzneimittelprüfungen an Kindern können durch einen der Ethikkommission angehörenden, durch einen Interessenkonflikt nicht ausgeschlossenen Pädiater beurteilt werden. An der Beurteilung von Prüfungen xenogener Zelltherapeutika oder von Gentransfer-Arzneimitteln muss die Ethikkommission nach den Bestimmungen des AMG externen Sachverstand beteiligen. Die wissenschaftliche Prüfung erfolgt unter Parametern wie Berücksichtigung der einschlägigen neuesten Literatur, ausreichende Laboratoriums- und Tierversuche, Angemessenheit der vorgesehenen Methoden, sowie Risiko-Nutzen-Abwägung. Das AMG fordert hier ärztliche Vertretbarkeit und verlangt eine Abwägung des Risikos gegenüber dem Nutzen für den Teilnehmer und der Bedeutung des Arzneimittels für die Heilkunde. Ferner sind die Eignung des Forschers sowie die Forschungsstelle zu beurteilen.

Rechtliche Gesichtspunkte

Ein wissenschaftlich einwandfreies Projekt kann nur durchgeführt werden, wenn die einschlägigen Rechtsvorschriften eingehalten werden. Daher prüfen Ethikkommissionen, ob straf- und zivilrechtliche Normen im Allgemeinen, andere Vorschriften wie z. B. das AMG, das MPG, im Speziellen beachtet werden. Auch der Nachweis einer nur von AMG bzw. MPG vorgeschriebenen Patienten-/Probandenversicherung ist zu führen. Bei Forschungsprojekten ohne gesetzlich vorgeschriebene Versicherung soll der Teilnehmer über den erfolgten oder nicht erfolgten Abschluss informiert werden.

Zur Rechtswirksamkeit der jederzeit widerrufbaren Zustimmung gehören die Information mit verständlichem, vollständigem Informationsmaterial und angemessene Bedingungen für ihre Einholung. Beide müssen bei klinischen Prüfungen von Arzneimitteln und Medizinprodukten der Ethikkommission nach den Vorschriften z. B. der *Verordnung über die Anwendung der guten klinischen Praxis bei der Durchführung von klinischen Prüfungen mit Arzneimitteln zur Anwendung am Menschen* (GCP-Verordnung) dargelegt werden. Diese Vorschrift wird auf anderen Gebieten der Forschung sinngemäß angewandt. Grundvoraussetzung für die Erteilung der informierten Einwilligung (*informed consent*) ist die Einwilligungsfähigkeit – nicht gleichzusetzen mit der Geschäftsfähigkeit nach Zivilrecht – des für das Projekt zu gewinnenden Menschen. Projekte mit einwilligungsfähigen Menschen bereiten in diesem Zusammenhang keine Probleme. Solche Probleme ergeben sich jedoch, wenn die Forschung mit Menschen vorgenommen werden soll, die altersbedingt oder krankheitsbedingt zeitweilig oder dauernd nicht einwilligungsfähig sind. Das AMG erlaubt hier klinische Prüfungen von Arzneimitteln, wenn ein Nutzen für den Betroffenen erwartet werden kann. Gruppennützige Arzneimittelforschung ohne den erwarteten Nutzen für den Teilnehmer an Minderjährigen wird durch das AMG ermöglicht, wenn die absoluten Grenzen ›minimales Risiko‹ und ›minimale Belastung‹, vorgegeben durch die Konvention von Oviedo (Council of Europe 1997), eingehalten werden. Für die sonstige gruppennützige Forschung an Nicht-Einwilligunsfähigen wird das Betreuungsrecht herangezogen.

Ethische Beurteilung

Die Entscheidung über die ethische Vertretbarkeit eines wissenschaftlich einwandfreien, rechtlich zulässigen Forschungsprojektes soll im interdisziplinären Dialog aller Mitglieder der Ethikkommission getroffen werden. Leitgedanken sind die Wahrung der Autonomie des Probanden/Patienten, seiner Würde und seiner Identität. Es gilt das Prinzip, dass eine Person (s. Kap. II.21) in ihren Rechten nicht zum Nutzen anderer Personen eingeschränkt werden darf, dass die Interessen von Wissenschaft, Forschung und Gesellschaft alleine keinen Vorrang vor den Belangen des Individuums haben dürfen.

Arbeitsweise

Die Ethikkommissionen verfügen im Allgemeinen über eine angemessene personelle und technische Infrastruktur. Die Verfahren werden auf der Grundlage von Geschäftsordnungen abgewickelt. Die Kommissionen werden tätig auf Antrag des forschenden Arztes bei der für ihn nach Landesrecht zuständigen Ethikkommission der Medizinischen Fakultät oder der Ärztekammer. Bei klinischen Prüfungen von Arzneimitteln oder Medizinprodukten stellt der per Gesetz definierte Sponsor den Antrag auf ›zustimmende Bewertung‹ bei der für den Prüfarzt zuständigen Ethikkommission.

Anträge für die Arzneimittelforschung werden durch die GCP-Verordnung normiert. Diese Vorschriften können für andere Forschungsbereiche analog angewandt werden, teils haben Ethikkommissionen hierfür spezielle Regelungen eingeführt. Bei Prüfungen von Arzneimitteln und Medizinprodukten haben die Kommissionen nach Eingang eines ordnungsgemäßen Antrags binnen 60 Tagen bei multizentrischen und binnen 30 Tagen bei monozentrischen Prüfungen zu entscheiden. Die Fristen werden gehemmt, wenn die Ethikkommission die einmal zulässige Nachforderung von Informationen erhebt. Für sonstige Forschungen haben die meisten Ethikkommissionen ein Zeitraster eingerichtet. Alle Mitglieder der Ethikkommission erhalten den vollständigen Antrag. Erörterung und Beschlussfassung finden in nichtöffentlicher Sitzung statt. Der Antragsteller kann eingeladen werden, im mündlichen Vortrag Aspekte seines Vorhabens darzulegen. Von der Beschlussfassung ist er ausgeschlossen. Es hat sich bewährt, dass ein sachkundiges Mitglied der Kommission eine Analyse des Antrags vorlegt als Grundlage für die Entscheidungsfindung. Der Vortrag externer Sachverständiger und externe Expertisen fließen in die Beratung ein.

Für die Beschlussfassung über einen Antrag enthalten die Verfahrensordnungen die Festlegung einer Mindestzahl zu beteiligender Mitglieder. Von der Beschlussfassung sind ausgenommen Mitglieder der Kommission, die an dem Forschungsprojekt mitwirken oder deren Interessen berührt sind. Die Mitglieder sollen ihren Beschluss möglichst im Konsens, auf jeden Fall aber mit der Mehrheit der abgegebenen Stimmen fassen. Die Entscheidungen sollten begründet werden.

Für multizentrische Studien gilt der Grundsatz, dass die öffentlich-rechtlichen Ethikkommissionen grundsätzlich die Entscheidung anerkennen, die die für den Leiter des Projektes zuständige Kommission getroffen hat. Zur Beurteilung multizentrischer Arzneimittelprüfungen hat der Bundesgesetzgeber das System ›federführende/beteiligte Ethikkommission‹ eingeführt. Nur die für den Leiter der klinischen Prüfung zuständige – federführende – Ethikkommission ist berechtigt, die ›einzige Stellungnahme‹ abzugeben. Sie erstellt diese Stellungnahme im Benehmen mit den beteiligten – örtlich zuständigen – Kommissionen. Der gesetzliche Auftrag der beteiligten Kommissionen beschränkt sich auf die Beurteilung der ›Qualifikation der Prüfer und die Geeignetheit der Prüfstelle‹. Die für Arzneimittelprüfungen abzugebende ›zustimmende Bewertung‹ ist Voraussetzung für die Durchführung, das Votum der Ethikkommission erhält damit den Charakter einer Genehmigung. Voten über andere Projekte sind rechtlich nicht bindend, über die Durchführung dieser Projekte entscheidet der Forscher.

Widerspruch gegen die Entscheidung einer Ethikkommission kann in Deutschland bei dem zuständigen Verwaltungsgericht erhoben werden.

Arbeitskreis Medizinischer Ethik-Kommissionen in der Bundesrepublik Deutschland e. V.

Die Organisationsform ›lokal-unabhängige Ethikkommissionen‹ bedarf eines Forums zum Austausch von Informationen, zur Harmonisierung administrativer Abläufe, zur Verständigung über grundsätzliche Fragen und zur Vermeidung diskrepanter Entscheidungen. Mit dieser Zielsetzung wurde 1983 der Arbeitskreis gegründet. Die Mitgliedschaft wird durch die Satzung (Arbeitskreis Medizinischer Ethikkommissionen 2005) auf Ethikkommissionen in öffentlich-rechtlicher Trägerschaft begrenzt.

Der Arbeitskreis hat durch Mustertexte und Verfahrensempfehlungen, wie auch im Bericht der Bundesregierung anerkannt (Deutscher Bundestag 2007), zur Harmonisierung administrativer Abläufe beigetragen. Der Arbeitskreis wird als Gesprächspartner von Ministerien und Behörden akzeptiert.

Die Zentrale Ethik-Kommission für Stammzellenforschung (ZES)

Unter den Ethikkommissionen für die medizinische Forschung nimmt die Zentrale Ethik-Kommission für Stammzellenforschung (ZES) eine Sonderstellung ein. Sie wurde auf der Grundlage eines Bundesgesetzes – des Stammzellgesetzes (StZG) – eingerichtet und berät das Robert Koch-Institut, eine Bundesoberbehörde. Die sonstigen Ethikkommissionen üben ihre Tätigkeit demgegenüber auf landesrechtlicher Grundlage aus und beraten einzelne Forscher. Die ZES ist interdisziplinär besetzt mit Experten aus den Bereichen Ethik, Theologie, Biologie und Medizin. Sie prüft Anträge nach dem Stammzellgesetz, ob die in diesem Gesetz festgelegten Bedingungen für die Verwendung humaner embryonaler Stammzellen durch das Forschungsprojekt eingehalten werden

(s. Kap. III. 39). Sie nimmt eine ethische Bewertung des Vorhabens vor und gibt hierzu gegenüber der Genehmigungsbehörde, dem Robert Koch-Institut, eine Stellungnahme ab.

Literatur

Arbeitskreis Medizinischer Ethikkommissionen: Mustersatzung für öffentlich-rechtliche Ethikkommissionen. 2004. In: http://www.ak-med-ethik-komm.de/dokumente/mustersatzung.pdf (30. 07. 2013).

–: Satzung des Arbeitskreises Medizinischer Ethikkommissionen in der Bundesrepublik Deutschland. 2005. In: http://www.ak-med-ethik-komm.de/dokumente/j_tag_11_11_06/satzung.pdf (30. 07. 2013).

–: Empfehlungen für die öffentlich-rechtlichen Ethikkommissionen hinsichtlich der Beurteilung epidemiologischer Studien unter Einbeziehung genetischer Daten. 2011. In: http://dgepi.de/fileadmin/pdf/leitlinien/EthikgenEpi-Empf_02051.pdf (30. 07. 2013).

Beecher, Henry: Ethics and clinical research. In: *The New England Journal of Medicine* 274/24 (1966), 1354–360.

Bundesärztekammer: Muster-Berufsordnung für die in Deutschland tätigen Ärztinnen und Ärzte. 2011. In: http://www.bundesaerztekammer.de/downloads/MBO_08_20111.pdf (30. 07. 2013).

Council of Europe: *Convention for the protection of human rights and dignity of the human being with regard to the application of biology and medicine: Convention on human rights and biomedicine*. European Treaty Series No. 164. Oviedo 1997.

Deutscher Bundestag: Bericht der Bundesregierung zu Erfahrungen mit dem Verfahren der Beteiligung von Ethikkommissionen bei klinischen Prüfungen. In: Drucksache 16/7703 (2007).

Doppelfeld, Elmar: Bericht über die 7. Jahresversammlung des Arbeitskreises Medizinischer Ethikkommissionen. In: Richard Toellner (Hg.): *Künstliche Beatmung*, Medizin-Ethik 2. Stuttgart/New York 1990, 201.

Federal Register 1978, 11328 (zit. n. Erwin Deutsch: *Medizinrecht*. Berlin 1997).

Kanzow, Ulrich: Die Ethikkommissionen der Landesärztekammern. In: Richard Toellner (Hg.): *Die Ethik-Kommission in der Medizin*. Stuttgart/New York 1990, 39–47.

National Commission for the Protection of Human Subjects of Biomedical and Behavioral Research: Belmont report. In: *Federal Register* 44/76 (1979).

World Medical Association: Die revidierte Deklaration von Helsinki. Beschlossen 1975 in Tokyo. In: *Bundesanzeiger* 152 (1976).

Elmar Doppelfeld

5 Ethikräte

Zur Bearbeitung bioethischer Fragestellungen werden in verschiedenen Ländern mehrköpfige Gremien zusammengerufen. Dabei kann die Fragestellung konkret vorgegeben sein, oder ein Gremium kann eingerichtet werden, das für ein bestimmtes Spektrum von Themen über eine bestimmte Zeitdauer zuständig ist. Während bereits in den siebziger Jahren des 20. Jahrhunderts Komitees oder Kommissionen durch bestimmte Verfassungsorgane oder Regierungsbehörden mit dem konkreten Auftrag versehen wurden, Lösungsvorschläge für die Regulierung des Umgangs mit bestimmten neuen medizinischen und biotechnischen Möglichkeiten zu erarbeiten (Walters 1987), stellt das 1983 durch den französischen Staatspräsidenten ins Leben gerufene permanente Beratungsgremium das erste und prägende Beispiel eines sog. Nationalen Ethikrats dar (Comité consultatif national d'éthique 2012). Ähnliche Beratungsgremien wurden allerdings auch durch internationale Institutionen wie den Europarat oder die UNESCO sowie auf europäischer Ebene durch den Präsidenten der Europäischen Kommission gebildet (Vöneky 2010, 317–382). Neben den nationalen Gremien gibt es gerade in Staaten mit föderativen und föderalen Strukturen auch Ethikräte auf Länder- oder Provinzebene wie etwa in Quebec, Katalonien, Rheinland-Pfalz und Bayern. Auf nationaler Ebene gibt es Ethikräte inzwischen in den meisten Staaten Europas und Ozeaniens, in sehr vielen Staaten Nord- und Südamerikas, sowie auch in einigen Staaten Asiens und Afrikas (UNESCO 2005, 66–69; Fuchs 2005, 13–84). In einigen Regionen haben aber auch Ethikgremien auf nationaler Ebene ausschließlich oder v. a. die Rolle der ethischen Prüfung von Forschungsvorhaben am Menschen (s. Kap. IV. 4). Eine klare terminologische Abgrenzung zwischen Ethikräten, Ethikkommissionen und Ethikkomitees (s. Kap. IV. 7) hat sich weder im deutschen Sprachraum vollständig durchgesetzt, noch international etabliert (UNESCO 2006, 10–15; Siep 2011, 184).

Thematische Zuständigkeit

Die Bestimmung und Begrenzung der thematischen Zuständigkeit dauerhafter Ethikräte ähnelt der Bestimmung und Begrenzung des Themenbereichs der Bioethik insgesamt. Historisch waren es die neuen Handlungsmöglichkeiten im Bereich der Fortpflanzungsmedizin und der Humangenetik, die zunächst zur Gründung zahlreicher *ad hoc*-Kommissionen durch Regierungs- und Parlamentsinitiativen führten – so in Großbritannien der Warnock-Kommission oder in Deutschland der Benda-Kommission – und sodann in Frankreich, Portugal, Italien, Schweden, Dänemark und in vielen anderen Ländern zur Gründung dauerhafter Ethikräte. Während in Frankreich durch den Namen Comité Consultatif National d'Éthique pour les Sciences de la Vie et de la Santé (CCNE) die Aufgabe einer Beratung zu Fragen der Ethik in den Lebenswissenschaften und den Gesundheitswissenschaften vorgezeichnet ist, wird vielfach der Titel ›Bioethik‹ oder ›biomedizinische Ethik‹ gewählt, zugleich aber der Fokus auf Fragen der Humanmedizin gelegt. Nicht immer begrenzt sich das Spektrum auf durch neue Technologien induzierte Probleme, vielfach werden auch alte medizinethische Fragen wie die Zulassung von Sterbehilfe in den Themenkreis aufgenommen. Einige Ethikräte haben sich auch Themen der Ressourcenverteilung im Gesundheitswesen zugewandt. Der Nuffield Council on Bioethics, der durch die Nuffield Foundation gegründet wurde und neben dieser Mittel des Wellcome Trust und des Medical Research Council erhält und im Vereinigten Königreich die Rolle eines nationalen Ethikrates wahrnimmt, versteht Bioethik in jenem weiten Sinne, der auch Themen wie Xenotransplantation oder genetisch veränderte Pflanzen mit umfasst. Explizit schon vom Titel her noch weiter gefasst ist die Rolle der Ethikkommission bei der Europäischen Kommission. Die European Group on Ethics in Science and New Technologies (EGE) setzt seit 1998 die Aufgabe fort, die zuvor durch die Group of Advisors to the European Commission on the Ethical Implications of Biotechnologiy (GAEIB) betrieben wurde und weitet den Themenbereich aus. Entsprechend hat dieses Gremium auch Fragen der Informationstechnologien oder der Nanotechnologie behandelt, die nicht in den engeren Kontext der Ethik in den Lebenswissenschaften fallen.

Der Europarat, der sich zum Ziel gesetzt hat, internationale Vereinbarungen und Empfehlungen zu schaffen, hat sich in der Vergangenheit mit Fragen der Ethik der Umwelt, des Tierschutzes und auch des Sports auseinandergesetzt, seinem Ethik-Gremium für die Bioethik allerdings jene Fragen vorbehalten, die in einem engeren Sinne zur biomedizinischen Ethik zählen. Das Gremium wurde 1985 zunächst als Comité Ad Hoc d'experts pour la bioéthique (CAHBI) gegründet, setzte 1992 seine Arbeit als Comité Directeur pour la Bioéthique (CDBI) fort und trägt seit 2012 den Namen Comité de Bioéthique (DH-BIO).

Die konkrete Wahl von Themen für Stellungnahmen kann bei allen Beratungsgremien durch externe Anfragen erfolgen, zumeist von dazu explizit legitimierten Verfassungsorganen. Einige Gremien diskutieren und bestimmen ihre Agenda weitgehend intern.

Aufgabenstellung

Beratung oder Rat bedeutet im Kontext der Ethikräte zunächst eine durch Expertisen und gemeinschaftliche Stellungnahmen fundierte Hilfe zu einer politischen Entscheidungsfindung auf der Ebene der Gesetzgebung oder der Administration. Mitunter kann auch eine Bedeutung für die Jurisdiktion ins Auge gefasst werden (so etwa mit der Oviedo-Konvention und den Zusatzprotokollen des Europarates für den Europäischen Gerichtshof für Menschenrechte oder mit den Stellungnahmen des CCNE zur Sterbehilfe für die französische Gerichtsbarkeit). Häufig, so beispielsweise in einigen Staaten Zentral- und Osteuropas (Glasa 2000) und auch in den Staaten des Magreb (Ossoukine 2007; Fischer 2008), sind Ethikräte beim nationalen Gesundheitsministerium angesiedelt und fungieren v. a. als Ratgeber des Ministers.

Nur sehr selten allerdings greifen die zuständigen Entscheidungsgremien den erteilten Rat unmittelbar und vollumfänglich auf. Zudem ist zu beobachten, dass sich viele Beratungsgremien in vielen Fragen auch nicht zu einer gemeinschaftlichen Handlungsempfehlung durchringen können. Stellungnahmen enthalten entsprechend sog. Gabelbeschlüsse, in denen gemeinsame Einschätzungen durch zwei, drei oder mehr Gruppeneinschätzungen in einer Stellungnahme vereinigt werden, also ein Konsensbereich und ein Dissensbereich beschrieben werden (Fuchs 2006; Bogner 2011). Mitunter werden auch Themen erörtert, die nicht oder noch nicht zu einer politischen Regulierung anstehen, wie etwa das Thema einer radikalen Lebensverlängerung des Menschen in der Stellungnahme *Beyond Therapy* des US-amerikanischen President's Council on Bioethics von 2003. Unabhängig von der mangelnden insbesondere legislativen Durchsetzungskraft hat sich aber schon früh die Aufgabe von Ethikräten im Konzert der gesellschaftlichen Diskurse zur Bio- und Technikethik abgezeichnet. Ethikräte, so wurde gefordert, sollten Reflexionen und Diskussionen anstoßen, intensivieren, strukturieren und durch fachliche oder ethische Argumente unterfüttern. Nimmt man den französischen Ethikrat als Paradigma einer an politischen Entscheidungen orientierten Instanz, so kann das dänische Komitee als Gremium angesehen werden, das seine Aufgabe und Schwerpunktsetzung besonders im Bereich der öffentlichen Diskussion und Bildung verortet sieht (Koch/Zahle 2000). Auch im Deutschen Ethikrat nehmen Veranstaltungen und Maßnahmen zur Förderung des gesellschaftlichen Diskurses einen breiten Raum ein (Deutscher Ethikrat 2013, 29–43).

Eine weitere wichtige Rolle nationaler Ethikräte ist es, Sprachrohr für den nationalen Beitrag zu einer internationalen Debatte zu sein. Neben regelmäßigen Konferenzen auf internationaler Ebene (Europarat, UNESCO, World Health Organisation) gibt es Regionalkonferenzen (z. B. in Kairo 2007), bilaterale Treffen und gemeinsame Stellungnahmen und Erklärungen (Deutschland und Frankreich 2004 zu Biobanken, Portugal und Spanien 2011 zur synthetischen Biologie). Dadurch werden die nationalen Diskurse auf internationaler Ebene repräsentiert, aber auch die ausländischen und internationalen Diskurse im jeweils eigenen Land widergespiegelt.

Institutioneller Hintergrund

In Deutschland ist der Einrichtung eines dauerhaften Ethikrates eine längere Diskussion darüber vorangegangen, bei welcher Institution ein solcher Rat angebunden sein sollte. Als mögliches Dach wurden sowohl das Bundespräsidialamt wie auch die Akademien der Wissenschaften genannt (Friedrich-Ebert-Stiftung 1997). Als dann der damalige Bundeskanzler 2001 den Nationalen Ethikrat einberief, war zu einem breiten Spektrum bioethischer Fragen bereits eine Enquetekommission des Deutschen Bundestages tätig, zudem ein Ethikbeirat des Bundesgesundheitsministeriums sowie die Zentrale Ethikkommission bei der Bundesärztekammer (Deutscher Bundestag 2002; Taupitz 2003). Während der Ethikbeirat des Gesundheitsministeriums seine Arbeit einstellte, rief der Bundestag noch eine weitere einschlägige Enquetekommission zusammen, bevor mit dem Deutschen Ethikrat ein Gremium auf gesetzlicher Grundlage geschaffen wurde, bei dem sowohl Bundestag wie auch Bundesregierung Berufungskompetenzen haben.

Unabhängig davon, ob ein Ethikrat beim Parlament, beim Regierungschef oder wie häufig beim Gesundheitsminister angesiedelt ist, betonen die meisten Gründungsdekrete die gewünschte Unabhängigkeit des Gremiums und auch seiner einzelnen Mitglieder.

Mitgliedschaft

Die Konzeption der Ethikräte ist darauf angelegt, Expertise zu den behandelten Themenfeldern, Expertise in Ethik und Moralfragen, Pluralität der Konfessionen und Weltanschauungen und Repräsentativität z. B. bezogen auf die verschiedenen Sprachgemeinschaften sicherzustellen. Dazu werden v. a. zwei Instrumente angewandt: Vielfach ist die Ernennungsgewalt der Mitglieder auf mehrere Verfassungsorgane verteilt und zudem wird die Ernennungsgewalt für einige Mitglieder an nationale Forschungsinstitutionen delegiert (Comité consultatif national d'éthique 2012). Einige Länder, wie Norwegen oder Italien, versuchen eine gewisse Pluralität durch die Definition der Disziplinen und verschiedener Weltanschauungssysteme in den Gründungssatzungen zu sichern (Fuchs 2005). Repräsentativität in einem starken und umfassenden Sinne wird in keinem Falle angestrebt (Vöneky 2010, 244–245). In einigen Ländern gibt es spezifische Quotierungen etwa in Bezug auf die Geschlechterverteilung oder auf die Zugehörigkeit zu Sprachgemeinschaften. Ein spezifisches Training oder eine spezifische Ausbildung für die Mitglieder vor Eintritt in einen Nationalen Ethikrat ist nicht vorgesehen. Bei den Ethikgremien des Europarates wird die Mitgliedschaft durch die relevanten Regierungsressorts der Mitgliedsstaaten bestimmt. Teilweise entsenden diese eigene Beamte, teilweise Experten aus dem akademischen Bereich. Für die EGE werden Interessenten zur Kandidatur aufgefordert. Die Auswahl liegt bei der Europäischen Kommission. Nicht alle Mitgliedsländer der EU sind repräsentiert. Die 36 Mitglieder des International Bioethics Committee der UNESCO werden durch den General-Direktor der UNESCO berufen. Der Nuffield Council beruft für seine Arbeitsgruppen regelmäßig auch Experten aus anderen Ländern. In einigen Fällen ist dies auch in der Schweiz und in Österreich vorgekommen.

Ethikräte verbinden durch ihre Zusammensetzung die Typologie von Expertengremien mit der Typologie von Stakeholder-Konferenzen. Auch jene Mitglieder, die bestimmte gesellschaftliche Gruppen repräsentieren, werden zumeist als weisungsunabhängig betrachtet. Akademisch tätige philosophische Ethiker beklagen oft die geringe Zahl ausgebildeter Ethiker in Ethikräten (Düwell 2003, 361). Auch wird verhandelt, was denn ethische Expertise in diesem Kontext bedeutet (Fuchs 2006; Siep 2011). Welche Rolle die fachethische Expertise in den tatsächlichen Prozessen der Urteilsfindung hat, ist wenig untersucht (Bogner 2013). Auch ist wenig reflektiert, ob die einsetzenden Organe eine solche Expertise erwarten (Vöneky 2010, 245) oder ob sie eher auf eine moralische Autorität setzen (Taupitz 2003). In der sozialwissenschaftlichen Literatur wird eine mögliche »Dominanz der Jurisprudenz« (Bogner 2011, 97) diskutiert.

Infrastruktur

Die institutionelle Anbindung der Ethikräte ist auch wichtig für die Infrastruktur, die ihnen zur Verfügung gestellt wird. Da die Mitglieder nur zu Plenar- und Arbeitsgruppensitzungen zusammentreffen, ist die Einrichtung eines Sekretariats von Bedeutung. In einigen Fällen verfügt dieses Sekretariat über wissenschaftliches Personal. Der gegenwärtige und auch der vorangegangene Ethikrat der USA ragen international durch die große Zahl von ca. 20 wissenschaftlichen Mitarbeitern heraus. Diese sind u. a. für die Vorbereitung sehr umfangreicher Dokumente, Stellungnahmen und Studien zuständig. Das französische Komitee verfügt seit seiner Gründung 1983 über eine eigene Bibliothek und eine Dokumentationsstelle.

Aktuelle Forschungsfragen

Erst in den letzten Jahren, also deutlich später als die Welle der Gründung nationaler Ethikräte, findet eine Diskussion statt, wie sich diese Räte in die demokratische Grundrechtsordnung einfügen und welche Rolle sie in der gesellschaftlichen Entwicklung spielen (Taupitz 2003; Weber-Hassemer 2008; Vöneky 2010; Bogner 2011; Weber-Hassemer 2011). Diese Diskussion hat v. a. die deutschen, französischen und US-amerikanischen Ethikräte im Blick. Insofern ihre Aufgabe auf die Beratung beschränkt bleibt und nicht die Entscheidungsgewalt an sie delegiert wird und diese Beratung für die Öffentlichkeit weitgehend transparent wird, erscheint ihre Rolle in demokratietheoretischer Hinsicht unproblematisch zu sein, insbesondere dann, wenn ihre Tätigkeit auf einer gesetzlichen Grundlage steht. Wenig Beachtung fand die Frage, welche Rolle Ethikräte im Prozess gesellschaftlicher Öffnung, der Modernisierung von Industriegesellschaften und der Ausbildung zivilgesellschaftlicher pluralistischer Strukturen spielen. Ethikräte können hier im Dienste der gesundheitspolitischen Bürokratie und eingesessener Standesvertretungen tätig sein (Ossoukine 2007), aber auch ein Forum der gesellschaftlichen Öffnung und des demokratischen Dialogs werden. Vergleichende Studien dazu stehen bislang aus. Die Kontexte in Osteuropa, Südamerika, Afrika und Ostasien verdienen hier zusätzliche Beachtung und Reflexion. Auch die Auswirkungen der politischen Umbrüche in Nordafrika und im Nahen Osten auf die Bedingungen der Arbeit nationaler Ethikräte sind bislang nicht untersucht.

Zudem ist das Zusammenwirken von verschiedenen Gremien und Foren im Rahmen der Urteilsbildung einer demokratischen Gesellschaft nicht hinreichend erörtert (Deutscher Bundestag 2002, 179–187, 205–207; Fuchs 2006). Gerade in komplexen Gesellschaften wie den mitteleuropäischen ist nicht nur fraglich, ob es möglich ist, ein einzelnes Forum zu schaffen, das alle bioethischen Diskurse bündelt, man kann vielmehr auch fragen, ob eine solche Integration der Diskurse immer sinnvoll ist.

Darüber hinaus jedoch werfen die Arbeit und die Resultate der Ethikräte Fragen auf, die sich an die Ethik und an die Bioethik in grundsätzlicher Weise richten. Dazu gehört die Frage, in welcher Weise und in welchem Rahmen weltanschaulich geprägte Prämissen im Rahmen einer ethischen Urteilsbildung moralphilosophisch vertretbar sind. Ist auch die ethische Expertise auf mehrere Köpfe zu verteilen? Welche Ethikansätze sprechen dafür, dies zu tun und damit das Risiko des Dissenses in Kauf zu nehmen? Kann oder sollte diese Streuung der ethischen Expertise in Ethikräten so erfolgen, dass alle akademisch repräsentierten Ansatzweisen auch im Gremium vertreten sind? Sodann muss die Frage weiterverfolgt werden, welche Rolle dem positiven Recht in der ethischen Urteilsbildung zukommt und welche Dignität nationales, supranationales und internationales Recht dabei im Einzelnen beanspruchen kann. Schließlich muss das Verhältnis von Empirie und ethischer Urteilsbildung weiter reflektiert werden (s. Kap. II. 6).

Eine spezifisch auf nationale Ethikräte bezogene Frage betrifft die *nationale* Prägung und eine mögliche *nationale* Expertise. Liegt hier vielleicht der Grund für die beklagte Dominanz der Jurisprudenz, weil diese eben die rechtssystematische Passfähigkeit von Lösungsvorschlägen beurteilen kann? Oder gilt auch die Anschlussfähigkeit an ein gerade in einem konkreten Land gegebenes Ethos als moralisch relevant und für die ethische Urteilsbildung bedeutsam? Dagegen kann man indes auch fragen, ob die Vergleichbarkeit der technischen Herausforderungen und der ethischen Probleme in den verschiedenen Staaten und Weltregionen nicht zu einer unnötigen Vervielfältigung von parallelen Argumentationen, Konsensen und Dissensen führt? Letztlich wird sich die Erwartung, dass die ethische Urteilsbildung durch die Vermehrung von Gesichtspunkten und Argumenten und diese wiederum durch die Vermehrung von beratenen Personen und Gremien verbessert wird, empirisch überprüfen lassen müssen. Eine solche Evaluation steht bislang aus.

Literatur

Bogner, Alexander: *Die Ethisierung von Technikkonflikten. Studien zum Geltungswandel des Dissenses.* Weilerswist 2011.
–: Ethikkommissionen in technik- und forschungspolitischen Fragen. In: Armin Grunwald (Hg.): *Handbuch Technikethik.* Stuttgart/Weimar 2013, 415–420.
Comité consultatif national d'éthique. In: *Dictionnaire Permanent. Bioéthique et biotechnologies.* Montrouge 2012.
Deutscher Bundestag: Schlussbericht der Enquete-Kommission »Recht und Ethik der modernen Medizin«, Drucksache 14/9020, 14. Wahlperiode 14. 05. 2002. Berlin 2002.
Deutscher Ethikrat: *Jahresbericht 2012.* Berlin 2013.
Düwell, Marcus: Ethikräte: zur Institutionalisierung ethischer Reflexion. In: Petra Lutz/Thomas Macho/Gisela Staupe/Heike Zirden (Hg.): *Der [im-]perfekte Mensch: Metamorphosen von Normalität und Abweichung.* Köln 2003, 354–361.
Fischer, Nils: National bioethics committees in selected states of North Africa and the Middle East. In: *Journal of International Biotechnology Law* 5/2 (2008), 45–58.
Friedrich-Ebert-Stiftung (Hg.): *Braucht Deutschland eine Bundes-Ethik-Kommission? – Dokumentation des Expertengesprächs Gentechnik am 11. März in Bonn.* Bonn 1997.
Fuchs, Michael: *Nationale Ethikräte: Hintergründe, Funktionen und Arbeitsweisen im Vergleich.* Berlin 2005.
–: *Widerstreit und Kompromiß. Wege des Umgangs mit moralischem Dissens in bioethischen Beratungsgremien und Foren der Urteilsbildung.* Institut für Wissenschaft und Ethik. Forschungsbeiträge A 4. Bonn 2006.
Glasa, Jozef (Hg.): *Ethics Committees in Central and Eastern Europe.* Bratislava 2000.
Koch, Lene/Zahle, Henrik: Ethik für das Volk. Dänemarks Ethischer Rat und sein Ort in der Bürgergesellschaft. In: Matthias Kettner (Hg.): *Angewandte Ethik als Politikum.* Frankfurt a. M. 2000, 117–139.
Ossoukine, Abdelhafid: Le Comité d'éthique algérien face à la concurrence bureaucratique et religieuse. In: *Journal international de bioéthique* 18 (2007), 167–176.

Siep, Ludwig: Ethik-Kommissionen – Ethik-Experten. In: Johann S. Ach/Kurt Bayertz/Ludwig Siep (Hg.): *Grundkurs Ethik*, Bd. 1. Paderborn ²2011, 181–191.

Taupitz, Jochen: Ethikkommissionen in der Politik: Bleibt die Ethik auf der Strecke? In: *Juristenzeitung* 58/17 (2003), 815–821.

UNESCO: *Guide N°1: Établir des comités de bioéthique*. Paris 2005.

–: *Guide N°2: Les comités de bioéthique au travail: procédures et politiques*. Paris 2006.

Vöneky, Silja: *Recht, Moral und Ethik: Grundlagen und Grenzen demokratischer Legitimation für Ethikgremien*. Tübingen 2010.

Walters, LeRoy: Ethics and new reproductive technologies: an international review of committee statements. In: *Hastings Center Report*, Special Supplement, Juni 1987, 3–9.

Weber-Hassemer, Kristiane: Wie finden ethische Erwägungen Eingang in politische Entscheidungsprozesse? In: Cordula Brand/Eve-Marie Engels/Arianna Ferrari (Hg.): *Wie funktioniert Bioethik?* (Interdisziplinäre Tagung »Wie funktioniert Bioethik?« vom 6.–8. Oktober 2005 in Tübingen). Paderborn 2008, 303–309.

–: Ethische Expertise. Gesellschaftlicher Diskurs – politische Entscheidung. In: Johann S. Ach/Kurt Bayertz/Ludwig Siep (Hg.): *Grundkurs Ethik*, Bd. 2. Paderborn 2011, 225–234.

Michael Fuchs

6 Institutionalisierte ethische Beratung und Begutachtung

Seit den 1970er Jahren ist eine zunehmende gesellschaftliche Sensibilisierung für ethische Fragen zu verzeichnen. Dies führt u. a. zur Entwicklung und Institutionalisierung der Angewandten Ethik. Diese Institutionalisierung vollzieht sich zum einen im akademischen Bereich: Die Angewandte Ethik etabliert sich als wissenschaftliche Disziplin mit eigenen Lehrstühlen, Studienprogrammen, Fachzeitschriften usw. Zum anderen werden im öffentlichen Raum neue Gremien geschaffen, die mit Blick auf ethische Fragen beratend und zum Teil auch begutachtend oder sogar gleichsam genehmigend tätig werden sollen. Mittlerweile gibt es zahlreiche Gremien dieser Art. Sie sind auf sehr unterschiedliche Weise institutionell verankert und ihre jeweiligen Aufgaben unterscheiden sich mitunter erheblich voneinander. Vor diesem Hintergrund ist eine Zusammenfassung unter dem allgemeinen Begriff ›Ethikkommissionen‹ nur bedingt sinnvoll.

Gremien der politischen Beratung

Die größte gesellschaftliche Sichtbarkeit haben Gremien, die zur politischen Beratung von Parlamenten und Regierungen auf nationaler, supranationaler oder internationaler Ebene eingerichtet worden sind. Sie werden häufig als ›Ethikräte‹ bezeichnet (s. Kap. IV.5). Der Deutsche Ethikrat arbeitet auf der Grundlage des Ethikratgesetzes (EthRG). Seine Aufgaben sind »(1) Information der Öffentlichkeit und Förderung der Diskussion in der Gesellschaft unter Einbeziehung der verschiedenen gesellschaftlichen Gruppen; (2) Erarbeitung von Stellungnahmen sowie von Empfehlungen für politisches und gesetzgeberisches Handeln; (3) Zusammenarbeit mit nationalen Ethikräten und vergleichbaren Einrichtungen anderer Staaten und internationaler Organisationen« (§ 2 Abs. 1 EthRG). Auf europäischer Ebene sind u. a. die European Group on Ethics in Science and New Technologies (EGE) sowie das Committee on Bioethics (DH-BIO) angesiedelt.

Eine ähnlich allgemein-beratende Ausrichtung haben auch Gremien, die institutionell anders angebunden sind. Dazu zählen z. B. Gremien der Wissenschaft (DFG Senatskommissionen, Arbeitsgruppen der Leopoldina) sowie die Zentrale Kommission zur Wahrung ethischer Grundsätze in der Medizin und ihren Grenzgebieten (Zentrale Ethikkommission der Bundesärztekammer).

Gremien der Forschungsbegutachtung

Für den Forschungsbetrieb besonders wichtig sind Kommissionen, die für die Begutachtung von Forschungsprotokollen mit menschlichen Probanden zuständig sind (s. Kap. IV. 4). Sie sind in sehr vielen Staaten mittlerweile gesetzlich verankert. Ihre Aufgabe besteht – in Deutschland zumindest seit der 12. Novelle des Arzneimittelgesetzes (AMG) – nicht in ethischer Beratung, sondern vielmehr in einer verpflichtenden Begutachtung, die zur Abgabe oder Verweigerung einer zustimmenden Bewertung führt. Die gesetzliche Grundlage dafür bilden in Deutschland v. a. das Arzneimittelgesetz (§§ 40, 42 AMG) sowie das Medizinproduktegesetz (§§ 20, 22 MPG). Regelungen, die die Einbindung von Ethikkommissionen vorsehen, finden sich darüber hinaus – auf der Basis des Atomgesetzes (§ 12 Abs. 1 Nr. 3 a AtG) – in der Verordnung über den Schutz vor Schäden durch Röntgenstrahlen (§ 28 g RöV) sowie in der Strahlenschutzverordnung (§ 92 StrlSchV). In allen diesen Fällen wird den entsprechenden Gremien per Gesetz eine Rolle zugewiesen, die im Ergebnis zum Erlass behördenähnlicher Einzelfallentscheidungen (»Verwaltungsakt«) führt. Ohne Vorliegen eines positiven Votums der hier geforderten Ethikkommissionen sind insbesondere Humanforschungsmaßnahmen in den relevanten Bereichen unzulässig.

Durch das Stammzellgesetz (StZG) ist im Jahr 2002 ein Gremium mit bundesweiter Zuständigkeit eingerichtet worden. Die Zentrale Ethik-Kommission für Stammzellenforschung (ZES) prüft und bewertet, ob ein Forschungsvorhaben mit humanen embryonalen Stammzellen ethisch vertretbar ist (§ 9 StZG) (s. Kap. III. 39).

Ebenfalls bedeutsam für die Forschungspraxis sind Kommissionen, die über die Genehmigung von Tierversuchen entscheiden (s. Kap. III. 43). Das deutsche Tierschutzgesetz (TierSchG) sieht vor, dass eine Genehmigung nur dann erteilt werden darf, wenn ein Versuch »unerlässlich« ist (§ 7 Abs. 1 TierSchG). Dabei ist u. a. der folgende Grundsatz zu beachten: »Versuche an Wirbeltieren oder Kopffüßern dürfen nur durchgeführt werden, wenn die zu erwartenden Schmerzen, Leiden oder Schäden der Tiere im Hinblick auf den Versuchszweck ethisch vertretbar sind« (§ 7a Abs. 2 Nr. 3). Zur Beurteilung dieser Frage soll die zuständige Behörde »eine oder mehrere Kommissionen zur Unterstützung« berufen (§ 15 Abs. 1 TierSchG). Insofern die ›ethische Vertretbarkeit‹ zu prüfen ist, kann man auch hier von einer ›Ethikkommission‹ sprechen.

Gremien der klinischen Beratung

Gremien der ethischen Beratung haben sich nicht nur im Bereich der Forschung etabliert. Auch in der medizinischen Versorgung gewinnen sie zunehmend an Bedeutung (s. Kap. IV. 7; Dörries et al. 2010). Die Aufgabe der sog. Klinischen Ethikkomitees – auch Ethik-Konsile oder Ethik-Foren – besteht hauptsächlich in der »Information, Orientierung und Beratung der verschiedenen an der Versorgung beteiligten bzw. davon betroffenen Personen (z. B. Mitarbeitende und Leitung der Einrichtung, Patienten/Bewohner, deren Angehörige und Stellvertreter)« (Vorstand der Akademie für Ethik in der Medizin e. V. 2010). Mittlerweile kommen weitere Bereiche hinzu, in denen vergleichbare Gremien ethische Beratung anbieten, insbesondere Altenpflegeeinrichtungen (Sauer et al. 2012) und Hospize (Riedel 2012). Ein wichtiges Thema stellen dabei Fragen am Lebensende dar, die eine Beratung auch im hausärztlichen Kontext erfordern können (Gágyor 2012; Verrel 2012).

Allerdings gibt es auch in diesem Bereich Gremien, die nicht nur eine beratende Funktion haben. Das Transplantationsgesetz (TPG) sieht etwa vor, dass Lebendspenden nur dann erlaubt sind, wenn »die nach Landesrecht zuständige Kommission gutachtlich dazu Stellung genommen hat, ob begründete tatsächliche Anhaltspunkte dafür vorliegen, dass die Einwilligung in die Organspende nicht freiwillig erfolgt oder das Organ Gegenstand verbotenen Handeltreibens nach § 17 ist« (§ 8 Abs. 3 TPG). Zwar ist hier nicht explizit von einer ethischen Prüfung die Rede; die entsprechende Kommission ähnelt in ihrem Zuschnitt aber dennoch den zuvor genannten Gremien (s. Kap. III. 44).

In ähnlicher Weise sieht das im Jahr 2011 novellierte Embryonenschutzgesetz (ESchG) vor, dass eine Präimplantationsdiagnostik nur unter engen Voraussetzungen erlaubt ist (§ 3 a Abs. 2 ESchG) und die Einhaltung dieser Maßgaben durch eine Kommission im Einzelfall geprüft und bestätigt worden ist. Das vorgesehene interdisziplinär zusammengesetzte Gremium wird im Gesetz explizit als »Ethikkommission« bezeichnet (§ 3 a Abs. 3 ESchG) (s. Kap. III. 5). Bestrebungen die für die Prüfung von

AMG- oder MPG-Vorhaben zuständigen lokalen Ethikkommissionen auch mit den Aufgaben nach § 3a ESchG zu betrauen, konnten sich nicht durchsetzen. Vielmehr fordert nun § 4 der zwischenzeitlich ergangenen PID-Verordnung die Einrichtung spezieller Ethikkommissionen.

Weitere Gremien

Auch im Kontext der sog. ›grünen Gentechnik‹ gibt es Gremien der institutionalisierten ethischen Beratung und Bewertung (s. Kap. III.16). Zwar handelt es sich bei der im Gentechnikgesetz (GenTG) genannten Kommission ausdrücklich nicht um eine Ethikkommission (§ 10 GenTG). Die europäische Freisetzungsrichtlinie RL 2001/17/EG sieht aber in Art. 29 vor, dass die European Group on Ethics (EGE) zur ethischen Bewertung gehört werden kann:

> »(1) Die Kommission kann von sich aus oder auf Ersuchen des Europäischen Parlaments oder des Rates unbeschadet der Zuständigkeit der Mitgliedstaaten für ethische Fragen jeden Ausschuß, den sie zu ihrer Beratung über die ethischen Implikationen der Biotechnologie eingesetzt hat, wie z. B. die Europäische Gruppe für Ethik der Naturwissenschaften und der Neuen Technologien, zu allgemeinen ethischen Fragen hören. Die Anhörung kann auch auf Antrag eines Mitgliedstaates erfolgen.«

Der EGE kommt somit eine beratende Funktion im Hinblick auf ethische Belange zu.

Die Einrichtung von ethischen Beratungsgremien hat im Jahr 2011 sogar den Bereich der Energieversorgung erreicht. Angesichts der Nuklearkatastrophe in Fukushima sollte die Ethikkommission für sichere Energieversorgung über Risiken der Kernenergie und anderer Energieformen sowie über den Übergang zu erneuerbaren Energien beraten und ihre Ergebnisse in einem Bericht der Bundesregierung vorlegen. In ihrer zeitlichen Befristung gleicht diese Kommission allerdings eher dem Modell der Expertenkommission, die vorübergehend eingesetzt wird, z. B. den parlamentarischen Enquete-Kommissionen), als fest institutionalisierten Gremien wie den zuvor beschriebenen Ethikkommissionen.

Die Tendenz, ethische sensible Fragen an spezielle Gremien zur Beratung zu delegieren, ist mittlerweile auch in anderen Bereichen zu beobachten. So haben etwa der Weltfußballverband (FIFA) und der internationale Automobilverband (FIA) eigene Ethikkommissionen; die kirchliche Pax-Bank hat seit 2002 einen Ethik-Beirat.

Aktuelle Kontroversen

Kontrovers diskutiert wird, wie die vermehrte Einrichtung von Gremien der ethischen Beratung und Begutachtung zu bewerten ist. Man kann darin z. B. den Versuch sehen, angesichts hoch komplexer Entscheidungssituationen die Gefahr individueller Überforderung dadurch abzumildern, dass Verantwortung auf kollektive Akteure verteilt wird. Ein solcher Versuch kann allerdings überhaupt nur dann erfolgreich sein, wenn sich das Konzept kollektiver Verantwortung als tragfähig erweist, was nach wie vor umstritten ist (Lenk 1991; Seebass 2001). Man kann die Einrichtung dieser Gremien auch als Reaktion darauf verstehen, dass moderne Gesellschaften insgesamt eine größere Sensibilität gegenüber ethischen Problemen aufweisen und daher einen stark gestiegenen Bedarf an ethischer Expertise haben. Diese Expertise kann in Form von politischer Beratung Einfluss auf Legislative und Exekutive haben oder durch spezielle gesetzliche Regelungen zum festen Bestandteil staatlicher Verwaltung werden. Damit stellen sich aber unmittelbar Fragen nach der politischen Legitimation solcher Gremien sowie nach ihrer rechtlichen Stellung innerhalb staatlicher Verwaltung.

Deutlich wird diese Problemlage z. B. an der Frage der demokratischen Legitimität von Ethikräten (Vöneky 2010; Zotti 2009). Da die Experten in solchen Gremien nicht unmittelbar gewählt sind, stellt sich die Frage, wie weit ihr Einfluss auf die Legislative und Exekutive sein darf. Hieran schließt sich die grundsätzlichere Frage an, ob es in der Ethik überhaupt in vergleichbarer Weise Experten geben kann wie in anderen wissenschaftlichen Disziplinen (Heinrichs 2009; Vöneky 2009).

Ein anderes Beispiel bildet die Frage nach der Haftung von Ethikkommissionen in der biomedizinischen Forschung. Gemäß § 40 AMG darf die »klinische Prüfung eines Arzneimittels bei Menschen [...] vom Sponsor nur begonnen werden, wenn die zuständige Ethik-Kommission diese nach Maßgabe des § 42 Abs. 1 zustimmend bewertet«. Der ethischen Bewertung wird auf diese Weise eine verwaltungsrechtliche Funktion zugewiesen, die unmittelbar haftungsrechtliche Aspekte aufweist (Vogeler 2011) und auch die Frage nach der gerichtlichen Nachprüfbarkeit der getroffenen Entscheidungen aufwirft.

Die skizzierten Probleme geben einen Hinweis darauf, dass sich ethische Reflexion nicht ohne weiteres in politische und rechtliche Institutionen überführen lässt. Zumindest dann, wenn die Funktion von ethischen Kommissionen nicht nur in der Beratung, sondern in der rechtlich verbindlichen Bewertung besteht, stellen sich Fragen der Legitimation, der Verbindlichkeit und Haftung sowie der Transparenz und Revisionsmöglichkeiten. Andererseits deutet die zunehmende Einrichtung von Gremien, die in einem Schnittfeld von Politik, Recht und Ethik verortet sind, darauf hin, dass in modernen Gesellschaften eine strikte Trennung dieser Bereiche nicht mehr geeignet ist, um die normativen Probleme zu lösen, die sich insbesondere durch die Entwicklungen in den Lebenswissenschaften ergeben. Die Institutionalisierung von ethischer Beratung und Begutachtung trägt dem Rechnung, wirft aber zugleich auch grundsätzliche Fragen auf.

Literatur

Dörries, Andrea/Neitzke, Gerald/Simon, Alfred/Vollmann, Jochen (Hg.): *Klinische Ethikberatung. Ein Praxisbuch für Krankenhäuser und Einrichtungen der Altenpflege*, überarbeitete und erweiterte Auflage. Stuttgart ²2010.

Gágyor, Ildikó: Ethikberatung für Hausärzte bei Patienten am Lebensende. In: Andreas Frewer/Florian Bruns/Arnd T. May (Hg.): *Ethikberatung in der Medizin*. Berlin/Heidelberg 2012, 141–150.

Heinrichs, Bert: Angewandte Ethik im demokratischen Rechtsstaat – Ein Blick auf Habermas und Kant. In: Silja Vöneky/Cornelia Hagedorn/Miriam Clados/Jelena von Achenbach (Hg.): *Legitimation ethischer Entscheidungen im Recht. Interdisziplinäre Untersuchungen*. Berlin/Heidelberg/New York 2009, 53–83.

Lenk, Hans: Zu einer praxisnahen Ethik der Verantwortung in den Wissenschaften. In: Ders. (Hg.): *Wissenschaft und Ethik*. Stuttgart 1991, 54–75.

Riedel, Annette: Ethikberatung im Hospiz. In: Andreas Frewer/Florian Bruns/Arnd T. May (Hg.): *Ethikberatung in der Medizin*. Berlin/Heidelberg 2012, 167–182.

Sauer, Timo/Bockenheimer-Lucius, Gisela/May, Arnd T.: Ethikberatung in der Altenhilfe. In: Andreas Frewer/Florian Bruns/Arnd T. May (Hg.): *Ethikberatung in der Medizin*. Berlin/Heidelberg 2012, 151–166.

Seebass, Gottfried: Kollektive Verantwortung und individuelle Verhaltenskontrolle. In: Josef Wieland (Hg.): *Die moralische Verantwortung kollektiver Akteure*. Heidelberg 2001, 79–99.

Verrel, Torsten: Rechtliche Fragen der Medizinethik und klinische Fragen am Lebensende. In: Andreas Frewer/Florian Bruns/Arnd T. May (Hg.): *Ethikberatung in der Medizin*. Berlin/Heidelberg 2012, 183–194.

Vogeler, Marcus: *Ethik-Kommissionen – Grundlagen, Haftung und Standards*. Heidelberg/Dordrecht/London/New York 2011.

Vöneky, Silja: Ethische Experten und moralischer Autoritarismus. In: Silja Vöneky/Cornelia Hagedorn/Miriam Clados/Jelena von Achenbach (Hg.): *Legitimation ethischer Entscheidungen im Recht. Interdisziplinäre Untersuchungen*. Berlin/Heidelberg/New York 2009, 85–97.

–: *Recht, Moral und Ethik*. Tübingen 2010.

Vorstand der Akademie für Ethik in der Medizin e. V.: Standards für Ethikberatung in Einrichtungen des Gesundheitswesens. In: *Ethik in der Medizin* 22 (2010), 149–153.

Zotti, Stefan: Ethische Politikberatung – Anmerkungen zur Frage der Legitimation von Expertenkommissionen im bioethischen Diskurs. In: Silja Vöneky/Cornelia Hagedorn/Miriam Clados/Jelena von Achenbach (Hg.): *Legitimation ethischer Entscheidungen im Recht. Interdisziplinäre Untersuchungen*. Berlin/Heidelberg/New York 2009, 99–114.

Bert Heinrichs und Tade Matthias Spranger

7 Klinische Ethikberatung

Begriffsbestimmung

Unter dem Begriff ›Klinische Ethikberatung‹ werden alle institutionalisierten Angebote zusammengefasst, die im Bereich der Patientenversorgung in ethischen Konfliktfällen unterstützen und beraten (AEM 2010; ZEKO 2006). Diese Beratung findet in der Regel auf Antrag von Mitarbeitern der Einrichtung, Patienten oder deren Angehörigen statt, trägt durch eine systematische und strukturierte Reflexion zur Klärung der relevanten moralischen Aspekte bei und fördert dadurch eine verantwortungsvolle und qualifizierte Entscheidungsfindung. Über den einzelnen Konfliktfall hinaus ist die Klinische Ethikberatung in der Regel auch für Fortbildung in Klinischer Ethik, Erarbeitung von Ethik-Leitlinien und Fragen der Organisationsethik zuständig. Durch ihren Fokus auf die reguläre stationäre Versorgung von Patienten ist die Abgrenzung zu anderen Ethikgremien, etwa den für Forschung und Studien zuständigen ›Ethikkommissionen‹ (s. Kap. IV.4), deutlich. Klinische Ethikberatung ist zunächst in Krankenhäusern etabliert worden, wird aber zunehmend auch in anderen Einrichtungen des Gesundheitswesens angeboten. Dazu gehören stationäre, nicht-klinische Einrichtungen wie Wohn- und Pflegeheime für alte oder behinderte Menschen sowie Hospize, aber auch ambulante Angebote wie Palliativnetze und Pflege- oder Hospizdienste (Riedel et al. 2011). Aus diesem Grund wird in Erweiterung des Terminus ›Klinische Ethikberatung‹ vielfach auch von ›Ethikberatung in Einrichtungen des Gesundheitswesens‹ gesprochen (AEM 2010).

Geschichte

Die Idee der Klinischen Ethikberatung im engeren Sinn entstand in den USA. Anlässlich der Frage der Zulässigkeit eines Behandlungsabbruchs bei der Patientin Karen Ann Quinlan entschied der Oberste Gerichtshof von New Jersey im Jahr 1976, dass der Abbruch zulässig sei, vorbehaltlich einer Stellungnahme eines Ethikgremiums im Krankenhaus. Diesem Postulat wurde entsprochen und heute ist das Vorhandensein eines Ethik-Komitees (›Health Care Ethics Committee‹, HEC) Voraussetzung für die Akkreditierung größerer Kliniken in den USA (Fox et al. 2007).

In Deutschland wurde die Einrichtung von Klinischer Ethikberatung 1997 durch die konfessionellen Krankenhausverbände (Deutscher Evangelischer Krankenhausverband, Katholischer Krankenhausverband Deutschlands) angeregt. Diese Entwicklung wurde nicht nur in kirchlich getragenen sondern auch in kommunalen, privaten und Universitätskliniken aufgegriffen. Eine Stellungnahme der Zentralen Ethikkommission bei der Bundesärztekammer (ZEKO) im Jahr 2006 begrüßte diese Entwicklung und forderte Kliniken zur Einrichtung von Ethikberatung auf (ZEKO 2006). Aktuell verfügen vermutlich 30 bis 40 % der Kliniken über ein Angebot zur Klinischen Ethikberatung. In der Schweiz wurde 2012 eine Empfehlung der Schweizerischen Akademie der Medizinischen Wissenschaften (SAMW) zur Ethikberatung verabschiedet (SAMW 2012).

Als zuständige wissenschaftliche Fachgesellschaft hat die Akademie für Ethik in der Medizin (AEM) das Entstehen von Klinischer Ethikberatung begleitet: Es wurden Standards für Ethikberatung erarbeitet (AEM 2010), es liegen ein Curriculum zur Fortbildung von Ethikberatern (Simon et al. 2007) sowie Empfehlungen zur Dokumentation (Fahr et al. 2011) und Evaluation von Ethikberatung (Neitzke et al. 2013) vor.

Zur Etablierung von Klinischer Ethikberatung trug weiterhin bei, dass im Rahmen der Krankenhauszertifizierung (etwa durch die Kooperation für Transparenz und Qualität im Gesundheitswesen (KTQ), die konfessionelle proCum Cert oder die international agierende Joint Commission International (JCI)) Angebote zur Ethikberatung gefordert wurden. Bislang einmalig in Deutschland ist die seit 2011 bestehende Vorschrift im Hessischen Krankenhausgesetz, dass jedes Krankenhaus einen Ethikbeauftragten berufen muss.

Für Ergebnisse der wissenschaftlichen Begleitforschung und für internationalen Erfahrungsaustausch über Klinische Ethikberatung stehen u. a. als eigene Zeitschrift das *HEC-Forum* und die jährlich stattfindende International Conference on Clinical Ethics and Consultation (ICCEC, vgl. www.clinical-ethics.org) zur Verfügung.

Aufgaben der Klinischen Ethikberatung

Drei Hauptaufgaben der Klinischen Ethikberatung werden unterschieden: (1) die Ethik-Fallberatung, (2) die Weiterbildung in Klinischer Ethik und (3) die Erarbeitung von Ethik-Leitlinien (Dörries et al. 2010; Stutzki et al. 2011). Die Ethik-Fallberatung wird unten separat dargestellt. Von der Ethikberatung angebotene Weiterbildungen in Klinischer Ethik befassen sich typischerweise u. a. mit Therapiebegrenzung am Lebensende, Formen der Sterbehilfe (s. Kap. III. 40), Anwendung einer Patientenverfügung (s. Kap. III. 33), Aufklärung und Einwilligung, Ermittlung des Patientenwillens, Umgang mit Bevollmächtigten und Betreuern, freiheitsbeschränkenden Maßnahmen, Zwangsbehandlung, Schwangerschaftsabbruch (s. Kap. III. 37), Hirntod und Organspende (s. Kap. II. 25), Ökonomie und Ethik (Vollmann et al. 2009; Frewer et al. 2012). Die Weiterbildungen werden entweder für anfragende Stationsteams, für einzelne Berufsgruppen oder – etwa im Rahmen eines Ethiktages – auch für eine interessierte Öffentlichkeit angeboten. Die Weiterbildungen zielen sowohl auf einen qualifizierteren Umgang mit den genannten ethischen Problemen als auch auf eine Sensibilisierung der in der Patientenversorgung Tätigen für die ethischen Aspekte ihres professionellen Tuns.

Ethik-Leitlinien werden vom Ethikgremium auf Antrag von Klinikmitarbeitern oder der Geschäftsführung erarbeitet und letztlich von der Klinikleitung implementiert. Ethik-Leitlinien legen Entscheidungswege und Entscheidungskorridore fest, die zu verantwortungsvollen klinischen Einzelfallentscheidungen führen sollen. Deshalb werden Ethik-Leitlinien typischerweise für häufige und ethisch konfliktträchtige Entscheidungssituationen erarbeitet: Entscheidungen am Lebensende (s. Kap. III. 40), künstliche Ernährung mit einer PEG-Sonde, Umgang mit Patientenverfügungen (s. Kap. III. 33), Rolle von Betreuern und Bevollmächtigten, Behandlung von Zeugen Jehovas, Aufklärung oder Sterbebegleitung. Die Akademie für Ethik in der Medizin sammelt und publiziert Ethik-Leitlinien im Internet, um andere Kliniken bei der Erarbeitung von Ethik-Leitlinien inhaltlich zu unterstützen (AG Ethikberatung 2014).

Als weiterer Aufgabenbereich für Klinische Ethikberatung wird zunehmend auch die Organisationsethik verstanden. Organisationsethik umfasst Steuerungsprozesse, die auf einer überindividuellen Ebene die Übernahme von Verantwortung in der Gesundheitseinrichtung fördern. Sie befasst sich daher mit den Bedingungen innerhalb der Einrichtung, die den Kontext für ethisches Handeln bestimmen. Dazu zählen etwa das Leitbild, die Kommunikation über moralische Fragen im multiprofessionellen Team, der Umgang der Beschäftigten miteinander, eine gerechte Verteilung von Ressourcen oder die Gewichtung von ethischen und ökonomischen Werten in der Institution.

Implementierung von Klinischer Ethikberatung

Die häufigste Implementierungsform der Klinischen Ethikberatung ist das Klinische Ethik-Komitee (KEK). Daneben existieren Gremien wie Arbeitskreise Ethik, Ethikräte, Ethikforen, Ethik-Konsildienste, die eine ähnliche Aufgabenstellung wie ein Klinisches Ethik-Komitee übernehmen, sowie offenere Formen der Ethikarbeit wie Ethik-AGs, Runde Tische zur Ethik oder Ethik-Cafés (Dörries et al. 2010; Baumann-Hölzle/Arnd 2009; Frewer et al. 2012). Bei der Implementierung eines Ethikgremiums werden häufig eine *top-down*-Bewegung – Wunsch der Klinikleitung nach Stärkung von Ethik, bevorstehende Zertifizierung etc. – und eine *bottom-up*-Entwicklung – Interesse und Engagement von Teilen der Mitarbeiterschaft an einer Intensivierung der Ethikarbeit – miteinander verbunden.

Die Implementierung verläuft in unterschiedlichen Schritten: Im ersten Schritt wird eine Initiative von der Geschäftsführung oder aus der Mitarbeiterschaft gestartet. Anlass kann ein als besonders kontrovers empfundener Konfliktfall oder auch die Klinikzertifizierung sein. Aus der Initiative erwächst eine Vorbereitungsgruppe, die zunächst die an Ethik interessierten Personen der Einrichtung mit anderen Entscheidungsträgern zusammenführt. Diese Vorbereitungsgruppe legt Ziele und Aufgaben für die Klinische Ethikberatung fest. Ziele können die Stärkung bestimmter moralische Werte in der Einrichtung (Menschenwürde; s. Kap. II. 17), Autonomie, Verantwortung, Gerechtigkeit (s. Kap. II. 8, II. 26), Fürsorge, die Zufriedenheit von Patienten und Mitarbeitern, die Stärkung der moralischen Kompetenzen auf den Stationen oder das Abwenden von Beschwerden und juristischen Komplikationen sein. Die bereits oben genannten Aufgaben müssen in einer Weise strukturiert und im Verhältnis zueinander gewichtet werden, dass die angestrebten Ziele durch die Erfüllung der Aufgaben erreicht werden können.

In einem nächsten Schritt sind (professionelle) Perspektiven zu identifizieren, die zur Erfüllung der Aufgaben geeignet erscheinen. Bei der Besetzung des Klinischen Ethik-Komitees sollten die erforderlichen Perspektiven berücksichtigt werden. In vielen Einrichtungen wird außerdem ein ausgewogenes Geschlechterverhältnis bei der Besetzung angestrebt. Nach Auswahl und Berufung geeigneter Mitglieder konstituiert sich das Ethikgremium und es können eine Satzung und Geschäftsordnung zur Klärung und Differenzierung der eigenen Arbeitsformen erarbeitet werden.

Mitglieder der Klinischen Ethikberatung

Für die Auswahl der Mitglieder eines Ethikgremiums haben sich folgende Kriterien etabliert: Perspektiven, Qualifikationen und Weiterbildungen. Zu den professionellen Perspektiven zählen neben Ärztinnen, Ärzten und Pflegenden – möglichst aus unterschiedlichen Abteilungen: operativ, nicht-operativ, Pädiatrie, Psychiatrie etc. – auch Angehörige anderer therapeutischer Berufe, des Sozialdienstes und der Verwaltung. Außerdem wird häufig auf Personen mit einer seelsorgerlichen/theologischen, philosophischen/medizinethischen, juristischen und transkulturellen Perspektive zurückgegriffen. Viele Ethik-Komitees werden darüber hinaus durch Menschen unterstützt, die eine Patientenperspektive einbringen: Bewohner/Patienten der eigenen Einrichtung, Vertreter von Selbsthilfegruppen, Patientenfürsprecher/Ombudspersonen oder andere interessierte Bürger.

Bestimmte Qualifikationen und Merkmale sind hilfreich für die Mitarbeit in einem Gremium der Klinischen Ethikberatung. Neben dem moralischen Ansehen in der Institution und dem Vertrauen bei der Mitarbeiterschaft sind kommunikative Kompetenzen und zeitliche Verfügbarkeit für die Aufgaben der Ethikberatung besonders bedeutsam. Da die meisten Klinischen Ethik-Komitees unabhängige Beratungsgremien sind, wird bei der Auswahl der Mitglieder auch auf deren Unabhängigkeit in der Analyse und Bewertung von ethischen Herausforderungen geachtet.

Zu den genannten Qualifikationen kommen spezifische Kompetenzen in Ethik und speziell Klinischer Ethik hinzu. Im deutschsprachigen Raum existiert eine Reihe von Weiterbildungsprogrammen für die Mitglieder von Ethikberatungsgremien. Die Unterrichtsangebote entsprechen dem Curriculum der Akademie für Ethik in der Medizin (Simon et al. 2007) und reichen von Grundlagen im Bereich Ethik und Moral über Methoden der Ethik-Fallberatung bis zu speziellen Informationen zur Ethik am Lebensende (Therapiebegrenzung, Formen der Sterbehilfe, Sterbebegleitung, Umgang mit Patientenverfügungen und Vorsorgevollmachten etc.), am Lebensanfang (assistierte Reproduktion, Schwangerschaft und Schwangerschaftsabbruch, Neonatologie etc.), in der Psychiatrie (Autonomie, Zwangsbehandlung, Unterbringen gegen den Willen etc.) oder zur Ressourcenallokation und Organisationsethik.

Ethik-Fallberatungen

Ethik-Fallberatungen unterstützen die Beteiligten auf systematische und qualifizierte Weise darin, Entscheidungen zu treffen, die in einem moralischen Sinn als ›gut‹ und verantwortungsvoll wahrgenommen werden. Neben solchen prospektiven Fallberatungen kann dieses Instrument der Klinischen Ethikberatung auch retrospektiv zur Analyse bereits getroffener Entscheidungen verwendet oder im Rahmen einer Ethikvisite eingesetzt werden. Das Klinische Ethik-Komitee wird ausschließlich beratend tätig, trifft also keine eigenen Behandlungsentscheidungen. Der normative Rahmen einer Ethik-Fallberatung ergibt sich aus den jeweils relevanten Gesetzen und anderen professionellen Regelungen, wie etwa den Grundsätzen der Bundesärztekammer zur ärztlichen Sterbebegleitung (BÄK 2011) oder den Empfehlungen der DIVI (Deutsche Interdisziplinäre Vereinigung für Intensiv- und Notfallmedizin) zur Therapiebegrenzung in der Intensivmedizin (Janssens et al. 2012). Innerhalb dieses Rahmens werden die moralischen Überzeugungen und Bewertungen der Beteiligten und Betroffenen erfragt, begründet, diskutiert und gegeneinander abgewogen, um eine möglichst einvernehmliche Entscheidung zu treffen.

Ethik-Fallberatungen finden auf Antrag statt. Antragsberechtigt sind in der Regel alle Mitarbeiter der Gesundheitseinrichtung und in vielen Fällen darüber hinaus auch die Patienten, Bewohner und deren Angehörige. Die Beratungsanfrage ist ein Zeichen für eine Gewissensnot Einzelner oder von Gruppen, die sich – mit sich selbst oder mit anderen – in einem Entscheidungskonflikt befinden, der ihnen nicht ohne externe Beratung lösbar erscheint. Die Ethikberater legen mit der ratsuchenden Person oder der ratsuchenden Gruppe fest, wer an dem Konflikt beteiligt ist. Die Beteiligten werden zur Ethik-Fallberatung geladen, und die Runde wird mit Mitgliedern des Klinischen Ethik-Komitees ergänzt. In der Regel kommen ein bis drei Ethikberater zu der Fallrunde hinzu. Die Ethikberater sind für die Gesprächsführung, Moderation und Protokollierung der Beratung zuständig.

Es werden unterschiedliche Methoden im Rahmen der Ethik-Fallberatungen angewendet (Dörries et al. 2010; Stutzki et al. 2011; Albisser et al. 2012). Dabei können eher moderationsorientierte von stärker beratungsorientierten Methoden unterschieden werden. Alle Methoden sehen vor, dass bestimmte medizinische, pflegerische und psycho-soziale Aspekte des Behandlungsfalles hinsichtlich ihrer moralischen Bewertungen betrachtet werden. Diese Bewertungen tragen dazu bei, dass die Frage der Sinnhaftigkeit der zur Diskussion stehenden Behandlungsansätze aus der Perspektive aller Beteiligten geklärt wird. Eine Behandlung kann letztlich nur erfolgen, wenn sie vom multiprofessionellen Behandlungsteam und vom Patienten bzw. seinen Stellvertretern als sinnvoll und im Sinne des Patienten eingeschätzt wird.

Vor dem Hintergrund der unterschiedlichen Sinnhorizonte werden folgende medizinische und pflegerische Aspekte bewertet: das Therapieziel, die Prognose, das Verhältnis von Nutzen und Schaden, die Lebensqualität (s. Kap. II. 16) und die Indikation. Außerdem trägt die Ethik-Fallberatung in vielen Fällen zu einer Klärung des Patientenwillens bei, insbesondere wenn der Patient selbst entscheidungsunfähig ist. Die große Fallberatungsrunde trägt dazu bei, dass die Ermittlung des Patientenwillens anhand aller verfügbaren Informationen (Familie, Behandlungsteam, ggf. Hausarzt oder Mitarbeiter einer Pflegeeinrichtung) auf den unterschiedlichen Ebenen (aktuell geäußerter Wille, Patientenverfügung, Behandlungswünsche, mutmaßlicher Wille) so gut wie möglich erfolgt und dadurch die Rechte des Patienten bestmöglich gewahrt bleiben. Die Behandlungsentscheidung wird dann anhand der bestehenden Indikationen und des festgestellten Patientenwillens zwischen dem behandelnden Arzt und dem Patienten bzw. seinem Stellvertreter getroffen.

Das Ziel jeder Ethik-Fallberatung ist ein Konsens (s. Kap. II. 13) über das weitere Vorgehen. Darunter wird eine Lösung verstanden, die von allen Beteiligten und Betroffenen gemeinsam verantwortet und mitgetragen werden kann, und die mit den moralischen Überzeugungen dieser Personen übereinstimmt. Eine im Konsens getroffene Entscheidung wahrt die Interessen der Beteiligten und schützt die Entscheidungsverantwortlichen – meist der behandelnde Arzt – vor juristischen Konsequenzen, da die Entscheidung in einer nachvollziehbaren, transparenten Weise auf der Grundlage aller verfügbaren Informationen zustande gekommen ist. Jede Ethik-Fallberatung wird dokumentiert (Fahr et al. 2011).

Die Dokumentation umfasst die Angaben zu Ort, Zeit und Teilnehmern der Beratung, die Benennung des ethischen Konfliktes, die wesentlichen Argumente für und gegen die einzelnen Behandlungsoptionen und Art und Umfang des erarbeiteten Konsenses. Die Dokumentation ist Teil der Patientenakte.

Nach einer Ethik-Fallberatung ist zu klären, ob und unter welchen Umständen eine Fortsetzung der Beratung sinnvoll erscheint. Dies kann etwa bei Änderungen der Therapieziele, der Prognose oder der Informationen zum Patientenwillen erforderlich werden. Viele Gremien der Klinischen Ethikberatung evaluieren ihre Tätigkeit mit dem Ziel einer Qualitätssicherung (Neitzke et al. 2013). Im Rahmen der Evaluation werden z. B. die Zufriedenheit der Ratsuchenden und der Berater mit der Ethik-Fallberatung erfasst. Außerdem stellen jährliche Geschäftsberichte des Ethik-Komitees als deskriptive Form der Evaluation die Arbeit des Gremiums dar.

Literatur

AEM: Standards für Ethikberatung in Einrichtungen des Gesundheitswesens. In: *Zeitschrift für Ethik in der Medizin* 22 (2010), 149–153.
AG Ethikberatung im Gesundheitswesen in der AEM: Leitlinien. In: http://www.ethikkomitee.de/leitlinien/index.html (01. 03. 2014).
Albisser Schleger, Heidi/Mertz, Marcel/Meyer-Zehnder, Barbara/Reiter-Theil, Stella: *Klinische Ethik – METAP. Leitlinie für Entscheidungen am Krankenbett.* Heidelberg/Berlin/New York 2012.
Baumann-Hölzle, Ruth/Arn, Christoph (Hg.): *Ethiktransfer in Organisationen. Handbuch Ethik im Gesundheitswesen*, Bd. 3. Basel 2009.
Bundesärztekammer (BÄK): Grundsätze der Bundesärztekammer zur ärztlichen Sterbebegleitung. In: *Deutsches Ärzteblatt* 108 (2011), A 346–348.
Dörries, Andrea/Neitzke, Gerald/Simon, Alfred/Vollmann, Jochen: *Klinische Ethikberatung. Ein Praxisbuch für Krankenhäuser und Einrichtungen der Altenpflege*. Stuttgart ²2010.
Fahr, Uwe/Herrmann, Beate/May, Arnd T./Reinhardt-Gilmour, Antje/Winkler, Eva: Empfehlungen für die Dokumentation von Ethik-Fallberatungen. In: *Zeitschrift für Ethik in der Medizin* 23 (2011), 155–159.
Fox, Ellen/Myers, Sarah/Pearlman, Robert A.: Ethics consultation in United States hospitals: a national survey. In: *American Journal of Bioethics* 7/2 (2007), 13–25.
Frewer, Andreas/Bruns, Florian/May, Arnd T. (Hg.): *Ethikberatung in der Medizin*. Berlin 2012.
Janssens, Uwe/Burchardi, Hilmar/Duttge, Gunnar/Erchinger, Renate/Gretenkort, Peter/Mohr, Michael/Nauck, Friedemann/Rothärmel, Sonja/Salomon, Fred/Schmucker, Peter/Simon, Alfred/Stopfkuchen, Herwig/Valentin, Andreas/Weiler, Norbert/Neitzke, Gerald: Therapie-

zieländerung und Therapiebegrenzung in der Intensivmedizin. In: *Medizinrecht* 30/10 (2012), 647–650.

Neitzke, Gerald/Riedel, Anette/Dinges, Stefan/Fahr, Uwe/May, Arnd T.: Empfehlungen zur Evaluation von Ethikberatung in Einrichtungen des Gesundheitswesens. In: *Zeitschrift für Ethik in der Medizin* 25 (2013), 149–156.

Riedel, Anette/Lehmeyer, Sonja/Elsbernd, Astrud: *Einführung von ethischen Fallbesprechungen – Ein Konzept für die Pflegepraxis. Ethisch begründetes Handeln praktizieren*. Lage 2011.

SAMW: Ethische Unterstützung in der Medizin (2012). In: http://www.samw.ch/dms/de/Ethik/RL/AG/d_RL_Ethik_Juni13_Web.pdf (01. 03. 2014).

Simon, Alfred/May, Arnd T./Neitzke, Gerald: Curriculum ›Ethikberatung im Krankenhaus‹. In: *Zeitschrift für Ethik in der Medizin* 17 (2007), 322–326.

Stutzki, Ralf/Ohnsorge, Kathrin/Reiter-Theil, Stella (Hg.): *Ethikkonsultation heute – vom Modell zur Praxis*. Ethik in der Praxis/Practical Ethics, Studien/Studies, Bd. 25. Münster 2011.

Vollmann, Jochen/Schildmann, Jan/Simon, Alfred (Hg.): *Klinische Ethik. Aktuelle Entwicklungen in Theorie und Praxis*. Frankfurt a. M. 2009.

Zentrale Ethikkommission (ZEKO) bei der Bundesärztekammer (BÄK): Stellungnahme der ZEKO zur Ethikberatung in der klinischen Medizin. In: *Deutsches Ärzteblatt* 102 (2006), A 1703-A 1707.

Gerald Neitzke

8 Kulturübergreifende Bioethik

Der Rede von *kulturübergreifender* oder *interkultureller Bioethik* liegt in der gegenwärtigen bioethischen Diskussion kein präzise bestimmter Begriff von Kultur zugrunde. Zur Eingrenzung des Themengebietes erscheint es deshalb sinnvoll in den Blick zu nehmen, auf welche Felder sich diese Redeweise bezieht. Interkulturelle Herausforderungen stellen sich in konkreten Praxiskontexten, wie etwa im Arzt-Patienten-Verhältnis (s. Kap. III. 4), wenn Entscheidungen vor dem Hintergrund unterschiedlicher kultureller Wertvorstellungen beteiligter Akteure getroffen werden müssen. Auch vermeintlich *intrakulturelle* bioethische Entscheidungen, die in pluralistischen Gesellschaften gefällt werden müssen, stellen häufig *interkulturelle* Herausforderungen dar, wenn sie, wie etwa bei der deutschen Gesetzgebung zum Schwangerschaftsabbruch (s. Kap. III. 37), unterschiedliche und sich widersprechende kulturelle und religiöse Wertvorstellungen integrieren müssen. Zudem können viele internationale bioethische Herausforderungen wie die Regulierung internationaler Forschung (s. Kap. III. 14), der Handel mit Organen (s. Kap. III. 44) oder der Zugang zu essentiellen Medikamenten (s. Kap. III. 2) als kulturübergreifend verstanden werden (vgl. Thiele/Ashcroft 2005). Darüber hinaus stellt sich auf der Ebene der Metaethik die begründungstheoretische Frage danach, ob sich kulturübergreifende universale praktische Normen begründen lassen. In gewissem Sinne sieht sich die Bioethik damit fast überall mit Überschneidungen verschiedener kultureller Hintergründe konfrontiert. Doch dies führt keineswegs dazu, dass sie sich als grundsätzlich kulturübergreifend versteht, vielmehr gibt es eine Reihe – häufig durch einen religiös-kulturellen Hintergrund geprägter – *kulturspezifischer Bioethiken* wie z. B. die keineswegs homogene christliche, jüdische oder islamische Bioethik, die sich im Laufe der Entwicklung der Bioethik als Disziplin herausgebildet haben (vgl. Schicktanz et al. 2003; Eich/Hoffmann 2006).

Auf internationaler Ebene gibt es eine Reihe von Erklärungen zu bioethischen Fragen, in denen sich die Möglichkeit einer gewissen interkulturellen Verständigung über bioethische Fragen zeigt. Beispiele dafür sind die *Convention on Human Rights and Biomedicine* (1997/1999) des Europarats, die UNESCO *Universal Declaration on Bioethics and Human Rights* (2005), aber auch die immer wieder aktualisierte *Deklaration von Helsinki* (aktuelle Fassung 2013), die ethische Richtlinien für biomedizinische Forschung am Menschen festschreibt.

In der philosophischen Diskussion über die Möglichkeit einer kulturübergreifenden Bioethik stehen sich – wie auch in der allgemeinen philosophischen Diskussion über die Möglichkeit der kulturübergreifenden Begründung von Normen – zwei Lager gegenüber: Universalisten einerseits und Partikularisten andererseits (Tao 2002; Engelhardt 2006 a; Biller-Andorno et al. 2008 a; Habermas 1999). *Universalisten* gehen von der Möglichkeit kulturübergreifender Normenbegründung und damit auch der Möglichkeit einer kulturübergreifenden Bioethik aus, während *Partikularisten* bzw. *Pluralisten* die Möglichkeit einer kulturübergreifenden Bioethik ablehnen, weil die Begründung von Normen immer an bestimmte kulturelle Gemeinschaften und geteilte kulturelle Hintergrundüberzeugungen gebunden sei.

Partikularistische Konzeptionen

Die Begründung von partikularistischen Positionen setzt auf unterschiedlichen Ebenen an. Die Diagnose eines fehlenden kulturübergreifenden Konsenses in bioethischen Fragen z. B. am Beginn und am Ende des menschlichen Lebens wird von einigen zum Anlass genommen, die Möglichkeit kulturübergreifender Normenbegründung grundsätzlich zu verneinen. Grund hierfür seien unlösbare moralische Verschiedenheit (*intractable moral diversity*) und Uneinigkeit sowohl über grundlegende Prämissen als auch über Regeln moralischer und metaphysischer Evidenz (vgl. Engelhardt 2006 b, 2). Aufgrund der fundamentalen Quellen des Dissenses sei dieser nicht befriedigend aufzulösen, entsprechende Versuche führten nur zu *question begging*, in eine *zirkuläre Argumentation* oder in einen *infiniten Regress* (ebd., 18). Zudem wird in bioethischen Argumentationen gegen die Möglichkeit einer kulturübergreifenden Begründung von Normen häufig der (westliche) *Individualismus*, der universalistischen Moralbegründungen zugrunde liege, kritisiert. Demnach führe ein ›atomistisches‹ Verständnis der Person (s. Kap. II. 21) zu einem unzulässigen Reduktionismus und damit letztlich zu einem unangemessenen Verständnis von Autonomie (vgl. Hu 2002), wiederum mit massiven Rückwirkungen auf die Praxis, bspw. auf das Arzt-Patienten-Verhältnis in der medizinischen Praxis. Darüber hinaus kritisieren einige Partikularisten eine vermeintlich ›westliche‹ Perspektive in der Bioethik, die bloß ein partikulares Projekt zur Verbreitung einer westlichen Moral sei, ganz grundsätzlich (Engelhardt 2006 c, 19). Dies führe in der bioethischen Diskussion zu regelrechten Kulturkämpfen (*cultural wars*) zwischen Partikularisten und Universalisten. Ob der universale Geltungsanspruch der liberalen Moral allerdings allein unter Verweis auf seine historische Genese in Westeuropa und Nordamerika zurückgewiesen werden kann, darf bezweifelt werden (Habermas 1999) – auch die Ablehnung des Geltungsanspruchs von Normen allein aufgrund ihrer Genese wäre ein *genetischer* Fehlschluss. Zuletzt sehen sich Vertreter einer universellen säkularen Moral dem Vorwurf ausgesetzt, dass diese allein um den Preis ihrer völligen Inhaltslosigkeit zu haben sei (Engelhardt 2006 c, 19).

Was die skeptische Perspektive auf die Möglichkeit einer kulturübergreifenden Bioethik lehrt, ist die Notwendigkeit, Uneinigkeiten genau zu untersuchen und dort, wo keine Übereinstimmung gefunden werden kann, friedliche Kooperation vor dem Hintergrund substantieller Meinungsverschiedenheiten anzustreben (ebd., 19) – der Pluralismus ist ernstzunehmen und zu respektieren. Kritiker verweisen jedoch darauf, dass aus der Akzeptanz von Pluralität in gewissen Bereichen kein ›schlechter‹ Relativismus folgen dürfe, gemäß dem alle auf kulturelle Wertvorstellungen zurückgehenden Normen kritiklos als gleichberechtigt gelten müssen. Pluralisten müssen Kriterien angeben können, die eine Unterscheidung zwischen legitimen und illegitimen kulturellen Wertvorstellungen und Praktiken erlauben. Ohne dies droht ein *kulturalistischer* Fehlschluss, der aus dem Faktum des Vorliegens bestimmter Normen innerhalb einer Kultur schon auf deren berechtigte Geltung schließt und dabei den Unterschied zwischen *sozialen* und *moralischen* Normen ignoriert (vgl. Schaber 2008).

Universalistische Konzeptionen

Auf der anderen Seite stehen in dieser Debatte Autoren, die für die Möglichkeit einer kulturübergreifenden Begründung allgemeiner und damit auch bioethischer Normen argumentieren. Die in der bioethischen Literatur wohl prominenteste Variante einer kulturübergreifenden Kernmoral vertreten Tom L. Beauchamp und James F. Childress, die in einem der einflussreichsten Werke der Medizinethik (*Principles of Biomedical Ethics*) einen knappen Katalog von *prima facie*-Prinzipien für die Medizinethik auf der Grundlage der Vorstellung einer kulturübergreifend geteilten gemeinsamen Moral (*common morality*) formulieren. Auch wenn Moralvorstellungen in verschiedenen kulturellen Kontexten partikular unterschiedlich ausgeprägt sind (*particular moralities*), liege diesen kulturell unterschiedlichen partikularen Moralen ein Kern gemeinsamer Moralvorstellungen, der nicht kulturrelativ sei, zugrunde. Für die Medizinethik können nach Beauchamp und Childress vor diesem Hintergrund die Prinzipien der Autonomie, des Wohlwollens, des Nichtschadens und der Gerechtigkeit als *prima facie*-Prinzipien gelten und kulturübergreifend Anwendung finden – natürlich kulturspezifisch und kultursensitiv interpretiert (Beauchamp/Childress 2013, 2–6; ähnlich für die Medizinethik auch Macklin 1999). Dabei ist die Differenzierung entscheidend, dass moralischer Pluralismus zwar auf der Ebene partikularer Moralen akzeptiert werden kann – wodurch auch für Kontexte der Medizinethik erheblich Raum für kultursensitive Praktiken eröffnet wird – nicht aber in der *common morality*. Normen einer partikularen Moral sind dann nicht moralisch gerechtfertigt, wenn sie Normen der *common morality* verletzen.

Auf Seiten der Befürworter einer kulturübergreifenden Bioethik selbst ist aber umstritten, inwiefern die Berufung auf eine geteilte Moral überhaupt nötig ist, könnte sie doch möglicherweise auch im Rahmen einer kohärentistischen Begründung, die bei vorhandenen Wertüberzeugungen in je unterschiedlichen Kontexten ansetzt, begründet werden (vgl. Marckmann 2008).

Mit Blick auf kulturübergreifende bioethische Fragen, die sich auf globaler Ebene insbesondere für Probleme globaler Gesundheit ergeben, hat Solomon Benatar ein Modell vorgeschlagen, das nach einer mittleren Ebene (*rational middle ground*) zwischen ethischem Universalismus und ethischem Relativismus sucht. Demnach sollen universale ethische Prinzipien durch moralische Urteilskraft unter angemessener Berücksichtigung moralisch relevanter lokaler Faktoren angewandt werden (Benatar 2008, 342). Während Vertreter eines moralischen Absolutismus (*moral absolutism*) von unveränderlichen ethischen Normen ausgehen und Vertreter eines moralischen Relativismus (*moral relativism*) Moral für bloß zeit-, orts- und kulturrelativ halten, wird ein vernünftiger globaler Universalismus (*reasoned global universalism*) durch die Anwendung eines Sets ethischer Prinzipien, die durch einen vernünftigen Prozess entwickelt und gerechtfertigt wurden, erreicht. Ein vernünftiger kontextueller Universalismus (*reasoned contextual universalism*) wiederum wird dann erreicht, wenn moralisch relevante lokale Faktoren bei der Anwendung des vernünftigen globalen Universalismus berücksichtigt werden (ebd., 345f.). Eine derartige Position kann man womöglich bei Beauchamp und Childress verwirklicht sehen, nämlich dann, wenn man die vier von ihnen namhaft gemachten Prinzipien gerade so deutet, dass sie abhängig vom gegebenen kulturellen Kontext spezifiziert werden müssen.

Politische Regulierung kulturübergreifender bioethischer Fragen

Für die praktische Ebene bioethischer Regulierungen ergibt sich aus dem vorherrschenden Dissens bezüglich der Möglichkeit einer kulturübergreifenden Begründung bioethischer Normen die Frage danach, ob das Ziel darin besteht, politische *Kompromisse* zu schmieden oder *Konsense* zu erzielen. Auf einzelstaatlicher Ebene geht es mit Blick auf die Regulierung bioethischer Konflikte letztlich um rechtliche Regulierungen. Um diese zu erreichen, ist es ausreichend, einen politischen *Kompromiss* zu erreichen, der es allen Parteien erlaubt, mit der rechtlichen Lösung des ethischen Konfliktes vom Standpunkt ihrer partikularen Moral aus zufrieden zu sein – als gutes Beispiel für eine gelungene Regelung in diesem Sinne gilt vielen die deutsche Regelung zum Schwangerschaftsabbruch (vgl. Neidhardt 1996, 77). Da auf internationaler Ebene kein institutioneller Rahmen zur Rechtsdurchsetzung vorliegt, spielt die Berufung auf moralische Normen bei der Formulierung internationaler bioethischer Regeln eine wichtigere Rolle. Den Orientierungsrahmen bilden hier die Menschenrechte, die man dabei als Grundlage einer *dünnen* kulturübergreifenden Bioethik begreifen kann. Überall dort, wo lokale bioethische Regelungen und Praktiken den (grundlegenden) Menschenrechten nicht widersprechen, ist die Ausgestaltung einer *dichten* kulturspezifischen Bioethik dann zunächst unproblematisch.

Kulturübergreifende Probleme in der bioethischen Praxis

Neben der begründungstheoretischen Ebene und der politisch-rechtlichen Regulierung bioethischer Probleme auf einzel- und zwischenstaatlicher Ebene ist Interkulturalität schließlich auch in zahlreichen konkreten Kontexten ein zentrales Kennzeichen ethischer Probleme und Konflikte. Dies reicht von tier- und umweltethischen Fragen nach der Erlaubnis bestimmter Schlachtmethoden aus religiösen Gründen (Schächten) bis hin zu Fragen im Bereich der medizinischen Praxis, für den solche interkulturellen Probleme (z. B. medizinische Versorgung von Migranten; interkulturelle Probleme im Arzt-Patienten-Verhältnis; Verweigerung medizinischer Behandlungen aus religiösen Gründen (z. B. Bluttransfusionen bei Zeugen Jehovas) in der Öffentlichkeit und der Literatur am ausführlichsten diskutiert werden (vgl. z. B. Deutscher Ethikrat 2010). Gerade im Arzt-Patienten-Verhältnis kommt es vielfach zu »interkulturellen Behandlungssituationen« (Ilkilic 2010, 29), die eine ethische Problematik ebenso auf der Grundlage sprachlich bedingter Verständigungsprobleme wie auf der Grundlage unterschiedlicher Wertvorstellungen und Vorstellungen von Gesundheit mit sich bringen können.

Beispiele für ethische Probleme im Arzt-Patienten-Verhältnis, die in unterschiedlichen Wertvorstellungen begründet sind, können kulturell bedingte unterschiedliche Vorstellungen von Intimität sein, die es für Personen inakzeptabel machen, von einer Person anderen Geschlechts untersucht oder behandelt zu werden, aber auch unterschiedliche Vorstellungen von Autonomie und Einwilligung (*informed consent* vs. *family consent*; s. Kap. II. 10), aus denen sich Konsequenzen für die Aufklärung von Patienten ergeben (Verschweigen einer infausten Prognose auf Wunsch der Familie). Zudem können religiöse Regelungen den Einsatz bestimmter Präparate oder Materialien, wie aus Schweinen gewonnene Herzklappen oder Präparate, die Schweinegelatine enthalten, nicht erlauben. Viele dieser Probleme im interkulturellen Kontext unterscheiden sich allerdings nicht kategorisch, sondern nur graduell von denen im intrakulturellen Kontext (Ilkilic 2010, 35).

Für den Kontext medizinischer Behandlungen kommt es aufgrund dieser unterschiedlichen Vorstellungen und der vielen interkulturellen Berührungen darauf an, dass alle Beteiligten in interkulturellen medizinischen Behandlungskontexten mit Blick hierauf besonders sensibel sind. Stellenwert und Implikationen der Patientenautonomie etwa können »[e]rst nach einem kultursensiblen Kommunikationsprozess [...] situativ konkretisiert werden« (ebd., 37). Mit Blick auf das Arzt-Patienten-Verhältnis kommt es deshalb vor allem darauf an, die interkulturelle Kompetenz von Ärzten (»Kulturwissen, kultursensible Kommunikation, Vermeidung von Stereotypisierung, Selbstreflexion und kritische Toleranz«, ebd., 38) besonders auszubilden.

Aktuelle Forschungsfragen

Eine zukünftige Aufgabe besteht in der Formulierung weiterer Kriterien, an denen sich eine für kulturelle Unterschiede sensible Bioethik unabhängig davon, wie man die Frage nach der Möglichkeit der Begründung kulturübergreifender bioethischer Normen beantwortet, auf den verschiedenen Ebenen orientieren kann. Sie sollte versuchen, die eigene und fremde Kulturen besser zu verstehen und das Verständnis zwischen den Kulturen zu befördern (vgl. Gbadegesin 2009), andere kulturelle Perspektiven weder unkritisch akzeptieren noch alle anderen kulturellen Perspektiven als weniger wertvoll oder unbegründet verwerfen (vgl. Benatar 2008, 343), von gegenseitigem Respekt geprägt sein und die Bedeutung unterschiedlicher kultureller Identitäten berücksichtigen. Zudem sollte sie kulturelle Diversität als Wert achten und Maßnahmen in der Praxis auf konkrete Probleme entsprechend zuschneiden (vgl. Gbadegesin 2009). Sie sollte nach einem gemeinsamen Grund der kulturübergreifenden Verständigung über bioethische Herausforderungen suchen und neben kulturübergreifender Toleranz (ebd.) auch von Transparenz, Achtung der Gegenposition, Bemühen um kooperative Lösungen (vgl. Biller-Andorno et al. 2008 b, 20) und nicht zuletzt der Fähigkeit, Dissens auszuhalten, geprägt sein.

Literatur

Beauchamp, Tom L./Childress, James F.: *Principles of Biomedical Ethics*. Oxford [7]2013.

Benatar, Solomon R.: Global health ethics and cross-cultural considerations in bioethics. In: Peter A. Singer/Adrian M. Viens (Hg.): *The Cambridge Textbook of Bioethics*. Cambridge 2008, 341–349.

Biller-Andorno, Nikola/Schaber, Peter/Schulz-Baldes, Annette (Hg.): *Gibt es eine interkulturelle Bioethik?* Paderborn 2008 a.

Biller-Andorno, Nikola/Schaber, Peter/Schulz-Baldes, Annette: Einleitung. In: Dies. 2008 b, 9–23.

Deutscher Ethikrat: *Migration und Gesundheit. Kulturelle Vielfalt als Herausforderung für die medizinische Versorgung*. Berlin 2010.

Eich, Thomas/Hoffmann, Thomas S. (Hg.): *Kulturübergreifende Bioethik. Zwischen globaler Herausforderung und regionaler Perspektive*. Freiburg/München 2006.

Engelhardt, Tristram H. (Hg.): *Global Bioethics. The Collapse of Consensus*. Salem 2006 a.

–: Global bioethics: an introduction to the collapse of consensus. In: Ders. 2006a, 1–17 [2006b].

–: The search for a global morality: bioethics, the culture wars, and moral diversity. In: Ders. 2006a, 18–49 [2006c].

Gbadegesin, Segun: Culture and bioethics. In: Helga Kuhse/Peter Singer (Hg.): *A Companion to Bioethics*. Chichester ²2009.

Habermas, Jürgen: Der interkulturelle Diskurs über die Menschenrechte. In: Hauke Brunkhorst/Wolfgang R. Köhler/Lutz Bachmann (Hg.): *Recht auf Menschenrechte. Menschenrechte, Demokratie und internationale Politik.* Frankfurt a. M. 1999, 216–227.

Hu, Xinhe: On relational paradigm in bioethics. In: Julia Tao Lai Po-wah (Hg.): *Cross-cultural Perspectives on the (Im)Possibility of Global Bioethics*. Dordrecht/Boston/London 2002, 89–104.

Ilkilic, Ilhan: Medizinethische Aspekte des interkulturellen Arzt-Patienten-Verhältnisses. In: Deutscher Ethikrat (Hg.): *Migration und Gesundheit. Kulturelle Vielfalt als Herausforderung für die medizinische Versorgung.* Berlin 2010, 29–40.

Macklin, Ruth: *Against Relativism. Cultural Diversity and the Search for Ethical Universals in Medicine.* New York/Oxford 1999.

Marckmann, Georg: Kohärentistische Begründung als normative Grundlage einer kulturübergreifenden Bioethik. In: Biller-Andorno/Schaber/Schulz-Baldes 2008, 243–251.

Neidhardt, Friedhelm: Öffentliche Diskussion und politische Entscheidung. Der deutsche Abtreibungskonflikt 1970–1994. In: Wolfgang van den Daele/Friedhelm Neidhardt (Hg.): *Kommunikation und Entscheidung. Politische Funktionen öffentlicher Meinungsbildung und diskursiver Verfahren.* Berlin 1996, 53–82.

Schaber, Peter: Ethischer Relativismus: eine kohärente Doktrin? In: Biller-Andorno/Schaber/Schulz-Baldes 2008, 159–167.

Schicktanz, Silke/Tannert, Christof/Wiedemann, Peter (Hg.): *Kulturelle Aspekte der Biomedizin. Biopolitik, Religionen und Alltagsperspektiven.* Frankfurt a. M. 2003.

Tao Lai Po-wah, Julia (Hg.): *Cross-cultural Perspectives on the (Im)Possibility of Global Bioethics.* Dordrecht/Boston/London 2002.

Thiele, Felix/Ashcroft, Richard E. (Hg.): *Bioethics in a Small World.* Heidelberg/Berlin/New York 2005.

Sebastian Laukötter

V. Anhang

1 Auswahlbibliographie

Hinweise auf thematische Fachbeiträge finden sich jeweils am Ende der einzelnen Artikel des vorliegenden Handbuchs. In dieser Auswahlbibliographie sind ausschließlich solche Titel aufgeführt, die eine umfassendere Perspektive auf die Bioethik einnehmen. Unter »Nachschlagewerke« finden sich einschlägige Handbücher und Lexika, die in zumeist eher kurzen Beiträgen einen einführenden Überblick zu bioethischen Themen liefern. In »Textbücher« sind wissenschaftliche Beiträge versammelt, wobei häufig einflussreiche Zeitschriftenartikel wiederabgedruckt werden. »Fallsammlungen« enthalten sogenannte »case studies« aus unterschiedlichen Bereichen, die zur Illustration und Vertiefung ethischer Problemstellungen weit verbreitet sind und vor allem in der Lehre zur Anwendung kommen. »Fachzeitschriften« und »Reihen« listen Periodika und Buchreihen auf, in denen ausschließlich oder überwiegend bioethisch relevante Themen verhandelt werden.

Die Bibliothek und Dokumentation des *Deutschen Referenzzentrums für Ethik in den Biowissenschaften* (DRZE) sammelt schwerpunktmäßig Literatur zur Bioethik und medizinischen Ethik sowie zur Umweltethik, Tierethik, Wissenschaftsethik und anderen Bereichsethiken. Der Bibliotheksbestand umfasst Monographien, Sammelwerke, Nachschlagewerke, Zeitschriften, Zeitungsartikel, Rechtstexte und Graue Literatur, die außerhalb des Buchhandels erscheint (z. B. Ethikkodizes, Stellungnahmen, Dissertationen, Forschungsberichte, Expertisen, Kongressberichte oder Parlamentsdrucksachen). Der Katalog der Bibliothek und Dokumentation enthält Nachweise zu sämtlichen Publikationsformen und ist über die integrative Literaturdatenbank BELIT (www.drze.de/belit) recherchierbar.

Nachschlagewerke

Arn, Christof/Baumann-Hölzle, Ruth/Meier-Allmendinger, Diana (Hg.): *Handbuch Ethik im Gesundheitswesen*. 5 Bde. Basel 2009.

Baker, Robert/McCullough, Laurence B. (Hg.): *The Cambridge World History of Medical Ethics*. Cambridge 2009.

Beauchamp, Tom L./Frey, Raymond G. (Hg.): *The Oxford Handbook of Animal Ethics*. Oxford 2012.

Bickle, John (Hg.): *The Oxford Handbook of Philosophy and Neuroscience*. Oxford 2009.

Boyd, Kenneth M./Higgs, Roger/Pinching, Anthony J.: *The New Dictionary of Medical Ethics*. London 1997.

Bradley, Ben/Feldman, Fred/Johansson, Jens (Hg.): *The Oxford Handbook of Philosophy of Death*. Oxford 2012.

Callicott, J. Baird/Frodeman, Robert (Hg.): *Encyclopedia of Environmental Ethics and Philosophy*. 2 Bde. Detroit 2009.

Chadwick, Ruth (Hg.): *The Concise Encyclopedia of the Ethics of New Technologies*. San Diego 2001.

– (Hg.): *Encyclopedia of Applied Ethics*. 4 Bde. Amsterdam/Heidelberg 2012.

–/Have, Henk ten/Meslin, Eric M. (Hg.): *The SAGE Handbook of Health Care Ethics – Core and Emerging Issues*. Los Angeles 2011.

Düwell, Marcus/Hübenthal, Christoph/Werner, Micha H. (Hg.): *Handbuch Ethik*. Stuttgart/Weimar ³2011.

Eser, Albin/Lutterotti, Markus von/Sporken, Paul (Hg.): *Lexikon Medizin, Ethik, Recht*. Freiburg i. Br. 1992.

Francis, Leslie P./Rhodes, Rosamond/Silvers, Anita (Hg.): *The Blackwell Guide to Medical Ethics*. Malden, Mass. 2007.

Frey, Raymond G./Wellman, Christopher Heath: *A Companion to Applied Ethics*. Malden, Mass. 2008.

Illes, Judy/Sahakian, Barbara J./Federico, Carole A. (Hg.): *The Oxford Handbook of Neuroethics*. Oxford 2011.

Joerden, Jan C./Hilgendorf, Eric/Thiele, Felix (Hg.): *Menschenwürde und Medizin – ein interdisziplinäres Handbuch*. Berlin 2013.

Kastenbaum, Robert (Hg.): *Macmillan Encyclopedia of Death and Dying*. 2 Bde. New York 2003.

–/Kastenbaum, Beatrice (Hg.): *Encyclopedia of Death*. Phoenix 1989.

Korff, Wilhelm/Beck, Lutwin/Mikat, Paul (Hg.): *Lexikon der Bioethik*. 3 Bde. Gütersloh 1998.

Kuhse, Helga/Singer, Peter (Hg.): *A Companion to Bioethics*. Chichester ²2012.

Murray, Thomas H./Mehlman, Maxwell J. (Hg.): *Encyclopedia of Ethical, Legal, and Policy Issues in Biotechnology*. 2 Bde. New York 2000.

Post, Stephen G. (Hg.): *Encyclopedia of Bioethics*. 5 Bde. New York ³2004.

Ravitsky, Vardit/Fiester, Autumn/Caplan, Arthur L. (Hg.): *The Penn Center Guide to Bioethics*. New York 2009.

Ruse, Michael (Hg.): *The Oxford Handbook of Philosophy of Biology*. Oxford 2008.

Steinbock, Bonnie (Hg.): *The Oxford Handbook of Bioethics*. Oxford 2009.

Stoecker, Ralf/Neuhäuser, Christian/Raters, Marie-Luise (Hg.): *Handbuch Angewandte Ethik*. Stuttgart/Weimar 2011.

Ten Have, Henk A. M. J./Gordijn, Bert (Hg.): *Handbook of Global Bioethics*. 4 Bde. Dordrecht 2014.

Teutsch, Gotthard M.: *Mensch und Tier: Lexikon der Tierschutzethik*. Göttingen 1987.

Tubbs, James B.: *A Handbook of Bioethics Terms*. Washington 2009.

Wittwer, Héctor/Schäfer, Daniel/Frewer, Andreas (Hg.): *Sterben und Tod. Geschichte – Theorie – Ethik. Ein interdisziplinäres Handbuch*. Stuttgart/Weimar 2010.

Campbell, Alastair/Gillett, Grant/Jones, Gareth: *Practical Medical Ethics*. New York 1992.

Caplan, Arthur: *Moral Matters – Ethical Issues in Medicine and the Life Sciences*. New York 1995.

DeGrazia, David/Mappes, Thomas A./Brand-Ballard, Jeffrey: *Biomedical Ethics*. New York ⁷2011.

Glannon, Walter: *Biomedical Ethics*. New York 2005.

Holland, Stephen: *Arguing About Bioethics*. London 2012.

Jonsen, Albert R.: *A Short History of Medical Ethics*. New York 2000.

–/Veatch, Robert M./Walters, LeRoy (Hg.): *A Source Book in Bioethics – A Documentary History*. Washington D. C. 1998.

Kuhse, Helga/Singer, Peter: *Bioethics. An Anthology*. Malden ²2006.

LaFollette, Hugh (Hg.): *Ethics in Practice*. New York ⁴2013.

Prüfer, Thomas/Stollorz, Volker: *Bioethik*. Hamburg 2003.

Schmidt, Kirsten: *Tierethische Probleme der Gentechnik – zur moralischen Bewertung der Reduktion wesentlicher tierlicher Eigenschaften*. Paderborn 2008.

Scholle Connor, Susan/Fuenzalida-Puelma, Hernán (Hg.): *Bioethics – Issues and Perspectives*. Washington D. C. 1990.

–/Arras, John D./London, Alex John: *Ethical Issues in Modern Medicine*. Boston ⁷2008.

Schöne-Seifert, Bettina/Talbot, Davinia: *Enhancement – Die ethische Debatte*. Paderborn 2009.

Singer, Peter A./Viens, Adrian M. (Hg.): *The Cambridge Textbook of Bioethics*. Cambridge ³2009.

Textbücher

Abrams, Natalie/Buckner, Michael D. (Hg.): *Medical Ethics – A Clinical Textbook and Reference for the Health Care Professions*. Cambridge ³1989.

Andre, Judith: *Bioethics as Practice*. Chapell Hill/London 2002.

Bach, Julie S. (Hg.): *Biomedical Ethics: Opposing Viewpoints*. St. Paul, Minn. 1987.

Beauchamp, Tom L./Walters, LeRoy (Hg.): *Contemporary Issues in Bioethics*. Belmont ⁸2013.

Boylan, Michael (Hg.): *Medical Ethics*. New York ²2013.

Brody, Baruch A./Engelhardt, H. Tristram: *Bioethics: Readings and Cases*. New Jersey 1987.

Brody, Baruch A./Rothstein, Mark A./McCullough, Laurence B. (Hg.): *Medical Ethics – Codes, Opinions, and Statements*. Washington D. C. ²2002.

Fallsammlungen

Ackerman, Terrence F./Strong, Carson: *A Casebook of Medical Ethics*. New York 1989.

Ahronheim, Judith C./Moreno, Jonathan/Zuckerman, Connie: *Ethics in Clinical Practice*. New York 1994.

Ashcroft, Richard/Lucassen, Anneke/Parker, Michael/Verkerk, Marian/Widdershoven, Guy: *Case Analysis in Clinical Ethics*. Cambridge 2005.

Brody, Baruch A./Engelhardt, H. Tristram: *Bioethics: Readings and Cases*. New Jersey 1987.

Crigger, Bette-Jane (Hg.): *Cases in Bioethics: Selections from the Hastings Center Report*. New York ³1998.

Dickenson, Donna L./Huxtable, Richard/Parker, Michael: *The Cambridge Medical Ethics Workbook*. Cambridge ²2010.

Hick, Christian: *Klinische Ethik*. Heidelberg 2007.
Horn, Peter: *Clinical Ethics Casebook*. Belmont, CA ²1999.
Kuczewski, Mark G./Pinkus, Rosa Lynn B.: *An Ethics Casebook for Hospitals – Practical Approaches to Everyday Cases*. Washington D. C. 1999.
Maio, Giovanni: *Mittelpunkt Mensch: Ethik in der Medizin – Ein Lehrbuch; mit 39 kommentierten Patientengeschichten*. Stuttgart 2012.
Vaughn, Lewis: *Bioethics – Principles, Issues, and Cases*. Oxford 2010.
Veatch, Robert M./Haddad, Amy: *Case Studies in Pharmacy Ethics*. New York ²2008.

Fachzeitschriften

American Journal of Bioethics: Empirical Bioethics. Taylor and Francis (vierteljährlich). Erstausgabe 2010.
American Journal of Bioethics: Neuroscience. Taylor and Francis (vierteljährlich). Erstausgabe 2010.
Bioethica Forum. Schweizerische Gesellschaft für Biomedizinische Ethik (vierteljährlich). Erstausgabe 2008.
Bioethics. Wiley-Blackwell (9 Ausgaben/Jahr). Erstausgabe 1987.
Bioskop: Zeitschrift zur Beobachtung der Biowissenschaften. Bioskop e. V. (vierteljährlich). Erstausgabe 1997.
BMC Medical Ethics. BioMed Central (erscheint unregelmäßig). Erstausgabe 2000.
British Medical Journal. BMJ Publishing Group (wöchentlich). Erstausgabe 1840.
Cambridge Quarterly of Healthcare Ethics. Cambridge University Press (vierteljährlich). Erstausgabe 1992.
Clinical Ethics. SAGE Publications (vierteljährlich). Erstausgabe 2006.
Deutsche Medizinische Wochenschrift. Thieme (wöchentlich). Erstausgabe 1875.
Deutsches Ärzteblatt. Deutscher Ärzte-Verlag (wöchentlich). Erstausgabe 1872.
Developing World Bioethics. Wiley-Blackwell (3 Ausgaben/Jahr). Erstausgabe 2001.
Environmental Ethics. Center for Environmental Philosophy, University of North Texas. (vierteljährlich). Erstausgabe 1979.
Environmental Values. White Horse Press (vierteljährlich). Erstausgabe 1992.
Ethica: Wissenschaft und Verantwortung. Resch (vierteljährlich). Erstausgabe 1993.
Ethical Perspectives. European Cenre for Ethics (vierteljährlich). Erstausgabe 1999.
Ethical Theory and Moral Practice. Springer (5 Ausgaben/Jahr). Erstausgabe 1998.
Ethics: An International Journal of Social, Political and Legal Philosophy. University of Chicago Press (vierteljährlich). Erstausgabe 1890.
Ethics and Medicine. An International Journal of Bioethics. The Bioethics Press ltd. (3 Ausgaben/Jahr). Erstausgabe 1984.
Ethics, Policy and Environment. A Journal of Philosophy and Geography. Routledge (3 Ausgaben/Jahr). Erstausgabe 1998.
Ethik in der Medizin. Organ der Akademie für Ethik in der Medizin. Springer (vierteljährlich). Erstausgabe 1989.
Eubios Journal of Asian and International Bioethics. Eubios Ethics Institute (6 Ausgaben/Jahr). Erstausgabe 1995.
Gaia: Ecological Perspectives for Science and Society. Oekom Verlag (vierteljährlich). Erstausgabe 1992.
Gene Watch. Council for Responsible Genetics (6 Ausgaben/Jahr). Erstausgabe 1983.
HealthCare Ethics Committee Forum: An Interprofessional Journal on Healthcare Institutions' Ethical and Legal Issues. Springer (vierteljährlich). Erstausgabe 1989.
Human Reproduction and Genetic Ethics. Maney Publishing (halbjährlich). Erstausgabe 1995.
IRB: Ethics and Human Research. Hastings Center (6 Ausgaben/Jahr). Erstausgabe 1979 (als *IRB: A Review of Human Subjects Research*).
Jahrbuch für Wissenschaft und Ethik. De Gruyter (jährlich). Erstausgabe 1996.
Journal of Applied Philosophy. Wiley-Blackwell (vierteljährlich). Erstausgabe 1984.
Journal of Bioethical Inquiry. Springer (3 Ausgaben/Jahr). Erstausgabe 2004.
Journal of Ethics in Mental Health. McMaster University (halbjährlich). Erstausgabe 2006.
Journal of Law, Medicine and Ethics. American Society of Law, Medicine and Ethics (vierteljährlich). Erstausgabe 1973.
Journal of Medical Ethics. BMJ Publishing Group (monatlich). Erstausgabe 1975.
Journal of Practical Ethics. University of Oxford (halbjährlich). Erstausgabe 2013.
Kennedy Institute of Ethics Journal. John Hopkins University Press (vierteljährlich). Erstausgabe 1991.
Medical Humanities. BMJ Publishing Group (halbjährlich). Erstausgabe 2000.

Medicine, Health Care and Philosophy. Springer (vierteljährlich). Erstausgabe 1998.
Monash Bioethics Review. Monash University Publishing (vierteljährlich). Erstausgabe 2004.
Nanoethics. Springer (3 Ausgaben/Jahr). Erstausgabe 2007.
Neuroethics. Springer (3 Ausgaben/Jahr). Erstausgabe 2008.
Philosophy and Public Affairs. Wiley-Blackwell (vierteljährlich). Erstausgabe 1972.
Philosophy, Ethics and Humanities in Medicine. BioMed Central (erscheint unregelmäßig). Erstausgabe 2006.
Poiesis and Praxis. Springer (3 Ausgaben/Jahr). Erstausgabe 2001.
Research Ethics: The Journal of the Association of Research Ethics Committees. SAGE Publications (vierteljährlich). Erstausgabe 2005.
The Journal of Clinical Ethics. BMJ Publishing Group (monatlich). Erstausgabe 1975.
The Journal of Law, Medicine and Ethics. Wiley-Blackwell (jährlich). Erstausgabe 1973.
The Journal of Medicine and Philosophy. Oxford University Press (vierteljährlich). Erstausgabe 1976.
The Journal of the American Medical Association. American Medical Association (wöchentlich). Erstausgabe 1883.
The American Journal of Bioethics. Routledge (monatlich). Erstausgabe 2001.
The New Bioethics: A Multidisciplinary Journal of Biotechnology and the Body. Maney Publishing (halbjährlich). Erstausgabe 1995 (als *Human Reproduction and Genetic Ethics*).
Theoretical Medicine and Bioethics. Springer (6 Ausgaben/Jahr). Erstausgabe 1980.
Tierethik: Zeitschrift zur Mensch-Tier Beziehung. Verlag TIERethik (halbjährlich). Erstausgabe 2009 (als ALTEXethik).
Zeitschrift für Medizin-Ethik-Recht. Meris e. V. (halbjährlich). Erstausgabe 2009 (als MERkblatt)
Zeitschrift für medizinische Ethik. Schwabenverlag (vierteljährlich). Erstausgabe 1992 (vormals *Arzt und Christ*, gegründet 1954).

Reihen

Albin, Eser (Hg.): *Ethik und Recht in der Medizin.* Bislang 43 Bde. Baden Baden 1983 ff. (bis 2000 als *Medizin in Recht und Ethik*).
Brazier, Margaret/Graeme, Lauri (Hg.): *Cambridge Law, Medicine and Ethics.* Bislang 38 Bde. Cambridge 2008 ff.
Council of Europe: *Ethical Eye.* Bislang 2 Bde. und diverse Einzelveröffentlichungen. Strasbourg 2003 ff.
Cutter, Mark Anthony/Gordijn, Bert/Marchant, Gary E./Murphy, Colleen/Pompidou, Alain/Roeser, Sabine (Hg.): *The International Library of Ethics, Law and Technology.* Bislang 14 Bde. Dordrecht 2009 ff.
Düwell, Marcus (Hg.): *Library of Ethics and Applied Philosophy.* Bislang 34 Bde. Dordrecht 1998 ff.
Engelhardt, H. Tristram/Spicker, Stuart F. (Hg.): *Philosophy and Medicine.* Bislang 115 Bde. Dordrecht 1975 ff.
Eser, Albin (Hg.): *Medizin in Recht und Ethik.* Bislang 35 Bde. Stuttgart/Baden-Baden 1976 ff.
Frewer, Andreas (Hg.): *Erlangener Studien zur Ethik in der Medizin.* Bislang 7 Bde. Erlangen/Jena 1993 ff.
Giselher, Spitzer/Elk, Franke (Hg.): *Doping, Enhancement, Prävention in Sport, Freizeit und Beruf.* Bislang 8 Bde. Köln 2010 ff.
Hinrichsen, Klaus/Sass, Hans-Martin/Viefhues, Herbert: *Medizinethische Materialien.* Bislang 193 Hefte. Bochum 199 ff.
Institut Mensch, Ethik und Wissenschaft: *IMEW Expertise.* Bislang 12 Bde. Berlin 2003 ff.
Körner, Uwe: *Berliner Medizinethische Schriften.* Bislang 58 Hefte. Berlin 1996 ff.
Körtner, Ulrich H. J./Kopetzki, Christian (Hg.): *Schriftenreihe Ethik und Recht in der Medizin.* Bislang 6 Bde. Wien 2007 ff.
Mattéi, Jean-François (Hg.): *Blickpunkt Ethik.* Bislang 7 Bde. Münster 2004 ff.
Schmitz Dagmar/Wiesing, Urban (Hg.): *MedizinEthik.* Bislang 26 Bde. Stuttgart/Köln 1990 ff.
Schriftenreihe der Europäischen Akademie zur Erforschung von Folgen wissenschaftlich-technischer Entwicklungen: *Ethics of Science and Technology Assessment.* Bislang 40 Bde. Berlin 1999.
Siep, Ludwig/Sturma, Dieter (Hg.): *Studien zu Wissenschaft und Ethik.* Bislang 6 Bde. Berlin/Boston 2005 ff.
Spickhoff, Andreas (Hg.): *Schriftenreihe Medizinrecht.* Bislang 111 Veröffentlichungen. Berlin 1985 ff.
Spranger, Tade Matthias (Hg.): *Recht der Lebenswissenschaften/Life Sciences and Law.* Bislang 8 Bde. Berlin 2010 ff.
Sturma, Dieter (Hg.): *Forschungsbeiträge des IWE – Reihe A »Ethik in den Biowissenschaften und Medizin«.* Bislang 8 Bde. Bonn 2001 ff.

– /Lanzerath, Dirk/Heinrichs, Bert: *Ethik in den Biowissenschaften – Sachstandsberichte des DRZE*. Bislang 15 Bde. Bonn/Freiburg i. Br. 2002 ff.

Ten Have, Henk A. M. J./Gordijn, Bert: *Advancing Global Bioethics*. Bislang 4 Bde. New York 2014.

Toellner, Richard, fortgeführt durch Urban Wiesing (Hg.): *Medizin-Ethik*. Bislang 19 Bde. Stuttgart/Köln 1990 ff.

Weisstub, David N. (Hg.): *International Library of Ethics, Law, and the New Medicine*. Bislang 58 Bde. New York 2000 ff.

2 Autorinnen und Autoren

Ach, Johann S., PD Dr., Geschäftsführer des Centrums für Bioethik, Westfälische Wilhelms-Universität Münster (II. 16 Lebensqualität)

Beckmann, Jan P., Prof. em. Dr. h.c., Professor der Philosophie am Institut für Philosophie, Fernuniversität Hagen (III. 44 Transplantationsmedizin)

Biller-Andorno, Nikola, Prof. Dr. Dr., Professorin für Biomedizinische Ethik, Direktorin des Instituts für Biomedizinische Ethik und Medizingeschichte, Universität Zürich (III. 45 Vulnerabilität)

Birnbacher, Dieter, Prof. em. Dr. Dr. h. c., Professor für Philosophie am Institut für Philosophie, Heinrich-Heine-Universität Düsseldorf (II. 25 Tod)

Bleisch, Barbara, Dr., Wissenschaftliche Mitarbeiterin am Ethik-Zentrum, Universität Zürich (III. 27 Leihmutterschaft)

Buyx, Alena, Prof. Dr., Professorin für Medizinethik am Institut für Experimentelle Medizin, Christian-Albrechts-Universität zu Kiel (III. 6 Bevölkerungswachstum und demographischer Wandel)

Clarinval, Caroline, MPH, Wissenschaftliche Mitarbeiterin am Institut für Biomedizinische Ethik und Medizingeschichte, Universität Zürich (III. 45 Vulnerabilität)

Decker, Michael, Prof. Dr., Professor für Technikfolgenabschätzung am Institut Philosophie, Karlsruher Institut für Technologie (III. 36 Robotik)

Derpmann, Simon, Dr., Wissenschaftlicher Mitarbeiter am Philosophischen Seminar, Westfälische Wilhelms-Universität Münster (III. 2 Arzneimittel)

Doppelfeld, Elmar, Prof. em. Dr., Vorsitzender des European Network of Research Ethics Committees (EUREC) (IV. 4 Ethikkommissionen in der Forschung)

Düber, Dominik, M. A., Wissenschaftlicher Mitarbeiter der Kolleg-Forschergruppe »Normenbegründung in Medizinethik und Biopolitik«, Westfälische Wilhelms-Universität Münster (II. 1 Argument der schiefen Ebene, II. 20 Paternalismus)

Dufner, Annette, Dr., Wissenschaftliche Mitarbeiterin der Kolleg-Forschergruppe »Normenbegründung in Medizinethik und Biopolitik«, Westfälische Wilhelms-Universität Münster (III. 6 Bevölkerungswachstum und demographischer Wandel)

Düwell, Marcus, Prof. Dr., Professor for Philosophical Ethics, Director of the Ethics Institute, Utrecht University (III. 9 Chimären und Hybride)

Franke, Elk, Prof. Dr., Professor für Sportpädagogik/Sportphilosophie am Institut für Sportwissenschaft, Humboldt-Universität zu Berlin (III. 11 Doping)

Friele, Minou, Dr., Wissenschaftliche Mitarbeiterin am Institut für Wissenschaft und Ethik, Rheinische Friedrich-Wilhelms-Universität Bonn (III. 20 Gesundheitsvorsorge, III. 25 Klonen)

Fuchs, Michael, PD Dr., Geschäftsführer des Instituts für Wissenschaft und Ethik, Rheinische Friedrich-Wilhelms-Universität Bonn (II. 15 Leben, IV. 1 Bioethik in der Lehre, IV. 5 Ethikräte)

Galert, Thorsten, Dr., Wissenschaftlicher Mitarbeiter am Deutschen Referenzzentrum für Ethik in den Biowissenschaften, Rheinische Friedrich-Wilhelms-Universität Bonn (III. 29 Neuromedizin und Neurowissenschaften)

Ganguli Mitra, Agomoni, Dr., Wissenschaftliche Mitarbeiterin der Emmy Noether-Gruppe »Politische Philosophie als Ressource der Normenbegründung in der Bioethik«, Westfälische Wilhelms-Universität Münster (III. 45 Vulnerabilität)

Gehring, Petra, Prof. Dr., Professorin für Philosophie am Institut für Philosophie, Technische Universität Darmstadt (IV. 2 Biopolitik)

Graumann, Sigrid, Prof. Dr. Dr., Professorin für Ethik am Fachbereich Heilpädagogik und Pflege, Evangelische Fachhochschule Rheinland-Westfalen-Lippe (II. 2 Behinderung)

Grunwald, Armin, Prof. Dr., Professor für Technikphilosophie, Leiter des Instituts für Technikfolgenabschätzung und Systemanalyse, Karlsruher Institut für Technologie (II. 24 Technikfolgenabschätzung, III. 28 Nanotechnologie)

Gutmann, Mathias, Prof. Dr. Dr., Professor für Technikphilosophie am Institut für Philosophie, Karlsruher Institut für Technologie (III. 8 Biodiversität)

Gutmann, Thomas, Prof. Dr., Professor für Bürgerliches Recht, Rechtsphilosophie und Medizinrecht, Westfälische Wilhelms-Universität Münster (II. 20 Paternalismus)

Haker, Hille, Prof. Dr., Richard A. McCormick, S. J., Chair of Catholic Moral Theology, Loyola University Chicago (III. 21 HIV/AIDS)

Heinrichs, Bert, Prof. Dr., Professor für Ethik und Angewandte Ethik, Rheinische Friedrich-Wilhelms-Universität Bonn, Arbeitsgruppenleiter im Institut für Ethik in den Neurowissenschaften am Forschungszentrum Jülich (I. Bioethik, II. 5 Diskriminierung, II. 10 Informierte Einwilligung, III. 14 Forschung am Menschen, IV. 6 Institutionalisierte ethische Beratung und Begutachtung)

Hermerén, Göran, Prof. em. PhD, Professor of Medical Ethics at the Faculty of Medicine, Lund University, Sweden (II. 27 Werte)

Horn, Christoph, Prof. Dr., Professor für Praktische Philosophie und Philosophie der Antike am Institut für Philosophie, Rheinische Friedrich-Wilhelms-Universität Bonn (II. 9 Güter und Güterabwägung)

Hubig, Christoph, Prof. Dr., Professor für Philosophie der wissenschaftlich-technischen Kultur am Institut für Philosophie, Technische Universität Darmstadt (II. 23 Risiko, III. 24 Klimaschutz)

Hübner, Dietmar, Prof. Dr., Professor für Praktische Philosophie, insbesondere Ethik der Wissenschaften am Institut für Philosophie, Leibniz Universität Hannover (II. 8 Gerechtigkeit)

Knell, Sebastian, PD Dr., Wissenschaftlicher Mitarbeiter am Institut für Wissenschaft und Ethik, Rheinische Friedrich-Wilhelms-Universität Bonn (II. 13 Konsens, II. 28 Zükünftige Generationen)

Lanzerath, Dirk, PD Dr., Geschäftsführer des Deutschen Referenzzentrums für Ethik in den Biowissenschaften, Rheinische Friedrich-Wilhelms-Universität Bonn (II. 7 Ethos, II. 14 Krankheit, III. 8 Biodiversität, III. 22 Humangenomforschung, III. 42 Synthetische Biologie)

Laukötter, Sebastian, Dr., Wissenschaftlicher Mitarbeiter der Kolleg-Forschergruppe »Normenbegründung in Medizinethik und Biopolitik«, Westfälische Wilhelms-Universität Münster (IV. 8 Kulturübergreifende Bioethik)

Löschke, Jörg, Dr., Wissenschaftlicher Mitarbeiter am Institut für Philosophie, Universität Bern (II. 4 Dilemma)

Maio, Giovanni, Prof. Dr., Professor für Bioethik/Medizinethik, Direktor des Instituts für Ethik und Geschichte der Medizin, Albert-Ludwigs-Universität Freiburg (III. 46 Wunscherfüllende Medizin)

Marckmann, Georg, Prof. Dr., Professor für Ethik, Geschichte und Theorie der Medizin, Vorstand des Instituts für Ethik, Geschichte und Theorie der Medizin, Ludwig-Maximilians-Universität München (III. 18 Gesundheit und Gerechtigkeit)

Neitzke, Gerald, Dr., Kommissarischer Leiter des Instituts für Geschichte, Ethik und Philosophie der Medizin, Medizinische Hochschule Hannover (IV. 7 Klinische Ethikberatung)

Neuhäuser, Christian, Prof. Dr., Juniorprofessor am Institut für Philosophie und Politikwissenschaft, Technische Universität Dortmund (II. 26 Verantwortung)

Ott, Konrad, Prof. Dr., Professor für Philosophie und Ethik der Umwelt am Philosophischen Seminar, Christian-Albrechts-Universität zu Kiel (III. 30 Ökologie und Naturschutz)

Pinsdorf, Christina, M. A., Wissenschaftliche Mitarbeiterin am Institut für Wissenschaft und Ethik, Rheinische Friedrich-Wilhelms-Universität Bonn (II. 22 Prinzip der Doppelwirkung)

Potthast, Thomas, Prof. Dr., Sprecher des Internationalen Zentrums für Ethik in den Wissenschaften, Eberhard Karls Universität Tübingen (II. 12 Kommerzialisierung)

Quante, Michael, Prof. Dr. Dr. h. c., Professor für Philosophie mit dem Schwerpunkt Praktische Philosophie am Philosophischen Seminar, Westfälische Wilhelms-Universität (II. 20 Paternalismus)

Rehmann-Sutter, Christoph, Prof. Dr., Professor für Theorie und Ethik der Biowissenschaften am Institut für Medizingeschichte und Wissenschaftsforschung, Universität zu Lübeck (III. 17 Gentherapie)

Reichardt, Bastian, M. A., Wissenschaftlicher Mitarbeiter am Institut für Ethik in den Neurowissenschaften, Forschungszentrum Jülich (II. 11 Interessen und Interessenkonflikte)

Rojek, Tim, M. A., Wissenschaftlicher Mitarbeiter am Institut für Philosophie, Universität Duisburg-Essen (II. 1 Argument der schiefen Ebene)

Rüther, Markus, Dr., Wissenschaftlicher Mitarbeiter Institut für Ethik in den Neurowissenschaften, Forschungszentrum Jülich (III. 12 Embryonen und Föten)

Salloch, Sabine, Dr., Wissenschaftliche Mitarbeiterin am Institut für Medizinische Ethik und Geschichte der Medizin, Ruhr-Universität Bochum (II. 6 Empirie)

Schaber, Peter, Prof. Dr., Professor für Angewandte Ethik am Philosophischen Seminar, Universität Zürich (II. 17 Menschenwürde und Instrumentalisierung)

Schicktanz, Silke, Prof. Dr., Professorin für Kultur und Ethik der Biomedizin am Institut für Ethik und Geschichte der Medizin, Universitätsmedizin Göttingen (III. 15 Gender, III. 38 Sexualität)

Schildmann, Jan, PD Dr., Akademischer Rat a. Z. am Institut für Medizinische Ethik und Geschichte der Medizin, Ruhr-Universität Bochum (III. 4 Arzt-Patient-Verhältnis, III. 31 Palliativmedizin)

Schnell, Martin W., Prof. Dr., Professor für Sozialphilosophie und Ethik, Direktor des Instituts für Ethik und Kommunikation im Gesundheitswesen, Universität Witten/Herdecke (III. 34 Pflege)

Schöne-Seifert, Bettina, Prof. Dr., Professorin für Medizinethik, Direktorin des Instituts für Ethik,

Geschichte und Theorie der Medizin, Westfälische Wilhelms-Universität Münster (III. 13 Enhancement)

Schramme, Thomas, Prof. Dr., Professor für Praktische Philosophie am Philosophischen Seminar, Universität Hamburg (III. 1 Alter/Altern)

Siep, Ludwig, Prof. em. Dr., Senior Professor am Exzellenzcluster »Religion und Politik« sowie in der Kollegforschergruppe »Theoretische Grundlagen der Normenbegründung in Medizinethik und Biopolitik«, Westfälische Wilhelms-Universität Münster (III. 39 Stammzellen)

Simon, Alfred, Prof. Dr., Geschäftsführer der Akademie für Ethik in der Medizin, Universitätsmedizin Göttingen (III. 33 Patientenverfügungen)

Spranger, Tade Matthias, Prof. Dr. Dr., Leiter der Nachwuchsforschungsgruppe »Normierung in den Modernen Lebenswissenschaften« am Institut für Wissenschaft und Ethik, Rheinische Friedrich-Wilhelms-Universität Bonn (II. 3 Datenschutz, III. 7 Biobanken, III. 32 Patentierung, IV. 3 Biorecht, IV. 6 Institutionalisierte ethische Beratung und Begutachtung)

Stroop, Barbara, Wissenschaftliche Mitarbeiterin der Kolleg-Forschergruppe »Normenbegründung in Medizinethik und Biopolitik«, Westfälische Wilhelms-Universität Münster (III. 13 Enhancement, III. 37 Schwangerschaftsabbruch)

Sturma, Dieter, Prof. Dr., Professor für Philosophie unter besonderer Berücksichtigung der Ethik in den Biowissenschaften am Institut für Philosophie, Direktor des Instituts für Wissenschaft und Ethik, Direktor des Deutschen Referenzzentrums für Ethik in den Biowissenschaften, Rheinische Friedrich-Wilhelms-Universität Bonn, Gründungsdirektor des Instituts für Ethik in den Neurowissenschaften am Forschungszentrum Jülich (I. Bioethik, II. 19 Natur, II. 21 Person, III. 26 Landschaft)

Tambornino, Lisa, Dr., Wissenschaftliche Mitarbeiterin am Deutschen Referenzzentrum für Ethik in den Biowissenschaften, Rheinische Friedrich-Wilhelms-Universität Bonn (III. 16 Gentechnik in der Lebensmittelproduktion, III. 35 Prädiktive Gentests)

Thiele, Felix, PD Dr., Wissenschaftlicher Mitarbeiter der EA European Academy of Technology and Innovation Assessment GmbH (III. 40 Sterbehilfe)

Tremmel, Jörg, Prof. Dr. Dr., Juniorprofessor für Generationengerechte Politik am Institut für Politikwissenschaft, Eberhard Karls Universität Tübingen (II. 18 Nachhaltigkeit)

Volhard, Theresia, M. A., Wissenschaftliche Mitarbeiterin am Deutschen Referenzzentrum für Ethik in den Biowissenschaften, Rheinische Friedrich-Wilhelms-Universität Bonn (III. 10 Demenz, III. 41 Sucht und Abhängigkeit)

Vollmann, Jochen, Prof. Dr. Dr., Direktor des Instituts für Medizinische Ethik und Geschichte der Medizin, Ruhr-Universität Bochum (III. 4 Arzt-Patient-Verhältnis, III. 31 Palliativmedizin)

Wiesemann, Claudia, Prof. Dr., Professorin für Ethik und Geschichte der Medizin, Direktorin des Instituts für Ethik und Geschichte der Medizin, Universitätsmedizin Göttingen (III. 5 Assistierte Reproduktion und vorgeburtliche Diagnostik, III. 23 Intersex)

Wiesing, Urban, Prof. Dr. Dr., Professor für Ethik in der Medizin, Direktor des Instituts für Ethik und Geschichte der Medizin, Eberhard Karls Universität Tübingen (III. 3 Ärztliche Berufsethik)

Winkler, Eva, PD Dr. Dr., Leiterin des Schwerpunktes »Ethik und Patientenorientierung in der Onkologie«, Nationales Centrum für Tumorerkrankungen, Universitätsklinik Heidelberg (III. 22 Humangenomforschung)

Wolf, Ursula, Prof. Dr., Professorin für Philosophie am Philosophischen Seminar, Universität Mannheim (III. 43 Tiere)

Woopen, Christiane, Prof. Dr., Professorin für Ethik und Theorie der Medizin, Direktorin von Ceres (Cologne Center for Ethics, Rights, Economics, and Social Sciences of Health), Universität zu Köln (III. 19 Gesundheitskompetenz)

3 Sachregister

Abwehrrechte 44–49
Achtung 67, 74, 95, 105f., 183, 330, 337, 367f.
Akzeptanz 7, 12, 25, 67, 80, 89, 93, 121, 126, 145f., 153, 156, 170, 191, 278, 296, 298, 310, 384, 386, 416, 430, 442, 468, 470
Altenpflege 460
Alter 4, 26, 30, 38, 49, 158, 172, 179, **181–185**, 200, 204, 209, 211f., 231f., 236f., 263, 265, 273, 276, 278f., 282f., 289, 291, 335, 339, 366f., 371, 373, 375, 386, 429, 433, 453
Altersdiskriminierung 26, 30, 291
Anerkennung 2, 14, 16, 44, 51, 95, 120f., 129–134, 237, 350–352, 385f., 401, 408, 416, 418
Anonymisierung 214, 304
Anspruchsrechte 45–48, 71, 178
Anthropozentrismus 6, 96, 120, 267, 347
Anti-Aging 57, 184, 249
Argument der schiefen Ebene **9–13**, 355, 381
Artenschutz 5, 75, 217f., 347, 349, 416, 420
Arzneimittel 55f., 63, 139, **185–189**, 224, 231f., 240, 250, 256, 258f., 283, 293–297, 300f., 335f., 388, 390, 396f., 417, 424, 432, 437, 451–454, 461, 467
Arzt-Patient-Verhältnis 87f., **194–199**, 252, 278, 284, 295, 356
Asexualität 262, 318f., 383
Aufklärung 61–63, 126, 186, 192–195, 197f., 202, 204, 214f., 251, 258, 287, 293–297, 303–305, 310, 316, 332, 355f., 365, 391, 422, 464, 470
Ausbeutung 202, 258, 297, 321, 326, 329f., 424f., 428
Authentizität 4, 62, 236, 250f., 325, 437
Autonomie 2f., 6, 24, 36, 46, 48–50, 53, 56f., 62, 66f., 71, 74, 80f., 86, 105f., 121f., 125f., 133f., 159, 163, 166, 183, 191, 193, 195f., 201, 206, 227, 234f., 237, 242, 247, 251f., 295, 297f., 304, 313, 315, 320f., 330, 342, 362, 364f., 366, 371, 374, 376–385, 403f., 416, 421–423, 427–429, 435, 451, 453, 464f., 468–470
– Autonomieprinzip 3, 6, 24, 80, 134, 195f., 201, 234, 320, 371, 469
– Patientenautonomie 24, 48, 86, 201, 234, 342, 364, 470
– reproduktive Autonomie 201, 206, 247, 378–383
Axiologie s. Wertlehre

Behinderung 4, 11, **13–17**, 26f., 30, 45, 49, 64, 86, 72, 79, 126, 131, 164, 176, 205–207, 247, 273, 343f., 366, 369, 371, 378f., 381f., 390, 395, 463
Belmont Report 6, 255, 257, 428
benefit sharing 214, 216
Berufsethik, ärztliche **189–194**

Berufsordnung, ärztliche 192f., 451
Bevölkerungspolitik 210, 315f., 446
Bevölkerungswachstum **209–213**, 277, 316
Bevollmächtigter 363f., 464
Bildgebende Verfahren 232, 259, 305, 339–342
Biobanken 6, 74, 152, **214–217**, 306, 456
Biodiversität 6, 75, 140, 144, 214, 216, **217–225**, 312, 315, 347–349
Bioethik in der Lehre **439–444**
Bioethik, kulturübergreifende **467–471**
Biomarker 232, 301
Biopatentrichtlinie 359, 361
Biopolitik **445–447**
Biorecht **448–450**
Biozentrismus 5f., 120, 267
Brundtland-Bericht 110f.

Chancengleichheit 240, 242, 248, 252, 275, 292
Chimären 5, **226–230**, 408, 417–419
Chirurgie, kosmetische 9, 193, 249f., 432, 435
Committee on Bioethics 455f., 459
Cyborg 144, 344, 376f., 411

Dammbruchargument 9, 320f.
Daten, personenbezogene 18, 20, 371
Datenschutz **17–21**, 152, 215, 258, 304, 306, 336
Deklaration von Helsinki 16, 257, 451, 467
Demenz 5, 56, 64, 79, 101, 126, 134f., 183, **231–239**, 258f., 264, 364f., 368, 393
Demographischer Wandel **209–213**, 277, 316
Demokratie 45, 178, 457
Deontologie s. Konstruktivismus, kantianischer
Diagnostic and Statistical Manual of Mental Disorders (DSM-5) 82, 401–403
Diagnostik, vorgeburtliche **199–208**, 465
Dilemma **21–25**, 46, 48, 51–53, 55, 111, 138f., 161, 207, 241, 295, 297, 311, 415, 463f.
Diskriminierung 6, **26–31**, 48, 51–53, 55, 138f., 161, 207, 241, 295, 297, 311
Diskurs 1, 5, 7, 9, 14, 16, 37f., 49, 67f., 76–81, 98, 111–114, 119f., 175, 196, 218f., 221–224, 236, 240f., 247, 249, 279, 295–297, 303, 317, 349, 353, 362, 378, 386, 405, 408, 416, 429f., 440, 443, 445, 448–450, 456, 458
– ethischer Diskurs 16, 38, 67f., 77f., 120, 175, 222–224, 295–297, 349, 378, 450, 458
– gesellschaftlicher/öffentlicher Diskurs 5, 9, 49, 222, 224, 408, 456
– wissenschaftlicher Diskurs 5, 9, 218, 221
Diskursethik 45, 50, 54, 77–80, 353
Doping 5, 71, **239–244**, 249, 432

Egalitarismus 176, 314–316, 352
Eigentum, geistiges 48
Einwilligung 2, 4, 6, 14, 16, 48, **56–65**, 74, 126, 134, 186, 191, 194f., 201, 204f., 214–216, 233f., 237, 252, 257–259, 296f., 304–306, 311, 321, 363, 365, 388, 390–392, 398, 422, 428–430, 453, 460, 464, 470
Einwilligungsfähigkeit 59f., 63, 128, 233f., 258, 364f., 429, 453
Elternschaft 201–205, 207, 263
Embryonen und Föten 11, 16, 48, 55, 68, 102, 138f., 155, 199, 202, 205, 207, 226f., 229, **245–249**, 263, 301, 318–323, 329f., 344f., 360–362, 369, 378–383, 387–393, 418, 426, 433, 448, 454, 460
Embryonenforschung 48, 248, 319
Embryonenschutz 16, 48, 127, 199, 202–205, 228, 230, 245, 320, 322, 332, 361, 389–391, 393, 460
empirical turn 7, 32–35
Empirie 7, 9–12, **31–35**, 38, 54, 62f., 66f., 78, 82f., 86, 88, 93, 118, 124, 138, 144, 154, 166–168, 171, 193–195, 197f., 218f., 221–223, 227, 233, 243, 249, 258, 264, 275, 283, 285, 309f., 331, 340, 343, 352, 356f., 382, 384, 394, 398f., 414, 417, 422, 425, 458
– empirische Methode 7, 62, 166, 171
empowerment 281f., 284f., 431
Enhancement 5, 38, 40, 56f., 76, 89, 162, 183, 187, 195, 243, **249–254**, 271–273, 336f., 344, 386, 408, 418f., 432
Essentialismus 53–57, 132, 408
Ethikberatung, klinische **463–467**
Ethikkomitee 455, 460
Ethikkommissionen in der Forschung 6f., 76, 80, 186, 259, 271, 367, 440, **451–454**, 459–461, 463
Ethikräte 7, 76, 80, 146, 209, 214, 216f., 248, 309f., 319, 320–322, 364, 369f., 388, 397, 440, **455–459**, 461, 464, 470
Ethos 1, 4f., **35–43**, 61, 197, 399f., 423, 440
Europarat 240, 257, 371, 449, 455–457, 467
European Group on Ethics in Science and New Technologies 455, 459
Evolution 36, 91f., 116, 140, 143f., 182, 218, 220f., 351, 383f.

Fähigkeiten 5f., 14, 54, 60, 73, 92, 99, 118f., 121, 129, 131–134, 181, 183, 231, 236, 251, 258, 273, 275, 281f., 284f., 320f., 331, 337, 372, 376f., 380f., 400, 419
Fähigkeitenansatz 54, 132
Fairness 37, 40, 49, 53, 79f., 87, 134, 184, 240f., 251, 257f., 272, 275, 278, 311, 315
Fehlschluss, naturalistischer 2, 6, 33, 119, 167, 242, 246, 347, 384, 389

Forschung 1, 6, 14, 16f., 31–35, 48–50, 56, 58, 61f., 64, 68–70, 74, 83, 100, 102, 104, 106, 130, 134, 148f., 152, 172, 186, 188, 190, 194, 216, 228, 241, 254–261, 271f., 294, 296, 303, 357, 367, 390, 392, 413, 429, 441f., 451–455, 468
– biomedizinische Forschung 50, 216, 257, 452, 468
– Forschung am Menschen **254–261**
– Forschung in Entwicklungsländern 49, 296
– Forschung mit Nichteinwilligungsfähigen 14, 16f., 56, 102, 104, 106, 186, 188, 258f.
– klinische Forschung 186, 271, 294, 367
– medizinische Forschung 56, 58, 256, 294, 303, 357, 392, 442, 451, 454
Forschungsethik 5f., 105, 256, 296f., 367, 428–430, 439–443
Freiheit 4, 18–20, 45, 47–49, 61, 67, 73, 106, 122–127, 133, 143, 146, 160, 165, 171f., 201, 204–206, 228, 237f., 242f., 251, 291, 304, 331, 340, 390, 403, 425
– Forschungsfreiheit 48, 172, 228
– Handlungsfreiheit 45, 47, 73, 123, 243, 304
– reproduktive Freiheit 205, 390
– Vertragsfreiheit 425
– Willensfreiheit 133, 160, 340, 403
Fürsorgeethik 263
Fürsorgepflicht 14, 131, 237, 271, 364, 416, 418

Gendefekt 371, 433
Gender 13, 38, **262–265**, 307–309
Generationen 6, 110–114, 163, 172, 174–179, 210, 212, 252, 267, 312, 314f., 349f., 384
– zukünftige Generationen 6, 110–114, 163, 172, **174–179**, 210, 212, 252, 267, 312, 314f., 349f.
Genetik 1, 6, 15f., 30, 56, 120, 176, 198f., 202f., 205–207, 209, 214, 217f., 245, 252, 264f., 266, 270f., 273, 300–305, 307, 318–320, 329, 332, 347, 360, 369–372, 380, 385, 388, 391, 402, 404, 407–410, 412, 416–419, 446, 452, 455, 468
Genfer Gelöbnis 191–193, 362
Gentechnik 140f., 145, 152, 174, 266–270, 337, 412f., 419, 461
– Gentechnik in der Lebensmittelproduktion **266–270**
– gentechnisch veränderter Organismus (GVO; engl. *genetically modified organism*, GMO) 140, 152, 174, 266–269, 337, 412f., 419
– grüne Gentechnik 141, 145, 412, 461
Gentests, prädiktive 4, 30, **369–373**
Gentherapie 256, **270–274**, 345, 407
– somatische Gentherapie 271, 273
Gerechtigkeit 3f., 6, 14, 24, 37, 41f., **44–50**, 52f., 57, 66–68, 72, 76, 79f., 87, 105, 112f., 130, 134, 152,

166, 171f., 174, 178f., 183f., 196f., 212f., 237, 242, 248, 252, 257f., 275–280, 285, 288, 296–298, 312–315, 321f., 336, 366–368, 374f., 421, 423–425, 430, 450, 464, 469
- distributive Gerechtigkeit 178f., 212, 276, 336, 374f.
- intergenerationelle Gerechtigkeit 112f., 174, 178
- partizipative Gerechtigkeit 46–49
- soziale Gerechtigkeit 321f.

Geschlecht 13, 26–29, 68, 201, 209, 211, 213, 227, 262–265, 279, 282f., 294, 296, 307–311, 332, 371, 381, 383–385, 429, 446, 457, 470

Gesundheit 4, 12–14, 17, 19, 30, 40f., 45f., 48, 51, 54, 56, 61, 68–73, 82–87, 89, 99, 100f., 125–127, 147, 151, 162, 165, 185–188, 191f., 195–198, 200, 206f., 213, 223, 228, 239f., 250, 264f., 267f., 272f., 275–293, 295f., 298, 300f., 305, 333, 336, 339, 347, 350, 367, 369, 386, 401–403, 407, 411, 425, 428–431, 440f., 445, 448f., 455, 463, 469f.
- Gesundheitskompetenz **280–286**, 305
- Gesundheitsökonomie 41, 285
- Gesundheitssektor 277, 440, 449
- Gesundheitsversorgung 17, 72, 162, 165, 187, 198, 200, 213, 264, 275–278, 280–283, 285, 287–293, 295, 298, 301, 429f., 448
- Gesundheitsvorsorge **287–293**, 295, 301
- Gesundheitswesen 48, 68f., 71, 87, 195, 200, 264, 275–280, 283–285, 287, 339, 367, 386, 429f., 441, 455, 463

Glück 53, 56, 66, 98, 113, 169, 179, 210, 250f., 350, 383, 415, 436

Güter 4, 10, 19, 36, 38, 44f., 47, 51–57, 67, 69f., 72, 75, 87, 95, 99, 127, 138f., 178, 186–188, 223f., 227, 243, 252, 276f., 289, 291, 296, 313, 315, 330, 350–352, 358, 390, 393, 403f., 411, 417, 424

gut 38, 42, 55, 99, 118f., 121, 136, 166–173, 465

Haftung 48, 59, 162, 461f.
health literacy s. Gesundheitskompetenz
Heiligkeit des Leben 95, 101, 120
Heilversuch 186, 255f., 270
Heterosexualität 200, 203f., 262, 308, 383
Hippokratischer Eid 189, 191, 193, 362
Hirntod 4, 154–156, 422, 464
HIV/AIDS 5, 188, 211, 232, 271, **293–299**, 386
Holismus 93, 267, 351
Homosexualität 83, 203f., 293, 295, 329, 383f., 386
Hospiz 159, 354–357, 363, 460, 463
Humanexperiment 56, 61, 186, 254–256, 258f.
Humangenomforschung **300–307**
Hybride 5, **226–230**, 321, 408, 418

Indikation 78, 138, 158, 187, 193, 278, 342, 344, 363, 379, 382, 390, 401, 424, 432–434, 438, 466
informed consent s. Einwilligung
Institutionalisierte ethische Beratung und Begutachtung **459–462**
Instrumentalisierung 2, 16, 47, 50, 74, 102–109, 116, 121, 130, 134, 186, 205–207, 259, 320, 330, 362, 374f., 385, 415, 425
Integrität 38, 41, 45, 51, 69, 89, 121, 125, 127, 134, 172, 187, 191f., 207, 229, 237, 273, 301, 309f., 330, 347, 414, 416f., 419, 452
- Integrität von Tieren 229, 414, 416f., 419
Interdisziplinarität 34, 55, 151, 198, 310, 333, 338, 355–357, 383, 439f., 448f., 451–454
Interessen 11, 15f., 18, 46–49, 51–56, **66–70**, 78–80, 87, 103f., 115, 120, 126f., 131f., 135, 163, 165, 171, 174–178, 184–186, 202–204, 207f., 216, 233–235, 237, 247, 256f., 267, 272, 279, 288, 308f., 320, 365, 380f., 394f., 399, 415–417, 427, 430, 435, 452f., 466
- *critical interests* vs. *experiential interests* s. Lebensplan
- Eigeninteresse 53, 79, 103f., 279, 395
- Interessenkonflikte **66–70**, 272, 452
Intersex 262, **307–311**
In-vitro-Fertilisation 199–208, 273, 329

Keimbahn 140, 145, 271, 273, 360
Keimzelle 199, 204, 329, 360, 387f., 391f.
Kinder 14–16, 56, 63, 83, 101f., 104, 106, 112, 121, 165, 173, 175f., 186, 199–208, 246–248, 252, 258f., 262–265, 271f., 289–291, 294, 297, 302, 308–310, 329–332, 343, 378–383, 385, 391f., 403, 428, 430–435, 452
- Forschung mit Kindern 16, 56, 102, 104, 258f.
- Kinderrechte 173, 308, 332
- Kindeswohl 201f., 204, 308–310, 329, 332, 343
- Würde von Kindern 104, 106, 308f., 331
Klimaschutz 142, 145, 174, 177, 211f., **312–318**
Klonen 127, 199, 201, 206, 245, **318–323**, 360, 388f., 391, 420
Körper 13f., 51, 56–60, 70–74, 82–85, 88f., 92–94, 108, 117, 121, 127, 132–134, 156f., 181f., 187, 200–204, 215, 226–228, 231, 236f., 239–243, 251, 262–265, 273, 289, 293, 308–311, 330f., 336f., 360, 365, 376f., 379, 383–385, 387, 408, 422, 425, 427, 432–437, 445f.
- Körperfunktionen 13, 56f.
- körperliche Integrität 187, 237, 309
- menschlicher Körper 70–74, 215, 228, 242, 293, 337, 360, 387
Körpersubstanzen 73f., 214

Kommerzialisierung 6, **70–76**, 215f., 329–331, 390, 436–438
Kompromiss 51, 79f., 110f., 161, 469
Konsens 47, 54, **76–81**, 84, 87, 148, 155, 162, 271, 289, 296, 312, 318, 418, 449f., 453, 456–458, 466, 468f.
Konsequentialismus 2f., 32, 53, 67, 125, 137, 141, 146, 161f., 176, 184, 210, 236, 375, 415, 429
Konstruktivismus, kantianischer 2f., 32, 37, 50, 53–55, 73f., 81, 130, 132, 161f., 168, 210, 315, 349, 415
Kontraktualismus 67, 176, 415
Kosmos 93, 115, 118
Krankheit 4, 40, 49, **82–90**, 127, 181f., 186, 188, 192f., 203, 252, 264, 270f., 273, 275, 284, 289f., 293, 295, 300, 302, 308, 310, 366, 369–372, 378, 380–382, 388, 398–405, 435
 – genetische Krankheit 203, 271, 302
 – Krankheitsursachenforschung 388
 – mitochondriale Krankheit 273
 – seltene Krankheit 49, 188, 302
 – vernachlässigte Krankheit 49, 188
Kultur 35f., 71, 87, 93, 115, 117f., 150, 166, 172, 267, 281f., 324f., 351, 392, 411, 417, 467f.

Landschaft 6, 75, **324–328**, 347–349
Landschaftsökologie 328, 347
Landschaftsschutz 327f., 348
Leben 1, 4–7, 36f., 41, 46, 51, **91–97**, 98–101, 103–105, 114, 120, 129–131, 133f., 139, 152, 154–157, 159, 161, 163, 175, 178, 182, 184, 209, 235, 245f., 265, 282, 291, 296, 315, 337, 350f., 354–357, 368f., 373, 382, 386, 395–397, 399, 400, 408–410, 433, 436, 445, 460, 464f.
 – Begriff des Leben 91, 93f., 96, 337, 445
 – gutes Leben 36f., 41, 98f., 114, 130, 178, 350, 357, 386, 436
 – Lebensanfang 95, 120f., 129, 131, 133f., 182, 245, 433, 465
 – Lebensende 5, 95, 120f., 129, 131, 133f., 157, 161, 163, 184, 265, 355, 357, 368, 399, 433, 460, 464f.
 – Lebensspanne 154, 157f., 175, 184, 282, 433
 – lebensverlängernde Maßnahmen 159, 235, 397
 – ›lebenswertes‹/›lebensunwertes‹ Leben 101, 209, 382, 395f., 400
Lebendspende 127, 421, 423–425, 460
Lebensform 1, 5–7, 35f., 42, 81, 94–96, 115–121, 132, 267, 327, 352, 376, 406, 410f., 445
 – humane Lebensform 5f., 117f., 120, 267, 376
Lebensmittelproduktion 266–270, 420
Lebensplan 35f., 41, 55, 61, 85–87, 89, 129, 134f., 235, 303, 305, 435

Lebensqualität 11, 14, 94f., **98–101**, 112–114, 134, 158, 165, 176f., 190, 207, 209f., 277–279, 282–285, 291, 310, 354, 379, 393, 411, 428, 466
Lebensrecht 14f., 21, 146, 247, 378, 380–382
Lebensschutz 95f., 120, 203, 245–247, 364, 378, 389f., 393f., 421, 423f.
Lebenswelt 33, 38, 40f., 71, 82f., 88, 91, 93f., 141, 220, 228, 232, 241, 300, 302f., 326, 350
Lebewesen 30, 68, 79, 87, 89, 91–93, 95f., 98–101, 115, 118, 132, 140, 155, 181, 218–221, 236, 247, 266f., 339, 346, 351f., 360, 380f., 387, 391, 410–412, 418f.
Leib 19, 38, 52, 54, 73, 84f., 88, 376, 423
Leihmutterschaft 73, 102, 108, 160, 245, 319, **329–333**, 391
Lust 53, 98, 167, 169, 352, 384f., 403

MacArthur Competence Assessment Tool MacCat (MacCat-T) 60, 63, 233
Macht 26, 79, 190, 195, 200, 211, 262, 264, 317, 385f., 403f., 428–430, 445f.
Magensonde 237
Maschine 92, 119, 141, 149, 155, 334, 336, 340, 344, 362, 376, 406–411
Materialspender 214–216
Maxime 146, 170, 191f., 258, 279, 399, 445, 449
Medikalisierung 72, 83, 190, 264, 290, 309, 386
Medikamente s. Arzneimittel
Medizin 1, 4, 33, 40f., 83f., 87, 89, 98–101, 126f., 151f., 157f., 183, 189–193, 232f., 254f., 279, 287, 301, 321f., 432–438
 – ästhetische Medizin s. Chirurgie, kosmetische
 – evidenzbasierte Medizin 33
 – personalisierte Medizin 301, 321f.
 – wunscherfüllende Medizin **432–438**
 – Ziele der Medizin 98, 183, 433–435
Medizinethik 1, 4–6, 33, 40f., 58, 80, 119, 121, 130, 134f., 152, 194–198, 228f., 232, 234f., 237, 256f., 265, 288f., 295–297, 310, 335f., 356f., 363, 365f., 384, 392, 398, 439–442, 455, 465, 468f.
Medizinrecht 58, 448f.
Menschenaffen, Große 132
Menschenbild 1, 54, 236, 376, 422
Menschenrechte 7, 16, 38, 50, 71, 96, 105–107, 130, 134f., 146, 168, 201, 212, 215f., 226, 230, 289, 292, 296, 298, 309, 322, 371, 415, 449, 456, 469
Mensch-Tier-Hybride 229, 321, 419
Menschenwürde s. Würde
Migration 148, 209, 211f., 312, 357
mild cognitive impairment (MCI) 231f.
Minderjährige 39, 49, 64, 126, 257f., 385, 432, 435, 453

Mitteilungsfähigkeit 130, 133–135
Multipotenz 387, 391f.

Nachhaltigkeit **109–114**, 120, 210, 224, 282, 296, 298, 313, 315f., 327, 348f.
Nanotechnologie 150, 152, **333–338**, 377, 407, 455
Natur 4–6, 10, 37f., 57, 67, 70f., 74f., 82–86, 89, 92f., 105, **115–122**, 125, 140–142, 161, 163, 170f., 182–184, 200, 219, 222–224, 242, 248, 250, 267, 300, 303, 324–328, 337, 346f., 349–353, 384, 395, 408, 410, 414, 416f., 437
– erste und zweite Natur 38, 118
– Natürlichkeit 92, 115, 117f., 125, 142, 182–184, 242, 248, 250, 324, 326–328, 384, 408, 410, 416f.
– Natur des Menschen 37f., 57, 67, 82–86, 89, 105, 117, 119, 170f., 200, 300, 303, 437
– Natur vs. Kultur 71, 93, 115, 117f., 267, 324f., 417
Naturästhetik 325–327, 350f.
– das Naturschöne 326, 350
Naturalismus 84, 117, 119, 133, 171
– naturalistische Herausforderung 119, 133
Naturethik 116, 119f., 218, 223, 327, 347–353, 411, 414
Naturschutz 111, 157, 222, 267, 327f., **346–354**
Naturverhältnisse 115–119, 324, 327
Naturwissenschaften 83, 117, 119, 133, 303, 325, 327, 386, 389, 442
Nebenfolgen 78, 108, 136, 138f., 147f., 151, 396
Nebenwirkungen 54, 63, 136, 138f., 174, 202, 223, 240, 250, 252f., 259, 271f., 273, 301, 335, 342f., 396, 433
Neuro-Enhancement s. Enhancement
Neuroethik 4, 338, 340
Neuromedizin/Neurowissenschaften 4, 6, **338–346**
Nichtwissen 141f., 146, 152, 371
non-identity problem 84, 113, 176f.
Nuremberg Code 255, 257

Öffentlichkeit 56, 147, 150, 157, 242, 271, 309, 313, 360f., 388, 419, 457, 459, 464, 470
Ökologie 111, 157, 222, 267, 327f., **346–354**
Ökonomisierung 70f., 75
Ökosystem 110, 120, 217–224, 346–348
Ökozentrismus 223, 267, 347
Organhandel 72, 448
Organismus 83, 88f., 91–93, 155f., 181f., 217–219, 226, 242, 266, 300, 318f., 369f., 406–413
Organspende 4, 127, 264f., 330f., 421–426, 460, 464
orphan diseases s. Krankheit, vernachlässigte
Oviedo-Konvention, s. Übereinkommen über Menschenrechte und Biomedizin

Palliativmedizin 4, 154, 159, **354–358**, 400
Parthenogenese 319
Partikularismus 468f.
Partizipation 13, 45–47, 51, 150, 196, 282
Patentierung 6, 187, **358–362**, 390
Paternalismus 12, **122–128**, 290f., 365
Pathologisierung 83, 236, 264, 307, 309, 386
Pathozentrismus 95f., 120, 223, 267
Patient 24, 48, 58, 86, 98, 126f., 157, 159, 173, 192, 194–197, 201, 234, 237, 284f., 295, 310, 342, 355, 357, 362, 364f., 398, 470
Patientenverfügungen 48, 125f., 128, 134, 157, 234f., **362–366**, 398, 464–466
Patientenwille 58, 156, 191–193, 195, 362–364, 398, 464, 466
Patientenwohl 191f., 195f., 256, 363, 399
Person 2–6, 14–16, 19, 21, 27, 30, 38, 45, 52, 66f., 73f., 84f., 87f., 102–108, 122f., **129–136**, 138, 166f., 175f., 201f., 235f., 310, 324, 330, 342f., 345, 365, 374, 382, 453, 468
– personale Identität 4, 129–132, 235, 342f., 345, 365
Persönlichkeitsrecht 18, 73, 243, 371f.
Pflege 6, 237, **366–369**, 440, 442
Pflicht 174, 176f., 210, 213, 296, 393, 397f., 421, 424, 426, 432
Pharmazie 185–188, 442
Physiozentrismus 120, 267, 351
Placebo 255, 297
Pluralismus 6, 37, 52f., 74, 146, 161f., 167, 169, 289, 467–469
Pluripotenz 321, 387f., 391
Präferenzen 14f., 30, 32, 51f., 55f., 67f., 98f., 169, 196–198
Präimplantationsdiagnostik (PID) 11, 14–16, 30, 76, 206f., 245, 247, 263, 369, 381, 433, 460
Pränataldiagnostik (PND) 11, 14–16, 30, 207, 211, 245, 263, 301, 369, 378, 381f.
Prävention 5, 57, 89, 249, 255, 270, 273, 277, 281–283, 292, 294, 297f., 301f., 338, 390, 433
principlism 3, 23f., 49, 53, 196, 255, 257, 289
Prinzip der Doppelwirkung 53f., **136–140**, 396
Prinzipien, medizinethische 3, 6, 24, 49, 53, 80, 134, 196f., 237, 257, 371, 421, 469
Priorisierung 49, 111, 184, 278, 287, 403
Privatheit 17, 296, 310, 336
Prognose 14, 83, 100, 197, 284, 301, 303, 336, 355, 396, 466
public health 12, 126, 264, 281, 287–293, 297, 386

Qualitätsadjustierte Lebensjahre (engl. *quality adjusted life years*, QALY) 49, 100, 184, 291

Rassismus 26, 29
Rationalisierung 49, 277, 348
Rationierung 49, 184, 197, 212, 277f., 287
Raum der Gründe 38, 42, 131, 376
Recht 18, 152, 207, 258, 295, 304f., 310, 369, 371, 394, 399
- auf Auskunft 18
- auf eigenen Tod 156f., 394–398
- auf informationelle Selbstbestimmung 18, 152, 207, 258, 295, 304f., 310, 369, 371
- auf Nichtwissen s. Recht auf informationelle Selbstbestimmung
- auf Wissen s. Recht auf informationelle Selbstbestimmung
Relativismus 170, 315, 468f.
Reproduktion 140, 160, 181f., 199–208, 209, 264f., 318f., 329, 332, 380, 384, 393, 408, 433, 465
- assistierte Reproduktion **199–208**, 465
research ethics committees s. Ethikkommissionen in der Forschung
Ressourcenallokation 45–48, 76, 196f., 210–212, 233, 237, 275f., 278f., 287, 291f., 322, 328, 356, 464f.
Risiko 10, 15, 57, 72, **140–147**, 148, 152, 202, 204, 206f., 231f., 237, 258, 288, 290, 295, 301f., 369, 419, 423, 428, 430, 452f., 458
Risiko-Nutzen-Abwägung 6, 140f., 144f., 200, 202, 271, 412f., 423, 452
Robotik 4, 95, **373–378**

scala naturae 92, 96, 116
Schaden (*harm*) 29, 40, 52f., 55, 61f., 104, 122, 124, 127, 136, 138, 141–146, 165, 176f., 190f., 193, 197, 206f., 237, 252, 256, 266, 287, 290f., 313f., 320, 332, 357, 365, 371, 375, 385, 392f., 423, 427–429, 460, 466
Schadensvermeidung 3, 49, 126, 196f., 201f., 237, 256f., 371, 423, 469
Schuld 22f., 27, 30, 51, 55, 82, 107f., 158, 162, 204, 295, 340, 347, 384, 386, 397, 405
Schutzbedürftigkeit 427f., 430
Schwangerschaft 15f., 199f., 202–207, 264, 293, 295, 309, 329–332, 378–380
Schwangerschaftsabbruch 6, 11, 15, 40, 95, 139, 204, 206f., 211, 247f., 263, 319, 330, 332, 345, 369, **378–383**, 389, 391f., 464f., 467, 469
Sein-Sollens-Fehlschluss s. Fehlschluss, naturalistischer
Selbstachtung 106–108
Selbstbestimmung 2, 5, 14, 16, 18, 46, 49, 52, 60–63, 65, 74, 96, 98, 127, 129f., 134, 152, 157, 159, 172, 178, 183, 186f., 191f., 194f., 197, 201, 207, 227, 235, 237, 252, 257–259, 262, 282, 284f., 288, 295, 303f., 308, 310, 320, 355, 357, 364f., 367, 369, 371, 385, 398, 421f., 422f., 428
- demokratische Selbstbestimmung 178
- individuelle Selbstbestimmung 18, 74, 172
- Selbstbestimmung und Menschenrechte 130
- Selbstbestimmung vs. Fürsorge 14
Selbstbewusstsein 15, 69, 117, 129f., 133, 135, 159, 227, 247, 325, 380, 408f.
Selbstinteresse s. Interessen
Selbsttötung 5, 96, 157f., 193, 355, 357, 394–397, 399
Selbstzweck 53, 71, 73f., 102, 121, 134, 330, 415
Seneszenz 181–184
Sexismus 26, 29
Sexualität **383–387**
SKIP-Argumente 246f., 380, 389
Speziesismus 69, 228, 415
Sport 40, 71, 239–243, 249, 311, 432
Stammzellen 226, 229f., 245, 247f., 273, 319, 321f., 345, 361f., **387–393**, 418, 448, 454, 460
Stammzellforschung 413, 454, 460
Standesethik s. Ethos
Status, moralischer 106, 126, 161, 236, 247f.
Sterbehilfe 5f., 11f., 24, 40, 56, 63, 76, 120, 139, 154, 157–159, **394–400**, 455f.
- aktive Sterbehilfe 11, 24, 139, 157f., 364, 394–399
- indirekte Sterbehilfe 396f.
- passive Sterbehilfe 394, 396–399
Sterben 11, 154, 157–159, 355–357, 362f., 394–400
Stoa 95, 105, 116, 118, 129, 141
Sucht und Abhängigkeit 126, **401–406**
Suizid s. Selbsttötung
Synthetische Biologie 150–152, **406–414**

Technikfolgenabschätzung 89, **147–153**, 334, 373, 411, 413
Therapie 57, 62, 83, 86, 89, 134, 145f., 154, 157f., 190f., 232f., 249, 252, 255f., 264, 271–273, 287, 289f., 294, 297f., 300f., 320–322, 336, 338, 342–345, 370, 386, 390–393
Therapieentscheidung 100, 187, 196, 198, 356
Tiefe Hirnstimulation 341f.
Tiere 1f., 5f., 30, 48, 59, 68, 92, 96, 105, 118, 155, 161, 163, 176, 186, 220, 226–229, 236, 268, 318–321, 352f., 360f., 380, 391, 411, **414–420**, 426, 460
Tierethik 1, 3, 5, 30, 68, 79, 352, 414f., 418
Tierschutz 48, 75, 226–229, 319, 414f., 419, 443, 455
Tierversuche 68, 96, 162, 164, 173, 206, 229, 258, 294, 391, 414, 416–418, 452, 460
Tod 4f., 55, 85, 107f., 129, 138f., **154–160**, 175, 181f., 289, 394–397, 399, 421f.

Totipotenz 387f., 391
Transgender 262, 264
Transplantationsmedizin 4, 55, 226, 321, **421–427**
Tugendethik 2f., 24f., 40f., 44f., 50, 74, 88, 113, 161, 192, 197, 393

Übereinkommen über Menschenrechte und Biomedizin 16, 168, 215f., 257, 371, 449, 453, 456, 467
Überlegungsgleichgewicht 3, 32, 36f., 170
Umwelt 5–7, 110–112, 115, 119–121, 148, 173, 210, 217, 222f., 228, 267, 271, 277, 324, 327, 346f., 349, 353, 361, 383, 439, 441, 443, 455, 470
Umweltethik 1, 5, 121, 349, 442
Umweltverschmutzung 209f.
Ungewissheit 48, 141f., 146, 190–192
Ungleichbehandlung 26–30, 184, 202, 275f.
Utilitarismus 2f., 32, 53, 67, 125, 137, 141, 146, 161f., 176, 184, 210, 236, 375, 415, 429

Verantwortung 3f., 39–41, 87, 95, 112, 138, **160–165**, 174, 178, 201f., 204, 237f., 263, 278, 290, 295, 375, 395, 403, 430, 461, 464
Verdinglichung 62, 74, 259, 385
Verhältnismäßigkeit 19, 46, 48, 136f., 423
Verhütungsmittel 201, 294, 384
Verpflichtung 1–3, 23, 46, 50, 53, 59, 79, 113, 121, 129–134, 160, 177, 191, 201, 222f., 243, 245, 247, 277, 279, 336f., 347, 351f., 364, 379, 385, 395, 397, 416, 418, 421, 423, 428–430, 432, 452
Verteilungsgerechtigkeit s. Gerechtigkeit, distributive
Vitalismus 92, 447
Vorsorgeprinzip 152, 266f., 315, 317, 336
Vorsorgevollmacht 234, 363
Vulnerabilität 6, 49, 183, 263, 313, 357, 385, **427–431**

Werte 4, 21f., 37, 39, 40–42, 52f., 67, 71, 74, 80, 95f., 100, 105–107, 113, 115, 120, 125, 146, 151, **165–174**, 175, 178, 192, 196, 200, 223f., 250f., 267, 288, 296, 314f., 328, 330, 348–350, 362, 366, 415, 419, 425, 464, 470
– extrinsischer Wert 166–169

– finaler Wert 167f.
– instrumenteller Wert 21, 167–169, 224, 350
– intrinsischer Wert 106, 115, 166–169, 171f., 223, 314, 328, 425
– persönlicher Wert 166f.
Wert der Natur 6, 120
Wertlehre 67, 113, 223, 349
Widerspruchslösung 422
Wildnis 223, 324, 328, 349
Wille 58, 66f., 79, 94, 124f., 127, 192f., 195, 207, 233f., 237, 362–365, 398, 403f., 423, 435, 466
– mutmaßlicher Wille 233f., 363, 398
– natürlicher Wille 234, 364
Willensbildung 79, 234f., 435
Wissen, prädiktives 4, 232, 370
Wohlergehen 2, 53, 63, 66, 69, 98f., 104, 122, 125, 174, 178, 229, 234, 238, 250f., 256, 258, 289, 381, 393, 414
Wohltun 3, 6, 49, 52f., 126, 134, 195, 197, 237, 257
Würde 7, 11, 15–17, 47, 50, 52f., 71, 73, 82, 87, 96, 100, 102–109, 127, 139, 163, 168, 177f., 200–202, 207, 215, 226f., 230, 236, 240, 246, 273, 291, 296, 308f., 315, 320–322, 329–332, 337, 351f., 363, 367f., 374, 377, 380, 389–391, 393, 405, 415f., 419, 423, 425, 427, 449, 453, 464
– inhärente Würde 105f.
– menschenwürdig 7, 177f., 296, 315
– Sterben in Würde 363
– Würde von Lebewesen 100
– Würde vs. Selbstwert 351f.

Xenotransplantation 152, 226, 228, 230, 414, 419, 421, 426

Zufallsbefunde 259, 305, 307, 310
Zurechenbarkeit 129, 143, 393
Zustimmung 58, 60, 64, 78–80, 103f., 108, 123, 125f., 129, 131, 191, 194, 228f., 243, 257f., 303, 305, 309, 361, 392, 422, 452
Zustimmungslösung, erweitere 422
Zwang 17, 74, 77, 103, 127, 196, 200f., 251, 288, 385, 401–405, 422, 424, 464

Metzler Handbücher Ethik

Armin Grunwald (Hrsg.)
Handbuch Technikethik
Unter Mitarbeit von
Melanie Simonidis-Puschmann
2013, VI, 435 S., 13 s/w Abb., geb.
€ 79,95
ISBN 978-3-476-02443-5

▶ Zu einem aktuellen Thema in Politik, Wissenschaft und Gesellschaft
▶ Zentrale Begriffe und ethisch-philosophische Grundlagen
▶ Mit einem Beitrag zur Technikfolgenabschätzung

Bei der Energieerzeugung, in der Medizin- und Militärtechnik, der Neurotechnik oder in der Raumfahrt – Ethikfragen stellen sich in vielen Bereichen, in denen eine rasante technische Entwicklung stattfindet. Ist diese richtig und gut? Um das entscheiden zu können, müssen Chancen und Risiken, Gefahren und Sicherheit, Fortschritt und Verantwortung bedacht und beurteilt werden. Das Handbuch präsentiert die verschiedenen Technikfelder, klärt die zentralen Begriffe und stellt die ethisch-philosophischen Grundlagen der Technikethik vor.

Marcus Düwell
Christoph Hübenthal
Micha H. Werner (Hrsg.)
Handbuch Ethik
3., aktualisierte Auflage 2011,
XI, 599 S., geb. € 49,95
ISBN 978-3-476-02388-9

▶ Überblicksband zu viel diskutierten Themen
▶ Mit aktualisierter Bibliografie, Personen- und Sachregister
▶ In der Praxis und an Hochschulen langjährig erprobt

Das Handbuch erläutert die verschiedenen ethischen Theorien und bietet Einblicke in Themen der Angewandten Ethik sowie in aktuelle Debatten. Rund 50 Grundbegriffe der Ethik werden ausführlich erklärt – darunter: Freiheit, Risiko, Verantwortung, Wille u. v. a.

info@metzlerverlag.de
www.metzlerverlag.de

MIX
Papier aus verantwortungsvollen Quellen
Paper from responsible sources
FSC® C105338

If you have any concerns about our products,
you can contact us on
ProductSafety@springernature.com

In case Publisher is established outside the EU,
the EU authorized representative is:
**Springer Nature Customer Service Center GmbH
Europaplatz 3, 69115 Heidelberg, Germany**

Printed by Libri Plureos GmbH
in Hamburg, Germany